Analyse économique en ingénierie

Une approche contemporaine

Analyse économique en ingénierie

Une approche contemporaine

Chan S. Park
Ronald Pelot
Kenneth C. Porteous
Ming J. Zuo

Adaptation française

Gervais Soucy

Viviane Yargeau

ÉDITIONS DU RENOUVEAU PÉDAGOGIQUE INC.

5757, RUE CYPIHOT, SAINT-LAURENT (QUÉBEC) H4S 1R3
TÉLÉPHONE: (514) 334-2690   TÉLÉCOPIEUR: (514) 334-4720
COURRIEL: erpidlm@erpi.com   w w w . e r p i . c o m

SUPERVISION ÉDITORIALE : *Jacqueline Leroux*
CHARGÉE DE PROJET : *Hélène Lecaudey*
TRADUCTION : *France Boudreault et Suzanne Marquis*
CORRECTION D'ÉPREUVES : *Suzanne Cardin et Christine Ouin*
CONCEPTION GRAPHIQUE : *Paul Toupin*
COUVERTURE : *Paul Toupin*
ÉDITION ÉLECTRONIQUE : *Les logiciels Dynagram Inc.*

Dans cet ouvrage, le générique masculin est utilisé sans aucune discrimination et uniquement pour alléger le texte.

Cet ouvrage est une version française de la deuxième édition canadienne de *Contemporary Engineering Economics*, de Chan S. Park, Ronald Pelot, Kenneth C. Porteous, Ming J. Zuo, publiée et vendue à travers le monde sous l'étiquette Addison Wesley Longman, avec l'autorisation de Pearson Education Inc.

Dépôt légal : 2e trimestre 2002
Bibliothèque nationale du Québec
Bibliothèque nationale du Canada
Imprimé au Canada

ISBN 2-7613-1289-9

234567890 TG 09876
20228 BCD   VO-7

À ma conjointe, Lucie, et à mes deux filles,
Mylène et Lydia, pour leur compréhension
et leurs encouragements durant tout le projet.

Gervais Soucy

À mon conjoint, Christian, et à mes enfants,
Audrey et David, pour leur présence
et leurs encouragements dans tous mes projets.

Viviane Yargeau

PRÉFACE

Qu'est-ce qu'une approche contemporaine en analyse économique en ingénierie ?

Les décisions prises au cours de la phase de conception technique d'un projet peuvent influer considérablement sur le coût total de ce projet. Lorsqu'on met au point un nouveau produit, la conception peut déterminer la majeure partie (85 %, selon certains) des coûts de fabrication. Qui plus est, les procédés de conception et de fabrication se sont complexifiés, ce qui oblige l'ingénieur à prendre plus souvent des décisions financières. Au XXIe siècle, l'ingénieur compétent qui veut réussir devra approfondir ses connaissances des principes scientifiques, techniques et économiques et acquérir une expérience pertinente en matière de conception, car, dans la nouvelle économie mondiale, les entreprises qui veulent se démarquer s'adjoindront des ingénieurs qui possèdent une telle expertise.

Dans le cycle de vie d'un produit ou d'un service, les aspects économiques et techniques sont inextricablement liés. L'une des principales missions que se sont données les auteurs de cet ouvrage est donc de faire découvrir les réalités de l'économie et de la conception technique aux étudiants en génie pour qu'ils en tiennent compte lorsqu'ils analysent un problème ou prennent une décision.

Une fois que les étudiants maîtriseront certains concepts fondamentaux, ils s'initieront à l'emploi de l'ordinateur, ce formidable outil d'aide à la productivité, aux stades de la modélisation et de l'analyse des problèmes décisionnels en ingénierie. Actuellement, l'industrie utilise massivement les tableurs pour la résolution des problèmes économiques complexes, et ceux-ci occupent donc une grande place dans les salles de cours. Le lecteur trouvera souvent en fin de chapitre une section distincte expliquant certaines fonctions du tableur Excel de Microsoft.

Par ailleurs, les auteurs ont tenu non seulement à répondre à certains besoins contemporains, mais aussi à atteindre l'objectif immuable que se fixe chaque enseignant: aider l'étudiant à apprendre. C'est pourquoi, à chaque étape de la rédaction, ils se sont efforcés de présenter les principes essentiels d'économie de l'ingénierie avec toute la rigueur, la clarté et la précision qui s'imposent.

Bien que cet ouvrage s'articule principalement autour de l'évaluation économique de projets d'ingénierie, la méthodologie qu'il propose peut convenir à n'importe quelle situation financière. La gestion des finances personnelles et l'analyse des investissements personnels constituent d'ailleurs des thèmes secondaires de ce manuel.

Caractéristiques de l'ouvrage

Nous vivons à l'ère de l'information, dans le monde complexe et évolutif de l'économie mondiale. L'analyse économique en ingénierie est donc un exercice dynamique et les textes qui en traitent doivent intégrer les nouvelles idées à mesure qu'elles émergent. C'est donc dans cette optique que l'ouvrage a été conçu.

1. Le texte tient compte des lois fiscales, des taux d'intérêt et des principes financiers les plus récents.

2. Tous les exemples de tableur proviennent de Microsoft Excel, le logiciel pour environnement Windows le plus utilisé. Les problèmes en fin de chapitre sont nombreux et sont classés selon leur degré de difficulté. Les problèmes de niveau 1 sont les plus faciles et portent principalement sur l'application directe des formules énoncées dans le texte. Les problèmes de niveau 3 sont les plus difficiles car ils présentent des concepts ou des données complexes. Les problèmes de niveau 2 se situent à mi-chemin entre les deux. La réponse aux problèmes marqués d'un astérisque se trouve à la fin du livre.

3. De nombreux exemples situent dans un contexte contemporain divers problèmes de décision économique.

4. Les exemples et les problèmes dont le numéro est précédé du signe $ se rapportent aux finances personnelles (prêts, hypothèques, obligations, actions, REER, etc.).

5. Un lexique anglais-français est annexé pour faciliter la consultation de références en langue anglaise.

6. L'annexe A couvre les notions de base en ingénierie sur l'aspect financier des entreprises. Elle permet d'apprendre à lire les états financiers, de mieux comprendre le langage financier des études économiques et ainsi de mieux communiquer les résultats des choix des investissements industriels. Ces connaissances amélioreront la compréhension entre les ingénieurs et les décideurs.

7. Dans le chapitre 1, les auteurs proposent une section sur les décisions économiques touchant l'exploitation à court terme et une autre sur l'estimation des coûts et des avantages d'un projet.

8. Dans le chapitre 2, la plupart des problèmes de décision économique sont tirés du *New York Times*.

9. Dans les chapitres 4, 5 et 6, les auteurs se penchent sur l'évaluation de l'attrait d'un investissement. Le chapitre 4 décrit les critères de valeur équivalente actualisée, capitalisée et annuelle ainsi que le taux de rendement. Ces notions sont appliquées aux investissements indépendants (chapitre 4); à des situations d'investissements mutuellement exclusifs (chapitre 5); aux analyses de conception technique et de remplacement (chapitre 6).

10. Le chapitre 6 traite des calculs avant impôt dans les analyses de remplacement afin que les étudiants se familiarisent rapidement avec cet important concept et évitent les complications que représente l'impôt sur le revenu. Le chapitre 11 présente l'effet de l'impôt sur le revenu dans ce type d'analyse.

11. Dans le chapitre 4, certains sujets avancés (ou facultatifs), tels les problèmes de taux de rendement multiples, forment une annexe. Cette séparation permet aux enseignants d'organiser efficacement leurs cours en fonction de leur auditoire et du programme d'études.

12. Les sujets de finances personnelles, tels les investissements dans des obligations ou des actions ou les REER et leurs conséquences fiscales, sont abordés au chapitre 11.

On a par ailleurs apporté toute l'attention nécessaire à la préparation de cet ouvrage pour qu'il soit pratiquement exempt d'erreurs. Tout enseignant qui remarque une erreur (une faute d'orthographe, une erreur d'arithmétique, etc.) ou veut faire une suggestion peut communiquer par courriel avec les adaptateurs.

Vue d'ensemble

Bien qu'il contienne peu de notions mathématiques avancées et de concepts vraiment difficiles, le cours d'introduction à l'analyse économique en ingénierie met souvent à rude épreuve les étudiants en génie de tous les niveaux. Plusieurs facteurs expliquent cet étonnant phénomène.

1. Le cours est parfois pour l'étudiant une première occasion de se pencher sur les considérations analytiques de l'argent (une ressource qui ne lui est pas encore familière et ne lui a servi jusqu'à présent qu'à payer ses frais de scolarité, son logement, sa nourriture et ses manuels scolaires).

2. L'importance accordée au volet théorique, qui est essentiel à la compréhension fondamentale du sujet, peut masquer le fait qu'un tel cours d'introduction vise notamment à transmettre un ensemble très pratique d'outils d'analyse permettant de mesurer la valeur d'un projet. Ce malentendu est déplorable car, dans la vie, ingénieurs et non-ingénieurs sont appelés à gérer des ressources financières limitées.

3. Souvent, dans toutes les disciplines du génie, à l'exception peut-être du génie industriel, les étudiants comprennent mal pourquoi ils doivent utiliser ou acquérir les compétences que le cours et le manuel visent à leur inculquer. Ils sont moins motivés lorsque le texte ne mène pas directement à des applications dont l'attrait est immédiat pour eux.

Objectifs de l'ouvrage

Cet ouvrage vise non seulement à couvrir intégralement des concepts d'analyse économique en ingénierie, mais aussi à aborder les principales difficultés que les étudiants de toutes les spécialités éprouvent parce qu'ils ne connaissent pas les côtés pratiques de cette science. Les principaux objectifs du manuel sont les suivants:

1. Permettre une compréhension approfondie des fondements théoriques et conceptuels de l'analyse financière de projets.

2. Répondre aux besoins très pratiques de l'ingénieur qui sera appelé à prendre des décisions financières éclairées en tant que membre d'une équipe ou chef de projet.

3. Présenter tous les outils essentiels à la prise de décision, y compris les outils les plus modernes et les logiciels dont les ingénieurs se servent pour prendre des décisions financières avisées.

4. Susciter l'intérêt des étudiants de toutes les disciplines du génie (génie industriel, civil, mécanique, électrique, informatique, aérospatial et chimique, et génie de fabrication) ainsi que des étudiants de la technique du génie.

5. Établir un lien entre les concepts de l'analyse financière et des situations de finances personnelles courantes.

Préalables

L'ouvrage s'adresse aux étudiants en génie du premier cycle ayant terminé au moins une année universitaire. Les seules connaissances mathématiques nécessaires sont des notions élémentaires de calcul. Pour le chapitre 13, il est utile d'avoir suivi un premier cours en probabilités ou en statistiques, mais cela n'est pas obligatoire car les principaux sujets de ce chapitre sont décrits de façon complète.

Contenu et approche

Les enseignants s'entendent généralement sur le contenu et l'organisation appropriés d'un ouvrage sur l'analyse économique en ingénierie. Un simple coup d'œil à la table des matières indique que la présente édition couvre les thèmes abordés par la plupart des enseignants et traités dans d'autres ouvrages comparables. Cependant, les auteurs ont consenti des efforts additionnels pour surpasser la norme établie en ce qui concerne le détail et le soin apportés à la présentation des concepts difficiles. Voici les grandes lignes de l'adaptation française.

Valeur temporelle de l'argent

La notion de la valeur temporelle de l'argent et les formules d'intérêt qui la modélisent constituent un tremplin pour expliquer tous les autres principes de l'analyse économique en ingénierie. Étant donné la grande importance de ces notions et puisque les étudiants doivent pour la première fois envisager l'argent d'un point de vue analytique, les concepts de l'intérêt sont l'objet d'une présentation soignée et complète dans les chapitres 2 et 3.

1. Le chapitre 2 examine attentivement la conceptualisation de l'intérêt, c'est-à-dire la valeur temporelle de l'argent ; il propose plus d'hypothèses et d'explorations graphiques sur ce sujet que tout autre ouvrage offert.

2. Le chapitre 3 aborde le thème de la valeur temporelle de l'argent en explorant les complexités bien réelles que constituent, par exemple, l'intérêt effectif, les périodes d'actualisation, etc.

Principales méthodes d'analyse

Les méthodes de calcul d'équivalence (valeur actualisée, valeur annualisée et valeur capitalisée) et l'analyse du taux de rendement forment la pierre angulaire du processus d'évaluation et de comparaison de projets. Les chapitres 4, 5 et 6 explorent minutieusement ces méthodes et les présentent de telle manière que l'étudiant puisse mieux comprendre les subtilités, les avantages et les inconvénients de chacune.

1. Les chapitres 4 et 5 traitent respectivement des investissements indépendants et des investissements mutuellement exclusifs.

2. Le chapitre 4 s'intéresse de près aux difficultés et aux exceptions relatives à l'analyse du taux de rendement. L'annexe 4A porte sur le taux de rendement interne pour les projets non simples. Ce thème est cependant facultatif dans un cours d'introduction, et on peut l'omettre sans que l'enseignement des autres sujets en souffre.

3. Le chapitre 6 approfondit certains thèmes connexes comme le coût unitaire, l'économie de la conception et l'analyse de remplacement.

Flux monétaires après impôt

En ingénierie, l'estimation et l'élaboration de flux monétaires de projet constituent les premières étapes incontournables de toute analyse économique. Or, l'un des principaux objectifs de cet ouvrage est la présentation des flux monétaires après impôt. L'analyse, la comparaison de projets et la prise de décision qui suivent ces étapes dépendent toutes de l'*élaboration intelligente des flux monétaires de projet*. Le présent ouvrage accorde à ce sujet plus de place que tout autre texte comparable.

1. Le chapitre 9 fournit une synthèse des sujets abordés précédemment (méthodes d'analyse, dépréciation et impôt sur le revenu) et propose d'acquérir des compétences permettant d'élaborer d'une main assurée des flux monétaires après impôt pour une série de projets assez complexes.

2. Un renvoi à certains sites Internet suivant l'évolution constante des systèmes fiscaux a été créé. L'accessibilité de la grande toile s'est accrue et il sera donc facile d'y trouver tous les changements apportés aux lois sur l'impôt et aux taux d'imposition.

Sujets spéciaux

Pour fournir une introduction complète à l'analyse économique en ingénierie, il importe d'aborder un certain nombre de sujets spéciaux. Les chapitres 10 à 14 étudient notamment : 1) l'établissement du budget des investissements, 2) les effets de l'impôt sur le revenu sur les investissements personnels et l'analyse de remplacement, 3) l'inflation, 4) les risques et l'incertitude des projets et 5) l'analyse dans le secteur public.

Puisque le temps alloué et les priorités varient d'un cours à l'autre, et que chaque enseignant conçoit ses propres méthodes, les chapitres sont suffisamment autonomes pour qu'on puisse en omettre certains et y revenir à un moment plus opportun en cas de besoin.

Relever les défis pédagogiques

Lors de la sélection et de l'organisation des caractéristiques de l'ouvrage, les adaptateurs ont tenu compte des grands défis pédagogiques d'aujourd'hui. À la faveur d'échanges avec des enseignants, on a observé que certains aspects du programme d'études suscitaient de la frustration chez eux et dans le monde étudiant. Parmi les principaux défis pédagogiques que l'adaptation française tente de relever, citons le manque de motivation et d'enthousiasme, la tâche complexe d'intégrer la technologie sans compromettre les concepts fondamentaux et les méthodes traditionnelles ainsi que la difficulté à utiliser l'intuition, à acquérir des aptitudes permettant de résoudre des problèmes, à se fixer des priorités et à mémoriser un volume imposant de matière.

Compétence en matière de résolution de problème

Les exemples inclus dans le texte sont conçus de façon à guider l'étudiant dans le *processus de résolution de problème*. Ils visent également à stimuler sa curiosité pour qu'il aille au-delà des mécanismes de la résolution de problème et s'intéresse à d'autres hypothèses, à des solutions de rechange et à l'interprétation des solutions. La présentation de chaque exemple suit le modèle suivant :

- Les **titres d'exemples** facilitent la consultation et la révision.

- Les **explications** données au début des exemples complexes aident à ébaucher une approche de résolution.

- Les rubriques *Soit* et *Trouvez* dans la section **Solution** fournissent les données essentielles du problème. Cette convention est employée dans les chapitres 2 à 9, puis est omise dans la majeure partie des chapitres 10 à 14, puisque l'étudiant aura acquis suffisamment d'assurance pour établir une procédure de résolution.

- Les **commentaires** ajoutés à la fin de certains exemples approfondissent un aspect du problème. Ils peuvent fournir une méthode de résolution différente, un raccourci ou une interprétation de la solution numérique, dans le but d'accentuer la valeur éducative de l'exemple.

- Les **problèmes** sont classés par niveau de difficulté afin que l'étudiant puisse maîtriser de façon progressive les concepts, gagner de l'assurance et résoudre des problèmes de plus en plus complexes.

Frapper l'imagination de l'étudiant

L'étudiant veut savoir à quoi lui serviront les concepts et les connaissances théoriques qu'il acquiert. Pour stimuler son enthousiasme et son imagination, l'ouvrage intègre de diverses façons des applications et des contextes du monde réel.

1. *La vue d'ensemble conceptuelle du monde réel de l'analyse économique en ingénierie présentée dans le chapitre 1* introduit de façon attrayante l'analyse économique en ingénierie en donnant des exemples pratiques.

2. *Les scénarios en début de chapitre* suscitent l'intérêt du lecteur pour les concepts à apprendre en les situant dans le contexte d'une application pratique.

3. *Les nombreux travaux pratiques portant sur des projets d'ingénierie réels* stimulent l'intérêt et la motivation en présentant des cas d'investissement réels, souvent puisés dans l'actualité.

4. *La gamme complète de disciplines du génie représentée dans les problèmes, les exemples, les ouvertures de chapitre et les études de cas* démontrent que l'analyse économique en ingénierie est nécessaire dans bien des domaines. Les spécialités du génie industriel, chimique, civil, électrique et mécanique et du génie de fabrication sont toutes représentées.

5. *Les applications aux finances personnelles* illustrent l'utilité des concepts décrits dans le manuel pour tous ceux qui gèrent leurs finances.

La puissance de l'informatique au service de l'étudiant

L'intégration de l'informatique est une autre caractéristique importante de l'ouvrage. Elle permet de se familiariser avec les divers tableurs disponibles et encourage l'enseignant à les aborder de façon explicite dans son cours et l'étudiant à les expérimenter.

On pourrait craindre que l'ordinateur nuise à la bonne compréhension des concepts abordés dans le cours et à la maîtrise des méthodes de résolution traditionnelles. Le texte mise plutôt sur la productivité optimale que l'ordinateur permet d'atteindre lors de l'élaboration et de l'analyse de flux monétaires de projet complexes. Dans la section **Les calculs par ordinateur**, qui paraît à la fin de la plupart des chapitres, on trouve une solide introduction à l'automatisation des calculs.

Le tableur choisi pour illustrer ces calculs est celui du logiciel Excel de Microsoft. Les auteurs ont voulu démontrer que les concepts plus complexes des chapitres peuvent être résolus de façon plus efficace par un ordinateur que par les méthodes non abrégées traditionnelles. L'annexe B fournit des tableaux qui comparent les fonctions financières intégrées de Lotus à celles d'Excel.

Souplesse d'utilisation

L'enseignant qui donne un cours typique de trois crédits s'étalant sur une session peut couvrir la majorité des sujets abordés dans cet ouvrage, qui sont présentés avec toute la profondeur et la portée nécessaires. Si le cours dure un trimestre ou offre moins de crédits, on peut s'en tenir aux chapitres 1 à 9, qui abordent les thèmes essentiels, tandis que les chapitres subséquents présentent la matière facultative. En variant ainsi la profondeur du traitement, et en complétant les lectures par des études de cas, on dispose de suffisamment de matière pour donner un cours d'analyse économique en ingénierie de deux sessions.

Puisque les thèmes de la valeur temporelle de l'argent et des relations d'intérêt constituent la base de tout ce qu'il faut savoir sur l'analyse économique en ingénierie, on en fait une description complète dans les chapitres 2 et 3. À ceux qui ne veulent qu'effleurer ces sujets, on suggère la lecture du chapitre 2 en entier et des sections 3.1 et 3.2. On peut omettre les autres thèmes traités dans le chapitre 3 ou les suggérer en lecture complémentaire.

REMERCIEMENTS

Nous voudrions remercier toutes les personnes qui nous ont aidés et encouragés lors de l'adaptation française de la deuxième édition canadienne anglaise de *Contemporary Engineering Economics : A Canadian Perspective*.

En premier lieu, nous adressons nos plus chaleureux remerciements à toute l'équipe des Éditions du Renouveau Pédagogique (ERPI), en particulier à M. Sylvain Giroux, éditeur recherche et développement, qui a cru au projet, l'a lancé et soutenu.

Nous tenons à souligner l'excellent travail de traduction de France Boudreault et de Suzanne Marquis, ainsi que la très grande minutie apportée par Hélène Lecaudey à la révision linguistique.

De plus, nous aimerions remercier Denis Sasseville et Kay Lagacé de l'École de technologie supérieure (ETS) pour leurs judicieux commentaires qui ont contribué à la qualité de cette version française.

Finalement, la réalisation de cet ouvrage n'aurait pas été possible sans le soutien et la compréhension de nos familles, auxquelles nous sommes infiniment redevables.

Gervais Soucy, ing.
Université de Sherbrooke
Sherbrooke (Québec) Canada J1K 2R1

gsoucy@usherbrooke.ca

Viviane Yargeau, ing. stag.
Université de Sherbrooke
Sherbrooke (Québec) Canada J1K 2R1

viviane.yargeau@usherbrooke.ca

TABLE DES MATIÈRES

Chapitre 3 L'application des formules d'équivalence à des transactions commerciales concrètes...........131

Chapitre 7   L'amortissement...459

Chapitre 10 Les décisions cencernant le budget des investissements 619

Chapitre 11 L'incidence de l'impôt sur des types particuliers de décisions d'investissement 673

Chapitre 12 L'inflation et l'analyse économique 711

Chapitre 13 Le risque et l'incertitude liés aux projets 771

Les décisions économiques en ingénierie

La plupart des consommateurs ont horreur des boissons tièdes, surtout pendant les périodes de canicule. Or, la nécessité a toujours été mère de l'invention. Il y a quelques années, Sonya Talton, étudiante en électrotechnique, eut une idée révolutionnaire : une canette de boisson gazeuse autorefroidissante !

Imaginez. Par un torride après-midi d'août baigné de brume, vos amis ont enfin secoué leur torpeur et décidé d'aller pique-niquer au lac. Ensemble, vous repassez la liste de ce dont vous avez besoin : couvertures, radio, écran solaire, sandwiches, croustilles et boissons gazeuses. Épongeant votre cou ruisselant de sueur, vous attrapez une boisson : sa température atteint presque les 30 °C qu'il fait dehors. Ça commence bien. Tout le monde a une folle envie de retourner chercher de la glace au magasin. Ne pourrait-on pas inventer un contenant de boisson gazeuse qui se refroidit de lui-même ?

Un contenant de boisson gazeuse autorefroidissant : voilà le sujet auquel Sonya décida de s'attaquer pour son travail de trimestre en dessin industriel. Son professeur mettait l'accent sur la pensée innovatrice et incitait les étudiants à se pencher sur des concepts insolites ou nouveaux. Sonya devait commencer par se fixer certains objectifs :

- *La boisson devait se refroidir à une température agréable dans le délai le plus court possible.*
- *La conception du contenant devait demeurer simple.*
- *Le format et le poids du nouveau contenant devaient être similaires à ceux de la canette traditionnelle. (Les fabricants de boissons gazeuses pourraient ainsi utiliser les distributeurs automatiques et le matériel de stockage existants.)*
- *Le coût de production devait demeurer bas.*
- *Le produit devait être sans danger pour l'environnement.*

Ces objectifs en tête, Sonya avait à trouver un moyen pratique mais novateur de refroidir la canette. Elle pensa tout de suite à la glace — solution pratique, mais sans originalité. Puis elle eut une idée formidable : pourquoi pas un réfrigérant chimique ? Mais de quoi se composerait-il ? De nitrate d'ammonium (NH_4NO_3) et d'un sachet d'eau : une pression suffisante exercée sur le réfrigérant rompt le sachet d'eau, dont le contenu se mélange au NH_4NO_3, créant une réaction endothermique (absorption de chaleur) ; en absorbant la chaleur de la boisson, le NH_4NO_3 fait refroidir cette dernière. Quelle quantité d'eau le sachet contiendrait-il ? Sonya la mesura : 135 mL. Qu'arriverait-il si elle la réduisait ? Après avoir essayé diverses quantités d'eau, Sonya découvrit qu'elle pouvait faire passer la température de la canette de 27 °C à 9 °C en 3 minutes. Il lui restait à déterminer la température atteinte par une boisson gazeuse réfrigérée. Elle laissa donc une canette au réfrigérateur pendant deux jours et constata que sa température descendait à 5 °C. Son idée était certainement réalisable. Mais pourrait-elle être commercialisée de façon rentable ?

Dans son cours de dessin industriel, Sonya étudia le rôle fondamental joué par la rentabilité dans le processus de la conception technique. Son professeur souligna l'importance des études de marché et des analyses coûts-avantages pour juger du potentiel d'un produit. Elle interrogea environ 80 personnes. Elle leur posa seulement deux questions : « Quel âge avez-vous ? » et « Combien accepteriez-vous de payer pour une canette de boisson gazeuse autorefroidissante ? » C'est dans le groupe des moins de 21 ans qu'on était prêt à payer le plus cher, soit 84 cents. Chez les personnes de 40 ans et plus, on ne voulait payer que 68 cents. Globalement, les personnes interrogées se disaient disposées à débourser 75 cents pour une boisson autorefroidissante. (Cette étude de marché n'avait guère de rigueur scientifique ; elle permit néanmoins à Sonya de se faire une idée du prix auquel son produit pourrait raisonnablement être vendu.)

L'obstacle suivant consistait à déterminer le coût de production d'une canette de boisson gazeuse traditionnelle. Combien en coûterait-il pour produire la canette autorefroidissante ? Serait-ce rentable ? Sonya se rendit à la bibliothèque, où elle établit le coût global des produits chimiques et des matériaux dont elle aurait besoin. Puis elle calcula la quantité nécessaire pour produire une unité. Incroyable ! Il n'en coûtait que 12 cents pour fabriquer une canette de boisson gazeuse, transport inclus. Or, sa canette ne coûterait que 2 ou 3 cents de plus. Pas trop mal, compte tenu du fait que le consommateur moyen était prêt à payer la canette autorefroidissante jusqu'à 25 cents de plus que la canette traditionnelle.

Il ne restait plus que deux contraintes à envisager : la recyclabilité et le risque de contamination chimique. Théoriquement, il semblait possible de construire une machine qui extrairait la solution de la canette et la recristalliserait. Le nitrate d'ammonium pourrait ensuite être réutilisé dans d'autres canettes, dont la partie extérieure en plastique pourrait aussi être recyclée. La contamination chimique était la seule autre difficulté, mais elle était de taille. Hélas, il n'y avait absolument aucun moyen de s'assurer que le produit chimique et la boisson ne viendraient jamais en contact l'un avec l'autre à l'intérieur des canettes. Pour apaiser les craintes des consommateurs, Sonya se dit qu'on pourrait ajouter au produit une couleur ou une odeur qui préviendrait l'utilisateur en cas de contamination.

La conclusion de Sonya ? La canette autoréfrigérante constituerait une avancée technologique extraordinaire. Pratique pour la plage, les pique-niques, les événements sportifs et les barbecues, le produit serait conçu de manière à répondre aux besoins du consommateur tout en respectant l'environnement. Novateur, mais bon marché, il aurait une portée économique aussi bien que sociale[1]...

1.1 LES DÉCISIONS ÉCONOMIQUES

Les décisions économiques que les ingénieurs ont à prendre en entreprise diffèrent très peu de celles qui incombaient à Sonya, si ce n'est par l'importance des enjeux. Supposons, par exemple, qu'une firme utilise un tour acheté 12 ans plus tôt pour fabriquer des pièces de pompe. À titre d'ingénieur de production responsable de ce produit, vous vous attendez à ce que la demande se maintienne dans un avenir

---

1. Documentation tirée du Rapport annuel 1991, GWC Whiting School of Engineering, Johns Hopkins University.

prévisible. Toutefois, le tour commence à se faire vieux : ces deux dernières années, il s'est souvent brisé, et maintenant, il ne fonctionne plus du tout. Vous devez donc décider de le remplacer ou de le réparer. Si vous prévoyez que, d'ici un an ou deux, le marché offrira un tour plus efficace, vous opterez peut-être pour la réparation. Le tout est de décider si l'investissement considérable qu'implique l'achat d'un nouveau tour doit être fait maintenant ou plus tard. Une autre considération vient compliquer le problème : si la demande de votre produit commence à décliner, vous devrez peut-être effectuer une analyse économique afin de déterminer si les profits moindres tirés de cette opération arriveront à contrebalancer le coût d'un nouveau tour.

Examinons maintenant un réel problème décisionnel d'ingénierie, dont la portée est beaucoup plus grande. Le public s'inquiète de plus en plus de la piètre qualité de l'air, et particulièrement de la pollution causée par les automobiles à essence. Compte tenu des exigences auxquelles les constructeurs d'automobiles devront satisfaire d'ici très peu de temps dans les États de Californie, de New York et du Massachusetts, la société General Motors a décidé de construire une voiture électrique perfectionnée qu'elle appellera Impact[2]. Or, le principal obstacle à la faisabilité du véhicule demeure sa batterie. Avec le modèle expérimental dont elle est actuellement pourvue, l'Impact aurait un coût d'utilisation mensuel à peu près deux fois plus élevé que celui de l'automobile classique ; en revanche, et c'est là le principal avantage que présente sa batterie, la voiture n'émet aucun polluant : voilà une caractéristique susceptible d'avoir un grand attrait à une époque où les normes gouvernementales en matière de qualité de l'air se font plus rigoureuses et où les consommateurs manifestent un fort intérêt pour l'environnement.

Selon les ingénieurs de General Motors, c'est la Californie qui constitue le principal marché pour l'Impact, mais ils ajoutent que, pour justifier la production, il faudra que la demande annuelle à l'échelle du pays atteigne 100 000 véhicules. Au moment où la direction de General Motors décide de construire la voiture électrique, les ingénieurs appelés à prendre la décision économique ne sont pas encore persuadés que la demande d'un tel véhicule suffira à en justifier la production.

Évidemment, une décision d'ingénierie de cette ampleur est plus complexe et plus importante pour une entreprise que le choix du moment propice à l'achat d'un nouveau tour. Les projets de cette nature impliquent l'engagement à long terme d'importantes sommes d'argent, et il est difficile de prévoir avec exactitude la demande du marché. Une prévision erronée quant à la demande d'un produit peut être lourde de conséquences : une augmentation excessive de la production entraînera des dépenses inutiles, car des matières premières et des produits finis demeureront inutilisés. Dans le cas de l'Impact, si la batterie améliorée ne se matérialise jamais, la demande risque de demeurer insuffisante pour justifier le projet.

---

2. « G.M. to Begin Poduction of a Battery-Powered Car », *The New York Times,* 19 avril 1990 ; « G.M. Displays the Impact Car, an Advanced Electric Car », *The New York Times,* 3 janvier 1990 ; et « Make-or-Break Year for Electric Cars », *The New York Times,* 3 janvier, 1994.

Dans cet ouvrage, nous présenterons de nombreuses situations où il sera question d'investissements personnels aussi bien que d'investissements commerciaux. Nous mettrons cependant l'accent sur l'évaluation des projets d'ingénierie en fonction de leur intérêt économique, de même que sur les investissements que l'entreprise type doit envisager.

1.2 PRÉVOIR L'AVENIR

Il existe une différence fondamentale entre les décisions économiques et celles qui se prennent habituellement en matière de conception technique. Lorsqu'il conçoit un produit, et pour aboutir à une solution réalisable et optimale, l'ingénieur utilise des propriétés physiques connues, ainsi que des principes de chimie et de physique, il établit des corrélations et met son jugement technique à contribution. Si son jugement est solide, ses calculs, exacts, et si on fait abstraction des avancées technologiques, son produit demeurera constant au fil du temps. Autrement dit, si on conçoit aujourd'hui, l'année prochaine ou dans cinq ans un produit destiné à combler un besoin particulier, le résultat final ne changera pas beaucoup.

Quand on prend une décision économique, la mesure de l'attrait de l'investissement, ce dont traite le présent ouvrage, est relativement simple. Toutefois, l'information nécessaire à une telle évaluation met toujours en jeu des prévisions relatives aux ventes des produits, au prix de vente de ceux-ci, ainsi qu'à la variation des coûts à l'intérieur d'un certain bloc de temps à venir – 5 ans, 10 ans, 25 ans, etc.

Toutes les prévisions de cette nature ont deux points en commun. D'abord, elles ne sont jamais tout à fait justes par rapport aux valeurs réalisées postérieurement. Ensuite, une prévision effectuée aujourd'hui est susceptible de différer d'une autre faite plus tard. Cette vision de l'avenir en perpétuelle évolution oblige parfois à réexaminer ou même à modifier les décisions économiques antérieures. Ainsi, contrairement à la conception technique, l'évaluation économique ne conduit pas nécessairement à des conclusions qui demeurent constantes au fil du temps. Les décisions économiques doivent se fonder sur la meilleure information disponible au moment où elles sont prises, ainsi que sur une parfaite compréhension du caractère incertain des données prévisionnelles.

1.3 LE RÔLE DES INGÉNIEURS DANS LES ENTREPRISES

Les sociétés Apple Computer, Microsoft et Sun Microsystems fabriquent des produits informatiques et possèdent une valeur marchande de plusieurs milliards de dollars. Ces entreprises ont toutes été fondées à la fin des années 1970 ou au début des années 1980 par de jeunes étudiants ayant une formation technique. Lorsqu'ils se sont lancés en informatique, ces étudiants ont d'abord mis sur pied des entreprises individuelles. Ces entreprises se sont développées et sont devenues des sociétés de personnes, qui ont fini par être converties en sociétés par actions. Ce chapitre présente les trois principales formes d'entreprises et traite brièvement du rôle qu'y jouent les ingénieurs.

1.3.1 LES FORMES D'ENTREPRISES

À titre d'ingénieur, il est important que vous compreniez la nature de l'entreprise à laquelle vous êtes associé. Cette section présente quelques informations de base sur le type d'entreprise à choisir si vous décidez de vous lancer vous-même dans les affaires.

Chacune des trois formes juridiques d'entreprises, soit l'entreprise individuelle, la société de personnes et la société par actions, comporte des avantages et des inconvénients.

L'entreprise individuelle

Une **entreprise individuelle** n'appartient qu'à une seule personne. Cette personne a elle-même défini la politique générale de son entreprise, elle en possède tous les biens et répond de ses dettes. Cette forme d'entreprise présente deux grands avantages. Premièrement, elle est facile et peu coûteuse à mettre sur pied ; l'établissement d'une entreprise individuelle n'est assujetti à aucune exigence juridique ni organisationnelle : les frais de constitution sont donc pratiquement nuls. Deuxièmement, les impôts sur les bénéfices de l'entreprise individuelle sont calculés selon le taux d'imposition de son propriétaire, taux parfois inférieur à celui des sociétés par actions. Outre les considérations relatives à la responsabilité personnelle, le principal inconvénient d'une telle entreprise est l'impossibilité d'émettre des actions et des obligations ; toute expansion est alors compromise par la difficulté d'obtenir des capitaux.

La société de personnes

La **société de personnes** est semblable à l'entreprise individuelle, à cette exception près qu'elle a plus d'un propriétaire. Dans la plupart des sociétés de personnes, un contrat écrit conclu entre les associés précise normalement les salaires, les apports de capitaux et la répartition des profits et des pertes. Cette forme d'entreprise offre de nombreux avantages. Elle est facile et peu coûteuse à créer. Comme elle est financée par plus d'une personne, elle dispose habituellement d'un capital plus important que l'entreprise individuelle. Garantie par les biens personnels de tous ses associés, l'entreprise a plus de facilité à obtenir des prêts bancaires. Enfin, sur sa part des bénéfices, chacun des associés ne paie que l'impôt sur le revenu des particuliers.

Cette forme d'entreprise comporte également des aspects négatifs. Ainsi, selon la loi qui régit les sociétés de personnes, chaque associé est responsable des dettes de l'entreprise. Il doit donc risquer tous ses biens personnels, y compris ceux qui ne sont pas investis dans l'affaire. En cas de faillite, non seulement chaque associé doit-il assumer sa part des dettes, mais encore doit-il prendre à sa charge celle des associés incapables de s'acquitter de leurs créances. Enfin, la société de personnes a une durée de vie limitée dans la mesure où elle doit être dissoute et réorganisée chaque fois qu'un des associés la quitte.

La société par actions

La **société par actions** consiste en une personne morale créée en vertu d'une loi provinciale ou fédérale. Elle possède une existence distincte de ses propriétaires et de ses gestionnaires. Cette caractéristique lui confère quatre principaux avantages : 1) grâce à l'émission d'actions et d'obligations, elle peut obtenir des capitaux d'un grand nombre d'investisseurs ; 2) ceux-ci peuvent facilement céder leur avoir dans l'entreprise en vendant leurs actions ; 3) ses propriétaires ont une responsabilité limitée – leur responsabilité personnelle se borne au montant qu'ils ont investi ; et 4) son mode d'imposition diffère de celui de l'entreprise individuelle et de la société de personnes ; or, dans certaines circonstances, les lois fiscales favorisent les sociétés par actions. En revanche, la formation d'une société par actions est coûteuse ; de plus, elle doit se conformer à une foule d'exigences et de règlements gouvernementaux.

Une entreprise en croissance peut avoir besoin de modifier sa forme juridique. En effet, l'importance du droit de regard que l'entreprise exerce sur ses propres opérations et sa capacité d'obtenir des fonds varient suivant sa forme juridique. Cette dernière a aussi une incidence sur le risque assumé par ses propriétaires en cas de faillite, de même que sur son mode d'imposition. Par exemple, Apple Computer, dont les activités se tenaient dans un garage, ne comptait au départ que deux personnes. L'entreprise s'est développée, si bien que ses propriétaires se sont sentis limités par sa structure : il leur était difficile d'obtenir des capitaux en vue de prendre de l'expansion ; le risque qu'ils devaient assumer en cas de faillite devenait trop lourd à supporter ; enfin, plus les bénéfices augmentaient, plus leur fardeau fiscal s'alourdissait. Finalement, ils ont jugé préférable de convertir leur société de personnes en une société par actions.

Au Canada, la très grande majorité des entreprises sont individuelles. Viennent ensuite les sociétés par actions puis les sociétés de personnes. Cependant, pour ce qui est du volume d'affaires total (le montant des ventes), celui des entreprises individuelles et des sociétés de personnes est plusieurs fois inférieur à celui des sociétés par actions. Comme ce sont ces dernières qui dominent en cette matière, le présent ouvrage traitera en général des décisions économiques qui les concernent.

1.3.2 LES DÉCISIONS ÉCONOMIQUES EN INGÉNIERIE

Quel rôle l'ingénieur joue-t-il au sein d'une entreprise ? Quelles tâches précises lui assigne-t-on ? Quels sont les outils et les techniques dont il dispose pour accroître les bénéfices de l'entreprise ? On lui demande de participer à divers processus de prise de décision : les domaines touchés vont de la fabrication au financement en passant par la commercialisation. Toutefois, nous ne nous attacherons ici qu'à différentes décisions économiques liées aux projets d'ingénierie. Nous les désignerons sous le nom de **décisions économiques en ingénierie.**

Dans une usine, l'ingénierie intervient à toutes les étapes de la production, soit de la conception technique d'un produit à son expédition. En fait, la majorité des coûts de production (85 %, selon certains) sont justifiés par des décisions d'ingénierie. L'ingénieur doit chercher à utiliser efficacement les immobilisations telles que les bâtiments et la machinerie. L'une de ses principales tâches consiste à planifier l'acquisition de l'équipement (**dépenses en immobilisations**) qui permettra à l'entreprise de concevoir et de fabriquer des produits de façon économique.

À l'achat de tout bien immobilisé, d'équipement, par exemple, il faut estimer les bénéfices (plus précisément, les rentrées d'argent) que ce bien permettra de réaliser au cours de sa période de service. En d'autres termes, les décisions relatives aux dépenses en immobilisations doivent reposer sur la prévision de l'avenir. Supposons que vous envisagez l'achat d'une machine à ébavurer afin de répondre à une demande anticipée de moyeux et de douilles servant à produire des manchons à engrenages. Vous vous attendez à ce que la machine dure 10 ans. Cette décision d'achat implique donc des prévisions de vente de manchons à engrenages s'étendant sur 10 ans, ce qui signifie que vous devrez attendre longtemps avant de savoir si l'achat était justifié.

Une mauvaise estimation des besoins en immobilisations peut avoir de graves conséquences. En effet, un investissement excessif engage des dépenses inutilement lourdes. Mais le contraire est aussi néfaste, car l'équipement de l'entreprise peut alors devenir trop désuet pour lui permettre de fabriquer des produits concurrentiels et, sans une capacité adéquate, elle risque de perdre au profit de ses concurrents une partie de sa part du marché. Pour retrouver les clients perdus, elle devra assumer des coûts de marketing élevés et peut-être même réduire ses prix et/ou apporter des améliorations à ses produits, autant de solutions occasionnant de grandes dépenses.

1.3.3 LES DÉCISIONS ÉCONOMIQUES PERSONNELLES

Si l'ingénieur peut aider l'entreprise à utiliser efficacement ses biens, c'est à chacun de nous qu'il incombe d'assurer la bonne gestion de ses affaires personnelles. Une fois que nous avons acquitté les frais non discrétionnaires tels que le logement, la nourriture, la garde-robe et le transport, nous pouvons appliquer l'argent qui reste à des dépenses discrétionnaires comme les loisirs, les voyages, les investissements, etc. Quand nous choisissons d'investir de l'argent, nous voulons en tirer un profit maximal, en fonction d'un risque acceptable. Dans ce domaine, les choix sont illimités: comptes d'épargne, certificats de placement garantis, actions, obligations, fonds communs de placement, régimes enregistrés d'épargne retraite, propriétés à revenus, terrains, intérêts dans une entreprise, etc.

Mais comment choisir? L'analyse des possibilités d'investissement personnel et la prise des décisions économiques en ingénierie s'appuient sur les mêmes techniques. Ici encore, l'enjeu consiste à prévoir le rendement futur d'un investissement. En effet, un choix judicieux peut se révéler très rémunérateur et un mauvais choix, désastreux. Ainsi, certaines personnes qui possédaient des actions de la mine d'or BreX les ont vendues avant le début de l'enquête sur la fraude : elles sont devenues millionnaires. D'autres, qui les avaient gardées, ont tout perdu.

Une stratégie d'investissement judicieuse vise à déterminer la prise de risque, et ce en ayant recours à la diversification des investissements. Il est donc préférable de procéder à des investissements aussi bien à risque réduit qu'à risque élevé dans un certain nombre de secteurs d'activités. Ainsi, puisque votre argent n'est pas concentré dans un seul endroit, le risque de tout perdre est fortement diminué.

1.4 LES PROJETS D'INGÉNIERIE À GRANDE ÉCHELLE

Lorsqu'il s'agit de mettre au point un produit, l'entreprise fait appel à ses ingénieurs, dont la tâche consiste à passer de l'idée à la réalité. Dans le monde des affaires, la croissance s'appuie en grande partie sur un flot constant d'idées menant à la création de nouveaux produits ; en outre, pour demeurer concurrentielle, l'entreprise doit améliorer sa production existante ou en réduire le coût. Selon la méthode traditionnelle, le service du marketing propose un produit et soumet sa recommandation au service d'ingénierie. Ce dernier en effectue la conception technique puis l'envoie au service de fabrication, qui le réalise. Lorsqu'on s'en tient à un tel cycle de développement, un nouveau produit met normalement plusieurs mois (ou même des années) à atteindre le marché. Un fabricant d'outils, par exemple, a habituellement besoin de 3 ans pour mettre au point et commercialiser une nouvelle machine-outil. Or, la société Ingersoll-Rand, chef de file dans ce domaine, a réussi à réduire du tiers le temps normalement nécessaire à la mise au point de ses produits. Comment y est-elle arrivée ? Un groupe d'ingénieurs a examiné le cycle de développement afin de déterminer pourquoi les choses traînaient en longueur ; il a ainsi découvert comment resserrer les délais dont la durée paralysait la création des produits. Dans la prochaine section, vous verrez comment l'idée d'un ingénieur concepteur a abouti à l'élaboration d'un produit de consommation populaire.

1.4.1 L'ÉVOLUTION D'UNE IDÉE DE PROJET TYPE

Par bien des côtés, le rasoir Sensor de Gillette (figure 1.1), introduit sur le marché en janvier 1990, ne représente pas le projet « typique ». En fait, il s'agit du projet le plus coûteux jamais réalisé par la société Gillette, et son succès a été tout simplement phénoménal : c'est actuellement le rasoir le plus vendu dans les 39 pays où il a été lancé. Moins de 2 ans après son introduction, Gillette fabriquait la milliardième cartouche Sensor.

RÉSUMÉ DU DÉVELOPPEMENT DU PRODUIT (SENSOR)

Brevets ....18 délivrés, 4 en instance
Pièces 23
Processus d'assemblage ....34 étapes
Durée du développement ....13 ans
Capital investi ....125 millions de dollars*
Recherche et développement..............................75 millions de dollars*
Publicité en 1990 ....110 millions de dollars*
Prix de détail...3,75 $ pour le rasoir et trois lames

*Dollars américains

L'examen de l'évolution du projet à l'origine du rasoir Sensor fait ressortir un certain nombre d'étapes et d'événements communs à la plupart des projets d'investissement en ingénierie (voir plus haut). Les extraits qui suivent sont tirés du *Business Week* du 29 janvier 1990. D'autres informations ont été fournies par Gillette.

À Reading (Grande-Bretagne), les installations de recherche de la société Gillette comptent 40 ingénieurs, métallurgistes et physiciens qui passent leurs journées à penser presque exclusivement au rasage. En 1977, l'un d'eux eut une brillante idée. John Francis était déjà arrivé à créer une lame de rasoir plus mince grâce à laquelle les cartouches Gillette seraient plus faciles à nettoyer. Puis l'ingénieur concepteur se rappela une idée avec laquelle il jonglait depuis des années: monter les lames amincies sur des ressorts afin qu'elles épousent les contours du visage. Après avoir construit un prototype simple et l'avoir mis à l'essai, il se dit que «Ce n'était pas mal du tout». Il fit donc part de son idée à son patron et passa ensuite à un autre projet[3].

Figure 1.1
Sensor, le nouveau rasoir de la société Gillette présenté en 1990

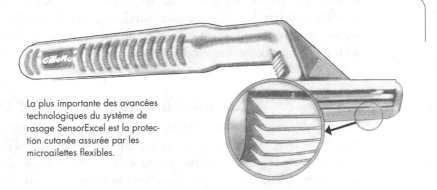

La plus importante des avancées technologiques du système de rasage SensorExcel est la protection cutanée assurée par les microailettes flexibles.

---

3. *Business Week*, 29 janvier 1990.

Pour une entreprise, l'idée de départ d'un projet d'investissement, qu'elle soit née d'une inspiration ou d'un besoin, peut déboucher sur une toute nouvelle initiative, ou encore, sur l'expansion ou le perfectionnement d'initiatives existantes. Dans le cas du Sensor, l'idée de John Francis aboutit à une amélioration si profonde que consommateurs et concurrents le considérèrent comme le premier d'une nouvelle génération de rasoirs.

L'exemple du Sensor démontre aussi qu'il peut s'écouler un long délai entre le moment où l'idée se précise et celui où elle se matérialise sous la forme d'un produit fini, prêt à la vente. Cet intervalle peut varier considérablement suivant les secteurs d'activité. Pour les fabricants d'ordinateurs, par exemple, il importe que les projets d'investissement soient mis en œuvre rapidement, car les techniques avec lesquelles ils travaillent et se font concurrence évoluent vite.

Le choix des matières et des procédés compte parmi les décisions de base qui influent le plus sur les coûts d'un projet. Avec le Sensor, Gillette eut à faire face à des problèmes particulièrement épineux :

> Gillette utilisait du plastique styrénique pour mouler ses cartouches de lames : c'était une matière bon marché et facile à travailler. Mais, comme le démontrèrent les tests, le ressort de styrène perdait de son élasticité avec le temps. Les ingénieurs se tournèrent alors vers le Noryl, une résine plus résistante qui conservait son élasticité[4].

Non seulement la société Gillette innova-t-elle en utilisant une nouvelle matière pour réaliser la cartouche Sensor, mais encore prit-elle une remarquable décision au sujet de la fabrication :

> Indépendamment l'une de l'autre, les lames Sensor devaient « flotter » sur les ressorts. Pour satisfaire à cette exigence, elles devaient être assez rigides pour garder leur forme – bien que chacune fût aussi mince qu'une feuille de papier. Les ingénieurs décidèrent donc d'attacher chaque lame à une barre de soutien plus épaisse, en acier.
>
> Mais comment y parvenir ? Pour la fabrication en série, la colle était trop compliquée et coûteuse à utiliser. Il fallut se tourner vers les lasers. Tablant sur un procédé plus couramment utilisé pour fabriquer des objets tels que les stimulateurs cardiaques, les ingénieurs construisirent un prototype de laser : sans créer de chaleur susceptible d'en abîmer le tranchant, il soudait par points chaque lame à un support[5].

Comme dans tout projet d'investissement, les matières et les procédés de fabrication nécessaires à la mise au point du Sensor avaient une incidence financière. Or, quelle que soit la nature du projet, l'estimation des coûts est l'une des tâches les plus cruciales :

> Sensor fut le projet le plus onéreux jamais entrepris par Gillette : au moment où le rasoir fit son entrée dans les magasins, la société avait consacré approximativement 200 millions de dollars à la recherche, à l'ingénierie et à l'outillage[6].

---

4. *Ibid.*

5. *Ibid.*

6. *Ibid.*

En général, les analyses économiques des ingénieurs englobent les coûts relatifs au matériel, aux matières, à l'outillage et à la main-d'œuvre. Toutefois, certains n'ont pas l'habitude de prendre en compte les frais de publicité, de promotion et de relations publiques. Dans le cas du Sensor, ces frais ajoutèrent 110 millions de dollars au coût total du projet. Quoi qu'il en soit, une fois l'estimation des coûts effectuée, ce sont les rentrées d'argent qu'il faut considérer avant de prendre la décision d'accepter ou de rejeter un projet :

> Pour justifier son investissement dans le Sensor, Gillette doit connaître un immense succès. Pour couvrir les seuls frais de publicité, le nouveau rasoir doit ajouter environ quatre points de pourcentage à la part de marché que détient la société aux États-Unis et en Europe.
>
> Ces pressions expliquent aussi en partie pourquoi la société a tant tardé à lancer le Sensor. Ses dirigeants hésitaient à faire l'énorme investissement nécessaire à sa fabrication et à sa commercialisation, car ils savaient qu'ils pouvaient encore tirer des bénéfices prodigieux des rasoirs existants[7].

Manifestement, un projet supposant un investissement appréciable doit être justifié par un rendement non moins appréciable. Pour le Sensor, le budget de publicité constituait à lui seul une dépense substantielle ; pour rentrer dans ses frais, la société devait augmenter de 4 % sa part de marché. En outre, quand les opérations d'une entreprise rapportent déjà des bénéfices satisfaisants, celle-ci peut hésiter à lancer un nouveau projet susceptible d'échouer ou de compromettre les opérations existantes en accaparant une partie de leurs ressources et de leurs ventes. (De fait, les ventes du nouveau Sensor dépassèrent celles d'autres produits Gillette, soit le Trac II et l'Atra, mais dans une mesure moindre que prévue.)

Si poussée soit-elle, aucune étude de marché ne peut garantir le succès d'un produit. L'estimation aussi exacte que possible des coûts et des rentrées d'argent est une étape cruciale pour l'entreprise qui doit décider si elle poursuit ou non un projet. Mais on ne peut en constater le succès ou l'échec qu'une fois le projet mis sur pied et évalué en fonction des prévisions relatives à sa réussite. Le succès du Sensor étant solidement établi, le risque pris par la société Gillette se trouve justifié.

Dans une entreprise, tout employé constitue pour ainsi dire une source potentielle d'idées menant à la réalisation de nouveaux produits ou à l'amélioration de ceux qui existent déjà. Du reste, les ingénieurs qui jouent un rôle actif dans la production ou la commercialisation proposent souvent d'intéressantes améliorations. Certes, le processus peut être long. Comme vous pouvez le constater dans notre exemple, il s'est écoulé 13 ans avant que l'idée de John Francis se matérialise. Heureusement, toutes les idées soumises par les ingénieurs ne mettent pas autant de temps à se concrétiser.

---

7. *Ibid.*

1.4.2   L'INCIDENCE DES PROJETS D'INGÉNIERIE SUR LES ÉTATS FINANCIERS

Les ingénieurs doivent comprendre le contexte dans lequel une entreprise prend ses principales décisions commerciales. S'il est important qu'un projet d'ingénierie rapporte des bénéfices, il doit aussi consolider l'ensemble de la situation financière de l'entreprise. Comment peut-on mesurer le succès que la société Gillette connaîtra avec le projet Sensor? Vendra-t-elle assez de rasoirs de ce modèle, par exemple, pour que le secteur des lames demeure sa principale source de bénéfices? Bien que le Sensor promette d'offrir aux consommateurs un rasage confortable, sûr et bon marché, l'essentiel demeure son rendement financier à long terme.

Quelle que soit sa forme, toute entreprise doit produire des états financiers de base à la fin de chaque cycle d'exploitation (dont la durée est en général d'un an). C'est sur ces états financiers que se fonde l'analyse des investissements futurs. En pratique, il est rare que les décisions relatives aux investissements s'appuient uniquement sur l'estimation de la rentabilité d'un projet, car il faut aussi considérer son effet global sur la santé et la situation financière de l'entreprise.

Supposons que vous êtes le président de la société Gillette. Par ailleurs, en tant que détenteur d'actions, vous êtes aussi l'un de ses nombreux propriétaires. Quels objectifs vous fixeriez-vous? Toutes les entreprises se lancent dans le monde des affaires dans l'espoir de faire des **bénéfices**; pourtant, ce qui détermine la valeur marchande d'une entreprise, ce ne sont pas ses bénéfices eux-mêmes, mais ses **mouvements, ou flux de trésorerie** (*cash flow*). Après tout, ses futurs investissements et sa croissance sont tributaires de l'argent dont elle dispose. Par conséquent, l'un de vos objectifs devrait être d'augmenter le plus possible la valeur qu'elle représente pour ses propriétaires (y compris vous-même). Or, le **cours du marché** des actions de votre société correspond jusqu'à un certain point à cette valeur. Par ailleurs, de nombreux facteurs influent sur la valeur marchande d'une société: les bénéfices présents et futurs, l'échelonnement et la durée de ces bénéfices, de même que les risques qui leur sont associés. Bien sûr, toute décision d'investissement heureuse fera augmenter la valeur marchande de la société. Le cours des actions peut constituer un bon indicateur de la santé financière de votre entreprise; il peut aussi refléter l'attitude du marché quant à la façon dont ses gestionnaires répondent aux attentes des propriétaires.

Voici la situation financière de la société Gillette avant et après l'introduction du rasoir Sensor sur le marché.

COUP D'ŒIL SUR LA SOCIÉTÉ GILLETTE*				
Exercice terminé (31 déc.)	1997	1995	1990	1989
Chiffre d'affaires	10 062 $	6 795 $	4 345 $	3 819 $
Bénéfice net	1 427 $	824 $	368 $	285 $
Bénéfice par action	1,27 $	0,97 $	0,36 $	0,29 $
Actions ordinaires en circulation**	1 118	1 100	906	904
Actif total	10 804 $	6 340 $	3 671 $	3 114 $
Passif total	6 023 $	3 827 $	2 805 $	2 444 $
Valeur nette	4 841 $	2 513 $	866 $	670 $

*En millions de dollars américains, sauf le nombre des actions

**Millions d'actions

Examinons maintenant en quoi la situation financière de la société Gillette a changé entre 1989 et 1990. En 1990, les ventes s'élevaient à près de 4,345 milliards de dollars. Ces ventes reposaient sur les 3,671 milliards d'actif (ce qu'elle possède) et les 2,805 milliards de dollars de passif (ce qu'elle doit à ses créanciers) de la société. La valeur nette de 866 millions représente la portion de l'actif fournie par les investisseurs (propriétaires ou actionnaires). Le tableau indique des bénéfices nets de 368 millions, mais seuls 311 millions revenaient aux actionnaires ordinaires (après le versement de 57 millions de dividendes en espèces à ses actionnaires privilégiés). Gillette avait environ 906 millions d'actions ordinaires en circulation, de sorte que son bénéfice par action s'élevait à 0,34 $. (On calcule le **bénéfice par action** en divisant le bénéfice net revenant aux actionnaires ordinaires par le nombre d'actions ordinaires en circulation.) Le montant du bénéfice par action représente une augmentation de 18 % par rapport à celui de 1989.

Comme le nouveau produit plaisait aux investisseurs, la demande pour les actions de la société augmenta. Cela eut pour effet d'accroître leur cours et, partant, la richesse des actionnaires. En 1994, le franchisage du système de rasage Sensor avait continué de connaître une importante expansion, et un tiers du montant total des ventes de lames et de rasoirs Gillette lui était attribuable. Ce progrès avait été accéléré par le succès des systèmes de rasage Sensor pour femmes (lancé au milieu de l'année 1992) et SensorExcel (lancé en 1994). En fait, le rasoir Sensor, produit nouveau, de haute technologie et fortement publicisé, connut un succès retentissant et, à la fin de l'année 1995, contribua à pousser les actions de Gillette vers un sommet jamais atteint. La valeur marchande de la société continua donc d'augmenter jusqu'en 1997.

EXERCICE (31 DÉC.)	COURS DES ACTIONS	VALEUR MARCHANDE
1997	38,88 $	43,040 milliards
1996	26,06 $	28,666 milliards
1995	26,06 $	23,143 milliards
1994	18,72 $	16,692 milliards
1993	14,91 $	13,117 milliards
1990	7,84 $	3,043 milliards
1989	6,13 $	2,364 milliards

Toute décision d'investissement heureuse de l'importance du projet Sensor tend à faire monter le cours des actions d'une société et à stimuler un succès de longue durée. Aussi, avant de prendre une décision concernant un projet d'ingénierie à grande échelle, on doit tenir compte de son incidence possible sur la valeur marchande de la société.

1.5 LES CATÉGORIES DE DÉCISIONS STRATÉGIQUES DE NATURE ÉCONOMIQUE EN INGÉNIERIE

La société Gillette a lancé avec succès un nouveau produit et reconquis la part de marché passée aux mains de ses concurrents. Le scénario est classique : quelqu'un a une bonne idée, la mène à bien et obtient de bons résultats. Des projets comme celui du Sensor peuvent émaner de différents niveaux dans une entreprise. Comme certaines idées sont bonnes et d'autres pas, on doit établir des mécanismes de présélection des projets. Beaucoup de grandes sociétés possèdent une filiale spécialisée dans l'analyse des projets, qui se consacre à la recherche d'idées, de projets et d'initiatives inédits. Les idées formulées entrent en général dans l'une ou l'autre des catégories suivantes : 1) le choix des équipements et des procédés, 2) le remplacement des équipements, 3) la fabrication de nouveaux produits et l'accroissement de la production existante, 4) la réduction des coûts et 5) l'amélioration du service ou de la qualité. Grâce à cette classification, la direction se penche sur les questions clés. Par exemple, l'usine actuelle permet-elle d'atteindre les nouveaux niveaux de production ? La société possède-t-elle les connaissances et le savoir-faire nécessaires pour procéder à ce nouvel investissement ? La nouvelle proposition justifie-t-elle le recrutement de nouveau personnel technique ? Les réponses à ces questions aident l'entreprise à éliminer les propositions que ses ressources ne lui permettent pas de réaliser.

Le projet Sensor est un exemple de décision d'ingénierie assez complexe pour nécessiter l'approbation de la haute direction et du conseil d'administration. Pratiquement toutes les grandes sociétés font face un jour ou l'autre à des décisions d'investissement de cette ampleur. En général, plus l'investissement est important, plus il exige une analyse poussée. Par exemple, les dépenses consacrées à l'accroissement de la production existante ou à la fabrication d'un nouveau produit demandent invariablement une justification économique très détaillée. C'est d'ordinaire à un haut niveau que se prennent les décisions finales concernant les nouveaux produits, ou encore, les décisions portant sur la commercialisation. Par contre, les questions relatives à la réparation d'un équipement endommagé peuvent être résolues à un niveau inférieur. Dans cette section, nous présentons de nombreux cas réels pour illustrer les différentes catégories de décisions économiques en ingénierie. À ce stade-ci, notre intention n'est pas de fournir la solution à chacun des cas, mais plutôt de décrire la nature des problèmes auxquels l'ingénieur doit faire face dans la réalité.

1.5.1 LE CHOIX DES ÉQUIPEMENTS ET DES PROCÉDÉS

Lorsqu'il existe divers moyens de réaliser un projet, il faut choisir le meilleur : voilà la nature de cette première catégorie de décision économique. Parmi les divers appareils proposés, lequel faut-il acheter pour répondre à un besoin donné ? Le choix consiste souvent à déterminer celui qui est susceptible d'offrir les plus grandes économies (ou le meilleur rendement du capital investi). L'exemple 1.1 illustre un problème de choix de procédé.

Exemple 1.1

Le choix des matériaux servant à la fabrication d'une carrosserie d'automobile

Les ingénieurs de General Motors veulent étudier la possibilité d'utiliser des matières et des procédés de rechange pour la production de panneaux de carrosserie extérieurs. Leur choix porte sur deux matières : la tôle et le polymère renforcé de fibre de verre, appelé mélange à mouler en feuille (SMC), que montre la figure 1.2. D'habitude, les panneaux de carrosserie extérieurs sont faits de tôle d'acier. D'un coût peu élevé, elle se prête à l'emboutissage, procédé de fabrication à très grand débit ayant fait ses preuves. Par ailleurs, le polymère renforcé satisfait facilement aux exigences fonctionnelles des panneaux de carrosserie (comme la solidité et la résistance à la corrosion). Or, les mérites économiques respectifs de l'acier et du plastique alimentent une vive controverse parmi les ingénieurs. Leur opposition découle en grande partie de l'énorme différence qui existe dans les structures de coût des deux matières.

Dérivé du pétrole, le plastique est, par nature, plus coûteux que l'acier ; de plus, comme le processus de moulage met en jeu une réaction chimique, son cycle est plus lent. Toutefois, la machinerie et l'outillage qu'il requiert coûtent moins cher que ceux utilisés pour l'acier : les pressions nécessaires au moulage sont relativement basses, l'outillage ne subit pas d'abrasion, et la manipulation est réduite à l'unique étape de pressage. Par conséquent, le plastique nécessiterait un investissement de départ inférieur à celui de l'acier, mais des dépenses en matières plus élevées. Sur le plan économique, aucune des deux matières n'est manifestement supérieure à l'autre. Alors, quel volume de production annuel doit-on atteindre pour que le plastique devienne plus économique ?

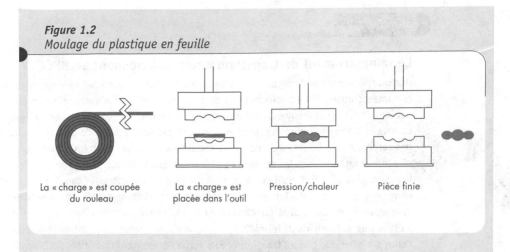

Figure 1.2
Moulage du plastique en feuille

La « charge » est coupée du rouleau

La « charge » est placée dans l'outil

Pression/chaleur

Pièce finie

DESCRIPTION	PLASTIQUE SMC	STOCK DE TÔLES D'ACIER
Coût de la matière ($/kg)	1,65 $	0,77 $
Investissement en machinerie	2,1 millions	24,2 millions
Investissement en outillage	0,683 million	4 millions
Durée du cycle (minute/pièce)	2,0	0,1

Commentaires : *Le procédé de fabrication des panneaux de carrosserie dépendra du choix du matériau. De nombreux facteurs influeront sur ce choix, et les ingénieurs devront tenir compte des principaux éléments de coût : machinerie et équipement, outillage, main-d'œuvre et matières. Parmi les autres facteurs, mentionnons le pressage et l'assemblage, les rejets de production, le nombre des matrices et des outils, ainsi que la durée du cycle de différents procédés.*

1.5.2   LE REMPLACEMENT DES ÉQUIPEMENTS

Cette catégorie de décision d'investissement concerne l'examen des dépenses nécessaires au remplacement des équipements usés ou obsolètes. Par exemple, à l'achat de dix grandes presses, une entreprise peut s'attendre à ce qu'elles produisent des pièces de métal matricées pendant 10 ans. Après 5 ans, toutefois, elle peut se voir obligée de fabriquer ces pièces en plastique, ce qui exigerait le retrait prématuré des presses et l'achat de machines à mouler le plastique. De même, une entreprise peut constater que, pour faire face à la concurrence, elle doit fabriquer des pièces plus grandes et mieux adaptées : les machines qu'elle a achetées deviendront donc obsolètes plus tôt que prévu. L'exemple 1.2 offre une illustration réelle de ce type de décision.

Exemple 1.2

Le remplacement de transformateurs fonctionnant au BPC

Une grande entreprise de production et de transport d'énergie possède une centrale nucléaire. Cette centrale comporte 44 transformateurs électriques dont les systèmes isolants contiennent un liquide à base de biphényle polychloré (BPC). Ce liquide agit comme fluide de refroidissement. Comme le montre la figure 1.3, le liquide, poussé par des courants de convection, circule autour des serpentins. Le liquide « chaud » passe ensuite à l'extérieur du transformateur, où il se refroidit ; puis il retourne vers les serpentins, et le processus se répète. Lorsqu'un transformateur prend feu ou explose, les BPC qu'il contient peuvent former des composés cancérogènes extrêmement dangereux pour la santé humaine. Les règlements gouvernementaux interdisent maintenant la production de BPC. Les transformateurs qui en contiennent sont remplacés ou modifiés de manière à utiliser un autre fluide de refroidissement. Une étude interne d'évaluation des risques menée par l'entreprise indique que les transformateurs actuels présentent une faible probabilité d'explosion. Or, à la suite de l'incendie d'un de ces transformateurs, les frais de nettoyage pourraient atteindre entre 15 et 100 millions de dollars. L'étude conclut aussi que les transformateurs présentant le plus grand risque sont ceux qui se trouvent dans le bâtiment de la turbine, qui offre un vaste espace ouvert susceptible d'être contaminé en cas de défaillance brutale[8].

Figure 1.3
Un transformateur à refroidissement par liquide*

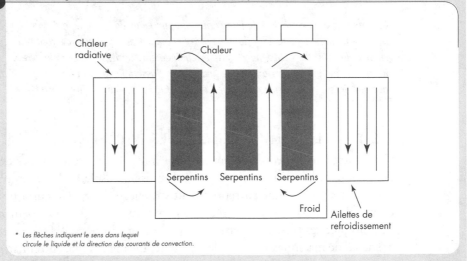

* *Les flèches indiquent le sens dans lequel circule le liquide et la direction des courants de convection.*

L'entreprise a une décision à prendre : continuer de s'accommoder des risques environnementaux bien connus des BPC ou réduire ces risques en optant pour l'une ou l'autre des options suivantes :

---

8. Ce cas a été présenté par Rob Wright, Mike Whitt et Philip Wilson.

- **Option 1 :** Remplacer les 44 appareils par des transformateurs à isolant liquide sans danger. La puissance diélectrique élevée de ces derniers offre une flexibilité permettant de répondre aux besoins particuliers dans des conditions de fonctionnement optimales, de sorte que leur coût d'utilisation peut être moindre.

- **Option 2 :** Remplacer les 24 appareils qui se trouvent dans l'espace ouvert par des transformateurs à isolant liquide et conserver les autres. Avec ce remplacement partiel, il reste encore 20 transformateurs qui présentent des risques.

- **Option 3 :** Modifier tous les transformateurs en remplaçant le liquide contenant des BPC par un fluide silicone non toxique et sans danger pour l'environnement. Cette solution risque toutefois de réduire la puissance nominale des transformateurs.

Les transformateurs à isolant liquide coûtent 30 000 $ chacun, et les transformateurs modifiés, 14 000 $ chacun. Les frais d'entretien annuels couvrant les pièces et la main-d'œuvre sont estimés à 500 $ par appareil modifié et à 300 $ par appareil remplacé. Les frais de nettoyage consécutifs à un accident s'élèveraient au bas mot à 80 millions de dollars sur une période de 20 ans. Sachant que le taux de défaillance estimatif d'un transformateur est de 0,6 % pour sa durée de vie, les ingénieurs concluent que, sur une période d'exploitation de 20 ans, il est hautement probable qu'un incident survienne.

Commentaires : *Dans cet exemple, la décision concerne une dépense destinée à remplacer un équipement utilisable, mais potentiellement dangereux en cas d'accident. Pour résoudre ce problème, on doit tenir compte des conséquences économiques d'un accident, même si sa probabilité est relativement faible. Par ailleurs, comme le public est de plus en plus sensibilisé au danger des transformateurs, les ingénieurs doivent considérer les aspects du problème que constituent l'environnement et la sécurité. Or, l'utilisation, la production ou l'élimination du fluide au silicone ne produisent sur l'environnement aucun effet indésirable connu. Du reste, cette substance est abondamment utilisée dans les fixatifs capillaires, les produits pour le soin de la peau, les antiacides et même l'industrie alimentaire. De plus, elle peut être régénérée et réutilisée.*

1.5.3 LA FABRICATION DE NOUVEAUX PRODUITS ET L'ACCROISSEMENT DE LA PRODUCTION EXISTANTE

Les investissements appartenant à cette catégorie augmentent les rentrées d'argent de l'entreprise dans la mesure où ils accroissent son rendement. Voici deux types de problèmes décisionnels courants relatifs à l'expansion. Le premier met en jeu des décisions concernant les dépenses destinées à augmenter le rendement des installations de production ou de distribution existantes. La question fondamentale qui se pose alors est la suivante : Doit-on construire ou acquérir de nouvelles installations ? Les rentrées d'argent prévues relativement à un tel investissement correspondent aux bénéfices réalisés grâce aux biens et services produits dans la nouvelle usine. Le second type de problème concerne les dépenses nécessaires à la fabrication d'un nouveau produit ou à l'extension des activités à une nouvelle région géographique. Ces projets exigent normalement l'investissement à long terme de fortes sommes d'argent. Pour illustrer ces problèmes d'expansion, nous présentons deux exemples.

Exemple 1.3

La commercialisation d'un système de prototypage rapide

Chef de file dans le domaine de la chimie, la société E. I. DuPont de Nemours lance une nouvelle entreprise, Somos, afin de mettre au point et de commercialiser un système de prototypage rapide. Cette technique gérée par ordinateur permet aux ingénieurs de dessiner et de réaliser, en quelques heures seulement, des prototypes en plastique de pièces complexes. La figure 1.4 illustre un système de prototypage rapide.

Figure 1.4
Exemple type de système de prototypage rapide

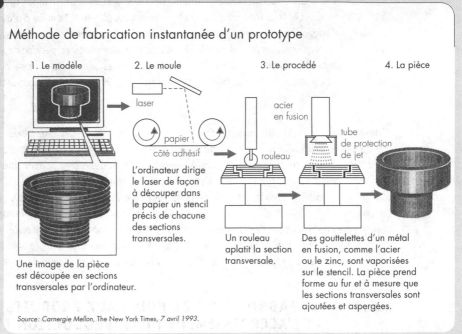

Méthode de fabrication instantanée d'un prototype

1. Le modèle   2. Le moule   3. Le procédé   4. La pièce

laser

papier
côté adhésif

L'ordinateur dirige le laser de façon à découper dans le papier un stencil précis de chacune des sections transversales.

Une image de la pièce est découpée en sections transversales par l'ordinateur.

acier en fusion

rouleau

Un rouleau aplatit la section transversale.

tube de protection de jet

Des gouttelettes d'un métal en fusion, comme l'acier ou le zinc, sont vaporisées sur le stencil. La pièce prend forme au fur et à mesure que les sections transversales sont ajoutées et aspergées.

Source : Carnergie Mellon, The New York Times, 7 avril 1993.

Grâce au prototypage rapide, les concepteurs arrivent à terminer en moins de 3 semaines des projets auxquels ils consacraient auparavant 6 mois ou plus. Ils peuvent aujourd'hui s'acquitter en un jour ou deux de travaux qui s'étendaient sur plusieurs semaines. Comparativement aux méthodes traditionnelles, le prototypage rapide permet aussi d'économiser des dizaines de milliers de dollars par pièce en frais de modélisation.

Dans certaines entreprises, cette technique peut de plus donner naissance à une réelle fabrication juste à temps. Ainsi, un atelier de pièces de remplacement pour automobiles pourrait simplement stocker des poudres de métal et de plastique ainsi qu'une bibliothèque de programmes d'ordinateurs, afin de fabriquer sur-le-champ les pièces dont le consommateur a besoin. Le projet nécessite un investissement de 40 millions de dollars de la part de DuPont, et, une fois mis au point, le système de prototypage se vendra 385 000 $.

Commentaires : Dans ce cas, les questions fondamentales s'appliquent au lancement d'un nouveau produit : Cela vaut-il la peine de consacrer 40 millions de dollars à la commercialisation du système de prototypage rapide ? Combien faudra-t-il vendre de systèmes pour récupérer l'argent investi ? Les rentrées escomptées ici correspondent aux bénéfices réalisés grâce aux biens et services issus du nouveau produit. Ces bénéfices seront-ils assez importants pour justifier l'investissement en équipement et les frais de fabrication et de lancement du produit ?

Exemple 1.4

La vidéo venue du ciel

En 1995, la société Hughes Communications commence à diffuser directement de l'espace 150 chaînes de télévision dans des foyers du territoire continental des États-Unis. Hughes offre une télédiffusion personnalisée : ses clients ont la possibilité de choisir ce qu'ils veulent et de ne payer que pour les émissions qu'ils regardent. Comme l'explique la figure 1.5, les clients peuvent maintenant capter les signaux de Hughes avec des antennes paraboliques orientables de 45 centimètres – soit à peu près le diamètre d'une grande pizza – plutôt qu'avec les antennes de 3 mètres souvent installées à l'arrière des maisons dans les régions rurales[9]. La société a déjà fixé les frais pour son service de départ, mais, d'ici les prochaines années, ses dirigeants prévoient offrir les mêmes tarifs mensuels que les services de câblodiffusion. Grâce à la précision des signaux numériques, le service transmet des sons et des images ayant la fidélité et la netteté des films sur disque laser. Malgré cela, les risques sont énormes – et pas seulement parce que le coût du projet s'élève à 1 milliard de dollars. En effet, en dépit du lustre que lui confère sa technologie de l'ère spatiale, le système satellite pourrait être considéré comme démodé d'ici seulement 2 ou 3 ans, alors qu'une nouvelle génération de systèmes de câblodiffusion pourrait l'éclipser.

Pour attirer les clients, la société Hughes prévoit en 1996 des frais de 40 millions de dollars en publicité. Elle vend aussi des droits de franchisage totalisant environ 125 millions de dollars à des services publics ruraux de téléphone et d'électricité. Ces entreprises sont chargées de commercialiser les antennes paraboliques et les services de diffusion dans leur région respective. Comme prévu, le système est en pleine activité à l'automne 1995. La société compte atteindre son seuil de rentabilité dès la fin de l'année 1996, avec 3 millions de clients qui devraient dépenser une moyenne de 30 $ par mois. Elle prévoit desservir 10 millions de foyers en 2000, soit 10 % du marché de la télédiffusion. Pourtant, certains experts demeurent sceptiques[10]. En effet, au coût de 700 $, le récepteur de signaux transmis par satellite et le boîtier décodeur sont chers, et les clients doivent quand même acquitter des frais mensuels comparables à ceux des services de câblodiffusion ordinaires. En outre, le système ne peut assurer la transmission des informations et des émissions locales, car il diffuse à l'échelle nationale. Enfin, à moins que les clients n'achètent des antennes de luxe à 900 $, ils sont incapables de raccorder au système un deuxième appareil de télévision situé dans une autre pièce.

---

9. « Betting Big on Small-Dish TV », *The New York Times*, 15 décembre 1993.

10. Au milieu de l'année 1999, le nombre des abonnés atteignait 7,4 millions, et le service était offert au Canada.

Figure 1.5
Un pari sur les petites antennes : les satellites DirecTV de la société Hughes

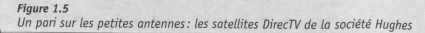

La vidéo venue du ciel

Les satellites DirecTV de la société Hughes diffuseront des émissions de télévision, de la musique d'une qualité comparable à celle des disques laser, des films à la carte et des événements sportifs même dans les régions rurales du territoire continental des États-Unis non desservies par les services de câblodiffusion. L'été prochain, des satellites de 3 000 kilogrammes seront placés sur une orbite fixe, à 38 000 kilomètres au-dessus de l'équateur. Les clients devront acheter une antenne parabolique de 700 $ et payer des tarifs mensuels comparables à ceux des services de câblodiffusion.

Panneau solaire

Réflecteur

Antennes

1. La programmation distribuée au centre de radiotélévision DirecTV de Castle Rock, au Colorado, sur bande vidéo ou encore par satellite ou câble optique sera traduite en langage informatique, soit en uns et en zéros, comprimée, cryptée et transmise à l'un des deux satellites.

3. Les réflecteurs des satellites retransmettront le signal de façon à ce que les régions fortement ennuagées et pluvieuses le reçoivent avec plus de puissance.

Antennes d'émission

Antennes de réception

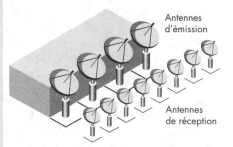

Convertisseur

Antenne

2. Le centre hautement automatisé de Castle Rock aura presque 300 lecteurs vidéo qui suivront un horaire informatisé rédigé à Los Angeles. De grandes antennes paraboliques orientables seront en mesure de transmettre simultanément aux satellites jusqu'à 216 chaînes de programmation.

4. Un menu apparaissant sur l'écran du téléviseur utilise le code postal régional pour calculer l'angle selon lequel le client doit placer l'antenne de 45 centimètres. Un boîtier décodeur décrypte la programmation pour laquelle le client a payé et comptabilise les frais des émissions à la carte.

Source : Direct TV, The New York Times, 15 décembre 1993.

Les dirigeants de la société Hughes soutiennent qu'ils peuvent faire de l'argent même s'ils ne s'emparent pas d'une part importante du marché de la câblodiffusion. Plus de 9 millions de foyers américains n'ont pas accès à la télévision par câble et environ 5 % ne reçoivent pas les grands réseaux de radiotélévision. Approximativement 2 millions de ménages possèdent déjà une grande antenne parabolique. On ignore encore combien d'entre eux seraient prêts à la changer pour une petite, ou combien de ceux qui ont refusé de payer 2 000 $ pour une grande antenne se laisseraient convaincre de débourser 700 $ pour les appareils de Hughes. Les analystes pensent que la société a de bonnes chances d'atteindre son objectif de 10 millions de clients, mais ils ne croient pas qu'elle puisse dépasser ce nombre.

Commentaires : *La décision d'investissement dont il est question ici concerne les dépenses nécessaires à une expansion visant une région géographique non encore desservie. De tels projets exigent en général l'investissement à long terme d'importantes sommes d'argent. De plus, ils requièrent des décisions stratégiques susceptibles de modifier la nature même d'une entreprise. Une analyse très approfondie s'impose toujours, et les décisions finales concernant la conquête d'un nouveau marché sont d'ordinaire prises par le conseil d'administration et considérées comme faisant partie du plan stratégique d'ensemble d'une société.*

1.5.4   LA RÉDUCTION DES COÛTS

Un projet de réduction des coûts vise à abaisser les frais d'exploitation d'une entreprise. Il s'agit habituellement de décider si l'entreprise doit acquérir de l'équipement destiné à exécuter une opération jusque-là manuelle ou si elle doit dépenser de l'argent tout de suite en vue d'en économiser davantage plus tard. Les rentrées prévues relativement à cet investissement correspondent aux sommes économisées grâce à la diminution des frais d'exploitation. L'exemple 1.5 traite d'un projet de cette nature.

Exemple 1.5

La société Lone Star Trucking

Lone Star Trucking, une société ontarienne possédant 50 camions, désire modifier sa flotte de façon à utiliser un carburant autre que l'essence. Si possible, elle aimerait que le 1er septembre 2000 au moins 30 % de ses véhicules roulent avec un carburant de remplacement ; pour le 1er septembre 2001, elle vise une proportion d'au moins 50 %, et pour le 1er septembre 2004, une proportion d'au moins 90 %.

Elle examine la possibilité d'utiliser deux types de carburant : le gaz naturel compressé (GNC) et le gaz de pétrole liquéfié (GPL). On estime que les moteurs fonctionnant au GNC ou au GPL sont plus économiques que les moteurs classiques à essence. Toutefois, le coût de départ de la conversion au GNC sera de 305 520 $. Ce carburant permettra à la société d'économiser 16 520 $ annuellement les deux premières années, 27 535 $ annuellement les deux années suivantes et 49 560 $ annuellement pendant les 26 dernières années du projet.

Quant au GPL, il exige un investissement de 92 520 $. Tous les 3 ans, chaque moteur ainsi converti nécessite une révision de 350 $. Les économies en carburant du GPL s'élèvent à 11 440 $ annuellement les deux premières années, à 19 100 $ annuellement les deux années suivantes et à 34 368 $ annuellement les 26 dernières années.

Le projet GNC comporte deux principaux inconvénients : le coût élevé du compresseur qu'il exige et celui, relativement élevé, du jeu de conversion. La société Lone Star doit déterminer si l'important investissement initial sera plus que compensé par les économies de carburant.

Commentaires : *De nombreux facteurs influent tant sur la décision de changer de carburant que sur le choix de ce dernier. Parmi ces facteurs, on trouve le nombre de camions utilisés par la société et les prévisions relatives au futur prix du carburant de remplacement. Par ailleurs, plus le nombre de ses camions augmente, plus l'entreprise fait d'économies. Une petite entreprise possédant seulement quelques camions est donc moins susceptible d'opter pour un changement de carburant. En effet, ses camions ne parcourent pas assez de kilomètres pour que les économies réalisées lui permettent de récupérer son investissement initial.*

1.5.5   L'AMÉLIORATION DES SERVICES

Tous les cas précédents présentaient des décisions économiques se rapportant au secteur de la fabrication. Or, les techniques traitées dans cet ouvrage peuvent aussi s'appliquer à diverses décisions économiques visant l'amélioration des services. L'exemple 1.6 en offre une illustration.

Exemple 1.6

Les jeans personnalisés de la société Levi Strauss

La société Levi Strauss, le plus important fabricant de jeans au monde, remarque que les femmes se plaignent plus souvent que les hommes de la difficulté qu'elles éprouvent à trouver en magasin des pantalons qui leur vont bien. Cette constatation l'amène à considérer la possibilité de vendre des jeans pour femmes faits sur mesure. Comme le montre la figure 1.6, l'idée est la suivante : à l'aide d'un ordinateur personnel et des mesures de la cliente, les employés des magasins Original Levi's peuvent en somme créer un patron numérique de jeans. Une fois transmis électroniquement à une usine du Tennessee, le fichier commande un tailleur mécanique qui coupe une pièce de denim selon les mesures de la femme. Le vêtement fini, qui coûte environ 10 $ de plus qu'un jeans fabriqué en série, est livré au magasin dans les 3 semaines – ou directement chez la cliente par Federal Express, moyennant des frais additionnels de 5 $. Levi effectue actuellement une étude de commercialisation sur ce service, qui est le premier de cette nature dans l'industrie du vêtement. Il pourrait changer la façon dont les gens achètent leurs vêtements, tout en permettant aux magasins de réduire leur stock. Le projet reflète une tendance industrielle naissante qu'on est convenu d'appeler la personnalisation de masse et selon laquelle des instructions informatisées permettent aux usines de modifier un à un les produits de série afin de répondre aux besoins individuels des consommateurs.

La société Levi Strauss, qui offre ce service depuis plusieurs mois à Cincinnati, projette de l'étendre à 30 magasins Original Levi's situés un peu partout aux États-Unis. Cet objectif de commercialisation nationale exige un important investissement : tailleurs mécaniques et réorganisation des opérations de couture et d'assemblage actuelles.

Commentaires : *Selon la société Levi Strauss, chaque paire de jeans conçue par ordinateur est en fait un produit personnalisé, dont la fabrication pourrait aboutir à l'élimination des stocks et des soldes. Grâce à cette formule, l'entreprise n'a plus à fabriquer un produit en série sans savoir s'il se vendra. Voilà une considération de poids pour l'industrie du vêtement aux États-Unis ; on estime en effet que, chaque année, des vêtements fabriqués en série représentant une valeur de 25 milliards de dollars demeurent invendus ou ne se vendent qu'après de fortes démarques de prix. Le principal problème de la société consiste à déterminer l'importance de la demande suscitée par cette gamme de vêtements. De combien la société devra-t-elle augmenter ses ventes de jeans pour justifier le coût des tailleurs mécaniques supplémentaires ? Pour effectuer une telle analyse, on doit comparer les frais d'utilisation des tailleurs mécaniques supplémentaires et les rentrées d'argent résultant de l'augmentation des ventes de jeans.*

Figure 1.6
La fabrication de jeans sur mesure pour femmes

Des données à la réalité

On installe actuellement dans certains magasins Original Levi's un nouveau système informatisé grâce auquel les femmes peuvent commander des jeans sur mesure. La société Levi Strauss ayant refusé qu'on prenne des photos à son usine, voici un « portrait-robot » du déroulement des opérations.

Un employé prend les mesures de la cliente en s'aidant des indications fournies par un ordinateur.

L'employé entre les mesures puis modifie les données en fonction de la réaction de la cliente à divers échantillons.

Les mesures finales sont transmises à un tailleur mécanique informatisé se trouvant à l'usine.

On appose des codes barres permettant d'identifier le vêtement, qui est assemblé, lavé et préparé pour la livraison.

Source : The New York Times, *8 novembre 1994.*

1.6 L'ESTIMATION DU RAPPORT COÛTS-BÉNÉFICES ET L'ÉVALUATION DU PROJET D'INGÉNIERIE

Avant d'évaluer l'aspect économique d'un projet d'ingénierie, on doit avoir en main des estimations raisonnables des divers coûts et bénéfices qui le caractérisent. Les projets d'ingénierie peuvent varier grandement : du simple achat d'une nouvelle fraiseuse, ils peuvent s'étendre à la conception et à la construction d'un complexe de traitement ou de récupération des ressources valant des milliards de dollars, comme dans le cas de Syncrude ou de Hibernia.

Les projets d'ingénierie présentés dans cet ouvrage à titre d'exemples ou sous forme de problèmes comportent déjà les estimations coûts-bénéfices nécessaires. Il est extrêmement important d'effectuer une estimation adéquate de ces quantités, et cet exercice peut prendre beaucoup de temps. Bien que le présent manuel ne soit pas axé sur les techniques d'estimation des coûts, nous croyons utile de mentionner certaines de celles qui s'appliquent à des projets simples, n'exigeant pratiquement pas de conception technique, ainsi qu'à des projets complexes, souvent d'envergure et nécessitant parfois des milliers d'heures de conception technique. Bien sûr, d'autres projets se situent entre ces extrêmes : la combinaison de certaines de ces méthodes peut alors s'avérer utile.

Les projets simples

Les projets faisant partie de cette catégorie ne comportent en général qu'un seul élément « tout fait », ou encore, une série d'éléments de cette nature dont l'intégration ne présente pas de difficulté. L'acquisition d'une nouvelle fraiseuse en est un exemple.

Le coût installé est le prix de l'équipement, déterminé à l'aide de catalogues ou de propositions de fournisseurs, les frais d'expédition et de manutention ainsi que le coût des modifications apportées au bâtiment et des nouveaux besoins en matière de services publics. Pour ce dernier élément, une certaine conception technique s'impose parfois afin de déterminer l'ampleur des travaux en fonction desquels les entrepreneurs établiront leurs propositions de prix.

Quant aux avantages du projet, ils prennent la forme soit d'une augmentation des rentrées d'argent, soit d'une réduction des dépenses. Pour estimer l'augmentation des bénéfices, on doit s'entendre sur le nombre total d'unités produites et le prix de vente de chacune. Ces quantités dépendent de considérations relatives à l'offre et à la demande du marché. Dans des marchés fortement concurrentiels, des études très poussées sont souvent nécessaires pour établir les rapports prix-volume. De telles études constituent l'une des premières étapes du travail consistant à déterminer le cadre qui convient au projet.

En général assez simples, les estimations relatives à la réduction des dépenses tiennent compte de tout ce dont on n'a plus besoin.

L'évaluation des frais permanents d'exploitation et d'entretien de l'équipement peut atteindre divers degrés d'approfondissement et d'exactitude. La connaissance des rapports coût-volume applicables à des installations comparables permet à l'ingénieur de déterminer un coût approximatif. Il peut aussi joindre à une partie de cette information des estimations plus approfondies concernant d'autres aspects du projet. Par exemple, l'estimation des frais d'entretien peut représenter un pourcentage du coût installé. Calculés d'après des données historiques, de tels pourcentages peuvent souvent être obtenus des fournisseurs de l'équipement. D'autres frais, tels que la main-d'œuvre, l'énergie, etc., peuvent faire l'objet d'estimations détaillées reflétant des considérations propres à une région. Enfin, l'estimation la plus approfondie et la plus longue à effectuer est celle qui inclut tous les types de frais liés au projet.

Les projets complexes

Les estimations réalisées dans le cadre de projets complexes s'appuient sur des considérations générales de même nature que celles des projets simples. Toutefois, les premiers mettent habituellement en jeu de l'équipement spécialisé, non standard, qui doit être fabriqué d'après des dessins techniques détaillés. Dans certains cas, on ne dispose de ces dessins qu'une fois que l'entreprise s'est engagée à donner suite au projet. Les projets complexes suivent en général les phases suivantes :

- L'étude de faisabilité
- L'étude de définition
- La conception préliminaire
- La conception détaillée

Selon les projets, certaines phases peuvent être combinées. Afin de confirmer l'attrait du projet et de stimuler sa poursuite, on prend des décisions économiques au cours de chacune des phases ; les types et les techniques d'estimation sont choisies en fonction de ces phases.

Lorsqu'on envisage le remplacement total ou partiel d'une installation existante, les avantages du projet sont en général bien connus dès le début : rapports prix-volume et/ou possibilité de réduction des coûts. Par contre, dans le cas de projets concernant des ressources naturelles, les prévisions relatives aux prix du pétrole, du gaz et des minéraux demeurent très incertaines.

Durant la phase d'étude de faisabilité, on s'efforce d'inventorier les techniques possibles et de confirmer leurs chances de réussite. Les estimations relatives au coût installé et aux frais d'exploitation reposent sur l'examen d'installations existantes comparables ou de parties de celles-ci.

La phase d'étude de définition est consacrée aux questions concernant le cadre du projet et aux options technologiques. Là encore, les estimations tendent à s'appuyer sur des éléments importants du projet, ou sur des procédés qui s'y appliquent, correspondant à des installations comparables en exploitation ailleurs.

Au cours de la phase de conception préliminaire, on procède à un examen approfondi de la solution la plus intéressante issue de la phase d'étude de définition : on détermine avec précision les dimensions et les plans relatifs à l'équipement et à l'infrastructure qui s'y rapporte. Les estimations, qui portent alors généralement sur chacune des composantes de l'équipement, se fondent sur des éléments comparables utilisés ailleurs.

Dans le cas des projets de très grande envergure, le coût d'une conception détaillée est prohibitif à moins que le projet n'aille de l'avant. Au cours de cette phase, on réalise des plans et devis portant sur la fabrication et la construction ; ils serviront de base aux propositions de prix des fournisseurs.

Plus le projet se précise, plus les estimations dont on dispose sont exactes. Normalement, l'estimation du coût installé établie à chaque phase tient compte d'une éventualité qui représente une fraction des sommes réellement calculées. Cette fraction qui, au stade de l'étude de faisabilité, peut se situer entre 50 et 500 %, tombe parfois à 10 % après la phase de la conception préliminaire.

Vous trouverez d'autres informations sur les techniques d'estimation de coût dans des ouvrages de référence traitant de la gestion de projet et de l'analyse de coût. Vous pouvez aussi consulter des recueils de données propres à certaines industries : les coûts y sont résumés en fonction d'une base normalisée telle que des dollars par mètre carré de superficie dans un bâtiment ou des dollars par tonne de matières déplacées dans une mine en exploitation. Enfin, les firmes de conception technique conservent de riches bases de données sur les informations de cette nature.

1.7 LES DÉCISIONS ÉCONOMIQUES À COURT TERME EN MATIÈRE D'EXPLOITATION

Jusqu'ici, les divers problèmes décisionnels relatifs à l'économie de l'ingénierie que nous avons présentés s'appliquaient à des investissements stratégiques à long terme. Ils exigeaient en général des investissements en biens matériels, et leurs avantages s'étendaient sur plusieurs années. Au chapitre des opérations d'une usine, toutefois, les ingénieurs doivent prendre des décisions portant sur les matières, les installations, les capacités du personnel de l'entreprise. Prenons comme exemple une usine de robots culinaires. Un choix s'impose en ce qui concerne les matières : le plastique peut convenir à plusieurs pièces, mais d'autres doivent être en métal. Une fois les matières choisies, les ingénieurs doivent considérer les méthodes de production, le poids à l'expédition et la méthode d'emballage qui assure la protection des différentes matières. La production elle-même nécessite d'autres choix : les pièces peuvent être fabriquées à l'usine ou achetées auprès d'un fournisseur. Pour décider des pièces qui seront fabriquées à l'interne, les ingénieurs tiendront compte de la disponibilité de la machinerie et de la main-d'œuvre. Toutes ces décisions relatives à l'exploitation (que les ouvrages traditionnels d'économie de l'ingénierie appellent souvent **études économiques courantes**) reposent sur l'estimation des coûts associés à diverses activités de production ou de fabrication. Comme ces coûts servent de base à l'élaboration des stratégies commerciales fructueuses et à la planification des opérations futures, il est important de comprendre comment ils réagissent aux changements de niveaux d'activité économique.

1.7.1   LES RAPPORTS COÛT-VOLUME FONDAMENTAUX

Les coûts d'exploitation reflètent en général d'une manière ou d'une autre les fluctuations du volume d'activité d'une entreprise. Pour étudier le comportement des coûts, on doit déterminer un volume ou une activité mesurables ayant une forte incidence sur le montant des dépenses engagées. L'unité de mesure utilisée pour définir le «volume» est appelée **indice de volume.** La base d'un indice de volume peut correspondre à des facteurs de production – par exemple, tonnes de charbon traitées, heures de main-d'œuvre directe utilisées, heures-machines travaillées – ou encore à des résultats – par exemple, nombre de kilowattheures produits. Une fois qu'on a choisi un indice de volume, on essaie de trouver la façon dont les coûts réagissent aux modifications qu'il subit. Pour illustrer les rapports entre les coûts et les niveaux d'activité, nous examinerons divers types de comportement des coûts dans un contexte simple et familier, soit celui de l'utilisation d'une automobile. Ici, nous pouvons prendre comme indice de volume les **kilomètres parcourus.**

Les coûts fixes

On appelle **coûts fixes** ou **coûts de capacité** les coûts engagés pour permettre à une entreprise de se munir d'une capacité d'exploitation de base. Ainsi, la prime d'assurance annuelle, les droits d'immatriculation et le permis de conduire s'appliquant à l'automobile d'une entreprise sont des coûts fixes puisqu'ils ne dépendent pas du nombre de kilomètres parcourus.

Les coûts variables

Contrairement aux coûts fixes, les **coûts d'exploitation variables** sont étroitement liés au niveau du volume. Si, par exemple, le volume augmente de 10 %, le total d'un coût variable s'élèvera lui aussi d'environ 10 %. Dans une entreprise industrielle, les coûts directs de main-d'œuvre et de matière constituent normalement des coûts variables très importants. Dans le cas de l'automobile, l'essence est un bon exemple de coût variable, car la consommation de carburant est directement liée aux kilomètres parcourus. De même, plus un véhicule est utilisé, plus le coût de remplacement des pneus sera élevé.

Les coûts semi-variables

Certains coûts n'appartiennent pas précisément à la catégorie des coûts fixes ni à celle des coûts variables, mais réunissent des éléments des deux. On les désigne généralement sous le nom de **coûts semi-variables.** Le coût de l'électricité en constitue un exemple typique : certains éléments de la consommation d'électricité d'une entreprise, comme l'éclairage, sont indépendants du volume d'exploitation, tandis que d'autres sont susceptibles de varier directement en fonction de ce dernier (par exemple, le nombre d'heures-machines travaillées). Dans notre exemple de l'automobile, la **dépréciation** (perte de valeur) est un coût semi-variable. En effet, une partie de la dépréciation est attribuable au simple écoulement du temps, quel que soit le nombre de kilomètres parcourus : il s'agit de sa portion fixe ; par ailleurs, plus une automobile parcourt de kilomètres annuellement, plus sa valeur marchande diminue : il s'agit de sa portion variable.

Le coût moyen unitaire

Nous venons de définir les coûts fixes, variables et semi-variables en fonction du volume total pour une période donnée. Pour exprimer le coût d'une activité sur une base unitaire, on utilise souvent le terme de **coût moyen.** Sous l'angle unitaire, la description du coût est tout à fait différente : le coût variable devient une constante ; quant au coût fixe, il varie suivant le volume : plus celui-ci augmente, plus le coût fixe diminue ; il en est de même du coût semi-variable, mais, dans ce cas, la variation est moindre. Afin de comprendre le comportement du coût moyen, étudions les données quelque peu simplifiées du tableau qui suit. Elles reflètent le coût de possession et d'utilisation d'une automobile particulière.

TYPE DE COÛT	MONTANT
Coût fixe	
Assurance	720 $ par année
Droit d'immatriculation	120 $ par année
Permis de conduire	55 $ par année
Coût variable	
Essence, pneus, huile et lubrification	10 cents par kilomètre
Entretien	2 cents par kilomètre
Coût semi-variable	
Dépréciation (fixe)	1 200 $ par année
Dépréciation (variable)	4 cents par kilomètre

Les éléments du tableau qui précède sont divisés en coûts fixes, variables et semi-variables. Dans le tableau suivant, ces coûts sont comptabilisés selon des volumes d'utilisation annuels variant de 5 000 à 20 000 kilomètres.

COÛT PAR KILOMÈTRE DE POSSESSION ET D'UTILISATION D'UNE AUTOMOBILE				
Kilomètres parcourus par année				
Nombre de kilomètres	5 000	10 000	15 000	20 000
Coûts				
Coût fixe	895 $	895 $	895 $	895 $
Coût variable	600	1 200	1 800	2 400
Coût semi-variable				
Portion fixe	1 200	1 200	1 200	1 200
Portion variable	200	400	600	800
Coûts totaux	2 895 $	3 695 $	4 495 $	5 295 $
Coût par kilomètre	0,5790 $	0,3695 $	0,2997 $	0,2648 $

Une fois qu'on connaît les coûts totaux qui correspondent à des volumes particuliers, on peut calculer l'effet du volume sur les coûts unitaires (par kilomètre) en convertissant les coûts totaux en coûts moyens unitaires.

Pour déterminer les coûts annuels estimatifs en fonction d'un nombre quelconque de kilomètres, on construit un diagramme coût-volume comme celui de la figure 1.7a. De plus, on peut illustrer la relation qui existe entre le volume (les kilomètres parcourus annuellement) et chacun des trois types de coût, comme à la figure 1.7b, c et d. Les graphiques coût-volume peuvent servir à estimer, à la fois séparément et conjointement, les coûts d'utilisation correspondant à d'autres volumes possibles. Par exemple, un propriétaire qui prévoit parcourir 12 000 kilomètres au cours d'une année donnée peut estimer son coût total à 4 015 $, soit à 33,45 cents par kilomètre. Dans la figure 1.7a, tous les coûts dépassant ceux qui s'appliquent au niveau d'utilisation zéro sont appelés coûts variables. Comme le coût fixe s'élève à 2 095 $ par année, les 1 920 $ restants représentent les coûts variables. La combinaison de tous les éléments de coût fixe et de coût variable permet de constater simplement que le coût de possession et d'utilisation d'une automobile atteint 2 095 $ par année, plus 16 cents par kilomètre parcouru au cours de cette période.

La figure 1.8 illustre graphiquement le coût moyen unitaire d'utilisation d'une automobile. Le coût moyen unitaire fixe, représenté par la hauteur de la ligne

Figure 1.7
Les rapports coût-volume des coûts annuels d'une automobile

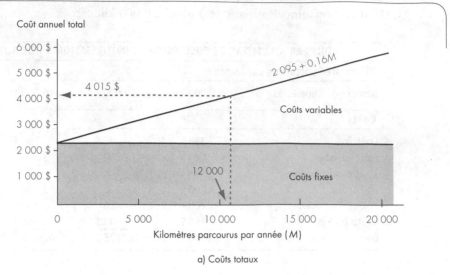

a) Coûts totaux

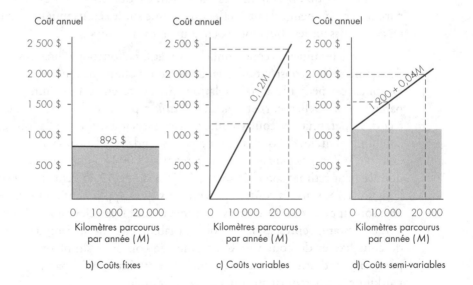

b) Coûts fixes   c) Coûts variables   d) Coûts semi-variables

continue, décline de façon constante à mesure que le volume augmente. Le coût moyen unitaire est élevé quand le volume est faible, car le coût fixe total est réparti sur un nombre relativement peu élevé d'unités de volume. En d'autres termes, les coûts fixes totaux demeurent les mêmes quel que soit le nombre de kilomètres parcourus, mais, en fonction du coût par kilomètre, ils diminuent à mesure que le nombre de kilomètres parcourus augmente.

Figure 1.8
Coût moyen par kilomètre de possession et d'utilisation d'une automobile

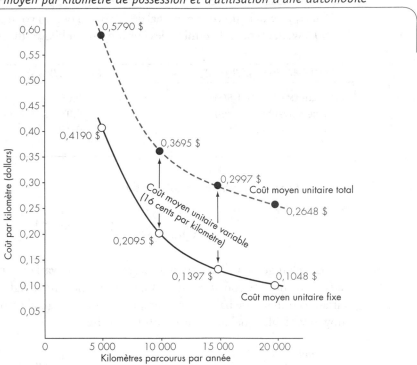

Les coûts marginaux

Le **coût marginal** est un autre terme utile en matière d'analyse coût-volume. Il désigne l'accroissement du coût qui résulte de la production d'une seule unité supplémentaire. Pour illustrer cette définition, prenons l'exemple d'une entreprise qui dispose d'une puissance électrique de 37 chevaux et achète son électricité aux tarifs suivants :

CONSOMMATION (kWh/MOIS)	TARIF ($/kWh)	COÛT MOYEN ($/kWh)
Première tranche de 1 500	0,050	0,050
Tranche suivante de 1 250	0,035	$\dfrac{75,00\,\$ + 0,0350\,(X - 1\,500)}{X}$
Tranche suivante de 3 000	0,020	$\dfrac{118,75\,\$ + 0,020\,(X - 2\,750)}{X}$
Toute quantité supérieure à 5 750	0,010	$\dfrac{178,75\,\$ + 0,010\,(X - 5\,750)}{X}$

Dans cette échelle tarifaire, le coût unitaire variable correspondant à chaque tranche représente le coût marginal par kilowattheure (kWh). Par ailleurs, on peut calculer les coûts moyens présentés dans la troisième colonne en trouvant le coût total cumulatif et en le divisant par le nombre total de kilowattheures (X). Par exemple, si la consommation actuelle d'électricité s'élève en moyenne à 3 200 kWh par mois, l'addition de 1 kWh représentera un coût marginal de 0,020 $. Pour un volume d'exploitation donné (3 200 kWh), on peut déterminer le coût moyen par kilowattheure de la façon suivante :

CONSOMMATION (kWh/MOIS)	TARIF ($/kWh)	COÛT MENSUEL
Première tranche de 1 500	0,050	75,00 $
Tranche suivante de 1 250	0,035	43,75
Tranche restante de 450	0,020	9,00
Total		127,75 $

Coût moyen variable par kilowattheure :

$$\frac{127,75\ \$}{3\ 200\ \text{kWh}} = 0,0399\ \$/\text{kWh}.$$

Les changements qui touchent le coût unitaire variable sont la conséquence de ceux que subit le coût marginal. Comme le montre la figure 1.9, le coût moyen variable connaît une baisse constante, car le coût marginal demeure inférieur au coût moyen variable, quel que soit le volume utilisé.

Figure 1.9
Le coût marginal par opposition au coût moyen par kilowattheure

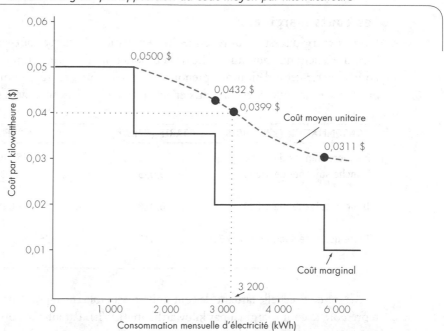

1.7.2   LES DÉCISIONS À COURT TERME

En ingénierie, les applications des rapports coût-volume sont nombreuses. On s'en sert pour prendre diverses décisions à court terme relatives à l'exploitation. Bon nombre de problèmes à court terme présentent les caractéristiques suivantes:

- Le cas de référence correspond au statu quo (exploitation actuelle ou méthode existante), et on propose une solution de rechange. Si on constate que les coûts de la solution de rechange sont inférieurs à ceux du cas de référence, on la retient, en tenant pour acquis que l'avantage représenté par la diminution des coûts ne sera pas annulé par des facteurs non quantitatifs. Lorsque plusieurs solutions sont possibles, on choisit celle qui coûte le moins cher. Les problèmes de cette nature sont souvent appelés problèmes de compromis, car ils consistent à troquer un type de coût contre un autre.

- Aucun nouvel investissement en biens matériels n'est nécessaire.

- L'horizon de planification est relativement court (une semaine, un mois, mais toujours moins d'un an).

- Relativement peu d'éléments de coût sont susceptibles d'être modifiés à la suite d'une décision de la direction. C'est souvent l'analyse des coûts historiques qui offre la meilleure information sur les coûts futurs.

Parmi les exemples les plus courants, mentionnons les changements de méthode, la planification des opérations, les décisions achat-fabrication et les quantités à commander.

Les changements de méthode

La solution de rechange proposée consiste en une nouvelle façon d'accomplir une activité. Quand ses coûts sont de beaucoup inférieurs à ceux de la méthode existante, on adopte la nouvelle méthode. Ainsi, le service d'ingénierie d'un fabricant de pièces d'automobile soumet l'idée suivante: le fait de remplacer les matrices actuelles (cas de référence) par des appareils de meilleure qualité (solution de rechange) permettrait de réaliser des économies substantielles sur la fabrication de l'un des produits de l'entreprise. L'augmentation du coût des matières serait plus que compensée par les économies relatives au temps d'usinage et à l'électricité.

Vous trouverez dans le tableau de la page suivante les coûts mensuels estimatifs des deux possibilités.

	MATRICES ACTUELLES	MATRICES DE MEILLEURE QUALITÉ
Coûts variables		
Matières	150 000 $	170 000 $
Usinage	85 000	64 000
Électricité	73 000	64 000
Coûts fixes		
Supervision	25 000 $	25 000 $
Taxes	16 000	16 000
Dépréciation	43 000	43 000
Total	392 000 $	382 000 $

Les matrices de meilleure qualité coûtent moins cher que les matrices actuelles. Les économies sont de 392 000 $ − 382 000 $ = 10 000 $ par mois. On doit donc remplacer les matrices actuelles.

La planification des opérations

Dans un contexte industriel type, lorsque la demande est forte, les dirigeants se demandent s'il est préférable de concentrer les opérations en une seule période de travail, à laquelle s'ajoutent des heures supplémentaires, ou de les étaler sur deux périodes de travail. De la même façon, quand la demande est faible, ils peuvent envisager la possibilité de réduire temporairement les opérations à un très faible volume ou de fermer jusqu'à ce qu'un volume normal d'opérations devienne économique. Dans une usine chimique, la production peut être planifiée selon divers scénarios : le problème consiste à trouver celui qui coûte le moins cher.

Pour illustrer comment les ingénieurs peuvent utiliser l'analyse coût-volume dans le cadre d'une analyse d'exploitation courante, prenons l'exemple de la société Sandstone, dont l'une des usines fonctionne selon une semaine de 5 jours, avec une seule période de travail. L'usine atteint son plein rendement (24 000 unités par semaine) sans heures supplémentaires ni deuxième période de travail. Les coûts fixes pour cette unique période de travail se chiffrent à 90 000 $ par semaine. Quant au coût moyen variable, il se maintient à 30 $ l'unité, quel que soit le taux de rendement, jusqu'à concurrence de 24 000 unités par semaine. L'entreprise reçoit une commande exigeant une production hebdomadaire dépassant de 4 000 unités le rendement maximal permis par une période unique de travail. Pour livrer la nouvelle commande, on envisage deux options.

- Option 1 : Augmenter la production à 36 000 unités par semaine en ajoutant des heures de travail ou en étendant les opérations au samedi, ou les deux à la fois. Cette solution n'entraîne aucune augmentation des coûts fixes, mais le coût unitaire variable atteint 36 $ l'unité pour tout rendement dépassant 24 000 unités par semaine, jusqu'à concurrence de 36 000 unités.

- Option 2 : Ajouter une seconde période de travail. Le rendement maximal de cette seconde période est de 21 000 unités par semaine. Son coût variable s'élève à 31,50 $ l'unité, et elle impose des coûts fixes additionnels de 13 500 $ par semaine.

Dans cet exemple, les coûts d'exploitation relatifs à la première période de travail demeurent les mêmes, quelle que soit la solution choisie. Comme ils sont sans rapport avec la décision à prendre ici, on peut sans risque les exclure de l'analyse. Pour chacune des options, le seul aspect à considérer est donc l'augmentation du coût total attribuable au volume de production additionnel (il s'agit d'une **analyse différentielle**). Le volume de production additionnel est désigné par Q :

- Option 1 : Heures supplémentaires et travail du samedi : $36 \$ \times Q$
- Option 2 : Seconde période de travail : $13\,500 \$ + 31,50 \$ \times Q$

On peut trouver le seuil de rentabilité du volume (Q_b) en mettant en équation les fonctions du coût différentiel et en trouvant la valeur de Q :

$$36\, Q = 13\,500 + 31,5\, Q$$
$$4,5\, Q = 13\,500$$
$$Q_b = 3\,000 \text{ unités.}$$

Lorsque le volume additionnel dépasse 3 000 unités, la seconde période de travail devient plus rentable que les heures supplémentaires ou que le travail du samedi. Un **graphique de rentabilité** (ou de coût-volume) réalisé d'après les données qui précèdent apparaît à la figure 1.10. L'échelle horizontale représente le volume additionnel hebdomadaire. La limite supérieure de la tranche de volume applicable à l'option 1 est de 12 000 unités, tandis que, pour l'option 2, elle est de 21 000 unités. L'échelle verticale représente les coûts en dollars. Le graphique permet de connaître les économies d'exploitation prévues, quel que soit le volume. Par exemple, le seuil de rentabilité (aucune économie) est de 3 000 unités par semaine. L'option 2 est plus avantageuse, car le volume hebdomadaire additionnel qu'exige la nouvelle commande dépasse 3 000 unités.

Figure 1.10

Le rapport coût-volume des heures supplémentaires et du travail du samedi par opposition à celui de la seconde période de travail, au-delà de 24 000 unités

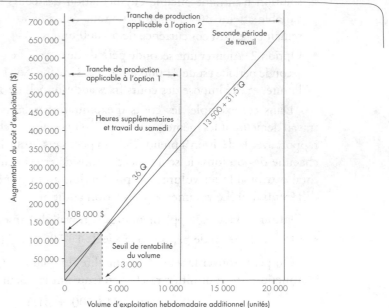

Les décisions achat-fabrication

Dans le monde des affaires, on doit assez fréquemment prendre des **décisions achat-fabrication.** Dans un grand nombre d'entreprises, on utilise ses propres ressources pour réaliser certaines opérations et on a recours à des ressources extérieures pour en réaliser d'autres. Chercher constamment à améliorer l'équilibre entre ces deux types d'opérations constitue une sage pratique : vaut-il mieux confier à un sous-traitant une activité qu'on accomplit actuellement soi-même ou agir soi-même comme sous-traitant ?

Pour illustrer ce type de problème de compromis, prenons comme exemple le cas de la société Danford, fabricante de machinerie agricole dont la production annuelle de filtres à essence destinés à ses propres tondeuses à gazon atteint actuellement 20 000 unités par année. Le tableau qui suit présente les éléments du coût de production annuel prévu pour les filtres à essence :

Coûts variables	
Matières premières	100 000 $
Main-d'œuvre directe	190 000
Électricité et eau	35 000
Coûts fixes	
Chauffage et éclairage	20 000
Dépréciation	100 000
Coût total	445 000 $

La société Tompkins offre à Danford de lui vendre 20 000 filtres à essence au prix unitaire de 17 $. Si Danford accepte l'offre, elle pourra louer à un tiers, au prix de 35 000 $ par année, une partie des installations servant actuellement à fabriquer les filtres. Doit-elle accepter l'offre de Tompkins ? Pourquoi ?

Ce problème présente un aspect inhabituel, car l'option achat permet d'obtenir un loyer de 35 000 $. En effet, si elle achète les filtres de Tompkins, Danford a la possibilité de louer une partie des installations existantes. Pour comparer les deux options, on doit analyser leur coût respectif.

	OPTION FABRICATION	OPTION ACHAT
Coûts variables		
Matières premières	100 000 $	
Main-d'œuvre directe	190 000	
Électricité et eau	35 000	
Filtres à essence		340 000 $
Coûts fixes		
Chauffage et éclairage	20 000	20 000
Dépréciation	100 000	100 000
Revenu locatif		−35 000
Coût total	445 000 $	425 000 $
Coût unitaire	22,25 $	21,25 $

L'option achat offre un coût unitaire inférieur à celui de l'option fabrication : l'entreprise économise 1 $ par filtre. Par contre, si on ne tient pas compte du revenu locatif, c'est l'option fabrication qui l'emporte.

Les problèmes décisionnels relatifs à l'exploitation traités dans cette section ont un horizon assez court. En effet, ils concernent des décisions qui n'imposent pas à l'entreprise l'adoption d'un plan d'action s'étendant sur une longue période à venir. Lorsqu'un problème décisionnel relatif à l'exploitation a une forte incidence sur les investissements dont l'entreprise a besoin, les coûts fixes augmentent nécessairement. Dans notre exemple, si l'option fabrication avait exigé l'acquisition de matériel et d'outillage, l'entreprise aurait fait face à une décision d'investissement à long terme et non à un problème d'exploitation à court terme. (Nous reviendrons sur les décisions achat-fabrication au chapitre 6, où nous étudierons l'effet de l'achat de l'équipement dans le cas du choix de l'option fabrication.) Dans les autres chapitres, nous présenterons des situations exigeant l'analyse de l'effet des investissements à long terme.

En résumé

- Le **temps** et l'**incertitude** sont les facteurs qui caractérisent les investissements.
- Les trois formes d'entreprises sont 1) l'entreprise individuelle, 2) la société de personnes et 3) la société par actions. Bien que, au Canada, les sociétés par actions ne représentent qu'une petite partie des entreprises, elles sont responsables d'une très forte proportion du volume d'affaires total, soit le montant des ventes. Par conséquent, les prochains chapitres seront principalement axés sur le rôle des décisions économiques en ingénierie au sein des sociétés par actions.
- Le terme **décisions économiques en ingénierie** désigne toutes les décisions d'investissement relatives aux projets d'ingénierie. Pour l'ingénieur, l'aspect le plus intéressant d'une décision économique est l'évaluation des coûts et des avantages d'un investissement de capitaux.
- Les décisions économiques en ingénierie se divisent en cinq principales catégories :
  1. Le choix des équipements et des procédés
  2. Le remplacement de l'équipement
  3. La fabrication de nouveaux produits et l'accroissement de la production existante
  4. La réduction des coûts
  5. L'amélioration du service ou de la qualité
- Il existe trois catégories de coûts d'exploitation : ils peuvent être fixes, variables ou semi-variables. Les **coûts fixes** correspondent aux frais engagés pour assurer à l'entreprise une capacité d'exploitation de base ; ils sont indépendants du volume de production. Les **coûts variables** sont directement proportionnels au volume de production. Les **coûts semi-variables** comportent des éléments fixes et des éléments variables.

CHAPITRE 2

Les formules d'équivalence et d'intérêt

Félicitations ! **Vous avez peut-être gagné 2 millions de dollars !** Décollez la pièce de jeu de votre billet de loterie et postez-la en y joignant votre demande d'abonnement à vos deux revues préférées. Si vous remportez le grand prix, vous pourrez choisir entre un prix en argent comptant de 1 million de dollars payable immédiatement ou de 100 000 $ versés une fois par année pendant 20 ans, pour un total de 2 millions de dollars !

Si vous remportiez ce grand prix, vous vous demanderiez peut-être pourquoi l'option de 1 million de dollars versés immédiatement est considérablement inférieure à celle des 2 millions de dollars répartis en 20 versements. N'est-il pas préférable de recevoir 2 millions de dollars au total que 1 million de dollars immédiatement ? Vous trouverez la réponse à cette question en étudiant les principes que nous aborderons dans ce chapitre, notamment ceux du fonctionnement de l'intérêt et de la valeur temporelle de l'argent.

Supposons que vous ayez suivi votre première impulsion et choisi les versements annuels totalisant 2 millions de dollars. L'analyse économique de cette décision vous surprendra peut-être. D'abord, la plupart des gens qui connaissent le monde des investissements vous diront que recevoir 1 million de dollars aujourd'hui constitue une bien meilleure affaire que de toucher 100 000 $ par année pendant 20 ans. Les principes exposés dans ce chapitre vous démontreront que la valeur actuelle réelle de vos gains, c'est-à-dire la valeur de 20 versements annuels de 100 000 $ aujourd'hui sur les marchés financiers, est considérablement inférieure à 1 million de dollars, et ce constat ne tient même pas compte des effets de l'inflation !

Les techniques décrites dans ce chapitre permettent également de montrer que si vous placiez vos gains pendant les 7 premières années puis dépensiez chaque cent touché pendant les 13 années suivantes, vous seriez probablement plus riche que si vous faisiez l'inverse et dépensiez pendant 7 ans pour ensuite épargner pendant les 13 années suivantes. (Dans ces deux exemples, on suppose que l'économie demeurera stable.) Ce résultat étonnant tient au concept de la valeur temporelle de l'argent : plus tôt on reçoit une somme, plus grande est sa valeur car, au fil du temps, l'argent fructifie en accumulant de l'intérêt.

L'analyse économique de l'ingénierie décrite dans ce chapitre se trouve à la base de presque toutes les étapes de l'étude des investissements requis pour un projet, car il faut toujours prendre en compte l'effet que l'intérêt exerce sur l'argent au fil du temps. Les formules de calcul de l'intérêt nous permettent de placer des flux monétaires reçus à différents moments à l'intérieur d'une même période dans le but de les comparer. Comme vous le constaterez, tout ce que vous apprendrez sur l'économie de l'ingénierie repose sur les principes dont il est question dans ce chapitre.

2.1 | L'INTÉRÊT : LE LOYER DE L'ARGENT

Nous avons tous une bonne connaissance générale du concept de l'intérêt. Nous savons que l'argent déposé dans un compte d'épargne produit de l'intérêt et que, au fil du temps, le solde de ce compte est supérieur à la somme des dépôts. Nous savons également qu'emprunter pour acheter une voiture suppose qu'il faudra rembourser à terme un montant incluant des intérêts, ce qui signifie que la somme remboursée sera supérieure à la somme empruntée. Nous sommes cependant beaucoup moins conscients du fait que, sur les marchés financiers, l'argent constitue en soi un produit et coûte de l'argent, comme tous les autres biens que l'on vend et achète.

Pour établir et mesurer le loyer de l'argent, on utilise un **taux d'intérêt**, c'est-à-dire un pourcentage appliqué et ajouté périodiquement à une somme (ou à diverses sommes) pendant une période donnée. Dans le cas d'un emprunt, l'intérêt payé par l'emprunteur correspond aux frais d'utilisation du bien du prêteur ; dans le cas d'un prêt ou d'un placement, l'intérêt correspond à la rémunération que le prêteur touche pour avoir fourni un bien à autrui. L'**intérêt** peut donc se définir comme le coût de la mise en disponibilité d'une somme. Dans la présente section, nous examinerons le fonctionnement de l'intérêt dans une économie de marché et vous fournirons des assises permettant de mieux comprendre les relations plus complexes de l'intérêt décrites dans les sections suivantes.

2.1.1 LA VALEUR TEMPORELLE DE L'ARGENT

Le fonctionnement de l'intérêt témoigne du fait que l'argent possède une valeur temporelle. C'est pourquoi les montants d'intérêt dépendent de périodes ; par exemple, les taux d'intérêt sont habituellement exprimés en pourcentage par année. Le principe de la valeur temporelle de l'argent peut se définir de la façon suivante : la valeur économique d'une somme dépend de la date à laquelle elle est reçue. Puisque l'argent possède un **potentiel de profit** dans le temps (on peut le faire fructifier pour qu'il rapporte plus d'argent à son propriétaire), un dollar reçu aujourd'hui a plus de valeur qu'un dollar reçu à une date ultérieure.

Lorsqu'il est question de sommes d'argent importantes, de longues périodes ou de taux d'intérêt élevés, les variations de la valeur temporelle de l'argent prennent beaucoup d'importance. Par exemple, à un taux d'intérêt annuel de 10 %, un million de dollars produit des intérêts de 100 000 $ en un an ; le fait d'attendre un an pour recevoir 1 million de dollars représente donc un immense sacrifice. Lorsque nous devons choisir entre diverses options, nous devons tenir compte du fonctionnement de l'intérêt et de la valeur temporelle de l'argent pour obtenir des comparaisons valides entre diverses sommes à diverses dates.

Il importe de distinguer la valeur temporelle de l'argent, telle que nous l'utiliserons dans ce chapitre, des effets de l'inflation, abordés au chapitre 12. La notion voulant que plus une somme d'argent est reçue tôt, plus elle a de la valeur s'explique par son potentiel de profit dans le temps, sa dépréciation par l'inflation ou ces deux facteurs. Le potentiel de profit de l'argent et sa dépréciation par l'inflation sont deux techniques d'analyse distinctes. Dans ce chapitre, nous les décrirons séparément.

2.1.2 LES ÉLÉMENTS DES TRANSACTIONS À INTÉRÊT

Il existe de nombreux types de transactions faisant intervenir l'intérêt (un emprunt, un placement ou l'achat de machines à crédit, par exemple), mais tous ont en commun les éléments suivants.

1. Une somme initiale, appelée **capital**, pour les transactions comprenant une dette et les placements.

2. Le **taux d'intérêt**, qui mesure le coût ou le loyer de l'argent et s'exprime en pourcentage pour une période donnée.

3. Une période donnée, appelée **période d'intérêt**, qui détermine selon quelle fréquence l'intérêt est calculé. (Bien que la durée d'une période d'intérêt puisse varier, les taux d'intérêt sont souvent donnés en pourcentage par année. Dans le chapitre 3, il sera question de la confusion que peut causer cet aspect de l'intérêt.)

4. Une période donnée qui marque la durée de la transaction et définit ainsi un **nombre de périodes d'intérêt**.

5. Un **plan des recettes ou des débours** (**paiements**) qui établit une structure de flux monétaire pour une période donnée. (Par exemple, le remboursement d'un prêt peut se faire par une série de paiements mensuels égaux.)

6. Une **somme capitalisée** produite par les effets cumulatifs du taux d'intérêt pour un nombre donné de périodes d'intérêt.

Aux fins de nos calculs, ces éléments seront représentés par les variables suivantes :

$A_n =$ paiement ou encaissement discret survenant à la fin d'une période d'intérêt donnée.

$i =$ taux d'intérêt par période d'intérêt.

$N =$ nombre total de paiements ou de périodes d'intérêt.

$P =$ somme d'argent à un moment fixé à zéro pour les besoins de l'analyse ; parfois appelée **valeur actualisée, actuelle** ou **présente**.

$F =$ somme d'argent future à la fin de la période d'analyse, parfois appelée **valeur capitalisée** ou **future** ; le symbole F_N est également utilisé.

$A =$ paiement ou encaissement en fin de période dans une annuité qui se poursuit pendant N périodes. Dans cette situation, $A_1 = A_2 = \ldots = A_N$.

$V_n =$ somme d'argent équivalente à la fin d'une période n donnée qui tient compte de la valeur temporelle de l'argent. On note que $V_0 = P$ et $V_N = F$.

Il est important de se familiariser avec ces symboles car ils reviennent souvent dans le présent ouvrage. Il faut par exemple faire la distinction entre A, A_n et A_N. A_n correspond à un paiement ou un encaissement précis, à la fin de la période n, dans une série de paiements. A_N constitue le paiement final dans une telle série puisque N correspond au nombre total de périodes d'intérêt. A représente toute série de flux monétaires dans laquelle tous les paiements ou les encaissements sont égaux. Par ailleurs, si l'utilisation du terme « valeur présente » est répandue dans le domaine de l'ingénierie, ce sont les termes « valeur actualisée » et « valeur actuelle » que l'on rencontre le plus souvent en gestion financière et en comptabilité ; nous les avons adoptés ici pour nous conformer à l'usage.

Exemple d'une transaction à intérêt

Pour illustrer l'emploi des éléments que nous venons de définir dans une situation donnée, prenons comme exemple un fabricant de matériel électronique qui achète une machine de 25 000 $ et emprunte 20 000 $ auprès d'une banque à un taux d'intérêt annuel de 9 %. Les frais de montage de 200 $ réduisent la valeur au comptant du prêt à 19 800 $. La banque propose deux plans de remboursement : dans le premier, les paiements égaux sont effectués à la fin de chaque année pendant les 5 prochaines années et dans le second, un seul paiement est fait au terme de la période d'emprunt de 5 ans. Le tableau 2.1 résume ces plans.

Dans le plan 1, le capital, P, est de 20 000 $ et le taux d'intérêt, i, de 9 %. La période d'intérêt est de 1 an et la durée de la transaction est de 5 ans, ce qui signifie qu'il y a 5 périodes d'intérêt ($N = 5$). Soulignons de nouveau que la période d'intérêt de 1 an est couramment utilisée, bien que l'intérêt soit souvent calculé à d'autres intervalles, qui peuvent être mensuels, trimestriels ou semestriels, par exemple. C'est pourquoi nous avons utilisé le terme **période** plutôt qu'**année** dans les définitions de variables précédentes. Les recettes et les débours prévus pour la durée de cette transaction produisent une structure de flux monétaire de 5 paiements égaux, A, de 5 141,85 $ chacun, effectués à la fin de l'année de la première à la cinquième année. (Vous devrez pour le moment accepter ces montants sur parole ; la section qui suit présente la formule utilisée pour calculer le montant de ces paiements égaux compte tenu des autres éléments du problème.)

Le plan 2 contient la plupart des éléments du plan 1 mais, au lieu de faire 5 paiements égaux, l'emprunteur dispose d'un délai de grâce suivi d'un seul paiement capitalisé, F, de 30 772,48 $.

Tableau 2.1 Plans de remboursement pour l'exemple donné dans le texte (si $N = 5$ ans et $i = 9\%$)

| | RECETTES | DÉBOURS | |
		PLAN 1	PLAN 2
Année 0	20 000,00 $	200,00 $	200,00 $
Année 1		5 141,85	0
Année 2		5 141,85	0
Année 3		5 141,85	0
Année 4		5 141,85	0
Année 5		5 141,85	30 772,48

$P = 20\ 000\ \$$, $A = 5\ 141,85\ \$$, $F = 30\ 772,48\ \$$

Remarque : L'emprunteur reçoit 19 800 $ en argent comptant puisqu'il paie des frais de montage de 200 $, mais il rembourse la totalité du montant emprunté, soit 20 000 $.

Les diagrammes du flux monétaire

Les problèmes qui tiennent compte de la valeur temporelle de l'argent sont avantageusement représentés sous forme graphique par le diagramme du flux monétaire (figure 2.1). Le **diagramme du flux monétaire** représente le temps par une ligne horizontale divisée selon un nombre donné de périodes d'intérêt. Pour indiquer l'étalement du flux monétaire dans le temps, des flèches pointent vers les périodes pertinentes : les flèches ascendantes désignent les flux positifs (recettes) et les flèches descendantes, les flux négatifs (débours). On remarquera également que les flèches

Figure 2.1
Diagramme du flux monétaire pour le plan 1 du tableau 2.1

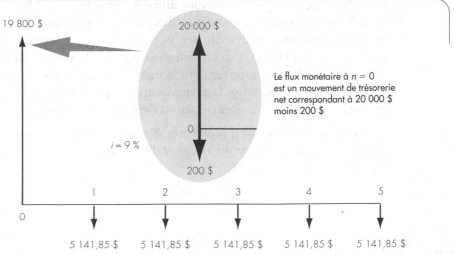

Le flux monétaire à $n = 0$ est un mouvement de trésorerie net correspondant à 20 000 $ moins 200 $

indiquent des flux monétaires nets : si deux recettes ou débours, ou plus, surviennent en même temps, ils sont additionnés et représentés par une seule flèche. Par exemple, une somme de 20 000 $ reçue pendant la même période qu'un paiement de 200 $ serait représentée par une flèche ascendante de 19 800 $. La longueur des flèches suggère également la valeur relative des flux monétaires.

Les diagrammes du flux monétaire fonctionnent de la même manière que les schémas du corps isolé ou les schémas de circuit que les ingénieurs connaissent déjà. Ils offrent un résumé pratique de tous les éléments importants d'un problème ainsi qu'un point de référence permettant de déterminer si on a converti un énoncé de problème en ses paramètres appropriés. Le présent ouvrage utilisera souvent cet outil graphique et vous avez tout intérêt à prendre l'habitude de construire des diagrammes de flux monétaire bien identifiés pour nommer et résumer les données pertinentes d'un problème de flux monétaire. De même, un outil comme le tableau 2.1 constitue une autre façon de résumer et d'organiser l'information.

La convention de fin de période

Dans les faits, les mouvements de trésorerie peuvent se situer au début ou au milieu d'une période d'intérêt, ou à presque n'importe quel moment. En économie de l'ingénierie, nous simplifions les choses par des postulats comme la **convention de fin de période**, qui place toutes les transactions d'un flux monétaire à la fin d'une période d'intérêt. Cela nous évite d'avoir à tenir compte des effets de l'intérêt à l'intérieur d'une période d'intérêt, qui pourraient grandement compliquer nos calculs.

Il faut également savoir que, comme les multiples conventions et estimations que nous utilisons pour modéliser des problèmes d'économie de l'ingénierie, la convention de fin de période produit inévitablement des écarts entre le modèle et les résultats dans le monde réel.

Supposons par exemple qu'on dépose 100 000 $ pendant le premier mois de l'année dans un compte ; la période d'intérêt est de 1 an et le taux d'intérêt de 10 % par année. La différence de 1 mois entraînera une perte de revenu d'intérêt de 10 000 $, car en vertu de la convention de fin de période, le dépôt de 100 000 $ effectué pendant la période d'intérêt est considéré comme un dépôt fait à la fin de l'année plutôt que 11 mois plus tôt. Cet exemple montre pourquoi les institutions financières optent pour des périodes d'intérêt inférieures à 1 an, même si elles expriment habituellement leurs taux en pourcentage annuel.

Maintenant que nous avons vu les éléments de base des problèmes d'intérêt, nous pouvons passer à l'étude détaillée du calcul de l'intérêt.

2.1.3 LES MÉTHODES DE CALCUL DE L'INTÉRÊT

Il existe bien des façons d'emprunter de l'argent et de le rembourser, et autant de façons de le faire fructifier. En règle générale, on calcule à la fin de chaque période d'intérêt l'intérêt produit par le capital en fonction d'un taux donné. Les deux méthodes comptables servant à calculer l'intérêt utilisent soit l'**intérêt simple**, soit l'**intérêt composé**. En économie de l'ingénierie, on utilise presque toujours la méthode de l'intérêt composé.

L'intérêt simple

La première méthode tient compte de l'intérêt couru uniquement sur le capital durant chaque période d'intérêt. Autrement dit, l'intérêt couru durant chaque période d'intérêt ne produit pas d'intérêt additionnel pendant les autres périodes, *même si on ne le retire pas.*

De façon générale, pour un dépôt de P dollars à un taux d'intérêt simple de i pendant N périodes, l'intérêt total, I, serait:

$$I = (iP)N. \tag{2.1}$$

Le montant total disponible au bout de N périodes, F, serait donc:

$$F = P + I = P(1 + iN). \tag{2.2}$$

On utilise surtout l'intérêt simple pour les prêts ou obligations avec intérêt ajouté, dont il est question au chapitre 3.

L'intérêt composé

Dans la méthode de l'intérêt composé, l'intérêt couru pendant chaque période est calculé sur le solde total à la fin de la période précédente. Ce montant comprend le capital de départ plus l'intérêt cumulé et laissé dans le compte. Dans ce cas, le montant du dépôt est augmenté par le montant de l'intérêt généré. En règle générale, si vous déposez (investissez) P dollars à un taux d'intérêt i, vous obtiendrez $P + iP = P(1 + i)$ dollars à la fin d'une période. Si le montant total (capital et intérêt) est réinvesti au même taux, i, pour une autre période, vous obtiendrez, à la fin de la deuxième période:

$$P(1 + i) + i[P(1 + i)] = P(1 + i)(1 + i)$$
$$= P(1 + i)^2.$$

Par la suite, on constate que le solde à la fin de la troisième période est:

$$P(1 + i)^2 + i[P(1 + i)^2] = P(1 + i)^3.$$

L'intérêt continue donc de s'accumuler, et au bout de N périodes, la valeur totale cumulée (solde) F sera:

$$F = P(1 + i)^N. \tag{2.3}$$

Exemple 2.1   **$**

L'intérêt composé

Vous déposez 1 000 $ dans un compte d'épargne qui porte intérêt à un taux de 8 %, composé annuellement. Supposons que vous ne retirez pas l'intérêt à la fin de chaque période (année). Quel sera le solde de votre compte à la fin de la troisième année ?

Solution

- SOIT : $P = 1\ 000\,$ \$, $N = 3$ années et $i = 8\,\%$ par année
- TROUVEZ : F

Si l'on applique l'équation 2.3 à une période de 3 ans et à un taux de 8 %, on obtient :
$F = 1\ 000\,$ \$ $(1 + 0,08)^3 = 1\ 259,71\,$ \$.

L'intérêt total est de 259,71 $, soit 19,71 $ de plus que l'intérêt cumulé si l'on utilise la méthode de l'intérêt simple (figure 2.2). L'accumulation des intérêts se déroule de la façon suivante :

PÉRIODE	MONTANT AU DÉBUT DE LA PÉRIODE D'INTÉRÊT	INTÉRÊT POUR LA PÉRIODE	SOLDE À LA FIN DE LA PÉRIODE D'INTÉRÊT
1	1 000,00 $	1 000,00 $ (0,08)	1 080,00 $
2	1 080,00	1 080,00 (0,08)	1 166,40
3	1 166,40	1 166,40 (0,08)	1 259,71

Commentaires : *À la fin de la première année, vous aurez 1 000 $ plus les intérêts de 80 $, pour un total de 1 080 $. Dans les faits, au début de la deuxième année, vous déposerez 1 080 $ plutôt que 1 000 $. À la fin de la deuxième année, l'intérêt sera de 0,08(1 080 $) = 86,40 $ et le solde sera de 1 080 $ + 86,40 $ = 1 166,40 $. Il s'agit là du montant que vous déposerez au début de la troisième année et l'intérêt pour cette période sera de 0,08(1 166,40 $) = 93,31 $. La somme du capital initial de 1 166,40 $ et des intérêts de 93,31 $ donne un solde total de 1 259,71 $ à la fin de la troisième année. Si vous retirez le solde total, le flux monétaire net sera le suivant :*

ANNÉE	FLUX MONÉTAIRE
0	−1 000,00 $
1	0
2	0
3	1 259,71

c'est-à-dire qu'il aura la même valeur que dans le calcul précédent.

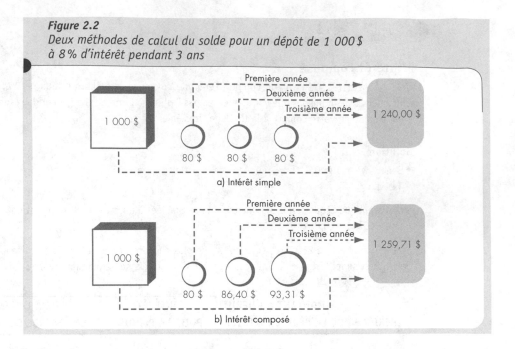

Figure 2.2
*Deux méthodes de calcul du solde pour un dépôt de 1 000 $
à 8 % d'intérêt pendant 3 ans*

2.1.4   L'INTÉRÊT SIMPLE PAR OPPOSITION À L'INTÉRÊT COMPOSÉ

Dans l'équation 2.3, le total des intérêts pendant N périodes est :

$$I = F - P = P[(1 + i)^N - 1]. \tag{2.4}$$

Si on la compare à la méthode de l'intérêt simple, la méthode de l'intérêt composé permet le gain additionnel suivant :

$$\Delta I = P[(1 + i)^N - 1] - (iP)N \tag{2.5}$$

$$= P[(1 + i)^N - (1 + iN)]. \tag{2.6}$$

À mesure que i ou N augmente, la différence en intérêts augmente, de même que l'effet de l'intérêt composé. Il faut souligner que lorsque $N = 1$, l'intérêt composé est égal à l'intérêt simple. L'exemple 2.2 illustre cette comparaison.

Exemple 2.2

Comparaison entre l'intérêt simple et l'intérêt composé

En 1626, Peter Minuit, de la Dutch West India Company, a acheté aux Indiens l'île de Manhattan pour la somme de 24 $. Rétrospectivement, s'il avait investi ces 24 $ dans un compte d'épargne portant intérêt à un taux de 8 %, combien cette somme vaudrait-elle en 2000 ?

Solution

- SOIT : $P = 24\,$$, $i = 8\%$ par année et $N = 374$ années
- TROUVEZ : F pour a) un intérêt simple de 8 % et b) un intérêt composé de 8 %

a) Pour un intérêt simple de 8 % :
$$F = 24\,$[1 + (0,08)(374)] = 742\,$.$$

b) Pour un intérêt composé de 8 % :
$$F = 24\,$(1 + 0,08)^{374} = 75\,979\,388\,482\,896\,$.$$

Commentaires : *Cet exemple illustre clairement l'effet significatif de l'intérêt composé. Il est difficile de concevoir la grandeur de 76 trillions de dollars. Bien qu'il soit impossible de calculer combien vaut l'île de Manhattan aujourd'hui, la majorité des experts de l'immobilier conviendront que cette valeur est bien inférieure à 76 trillions de dollars.*

2.2 L'ÉQUIVALENCE ÉCONOMIQUE

L'affirmation voulant que l'argent possède une valeur temporelle nous amène à la question suivante. Si recevoir 100 $ aujourd'hui n'est pas la même chose que recevoir 100 $ à une date ultérieure, comment peut-on mesurer et comparer divers flux monétaires ? Comment déterminer, par exemple, s'il est préférable de recevoir 20 000 $ aujourd'hui et 50 000 $ dans 10 ans, ou 8 000 $ par année pendant les 10 prochaines années (figure 2.3) ? La section qui suit décrit les techniques analytiques de base

Figure 2.3
Quelle option préférez-vous ? a) Deux paiements (20 000 $ aujourd'hui et 50 000 $ à la fin d'une période de 10 ans) ou b) dix paiements égaux annuels de 8 000 $

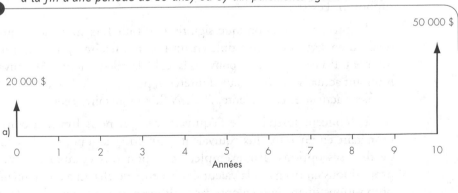

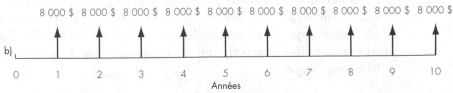

permettant d'établir ces comparaisons. La section 2.3 expose ensuite comment ces techniques sont utilisées pour concevoir une série de formules qui peuvent grandement simplifier nos calculs.

2.2.1   DÉFINITION ET CALCULS SIMPLES

Pour choisir les flux monétaires les plus avantageux, il est essentiel de comparer leur valeur économique. Cette démarche serait simple si, en cours de comparaison, nous n'étions pas obligés de tenir compte de la valeur temporelle de l'argent. Il nous suffirait d'additionner chaque flux monétaire en considérant les recettes comme des flux positifs et les paiements (débours) comme des flux négatifs. Le fait que l'argent possède une valeur temporelle complique cependant ces calculs. Nous avons besoin de données autres que le montant d'un paiement pour déterminer son effet économique global. Comme nous le verrons dans cette section, nous devons connaître les données suivantes :

- La grandeur du paiement.
- Sa direction – est-ce une recette ou un débours ?
- Sa chronologie – quand la transaction survient-elle ?
- Le taux d'intérêt applicable pendant la période à l'étude.

Ainsi, pour évaluer l'effet économique d'une série de flux monétaires, nous devons considérer l'effet de chacun d'eux.

Les calculs visant à déterminer les effets économiques des flux monétaires reposent sur le concept de l'équivalence économique. L'**équivalence économique** existe entre des flux monétaires qui produisent le même effet économique et peuvent conséquemment se substituer les uns aux autres sur les marchés financiers, dont nous supposons l'existence.

L'équivalence économique signifie que tout flux monétaire, qu'il soit individuel ou en série, est convertible en un flux monétaire *équivalent* à n'importe quel moment. Par exemple, nous pouvons calculer la valeur capitalisée équivalente, F, d'un montant actualisé, P, à un taux d'intérêt, i, pour la période N, ou encore déterminer la valeur actualisée équivalente, P, de N flux monétaires égaux, A.

Le concept restreint de l'équivalence, qui nous limite à convertir un flux monétaire en un autre flux équivalent, peut être élargi pour inclure la comparaison de diverses options. Par exemple, nous pouvons comparer la valeur de deux propositions en trouvant la valeur équivalente de chacune à une même date. Si des propositions financières en apparence différentes présentent dans les faits la même valeur économique, nous serons *économiquement indifférents* quant à notre choix. L'effet économique d'une proposition peut se substituer à l'effet d'une autre, et il n'existe aucun motif d'en préférer une par rapport à l'autre en ne comparant que leur valeur économique.

On comprend le fonctionnement des concepts d'équivalence et d'indifférence économiques dans le monde réel lorsqu'on voit la variété de plans de paiement offerts par les institutions de crédit pour des prêts personnels. Dans le tableau 2.2, on a ajouté à l'exemple que nous avons déjà utilisé trois plans de remboursement pour un prêt de 20 000 $, pendant 5 ans, à un taux d'intérêt de 9 %. Vous serez peut-être étonné de constater que chaque plan possède une structure de remboursement et un montant total remboursé différents. Cependant, étant donné la valeur temporelle de l'argent, ces plans sont équivalents et la banque est économiquement indifférente au choix de l'emprunteur. Nous verrons maintenant comment on établit ces relations d'équivalence.

Tableau 2.2 — Plans de remboursement typiques d'un prêt bancaire de 20 000 $ (si $N = 5$ ans et $i = 9\%$)

| | REMBOURSEMENTS | | |
	PLAN 1	PLAN 2	PLAN 3
Année 1	5 141,85 $	0	1 800,00 $
Année 2	5 141,85	0	1 800,00
Année 3	5 141,85	0	1 800,00
Année 4	5 141,85	0	1 800,00
Année 5	5 141,85	30 772,48 $	21 800,00
Total des versements (1)	25 709,25 $	30 772,48 $	29 000,00 $
Total de l'intérêt (2)	5 709,25 $	10 772,48 $	9 000,00 $

Plan 1 : versements annuels égaux ; plan 2 : remboursement du capital et des intérêts à la fin de la période du prêt ; plan 3 : remboursement annuel des intérêts et remboursement du capital à la fin du prêt
(1) Sans égard à la valeur temporelle de l'argent
(2) Égal au total des paiements moins 20 000 $

Les calculs d'équivalence : un exemple simple

On peut voir les calculs d'équivalence comme une application des relations d'intérêt composé décrites à la section 2.1. Supposons, par exemple, un placement de 1 000 $ à un taux d'intérêt annuel de 12 % pendant 5 ans. La formule servant à calculer l'intérêt composé, $F = P(1 + i)^N$ (équation 2.3), exprime l'équivalence entre un montant actualisé, P, et un montant capitalisé, F, pour un taux d'intérêt donné, i, et un nombre de périodes d'intérêt, N. À la fin de la période du placement, notre montant aura fructifié comme suit :

$$1\ 000\ \$(1 + 0,12)^5 = 1\ 762,34\ \$.$$

Ainsi, à un taux d'intérêt de 12 %, 1 000 $ aujourd'hui équivalent à 1 762,34 $ dans 5 ans ; nous pourrions donc renoncer aux 1 000 $ si on nous promet 1 762,34 $ dans 5 ans. L'exemple 2.3 illustre l'utilité de cette technique de base dans la pratique.

Exemple 2.3 $

L'équivalence

On vous propose de choisir entre recevoir 3 000 $ à la fin d'une période de 5 ans ou P dollars aujourd'hui. Vous avez la garantie que le montant de 3 000 $ sera versé en entier (risque nul). Vous n'avez cependant pas besoin d'argent pour le moment et pourriez déposer les P dollars dans un compte portant intérêt à un taux de 8 %. Quelle valeur de P rendrait indifférent votre choix entre P dollars aujourd'hui et la certitude de recevoir 3 000 $ à la fin d'une période de 5 ans ?

Explication : Nous devons déterminer quel montant actualisé est économiquement équivalent à 3 000 $ dans 5 ans en supposant un potentiel de placement de 8 % par année. Dans l'énoncé du problème, on précise que vous pouvez exploiter le potentiel de profit de votre argent par un dépôt. L'indifférence dont il est question constitue une indifférence économique : sur un marché financier où le taux d'intérêt en vigueur est de 8 %, vous pourriez substituer un flux monétaire à l'autre.

Solution

- Soit : $F = 3\ 000\ \$$, $N = 5$ années et $i = 8\ \%$ par année
- Trouvez : P

Équation : équation 2.3, $F = P(1 + i)^N$
Réarrangement de l'équation pour trouver P :
$$P = F/(1 + i)^N.$$
Substitution :
$$P = 3\ 000\ \$/(1 + 0,08)^5 = 2\ 042\ \$.$$
La figure 2.4 représente ce problème sous forme graphique.

Commentaires : Dans cet exemple, il est évident que si P a une valeur inférieure à 2 042 $, vous préférerez les 3 000 $ promis dans 5 ans aux P dollars reçus aujourd'hui. Si P a une valeur supérieure à 2 042 $, vous préférerez le montant d'aujourd'hui. Comme vous l'avez sans doute déjà compris, à un taux d'intérêt inférieur, P doit avoir une plus grande valeur pour être équivalent au montant capitalisé. Par exemple, si $i = 4\ \%$, $P = 2\ 466\ \$$.

Figure 2.4
*Diverses sommes qui sont économiquement équivalentes à 3 000 $
dans 5 ans à un taux d'intérêt de 8 %*

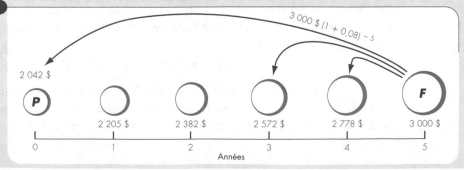

2.2.2 LES CALCULS D'ÉQUIVALENCE : PRINCIPES GÉNÉRAUX

En dépit de leur simplicité numérique, les exemples que nous venons d'étudier mettent en relief plusieurs principes généraux importants, que nous définirons maintenant.

Principe 1 : Les calculs d'équivalence visant à comparer des options nécessitent un dénominateur commun dans le temps

Pour comparer la valeur de divers flux monétaires, nous devons d'abord les convertir en utilisant un dénominateur commun, comme nous le faisons pour convertir des fractions afin de les additionner. Le choix d'une date qui servira à tous les calculs est l'un des aspects de ce principe. Dans l'exemple 2.3, si nous avions su la grandeur de chaque flux monétaire et qu'on nous avait demandé de déterminer si ces flux étaient équivalents, nous aurions pu choisir un point de référence et utiliser la formule de l'intérêt composé pour trouver la valeur de chaque flux monétaire à ce moment précis. Il est évident que si nous avions choisi $n = 0$ ou $n = 5$, notre problème aurait été plus simple car nous n'aurions eu qu'une seule série de calculs à faire : à un taux d'intérêt de 8 %, soit convertir 2 042 $ au moment 0 en sa valeur équivalente au moment 5, soit convertir 3 000 $ au moment 5 en sa valeur équivalente au moment 0. (Pour savoir comment choisir un autre point de référence, consultez l'exemple 2.4.)

Lorsqu'on choisit le moment qui nous servira à comparer la valeur de flux monétaires, on opte souvent pour le temps présent, qui nous donne la **valeur actualisée** des flux monétaires, ou une date ultérieure, qui nous donne leur **valeur capitalisée.** Le choix de ce moment dépend souvent des circonstances entourant une décision, et il répond parfois à un souci de commodité. Par exemple, si nous connaissons la valeur actualisée des deux premières propositions d'une série de trois, nous pourrons les comparer simplement en calculant la valeur actualisée de la troisième.

Exemple 2.4

Les flux monétaires équivalents ont la même valeur quel que soit le moment

Dans l'exemple 2.3, nous avons déterminé que, à un taux d'intérêt de 8 % par année, recevoir 2 042 $ aujourd'hui équivaut à recevoir 3 000 $ dans 5 ans. Ces flux monétaires sont-ils également équivalents à la fin de la troisième année ?

Explication : Ce problème est résumé à la figure 2.5. Pour trouver la solution, il faut résoudre deux problèmes d'équivalence : 1) Quelle est la valeur capitalisée de 2 042 $ après 3 années à un taux d'intérêt de 8 % (partie a de la solution) ? 2) Si on a un montant de 3 000 $ après 5 années et un taux d'intérêt de 8 %, quelle est la somme équivalente après 3 années (partie b de la solution) ?

Figure 2.5
Choix d'une période de base pour un calcul d'équivalence

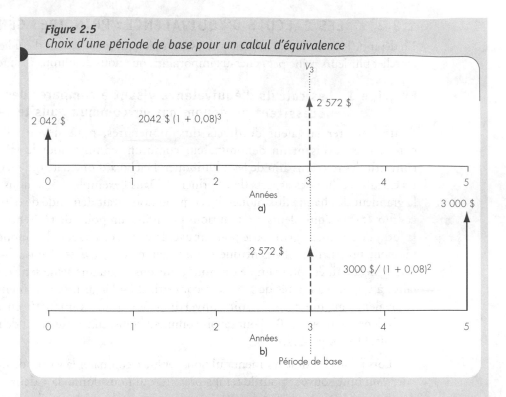

Solution

- Soit : a) $P = 2\,042\,\$$, $i = 8\%$ par année et $N = 3$ années
  b) $F = 3\,000\,\$$, $i = 8\%$ par année et $N = 5 - 3 = 2$ années
- Trouvez : 1) V_3 pour la partie a ; 2) V_3 pour la partie b ; 3) ces deux valeurs sont-elles équivalentes ?

Équation :

$$a)\ F = P(1 + i)^N$$
$$b)\ P = F/(1 + i)^N$$

Notation : L'utilisation des symboles F et P peut prêter à confusion dans cet exemple, car le flux monétaire à $n = 3$ est considéré comme un montant capitalisé dans la partie a des solutions et comme un flux monétaire passé dans la partie b. Pour simplifier le calcul, nous pouvons arbitrairement désigner un point de référence, $n = 3$, qu'il n'est pas nécessaire de situer dans le temps. Nous affectons donc une seule variable, V_3, pour le flux monétaire équivalent à $n = 3$.

1. La valeur équivalente de $2\,042\,\$$ après 3 ans est :

$$\begin{aligned} V_3 &= 2\,042(1 + 0,08)^3 \\ &= 2\,572\,\$. \end{aligned}$$

2. La valeur équivalente de 3 000 $, 2 années plus tôt, est :

$$V_3 = F/(1 + i)^N$$
$$= 3\ 000\ \$/(1 + 0,08)^2$$
$$= 2\ 572\ \$.$$

(Mentionnons que $N = 2$ puisqu'il s'agit du nombre de périodes pendant lesquelles l'actualisation (figure 2.10) est calculée pour remonter jusqu'à la troisième année.)

3. Bien que notre solution ne prouve pas que ces deux flux monétaires sont équivalents en tout temps, elle démontre qu'ils seront équivalents à n'importe quel moment tant que le taux d'intérêt est de 8 %.

Principe 2 : L'équivalence est fonction du taux d'intérêt

L'équivalence de deux flux monétaires est fonction de la direction, de la grandeur et de la chronologie de chacun d'eux ainsi que des taux d'intérêt qui s'y appliquent. Cette idée se comprend aisément si on reprend notre exemple simple : 1 000 $ reçus aujourd'hui équivalent à 1 762,34 $ reçus dans 5 années seulement à un taux d'intérêt de 12 %. Si le taux d'intérêt change, l'équivalence ne tient plus entre ces deux montants, comme nous le verrons dans l'exemple 2.5.

Exemple 2.5

Le changement du taux d'intérêt annule l'équivalence

Dans l'exemple 2.3, nous avons déterminé que pour un taux d'intérêt de 8 % par année, recevoir 2 042 $ aujourd'hui équivaut à recevoir 3 000 $ dans 5 ans. Ces deux flux monétaires sont-ils encore équivalents à un taux d'intérêt de 10 % ?

Solution

- SOIT : $P = 2\ 042\ \$$, $i = 10 \%$ par année et $N = 5$ années
- TROUVEZ : F ; est-il égal à 3 000 $?

Déterminons d'abord la période de base qui servira au calcul de l'équivalence. Puisque nous pouvons choisir n'importe quelle période, supposons que $N = 5$. Calculons ensuite la valeur équivalant à 2 042 $ aujourd'hui dans 5 ans.

$$F = 2\ 042\ \$(1 + 0,10)^5 = 3\ 289\ \$.$$

Puisque ce montant est supérieur à 3 000 $, le changement du taux d'intérêt annule l'équivalence entre les deux flux monétaires.

Principe 3 : Les calculs d'équivalence peuvent nécessiter la conversion de flux monétaires à paiements multiples en un flux monétaire unique

Dans tous les exemples présentés jusqu'ici, nous nous sommes limités à la forme la plus simple de conversion d'un paiement unique à une date donnée en un paiement unique équivalent à une autre date. Pour comparer différents flux monétaires, il faut notamment placer chacun d'eux à la même date et additionner les valeurs obtenues pour trouver un seul flux monétaire équivalent. Ce calcul est présenté dans l'exemple 2.6.

Exemple 2.6 $

Les calculs d'équivalence pour des paiements multiples

Vous empruntez 1 000 $ auprès de la banque pendant 3 ans à un taux d'intérêt annuel de 10 %. La banque vous propose deux options : 1) rembourser les frais d'intérêt pour chaque année à la fin de cette année-là et rembourser le capital à la fin de la troisième année ou 2) rembourser le montant total emprunté en une fois (y compris l'intérêt et le capital) à la fin de la troisième année. Les échéanciers de remboursement pour ces options sont les suivants :

OPTIONS	ANNÉE 1	ANNÉE 2	ANNÉE 3
Option 1 : Remboursement de l'intérêt à la fin de l'année et du capital à la fin de la période du prêt	100 $	100 $	1 100 $
Option 2 : Remboursement du capital et de l'intérêt à la fin de la période du prêt	0	0	1 331

Déterminez si ces options sont équivalentes, en supposant que le taux d'intérêt approprié pour notre comparaison est de 10 %.

Explication : Puisque dans les deux cas, nous remboursons le capital au bout de 3 ans, nous pouvons retirer cet élément de notre analyse. Il s'agit là d'un principe à retenir : *On peut ignorer les éléments communs des options à l'étude pour se concentrer uniquement sur la comparaison des paiements d'intérêt.* Notons que dans l'option 1, nous remboursons un montant total de 300 $ en intérêts, tandis que dans l'option 2, nous remboursons au total 331 $. Avant de conclure que l'option 1 est la meilleure, rappelez-vous que pour comparer deux flux monétaires, il faut tenir compte *à la fois du montant des paiements et de leur chronologie.* Pour réaliser notre comparaison, nous devons comparer la valeur équivalente de chaque option à une date donnée. Puisque l'option 2 ne prévoit qu'un seul paiement pour $n = 3$ ans, il est plus facile de convertir le flux monétaire de l'option 1 à une valeur unique pour $n = 3$. Pour ce faire, nous devons convertir les trois débours de l'option 1 pour obtenir leur valeur équivalente respective à $n = 3$. Puisque la date est toujours la même, nous pouvons simplement additionner ces débours afin de les comparer au montant de 331 $ de l'option 2.

Solution

- SOIT : les diagrammes de flux monétaire de la figure 2.6 et $i = 10\%$ par année
- TROUVEZ : une seule valeur capitalisée, F, pour les flux de l'option 1

Équation : $F = P(1 + i)^N$, appliquée à chaque débours dans le diagramme du flux monétaire

Figure 2.6
Diagrammes du flux monétaire équivalents pour l'option 1 et l'option 2 (excluant le paiement commun du capital de 1 000 $ à la fin de la troisième année dans les deux cas)

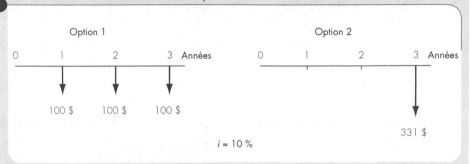

Dans l'équation 2.3, N correspond au nombre de périodes d'intérêt pendant lesquelles l'intérêt s'applique et n est le numéro de la période (par exemple, pour la première année, $n = 1$). On détermine la valeur de N en trouvant la période d'intérêt pour chaque paiement. Pour chaque paiement de la série, on calcule N en soustrayant n du nombre total d'années du prêt (3). Nous avons donc $N = 3 - n$. Une fois que nous savons la valeur de chaque paiement, nous pouvons les additionner :

$$F_3 \text{ pour } 100\$ \text{ si } n = 1 : 100\$(1 + 0{,}10)^{3-1} = 121\$$$
$$F_3 \text{ pour } 100\$ \text{ si } n = 2 : 100\$(1 + 0{,}10)^{3-2} = 110\$$$
$$F_3 \text{ pour } 100\$ \text{ si } n = 3 : 100\$(1 + 0{,}10)^{3-3} = \underline{100\$}$$
$$\text{Total} = \underline{331\$.}$$

En convertissant le flux monétaire de l'option 1 en un seul versement capitalisé à la fin de la troisième année, nous pouvons le comparer à celui de l'option 2, et constater que les deux paiements d'intérêt sont équivalents. La banque serait donc économiquement indifférente à l'option choisie. Soulignons que dans l'option 1, le dernier paiement d'intérêt ne porte aucun intérêt composé.

Commentaires : *Si vous avez de la difficulté à comprendre que les options 1 et 2 sont équivalentes, même si, dans l'option 2, un montant d'intérêt supplémentaire de 31 $ est versé, revenez au concept de la valeur temporelle de l'argent.*

Mentionnons que l'option 1 n'offre pas, comme l'option 2, la possibilité d'accumuler des intérêts sur les paiements d'intérêt différés (figure 2.7). Dans l'option 1, l'intérêt est crédité à la fin de chaque période d'intérêt. Étant donné la valeur temporelle de l'argent, les 100 $ versés à la fin de la période 1 ont une valeur capitalisée de 121 $ à la fin de la période 3. Dans l'option 2, il est possible de réaliser cette valeur capitalisée en déposant 100 $ dans un compte portant intérêt à un taux de 10 %. Naturellement, le taux d'intérêt offert peut être plus bas ou plus élevé. Il importe donc de trouver le taux d'intérêt le plus approprié pour exécuter nos calculs d'équivalence. Nous aborderons ce thème au chapitre 10. Mentionnons seulement que si le taux d'intérêt n'était que de 8 %, les deux options ne seraient pas équivalentes.

Figure 2.7
Les options 1 et 2 sont équivalentes

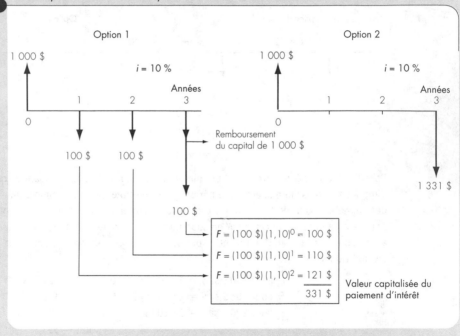

Principe 4 : L'équivalence ne dépend pas du point de vue

Tant que nous utilisons le même taux d'intérêt dans nos calculs d'équivalence, l'équivalence tient quel que soit le point de vue que l'on adopte. Dans l'exemple 2.6, les deux options étaient équivalentes à un taux d'intérêt de 10 % du point de vue de la banque. Qu'en est-il du point de vue de l'emprunteur ? Supposons que vous empruntez 1 000 $ à une banque et que vous déposez ce montant dans une autre banque qui offre un taux d'intérêt annuel de 10 %. Vous effectuerez ensuite vos paiements de prêt à partir de ce compte d'épargne. Dans l'option 1, votre compte d'épargne présente à la fin de la première année un solde de 1 100 $ une fois que l'intérêt en vigueur pendant la première période a été crédité. À ce moment, vous retirez 100 $ de ce compte (le montant exact requis pour payer l'intérêt sur le prêt pendant la première année) et vous l'utilisez pour faire votre premier paiement d'intérêt à l'autre banque. Il ne reste alors que 1 000 $ dans votre compte d'épargne. À la fin de la deuxième année, votre compte d'épargne a cumulé un intérêt de 1 000 $(0,10) = 100 $, et votre solde de fin d'année est de 1 100 $. Vous retirez encore 100 $ pour payer l'intérêt sur votre prêt, ce qui reporte le solde de votre compte à 1 000 $. Ce solde croît à un taux de 10 % et vous disposez de 1 100 $ à la fin de la troisième année. Après avoir effectué le dernier paiement pour rembourser votre prêt (1 100 $), vos deux comptes sont vides. Dans l'option 2, vous pouvez suivre l'évolution du solde annuel de vos comptes de la même façon. Vous constaterez que votre solde est nul lorsque vous effectuez votre paiement forfaitaire de 1 331 $. Ainsi, si l'emprunteur utilise le même taux d'intérêt que celui de la banque, les deux options sont équivalentes.

2.2.3 SUJETS À VENIR

Les exemples précédents vous ont donné un aperçu des considérations et des calculs qui sont associés au concept de l'équivalence économique. De toute évidence, les conditions s'appliquant aux emprunts et aux placements varient tout autant que les facteurs de temporalité. Lorsqu'on évalue des options pour divers projets d'ingénierie, il faut tenir compte de divers facteurs comme les coûts d'entretien futurs et l'accroissement de la productivité. Dans le cas d'un placement personnel, les facteurs à considérer comprennent les revenus futurs de l'investisseur (intérêts, dividendes, parts de bénéfices), le prix de vente futur, etc. Soulignons que même les relations les plus complexes reposent sur les principes de base que nous venons de définir.

Dans le reste du chapitre, nous présenterons tous les diagrammes de flux monétaire dans le contexte d'un dépôt suivi d'une série structurée de retraits ou d'un emprunt suivi d'une série de paiements de remboursement. Un diagramme de flux monétaire représentant un calcul d'équivalence plus complexe apparaît dans la figure 2.8, qui résume les options de paiement offertes par Publishers' Clearing House au gagnant du prix de 10 millions de dollars en 1995. Si nous n'utilisions que les méthodes présentées dans cette section, la comparaison entre ces deux options de paiement nécessiterait un grand nombre de calculs. Heureusement, il arrive souvent que, lors de l'analyse de transactions, on puisse classer les flux monétaires selon leur structure. À partir de ces structures, nous pouvons dériver des formules qui simplifient notre tâche. La section 2.3 présente ces formules.

Figure 2.8
Deux options de paiement offertes par Publishers' Clearing House au gagnant du prix de 10 millions de dollars en 1995 : option A : 1 000 000 $ en argent comptant maintenant, 200 000 $ par année plus un paiement final de 3 400 000 $ au bout de 29 années ; option B : 500 000 $ en argent comptant maintenant, 250 000 $ par année plus 2 500 000 $ au bout de 29 années

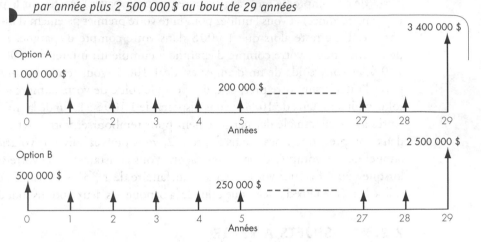

2.3 L'ÉLABORATION DES FORMULES D'INTÉRÊT

Nous disposons déjà de postulats de travail et de notations et avons acquis des notions de base sur le concept de l'équivalence. Ces outils nous permettront d'élaborer une série de formules d'intérêt qui serviront à comparer des flux monétaires plus complexes.

Lorsqu'on compare des flux monétaires plutôt que des paiements uniques, l'analyse devient plus complexe. Cependant, si nous trouvons des structures communes dans les transactions de flux monétaire, nous pourrons les utiliser pour créer des expressions concises permettant de calculer la valeur actualisée ou capitalisée de la série. Dans la section suivante, nous présenterons les cinq types de flux monétaire, élaborerons des formules de calcul de l'intérêt s'y rapportant et illustrerons chaque type par plusieurs exemples pratiques. Auparavant, nous décrirons brièvement les cinq types de flux monétaire.

Avant de poursuivre votre lecture, nous vous recommandons de réviser la notation de la section 2.1.2. Ces variables vous seront utiles à toutes les étapes de la conception des formules de calcul de l'intérêt.

2.3.1 LES CINQ TYPES DE FLUX MONÉTAIRE

Chaque fois que nous trouvons une structure dans les flux monétaires, nous pouvons l'utiliser pour élaborer des expressions concises permettant de calculer la valeur actualisée ou la valeur capitalisée de la série. À cette fin, nous pouvons classer les flux monétaires en cinq catégories : 1) le flux monétaire unique, 2) l'annuité, 3) le flux monétaire d'un gradient linéaire, 4) le flux monétaire d'un gradient géométrique et 5) le flux monétaire irrégulier. Pour simplifier la description des diverses formules d'intérêt, nous utiliserons la notation suivante :

1. **Flux monétaire unique :** Dans la forme la plus simple du flux monétaire, un montant actualisé unique est équivalent à sa valeur capitalisée. Les formules de flux monétaire unique ne comprennent donc que deux montants : un montant actualisé, P, et sa valeur capitalisée après N périodes, F (figure 2.9a). Nous avons déjà trouvé la fonction dérivée d'une formule pour cette situation dans la section 2.1.3, qui nous a donné l'équation 2.3 :

$$F = P(1 + i)^N.$$

Figure 2.9

Les cinq types de flux monétaires : a) flux monétaire unique, b) annuité, c) flux monétaire d'un gradient linéaire, d) flux monétaire d'un gradient géométrique et e) flux monétaire irrégulier

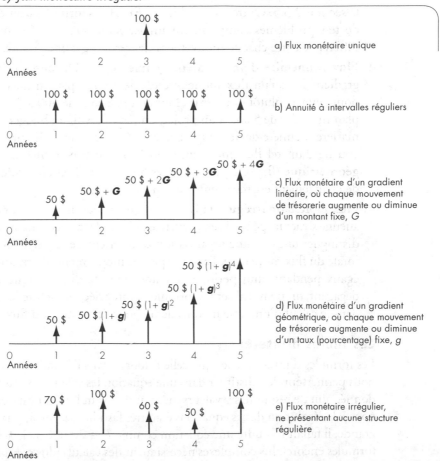

2. **Annuité**: Cette catégorie est la plus connue. Elle comprend les transactions dans lesquelles des mouvements de trésorerie égaux surviennent à intervalles réguliers; c'est pourquoi on l'appelle **annuité** ou **flux monétaire uniforme** (figure 2.9b). Elle désigne par exemple le flux monétaire du contrat typique de prêt, qui prévoit le remboursement de la somme empruntée par versements périodiques égaux. L'annuité met en relation d'équivalence les variables P, F et A (montant constant des mouvements de trésorerie dans les séries).

3. **Flux monétaire d'un gradient linéaire**: Bien que de nombreuses transactions comprennent une série de mouvements de trésorerie, les montants de ces mouvements ne sont pas toujours uniformes; ils peuvent cependant varier suivant un modèle régulier. Dans l'un des modèles de variation les plus courants, chaque mouvement de trésorerie augmente (ou diminue) d'un montant fixe (figure 2.9c). Par exemple, un plan de remboursement de prêt sur 5 ans peut prévoir une série de paiements annuels qui augmentent de 500 $ chaque année. Ce modèle de flux monétaire est appelé **flux monétaire d'un gradient linéaire** car son diagramme suit une ligne droite ascendante (ou descendante), comme nous le verrons dans la section 2.3.5. Outre les variables P, F et A, les formules utilisées pour résoudre de tels problèmes comprennent un *montant constant*, G, correspondant à la différence entre chaque mouvement de trésorerie d'une période à l'autre.

4. **Flux monétaire d'un gradient géométrique**: On observe un autre type de gradient lorsqu'un flux monétaire est déterminé par un *taux* fixe, exprimé en pourcentage, plutôt que par un montant fixe comme 500 $. Par exemple, dans le plan financier de 5 ans d'un projet, on peut prévoir au budget que le coût d'une matière première devrait augmenter de 4 % par année. Étant donné le gradient courbe d'un tel flux monétaire, on l'appelle **flux monétaire d'un gradient géométrique** (figure 2.9d). Dans les formules utilisées pour de tels flux, le taux de changement est représenté par un g minuscule.

5. **Flux monétaire irrégulier**: Un flux monétaire est irrégulier lorsqu'il ne présente aucune structure générale en particulier. Cependant, même dans un tel cas, on peut distinguer une certaine organisation à l'intérieur de segments limités de la durée totale du flux monétaire. Par exemple, les mouvements de trésorerie peuvent être égaux pendant cinq périodes sur une série de dix. Lorsque ces structures se dégagent, on peut utiliser les formules appropriées et inclure les résultats obtenus dans le calcul d'une valeur équivalente pour l'ensemble du flux monétaire.

Les tables d'intérêt

Les formules d'intérêt, telles que celle élaborée dans l'équation 2.3, $F = P(1 + i)^N$, nous permettent de substituer dans une équation les valeurs connues d'une situation donnée afin de résoudre ses valeurs inconnues. Avant l'invention de la calculatrice de poche, la résolution de ces équations était très fastidieuse. Ainsi, si la valeur de N était grande, il fallait résoudre une équation comme $F = 20\ 000\ \$\ (1 + 0{,}12)^{15}$. D'autres formules encore plus complexes nécessitaient des calculs plus compliqués. Les tables de facteurs d'intérêt composé viennent simplifier ce processus en permettant de trouver le facteur approprié pour un taux d'intérêt et un nombre de périodes d'intérêt donnés. Même si nous disposons de calculatrices de poche, ces tables nous seront souvent utiles ; elles sont reproduites à l'annexe C. Prenez le temps de vous familiariser avec leur organisation et de trouver le facteur d'intérêt composé de l'exemple que nous venons de donner, dans lequel P est une valeur connue ; pour trouver F, nous avons besoin du facteur par lequel nous pourrons multiplier 20 000 $ si le taux d'intérêt, i, est de 12 %, et le nombre de périodes est de 15 :

$$F = 20\ 000\ \$ \underbrace{(1 + 0,12)^{15}}_{5,4736} = 109\ 472\ \$.$$

La notation des facteurs

Pour élaborer les formules d'intérêt présentées dans la suite de ce chapitre, nous exprimerons les facteurs d'intérêt composé trouvés par une notation conventionnelle que l'on peut substituer dans une formule pour indiquer exactement quel facteur de la table il faut utiliser pour résoudre une équation. Dans l'exemple précédent, la formule dérivée de l'équation 2.3 est $F = P(1 + i)^N$. En langage courant, cette formule signifie que pour déterminer quel montant capitalisé, F, est équivalent à un montant actualisé, P, nous devons multiplier P par un facteur exprimé par 1 plus le taux d'intérêt, élevé à la puissance donnée par le nombre de périodes d'intérêt. Afin de préciser ce qu'il faut chercher dans les tables, nous pouvons également exprimer ce facteur par la notation fonctionnelle suivante : $(F/P, i, N)$, qui signifie « Trouvez F, si P, i et N égalent… ». Il s'agit du **facteur de capitalisation d'un flux monétaire unique**. Lorsqu'on intègre le facteur trouvé dans la table à la formule, on obtient l'expression suivante :

$$F = P(1 + i)^N = P(F/P, i, N).$$

Ainsi, dans l'exemple précédent, où $F = 20\ 000\ \$(1,12)^{15}$, nous pouvons écrire $F = 20\ 000\ \$(F/P, 12\ \%, 15)$. Le facteur nous indique qu'il faut utiliser la table d'intérêt de 12 % et trouver le facteur dans la colonne F/P pour $N = 15$. Puisque les tables d'intérêt constituent souvent le moyen le plus facile de résoudre une équation, cette notation fait partie de toutes les formules dérivées dans les sections suivantes.

2.3.2 LES FORMULES DE FLUX MONÉTAIRES UNIQUES

Notre étude des formules d'intérêt commence par le flux monétaire unique, le plus facile à comprendre.

Facteur de capitalisation

Si une somme actualisée, P, est investie pendant N périodes d'intérêt à un taux d'intérêt, i, quelle somme se sera accumulée à la fin des N périodes ? Vous avez peut-être remarqué que cette question reprend le cas que nous avons utilisé pour décrire l'intérêt composé. Pour trouver F (la somme capitalisée), nous utiliserons l'équation 2.3 :

$$F = P(1 + i)^N = P(F/P, i, N).$$

Puisqu'il sert d'abord au calcul de l'intérêt composé, le facteur (F/P, i, N) est appelé **facteur de capitalisation d'un flux monétaire unique.** Comme le concept de l'équivalence, ce facteur constitue l'un des fondements de l'analyse économique en ingénierie. Il nous permet de dériver toutes les autres formules d'intérêt importantes.

La démarche qui permet de trouver F est souvent appelée **processus de capitalisation.** La transaction de trésorerie est illustrée dans la figure 2.10. (Remarquez la convention utilisée pour l'échelle de temps : la première période commence à $n = 0$ et se termine à $n = 1$.) Au moyen d'une calculatrice, il est facile de calculer directement $(1 + i)^N$. Cependant, on peut également utiliser la table d'intérêt appropriée, qui donne toute une série de valeurs pour i et N.

Figure 2.10
Relation d'équivalence entre F et P

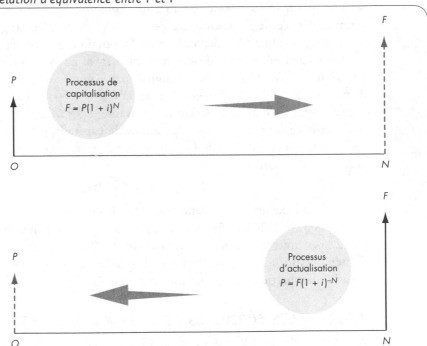

P

Processus de
capitalisation
$F = P(1 + i)^N$

F

O N

P

Processus
d'actualisation
$P = F(1 + i)^{-N}$

F

O N

Exemple 2.7 $

Les montants uniques : Soit *i*, *N* et *P*; trouvez *F*

Si vous possédez 2 000 $ que vous investissez à un taux de 10 %, combien vaudra cette somme dans 8 ans (figure 2.11) ?

Figure 2.11
Diagramme du flux monétaire du point de vue de l'investisseur

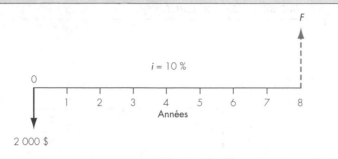

Solution

- Soit : $P = 2\,000\,\$$, $i = 10\,\%$ par année et $N = 8$ années
- Trouvez : F

Il existe trois façons de résoudre ce problème :

1. Au moyen d'une calculatrice : On utilise une calculatrice pour évaluer le terme $(1 + i)^N$. (Les calculatrices financières sont programmées pour résoudre la plupart des problèmes de capitalisation.)

$$F = 2\,000\,\$(1 + 0,10)^8$$
$$= 4\,287,18\,\$.$$

2. En consultant les tables d'intérêt composé : Les tables d'intérêt peuvent servir à trouver le facteur de capitalisation si $i = 10\,\%$ et $N = 8$. Il suffit ensuite de substituer le chiffre obtenu dans l'équation. Les tables d'intérêt composé sont données à l'annexe C.

$$F = 2\,000\,\$ \ (F/P,10\,\%,8) = 2\,000\,\$(2,1436) = 4\,287,20\,\$.$$

Cette valeur est essentiellement identique au résultat obtenu quand on calcule directement le facteur de capitalisation d'un flux monétaire unique. La légère différence est attribuable à des erreurs d'arrondi.

3. Par ordinateur : Il existe de nombreux logiciels financiers capables de résoudre les problèmes d'intérêt composé pour les ordinateurs personnels. Comme le résume l'annexe B, des chiffriers tels que Excel et Lotus 1-2-3 offrent également des fonctions financières permettant de calculer diverses formules d'intérêt.

Exemple 2.8 **$**

Les montants uniques : Soit P, F et i; trouvez N

Vous venez d'acquérir 100 actions de Nortel à raison de 60 $ l'action. Vous comptez les vendre lorsque leur cours aura doublé. Si vous prévoyez que la valeur de ces actions augmentera de 20 % par année, dans combien de temps serez-vous en mesure de les vendre (figure 2.12) ?

Figure 2.12
Diagramme du flux monétaire

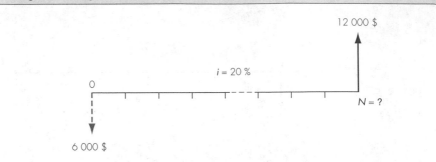

Solution

- Soit : $P = 6\,000\,\$$, $F = 12\,000\,\$$ et $i = 20\%$ par année
- Trouvez : N (années)

Si nous utilisons le facteur de capitalisation d'un flux monétaire unique :

$$F = P(1 + i)^N = P(F/P, i, N)$$
$$12\,000\,\$ = 6\,000\,\$(1 + 0{,}20)^N = 6\,000\,\$(F/P, 20\%, N)$$
$$2 = (1{,}20)^N = (F/P, 20\%, N).$$

Nous pourrions également utiliser une calculatrice ou un chiffrier pour trouver N.

1. Au moyen d'une calculatrice : Pour trouver N :

$$\log 2 = N \log 1{,}20$$
$$N = \frac{\log 2}{\log 1{,}20}$$
$$= 3{,}80 \approx 4 \text{ années.}$$

2. Au moyen d'un chiffrier : Dans Excel, la fonction financière NPM (*taux;vpm;va;vc*) calcule le nombre de périodes de capitalisation nécessaires pour qu'un investissement (P) atteigne une valeur capitalisée (F), moyennant un taux d'intérêt fixe (i) pour chaque période de capitalisation. Dans notre exemple, la commande d'Excel serait :

$$= \text{NPM}(0{,}2;0;-6\,000; 12\,000)$$
$$= 3{,}801784 \approx 4 \text{ années.}$$

Commentaires: *Une règle empirique très utile, appelée la règle de 72, permet de déterminer approximativement combien de temps s'écoulera pour qu'une somme double de valeur. Pour trouver dans combien de temps une somme actualisée croîtra par un facteur de 2, on divise 72 par le taux d'intérêt. Dans notre exemple, le taux d'intérêt est de 20%. Selon la règle de 72, 72/20 = 3,60 ou environ 4 années (période requise pour que la somme double). Cette valeur se rapproche beaucoup de la solution exacte.*

Facteur d'actualisation

Pour trouver la valeur actualisée d'un montant capitalisé, il faut faire l'inverse de la capitalisation et utiliser le **processus d'actualisation**, illustré dans la figure 2.10. Dans l'équation 2.3, on constate que pour trouver un montant actualisé, P, si un montant capitalisé, F, est fourni, il suffit de trouver P:

$$P = F\left[\frac{1}{(1 + i)^N}\right] = F(P/F, i, N). \tag{2.7}$$

Le facteur $1/(1 + i)^N$ est appelé **facteur d'actualisation d'un flux monétaire unique** et est désigné par la notation $(P/F, i, N)$. Il existe des tables pour les facteurs P/F ainsi que pour les valeurs de i et N. Le taux d'intérêt i et le facteur P/F sont également appelés **taux d'actualisation** et **facteur d'actualisation** respectivement.

Exemple 2.9 $

Montants uniques: Soit *F*, *i* et *N*; trouvez *P*

Supposons une somme de 1 000$ à recevoir dans 5 ans. À un taux d'intérêt annuel de 12%, quelle est la valeur actualisée de ce montant (figure 2.13)?

Figure 2.13
Diagramme du flux monétaire

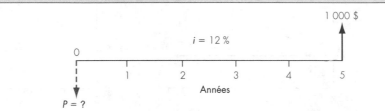

Solution

- Soit: $F = 1\ 000$$, $i = 12\%$ par année et $N = 5$ années
- Trouvez: P

$$P = 1\ 000\$(1 + 0,12)^{-5} = 1\ 000\$(0,5674) = 567,40\$.$$

La calculatrice est peut-être le meilleur moyen de réaliser ce calcul simple. Pour que votre compte d'épargne ait un solde de 1 000 $ au bout de 5 années, vous devez y déposer 567,40 $ aujourd'hui.

On peut également consulter les tables d'intérêt, qui donnent :

$$\overbrace{(0,5674)}$$

$$P = 1\,000\,\$ \ (P/F,12\,\%,5) = 567,40\,\$$$

Une calculatrice financière ou un logiciel pourrait également calculer cette valeur actualisée.

La capitalisation et l'actualisation : représentations graphiques

La figure 2.14 illustre l'évolution des caractéristiques des facteurs *F/P* et *P/F* en fonction des variations de *i* et *n*. La figure 2.14a montre la croissance de 1 $ (ou de tout autre montant) au fil du temps si l'on applique divers taux d'intérêt. On remarquera que la valeur capitalisée, *F,* augmente rapidement lorsque *n* ou *i* augmente. Plus le taux d'intérêt est élevé, plus la croissance est rapide. Le taux d'intérêt constitue en réalité un **taux de croissance**.

La figure 2.14b montre combien 1 $ reçu dans *n* périodes vaut aujourd'hui. Les courbes indiquent que la valeur actualisée d'un montant à recevoir à une date future donnée (*F*) diminue 1) à mesure que la période de paiement s'éloigne dans le temps et 2) que le taux d'actualisation augmente.

Figure 2.14
Caractéristiques des facteurs F/P et P/F en fonction des variations de i et de n

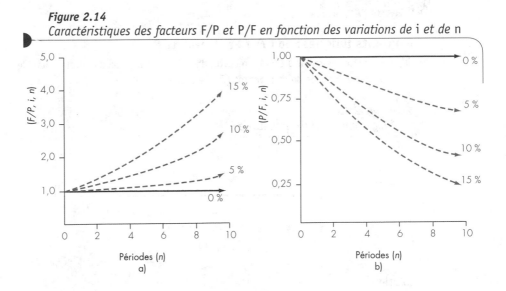

Exemple 2.10 $

Effet de divers taux d'actualisation

Supposons qu'un montant forfaitaire de 1 million de dollars sera reçu dans 50 ans. Quelle est la valeur actualisée équivalente de ce montant si le taux d'intérêt est de a) 5 %, b) 10 % et c) 25 % ?

Solution

- Soit : F = 1 million de dollars, N = 50 années et i = 5 %, 10 % ou 25 % par année
- Trouvez : P pour chacun des taux d'intérêt suivants

a) si i = 5 % :

$$P = 1\,000\,000\$(P/F, 5\%, 50) = 1\,000\,000\$(0,0872) = 87\,200\$;$$

b) si i = 10 % :

$$P = 1\,000\,000\$(P/F, 10\%, 50) = 1\,000\,000\$(0,008\,519) = 8\,519\$;$$

c) si i = 25 % :

$$P = 1\,000\,000\$(P/F, 25\%, 50) = 1\,000\,000\$(0,000\,014\,27) = 14,27\$.$$

Comme le démontre ce calcul, lorsque les taux d'actualisation sont relativement élevés, les montants à recevoir à une date future ont une très faible valeur aujourd'hui. Même si les taux d'actualisation demeurent relativement bas, la valeur actualisée de montants à recevoir à une date future éloignée est relativement faible.

2.3.3 LES FLUX MONÉTAIRES IRRÉGULIERS

Une transaction de trésorerie comprend habituellement une série de débours ou de recettes. Les versements visant le remboursement d'un prêt automobile et les paiements d'hypothèque sont des exemples courants de séries de ce type. Le remboursement d'un prêt automobile ou d'une hypothèque prévoit en général des paiements identiques effectués à intervalles réguliers. Cependant, lorsqu'une série ne présente aucune structure particulière, elle est appelée **flux monétaire irrégulier.**

Il est possible de trouver la valeur actualisée d'une série irrégulière de paiements en calculant la valeur actualisée de chaque paiement et en additionnant tous les résultats obtenus. Lorsqu'on connaît la valeur actualisée, on peut effectuer d'autres calculs d'équivalence ; par exemple, on peut trouver la valeur capitalisée en utilisant les facteurs d'intérêt présentés dans la section précédente.

Exemple 2.11

La valeur actualisée d'un flux monétaire irrégulier par décomposition en flux monétaires uniques

Technologies Wilson, un atelier d'usinage en croissance, envisage de faire des économies afin d'investir dans l'automatisation de son service à la clientèle au cours des 4 prochaines années. On offre à l'entreprise un taux d'intérêt de 10 % sur un montant déposé aujourd'hui, qui pourra être retiré selon l'échéancier suivant :

Année 1 : 25 000 $ pour l'achat d'un logiciel et d'une base de données conçus pour le service à la clientèle ;

Année 2 : 3 000 $ pour l'achat de matériel additionnel lorsque l'utilisation du système augmentera ;

Année 3 : aucun retrait ;

Année 4 : 5 000 $ pour la mise à niveau du logiciel.

Combien l'entreprise devra-t-elle déposer aujourd'hui pour effectuer les paiements prévus au cours des 4 prochaines années ?

Explication : Ce problème équivaut à demander quelle valeur devrait avoir P pour qu'on puisse opter indifféremment pour P dollars aujourd'hui ou pour la série de dépenses futures prévues (25 000 $, 3 000 $, 0 $, 5 000 $). On peut analyser un flux monétaire irrégulier en calculant la valeur actualisée équivalente de chaque mouvement de trésorerie, puis en additionnant les valeurs obtenues pour trouver P. Autrement dit, il s'agit de décomposer le flux monétaire en trois parties, comme dans la figure 2.15.

Figure 2.15
Décomposition d'un flux monétaire irrégulier

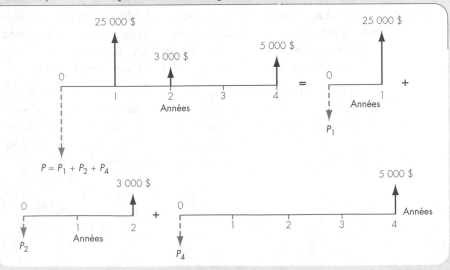

Solution

- Soit: le flux monétaire irrégulier de la figure 2.15 et $i = 10\%$ par année
- Trouvez: P

$$P = 25\ 000\ \$(P/F, 10\%, 1) + 3\ 000\ \$(P/F, 10\%, 2) + 5\ 000\ \$(P/F, 10\%, 4)$$
$$= 28\ 622\ \$.$$

Commentaires: *Pour vérifier si le montant de 28 622 $ suffit, calculons le solde du compte à la fin de chaque année. Si vous déposez 28 622 $ aujourd'hui, cette somme sera de (1,10)(28 622 $), soit 31 484 $ à la fin de la première année. De ce solde, vous retirerez 25 000 $. Le nouveau solde, 6 484 $, croîtra pour atteindre (1,10)(6 484 $), soit 7 132 $ à la fin de la deuxième année. Si vous faites le deuxième paiement (3 000 $) à partir de ce compte, il vous restera 4 132 $ à la fin de la deuxième année. Puisqu'il n'y a aucun retrait la troisième année, le solde sera de (1,10)²(4 132 $), soit 5 000 $ à la fin de la quatrième année. Le dernier retrait prévu de 5 000 $ portera le solde du compte à 0.*

Exemple 2.12 | **$**

Calcul de la valeur actualisée d'un contrat

Troy Aikman, le quart-arrière des Cowboys de Dallas, a signé un contrat de 50 millions de dollars sur 8 ans qui fera de lui le joueur le mieux payé de toute l'histoire du football professionnel[1]. Le contrat prévoit une prime de 11 millions de dollars au moment de la signature et un salaire annuel de 2,5 millions de dollars en 1993, qui passera à 1,75 million de dollars en 1994, à 4,15 millions de dollars en 1995, à 4,90 millions de dollars en 1996, à 5,25 millions de dollars en 1997, à 6,2 millions de dollars en 1998, à 6,75 millions de dollars en 1999 et à 7,5 millions de dollars en 2000. La prime de signature de 11 millions de dollars sera versée au prorata pendant la durée du contrat, de sorte qu'un montant additionnel de 1,375 million de dollars sera versé chaque année pendant 8 ans. Compte tenu du salaire versé au début de chaque saison, le calendrier des versements annuels nets sera le suivant:

DÉBUT DE LA SAISON	SALAIRE PRÉVU AU CONTRAT	PRIME DE SIGNATURE VERSÉE AU PRORATA	REVENU ANNUEL TOTAL
1993	2 500 000 $	1 375 000 $	3 875 000 $
1994	1 750 000 $	1 375 000 $	3 125 000 $
1995	4 150 000 $	1 375 000 $	5 525 000 $
1996	4 900 000 $	1 375 000 $	6 275 000 $
1997	5 250 000 $	1 375 000 $	6 625 000 $
1998	6 200 000 $	1 375 000 $	7 575 000 $
1999	6 750 000 $	1 375 000 $	8 125 000 $
2000	7 500 000 $	1 375 000 $	8 875 000 $

---

1. *The New York Times*, 24 décembre 1993.

a) Quelle est la valeur actualisée du contrat de Troy au moment de la signature?

b) Supposons que les Cowboys de Dallas proposent à Troy deux façons de toucher sa prime de signature, soit par des versements au prorata, comme ci-dessus, soit par un montant forfaitaire de 8 millions de dollars versé au début du contrat. Troy devrait-il opter pour le montant forfaitaire ou pour les versements au prorata?

Troy peut investir son argent à un taux d'intérêt de 6%.

Solution

- Soit : la série de revenus de la figure 2.16 et $i = 6\%$ par année
- Trouvez : P

Figure 2.16
Contrat de 50 millions de dollars de Troy Aikman avec les Cowboys de Dallas

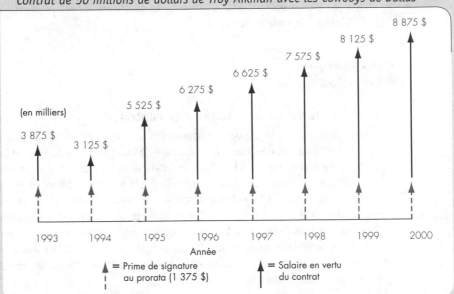

a) Valeur actualisée du contrat au moment de la signature:

$$P_{contrat} = 3\ 875\ 000\ \$ + 3\ 125\ 000\ \$(P/F, 6\%, 1)$$
$$+ 5\ 525\ 000\ \$(P/F, 6\%, 2) + 6\ 275\ 000\ \$(P/F, 6\%, 3)$$
$$+ ... + 8\ 875\ 000\ \$(P/F, 6\%, 7)$$
$$= 39\ 547\ 242\ \$.$$

b) Choix entre les versements au prorata et le montant forfaitaire: la valeur actualisée équivalente des versements au prorata est:

$$P_{prime} = 1\ 375\ 000\ \$ + 1\ 375\ 000\ \$(P/F, 6\%, 1)$$
$$+ ... + 1\ 375\ 000\ \$(P/F, 6\%, 7)$$
$$= 9\ 050\ 775\ \$,$$

ce qui est supérieur à 8 millions de dollars. Troy aurait donc avantage à choisir les versements au prorata s'il peut investir à un taux d'intérêt de 6%.

*Commentaires: On remarquera que le contrat vaut en réalité moins de 50 millions de dollars.
L'approche «force brute» consistant à décomposer les flux monétaires en montants uniques
fonctionne toujours, mais elle est fastidieuse et peut entraîner des erreurs compte tenu des
nombreux facteurs qu'il faut inclure dans le calcul. Dans les sections à venir, nous élaborerons des
méthodes plus efficaces pour analyser les flux monétaires présentant une structure particulière.*

2.3.4   LES ANNUITÉS

Comme nous l'avons vu dans l'exemple 2.12, on peut toujours obtenir la valeur actualisée d'une série de mouvements de trésorerie en additionnant la valeur actualisée de
chacun d'eux. Cependant, si le flux monétaire présente une certaine régularité
(comme dans le cas des paiements au prorata de la prime dans l'exemple 2.12), il est
possible de prendre des raccourcis, en calculant par exemple la valeur actualisée d'un
flux monétaire uniforme. Nous réalisons souvent des transactions présentant une
annuité. Le paiement d'un loyer, les gains d'intérêts sur des obligations et les
versements pour rembourser un prêt commercial en sont des exemples.

Facteur de capitalisation d'une annuité — Soit *A, i* et *N ;* trouvez *F*

Nous cherchons la valeur capitalisée, *F,* d'un fonds dans lequel nous versons *A*
dollars par période et qui porte intérêt à un taux de *i* par période. Les versements sont
effectués à la fin de chacune des *N* périodes suivantes. La figure 2.17 fournit une
représentation graphique de ces transactions. D'après le diagramme, si un montant,
A, est investi à la fin de chaque période pendant *N* périodes, le montant total, *F,* qui
pourra être retiré à la fin de *N* périodes sera égal à la somme des valeurs capitalisées
pour chaque dépôt.

Figure 2.17
Diagramme du flux monétaire montrant la relation entre A *et* F

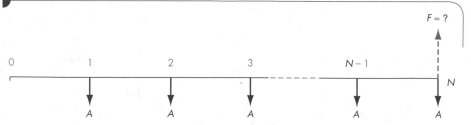

Comme le montre la figure 2.18, les A dollars que nous versons dans le fonds à la fin de la première période vaudront $A(1 + i)^{N-1}$ à la fin de N périodes. Les A dollars versés à la fin de la deuxième période vaudront $A(1 + i)^{N-2}$, et ainsi de suite. Finalement, les derniers A dollars versés à la fin de la $N^{\text{ième}}$ période vaudront exactement A dollars à ce moment-là. Le flux monétaire aura donc la forme suivante :

$$F = A(1 + i)^{N-1} + A(1 + i)^{N-2} + \dots + A(1 + i) + A,$$

ou :

$$F = A + A(1 + i) + A(1 + i)^2 + \dots + A(1 + i)^{N-1}. \tag{2.8}$$

En multipliant l'équation 2.8 par $(1 + i)$, on obtient :

$$(1 + i)F = A(1 + i) + A(1 + i)^2 + \dots + A(1 + i)^N. \tag{2.9}$$

En soustrayant l'équation 2.8 de l'équation 2.9 pour éliminer les termes communs, on obtient :

$$F(1 + i) - F = -A + A(1 + i)^N.$$

Pour trouver F :

$$F = A\left[\frac{(1+i)^N - 1}{i}\right] = A(F/A, i, N). \tag{2.10}$$

Dans l'équation 2.10, la partie entre crochets est appelée **facteur de capitalisation d'une annuité**, désigné par la notation $(F/A, i, N)$. Dans les tables d'intérêt, on trouve le facteur d'intérêt pour diverses combinaisons de i et de N.

Figure 2.18

On obtient la valeur capitalisée d'un flux monétaire en additionnant les valeurs capitalisées de chaque mouvement de trésorerie

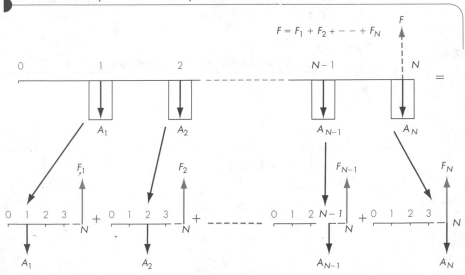

Exemple 2.13 $

L'annuité : Soit i, A et N ; trouvez F

Vous versez 3 000 $ dans votre compte d'épargne à la fin de chaque année pendant 10 ans. Si votre compte d'épargne offre un taux d'intérêt annuel de 7 %, combien pourrez-vous retirer au bout des 10 années (figure 2.19) ?

Solution

- Soit : $A = 3\ 000\,$ $, $N = 10$ années et $i = 7\,\%$ par année
- Trouvez : F

$$F = 3\ 000\,\$(F/A,\ 7\,\%,\ 10)$$
$$= 3\ 000\,\$(13,8164)$$
$$= 41\ 449,20\,\$.$$

Figure 2.19
Diagramme du flux monétaire

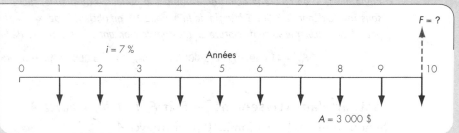

Exemple 2.14 $

L'inclusion de variables temporelles dans une annuité

Dans l'exemple 2.13, le premier dépôt de la série de 10 est fait à la fin de la période 1 et les 9 autres sont faits à la fin de chaque période subséquente. Supposons que tous les dépôts sont effectués au *début* de chaque période. Comment calculerez-vous le solde à la fin de la période 10 ?

Solution

- Soit : le flux monétaire de la figure 2.20 et $i = 7\,\%$ par année
- Trouvez : F_{10}

Comparons la figure 2.20 à la figure 2.19 : Puisque chaque paiement a été avancé de 1 an, chacun devra être capitalisé pendant 1 année de plus. Soulignons que dans le cas d'un dépôt en fin d'année, le solde de clôture (F) est de 41 449,20 $, tandis que dans le cas d'un dépôt en début d'année, on obtient ce solde à la fin de la période 9. Il continuera à accumuler des intérêts pendant une autre année. On peut donc calculer le solde de clôture de la façon suivante :

$$F_{10} = 41\ 449,20\ \$(1,07) = 44\ 350,64\ \$.$$

Figure 2.20
Diagramme du flux monétaire

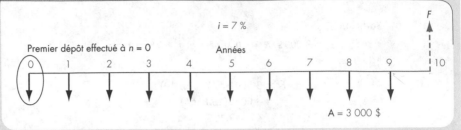

Commentaires : *On peut également déterminer le solde de clôture en comparant les deux flux monétaires. Si on ajoute le dépôt de 3 000 $ à la période 0 du premier flux monétaire et qu'on soustrait le dépôt de 3 000 $ à la fin de la période 10, on obtient le deuxième flux monétaire. On peut donc calculer le solde de clôture en ajustant le montant de 41 449,20 $ de la façon suivante :*

$$F_{10} = 41\ 449,20\ \$ + 3\ 000(F/P,\ 7\%,\ 10) - 3\ 000 = 44\ 350,64\ \$.$$

Facteur d'amortissement — Soit *F*, *i* et *N* ; trouvez *A*

Si nous utilisons l'équation 2.10 pour trouver *A* :

$$A = F\left[\frac{i}{(1+i)^N - 1}\right] = F(A/F,\ i,\ N). \qquad (2.11)$$

La partie entre crochets est appelée **facteur d'amortissement d'une annuité,** désigné par la notation (*A/F, i, N*). Le fonds d'amortissement est un compte portant intérêt dans lequel un montant fixe est déposé à chaque période d'intérêt ; il est habituellement constitué dans le but de remplacer des immobilisations.

Exemple 2.15 $

L'annuité combinée à un montant actualisé et à un montant capitalisé

Pour vous aider à économiser 5 000 $ d'ici 5 ans, votre père offre de vous donner 500 $ aujourd'hui. Vous prévoyez trouver un emploi à temps partiel et faire 5 dépôts additionnels à la fin de chaque année. (Le premier dépôt aura lieu à la fin de la première année.) Si vous déposez tout votre argent dans un compte qui porte intérêt à un taux de 7 %, quel devra être le montant de votre dépôt annuel ?

Explication : Si votre père ne peut pas vous fournir 500 $, le calcul du dépôt annuel requis sera simple car vos 5 dépôts suivront la structure standard des versements en fin de période d'une annuité. Vous n'aurez qu'à calculer :

$$A = 5\,000\,\$(A/F, 7\%, 5) = 5\,000\,\$(0{,}1739) = 869{,}50\,\$.$$

Si toutefois vous recevez 500 $ de votre père à $n = 0$, vous pouvez diviser la série de dépôts en deux parties : la première est fournie par votre père à $n = 0$ et la seconde comprend vos 5 versements annuels égaux. Vous pouvez ensuite utiliser le facteur F/P pour déterminer la valeur de la contribution de votre père à la fin de la cinquième année si le taux d'intérêt est de 7 %. Nous appellerons ce montant F_c. La valeur capitalisée de vos 5 dépôts annuels correspondra donc à la différence, soit $5\,000\,\$ - F_c$.

Solution

- Soit : le flux monétaire de la figure 2.21, $i = 7\%$ par année et $N = 5$ années
- Trouvez : A

$$
\begin{aligned}
A &= (5\,000\,\$ - F_c)(A/F, 7\%, 5) \\
&= [5\,000\,\$ - 500\,\$(F/P, 7\%, 5)](A/F, 7\%, 5) \\
&= [5\,000\,\$ - 500\,\$(1{,}4026)](0{,}1739) \\
&= 747{,}55\,\$.
\end{aligned}
$$

Figure 2.21
Diagramme du flux monétaire équivalent

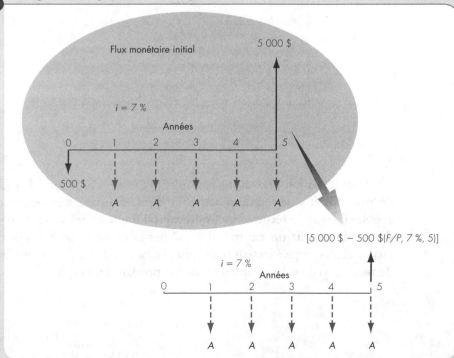

Facteur de recouvrement du capital (facteur d'annuité) — Soit *P*, *i* et *N* ; trouvez *A*

Il est possible de déterminer le montant d'un paiement périodique, *A*, si *P*, *i* et *N* sont connus. La figure 2.22 illustre une telle situation. Pour établir un rapport entre *P* et *A*, rappelez-vous la relation entre *P* et *F* dans l'équation 2.3, $F = P(1 + i)^N$. En remplaçant *F* dans l'équation 2.11 par $P(1 + i)^N$, on obtient :

$$A = P(1+i)^N \left[\frac{i}{(1+i)^N - 1} \right],$$

ou

$$A = P \left[\frac{i(1+i)^N}{(1+i)^N - 1} \right] = P\,(A/P,\, i,\, N). \tag{2.12}$$

Figure 2.22
Diagrammes du flux monétaire montrant la relation entre P *et* A *si* P *est le montant emprunté et* A *correspond à une série de paiements de valeur fixe pendant* N *périodes*

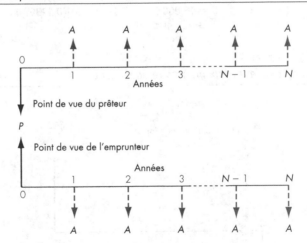

Cette équation permet de déterminer la valeur d'une série de paiements en fin de période, *A*, si le montant actualisé, *P*, est fourni. La partie entre crochets est appelée **facteur de recouvrement du capital d'une annuité**, ou simplement **facteur de recouvrement du capital**, désigné par la notation (*A/P, i, N*). En finance, le facteur *A/P* est appelé **facteur d'annuité.** Le facteur d'annuité sert au calcul d'une série de paiements de valeur constante ou fixe pendant un nombre donné de périodes.

Exemple 2.16

L'annuité : Soit *P*, *i* et *N*; trouvez *A*

BioGen, une petite entreprise de biotechnologie, a emprunté 250 000 $ pour acquérir du matériel de laboratoire servant à l'épissage de gènes. Le prêt est accordé à un taux d'intérêt de 8 % par année et doit être remboursé en versements égaux pendant les 6 prochaines années. Calculez le montant du versement annuel (figure 2.23).

Solution

- Soit : $P = 250\,000\,\$$, $i = 8\%$ par année et $N = 6$ années
- Trouvez : A

$$A = 250\,000\,\$(A/P, 8\%, 6)$$
$$= 250\,000\,\$(0,2163)$$
$$= 54\,075\,\$.$$

Figure 2.23
Diagramme du flux monétaire du prêt du point de vue de BioGen

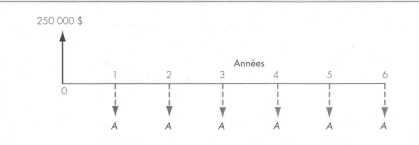

Exemple 2.17

Le remboursement différé du prêt

Revenons à l'exemple 2.16. BioGen veut négocier avec la banque le report du premier versement de remboursement jusqu'à la fin de la deuxième année (en maintenant les 6 versements égaux à un taux d'intérêt de 8 %). Pour que la banque conserve le même profit que dans l'exemple 2.16, quel devra être le versement annuel (figure 2.24) ?

Solution

- Soit : $P = 250\,000\,\$$, $i = 8\%$ par année, $N = 6$ années et le premier versement a lieu à la fin de la deuxième année
- Trouvez : A

Figure 2.24
Diagrammes du flux monétaire du remboursement différé du prêt du point de vue de BioGen

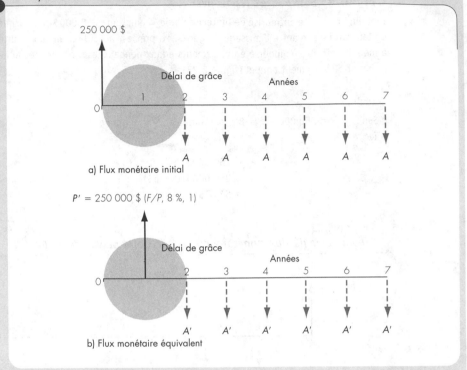

a) Flux monétaire initial

b) Flux monétaire équivalent

En reportant le premier versement de 1 an, la banque ajoutera l'intérêt de la première année au capital. Autrement dit, il faut trouver la valeur équivalente de 250 000 $ à la fin de la première année, P'

$$P' = 250\ 000\ \$(F/P, 8\%, 1)$$
$$= 270\ 000\ \$.$$

En réalité, BioGen emprunte 270 000 $ pendant 6 années. Pour rembourser le prêt en 6 versements égaux, l'entreprise devra effectuer un versement annuel égal différé, A', qui sera :

$$A' = 270\ 000\ \$(A/P, 8\%, 6)$$
$$= 58\ 401\ \$.$$

Si elle reporte le premier versement de 1 an, BioGen devra faire des versements additionnels de 4 326 $ par année.

Facteur d'actualisation d'une annuité — Soit *A, i* et *N* ; trouvez *P*

Quel montant faudrait-il investir aujourd'hui pour retirer A dollars à la fin de chacune des N périodes suivantes ? Cette situation constitue l'inverse d'un cas où le facteur de recouvrement du capital est appliqué à des versements égaux — A est connu, mais P reste à déterminer. On utilise le facteur de recouvrement du capital donné dans l'équation 2.12 pour trouver P :

$$P = A\left[\frac{(1+i)^N - 1}{i(1+i)^N}\right] = A\,(P/A,\, i,\, N). \tag{2.13}$$

La partie entre crochets est appelée **facteur d'actualisation d'une annuité**, désigné par la notation $(P/A, i, N)$.

Exemple 2.18 $

L'annuité : Soit *A, i* et *N* ; trouvez *P*

Les gens achètent souvent des billets de loterie en groupe pour partager les frais. Dans une usine, 21 travailleurs ont convenu d'amasser 21 $ afin d'acheter un billet de la New York Lottery et de diviser les gains, s'il y en a[2]. Leur billet leur a rapporté la somme de 13 667 667 $, répartie en 21 versements annuels de 650 793 $. Selon l'avocat du groupe, chaque membre devrait recevoir 21 versements annuels d'environ 24 000 $ après impôt. John Brown, un des heureux gagnants, a décidé de quitter son emploi à l'usine pour fonder sa propre entreprise. Pour ce faire, il doit emprunter 250 000 $ à la banque. John offre en garantie ses 21 versements annuels pour obtenir son prêt. Si la banque offre un taux d'intérêt annuel de 10 %, combien John pourra-t-il emprunter en mettant ses revenus capitalisés de loterie en garantie ?

Explication : Dans ce problème, il importe d'abord d'isoler les données critiques car certains chiffres n'apporteront rien à la solution finale. John veut emprunter 250 000 $ à la banque, mais cette dernière ne peut lui garantir qu'il obtiendra la totalité de ce montant. (Normalement, un chargé de prêts détermine le montant maximal qu'une personne peut emprunter selon sa capacité de remboursement.) Si la banque considère que les gains de loterie de John constituent les seuls revenus dont il disposera pour rembourser son prêt, elle doit trouver la valeur actualisée équivalente de ses 21 recettes annuelles de 24 000 $ afin de déterminer le montant maximal qu'il peut emprunter (figure 2.25).

Solution

- Soit : $i = 10\,\%$ par année, $A = 24\,000\,\$$ et $N = 21$ années
- Trouvez : P

$$P = 24\,000\,\$(P/A,\, 10\,\%,\, 21) = 24\,000\,\$(8{,}6487) = 207\,569\,\$.$$

---

2. *The New York Times*, 23 août 1985.

La banque peut prêter à John un montant maximal de 207 569 $. John devra emprunter ailleurs le reste de la somme dont il a besoin.

Figure 2.25
Diagramme du flux monétaire

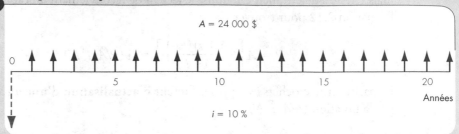

Commentaires : *Dans les données critiques, on a inclus le flux monétaire réel dans le temps plutôt que la somme totale des gains de loterie puisque les dates des paiements sont différentes. Naturellement, après étude de la solvabilité de John, la banque peut décider de prêter une somme autre que 207 569 $.*

Exemple 2.19 $

Séries monétaires combinées nécessitant les facteurs $(P/F, i, N)$ et $(P/A, i, N)$

Revenons aux options de paiement du prix de 10 millions de dollars de Publishers' Clearing House données dans la figure 2.8. Moyennant un taux d'intérêt de 8 %, quelle option parmi les suivantes est la plus avantageuse ?

* Option A : 1 000 000 $ maintenant, 200 000 $ par année, plus un paiement final de 3 400 000 $ à la fin de la 29e année

* Option B : 500 000 $ maintenant, 250 000 $ par année, plus un paiement final de 2 500 000 $ à la fin de la 29e année

Remarque : ces deux options prévoient 30 paiements.

Solution

* Soit : le flux monétaire de la figure 2.8, $i = 8\%$ par année
* Trouvez : P pour chaque option

Ces deux options de paiement comprennent une annuité et deux paiements forfaitaires la première et la dernière année. On peut donc calculer la valeur actualisée équivalente en deux étapes : 1) trouver la valeur actualisée équivalente des deux paiements forfaitaires au moyen du facteur $(P/F, i, n)$ et 2) trouver la valeur actualisée équivalente de l'annuité au moyen du facteur $(P/A, i, n)$. Soulignons également que le paiement annuel est effectué au début de chaque année. Le calcul de la valeur équivalente se ferait donc comme suit :

$$P_{\text{option A}} = 1\ 000\ 000\$ + 200\ 000\$(P/A, 8\%, 28) + 3\ 400\ 000\$(P/F, 8\%, 29)$$
$$= 3\ 575\ 040\$.$$

$$P_{\text{option B}} = 500\ 000\$ + 250\ 000\$(P/A, 8\%, 28) + 2\ 500\ 000\$(P/F, 8\%, 29)$$
$$= 3\ 531\ 025\$.$$

Commentaires : *La différence de 44 040 $ entre les deux options favorise l'option A. Ce résultat indique que, en disposant de 500 000 $ de plus durant la première année et de 900 000 $ de moins durant la dernière année, on accumule plus d'argent que si on reçoit 50 000 $ de plus par année pendant 28 ans. Comme vous pourrez le vérifier, le résultat sera l'inverse si le taux d'intérêt est inférieur à 6,18 %.*

2.3.5 LE FLUX MONÉTAIRE D'UN GRADIENT LINÉAIRE

Les ingénieurs ont souvent à évaluer des situations où les paiements périodiques augmentent ou diminuent par un montant constant (G) d'une période à la suivante. La fréquence de ces cas justifie l'utilisation de facteurs d'équivalence spéciaux qui établissent un rapport entre le gradient linéaire et d'autres flux monétaires. La figure 2.26 montre le **flux monétaire d'un gradient strict**, $A_n = (n - 1)G$ si $n \geq 1$. Il faut noter que le flux monétaire d'un gradient strict commence à la fin de la première période, à la valeur 0. Le gradient G peut être positif ou négatif. Si $G > 0$, il s'agit d'un gradient *croissant*. Si $G < 0$, le gradient est *décroissant*.

Figure 2.26
Diagrammes du flux monétaire d'un gradient strict

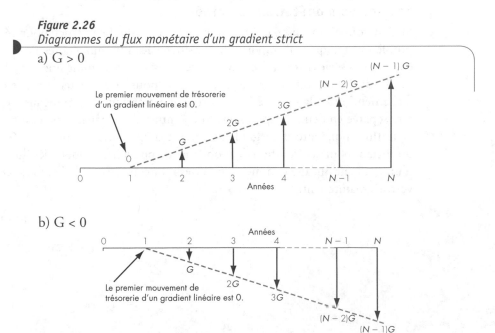

Malheureusement, les gradients croissants ou décroissants stricts ne décrivent pas la réalité de la plupart des problèmes d'économie de l'ingénierie. Dans ces problèmes, le gradient linéaire comprend un premier mouvement de trésorerie durant la première période qui augmente de G durant un certain nombre de périodes d'intérêt; la figure 2.27 illustre une telle situation. Il diffère de la forme stricte illustrée à la figure 2.26a, dans laquelle aucun paiement n'est effectué pendant la période 1 et le gradient est ajouté au paiement précédent au début de la deuxième période.

Figure 2.27
Diagramme du flux monétaire pour un problème typique de flux monétaire d'un gradient linéaire. Remarquez le mouvement de trésorerie de valeur autre que 0 à la fin de la première période.

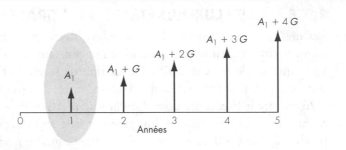

Flux monétaire d'un gradient considéré comme des séries monétaires combinées

Si l'on souhaite utiliser le flux monétaire d'un gradient strict pour résoudre des problèmes typiques, il importe de considérer les flux monétaires de la figure 2.27 comme des **séries monétaires combinées**, c'est-à-dire comme une série de deux flux monétaires épousant chacun une forme que nous pouvons reconnaître et résoudre facilement. Dans la figure 2.28, la forme que prend un flux monétaire typique peut être séparée en deux composantes: une annuité de N paiements d'un montant, A_1, et le flux monétaire d'un gradient variant d'un montant constant, G. Il est très important pour la résolution de problèmes de pouvoir considérer les flux monétaires d'un gradient linéaire comme deux séries monétaires combinées. C'est ce que nous verrons maintenant.

Figure 2.28
Deux types de flux monétaire d'un gradient linéaire sous forme de séries monétaires combinées d'une annuité de N paiements de A_1 et d'un flux monétaire d'un gradient variant d'un montant constant, G

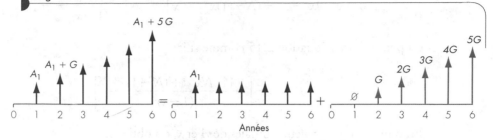

a) Flux monétaire d'un gradient croissant

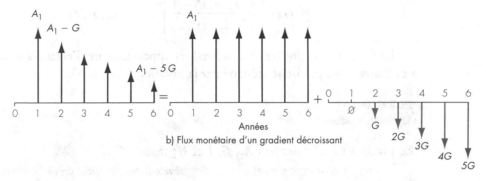

b) Flux monétaire d'un gradient décroissant

Facteur d'actualisation — Gradient linéaire :
Soit *G*, *N* et *i* ; trouvez *P*

Combien faudrait-il déposer aujourd'hui pour retirer le montant augmentant selon le gradient précisé dans la figure 2.26a? Pour trouver une expression correspondant au montant actualisé P, on applique le facteur d'actualisation d'un paiement unique à chaque terme du flux monétaire et on obtient :

$$P = 0 + G/(1 + i)^2 + 2G/(1 + i)^3 + ... + (N - 1)G/(1 + i)^N,$$

ou

$$P = \sum_{n=1}^{N} (n - 1)G(1+i)^{-n}. \tag{2.14}$$

Si $G = a$ et $1/(1 + i) = x$, on obtient :

$$P = 0 + ax^2 + 2ax^3 + ... + (N - 1)ax^N$$
$$= ax[0 + x + 2x^2 + ... + (N - 1)x^{N-1}]. \tag{2.15}$$

Puisque le flux monétaire d'un gradient linéaire/géométrique $\{0,\ x,\ 2x^2,\ \dots,\ (N-1)x^{N-1}\}$ constitue la somme finie suivante :

$$0 + x + 2x^2 + \dots + (N-1)x^{N-1} = x\left[\frac{1 - Nx^{N-1} + (N-1)x^N}{(1-x)^2}\right],$$

on peut récrire l'équation 2.15 comme suit :

$$P = ax^2\left[\frac{1 - Nx^{N-1} + (N-1)x^N}{(1-x)^2}\right]. \tag{2.16}$$

En remplaçant les valeurs initiales de A et x, on obtient :

$$P = G\left[\frac{(1+i)^N - iN - 1}{i^2(1+i)^N}\right] = G(P/G,\ i,\ N). \tag{2.17}$$

Le facteur résultant (entre crochets) est appelé **facteur d'actualisation du flux monétaire d'un gradient**, désigné par la notation (P/G, i, N).

Exemple 2.20

Le gradient linéaire : Soit A_1, G, i et N ; trouvez P

Une usine de textile vient d'acheter un chariot élévateur dont la durée de vie utile est de 5 ans. L'ingénieur estime que les coûts d'entretien de ce véhicule durant la première année seront de 1 000 $. Les coûts d'entretien devraient augmenter à mesure que le chariot élévateur s'use, au rythme de 250 $ par année pour le reste de sa durée de vie utile. Supposons que les dépenses d'entretien surviennent à la fin de chaque année. L'entreprise souhaite créer un compte d'entretien qui porte intérêt à un taux annuel de 12 %. Tous les frais d'entretien seront acquittés à partir de ce compte. Combien l'entreprise doit-elle déposer dans ce compte aujourd'hui ?

Solution

- Soit : A_1 = 1 000 $, G = 250 $, i = 12 % par année et N = 5 années
- Trouvez : P

Ce problème revient à chercher la valeur actualisée équivalente de ces frais d'entretien si un taux d'intérêt de 12 % s'applique. Le flux monétaire peut être décomposé en ses deux composantes, comme l'illustre la figure 2.29.

La première composante est une annuité (A_1) et la seconde, le flux monétaire d'un gradient linéaire (G).

$$\begin{aligned}
P &= P_1 + P_2 \\
P &= A_1(P/A,\ 12\%,\ 5) + G(P/G,\ 12\%,\ 5) \\
&= 1\ 000\,\$(3,6048) + 250\,\$(6,397) \\
&= 5\ 204\,\$.
\end{aligned}$$

On remarquera que la valeur de N dans le facteur de gradient est 5 plutôt que 4. Voici pourquoi : par définition, la première valeur d'un gradient commence à la période 2.

Figure 2.29
Diagramme du flux monétaire

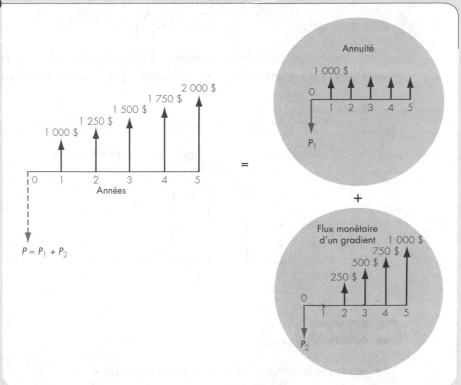

Commentaires : *Pour vérifier la réponse, on peut calculer la valeur actualisée du flux monétaire au moyen des facteurs (P/F, 12 %, n) :*

PÉRIODE (n)	FLUX MONÉTAIRE	(P/F, 12 %, n)	VALEUR ACTUALISÉE
1	1 000 $	0,8929	892,90 $
2	1 250	0,7972	996,50
3	1 500	0,7118	1 067,70
4	1 750	0,6355	1 112,13
5	2 000	0,5674	1 134,80
			5 204,03 $

(La légère différence est attribuable à une erreur d'arrondi.)

Facteur de conversion du flux monétaire d'un gradient en annuité — Soit G, i et N ; trouvez A

Comme l'illustre la figure 2.30, on peut obtenir une annuité équivalente au flux monétaire d'un gradient en substituant l'équation 2.17 à P dans l'équation 2.12 :

$$A = G\left[\frac{(1+i)^N - iN - 1}{i[(1+i)^N - 1]}\right] = G(A/G, i, N), \qquad (2.18)$$

où le facteur résultant (entre crochets) est appelé **facteur de conversion du flux monétaire d'un gradient en annuité**, désigné par la notation (A/G, i, N).

Figure 2.30
Conversion du flux monétaire d'un gradient en annuité équivalente

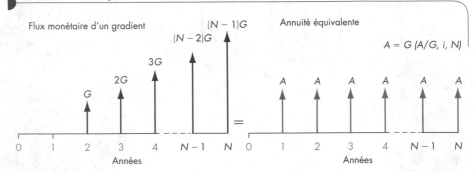

Exemple 2.21 $

Le gradient linéaire : Soit A_1, G, i et N ; trouvez A

Jean et Bernadette ouvrent chacun un compte d'épargne à leur coopérative de crédit. Ces comptes portent intérêt à un taux annuel de 10 %. Jean souhaite déposer 1 000 $ dans son compte à la fin de la première année et accroître ce montant de 300 $ à chacune des 5 années suivantes. Bernadette veut déposer un montant égal chaque année pendant les 6 prochaines années. Quel devra être la valeur du dépôt annuel de Bernadette pour que les deux comptes aient un solde égal à la fin des 6 années (figure 2.31) ?

Solution

- Soit : $A_1 = 1\ 000$ $, $G = 300$ $, $i = 10$ % et $N = 6$ années
- Trouvez : A

Puisqu'on utilise la convention de fin de période (sauf indication contraire), ce flux monétaire commence à la fin de la première année et le dernier dépôt est effectué à la fin de la sixième année. On peut isoler la portion constante de 1 000 $ de la série pour ne conserver que le flux suivant : 0, 0, 300, 600, ... , 1 500.

Figure 2.31
Série de dépôts de Jean combinant une annuité et le flux monétaire d'un gradient

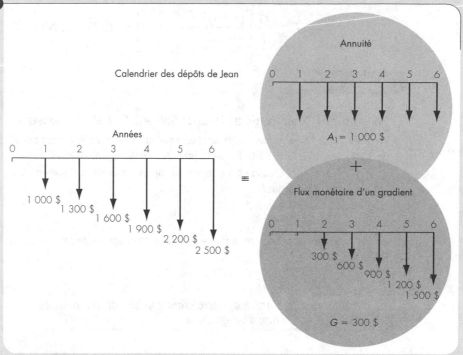

Pour trouver l'annuité commençant à la fin de la première année et se terminant à la fin de la sixième qui aurait la même valeur actualisée que le flux monétaire d'un gradient, on peut procéder de la façon suivante :

$$A = 1\,000\,\$ + 300\,\$(A/G,\ 10\%,\ 6)$$
$$= 1\,000\,\$ + 300\,\$(2,2236)$$
$$= 1\,667,08\,\$.$$

Le dépôt annuel de Bernadette devra être de 1 667,08 $.

Commentaires : *On peut également calculer le dépôt annuel de Bernadette en trouvant d'abord la valeur actualisée équivalente des dépôts de Jean, puis en calculant le montant de l'annuité équivalente. La valeur actualisée de cette série combinée est :*

$$P = 1\,000\,\$(P/A,\ 10\%,\ 6) + 300\,\$(P/G,\ 10\%,\ 6)$$
$$= 1\,000\,\$(4,3553) + 300\,\$(9,6842)$$
$$= 7\,260,56\,\$.$$

Le dépôt de l'annuité équivalente est :

$$A = 7\,260,56\,\$(A/P,\ 10\%,\ 6) = 1\,667,02\,\$.$$

(La légère différence en cents est attribuable à une erreur d'arrondi.)

Facteur de capitalisation d'un gradient — Soit *G*, *i* et *N* ; trouvez *F*

Pour obtenir la valeur capitalisée équivalente du flux monétaire d'un gradient, on substitue l'équation 2.18 à *A* dans l'équation 2.10 :

$$F = \frac{G}{i}\left[\frac{(1+i)^N - 1}{i} - N\right] = G(F/G, i, N). \tag{2.19}$$

Exemple 2.22　**$**

Le gradient linéaire décroissant : Soit *A₁*, *G*, *i* et *N* ; trouvez *F*

Vous effectuez une série de dépôts annuels dans un compte bancaire qui porte intérêt à un taux de 10 %. Le dépôt initial à la fin de la première année est de 1 200 $. Les dépôts subséquents décroissent de 200 $ à chacune des 4 années suivantes. De combien disposerez-vous immédiatement après le cinquième dépôt ?

Solution

- Soit : le flux monétaire de la figure 2.32, $i = 10\%$ par année et $N = 5$ années
- Trouvez : *F*

Figure 2.32
Série de dépôts à gradient décroissant combinant une annuité
et un flux monétaire d'un gradient

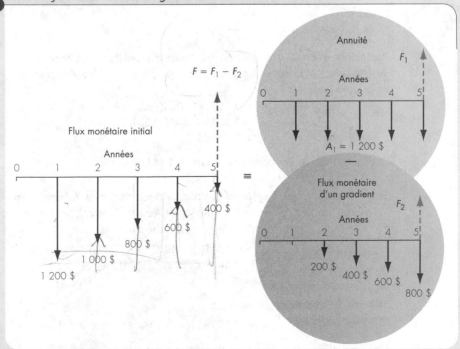

Ce flux monétaire comprend un gradient décroissant. Nous avons déjà dérivé les facteurs de gradient linéaire pour le flux monétaire d'un gradient croissant. Pour un gradient décroissant, on obtient la solution plus facilement en séparant le flux en deux composantes : une annuité et un gradient croissant que l'on *soustrait* de l'annuité (figure 2.32). La valeur capitalisée est :

$$
\begin{aligned}
F &= F_1 - F_2 \\
&= A_1(F/A,\ 10\,\%,\ 5) - 200\$(F/G,\ 10\,\%,\ 5) \\
&= A_1(F/A,\ 10\,\%,\ 5) - 200\$(P/G,\ 10\,\%,\ 5)(F/P,\ 10\,\%,\ 5) \\
&= 1\,200\$(6,105) - 200\$(6,862)(1,611) \\
&= 5\,115\$.
\end{aligned}
$$

2.3.6 LE FLUX MONÉTAIRE D'UN GRADIENT GÉOMÉTRIQUE

Dans de nombreux problèmes d'économie de l'ingénierie, en particulier ceux qui ont trait à des coûts de construction, les flux monétaires augmentent ou diminuent dans le temps, non par un montant constant (gradient linéaire), mais plutôt par un pourcentage constant (**géométrique**) appelé **croissance composée.** Les fluctuations de prix causées par l'inflation constituent un bon exemple de gradient géométrique. Si on utilise g pour désigner la variation de pourcentage dans un paiement d'une période à la suivante, la grandeur du $n$ième paiement, A_n, est liée au premier paiement, A_1, comme l'indique l'expression suivante

$$ A_n = A_1(1 + g)^{n-1},\ n = 1, 2, \dots, N. \tag{2.20} $$

La variable g peut être positive ou négative selon le type de flux monétaire. Si $g > 0$, le flux monétaire est croissant, et si $g < 0$, il est décroissant. La figure 2.33 présente le diagramme du flux monétaire de cette situation.

Figure 2.33

Flux monétaires d'un gradient géométrique croissant ou décroissant à un taux constant, g

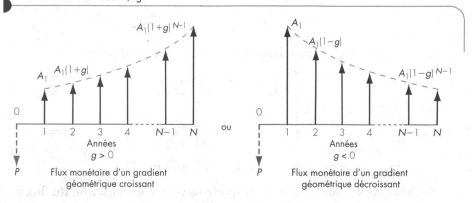

Facteur d'actualisation — Soit A_1, g, i et N ; trouvez P

La valeur actualisée, P_n, de tout flux monétaire, A_n, à un taux d'intérêt i est :

$$P_n = A_n(1 + i)^{-n} = A_1(1 + g)^{n-1}(1 + i)^{-n}.$$

Pour trouver l'expression correspondant au montant actualisé de l'ensemble du flux monétaire, P, on applique le **facteur d'actualisation d'un flux monétaire unique** à chacun de ses termes :

$$P = \sum_{n=1}^{N} A_1(1+g)^{n-1}(1+i)^{-n}. \tag{2.21}$$

On isole ensuite le terme constant $A_1(1 + g)^{-1}$ de l'addition :

$$P = \frac{A_1}{(1+g)} \sum_{n=1}^{N} \left[\frac{1+g}{1+i}\right]^n. \tag{2.22}$$

Si $a = \dfrac{A_1}{1+g}$ et $x = \dfrac{1+g}{1+i}$, l'équation 2.22 devient :

$$P = a(x + x^2 + x^3 + \ldots + x^N). \tag{2.23}$$

Puisque l'addition dans l'équation 2.23 représente les N premiers termes du flux monétaire d'un gradient géométrique, on peut obtenir une expression en forme analytique de la façon suivante. On multiplie d'abord l'équation 2.23 par x :

$$xP = a(x^2 + x^3 + x^4 + \ldots + x^{N+1}). \tag{2.24}$$

Puis, on soustrait l'équation 2.24 de l'équation 2.23 :

$$
\begin{aligned}
P - xP &= a(x - x^{N+1}) \\
P(1 - x) &= a(x - x^{N+1}) \\
P &= \frac{a(x - x^{N+1})}{1 - x}, \text{ où } x \neq 1.
\end{aligned}
\tag{2.25}
$$

Si on remplace les valeurs initiales de a et x, on obtient :

$$
P = \begin{cases}
A_1\left[\dfrac{1 - (1 + g)^N(1 + i)^{-N}}{i - g}\right], & \text{si } i \neq g \\[4mm]
\dfrac{NA_1}{(1 + i)}, & \text{si } i = g
\end{cases}
\tag{2.26}
$$

ou
$$P = A_1(P/A_1, g, i, N).$$

Le facteur entre crochets est appelé **facteur d'actualisation du flux monétaire d'un gradient géométrique**, désigné par la notation $(P/A_1, g, i, N)$. Dans le cas particulier où $i = g$, l'équation 2.22 devient $P = [A_1/(1 + i)]N$.

Exemple 2.23

Le gradient géométrique : Soit A_1, g, i et N; trouvez P

Ansell inc., un fabricant d'appareils médicaux, utilise de l'air comprimé dans les solénoïdes et les commutateurs de pression de ses machines pour contrôler divers mouvements mécaniques. Au fil des ans, l'étage de la production a souvent changé de configuration. Chaque nouvelle configuration nécessitait l'ajout de tuyaux dans le système de soufflage d'air comprimé afin d'approvisionner les nouveaux sites de fabrication. Cependant, aucun des tuyaux non utilisés n'a été fermé ou retiré, de sorte que le système de soufflage est inefficace et criblé de fuites. Si l'on tient compte des fuites dans le système actuel, on prévoit que le compresseur fonctionnera 70 % du temps d'exploitation de l'usine au cours de l'année à venir. Il consommera 259,24 kWh d'électricité au tarif de 0,05 $/kWh. (L'usine est en fonction 250 jours par année, 24 heures sur 24.) Si Ansell continue à utiliser son système de soufflage actuel, le temps d'exécution du compresseur augmentera de 7 % par année pendant les 5 prochaines années en raison de l'aggravation des fuites. (Au bout de 5 ans, le système actuel ne pourra plus suffire aux besoins de l'usine et devra être remplacé.) Si Ansell décide de remplacer toutes ses canalisations aujourd'hui, il lui en coûtera 28 570 $. Le compresseur fonctionnera pendant le même nombre de jours mais son temps d'exécution aura diminué de 23 % (ou 70 %(1 − 0,23) = 53,9 % par jour) car les pertes d'air comprimé auront diminué. Si Ansell obtient un taux d'intérêt de 12 %, a-t-elle avantage à faire cette dépense maintenant?

Solution

- Soit : la consommation d'électricité actuelle, $g = 7\%$, $i = 12\%$ et $N = 5$ années
- Trouvez : A_1 et P

Étape 1 : Il faut calculer le coût de la consommation d'électricité pour le système de soufflage actuel durant la première année. La consommation d'électricité est égale à :

$$\begin{aligned}
\text{Coût d'électricité} &= \% \text{ de fonctionnement par jour} \\
&\quad \times \text{ jours d'exploitation par année} \\
&\quad \times \text{ heures par jour} \\
&\quad \times \text{ kilowattheures} \times \text{coût par kilowattheure} \\
&= (70\%) \times (250 \text{ jours/année}) \times (24 \text{ heures/jour}) \\
&\quad \times (259,24 \text{ kWh}) \times (0,05 \text{ \$/kWh}) \\
&= 54\,440 \text{ \$.}
\end{aligned}$$

Étape 2 : Chaque année, le coût d'électricité augmentera de 7 % par rapport à l'année précédente. Le coût d'électricité prévu pour la période de 5 ans est résumé dans la figure 2.34. Le coût forfaitaire actualisé équivalent à ce flux monétaire d'un gradient géométrique, moyennant un taux d'intérêt de 12 %, est :

$$\begin{aligned}
P_{\text{ancien}} &= -54\,440 \text{ \$}(P/A_1, 7\%, 12\%, 5) \\
&= -54\,440 \text{ \$}\left[\frac{1 - (1 + 0,07)^5(1 + 0,12)^{-5}}{0,12 - 0,07} \right] \\
&= -222\,283 \text{ \$.}
\end{aligned}$$

Figure 2.34
En cas de non-remplacement, les dépenses d'électricité prévues pour les 5 prochaines années augmenteront de 7 % par année

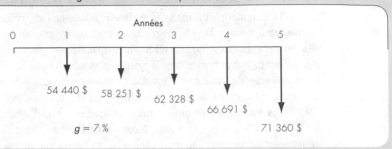

Étape 3 : Si Ansell remplace son système de soufflage d'air comprimé actuel, le coût d'électricité annuel diminuera de 23 % durant la première année et sera stable pendant les 5 années suivantes. Le coût forfaitaire actualisé équivalent à un taux de 12 % est :

$$P_{\text{nouveau}} = -54\ 440\ \$(1 - 0,23)(P/A, 12\%, 5)$$
$$= -41\ 918,80\ \$(3,6048)$$
$$= -151\ 109\ \$.$$

Étape 4 : Le coût net du non-remplacement du système actuel est de $-71\ 174\ \$$ ($= -222\ 283\ \$ + 151\ 109\ \$$). L'installation du nouveau système annule ce coût net et le montant de $71\ 174\ \$$ peut être considéré comme une économie nette ou des revenus attribuables au nouveau système. Puisque le nouveau système ne coûte que $28\ 570\ \$$, il faudrait procéder immédiatement au remplacement.

Commentaires : *Dans cet exemple, nous avons supposé que le coût de retrait du système actuel était inclus dans le coût d'installation du nouveau. Si le système retiré présente une quelconque valeur de récupération, son remplacement occasionnera une plus grande économie encore. Dans le chapitre 6, nous étudierons plusieurs cas de remplacement.*

Facteur de capitalisation — Soit A_1, g, N et i ; trouvez F

On peut obtenir la valeur capitalisée équivalente du flux monétaire d'un gradient géométrique en multipliant l'équation 2.26 par le facteur F/P, $(1 + i)^N$.

$$F = \begin{cases} A_1\left[\dfrac{(1 + i)^N - (1 + g)^N}{i - g}\right], & \text{si } i \neq g \\ NA_1(1 + i)^{N - 1}, & \text{si } i = g \end{cases} \qquad (2.27)$$

ou

$$F = A_1(F/A_1, g, i, N).$$

Exemple 2.24 **$**

Flux monétaire d'un gradient géométrique : Soit *F, g, i* et *N*; trouvez *A*₁

Jérémie Cantin, un travailleur autonome, ouvre un compte de retraite à la banque. Son objectif est d'y accumuler 1 000 000 $ d'ici son départ à la retraite dans 20 ans. Une banque locale lui propose un compte de retraite portant intérêt à un taux de 8 %, composé annuellement, pendant 20 ans. Jérémie prévoit que son revenu annuel augmentera de 6 % par année pendant le reste de sa carrière. Il entend faire un premier dépôt à la fin de la première année (A_1) et augmenter ses dépôts subséquents de 6 % chaque année. Quel devra être le montant de son premier dépôt (A_1) ? Le premier dépôt sera effectué à la fin de la première année et les dépôts suivants seront faits à la fin de chaque année subséquente. Le dernier dépôt aura lieu à la fin de la vingtième année.

Solution

• Soit : $F = 1\ 000\ 000\ \$$, $g = 6\ \%$ par année, $i = 8\ \%$ par année et $N = 20$ années
• Trouvez : A_1 comme dans la figure 2.35

$$F = A_1(F/A_1, g, i, N)$$
$$= A_1(F/A_1, 6\ \%, 8\ \%, 20)$$
$$= A_1(72,6911).$$

Pour trouver A_1 :

$$A_1 = 1\ 000\ 000\ \$/72,6911 = 13\ 757\ \$$$

Figure 2.35
Plan de retraite de Jérémie Cantin

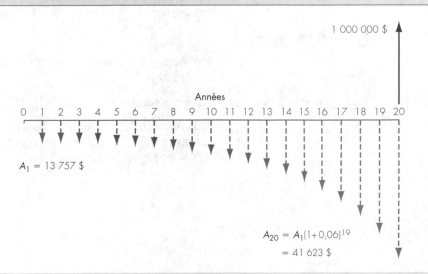

Exemple 2.25

Flux monétaire d'un gradient géométrique composé : Soit A_1, g (composé), i et N; Trouvez P

Une société minière du Labrador prévoit produire 400 000 tonnes de concentré de minerai cette année. Le prix de vente actuel du concentré est de 300 $/tonne. L'entreprise entend poursuivre ses activités pendant dix ans. D'après ses projections, le prix de vente de son produit devrait augmenter de 5 % par année. Cependant, la capacité de traitement restreinte et la baisse de la teneur commerciale du minerai réduiront le niveau de production actuel. On prévoit que la production diminuera de 2 % par année. Si le taux d'intérêt de la société minière est de 10 %, déterminez la valeur actualisée de ses revenus futurs.

Solution

- Soit : le niveau de production et le prix de vente actuels, g (prix) = 5 %, g (production) = −2 %, i = 10 % et N = 10 années
- Trouvez : P

Les revenus générés par les ventes de concentré pour cette année, A_1, correspondent au produit du total de tonnes et du prix de vente.

$$A_1 = 400\ 000 \text{ tonnes} \times 300\ \$/\text{tonne}$$
$$= 120\ 000\ 000\ \$$$

Pour chaque année subséquente, le tonnage diminuera de 2 % et le prix de vente augmentera de 5 %. Les revenus seront donc, pour la deuxième année :

$$A_2 = 400\ 000(1 - 0{,}02) \text{ tonnes} \times 300\ \$(1 + 0{,}05)/\text{tonne}$$
$$= 123\ 480\ 000\ \$$$

Pour la troisième année :

$$A_3 = 400\ 000(1 - 0{,}02)^2 \text{ tonnes} \times 300\ \$(1 + 0{,}05)^2/\text{tonne}$$
$$= 127\ 060\ 920\ \$$$

Pour toute année n, les revenus peuvent se calculer comme suit :

$$A_n = 400\ 000(1 - 0{,}02)^{n-1} \text{ tonnes} \times 300\ \$(1 + 0{,}05)^{n-1}/\text{tonne}$$
$$= 400\ 000 \times 300\ \$(1 - 0{,}02)^{n-1}(1 + 0{,}05)^{n-1}$$
$$= A_1(1 - 0{,}02)^{n-1}(1 + 0{,}05)^{n-1}$$

- Méthode 1 : On peut calculer A_n pour chacune des autres années (4 à 10) et utiliser le facteur $(P/F, i, n)$ pour actualiser la valeur de chaque revenu annuel au moment 0.

$$
\begin{aligned}
P &= 120\ 000\ 000\$(P/F, 10\%, 1) \\
&\quad + 123\ 480\ 000\$(P/F, 10\%, 2) \\
&\quad + 127\ 060\ 920\$(P/F, 10\%, 3) \\
&\quad + \ldots + 155\ 209\ 971\$(P/F, 10\%, 10) \\
&= 822\ 870\ 891\$
\end{aligned}
$$

- Méthode 2 : La suite de revenus est le produit de deux quantités, dont chacune est représentée par le flux monétaire d'un gradient géométrique. La suite doit donc être représentée par le flux monétaire d'un gradient géométrique présentant un taux composé de variation donné, $\hat{g}$. On peut déterminer cette valeur en reprenant la définition du flux monétaire d'un gradient géométrique donnée dans l'équation 2.20.

$$
\begin{aligned}
A_n &= A_1(1 + \hat{g})^{n-1} \\
&= A_1(1 - 0{,}02)^{n-1}(1 + 0{,}05)^{n-1}
\end{aligned}
$$

Par conséquent, cette valeur composée, $\hat{g}$, tient compte des effets de la baisse de production et de l'augmentation du prix :

$$
\begin{aligned}
\hat{g} &= (1 - 0{,}02)(1 + 0{,}05) - 1 \\
&= 2{,}9\%
\end{aligned}
$$

et la valeur actualisée des revenus peut se calculer comme suit :

$$
\begin{aligned}
P &= 120\ 000\ 000\$(P/A_1, 2{,}9\%, 10\%, 10) \\
&= 120\ 000\ 000\$(6{,}8543) \\
&= 822\ 876\ 000\$
\end{aligned}
$$

La différence entre les réponses de la méthode 1 et de la méthode 2 est attribuable à des erreurs d'arrondi. Le programme Excel donne une valeur actualisée de 822 879 887 $. La méthode 2 est donc plus efficace que la méthode 1.

Remarque : Le taux composé géométrique de variation des revenus n'est <u>pas égal à la différence</u> entre le taux d'augmentation du prix et celui de la baisse de la production, soit 3 %.

Le tableau 2.3 reprend les formules d'intérêt élaborées dans cette section et les cas de flux monétaire auxquels elles s'appliquent. Rappelez-vous que toutes les formules d'intérêt de cette section ne s'appliquent qu'aux situations où la période d'intérêt est la même que la période de paiement (par exemple, une actualisation annuelle pour un paiement annuel). Ce tableau donne également des équivalences de facteurs d'intérêt utiles.

Tableau 2.3   Récapitulation des formules d'actualisation discrètes s'appliquant à des paiements discrets[3]

TYPE DE FLUX	NOTATION	FORMULE	DIAGRAMME DU FLUX MONÉTAIRE	RELATION ENTRE LES FACTEURS
UNIQUE	Montant capitalisé $(F/P, i, N)$	$F = P(1 + i)^N$		$(F/P,i,N) = i(F/A,i,N) + 1$
	Valeur actualisée $(P/F, i, N)$	$P = F(1 + i)^{-N}$		$(P/F,i,N) = 1 - (P/A,i,N)i$
ANNUITÉS	Montant capitalisé $(F/A,i,N)$	$F = A\left[\dfrac{(1+i)^N - 1}{i}\right]$		$(A/F,i,N) = (A/P,i,N) - i$
	Fonds d'amortissement $(A/F,i,N)$	$A = F\left[\dfrac{i}{(1+i)^N - 1}\right]$		
	Valeur actualisée $(P/A,i,N)$	$P = A\left[\dfrac{(1+i)^N - 1}{i(1+i)^N}\right]$		$(A/P, i, N) = \dfrac{i}{1 - (P/F,i,N)}$
	Recouvrement du capital $(A/P,i,N)$	$A = P\left[\dfrac{i(1+i)^N}{(1+i)^N - 1}\right]$		
GRADIENTS	Gradient linéaire Valeur actualisée $(P/G,i,N)$	$P = G\left[\dfrac{(1+i)^N - iN - 1}{i^2(1+i)^N}\right]$		$(F/G,i,N) = (P/G,i,N)\,(F/P,i,N)$ $(A/G,i,N) = (P/G,i,N)\,(A/P,i,N)$
	Gradient géométrique Valeur actualisée $(P/A_1,g,i,N)$	$P = \begin{bmatrix} A_1\left[\dfrac{1 - (1+g)^N(1+i)^{-N}}{i-g}\right] \\ \dfrac{NA_1}{1+i} \quad (si\ i=g) \end{bmatrix}$		$(F/A_1,g,i,N) = (P/A_1,g,i,N)(F/P,i,N)$

3. Park, C. S. et G. P. Sharp-Bette, *Advanced Engineering Economics*, John Wiley & Sons, New York, 1990.

2.3.7   LES FORMES RESTRICTIVES DES FORMULES D'INTÉRÊT

Si un taux d'intérêt, i, est très bas ou que le nombre de périodes d'intérêt, N, est très élevé, les formules d'intérêt du tableau 2.3 sont réduites aux formes restrictives présentées dans le tableau 2.4. Pour obtenir ces formes, on suppose que $i \rightarrow 0$ ou $N \rightarrow \infty$ pour les formules du tableau 2.3. Dans une analyse où les formes sont indéterminées, on utilise les méthodes de calcul différentiel et intégral habituelles pour fixer la limite adéquate.

Comme nous le verrons dans des chapitres suivants, certaines situations sont conformes à la condition du taux d'intérêt ou du nombre de périodes. Si les facteurs d'intérêt requis par l'analyse ont des limites finies, l'emploi des formes restrictives du tableau 2.4 facilitera votre tâche.

Tableau 2.4 Formes restrictives de formules de capitalisation discrètes s'appliquant à des paiements discrets

	LIMITE DE $N \rightarrow \infty$ (i EST CONNU)		LIMITE DE $i \rightarrow 0$ (N EST CONNU)	
$(F/P, i, N)$	∞		1	
$(P/F, i, N)$	0		1	
$(F/A, i, N)$	∞		N	
$(A/F, i, N)$	0		$\dfrac{1}{N}$	
$(P/A, i, N)$	$\dfrac{1}{i}$		N	
$(A/P, i, N)$	i		$\dfrac{1}{N}$	
$(P/G, i, N)$	$\dfrac{1}{i^2}$		∞	
$(P/A_1, g, i, N)$	∞	$g > i$		
	$\dfrac{1}{(i-g)}$	$g < i$	$\dfrac{(1+g)-1}{g}$	$i \neq g$
	∞	$i = g$	N	$i = g$

2.4   LES CALCULS D'ÉQUIVALENCE NON CLASSIQUES

Dans la section précédente, nous avons parfois montré plus d'une façon de résoudre le problème soulevé dans un exemple quand bien même les équations standard auraient pu nous servir. Il est important que vous preniez l'habitude d'envisager les problèmes sous des angles inhabituels et de chercher des méthodes non classiques de les résoudre, car les problèmes de flux monétaire ne sont pas tous aussi bien organisés et solubles par les équations que nous avons élaborées. Deux problèmes en particulier nous obligent à adopter une telle approche. Ce sont les flux monétaires composés (mixtes) et les problèmes pour lesquels il faut déterminer le taux d'intérêt implicite dans un contrat financier. Examinons d'abord les flux monétaires composés.

2.4.1   LES FLUX MONÉTAIRES COMPOSÉS

Bien que de nombreuses décisions financières soient fondées sur des variations constantes ou systématiques dans les flux monétaires, les flux monétaires des projets d'investissement contiennent souvent plusieurs composantes ne présentant aucune structure définie. Il est donc nécessaire d'élargir notre analyse pour tenir compte de ces flux monétaires mixtes.

Pour illustrer notre propos, considérons le flux monétaire de la figure 2.36. Nous devons calculer la valeur actualisée équivalente de cette série de paiements mixte à un taux d'intérêt de 15 %. Trois méthodes différentes s'offrent à nous.

Figure 2.36
Calcul de la valeur actualisée équivalente au moyen des facteurs P/F
(Méthode 1 — Approche «force brute»)

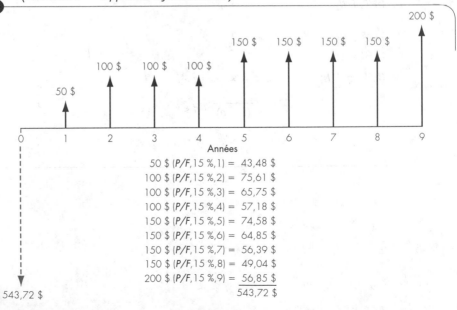

$$50\ \$ \ (P/F, 15\ \%, 1) = 43,48\ \$$$
$$100\ \$ \ (P/F, 15\ \%, 2) = 75,61\ \$$$
$$100\ \$ \ (P/F, 15\ \%, 3) = 65,75\ \$$$
$$100\ \$ \ (P/F, 15\ \%, 4) = 57,18\ \$$$
$$150\ \$ \ (P/F, 15\ \%, 5) = 74,58\ \$$$
$$150\ \$ \ (P/F, 15\ \%, 6) = 64,85\ \$$$
$$150\ \$ \ (P/F, 15\ \%, 7) = 56,39\ \$$$
$$150\ \$ \ (P/F, 15\ \%, 8) = 49,04\ \$$$
$$200\ \$ \ (P/F, 15\ \%, 9) = \underline{56,85\ \$}$$
$$543,72\ \$$$

Méthode 1: Dans l'approche « force brute », on multiplie chaque paiement par les facteurs appropriés (P/F, 10 %, n), puis on additionne ces produits pour obtenir la valeur actualisée des flux monétaires, soit 543,72 $. On se rappellera que nous avons utilisé exactement la même procédure pour résoudre les problèmes touchant les flux monétaires irréguliers, décrits dans la section 2.3.3. La figure 2.36 illustre cette méthode de calcul.

Méthode 2: On peut également regrouper les composantes d'un flux monétaire selon le type de flux monétaire auxquelles elles correspondent (paiement unique, annuité, etc.), comme le montre la figure 2.37. La résolution du problème comprend ensuite les étapes suivantes:

• Groupe 1: Trouver la valeur actualisée de 50 $ à recevoir dans un an:
$$50\,\$(P/F, 15\,\%, 1) = 43,48\,\$.$$

Figure 2.37
Calcul de la valeur actualisée équivalente d'un flux monétaire irrégulier au moyen des facteurs P/F et P/A (Méthode 2 — « Approche du regroupement »)

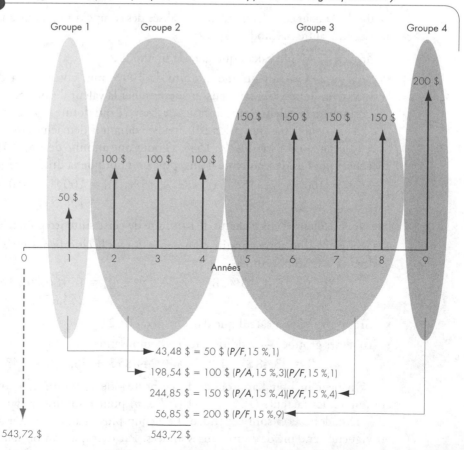

- Groupe 2 : Trouver la valeur équivalente d'une annuité de 100 $ pour la première année (V_1), puis appliquer cette valeur à l'année 0.

$$\underbrace{100\,\$(P/A,\ 15\,\%,\ 3)}_{V_1}\ (P/F,\ 15\,\%,\ 1) = 198{,}54\,\$.$$

- Groupe 3 : Trouver la valeur équivalente d'une annuité de 150 $ pour la quatrième année (V_4), puis appliquer cette valeur à l'année 0.

$$\underbrace{150\,\$(P/A,\ 15\,\%,\ 4)}_{V_4}\ (P/F,\ 15\,\%,\ 4) = 244{,}85\,\$.$$

- Groupe 4 : Trouver la valeur actualisée équivalente de 200 $ à recevoir la neuvième année :

$$200\,\$(P/F,\ 15\,\%,\ 9) = 56{,}85\,\$.$$

- Total des groupes — additionner les composantes :

$$P = 43{,}48\,\$ + 198{,}54\,\$ + 244{,}85\,\$ + 56{,}85\,\$ = 543{,}72\,\$.$$

La représentation graphique de cette méthode de calcul est donnée à la figure 2.37.

Méthode 3 : Pour calculer la valeur actualisée des composantes d'une annuité, on peut utiliser une autre méthode.

- Groupe 1 : Même calcul que dans la méthode 2.
- Groupe 2 : On sait qu'une annuité de 100 $ aura cours de la deuxième à la quatrième année. On peut ensuite déterminer la valeur d'une annuité de 4 ans en retranchant la valeur d'une annuité de 1 an, ce qui donne la valeur d'une annuité de 4 ans dont le premier paiement aura lieu durant la deuxième année. Pour obtenir ce résultat, on soustrait $(P/A, 15\,\%, 1)$ pour une annuité de 1 an à 15 % du même facteur pour une annuité de 4 ans, puis on multiplie la différence par 100 $:

$$100\,\$[(P/A,\ 15\,\%,\ 4) - (P/A,\ 15\,\%,\ 1)] = 100\,\$(2{,}8550 - 0{,}8696)$$
$$= 198{,}54\,\$.$$

La valeur actualisée équivalente de l'annuité de cette suite irrégulière est 198,54 $.

- Groupe 3 : Une autre annuité commence durant la cinquième année et se termine durant la huitième année.

$$150\,\$[(P/A,\ 15\,\%,\ 8) - (P/A,\ 15\,\%,\ 4)] = 150\,\$(4{,}4873 - 2{,}8550)$$
$$= 244{,}85\,\$.$$

- Groupe 4 : Même calcul que dans la méthode 2.
- Total des groupes — Additionner les composantes :

$$P = 43{,}48\,\$ + 198{,}54\,\$ + 244{,}85\,\$ + 56{,}85\,\$ = 543{,}72\,\$.$$

On peut utiliser l'approche « force brute » de la figure 2.36 ou la méthode combinant les facteurs $(P/A, i, n)$ et $(P/F, i, n)$ pour résoudre ce type de problème. Les méthodes 2 et 3 sont cependant beaucoup plus faciles à utiliser si l'annuité est en vigueur pendant de nombreuses années. Par exemple, on obtiendrait une bien meilleure solution si on calculait la valeur actualisée équivalente pour une suite de 50 $ la première année, 200 $ pour les deuxième à dix-neuvième années et 500 $ pour la vingtième année.

Il arrive parfois aussi qu'on doive trouver la valeur équivalente d'une suite de paiements à une date autre que le présent (année 0). Il faut alors procéder comme nous l'avons déjà appris, mais en faisant les calculs de capitalisation et d'actualisation pour une autre date, par exemple la deuxième année plutôt que l'année 0. L'exemple 2.26 illustre cette situation.

Exemple 2.26

Flux monétaires comprenant des sous-groupes

Les deux flux monétaires de la figure 2.38 sont équivalents à un taux d'intérêt de 12 %, composé annuellement. Déterminez la valeur inconnue, C.

Figure 2.38
Calcul d'équivalence

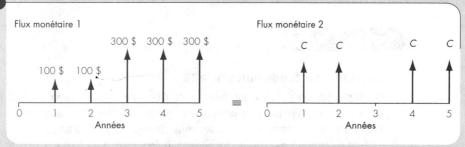

Solution

- Soit : les flux monétaires de la figure 2.38 et $i = 12\%$ par année
- Trouvez : C

- Méthode 1 : On calcule la valeur actualisée de chaque flux monétaire à la date 0.

$$P_1 = 100\$(P/A, 12\%, 2) + 300\$(P/A, 12\%, 3)(P/F, 12\%, 2)$$
$$= 743,42\$$$
$$P_2 = C(P/A, 12\%, 5) - C(P/F, 12\%, 3)$$
$$= 2,8930C.$$

Puisque les deux flux sont équivalents, $P_1 = P_2$.

$$743,42 = 2,8930C.$$

Ce qui nous donne $C = 256,97\$$.

- Méthode 2 : On peut choisir une date autre que 0 comme point de comparaison. Le choix d'une période de base se fonde surtout sur la structure du flux monétaire. Naturellement, il est préférable de choisir une période qui nous permettra d'utiliser le moins de facteurs d'intérêt possible pour le calcul de l'équivalence. Le flux monétaire 1 est une combinaison de deux annuités, tandis que le flux monétaire 2 peut être considéré comme une annuité sans troisième paiement. Pour le flux monétaire 1, le calcul de la valeur équivalente à la période 5 ne demande que deux facteurs d'intérêt :

$$V_{5,1} = 100\$(F/A, 12\%, 5) + 200\$(F/A, 12\%, 3)$$
$$= 1\ 310,16\$.$$

Pour le flux monétaire 2, le calcul de la valeur équivalente de la série de paiements égaux à la période 5 comprend également deux facteurs d'intérêt :

$$V_{5,2} = C(F/A, 12\%, 5) - C(F/P, 12\%, 2)$$
$$= 5,0984C.$$

On obtient donc l'équivalence en supposant que $V_{5,1} = V_{5,2}$:

$$1\ 310,16\$ = 5,0984C.$$

Le résultat est donc $C = 256,97\$$, le même que celui obtenu avec la méthode 1. En changeant le point de comparaison temporel, on n'a besoin que de 4 facteurs d'intérêt, tandis que dans la méthode 2, il nous en fallait 5.

Exemple 2.27 $

Création d'un fonds universitaire

Un couple qui vient d'avoir une fille décide d'économiser pour payer les frais d'université de l'enfant. Il peut créer un fonds universitaire qui porte intérêt à un taux annuel de 7%. En supposant que l'enfant commence ses études universitaires à l'âge de 18 ans, les parents estiment qu'un montant de 40 000$ par année sera nécessaire pour couvrir les frais d'université pendant 4 ans. Déterminez les montants annuels égaux que le couple devra mettre de côté jusqu'à l'admission de leur fille à l'université. (On suppose que le premier dépôt sera effectué le jour du premier anniversaire de l'enfant et que le dernier dépôt aura lieu le jour de son 18e anniversaire. Le premier retrait surviendra au début de la première année d'université, lorsque l'enfant aura 18 ans.)

Figure 2.39
Création d'un fonds universitaire

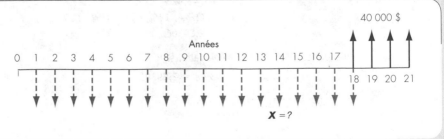

Solution

- Soit : la série de dépôts et de retraits de la figure 2.39 et $i = 7\%$ par année
- Trouvez : le montant du dépôt annuel (X)

- Méthode 1 : Trouver l'équivalence économique à la période 0 :

  Étape 1 : Trouver le montant forfaitaire du dépôt équivalent aujourd'hui :

  $$P_{\text{dépôt}} = -X(P/A, 7\%, 18)$$
  $$= -10,0591X.$$

  Étape 2 : Trouver le montant forfaitaire du retrait équivalent aujourd'hui :

  $$P_{\text{retrait}} = 40\,000\$(P/A, 7\%, 4)(P/F, 7\%, 17)$$
  $$= 42\,892\$.$$

  Étape 3 : Puisque le fonds diminuera à partir de l'année 21, $P_{\text{Dépôt}} + P_{\text{Retrait}} = 0$, on obtient pour X :

  $$-10,0591X + 42\,892\$ = 0$$
  $$X = 4\,264\$.$$

- Méthode 2 : Établir l'équivalence économique le jour du 18e anniversaire de l'enfant.

  Étape 1 : Trouver le solde des dépôts accumulés le jour du 18e anniversaire de l'enfant :

  $$V_{18} = X(F/A, 7\%, 18)$$
  $$= 33,9990X.$$

  Étape 2 : Trouver le montant forfaitaire équivalent du retrait le jour du 18e anniversaire de l'enfant :

  $$V_{18} = 40\,000\$ + 40\,000\$(P/A, 7\%, 3)$$
  $$= 144\,972\$.$$

  Étape 3 : Puisque les deux montants doivent être égaux, on obtient :

  $$33,9990X = 144\,972\$$$
  $$X = 4\,264\$.$$

Les étapes de ce calcul sont résumées dans la figure 2.40. En règle générale, la deuxième méthode constitue le moyen le plus efficace de trouver une équivalence pour ce type d'analyse décisionnelle.

Figure 2.40
Autre méthode de calcul de l'équivalence

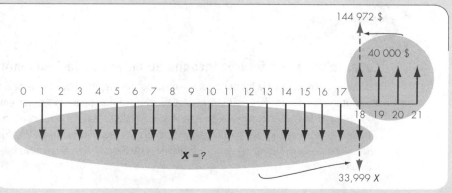

Commentaires : *Pour vérifier si les dépôts annuels de 4 264 $ pendant 18 années seront suffisants pour couvrir les frais de scolarité de l'enfant, on peut calculer les soldes de chaque année : pour 18 dépôts annuels de 4 264 $, le solde au moment du 18ᵉ anniversaire de l'enfant sera :*

$$4\ 264\ \$(F/A,\ 7\%,\ 18) = 144\ 972\ \$.$$

Le couple pourra puiser dans ce solde pour payer chaque année les frais de scolarité :

ANNÉE N	SOLDE D'OUVERTURE	INTÉRÊT ACCUMULÉ	FRAIS DE SCOLARITÉ	SOLDE DE CLÔTURE
1	144 972 $	0 $	40 000 $	104 972 $
2	104 972	7 348	40 000	72 320
3	72 320	5 062	40 000	37 382
4	37 382	2 618	40 000	0

2.4.2 LA DÉTERMINATION D'UN TAUX D'INTÉRÊT POUR ÉTABLIR UNE ÉQUIVALENCE ÉCONOMIQUE

Jusqu'ici, nous avons tenu pour acquis que dans les calculs d'équivalence un taux d'intérêt typique s'applique. Nous pouvons utiliser les mêmes formules d'intérêt élaborées dans les sections précédentes pour déterminer des taux d'intérêt explicites dans les problèmes d'équivalence. Dans la plupart des prêts commerciaux, les taux d'intérêt sont fixés dans le contrat. Cependant, lorsqu'on veut investir dans des actifs financiers, des actions par exemple, il peut être utile de savoir selon quel taux de croissance (ou taux de rendement) vos actifs fructifieront. (Ce type de calcul constitue la base de l'analyse du taux de rendement, dont il est question dans le chapitre 4.) Bien que nous puissions consulter les tables d'intérêt pour trouver le taux implicite pour des paiements et des annuités simples, il est plus difficile de trouver le taux implicite pour une série de paiements irréguliers. Dans de tels cas, on peut utiliser une procédure empirique ou un logiciel. L'exemple 2.28 illustre ces calculs.

Exemple 2.28 $

Calcul d'un taux d'intérêt inconnu au moyen de facteurs multiples

Revenons à l'exemple de la loterie présenté en début de chapitre. Supposons que, au lieu de choisir le montant forfaitaire de 1 million de dollars, vous optez pour les 20 versements annuels de 100 000 $. Si vous êtes comme la plupart des gagnants de loterie, vous serez tenté de dépenser vos gains pour mener une vie plus agréable au cours des premières années. Une fois que vous aurez satisfait ce besoin de dépenser, vous investirez le reste de vos gains. Supposons que les deux options suivantes s'offrent à vous :

Option 1: Vous économisez vos gains pendant les 7 premières années et vous dépensez tous les gains reçus pendant les 13 années suivantes.

Figure 2.41
Calcul d'équivalence

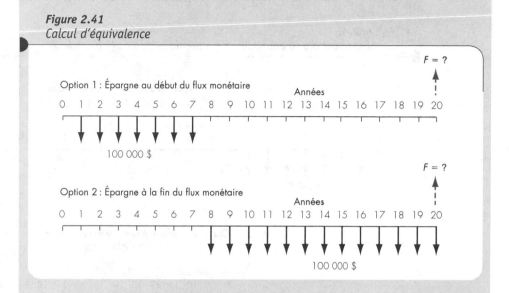

Option 2: Vous faites l'inverse, c'est-à-dire que vous dépensez pendant 7 ans et économisez pendant les 13 années suivantes.

Si vous investissez vos gains à un taux d'intérêt de 7%, combien aurez-vous d'argent au bout de 20 années? À quel taux d'intérêt ces deux options seront-elles équivalentes? (Les flux monétaires de ces options sont illustrés à la figure 2.41.)

Solution

- Soit : les flux monétaires de la figure 2.41
- Trouvez : a) F et b) i pour que les deux flux soient équivalents

a) Dans l'option 1, le solde net à la fin de la vingtième année se calcule en deux étapes : on trouve d'abord le solde accumulé à la fin de la septième année (V_7), puis on calcule la valeur équivalente de V_7 à la fin de la vingtième année. Dans l'option 2, on trouve la valeur équivalente des 13 dépôts annuels égaux à la fin de la vingtième année :

$$F_{\text{option 1}} = 100\ 000\ \$(F/A,\ 7\%,\ 7)(F/P,\ 7\%,\ 13)$$
$$= 2\ 085\ 485\ \$$$
$$F_{\text{option 2}} = 100\ 000\ \$(F/A,\ 7\%,13)$$
$$= 2\ 014\ 064\ \$.$$

L'option 1 permet d'accumuler 71 421 $ de plus que l'option 2.

b) Pour comparer ces options, on peut calculer la valeur actualisée de chacune à la période 0. Cependant, si on choisit la période 7, on peut établir la même équivalence économique en utilisant moins de facteurs d'intérêt. Comme le montre la figure 2.42, on calcule la valeur équivalente de chaque option à la fin de la période 7, (V_7), en se rappelant que la fin de la période 7 correspond au début de la période 8. (Nous avons vu dans l'exemple 2.4 (p. 55) que le choix d'une date servant à établir l'équivalence de deux flux monétaires est arbitraire.)

Figure 2.42
Établissement d'une équivalence économique durant la période 7

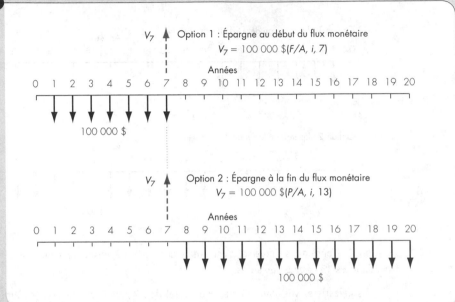

Pour l'option 1:
$$V_7 = 100\ 000\ \$(F/A, i, 7).$$

Pour l'option 2:
$$V_7 = 100\ 000\ \$(P/A, i, 13).$$

Pour être équivalentes, ces valeurs doivent être égales.

$$100\ 000\ \$(F/A, i, 7) = 100\ 000\ \$(P/A, i, 13)$$

$$\frac{(F/A, i, 7)}{(P/A, i, 13)} = 1.$$

Le taux d'intérêt recherché doit donner un rapport de 1. Si on utilise les tables d'intérêt, il faut procéder par essais et erreurs. Faisons l'hypothèse que le taux d'intérêt est de 6 % :

$$\frac{(F/A, 6\%, 7)}{(P/A, 6\%, 13)} = \frac{8,3938}{8,8527} = 0,9482.$$

Le rapport est inférieur à 1. Pour augmenter ce coefficient, il faut utiliser une valeur de i qui augmente la valeur du facteur $(F/A, i, 7)$, mais diminue celle du facteur $(P/A, i, 13)$. Pour y parvenir, il faut utiliser un taux d'intérêt plus élevé. Essayons $i = 7\%$.

$$\frac{(F/A, 7\%, 7)}{(P/A, 7\%, 13)} = \frac{8,6540}{8,3577} = 1,0355.$$

Le rapport est maintenant supérieur à 1.

TAUX D'INTÉRÊT	$(F/A, i, 7)/(P/A, i, 13)$
6%	0,9482
?	1,0000
7%	1,0355

Nous pouvons conclure que le taux d'intérêt recherché se situe entre 6 et 7%. Il est possible de l'estimer par interpolation linéaire, comme dans la figure 2.43 :

$$i = 6\% + (7\% - 6\%)\left[\frac{1 - 0,9482}{1,0355 - 0,9482}\right]$$

$$= 6\% + 1\%\left[\frac{0,0518}{0,0873}\right]$$

$$= 6,5934\%.$$

À un taux d'intérêt de 6,5934%, les options sont équivalentes. Vous pouvez donc vous lancer dans de folles dépenses pendant les 7 premières années. Cependant, si vous pouvez obtenir un taux d'intérêt plus élevé, il serait plus sage d'économiser pendant les 7 premières années et de dépenser votre argent pendant les 13 suivantes.

Figure 2.43
Interpolation linéaire pour trouver un taux d'intérêt inconnu

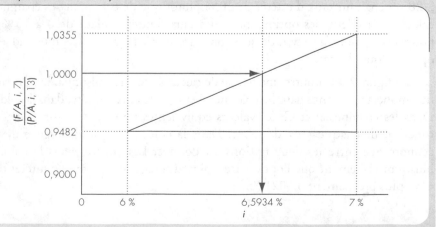

Commentaires : Cet exemple démontre que le calcul d'un taux d'intérêt constitue une approche itérative qui est plus compliquée et habituellement moins précise que le calcul d'une valeur équivalente à un taux d'intérêt connu. Puisque l'ordinateur et la calculatrice financière permettent de trouver plus rapidement des taux d'intérêt inconnus, nous recommandons fortement l'emploi de ces outils pour résoudre ce type de problème. L'ordinateur nous permet par exemple de trouver une valeur critique plus précise de 6,6022 %.

2.5 | LES CALCULS PAR ORDINATEUR

Depuis l'invention des ordinateurs personnels, nous avons accès à une énorme puissance informatique pour un coût minime. Les chiffriers électroniques tels que Excel, Lotus 1-2-3 et Quattro Pro mettent à notre disposition de nombreuses fonctions financières utiles pour calculer rapidement des équivalences.

La plupart des équations d'équivalence étudiées dans ce chapitre sont traitées comme des fonctions intégrées dans les chiffriers électroniques. Cependant, malgré leur puissance, ces chiffriers nous obligent à programmer des macros pour effectuer certaines fonctions économiques plus évoluées.

L'annexe B résume les fonctions d'équivalence intégrées des logiciels Excel français, Excel anglais et Lotus 1-2-3 anglais. Vous constaterez rapidement que les touches de commande et les options sont similaires dans les trois logiciels. Notre premier exemple fait appel au logiciel Excel, mais vous devriez aisément pouvoir suivre la même procédure si vous utilisez un autre chiffrier.

Nous utiliserons Excel pour illustrer certains calculs d'équivalence de base. Pour le problème de loterie décrit dans l'exemple 2.28, nous devons calculer la valeur de chaque option d'épargne à la fin de la période 7. Une des fonctions les plus utiles des chiffriers permet d'analyser assez rapidement un problème en posant la question suivante : « Qu'arriverait-il si… ? ». Ainsi, qu'arriverait-il si le gagnant dans l'exemple 2.28 obtenait un taux d'intérêt de 10 % plutôt que de 6 % pour ses épargnes ? En calculant la valeur des options pour des taux d'intérêt allant de 0 à 15 %, nous pourrons répondre à ce type de question et trouver le taux d'intérêt qui rend les deux options équivalentes.

La figure 2.44 montre une feuille de calcul de format raisonnable. On entre les flux monétaires connus dans les colonnes B et C, et le taux d'intérêt dans la colonne E. Dans les colonnes F et G, les valeurs équivalentes pour $n = 7$ sont calculées en fonction de chaque taux d'intérêt. Dans la colonne H, la différence de valeur économique entre les deux options est donnée. Les chiffres dans la colonne H illustrent clairement que l'option 1 est plus avantageuse si le taux d'intérêt dépasse 6 % (plus précisément 6,6021 %).

Figure 2.44
Calcul d'équivalence dans le chiffrier Excel

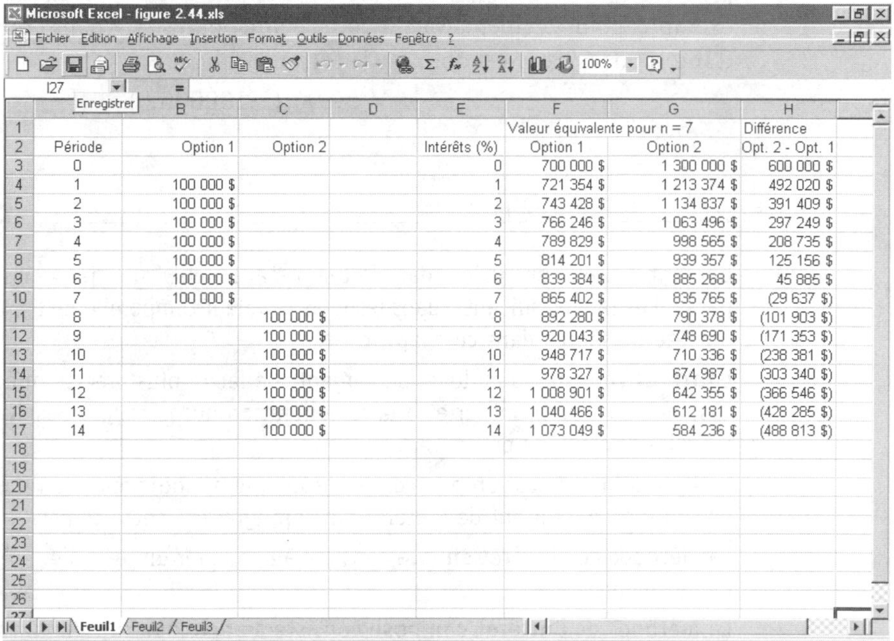

	A	B	C	D	E	F	G	H
1						Valeur équivalente pour n = 7		Différence
2	Période	Option 1	Option 2		Intérêts (%)	Option 1	Option 2	Opt. 2 - Opt. 1
3	0				0	700 000 $	1 300 000 $	600 000 $
4	1	100 000 $			1	721 354 $	1 213 374 $	492 020 $
5	2	100 000 $			2	743 428 $	1 134 837 $	391 409 $
6	3	100 000 $			3	766 246 $	1 063 496 $	297 249 $
7	4	100 000 $			4	789 829 $	998 565 $	208 735 $
8	5	100 000 $			5	814 201 $	939 357 $	125 156 $
9	6	100 000 $			6	839 384 $	885 268 $	45 885 $
10	7	100 000 $			7	865 402 $	835 765 $	(29 637 $)
11	8		100 000 $		8	892 280 $	790 378 $	(101 903 $)
12	9		100 000 $		9	920 043 $	748 690 $	(171 353 $)
13	10		100 000 $		10	948 717 $	710 336 $	(238 381 $)
14	11		100 000 $		11	978 327 $	674 987 $	(303 340 $)
15	12		100 000 $		12	1 008 901 $	642 355 $	(366 546 $)
16	13		100 000 $		13	1 040 466 $	612 181 $	(428 285 $)
17	14		100 000 $		14	1 073 049 $	584 236 $	(488 813 $)

Afin d'obtenir la valeur équivalente pour $n = 7$, on peut utiliser les fonctions financières Excel suivantes :

- VC (*taux; npm; vpm; va; type*), dans laquelle le *taux* est le taux d'intérêt par période, *npm* est le nombre total de paiements dans une annuité et *vpm* est le montant du paiement fait à chaque période. Le paramètre *va* est le montant forfaitaire compris au début d'un flux monétaire (c'est-à-dire à la date 0). Si *va* est omis, on suppose qu'il est égal à 0. Le *type* est la date à laquelle les paiements sont dus. Si des paiements sont dus à la fin de la période, on établit que le *type* est égal à 0 ou on l'omet. Si des paiements sont dus au début de la période, le *type* est égal à 1. Dans notre exemple, pour calculer la valeur équivalente pour $n = 7$ dans l'option 1 à un taux d'intérêt de 6 %, Excel donnera la formule suivante :

  = VC(0.06;7;100000;0).

- VA (*taux; npm; vpm; vc; type*) calcule la valeur actualisée d'un investissement. La valeur actualisée est le montant total que vaut aujourd'hui une série de paiements capitalisés. Le *taux* est le taux d'intérêt par période. *Npm* est le nombre total de périodes de paiement dans une annuité et *vpm* correspond au montant du remboursement pour chaque période. Le paramètre *vc* représente la valeur future (valeur capitalisée). Si *vc* est omis, on suppose qu'il est égal à 0. Le *type* est égal à

0 ou 1 et indique à quel moment les paiements sont dus. Si des paiements sont dus à la fin de la période, on établit que le *type* est égal à 0 ou on l'omet. Si des paiements sont dus au début de la période, le *type* est égal à 1. Dans notre exemple, pour calculer la valeur équivalente pour $n = 7$ dans l'option 2 à un taux d'intérêt de 6 %, Excel donnera la formule suivante :

$$= VA(0.06;13;100000;0).$$

En résumé

- L'argent possède une valeur dans le temps car il peut fructifier à mesure que le temps passe. Les termes suivants, dans lesquels la valeur temporelle de l'argent joue un rôle, ont été présentés dans ce chapitre :

L'**intérêt** correspond au loyer de l'argent. De façon plus précise, il équivaut aux frais assumés par l'emprunteur et à la rémunération du prêteur, à l'exclusion du montant initial emprunté ou prêté.

Le **taux d'intérêt** est un pourcentage appliqué périodiquement à un montant afin de déterminer le montant de l'intérêt qui sera ajouté à cette somme.

La méthode de l'**intérêt simple** consiste à appliquer un taux d'intérêt uniquement au montant initial.

La méthode de l'**intérêt composé** consiste à appliquer un taux d'intérêt au montant initial *et* à tout intérêt accumulé précédemment qui n'a pas été soustrait du montant initial. L'intérêt composé est de loin le système le plus couramment utilisé dans le monde réel.

L'**équivalence économique** existe entre des flux monétaires et/ou des structures de flux monétaires qui ont la même valeur. Bien que les montants et la chronologie des flux monétaires puissent varier, un taux d'intérêt approprié les rend égaux.

- La formule de l'intérêt composé est sans doute l'équation la plus importante à retenir dans ce chapitre :

$$F = P(1 + i)^N,$$

où P est un montant actualisé, i est le taux d'intérêt, N est le nombre de périodes pendant lesquelles l'intérêt s'accumule et F est le montant capitalisé résultant. Toutes les autres formules d'intérêt importantes sont dérivées de cette formule.

- Les **diagrammes du flux monétaire** sont des représentations visuelles des recettes et des débours qui surviennent à l'intérieur d'une période donnée. Ils nous aident à reconnaître à laquelle des cinq structures de flux monétaire un problème donné appartient.

- Les cinq structures de flux monétaire sont les suivantes :

  1. *Flux monétaire unique :* un montant unique actualisé ou capitalisé.

  2. *Annuité :* une série de mouvements de trésorerie égaux survenant à intervalles réguliers.

3. *Flux monétaire d'un gradient linéaire :* une série de mouvements de trésorerie qui augmentent ou diminuent d'un montant fixe à intervalles réguliers.

4. *Flux monétaire d'un gradient géométrique :* une série de mouvements de trésorerie qui augmentent ou diminuent d'un pourcentage fixe à intervalles réguliers.

5. *Flux monétaire irrégulier :* une série de mouvements de trésorerie ne présentant aucune structure particulière. On peut cependant distinguer une certaine organisation à l'intérieur de segments du flux monétaire.

- Grâce aux **structures de flux monétaire**, nous pouvons élaborer des **formules d'intérêt** permettant de résoudre de façon rationnelle des problèmes d'équivalence. Le tableau 2.3 résume les formules d'intérêt importantes qui constituent la base de toutes les analyses économiques que vous devrez effectuer en tant qu'ingénieur.

PROBLÈMES

Niveau 1

$2.1* Si vous effectuez la série de dépôts suivante à un taux d'intérêt de 10%, composé annuellement, quel sera le solde total au bout de 10 années?

FIN DE LA PÉRIODE	MONTANT DU DÉPÔT
0	800$
1 — 9	1 500$
10	0

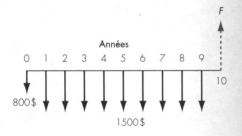

2.2* Pour calculer la valeur actualisée équivalente du flux monétaire suivant à la période 0, laquelle des expressions ci-dessous ne convient pas?

FIN DE LA PÉRIODE	PAIEMENT
0	
1	
2	
3	
4 — 7	100 $

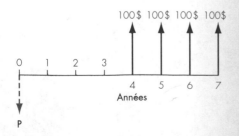

a) $P = 100\$(P/A, i, 4)(P/F, i, 4)$

b) $P = 100\$(F/A, i, 4)(P/F, i, 7)$

c) $P = 100\$(P/A, i, 7) - 100\$$
$(P/A, i, 3)$

d) $P = 100\$[(P/F, i, 4) + (P/F, i, 5) + (P/F, i, 6) + (P/F, i, 7)]$.

$2.3* Pour retirer la série de paiements suivante de 1 000$, déterminez le dépôt minimum (P) que vous devez effectuer aujourd'hui si vos dépôts fructifient à un taux d'intérêt de 10%, composé annuellement. Soulignons que vous ferez un autre dépôt de 500$ à la fin de la septième année. Moyennant le dépôt minimum P, votre solde à la fin de la dixième année devrait être de zéro.

FIN DE LA PÉRIODE	DÉPÔT	RETRAIT
0	P	
1 — 6		1 000$
7	500$	
8 —10		1 000

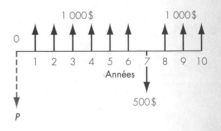

$2.4* Un couple veut financer les études universitaires de leur fille de 5 ans et crée à cette fin un fonds universitaire au taux d'intérêt de 10%, composé annuellement. Quel dépôt annuel devra-t-il faire à partir du 5e anniversaire de l'enfant (aujourd'hui) jusqu'à son 16e anniversaire pour couvrir les frais de scolarité donnés dans le tableau suivant? On suppose que la date du 5e anniversaire est aujourd'hui.

ANNIVERSAIRE	DÉPÔT	RETRAIT
5 — 16	A	
17		
18		25 000 $
19		27 000
20		29 000
21		31 000

$2.5* Jean et Suzanne ont chacun ouvert un compte d'épargne dans deux banques différentes. Ils déposent chacun 1 000 $. La banque de Jean offre un intérêt simple à un taux annuel de 10 %, tandis que la banque de Suzanne verse un intérêt annuel composé de 9,5 %. Les intérêts ne seront pas retirés pendant 3 ans. À la fin de la troisième année, lequel des deux aura le plus grand solde, et de combien (arrondi au dollar)?

$2.6* Si vous investissez 2 000 $ aujourd'hui dans un compte d'épargne portant intérêt à un taux de 12 %, composé annuellement, quel sera le capital et l'intérêt accumulés au bout de 7 années?

$2.7* Quels dépôts annuels égaux devrez-vous effectuer au cours des 10 prochaines années si vous prévoyez retirer 5 000 $ à la fin de la 11e année et augmenter ensuite vos retraits de 1 000 $ par année jusqu'à la 25e année? Le taux d'intérêt est de 6 %, composé annuellement.

2.8* Quelle est la valeur actualisée de la série de revenus suivante à un taux d'intérêt de 10 %? (Tous les mouvements de trésorerie se produisent en fin d'année.)

n	FLUX MONÉTAIRE NET
1	11 000 $
2	12 100
3	0
4	14 641

2.9* Vous voulez trouver la valeur actualisée équivalente pour les flux monétaires suivants à un taux d'intérêt de 15 %. Laquelle des expressions suivantes *ne convient pas* pour ce calcul?

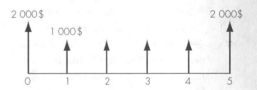

a) $1\ 000\ \$(P/A, 15\%, 4) + 2\ 000\ \$ + 2\ 000\ \$(P/F, 15\%, 5)$

b) $1\ 000\ \$(P/F, 15\%, 5) + 1\ 000\ \$(P/A, 15\%, 5) + 2\ 000\ \$$

c) $[1\ 000\ \$(F/A, 15\%, 5) + 1\ 000\ \$] \times (P/F, 15\%, 5) + 2\ 000\ \$$

d) $[1\ 000\ \$(F/A, 15\%, 4) + 2\ 000\ \$] \times (P/F, 15\%, 4) + 2\ 000\ \$.$

$2.10* Vous déposez 2 000 $ dans un compte d'épargne qui rapporte un intérêt simple de 9 % par année. Pour doubler votre solde, vous devrez attendre au moins (?) années. Cependant, si vous déposez 2 000 $ dans un autre compte d'épargne qui porte intérêt à un taux de

8%, composé, il vous faudra (?) années pour doubler votre solde.

2.11 Comparez l'intérêt que rapporte 1 000 $ pendant 10 ans à un taux d'intérêt simple de 7 % à l'intérêt que rapporte le même montant pendant 10 ans à un taux de 7 %, composé annuellement.

$2.12* Vous envisagez d'investir 1 000 $ à un taux d'intérêt de 6 %, composé annuellement, pendant 3 ans, ou 1 000 $ à un taux d'intérêt simple de 7 % pendant 3 ans. Quelle est la meilleure option ?

$2.13 Vous devez choisir entre recevoir 10 000 $ au bout de 3 années ou P dollars aujourd'hui. Vous n'avez pas besoin d'argent actuellement, et vous déposeriez les P dollars à la banque à un taux d'intérêt de 6 %. Quelle valeur de P rendra économiquement indifférent votre choix entre P dollars aujourd'hui et la promesse de recevoir 10 000 $ au bout de 3 années ?

$2.14* Vous obtenez de votre oncle un prêt personnel de 10 000 $ (versé aujourd'hui), remboursable dans 2 ans, pour couvrir une partie de vos frais d'université. Si votre oncle reçoit toujours un intérêt annuel de 10 % sur l'argent qu'il investit ailleurs, quel montant forfaitaire minimal devriez-vous lui verser dans 2 ans pour qu'il ne perde pas au change ?

$2.15 Quelle est la valeur capitalisée de chacun des investissements suivants faits aujourd'hui ?

a) 8 000 $ dans 8 ans à un taux d'intérêt de 9 %, composé annuellement.

b) 1 250 $ dans 11 ans à un taux d'intérêt de 4 %, composé annuellement.

c) 3 000 $ dans 31 ans à un taux d'intérêt de 7 %, composé annuellement.

d) 20 000 $ dans 7 ans à un taux d'intérêt de 8 %, composé annuellement.

2.16* Quelle est la valeur actualisée des paiements futurs suivants ?

a) 5 300 $ dans 6 ans à un taux d'intérêt de 7 %, composé annuellement.

b) 7 800 $ dans 15 ans à un taux d'intérêt de 8 %, composé annuellement.

c) 20 000 $ dans 5 ans à un taux d'intérêt de 9 %, composé annuellement.

d) 12 000 $ dans 10 ans à un taux d'intérêt de 10 %, composé annuellement.

$2.17 Pour un taux d'intérêt de 8 %, composé annuellement, trouvez :

a) quel montant on peut prêter aujourd'hui si 5 000 $ seront remboursés au bout de 5 années ;

b) de quel montant il faudra disposer dans 4 ans pour rembourser un emprunt de 12 000 $ contracté aujourd'hui.

$2.18*   Vous avez acheté 250 actions de Gaz Métropolitain au coût de 7 800 $ le 31 décembre 1995. Vous avez l'intention de conserver ces actions jusqu'à ce que leur valeur double. Si vous prévoyez une croissance annuelle de 15 % des titres de Gaz Métropolitain, combien d'années devrez-vous les conserver ? Comparez le résultat obtenu en utilisant la règle de 72 (présentée dans l'exemple 2.8).

2.19   D'après les tables d'intérêt données dans le présent chapitre, déterminez la valeur des facteurs suivants par interpolation. Comparez ensuite vos résultats à ceux obtenus en calculant le facteur F/P ou le facteur P/F.

a) Le facteur de valeur capitalisée d'un flux monétaire unique pendant 38 périodes à 6,5 % d'intérêt.

b) Le facteur de valeur actualisée d'un flux monétaire unique pendant 57 périodes à 8 % d'intérêt.

$2.20*   Au cours des 5 prochaines années vous prévoyez retirer les montants suivants d'un compte d'épargne portant intérêt à un taux de 7 %, composé annuellement. Combien devez-vous déposer aujourd'hui ?

n	MONTANT
2	1 500 $
3	3 000
4	3 000
5	2 000

$2.21   Vous investissez 1 000 $ aujourd'hui, 1 500 $ dans 2 ans et 2 000 $ dans 4 ans à un taux d'intérêt de 6 %, composé annuellement. De quel montant total disposerez-vous dans 10 ans ?

$2.22*   Lu dans un journal local : « Jonathan Savard signe un contrat de 10 millions de dollars ». Dans l'article, on apprend que le 1er avril 1997 Jonathan Savard, un marqueur du hockey junior, a signé un contrat d'engagement de 10 millions de dollars avec les Canadiens de Montréal. Le contrat stipule qu'il recevra 1 million de dollars immédiatement, 800 000 $ par année pendant les 5 premières années (premier paiement après la première année) et 1 million de dollars par année pendant les 5 années suivantes (premier paiement au début de la 6e année). Si Jonathan obtient un taux d'intérêt de 8 % par année, combien son contrat vaut-il au moment de la signature ?

$2.23   Quel montant investi aujourd'hui à un taux d'intérêt de 6 % serait suffisant pour fournir 3 paiements : un premier de 2 000 $ dans 2 ans, un deuxième de 3 000 $ dans 5 ans et un troisième de 4 000 $ dans 7 ans ?

2.24   Quelle est la valeur capitalisée des séries de paiements suivantes ?

a) 3 000 $ à la fin de chaque année pendant 5 ans à un taux de 7 %, composé annuellement.

b) 2 000 $ à la fin de chaque année pendant 10 ans à un taux de 8,25 %, composé annuellement.

c) 1 500 $ à la fin de chaque année pendant 30 ans à un taux de 9 %, composé annuellement.

d) 4 300 $ à la fin de chaque année pendant 22 ans à un taux de 10,75 %, composé annuellement.

$2.25* Quelle annuité doit être faite dans un fonds d'amortissement pour accumuler les montants suivants ?

a) 10 000 $ dans 13 ans à un taux de 5 %, composé annuellement.

b) 25 000 $ dans 10 ans à un taux de 9 %, composé annuellement.

c) 15 000 $ dans 25 ans à un taux de 7 %, composé annuellement.

d) 8 000 $ dans 8 ans à un taux de 12 %, composé annuellement.

2.26 Une partie des revenus générés par une machine est placée dans un fonds d'amortissement créé dans le but de remplacer cette machine. Si on y dépose 1 500 $ chaque année à un taux d'intérêt de 7 %, pendant combien d'années devra-t-on conserver la machine avant de pouvoir acheter une machine neuve coûtant 25 000 $?

$2.27* Un fonds mutuel sans frais d'acquisition connaît une croissance de l'ordre de 12 %, composé annuellement, depuis ses débuts. Si on prévoit qu'il continuera de croître au même rythme, quel montant faut-il y investir chaque année pour accumuler 10 000 $ au bout de 5 années ?

2.28 Quelle annuité faut-il faire pour rembourser les montants actuels suivants ?

a) 11 000 $ dans 5 ans à un taux de 8 %, composé annuellement.

b) 5 500 $ dans 4 ans à un taux de 13 %, composé annuellement.

c) 7 000 $ dans 3 ans à un taux de 15 %, composé annuellement.

d) 60 000 $ dans 25 ans à un taux de 9 %, composé annuellement.

$2.29 Vous avez emprunté 15 000 $ à un taux d'intérêt de 11 %. Vous ferez des paiements égaux échelonnés sur 3 ans (le premier sera effectué à la fin de la première année). Le versement annuel sera de (?) et le paiement d'intérêt pour la deuxième année sera de (?).

2.30* Quelle est la valeur actualisée des séries de paiements suivantes ?

a) 1 200 $ à la fin de chaque année pendant 12 ans à un taux de 6 %, composé annuellement.

b) 2 000 $ à la fin de chaque année pendant 10 ans à un taux de 9 %, composé annuellement.

c) 500 $ à la fin de chaque année pendant 5 ans à un taux de 7,25 %, composé annuellement.

d) 4 000 $ à la fin de chaque année pendant 8 ans à un taux de 8,75 %, composé annuellement.

2.31 D'après les tables d'intérêt de l'annexe D, déterminez la valeur des facteurs suivants par interpolation. Comparez ensuite vos résultats à ceux obtenus avec les formules d'intérêt A/P et P/A :

a) le facteur de recouvrement du capital pendant 36 périodes à 6,25 % d'intérêt ;

b) le facteur d'actualisation d'une annuité pendant 125 périodes à 9,25 % d'intérêt.

\$2.32 Un homme dépose sa prime annuelle dans un compte d'épargne portant intérêt à un taux de 7 %, composé annuellement. Le montant de cette prime augmentera de 1 000 $ par année, et le montant de sa première prime est de 3 000 $. Déterminez quel sera le solde de son compte immédiatement après le 5e dépôt.

\$2.33* Cinq dépôts annuels différents (1 200 $, 1 000 $, 800 $, 600 $ et 400 $) sont effectués dans un fonds portant intérêt à un taux de 9 %, composé annuellement. Déterminez le solde de ce fonds immédiatement après le 5e dépôt.

2.34* Calculez la valeur actualisée du diagramme de flux monétaire suivant. On suppose que $i = 10\%$.

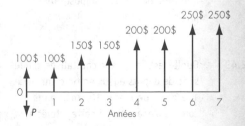

2.35 Quel montant à la fin de la 5e année est équivalent à une annuité de 3 000 $ par année pendant 10 ans, si le taux d'intérêt est de 6 %, composé annuellement ?

2.36 On cherche la valeur actualisée (P) ou capitalisée (F) équivalant au flux monétaire suivant, si $i = 10\%$. Parmi les équations suivantes, trouvez lesquelles conviennent pour faire ce calcul.

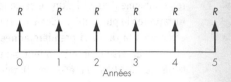

1) $P = R(P/A, 10\%, 6)$

2) $P = R + R(P/A, 10\%, 5)$

3) $P = R(P/F, 10\%, 5) + R(P/A, 10\%, 5)$

4) $F = R(F/A, 10\%, 5) + R(F/P, 10\%, 5)$

5) $F = R + R(F/A, 10\%, 5)$

6) $F = R(F/A, 10\%, 6)$

7) $F = R(F/A, 10\%, 6) - R$.

\$2.37 À quel taux d'intérêt, composé annuellement, un placement doublera-t-il de valeur en 10 ans ?

\$2.38* Vous disposez de 10 000 $ pour acheter des actions. Vous cherchez un titre de croissance qui fera fructifier ce montant pour qu'il atteigne 30 000 $ dans 5 ans. De quel taux de croissance avez-vous besoin ?

2.39 Un fabricant de plastiques, Camoplast inc., doit acheter une machine de moulage par extrusion qui coûte 120 000 $. Camoplast emprunte ce montant à la banque à un taux d'intérêt de 9 % pendant 5 ans. L'entreprise prévoit un ralentissement de ses ventes pendant la première année, puis une reprise marquée à un taux annuel de 10 %. Elle offre donc à la banque un remboursement assorti d'un versement forfaitaire : le plus petit versement sera effectué à la fin de la première année et chaque versement subséquent sera supérieur de 10 % au précédent. Déterminez le montant de ces 5 paiements annuels.

Niveau 2

2.40* Dans le flux monétaire suivant :

FIN DE LA PÉRIODE	DÉPÔT	RETRAIT
0	1 000 $	
1	800	
2	600	
3	400	
4	200	
5		
6		C
7		$2C$
8		$3C$
9		$4C$
10		$5C$

Que doit valoir C pour que la série de dépôts soit équivalente à la série de retraits si le taux d'intérêt est de 12 %, composé annuellement ?

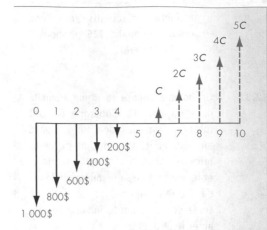

\$2.41 Vous êtes sur le point d'emprunter 3 000 $ à la banque à un taux d'intérêt de 12 %, composé annuellement. Vous devrez effectuer trois versements annuels égaux de 1 249,05 $, le premier à la fin de la première année. Donnez le montant de l'intérêt et du capital remboursés pour chaque année.

2.42* Combien d'années faut-il pour qu'un placement triple de valeur à un taux d'intérêt de 11 %, composé annuellement ?

\$2.43* Quelle est la valeur capitalisée d'une série de dépôts égaux en fin d'année de 1 200 $, pendant 10 ans, dans un compte d'épargne qui porte intérêt à un taux annuel de 9 %, si :

a) tous les dépôts sont faits à la *fin* de chaque année ;

b) tous les dépôts sont faits au *début* de chaque année ?

2.44* Quelle est l'annuité pendant 10 ans qui équivaut à une série de paiements dont le premier est de 12 000 $ à la fin de la première année, et dont les suivants diminuent de 1 000 $ par année pendant 10 ans? L'intérêt est de 8 %, composé annuellement.

$2.45* Quel est le montant de 10 dépôts annuels égaux qui peut permettre 5 retraits annuels, si le premier retrait de 1 000 $ est effectué à la fin de la 11ᵉ année, et chaque retrait subséquent augmente de 6 % par rapport à celui de l'année précédente, lorsque :

a) le taux d'intérêt est de 8 %, composé annuellement ;

b) le taux d'intérêt est de 6 %, composé annuellement ?

2.46 En utilisant uniquement les facteurs donnés dans les tables d'intérêt, trouvez la valeur des facteurs suivants, qui ne figurent pas dans les tables. Établissez le rapport entre ces facteurs en utilisant la notation de facteur et calculez la valeur de chaque facteur. Comparez ensuite le résultat obtenu au moyen des formules pour calculer directement la valeur des facteurs.

Exemple : $(F/P, 8\%, 10) =$
$(F/P, 8\%, 4)(F/P, 8\%, 6) = 2{,}159$

a) $(P/F, 8\%, 67)$

b) $(A/P, 8\%, 42)$

c) $(P/A, 8\%, 135)$.

2.47 Prouvez les rapports qui existent entre les facteurs d'intérêt suivants :

a) $(F/P, i, N) = i(F/A, i, N) + 1$

b) $(P/F, i, N) = 1 - (P/A, i, N)i$

c) $(A/F, i, N) = (A/P, i, N) - i$

d) $(A/P, i, N) = i/[1 - (P/F, i, N)]$.

2.48* Trouvez la valeur actualisée des recettes suivantes à un taux de 10 %, composé annuellement, en utilisant seulement quatre facteurs d'intérêt.

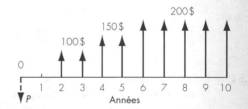

$2.49 Trouvez la valeur actualisée équivalente des recettes suivantes si $i = 10\%$. Autrement dit, combien devrez-vous déposer aujourd'hui (si le deuxième dépôt de 100 $ est effectué à la fin de la première année) pour pouvoir retirer 100 $ à la fin de la deuxième année, 60 $ à la fin de la troisième année, etc., si la banque vous offre un taux d'intérêt annuel de 10 % sur votre solde ?

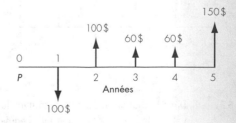

2.50 Quelle valeur de *A* rend les deux flux monétaires annuels suivants équivalents à un taux de 10 %, composé annuellement ?

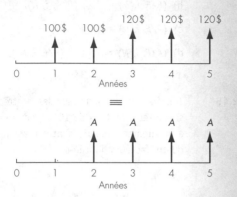

2.51* Les deux transactions illustrées dans les diagrammes suivants sont considérés comme équivalentes à un taux d'intérêt de 10 %, composé annuellement. Trouvez la valeur de *X* permettant d'atteindre cette équivalence.

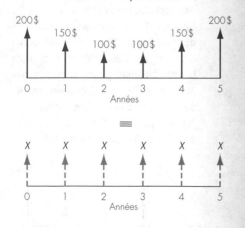

2.52 Dans le diagramme suivant, trouvez la valeur de *C* permettant d'établir l'équivalence économique entre la série de

dépôts et la série de retraits si le taux d'intérêt est de 8 %, composé annuellement.

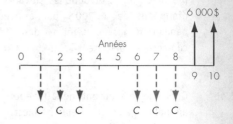

2.53 L'équation suivante décrit la conversion d'un flux monétaire en une annuité équivalente pour *N* = 10. D'après cette équation, reconstruisez le diagramme du flux monétaire initial :

$$A = [800 + 20(A/G, 6\%, 7)] \times$$
$$(P/A, 6\%, 7)(A/P, 6\%, 10) +$$
$$[300(F/A, 6\%, 3) -$$
$$500](A/F, 6\%, 10).$$

2.54* Dans le flux monétaire suivant, quelle valeur de *C* rendra la série de recettes équivalente à la série de débours si le taux d'intérêt est de 12 % ?

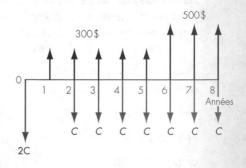

2.55* Trouvez la valeur de X pour que les deux flux monétaires suivants soient équivalents à un taux d'intérêt de 10%.

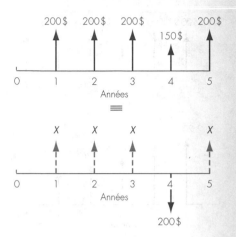

$2.56 Le jour de la naissance de son bébé, un père décide d'ouvrir un compte d'épargne pour ses études universitaires. Toute somme qui y sera déposée fructifiera à un taux d'intérêt de 8%, composé annuellement. Il compte effectuer une série de dépôts annuels égaux à chaque anniversaire de l'enfant jusqu'à ce que ce dernier atteigne ses 18 ans; par la suite, l'enfant pourra effectuer quatre retraits annuels de 20 000$ à chacun de ses anniversaires. Si le premier retrait est effectué le jour des 18 ans de l'enfant, lesquels des énoncés suivants conviennent pour calculer le dépôt annuel nécessaire?

1) $A = (20\ 000\$ \times 4)/18$

2) $A = 20\ 000\$(F/A,\ 8\%,\ 4) \times (P/F,\ 8\%,\ 21)(A/P,\ 8\%,\ 18)$

3) $A = 20\ 000\$(P/A,\ 8\%,\ 18) \times (F/P,\ 8\%,\ 21)(A/F,\ 8\%,\ 4)$

4) $A = [20\ 000\$(P/A,\ 8\%,\ 3) + 20\ 000\$](A/F,\ 8\%,\ 18)$

5) $A = 20\ 000\$[(P/F,\ 8\%,\ 18) + (P/F,\ 8\%,\ 19) + (P/F,\ 8\%,\ 20) + (P/F,\ 8\%,\ 21)](A/P,\ 8\%,\ 18)$.

2.57* Trouvez l'annuité (A) en utilisant un facteur A/G, pour que les deux flux monétaires suivants soient équivalents à un taux de 10%, composé annuellement.

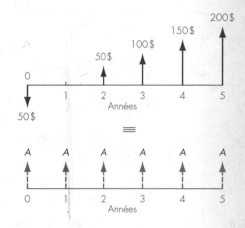

2.58 Dans le flux monétaire suivant:

FIN DE L'ANNÉE	PAIEMENT
0	500$
1 – 5	1 000

Pour trouver F à la fin de la 5ᵉ année à un taux d'intérêt de 12%, lequel des énoncés suivants ne convient pas?

a) $F = 1\ 000\$(F/A,\ 12\%,\ 5) - 500\$(F/P,\ 12\%,\ 5)$

b) $F = 500\$(F/A,\ 12\%,\ 6) + 500\$(F/A,\ 12\%,\ 5)$

c) $F = [500\$ + 1\ 000\$(P/A,\ 12\%,\ 5)] \times (F/P,\ 12\%,\ 5)$

d) $F = [500\$(A/P, 12\%, 5) + 1\,000\$] \times (F/A, 12\%, 5)$.

2.59 On veut calculer la valeur équivalente à $n = 4$ dans le flux monétaire suivant. Lequel des énoncés ci-dessous ne convient pas?

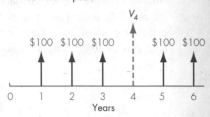

a) $V_4 = [100\$(P/A, i, 6) - 100\$(P/F, i, 4)](F/P, i, 4)$

b) $V_4 = 100\$(F/A, i, 3) + 100\$(P/A, i, 2)$

c) $V_4 = 100\$(F/A, i, 4) - 100\$ + 100\$(P/A, i, 2)$

d) $V_4 = [100\$(F/A, i, 6) - 100\$ (F/P, i, 2)](P/F, i, 2)$.

$2.60 Henri Comtois prévoit effectuer deux dépôts, un de 25 000 \$ aujourd'hui et un autre de 30 000 \$ à la fin de la 6e année. Il souhaite retirer C chaque année pendant les 6 premières années et $(C + 1\,000\$)$ chaque année pendant les 6 années suivantes. Déterminez la valeur de C si les dépôts fructifient à un taux de 10 %, composé annuellement.

2.61* Déterminez le taux d'intérêt (i) qui rendra les flux monétaires suivants économiquement équivalents.

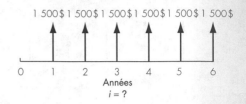

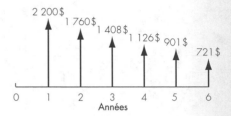

$2.62 Lisez la lettre suivante, envoyée par un éditeur de revue:

Cher parent,

Votre abonnement de 24 mois à *Croissance enfant/parent* prendra fin bientôt. Pour renouveler votre abonnement annuel jusqu'à ce que votre enfant ait 72 mois, il vous en coûtera 63,84 \$ (15,96 \$ par année). Nous croyons qu'il est important que vous continuiez à recevoir cette publication jusqu'au 72e mois de votre enfant et nous vous offrons donc l'occasion de renouveler votre abonnement maintenant pour la somme de 57,12 \$. Il s'agit non seulement d'une économie de 10 % sur votre tarif habituel, mais également d'une protection contre l'inflation, qui fait constamment augmenter les prix. Abonnez-vous dès aujourd'hui en nous faisant parvenir 57,12 \$.

a) Si votre argent fructifie à un taux de 6 % par année, déterminez si cette offre présente une quelconque valeur.

b) À quel taux d'intérêt les deux options de renouvellements proposées seraient pour vous économiquement équivalentes ?

Niveau 3

2.63 Un puits de pétrole peut produire 10 000 barils durant sa première année d'exploitation selon les estimations. Sa production subséquente devrait cependant diminuer de 10 % par rapport à l'année précédente. Le puits a des réserves prouvées de 100 000 barils.

a) Si le prix du pétrole est de 18 $ le baril pendant les 7 prochaines années, quelle sera la valeur actualisée de la séquence de revenus anticipée à un taux d'intérêt de 15 %, composé annuellement, pendant les 7 prochaines années ?

b) Si le prix du pétrole est de 18 $ le baril pendant la première année, puis augmente de 5 % par rapport au prix de l'année précédente, quelle sera la valeur actualisée de la séquence de revenus anticipée à un taux d'intérêt de 15 %, composé annuellement, pendant les 7 prochaines années ?

c) Relisez la question b. Après 3 ans de production, vous décidez de vendre le puits. Quel sera son juste prix si sa durée de production est illimitée ?

2.64 Un ingénieur estime les revenus de péage annuels pendant 20 ans d'une future autoroute de la façon suivante :

$$A_n = (2\,000\,000\,\$)(n)(1,06)^{n-1},$$
$$n = 1, 2, \ldots, 20.$$

Pendant l'étude du projet, on lui demande d'estimer la valeur actualisée totale des revenus de péage à un taux d'intérêt de 6 %. Si l'intérêt est composé annuellement, trouvez la valeur actualisée des revenus de péage estimés.

2.65* Trouvez la valeur actualisée du flux monétaire suivant en utilisant au plus trois facteurs d'intérêt à un taux d'intérêt de 10 %, composé annuellement.

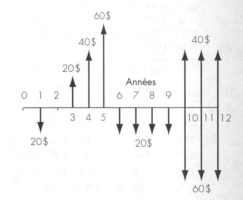

2.66 Une importante société de loterie a vendu au total 36,1 millions de billets de loterie à 1 $ chacun durant la première semaine du mois de janvier 1996. Elle distribuera en prix un montant total de 41 millions de dollars (1 952 381 $ au *début* de chaque année) pendant les 21 prochaines années. Elle verse immédiatement la somme due pour la première année, et investit le reste de ses gains dans le fonds de réserve de la province, qui porte intérêt à un taux de 6 %, composé annuellement. Après le dernier versement (au début de la 21e année), combien d'argent restera-t-il dans le fonds de réserve ?

$2.67 La revue *The Sporting News* a publié la nouvelle suivante le 19 juin 1989 :

Le quart-arrière des Cowboys de Dallas, Troy Aikman, premier choix au repêchage de la Ligue nationale de football, gagnera 11 406 000 $ sur une période de 12 ans ou 8 600 000 $ pendant 6 ans. Aikman, dont l'avocat est Leigh Steinberg, doit choisir entre ces deux options. L'option de 11 millions de dollars est reportée jusqu'en 2000, tandis que l'option non différée se termine après la saison 1994. Quelle que soit l'option qu'il choisit, Aikman jouera jusqu'à la fin de la saison 1994[4].

OPTION AVEC REPORT		OPTION SANS REPORT	
1989	2 000 000 $	1989	2 000 000 $
1990	566 000	1990	900 000
1991	920 000	1991	1 000 000
1992	930 000	1992	1 225 000
1993	740 000	1993	1 500 000
1994	740 000	1994	1 975 000
1995	740 000		
1996	790 000		
1997	540 000		
1998	1 040 000		
1999	1 140 000		
2000	1 260 000		
Total	**11 406 000 $**	**Total**	**8 600 000 $**

a) Dans les faits, Troy profitait déjà de l'option non reportée avant de signer son fameux contrat de 50 millions de dollars en 1993. Rétrospectivement, si le taux d'intérêt d'Aikman était de 6 %, a-t-il pris la bonne décision en 1989 ?

b) À quel taux d'intérêt les deux options seraient-elles économiquement équivalentes ?

2.68* Dans une des usines de Fairmont Textile, certains employés sont atteints du syndrome du canal carpien (une inflammation des nerfs qui traversent le canal carpien, espace étroit à la base de la paume de main), causé par l'exécution prolongée de mouvements répétitifs, par exemple le fait de coudre pendant de nombreuses années. Il semble que 15 employés de cette usine ont présenté des signes de ce syndrome au cours des 5 dernières années. La Mutuelle Avon, qui assure l'entreprise, a augmenté la prime d'assurance-responsabilité de Fairmont de façon constante en raison de ce problème. Avon est prête à diminuer les primes d'assurance à 16 000 $ par année (par rapport au montant de 30 000 $ par année actuellement exigé) au cours des 5 prochaines années si Fairmont met en place un programme de prévention du syndrome du canal carpien, par lequel les employés se familiariseront avec ce problème et apprendront comment s'en prémunir. Quel montant maximal Fairmont devrait-elle investir dans son programme de prévention pour qu'il soit avantageux, si son taux d'intérêt est de 12 %, composé annuellement ?

2.69 Le service de la recherche et du développement (R & D) de Boswell Électronique a mis au point un système de reconnaissance de la voix qui pourrait accroître la popularité des ordinateurs personnels au Japon. Actuellement, la programmation de l'ensemble complexe des caractères de la langue japonaise dans le clavier d'un ordinateur rend celui-ci trop compliqué et encombrant si on le compare aux claviers minces et portatifs que les Occidentaux utilisent. Boswell a déjà trouvé des emplois plus traditionnels pour ses systèmes de reconnaissance vocale, qui permettent par exemple de dicter des rapports médicaux en anglais. L'adaptation de cette technologie à la langue japonaise devrait faire grimper le taux d'acceptation des ordinateurs personnels au Japon. L'investissement nécessaire à la création d'une version commerciale de grande envergure est de 10 millions de dollars, financés à un taux d'intérêt de 12 %. Le système se vendra environ 4 000 $ (pour un profit net de 2 000 $) et sera compatible avec les ordinateurs personnels à grande puissance. Le produit aura une durée de vie de 5 ans sur le marché. En supposant que la demande annuelle demeure constante pendant la durée de vie du produit sur le marché, indiquez combien d'appareils Boswell devra-t-elle vendre chaque année pour recouvrer son investissement initial et les intérêts.

L'application des formules d'équivalence à des transactions commerciales concrètes

Le programme de versement anticipé Red Carpet de Crédit Ford : un versement, de grosses économies. Le programme de versement anticipé Red Carpet de Crédit Ford[1] : sans doute le mode de location de véhicule neuf le plus avantageux qui soit. Vous pouvez maintenant économiser en payant comptant et profiter des avantages du crédit-bail Red Carpet. Demandez comment obtenir le modèle que vous convoitez le plus, à meilleur prix.

Le programme de versement anticipé de Crédit Ford vous permet d'économiser 1 163 $ par rapport au crédit-bail ordinaire de 24 mois. (Les versements sont exigibles au début de chaque mois).

Imaginez maintenant que vous voulez louer une automobile de la société Ford. Vous laisseriez-vous tenter par les conditions du programme de versement anticipé ? Économiseriez-vous vraiment 1 163 $, comme le prétend Ford ? Dans quelles circonstances ce programme serait-il préférable ?

| | MUSTANG GT DÉCAPOTABLE 1994 | |
	PROGRAMME DE CRÉDIT-BAIL ORDINAIRE DE 24 MOIS RED CARPET	PROGRAMME DE VERSEMENT ANTICIPÉ RED CARPET
Prix de détail proposé par le fabricant	24 204 $	24 204 $
Versement du premier mois	513	0
Dépôt de garantie remboursable	525	475
Somme exigible à la signature	1 038	11 624
Dépense totale	12 312 $*	11 149 $**

*513 $ × 24 = 12,312 $;

**11,624 $ − 475 $ = 11 149 $.

Ce chapitre traite de plusieurs concepts essentiels à la gestion de l'argent. Au chapitre 2, nous avons vu comment le passage du temps influe sur la valeur de l'argent et, à cet effet, nous avons développé diverses formules relatives à l'intérêt. À l'aide de ces formules de base, nous appliquerons maintenant le concept de l'équivalence à la détermination des taux d'intérêt que comportent implicitement de nombreux contrats financiers. À cette fin, nous présenterons plusieurs exemples se rapportant aux prêts. Ainsi, bon nombre de prêts commerciaux exigent que l'intérêt se compose plus d'une fois par année, soit une fois par mois ou par trimestre, par exemple. Or, pour étudier l'effet d'une capitalisation plus fréquente, nous devons commencer par expliquer les concepts d'intérêt nominal et d'intérêt effectif.

1. Source : Red Carpet Lease – Programme de crédit-bail automobile, société Ford Motors, 1994.

3.1   LE TAUX D'INTÉRÊT NOMINAL ET LE TAUX D'INTÉRÊT EFFECTIF

Dans tous les exemples du chapitre 2, on tenait implicitement pour acquis que les versements étaient effectués une fois par année. Toutefois, certaines des transactions financières les plus connues, qu'elles touchent les particuliers ou concernent l'analyse économique en ingénierie n'impliquent pas des versements annuels uniques ; c'est le cas des remboursements hypothécaires mensuels et des revenus trimestriels tirés d'un compte d'épargne, par exemple. Donc, pour pouvoir comparer différents flux monétaires ayant différentes périodes de capitalisation, on doit leur donner une base commune. Ce besoin a conduit à l'élaboration des concepts de **taux d'intérêt nominal** et de **taux d'intérêt effectif**.

3.1.1   LE TAUX D'INTÉRÊT NOMINAL

Même si une institution financière utilise une unité de temps autre que l'année — elle peut utiliser le mois ou le trimestre (par exemple, pour calculer les versements d'intérêt) —, elle mentionne en général le taux d'intérêt annuel. Ce taux est habituellement formulé comme suit

$$r\% \text{ se composant } M\text{–ment,}$$

où

r = le taux d'intérêt nominal annuel,

M = la fréquence de la capitalisation, ou le nombre de périodes de capitalisation par année,

r/M = le taux d'intérêt par période de capitalisation.

Par exemple, de nombreuses banques énoncent ainsi le calcul de l'intérêt relatif aux cartes de crédit :

« 18 % se composant mensuellement. »

Cette formule signifie que le **taux d'intérêt nominal,** ou **taux d'intérêt nominal annuel**, est de 18 % et que la capitalisation est mensuelle ($M = 12$). Pour obtenir le taux d'intérêt par période de capitalisation, on divise 18 % par 12, ce qui donne 1,5 % par mois (figure 3.1). Par conséquent, la formulation citée ci-dessus indique que, chaque mois, la banque porte au débit du compte un intérêt de 1,5 % sur tout solde impayé.

Figure 3.1
On détermine le taux d'intérêt nominal en additionnant les taux d'intérêt de chaque période

Mois	1	2	3	4	5	6	7	8	9	10	11	12
Taux d'intérêt (%)	1,5	1,5	1,5	1,5	1,5	1,5	1,5	1,5	1,5	1,5	1,5	1,5

Taux d'intérêt nominal 1,5 % X 12 = 18 %

Le taux nominal, ou taux affiché, est couramment utilisé par les institutions bancaires, et leurs clients le connaissent bien. Toutefois, lorsque la capitalisation a lieu plus d'une fois par année, le taux nominal ne permet pas de déterminer avec précision les intérêts qui s'accumuleront au cours d'une année. Pour expliquer le véritable effet d'une capitalisation plus fréquente sur les intérêts annuels, on doit connaître la signification du terme taux d'intérêt effectif.

3.1.2 LE TAUX D'INTÉRÊT EFFECTIF

Le **taux d'intérêt effectif** est le seul qui représente vraiment les intérêts gagnés au cours d'une année ou de quelque autre période. Ainsi, dans notre exemple de la carte de crédit, la banque porte au débit du compte un intérêt de 1,5 % sur tout solde impayé à la fin de chaque mois. Par conséquent, ce taux de 1,5 % représente le taux d'intérêt effectif mensuel : c'est lui qui détermine les véritables intérêts qui s'appliquent chaque mois au solde impayé de votre carte de crédit.

Supposons que vous contractez un emprunt bancaire à un taux d'intérêt de 12 %, se composant mensuellement. Dans ce cas, 12 % représente le taux d'intérêt nominal, et le taux d'intérêt mensuel est de 1 % ($r/M = 12\,\%/12$). On peut calculer le total des intérêts annuels (si aucun prélèvement n'est effectué) pour un capital de 1 $ à l'aide de la formule de l'équation 2.3. Si $P = 1$ \$, $i = 12\,\%/12$ et $N = 12$, on obtient

$$\begin{aligned} F &= P(1 + i)^N \\ &= 1\,\$(1 + 0,01)^{12} \\ &= 1,1268\,\$. \end{aligned}$$

En conséquence, pour chaque dollar emprunté pour 1 an, vous devez, à la fin de cette période, 1,1268 $ en capital et intérêts. On peut facilement calculer les intérêts annuels en soustrayant le montant du capital de la valeur F, comme suit :

$$\begin{aligned} I &= F - P \\ &= 1,1268\,\$ - 1\,\$ \\ &= 12,68 \text{ cents.} \end{aligned}$$

Pour chaque dollar emprunté, vous payez 12,68 cents d'intérêts annuels. Pour ramener ce montant à un taux d'intérêt effectif annuel (i_a), on peut le réécrire en tant que pourcentage du capital :

$$i_a = (1 + 0,01)^{12} - 1 = 0,1268, \text{ soit } 12,68\,\%.$$

Donc, le taux d'intérêt effectif annuel est de 12,68 %. Comme le montre la figure 3.2, on peut établir une relation entre le taux nominal et le taux effectif annuel.

Pour le même emprunt, contracté à un taux d'intérêt de 12 %, se composant trimestriellement, le taux d'intérêt par période de capitalisation, soit chaque période de 3 mois de l'année, serait de 3 % (12 %/4). Comme il y a quatre trimestres dans une année, on trouve

$$i_a = (1 + 0,03)^4 - 1 = 0,1255, \text{ soit } 12,55\,\%.$$

Le tableau 3.1 montre les taux d'intérêt effectifs en fonction de diverses périodes de capitalisation et d'un taux nominal de 12 %, de même que de plusieurs autres taux nominaux courants. Comme on peut le constater, selon la fréquence de la capitalisation, l'intérêt effectif gagné ou payé peut différer énormément du taux nominal. Par conséquent, qu'on dépose ou emprunte de l'argent, les lois sur la transparence en matière de prêts exigent que les institutions financières mentionnent à la fois le taux d'intérêt nominal et la fréquence de la capitalisation, soit l'intérêt effectif.

Il apparaît clairement que, pour un même taux d'intérêt nominal, plus la capitalisation est fréquente, plus les intérêts annuels sont élevés. On peut généraliser le résultat s'appliquant à toute fréquence de capitalisation arbitraire en présentant une formule pour calculer le taux effectif. Si le taux d'intérêt nominal est r et si l'année compte M périodes de capitalisation, on peut calculer le taux d'intérêt effectif annuel (i_a) comme suit :

$$i_a = (1 + r/M)^M - 1. \tag{3.1}$$

Figure 3.2
Relation entre le taux d'intérêt nominal et le taux d'intérêt effectif annuel en fonction d'une capitalisation mensuelle

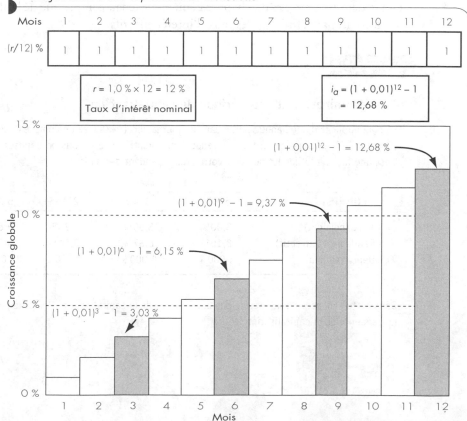

Tableau 3.1 Taux d'intérêt nominaux et effectifs, en fonction de différentes périodes de capitalisation

TAUX NOMINAL	TAUX EFFECTIFS ANNUELS				
	CAPITALISATION ANNUELLE	CAPITALISATION SEMESTRIELLE	CAPITALISATION TRIMESTRIELLE	CAPITALISATION MENSUELLE	CAPITALISATION QUOTIDIENNE
4 %	4,00 %	4,04 %	4,06 %	4,07 %	4,08 %
5	5,00	5,06	5,09	5,12	5,13
6	6,00	6,09	6,14	6,17	6,18
7	7,00	7,12	7,19	7,23	7,25
8	8,00	8,16	8,24	8,30	8,33
9	9,00	9,20	9,31	9,38	9,42
10	10,00	10,25	10,38	10,47	10,52
11	11,00	11,30	11,46	11,57	11,62
12	12,00	12,36	12,55	12,68	12,74

Quand $M = 1$, on est en présence du cas particulier de la capitalisation annuelle. Le fait d'introduire $M = 1$ dans l'équation 3.1 réduit celle-ci à $i_a = r$. En effet, quand la capitalisation a lieu une fois l'an, l'intérêt effectif est égal à l'intérêt nominal. Donc, dans les exemples du chapitre 2, où on ne tenait compte que de l'intérêt annuel, on utilisait, par définition, les taux d'intérêt effectifs.

Exemple 3.1 $

La détermination d'une période de capitalisation

Voici la publicité d'une banque parue dans un journal local : « Ouvrez un compte de dépôt à terme (DT) à la CIBC et obtenez un taux de rendement garanti même si vous ne déposez que 1 000 $. C'est une façon intelligente de gérer votre argent pendant des mois. »

COMPTE DT	6 MOIS	1 AN	2 ANS	5 ANS
Taux (nominal)	8,00 %	8,50 %	9,20 %	9,60 %
Rendement (effectif)	8,16 %	8,87 %	9,64 %	10,07 %
Dépôt minimal	1 000 $	1 000 $	10 000 $	20 000 $

Dans cette annonce, on ne précise pas la fréquence de la capitalisation. Pour chaque DT, trouvez la fréquence de la capitalisation.

Solution

- SOIT : r et i_a
- TROUVEZ : M

On examine d'abord le DT de 6 mois. Le taux d'intérêt nominal est de 8 % par année, tandis que le taux d'intérêt effectif annuel (rendement) est de 8,16 %. En utilisant l'équation 3.1, on obtient l'expression

$$0,0816 = (1 + 0,08/M)^M - 1$$

ou

$$1,0816 = (1 + 0,08/M)^M.$$

Par tâtonnement, on trouve $M = 2$, soit une capitalisation semestrielle. Donc, le DT de 6 mois rapporte un intérêt de 8 %, se composant semestriellement. Normalement, si ce DT n'est pas encaissé à la date d'échéance, il se renouvellera automatiquement au taux d'intérêt en vigueur. Par exemple, si on le laisse à la banque pendant un autre terme de 6 mois et si le taux d'intérêt en vigueur est le même qu'au départ, le DT rapportera 4 % d'intérêt sur 1 040 $:

$$\text{Valeur du DT après 1 an} = 1\ 040\ \$(1 + 0,04)$$
$$= 1\ 081,60\ \$.$$

Remarque : Cela équivaut à gagner 8,16 % d'intérêt sur 1 000 $ pendant un an.

En procédant de même, on peut trouver les périodes de capitalisation pour les autres DT : on constate que l'écart entre l'intérêt nominal et l'intérêt effectif est plus grand dans le cas du DT de 1 an que dans celui du TD de 6 mois, dont l'intérêt se compose semestriellement. Comme l'écart entre les deux taux d'intérêt semble augmenter avec le nombre de périodes de capitalisation, on peut raisonnablement supposer qu'il s'élargira jusqu'à l'autre extrémité du spectre, où l'intérêt se compose quotidiennement. La supposition est juste, car $i_a = (1 + 0,085/365)^{365} - 1 = 8,87 \%$. On peut s'attendre à la même chose pour les DT de 2 ans et de 5 ans, la capitalisation étant quotidienne dans les deux cas.

Exemple 3.2 $

La valeur capitalisée d'un dépôt à terme

Supposons que vous achetez le DT de 5 ans dont il est question dans l'exemple 3.1. Quelle sera sa valeur à l'échéance, soit au bout de 5 ans ?

Solution

• Soit : $P = 20\ 000\ \$$, $r = 9,6 \%$ par année et $M = 365$ périodes par année
• Trouvez : F

Si vous achetez le DT de 5 ans de l'exemple 3.1, il vous rapportera un intérêt de 9,60 %, se composant quotidiennement. Cela signifie que son taux d'intérêt effectif annuel est de 10,07 % :

$$F = P(1 + i_a)^N$$
$$= 20\ 000\ \$(1 + 0,1007)^5$$
$$= 20\ 000\ \$(F/P, 10,07 \%, 5)$$
$$= 32\ 313\ \$.$$

3.1.3 LE TAUX D'INTÉRÊT EFFECTIF PAR PÉRIODE DE VERSEMENT

On peut appliquer le résultat de l'équation 3.1 au calcul de l'intérêt effectif pour *n'importe quelle durée*. Comme on le verra plus tard, le taux d'intérêt effectif est ordinairement calculé en fonction de la période de versement (transaction). Par exemple, lorsque les transactions ont lieu tous les trois mois, mais que les intérêts se composent mensuellement, on veut parfois calculer le taux d'intérêt effectif trimestriel. Pour y arriver, on peut redéfinir l'équation 3.1 comme suit :

$$i = (1 + r/M)^C - 1$$
$$= \left(1 + \frac{r}{CK}\right)^C - 1, \qquad (3.2)$$

où

M = le nombre de périodes de capitalisation par année,

C = le nombre de périodes de capitalisation par période de versement,

K = le nombre de périodes de versement par année.

Remarque : $M = CK$ dans l'équation 3.2.

Exemple 3.3   **$**

Le taux effectif par période de versement

Supposons que, tous les trois mois, vous effectuez un dépôt dans votre compte d'épargne, qui rapporte des intérêts de 9%, se composant mensuellement. Calculez le taux d'intérêt effectif trimestriel.

Solution

- Soit : $r = 9\%$, $C = 3$ périodes de capitalisation par trimestre, $K = 4$ versements par année et $M = 12$ périodes de capitalisation par année
- Trouvez : i

On utilise l'équation 3.2 pour calculer le taux d'intérêt effectif trimestriel :

$$i = (1 + 0,09/12)^3 - 1$$
$$= 2,27\%.$$

mentaires : Dans le cas particulier des versements annuels avec capitalisation annuelle, on
ent i = i_a , avec C = M et K = 1. La figure 3.3 illustre la relation qui existe entre le taux
érêt nominal et le taux d'intérêt effectif par période de versement.

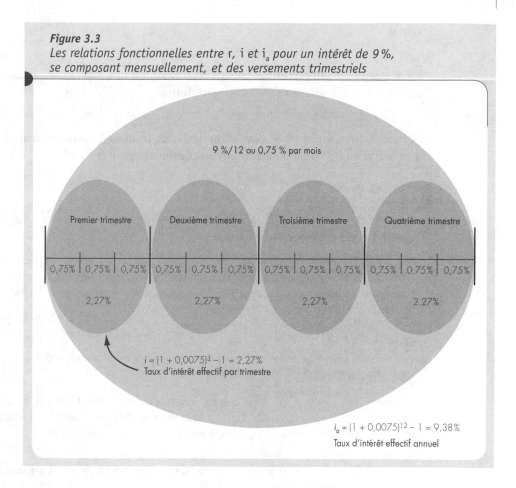

Figure 3.3
Les relations fonctionnelles entre r, i et i$_a$ pour un intérêt de 9 %, se composant mensuellement, et des versements trimestriels

9 %/12 ou 0,75 % par mois

| Premier trimestre | Deuxième trimestre | Troisième trimestre | Quatrième trimestre |

0,75% 0,75% 0,75%   0,75% 0,75% 0,75%   0,75% 0,75% 0,75%   0,75% 0,75% 0,75%

2,27%   2,27%   2,27%   2,27%

$i = (1 + 0,0075)^3 - 1 = 2,27\%$
Taux d'intérêt effectif par trimestre

$i_a = (1 + 0,0075)^{12} - 1 = 9,38\%$
Taux d'intérêt effectif annuel

3.1.4   LA CAPITALISATION CONTINUE

Afin de faire face à la concurrence des marchés financiers ou d'attirer des déposants, certaines institutions financières offrent une capitalisation fréquente. Quand le nombre de périodes de capitalisation (M) devient très élevé, le taux d'intérêt par période de capitalisation (r/M) devient très bas. Donc, plus M se rapproche de l'infini et r/M, de zéro, plus on tend vers une situation de **capitalisation continue**.

En introduisant des limites de chaque côté de l'équation 3.2, on obtient le taux d'intérêt effectif par période de versement :

$$
\begin{aligned}
i &= \lim_{CK \to \infty} [(1 + \tfrac{r}{CK})^C - 1] \\
&= \lim_{CK \to \infty} (1 + \tfrac{r}{CK})^C - 1 \\
&= \lim_{CK \to \infty} [(1 + \tfrac{r}{CK})^{CK}]^{1/K} - 1 \\
&= (e^r)^{1/K} - 1.
\end{aligned}
$$

Donc,

$$i = e^{r/K} - 1.$$ (3.3)

Pour calculer le taux d'intérêt effectif en fonction d'une capitalisation continue, on attribue à K une valeur égale à 1, ce qui donne

$$i_a = e^r - 1.$$ (3.4)

À titre d'exemple, voici le taux d'intérêt effectif annuel correspondant à un taux d'intérêt nominal de 12 %, se composant continuellement : $i_a = e^{0,12} - 1 = 12,7497 \%$.

Exemple 3.4 $

Le calcul d'un taux d'intérêt effectif

Pour un dépôt initial de 1 000 $, trouvez le taux d'intérêt effectif trimestriel, en fonction d'un taux nominal de 8 %, se composant a) hebdomadairement, b) quotidiennement et c) continuellement. Trouvez aussi le solde final, au bout de 3 ans, pour chacune des fréquences de capitalisation présentées à la figure 3.4.

Solution

- Soit : $r = 8 \%$, M, C, $K = 4$ périodes de versement par année, $P = 1 000$ $ et $N = 12$ trimestres
- Trouvez : i et F

Veuillez noter que ce problème n'implique aucun versement trimestriel. Comme on cherche le taux d'intérêt effectif trimestriel, on doit traiter chaque trimestre comme une période de versement pour être en mesure d'utiliser les formules développées plus haut ; cela donne $K = 4$.

a) Capitalisation hebdomadaire :
   $r = 8 \%$, $M = 52$, $C = 13$ périodes de capitalisation par trimestre, $K = 4$ périodes de versement par année ;
   $$i = (1 + 0,08/52)^{13} - 1 = 2,0186 \%.$$
   Avec $P = 1 000$ $, $i = 2,0187 \%$, et $N = 12$ trimestres dans l'équation 2.3,
   $$F = 1 000 \$(F/P, 2,0187 \%, 12) = 1 271,03 \$.$$

b) Capitalisation quotidienne :
   $r = 8 \%$, $M = 365$, $C = 91,25$ jours par trimestre, $K = 4$;
   $$i = (1 + 0,08/365)^{91,25} - 1 = 2,0199 \%,$$
   $$F = 1 000 \$(F/P, 2,0199 \%, 12) = 1 271,21 \$.$$

c) Capitalisation continue :
   $r = 8 \%$, $M \to \infty$, $C \to \infty$, $K = 4$; selon l'équation 3.3
   $$i = e^{0,08/4} - 1 = 2,0201 \%,$$
   $$F = 1 000 \$(F/P, 2,0201 \%, 12) = 1 271,23 \$.$$

Commentaires : *Notez que la différence entre la capitalisation quotidienne et la capitalisation continue est souvent négligeable. De nombreuses banques offrent la seconde pour attirer les déposants, mais elle n'est pas beaucoup plus avantageuse que la première.*

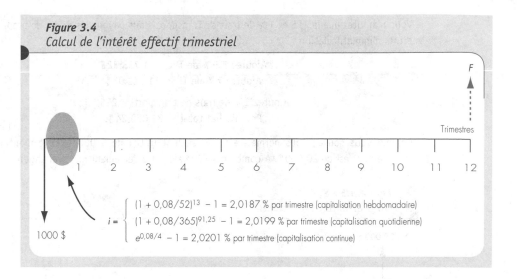

Figure 3.4
Calcul de l'intérêt effectif trimestriel

$$i = \begin{cases} (1 + 0,08/52)^{13} - 1 = 2,0187 \text{ \% par trimestre (capitalisation hebdomadaire)} \\ (1 + 0,08/365)^{91,25} - 1 = 2,0199 \text{ \% par trimestre (capitalisation quotidienne)} \\ e^{0,08/4} - 1 = 2,0201 \text{ \% par trimestre (capitalisation continue)} \end{cases}$$

3.2 LES CALCULS D'ÉQUIVALENCE : QUAND LES PÉRIODES DE VERSEMENT ET LES PÉRIODES DE CAPITALISATION COÏNCIDENT

Tous les exemples du chapitre 2 supposaient des versements et une capitalisation annuels. Dans toute situation où les périodes de capitalisation et les périodes de versement sont égales ($M = K$), que les intérêts se composent annuellement ou à quelque autre intervalle, on utilise la méthode suivante :

1. Trouver le nombre de périodes de capitalisation (M) par année.
2. Calculer le taux d'intérêt effectif par période de versement, c'est-à-dire que, à l'aide de l'équation 3.2 et avec $C = 1$ et $K = M$, on obtient
$$i = r/M.$$
3. Déterminer le nombre total de périodes de capitalisation :
$$N = M \times \text{(nombre d'années)}.$$

Exemple 3.5 **$**

Le calcul des versements relatifs à un prêt-auto

Supposons que vous voulez acheter une auto. Vous passez en revue les publicités des concessionnaires parues dans les journaux, et la suivante attire votre attention :

Taux nominal de 8,5 % ! Financement de 48 mois pour toutes les Mustang en stock. CHOISISSEZ PARMI 60 VOITURES PRÊTES À LIVRER ! À partir de 21 599 $ seulement.

Vous n'ajoutez que la TPS et 1% de frais de transport. Nous payons les droits de propriété et les droits d'immatriculation.

Ajoutez 7,5% de TVQ = 1 733,32 $
Ajoutez 7% de TPS = 1 511,93 $

Ajoutez 1% de frais de transport = 215,99 $
Prix d'achat total = 25 060,24 $.

Comme vous pouvez vous permettre un versement initial de 5 060,24 $, le montant net du financement est de 20 000 $. À combien s'élèverait votre versement mensuel (figure 3.5) ?

Figure 3.5
Un prêt-auto

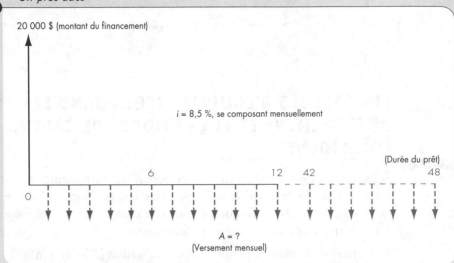

Solution

La publicité ne mentionne pas de période de capitalisation, mais en matière de prêt-auto, les périodes de capitalisation et de versement sont presque toujours mensuelles. Par conséquent, le taux nominal de 8,5% équivaut à 8,5%, se composant mensuellement.

- Soit : $P = 20\ 000\$$, $r = 8,5\%$ par année, $K = 12$ versements par année, $N = 48$ mois et $M = 12$ périodes de capitalisation par année

- Trouvez : A

Ici, on peut facilement calculer le versement mensuel à l'aide de l'équation 2.12 :

$$i = 8,5\%/12 = 0,7083\% \text{ par mois,}$$
$$N = (12)(4) = 48 \text{ mois,}$$
$$A = 20\ 000\$(A/P,\ 0,7083\%,\ 48) = 492,97\$.$$

Exemple 3.6   **$**

Le programme de crédit-bail Red Carpet de Ford

Revenons aux programmes de crédit-bail de 24 mois offerts par la société Ford Motor et présentés au début de ce chapitre.

MUSTANG GT DÉCAPOTABLE 1994		
	PROGRAMME ORDINAIRE	PROGRAMME DE VERSEMENT ANTICIPÉ
Prix de détail	24 204 $	24 204 $
Versement du premier mois	513	0
Dépôt de garantie remboursable	525	475
Somme exigible à la signature	1 038	11 624

Les versements doivent être effectués au *début* de chaque mois, et les dépôts de garantie seront remboursés au bout de 24 mois. Supposons que vous êtes en mesure d'investir votre argent dans un compte qui rapporte 6 % d'intérêt, se composant mensuellement ; lequel des deux programmes de crédit-bail serait le plus économique ?

Solution

- Soit : les séries de versements montrées à la figure 3.6, $r = 6 \%$, période de versement mensuelle et période de capitalisation mensuelle
- Trouvez : le programme de crédit-bail le plus économique

Pour chaque option, on calcule le coût équivalent net du crédit-bail à $n = 0$. Puisque les versements sont effectués mensuellement, on doit déterminer le taux d'intérêt effectif mensuel, lequel est de 0,5 %.

- Programme ordinaire de 24 mois Red Carpet :

  Coût actualisé du total des versements :

$$P_1 = 1\ 038\,\$ + 513\,\$(P/A, 0,5\,\%, 23)$$
$$= 1\ 038\,\$ + 11\ 119,62\,\$$$
$$= 12\ 157,62\,\$.$$

  Valeur actualisée du remboursement du dépôt de garantie :

$$P_2 = 525\,\$(P/F, 0,5\,\%, 24) = 465,77\,\$.$$

  Coût équivalent net du crédit-bail :

$$P = 12\ 157,62\,\$ - 465,77\,\$$$
$$= 11\ 691,84\,\$.$$

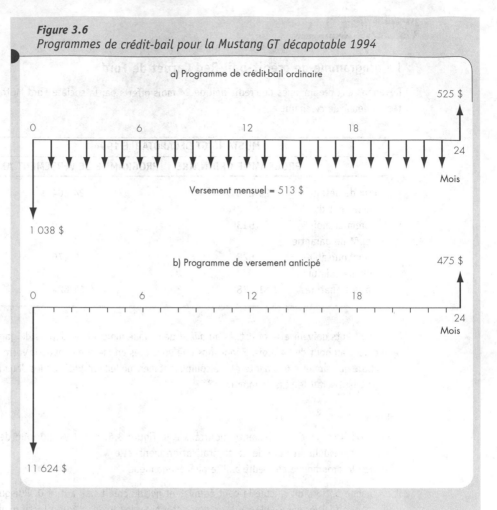

Figure 3.6
Programmes de crédit-bail pour la Mustang GT décapotable 1994

a) Programme de crédit-bail ordinaire

Versement mensuel = 513 $

b) Programme de versement anticipé

- Programme de versement anticipé de 24 mois Red Carpet :

  Coût actualisé du total des versements :

  $$P_1 = 11\ 624\$.$$

  Valeur actualisée du remboursement du dépôt de garantie :

  $$P_2 = 475\$(P/F, 0,5\%, 24) = 421,41\$.$$

  Coût équivalent net du crédit-bail :

  $$P = 11\ 624\$ - 421,41\$$$
  $$= 11\ 202,59\$.$$

Il semble que le programme de versement anticipé soit plus économique, en fonction d'un intérêt de 6 %, se composant mensuellement.

Commentaires : En essayant divers taux d'intérêt, on peut déterminer la marge de variation à l'intérieur de laquelle le programme de crédit-bail ordinaire s'avère plus avantageux. À un taux d'intérêt de 10,80 %, se composant mensuellement (ou 0,90 % par mois), les deux options sont équivalentes. Par contre, à un taux nominal supérieur à 10,80 %, le programme ordinaire devient le choix le plus économique. En effet, si vous pouvez investir votre argent ailleurs, à un taux dépassant 10,80 %, se composant mensuellement, vous aurez avantage à choisir le crédit-bail ordinaire.

3.3 LES CALCULS D'ÉQUIVALENCE : QUAND LES PÉRIODES DE VERSEMENT ET LES PÉRIODES DE CAPITALISATION DIFFÈRENT

Dans bon nombre de situations, les intervalles auxquels ont lieu les flux monétaires diffèrent des périodes de capitalisation. Quand la période de versement et la période de capitalisation ne coïncident pas, *on doit modifier l'une ou l'autre de sorte que toutes deux partagent la même unité de temps.* Par exemple, quand les versements sont trimestriels et que la capitalisation est mensuelle, la méthode la plus logique consiste à calculer le taux d'intérêt effectif trimestriel. Dans le cas inverse, on peut arriver à trouver le taux d'intérêt mensuel équivalent. Quoi qu'il en soit, retenez que l'analyse d'équivalence exige que les périodes de capitalisation et les périodes de versement soient du même ordre.

3.3.1 QUAND LA CAPITALISATION EST PLUS FRÉQUENTE QUE LES VERSEMENTS

La méthode de calcul est la suivante :

1. Trouver le nombre de périodes de capitalisation par année (M), le nombre de périodes de versement par année (K) et le nombre de périodes de capitalisation par période de versement (C) ;

2. Calculer le taux d'intérêt effectif par période de versement :

   • Pour la capitalisation discrète, calculer
   $$i = [(1 + r/M]^C - 1,$$

   • Pour la capitalisation continue, calculer
   $$i = e^{r/K} - 1.$$

3. Trouver le nombre total de périodes de versement :
   $$N = K \times \text{(nombre d'années)}.$$

4. Utiliser i et N dans les formules appropriées du tableau 2.3.

Exemple 3.7 $

Quand la capitalisation est plus fréquente que les versements (capitalisation discrète)

Supposons que vous effectuez des dépôts trimestriels égaux de 1 000 $ dans un fonds qui rapporte des intérêts de 12 % se composant mensuellement. Trouvez le solde à la fin de la deuxième année (figure 3.7).

Solution

- Soit : A = 1 000 $ par trimestre, r = 12 % par année, M = 12 périodes de capitalisation par année et N = 8 trimestres
- Trouvez : F

On suit la méthode décrite plus haut.

1. Trouver les valeurs de paramètre pour M, K et C, où

$$M = 12 \text{ périodes de capitalisation par année,}$$
$$K = 4 \text{ périodes de versement par année,}$$
$$C = 3 \text{ périodes de capitalisation par période de versement.}$$

2. Utiliser l'équation 3.2 pour calculer l'intérêt effectif s'appliquant à une période de versement :

$$i = (1 + 0,12/12)^3 - 1$$
$$= 3,030 \% \text{ par trimestre.}$$

3. Trouver le nombre total de périodes de versement, N, où

$$N = K(\text{nombre d'années}) = 4(2) = 8 \text{ trimestres.}$$

4. Utiliser i et N dans les formules d'équivalence appropriées :

$$F = 1\,000\$(F/A, 3,030\%, 8) = 8\,901,81\$.$$

Figure 3.7
Dépôts trimestriels avec capitalisation mensuelle

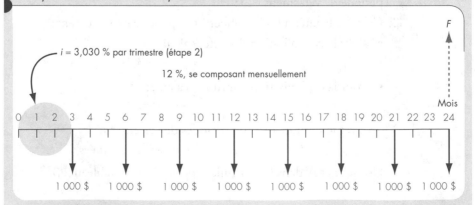

Commentaire : *Comme l'annexe C ne comporte pas de table d'intérêt de 3,030 %, on peut utiliser la formule d'intérêt pour calculer (F/A, 3,030 %, 8). On peut aussi utiliser la formule suivante : F = 1 000 $(A/F, 1 %, 3)(F/A, 1 %, 24), où le premier facteur d'intérêt permet d'obtenir son versement mensuel équivalent et le second, de convertir la série de versements mensuels en un seul versement futur équivalent.*

Exemple 3.8 $

Quand la capitalisation est plus fréquente que les versements (capitalisation continue)

Une série de rentrées trimestrielles égales de 500 $ s'étend sur une période de 5 ans. Quelle est sa valeur actualisée en fonction d'un taux d'intérêt de 8 %, se composant continuellement (figure 3.8) ?

Explication : On peut énoncer le problème dans les termes suivants : « Combien faut-il déposer aujourd'hui dans un compte d'épargne qui rapporte 8 % d'intérêt, se composant continuellement, pour pouvoir retirer 500 $ à la fin de chaque trimestre pendant 5 ans ? » Comme les versements sont trimestriels, on doit trouver la valeur de i par trimestre pour effectuer les calculs d'équivalence.

$$i = e^{r/K} - 1$$
$$= e^{0,08/4} - 1$$
$$= 0,0202 = 2,02 \% \text{ par trimestre}$$
$$N = (4 \text{ périodes de versement par année})(5 \text{ ans})$$
$$= 20 \text{ trimestres.}$$

Figure 3.8
Calcul de la valeur actualisée d'une série de versements égaux, rapportant des intérêts de 8 %, se composant continuellement

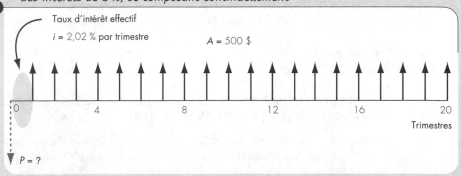

Solution

- **Soit :** $i = 2,02 \%$ par trimestre, $N = 20$ trimestres et $A = 500$ $ par trimestre
- **Trouvez :** P

En utilisant le facteur $(P/A,i,N)$ avec $i = 2{,}02\,\%$ et $N = 20$, on constate que

$$
\begin{aligned}
P &= A(P/A, 2{,}02\,\%, 20) \\
  &= 500\,\$(16{,}3199) \\
  &= 8\ 159{,}96\,\$.
\end{aligned}
$$

3.3.2   QUAND LA CAPITALISATION EST MOINS FRÉQUENTE QUE LES VERSEMENTS

Les deux exemples suivants mettent en jeu des paramètres identiques s'appliquant à des situations d'épargne dans lesquelles la capitalisation est moins fréquente que les versements. Toutefois, le calcul de l'intérêt est assujetti à deux hypothèses fondamentales différentes. Dans l'exemple 3.9, on part du principe que, dès qu'un dépôt est effectué, il commence à rapporter de l'intérêt. Dans l'exemple 3.10, on présume que les dépôts effectués au cours d'un trimestre ne commencent à rapporter de l'intérêt qu'à la fin de ce trimestre. En conséquence, dans l'exemple 3.9, on transforme la période de capitalisation de façon à la faire coïncider avec la période de versement. Dans l'exemple 3.10, on considère en bloc plusieurs versements, de sorte que la période de versement soit égale à la période de capitalisation. Dans le monde réel, on applique l'une ou l'autre de ces hypothèses suivant les transactions et les institutions financières. Selon les méthodes comptables utilisées par de nombreux établissements, on enregistre les opérations de trésorerie effectuées au cours d'une période de capitalisation comme si elles avaient eu lieu à la fin de cette période. Par exemple, quand les flux monétaires sont quotidiens, mais que la période de capitalisation est mensuelle, on additionne (sans tenir compte de l'intérêt) tous les flux enregistrés au cours de chaque mois et on les traite comme un versement unique sur lequel l'intérêt est calculé.

Remarque: *Dans ce manuel, nous tenons pour acquis que chaque fois que la fréquence d'un flux monétaire est précisée, on ne peut pas la modifier sans tenir compte de la valeur temporelle de l'argent, c'est-à-dire qu'on doit procéder comme dans l'exemple 3.9.*

Exemple 3.9 $

Quand la capitalisation est moins fréquente que les versements: le taux effectif par période de versement

Supposons que vous effectuez des dépôts mensuels de 500 $ dans un régime enregistré d'épargne-retraite qui rapporte des intérêts de 10 %, se composant trimestriellement. Calculez le solde au bout de 10 ans.

Solution

• SOIT: $r = 10\,\%$ par année, $M = 4$ périodes de capitalisation par année, $K = 12$ périodes de versement par année, $A = 500\,\$$ par mois, et $N = 120$ mois, les intérêts des versements étant comptés tout au long de la période de capitalisation.

L'APPLICATION DES FORMULES D'ÉQUIVALENCE À DES TRANSAC[TIONS]
COMMERCIALES CONC[...]

CHAPITRE 3

150

• Trouvez: i et F

On suit la méthode utilisée pour l'exemple 3.7.

1. Les valeurs des paramètres M, K et C sont:

M = 4 périodes de capitalisation par année,

K = 12 périodes de versement par année,

C = 1/3 des périodes de capitalisation par période de versement.

2. Comme le montre la figure 3.9, le taux d'intérêt effectif par période de versement est calculé à l'aide de l'équation 3.2:

$$i = (1 + 0,10/4)^{1/3} - 1$$

$$= 0,826\% \text{ par mois.}$$

3. Trouver N:

$$N = (12)(10) = 120 \text{ périodes de versement.}$$

4. Utiliser i et N dans les formules d'équivalence appropriées (figure 3.10):

$$F = 500\$(F/A, 0,826\%, 120)$$

$$= 101\ 907,89\ \$.$$

Figure 3.9
Calcul de l'intérêt mensuel équivalent quand le taux d'intérêt trimestriel est spécifié

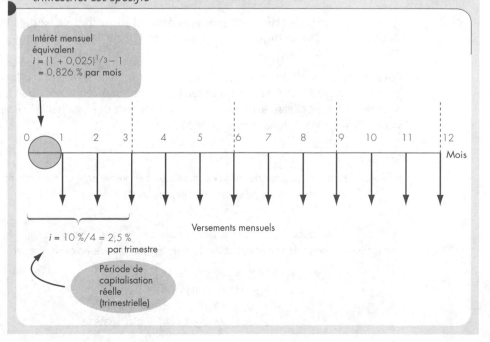

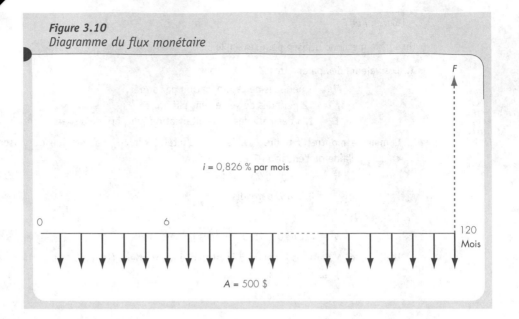

Figure 3.10
Diagramme du flux monétaire

Exemple 3.10

Quand la capitalisation est moins fréquente que les versements : l'addition des flux monétaires jusqu'à la fin de la période de capitalisation

Certaines institutions financières ne paient aucun intérêt sur les fonds déposés après le début d'une période de capitalisation. Pour illustrer cette situation, revenons à l'exemple 3.9. Partez du principe que l'argent déposé au cours d'un trimestre (la période de capitalisation) ne rapporte aucun intérêt (figure 3.11). Calculez F au bout de 10 ans.

Solution

- Soit : les mêmes paramètres qu'à l'exemple 3.9, mais aucun intérêt n'est comptabilisé sur le versement au cours de la période de capitalisation
- Trouvez : F

Dans ce cas, les trois dépôts mensuels effectués chaque trimestre sont ramenés à la fin du trimestre. La période de versement coïncide alors avec la période de capitalisation :

$$i = 10\%/4 = 2,5\% \text{ par trimestre,}$$
$$A = 3(500\$) = 1\,500\$ \text{ par trimestre,}$$
$$N = 4(10) = 40 \text{ périodes de versement,}$$
$$F = 1\,500\$(F/A, 2,5\%, 40) = 101\,103,83\$.$$

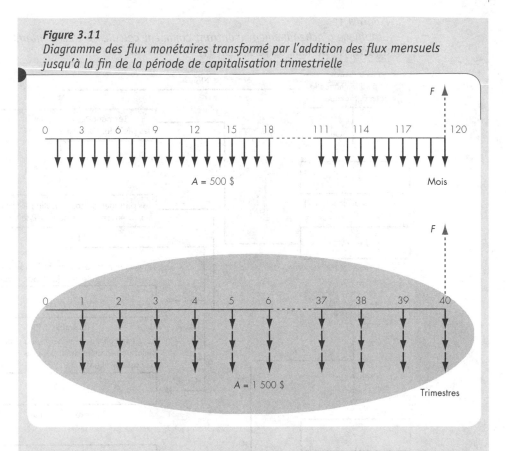

Figure 3.11
Diagramme des flux monétaires transformé par l'addition des flux mensuels jusqu'à la fin de la période de capitalisation trimestrielle

Commentaires : *Dans l'exemple 3.10, le solde est inférieur de 804,06 $ au solde obtenu selon la méthode de capitalisation illustrée par l'exemple 3.9. Ce résultat est conforme à notre interprétation selon laquelle plus la capitalisation est fréquente, plus la valeur capitalisée augmente. Certaines institutions financières procèdent comme le montre l'exemple 3.9. Par ailleurs, à titre d'investisseur, on peut se demander s'il est raisonnable que les dépôts qu'on effectue dans un compte portant intérêt soient plus fréquents que le paiement de cet intérêt. En effet, entre deux périodes de capitalisation, on immobilise sans doute ses fonds prématurément, se privant ainsi d'autres occasions de gagner de l'intérêt.*

La figure 3.12 présente un graphique d'acheminement qui permet de récapituler la façon de procéder pour trouver le taux d'intérêt effectif par période de versement, en fonction de diverses fréquences/conditions de capitalisation.

Figure 3.12
Graphique d'acheminement montrant comment calculer le taux d'intérêt
effectif par période de versement (i)

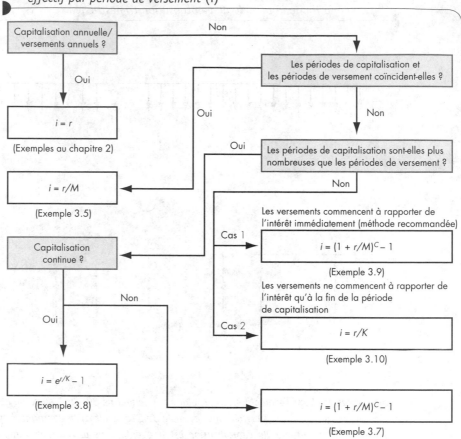

3.4   LES CALCULS D'ÉQUIVALENCE : QUAND LES VERSEMENTS SONT CONTINUS

Comme on l'a vu jusqu'ici, les intérêts peuvent se composer annuellement, semestriellement, mensuellement ou même continuellement. La capitalisation discrète s'applique à de nombreuses transactions financières : les prêts hypothécaires, les obligations et les prêts remboursables par versements, qui exigent des décaissements ou des encaissements à des moments distincts, en constituent de bons exemples. Toutefois, dans la plupart des entreprises, les transactions se produisent sans interruption tout au long de l'exercice. Elles créent donc un flux monétaire constant, auquel la capitalisation et l'actualisation continues conviennent davantage. Cette section illustre comment établir l'équivalence économique entre les flux monétaires assujettis à une capitalisation continue.

Les flux monétaires continus correspondent à des situations où l'argent circule de façon ininterrompue et à un taux connu, tout au long d'une période donnée. Dans le monde des affaires, de nombreux flux monétaires quotidiens peuvent être considérés comme continus. Cette optique a comme avantage de se conformer plus fidèlement à la réalité des transactions commerciales. Les frais de main-d'œuvre, de stockage, d'utilisation et d'entretien du matériel sont des exemples typiques de flux monétaires continus. Mentionnons encore les projets d'amélioration des immobilisations ayant pour but la conservation de l'énergie, de l'eau ou de la vapeur industrielle, lesquelles peuvent donner lieu à des économies constantes.

3.4.1   LES FLUX MONÉTAIRES UNIQUES

Illustrons d'abord d'où proviennent les formules relatives aux flux monétaires uniques servant à la capitalisation et à l'actualisation. Supposons que vous investissez P dollars à un taux nominal de r % d'intérêt pour N années. Si l'intérêt se compose continuellement, la formule de l'intérêt effectif annuel est $i = e^r - 1$. Pour obtenir la valeur capitalisée de l'investissement au bout de N années, on utilise le facteur F/P en remplaçant i par $e^r - 1$:

$$
\begin{aligned}
F &= P(1 + i)^N \\
&= P(1 + e^r - 1)^N \\
&= Pe^{rN}.
\end{aligned}
$$

En d'autres termes, la valeur de 1 $ investi aujourd'hui à un taux d'intérêt de r %, se composant continuellement, atteindra e^{rN} dollars au bout de N années.

De même, la valeur actualisée de F d'ici N années et en fonction d'une actualisation continue à un taux d'intérêt de r % est égale à

$$
P = Fe^{-rN}.
$$

On peut dire que la valeur actualisée de 1 $ d'ici N années, en fonction d'une actualisation continue à un taux d'intérêt annuel de r %, est égale à e^{-rN} dollars.

3.4.2   LES FLUX MONÉTAIRES DE FONDS CONTINUS

Supposons que les futurs flux monétaires par unité de temps (par exemple une année) d'un investissement puissent être exprimés par une fonction continue $(f(t))$, laquelle peut prendre n'importe quelle forme. Faisons aussi l'hypothèse que l'investissement promet de rapporter un montant de $f(t)\Delta t$ dollars entre t et $t + \Delta t$, où t est un moment compris dans l'intervalle $0 \leq t \leq N$ (figure 3.13). Si le taux d'intérêt nominal demeure r tout au long de cet intervalle, la valeur actualisée de ce courant monétaire est donnée approximativement par l'expression

$$
\Sigma(f(t)\Delta t)e^{-rt},
$$

où e^{-rt} est le facteur d'actualisation qui convertit les dollars capitalisés en dollars actualisés. La durée du projet s'étendant de 0 à N, la sommation englobe toutes les sous-périodes (périodes de capitalisation) comprises entre 0 et N. À mesure que la division de l'intervalle diminue, c'est-à-dire à mesure que Δt se rapproche de zéro, l'expression de la valeur actualisée correspond à l'intégrale

$$P = \int_0^N f(t)e^{-rt}dt. \tag{3.5}$$

Figure 3.13
Recherche de la valeur actualisée d'une fonction exprimant un flux monétaire de fonds continu f(t) à un taux nominal de r %

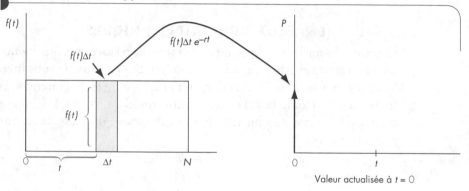

De même, la valeur capitalisée du courant monétaire correspond à l'expression

$$F = Pe^{rN} = \int_0^N f(t)e^{r(N-t)}dt, \tag{3.6}$$

où $e^{r(N-t)}$ est le facteur de capitalisation qui convertit les dollars présents en dollars futurs. Il est important d'observer que l'unité de temps est l'*année*, car le taux d'intérêt effectif est exprimé en fonction de cette unité de temps. Donc, pour effectuer les calculs d'équivalence, on doit convertir toutes les unités de temps en années. Le tableau 3.2[2] résume certaines fonctions de flux monétaires continus fréquents, susceptibles de faciliter les calculs d'équivalence.

2. Park, C. S. et G. P. Sharp-Bette, *Advanced Engineering Economics*, New York, John Wiley & Sons, 1990.

Tableau 3.2 Récapitulation des facteurs d'intérêt relatifs à des flux monétaires continus fréquents, avec capitalisation continue

TYPE DE FLUX MONÉTAIRE	FONCTION DU FLUX MONÉTAIRE	PARAMÈTRES À CHERCHER	DONNÉS	NOTATION ALGÉBRIQUE	NOTATION DES FACTEURS
Unique (marche-pied)	$f(t) = \bar{A}$	P	$\bar{A}$	$\bar{A}\left[\dfrac{e^{rN} - 1}{re^{rN}}\right]$	$(P/\bar{A}, r, N)$
		$\bar{A}$	P	$P\left[\dfrac{re^{rN}}{e^{rN} - 1}\right]$	$(\bar{A}/P, r, N)$
		F	$\bar{A}$	$\bar{A}\left[\dfrac{e^{rN} - 1}{r}\right]$	$(F/\bar{A}, r, N)$
		$\bar{A}$	F	$F\left[\dfrac{r}{e^{rN} - 1}\right]$	$(\bar{A}/F, r, N)$
Gradient (rampe)	$f(t) = Gt$	P	G	$\dfrac{G}{r^2}(1 - e^{-rN}) - \dfrac{G}{r}\left(Ne^{-rN}\right)$	
Extinction	$f(t) = ce^{-jt}$ jt = taux d'extinction au fil du temps	P	c, j	$\dfrac{c}{r+j}\left(1 - e^{-(r+j)N}\right)$	

Exemple 3.11

Comparaison entre les flux quotidiens, avec capitalisation quotidienne, et les flux continus, avec capitalisation continue

Prenons une situation dans laquelle l'argent circule quotidiennement. Supposons que vous possédez une boutique et que vos rentrées s'élèvent à 200 $ par jour. Vous ouvrez un compte commercial spécial où vous déposez ces flux monétaires quotidiens pendant 15 mois. Le compte rapporte un intérêt de 6 %. Comparez les valeurs accumulées au bout de 15 mois, en fonction

a) d'une capitalisation quotidienne et

b) d'une capitalisation continue, respectivement.

Solution

a) Capitalisation quotidienne :

- Soit : $A = 200$ $ par jour, $r = 6$ % par année, $M = 365$ périodes de capitalisation par année et $N = 455$ jours

- Trouvez : F

Si la période de 15 mois compte 455 jours, on trouve

$$i = 6 \% / 365$$
$$= 0{,}01644 \% \text{ par jour,}$$
$$N = 455 \text{ jours.}$$

Au bout des 15 mois, le solde sera

$$F = 200 \$ (F/A, 0{,}01644 \%, 455)$$
$$= 200 \$ (472{,}4095)$$
$$= 94\ 482 \$.$$

b) Capitalisation continue :

On rapproche maintenant cette série discrète de flux monétaires d'une fonction de flux monétaire continu uniforme, comme le montre la figure 3.14. Dans ce cas, un montant circule au taux de $\bar{A}$ par année pendant N années.

Remarque : On prend l'année comme unité de temps. Une période de 15 mois correspond donc à 1,25 année. L'expression de la fonction de flux monétaire est alors la suivante

$$f(t) = \bar{A}, 0 \le t \le 1{,}25$$
$$= 200 \$ (365)$$
$$= 73\ 000 \$ \text{ par année.}$$

- Soit : $\bar{A} = 73\ 000$ $ par année, $r = 6$ % par année, se composant continuellement, et $N = 1{,}25$ année

- Trouvez : F

Figure 3.14
*Comparaison entre des transactions impliquant respectivement
un flux quotidien et un flux continu*

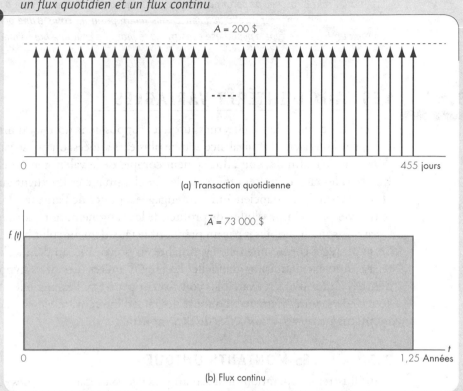

A = 200 $

0   455 jours

(a) Transaction quotidienne

$\bar{A}$ = 73 000 $

f (t)

0   1,25 Années

(b) Flux continu

En utilisant ces valeurs dans l'équation 3.6, on a

$$F = \int_0^{1,25} 73\ 000\ e^{0,06(1,25 - t)}dt$$

$$= 73\ 000\ \$ \left[\frac{e^{0,075} - 1}{0,06} \right]$$

$$= 94\ 759\ \$.$$

On appelle **facteur de capitalisation des flux de fonds** le facteur entre crochets et, comme le montre le tableau 3.2, sa notation est ($F/\bar{A}$, *r*, *N*). On constate aussi que la différence entre les deux méthodes n'est que de 277 $ (moins de 0,3 %).

Commentaires : *Comme l'illustre cet exemple, la différence entre capitalisation discrète (quotidienne) et capitalisation continue n'a aucune portée concrète dans la plupart des cas. Par conséquent, pour faciliter les calculs, au lieu de partir du principe que la valeur de l'argent s'accroît à la fin de chaque journée, on peut supposer qu'elle augmente sans interruption au cours d'une période donnée, à un taux uniforme. Ce type d'hypothèse constitue une pratique courante dans l'industrie chimique.*

3.5 LES TAUX D'INTÉRÊT VARIABLES

Les calculs d'équivalence effectués jusqu'ici supposaient un taux d'intérêt constant. Or, quand un calcul d'équivalence couvre plusieurs années, on utilise parfois plus d'un taux d'intérêt, afin de tenir efficacement compte de la valeur temporelle de l'argent. En effet, les taux d'intérêt offerts sur le marché financier fluctuent au fil du temps, et une institution financière qui s'est engagée à prêter de l'argent à long terme peut se trouver dans l'impossibilité de profiter de leur augmentation parce que certains de ses avoirs sont immobilisés par un prêt dont le taux demeure plus bas. Elle peut tenter de se protéger contre une telle éventualité en prévoyant, au début d'un prêt à long terme, une augmentation graduelle des taux d'intérêt. Les prêts hypothécaires résidentiels à taux d'intérêt variables constituent peut-être l'exemple le plus courant de ce type de mesure. Cette section traite des taux d'intérêt variables applicables tant aux montants uniques qu'aux séries de flux monétaires.

3.5.1 LES MONTANTS UNIQUES

Pour illustrer les opérations mathématiques nécessaires au calcul des équivalences en fonction de taux d'intérêt variables, étudions d'abord l'investissement d'un montant d'argent unique, P, déposé dans un compte d'épargne pour N périodes de capitalisation. Si i_n désigne le taux d'intérêt applicable au cours de la période n, on peut exprimer l'équivalent futur d'un montant unique par

$$F = P\,(1 + i_1)(1 + i_2)...(1 + i_{N-1})(1 + i_N), \tag{3.7}$$

et en résolvant P, on obtient la relation inverse

$$P = F\,[(1 + i_1)(1 + i_2)...(1 + i_{N-1})(1 + i_N)]^{-1}. \tag{3.8}$$

Exemple 3.12 **$**

Les taux d'intérêt variables appliqués à un montant forfaitaire

Vous déposez 2 000 $ dans un régime enregistré d'épargne-retraite (REER) qui rapporte des intérêts de 12 %, se composant trimestriellement, durant les 2 premières années, et des intérêts de 9 %, composant trimestriellement, durant les 3 années suivantes. Déterminez le solde au bout de 5 ans (figure 3.15).

Solution

- Soit : $P = 2\ 000\ \$$, $r = 12\%$ par année durant les 2 premières années, 9% par année durant les 3 dernières années, $M = 4$ périodes de capitalisation par année et $N = 20$ trimestres

- Trouvez : F

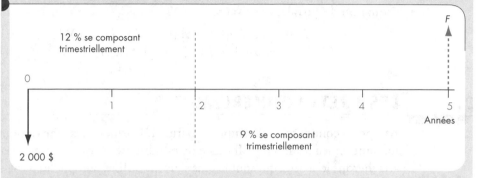

Figure 3.15
Taux d'intérêt variables

On calcule la valeur de F en deux étapes. On commence par trouver le solde au bout de 2 ans, B_2, en fonction d'intérêts de 12%, se composant trimestriellement :

$$i = 12\%/4 = 3\%,$$
$$N = 4(2) = 8 \text{ (trimestres)},$$
$$B_2 = 2\ 000\ \$(F/P,\ 3\%,\ 8)$$
$$= 2\ 000\ \$(1,2668)$$
$$= 2\ 533,60\ \$.$$

Comme le montant n'est pas retiré, mais réinvesti à 9%, se composant trimestriellement, la seconde étape consiste à calculer le solde final :

$$i = 9\%/4 = 2,25\%,$$
$$N = 4(3) = 12 \text{ (trimestres)},$$
$$F = B_2(F/P,\ 2,25\%,\ 12)$$
$$= 2\ 533,60\ \$(1,3060)$$
$$= 3\ 309\ \$.$$

3.5.2 LES SÉRIES DE FLUX MONÉTAIRES

L'étude des taux d'intérêt variables peut facilement s'étendre aux séries de flux monétaires. Dans ce cas, on peut représenter la valeur actualisée d'une série de flux monétaires par

$$P = A_1(1 + i_1)^{-1} + A_2\,[(1 + i_1)^{-1}(1 + i_2)^{-1}] + \ldots$$
$$+ A_N\,[(1 + i_1)^{-1}(1 + i_2)^{-1} \ldots (1 + i_N)^{-1}]. \tag{3.9}$$

On obtient la valeur capitalisée d'une série de flux monétaires en utilisant l'inverse de l'équation 3.9 :

$$F = A_1 [(1 + i_2)(1 + i_3) \ldots (1 + i_N)]$$
$$+ A_2 [(1 + i_3)(1 + i_4) \ldots (1 + i_N)] + \ldots + A_N. \qquad (3.10)$$

On obtient la série uniforme équivalente en deux étapes. On trouve d'abord la valeur actualisée de la série à l'aide de l'équation 3.9. Ensuite, on résout A après avoir établi l'équation d'équivalence suivante :

$$P = A(1 + i_1)^{-1} + A [(1 + i_1)^{-1}(1 + i_2)^{-1}] + \ldots$$
$$+ A[(1 + i_1)^{-1}(1 + i_2)^{-1} \ldots (1 + i_N)^{-1}]. \qquad (3.11)$$

3.6   LES PRÊTS COMMERCIAUX

Les prêts commerciaux comptent parmi les principales transactions financières mettant en jeu les intérêts. Il existe de nombreuses sortes de prêts, mais nous nous attacherons ici à ceux qui sont le plus souvent utilisés tant par les particuliers que par les entreprises, soit les **prêts amortis**. Nous traiterons aussi des prêts avec l'intérêt ajouté afin d'illustrer en quoi ils peuvent différer des prêts amortis ordinaires. De plus, comme il est souvent important de savoir combien d'intérêts comportent les remboursements, nous étudierons plusieurs méthodes pour calculer les montants d'intérêt et de capital payés à chaque versement.

Exemple 3.13

Les taux d'intérêt variables appliqués à des séries inégales de flux monétaires

À partir des flux monétaires et des taux d'intérêts indiqués à la figure 3.16, déterminez la série uniforme équivalente.

Explication : Dans ce problème, comme dans beaucoup d'autres, la méthode la plus facile consiste à réduire la série originale à un montant unique équivalent, par exemple, au moment zéro, puis à convertir ce montant unique de façon à lui donner la forme finale désirée.

Solution

- Soit : les flux monétaires et les taux d'intérêt montrés à la figure 3.16 et $N = 3$
- Trouvez : A

À l'aide de l'équation 3.9, on trouve la valeur actualisée :

$$P = 100\$(P/F, 5\%, 1) + 200\$(P/F, 5\%, 1)(P/F, 7\%, 1)$$
$$+ 250\$(P/F, 5\%, 1)(P/F, 7\%, 1)(P/F, 9\%, 1)$$
$$= 477{,}41\$.$$

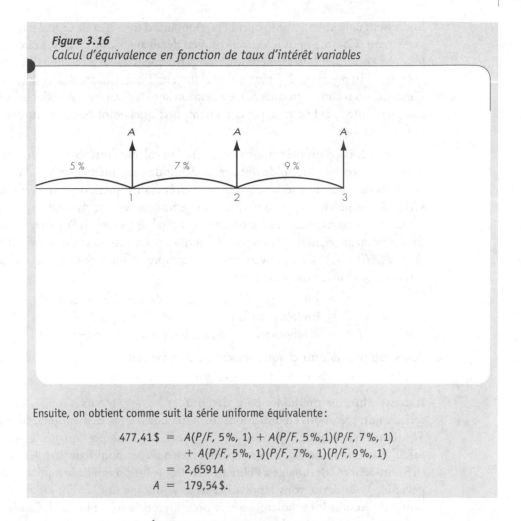

Figure 3.16
Calcul d'équivalence en fonction de taux d'intérêt variables

Ensuite, on obtient comme suit la série uniforme équivalente :

$$477,41\$ = A(P/F, 5\%, 1) + A(P/F, 5\%, 1)(P/F, 7\%, 1)$$
$$+ A(P/F, 5\%, 1)(P/F, 7\%, 1)(P/F, 9\%, 1)$$
$$= 2,6591A$$
$$A = 179,54\$.$$

3.6.1   LES PRÊTS AMORTIS

Les prêts remboursables par **versements échelonnés** constituent l'une des applications les plus importantes des intérêts composés. Le terme prêt amorti désigne un prêt qui exige des remboursements périodiques égaux (hebdomadaires, mensuels, trimestriels ou annuels). Il peut s'agir, par exemple, d'un prêt destiné à l'achat d'une voiture ou d'appareils électroménagers, ou encore, d'un prêt hypothécaire résidentiel ; abstraction faite des prêts à très court terme, la plupart des prêts consentis aux entreprises font aussi partie de cette catégorie. Par ailleurs, les intérêts de la majorité des prêts commerciaux se composent mensuellement.

Jusqu'ici, nous avons présenté de nombreux exemples de prêts amortis en vue de calculer leur valeur actualisée ou capitalisée, ou encore, le montant de leurs versements. L'étude de ces prêts nous permet d'aborder un autre aspect susceptible de nous intéresser grandement, soit le calcul des montants d'intérêt et de capital payés à chaque versement. Comme nous le verrons plus en détail au chapitre 9, les intérêts payés sur les prêts constituent un élément important du calcul du revenu imposable et influent tant sur l'imposition des particuliers que sur l'imposition des entreprises. Pour l'instant, nous concentrerons notre attention sur les diverses méthodes utilisées pour calculer l'intérêt et le capital payés en n'importe quel point compris entre le début et la fin d'un prêt.

Dans le cas d'un prêt amorti ordinaire, on calcule l'intérêt dû pour une période donnée en fonction du solde impayé au début de cette même période. Pour calculer ce solde, de même que les versements d'intérêt et de capital, on peut développer une série de formules. Supposons que nous empruntons un montant, P, à un taux d'intérêt, i, et convenons de rembourser le capital, P, y compris l'intérêt, en effectuant des versements égaux, A, pendant N périodes. Le montant du versement (A) est $A = P(A/P, i, N)$. Chaque versement A comprend un montant qui correspond à l'intérêt dû et un autre, au capital. Si

$$B_n = \text{solde impayé à la fin de la période } n, \text{ avec } B_0 = P,$$
$$I_n = \text{intérêt pour la période } n, \text{ où } I_n = B_{n-1}i,$$
$$PP_n = \text{remboursement du capital pour la période } n.$$

Alors, on peut définir chaque versement comme suit

$$A = PP_n + I_n. \tag{3.12}$$

Il existe plusieurs méthodes pour déterminer les versements d'intérêt et de capital relatifs à un prêt; nous en présentons trois. Aucune n'est nettement préférable à l'autre. Toutefois, la méthode 1 peut se révéler plus facile à adopter quand le processus de calcul est automatisé grâce à un tableur électronique; pour leur part, les méthodes 2 et 3 conviennent davantage à l'obtention d'une solution rapide lorsqu'on spécifie une période. Vous devez vous familiariser avec au moins une de ces méthodes afin de pouvoir résoudre les problèmes qui se présenteront à vous plus tard. Choisissez celle qui vous semble la plus simple.

Méthode 1 — La méthode tabulaire

La première méthode est tabulaire. L'intérêt exigible pour une période donnée est calculé progressivement en fonction du solde impayé au début de cette période. L'intérêt dû à la fin de la première période sera

$$I_1 = B_0 i = Pi.$$

Par conséquent, le versement de capital à ce moment sera

$$PP_1 = A - Pi,$$

et le solde après le premier versement sera

$$B_1 = B_0 - PP_1 = P - PP_1.$$

À la fin de la seconde période, on aura

$$\begin{aligned}
I_2 &= B_1 i = (P - PP_1)i, \\
PP_2 &= A - (P - PP_1)i = (A - Pi) + PP_1 i = PP_1(1 + i), \\
B_2 &= B_1 - PP_2 = P - (PP_1 + PP_2).
\end{aligned}$$

En continuant, on peut montrer que, au $n$ième versement,

$$\begin{aligned}
B_n &= P - (PP_1 + PP_2 + ... + PP_n) \\
&= P - [PP_1 + PP_1(1 + i) + ... + PP_1(1 + i)^{n-1}] \\
&= P - PP_1(F/A, i, n) \\
&= P - (A - Pi)(F/A, i, n).
\end{aligned}$$

Alors, on exprime comme suit le versement d'intérêt au cours de la $n$ième période de versement

$$I_n = (B_{n-1})i. \tag{3.13}$$

La portion du versement A de la période n qui peut servir à réduire le solde impayé est

$$PP_n = A - I_n. \tag{3.14}$$

Le calcul du solde, du capital et de l'intérêt d'un prêt : la méthode tabulaire

Supposons qu'une banque de votre région vous consent un prêt d'amélioration résidentielle de 5 000 $. Le responsable des prêts calcule comme suit vos versements mensuels :

Montant du prêt	=	5 000 $,
Durée du prêt	=	24 mois,
Taux nominal	=	12 %,
Versements mensuels	=	235,37 $.

La figure 3.17 montre le diagramme du flux monétaire. Établissez le calendrier de remboursement en présentant le solde ainsi que les versements d'intérêt et de capital à la fin de chaque période, pendant toute la durée du prêt.

Figure 3.17
Diagramme du flux monétaire d'un prêt d'amélioration résidentielle, avec un taux nominal de 12 %

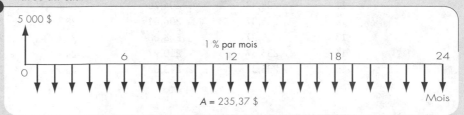

Solution

- Soit : $P = 5\,000\,\$$, $A = 235,37\,\$$ par mois, $r = 12\,\%$ par année, $M = 12$ périodes de capitalisation par année et $N = 24$ mois
- Trouvez : B_n, I_n, PP_n pour $n = 1$ à 24

On comprend facilement comment la banque a calculé le versement mensuel de 235,37 $. Comme le taux d'intérêt effectif par période de versement correspond dans ce cas à 1 % par mois, on établit la relation d'équivalence suivante :

$$235,37\,\$(P/A, 1\%, 24) = 235,37\,\$(21,2431) = 5\,000\,\$.$$

On peut construire le calendrier de remboursement sur le modèle du tableau 3.3. L'intérêt exigible à $n = 1$ est de 50,00 $, soit 1 % des 5 000 $ impayés au cours du premier mois. Les 185,37 $ restants servent à rembourser le capital, ce qui réduit le solde du deuxième mois à 4 814,63 $. L'intérêt exigible le deuxième mois correspond à 1 % de 4 814,63 $, soit 48,15 $, ce qui permet d'appliquer 187,22 $ au remboursement du capital. À $n = 24$, le dernier versement de 235,37 $ suffit tout juste à rembourser le capital impayé et à payer l'intérêt qui s'y applique. La figure 3.18 illustre les rapports entre les versements d'intérêt et les versements de capital du début à la fin du prêt.

Commentaires : *Bien sûr, sans l'aide de l'ordinateur, la création d'un calendrier de remboursement comme celui du tableau 3.3 peut être une tâche longue et fastidieuse. Comme vous le verrez à la section 3.9, l'utilisation d'un tableur électronique permet de résoudre efficacement ce type de problème.*

Tableau 3.3 Création d'un calendrier de remboursement à l'aide d'Excel

N° DU VERSEMENT	MONTANT DU VERSEMENT	VERSEMENT DE CAPITAL	VERSEMENT D'INTÉRÊT	SOLDE
1	235,37 $	185,37 $	50,00 $	4 814,63 $
2	235,37	187,22	48,15	4 627,41
3	235,37	189,09	46,27	4 438,32
4	235,37	190,98	44,38	4 247,33
5	235,37	192,89	42,47	4 054,44
6	235,37	194,82	40,54	3 859,62
7	235,37	196,77	38,60	3 662,85
8	235,37	198,74	36,63	3 464,11
9	235,37	200,73	34,64	3 263,38
10	235,37	202,73	32,63	3 060,65
11	235,37	204,76	30,61	2 855,89
12	235,37	206,81	28,56	2 649,08
13	235,37	208,88	26,49	2 440,20
14	235,37	210,97	24,40	2 229,24
15	235,37	213,08	22,29	2 016,16

Nº DU VERSEMENT	MONTANT DU VERSEMENT	VERSEMENT DE CAPITAL	VERSEMENT D'INTÉRÊT	SOLDE
16	235,37	215,21	20,16	1 800,96
17	235,37	217,36	18,01	1 583,60
18	235,37	219,53	15,84	1 364,07
19	235,37	221,73	13,64	1 142,34
20	235,37	223,94	11,42	918,40
21	235,37	226,18	9,18	692,21
22	235,37	228,45	6,92	463,77
23	235,37	230,73	4,64	233,04
24	235,37	233,04	2,33	0,00

Figure 3.18
*Rapports entre les versements de capital et les versements d'intérêt
du début à la fin du prêt (versement mensuel = 235,37 $)*

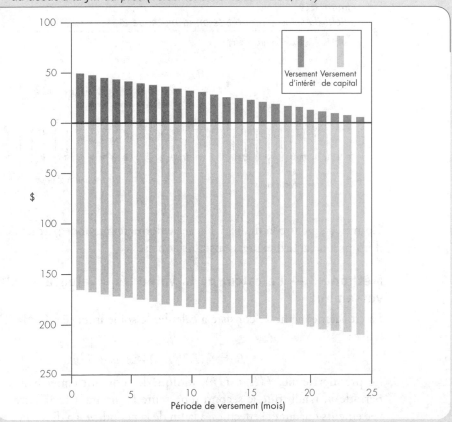

Méthode 2 — La méthode du solde impayé

On peut aussi obtenir B_n en calculant le solde équivalent après le $n^{\text{ième}}$ versement. Ainsi, lorsqu'il reste $N - n$ versements, le solde est

$$B_n = A(P/A, i, N - n), \tag{3.15}$$

et le versement d'intérêt au cours de la période n est

$$I_n = (B_{n-1})i = A(P/A, i, N - n + 1)i, \tag{3.16}$$

où $A(P/A, i, N - n + 1)$ est le solde impayé à la fin de la période $n - 1$, et

$$\begin{aligned} PP_n &= A - I_n = A - A(P/A, i, N - n + 1)i \\ &= A[1 - (P/A, i, N - n + 1)i]. \end{aligned}$$

Connaissant la relation entre les facteurs, $(P/F, i, n) = 1 - (P/A, i, n)i$, donnée au tableau 2.3, on obtient

$$PP_n = A(P/F, i, N - n + 1). \tag{3.17}$$

Figure 3.19
Calcul du solde d'un prêt selon la méthode 2

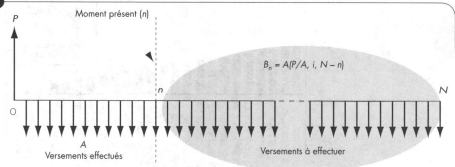

Comme le montre la figure 3.19, cette dernière méthode permet de calculer le solde d'un prêt à l'aide d'expressions plus concises.

Méthode 3 — Le calcul de la valeur équivalente au $n^{\text{ième}}$ versement

La troisième méthode consiste à calculer le solde impayé selon la relation d'équivalence :

$$B_n = P(F/P, i, n) - A(F/A, i, n). \tag{3.18}$$

Le premier terme, $P(F/P, i, n)$, indique le montant équivalent à P à la fin de la période n, tandis que le second représente le montant forfaitaire équivalent aux n versements qui ont été effectués, à la fin de la période n. La différence entre ces sommes correspond au solde du prêt. Pour le calcul du versement d'intérêt, on utilise l'équation 3.16.

Exemple 3.15 $

Le calcul du solde, du capital et de l'intérêt-méthode du solde impayé (méthode 2) et méthode de la valeur équivalente de n paiements (méthode 3)

Reportez-vous au prêt d'amélioration résidentielle dont il est question dans l'exemple 3.14 :

a) Pour le sixième versement, calculez les montants d'intérêt et de capital.

b) Immédiatement après le sixième versement mensuel, vous désirez acquitter d'un coup le solde du prêt. Quel sera le montant forfaitaire nécessaire ?

Solution

a) L'intérêt et le capital payés au sixième versement : qu'on utilise la méthode 2 ou la méthode 3, ces calculs sont effectués à l'aide des mêmes équations.

- Soit : (les mêmes données que dans l'exemple 3.14)
- Trouvez : I_6 et PP_6

À l'aide des équations 3.16 et 3.17, on calcule I_6 et P_6 comme suit :

$$I_6 = 235,37\,\$(P/A, 1\%, 19)(0,01)$$
$$= (4\,054,44\,\$)(0,01)$$
$$= 40,54\,\$.$$
$$PP_6 = 235,37\,\$(P/F, 1\%, 19) = 194,82\,\$,$$

ou on soustrait simplement l'intérêt du versement mensuel, comme suit :

$$PP_6 = 235,37\,\$ - 40,54\,\$ = 194,83\,\$.$$

b) Le solde après le sixième versement : la figure 3.20 montre le diagramme du flux monétaire s'appliquant à cette partie du problème. Selon la méthode 2, on peut trouver le montant dû après le sixième versement en calculant la valeur équivalente des 18 versements restants, à la fin du sixième mois, l'échelle du temps étant décalée de 6 (équation 3.15). Selon la méthode 3, on peut utiliser la valeur capitalisée du montant emprunté après le sixième versement, de laquelle on soustrait l'équivalent futur des six versements, après le sixième versement (équation 3.18).

- Soit : $A = 235,37\,\$$, $i = 1\%$ par mois, $n = 18$ mois selon la méthode 2 et $n = 6$ mois selon la méthode 3.
- Trouvez : le solde au bout de 6 mois (B_6)

Méthode 2 : $B_6 = 235,37\,\$(P/A, 1\%, 18) = 3\,859,62\,\$.$

Méthode 3 : $B_6 = 5\,000\,\$(F/P, 1\%, 6) - 235,37\,\$(F/A, 1\%, 6)$
$$= 3\,859,60\,\$.$$

La différence entre les deux valeurs de B_6 est attribuable à une erreur d'arrondi. Si vous désirez rembourser le reste du prêt après le sixième versement, vous devrez payer 3 859,62 $. Pour vérifier les résultats, comparez-les à la valeur donnée au tableau 3.3.

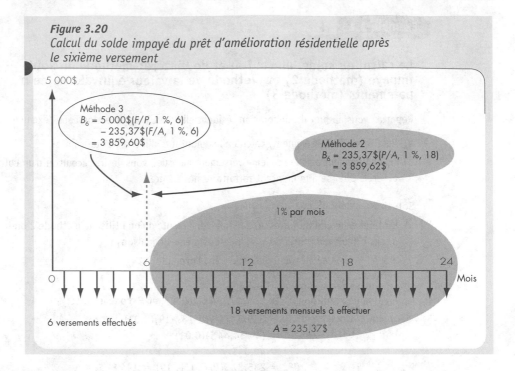

Figure 3.20
Calcul du solde impayé du prêt d'amélioration résidentielle après le sixième versement

3.6.2 LES PRÊTS AVEC L'INTÉRÊT AJOUTÉ

Les prêts avec l'intérêt ajouté sont complètement différents des prêts amortis courants. Selon ce type de prêt, le total de l'intérêt à payer est précalculé et additionné au capital. Ce capital, plus le montant d'intérêt précalculé, est ensuite remboursé au moyen de versements égaux. Dans un tel cas, le taux d'intérêt indiqué n'est pas le taux effectif, mais ce qu'on est convenu d'appeler l'**intérêt sur le montant prêté**. Si vous empruntez P pour N années à un taux d'intérêt sur le montant prêté de i, avec des versements égaux exigibles à la fin de chaque mois, l'institution financière calculera habituellement les versements mensuels comme suit :

Total de l'intérêt sur le montant prêté $= P(i)(N),$
Capital plus intérêt sur le montant prêté $= P + P(i)(N) = P(1 + iN)$
Versements mensuels $= P(1 + iN)/(12 \times N).$ (3.19)

Il est à noter que l'intérêt sur le montant prêté est un *intérêt simple*. Une fois qu'elle a déterminé le versement mensuel, l'institution financière calcule le taux nominal en fonction de ce versement et vous informe de cette valeur. Même si le taux d'intérêt sur le montant prêté et le taux nominal sont tous deux indiqués, beaucoup d'emprunteurs mal informés croient que l'intérêt sur le montant prêté est celui qu'ils paient vraiment. L'exemple 3.16 montre combien d'intérêt on paie réellement lorsqu'on contracte un tel emprunt.

Exemple 3.16 $

Le taux d'intérêt effectif d'un prêt avec l'intérêt ajouté

Reportons-nous au prêt d'amélioration résidentielle dont il est question à l'exemple 3.14. Supposons que vous empruntez 5 000 $ à un taux d'intérêt sur le montant prêté de 12 %, pour 2 ans. Vous effectuerez 24 versements égaux.

a) Déterminez le montant des versements mensuels.

b) Calculez les taux d'intérêt nominal et effectif du prêt.

Solution

- Soit : le taux d'intérêt sur le montant prêté = 12 % par année, le montant du prêt
  $(P) = 5\ 000\ \$$ et $N = 2$ ans
- Trouvez : a) A et b) i_a et i

a) On doit d'abord déterminer le montant de l'intérêt sur le montant prêté :

$$iPN = (0,12)(5\ 000\ \$)(2) = 1\ 200\ \$.$$

Pour trouver A, on additionne ensuite cet intérêt simple au capital et on divise le montant total par 24 mois :

$$A = (5\ 000\ \$ + 1\ 200\ \$)/24 = 258,33\ \$.$$

b) Calculez le taux nominal du prêt, selon la perspective du prêteur. Comme vous effectuez des remboursements mensuels, avec capitalisation mensuelle, vous devez trouver le taux d'intérêt effectif en fonction duquel la présente somme de 5 000 $ équivaut à 24 futurs versements de 258,33 $. Dans un tel cas, on résout i dans l'équation

$$258,33\ \$ = 5\ 000\ \$(A/P, i, 24)$$

ou

$$(A/P, i, 24) = 0,0517.$$

On connaît la valeur du facteur A/P, mais non le taux d'intérêt, i. Par conséquent, on doit consulter plusieurs tables d'intérêt et déterminer i par interpolation, comme le montre la figure 3.21. Le taux d'intérêt, qui se situe entre 1,75 et 2,0 %, peut être calculé par **interpolation linéaire** :

$(A/P, i, 24)$	i
0,0514	1,75 %
0,0517	?
0,0529	2,00 %

$$i = 1,75\ \% + (0,25\ \%) \left[\frac{0,0517 - 0,0514}{0,0529 - 0,0514} \right] = 1,8\ \% \text{ par mois.}$$

Figure 3.21
Interpolation linéaire servant à trouver un taux d'intérêt inconnu

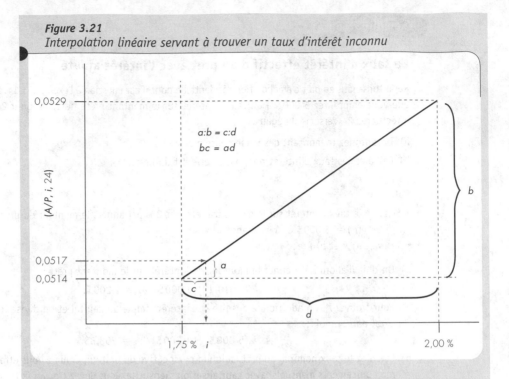

Le taux d'intérêt nominal de ce prêt avec l'intérêt ajouté est de $1,8 \times 12 = 21,60\%$ et le taux d'intérêt effectif annuel est de $(1 + 0,018)^{12} - 1 = 23,87\%$, et non le taux d'intérêt de 12% sur le montant prêté indiqué. Quand on contracte ce genre d'emprunt, on ne doit pas confondre le taux d'intérêt sur le montant prêté indiqué par le prêteur avec le taux qui s'y applique véritablement.

L'interpolation linéaire fondée sur des tables d'intérêt n'est pas le seul moyen de calculer le taux d'intérêt effectif d'un prêt avec l'intérêt ajouté. On peut aussi le faire à l'aide de l'un des nombreux calculateurs financiers ou tableurs électroniques d'usage courant. Si on utilisait l'un ou l'autre de ces outils, la valeur exacte trouvée serait 1,79749%. Dans la pratique, l'erreur minime résultant de ce type d'interpolation importe rarement.

Commentaires : *Dans le monde réel, les lois sur la transparence en matière de prêt exigent que l'information relative au taux nominal soit toujours transmise, qu'il s'agisse d'un prêt hypothécaire ou de tout autre type de prêt. À titre d'emprunteur éventuel, vous n'auriez donc pas à calculer le taux d'intérêt nominal (mais vous pourriez calculer l'intérêt réel ou effectif). Toutefois, dans les prochaines analyses économiques d'ingénierie, vous découvrirez que la recherche des taux d'intérêt implicites, ou encore, des taux de rendement des investissements, s'inscrit régulièrement dans la démarche de résolution de problèmes. Nous avons comme objectif de vous entraîner périodiquement à résoudre ce genre de problème, même si le scénario de l'exemple ou du problème présenté ne reflète pas fidèlement l'information qu'on vous donnerait dans une situation concrète.*

3.7   LES PRÊTS HYPOTHÉCAIRES

Un prêt hypothécaire est en général un prêt amorti à long terme, destiné principalement à l'achat d'un bien tel qu'une maison. L'hypothèque elle-même consiste en un document juridique en vertu duquel l'emprunteur accorde au prêteur certains droits sur le bien acheté pour garantir le remboursement du prêt. L'emprunteur est appelé le *débiteur hypothécaire* et le prêteur, le *créancier hypothécaire*. Le document spécifie les droits que le prêteur possède sur la propriété, advenant le défaut de l'emprunteur de respecter les conditions du prêt. Dans les sections qui suivent, nous expliquerons certains concepts liés aux prêts hypothécaires et illustrerons comment on établit le calendrier de remboursement, le montant des versements périodiques et celui des intérêts. Le montant du prêt — la somme réellement empruntée — est appelé **capital**. Le terme **avoir net** de l'acheteur désigne la différence entre le prix du bien et le montant à rembourser.

3.7.1   LES TYPES DE PRÊTS HYPOTHÉCAIRES

Au Canada, les banques, les coopératives de crédit, les sociétés de fiducie, les sociétés de prêts hypothécaires, les prêteurs privés, etc. offrent quatre principaux types de prêts hypothécaires. Nous présentons ci-après une brève description de chacun.

1. **Le prêt hypothécaire en vertu de la Loi nationale sur l'habitation (LNH)** : Il s'agit d'un prêt accordé en vertu des dispositions de la Loi nationale sur l'habitation de 1954. Le prêteur est assuré contre les pertes par la Société canadienne d'hypothèque et de logement (SCHL). L'emprunteur doit acquitter des frais de dossier incluant généralement des frais d'évaluation de la propriété payables à la SCHL et des frais d'assurance. Ces derniers sont d'ordinaire ajoutés au capital, bien qu'ils puissent être réglés au comptant.

2. **Le prêt hypothécaire ordinaire** : Ce prêt hypothécaire constitue le type de financement le plus répandu pour les résidences principales ou les immeubles de rapport résidentiels. En général, son montant représente au maximum 75 % de la valeur estimative de la propriété ou de son prix d'achat, selon le plus bas des deux. C'est à l'acheteur qu'il incombe de réunir le montant du versement initial, qui correspond à la proportion restante de 25 %.

3. **Le prêt hypothécaire à rapport prêt-valeur élevé** : Lorsqu'un acheteur potentiel est incapable d'obtenir le financement du versement initial de 25 %, on peut lui consentir un prêt hypothécaire à rapport prêt-valeur élevé. Essentiellement, celui-ci consiste en un prêt hypothécaire ordinaire, dont le montant dépasse la proportion de 75 % mentionnée plus haut. La loi exige que ce prêt soit assuré. Il peut couvrir jusqu'à 95 % du prix d'achat ou de la valeur estimative de la propriété, selon le plus bas des deux.

4. **L'hypothèque mobilière**: Une hypothèque mobilière assure une protection d'appoint pour un prêt grevant une propriété. Elle offre une garantie secondaire au prêteur qui détient une garantie principale, par exemple, un billet à ordre. Quand le billet à ordre est remboursé, l'hypothèque mobilière se trouve automatiquement levée. L'argent emprunté peut servir à l'achat de la propriété elle-même ou à d'autres fins, comme l'amélioration résidentielle ou d'autres investissements.

3.7.2 LES CONDITIONS DES PRÊTS HYPOTHÉCAIRES

En matière de prêt hypothécaire, on doit tenir compte de nombreux facteurs afin de prendre la meilleure décision possible. Les principaux facteurs sont l'amortissement, la durée de l'hypothèque, le fait qu'il s'agisse d'un prêt fermé ou d'un prêt ouvert, le taux d'intérêt, le calendrier de remboursement, les droits de remboursement par anticipation et la transférabilité. Voici une courte explication de chacun de ces concepts :

1. **L'amortissement**: Ce terme se rapporte au nombre d'années nécessaires au remboursement total du prêt hypothécaire, en fonction d'un taux d'intérêt et d'un calendrier de remboursement donnés. La période d'amortissement habituelle est de 25 ans, mais il existe une vaste gamme de choix. Plus la période d'amortissement est longue, plus les versements périodiques (en général, mensuels) sont faibles, et plus le total des intérêts est élevé.

2. **La durée de l'hypothèque** : Il s'agit du nombre de mois ou d'années que couvre l'hypothèque, soit le document juridique. Cette durée peut varier de 6 mois à 10 ans. À l'expiration de ce délai, le capital impayé devient exigible. On peut alors renouveler l'hypothèque à la même banque ou s'adresser à une autre institution prêteuse pour la refinancer.

3. **Le taux d'intérêt**: La loi exige que l'hypothèque contienne une clause où apparaît, entre autres points, le taux d'intérêt annuel ou semestriel. D'habitude, on indique un taux d'intérêt nominal se composant semestriellement. Un *prêt hypothécaire à taux fixe* offre un taux d'intérêt qui demeure constant pour toute la durée de l'hypothèque. Lorsqu'il s'agit d'un *prêt hypothécaire à taux variable,* le taux d'intérêt fluctue selon le taux préférentiel fixé chaque mois par le prêteur. Dans les deux cas, le montant du versement périodique reste le même jusqu'à l'échéance de l'hypothèque. Toutefois, la portion des intérêts comprise dans ce montant varie suivant le solde impayé au début de la période et le taux d'intérêt applicable à cette même période.

4. **Le prêt hypothécaire ouvert et le prêt hypothécaire fermé**: Le *prêt hypothécaire ouvert* offre à l'emprunteur la possibilité d'un remboursement plus rapide : il peut être acquitté en totalité n'importe quand avant l'échéance, sans pénalité, ou surcharge. En raison de cette flexibilité, son taux d'intérêt est plus élevé que celui d'un prêt fermé, alors que les autres conditions demeurent les mêmes. Par ailleurs, le *prêt hypothécaire fermé* ne permet pas à l'emprunteur de remboursement rapide : les versements doivent être effectués comme l'entente le stipule. L'emprun-

teur qui désire s'acquitter de sa dette avant l'échéance doit payer une surcharge. Souvent, cette surcharge est égale à 1) trois mois d'intérêt sur le montant du remboursement ou 2) au différentiel d'intérêt, selon le plus élevé des deux. Le terme « différentiel d'intérêt » désigne la différence, s'il y a lieu, entre le taux d'intérêt existant et le taux d'intérêt auquel le prêteur prêterait au même emprunteur pour une période commençant à la date de remboursement et se terminant à la date d'échéance de l'hypothèque existante. Toutefois, même un prêt hypothécaire fermé peut comporter certains droits de remboursement par anticipation évitant l'imposition d'une pénalité.

5. **Le calendrier de remboursement** : La plupart des prêts hypothécaires sont amortis. Des versements périodiques constants servent à rembourser le capital. Ce sont les versements mensuels qui sont les plus courants, mais certains prêts peuvent être remboursés toutes les semaines, toutes les deux semaines, deux fois par mois, tous les trois mois, tous les six mois ou une fois par année.

6. **Les droits de remboursement par anticipation** : De nombreuses institutions financières offrent des prêts hypothécaires fermés comportant certains droits de remboursement par anticipation. Par exemple, on permet à l'emprunteur de rembourser d'avance jusqu'à 10% du capital initial, une fois par année civile ou à chaque date anniversaire. Une fois l'an, l'emprunteur peut aussi avoir le droit d'augmenter dans une proportion allant jusqu'à 100 % le versement périodique. L'emprunteur en mesure de profiter de ces droits peut réduire de façon importante la période d'amortissement réelle.

7. **La transférabilité** : Certains prêteurs offrent des prêts hypothécaires comportant une condition qu'on appelle la transférabilité. Selon cette condition, l'emprunteur peut vendre une maison et en acheter une autre avant l'échéance de l'hypothèque. Celle-ci peut alors être transférée d'une propriété à une autre sans pénalité.

3.7.3 UN EXEMPLE DE CALCULS HYPOTHÉCAIRES

Tout au long de ce manuel, nous tiendrons pour acquis que les taux d'intérêt hypothécaires se composent semestriellement.

Exemple 3.17 $

Le prêt hypothécaire fermé avec droits de remboursement par anticipation

Jean Morency envisage d'acheter une maison de 125 000 $, pour laquelle il est en mesure d'effectuer un versement initial de 25 000 $. La Banque Nationale lui offre un prêt de 100 000 $ dont l'hypothèque est de 3 ans et le taux d'intérêt annuel, de 8 %. Il choisit une période d'amortissement de 25 ans. Le prêt, qui est fermé, comporte les droits de remboursement par anticipation suivants :

- Une fois par année civile, à n'importe quelle date de versement périodique, Jean peut effectuer un remboursement anticipé du capital, d'un montant ne dépassant pas 10% de l'emprunt initial, sans préavis ni frais. Le droit qui n'est pas exercé une année donnée ne peut être reporté aux années suivantes.

- Une fois par année civile, à n'importe quelle date de versement périodique, Jean peut, en donnant un préavis écrit, augmenter sans frais le montant du versement périodique de capital et d'intérêt. Cette augmentation ne peut cependant totaliser plus de 100% du versement périodique prévu dans l'hypothèque. Si le versement périodique a été augmenté, le débiteur hypothécaire peut, en donnant un préavis écrit, le réduire sans frais à un montant qui n'est pas inférieur au montant de capital et d'intérêt prévu dans l'hypothèque.

- À n'importe quelle date de versement, Jean peut rembourser par anticipation la totalité ou une partie du capital impayé en déboursant, selon le plus élevé des deux, un montant égal

  1) à 3 mois d'intérêt, au taux stipulé dans l'hypothèque, sur le remboursement anticipé ou,

  2) s'il y a lieu, à la différence entre le taux d'intérêt stipulé dans l'hypothèque et le taux d'intérêt en vigueur s'appliquant au montant du remboursement de capital anticipé, pour une période commençant à la date de ce dernier et se terminant à la date d'échéance de l'hypothèque.

Répondez aux questions suivantes :

a) À combien s'élèveraient ses versements périodiques s'ils étaient hebdomadaires, bimensuels ou mensuels ?

b) À l'échéance de l'hypothèque, quel serait le solde du prêt, en fonction de chacune de ces trois fréquences de versement, si on tient pour acquis que l'emprunteur a versé exactement le montant périodique calculé ?

c) Présumons que Jean a opté pour les versements mensuels parce qu'il ne touche son salaire qu'une fois par mois. La deuxième année, il augmente son versement mensuel de 50%. La troisième, il double le versement mensuel calculé en a). Quel est le solde du prêt au moment du renouvellement de l'hypothèque ?

d) En plus des versements effectués en c), s'il rembourse des sommes forfaitaires de 8 000 $ et de 10 000 $ aux deuxième et troisième dates anniversaires, quel sera le solde du prêt au moment du renouvellement de l'hypothèque ?

e) Pendant un an, Jean effectue seulement les versements mensuels calculés, puis le taux d'intérêt pour une hypothèque de 2 ans descend à 6%. À combien s'élèverait la surcharge totale s'il décidait de rembourser au complet son emprunt hypothécaire ? À combien s'élèverait-elle si le taux d'intérêt en vigueur pour une hypothèque de 2 ans passait à 9% ?

Solution

- SOIT : $P = 100\,000\,\$$, $r = 8\%$ par année, $M = 2$ périodes de capitalisation par année, amortissement = 25 ans et durée = 3 ans

- TROUVEZ : a) Le montant des versements périodiques hebdomadaires, bimensuels et mensuels.

La figure 3.22a montre le diagramme du flux monétaire destiné au calcul du versement périodique.

Figure 3.22a
Diagramme du flux monétaire s'appliquant au prêt à terme

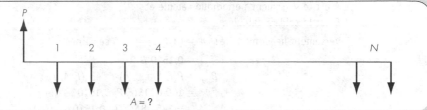

où

N est le nombre de périodes de versement que compte la période d'amortissement.

- Versement hebdomadaire : $N = (52)(25) = 1\ 300$ semaines

$$i_{sem} = (1 + r/M)^c - 1 = (1 + 0,08/2)^{1/26} - 1 = 0,1510\,\%$$
$$A_{sem} = 100\ 000\,\$ \ (A/P, 0,1510\,\%, 1\ 300) = 175,68\,\$$$

- Versement bimensuel : $N = (25)(24) = 600$ demi-mois

$$i_{1/2\ mois} = (1 + 0,08/2)^{1/12} - 1 = 0,3274\,\%$$
$$A_{1/2\ mois} = 100\ 000\,\$ \ (A/P, 0,3274\,\%, 600) = 380,98\,\$$$

- Versement mensuel : $N = (25)(12) = 300$ mois

$$i_{mois} = (1 + 0,08/2)^{1/6} - 1 = 0,6558\,\%$$
$$A_{mois} = 100\ 000\,\$ \ (A/P, 0,6558\,\%, 300) = 763,20\,\$$$

Commentaires : *Plus les versements sont fréquents, moins le montant total payé chaque mois est élevé (c'est-à-dire $A_{mois} > 2 \times A_{1/2\ mois} > 4,33 \times A_{sem}$).*

b) Selon que l'emprunteur a effectué des versements hebdomadaires, bimensuels ou mensuels, quel est le solde du prêt à l'échéance de l'hypothèque ?

La figure 3.22b montre le diagramme du flux monétaire s'appliquant au calcul du solde à l'échéance.

Figure 3.22b
Diagramme du flux monétaire équivalent

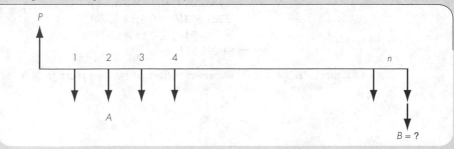

où

n est le nombre de périodes de versement que compte l'hypothèque,

A est le versement périodique calculé et

B est le solde à calculer.

- Versement hebdomadaire : $n = (3)(52) = 156$ semaines

$$i_{sem} = 0,1510\,\%$$
$$B_{sem} = P(F/P, i_{sem}, n) - A_{sem}(F/A, i_{sem}, n)$$
$$= 100\ 000\,\$(F/P, 0,1510\,\%, 156)$$
$$- 175,68\,\$(F/A, 0,1510\,\%, 156)$$
$$= 95\ 655,93\,\$$$

- Versement bimensuel : $n = (3)(24) = 72$ demi-mois

$$i_{1/2\ mois} = 0,3274\,\%$$
$$B_{1/2\ mois} = 100\ 000\,\$(F/P, 0,3274\,\%, 72)$$
$$- 380,98\,\$(F/A, 0,3274\,\%, 72)$$
$$= 95\ 655,54\,\$$$

- Versement mensuel : $n = (3)(12) = 36$ mois

$$i_{mois} = 0,6558\,\%$$
$$B_{mois} = 100\ 000\,\$(F/P, 0,6558\,\%, 36)$$
$$- 763,20\,\$(F/A, 0,6558\,\%, 36)$$
$$= 95\ 655,54\,\$$$

Commentaires : *On remarque que les soldes à l'échéance sont les mêmes (abstraction faite des erreurs d'arrondi), quelle que soit l'option choisie, car les trois options aboutiront au remboursement du prêt hypothécaire dans exactement 25 ans, à la condition que les versements périodiques calculés soient effectués tout au long de ce délai. Or, c'est le total des intérêts payés qui fait la différence entre les trois calendriers de remboursement. Comme nous l'avons vu en a), plus la fréquence des versements diminue, plus le montant remboursé pendant la durée totale de l'hypothèque est élevé. Étant donné que le montant du capital remboursé au bout de trois ans est le même, l'excédent correspond aux intérêts qui ont été payés en plus.*

c) À combien s'élève le solde à l'échéance de l'hypothèque, quand l'emprunteur effectue des versements mensuels et utilise certains droits de remboursement par anticipation ?

$$B_{(c)} = 100\ 000\,\$(F/P, 0,6558\,\%, 36)$$
$$- 763,20\,\$(F/A, 0,6558\,\%, 36)$$
$$- 381,60\,\$(F/A, 0,6558\,\%, 24)$$
$$- 381,60\,\$(F/A, 0,6558\,\%, 12)$$
$$= 81\ 023,51\,\$$$

La figure 3.22c montre les versements effectués pendant toute la durée de l'hypothèque.

Figure 3.22c
Diagramme du flux monétaire équivalent

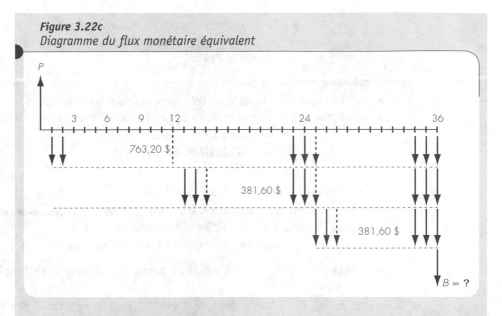

d) À combien s'élève le solde à l'échéance, après que l'emprunteur a versé des sommes forfaitaires additionnelles ?

Étant donné que ces versements globaux sont permis en vertu des droits de remboursement par anticipation accordés à l'emprunteur, on peut utiliser le résultat calculé en c), comme le montre la figure 3.22d.

Figure 3.22d
Diagramme du flux monétaire équivalent

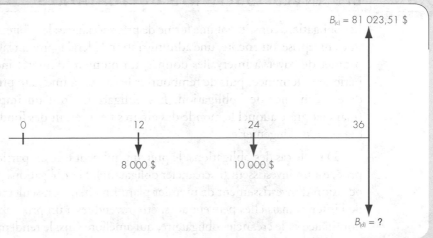

$$B_{(d)} = 81\ 023,51\$ - 8\ 000\$(F/P, 0,6558\%, 24)$$
$$-10\ 000\$(F/P, 0,6558\%, 12)$$
$$= 60\ 848,71\$$$

e) À combien s'élèvent les surcharges?

Pour trouver la surcharge imposée, on doit d'abord calculer le montant de ce remboursement par anticipation (c'est-à-dire le solde du prêt après une année de versements mensuels).

$$B = 100\ 000\$(F/P, 0,6558\%, 12)$$
$$-763,20\$(F/A, 0,6558\%, 12)$$
$$= 98\ 663,79\$$$

Trois mois d'intérêt simple = $98\ 663,79\$ \times 0,6558\% \times 3 = 1\ 941,11\$$.

Quand le taux d'intérêt en vigueur tombe à 6% et qu'il reste deux ans avant l'échéance de l'hypothèque, on peut évaluer le différentiel d'intérêt comme suit

$$98\ 663,79\$ \times (8\% - 6\%) \times 2 = 3\ 946,55\$$$.

Quand le taux en vigueur monte à 9%, la surcharge correspondant au différentiel d'intérêt est égale à zéro.

Par conséquent, la surcharge serait de 3 946,55 $ (soit le montant le plus élevé entre 1 941,11 $ et 3 946,55 $), lorsque le taux en vigueur est de 6%, et de 1 941,11 $ (soit le montant le plus élevé entre 1 941,11 $ et zéro), lorsque le taux en vigueur est de 9%.

Commentaires: *La méthode utilisée ici pour calculer la surcharge n'est qu'approximative. Elle permet toutefois de se faire une idée de l'importance de la surcharge.*

3.8 LES INVESTISSEMENTS OBLIGATAIRES

Les obligations constituent une forme de prêt spécialisée: le débiteur — habituellement une entreprise, ou encore, une administration fédérale, provinciale ou municipale — promet de payer, à intervalles donnés, un montant d'intérêt indiqué pendant une période déterminée, puis de rembourser le capital à une date précise, qu'on appelle date d'échéance de l'obligation. Les obligations sont un important instrument financier grâce auquel le monde des affaires peut réunir des fonds servant à financer des projets d'ingénierie.

Dans le cas des obligations, le prêteur, qui peut être un particulier ou une entreprise, est un investisseur (le créancier obligataire). Les obligations peuvent devenir une occasion d'investissement de premier plan. En effet, non seulement elles rapportent de l'intérêt, mais elles peuvent aussi être revendues à un prix supérieur à leur valeur nominale par le créancier obligataire, qui améliore ainsi le rendement de son investissement de départ. Compte tenu de ces complications, le concept d'équivalence économique peut se révéler important pour déterminer la valeur des obligations. Les prochaines sections illustreront certains problèmes propres aux investissements obligataires dans le contexte de l'équivalence économique.

3.8.1   LA TERMINOLOGIE DES OBLIGATIONS

Nous traiterons d'abord du mode d'émission des obligations sur le marché financier. Dans ce but, nous examinerons une obligation d'État émise par Hydro-Québec. Les figures 3.23a et 3.23b reproduisent une obligation de 100 000 $ émise par Hydro-Québec et appelée « Hydro-Québec 11 $\frac{1}{4}$ %, échéance 2008, série "GC" ». Le certificat est le document remis au détenteur de l'obligation pour attester son investissement. Avant d'expliquer comment se détermine la valeur des obligations, nous définirons certains des termes qui s'y rapportent.

Les débentures et les obligations hypothécaires : En règle générale, une débenture est un titre d'emprunt, ou promesse de payer, non garanti. Autrement dit, aucun bien ni élément d'actif n'en assure le remboursement. La plupart des obligations d'État font partie de cette catégorie. C'est précisément le cas de celle d' Hydro-Québec. Il est à noter que ce titre est garanti, pour ce qui est du capital et des intérêts, par la province du Québec. C'est pourquoi on dit que l'émission est une *Garantie provinciale*. Par ailleurs, les obligations émises par une entreprise ou un organisme gouvernemental et garanties par des biens précis, comme des bâtiments, sont appelées *obligations hypothécaires*.

La valeur nominale (ou valeur au pair) : Les obligations sont normalement émises en coupures égales de 1 000 $ ou de multiples de 1 000 $. La valeur indiquée sur chaque obligation est appelée *valeur nominale*. Pour ce type d'obligation, elle est en général fixée à 1 000 $; dans l'exemple du titre d'Hydro-Québec, elle est de 100 000 $.

La date d'échéance : Les obligations comportent en général une *date d'échéance*, à laquelle elles doivent être remboursées à leur valeur nominale. Celles d'Hydro-Québec, qui ont été émises le 25 septembre 1985, arriveront à échéance le 25 septembre 2008 ; elles avaient donc une durée de 23 années au moment de leur émission. Selon le délai qui reste avant leur échéance, les obligations peuvent être classées dans l'une ou l'autre des catégories suivantes : les obligations à court terme (arrivant à échéance en moins de trois ans), les obligations à moyen terme (arrivant à échéance dans trois à dix ans) et les obligations à long terme (arrivant à échéance dans plus de dix ans). La classe de l'obligation est donc fonction du nombre d'années qui restent avant son échéance et, au fur et à mesure que cette date approche, l'obligation passe d'une catégorie à une autre.

Le taux d'intérêt contractuel (ou taux du coupon) : On appelle *taux d'intérêt contractuel (ou taux du coupon)*, l'intérêt versé sur la valeur nominale d'une obligation. Par exemple, les obligations d'Hydro-Québec, qui ont une valeur nominale de 100 000 $, rapportent 11 250 $ d'intérêt (11,25 %) par année (5 625 $ tous les six mois).

Figure 3.23a

Recto d'un certificat d'obligation émis par Hydro-Québec

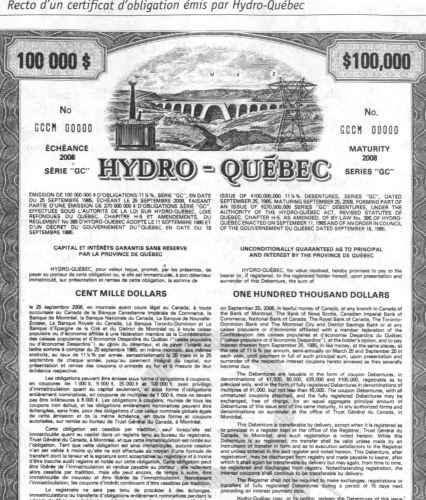

Figure 3.23b
Verso d'un certificat d'obligation émis par Hydro-Québec

Comme elles rapportent 11 250 $ d'intérêt, leur taux d'intérêt contractuel est de 11,25 %. Même si le titre stipule que le taux contractuel est annuel, la société verse aux créanciers obligataires 5,625 % d'intérêt semestriel sur la valeur nominale (soit 5 625 $). Chaque coupon porte une date à laquelle ou après laquelle il peut être encaissé. Dans l'exemple de l'obligation d'Hydro-Québec, l'intérêt est payable le 25 mars et le 25 septembre de chaque année.

L'obligation avec escompte d'émission: Une obligation qui se vend à un prix inférieur à sa valeur nominale est appelée *obligation avec escompte d'émission*. Une obligation qui se vend à un prix supérieur à sa valeur nominale est appelée *obligation avec prime d'émission*. On dit qu'on achète une obligation *au pair* lorsque son prix correspond à sa valeur nominale. Celles d'Hydro-Québec ont été offertes *au pair*. Par ailleurs, le prix d'achat d'une obligation représente sa *valeur marchande*.

La clause, ou faculté, de remboursement anticipé: L'émetteur se réserve parfois le droit de rembourser les obligations avant l'échéance. Ce droit porte le nom de *clause, ou faculté, de remboursement anticipé*, et l'obligation qui comporte une telle clause, celui d'*obligation remboursable par anticipation* ou *à vue*. Normalement, l'émetteur doit avertir les créanciers obligataires avant de rembourser l'obligation.

L'obligation au porteur et l'obligation nominative: Le nom du propriétaire n'apparaît pas sur une obligation au porteur. Des coupons d'intérêts y sont attachés, et son détenteur en est en principe le propriétaire. Par contre, sur une obligation nominative figure le nom du propriétaire actuel, auquel l'intérêt est versé par chèque ou par dépôt direct.

3.8.2   LES TYPES D'OBLIGATIONS

Les obligations d'État

Il existe trois principaux émetteurs d'obligations d'État : le gouvernement fédéral, les provinces et les municipalités. Le gouvernement fédéral exerce un pouvoir de taxation très étendu lui procurant des revenus garantis. Par conséquent, de toutes les obligations émises au Canada, ce sont les siennes qui obtiennent la plus haute cote de crédit. En outre, le gouvernement fédéral est le plus important émetteur de titres sur le marché obligataire canadien.

Les bons du Trésor du gouvernement canadien: Les bons du Trésor sont des titres d'emprunt à court terme. Selon le montant investi, leur durée peut être de 30, 60, 90 ou 180 jours ou de 1 an. Ils sont vendus au-dessous du pair (à un prix inférieur à leur valeur nominale) et atteignent leur valeur nominale à l'échéance. La différence entre ces deux valeurs constitue le rendement à l'échéance obtenu par l'investisseur. Aucun intérêt n'est versé. Les grandes institutions financières achètent des bons du Trésor par l'intermédiaire des ventes aux enchères tenues toutes les deux semaines par le gouvernement fédéral. Elles les offrent ensuite à des petits investisseurs, car ceux-ci ne peuvent les obtenir directement du gouvernement. Les bons du Trésor peuvent être vendus ou achetés au cours du marché, qui fluctue quotidiennement. Les plus petites coupures émises sont de seulement 1 000 $.

Les obligations négociables : La durée des obligations négociables est plus longue que celle des bons du Trésor : elle peut varier de 1 à 30 ans. Ces obligations rapportent un montant d'intérêt fixe, versé tous les six mois. Elles sont émises et offertes, par l'intermédiaire de ventes aux enchères tenues périodiquement par le gouvernement, à de grandes institutions financières qui les offrent ensuite aux petits investisseurs. Elles peuvent être achetées ou vendues au cours du marché, susceptible de fluctuer quotidiennement. Les plus petites coupures émises sont aussi de 1 000 $.

Les obligations avec prime d'émission du Canada : Les obligations avec prime d'émission du Canada ont un taux d'intérêt fixe. Le gouvernement en garantit à la fois le capital et le taux d'intérêt. On peut les acheter à n'importe quelle banque, coopérative de crédit ou maison de courtage. Leurs prix sont fixes. Ces titres ne sont remboursables qu'une fois par année, à la date anniversaire et au cours des 30 jours suivants. Ils existent sous deux formes. On peut choisir les obligations à intérêt régulier (obligations R), lequel est déposé directement dans un compte bancaire ou payé par chèque. On peut aussi acheter des obligations à intérêts composés (obligations C). Dans ce cas, leurs intérêts sont automatiquement appliqués à l'achat d'autres obligations, jusqu'à l'échéance. On peut se procurer des obligations à intérêts composés en coupures de seulement 100 $, tandis que celles des obligations à intérêt régulier commencent à 300 $.

Les obligations d'épargne du Canada : Les obligations d'épargne du Canada offrent des taux d'intérêt minimaux garantis, susceptibles d'augmenter selon les conditions du marché. Le gouvernement en garantit à la fois le capital et le taux d'intérêt minimal. Elles sont remboursables en tout temps, et leurs prix sont fixes. Si on encaisse ses obligations moins de 3 mois après la date d'émission, on reçoit leur pleine valeur nominale, mais aucun intérêt. Après cette date, elles sont encaissables à leur pleine valeur nominale, à laquelle s'ajoutent tous les intérêts gagnés au cours de chacun des mois complets écoulés depuis la date d'émission. Comme les obligations avec prime d'émission du Canada, elles existent sous deux formes, dont les plus petites coupures sont aussi de 100 $ et de 300 $.

Les obligations provinciales : Comme le gouvernement fédéral, les provinces émettent directement des titres qu'elles peuvent garantir par l'intermédiaire d'organismes relevant de leur juridiction. Les obligations, ou débentures, provinciales sont émises en vue de réunir des fonds destinés à des projets d'investissement publics importants. Toutes les provinces ont des lois régissant l'usage des fonds obtenus grâce à l'émission d'obligations. Les titres des provinces existent en une vaste gamme de coupures pouvant varier de quelques centaines à des milliers de dollars. Selon les émissions, la durée, le taux d'intérêt et d'autres conditions peuvent différer.

Les débentures municipales : Les municipalités assument la construction et l'entretien des rues, des égoûts, des réseaux d'aqueduc, des écoles et d'autres services destinés aux agglomérations. Pour fournir ces services essentiels, elles doivent de temps à autre mettre sur pied des projets d'investissement. Afin de réunir le capital nécessaire à de tels projets, elles peuvent émettre des obligations, ou débentures. Les investisseurs doivent s'informer auprès de l'émetteur au sujet du montant des coupures, des taux d'intérêt, des dates d'échéance et des garanties.

Les obligations et les débentures de société

L'émission d'obligations et de débentures permet aux sociétés d'emprunter de l'argent. La durée, le taux d'intérêt et les modalités de remboursement de ces titres sont à la discrétion de l'émetteur. Les obligations et les débentures émises par les grandes sociétés se négocient publiquement.

Les obligations hypothécaires : Une hypothèque est un document juridique stipulant que les immobilisations corporelles de l'emprunteur, telles que terrains, bâtiments et matériel, garantissent le remboursement de sa dette et que le prêteur possède un droit de propriété totale ou partielle sur ces biens si l'emprunteur ne verse pas les intérêts ou ne rembourse pas le capital lorsque ceux-ci deviennent exigibles. L'obligation hypothécaire est très semblable à l'hypothèque résidentielle. Les deux servent à protéger le prêteur en cas de défaillance de la part de l'emprunteur. Une émission d'obligations hypothécaires permet à une société d'emprunter de l'argent auprès des nombreux particuliers qui les achètent. Au lieu de créer des documents liant chacun des acheteurs et la société émettrice, on confie l'hypothèque à une société de fiducie au nom de tous les acheteurs. Voilà le mécanisme par lequel se crée une obligation hypothécaire.

Les obligations hypothécaires de premier rang, les obligations hypothécaires de second rang et les obligations hypothécaires de rang inférieur : L'obligation hypothécaire de premier rang donne au créancier un droit prioritaire sur l'actif et le bénéfice d'une société. Elle peut être fermée ou ouverte. Dans le premier cas, l'émission d'autres obligations de premier rang est interdite ; dans le second, cette émission est permise à certaines conditions, en général quand la société acquiert de nouveaux éléments d'actif. Une obligation de second rang donne au créancier un droit sur l'actif et le bénéfice de la société après que les détenteurs d'obligations de premier rang ont obtenu satisfaction. Quant à l'obligation de rang inférieur, elle passe après les deux autres.

Les débentures et les billets de société : Les débentures et les billets de société sont des titres non garantis par des immobilisations corporelles ou d'autres biens. Elles se classent après toutes les obligations hypothécaires. L'investissement du propriétaire et les bénéfices non répartis de la société constituent leur seule garantie.

Les obligations et les débentures convertibles : Les obligations et les débentures convertibles peuvent être échangées contre des actions, à la discrétion du détenteur. Ces titres ont un taux d'intérêt fixe et une date d'échéance. Leur valeur peut aussi augmenter, car le détenteur a le droit de les convertir en actions ordinaires, à des prix spécifiés, pendant des périodes déterminées.

3.8.3   L'ÉVALUATION DES OBLIGATIONS

Certaines obligations peuvent être échangées sur le marché, tout comme les actions. L'acheteur d'obligations peut les conserver jusqu'à l'échéance ou pendant un certain nombre de périodes d'intérêt avant de les revendre. Il peut aussi les acquérir à des prix qui diffèrent de leur valeur nominale, selon le contexte économique. Par ailleurs, le cours des obligations fluctue avec le temps en raison de divers facteurs : le risque du défaut de paiement des intérêts ou de la valeur nominale à l'échéance, l'offre et la demande, les taux d'intérêt du marché de même que les perspectives économiques. Ces facteurs influent sur le **rendement** (ou **rendement du capital investi**). Le rendement représente les intérêts que l'obligation rapporte réellement au cours de la période où elle est détenue. Dans la prochaine section, nous expliquerons ces valeurs à l'aide de données numériques.

Le rendement à l'échéance

Le **rendement à l'échéance** d'une obligation correspond au taux d'intérêt qui permet d'établir l'équivalence entre toutes les rentrées futures relatives à l'intérêt ou à la valeur nominale et le cours du marché. Pour illustrer cette définition, supposons que vous avez acheté une obligation de 100 000 $ d'Hydro-Québec, le 26 janvier 1998. La valeur nominale est de 100 000 $, mais présumons qu'à cette date le cours du marché était de 108 888 $. Comme l'intérêt est versé semestriellement, le taux d'intérêt n'est que de 5,625 % par versement ; à l'échéance, le 25 septembre 2008, il y en aura eu 20. La figure 3.24 montre les flux monétaires consécutifs à l'investissement.

On trouve le rendement à l'échéance en déterminant le taux d'intérêt nécessaire pour que la valeur actualisée des rentrées soit égale à la valeur marchande de l'obligation :

$$108\ 888\ \$ = 5\ 625\ \$(P/A, i, 20) + 100\ 000\ \$(P/F, i, 20).$$

La valeur de i, selon laquelle la valeur actualisée des rentrées est égale à 108 888 $, se situe entre 4 et 5 %. En résolvant i par interpolation, on obtient $i = 4,92\ \%$.

VALEUR ACTUALISÉE DES RENTRÉES	i
107 789,88 $	5 %
108 888,00 $	?
122 085,44 $	4 %

$$i = 4\% + 1\% \left[\frac{122\,085{,}44\,\$ - 108\,888\,\$}{122\,085{,}44\,\$ - 107\,789{,}88\,\$} \right] = 4{,}92\%$$

Notez qu'il s'agit d'un rendement à l'échéance de 4,92 % par semestre. Le rendement nominal (annuel) est de 2 × 4,92 % = 9,84 %, se composant semestriellement. Par rapport au taux d'intérêt contractuel de $11\frac{1}{4}\%$ (ou 11,25 %), l'investisseur qui achèterait l'obligation à un prix supérieur à sa valeur nominale obtiendrait un rendement moins élevé. Le taux d'intérêt effectif annuel est donc

$$i_a = (1 + 0{,}0492)^2 - 1 = 10{,}08\%.$$

Figure 3.24
Flux monétaire type relatif à l'achat d'une obligation d'Hydro-Québec

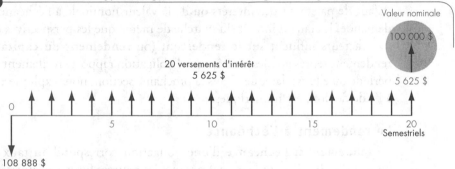

Ce taux de 10,08 % représente le **rendement à l'échéance effectif annuel** de l'obligation. Remarquez que lorsque celle-ci est achetée au pair, le rendement à l'échéance est exactement *le même* que le taux d'intérêt contractuel, à condition que ces deux valeurs soient exprimées par des taux effectifs se rapportant à une même durée.

Jusqu'ici, nous avons observé que la différence entre les taux d'intérêt nominal et effectif dépendait de la fréquence de la capitalisation. Dans le cas des obligations, il en est tout autrement : la différence vient de ce que la valeur stipulée (au pair) de l'obligation et le prix réel payé pour son acquisition ne sont pas les mêmes. L'intérêt nominal représente un pourcentage de la valeur nominale, mais quand on achète une obligation à prime, elle rapporte le même intérêt nominal pour un investissement initial plus important ; par conséquent, le revenu en intérêts effectif est moindre que celui correspondant au taux nominal stipulé.

Le rendement courant

Le **rendement courant** d'une obligation est le revenu en intérêts annuel exprimé en pourcentage du cours actuel du marché. Il permet de se faire une idée du rendement annuel de l'investissement. Dans le cas de l'obligation d'Hydro-Québec, on calcule le rendement courant comme suit :

$$5\,625\,\$/108\,888\,\$ \;=\; 5,17\,\% \text{ semestriellement}$$
$$2 \times 5,17\,\% \;=\; 10,34\,\% \text{ par année (rendement nominal courant)}$$
$$i_a \;=\; (1 + 0,0517)^2 - 1 = 10,61\,\%.$$

Ce rendement effectif courant est supérieur de 0,53 % au rendement à l'échéance calculé plus haut (10,08 %), car l'obligation est vendue à prime. Si l'obligation était vendue au-dessous du pair, le rendement courant serait inférieur au rendement à l'échéance. Il peut y avoir une importante différence entre ces rendements, car le cours de l'obligation peut être inférieur ou supérieur à sa valeur nominale. De plus, ils peuvent tous deux différer du taux d'intérêt contractuel de l'obligation.

Exemple 3.18 $

Les rendements d'une obligation

John Brewer achète au prix de 1 000 $ une nouvelle obligation de société. L'entreprise émettrice promet de verser tous les 6 mois au détenteur 45 $ d'intérêt sur les 1 000 $ correspondant à la valeur nominale (au pair) du titre et de rembourser ces 1 000 $ au bout de 10 ans. Deux ans plus tard, John vend l'obligation à Kimberly Crane au prix de 900 $.

a) Quel est le rendement de l'investissement de John ?

b) Si Kimberly conserve l'obligation pendant les 8 ans qui restent avant son échéance, quel est le rendement à l'échéance de son investissement ?

c) Quel était le rendement courant au moment où Kimberly a acheté l'obligation ?

Solution

- Soit : prix d'achat initial = valeur nominale = 1 000 $, taux d'intérêt contractuel = 9 % par année versé semestriellement, durée de 10 ans, vendue après 2 ans à 900 $

- Trouvez : a) le rendement obtenu par le propriétaire initial, b) le rendement obtenu par le second propriétaire, c) le rendement courant après 2 ans.

a) Comme John a reçu 45 $ tous les 6 mois pendant 2 ans, le diagramme du flux monétaire relatifs à cette situation pourrait être celui de la figure 3.25. Pour trouver le rendement de son investissement, John doit déterminer le taux d'intérêt qui rend sa dépense de 1 000 $ équivalente à la valeur actualisée des rentrées semestrielles et du prix de vente :

$$1\,000\,\$ = 45\,\$(P/A, i, 4) + 900\,\$(P/F, i, 4).$$

On essaie $i = 3\%$:

$$45\,\$(P/A, 3\%, 4) + 900\,\$(P/F, 3\%, 4) = 966,91\,\$.$$

La valeur actualisée des rentrées annuelles est trop faible. On doit essayer un taux d'intérêt plus bas, disons, $i = 2\%$:

$$45\$(P/A, 2\%, 4) + 900\$(P/F, 2\%, 4) = 1\,002,81\$.$$

Figure 3.25
Diagramme du flux monétaire relatif à l'investissement de John Brewer

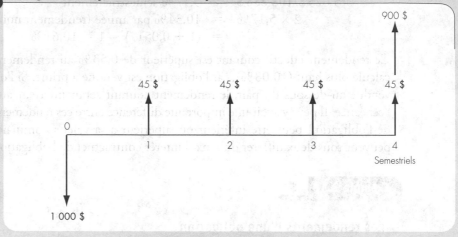

Figure 3.26
Investissement de Kimberly Crane

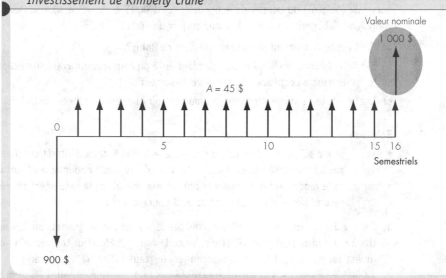

En procédant par interpolation, on arrive à un rendement de 2,08 % pendant 6 mois. Le rendement nominal annuel est donc $2 \times 2{,}08\,\% = 4{,}16\,\%$, en fonction d'une capitalisation semestrielle. (Le rendement effectif annuel est $(1{,}0208)^2 - 1 = 4{,}20\,\%$).

b) L'investissement de Kimberly est représenté par la figure 3.26.

$$900\,\$ = 45\,\$(P/A, i, 16) + 1\,000\,\$\,(P/F, i, 16)$$

On essaie $i = 5{,}4\,\%$:

$$45\,\$(P/A, 5{,}4\,\%, 16) + 1\,000\,\$(P/F, 5{,}4\,\%, 16) = 905{,}17\,\$.$$

On essaie $i = 5{,}5\,\%$:

$$45\,\$(P/A, 5{,}5\,\%, 16)$$
$$+ 1\,000\,\$(P/F, 5{,}5\,\%, 16) = 895{,}38\,\$$$

$$i = 5{,}4\,\% + (0{,}10\,\%)\left[\frac{905{,}17\,\$ - 900\,\$}{905{,}17\,\$ - 895{,}38\,\$}\right]$$

$$= 5{,}453\,\%.$$

Le rendement nominal annuel est $2 \times 5{,}453\,\% = 10{,}906\,\%$, et le rendement effectif annuel est $(1 + 0{,}05453)^2 - 1 = 11{,}20\,\%$. Ce taux est à comparer au taux contractuel de 9 %.

c) Le rendement courant au moment où Kimberly a acheté l'obligation est

$$45\,\$/900\,\$ = 5\,\% \text{ par semestre}$$
$$2 \times 5\,\% = 10\,\% \text{ par année}$$
$$i_a = (1 + 0{,}05)^2 - 1 = 10{,}25\,\%.$$

La valeur d'une obligation au fil du temps

Reprenons l'exemple de l'obligation d'Hydro-Québec présenté plus haut. Si le rendement nominal (annuel) à l'échéance se maintient à 9,84 %, quelle sera la valeur de l'obligation 1 an après son achat fait le 26 septembre 1998 ? On peut trouver cette valeur à l'aide de la méthode d'évaluation utilisée précédemment, sauf que maintenant la durée n'est plus que de 9 ans.

$$5\,625\,\$(P/A, 4{,}92\,\%, 18) + 100\,000\,\$(P/F, 4{,}92\,\%, 18) = 108\,292{,}91\,\$$$

La valeur de l'obligation a diminué, car il reste moins de versements d'intérêt à effectuer.

Supposons maintenant que le contexte économique entraîne une hausse des taux d'intérêt après l'émission des obligations, de sorte que, un an plus tard, le taux d'intérêt contractuel en vigueur atteigne 12 %. Les versements d'intérêt et la valeur à l'échéance demeureraient constants, mais on calculerait la valeur de l'obligation en fonction d'un taux de 12 %. À la fin de la première année, l'obligation vaudrait

$$5\,625\,\$(P/A, 6\,\%, 18) + 100\,000\,\$(P/F, 6\,\%, 18) = 95\,935{,}25\,\$.$$

Par conséquent, elle se vendrait à un prix inférieur à sa valeur nominale.

L'explication arithmétique de la baisse de valeur de l'obligation est claire, mais quelle est la logique qui la sous-tend? On peut faire le raisonnement suivant. Comme les taux d'intérêt du marché obligataire sont passés à 12 %, une personne ayant 100 000 $ à investir achèterait de nouvelles obligations plutôt que celles d'Hydro-Québec; en effet, les premières rapporteraient 12 000 $ d'intérêt chaque année au lieu de 11 250 $. Si cette personne désirait acquérir des obligations d'Hydro-Québec, elle voudrait le faire à un prix inférieur à leur valeur nominale, car elle en obtiendrait des versements d'intérêt moins élevés; il en serait de même de tous les investisseurs. Par conséquent, les obligations d'Hydro-Québec se vendraient 95 935,25 $, prix auquel elles assureraient à l'investisseur potentiel le même rendement à l'échéance que les nouvelles obligations, soit 12 %.

3.9 LES CALCULS PAR ORDINATEUR

Comme nous l'avons mentionné à la section 3.6.1, il peut s'avérer fastidieux d'établir un calendrier de remboursement. Or, la puissance d'un tableur électronique peut grandement faciliter cette tâche. Pour illustrer la façon de générer un calendrier de remboursement à l'aide d'Excel, nous utiliserons les données financières de l'exemple 3.14.

En prenant comme modèle la figure 3.27, organisez votre page d'écran Excel et spécifiez le montant du contrat (C3), la durée du contrat (C4) et le taux d'intérêt (C5). Excel calcule le versement mensuel (C6) et donne, pour chaque période, les montants de capital (colonne E) et d'intérêt (colonne F) qu'il comprend. Le fait de séparer les intérêts du versement périodique permet de générer le solde du prêt pour chaque période (colonne G).

Voici les fonctions de prêt fournies par Excel:

- **VPM** (*taux;npm;va;vc;type*) retourne le montant de chaque versement périodique pour une annuité, en fonction de versements et d'un taux d'intérêt constants;
- **INTPER** (*taux;pér;npm;va;vc;type*) retourne le versement d'intérêt relatif à un investissement pour une période donnée; et
- **PRINCPER** (*taux;pér;npm;va;vc;type*) retourne le versement de capital relatif à un investissement pour une période donnée, où

  taux représente le taux d'intérêt par période.

  pér spécifie la période et doit être compris entre 1 et *npm*.

  npm représente le nombre total de périodes de versement dans une annuité.

  va représente la valeur actualisée, ou le montant forfaitaire que vaut actuellement une série de versements futurs.

Figure 3.27
Calendrier de remboursement généré par le tableur Excel

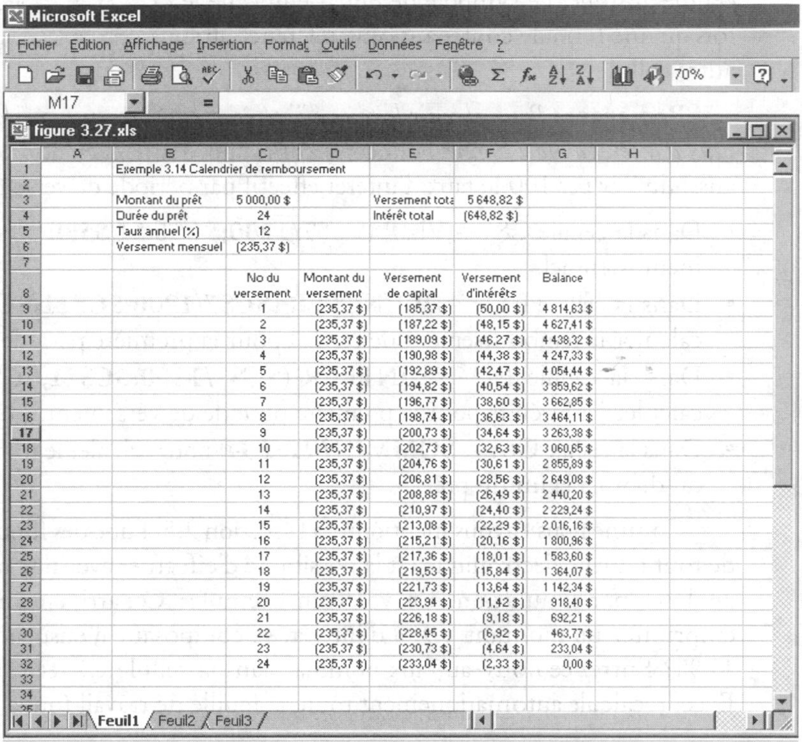

	A	B	C	D	E	F	G	H	I
1		Exemple 3.14 Calendrier de remboursement							
2									
3		Montant du prêt	5 000,00 $		Versement tota	5 648,82 $			
4		Durée du prêt	24		Intérêt total	(648,82 $)			
5		Taux annuel (%)	12						
6		Versement mensuel	(235,37 $)						
7									
8			No du versement	Montant du versement	Versement de capital	Versement d'intérêts	Balance		
9			1	(235,37 $)	(185,37 $)	(50,00 $)	4 814,63 $		
10			2	(235,37 $)	(187,22 $)	(48,15 $)	4 627,41 $		
11			3	(235,37 $)	(189,09 $)	(46,27 $)	4 438,32 $		
12			4	(235,37 $)	(190,98 $)	(44,38 $)	4 247,33 $		
13			5	(235,37 $)	(192,89 $)	(42,47 $)	4 054,44 $		
14			6	(235,37 $)	(194,82 $)	(40,54 $)	3 859,62 $		
15			7	(235,37 $)	(196,77 $)	(38,60 $)	3 662,85 $		
16			8	(235,37 $)	(198,74 $)	(36,63 $)	3 464,11 $		
17			9	(235,37 $)	(200,73 $)	(34,64 $)	3 263,38 $		
18			10	(235,37 $)	(202,73 $)	(32,63 $)	3 060,65 $		
19			11	(235,37 $)	(204,76 $)	(30,61 $)	2 855,89 $		
20			12	(235,37 $)	(206,81 $)	(28,56 $)	2 649,08 $		
21			13	(235,37 $)	(208,88 $)	(26,49 $)	2 440,20 $		
22			14	(235,37 $)	(210,97 $)	(24,40 $)	2 229,24 $		
23			15	(235,37 $)	(213,08 $)	(22,29 $)	2 016,16 $		
24			16	(235,37 $)	(215,21 $)	(20,16 $)	1 800,96 $		
25			17	(235,37 $)	(217,36 $)	(18,01 $)	1 583,60 $		
26			18	(235,37 $)	(219,53 $)	(15,84 $)	1 364,07 $		
27			19	(235,37 $)	(221,73 $)	(13,64 $)	1 142,34 $		
28			20	(235,37 $)	(223,94 $)	(11,42 $)	918,40 $		
29			21	(235,37 $)	(226,18 $)	(9,18 $)	692,21 $		
30			22	(235,37 $)	(228,45 $)	(6,92 $)	463,77 $		
31			23	(235,37 $)	(230,73 $)	(4.64 $)	233,04 $		
32			24	(235,37 $)	(233,04 $)	(2,33 $)	0,00 $		
33									
34									

vc représente la valeur capitalisée, ou un solde de caisse, à atteindre après le dernier versement. Si *vc* est omis, on présume qu'il est de 0 (la valeur capitalisée d'un prêt à l'échéance, par exemple, est de 0).

type indique quand les versements sont exigibles. S'ils le sont à la fin de la période, tapez 0 dans cette zone ou laissez-la vide. Si les versements sont exigibles au début de la période, tapez 1.

Avant d'afficher les formules et les valeurs utilisées à la figure 3.27, remarquez la différence entre C7 et $C$7. Cette dernière notation indique l'emplacement de la cellule absolue. Le symbole de dollar empêche le «C» et le «7» de changer chaque fois qu'une formule contenant cette référence absolue est déplacée ou copiée dans une autre cellule.

Remarque : *Pour obtenir le taux d'intérêt effectif mensuel, on doit diviser par 12 le taux d'intérêt annuel donné.* Pour convertir le taux d'intérêt en nombre décimal, on doit aussi diviser par 100 le taux d'intérêt effectif par période de versement. Par exemple :

- Dans la cellule C8 : = **VMP** (*$C$7/1200;$C$6;$C$5;0*) pour calculer le versement mensuel.
- Dans la cellule E11 : = **PRINCPER** (*$C$7/1200;$C$11;$C$6;$C$5;0*) pour calculer le remboursement de capital pour la première période de versement.
- Dans la cellule F11 : = **INTPER** (*$C$7/1200;$C$11;$C$6;$C$5;0*) pour calculer les intérêts pour la première période de versement.
- Dans la cellule G6 : = **SOMME** (*F11:F34*) pour calculer le total des intérêts payés du début à la fin du prêt.

Comme nous l'avons mentionné à la section 2.5, l'une des fonctions les plus utiles de tout tableur électronique est la possibilité d'effectuer avec une rapidité relative des analyses par simulation. En voici un exemple : Qu'arriverait-il si vous pouviez emprunter un montant à 9 % d'intérêt, se composant mensuellement, plutôt qu'à 12 % ? Entrez ce nouveau taux nominal dans la cellule C7, et vous constaterez que Excel recalcule automatiquement toute la feuille de travail (ou la met à jour).

En résumé

- La plupart du temps, le taux d'intérêt indiqué par les institutions financières est un **taux nominal**. Toutefois, il n'est pas rare que la capitalisation ait lieu plus d'une fois par année. Cette situation oblige à faire la distinction entre l'intérêt nominal et l'intérêt effectif :

1. le **taux d'intérêt nominal** correspond au taux d'intérêt applicable à une période donnée (en général, une année) ;

2. le **taux d'intérêt effectif annuel** correspond au taux d'intérêt réel, soit le total des intérêts accumulés pendant une année donnée. On établit la relation entre le **taux effectif annuel** et le taux nominal à l'aide de l'équation suivante :

$$i_a = (1 + r/M)^M - 1,$$

où r = taux nominal, M = nombre de périodes de capitalisation par année et i_a = taux d'intérêt effectif.

Dans tout problème d'équivalence, on utilise le taux d'intérêt effectif par période de versement :

$$i = \left(1 + \frac{r}{M}\right)^C - 1,$$

où C = nombre de périodes de capitalisation par période de versement. La figure 3.12 établit les relations possibles entre les périodes de capitalisation et les périodes de versement et indique la formule d'intérêt effectif qui convient.

- L'équation permettant de déterminer le taux d'intérêt effectif par période de versement en fonction d'une **capitalisation continue** est la suivante :

$$i = e^{r/K} - 1,$$

où K est le nombre de périodes de versement par année.

Les intérêts accumulés lorsque la capitalisation est continue et lorsqu'elle est très fréquente ($M > 50$) présentent une différence minime.

- Les flux monétaires, tout comme la capitalisation, peuvent être continus. Le tableau 3.2 présente les facteurs d'intérêt applicables aux flux monétaires continus avec capitalisation continue.

- Les taux d'intérêt nominaux (et donc effectifs) peuvent fluctuer entre le début et la fin d'une série de flux monétaires. Certaines formes de prêts hypothécaires résidentiels et le rendement des obligations en constituent des exemples courants.

- Un **prêt amorti** est remboursé par versements périodiques (hebdomadaires, mensuels, trimestriels ou annuels). Cette catégorie comprend, par exemple, les prêts-autos, les prêts destinés à l'achat de gros appareils, les prêts hypothécaires résidentiels et la plupart des dettes à moyen et à long terme des entreprises.

- Dans le cas des prêts amortis, on présente trois méthodes pour calculer le solde, les remboursements de capital et les versements d'intérêt. Ce sont : la méthode tabulaire, la méthode du solde impayé et la méthode du calcul de la valeur capitalisée équivalente.

- Le **prêt avec l'intérêt ajouté** est complètement différent du prêt amorti ordinaire. Dans le premier cas, on calcule d'avance le total des intérêts à payer et on les ajoute au capital. Pour trouver le versement périodique constant, on divise ensuite par le nombre total de périodes de versement le montant du capital auquel on a ajouté les intérêts précalculés.

- Un **prêt hypothécaire** consiste en un prêt amorti à long terme destiné surtout à l'acquisition d'un bien tel qu'une résidence. Parmi les termes étudiés, mentionnons : amortissement, durée de l'hypothèque, droits de remboursement par anticipation et transférabilité.

- Les **obligations** constituent une forme de prêt spécialisée selon laquelle le débiteur promet de verser un montant d'intérêt stipulé à des intervalles spécifiés, pendant une période définie, puis de rembourser le capital à une date donnée, appelée date d'échéance de l'obligation. Parmi les termes étudiés, mentionnons : débenture et obligation hypothécaire, valeur nominale (ou valeur au pair), date d'échéance, taux d'intérêt contractuel, obligation avec escompte d'émission et obligation avec prime d'émission, clause de remboursement anticipé, obligation au porteur et obligation nominative.

- Parmi les **obligations du gouvernement canadien**, on trouve les bons du Trésor, les obligations négociables, les obligations avec prime d'émission et les obligations d'épargne. Quant aux **obligations de société**, elles comprennent les obligations hypothécaires, les débentures et les billets, de même que les débentures et les billets convertibles.

- Le **rendement à l'échéance** d'une obligation correspond au taux d'intérêt permettant d'établir l'équivalence entre toutes les rentrées futures relatives à l'intérêt / à la valeur nominale et le prix d'achat de l'obligation. Son rendement courant correspond au revenu en intérêts annuel exprimé en pourcentage du cours actuel du marché.

PROBLÈMES

Niveau 1

$3.1* Vous venez de recevoir des formules de demande de carte de crédit de deux banques, A et B. Le calcul des intérêts sur tout solde impayé est formulé comme suit:

1) Banque A: 15%, se composant trimestriellement

2) Banque B: 14,8%, se composant quotidiennement.

Lequel des énoncés suivants est erroné?

a) Le taux d'intérêt effectif annuel de la banque A est de 15,865%.

b) Le taux d'intérêt nominal de la banque B est de 14,8%.

c) Les conditions de la banque B sont plus avantageuses, car les intérêts sur le solde impayé seront moins élevés.

d) Les conditions de la banque A sont plus avantageuses, car les intérêts sur le solde impayé seront moins élevés.

3.2* Quelle est la valeur future équivalente d'une série de versements trimestriels égaux de 2 500 $ effectués pendant 10 ans, si le taux d'intérêt est de 9%, se composant mensuellement?

$3.3* Une banque locale consent à Jean un prêt d'amélioration résidentielle de 10 000 $, dont le taux d'intérêt de 9%, se compose mensuellement. Il accepte de rembourser ce prêt en 60 versements mensuels égaux. Immédiatement après le 24e versement, Jean décide de rembourser d'un coup le reste du prêt. Quel sera le montant de ce remboursement?

$3.4* Vous voulez souscrire à un régime d'épargne en prévision de votre retraite. Vous examinez les deux options suivantes:

Option 1: Vous déposez 1 000 $ à la fin de chaque trimestre pendant les 10 premières années. Au bout de 10 ans, vous cessez d'effectuer des dépôts, et le montant accumulé demeure dans le régime durant les 15 années suivantes.

Option 2: Vous ne faites rien pendant les 10 premières années. Puis vous déposez 6 000 $ à la fin de chaque année, pendant 15 ans.

Si vos dépôts, ou investissements, rapportent des intérêts de 6%, se composant trimestriellement, et si vous préférez l'option 2 à l'option 1, lequel des énoncés suivants est juste? D'ici 25 ans, vous aurez accumulé

a) 7 067 $ de plus

b) 8 523 $ de plus

c) 14 757 $ de moins

d) 13 302 $ de moins.

$3.5* Virginie Wilson désire acheter une automobile de 18 000 $. Ses économies lui permettent d'effectuer un versement initial de 3 000 $. Le concessionnaire financera le reste du montant sur une période de 36 mois à un taux d'intérêt de 6,25%, se composant mensuellement. Lequel des énoncés suivants est juste?

a) Le taux nominal du concessionnaire est de 6,432 %.

b) On peut calculer le versement mensuel à l'aide de la formule $A =$ 15 000 $

   $(A/P, 6,25 \%, 3)/12$.

c) On peut calculer le versement mensuel à l'aide de la formule $A =$ 15 000 $

   $(A/P, 0,5208 \%, 36)$.

d) On peut calculer le versement mensuel à l'aide de la formule $A =$ 15 000 $

   $(A/P, 6,432 \%/12, 3)$.

3.6* Une série de versements semestriels égaux de 1 000 $, effectués pendant 3 ans, équivaut à quel montant actualisé, en fonction d'un taux d'intérêt de 12 %, se composant annuellement ?

3.7* À quel taux d'intérêt, se composant trimestriellement, un investissement doublera-t-il en 5 ans ?

3.8* Une série de dépôts trimestriels de 1 000 $ chacun s'échelonne sur 3 ans. Quelle est sa valeur future équivalente, en fonction d'un taux d'intérêt de 9 %, se composant mensuellement ?

$3.9* Une société pétrolière vous offre une carte de crédit dont l'intérêt de 1,8 % par mois se compose mensuellement. Quel est le taux d'intérêt effectif annuel exigé par cette société ?

3.10* Une série de rentrées trimestrielles de 1 000 $ chacune s'échelonne sur 5 ans. Quelle est sa valeur actualisée équivalente, en fonction d'un taux d'intérêt de 8 %, se composant continuellement ?

3.11* Vous envisagez l'achat d'un appareil industriel coûtant 30 000 $. Vous décidez d'effectuer un versement initial de 5 000 $ et d'emprunter le reste auprès d'une banque locale à un intérêt de 9 %, se composant mensuellement. Le prêt est remboursable en 36 versements mensuels. Quel est le montant de ces versements ?

3.12* Le prix de vente d'un bâtiment est de 100 000 $. Si on exige un versement initial de 30 000 $ et un versement de 1 000 $ chaque mois par la suite, au bout de combien de mois le bâtiment sera-t-il payé ? L'intérêt de 12 % se compose mensuellement.

$3.13* Vous contractez un emprunt de 20 000 $ destiné à l'achat d'une automobile. En fonction d'une capitalisation mensuelle s'échelonnant sur 24 mois, on calcule qu'un versement de 922,90 $ devra être effectué à la fin de chaque mois. Immédiatement après le 12e versement, vous décidez de rembourser d'un coup votre emprunt. À combien s'élèvera ce remboursement global ?

3.14* Pour réunir des fonds destinés à votre entreprise, vous devez contracter un emprunt de 20 000 $ auprès d'une banque locale. Si cette dernière vous demande de rembourser votre emprunt en 5 versements annuels de 5 548,19 $ chacun, déterminez le taux d'intérêt effectif annuel applicable à cette transaction.

3.15* En combien d'années un investissement doublera-t-il si le taux d'intérêt de 9 % se compose trimestriellement ?

$3.16* Examinez l'annonce suivante publiée par une banque dans un journal local : « Un certificat de placement garanti (CPG) de la Banque de Montréal offre un rendement garanti (rendement effectif annuel) de 8,87 % . » S'il y a 365 périodes de capitalisation par année, quel est le taux d'intérêt nominal de ce CGP ?

$3.17* Vous empruntez 1 000 $ à 8 % d'intérêt se composant annuellement. Le remboursement est effectué selon le calendrier suivant.

n	MONTANT DU REMBOURSEMENT
1	100 $
2	300 $
3	500 $
4	X

Trouvez X, soit le montant nécessaire pour rembourser l'emprunt à la fin de la 4e année.

$3.18 Supposons que vous déposez C $ à la fin de chaque mois pendant 10 ans à un taux d'intérêt de 12 %, se composant continuellement. Selon la même fréquence de capitalisation, quel montant égal devrez-vous déposer à la fin de chaque année, sur une période de 10 ans, pour accumuler le même montant ?

a) $A = [12C\$(F/A, 12,75\%, 10)] \times (A/F, 12,75\%, 10)$

b) $A = C\$(F/A, 1,005\%, 12)$

c) $A = [C\$(F/A, 1\%, 120)] \times (A/F, 12\%, 10)$

d) $A = C\$(F/A, 1,005\%, 120) \times (A/F, 12,68\%, 10)$

e) Aucune de ces réponses.

3.19 Une société de prêt offre de l'argent à 1,8 % d'intérêt mensuel, se composant mensuellement.

a) Quel est le taux d'intérêt nominal ?

b) Quel est le taux d'intérêt effectif annuel ?

c) Si l'intérêt se compose mensuellement, dans combien d'années l'investissement triplera-t-il ?

d) Si l'intérêt nominal se compose continuellement, dans combien d'années l'investissement triplera-t-il ?

$3.20* Un grand magasin vous offre une carte de crédit dont l'intérêt mensuel de 1,25 % se compose mensuellement. Quel est le taux d'intérêt nominal de cette carte de crédit ?

$3.21 La Banque Toronto Dominion publie l'annonce suivante : Taux d'intérêt de 7,55 % — rendement effectif annuel de 7,842 %. Elle n'indique pas la fréquence de capitalisation utilisée. Pouvez-vous la trouver ?

Niveau 2

$3.22* Une institution financière consent à vous prêter 40 $. Toutefois, vous rembourserez 45 $ au bout d'une semaine.

a) Quel est le taux d'intérêt nominal?

b) Quel est le taux d'intérêt effectif annuel?

$3.23 La société financière Aigle Noir, qui prête de petits montants aux étudiants, offre un prêt de 400 $. L'emprunteur doit verser 26,61 $ à la fin de chaque semaine, pendant 16 semaines. Trouvez le taux d'intérêt hebdomadaire. Quel est le taux d'intérêt nominal annuel? Quel est le taux d'intérêt effectif annuel?

$3.24* La société Cadillac annonce la location d'une Cadillac Deville. Elle offre un crédit-bail de 24 mois nécessitant un versement de 470 $ à la fin de chaque mois; le contrat exige un versement initial de 2 200 $, plus un dépôt de garantie remboursable de 500 $. La société propose aussi un crédit-bail de 24 mois comportant un versement initial de 11 970 $, plus un dépôt de garantie remboursable de 500 $. Dans les deux cas, le dépôt de garantie sera rendu à l'expiration du contrat. Si l'intérêt de 6 % se compose mensuellement, quel est le crédit-bail le plus avantageux?

$3.25 Consommateur représentatif de la classe moyenne, vous remboursez par versements mensuels votre emprunt hypothécaire résidentiel (taux d'intérêt annuel de 9 %), votre emprunt-auto (12 %), votre emprunt d'amélioration résidentielle (14 %), de même que des comptes d'achats à crédit en souffrance (18 %). Vous venez tout juste de toucher une augmentation de salaire mensuelle de 100 $, quand un sympathique courtier en fonds commun de placement tente de vous vendre un placement offrant un rendement garanti de 10 % par année. Si votre seule autre possibilité de placement est un compte d'épargne, devez-vous accepter?

3.26 Quel sera le montant accumulé grâce à chacun des investissements suivants?

a) 2 455 $, placés à 6 % d'intérêt, se composant semestriellement, au bout de 10 ans,

b) 5 500 $, placés à 8 % d'intérêt, se composant trimestriellement, au bout de 15 ans,

c) 21 000 $, placés à 9 % d'intérêt, se composant mensuellement, au bout de 7 ans.

3.27 Dans combien d'années un investissement triplera-t-il si son taux d'intérêt de 9 % se compose

a) trimestriellement,

b) mensuellement,

c) continuellement?

3.28* Une série de versements trimestriels de 4 000 $ chacun, effectués pendant 12 ans, équivaut à quel montant actualisé, en fonction d'un intérêt de 9 %, se composant comme suit:

a) trimestriellement,

b) mensuellement,

c) continuellement?

3.29 Quelle est la valeur future équivalente d'une série de versements égaux de 5 000 $, effectués une fois par année pendant 5 ans, si le taux d'intérêt de 6 % se compose continuellement ?

$3.30 Un montant de 500 $ sera déposé dans un compte bancaire à la fin de chaque trimestre pendant les 20 prochaines années. Quelle est la valeur capitalisée des dépôts au bout de 20 ans, en fonction d'un intérêt de 8 %, se composant comme suit :

a) trimestriellement,

b) mensuellement,

c) continuellement ?

3.31 Une série de dépôts trimestriels de 1 000 $ chacun s'échelonne sur 3 ans. On veut calculer sa valeur capitalisée, en fonction d'un intérêt de 12 %, se composant mensuellement. Parmi les équations suivantes, laquelle est la bonne ?

a) $F = 4(1\ 000\ \$)(F/A,\ 12\ \%,\ 3)$,

b) $F = 1\ 000\ \$(F/A,\ 3\ \%,\ 12)$,

c) $F = 1\ 000\ \$(F/A,\ 1\ \%,\ 12)$,

d) $F = 1\ 000\ \$(F/A,\ 3,03\ \%,\ 12)$.

3.32* À un taux d'intérêt de 7,25 %, se composant continuellement, quel est le montant du versement trimestriel nécessaire pour rembourser un prêt de 10 000 $ en 4 ans ?

3.33 Quelle est la valeur capitalisée d'une série de versements mensuels de 2 000 $ chacun, s'échelonnant sur 6 ans, en fonction d'un intérêt de 12 % se composant comme suit :

a) trimestriellement,

b) mensuellement,

c) continuellement ?

3.34 Quel est le montant du versement trimestriel nécessaire pour rembourser un prêt de 50 000 $ en 5 ans, si l'intérêt de 8 % se compose continuellement ?

3.35* Une série de versements trimestriels égaux de 500 $ chacun s'échelonne sur 5 ans. Quelle est la valeur actualisée de cette série de versements trimestriels, en fonction d'un intérêt de 9,75 %, se composant continuellement ?

$3.36 Supposons que, pendant 5 ans, vous effectuez un dépôt de 1 000 $ à la fin de chaque trimestre, à un taux d'intérêt de 8 %, se composant continuellement. Selon la même fréquence de capitalisation, quel montant égal devrez-vous déposer à la fin de chaque année pour accumuler la même somme au bout de 5 ans ? Choisissez l'une des réponses suivantes :

a) $A = [1\ 000\ \$(F/A,\ 2\ \%,\ 20)] \times (A/F,\ 8\ \%,\ 5)$,

b) $A = 1\ 000\ \$(F/A,\ e^{0,02} - 1,\ 4)$,

c) $A = 1\ 000\ \$(F/A,\ e^{0,02} - 1,\ 20) \times (A/F,\ e^{0,08} - 1,\ 5)$

d) Aucune de ces réponses.

3.37 Au bout de 10 ans, à quelle somme forfaitaire équivaudra une série de versements trimestriels égaux de 3 000 $ s'échelonnant sur 15 ans, si l'intérêt de 8 % se compose continuellement ?

3.38* Quelle est la valeur capitalisée des séries de versements suivantes ?

a) 1 500 $ à la fin de chaque semestre, pendant 10 ans, à 6 % d'intérêt, se composant semestriellement,

b) 2 500 $ à la fin de chaque trimestre, pendant 6 ans, à 8 % d'intérêt, se composant trimestriellement,

c) 3 000 $ à la fin de chaque mois, pendant 14 ans, à 9 % d'intérêt, se composant mensuellement.

3.39 À combien s'élèvent les séries de versements égaux nécessaires pour accumuler les montants suivants dans un fonds d'amortissement ?

a) 12 000 $ en 10 ans à 6 % d'intérêt, se composant semestriellement, quand les versements sont semestriels,

b) 7 000 $ en 15 ans à 9 % d'intérêt, se composant trimestriellement, quand les versements sont trimestriels,

c) 34 000 $ en 5 ans à 7,55 % d'intérêt, se composant mensuellement, quand les versements sont mensuels.

\$3.40* Jacques Hébert achète une voiture de 24 000 $, qu'il doit payer en 48 versements mensuels de 583,66 $ chacun. Quel est le taux d'intérêt effectif relatif à cette entente de financement ?

\$3.41 On accorde un prêt-auto de 12 000 $. Compte tenu d'une capitalisation mensuelle s'échelonnant sur 30 mois, le contrat stipule qu'un versement de 465,25 $ devra être effectué à la fin de chaque mois. Quel est le taux d'intérêt nominal exigé ?

\$3.42 Vous achetez une voiture d'occasion de 9 000 $, que vous devrez payer en 36 versements mensuels de 288,72 $. Quel est le taux d'intérêt nominal qui s'applique à cette entente de financement ?

\$3.43 Supposons qu'un couple de jeunes mariés projette d'acheter une maison d'ici 2 ans. Afin de réunir le versement initial nécessaire au moment de l'achat d'une maison de 220 000 $ (présumons que le versement initial représente 10 % du prix de vente, soit 22 000 $), ils décident de mettre de côté une partie de leurs salaires à la fin de chaque mois. Si leurs économies leur rapportent un intérêt de 6 % (se composant mensuellement), déterminez le montant égal que ce couple doit déposer chaque mois pour être en mesure d'acheter la maison au bout de 2 ans.

3.44 Quelle est la valeur actualisée des séries de versements suivantes ?

a) 300 $ à la fin de chaque semestre, pendant 10 ans, à 8 % d'intérêt, se composant semestriellement,

b) 1 500 $ à la fin de chaque trimestre pendant 5 ans, à 8 % d'intérêt, se composant trimestriellement,

c) 2 500 $ à la fin de chaque mois pendant 8 ans, à 9 % d'intérêt, se composant mensuellement.

$3.45* À combien doivent s'élever les dépôts trimestriels, A, qui permettront de retirer les montants indiqués dans le diagramme des flux monétaires, si l'intérêt de 8 % se compose trimestriellement ?

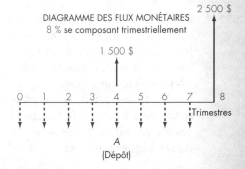

DIAGRAMME DES FLUX MONÉTAIRES
8 % se composant trimestriellement

2 500 $

1 500 $

0   1   2   3   4   5   6   7   8
                                Trimestres

A
(Dépôt)

$3.46 Georgi Rostov dépose 3 000 $ dans un compte d'épargne qui rapporte un intérêt de 6%, se composant mensuellement. Trois ans plus tard, il dépose 3 500 $. Deux ans après le dépôt de 3 500 $, il en effectue un autre de 2 500 $. Quatre ans après le dépôt de 2 500 $, la moitié de l'argent accumulé est viré dans un fonds qui rapporte 8 % d'intérêt, se composant trimestriellement. Combien d'argent y aura-t-il dans chaque compte 6 ans après le virement ?

$3.47* Un homme projette de prendre sa retraite dans 25 ans. D'ici là, il décide de déposer tous les 3 mois un montant fixe, de sorte que, un an après le début de sa retraite, il commence à recevoir des versements annuels de 45 000 $ qui s'échelonneront sur les 10 années suivantes. Combien doit-il déposer, si le taux d'intérêt de 8 % se compose trimestriellement ?

3.48 Le prix de vente d'un bâtiment s'élève à 125 000 $. Si on effectue un versement initial de 25 000 $ suivi de versements mensuels de 1 000 $, en combien de mois paiera-t-on le bâtiment ? L'intérêt de 9 % se compose mensuellement.

3.49 On vous accorde un prêt-auto de 20,000 $. Compte tenu d'une capitalisation mensuelle s'échelonnant sur 60 mois, on calcule qu'un versement de 422,48 $ devra être effectué à la fin de chaque mois. Quel est le taux nominal de ce prêt ?

$3.50 *L'Économique de l'ingénieur* (un journal professionnel) offre trois types d'abonnement payables d'avance : 1 an à 20 $, 2 ans à 38 $ et 3 ans à 56 $. Si l'argent rapporte un intérêt de 6%, se composant mensuellement, quel abonnement devez-vous choisir ? (Présumons que vous projetez d'être abonné au journal pendant les 3 prochaines années).

$3.51 Un couple projette de financer les études universitaires de son fils de 3 ans. Il peut placer l'argent à un taux d'intérêt de 6 %, se composant trimestriellement. Pour obtenir 50 000 $ chaque année entre les 18e et 21e anniversaires de l'enfant, quel montant le couple doit-il déposer chaque trimestre, entre ses 3e et 18e anniversaires ? (Il est à noter que la date du dernier dépôt coïncide avec celle du premier retrait).

$3.52 Sam Salvetti désire prendre sa retraite dans 15 ans. Il peut placer de l'argent à un taux d'intérêt de 8 %, se composant trimestriellement. Quel est le montant du dépôt qu'il doit effectuer à la fin de chaque trimestre, jusqu'au moment de sa retraite, pour pouvoir retirer 25 000 $ tous les 6 mois pendant les 5 premières années de sa retraite ? Présumez que son premier retrait aura lieu 6 mois après le début de sa retraite.

$3.53 Émilie Lacy reçoit 250 000 $ d'une compagnie d'assurances après le décès de son mari. Elle veut déposer ce montant dans un compte d'épargne rapportant un intérêt de 6 %, se composant mensuellement, puis effectuer 60 retraits mensuels égaux s'échelonnant sur 5 ans, de sorte que, au moment du dernier retrait, le solde du compte d'épargne soit de zéro. Combien peut-elle retirer chaque mois ?

3.54* Anita Tardif, propriétaire d'une agence de voyage, achète une vieille maison où elle veut aménager les bureaux de son entreprise. Elle découvre que le plafond est mal isolé et que l'installation de 15 cm de mousse isolante pourrait atténuer substantiellement les pertes de chaleur. Elle estime que l'isolation lui permettra de réduire les frais de chauffage de 40 $ par mois et les frais de climatisation, de 25 $ par mois. Si on tient pour acquis que l'été dure 3 mois (juin, juillet et août) et l'hiver, 3 mois aussi (décembre, janvier et février), combien peut-elle consacrer à l'isolation si elle s'attend à conserver la maison pendant 3 ans ? Présumez que ni le chauffage ni la climatisation ne sont utilisés au cours de l'automne et du printemps. Si elle décide de faire poser l'isolation, les travaux seront exécutés à la fin du mois de mai. On offre à Anita un taux d'intérêt de 9 %, se composant mensuellement.

3.55* Une nouvelle usine de produits chimiques en construction devrait être en pleine activité d'ici 1 an. À partir de ce moment, elle produira 55 000 $ de rentrées par jour tout au long de sa vie utile de 12 ans. Déterminez la valeur actualisée des futurs flux monétaires générés par l'usine, au début de son exploitation, en supposant

a) qu'un intérêt de 12 %, se composant quotidiennement, s'applique aux flux quotidiens,

b) qu'un intérêt de 12 %, se composant continuellement, s'applique à la série de flux quotidiens qu'on rapproche d'une fonction de flux monétaire uniforme continu.

Comparez aussi la différence entre a) la capitalisation discrète (quotidienne) et b) la capitalisation continue dont il vient d'être question.

3.56 On prévoit que le bénéfice d'un projet, qui atteint 500 000 $ au moment 0, diminuera à un rythme constant pour atteindre 40 000 $ au bout de 3 ans. Si l'intérêt se compose continuellement à un taux nominal de 11 %, déterminez la valeur actualisée de ce flux monétaire continu.

3.57 Dans 2 ans à compter d'aujourd'hui, une somme de 100 000 $ sera reçue uniformément pendant 5 ans. Quelle est la valeur actualisée de ce flux monétaire différé si l'intérêt se compose continuellement à un taux nominal de 9 % ?

3.58* Voici un diagramme de flux monétaires qui représente trois taux d'intérêt différents couvrant une période de 5 ans.

a) Calculez la valeur actualisée du montant P.

b) Calculez le versement unique équivalent à F à $n = 5$.

c) Calculez le flux monétaire d'une série de versements égaux A s'échelonnant entre $n = 1$ et $n = 5$.

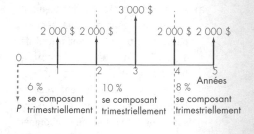

3.59 Le diagramme des flux monétaires suivant présente des transactions dont le taux d'intérêt est variable.

a) Trouvez la valeur actualisée. (En d'autres termes, combien doit-on déposer maintenant pour pouvoir retirer 300 $ à la fin de la première année, 300 $ à la fin de la deuxième année, 500 $ à la fin de la troisième année et 500 $ à la fin de la quatrième année ?)

b) Quel est le taux d'intérêt effectif unique applicable aux 4 années ?

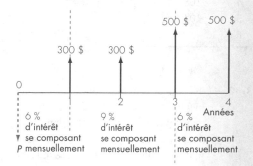

3.60* Calculez la valeur capitalisée des flux monétaires dont les différents taux d'intérêt sont indiqués.

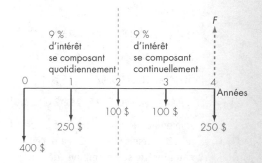

3.61 Un prêt-auto de 15 000 $, dont l'intérêt nominal de 9 % se compose mensuellement pendant 48 mois nécessite un versement de 373,28 $ à la fin de chaque mois. Remplissez le tableau des six premiers versements en calculant les valeurs comme une banque le ferait :

FIN DU MOIS (n)	VERSEMENT D'INTÉRÊT	REMBOUR-SEMENT DU CAPITAL	SOLDE IMPAYÉ DU PRÊT
1			14 739,22 $
2			
3		264,70 $	
4	106,59 $		
5	104,59 $		
6			13 405,71 $

$3.62 M. Simard achète une automobile neuve de 12 500 $. Il fait un versement initial de 2 500 $ et emprunte le reste auprès d'une banque, à un taux d'intérêt de 9 %, se composant mensuellement. Il remboursera cet emprunt par des versements mensuels s'échelonnant sur 2 ans. Pour chacune des questions suivantes, choisissez la bonne réponse.

a) Quel est le montant du versement mensuel (A) ?

i) $A = 10\ 000\ $(A/P, 0,75 %, 24)$,

ii) $A = 10\ 000\ $(A/P, 9 %, 2)/12$,

iii) $A = 10\ 000\ $(A/F, 0,75 %, 24)$,

iv) $A = 12\ 500\ $(A/F, 9 %, 2)/12$?

b) Immédiatement après avoir effectué le 12e versement, M. Simard veut calculer le solde impayé de son emprunt. À combien s'élève-t-il ?

i) $B_{12} = 12A$,

ii) $B_{12} = A\ (P/A, 9 %, 1)/12$,

iii) $B_{12} = A\ (P/A, 0,75 %, 12)$,

iv) $B_{12} = 10\ 000\ $ - 12A$?

$3.63 Talhi Hafid envisage l'achat d'une automobile d'occasion, dont le prix, avec le titre de propriété et les taxes, s'élève à 8 260 $. Talhi peut se permettre un versement initial de 2 260 $. Sa banque lui prêtera le reste, soit 6 000 $, à un taux d'intérêt de 9,25 %, se composant quotidiennement. Le prêt sera remboursé en 48 versements mensuels égaux. Calculez le montant de ces versements. Quel est le total des intérêts à payer du début à la fin du prêt ?

$3.64* Supposons que vous voulez acquérir une nouvelle voiture valant 18 000 $. On vous offre d'effectuer un versement initial de 1 800 $ tout de suite et de payer le reste en versant, à la fin de chaque mois, pendant 48 mois, un montant de 421,85 $. Examinez les situations suivantes :

a) Au lieu d'accepter le financement du concessionnaire, vous décidez d'effectuer un versement initial de 1 800 $ et d'obtenir un emprunt bancaire dont l'intérêt de 11,75 % se compose mensuellement. À combien s'élèverait le versement mensuel vous permettant de rembourser votre emprunt en 4 ans ?

b) Si vous acceptiez l'offre de financement du concessionnaire, quel serait le taux d'intérêt effectif mensuel exigé ?

$3.65 Simon Lagacé contracte un emprunt bancaire de 12 000 $, à un taux d'intérêt de 12 %, se composant mensuellement. Cet emprunt est remboursable en 36 versements mensuels égaux s'échelonnant sur 3 ans. Immédiatement après son 20ᵉ versement, Simon veut rembourser d'un coup le reste de l'emprunt. Calculez le montant qu'il doit verser.

$3.66 David Champagne s'adresse à une banque pour financer l'achat d'une petite embarcation de pêche. Selon l'entente conclue, il peut différer le remboursement (y compris l'intérêt) pendant 6 mois, puis effectuer, à la fin de chaque mois, 36 versements égaux. À l'origine, l'emprunt s'élève à 4 800 $, avec un taux d'intérêt de 12 %, se composant mensuellement. Après le 16ᵉ versement mensuel, David, qui éprouve des difficultés financières, sollicite l'aide d'une société de prêts pour réduire ses versements mensuels. Heureusement, celle-ci lui offre de rembourser en bloc ses dettes, à condition qu'il lui verse 104 $ par mois pendant 36 mois. Quel est le taux d'intérêt mensuel exigé par la société de prêts pour cette transaction ?

$3.67* Vous achetez une maison de 175 000 $ et effectuez un versement initial de 30 000 $. Pour payer le reste, vous contractez un emprunt hypothécaire, dont l'intérêt de 8,5 % se compose semestriellement. À combien s'élèvera le versement mensuel vous permettant de rembourser votre emprunt en 15 ans ?

$3.68 On accorde un prêt hypothécaire résidentiel de 230 000 $ d'une durée de 20 ans, dont le taux nominal de 9 % se compose semestriellement. Calculez le total des versements de capital et d'intérêt effectués pendant les 5 premières années. Présumez que les versements sont mensuels.

$3.69 Un prêteur exige que les versements mensuels relatifs à un prêt hypothécaire d'une durée maximale de 30 ans ne dépassent pas 25 % du revenu mensuel brut. Si votre versement initial n'est que de 15 %, quel est le revenu mensuel minimal nécessaire pour acheter une maison de 200 000 $, si le taux d'intérêt est de 9 %, se composant semestriellement ?

$3.70 Vous achetez une maison de 150 000 $ et contractez un emprunt hypothécaire de 120 000 $, dont le taux nominal est de 9 %. Cinq ans plus tard, vous vendez la maison 185 000 $ (déduction faite de tous les frais de vente). Quelle est la valeur nette (le montant qui vous revient avant toute taxe ou impôt) réalisée en fonction d'un amortissement de 30 ans ? Présumez que la capitalisation est semestrielle et que les versements sont mensuels.

$3.71 Juste avant son 15ᵉ versement

- la famille *A* doit encore 80 000 $ sur un emprunt hypothécaire dont l'intérêt nominal est de 9 % et l'amortissement de 30 ans ;

- la famille *B* doit encore 80 000 $ sur un emprunt hypothécaire dont l'intérêt nominal est de 9 % et l'amortissement, de 15 ans ; et

- la famille *C* doit encore 80 000 $ sur un emprunt hypothécaire dont l'intérêt nominal est de 9 % et l'amortissement de 20 ans.

Quel est le montant des intérêts payés par chacune des familles lors de son 15e versement ?

3.72 Aux États-Unis, dans le domaine des prêts hypothécaires résidentiels, les prêteurs ont l'habitude d'imposer des points aux emprunteurs pour éviter de dépasser la limite légale des taux d'intérêt ou pour faire face à la concurrence. Ainsi, dans le cas d'un prêt de 2 points, le prêteur ne verse que 98 $ pour chaque tranche de 100 $. L'emprunteur, qui n'obtient que 98 $, doit cependant effectuer ses versements tout comme s'il avait reçu 100 $. Supposons qu'on vous accorde un prêt de 130 000 $ remboursable à la fin de chaque mois pendant 30 ans, dont le taux d'intérêt de 9 % se compose mensuellement (et non semestriellement comme au Canada), mais qu'on vous impose 3 points. Quel est le taux d'intérêt effectif annuel de ce prêt hypothécaire résidentiel ?

3.73 Un restaurateur songe à acquérir un terrain adjacent à son commerce afin d'offrir une plus grande aire de stationnement à ses clients. Il doit emprunter 35 000 $ pour se procurer le terrain. Il conclut avec une banque locale une entente selon laquelle il s'engage à rembourser le prêt en 5 ans, aux conditions

suivantes : 15 %, 20 %, 25 %, 30 % et 35 % du montant initial du prêt à la fin des première, deuxième, troisième, quatrième et cinquième années, respectivement.

a) Quel est le taux d'intérêt effectif annuel imposé par la banque relativement à cette transaction ?

b) À combien s'élèverait le total des intérêts payés par le restaurateur au cours de cette période de 5 ans ?

$3.74* Don Harrison, qui a l'intention de prendre sa retraite dans 25 ans, gagne actuellement un salaire de 40 000 $ par année. Il s'attend à ce que son salaire annuel augmente de 2 500 $ par année (40 000 $ la première année, 42 500 $ la deuxième année, 45 000 $ la troisième année, et ainsi de suite) et projette de déposer annuellement 5 % de son salaire annuel dans une caisse de retraite rapportant un intérêt de 7 % se composant quotidiennement. Combien aura-t-il accumulé au moment de sa retraite ?

$3.75* Catherine Munger désire acheter des meubles valant 3 000 $. Elle se propose d'obtenir un financement de 2 ans pour son achat. Le magasin de meubles lui indique que le taux d'intérêt n'est que de 1 % par mois et calcule comme suit le montant de son versement mensuel :

- Durée des versements = 24 mois

- Intérêt = 24(0,01)(3 000 $) = 720 $

- Frais de constitution du dossier de financement = 25 $

- Montant total dû = 3 000 $ + 720 $ + 25 $ = 3 745 $

- Versement mensuel = 3 745 $/24 = 156,04 $ par mois

a) Quel est le taux d'intérêt effectif annuel, i_a, du prêt contracté par Catherine ? Quel en est le taux d'intérêt nominal, en fonction d'une capitalisation mensuelle ?

b) Catherine achète les meubles et effectue 12 versements mensuels. Elle veut ensuite rembourser en bloc le solde du prêt (au bout de 12 mois). Combien doit-elle au magasin de meubles ?

$3.76 Vous vous apprêtez à acheter à crédit un meuble de 5 000 $ dans un magasin de votre quartier. On vous informe que votre versement mensuel s'élèvera à 146,35 $, à un taux d'intérêt de 10 % ajouté au montant prêté, pendant 48 mois. Après avoir effectué 15 versements, vous décidez de rembourser le solde du prêt. Calculez ce solde, comme s'il s'agissait d'un prêt amorti ordinaire.

$3.77* Paule Hébert achète une nouvelle voiture de 18 400 $. Le concessionnaire lui offre, par l'intermédiaire d'une banque locale, un financement dont le taux d'intérêt de 13,5 % se compose mensuellement ; il exige un versement initial de 10 % et 48 versements mensuels égaux. Comme le taux d'intérêt est assez élevé, elle s'informe de ses possibilités de financement auprès d'une coopérative de crédit. Le responsable des prêts lui offre 10,5 % d'intérêt nominal dans le cas d'une voiture neuve

et 12,25 % dans le cas d'une voiture d'occasion. Mais pour profiter de ces conditions, il faut être membre de la coopérative depuis 6 mois. Comme elle n'est membre que depuis 2 mois, elle doit attendre 4 mois avant de faire sa demande d'emprunt. Elle décide donc d'accepter le financement du concessionnaire et, 4 mois plus tard, s'adresse de nouveau à la coopérative de crédit pour financer le solde de son emprunt sur 44 mois, à un taux d'intérêt de 12,25 %.

a) Calculez le montant mensuel qu'elle doit verser au concessionnaire.

b) Calculez le montant mensuel qu'elle doit verser à la coopérative de crédit.

c) Quel est le total des intérêts pour chacune des transactions ?

$3.78 Une maison se vend 85 000 $, et vous pouvez consacrer 17 000 $ au versement initial. Vous étudiez les deux options de financement suivantes :

Option 1: Obtenir un nouvel emprunt, avec un taux d'intérêt nominal de 10 % et un amortissement de 30 ans.

Option 2: Assumer l'emprunt du vendeur. Taux d'intérêt : 8,5 % ; nombre d'années qui restent avant l'extinction de la dette : 25 (à l'origine, l'amortissement était de 30 ans) ; solde impayé : 35 394 $; versements : 281,51 $ par mois. Pour financer le solde impayé (32 606 $), vous pouvez obtenir de la banque un second emprunt hypothécaire à 12 % d'intérêt nominal, avec une période d'amortissement de 10 ans.

a) En combinant les deux emprunts de l'option 2, quel taux d'intérêt effectif obtient-on?

b) Pour chaque option, calculez les versements mensuels en fonction de la durée de l'amortissement.

c) Pour chaque option, calculez le total des intérêts à payer.

d) Quel taux d'intérêt doit-on imposer au propriétaire pour que les deux options de financement soient équivalentes?

3.79* Un prêt de 10 000 $ s'étend sur une période de 24 mois. Le prêteur offre des taux d'intérêt nominaux, se composant mensuellement, de 8 % pour les 12 premiers mois, et de 9 % pour tout solde impayé après 12 mois. Selon ces taux, calculez le montant du versement qu'il faudrait effectuer à la fin de chaque mois pendant 24 mois pour rembourser le capital et les intérêts.

$3.80 Robert Carreau obtient un emprunt à court terme de la Banque Toronto Dominion. Cet emprunt d'une durée de 5 ans s'élève à 12 000 $, et son taux d'intérêt de 12 % se compose mensuellement. Il effectue ses versements mensuels conformément au calendrier de remboursement établi par la banque. Puis il apprend qu'une entreprise financière offrant ses services sur Internet propose des prêts à des taux d'intérêt de seulement 7 %, se composant mensuellement. Si, tout de suite après son 14e versement mensuel, Robert décide de faire affaire avec cette entreprise, combien doit-il lui emprunter? S'il verse à cette dernière le même

montant mensuel qu'à la Banque TD, en combien de temps remboursera-t-il son emprunt?

$3.81 Si vous contractez un emprunt de 120 000 $ avec un amortissement de 30 ans et un taux d'intérêt variable de 9 % se composant mensuellement et susceptible de changer tous les 5 ans,

a) au début, quel sera le versement mensuel?

b) si, au bout de 5 ans, le prêteur porte le taux d'intérêt nominal à 9,75 %, à combien s'élèvera votre nouveau versement mensuel?

$3.82 Le 1er janvier 1991, la société Jimmy émet une nouvelle série d'obligations qui se vendent au pair (1 000 $). Elles ont un taux d'intérêt contractuel de 12 % et arrivent à échéance dans 30 ans, soit le 31 décembre 2020. Les versements d'intérêt nominal sont effectués semestriellement (le 30 juin et le 31 décembre). Un investisseur s'intéresse à ces obligations.

a) Quel aurait été le rendement à l'échéance de ces obligations si l'investisseur les avait achetées le 1er janvier 1991?

b) Supposons que les taux d'intérêt tombent à 9 % le 1er janvier 1998. Le taux d'intérêt contractuel de nouvelles obligations comparables à celles de la société Jimmy est par conséquent fixé à 9 %, avec des versements semestriels. Supposons maintenant que des obligations nouvellement émises et ayant la même échéance que celles de la société Jimmy peuvent être achetées au pair (1 000 $). Quel montant maximal l'investisseur serait-il prêt à payer pour l'obligation de la société Jimmy à cette date?

c) Le 1er juillet 1998, l'investisseur achète les obligations au prix de 922,38 $. Quel est le rendement à l'échéance à cette date? Quel est le rendement courant à cette date?

$3.83 Vous payez 1 010 $ une obligation de 1 000 $, dont l'intérêt de 9,50 % est versé semestriellement. Si, après 3 ans et 6 versements d'intérêt, vous vendez l'obligation, quel prix devez-vous en obtenir pour que votre investissement ait un rendement de 10 % composé semestriellement?

$3.84* M. Gonzalez souhaite vendre une obligation dont la valeur nominale est de 1 000 $. L'intérêt est versé semestriellement, selon un taux de 8 %. Il y a quatre ans, M. Gonzalez avait payé cette obligation 920 $. Comme il veut obtenir un rendement d'au moins 9 %, quel est le prix minimal auquel il doit la vendre?

$3.85* Candi Yamaguchi songe à acheter une obligation d'une valeur nominale de 1 000 $, dont les intérêts de 6 % sont versés deux fois par année. Elle désire obtenir un rendement annuel de 9 %. Présumez que l'obligation parviendra à échéance à sa valeur nominale d'ici 5 ans. À quel prix doit-elle acheter l'obligation?

a) $P = 60\$ (P/A, 6\%, 5) + 1\,000\$ (P/F, 6\%, 5)$

b) $P = 90\$ (P/A, 9\%, 5) + 1\,000\$ (P/F, 9\%, 5)$

c) $P = 30\$ (P/A, 4,5\%, 10) + 1\,000\$ (P/F, 4,5\%, 10)$

d) $P = 30\$ (P/A, 3\%, 10) + 1\,000\$ (P/F, 3\%, 10)$.

$3.86 Supposons que pouvez acheter 1) une obligation à coupon zéro, qui coûte aujourd'hui 513,60 $, ne rapporte rien jusqu'à l'échéance puis 1 000 $ au bout de 5 ans; ou 2) une obligation qui coûte aujourd'hui 1 000 $, rapporte 113 $ en intérêts deux fois par année et arrive à échéance à sa valeur nominale (1 000 $) au bout de 5 ans. Quelle est l'obligation qui assure le meilleur rendement?

$3.87 Supposons qu'on vous offre, au prix de 1 298,68 $, une obligation dont l'échéance est de 12 ans, le taux d'intérêt contractuel, de 15 %, et la valeur nominale, de 1 000 $. Quel taux d'intérêt (rendement à l'échéance) obtiendriez-vous si vous achetiez cette obligation et la conserviez jusqu'à l'échéance (versements d'intérêt semestriels)?

3.88* Deux séries d'obligations émises par la société Multiproduits sont en circulation. Toutes deux rapportent un intérêt semestriel de 100 $ plus 1 000 $ à l'échéance. Les obligations *A* arriveront à échéance dans 15 ans et les obligations *B*, dans 1 an. Quelle serait la valeur de chacune de ces obligations aujourd'hui si le taux d'intérêt en vigueur était de 9 %?

3.89 Les obligations de la société Service JetAir arriveront à échéance dans 4 ans. Leur intérêt est versé une fois par année, leur valeur au pair est de 1 000 $ et leur taux d'intérêt contractuel, de 8,75 %.

a) Quel est leur rendement à l'échéance si leur cours est actuellement de 1 108 $?

b) Si on vous disait que le taux d'intérêt du marché est de 9,5 %, paieriez-vous 935 $ pour une de ces obligations ?

3.90* Supposons que la société Ford émet des obligations qu'elle vend au pair : l'échéance est de 15 ans, la valeur nominale, de 1 000 $, le taux d'intérêt contractuel, de 12 %, et les versements d'intérêt sont semestriels.

a) Deux ans après l'émission des obligations, le taux d'intérêt s'appliquant aux obligations de cette nature tombe à 9 %. Combien un investisseur paierait-il pour l'obligation de Ford ?

b) Supposons que, 2 ans après l'émission, le taux d'intérêt en vigueur monte à 13 %. Combien un investisseur paierait-il pour l'obligation de Ford ?

c) Aujourd'hui, le cours de clôture de cette obligation s'élève à 783,58 $. Quel est son rendement courant ?

$3.91 Jim Norton, étudiant en génie, reçoit par la poste deux demandes de carte de crédit provenant de deux banques différentes. Chacune impose les frais annuels et les frais financiers suivants :

CONDITIONS	BANQUE A	BANQUE B
Frais annuels	20 $	30 $
Frais financiers	1,55 % d'intérêt mensuel	16,5 % d'intérêt, se composant mensuellement

Jim prévoit que son solde impayé atteindra en moyenne 300 $ par mois et compte garder la carte qu'il choisira seulement 24 mois (quand il aura obtenu son diplôme, il demandera une autre carte). Le taux d'intérêt de Jim (que lui rapporte son compte d'épargne) est de 6 %, se composant quotidiennement.

a) Calculez le taux d'intérêt effectif annuel de chaque carte.

b) Quelle carte Jim doit-il choisir ?

3.92 Une petite entreprise de produits chimiques, qui fabrique de la résine époxyde, s'attend à ce que la production décroisse exponentiellement, selon la relation

$$y_t = 5e^{-0,25t},$$

où y_t est le taux de production au moment t. Simultanément, on prévoit que le prix unitaire augmentera linéairement au fil du temps, au taux de

$$u_t = 55\ \$(1 + 0,09t).$$

Quelle est l'expression qui représente la valeur actualisée du produit des ventes entre $t = 0$ et $t = 20$, à 12 % d'intérêt, se composant continuellement ?

Niveau 3

\$3.93 Vous songez à acheter une voiture de 15 000 \$. Vous pouvez financer votre achat soit en retirant de l'argent de votre compte d'épargne, qui rapporte 8 % d'intérêt, soit en contractant auprès de votre concessionnaire un emprunt d'une durée de 4 ans, à 11 % d'intérêt. Votre compte d'épargne vous rapportera 5 635 \$ en intérêts si vous y laissez l'argent pendant 4 ans. Si vous empruntez 15 000 \$ auprès de votre concessionnaire, vous ne paierez que 3 609 \$ en intérêts sur une période de 4 ans. Le bon sens vous dicte donc d'emprunter l'argent nécessaire à l'achat de votre nouvelle voiture et de garder l'argent que vous possédez dans votre compte d'épargne. Êtes-vous ou non d'accord avec l'affirmation qui précède ? Justifiez votre raisonnement à l'aide d'un calcul numérique.

\$3.94 Voici le texte d'une brochure publicitaire réellement préparée par la société Trust :

« Payez jusqu'à 48 % de moins par mois pour votre auto. » Vous pouvez maintenant acheter la voiture dont vous rêvez et payer jusqu'à 48 % de moins par mois qu'avec un prêt-auto ordinaire. Comment ? Grâce au prêt Alternative Auto Loan (AAL)™ de la société Trust. Il combine les avantages du crédit-bail et du prêt-auto ordinaire : des versements mensuels moindres couvrent les taxes et le titre de propriété. En outre, si vos versements sont prélevés automatiquement de votre compte chèque de la société Trust, vous économiserez ½ % sur le taux d'intérêt. Vos versements mensuels peuvent s'échelonner sur 24, 36 ou 48 mois.

MONTANT DU FINANCEMENT	PÉRIODE DE FINANCEMENT (EN MOIS)	VERSEMENT MENSUEL ALTERNATIVE AUTO LOAN	PRÊT-AUTO ORDINAIRE
	24	249 \$	477 \$
10 000 \$	36	211 \$	339 \$
	48	191 \$	270 \$
	24	498 \$	955 \$
20 000 \$	36	422 \$	678 \$
	48	382 \$	541 \$

Le montant du versement final sera fonction de la valeur résiduelle de l'auto à l'expiration du prêt. Vos versements mensuels demeurent bas, car les remboursements de capital ne s'appliquent qu'à une portion du prêt et non à la valeur résiduelle de l'auto. L'intérêt est calculé sur le plein montant du prêt. À l'expiration de ce dernier, vous pouvez :

1. Effectuer le versement final et garder l'auto.
2. Vendre l'auto vous-même, rembourser le prêt (le solde impayé) et garder pour vous le profit réalisé.
3. Refinancer l'auto.
4. Rendre l'auto à la société Trust en bon état et ne payer que les frais de retour.

Donc, si vous voulez une voiture spéciale, sans avoir à assumer les versements mensuels élevés qu'elle pourrait exiger, pourquoi ne pas profiter du prêt Alternative Auto Loan ? Pour de plus amples renseignements, adressez-vous à n'importe quelle succursale de la société Trust.

Note 1 : Le tableau qui précède se fonde sur les assertions suivantes : taux nominal d'un prêt-auto ordinaire : 13,4 % ; taux nominal du prêt Alternative Auto Loan : 13,4 %.

Note 2 : On présume que la valeur résiduelle représente 50 % du prix de vente après 24 mois et 45 % après 36 mois. Le montant du financement représente 80 % du prix de vente.

Note 3 : Les versements mensuels comprennent un montant de capital équivalant à celui de la dépréciation de l'auto et un montant d'intérêt calculé sur celui du prêt.

Note 4 : La valeur résiduelle de l'automobile est déterminée selon un guide effectif au moment où vous contractez votre prêt Alternative Auto Loan de la société Trust.

Note 5 : Le montant minimal du prêt est de 10 000 \$ (la société Trust prête jusqu'à 80 % du prix de vente). Le revenu annuel du ménage doit être de 50 000 \$.

Note 6 : La société Trust se réserve le droit de donner l'approbation finale, compte tenu des antécédents du client en matière de crédit. L'offre présentée par d'autres banques de la société Trust en Géorgie peut différer de celle-ci.

a) Montrez comment sont calculés les versements mensuels relatifs au prêt Alternative Auto Loan.

b) Supposons que vous décidez d'obtenir de la société Trust un financement de 36 mois pour une voiture neuve, que vous désirez acheter (et non louer). Si vous optez pour le prêt Alternative Auto Loan, vous effectuerez le versement final au bout de 36 mois et garderez l'auto. Présumez que votre taux du coût d'option (taux d'intérêt personnel) correspond à un taux d'intérêt de 8 %, se composant mensuellement. (On peut considérer ce taux du coût d'option comme le taux d'intérêt auquel on a la possibilité d'investir son argent dans un instrument financier tel qu'un compte d'épargne.) Comparez les conditions de cette option avec celles de l'option ordinaire et déterminez votre choix.

$3.95 Supposons que vous achetez une maison valant 110 000 $, pour laquelle vous effectuez un versement initial de 50 000 $. Vous empruntez le reste auprès de la Banque d'épargne et de crédit. Au lieu de vous proposer un prêt hypothécaire, le responsable des prêts vous présente les deux formules de financement suivantes :

Option 1 : Un prêt fixe ordinaire, dont l'intérêt de 13 % se compose mensuellement sur une période de 30 ans, avec 360 versements mensuels égaux.

Option 2 : Un prêt à remboursement progressif, à 11,5 % d'intérêt se composant mensuellement, dont les versements mensuels sont établis comme suit.

ANNÉE (*n*)	VERSEMENT MENSUEL	ASSURANCE MENSUELLE
1	497,76 $	25,19 $
2	522,65 $	25,56 $
3	548,78 $	25,84 $
4	576,22 $	26,01 $
5	605,03 $	26,06 $
6-30	635,28 $	25,96 $

Le prêt à remboursement progressif exige des frais d'assurance supplémentaires.

a) Calculez le versement mensuel pour l'option 1.

b) Quel est le taux d'intérêt effectif annuel de l'option 2 ?

c) Pour chacune des options, calculez le solde impayé après 5 ans.

d) Pour chacune des options, calculez le montant total des versements d'intérêt.

e) Si un compte d'épargne rapportant 6 % d'intérêt, se composant mensuellement, constitue votre seule possibilité d'investissement, quelle est l'option la plus avantageuse ?

$3.96 Pour acheter une voiture, Mme Kennedy emprunte auprès d'une banque 4 909 $ à un taux d'intérêt de 6,105 % ajouté au montant prêté. La banque calcule les versements mensuels comme suit :

- Montant du contrat = 4 909 $

- Durée du contrat = 42 mois

- Intérêt de 6,105 % ajouté au montant du prêt = 4 909 $(0,06105)(3,5) = 1 048,90 $

- Frais d'acquisition = 25 $

- Frais de crédit = 1 048,90 $ + 25 $ = 1 073,90 $

- Total des versements = 4 909 $ + 1073,90 $ = 5 982,90 $

- Versement mensuel = 5 982,90/42 = 142,45 $.

Après le 7e versement, Mme Kennedy veut acquitter le solde impayé de son emprunt. Voici la lettre dans laquelle la banque lui explique le calcul de ce solde net :

Madame,

Voici comment nous avons calculé le montant nécessaire à l'acquittement de votre emprunt.

Montant original du prêt	5 982,90 $
Moins 7 versements de 142,45 $ chacun	997,15
	4 985,75 $
Frais de crédit (intérêts)	1 073,90 $
Moins frais d'acquisition	25,00
	1 048,90 $

Selon la règle de 78, le facteur de remise est 0,6589 (le prêt a duré 8 mois sur une possibilité de 42).

1 048,90 $ multiplié par 0,6589 = 691,12 $.

Ce montant de 691,12 $ représente la remise relative à l'intérêt non gagné.

Donc :

Solde	4 985,75 $
Moins la remise relative à l'intérêt non gagné	691,12
Montant à rembourser	4 294,63 $

Si vous avez des questions concernant ces chiffres, veuillez communiquer avec nous.

Je vous prie d'accepter, Madame, l'expression de mes sentiments distingués.

S. Govia,
vice-président

---

a) Calculez le taux d'intérêt effectif annuel de ce prêt.

b) Calculez le taux nominal de ce prêt.

c) Montrez comment on peut trouver le facteur de remise (0,6589).

d) Vérifiez le montant à rembourser à l'aide de la formule de la règle de 78.

e) Calculez le montant à rembourser à l'aide du facteur d'intérêt (P/A, i, N).

Pour vous aider : Certaines institutions financières utilisent la règle de 78 pour déterminer le solde impayé des prêts. Selon cette règle, on calcule les intérêts d'un mois donné en appliquant une fraction variable au total des intérêts du prêt. Par exemple, dans le cas d'un prêt de 1 an, la fraction utilisée pour trouver les intérêts du premier mois serait 12/78, 12 étant le nombre de mois qui restent avant l'expiration du prêt, et 78, la somme de 1 + 2 + ... + 11 + 12. Pour le second mois, la fraction serait 11/78 et ainsi de suite. Dans le cas d'un prêt de 2 ans, la fraction s'appliquant au premier mois serait 24/300, car il reste 24 périodes de remboursement, et la somme des périodes du prêt est 300 = 1 + 2 + ... + 24.

L'analyse des investissements indépendants

Au milieu de nulle part, il peut vous fournir tant une boisson fraîche qu'un sandwich chaud — La réfrigération domestique a peut-être beaucoup évolué depuis l'époque de la glacière et du bloc de glace, mais lorsque nous voyageons, nous sommes encore aux prises avec une glacière dégoulinante dans laquelle la nourriture trempe et se gâte. Cette époque est révolue ! Pour le prix d'une bonne glacière et d'une ou deux saisons de glace (l'équivalent d'environ 5 repas en famille au restaurant), il est désormais possible de profiter de tous les avantages du réfrigérateur domestique grâce à un appareil électronique des plus pratiques[1]. Compagnon idéal de vos escapades en voiture, le Koolatron se branche dans l'allume-cigares et consomme moins d'électricité qu'un feu arrière. Que vous partiez en pique-nique ou en expédition de pêche, le Koolatron maintiendra sa capacité refroidissante pendant 24 heures. Il peut rester branché dans l'allume-cigares quand vous éteignez le moteur, car il ne consomme que 3 ampères de courant.

Comtrad vend ce produit directement aux consommateurs et économise donc les coûts de distribution et les marges de détail. Le prix de lancement du nouveau réfrigérateur portatif Koolatron est de 99 $.

Le contrôle thermoélectrique de la température a été mis à l'épreuve pendant plus de 25 ans dans des conditions extrêmement rigoureuses, dans l'espace et en laboratoire. Comtrad est le premier fabricant à offrir cette technologie à ceux qui voyagent : familles en vacances, pêcheurs, plaisanciers, campeurs et chasseurs. Pourquoi Comtrad a-t-elle décidé de mettre en marché son produit ? Nous ignorons combien elle a investi dans le développement et la fabrication du Koolatron, mais nous savons que la direction a dû s'intéresser aux questions suivantes : 1) Quel est l'investissement additionnel dans les installations et l'équipement nécessaire pour fabriquer le produit ? 2) Dans combien de temps l'investissement initial sera-t-il récupéré ? 3) Comtrad réalisera-t-elle un profit en vendant son produit au prix de 99 $?

Dans les chapitres 2 et 3 nous avons présenté le concept de la valeur temporelle de l'argent et les techniques permettant d'établir l'équivalence d'un flux monétaire au moyen de facteurs d'intérêt composé. Ces connaissances nous permettent de décider s'il faut accepter ou rejeter un investissement en capital, c'est-à-dire d'établir si un projet est souhaitable d'un point de vue économique.

Il existe quatre façons de mesurer l'attrait ou la rentabilité d'un investissement. Trois d'entre elles sont directement associées à l'équivalence du flux monétaire : 1) la valeur présente équivalente (PE), ou valeur actualisée équivalente, 2) la valeur future équivalente (FE), ou valeur capitalisée équivalente, et 3) la valeur annuelle équivalente (AE). La valeur actualisée mesure des flux monétaires futurs au moment présent en tenant compte des possibilités de gain. La valeur future mesure des flux monétaires dans un cadre

---

1. Source : *USA Today*, le 11 mai 1994 (publicité de Comtrad Industries).

de planification futur donné, ce qui permet de prendre en considération les possibilités de gain offertes par des flux monétaires intermédiaires. La valeur annuelle mesure des flux monétaires en les rendant équivalents et égaux sur une base annuelle.

La quatrième méthode d'évaluation est celle du taux de rendement, qui caractérise la rentabilité ou l'attrait d'un projet par le rendement calculé, le taux d'intérêt ou le taux de rentabilité de l'investissement. Simple en apparence, ce concept est privilégié par de nombreuses entreprises, bien que le calcul qu'il nécessite présente certaines complications dont il est impossible de na pas tenir compte lorsqu'elles sont bien utilisées, les quatre méthodes aboutissent aux mêmes conclusions en ce qui concerne l'attrait d'un investissement donné.

Les façons de mesurer l'attrait d'un investissement font l'objet des trois prochains chapitres. Dans le chapitre 4, nous définissons les investissements indépendants et les distinguons des investissements mutuellement exclusifs. Nous présentons également le délai de récupération comme un outil pratique de sélection de projet qui ne fournit aucune mesure exacte de la rentabilité. Le reste du chapitre porte sur quatre méthodes rigoureuses permettant d'évaluer l'attrait d'un investissement et leur application à des investissements indépendants. Dans le chapitre 5 nous montrons comment, par ces mêmes méthodes, on peut choisir le meilleur projet dans un groupe de projets mutuellement exclusifs. Dans le chapitre 6 nous décrivons un certain nombre d'applications particulières des techniques d'évaluation présentées dans les deux chapitres précédents.

Il faut également souligner que l'une des étapes les plus importantes de la sélection d'investissements consiste à estimer les flux monétaires qui s'y rapportent. Dans tous les exemples du présent chapitre, de même que dans les chapitres 5 et 6, on peut considérer les flux monétaires nets comme des valeurs avant impôt ou après impôt pour lesquelles les effets fiscaux ont déjà été pris en compte. Puisque certaines organisations (les gouvernements et les organismes sans but lucratif, par exemple) ne sont pas imposées, la valeur avant impôt constitue une base valide pour réaliser ce type d'évaluation économique. Ce parti pris nous permet de nous concentrer sur notre principal sujet d'étude, à savoir l'évaluation économique de projets d'investissement. La procédure visant à déterminer les flux monétaires nets après impôt au sein d'entreprises imposées sera décrite au chapitre 9.

4.1 LA DESCRIPTION DES FLUX MONÉTAIRES DE PROJET

Dans la section 1.3, nous avons exposé plusieurs problèmes de décision économique auxquels fait face l'ingénieur, sans suggérer une façon de les résoudre. Qu'ont en commun les exemples 1.1 à 1.6? Tous ces problèmes comprennent deux types de montants. Le premier est l'investissement, habituellement constitué d'un montant forfaitaire versé au début du projet. Bien qu'il ne soit pas nécessairement fait «aujourd'hui», il survient à une date précise que nous appelons aujourd'hui, ou moment 0, pour les besoins de notre analyse. Le deuxième est la série de bénéfices que l'on prévoit tirer de cet investissement au cours d'un nombre donné d'années.

On peut comparer l'investissement dans une immobilisation à l'investissement que fait une banque lorsqu'elle prête de l'argent. Ces deux transactions ont une caractéristique essentielle en commun : les fonds sont engagés aujourd'hui dans le but de rapporter un gain dans l'avenir. Dans le cas du prêt bancaire, ce rendement est fourni par l'intérêt et le remboursement du capital. Il s'agit du **flux monétaire de prêt**. Dans le cas d'une immobilisation, le rendement futur correspond aux profits générés par l'utilisation productive de l'immobilisation. Comme le montre la figure 4.1, la représentation de ces gains futurs ainsi que des dépenses en capital et des dépenses annuelles (salaires, matières premières, frais d'exploitation, frais d'entretien, impôt sur le revenu, etc.) constitue le **flux monétaire de projet**. Étant donné la similitude entre le flux monétaire de prêt et le flux monétaire de projet, on peut se permettre d'utiliser les techniques d'équivalence élaborées au chapitre 2 pour mesurer la valeur économique. L'exemple 4.1 illustre une procédure typique permettant d'obtenir les flux monétaires d'un projet.

Figure 4.1
Comparaison entre un prêt bancaire et un projet d'investissement

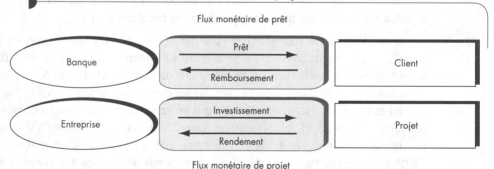

Exemple 4.1

La détermination des flux monétaires d'un projet

La société Produits Chimiques XL envisage d'installer un système informatisé de contrôle de procédé dans une de ses usines de traitement. Cette usine sert environ 40 % du temps, soit pendant 3 500 heures de fonctionnement par année, à la production d'une substance de rupture d'émulsion brevetée ; le reste du temps (60 %), elle sert à fabriquer d'autres produits chimiques spéciaux. La production annuelle de la substance de rupture d'émulsion est de 30 000 kilogrammes et le prix de vente est de 15 $ par kilogramme. Le système de contrôle de procédé à l'étude, qui coûte 650 000 $, offrirait des avantages précis pour la production de cette substance. Premièrement, l'entreprise pourrait augmenter le prix de vente de 2 $ par kilogramme car son produit serait plus pur et plus efficace. Deuxièmement, les volumes de production augmenteraient de 4 000 kilogrammes par année car le rendement réactif du produit serait supérieur sans qu'il y ait augmentation de la quantité de matières premières ou du temps de fabrication. Enfin, le nombre d'opérateurs serait réduit à un par période de travail, ce qui représenterait une économie de 25 $ par heure. Le nouveau système de contrôle occasionnerait des coûts d'entretien additionnels de 53 000 $ par année et sa durée de vie utile prévue serait de 8 ans. Il pourra vraisemblablement offrir les mêmes avantages pour la production des autres produits chimiques spéciaux fabriqués dans l'usine, mais ceux-là n'ont pas encore été quantifiés.

Explication : Comme c'est le cas dans le monde réel, ce problème comporte un grand nombre de données desquelles il faut extraire et interpréter des flux monétaires critiques. Il serait donc sage d'organiser la solution en tableau comprenant les catégories suivantes.

ANNÉE (*n*)	RENTRÉES (BÉNÉFICES)	SORTIES (COÛTS)	FLUX MONÉTAIRES NETS
0			
1			
⋮			
8			

Solution

- Soit : les coûts et les bénéfices décrits ci-dessus
- Trouvez : le flux monétaire net pour chaque année de la durée de vie utile du nouveau système

Bien qu'on puisse supposer que de tels bénéfices peuvent également être tirés de la production d'autres substances chimiques spécialisées, nous limiterons notre analyse au produit de rupture d'émulsion, auquel nous attribuerons le coût total initial du système de contrôle et les dépenses annuelles d'entretien. (Il serait logique d'affirmer que seulement 40 % de ces coûts sont liés à la fabrication de ce produit). Les bénéfices bruts sont les revenus additionnels produits par l'augmentation du prix de vente et de la production, de même que les économies d'échelle obtenues par la suppression d'un opérateur. Les revenus générés par l'augmentation du prix équivalent à 30 000 kilogrammes par année × 2 $ par kilogramme, soit 60 000 $ par année. Le volume de production accru au nouveau prix porte les revenus à 4 000 kilogrammes par année × 17 $ par kilogramme, soit 68 000 $ par année. L'élimination d'un opérateur représente des économies annuelles de 3 500 heures de fonctionnement × 25 $ par heure, soit 87 500 $. Les bénéfices nets pour chacune des 8 années correspondent aux avantages bruts moins les coûts d'entretien (60 000 $ + 68 000 $ + 87 500 $ − 53 000 $) = 162 500 $ par année. Nous sommes maintenant prêts à remplir notre tableau :

ANNÉE (n)	RENTRÉES (BÉNÉFICES)	SORTIES (COÛTS)	FLUX MONÉTAIRES NETS
0	0	650 000 $	−650 000 $
1	215 500	53 000	162 500
2	215 500	53 000	162 500
⋮	⋮	⋮	⋮
8	215 500	53 000	162 500

Commentaires : *Dans l'exemple 4.1, si l'entreprise achète le système informatisé de contrôle de procédé au prix de 650 000 $ aujourd'hui, elle peut prévoir un flux monétaire net annuel de 162 500 $ pendant 8 ans. (Notons que ces économies sont réalisées sous forme de montants forfaitaires discrets en fin d'année). De plus, nous n'avons tenu compte que des bénéfices associés à la fabrication du produit de rupture d'émulsion. Nous aurions pu inclure les bénéfices tirés de la fabrication d'autres produits chimiques dans l'usine. Supposons que les bénéfices de la substance de rupture d'émulsion justifient à eux seuls l'acquisition du système. Il est alors évident que si l'on avait tenu compte des bénéfices tirés des autres produits chimiques, l'acquisition aurait été encore plus justifiée.*

Figure 4.2
Diagramme du flux monétaire pour le projet de système informatisé de contrôle de procédé

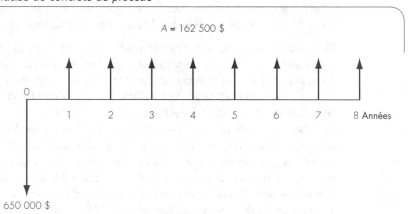

La figure 4.2 fournit le diagramme du flux monétaire correspondant à cette situation. Compte tenu du fait que ses économies d'échelle et ses flux monétaires sont correctement estimés, la direction de Produits Chimiques XL devrait-elle permettre l'installation du système ? Si elle décide de ne pas acheter le système informatisé de contrôle de procédé, comment devrait-elle disposer des 650 000 $ (dans le cas où elle possède réellement ce montant)? Elle pourrait acheter des bons du Trésor ou investir cette somme dans d'autres projets productifs ou permettant des économies d'échelle. Le présent chapitre a pour objet de vous aider à répondre à de telles questions.

4.1.1 LES PROJETS D'INVESTISSEMENT INDÉPENDANTS

Les entreprises échafaudent souvent des projets d'investissement qui n'ont aucun rapport entre eux. Par exemple, dans le cas de Produits Chimiques XL, les autres projets envisagés, à part l'acquisition du système de contrôle de procédé (exemple 4.1), sont l'achat d'une nouvelle chaudière de récupération de chaleur, l'installation d'un système de CAO pour le service de l'ingénierie et la construction d'un nouvel entrepôt. Il est possible de mesurer l'attrait économique de chacun de ces projets et de prendre une décision à leur sujet sans tenir compte des autres projets. La décision prise au sujet d'un projet donné n'influe pas sur la décision prise au sujet d'un autre projet. Ces projets sont dits **indépendants**.

Dans le chapitre 5, nous verrons que dans de nombreuses situations l'ingénieur doit choisir le projet qui présente le plus grand attrait économique parmi un ensemble de projets différents visant à résoudre un même problème ou à combler un même besoin. Il n'est pas nécessaire alors de choisir plus d'un projet, et l'acceptation d'un projet élimine automatiquement tous les autres. Il s'agit de projets **mutuellement exclusifs**.

Tant que le coût total de tous les projets indépendants qui présentent un attrait économique est inférieur au fonds d'investissement dont dispose l'entreprise, tous ces projets peuvent être réalisés. Cependant, cette situation se présente rarement. L'établissement du budget des investissements permet la sélection des projets que l'on doit réaliser lorsque le fonds d'investissement est limité.

Sauf dans le chapitre 10, où il sera question du budget des investissements, nous ne tiendrons pas compte de la disponibilité des fonds pour choisir les projets à réaliser. Dans le présent chapitre, nous limiterons notre étude des méthodes d'évaluation économique aux projets indépendants.

4.2 LA MÉTHODE DE SÉLECTION INITIALE DES PROJETS

Supposons que vous voulez acheter une nouvelle presse mécanique pour l'atelier d'usinage de votre entreprise et que vous vous rendez chez un marchand d'équipement. Tandis que vous examinez un des modèles de presse qui se trouvent dans la salle d'exposition, un vendeur s'approche et vous dit: «Cette presse est le modèle le plus perfectionné de sa catégorie. C'est un modèle haut de gamme qui coûte un peu plus cher, mais il devient rentable en moins de 2 ans.»

Avant d'étudier les quatre façons de mesurer l'attrait d'un investissement, examinons une méthode simple, mais non rigoureuse, utilisée couramment pour sélectionner des investissements en capital. Une des principales questions que les gens d'affaires se posent est de savoir si l'argent investi dans un projet pourra être récupéré, et à quel moment. La **méthode du délai de récupération** permet de sélectionner des projets en fonction du temps qu'il faudra pour que les recettes nettes deviennent égales aux dépenses d'investissement. Ce calcul peut inclure ou non des considérations relatives à la valeur temporelle de l'argent. La première de ces méthodes est souvent appelée **méthode du délai de récupération actualisé**.

Pour déterminer s'il faut ou non réaliser un projet, on part souvent du principe qu'un projet ne mérite d'être examiné que si son délai de récupération est plus court qu'une période donnée. (Cette période relève souvent de la politique de gestion de l'entreprise. Par exemple, une société de haute technologie, telle qu'un fabricant d'ordinateurs, fixera une période limite plus courte pour ses nouveaux investissements car les produits de haute technologie deviennent rapidement désuets). Si le délai de récupération se situe à l'intérieur des limites acceptables, on peut procéder à une évaluation de projet officielle (par l'analyse de la valeur actualisée, par exemple). Il faut se rappeler que la **sélection de projet en fonction du délai de récupération** n'est pas une *fin* en soi, mais plutôt une façon d'écarter certains projets d'investissement manifestement inacceptables avant d'amorcer l'analyse des projets potentiellement acceptables.

4.2.1 LE DÉLAI DE RÉCUPÉRATION — LE TEMPS QU'IL FAUT POUR RÉCUPÉRER UN COÛT

L'appréciation de la valeur relative d'une nouvelle machine par le calcul du temps qu'il faut attendre pour récupérer son coût est de loin la plus populaire des méthodes de sélection de projet. Si une entreprise prend ses décisions d'investissement en considérant uniquement le délai de récupération, elle choisira uniquement les projets dont le délai de récupération est *plus court* que le délai de récupération maximal acceptable. (Notons cependant que cette méthode a ses lacunes, dont nous traiterons plus tard, et qu'elle constitue rarement le seul critère de décision).

Que nous apprend le délai de récupération? Les investisseurs préfèrent que chaque investissement proposé ait un délai de récupération court car ils ont ainsi la garantie qu'ils reviendront à leur position initiale à brève échéance. Dès qu'ils retrouvent leur position initiale, ils peuvent commencer à envisager d'autres projets d'investissement, parfois plus intéressants.

Exemple 4.2

Le délai de récupération pour le projet de système informatisé de contrôle de procédé

Revenez aux flux monétaires donnés dans l'exemple 4.1 et déterminez le délai de récupération du projet de système informatisé de contrôle de procédé.

Solution

• Soit :   coût initial = 650 000 $ et bénéfices nets annuels = 162 500 $
• Trouvez : le délai de récupération

À partir d'une annuité de recettes, nous pouvons facilement calculer le délai de récupération en divisant le coût initial par les recettes annuelles :

$$\text{Délai de récupération} = \frac{\text{coût initial}}{\text{bénéfice annuel uniforme}} = \frac{650\ 000\ \$}{162\ 500\ \$}$$

$$= 4 \text{ années.}$$

Si la politique de l'entreprise est d'examiner uniquement les projets dont le délai de récupération est de 5 années ou moins, le projet du système informatisé de contrôle de procédé franchit l'étape de la première sélection.

Dans l'exemple 4.2, il est possible de simplifier les choses en divisant le coût initial par les recettes annuelles pour déterminer le délai de récupération, car les recettes annuelles sont uniformes. Toutefois, si les flux monétaires prévus varient d'année en année, il faut déterminer le délai de récupération en additionnant les flux monétaires prévus pour chaque année jusqu'à ce que la somme soit égale ou supérieure à zéro. L'importance de cette procédure s'explique facilement. Le flux monétaire cumulatif est égal à zéro au moment où les recettes correspondent exactement aux débours, et que le projet a atteint le seuil de récupération. De même, si le flux monétaire cumulatif dépasse zéro, les recettes sont supérieures aux débours et le projet commence à rapporter un profit, ce qui signifie qu'il a dépassé le seuil de récupération. L'exemple 4.3 illustre ce principe.

Exemple 4.3

Le délai de récupération avec la valeur de récupération

La société Autonumerics vient d'acheter un métier à fuseaux coûtant 105 000 $ pour remplacer une autre machine dont la valeur de récupération est de 20 000 $. Les économies annuelles après impôt que l'on prévoit réaliser grâce au rendement supérieur de la nouvelle machine, qui seront supérieures au coût d'acquisition, sont les suivantes :

PÉRIODE	FLUX MONÉTAIRE	FLUX MONÉTAIRE CUMULATIF
0	−105 000 $ + 20 000 $	−85 000 $
1	15 000	−70 000
2	25 000	−45 000
3	35 000	−10 000
4	45 000	35 000
5	45 000	80 000
6	35 000	115 000

Solution

• Soit : le flux monétaire de la figure 4.3a

• Trouvez : le délai de récupération

Figure 4.3
Illustration d'un délai de récupération classique

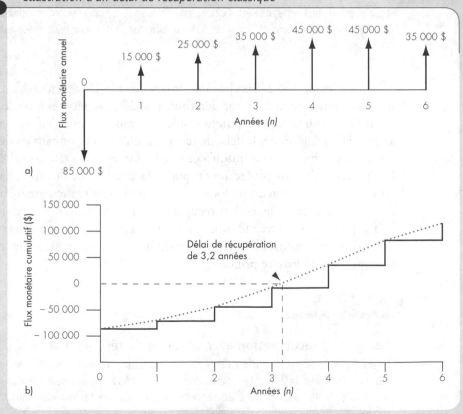

La valeur de récupération de la machine retirée du service constitue un facteur important dans la plupart des analyses de justification. (Dans cet exemple, la valeur de récupération de l'ancienne machine doit être prise en compte car l'entreprise a déjà décidé de la remplacer). Il faut soustraire la valeur de récupération de l'ancienne machine du coût d'acquisition de la nouvelle machine pour obtenir un coût d'investissement plus réel. Dans le flux monétaire cumulatif de la figure 4.3b, on constate que l'investissement est entièrement récupéré durant la quatrième année. Si le délai de récupération fixé par l'entreprise est de 4 ans, le projet franchit l'étape de la première sélection.

Commentaires : Dans l'exemple 4.2, on suppose que les flux monétaires sont uniquement des montants forfaitaires discrets versés en fin d'année. Si les flux monétaires surviennent de manière continue tout au long de l'année, il faut ajuster le calcul du délai de récupération. Au début de la quatrième année, nous avons un solde négatif de 10 000 $. Si on prévoit recevoir 45 000 $ sous la forme d'un flux plus ou moins continu durant la troisième année, l'investissement total sera récupéré vers les deux dixièmes de la quatrième année (10 000 $/45 000 $). Dans cette situation, le délai de récupération est de 3,2 années.

4.2.2 LES AVANTAGES ET LES LACUNES DE LA SÉLECTION DE PROJET EN FONCTION DU DÉLAI DE RÉCUPÉRATION

La simplicité de la méthode du délai de récupération constitue l'un de ses principaux attraits. En effet, la sélection initiale de projet par cette méthode réduit la recherche d'information car elle ne s'intéresse qu'au moment où l'entreprise prévoit récupérer son investissement initial. Elle élimine également certaines solutions de rechange, ce qui évite à l'entreprise de devoir approfondir son analyse.

La sélection de projet par cette méthode populaire présente cependant un certain nombre de lacunes graves. Son principal inconvénient est de ne pas mesurer la rentabilité, c'est-à-dire de ne prévoir aucun profit durant le délai de récupération. Lorsqu'on se limite à mesurer le temps qu'il faudra pour récupérer l'investissement initial, on ne peut guère évaluer le pouvoir de gain d'un projet. (Autrement dit, on sait déjà que l'argent emprunté pour acheter une perceuse à colonne coûte 12 % par année. La méthode du délai de récupération n'indique pas quelle portion de l'argent investi contribue à la dépense en intérêt). Puisque l'analyse du délai de récupération ne tient pas compte des différences dans la chronologie des flux monétaires, elle ne peut faire la différence entre la valeur actualisée et la valeur capitalisée de l'argent. Par exemple, bien que la récupération des deux investissements puisse prendre le même nombre d'années, l'investissement groupé en début de période est meilleur car l'argent disponible aujourd'hui vaut davantage que celui que l'on recevra à une date ultérieure. Puisque cette méthode n'évalue pas non plus tous les produits obtenus après le délai de récupération, elle ne tient pas compte des avantages possibles d'un projet dont la durée de vie économique est plus longue.

Le tableau 4.1 présente deux projets d'investissement qui illustrent notre propos. Chaque projet nécessite une dépense d'investissement initiale de 90 000 $. Le projet 1, dont les produits annuels prévus sont de 30 000 $ pour les trois premières années, a un délai de récupération de 3 ans. Le projet 2, avec des produits annuels prévus de 25 000 $ pour les six premières années, a un délai de récupération de 3,6 années. Si le délai de récupération maximal fixé par l'entreprise est de 3 ans, le projet 1 franchira l'étape de la première sélection tandis que le projet 2 sera rejeté même s'il semble clairement l'investissement le plus rentable.

Tableau 4.1 | Flux monétaires d'investissement de deux projets à l'étude

n	PROJET 1	PROJET 2
0	−90 000 $	−90 000 $
1	30 000	25 000
2	30 000	25 000
3	30 000	25 000
4	1 000	25 000
5	1 000	25 000
6	1 000	25 000
	3 000 $	60 000 $

4.2.3 LE DÉLAI DE RÉCUPÉRATION ACTUALISÉ

Pour combler une des lacunes de la méthode du délai de récupération, on modifie la procédure afin de tenir compte de la valeur de l'argent dans le temps, c'est-à-dire du coût de financement (intérêt) pour ce projet. Ce délai de récupération modifié est souvent appelé **délai de récupération actualisé**. Le délai de récupération actualisé peut se définir comme le nombre d'années nécessaire pour récupérer l'investissement représenté par des flux monétaires *actualisés*.

Dans le projet de l'exemple 4.3, supposons que l'entreprise vise un taux de rendement de 15 %. Afin de déterminer la période nécessaire pour récupérer l'investissement en capital et le coût de financement de l'investissement, on peut utiliser le tableau 4.2, qui énumère les flux monétaires et le coût de financement qui seront récupérés pendant la durée de vie du projet. Examinons par exemple le coût de financement durant la première année : si l'on verse 85 000 $ au début de l'année, l'intérêt durant la première année est de 12 750 $ (85 000 $ × 0,15). L'investissement total atteint donc 97 750 $, mais le flux monétaire de 15 000 $ pendant la première année nous ramène à un montant net de 82 750 $. Le coût de financement durant la deuxième année est de 12 413 $ (82 750 $ × 0,15). Cependant, étant donné la recette de 25 000 $ pendant cette année, l'engagement net tombe à 70 163 $. Ce cycle se répète pendant le reste du projet, et l'engagement net se termine durant la cinquième année. Selon le type de flux monétaire, le projet doit demeurer en service pendant environ 4,2 années (flux monétaires continus) ou 5 années (flux monétaires en fin d'année) pour que l'entreprise récupère sa dépense en capital ainsi que les fonds investis dans le projet. La figure 4.4 illustre cette relation.

L'inclusion des effets de la valeur de l'argent dans le temps a donc augmenté de 1 an le délai de récupération calculé pour cet exemple. Cette modification permet certes d'améliorer la méthode, mais elle ne donne pas pour autant une image globale de la rentabilité du projet.

Tableau 4.2 Calcul du délai de récupération compte tenu du coût de financement (exemple 4.3)

n	FLUX MONÉTAIRE	COÛT DE FINANCEMENT (15 %)*	FLUX MONÉTAIRE CUMULATIF
0	− 85 000 $	0	−85 000 $
1	15 000	−85 000 $(0,15) = −12 750 $	−82 750
2	25 000	−82 750 $(0,15) = −12 413 $	−70 163
3	35 000	−70 163 $(0,15) = −10 524 $	−45 687
4	45 000	−45 687 $(0,15) = −6 853 $	−7 540
5	45 000	−7 540 $(0,15) = −1 131 $	36 329
6	35 000	36 329 $(0,15) = 5 449 $	76 778

*Coût de financement = Solde d'ouverture non récupéré × taux d'intérêt

Figure 4.4
Illustration du délai de récupération actualisé

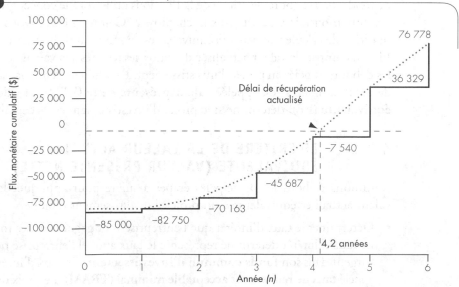

4.2.4 COMMENT PROCÉDER MAINTENANT ?

Faut-il s'abstenir d'utiliser les méthodes du délai de récupération ? Certainement pas. Toutefois, si l'on utilise uniquement ces méthodes pour analyser des investissements en capital, on risque de manquer des détails qu'une autre méthode pourrait fournir. Il serait donc illogique d'affirmer que les méthodes du délai de récupération sont bonnes ou mauvaises pour justifier des investissements. Il est évident qu'elles ne mesurent pas la rentabilité d'un projet, mais si on les combine à d'autres méthodes d'analyse, elles peuvent fournir des renseignements utiles. Par exemple, le délai de récupération peut indiquer la vitesse de récupération des fonds, régler des problèmes liés à un flux monétaire, ou évaluer un produit conçu pour durer une courte période seulement ou une machine dont la vie économique est courte.

4.3 L'ANALYSE DE LA VALEUR ACTUALISÉE

Jusqu'aux années 1950, on utilisait surtout la méthode du délai de récupération pour prendre des décisions d'investissement. Lorsqu'ils ont compris les lacunes de cette méthode, les gens d'affaires se sont mis à la recherche de méthodes permettant de mieux évaluer les projets. C'est ainsi qu'ont été créées les **techniques d'actualisation des flux monétaires** (**AFM**), qui tiennent compte de la valeur de l'argent dans le temps. L'une de ces techniques est la méthode de la **valeur présente nette (VPN),** appelée aussi **valeur présente** (ou **actualisée**) **équivalente** (**PE**). Dans les problèmes d'investissement en capital, il importe essentiellement de déterminer si les recettes anticipées du projet à l'étude sont suffisamment attrayantes pour justifier l'injection de fonds. Pour élaborer le critère de la PE, nous utiliserons le concept de l'équivalence des flux monétaires décrit dans le chapitre 2. Comme nous l'avons vu, il est plus pratique de calculer des valeurs équivalentes au moment 0. En vertu du critère de la PE, on compare la valeur actualisée de toutes les recettes à la valeur actualisée de tous les débours associés au projet d'investissement. La différence entre la valeur actualisée de ces flux monétaires, appelée **valeur présente nette** (**VPN**) ou **valeur actualisée équivalente** (**PE**), détermine si le projet d'investissement est acceptable ou non.

4.3.1 LE CRITÈRE DE LA VALEUR ACTUALISÉE ÉQUIVALENTE (VALEUR PRÉSENTE NETTE)

Résumons d'abord les principales étapes à suivre pour appliquer le critère de la valeur actualisée équivalente à un projet d'investissement typique.

- Déterminer le taux d'intérêt que l'entreprise veut gagner sur ses investissements. Le taux d'intérêt déterminé représente le taux auquel l'entreprise peut investir de l'argent dans son **fonds commun d'investissement**. Ce taux d'intérêt est souvent appelé **taux de rendement acceptable minimal** (**TRAM**). Le choix de ce taux relève habituellement de la haute direction de l'entreprise. Comme nous l'avons vu dans la section 3.5, il est possible de changer le TRAM pendant la durée de vie d'un projet mais, pour le moment, nous utiliserons un seul taux d'intérêt pour calculer la PE.

- Estimer la durée de vie du projet.
- Estimer les rentrées de fonds pour chaque période de la durée de vie.
- Estimer les sorties de fonds pour chaque période de la durée vie.
- Déterminer les flux monétaires nets pour chaque période (flux monétaire net = rentrées – sorties).
- Calculer la valeur actualisée de chaque flux monétaire net en fonction du TRAM. En additionnant ces valeurs actualisées, on obtient la PE du projet :

$$
\begin{aligned}
PE(i) &= \frac{A_0}{(1+i)^0} + \frac{A_1}{(1+i)^1} + \frac{A_2}{(1+i)^2} + \ldots + \frac{A_N}{(1+i)^N} \\
&= \sum_{n=0}^{N} \frac{A_n}{(1+i)^n} \\
&= \sum_{n=0}^{N} A_n(P/F, i, n),
\end{aligned}
\tag{4.1}
$$

où $PE(i)$ = PE calculée en fonction de i,
   A_n = flux monétaire net à la fin de la période n,
   i = TRAM,
   N = durée de vie du projet.

A_n sera positif si la période correspondante comporte des rentrées de fonds, et négatif si elle comporte des sorties de fonds.

- Dans ce contexte, une PE positive indique que la valeur équivalente des rentrées est supérieure à la valeur équivalente des sorties, et que le projet présente un taux de rendement supérieur au TRAM. Par conséquent, si la $PE(i)$ est positive pour un projet où i est égal au TRAM, le projet doit être accepté ; si elle est négative, le projet doit être rejeté. La règle de décision est la suivante :

Si PE(TRAM) $>$ 0, on accepte l'investissement.
Si PE(TRAM) $=$ 0, on reste indifférent à l'investissement.
Si PE(TRAM) $<$ 0, on rejette l'investissement.

Si le TRAM correspond au taux de rendement acceptable minimal, pourquoi un projet dans lequel PE(TRAM) $=$ 0 nous laisse-t-il indifférent ? À cet égard, un certain nombre de considérations s'imposent. Premièrement, la plupart des entreprises ont plus d'options d'investissement que de fonds disponibles et elles approuvent donc les projets qui présentent des PE grandes et positives. Deuxièmement, les coûts et les bénéfices estimés comportent toujours une part d'incertitude. Si la PE est égale à zéro, il n'existe aucune marge de manœuvre pour compenser l'effet de coûts réels légèrement supérieurs ou de bénéfices réels légèrement inférieurs aux valeurs estimées. En règle générale, une entreprise sera satisfaite si, en moyenne, tous les projets qu'elle met en œuvre ont un rendement égal au TRAM. Dans les faits, certains projets produiront en bout de ligne un rendement égal ou supérieur à celui qui a été initialement prévu, tandis que d'autres offriront un rendement très inférieur aux prévisions, parfois même très inférieur au TRAM. Par conséquent, un projet pour lequel $PE(\text{TRAM}) = 0$ ne présente généralement aucun attrait particulier.

Notons que la règle de décision s'applique lors de l'évaluation de projets indépendants pour lesquels on peut estimer les revenus ainsi que les coûts. Par ailleurs, certains projets ne peuvent être évités ; par exemple, l'installation d'un système antipollution serait accepté même si $PE < 0$. Ce type de projet est décrit au chapitre 5.

Exemple 4.4

La valeur actualisée équivalente — annuités

Revenons aux flux monétaires représentant l'investissement dans un système informatisé de contrôle de procédé de l'exemple 4.1. Si le TRAM de l'entreprise est de 15 %, calculez la PE du projet. Ce projet est-il acceptable ?

Solution

• Soit : les flux monétaires de la figure 4.2 et TRAM = 15 % par année
• Trouvez : la PE

Puisque le projet de système informatisé de contrôle de procédé exige un investissement initial de 650 000 $ à $n = 0$, suivi de huit rentrées annuelles égales de 162 500 $, on peut facilement déterminer la PE :

$$PE(15\%)_{\text{sorties}} = 650\ 000\ \$$$
$$PE(15\%)_{\text{rentrées}} = 162\ 500\ \$(P/A, 15\%, 8)$$
$$= 729\ 190\ \$.$$

La PE du projet est donc :

$$PE(15\%) = PE(15\%)_{\text{rentrées}} - PE(15\%)_{\text{sorties}}$$
$$= 729\ 190\ \$ - 650\ 000\ \$$$
$$= 79\ 190\ \$,$$

ou, au moyen de l'équation 4.1 :

$$PE(15\%) = -650\ 000\ \$ + 162\ 500\ \$(P/A, 15\%, 8)$$
$$= 79\ 190\ \$.$$

Puisque $PE(15\%) > 0$, le projet serait acceptable.

Prenons maintenant l'exemple de flux monétaires d'investissement qui ne sont pas uniformes pendant la durée de vie du projet.

Exemple 4.5

La valeur actualisée équivalente — flux monétaires irréguliers

La Compagnie d'usinage Tiger envisage l'acquisition d'une nouvelle machine à découper le métal. L'investissement initial nécessaire est de 75 000 $ et les bénéfices prévus[2] pendant les 3 années du projet sont les suivants.

FIN DE L'ANNÉE	FLUX MONÉTAIRE NET
0	−75 000 $
1	24 400
2	27 340
3	55 760

Le président de l'entreprise vous demande d'évaluer l'intérêt économique de cette acquisition. Le TRAM fixé par l'entreprise est de 15 %.

Solution

• SOIT : les flux monétaires tabulés et TRAM = 15 % par année
• TROUVEZ : la PE

Si nous portons chaque flux monétaire à sa valeur équivalente au moment 0, nous obtenons :

$$PE(15\%) = -75\,000\,\$ + 24\,400\,\$(P/F, 15\%, 1) + 27\,340\,\$(P/F, 15\%, 2)$$
$$+ 55\,760\,\$(P/F, 15\%, 3)$$
$$= 3\,553\,\$.$$

Comme le projet présente une PE positive de 3 553 $, il est acceptable.

Dans l'exemple 4.5, nous avons calculé la PE du projet à un taux d'intérêt fixe de 15 %. Si nous calculons la PE à divers taux d'intérêt, nous obtiendrons les valeurs du tableau 4.3. Le tracé graphique de la PE en fonction du taux d'intérêt, ou courbe de valeur, est fourni dans la figure 4.5. Lorsque $i = 0$, la PE est simplement égale à la somme des flux monétaires. Au point où le taux d'intérêt devient très grand, la valeur actualisée de chaque flux monétaire positif pour les années première, deuxième et troisième se rapproche de zéro. La courbe de valeur devient asymptote à une PE (∞) égale à l'investissement initial. (Comme nous le verrons dans la section 4.8, on peut utiliser un tableur électronique comme Excel pour réaliser ces calculs et la courbe correspondante).

---

2. Comme nous l'avons mentionné en début de chapitre, les flux monétaires nets sont considérés comme des valeurs avant impôt ou comme des valeurs dont les effets fiscaux sont déjà calculés. L'apprentissage du calcul des flux monétaires exige une compréhension de l'impôt sur le revenu et du rôle de la dépréciation, dont il sera question dans les chapitres 7, 8 et 9.

Tableau 4.3 | Valeurs actualisées en fonction de taux d'intérêt variés

i(%)	PE(i)	i(%)	PE(i)
0	32 500 $	20	−3 412 $
2	27 743	22	−5 924
4	23 309	24	−8 296
6	19 169	26	−10 539
8	15 296	28	−12 662
10	11 670	30	−14 673
12	8 270	40	−23 302
14	5 077	100	−48 995
16	2 076	500	−69 915
17,45*	0	1 000	−72 514
18	−750	2 000	−73 770
		∞	−75 000

*Taux d'intérêt au point mort (également appelé *taux de rendement interne*)

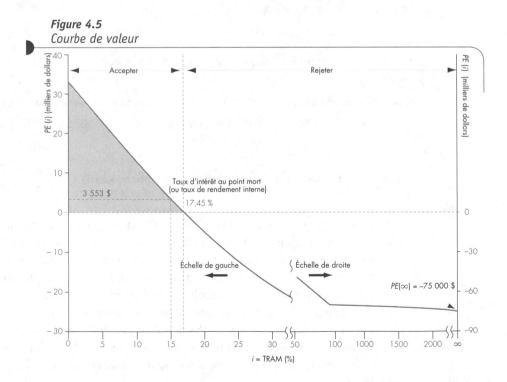

Figure 4.5
Courbe de valeur

La figure 4.5 indique que le projet d'investissement possède une PE positive si le taux d'intérêt est inférieur à 17,45 %, et une PE négative si le taux d'intérêt est supérieur à 17,45 %. Comme nous le verrons dans la section 4.6, ce **taux d'intérêt au point mort** est le **taux de rendement interne**. Si le TRAM de l'entreprise est de 15 %, le projet possède une PE de 3 553 $ et peut être accepté. Le montant de 3 553 $ correspond au gain immédiat équivalent en valeur actualisée pour l'entreprise si elle accepte le projet. Par ailleurs, si $i = 20\,\%$, $PE(20\,\%) = -3\,412\,\$$, et l'entreprise doit rejeter le projet. (Notons que l'acceptation ou le rejet d'un investissement repose sur le choix du TRAM. Il est donc crucial de bien estimer ce taux. Nous aborderons cette question importante dans le chapitre 10. Pour le moment, nous supposerons que l'entreprise a fixé un TRAM convenable pour analyser ses projets d'investissement.)

4.3.2 LA SIGNIFICATION DE LA VALEUR ACTUALISÉE ÉQUIVALENTE

Dans l'analyse de la valeur actualisée, nous tenons pour acquis que tous les fonds de trésorerie d'une entreprise peuvent être investis dans des projets qui génèrent un rendement égal au TRAM. Nous pouvons dire qu'ils font partie du **fonds commun d'investissement**. Par contre, si aucune somme n'est disponible à des fins d'investissement, nous considérons que l'entreprise peut les emprunter au TRAM sur le marché financier. Dans cette section, nous adopterons ces deux approches pour expliquer la signification du TRAM dans le calcul de la PE.

Le concept du fonds commun d'investissement

Le fonds commun d'investissement se compare au fonds de trésorerie de l'entreprise, dont les transactions sont administrées par le contrôleur. L'entreprise peut retirer des sommes de ce fonds commun pour les investir, mais si elle les laisse dans le fonds, ces sommes fructifieront au TRAM. Ainsi, dans l'analyse des investissements, les flux monétaires nets correspondent aux flux monétaires nets relatifs à ce fonds commun d'investissement. Pour illustrer ce concept, nous reprendrons le projet de l'exemple 4.5, qui nécessitait un investissement de 75 000 $.

Si l'entreprise avait rejeté le projet et laissé les 75 000 $ dans le fonds commun d'investissement pendant 3 ans, ce montant aurait fructifié comme suit :

$$75\,000\,\$(F/P, 15\,\%, 3) = 114\,066\,\$.$$

Supposons que l'entreprise décide d'investir 75 000 $ dans le projet de l'exemple 4.5. Elle touchera alors la série de rentrées suivante au cours des 3 années que durera le projet :

PÉRIODE (n)	FLUX MONÉTAIRE NET (A_n)
1	24 400 $
2	27 340
3	55 760

Puisque les montants qui reviennent dans le fonds commun d'investissement accumulent de l'intérêt à un taux de 15 %, il serait intéressant de connaître le bénéfice que l'entreprise tirerait d'un tel investissement. Dans cette éventualité, le rendement après réinvestissement se détaille comme suit :

$$
\begin{array}{rcr}
24\ 400\ \$(F/P, 15\ \%, 2) & = & 32\ 269\ \$ \\
27\ 340\ \$(F/P, 15\ \%, 1) & = & 31\ 441\ \$ \\
55\ 760\ \$(F/P, 15\ \%, 0) & = & 55\ 760\ \$ \\
\text{Total} & & 119\ 470\ \$.
\end{array}
$$

Le rendement total est de 119 470 $. L'accumulation monétaire additionnelle à la fin des 3 années du projet est donc

$$119\ 470\ \$ - 114\ 066\ \$ = 5\ 404\ \$.$$

Si on calcule la valeur actualisée équivalente (au moment 0) de ce surplus net après 3 ans, on obtient

$$5\ 404\ \$(P/F, 15\ \%, 3) = 3\ 553\ \$,$$

c'est-à-dire le même montant que la PE du projet calculée avec l'équation 4.1. Il est clair que, étant donné sa PE positive, l'option d'acheter une nouvelle machine est préférable à l'option de laisser l'argent dans le fonds commun d'investissement (qui croît au TRAM). Par conséquent, dans l'analyse de la PE, on suppose que tout investissement produit un rendement au TRAM. S'il y a un surplus à la fin du projet, alors $PE(\text{TRAM}) > 0$. La figure 4.6 illustre le concept du réinvestissement dans le fonds commun d'investissement de l'entreprise.

Figure 4.6
Concept du fonds commun d'investissement dans lequel l'entreprise est le prêteur et le projet est l'emprunteur

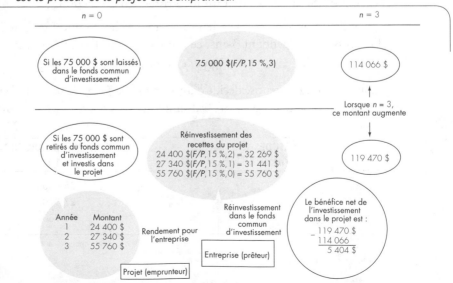

Le concept des fonds empruntés

Supposons que l'entreprise ne dispose pas de 75 000 $ et qu'elle ne possède même pas de fonds commun d'investissement. Supposons également qu'elle emprunte son capital auprès d'une banque offrant un taux d'intérêt de 15 %, qu'elle investit dans le projet et qu'elle utilise les recettes de l'investissement pour rembourser le capital et l'intérêt du prêt bancaire. Combien d'argent lui restera-t-il à la fin du projet?

À la fin de la première année, l'intérêt sur l'utilisation du prêt bancaire par le projet serait de 75 000 $(0,15) = 11 250 $. Par conséquent, le solde total du prêt serait de 75 000 $ × (1 + 0,15) = 86 250 $. L'entreprise recevrait donc 24 400 $ du projet et utiliserait la totalité de ce montant pour rembourser une partie du prêt. Après ce versement, le solde du prêt serait

$$75\,000\,\$(1 + 0,15) - 24\,400\,\$ = 61\,850\,\$.$$

Ce montant constitue le montant net que le projet emprunte au début de la deuxième année; on l'appelle **solde du projet**. À la fin de la deuxième période, la dette bancaire est de 61 850 $(1,15) = 71 128 $ mais, étant donné la recette de 27 340 $, le solde du projet diminue et passe à

$$61\,850\,\$(1,15) - 27\,340\,\$ = 43\,788\,\$.$$

De même, à la fin de la troisième année, le solde du prêt devient

$$43\,788\,\$(1,15) = 50\,356\,\$.$$

Grâce à la recette de 55 760 $, l'entreprise pourra rembourser le solde dû et se retrouver avec un surplus de 5 404 $. Ce solde de clôture est également appelé **valeur future nette,** ou **valeur future équivalente** du projet. Autrement dit, l'entreprise rembourse entièrement le prêt bancaire et l'intérêt à la fin de la troisième période, et réalise un profit de 5 404 $. Si on calcule la valeur actualisée équivalente de ce profit net au moment 0, on obtient:

$$PE(15\,\%) = 5\,404\,\$(P/F, 15\,\%, 3) = 3\,553\,\$.$$

Le résultat est le même que dans le cas de l'exemple 4.5, où nous avons calculé directement la PE du projet pour $i = 15\,\%$. La figure 4.7 illustre l'évolution dans le temps du solde du projet. Soulignons que le solde du projet passe d'une valeur négative à une valeur positive durant la troisième année. Le temps qu'il faut pour que le solde du projet devienne égal à zéro est le **délai de récupération actualisé**, comme nous l'avons vu dans la section 4.2.3.

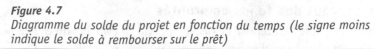

Figure 4.7
Diagramme du solde du projet en fonction du temps (le signe moins indique le solde à rembourser sur le prêt)

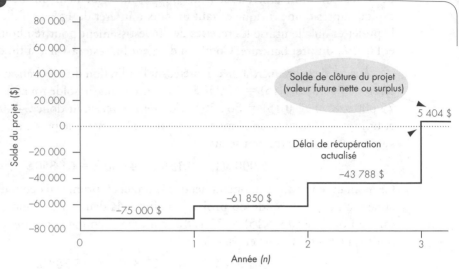

4.4 L'ANALYSE DE LA VALEUR FUTURE

L'analyse de la valeur future, appelée aussi valeur capitalisée, constitue une deuxième méthode dérivée des techniques d'actualisation des flux monétaires. La valeur actualisée nette correspond au surplus dans un projet d'investissement au moment 0. La **valeur future nette (VFN)**, ou **valeur future équivalente (FE)**, représente le surplus à un moment autre que 0. L'analyse de la valeur future nette s'avère particulièrement utile lorsqu'il faut calculer la valeur d'un projet à la fin de sa période d'investissement plutôt qu'au début. Par exemple, il faut prévoir entre 7 et 10 années pour la construction d'une centrale nucléaire en raison de la complexité de la conception technique et de la multitude de procédures réglementaires qu'il faut suivre pour garantir la sécurité du public. Dans une telle situation, il est courant de mesurer la valeur de l'investissement au moment de la commercialisation du projet, en procédant à l'analyse de la FE à la fin de la période d'investissement.

4.4.1 LE CRITÈRE DE LA VALEUR FUTURE ÉQUIVALENTE (VALEUR FUTURE NETTE)

Lorsque A_n représente le flux monétaire au moment n si $n = 0, 1, 2, ...$, et N est un projet d'investissement typique d'une durée de N périodes, la valeur future nette (VFN), ou valeur future équivalente (FE), à la fin de la période N s'exprime comme suit :

$$FE(i) = A_0(1+i)^N + A_1(1+i)^{N-1} + A_2(1+i)^{N-2} + ... + A_N$$

$$= \sum_{n=0}^{N} A_n(1+i)^{N-n}$$

$$= \sum_{n=0}^{N} A_n(F/P, i, N-n). \qquad (4.2)$$

FE est le flux monétaire équivalent d'un projet calculé à la fin de la période N. Lorsqu'on compare l'équation 4.2 à l'équation 4.1, qui exprime la PE, c'est-à-dire le flux monétaire équivalent du projet au moment 0, on comprend qu'il faut établir un rapport entre la FE et la PE pour n'importe quel type de projet.

$$FE(i) = PE(i)(F/P, i, N). \qquad (4.3)$$

Puisque dans l'équation 4.3, le facteur $(F/P, i, N)$ est positif lorsque $-100\% < i < \infty$, la FE et la PE auront toutes deux le même signe. Par conséquent, les règles de décision pour l'évaluation d'un projet indépendant en fonction de la FE doivent être identiques à celles qui prévalent pour le critère de la PE. Pour l'évaluation d'un projet :

Si FE(TRAM) > 0, on accepte l'investissement.

Si FE(TRAM) $= 0$, on reste indifférent à l'investissement.

Si FE(TRAM) < 0, on rejette l'investissement.

Exemple 4.6

La valeur future équivalente — à la fin du projet

Pour les flux monétaires de projet de l'exemple 4.5, calculez la FE à la fin de la troisième année si $i = 15\%$.

Solution

• SOIT : les flux monétaires de l'exemple 4.5 et TRAM = 15 % par année
• TROUVEZ : la FE

Comme nous l'avons observé dans la figure 4.8, la FE de ce projet à un taux d'intérêt de 15 % serait :

$$FE(15\%) = -75\,000\$ \ (F/P, 15\%, 3) + 24\,400\$(F/P, 15\%, 2)$$
$$+ 27\,340\$(F/P, 15\%, 1) + 55\,760\$$$
$$= 5\,404\$.$$

Notons que la valeur future nette de ce projet est équivalente au solde de clôture du projet calculé dans la section 4.3.2. Puisque $FE(15\%) > 0$, le projet est acceptable. Nous avons obtenu la même conclusion qu'avec l'analyse de la valeur actualisée.

Figure 4.8
Calcul de la valeur future

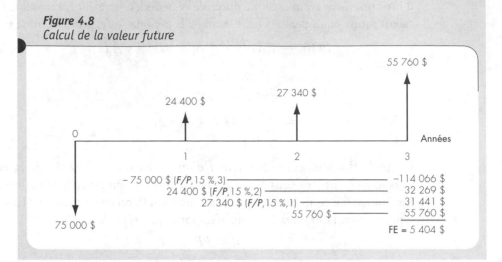

Exemple 4.7

La valeur future équivalente — à un moment intermédiaire

La société Higgins, un fabricant de robots de Montréal, a mis au point un nouveau robot perfectionné, baptisé Helpmate, qui intègre des innovations technologiques telles que des systèmes de vision, la sensation tactile et la reconnaissance de la voix. Ces particularités permettent au robot de se mouvoir dans les couloirs d'un hôpital ou d'un édifice à bureaux sans suivre un chemin prédéterminé ni heurter des objets. Le service du marketing de Higgins prévoit cibler les ventes sur les grands centres hospitaliers, où le robot pourrait faciliter le travail des infirmières en exécutant des tâches à faible niveau de difficulté comme la distribution des médicaments et des repas.

Pour fabriquer ses robots, l'entreprise a besoin d'une nouvelle usine, qui devra être construite et prête à commencer la production dans 2 ans. Le site occupera un terrain de 120 000 mètres carrés acheté au coût de 1,5 million de dollars à l'année 0. La construction de l'usine commencera au début de la première année et se poursuivra tout au long de la deuxième année. Elle coûtera environ 10 millions de dollars, répartis en un paiement de 4 millions de dollars à l'entrepreneur à la fin de la première année, et un autre paiement de 6 millions de dollars à la fin de la deuxième année. Le matériel de fabrication nécessaire sera installé durant la deuxième année et payé à la fin de cette même année. Le matériel coûtera 13 millions de dollars, transport et installation compris. À la fin du projet, le terrain devrait avoir une valeur marchande après impôt de 2 millions de dollars, le bâtiment aura une valeur après impôt de 3 millions de dollars et le matériel aura une valeur après impôt de 3 millions de dollars.

Aux fins de l'établissement du budget des investissements, supposons que les flux monétaires surviennent à la fin de chaque année. Puisque l'usine doit commencer ses activités au début de la troisième année, les premiers flux monétaires d'exploitation surviendront à la fin de la troisième année. La durée de vie économique prévue de l'usine Helpmate est de 6 ans après la fin des travaux, avec les flux monétaires après impôt suivants, exprimés en millions de dollars :

ANNÉE CIVILE	00	01	02	03	04	05	06	07	08
FIN DE L'ANNÉE	0	1	2	3	4	5	6	7	8
Flux monétaires après impôt									
A. Revenus d'exploitation				6 $	8 $	13 $	18 $	14 $	8 $
B. Investissement									
Terrain	−1,5								+2
Bâtiment		−4	−6						+3
Matériel			−13						+3
Flux monétaire net	−1,5 $	−4 $	−19 $	6 $	8 $	13 $	18 $	14 $	16 $

Calculez la valeur équivalente de cet investissement au début de l'exploitation en supposant que le TRAM de Higgins est de 15 %.

Solution

- SOIT : les flux monétaires ci-dessus et TRAM = 15 % par année
- TROUVEZ : la FE à la fin de la deuxième année civile

Un premier calcul facile à comprendre consiste à trouver la valeur actualisée puis à la convertir en sa valeur équivalente à la fin de la deuxième année. Calculons d'abord la $PE(15\%)$ au moment 0 du projet.

$$
\begin{aligned}
PE(15\%) &= -1,5\$ - 4\$(P/F, 15\%, 1) - 19\$(P/F, 15\%, 2) \\
&\quad + 6\$(P/F, 15\%, 3) + 8\$(P/F, 15\%, 4) + 13\$(P/F, 15\%, 5) \\
&\quad + 18\$(P/F, 15\%, 6) + 14\$(P/F, 15\%, 7) + 16\$(P/F, 15\%, 8) \\
&= 13,91 \text{ millions de dollars.}
\end{aligned}
$$

La valeur équivalente du projet au début de l'exploitation est donc :

$$
\begin{aligned}
FE_2(15\%) &= PE(15\%)(F/P, 15\%, 2) \\
&= 18,40 \text{ millions de dollars.}
\end{aligned}
$$

Dans la deuxième méthode, on ramène à la deuxième année tous les flux monétaires précédant ce moment et on actualise à la deuxième année tous les flux succédant à ce moment. La valeur équivalente de l'investissement antérieur, lorsque l'usine entre en exploitation complète, est :

$$-1,5\$(F/P, 15\%, 2) - 4\$(F/P, 15\%, 1) - 19\$ = -25,58 \text{ millions de dollars,}$$

ce qui donne le flux équivalent illustré à la figure 4.9. Si on actualise les flux monétaires futurs en début d'exploitation, on obtient:

$$FE_2(15\%) = -25,58\,\$ + 6\,\$(P/F, 15\%, 1) + 8\,\$(P/F, 15\%, 2) + ...$$
$$+ 16\,\$(P/F, 15\%, 6)$$
$$= 18,40 \text{ millions de dollars.}$$

Figure 4.9
Diagramme du flux monétaire pour le projet Helpmate

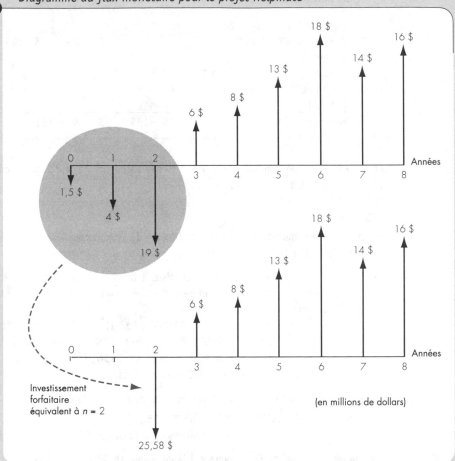

Commentaires: *Si une autre entreprise souhaite acheter l'usine et le droit de fabriquer les robots immédiatement après la fin des travaux de construction (deuxième année), Higgins établira le prix de vente minimal à 43,98 millions de dollars (18,40 $ + 25,58 $).*

4.5   L'ANALYSE DE LA VALEUR ANNUELLE ÉQUIVALENTE

L'analyse de la valeur annuelle équivalente constitue la troisième méthode d'équivalence permettant d'évaluer l'intérêt ou la rentabilité de projets d'investissement indépendants. Tandis que l'analyse de la valeur actualisée et de la valeur future établit la rentabilité d'un projet au moment zéro ou à une date future, la **valeur annuelle équivalente** (**AE**) l'établit à un moment précis dans un cadre de référence annuel.

Transposer une valeur dans un terme annuel s'avère utile lorsqu'on cherche une valeur annuelle ou unitaire. Par exemple, vous envisagez d'acheter une nouvelle voiture et prévoyez parcourir 24 000 kilomètres par année pour votre travail. Quel taux de remboursement par kilomètre devrez-vous obtenir de votre employeur pour couvrir les coûts équivalents annuels associés à la possession de cette voiture ? Prenons encore l'exemple d'un promoteur immobilier qui prévoit construire un centre commercial de 50 000 mètres carrés. Quels sont les revenus de location annuels minimaux par mètre carré nécessaires pour justifier cet investissement ? Par ailleurs, il faut considérer que les entreprises publient des rapports annuels et élaborent des budgets annuels, et que la valeur annuelle équivalente des coûts et des bénéfices leur est parfois plus utile que des valeurs globales. Il est donc normal que la direction insiste pour que les valeurs des projets d'investissement proposés soient calculées sur une base annuelle.

4.5.1   LE CRITÈRE DE LA VALEUR ANNUELLE ÉQUIVALENTE

Dans le chapitre 2, nous avons établi des rapports qui servent à convertir un flux monétaire unique en une série de flux monétaires uniformes équivalents (annuité). Dans le cas d'un projet d'investissement typique où A_n représente le flux monétaire au moment n pendant N périodes ($n = 0, 1, 2..., N$), l'expression de la valeur annuelle équivalente (AE) est :

$$
\begin{aligned}
AE(i) &= A_0(A/P, i, N) + A_1(P/F, i, 1)(A/P, i, N) \\
&\quad + A_2(P/F, i, 2)(A/P, i, N) + \ldots + A_N(P/F, i, N)(A/P, i, N) \\
&= \left[\sum_{n=0}^{N} A_n(P/F, i, n), \right](A/P, i, N) \\
&= PE(i)(A/P, i, N)
\end{aligned}
\tag{4.4}
$$

ou

$$
\begin{aligned}
AE(i) &= A_0(F/P, i, N)(A/F, i, N) + A_1(F/P, i, N-1)(A/F, i, N) \\
&\quad + A_2(F/P, i, N-2)(A/F, i, N) + \ldots + A_N(A/F, i, N) \\
&= \left[\sum_{n=0}^{N} A_n(F/P, i, N-n) \right](A/F, i, N) \\
&= FE(i)(A/F, i, N)
\end{aligned}
\tag{4.5}
$$

Puisque les facteurs $(A/P, i, N)$ et $(A/F, i, N)$ sont positifs lorsque $-100\% < i < \infty$, l'AE sera positive si la PE et la FE sont positives, et elle sera négative si la PE et la FE sont négatives. Il s'ensuit que les règles de décision d'un projet d'investissement indépendant en fonction de l'AE sont les mêmes que celles qui prévalent pour les critères de PE et de FE.

Si $AE(\text{TRAM}) > 0$, on accepte l'investissement.

Si $AE(\text{TRAM}) = 0$, on reste indifférent à l'investissement.

Si $AE(\text{TRAM}) < 0$, on rejette l'investissement.

Exemple 4.8

Les relations entre les critères de la PE, de la FE et de l'AE

L'investissement de l'exemple 4.5 est intéressant car, pour TRAM = 15 %, la PE est supérieure à 0. Calculez la valeur future nette et la valeur annuelle équivalente à partir de la PE connue.

- Soit : $PE(15\%) = 3\ 553\$$ et $N = 3$
- Trouvez : $FE(15\%)$ et $AE(15\%)$

Les critères d'équivalence sont associés aux équations 4.3, 4.4 et 4.5. Par conséquent :

$$
\begin{aligned}
FE(15\%) &= PE(15\%)(F/P, 15\%, 3) \\
&= 3\ 553\$ \times 1,5209 \\
&= 5\ 404\$
\end{aligned}
$$

soit le même résultat obtenu dans l'exemple 4.6 et :

$$
\begin{aligned}
AE(15\%) &= PE(15\%)(A/P, 15\%, 3) \\
&= 3\ 553\$ \times 0,4380 \\
&= 1\ 556\$
\end{aligned}
$$

ou

$$
\begin{aligned}
AE(15\%) &= FE(15\%)(A/F, 15\%, 3) \\
&= 5\ 404\$ \times 0,2880 \\
&= 1\ 556\$
\end{aligned}
$$

Puisque chacun des critères d'équivalence possède une valeur supérieure à 0, chacun mène à la même conclusion : le projet d'investissement est intéressant en ce qui concerne sa rentabilité. Le choix d'un critère en particulier dépend du type de problème et des préférences de l'analyste.

Exemple 4.9

La valeur annuelle équivalente par conversion de la valeur actualisée équivalente (PE)

La société de communication Skyward envisage de mettre au point des systèmes satellisés qui permettront aux passagers des lignes aériennes de faire des appels téléphoniques et d'envoyer des télécopies à partir de presque n'importe quel endroit dans le monde. Ces systèmes, qui utilisent un réseau de satellites pour réfléchir les signaux provenant d'un avion jusqu'à des stations terrestres, sont reliés aux réseaux téléphoniques conventionnels. De plus, ils utilisent la techno-logie numérique et offrent des communications plus claires que celles des téléphones aéroportés actuels, qui utilisent les techniques de radiodiffusion conventionnelles. Seul inconvénient : les gens au sol ne pourront pas appeler les passagers à bord d'un avion. Les lignes aériennes doivent égale-ment installer le matériel électronique numérique nécessaire dans le poste de pilotage. Cinq compagnies ont accepté d'offrir le service téléphonique de bord dans 120 avions si Skyward va de l'avant avec son projet. Skyward a estimé que les flux monétaires suivants (en millions de dollars) seront nécessaires pour installer ces 120 systèmes :

n	A_n
0	−15,0 $
1	−3,5
2	5,0
3	9,0
4	12,0
5	10,0
6	8,0

Skyward doit d'abord déterminer si ce projet est justifié en fonction de TRAM = 15 %. Elle doit ensuite connaître le bénéfice (ou la perte) annuel qui peut être engendré après l'installation de ces systèmes.

Explication : Lorsqu'un flux monétaire ne présente aucune structure particulière, il est plus facile de trouver l'AE en deux étapes : 1) trouver la PE (ou la FE) du flux monétaire et 2) trouver l'AE de la PE (ou de la FE). Cette méthode est décrite ci-dessous. Si vous tentez d'analyser ce type de flux monétaire par une autre méthode, vous comprendrez à quel point cela est difficile.

Solution

• Soit : le flux monétaire de la figure 4.10 et i = 15 %
• Trouvez : l'AE

Calculons d'abord la PE pour $i = 15\%$:

$$PE(15\%) = -15\$ - 3,5\$(P/F, 15\%, 1) + 5\$(P/F, 15\%, 2) + ...$$
$$+ 10\$(P/F, 15\%, 5) + 8\$(P/F, 15\%, 6)$$
$$= 6,946 \text{ millions de dollars.}$$

Figure 4.10
Diagrammes du flux monétaire

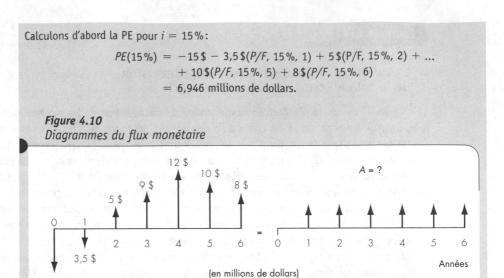

(en millions de dollars)

Puisque *PE*(15 %) > 0, le projet est acceptable si on analyse la PE. Étendons maintenant la PE sur la durée de vie du projet :

$$AE(15\%) = 6,946\$(A/P, 15\%, 6) = 1,835 \text{ million de dollars.}$$

Puisque *AE*(15 %) > 0, le projet est une entreprise valable. L'AE positive indique que le projet devrait engendrer un bénéfice annuel net de 1,835 million de dollars pendant sa durée de vie.

Commentaires : *Dans quelle mesure la précision du coût d'investissement de 15 millions de dollars estimé au moment 0 est-elle essentielle à la viabilité du projet ? Si ce coût avait été de 22,5 millions de dollars, ou de 50 % plus élevé, la PE du projet à 15 % serait négative (PE précédemment calculée de 6,946 millions de dollars moins les coûts additionnels de 7,5 millions de dollars au moment 0), et le projet serait inacceptable en vertu du critère de la PE (ou de l'AE). Une différence de 50 % dans les coûts d'un projet doit-elle nous paraître étonnante ou inusitée ? La réponse à cette question dépend d'un certain nombre de facteurs, par exemple la complexité du projet, le niveau de détail de la conception technique déjà atteint, l'expérience avec des projets similaires et la nouveauté de la technologie utilisée. Pour des projets complexes, le coût final est souvent beaucoup plus élevé que les coûts estimés au stade initial de la conception du projet.*

Dans certaines situations, on observe un **flux monétaire à structure cyclique** pendant la durée de vie du projet. Contrairement à la situation de l'exemple 4.9, où nous avons d'abord calculé la PE pour l'ensemble du flux monétaire, puis l'AE de cette PE, nous pouvons calculer l'AE en étudiant le premier cycle du flux monétaire. En calculant la PE pour le premier cycle du flux monétaire, on peut dériver l'AE pour ce même cycle. Ce raccourci donne la même solution que si l'on calcule la PE pour l'ensemble du projet, puis l'AE à partir de la PE obtenue.

Exemple 4.10

La valeur annuelle équivalente — flux monétaire à structure cyclique

SOLEX produit de l'énergie solaire en utilisant une batterie de cellules solaires et la vend au fournisseur local d'électricité. L'entreprise a décidé d'utiliser des cellules solaires au silicium amorphe en raison de leur coût initial moins élevé, mais ces cellules se dégradent au fil du temps; leur efficacité de conversion et leur puissance sont donc plus faibles. De plus, elles doivent être remplacées tous les 4 ans, ce qui occasionne la structure de flux monétaire cyclique illustrée dans la figure 4.11. Déterminez les flux monétaires équivalents annuels si $i = 12\%$.

Solution

- SOIT : le flux monétaire de la figure 4.11 et $i = 12\%$
- TROUVEZ : le bénéfice annuel équivalent

Pour calculer l'AE, il suffit de tenir compte d'un seul cycle sur une période de 4 ans. Si $i = 12\%$, on obtient d'abord la PE pour le premier cycle de la façon suivante :

$$
\begin{aligned}
PE(12\%) &= -1\,000\,000\,\$ \\
&\quad + [(800\,000\,\$ - 100\,000\,\$(A/G, 12\%, 4)](P/A, 12\%, 4) \\
&= -1\,000\,000\,\$ + 2\,017\,150\,\$ \\
&= 1\,017\,150\,\$.
\end{aligned}
$$

On calcule ensuite l'AE pour le cycle de 4 ans :

$$
\begin{aligned}
AE(12\%) &= 1\,017\,150\,\$(A/P, 12\%, 4) \\
&= 334\,880\,\$.
\end{aligned}
$$

On peut maintenant dire que les deux flux monétaires sont équivalents :

FLUX MONÉTAIRES INITIAUX		$\equiv$	FLUX MONÉTAIRES ANNUELS ÉQUIVALENTS	
n	A_n		n	A_n
0	$-1\,000\,000\,\$$		0	0
1	$800\,000$		1	$334\,880\,\$$
2	$700\,000$		2	$334\,880$
3	$600\,000$		3	$334\,880$
4	$500\,000$		4	$334\,880$

Cette équivalence peut s'appliquer aux autres cycles du flux monétaire. En effet, chaque groupe similaire de cinq valeurs (un débours et quatre recettes) est équivalent à quatre recettes annuelles de 334 880 $ chacune.

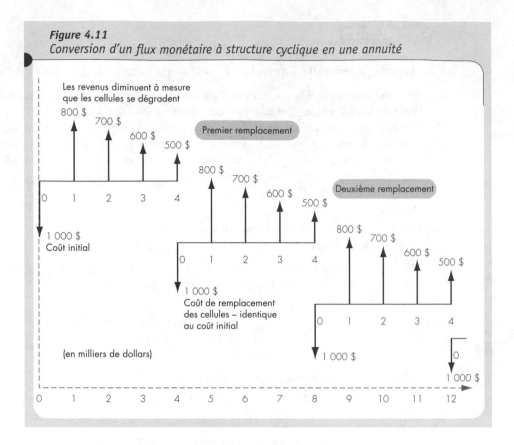

Figure 4.11
Conversion d'un flux monétaire à structure cyclique en une annuité

4.5.2 LES COÛTS EN CAPITAL PAR OPPOSITION AUX COÛTS D'EXPLOITATION

Lorsqu'un projet ne comprend que des coûts, la méthode de l'AE est parfois appelée méthode du **coût annuel équivalent**. Dans un tel cas, les revenus doivent couvrir deux types de coûts : les **coûts d'exploitation** et les **coûts en capital**. Les coûts d'exploitation sont les dépenses engagées pour l'exploitation des installations ou du matériel nécessaires à la prestation d'un service — ils comprennent des postes comme les salaires et les matières premières. Les coûts en capital sont les charges engagées pour acheter des immobilisations qui seront utilisées pour la production et la prestation d'un service. Normalement, les coûts en capital sont non récurrents (ils sont engagés une seule fois), tandis que les coûts d'exploitation sont récurrents tant que l'on demeure propriétaire d'une immobilisation.

Puisque les coûts d'exploitation se répètent au cours de la vie d'un projet, ils sont le plus souvent estimés sur une base annuelle ; aux fins de l'analyse de coût annuel équivalent, aucun calcul spécial n'est donc nécessaire. Cependant, puisque les coûts en capital sont généralement non récurrents, dans l'analyse du coût annuel équivalent, il faut traduire le coût non récurrent en sa valeur annuelle équivalente pour la durée de vie du projet. La valeur annuelle équivalente d'un coût en capital s'appelle : **coût de recouvrement du capital**, ou $RC(i)$.

Deux transactions monétaires générales sont associées à l'acquisition et au retrait éventuel d'une immobilisation : son coût initial (P) et sa valeur de récupération (S). À partir de ces sommes, on peut calculer le coût de recouvrement du capital de la manière suivante :

$$RC(i) = P(A/P, i, N) - S(A/F, i, N). \tag{4.6}$$

En revenant aux relations algébriques entre les facteurs du tableau 2.3, on constate que le facteur $(A/F, i, N)$ peut s'exprimer comme suit :

$$(A/F, i, N) = (A/P, i, N) - i.$$

On peut donc récrire $RC(i)$ de la façon suivante :

$$\begin{aligned} RC(i) &= P(A/P, i, N) - S[(A/P, i, N) - i] \\ &= (P - S)(A/P, i, N) + iS. \end{aligned} \tag{4.7}$$

On peut interpréter la situation comme suit : pour acquérir la machine, on emprunte un total de P dollars, dont S dollars sont remis à la fin de la $N^{ième}$ année. Le premier terme $(P - S)(A/P, i, N)$ sous-entend que le solde $(P - S)$ sera remboursé par versements égaux pendant la période de N années à un taux de i, et le deuxième terme, iS, sous-entend que l'intérêt simple dans le montant iS est versé sur S jusqu'à ce qu'il soit remboursé (figure 4.12). Le montant emprunté est donc $P - S(P/F, i, N)$, et les versements de remboursement du prêt pendant N périodes sont :

$$\begin{aligned} AE(i) &= -[P - S(P/F, i, N)](A/P, i, N) \\ &= -P(A/P, i, N) + S(P/F, i, N)(A/P, i, N) \\ &= -[P(A/P, i, N) - S(A/F, i, N)] \\ &= -RC(i). \end{aligned} \tag{4.8}$$

Le coût de recouvrement du capital nous indique donc la rémunération annuelle de la banque. Les contrats de location d'automobiles comprennent souvent de telles dispositions puisqu'ils exigent une garantie de récupération de S dollars. Du point de vue de l'industrie, le $RC(i)$ est le coût annuel versé par l'entreprise pour posséder l'immobilisation.

À partir de cette information, on peut déterminer les économies annuelles qu'il faut réaliser pour récupérer le capital et les coûts d'exploitation associés à un projet. L'exemple 4.11 illustre ce calcul.

Figure 4.12
Calcul du coût de recouvrement du capital

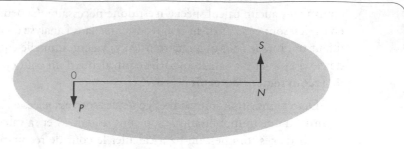

$$CR(i) = (P - S)(A/P, i, N) + iS$$

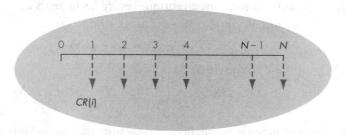

Exemple 4.11

La valeur annuelle équivalente — coût de recouvrement du capital

Une machine coûte 20 000 $ et possède une durée de vie utile de 5 ans. À la fin des 5 années, elle peut être vendue pour 4 000 $ après rajustement d'impôt. Si l'entreprise peut obtenir des revenus après impôt de 4 400 $ par année pour cette machine, devrait-elle l'acheter si le taux d'intérêt est de 10 %? (Tous les bénéfices et les coûts associés à la machine sont inclus dans ces chiffres).

Solution

- **Soit:** $P = 20\ 000\,\$$, $S = 4\ 000\,\$$, $A = 4\ 400\,\$$, $N = 5$ années et $i = 10\,\%$ par année
- **Trouvez:** l'AE, et déterminez s'il faut ou non acheter la machine

Le calcul des coûts en capital peut se faire de deux façons:

Méthode 1: On calcule d'abord la PE des flux monétaires, puis l'AE de la PE ainsi obtenue:

$$\begin{aligned}
PE(10\,\%) &= -20\ 000\,\$ + 4\ 400\,\$(P/A,\ 10\,\%,\ 5) \\
&\quad + 4\ 000\,\$(P/F,\ 10\,\%,\ 5) \\
&= -20\ 000\,\$ + 4\ 400\,\$(3{,}7908) + 4\ 000\,\$(0{,}6209) \\
&= -836{,}88\,\$ \\
AE(10\,\%) &= -836{,}88\,\$(A/P,\ 10\,\%,\ 5) = -220{,}76\,\$.
\end{aligned}$$

La valeur négative de l'AE indique que la machine ne génère pas suffisamment de revenus pour qu'il soit possible de récupérer l'investissement initial; le projet peut être rejeté. De fait, il y aura une perte équivalente de 220,76 $ par année pendant la durée de vie de la machine (figure 4.13a).

Méthode 2: La deuxième méthode consiste à séparer les flux monétaires associés à l'acquisition et au retrait de l'immobilisation des flux monétaires d'exploitation normale. Puisque les flux monétaires d'exploitation (revenu annuel de 4 400 $) sont déjà convertis en flux annuels équivalents $(AE(i)_1)$, il ne reste qu'à convertir les flux monétaires associés à l'acquisition et au retrait de l'immobilisation en flux annuels équivalents $(AE(i)_2)$ (figure 4.13b). Au moyen de l'équation 4.7:

Figure 4.13
*Façons de calculer le coût de recouvrement du capital
pour un investissement*

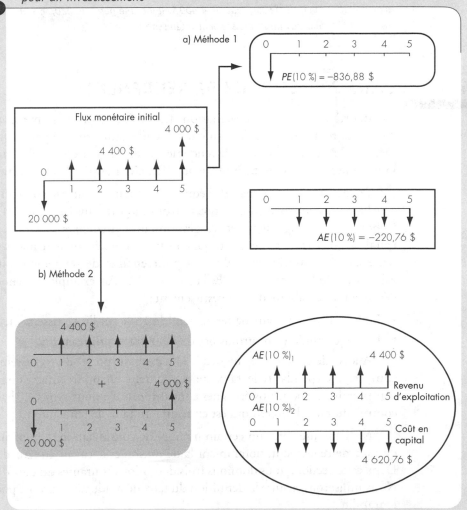

$$
\begin{aligned}
RC(i) &= (P - S)(A/P,\ i,\ N) + iS \\
AE(i)_1 &= 4\ 400\ \$ \\
AE(i)_2 &= -RC(i) \\
&\quad -[(20\ 000\ \$ - 4\ 000\ \$)(A/P,\ 10\%,\ 5) + (0{,}10)4\ 000\ \$] \\
&= -4\ 620{,}76\ \$ \\
AE(10\%) &= AE(i)_1 + AE(i)_2 \\
&= 4\ 400\ \$ - 4\ 620{,}76\ \$ \\
&= -220{,}76\ \$.
\end{aligned}
$$

Commentaires : *Il est clair que, en éliminant une étape de calcul, la méthode 2 est préférable à la méthode 1. Elle indique que les bénéfices d'exploitation annuels doivent être d'au moins 4 620,76 $ pour que le coût de l'immobilisation soit récupéré. Cependant, puisque les bénéfices d'exploitation annuels ne sont que de 4 400 $, il y a une perte de 220,76 $ par année. Le projet ne constitue donc pas un investissement intéressant.*

4.6   L'ANALYSE DU TAUX DE RENDEMENT

La quatrième méthode d'évaluation des projets d'investissement indépendants mesure la rentabilité sous la forme d'un rendement exprimé par un taux d'intérêt. Dérivée de l'analyse du taux de rendement, cette valeur est appelée **taux de rendement**, **taux de rendement interne** ou **efficacité marginale du capital**.

Les méthodes qui partent de l'équivalence pour mesurer la rentabilité sont faciles à utiliser et à appliquer, comme nous l'avons montré dans les sections 4.3, 4.4 et 4.5. Cependant, les ingénieurs et les gestionnaires financiers leur préfèrent souvent l'analyse du taux de rendement, qui constitue une démarche d'analyse des investissements plus intuitive et évalue des pourcentages de rendement plutôt que des valeurs en dollars comme la PE, la FE ou l'AE. Par exemple, les énoncés suivants décrivent la rentabilité d'un investissement :

- Le projet offre un taux de rendement de 15 % sur l'investissement.
- Le projet produit un surplus net de 10 000 $ exprimé en PE.

Aucun de ces énoncés ne décrit la nature du projet d'investissement de façon complète. Cependant, le taux de rendement en pourcentage est plus facile à comprendre car pour nos épargnes et nos emprunts, nous avons été habitués à tenir compte du taux d'intérêt, qui est en réalité un taux de rendement.

Malheureusement, un certain nombre de considérations compliquent l'analyse du taux de rendement, notamment la définition et le calcul du taux de rendement. Dans cette section, nous donnons trois définitions courantes du taux de rendement. Nous utiliserons ensuite la définition du taux de rendement interne pour mesurer la rentabilité.

4.6.1 LE RENDEMENT D'UN INVESTISSEMENT : OPÉRATION DE PRÊT

Il existe plusieurs façons de définir le concept du taux de rendement d'un investissement. La première est fondée sur une opération de prêt typique.

Définition 1

Le taux de rendement est le taux d'intérêt gagné sur le solde impayé d'un prêt amorti.

Supposons qu'une banque prête un montant de 10 000 $, qui sera remboursé par des versements de 4 021 $ à la fin de chaque année pendant 3 ans. Comment détermine-t-on le taux d'intérêt que la banque a fixé pour cette transaction ? Comme nous l'avons appris dans le chapitre 2, il faut établir l'équation d'équivalence suivante :

$$10\ 000\ \$ = 4\ 021\ \$ (P/A, i, 3)$$

et trouver la valeur de i. On obtient $i = 10\%$. La banque perçoit donc un rendement de 10 % sur son investissement de 10 000 $, et elle calcule les soldes à payer pendant la période du prêt de la façon suivante :

ANNÉE	SOLDE IMPAYÉ AU DÉBUT DE L'ANNÉE	RENDEMENT SUR LE SOLDE IMPAYÉ (10 %)	PAIEMENT REÇU	SOLDE IMPAYÉ À LA FIN DE L'ANNÉE
0	−10 000 $	0 $	0 $	−10 000 $
1	−10 000	−1 000	4 021	−6 979
2	−6 979	−698	4 021	−3 656
3	−3 656	−366	4 021	0

Un signe négatif indique un solde impayé.

Notons que dans le plan de remboursement ci-dessus, l'intérêt de 10 % est calculé uniquement sur le solde impayé pour chaque année. Ainsi, une partie seulement du versement annuel de 4 021 $ représente de l'intérêt ; le reste sert à rembourser le capital. Les trois paiements annuels servent donc à rembourser le prêt et fournissent de plus un rendement de 10 % sur le *montant impayé à chaque année*.

Au moment du dernier paiement, le solde impayé du capital devient[3] zéro. Si on calcule la PE de l'opération de prêt à un taux de rendement de 10 %, on obtient :

$$PE(10\%) = -10\ 000\ \$ + 4\ 021\ \$(P/A, 10\%, 3) = 0,$$

ce qui indique que la banque atteint le seuil de rentabilité à un taux d'intérêt de 10 %.

---

3. Comme nous l'avons appris à la section 4.3.2, ce solde de clôture est équivalent à la valeur future nette de l'investissement. Si la valeur future nette est 0, sa PE devrait également être 0.

4.6.2 LE RENDEMENT D'UN INVESTISSEMENT : $PE = 0$

On peut concevoir le taux d'intérêt au point mort pour une opération de prêt comme le taux d'intérêt qui rend la valeur actualisée nette des futurs paiements de remboursement égale au montant du prêt. Cette observation nous amène à la deuxième définition du taux de rendement.

Définition 2

Le taux de rendement constitue le taux d'intérêt au point mort, i*, *qui rend la valeur actualisée nette des débours d'un projet égale à la valeur actualisée nette de ses recettes, ou :*

$$PE(i^*) = PE_{\text{rentrées de fonds}} - PE_{\text{sorties de fonds}}$$
$$= 0.$$

Notons que l'expression de la PE est équivalente à :

$$PE(i^*) = \frac{A_0}{(1 + i^*)^0} + \frac{A_1}{(1 + i^*)^1} + ... + \frac{A_N}{(1 + i^*)^N} = 0. \qquad (4.9)$$

Dans cette équation, la valeur de A_n pour chaque période est connue, mais pas la valeur de i^*. Puisqu'il s'agit de la seule inconnue, on peut facilement la résoudre. (Inévitablement, il y aura N valeurs réelles et imaginaires de i^* pouvant résoudre cette équation. Les racines imaginaires ne sont pas significatives dans le cas qui nous intéresse. Les racines réelles négatives doivent être supérieures à -100% car l'équation 4.9 devient discontinue à partir de ce seuil. Quoi qu'il en soit, les racines réelles négatives présentent peu d'intérêt car elles indiquent que l'investissement initial ne peut jamais être récupéré. Dans la plupart des flux monétaires de projet, on peut trouver une seule valeur positive de i^* qui satisfera à l'équation 4.9. Cependant, il se peut que certains flux monétaires ne puissent être résolus pour un seul taux de rendement supérieur à -100%. La fonction PE dans l'équation 4.9 nous permet d'obtenir plus d'un taux d'intérêt au point mort réel et positif pour certains types de flux monétaires. Pour d'autres, il ne sera pas possible de trouver un seul taux de rendement positif.)

Il est à noter que la formule i^* dans l'équation 4.9 n'est rien d'autre que la formule PE de l'équation 4.1 résolue pour le taux d'intérêt donné (i^*), pour lequel $PE(i)$ est égale à zéro. En multipliant les deux côtés de l'équation 4.9 par $(1 + i^*)^N$, on obtient :

$$PE(i^*)(1 + i^*)^N = FE(i^*) = 0.$$

Si on multiplie les deux côtés de l'équation 4.9 par le facteur de recouvrement du capital, $(A/P, i^*, N)$, on obtient la relation $AE(i^*) = 0$. Par conséquent, la valeur de i^* d'un projet peut se définir comme le taux d'intérêt qui ramène à zéro la valeur actualisée nette, la valeur future nette et la valeur annuelle équivalente de tous les flux monétaires.

4.6.3   LE RENDEMENT DU CAPITAL INVESTI

D'une certaine façon, les projets d'investissement sont analogues aux prêts bancaires. Ce constat nous amène au concept du taux de rendement fondé sur le rendement du capital investi dans un projet. Le rendement d'un projet se définit comme le **taux de rendement interne (TRI)** prévu pour un **projet d'investissement** pendant sa **durée de vie utile**.

Définition 3

Le taux de rendement interne correspond au taux d'intérêt porté sur le solde non récupéré d'un investissement pour que ce dernier soit égal à 0 au moment où le projet prend fin.

Supposons qu'une entreprise investit 10 000 $ dans un ordinateur dont la durée de vie utile est de 3 ans et qui permet une économie de salaires annuelle équivalente de 4 021 $. Dans cet exemple, on considère l'entreprise comme le prêteur et le projet comme l'emprunteur. La transaction de trésorerie entre les deux parties sera identique à l'opération de prêt amorti décrite dans la définition 1.

n	SOLDE D'OUVERTURE DU PROJET	RENDEMENT DU CAPITAL INVESTI	PAIEMENT FINAL	SOLDE DU PROJET
0	0 $	0 $	−10 000 $	−10 000 $
1	−10 000	−1 000	4 021	−6 979
2	−6 979	−698	4 021	−3 656
3	−3 656	−366	4 021	0

Dans le calcul du solde du projet, on observe que l'intérêt de 10 % est gagné sur 10 000 $ durant la première année, sur 6 979 $ durant la deuxième année et sur 3 656 $ durant la troisième année. Cela signifie que l'entreprise obtient un taux de rendement de 10 % sur les fonds qui restent investis *à l'intérieur* du projet. Puisqu'il s'agit du rendement *interne* du projet, il est appelé **taux de rendement interne (TRI)**. Ainsi, le projet d'achat d'ordinateur à l'étude produit des recettes suffisantes pour s'autofinancer en 3 ans et il fournit de plus à l'entreprise un rendement de 10 % sur le capital investi. Autrement dit, si l'ordinateur est financé avec des fonds coûtant 10 % par année, les recettes produites par l'investissement seront égales aux montants nécessaires pour rembourser en 3 ans le capital et l'intérêt annuel des fonds empruntés.

On remarquera également qu'un seul débours survient au moment 0 et que la valeur actualisée nette de ce débours est de 10 000 $. Quant aux trois recettes égales, leur valeur actualisée nette est de 4 021 $$(P/A, 10\%, 3) = 10\ 000$ $. Puisque $PE = PE_{\text{rentrées}} - PE_{\text{sorties}} = 10\ 000\ \$ - 10\ 000\ \$ = 0$, le taux de rendement de 10 % satisfait également la définition 2. Bien que cet exemple simple implique que i^*

coïncide avec le TRI, seules les définitions 1 et 3 donnent la signification réelle du taux de rendement interne. Comme nous le verrons plus tard, si les débours liés à un investissement ne se limitent pas à la période initiale, plusieurs taux d'intérêt au point mort réels et positifs (i^*) pourront satisfaire à l'équation 4.9. Cependant, il se peut qu'aucun de ces taux ne corresponde au taux de rendement *interne* du projet.

4.6.4   LES INVESTISSEMENTS SIMPLES PAR OPPOSITION AUX INVESTISSEMENTS NON SIMPLES

Il est possible de classifier un projet d'investissement en comptant le nombre de changements de signes dans sa séquence de flux monétaires nets. Tout changement du « + » au « − » ou du « − » au « + » compte pour un changement de signe. (On ne prend pas en considération les mouvements de trésorerie de 0.) Ainsi,

* un **investissement simple** (ou **conventionnel**) se définit comme un investissement dans lequel le mouvement de trésorerie initial est négatif et un seul changement de signe survient dans les flux monétaires nets. Si le mouvement de trésorerie initial est positif et qu'un seul changement de signe est observé dans les mouvements nets subséquents, il s'agit du flux monétaire d'un **emprunt simple**;

* un **investissement non simple** (ou **non conventionnel**) est un investissement dans lequel plus d'un changement de signe survient dans le flux monétaire.

Comme nous le verrons plus loin, on n'observe plusieurs valeurs de i^* réelles et positives que dans les investissements non simples. Les changements de signes suivants peuvent survenir au cours du flux monétaire des divers types d'investissement:

TYPE D'INVESTISSEMENT	SIGNE À LA PÉRIODE					
	0	1	2	3	4	5
Simple	−	+	+	+	+	+
Simple	−	−	+	+	0	+
Non simple	−	+	−	+	+	−
Non simple	−	+	+	−	0	+

Exemple 4.12

Le classification des investissements

Classifiez les trois flux monétaires ci-contre en investissements simples ou en investissements non simples.

| PÉRIODE | FLUX MONÉTAIRES NETS | | |
n	PROJET A	PROJET B	PROJET C
0	−1 000, $	−1 000, $	11 000, $
1	−500	3 900	−450
2	800	−5 030	−450
3	1 500	2 145	−450
4	2 000		

Solution

- SOIT : les séquences de flux monétaires ci-dessus
- TROUVEZ : s'il s'agit d'investissements simples ou non simples

- Le projet A est un investissement simple. Ce type courant d'investissement est représenté par la courbe de valeur de la figure 4.14a. La courbe ne croise qu'une seule fois l'axe de *i*.

- Le projet B représente un investissement non simple. Sa courbe de valeur est donnée dans la figure 4.14b. La courbe croise l'axe de *i* à 10 %, 30 % et 50 %.

- Le projet C n'est ni un investissement simple ni un investissement non simple, bien qu'il n'y ait qu'un seul changement de signe dans le flux monétaire. Puisque le premier mouvement de trésorerie est positif, il s'agit du flux monétaire d'un **emprunt simple**, non d'un flux monétaire d'investissement. La courbe de valeur de ce type d'investissement ressemble à celle de la figure 4.14c.

Commentaires : *Les courbes de valeur pour des investissements non simples ne croisent pas toutes l'axe de* i *à plusieurs endroits. Nous verrons dans l'annexe 4A que le type de flux monétaire nous indique s'il faut ou non prévoir plusieurs croisements.*

Figure 4.14
Courbes de valeur : a) investissement simple, b) investissement non simple avec plusieurs valeurs positives de i* *et c) flux monétaire d'un emprunt simple*

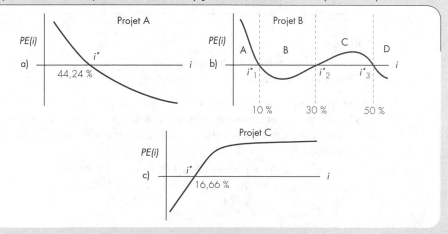

4.6.5 LES MÉTHODES DE CALCUL DE i^*

Une fois que le type de flux monétaire d'un investissement est connu, plusieurs façons de déterminer un taux de rentabilité, ou i^*, sont possibles. Nous présentons ci-dessous les trois méthodes les plus pratiques :

- Méthode de la solution directe
- Méthode empirique
- Méthode de la solution informatique

La méthode de la solution directe

Dans le cas particulier d'un projet ne comportant que deux transactions de trésorerie (un investissement suivi d'un seul paiement futur) ou d'un projet d'une durée de service de 2 ans, on peut chercher une solution mathématique directe pour déterminer le taux de rendement. L'exemple 4.13 présente ces deux cas.

Exemple 4.13

Trouver i^* par la méthode de la solution directe : deux flux monétaires et deux périodes

Calculez le taux de rendement pour chacun des projets d'investissement indépendants comportant les transactions de trésorerie suivantes :

n	PROJET 1	PROJET 2
0	−1 000, $	−2 000, $
1	0	1 300
2	0	1 500
3	0	
4	1 500	

Solution

- Soit : les flux monétaires des deux projets
- Trouvez : i^* pour chacun

Projet 1 : Trouver i^* si $PE(i^*) = 0$ se compare à résoudre $FE(i^*) = 0$ car la FE est égale à la PE multipliée par une constante. Pour démontrer ce fait, nous pourrions choisir l'une ou l'autre de ces équations, mais nous résoudrons $FE(i^*) = 0$. En utilisant la valeur future nette d'un paiement unique, nous obtenons :

$$FE(i^*) = -1\,000\$(F/P, i^*, 4) + 1\,500\$ = 0$$
$$1\,500\$ = 1\,000\$(F/P, i^*, 4) = 1\,000\$(1 + i^*)^4$$
$$1,5 = (1 + i^*)^4.$$

Nous obtenons pour i^*:

$$i^* = \sqrt[4]{1,5} - 1$$

$$= 0,1067 \text{ ou } 10,67\%.$$

Projet 2: Nous pouvons écrire l'expression de la PE pour ce projet de la manière suivante:

$$PE(i^*) = -2\ 000\$ + \frac{1\ 300\$}{(1 + i^*)} + \frac{1\ 500\$}{(1 + i^*)^2} = 0.$$

Établissons que $X = \dfrac{1}{(1 + i^*)}$. Nous pouvons réécrire $PE(i^*)$ en fonction de X comme suit:

$$PE(i^*) = -2\ 000\$ + 1\ 300\$\ X + 1\ 500\$\ X^2 = 0.$$

Il s'agit d'une équation quadratique qui donne la solution suivante[4]:

$$X = \frac{-1\ 300 \pm \sqrt{1\ 300^2 - 4(1\ 500)(-2\ 000)}}{2(1\ 500)}$$

$$= \frac{-1\ 300 \pm 3\ 700}{3\ 000}$$

$$= 0,8 \text{ ou } -1,667$$

En remplaçant les valeurs de X, nous obtenons:

$$0,8 = \frac{1}{(1 + i^*)} \rightarrow i^* = 25\%$$

$$-1,667 = \frac{1}{(1 + i^*)} \rightarrow i^* = -160\%.$$

Puisqu'un taux d'intérêt inférieur à -100% n'a aucune valeur économique, i^* pour ce projet est égal à 25%.

Commentaires: *Dans les deux projets, un changement de signe survient dans le flux monétaire net, ce qui devrait nous donner une seule valeur réelle de* i*. *Ces projets présentent également des flux monétaires très simples. Dans les cas des flux monétaires plus complexes, on doit habituellement utiliser la méthode empirique ou un logiciel pour trouver* i*.

---

4. Si $aX^2 + bX + c = 0$, la solution de l'équation quadratique est:

$$X = \frac{-b \pm \sqrt{b^2 - 4ac}}{2a}$$

La méthode empirique

La première étape de la méthode empirique consiste à faire une *estimation*[5] raisonnable de la valeur de i^*. Pour un investissement simple, on calcule la valeur actualisée nette de flux monétaires nets en utilisant un taux d'intérêt «estimé», puis on observe si cette valeur est positive, négative ou nulle. Supposons que $PE(i)$ est négative. Puisqu'on cherche une valeur de i qui rend $PE(i) = 0$, il faut augmenter la valeur actualisée nette du flux monétaire. Pour ce faire, il convient d'abaisser le taux d'intérêt et de répéter la procédure. Toutefois, si $PE(i)$ est positive, il faut augmenter le taux d'intérêt pour abaisser $PE(i)$. On répète ensuite la procédure jusqu'à ce que $PE(i)$ soit approximativement égale à 0. Chaque fois qu'on atteint le point où $PE(i)$ est bornée par une valeur négative et une valeur positive, on utilise l'**interpolation linéaire** pour estimer la valeur de i^*. Cette procédure est assez fastidieuse et plutôt inefficace. (La méthode empirique ne convient pas aux investissements non simples, dans lesquels la fonction PE n'est pas, de manière générale, une fonction décroissante monotone du taux d'intérêt.)

Exemple 4.14

Trouver i^* par la méthode empirique

La Société Fédérée est concessionnaire de matériel agricole. Le conseil d'administration étudie une proposition visant à construire une usine pour fabriquer une machine d'épandage agricole électronique «intelligente» inventée par un professeur d'université de la région. Ce projet nécessite un investissement de 10 millions de dollars en immobilisations et produira un bénéfice net annuel après impôt de 1,8 million de dollars pour une durée de vie de 8 ans. Tous les coûts et bénéfices sont inclus dans ces chiffres. À la fin du projet, les produits nets de la vente des immobilisations seront de 1 million de dollars (figure 4.15). Calculez le taux de rendement de ce projet.

Figure 4.15
Diagramme du flux monétaire pour un investissement simple

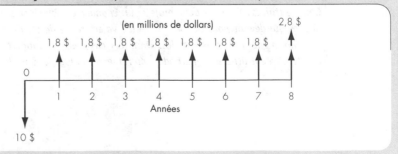

---

5. Comme nous le verrons plus loin dans ce chapitre, l'objectif ultime visé par la recherche de i^* est de comparer cette valeur au TRAM. Il est donc souhaitable d'utiliser le TRAM comme première estimation.

Solution

- **SOIT:** investissement initial $(P) = 10$ millions de dollars, $A = 1,8$ million de dollars, $S = 1$ million de dollars et $N = 8$ années
- **TROUVEZ:** i^*

Commençons par un taux d'intérêt estimé de 8 %. La valeur actualisée nette des flux monétaires, en millions de dollars, est:

$$PE(8\%) = -10\$ + 1,8\$(P/A, 8\%, 8) + 1\$(P/F, 8\%, 8) = 0,88\$.$$

Puisque cette valeur actualisée est positive, nous devons augmenter le taux d'intérêt pour la rapprocher de zéro. En utilisant un taux d'intérêt de 12 %, on obtient:

$$PE(12\%) = -10\$ + 1,8\$(P/A, 12\%, 8) + 1\$(P/F, 12\%, 8) = -0,65\$.$$

Nous avons mis la solution entre crochets: PE(i) sera nulle si i se situe entre 8 et 12 %. Au moyen de l'interpolation linéaire, on obtient l'approximation suivante:

$$i^* \cong 8\% + (12\% - 8\%)\left[\frac{0,88 - 0}{0,88 - (-0,65)}\right]$$
$$= 8\% + 4\%(0,5752)$$
$$= 10,30\%.$$

Vérifions maintenant si cette valeur se rapproche de la valeur exacte de i^*. En calculant la valeur actualisée nette de cette valeur interpolée, on obtient:

$$PE(10,30\%) = -10\$ + 1,8\$(P/A, 10,30\%, 8) + 1\$(P/F, 10,30\%, 8)$$
$$= -0,045\$.$$

Puisque cette valeur n'est pas zéro, il faut recalculer i^* à un taux d'intérêt moindre, par exemple 10 %:

$$PE(10\%) = -10\$ + 1,8\$(P/A, 10\%, 8) + 1\$(P/F, 10\%, 8) = 0,069\$.$$

Par un autre calcul d'interpolation linéaire, on obtient l'approximation suivante:

$$i^* \cong 10\% + (10,30\% - 10\%)\left[\frac{0,069 - 0}{0,069 - (-0,045)}\right]$$
$$= 10\% + 0,30\%(0,6053)$$
$$= 10,18\%.$$

À ce taux d'intérêt:

$$PE(10,18\%) = -10\$ + 1,8\$(P/A, 10,18\%, 8) + 1\$(P/F, 10,18\%, 8)$$
$$= 0,0007\$,$$

ce qui se rapproche beaucoup de zéro. Nous pouvons donc nous arrêter ici. En fait, il n'est pas nécessaire d'être plus précis dans ces interpolations car le résultat final ne peut être plus précis que les données initiales, qui sont habituellement approximatives. Avec un logiciel, le calcul de i^* pour ce problème nous donne 10,1819 %.

La méthode de la solution informatique

Il n'est pas nécessaire de faire des calculs manuels laborieux pour trouver i^*. De nombreuses calculatrices financières ont des fonctions intégrées (algorithmes de recherche) permettant de calculer i^*. Il importe de souligner que les tableurs électroniques ont également des fonctions i^* qui résolvent très rapidement l'équation 4.9. Il suffit d'entrer les flux monétaires au moyen du clavier ou de demander au programme de lire un fichier contenant les flux monétaires. Par exemple, le logiciel Excel de Microsoft présente la fonction financière TRI, qui analyse les flux monétaires d'investissement ; il en sera question dans la section 4.8.

La méthode de représentation graphique la plus facile à utiliser et à comprendre pour trouver i^* consiste à créer la **courbe de valeur** au moyen d'un ordinateur. Dans ce graphique, l'abscisse correspond au taux d'intérêt et l'ordonnée, à la PE. Pour les flux monétaires d'un projet donné, la PE se calcule à un taux d'intérêt de 0 (qui donne l'abscisse à l'origine) ainsi qu'à d'autres taux d'intérêt. Il s'agit ensuite d'exécuter le tracé graphique et de réaliser la courbe. Puisque i^* se définit comme le taux d'intérêt auquel $PE(i^*) = 0$, le point où la courbe croise l'abscisse correspond approximativement à la valeur de i^*. Cette approche graphique convient pour les investissements simples et non simples.

Exemple 4.15

Estimation de i^* par la méthode graphique

Pour le flux monétaire de la figure 4.16a, estimez le taux de rendement en réalisant la courbe de valeur au moyen d'un ordinateur.

Solution

- Soit : pour le flux monétaire de la figure 4.16a
- Trouvez : i^* en traçant la courbe de valeur

La fonction de la valeur actualisée nette pour le flux monétaire du projet est la suivante :

$$PE(i) = -10\ 000\$ + 20\ 000\$(P/A, i, 2) - 25\ 000\$(P/F, i, 3)$$

On utilise d'abord $i = 0$ pour obtenir $PE = 5\ 000\$$, qui correspond à l'ordonnée à l'origine. On substitue ensuite plusieurs autres taux d'intérêts (10 %, 20 %, ..., 140 %) et on pointe ces valeurs de $PE(i)$. Le résultat donne la figure 4.16b, dans laquelle la courbe croise l'abscisse à environ 140 %. Cette valeur se vérifie par d'autres méthodes. Soulignons que, en plus d'établir le taux d'intérêt auquel $PE = 0$, la courbe de valeur indique où se trouvent les valeurs positives et négatives de la PE, ce qui procure une image globale des taux d'intérêt pour lesquels le projet est acceptable ou inacceptable. (Dans ce cas, la méthode empirique pourrait prêter à confusion car, si le taux d'intérêt passait de 0 à 20 %, la PE augmenterait également plutôt que de diminuer.) Bien que le projet soit un investissement non simple, la courbe croise l'abscisse une fois seulement.

Cependant, comme nous l'avons appris dans la section précédente, la plupart des projets non simples ont plus d'une valeur de i^* rendant $PE = 0$, c'est-à-dire plus d'une valeur positive réelle de i^* pour un projet. Dans un tel cas, la courbe de valeur croiserait l'abscisse plus d'une fois[6].

Figure 4.16
Méthode graphique de recherche du taux de rendement pour un investissement non simple typique

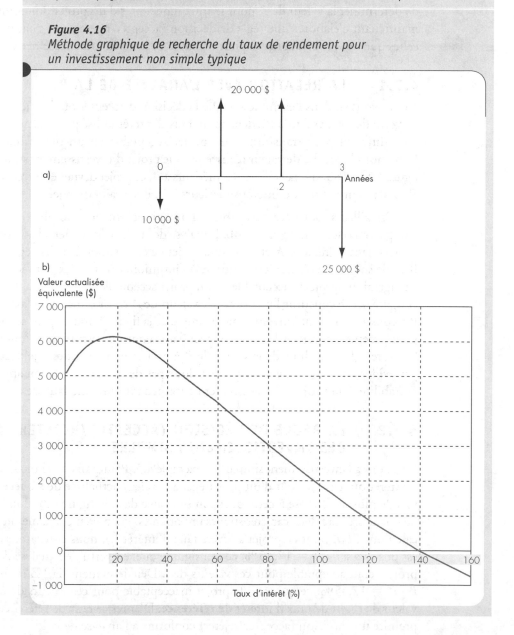

6. L'annexe 4A présente des méthodes permettant de prédire le nombre de valeurs de i^* par l'examen des flux monétaires. Cependant, la réalisation d'une courbe de valeur pour trouver plusieurs valeurs de i^* est aussi pratique et instructive que toute autre méthode.

4.7   LE CRITÈRE DU TAUX DE RENDEMENT INTERNE

Nous avons classifié les projets d'investissement et appris les méthodes permettant de déterminer la valeur de i^* pour les flux monétaires d'un projet donné; il importe maintenant d'élaborer une règle de décision (accepter/rejeter) qui s'harmonise avec celles que nous avons conçues pour l'analyse de la valeur actualisée nette (PE).

4.7.1   LA RELATION AVEC L'ANALYSE DE LA PE

Nous avons vu dans l'exemple 4.5 que la décision d'accepter ou de rejeter un projet en vertu de l'analyse de la PE dépend du taux d'intérêt utilisé pour calculer la PE. Un taux différent peut transformer un projet acceptable en un projet inacceptable. Reprenons la courbe de valeur réalisée pour le projet d'investissement simple dans la figure 4.14a. Pour des taux d'intérêt inférieurs à i^*, ce projet devrait être accepté puisque $PE > 0$; pour des taux d'intérêt supérieurs à i^*, il devrait être rejeté.

Par ailleurs, pour certains projets d'investissement non simples, la PE peut se comparer à celle de la figure 4.14b. L'analyse de la PE peut mener à l'acceptation des projets dans les régions **A** et **C**, mais au rejet de ceux situés dans les régions **B** et **D**. Il va de soi que ce résultat est contraire à l'intuition, car un taux d'intérêt plus élevé changerait un projet inacceptable en un projet acceptable. La situation illustrée dans la figure 4.14b constitue l'un des cas de valeurs de i^* mentionnés dans la définition 2. Par conséquent, pour l'investissement simple de la figure 4.14a, i^* peut servir d'indice pour accepter ou rejeter le projet. Cependant, pour l'investissement non simple de la figure 4.14b, le choix de la valeur de i^* à utiliser pour prendre une décision n'est pas évident. La valeur de i^* ne permet donc pas de mesurer de façon appropriée la rentabilité d'un projet d'investissement comprenant plusieurs taux de rendement.

4.7.2   LA RÈGLE DE DÉCISION (ACCEPTER/REJETER) POUR DES INVESTISSEMENTS SIMPLES

Revenons à l'investissement simple de l'exemple 4.5. Pourquoi cherchons-nous le taux d'intérêt qui rend le coût d'un projet égal à la valeur actualisée de ses recettes? Une fois de plus, la réponse à cette question se trouve dans la figure 4.5, dont la courbe de valeur présente deux caractéristiques importantes. Premièrement, à mesure que nous calculons $PE(i)$ pour ce projet à divers taux d'intérêt (i), nous constatons que la PE est positive si $i < i^* = 17,45\,\%$, ce qui signifie que, en vertu de l'analyse de la PE, le projet serait acceptable pour ces valeurs de i. Deuxièmement, la PE est négative si $i > i^* = 17,45\,\%$, ce qui rend le projet inacceptable pour ces valeurs de i. Ainsi, la valeur de i^* sert de taux d'intérêt **de référence**. D'après ce taux de référence, on peut prendre une décision (accepter/rejeter) conforme à l'analyse de la PE.

Notons que pour tout investissement simple, la valeur de i^* constitue en réalité le TRI de l'investissement (voir la section 4.6.3). Dans l'exemple 4.5, le TRI est 17,45 %. Le seul fait de connaître i^* n'indique pas nécessairement si l'investissement est intéressant. Il s'agit du taux d'intérêt où $PE = 0$, c'est-à-dire celui qui nous rend indifférent à ce projet. Cependant, les entreprises visent habituellement plus haut que le seuil de rentabilité et exigent que les projets offrent un taux de rendement acceptable minimal (TRAM), déterminé par une politique de gestion, la direction ou le décideur attitré pour le projet. Si le TRI est supérieur au TRAM, l'entreprise est certaine de dépasser le seuil de rentabilité. Le TRI devient alors un indicateur utile de l'acceptabilité d'un projet et s'insère de la façon suivante dans la règle de décision pour un projet d'investissement simple :

Si TRI > TRAM, on accepte le projet.
Si TRI = TRAM, on reste indifférent au projet.
Si TRI < TRAM, on rejette le projet.

Soulignons que cette règle de décision ne peut s'appliquer qu'à l'évaluation d'un seul projet. Dans les cas de projets d'investissement mutuellement exclusifs, nous devons utiliser l'**approche de l'analyse différentielle**, dont il sera question dans le chapitre 5.

Exemple 4.16

La décision pour un investissement simple

Merco inc., un fabricant de machinerie de Québec, envisage d'investir 1 250 000 $ dans un système complet de fabrication de poutres de construction. La hausse de productivité que promet ce nouveau système est le principal élément justificatif de ce projet. Merco a fait les estimations suivantes pour calculer la productivité :

- Hausse de la production d'acier fabriqué : 2 000 tonnes par année
- Prix de vente moyen : 2 566 $ par tonne d'acier fabriqué
- Salaire : 10,50 $ par heure
- Prix de l'acier : 1 950 $ par tonne
- Coût d'entretien additionnel : 128 500 $ par année

Le coût de production d'une tonne d'acier fabriqué avec ce nouveau système est estimé à 2 170 $. Si le prix de vente est de 2 566 $ la tonne, la contribution de la nouvelle machine aux frais généraux et au profit totalise 396 $ par tonne. En supposant que Merco pourra soutenir une production accrue de 2 000 tonnes par année en achetant ce système, on peut estimer que la contribution additionnelle projetée sera de 2 000 tonnes × 396 $ = 792 000 $.

Puisque le système est capable de fournir toute la gamme des produits en acier fabriqué, deux travailleurs suffiront à le faire fonctionner, un pour la coupe et l'autre pour le forage. Un troisième opérateur manœuvrera la grue qui charge et décharge le matériel. L'actuel système de fabrication de Merco, de type traditionnel, emploie 17 personnes affectées à diverses tâches (pointeau, forage de trous avec une perceuse radiale ou magnétique, manutention du matériel), comparativement aux trois employés requis pour le nouveau système. Ce changement occasionnera des économies de salaire de 294 000 $ par année (14 × 10,50 $ × 40 heures par semaine × 50 semaines par année). Le système a une durée de service de 15 ans et sa valeur de récupération estimée après impôt est de 80 000 $. Cependant, après une déduction annuelle de 226 000 $ pour l'impôt sur les sociétés, le coût d'investissement net ainsi que les économies sont:

- Coût de l'investissement: 1 250 000 $
- Économies annuelles nettes projetées:
  (792 000 $ + 294 000 $) − 128 500 $ − 226 000 $ = 731 500 $
- Valeur de récupération projetée après impôt à la fin de la 15ᵉ année: 80 000 $
  a) Quel est le TRI projeté pour cet investissement?
  b) Si le TRAM de Merco est de 18 %, cet investissement est-il justifiable?

Solution

- SOIT: le flux monétaire projeté illustré dans la figure 4.17 et TRAM = 18 %
- TROUVEZ: a) le TRI et b) s'il faut accepter ou rejeter le projet d'investissement

Figure 4.17
Diagramme du flux monétaire

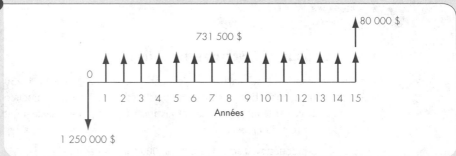

a) Puisqu'on n'observe qu'un seul changement de signe dans le flux monétaire net, le projet de fabrication est un investissement simple, ce qui indique qu'il y aura un taux de rendement interne unique pour ce projet:

$$PE(i) = -1\ 250\ 000\$ + 731\ 500\$(P/A,\ i,\ 15)$$
$$+ 80\ 000\$(P/F,\ i,\ 15)$$
$$= 0.$$

Utilisons la méthode empirique décrite dans la section 4.6.5 pour calculer les valeurs actualisées à ces deux taux d'intérêt:

Si $i = 50\%$:

$$
\begin{aligned}
PE(50\%) &= -1\,250\,000\$ + 731\,500\$(P/A,\ 50\%,\ 15) \\
&\quad + 80\,000\$(P/F,\ 50\%,\ 15) \\
&= 209\,842\$.
\end{aligned}
$$

Si $i = 60\%$:

$$
\begin{aligned}
PE(60\%) &= -1\,250\,000\$ + 731\,500\$(P/A,\ 60\%,\ 15) \\
&\quad + 80\,000\$(P/F,\ 60\%,\ 15) \\
&= -31\,822\$.
\end{aligned}
$$

Après plusieurs calculs itératifs, vous constaterez que le TRI est d'environ 58,71 % pour un investissement net de 1 250 000 $.

b) Le TRI est de loin supérieur au TRAM de Merco, ce qui indique que le projet de système de fabrication est intéressant sur le plan économique. Pour la direction de Merco, dans la mesure où l'on fabrique une gamme complète de produits de construction, l'installation de ce système se traduira indéniablement par d'importantes économies, malgré les écarts possibles qui peuvent séparer les montants réels des montants estimés dans l'analyse ci-dessus.

4.7.3 LA RÈGLE DE DÉCISION (ACCEPTER/REJETER) POUR DES INVESTISSEMENTS NON SIMPLES

Dans le cas de projets d'investissement simples indépendants, i^* constitue un critère non équivoque pour mesurer la rentabilité. Cependant, si le projet comporte plusieurs taux de rendement, aucun de ces taux n'indique de façon précise l'acceptabilité ou la rentabilité du projet. Il est donc primordial de déceler rapidement une telle situation lorsqu'on analyse les flux monétaires d'un projet. Le moyen le plus fiable de prédire la présence de plusieurs valeurs de i^* consiste à réaliser une courbe de valeur au moyen d'un ordinateur, puis de vérifier si elle croise l'abscisse à plus d'un endroit.

Outre la courbe de valeur, il existe d'autres méthodes d'analyse efficaces, mais plus complexes, pour prédire la présence de plusieurs valeurs de i^*. Insistons particulièrement sur l'une d'elles, qui utilise un **taux de rendement externe**, pour resserrer l'analyse de projets comportant plusieurs valeurs de i^*. Le taux de rendement externe, qui est décrit dans l'annexe 4A, nous permet de calculer un seul taux de rendement valide.

Si l'on préfère éviter ces méthodes d'analyse plus complexes du taux de rendement, il faut être en mesure de prédire la présence de plusieurs valeurs de i^* par la courbe de valeur et, s'ils existent, de choisir une méthode de valeur équivalente (PE, FE ou AE) pour déterminer l'acceptabilité du projet. La figure 4.18 résume la logique qu'il faut suivre pour prendre des décisions concernant des projets d'investissement en vertu du critère du TRI.

Figure 4.18

Récapitulation du critère du TRI — ordinogramme résumant les étapes à suivre pour appliquer la règle des signes dans un flux monétaire net

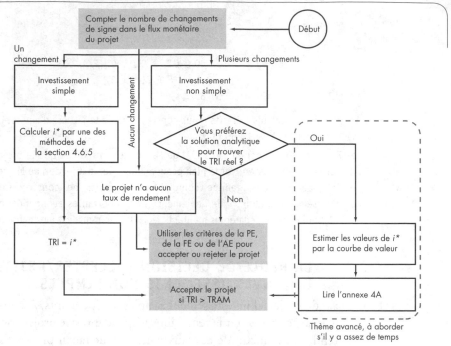

Thème avancé, à aborder s'il y a assez de temps

Exemple 4.17

La décision concernant un projet d'investissement non simple

Le laboratoire de traitement d'images Trane a remporté l'appel d'offres pour un contrat gouvernemental de 7 300 000 $ visant à construire des simulateurs de vol pour la formation des pilotes au cours des deux prochaines années. Dans certains cas, le gouvernement verse une avance au moment de la signature du contrat, mais dans ce cas particulier, il propose deux paiements progressifs : 4 300 000 $ à la fin de la première année et 3 000 000 $ à la fin de la deuxième année. Les sorties prévues pour fabriquer ces simulateurs sont estimées à 1 000 000 $ aujourd'hui, à 2 000 000 $ durant la première année et à 4 320 000 $ durant la seconde année. Les flux monétaires nets prévus pour ce projet sont les suivants :

ANNÉE	RENTRÉES	SORTIES	FLUX MONÉTAIRES NETS
0		1 000 000 $	−1 000 000 $
1	4 300 000 $	2 000 000	2 300 000
2	3 000 000	4 320 000	−1 320 000

En temps normal, Trane n'étudierait même pas un projet marginal comme celui-ci. Cependant, la direction espérait que l'entreprise puisse faire sa marque en tant que leader dans ce domaine et a jugé qu'il valait la peine de présenter la soumission la plus basse pour éliminer les autres concurrents. Financièrement, quelle est la valeur économique de cette surenchère, qui visait à obtenir à tout prix le contrat ?

a) Calculer les valeurs de i^* pour ce projet.

b) Prendre la décision d'accepter ou de rejeter le projet d'après les résultats obtenus en a). On suppose que le TRAM de Trane est de 15 %.

Solution

- Soit : les flux monétaires ci-dessus et TRAM = 15 %
- Trouvez : a) i^* et b) s'il faut ou non accepter le projet

a) Puisque la durée de vie du projet est de 2 ans, on peut résoudre l'équation de la valeur actualisée nette directement par la formule quadratique :

$$PE(i^*) = -1\,000\,000\$ + 2\,300\,000\$/(1 + i^*) - 1\,320\,000\$/(1 + i^*)^2 = 0$$

Si $X = 1/(1 + i^*)$, on peut réécrire l'expression comme suit :

$$-1\,000\,000 + 2\,300\,000X - 1\,320\,000X^2 = 0.$$

On obtient $X = 10/11$ et $10/12$, ou $i^* = 10\,\%$ et $20\,\%$. Dans la figure 4.19, la courbe de valeur croise deux fois l'abscisse, d'abord à 10 %, puis à 20 %. L'investissement n'est donc pas simple, et ni 10 % ni 20 % ne représente le taux de rendement interne réel de ce projet de contrat gouvernemental.

b) Puisque le projet est non simple, il est plus pratique d'utiliser le critère de PE plutôt que le critère du TRI. Si on applique la méthode de la valeur actualisée nette pour TRAM = 15 %, on obtient :

$$PE(15\,\%) = -1\,000\,000\$ + 2\,300\,000\$(P/F, 15\,\%, 1)$$
$$-1\,320\,000\$(P/F, 15\,\%, 2)$$
$$= 1\,890\$ > 0,$$

ce qui confirme que le projet est marginalement acceptable et qu'il n'est pas aussi mauvais qu'il le semblait au départ.

Commentaires : L'exemple 4A.4 de l'annexe 4A décrit la procédure à suivre pour trouver le taux de rendement réel de ce projet d'investissement non simple.

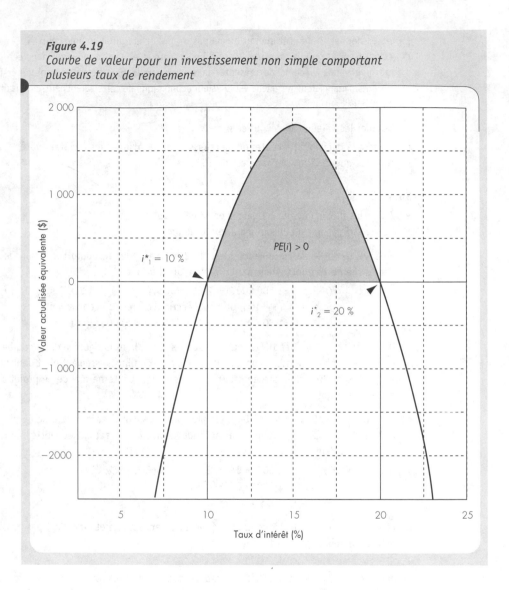

Figure 4.19
Courbe de valeur pour un investissement non simple comportant plusieurs taux de rendement

4.8   LES CALCULS PAR ORDINATEUR

Dans cette section, nous expliquerons comment créer un tableau de valeur actualisée nette ou de valeur actualisée équivalente et tracer une courbe de valeur en fonction du taux d'intérêt au moyen du logiciel Excel. Nous utiliserons à cette fin les données du flux monétaire décrit dans l'exemple 4.9.

4.8.1 LA CRÉATION D'UN TABLEAU DE PE

En prenant comme modèle la figure 4.20, entrez les périodes connues et les flux monétaires correspondants (les chiffres entre parenthèses représentent des montants négatifs). Le taux d'intérêt (TRAM) est donné dans la cellule C1. Pour calculer la PE des flux monétaires à un taux d'intérêt donné, on peut utiliser la fonction **VAN(*taux; valeur 1;valeur 2;...*)**. Cette fonction suppose que les flux monétaires surviennent en fin de période. Pour trouver la PE d'un investissement pour lequel le premier débours survient immédiatement, ou à la période 0, et est suivi d'une série de flux monétaires, il faut isoler le mouvement de trésorerie initial car il n'est pas affecté par l'intérêt.

Figure 4.20
Écran d'Excel : exemple 4.9

Microsoft Excel - figure 4.20.xls

K13

	A	B	C	D	E	F	G	H
1	ENTRÉE :	TRAM (%) =	15					
2	ENTRÉE :	Flux monétaires nets pendant 6 ans				Valeur actualisée nette		
3		(en milliers de dollars)				(en milliers de dollars)		
4								
5	*n*					*i* (%)	*PE(i)*	
6								
7	0		(15 000 $)			0	25 500	
8	1		(3 500 $)			2	22 103	
9	2		5 000 $			4	19 058	Taux de rendement interne
10	3		9 000 $			6	16 322	TRI = 25,57 %
11	4		12 000 $			8	13 858	
12	5		10 000 $			10	11 633	
13	6		8 000 $			12	9 621	
14						14	7 795	
15	*PE* (TRAM)		6 946 $			16	6 137	
16						18	4 627	
17						20	3 249	
18						22	1 990	
19						24	837	
20						26	(220)	
21						28	(1 191)	
22						30	(2 085)	

La cellule C7 représente le mouvement de trésorerie initial (à la période 0), les cellules C8 à C13 comprennent les autres montants du flux monétaire et la cellule C1 est le taux d'intérêt annuel (15 %). La PE totale se calcule comme suit :

$$= VAN(C1\%;C8:C13) + C7.$$

Le résultat, soit 6 946 $, est affiché dans la cellule C15.

Pour créer une courbe de valeur, vous devez entrer la fourchette de taux d'intérêt dans la colonne F (par exemple, de 0 à 30 %, augmentant par incréments de 2 %). Le signe de $ placé devant l'une ou l'autre des références de cellule (les lettres pour les colonnes et les chiffres pour les rangées) permet d'ancrer la donnée pour qu'elle ne soit pas modifiée si l'on copie ou déplace la formule vers une autre cellule. Par exemple, pour obtenir les valeurs actualisées nettes à divers taux d'intérêt, vous devez suivre deux étapes :

- Étape 1 : Entrer la formule de la PE à 0 % d'intérêt dans la cellule G7 :

$$= VAN(F7\,\%;C\$8{:}C\$13) + C\$7$$

- Étape 2 : Pour copier dans des cellules adjacentes, cliquer sur la cellule G7 et placer le pointeur de la souris sur la poignée de remplissage. Le pointeur devient alors une croix noire. Faire glisser la poignée de remplissage dans la direction désirée (vers le bas, jusqu'à la cellule G22). Relâcher le bouton de la souris et la formule de la cellule se copiera dans chaque cellule de la fourchette de taux d'intérêt (figure 4.21).

Figure 4.21
Écran d'Excel : fonction de copie dans Excel

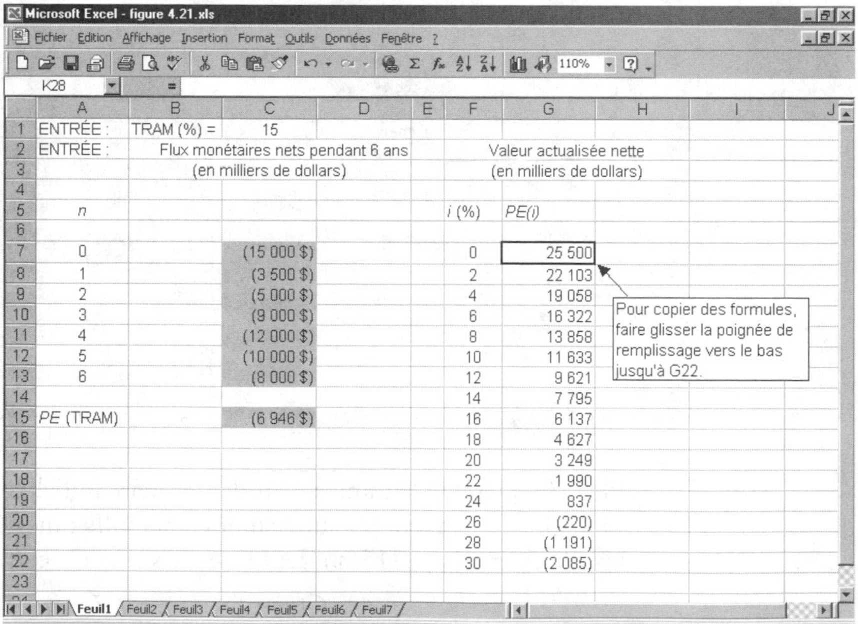
Microsoft Excel - figure 4.21.xls

	A	B	C	D	E	F	G	H
1	ENTRÉE :	TRAM (%) =	15					
2	ENTRÉE :	Flux monétaires nets pendant 6 ans				Valeur actualisée nette		
3		(en milliers de dollars)				(en milliers de dollars)		
4								
5	*n*					*i* (%)	*PE(i)*	
6								
7	0		(15 000 $)			0	25 500	
8	1		(3 500 $)			2	22 103	
9	2		(5 000 $)			4	19 058	
10	3		(9 000 $)			6	16 322	
11	4		(12 000 $)			8	13 858	
12	5		(10 000 $)			10	11 633	
13	6		(8 000 $)			12	9 621	
14						14	7 795	
15	*PE* (TRAM)		(6 946 $)			16	6 137	
16						18	4 627	
17						20	3 249	
18						22	1 990	
19						24	837	
20						26	(220)	
21						28	(1 191)	
22						30	(2 085)	

4.8.2 LA CRÉATION D'UN GRAPHIQUE DE PE

On peut facilement obtenir une représentation graphique de la PE au moyen de la fonction **Assistant graphique** du logiciel Excel, que l'on active à partir du menu Données. L'**Assistant graphique** comprend une série de boîtes de dialogue qui simplifient la création d'un graphique. Il guide également l'utilisateur dans les étapes du processus pour qu'il vérifie les données sélectionnées, choisisse un type de graphique et décide s'il veut ajouter certains éléments, par exemple des titres et une légende. On

Figure 4.22
Écran d'Excel : types d'options graphiques offertes
*par l'**Assistant graphique***

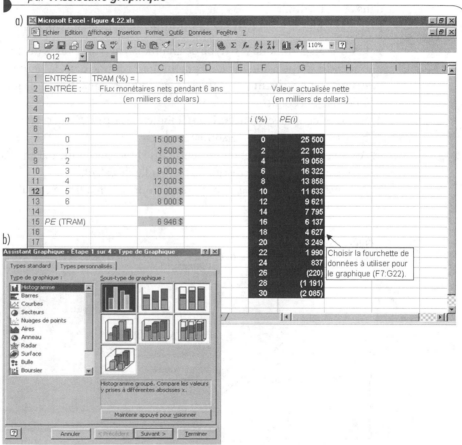

peut insérer un graphique sous forme d'objet dans une feuille de calcul (lorsqu'on veut afficher un graphique en même temps que les données qui y sont associées) ou créer un graphique distinct dans un classeur (lorsqu'on veut l'isoler des données qui y sont associées). Cette fonction est utile quand on veut montrer les graphiques sur des transparents lors d'une présentation. Quel que soit le type de graphique choisi, il sera lié automatiquement à la feuille de calcul qui a servi à le réaliser. Si l'on change les données dans la feuille de calcul, le graphique sera modifié en conséquence.

Par exemple, pour créer un graphique XY des valeurs actualisées nettes précédentes, on peut procéder comme suit :

- Étape 1 : Choisir les données de la feuille de calcul à inclure dans le graphique, comme dans la figure 4.22a.
- Étape 2 : Cliquer sur **Assistant graphique** et suivre les instructions :

  1. Choisir un graphique XY (type de graphique) avec les points de données reliés par une ligne souple (sous-type de graphique), comme dans la figure 4.22b.
  2. Appuyer sur **Suivant** pour afficher les données dans le type de graphique choisi à l'étape précédente.
  3. Appuyer de nouveau sur **Suivant**, ajouter des titres, etc., et choisir les options de quadrillage, etc., pour personnaliser le tableau.
  4. Appuyer sur **Suivant** et choisir entre insérer le graphique dans la feuille de calcul ou créer un graphique distinct de la feuille de calcul.
  5. Appuyer sur **FIN** et le graphique sera ajouté à la feuille de calcul, comme dans la figure 4.23.

Figure 4.23
Courbe de valeur obtenue avec Excel pour l'exemple 4.9

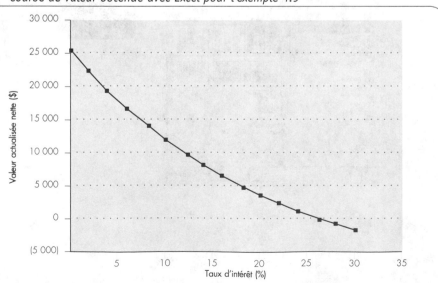

4.8.3 L'IMPRESSION DE LA FEUILLE DE CALCUL ET DU GRAPHIQUE

Avant d'imprimer, il faut choisir une imprimante. Dans le menu **Fichier**, choisir **Imprimer**. Cliquer sur l'option du nom et choisir l'imprimante qui sera utilisée. Une fois l'imprimante choisie, il est possible de modifier l'apparence des feuilles de calcul imprimées en changeant des options telles que les marges, l'orientation de page, l'entête et le pied de page dans la boîte de dialogue **Mise en page**. Grâce à l'**Aperçu avant impression**, on peut visualiser la page exactement comme elle sera imprimée, avec les marges, les sauts de page, les en-têtes et les pieds de page choisis.

4.8.4 LES FONCTIONS FINANCIÈRES TRI DANS EXCEL

Pour analyser le taux de rendement, Excel offre la fonction TRI, qui demande deux arguments : une estimation de la valeur résultante de i^* et la séquence de cellules contenant les flux monétaires. Excel estime d'abord une valeur approximative de i^*, puis approfondit son analyse jusqu'à l'obtention d'une valeur correcte. (Si on entre une valeur estimée qui s'écarte trop de la valeur réelle, un message d'erreur peut apparaître. Il faut alors augmenter ou diminuer la valeur estimée).

= **TRI** (*valeurs;estimation*) : donne un taux de rendement ou une valeur de i^* pour une série de flux monétaires.

La variable **valeurs** est une matrice ou une référence à des cellules qui contient des valeurs pour lesquelles on cherche le taux de rendement interne. Elle doit comprendre au moins une valeur positive et une valeur négative pour pouvoir calculer le TRI.

La variable **Estimation** est le taux que l'on estime le plus proche du TRI résultant. Excel utilise une technique itérative pour calculer le TRI. D'après l'estimation, les cycles de calcul du TRI s'effectuent jusqu'à l'obtention d'un résultat exact avec une marge d'erreur de 0,000 01 pour cent. Si la fonction TRI ne trouve pas de résultat après 20 essais, la valeur d'erreur #NOMBRE! apparaît. Dans la plupart des cas, il n'est pas nécessaire d'entrer une valeur estimée pour le calcul du TRI. Si on omet cette estimation, elle est évaluée à 0,1 (10 %). Si la fonction TRI affiche la valeur d'erreur #NOMBRE!, ou si le résultat ne se rapproche pas de la valeur que l'on croyait obtenir, il faut essayer de nouveau avec une valeur estimée différente.

Pour calculer le TRI de l'exemple 4.9, utilisons les flux monétaires de la figure 4.20. Le calcul du TRI se fait comme suit :

$$= \text{TRI}(C7: C13;0,15)$$

Nous avons estimé que le TRI est égal au TRAM, c'est-à-dire à 15 %. Le TRI pour cette série de flux monétaires est de 25,57 % et il apparaît dans la cellule H10 de la figure 4.20.

En résumé

Dans ce chapitre, nous avons présenté quatre méthodes visant à mesurer l'attrait économique ou la rentabilité de projets indépendants, dont nous avons tiré les observations suivantes :

- Dans les méthodes d'analyse de la valeur actualisée nette, de la valeur future nette et de la valeur annuelle nette, on convertit les flux monétaires d'un projet en une valeur actualisée équivalente (PE), en une valeur future équivalente (FE) ou en une valeur annuelle équivalente (AE).

- Le taux d'intérêt utilisé dans ces calculs d'équivalence est le TRAM, ou taux de rendement acceptable minimal. Il est habituellement fixé par la direction et correspond au taux d'intérêt auquel l'entreprise peut faire fructifier de l'argent ou en emprunter.

- Le rapport entre les trois critères de valeur équivalente est le suivant :

$$FE(i) = PE(i)(F/P, i, N)$$
$$AE(i) = PE(i)(A/P, i, N) = FE(i)(A/F, i, N)$$

lorsque la FE est donnée pour la fin du projet, N.

- Le facteur de coût de recouvrement du capital, $RC(i)$, est une application importante de l'analyse de l'AE ; il permet aux gestionnaires de calculer le coût équivalent annuel du capital, qui s'insère plus facilement dans les coûts d'exploitation annuels. L'équation pour le $RC(i)$ est :

$$RC(i) = (P - S)(A/P, i, N) + iS$$

où P = coût initial et S = valeur de récupération.

- L'analyse du taux de rendement mesure la rentabilité d'un projet en fonction du taux d'intérêt ou du rendement calculé pour le projet.

- Il est possible de déterminer mathématiquement le taux de rendement pour les flux monétaires d'un projet donné en trouvant un taux d'intérêt positif réel auquel la valeur actualisée nette des flux monétaires est égale à 0. Ce taux d'intérêt au point mort est désigné par le symbole i^*.

- Le **taux de rendement (TR)** est le taux d'intérêt au point mort, i^*, gagné sur les soldes non recouvrés du projet et auquel les recettes d'un investissement rendent le solde de clôture du projet égal à 0.

- Le **taux de rendement interne (TRI)** est une forme de TR qui concerne l'intérêt accumulé sur la portion du projet qui est investie à l'intérieur de celui-ci, non les portions qui sont retirées (ou empruntées) du projet.

- Pour utiliser correctement l'analyse du taux de rendement, il faut classifier le projet en investissement simple ou en investissement non simple. Un **investissement simple** est un investissement dans lequel le mouvement de trésorerie initial est négatif et un seul changement de signe est observé dans le flux monétaire net, tandis qu'un **investissement non simple** est un investissement dans lequel plus d'un changement de signe survienent dans le flux monétaire. Seuls les investissements non simples comprennent plusieurs valeurs de i^*. Cependant, tous les investissements non simples n'ont pas toujours plusieurs valeurs de i^*.

- Dans les investissements simples, TR = TRI = i^*.

- Dans les investissements non simples, étant donné la présence possible de plusieurs taux de rendement, il convient de préférer à l'analyse du TRI une des autres méthodes de valeur équivalente permettant de décider si le projet doit être accepté ou rejeté. Les étapes à suivre pour déterminer le taux de rendement interne des investissements non simples sont données à l'annexe 4A. Si le TRI (ou rendement du capital investi) est connu, on peut utiliser la même règle de décision pour les investissements simples.

Tableau 4.4   Résumé des méthodes d'analyse pour des projets indépendants

MÉTHODE D'ANALYSE/ FORMULES D'ÉQUATION	DESCRIPTION	COMMENTAIRES/ RÈGLE DE DÉCISION
Délai de récupération	Méthode servant à déterminer à *quel moment* d'un projet le seuil de rentabilité est atteint.	Méthode réservée à la sélection initiale, car elle indique la liquidité du projet, non sa rentabilité.
Valeur actualisée (ou présente nette) équivalente $$PE(i) = \sum_{n=0}^{N} A_n(P/F, i, n)$$	Méthode d'équivalence qui convertit les flux monétaires d'un projet en une valeur nette.	Si $PE(\text{TRAM}) > 0$, accepter Si $PE(\text{TRAM}) = 0$, rester indifférent Si $PE(\text{TRAM}) < 0$, rejeter
Valeur future (ou capitalisée) équivalente $$FE(i) = \sum_{n=0}^{N} A_n(F/P, i, N-n)$$	Méthode d'équivalence qui convertit les flux monétaires d'un projet en une valeur future nette.	Si $FE(\text{TRAM}) > 0$, accepter Si $FE(\text{TRAM}) = 0$, rester indifférent Si $FE(\text{TRAM}) < 0$, rejeter
Valeur annuelle équivalente $$AE(i) = \left[\sum_{n=0}^{N} A_n(P/F, i, n)\right](A/P, i, N)$$	Méthode d'équivalence qui convertit les flux monétaires d'un projet en une valeur annuelle nette.	Si $AE(\text{TRAM}) > 0$, accepter Si $AE(\text{TRAM}) = 0$, rester indifférent Si $AE(\text{TRAM}) < 0$, rejeter
Taux de rendement $PE(i^*) = 0$ où $i^* = TRI$ (Pour les investissements simples seulement ; voir l'annexe 4A pour les investissements non simples)	Méthode qui calcule le taux d'intérêt gagné sur les fonds à l'intérieur d'un projet.	Pour les investissements simples et non simples : Si $TRI > \text{TRAM}$, accepter Si $TRI = \text{TRAM}$, rester indifférent Si $TRI < \text{TRAM}$, rejeter

- Les trois méthodes de valeur équivalente et la méthode du taux de rendement donnent des conclusions identiques quant à l'attrait économique ou à la rentabilité d'un projet. Le tableau 4.4 résume les règles de décision pour chacune de ces méthodes.

- Le choix d'une méthode dépend de la composition précise du projet à l'étude et des préférences de l'analyste. Puisque l'analyse du taux de rendement est une démarche plus intuitive et facile à comprendre pour évaluer la rentabilité d'un projet, de nombreux gestionnaires la préfèrent aux méthodes de valeur équivalente.

PROBLÈMES

Notes : *Sauf indication contraire, tous les flux monétaires comprennent des valeurs après impôt. Le taux d'intérêt (TRAM) donné est également une valeur après impôt. Les montants donnés sont des montants en fin de prériode.*

La variable i représente le taux d'intérêt qui rend la valeur présente nette égale à 0. L'abréviation TRI représente le **taux de rendement interne** de l'investissement. Pour un investissement simple, TRI = i*. En général, pour un investissement non simple, i* n'est pas égal au TRI.*

Niveau 1

4.1* Un projet d'investissement coûte P. Pour ce projet, le flux monétaire annuel net prévu est de $0,125\ P$ pendant 20 ans. Quel est le délai de récupération de ce projet ?

4.2* On vous présente les données financières suivantes :

- Coût d'investissement à $n = 0$: 10 000 $

- Coût d'investissement à $n = 1$: 15 000 $

- Durée de vie utile : 10 ans (après la première année)

- Valeur de récupération (au bout de 11 ans) : 5 000 $

- Revenus annuels : 12 000 $

- Dépenses annuelles : 4 000 $

- TRAM : 10 %.

(Remarque : *Les revenus et débours annuels commencent à la fin de la deuxième année.*)

Calculez le délai de récupération et le délai de récupération actualisé du projet.

4.3* Trouvez la valeur actualisée nette du flux monétaire suivant si le taux d'intérêt est de 9 %.

n	FLUX MONÉTAIRE
0	−100 $
1	−200
2	−300
3	−400
4	−500
5 − 8	900

4.4* Trouvez la valeur actualisée nette du flux monétaire suivant si le taux d'intérêt est de 9 %.

n	FLUX MONÉTAIRE	n	FLUX MONÉTAIRE
0	−100 $	5	−300 $
1	−150	6	−250
2	−200	7	−200
3	−250	8	−150
4	−300	9	−100

4.5 Camptown Togs inc., un fabricant de vêtements pour enfants, trouve que les activités liées au traitement de la paie sont coûteuses car elles doivent être confiées à un commis qui calcule le nombre de coupons de tissus produit par chaque employé et consigne le type de tâche exécuté par chacun. Récemment, un ingénieur industriel a conçu un système qui automatise partielle-ment cette procédure au moyen d'un balayeur optique qui lit les coupons de tissus. La direction est enthousiaste car ce système utilise une partie des ordinateurs personnels que l'entreprise a récemment achetés. Elle prévoit que le nouveau système automatisé lui fera économiser 30 000 $ par année en salaires. Le système coûte environ 25 000 $, ce qui comprend la cons-truction et les essais. On prévoit que les coûts d'exploitation, y compris l'impôt sur le revenu, se chiffreront à environ 5 000 $ par année. Le système possède une durée de vie utile de 5 ans. Sa valeur de récupération nette est estimée à 3 000 $.

a) Calculez les recettes pour la durée de vie du projet.

b) Calculez les débours pour la durée de vie du projet.

c) Déterminez les flux monétaires nets pour la durée de vie du projet.

4.6 Pour le problème 4.5 :

a) Combien de temps faudra-t-il pour récupérer l'investissement ?

b) Si le taux d'intérêt de l'entreprise est de 15 % après impôt, quel est le délai de récupération pour ce projet ?

4.7 Pour chacun des flux monétaires sui-vants :

FLUX MONÉTAIRES DES PROJETS

n	A	B	C	D
0	−1 500 $	−4 000 $	−4 500 $	−3 000 $
1	300	2 000	2 000	5 000
2	300	1 500	2 000	3 000
3	300	1 500	2 000	−2 000
4	300	500	5 000	1 000
5	300	500	5 000	1 000
6	300	1 500		2 000
7	300			3 000
8	300			

a) Calculez le délai de récupération pour chaque projet.

b) Déterminez s'il est utile de calculer un délai de récupération pour le projet D.

c) Si $i = 10\%$, calculez le délai de récupération actualisé pour chaque projet.

4.8 Tous les projets d'investissement indépendants suivants ont une durée de vie de 3 ans :

FLUX MONÉTAIRES DES PROJETS

n	A	B	C	D
0	−1 000 $	−1 000 $	−1 000 $	−1 000 $
1	0	600	1 200	900
2	0	800	800	900
3	3 000	1 500	1 500	1 800

a) Calculez la valeur présente nette de chaque projet si $i = 10\%$.

b) Tracez la courbe de valeur en fonc-tion du taux d'intérêt (de 0 à 30 %) pour le projet B.

4.9 Tous les projets d'investissement indépendants suivants ont une durée de service de 3 ans:

FLUX MONÉTAIRES DES PROJETS

n	A	B	C	D
0	− 2 500 $	−1 000 $	2 500 $	−3 000 $
1	5 400	−3 000	−7 000	1 500
2	14 400	1 000	2 000	5 500
3	7 200	3 000	4 000	6 500

a) Calculez la valeur actualisée nette de chaque projet si $i = 13\%$.

b) Calculez la valeur future nette de chaque projet si $i = 13\%$.

Lesquels de ces projets sont acceptables?

4.10* Pour les projets d'investissement indépendants suivants:

FLUX MONÉTAIRES DES PROJETS

n	A	B	C	D	E
0	−1 000 $	−5 000 $	−1 000 $	−3 000 $	−5 000 $
1	500	2 000	0	500	1 000
2	900	−3 000	0	2 000	3 000
3	1 000	5 000	3 000	3 000	2 000
4	2 000	5 000	7 000	4 000	
5	−500	3 500	13 000	1 250	

a) Calculez la valeur future future à la fin de la durée de vie de chaque projet si $i = 15\%$.

b) Déterminez l'acceptabilité de chaque projet.

4.11 Pour le problème 4.7, utilisez l'analyse de la valeur future nette et du taux de rendement pour déterminer la viabilité des projets A, B et C si le TRAM est de 10%.

4.12 Pour le problème 4.8, calculez la valeur future de chaque projet si $i = 12\%$.

4.13* Calculez la valeur annuelle d'une séquence de revenus de 1 000 $ par année, versés à la fin de chaque année pendant les 3 prochaines années, à un taux d'intérêt de 12%.

4.14 Votre entreprise a acheté une presse à injection au prix de 100 000 $. La durée de vie utile estimée de cette machine est de 8 ans. Votre service de la comptabilité prévoit que le coût de recouvrement du capital sera d'environ 25 455 $ par année. Si le TRAM de votre entreprise est de 20%, quelle valeur de récupération après 8 ans le service de la comptabilité a-t-il estimée?

4.15* Vous avez acheté une machine à découper de 18 000 $. Sa durée de vie utile est de 10 ans et sa valeur de récupération est de 3 000 $. Si $i = 15\%$, quel est le coût de recouvrement du capital de cette machine?

4.16 Pour les flux monétaires suivants, calculez la valeur annuelle équivalente si $i = 12\%$.

n	A_n INVESTISSEMENT	REVENU
0	−10 000 $	
1		2 000 $
2		2 000
3		3 000
4		3 000
5		1 000
6	2 000	500

4.17* Pour le diagramme du flux monétaire suivant, calculez la valeur annuelle équivalente si $i = 12\%$.

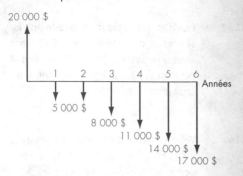

4.18 Pour le diagramme du flux monétaire suivant, calculez la valeur annuelle équivalente si $i = 10\%$.

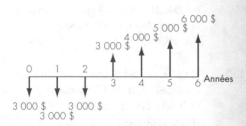

4.19 Pour le diagramme du flux monétaire suivant, calculez la valeur annuelle équivalente si $i = 13\%$.

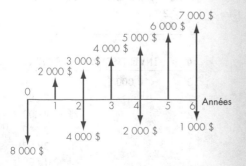

4.20 Pour le diagramme du flux monétaire suivant, calculez la valeur annuelle équivalente si $i = 8\%$.

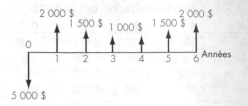

4.21 Pour les projets d'investissement indépendants suivants :

	FLUX MONÉTAIRES DES PROJETS			
n	A	B	C	D
0	−2 000 $	−4 000 $	−3 000 $	−9 000 $
1	400	3 000	−2 000	2 000
2	500	2 000	4 000	4 000
3	600	1 000	2 000	8 000
4	700	500	4 000	8 000
5	800	500	2 000	4 000

Calculez la valeur annuelle équivalente de chaque projet si $i = 10\%$ et déterminez-en l'acceptabilité.

4.22 Pour le problème 4.21, tracez la courbe de la valeur annuelle équivalente de chaque projet en fonction du taux d'intérêt (de 0 à 40 %).

4.23 Pour les projets d'investissement indépendants suivants :

	FLUX MONÉTAIRES DES PROJETS			
n	A	B	C	D
0	−3 000 $	−3 000 $	−3 000 $	−3 000 $
1	0	1 500	3 000	1 800
2	0	1 800	2 000	1 800
3	5 500	2 100	1 000	1 800

Calculez la valeur annuelle équivalente de chaque projet si $i = 13\%$ et déterminez-en l'acceptabilité.

4.24 Pour les flux monétaires de projet suivants :

| | FLUX MONÉTAIRES NETS | |
n	INVESTISSEMENT	REVENU
0	−800 $	
1		500 $
2		400
3	−800	300
4		500
5		400
6	−800	300
7		500
8		400
9		300

Trouvez la valeur annuelle équivalente de ce projet si $i = 10\%$ et déterminez-en l'acceptabilité.

4.25* Pour les flux monétaires des projets d'investissement indépendants suivants :

| | FLUX MONÉTAIRES | |
n	PROJET A	PROJET B
0	−4 000 $	5 500 $
1	1 000	−1 400
2	X	−1 400
3	1 000	−1 400
4	1 000	−1 400

a) Pour le projet A, trouvez la valeur de X qui rend les recettes annuelles équivalentes égales aux débours annuels équivalents si $i = 13\%$.

b) Accepteriez-vous le projet B si $i = 15\%$ selon le critère de la valeur annuelle équivalente ?

4.26* Vous envisagez un investissement de 2 000 $ dont la durée de vie utile est de 3 ans. Vous êtes certain des revenus pour la première et la troisième année, mais pas de ceux de la deuxième année. Si vous escomptez un taux de rendement d'au moins 10 % sur votre investissement (2 000 $), quel devrait être le revenu minimal pour la deuxième année ?

n	FLUX MONÉTAIRE
0	−2 000 $
1	1 000
2	X
3	1 200

4.27* Vous envisagez l'achat d'une machine à découper qui coûte 150 000 $. La durée de vie estimée de cette machine est de 10 ans et sa valeur de récupération nette après impôt est de 15 000 $. Ses coûts d'exploitation et d'entretien annuels après impôt sont estimés à 50 000 $. Pour obtenir un taux de rendement de 18 % sur votre investissement après impôt, quels devront être vos revenus annuels minimaux après impôt ?

$4.28 Vous comptez acheter une voiture neuve coûtant 22 000 $ en effectuant un versement initial de 7 000 $. Le montant résiduel de 15 000 $ sera prêté par le concessionnaire, qui calcule que vos versements mensuels seront de 512 $ pendant 48 mois. Quel taux de rendement le concessionnaire réalise-t-il pour cette opération de prêt ?

\$4.29* M. Séguin souhaite vendre une obligation dont la valeur nominale est de 1 000 \$. L'obligation porte un taux d'intérêt nominal de 8 % payable deux fois par année. Il y a quatre ans, il a payé 900 \$ pour cette obligation. S'il cherche un taux de rendement annuel d'au moins 9 % sur son investissement, quel devra être le prix de vente minimal de cette obligation aujourd'hui ?

4.30 En 1947, John Whitney Payson a acheté un tableau de Vincent Van Gogh, *Les Iris*, pour la somme de 80 000 \$, puis l'a vendu 53,9 millions de dollars en 1988. Si M. Payson avait choisi un autre placement pour ses 80 000 \$ (des actions, par exemple), quel taux d'intérêt aurait-il dû gagner pour obtenir le même rendement ? Pour simplifier le calcul, supposons que la période d'investissement est de 40 ans et que l'intérêt est composé annuellement.

4.31 Pour quatre investissements représentés par les flux monétaires suivants :

FLUX MONÉTAIRES NETS DES PROJETS

n	A	B	C	D
0	−18 000 \$	−20 000 \$	34 578 \$	−56 500 \$
1	10 000	32 000	−18 000	−2 500
2	20 000	32 000	−18 000	−6 459
3	30 000	−22 000	−18 000	−78 345

a) Trouvez tous les investissements simples.

b) Trouvez tous les investissements non simples.

c) Calculez i^* pour chaque investissement.

d) Lesquels de ces projets n'ont aucun taux de rendement ?

\$4.32* Un investisseur a acheté 100 actions au coût de 10 \$ par action. Il a conservé ses actions pendant 15 ans, puis les a vendues pour la somme de 4 000 \$. Pendant les 3 premières années, il n'a touché aucun dividende. Au cours des 7 années suivantes, il a reçu des dividendes de 50 \$ par année. Pour le reste de la période, il a reçu des dividendes de 100 \$ par année. Quel taux de rendement a-t-il réalisé sur son investissement ?

4.33 Pour les projets d'investissement indépendants suivants :

FLUX MONÉTAIRES DES PROJETS

n	A	B	C	D	E
0	−100 \$	−100 \$		−200 \$	−50 \$
1	60	70	20 \$	120	−100
2	900	70	10	40	−50
3		40	5	40	0
4		40	−180	−20	150
5		60	40	150
6		50	30	100
7		40		100
8		30		
9		20		
10		10		

a) Classez chaque projet en investissement simple ou en investissement non simple.

b) Calculez i^* pour le projet A au moyen de l'équation quadratique.

c) Trouvez le(s) taux de rendement pour chaque projet en traçant la courbe de valeur en fonction du taux d'intérêt.

4.34 Pour les projets d'investissement indépendants suivants:

	FLUX MONÉTAIRES NETS DES PROJETS			
n	A	B	C	D
0	−1 000 $	−1 000 $	−1 700 $	−1 000 $
1	500	800	5 600	360
2	100	600	4 900	4 675
3	100	500	−3 500	2 288
4	1 000	700	−7 000	
5			−1 400	
6			2 100	
7			900	

a) Classez chaque projet en investissement simple ou en investissement non simple.

b) Trouvez toutes les valeurs positives de i^* pour chaque projet.

c) Tracez la courbe de valeur en fonction du taux d'intérêt (i) pour chaque projet.

4.35* Pour un projet d'investissement représenté par les flux monétaires suivants:

n	FLUX MONÉTAIRE
0	−5 000 $
1	0
2	4 840
3	1 331

Calculez le TRI. Ce projet est-il acceptable si le TRAM est de 10 %?

4.36 Pour le flux monétaire de projet suivant:

n	FLUX MONÉTAIRE NET
0	−2 000 $
1	800
2	900
3	X

Si le TRI du projet est de 10 %:

a) Trouvez la valeur de X.

b) Ce projet est-il acceptable si le TRAM est de 8 %?

Niveau 2

4.37* Lequel des énoncés suivants ne convient pas pour 1) la méthode du délai de récupération et 2) la méthode du délai de récupération actualisé?

a) Si deux investisseurs étudient le même projet, le délai de récupération sera plus long pour celui qui a le TRAM le plus élevé.

b) Si vous deviez tenir compte du coût de financement dans le calcul du délai de récupération, vous devriez attendre plus longtemps à mesure que vous augmenterez le taux d'intérêt.

c) Le fait de tenir compte du coût de financement dans le calcul du délai de récupération équivaut à chercher la période à laquelle le solde du projet devient nul.

d) La simplicité de la méthode du délai de récupération est l'une de ses principales qualités même si elle ne mesure pas la rentabilité du projet.

$4.38*   Vous envisagez d'acheter une maison ancienne et de la convertir en édifice à bureaux que vous pourriez louer. Supposons que vous en restez propriétaire pendant 10 ans, combien êtes-vous prêt à débourser pour la maison ancienne aujourd'hui compte tenu des données financières suivantes?

- Coût de transformation à la période 0 = 20 000 $

- Revenus de location annuels = 25 000 $

- Coûts d'entretien annuels (taxes incluses) = 5 000 $

- Valeur estimée nette de la propriété (après impôt) au bout de 10 ans = 225 000 $

- Valeur de votre argent dans le temps (taux d'intérêt) = 8 % par année

4.39*   Votre groupe de R&D a mis au point et testé un progiciel qui aidera les ingénieurs travaillant dans les secteurs de la transformation et de la fabrication à mesurer des mélanges chimiques. Si vous décidez de mettre en marché ce produit, le flux monétaire net d'exploitation pour la première année sera de 1 000 000 $. Si l'on tient compte de la concurrence, la durée de vie du produit sera d'environ 4 ans et sa part de marché diminuera subséquemment de 25 % par année. Une importante société de logiciels veut acquérir les droits de fabriquer et de distribuer votre produit. Supposons que votre taux d'intérêt est de 15 %, à quel prix minimal seriez-vous disposé à le vendre?

4.40*   Le tableau suivant résume les variations du solde d'un projet pendant sa durée de vie de 5 ans si le taux d'intérêt est de 10 %.

n	SOLDE DU PROJET
0	−1 000 $
1	−1 500
2	600
3	900
4	1 500
5	2 000

Lequel des énoncés suivants est incorrect?

a) L'investissement additionnel nécessaire à la fin de la période 1 est de 500 $.

b) La valeur actualisée nette du projet à un taux d'intérêt de 10 % est de 1 242 $.

c) La valeur future nette du projet à un taux d'intérêt de 10 % est de 2 000 $.

d) En 2 ans, l'entreprise récupérera tous ses investissements ainsi que le coût de financement (intérêt) du projet.

4.41*   NasTech fait l'acquisition d'une machine de vibro-abrasion au coût de 20 000 $ durant l'année 0. La durée de vie utile de cette machine est de 10 ans, après quoi sa valeur de récupération sera de 0. La machine produit des revenus annuels nets de 6 000 $. Les dépenses annuelles d'exploitation et d'entretien sont estimées à 1 000 $. Si le TRAM fixé par NasTech est de 15 %, dans combien d'années cette machine deviendra-t-elle rentable?

4.42* Vous voulez savoir si la construction d'un nouvel entrepôt est justifiée aux conditions suivantes:

Le projet à l'étude concerne un entrepôt coûtant 100 000 $. Sa durée de vie utile est de 35 ans et sa valeur de récupération nette (revenus nets de la vente après rajustement d'impôt) est de 25 000 $. On prévoit des recettes annuelles de 17 000 $, des coûts annuels d'entretien et d'administration de 4 000 $ et des impôts sur le revenu annuels de 2 000 $.

D'après ces données, lesquels des énoncés suivants sont corrects?

a) Le projet est justifié si le TRAM est de 9 %.

b) Le projet a une valeur actualisée nette de 62 730,50 $ si le taux d'intérêt est de 6 %.

c) Le projet est acceptable tant que TRAM ≤ 10,77 %.

d) Tous les énoncés précédents sont corrects.

4.43 Une grande entreprise de transformation d'aliments envisage d'utiliser des lasers pour accélérer le processus d'épluchage des pommes de terre et éliminer les déchets. Pour installer le système, l'entreprise a besoin de 3 millions de dollars pour acheter des lasers de puissance industrielle. Le système lui fera économiser chaque année 1 200 000 $ en salaires et en matériaux,

mais lui occasionnera des coûts d'exploitation et d'entretien additionnels de 250 000 $. Les impôts annuels sur le revenu augmenteront également de 150 000 $. Le système a une durée de vie prévue de 10 ans et une valeur de récupération d'environ 200 000 $. Si le TRAM fixé par l'entreprise est de 18 %, justifiez la valeur économique de ce projet en utilisant:

a) la méthode de la PE

b) la méthode de la FE

c) la méthode de l'AE

d) le taux de rendement

4.44 Pour les soldes suivants, qui concernent un projet d'investissement typique d'une durée de vie de 4 ans:

n	A_n	SOLDE DU PROJET
0	−1 000 $	−1 000 $
1	( )	−1 100
2	( )	−800
3	460	−500
4	( )	0

a) Construisez les flux monétaires initiaux du projet.

b) Déterminez le taux d'intérêt utilisé pour calculer le solde du projet.

c) Si $i = 15 \%$, ce projet est-il acceptable?

4.45* Pour le diagramme suivant, qui illustre le solde de début d'un projet d'investissement typique d'une durée de vie de 5 ans :

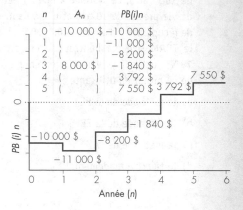

n	A_n	$PB(i)n$
0	−10 000 $	−10 000 $
1	( )	−11 000 $
2	( )	−8 200 $
3	8 000 $	−1 840 $
4	( )	3 792 $
5	( )	7 550 $

a) Construisez les flux monétaires initiaux du projet.

b) Quel est le délai de récupération habituel du projet (sans les intérêts) ?

4.46 Pour les flux monétaires et la courbe de valeur suivants :

	FLUX MONÉTAIRES NETS	
n	PROJET 1	PROJET 2
0	−100 $	−100 $
1	40	30
2	80	Y
3	X	80

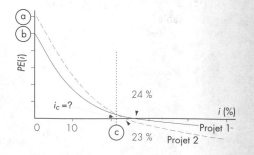

a) Trouvez les valeurs de X et de Y.

b) Calculez le solde de clôture du projet 1 si le TRAM est de 24 %.

c) Trouvez les valeurs de (a), (b) et (c) dans la courbe de valeur.

4.47 Pour les soldes suivants, qui concernent un projet d'investissement typique d'une durée de vie de 5 ans :

n	A_n	SOLDE DU PROJET
0	−1 000 $	−1 000 $
1	( )	−900
2	490	−500
3	( )	0
4	( )	−100
5	200	( )

a) Construisez les flux monétaires initiaux du projet et le solde de clôture, et comblez les vides dans le tableau.

b) Déterminez le taux d'intérêt utilisé pour calculer le solde du projet et calculez la valeur actualisée nette du projet en fonction de ce taux d'intérêt.

4.48 Pour le problème 4.7 :

a) Représentez sous forme graphique les soldes de chaque projet ($i = 10 \%$) en fonction de n.

b) D'après le graphique obtenu en a), déterminez lequel des projets semble le plus sûr s'il y a un risque de fin prématurée des projets à la fin de la deuxième année.

4.49 Pour le problème 4.10 :

a) Tracez la courbe de valeur de chaque projet en fonction du taux d'intérêt (de 0 à 50 %).

b) Calculez le solde de chaque projet si $i = 15$ %.

c) Comparez les soldes de clôture calculés en b) aux résultats obtenus dans le problème 4.10a. Sans utiliser les tables de facteur d'intérêt, calculez la valeur future nette selon le concept du solde du projet.

4.50 Pour les projets d'investissement indépendants suivants :

	FLUX MONÉTAIRES DES PROJETS		
n	A	B	C
0	−100 $	−100 $	100 $
1	50	40	−40
2	50	40	−40
3	50	40	−40
4	−100	10	
5	400	10	
6	400		

Supposons que le TRAM est de 10 % .

a) Calculez la valeur actualisée nette de chaque projet et déterminez-en l'acceptabilité.

b) Calculez la valeur future nette de chaque projet et déterminez-en l'acceptabilité.

c) Calculez la valeur future nette de chaque projet au bout de 6 ans si le TRAM varie de la façon suivante : 10 % pour $n = 0$ à $n = 3$ et 15 % pour $n = 4$ à $n = 6$.

4.51 Pour les profils de solde de projet suivants, qui concernent des projets d'investissement indépendants :

	SOLDES DES PROJETS		
n	A	B	C
0	−1 000 $	−1 000 $	−1 000 $
1	−1 000	−650	−1 200
2	−900	−348	−1 440
3	−690	−100	−1 328
4	−359	85	−1 194
5	105	198	−1 000
Taux d'intérêt utilisé	10 %	?	20 %
PE	?	79,57 $	?

Les soldes de projet sont arrondis au dollar près.

a) Calculez la valeur actualisée nette des projets A et C.

b) Déterminez les flux monétaires pour le projet A.

c) Trouvez la valeur future nette du projet C.

d) Quel taux d'intérêt serait utilisé pour calculer les soldes du projet B ?

4.52 Pour les profils des soldes de projet suivants, qui concernent des projets d'investissement indépendants :

	SOLDES DES PROJETS		
n	A	B	C
0	−1 000 $	−1 000 $	−1 000 $
1	−800	−680	−530
2	−600	−302	X
3	−400	−57	−211
4	−200	233	−89
5	0	575	0
Taux d'intérêt utilisé	0 %	18 %	12 %

Les soldes de projet sont arrondis au dollar près.

a) Calculez la valeur actualisée nette de chaque investissement.

b) Déterminez le solde de projet à la fin de la période 2 pour le projet C, si $A_2 = 500\,\$$.

c) Déterminez les flux monétaires de chaque projet.

d) Trouvez la valeur future nette de chaque projet.

4.53 Le propriétaire d'une entreprise envisage d'investir 55 000 $ dans du nouveau matériel. Il estime que les flux monétaires nets durant la première année seront de 5 000 $, mais qu'ils augmenteront de 2 500 $ par année à partir de la deuxième année. Le matériel a une durée de vie utile estimée à 10 ans et une valeur de récupération nette de 6 000 $ au bout de 10 ans. Le taux d'intérêt de l'entreprise est de 12 %.

a) Déterminez le coût annuel de recouvrement du capital (coût de possession) pour le matériel.

b) Calculez les économies annuelles équivalentes (revenus).

c) Déterminez s'il s'agit d'un investissement avisé en utilisant la valeur annuelle équivalente.

4.54* Nelson Électronique vient d'acheter une machine à souder qui servira pour le montage de ses lecteurs de disque. Cette machine a coûté 250 000 $. Étant donné sa fonction spécialisée, sa durée de vie utile estimée est de 5 ans. Après cette période, sa valeur de récupération est estimée à 40 000 $. Quel est le coût en capital annuel équivalent de cet investissement si le taux d'intérêt de Nelson est de 18 % ?

4.55 On prévoit que le prix actuel (année 0) du kérosène, soit 0,26 $ par litre, devrait augmenter de 0,03 $ par année. (À la fin de la première année, il coûtera donc 0,29 $ par litre.) M. Garcia consomme environ 4 000 litres de kérosène durant la saison hivernale pour chauffer des locaux. On lui propose d'acheter un réservoir de stockage coûtant 400 $, qu'il pourra revendre pour la somme de 100 $ après 4 ans. La capacité de ce réservoir est suffisante pour combler les besoins de chauffage de M. Garcia pendant 4 ans, et lui permettrait d'acheter du kérosène pour 4 ans au prix actuel (0,26 $). Par ailleurs, il peut investir son argent à un taux de 8 %. Utilisez l'analyse de l'AE pour déterminer s'il doit acheter ce réservoir de stockage. Supposez que le kérosène, qui est facturé à l'utilisation, est payé à la fin de l'année. (Le kérosène destiné au réservoir de stockage est acheté immédiatement). Cette décision changerait-elle si le prix du kérosène augmentait de 0,06 $ par litre par année plutôt que de 0,03 $?

4.56 La publicité suivante est parue dans un journal local.

Piscines et cuves thermales : de l'eau pure sans substances chimiques toxiques. Le système de purification de l'eau IONETICS détruit de façon extrêmement efficace les algues et les bactéries dans les piscines et les cuves thermales. Son fonctionnement est simple : la « chambre d'ionisation » installée dans la conduite de retour d'eau est munie d'électrodes de cuivre et d'argent. Un « système de commande informatisé » transmet un courant sécuritaire de faible voltage dans ces électrodes. Les ions de cuivre et d'argent se mélangent à l'eau et atteignent la piscine ou la cuve thermale, où ils attaquent et détruisent les algues et les bactéries. Les microorganismes détruits sont chargés et s'attirent mutuellement, formant ainsi de grandes particules que le système de filtration peut facilement éliminer. Le système IONETICS rend l'eau de votre piscine si pure que vous pourriez la boire. Il n'utilise pas de chlore ni aucune autre substance chimique toxique. Il suffit de vérifier le niveau d'ionisation une fois par semaine et de régler la puissance ionisante. Le tableau suivant compare les coûts associés à un système de traitement chimique traditionnel (au chlore) à ceux du système IONETICS :

POSTE	SYSTÈME TRADITIONNEL	SYSTÈME IONETICS
Coûts annuels		
Substances chimiques	471 $	
IONETICS		85 $
Pompe (0,667 $/kWh)	576 $	100 $
Investissement en capital		1 200 $

Soulignons que le coût du système IONETICS est récupéré en moins de 2 ans.

Supposons que le système IONETICS a une durée de service de 12 ans, et que le taux d'intérêt annuel est de 6 %. Quel est le coût d'exploitation mensuel équivalent de ce système ?

4.57 Une entreprise de construction envisage de créer un centre de calculs techniques. Ce centre comprendra trois postes de travail, coûtant chacun 25 000 $ pour une durée de service de 5 ans. La valeur de récupération escomptée pour chaque poste de travail est de 2 000 $. Les coûts annuels d'exploitation et d'entretien s'élèvent à 15 000 $ par poste de travail. Si le TRAM est de 15 %, déterminez le coût d'exploitation annuel équivalent de ce centre.

4.58 Une société industrielle projette l'achat de plusieurs systèmes de commande programmables et l'automatisation de ses activités manufacturières. Elle estime que le matériel requis coûtera 100 000 $ et que les coûts de main-d'œuvre pour son installation seront de 35 000 $. Le contrat d'entretien du matériel coûtera 5 000 $ par année. Il faudra embaucher du personnel d'entretien qualifié au salaire annuel de 30 000 $. On estime également réaliser des économies annuelles d'environ 10 000 $ en impôt sur le revenu (recette). De quel montant cet investissement (matériel et services) devra-t-il augmenter les revenus annuels après impôt de l'entreprise pour que le seuil de rentabilité soit atteint ? Le matériel a une durée de vie estimée de 10 ans, sans valeur de récupération à cause de sa désuétude. Le TRAM de l'entreprise est de 10 %.

$4.59* Supposons les deux cas d'investissement suivants:

- En 1970, Wal-Mart est devenue une société ouverte. À l'époque, un bloc de 100 actions coûtait 1 650 $ et valait 2 991 080 $ au bout de 25 ans. Le taux de rendement des investisseurs était d'environ 35 %.

- En 1980, si vous achetiez 100 actions des Fonds Mutuels Fidelity, il vous en coûtait 5 245 $. Cet investissement valait 80 810 $ au bout de 15 ans.

Lequel des énoncés suivants est correct?

a) Si vous n'aviez acheté que 50 actions de Wal-Mart en 1970 et les aviez conservées pendant 25 ans, votre taux de rendement aurait été de 0,5 multiplié par 35 %.

b) Les investisseurs dans les Fonds Mutuels Fidelity auraient réalisé un profit au taux annuel de 30 % sur les fonds non retirés.

c) Si vous aviez acheté 100 actions de Wal-Mart en 1970, mais les aviez vendues 10 ans plus tard (en supposant que les actions de Wal-Mart ont fructifié à un taux annuel de 35 % pendant les dix premières années) pour ensuite investir vos produits dans les Fonds Mutuels Fidelity, la valeur totale de votre investissement au bout de 15 ans aurait été d'environ 511 140 $.

d) Aucun de ces énoncés.

4.60* Pour les données financières de projet suivantes:

Investissement initial	10 000 $
Durée de vie du projet	8 ans
Valeur de récupération	0 $
Revenu annuel	5 229 $
Dépenses annuelles (y compris l'impôt sur le revenu)	3 000 $

a) Calculez i^* pour ce projet.

b) Si les dépenses annuelles augmentent à un taux de 7 % par année mais que le revenu annuel ne change pas, calculez de nouveau i^*.

c) En b), à quel taux annuel le revenu annuel devra-t-il augmenter pour maintenir la même valeur de i^* que celle obtenue en a)?

4.61 La société InterCell veut participer à l'Exposition universelle de Mexico. Pour ce faire, elle doit investir 1 million de dollars à l'année 0 pour créer sa vitrine. La vitrine produira un flux monétaire de 2,5 millions de dollars à la fin de la première année. Puis, à la fin de la deuxième année, il faudra dépenser 1,54 million de dollars pour la remise en condition des lieux. Le flux monétaire net prévu pour ce projet est le suivant (en milliers de dollars):

n	FLUX MONÉTAIRE NET
0	−1 000 $
1	2 500
2	−1 540

a) Tracez la courbe de valeur de cet investissement en fonction de i.

b) Calculez les valeurs de i^* pour cet investissement.

c) Accepteriez-vous ce projet si le TRAM est de 14 % ?

4.62* Une nouvelle technologie permet de fabriquer un distributeur automatique informatisé qui peut moudre des grains de café et faire du café frais à la demande. L'ordinateur exécute également des fonctions plus complexes comme donner de la monnaie pour des billets de 5 $ et de 10 $ et surveiller l'âge d'un article, ce qui permet de déplacer le stock plus ancien en avant de la ligne pour réduire le gaspillage. Chaque distributeur coûte 4 500 $, et Easy Snack a calculé le flux monétaire suivant (en millions de dollars) pour une durée de vie utile de 6 ans, y compris l'investissement initial :

n	FLUX MONÉTAIRE NET
0	−20 $
1	8
2	17
3	19
4	18
5	10
6	3

a) Si le TRAM de la société est de 18 %, la mise en marché de ce produit est-elle un projet valable en vertu du critère du TRI ?

b) Si l'investissement nécessaire ne change pas, mais que le flux monétaire capitalisé augmente de 10 % par rapport aux prévisions initiales, de combien le TRI devrait-il augmenter ?

c) Si l'investissement nécessaire passe de 20 millions de dollars à 22 millions de dollars, mais que l'on prévoit une diminution de 10 % du flux monétaire capitalisé, de combien le TRI devait-il diminuer ?

Niveau 3

4.63 Votre entreprise envisage l'achat d'un vieil édifice à bureaux dont la durée de vie résiduelle estimée est de 25 ans. Les locataires ont récemment signé des baux à long terme, ce qui indique que le revenu de location actuel, soit 150 000 $ par année, demeurera constant pendant les cinq premières années. Il augmentera ensuite de 10 % à chaque intervalle de 5 ans de la durée de vie restante de l'immobilisation. Par exemple, le revenu de location annuel sera de 165 000 $ de la 6ᵉ à la 10ᵉ année, de 181 500 $ de la 11ᵉ à la 15ᵉ année, de 199 650 $ de la 16ᵉ à la 20ᵉ année, et de 219 615 $ de la 21ᵉ à la 25ᵉ année. Vous prévoyez que les dépenses d'exploitation, y compris l'impôt sur le revenu, seront de 45 000 $ pour la première année, et qu'elles augmenteront ensuite de 3 000 $ par année. La démolition de l'édifice et la vente du terrain sur lequel il se trouve rapporteront un montant net de 50 000 $ à la fin des 25 années. Si vous pouviez investir votre argent ailleurs à un taux d'intérêt annuel de 12 %, quel serait le montant maximal que vous seriez disposé à payer aujourd'hui pour l'édifice et le terrain ?

4.64* Supposons le projet d'investissement suivant :

n	A_n	i
0	−2 000 $	10 %
1	2 400	12
2	3 400	14
3	2 500	15
4	2 500	13
5	3 000	10

Les options de réinvestissement de l'entreprise changent pendant la durée du projet détaillé ci-dessus (c'est-à-dire que le TRAM change pendant le projet). Par exemple, l'entreprise peut investir les fonds disponibles immédiatement à un taux de 10 % la première année, de 12 % la deuxième année, etc. Calculez la valeur actualisée nette de cet investissement et déterminez-en l'acceptabilité.

4.65 Les câblodistributeurs et leurs fournisseurs d'équipement s'apprêtent à installer un nouveau système qui permettra de condenser un nombre beaucoup plus grand de canaux dans leurs réseaux, ce qui révolutionnera probablement la programmation et aura divers effets sur les diffuseurs, les compagnies de téléphone et le secteur de l'électronique grand public.

Grâce à la compression numérique, un ordinateur pourra condenser de 3 à 10 programmes dans un seul canal. Les systèmes de câblodistribution qui adopteront ce système pourront offrir plusieurs centaines de canaux, comparativement à la centaine de canaux qu'ils offrent actuellement. S'ils accrois-

sent également leur utilisation de la fibre optique, ils augmenteront encore le nombre de canaux offerts.

Un câblodistributeur envisage d'implanter ce nouveau système pour hausser ses ventes et économiser sur le temps de satellite. Il estime que l'installation prendra plus de deux ans. Le système devrait avoir une durée de vie de 8 ans et produire les économies et les dépenses suivantes :

COMPRESSION NUMÉRIQUE

Investissement	
Aujourd'hui	500 000 $
Première année	3 200 000 $
Deuxième année	4 000 000 $
Économies annuelles	
en temps de satellite	2 000 000 $
Revenus annuels différentiels	
attribuables aux nouveaux	
abonnements	4 000 000 $
Dépenses annuelles	
différentielles	1 500 000 $
Impôt sur le revenu	
annuel différentiel	1 300 000 $
Valeur de récupération nette	
pour une durée de vie	
économique de 8 ans	1 200 000 $

Soulignons que la période d'investissement est de 2 ans, suivie d'une durée de vie de 8 ans (pour une durée de projet totale de 10 ans). Cela signifie que les premières économies annuelles surviendront à la fin de la troisième année et les dernières, à la fin de la dixième année. Si le TRAM de l'entreprise est de 15 %, justifiez la valeur économique du projet en utilisant la méthode de la PE.

4.66 Le bureau d'études d'une grande entreprise est surpeuplé. Les ingénieurs doivent souvent partager le même bureau. Les interruptions que ces conditions de travail occasionnent réduisent considérablement la productivité des ingénieurs. La direction envisage la construction de nouvelles installations, dans lesquelles les ingénieurs seraient moins nombreux par bureau et certains auraient un bureau individuel. Le nouvel édifice logerait trois ingénieurs par espace de 4 mètres sur 8 mètres. Dans l'édifice actuel, cinq ingénieurs occupent ce même espace. Quel taux d'augmentation de la productivité des ingénieurs peut justifier un tel investissement? Prenez en compte les données suivantes:

- Salaire moyen annuel: 60 000 $ par ingénieur

- Coût de l'édifice: 650 $ par mètre carré

- Durée de vie estimée de l'édifice: 25 ans

- Valeur de récupération estimée de l'édifice: 10 % du coût initial

- Impôt, assurances et coûts d'entretien annuels: 6 % du coût initial

- Frais annuels de conciergerie, de chauffage, d'éclairage, etc.: 30 $ par mètre carré

- Taux d'intérêt: 12 %

On suppose que les ingénieurs déplacés dans d'autres locaux maintiendront au minimum leur productivité actuelle.

4.67* Produits chimiques Champion prévoit agrandir une de ses usines de fabrication de propylène. À $n = 0$, l'entreprise doit acheter un terrain coûtant 1,5 million de dollars pour y construire un bâtiment. La construction, qui doit être terminée au cours de la première année, coûte 3 millions de dollars. À la fin de la première année, l'entreprise doit investir environ 4 millions de dollars pour l'équipement et les autres frais de démarrage. Lorsque l'usine sera fonctionnelle, elle produira des revenus de 3,5 millions de dollars durant sa première année d'exploitation. Les revenus augmenteront au taux annuel de 5 % pendant 10 ans. Au bout de 10 ans, les revenus de vente demeureront constants pendant 3 ans encore, puis les activités cesseront progressivement. (La durée du projet après la construction est de 13 ans). À la fin du projet, la valeur de récupération sera d'environ 2 millions de dollars pour le terrain, de 1,4 million de dollars pour le bâtiment et d'environ 500 000 $ pour l'équipement. Les coûts d'exploitation et d'entretien annuels représenteront environ 40 % des revenus de vente annuels. (On suppose que ces montants tiennent compte de l'effet de l'impôt sur le revenu.)

a) Quel est le TRI de cet investissement? Si le TRAM de l'entreprise est de 12 %, déterminez s'il s'agit d'un bon investissement.

b) Lorsque les activités cessent, la valeur de récupération du bâtiment et de l'équipement est de 0. Tous les autres montants ont été estimés correctement. Rétrospectivement, s'agissait-il d'un bon investissement?

4.68 Des critiques accusent les exploitants de centrales nucléaires de na pas tenir compte dans leur analyse économique du coût de «déclassement» ou de «mise sous surveillance» des centrales, si bien que cette analyse est faussement optimiste. À titre d'exemple, prenons le cas d'une centrale nucléaire en voie de construction. Le coût initial est de 1,5 milliard de dollars (valeur actualisée au début des activités), la durée de vie estimée est de 40 ans, les coûts annuels d'exploitation et d'entretien prévus représentent 4,6 % du coût initial et devraient atteindre un taux annuel fixe de 0,05 % du coût initial, et les revenus annuels estimés sont trois fois plus élevés que les coûts annuels d'exploitation et d'entretien pour la durée de vie de la centrale.

a) Il n'est pas justifié de dire que l'analyse économique des exploitants est trop optimiste parce qu'elle ne tient pas compte des coûts de mise sous surveillance ; en effet, l'ajout de coûts de mise sous surveillance équivalant à 50 % du coût initial n'entraîne qu'une baisse minime du taux de rendement, qui passe de 10 % à environ 9,9 %.

b) Si la durée de vie des centrales est ramenée à une valeur plus réaliste de 25 ans plutôt que de 40 ans, l'accusation est justifiée. Pour une durée de vie de 25 ans, le taux de rendement d'environ 9 %, qui exclut les coûts de mise sous surveillance, chute à environ 7,7 % si l'on ajoute à l'analyse des coûts de mise sous surveillance équivalant à 50 % du coût initial.

Vérifiez ces calculs et commentez les deux énoncés.

4.69 L'estimation des coûts d'investissement, des revenus (et des économies), des dépenses et de la valeur de récupération pour le projet de compression numérique du problème 4.65 est incertaine à plus d'un égard.

a) Une hausse de 25 % des coûts d'investissement aujourd'hui ainsi qu'au cours des deux premières années compromet-elle l'acceptabilité du projet ?

b) Si les dépenses annuelles ont été sous-estimées de 40 %, quel l'effet cela aura-t-il sur l'attrait initial du projet ?

Le calcul du TRI pour des investissements non simples

Pour bien saisir la nature de diverses valeurs de i^*, il faut savoir quel type d'investissement est représenté par un flux monétaire. Le test de l'investissement net nous apprend si la valeur de i^* calculée représente le taux de rendement réel gagné sur l'argent investi dans un projet au moment où il est investi dans le projet. Nous verrons que le phénomène de diverses valeurs de i^* ne se produit qu'en cas d'échec du test de l'investissement net. En général, lorsqu'on observe plusieurs taux de rendement positifs dans un flux monétaire, aucun ne constitue une mesure convenable de la rentabilité du projet; il faut alors passer à l'étape suivante de l'analyse, soit introduire un taux de rendement externe.

4A.1 — LA PRÉVISION DE PLUSIEURS VALEURS DE i^*

Comme nous l'avons suggéré dans la section 4.6.2, certaines séries de flux monétaires de projet sont compliquées par la présence de plusieurs valeurs de i^* qui satisfont à l'équation 4.9. On peut prévoir cette difficulté et adapter l'analyse en conséquence en analysant et en classifiant les flux monétaires. Nous nous attarderons ici au problème initial qui consiste à déterminer si l'on peut prévoir une valeur unique de i^* pour un projet en examinant la structure de son flux monétaire. Deux règles pratiques nous permettent d'étudier les changements de signe 1) dans les flux monétaires nets et 2) dans le bénéfice net comptable (flux monétaires nets accumulés).

4A.1.1 — LA RÈGLE DES SIGNES DANS UN FLUX MONÉTAIRE NET

Une des méthodes servant à prévoir le nombre maximal de valeurs positives de i^* dans un flux monétaire consiste à appliquer la règle des signes : *Le nombre de valeurs réelles de i^* qui sont supérieures à −100 % pour un projet de N périodes ne dépasse jamais le nombre de changements de signes dans la séquence de A_n. On ne tient pas compte d'un flux monétaire de zéro.*

Prenons l'exemple suivant :

PÉRIODE	A_n	CHANGEMENT DE SIGNE
0	−100 $	
1	−20	
2	50	1
3	0	
4	60	
5	−30	1
6	100	1

On observe trois changements de signes dans le flux monétaire, ce qui signifie qu'il existe au plus trois valeurs positives réelles de i^*.

Insistons sur le fait que la règle des signes indique uniquement l'existence possible de plusieurs taux de rendement ; elle ne prédit que le nombre *maximal* de valeurs possibles de i^*. De nombreux projets présentent plusieurs changements de signes dans leur flux monétaire mais une seule valeur réelle de i^* dans la fourchette de taux (−100 %, + ∞).

4A.1.2 LE TEST DU SIGNE DANS UN FLUX MONÉTAIRE CUMULATIF

Le flux monétaire cumulatif est la somme des flux monétaires nets jusqu'à une date donnée incluse. Si la règle des signes dans un flux monétaire indique l'existence possible de plusieurs valeurs de i^*, il faut procéder au **test du signe dans un flux monétaire cumulatif** pour exclure cette possibilité.

En supposant que A_n représente le flux monétaire net dans la période n et S_n, le flux monétaire cumulatif jusqu'à la période n, on obtient :

PÉRIODE (n)	FLUX MONÉTAIRE (A_n)	FLUX MONÉTAIRE CUMULATIF (S_n)
0	A_0	$S_0 = A_0$
1	A_1	$S_1 = S_0 + A_1$
2	A_2	$S_2 = S_1 + A_2$
⋮	⋮	⋮
N	A_N	$S_N = S_{N-1} + A_N$

On examine ensuite la séquence de flux monétaires cumulatifs $(S_0, S_1, S_2, S_3, \ldots, S_N)$ pour déterminer le nombre de changements de signes. *Si le flux monétaire S_n commence par une valeur négative et ne comporte qu'un seul changement de signe, il existe une seule valeur positive de* i^*. La règle du signe dans un flux monétaire cumulatif constitue un test plus discriminant pour vérifier la présence d'une valeur unique de i^* que la méthode décrite précédemment.

Exemple 4A.1

La prévision du nombre de valeurs de i^*

Prévoyez le nombre de taux de rendement réels et positifs pour chacun des flux monétaires suivants :

PÉRIODE	A	B	C	D
0	−100 $	−100 $	0 $	−100 $
1	−200	+50	−50	+50
2	+200	−100	+115	0
3	+200	+60	−66	+200
4	+200	−100		−50

Solution

- SOIT: les quatre flux monétaires et le flux monétaire cumulatif ci-dessus
- TROUVEZ: le nombre maximal de valeurs de i^* pour chaque flux monétaire

La règle des signes dans un flux monétaire indique le nombre possible de valeurs positives de i^*:

PROJET	NOMBRE DE CHANGEMENTS DE SIGNES DANS LES FLUX MONÉTAIRES NETS	NOMBRE POSSIBLE DE VALEURS POSITIVES DE i^*
A	1	1 ou 0
B	4	4, 3, 2, 1 ou 0
C	2	2, 1 ou 0
D	2	2, 1 ou 0

Pour les flux monétaires B, C et D, nous appliquerons le test plus discriminant du flux monétaire cumulatif pour vérifier si l'on peut réduire le nombre de valeurs possibles de i^*.

PROJET B		PROJET C		PROJET D	
A_n	S_n	A_n	S_n	A_n	S_n
−100 $	−100 $	0 $	0 $	−100 $	−100 $
50	−50	−50	−50	50	−50
−100	−150	115	65	0	−50
60	−90	−66	−1	200	150
−100	−190			−50	100

Rappel: Si le flux monétaire commence par une valeur *négative* et ne comporte qu'un seul changement de signe, il existe une seule valeur positive de i^*. Or, seul le projet D commence par une valeur négative et réussit le test; il est possible de prévoir une valeur unique de i^*, plutôt que 2, 1 ou 0 comme dans la règle des signes dans un flux monétaire. Le projet B, dont le flux monétaire cumulatif ne comporte aucun changement de signe, n'a aucun taux de rendement. Le projet C ne réussit pas le test et il est impossible d'écarter l'existence possible de plusieurs valeurs de i^*. (Les projets qui ne commencent pas par une valeur négative sont des projets d'emprunt plutôt que des projets d'investissement.)

4A.2 LE TEST DE L'INVESTISSEMENT NET

On dit d'un projet qu'il constitue un **investissement net** lorsque les soldes (balances) calculés en fonction des valeurs de i^* du projet, $PB(i^*)_n$, sont inférieurs ou égaux à zéro pendant la période d'investissement, dans laquelle $A_0 < 0$. L'investissement est dit *net* car l'entreprise ne retire jamais le rendement gagné et n'est donc *pas redevable* au projet. Ce type de projet est appelé **investissement unique**. [Par opposition, l'**emprunt unique** est une situation dans laquelle les valeurs de $PB(i^*)_n$ sont supérieures ou égales à zéro pendant la période du prêt, où $A_0 > 0$.] *Les investissements simples sont toujours des investissements uniques*. Si un projet non simple franchit l'étape de test de l'investissement net (ce qui en fait un investissement unique), la règle de décision (accepter/rejeter) sera la même que celle utilisée pour l'investissement simple dans la section 4.7.2.

Si, dans un projet, certains soldes calculés en fonction des valeurs de i^* sont positifs, ce projet ne constitue pas un investissement unique. Un solde de projet positif indique que, à une certaine date dans la vie du projet, l'entreprise agit comme emprunteur $[PB(i^*)_n > 0]$ plutôt que comme investisseur dans le projet $[SP(i^*)_n < 0]$. Ce type d'investissement est appelé **investissement mixte**.

Exemple 4A.2

Les investissements uniques et les investissements mixtes

Parmi les quatre projets d'investissement indépendants suivants, dont les valeurs de i^* sont connues, déterminez lesquels sont des investissements uniques.

n	A	B	C	D
0	−1 000 $	−1 000 $	−1 000 $	−1 000 $
1	−1 000	1 600	500	3 900
2	2 000	−300	−500	−5 030
3	1 500	−200	2000	2 145
i^*	33,64 %	21,95 %	29,95 %	10 %, 30 %, 50 %

Solution

- Soit : les quatre projets dont le flux monétaire et les valeurs de i^* sont donnés ci-dessus
- Trouvez : lesquels sont des investissements uniques

Calculons d'abord les soldes de projet en fonction de leurs valeurs de i^* respectives. S'il existe plusieurs valeurs de i^*, on peut utiliser la plus grande valeur positive de i^*[1].

Projet A :

$PB(33,64 \%)_0 = -1\,000\,\$$.

$PB(33,64 \%)_1 = -1\,000\,\$(1 + 0,3364) + (-1\,000\,\$) = -2\,336,40\,\$$.

$PB(33,64 \%)_2 = -2\,336,40\,\$ (1 + 0,3364) + 2\,000\,\$ = -1\,122,36\,\$$.

$PB(33,64 \%)_3 = -1\,122,36\,\$ (1 + 0,3364) + 1\,500\,\$ = 0$.

$(-, -, -, 0)$: réussit le test de l'investissement net (investissement unique).

---

1. Dans les faits, le taux de rendement utilisé importe peu dans le test de l'investissement net. Si une valeur réussit le test, toutes les autres le réussiront aussi. Si une valeur échoue, toutes les autres échoueront.

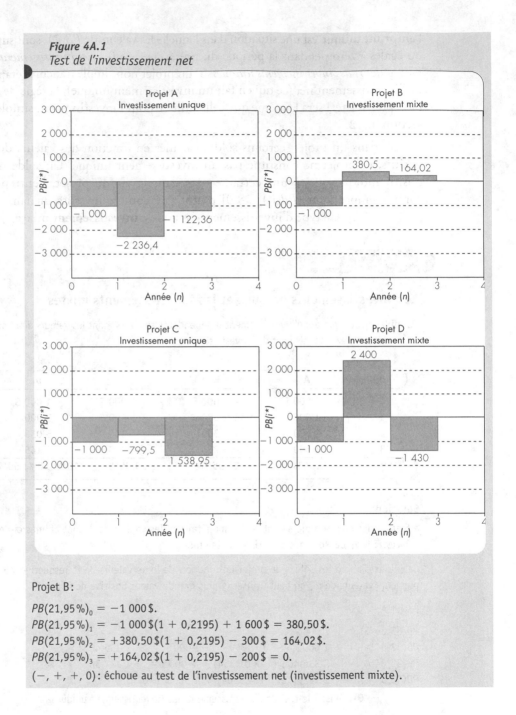

Figure 4A.1
Test de l'investissement net

Projet B:

$PB(21,95\%)_0 = -1\,000\,\$.$

$PB(21,95\%)_1 = -1\,000\,\$(1 + 0,2195) + 1\,600\,\$ = 380,50\,\$.$

$PB(21,95\%)_2 = +380,50\,\$(1 + 0,2195) - 300\,\$ = 164,02\,\$.$

$PB(21,95\%)_3 = +164,02\,\$(1 + 0,2195) - 200\,\$ = 0.$

$(-, +, +, 0)$: échoue au test de l'investissement net (investissement mixte).

Projet C :

$PB(29,95\%)_0 = -1\,000\,\$.$

$PB(29,95\%)_1 = -1\,000\,\$(1 + 0,2995) + 500\,\$ = -799,50\,\$.$

$PB(29,95\%)_2 = -799,50\,\$(1 + 0,2995) - 500\,\$ = -1\,538,95\,\$.$

$PB(29,95\%)_3 = -1\,538,95\,\$(1 + 0,2995) + 2\,000\,\$ = 0.$

$(-, -, -, 0)$: réussit le test de l'investissement net (investissement unique).

Projet D : (On observe trois taux de rendement, que l'on peut utiliser indifféremment pour le test de l'investissement net).

$PB(50\%)_0 = -1\,000\,\$.$

$PB(50\%)_1 = -1\,000\,\$(1 + 0,50) + 3\,900\,\$ = 2\,400\,\$.$

$PB(50\%)_2 = +2\,400\,\$(1 + 0,50) - 5\,030\,\$ = -1\,430\,\$.$

$PB(50\%)_3 = -1\,430\,\$(1 + 0,50) + 2\,145\,\$ = 0.$

$(-, +, -, 0)$: échoue au test de l'investissement net (investissement mixte).

Commentaires : *La figure 4A.1 montre que les projets A et C sont les seuls investissements purs. Le projet B démontre que l'existence d'une seule valeur de i* est une condition nécessaire mais non suffisante pour que l'investissement soit unique.*

Exemple 4A.3

Le TRI pour un projet non simple : investissement unique

Dans le projet C de l'exemple 4A.2, supposons que tous les coûts et les bénéfices sont donnés explicitement pour ce projet indépendant. Faites le test de l'investissement net et déterminez l'acceptabilité du projet en utilisant le critère du TRI.

Solution

• Soit : le flux monétaire, $i^* = 29,95\%$ et TRAM = 15 %
• Trouvez : TRI, et déterminez si le projet est acceptable

Le test de l'investissement net réalisé dans l'exemple 4A.2 a indiqué que le projet C était un investissement unique. Autrement dit, les soldes du projet sont tous inférieurs ou égaux à zéro, et le solde de clôture est de zéro, comme il se doit si le taux d'intérêt utilisé est une valeur de i^*. Cela prouve que 29,95 % est le taux de rendement interne réel pour ce flux monétaire. Si TRAM = 15 %, TRI > TRAM et le projet est acceptable. Si l'on calcule la PE de ce projet pour $i = 15\%$, on obtient :

$$PE(15\%) = -1\,000\,\$ + 500\,\$(P/F, 15\%, 1) - 500\,\$(P/F, 15\%, 2)$$
$$+ 2\,000\,\$(P/F, 15\%, 3)$$
$$= 371,74\,\$.$$

Puisque $PE(15\,\%) > 0$, le projet est également acceptable en vertu du critère de la PE. Les critères du TRI et de la PE aboutiront toujours à la même décision dans la mesure où ils sont appliqués correctement.

Commentaires : *Dans le cas d'un investissement unique, l'entreprise a investi des fonds dans le projet pour toute sa durée de vie et ne les retirera jamais. Le TRI est le rendement gagné sur les fonds qui demeurent investis à l'intérieur du projet.*

4A.3 LE TAUX D'INTÉRÊT EXTERNE POUR DES INVESTISSEMENTS MIXTES

Même pour un investissement non simple, qui ne comprend qu'un seul taux de rendement positif, le projet peut échouer au test de l'investissement net, comme nous l'avons constaté pour le projet B dans l'exemple 4A.2. Dans un tel cas, la valeur unique de i peut ne pas indiquer de manière fiable la rentabilité du projet. En effet, lorsqu'on calcule le solde d'un projet en fonction d'une valeur de i^* pour des investissements mixtes, on observe que l'argent emprunté (retiré) du projet est censé fructifier au même taux d'intérêt lorsqu'il est investi à l'extérieur du projet que s'il reste investi à l'intérieur. Autrement dit, lorsqu'on analyse un flux monétaire pour un taux d'intérêt inconnu, on suppose que l'argent retiré du projet peut être réinvesti à un taux de rendement égal à celui du projet. En fait, cette hypothèse est valable, que le flux monétaire produise une seule valeur positive de i^* ou non. Soulignons qu'on emprunte de l'argent du projet seulement lorsque $PB(i^*) > 0$, et que la grandeur du montant emprunté représente le solde du projet. Lorsque $PB(i^*) < 0$, on n'emprunte aucune somme du projet, même si le flux monétaire est positif à ce moment.

Dans le monde réel, il n'est pas toujours possible de réinvestir l'argent emprunté (retiré) d'un projet à un taux de rendement égal à celui du projet. Il arrive plus souvent que le taux de rendement offert sur un investissement en capital dans l'entreprise soit totalement différent du taux de rendement offert pour d'autres investissements externes (il est habituellement plus élevé). Il faut donc parfois calculer les soldes d'un flux monétaire de projet en fonction de deux taux d'intérêt, un pour l'investissement interne et l'autre pour les investissements externes. Comme nous le verrons, en séparant les taux d'intérêt, on parvient à mesurer le **taux de rendement réel** de n'importe quelle portion interne d'un projet d'investissement.

Le test de l'investissement net constitue donc le seul moyen de prévoir avec précision l'emprunt sur un projet (c'est-à-dire l'investissement externe), d'où sa grande importance. Ainsi, pour calculer de façon exacte le véritable TRI d'un projet, il faut toujours soumettre la solution au test de l'investissement net ; en cas d'échec, on passe à l'étape d'analyse suivante, qui consiste à introduire un taux d'intérêt externe. Même la présence d'une seule valeur positive de i^* constitue une condition nécessaire mais non suffisante pour prévoir un investissement net, de sorte que, si l'on trouve une seule valeur pour un investissement non simple, il faut quand même la soumettre au test.

4A.4 LE CALCUL DU RENDEMENT DU CAPITAL INVESTI POUR DES INVESTISSEMENTS MIXTES

L'échec du test de l'investissement net indique que l'investissement est à la fois interne et externe. Dans un tel cas, il faut calculer un taux de rendement sur la portion du capital qui demeure investie à l'intérieur du projet. Ce taux correspond au **TRI réel** pour un investissement mixte, communément appelé **rendement du capital investi** (**RCI**).

Comment détermine-t-on le TRI de cet investissement? Dans la mesure où un projet ne constitue pas un investissement net, il faut y remettre plus tard un débours net pendant une ou plusieurs périodes (solde du projet positif). Cet argent peut être placé dans le fonds d'investissement de l'entreprise jusqu'à ce qu'il soit nécessaire au projet. Le taux d'intérêt du fonds d'investissement est celui auquel l'argent peut être investi à l'extérieur du projet.

On se rappellera que la méthode de la PE supposait que le taux d'intérêt appliqué à tout montant retiré du fonds d'investissement d'une entreprise est égal au TRAM. Dans le présent ouvrage, nous considérerons que le TRAM constitue le taux d'intérêt externe établi (c'est-à-dire le taux gagné sur le montant investi à l'extérieur du projet). Nous pourrons ensuite calculer le TRI, ou le RCI, en fonction du TRAM en trouvant la valeur du TRI qui rendra le solde de clôture du projet égal à zéro (ce qui suppose que l'entreprise souhaite récupérer la totalité des fonds investis dans le projet et rembourser tous les fonds empruntés à la fin de la durée de vie du projet.) Cette façon de calculer le taux de rendement mesure avec précision la rentabilité du projet représenté par le flux monétaire. Voici les étapes à suivre pour déterminer le TRI pour un investissement mixte:

Étape 1: Trouver le TRAM (ou le taux d'intérêt externe).

Étape 2: Calculer $PB(i, \text{TRAM})_n$ (ou simplement PB_n) selon la règle :

$$PB(i, \text{TRAM})_0 = A_0.$$

$$PB(i, \text{TRAM})_1 = \begin{cases} PB_0(1 + i) + A_1 \\ \text{si } PB_0 < 0. \\ PB_0(1 + TRAM) + A_1 \\ \text{si } PB_0 > 0. \end{cases}$$

$$\vdots$$

$$PB(i, \text{TRAM})_n = \begin{cases} PB_{n-1}(1 + i) + A_n \\ \text{si } PB_{n-1} < 0. \\ PB_{n-1}(1 + \text{TRAM}) + A_n \\ \text{si } PB_{n-1} > 0. \end{cases}$$

(Dans le texte, nous avons mentionné que A_n représente le flux monétaire net à la fin de la période n. Soulignons également que le solde de clôture du projet doit être égal à zéro).

Étape 3 : Déterminer la valeur de i en résolvant l'équation du solde de clôture du projet :

$$PB(i, \text{TRAM})_N = 0.$$

Ce taux d'intérêt correspond au TRI pour l'investissement mixte.

En utilisant le TRAM comme taux d'intérêt externe, on peut accepter un projet si le TRI est supérieur au TRAM, et le rejeter dans le cas contraire. La figure 4A.2 résume le calcul du TRI pour un investissement mixte.

Figure 4A.2
Logique computationnelle pour le TRI (investissement mixte)

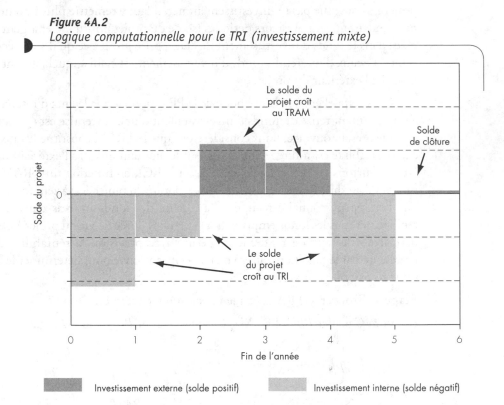

Exemple 4A4

Le TRI pour un projet non simple : investissement mixte

Revenons au projet du simulateur de vol décrit dans l'exemple 4.17. Ce projet était un investissement non simple et mixte. Afin de simplifier la prise de décision, nous avons mis de côté le critère du TRI et utilisé la *PE* pour déterminer s'il faut accepter ou rejeter le projet. Appliquez la procédure décrite précédemment pour trouver le TRI réel, ou le rendement du capital investi, pour cet investissement mixte.

a) Calculez le TRI (RCI) pour ce projet en supposant que le TRAM est de 15 %.

b) Décidez s'il faut accepter ou rejeter le projet d'après les résultats obtenus en a).

Solution

- Soit : le flux monétaire de l'exemple 4.17 et TRAM = 15 %
- Trouvez : a) TRI et (b) déterminez s'il faut accepter le projet

a) Le calcul de l'exemple 4.17 a indiqué que le projet comporte plusieurs taux de rendement. Il ne s'agit pas d'un investissement net, ainsi qu'il est démontré ci-dessous. Puisque le test de l'investissement net conclut que l'investissement est à la fois interne et externe, les taux de 10 % et de 20 % ne représentent pas le taux de rendement interne réel de ce projet gouvernemental. Puisqu'il s'agit d'un investissement mixte, il faut trouver le TRI en suivant les étapes décrites précédemment.

	TEST DE L'INVESTISSEMENT NET					
	POUR $i^* = 10\%$			POUR $i^* = 20\%$		
	n: 0	1	2	n: 0	1	2
Solde d'ouverture		0 $	−1 000 $	1 200 $	0 $	−1 000 $	1 100 $
Rendement de l'investissement	0	−100	120	0	−200	220
Paiement	−1 000	2 300	−1 320	−1 000	2 300	−1 320
Solde de clôture	−1 000 $	1 200 $	0	−1 000 $	1 100 $	0

(en milliers de dollars)

À $n = 0$, un investissement net est fait dans l'entreprise et l'expression du solde du projet devient :

$$PB(i, 15\%)_0 = -1\,000\,000\,\$.$$

L'investissement net de 1 000 000 \$ qui reste investi à l'intérieur du projet croît à un taux de i pendant la période suivante. Avec la recette de 2 300 000 \$ la première année, le solde du projet devient:

$$
\begin{aligned}
PB(i, 15\%)_1 &= -1\,000\,000\,\$(1 + i) + 2\,300\,000\,\$ \\
&= 1\,300\,000\,\$ - 1\,000\,000\,\$i \\
&= 1\,000\,000\,\$(1{,}3 - i).
\end{aligned}
$$

À ce point, nous ignorons si $PB(i, 15\%)_1$ est positif ou négatif; cela dépend de la valeur de i, que nous souhaitons déterminer. Il faut donc envisager deux situations: 1) $i < 1{,}3$ et 2) $i > 1{,}3$.

• Situation 1: $i < 1{,}3 \rightarrow PB(i, 15\%)_1 > 0$.

Puisqu'il s'agirait alors d'un solde positif, l'argent retiré du projet serait remis dans le fonds d'investissement de l'entreprise et fructifierait au TRAM jusqu'à ce qu'il soit de nouveau nécessaire au projet. À la fin de la deuxième année, l'argent placé dans le fonds d'investissement aurait fructifié au taux de 15 % [atteignant $1\,000\,000\,\$(1{,}3 - i)(1 + 0{,}15)$] et devrait égaler l'investissement de 1 320 000 \$ nécessaire à ce moment-là. Le solde de clôture doit donc être:

$$
\begin{aligned}
PB(i, 15\%)_2 &= 1\,000\,000\,\$(1{,}3 - i)(1 + 0{,}15) - 1\,320\,000\,\$ \\
&= 175\,000\,\$ - 1\,150\,000\,\$i \\
&= 0.
\end{aligned}
$$

On obtient pour i:

TRI (ou RCI) = 0,1522 ou 15,22 %.

La figure 4A.3 fournit une représentation graphique du processus computationnel.

• Situation 2: $i > 1{,}3 \rightarrow PB(i, 15\%)_1 < 0$.

L'entreprise se trouve encore en situation d'investissement. Par conséquent, le solde qui demeure investi à la fin de la première année fructifiera au taux de i pendant la période suivante. Compte tenu de l'investissement de 1 320 000 \$ requis pendant la deuxième année, et du fait que l'investissement net doit être égal à 0 à la fin du projet, le solde à la fin de la deuxième année devrait être:

$$
\begin{aligned}
PB(i, 15\%)_2 &= 1\,000\,000\,\$(1{,}3 - i)(1 + i) - 1\,320\,000\,\$ \\
&= -20\,000\,\$ + 300\,000\,\$i - 1\,000\,000\,\$i^2 \\
&= 0.
\end{aligned}
$$

On obtient pour i:

$$
TRI = 0{,}1 \text{ or } 0{,}2 < 1{,}3,
$$

cela contrevient à l'hypothèse de départ ($i > 1{,}3$). La situation 1 est donc la bonne.

b) La situation 1 indique que TRI > TRAM et que le projet serait acceptable, ce qui correspond à la même décision que dans l'exemple 4.17, obtenue d'après le critère de la PE.

Commentaires: *Dans cet exemple, une inspection nous aurait prouvé que la situation 1 était la bonne. Puisque le projet nécessite un investissement dans le mouvement de trésorerie final, le solde à la fin de l'année précédente (première année) devait être positif pour que le solde final soit égal à zéro. Cependant, de manière générale, l'inspection ne convient pas pour les flux monétaires plus complexes.*

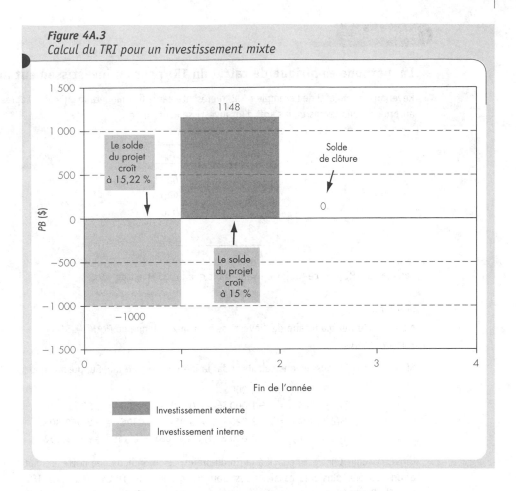

Figure 4A.3
Calcul du TRI pour un investissement mixte

4A.5 LA MÉTHODE EMPIRIQUE POUR CALCULER LE TRI

La méthode empirique permettant de trouver le TRI (RCI) pour un investissement mixte est similaire à celle qui permet de trouver i^*. On commence avec un TRAM donné et un TRI estimé, puis on trouve le solde du projet. (Une valeur du TRI proche du TRAM constitue un bon point de départ pour la plupart des problèmes.) Puisque nous cherchons un solde de projet proche de zéro, nous pouvons ajuster la valeur du TRI au besoin après avoir obtenu un résultat à partir de l'estimation initiale. Par exemple, pour deux taux d'intérêt données (TRI, TRAM), si le solde de clôture du projet est positif, la valeur du TRI est trop basse ; nous devons alors l'augmenter et reprendre nos calculs. Nous pouvons ensuite ajuster le TRI jusqu'à l'obtention d'un solde de projet égal à zéro ou s'en rapprochant.

Exemple 4A.5

La méthode empirique de calcul du TRI pour un investissement mixte

Revenons au projet D de l'exemple 4A.2, représenté par le flux monétaire suivant. D'après un calcul antérieur, nous savons qu'il s'agit d'un investissement mixte.

n	A_n
0	$-1\ 000$ \$
1	$3\ 900$
2	$-5\ 030$
3	$2\ 145$

Calculez le TRI pour ce projet en supposant que le TRAM est de 6 %.

Solution

- Soit : le flux monétaire de l'investissement mixte donné et TRAM = 6 %
- Trouvez : TRI

Si TRAM = 6 %, nous devons calculer i par la méthode empirique. Supposons que $i = 8\%$:

$$PB(8\%, 6\%)_0 = -1\ 000\ \$.$$
$$PB(8\%, 6\%)_1 = -1\ 000\ \$(1 + 0,08) + 3\ 900\ \$ = 2\ 820\ \$.$$
$$PB(8\%, 6\%)_2 = +2\ 820\ \$(1 + 0,06) - 5\ 030\ \$ = -2\ 040,80\ \$.$$
$$PB(8\%, 6\%)_3 = -2\ 040,80\ \$(1 + 0,08) + 2\ 145\ \$ = -59,06\ \$.$$

L'investissement net est négatif à la fin du projet, ce qui indique que notre estimation de 8 % est erronée. Après plusieurs essais, nous trouverons que pour TRAM = 6 %, le TRI est d'environ 6,13 %. Pour vérifier ce résultat :

$$PB(6,13\%, 6\%)_0 = -1\ 000\ \$.$$
$$PB(6,13\%, 6\%)_1 = -1\ 000,00\ \$(1 + 0,0613) + 3\ 900\ \$ = 2\ 838,66\ \$.$$
$$PB(6,13\%, 6\%)_2 = +2\ 838,66\ \$(1 + 0,0600) - 5\ 030\ \$ = -2\ 021,02\ \$.$$
$$PB(6,13\%, 6\%)_3 = -2\ 021,02\ \$(1 + 0,0613) + 2\ 145\ \$ = 0.$$

Le solde positif à la fin de la première année indique qu'il est nécessaire d'emprunter du projet durant la deuxième année. Cependant, notons que l'investissement net devient égal à zéro à la fin du projet, ce qui confirme que 6,13 % est le TRI du flux monétaire. Puisque TRI > TRAM, l'investissement est acceptable. La figure 4A.4 fournit une représentation visuelle de l'occurrence des taux d'intérêt interne et externe pour le projet.

Commentaires : *À la fin de la première année, le projet libère 2 838,66 $ qui doivent être investis à l'extérieur à un taux d'intérêt de 6 %. L'argent ainsi investi doit être remis dans le projet à la fin de la deuxième année pour couvrir le débours de 5 030 $. À la fin de la deuxième année, il n'y a aucun investissement externe et, par conséquent, aucun taux d'intérêt externe à chercher. Il faut plutôt que le montant de 2 021,02 $ qui demeure investi durant la troisième année produise un rendement de 6,13 %. Enfin, compte tenu de la recette de 2 145 $, l'investissement net devient égal à zéro à la fin du projet. Le résultat, TRI (ou RCI) = 6,13 %, constitue donc une mesure exacte de la rentabilité du projet.*

Figure 4A.4
Calcul du TRI pour un investissement mixte

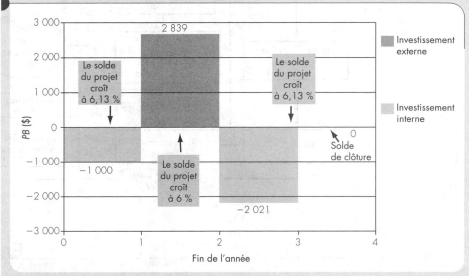

En vertu du critère de la PE, l'investissement serait acceptable si le TRAM se situait entre 0 et 10 % ou entre 30 et 50 %. La zone de rejet correspond à 10 % < i < 30 % et i > 50 %. On peut vérifier ce résultat dans la figure 4.14b. Soulignons que le projet serait également marginalement acceptable en vertu de l'analyse de la valeur actualisée si TRAM = i = 6 % :

$$PE(6\%) = -1\,000\,\$ + 3\,900(P/F, 6\%, 1)$$
$$- 5\,030\,\$(P/F, 6\%, 2) + 2\,145(P/F, 6\%, 3)$$
$$= 3,55\,\$ > 0.$$

L'ordinogramme de la figure 4A.5 résume les étapes à suivre pour effectuer le test du signe dans un flux monétaire net, le test du signe dans un flux monétaire cumulatif et le test de l'investissement net afin de calculer un TRI et décider s'il faut accepter ou rejeter un projet.

Figure 4A.5
Résumé des critères du TRI : ordinogramme résumant les étapes à suivre pour appliquer la règle du signe dans un flux monétaire net et le test de l'investissement net afin de calculer le TRI pour un investissement unique et mixte

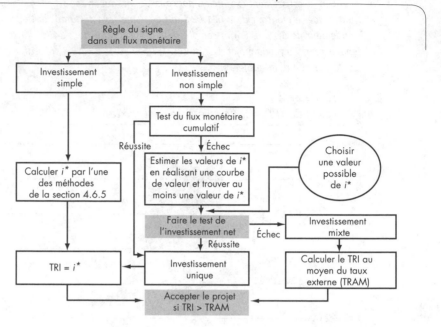

En résumé

1. On peut prévoir l'existence possible de plusieurs valeurs de i^* (taux de rendement) par :
   - le test du signe dans un flux monétaire net ;
   - le test du signe dans un flux monétaire cumulatif.

   Lorsqu'il est impossible d'exclure des taux de rendement multiples par ces deux méthodes, on peut réaliser une courbe de valeur pour trouver une valeur approximative de i^*.

2. Pour tous les investissements non simples, il faut soumettre une valeur de i^* au **test de l'investissement net**. Si cette valeur réussit le test, elle constitue un taux de rendement interne et permet donc de mesurer convenablement la rentabilité du projet. Si elle échoue, il s'agit d'un emprunt sur le projet, soit une situation qui appelle une analyse plus approfondie nécessitant l'emploi d'un **taux d'intérêt externe**.

3. L'analyse du **rendement du capital investi** utilise un taux (le TRAM de l'entreprise) pour les soldes investis à l'extérieur du projet et un autre (le TRI) pour les soldes investis à l'intérieur du projet.

PROBLÈMES

Niveau 1

4A.1 Pour les projets d'investissement indépendants suivants :

FLUX MONÉTAIRES DES PROJETS

n	A	B	C	D	E	F
0	−100 $	−100 $	−100 $	−100 $	−100 $	−100 $
1	200	470	200	300	300	300
2	−300	−720	200	−300	−250	100
3	400	360	−250	50	40	−400

a) Utilisez la règle du signe pour prévoir le nombre de valeurs possibles de i^* pour chaque projet.

b) Tracez la courbe de valeur en fonction de i = de 0 à 200 % pour chaque projet.

c) Calculez les valeurs de i^* pour chaque projet.

4A.2 Pour un projet d'investissement représenté par le flux monétaire suivant :

n	FLUX MONÉTAIRE NET
0	−20 000 $
1	94 000
2	−144 000
3	72 000

a) Trouvez le TRI pour cet investissement.

b) Tracez la courbe de valeur du flux monétaire en fonction de i.

c) En vertu du critère du TRI, devrait-on accepter le projet si le TRAM est de 15 % ?

4A.3 Pour les projets d'investissement indépendants suivants :

FLUX MONÉTAIRES NETS DES PROJETS

n	1	2	3
0	−1 000 $	−2 000 $	−1 000 $
1	500	1 560	1 400
2	840	944	−100
TRI	?	?	?

Supposons que TRAM = 12 % pour les questions suivantes :

a) Calculez i^* pour chaque investissement. Si le problème présente plus d'une valeur de i^*, trouvez-les toutes.

b) Calculez le TRI pour chaque projet.

c) Déterminez l'acceptabilité de chaque investissement.

Niveau 2

4A.4 Pour les projets d'investissement indépendants suivants :

FLUX MONÉTAIRES DES PROJETS

n	A	B	C	D	E
0	−100 $	−100 $	−5 $	−100 $	200 $
1	100	30	10	30	100
2	24	30	30	30	−500
3		70	−40	30	−500
4		70		30	200
5				30	600

a) Calculez i^* pour le projet A au moyen de l'équation quadratique.

b) Classez chaque projet en investissement simple ou en investissement non simple.

c) Appliquez les règles du signe dans un flux monétaire pour chaque projet et déterminez le nombre de valeurs positives possibles de i^*. Trouvez les projets qui n'ont qu'une seule valeur de i^*.

d) Appliquez le test de l'investissement net à chaque projet.

e) Calculez le TRI des projets B à E.

f) Si le TRAM est de 10 %, lesquels de ces projets sont acceptables en vertu du critère du TRI ?

4A.5 Pour les projets d'investissement indépendants suivants :

| | **FLUX MONÉTAIRES NETS DES PROJETS** | | |
n	**1**	**2**	**3**
0	−1 600 $	−5 000 $	−1 000 $
1	10 000	10 000	4 000
2	10 000	30 000	−4 000
3		−40 000	

Supposons que le TRAM est de 12 % pour les questions suivantes :

a) Trouvez les valeurs de i^* pour chaque investissement. Si le problème présente plus d'une valeur de i^*, trouvez-les toutes.

b) Lesquels de ces projets constituent un investissement mixte ?

c) Calculez le TRI pour chaque projet.

d) Déterminez l'acceptabilité de chaque projet.

4A.6 Revenez au problème 4.33.

a) Calculez les valeurs de i^* pour les projets B à E.

b) Trouvez les projets qui échouent au test de l'investissement net.

c) Déterminez le TRI pour chaque investissement.

d) Si le TRAM est de 12 %, lesquels de ces projets sont acceptables en vertu du critère du TRI ?

4A.7* Pour les projets d'investissement indépendants suivants :

| | **FLUX MONÉTAIRES NETS DES PROJETS** | | |
n	**A**	**B**	**C**
0	−100 $	−150 $	−100 $
1	30	50	410
2	50	50	−558
3	80	50	252
4		100	
TRI	23,24 %	21,11 %	20 %, 40 %, 50 %

Supposons que le TRAM est de 12 % pour les questions suivantes :

a) Trouvez les investissements uniques.

b) Trouvez les investissements mixtes.

c) Déterminez le TRI pour chaque investissement.

d) Lequel de ces projets serait acceptable ?

4A.8 Spar Canada ltée a obtenu de la NASA un contrat de 460 millions de dollars pour apporter des modifications techniques au bras spatial canadien qui servira dans de futures missions spatiales. La NASA versera 50 millions de dollars à la signature du contrat, 360 millions de dollars à la fin de la première année et le solde de 50 millions de dollars à la fin de la deuxième année. Les débours prévus pour réaliser ces modifications sont estimés à 150 millions de dollars aujourd'hui, à 100 millions de dollars durant la première année et à 218 millions de dollars durant la seconde année. Le TRAM de l'entreprise est de 12 %.

| **FLUX MONÉTAIRES** | | | |
n	SORTIES	RENTRÉES	NET
0	150 $	50 $	−100 $
1	100	360	260
2	218	50	−168

a) Démontrez si ce projet est ou non un investissement mixte.

b) Calculez le TRI pour cet investissement.

c) Spar devrait-elle accepter le projet ?

4A.9 Pour les projets d'investissement indépendants suivants :

| **FLUX MONÉTAIRES NETS DES PROJETS** | | | |
n	A	B	C
0	−100 $		−100 $
1	−216	−150 $	50
2	116	100	−50
3		50	200
4		40	
i*	?	15,51 %	29,95 %

a) Calculez i* pour le projet A. S'il y a plus d'une valeur de i*, trouvez-les toutes.

b) Trouvez les investissements mixtes.

c) Si le TRAM est de 10 %, déterminez l'acceptabilité de chaque projet en vertu du critère du TRI.

4A.10 Pour les projets d'investissement indépendants suivants :

| **FLUX MONÉTAIRES NETS DES PROJETS** | | | | |
n	A	B	C	D	E
0	−1 000 $	−5 000 $	−2 000 $	−2 000 $	−1 000 $
1	3 100	20 000	1 560	2 800	3 600
2	−2 200	−12 000	944	−200	−5 700
3		−3 000			3 600
i*	?	?	18 %	32,45 %	35,39 %

Supposons que le TRAM est de 12 % pour les questions suivantes :

a) Calculez i* pour les projets A et B. S'il y a plus d'une valeur de i*, trouvez-les toutes.

b) Classez chaque projet en investissement unique ou en investissement mixte.

c) Calculez le TRI pour chaque investissement.

d) Déterminez l'acceptabilité de chaque projet.

4A.11 Pour un projet d'investissement représenté par le flux monétaire suivant :

n	FLUX MONÉTAIRE NET
0	−5 000 $
1	10 000
2	30 000
3	−40 000

a) Tracez la courbe de valeur pour i = de 0 à 250 %.

b) S'agit-il d'un investissement mixte ?

c) Devrait-on accepter l'investissement si le TRAM est de 18 % ?

4A.12 Pour le flux monétaire de projet suivant :

n	FLUX MONÉTAIRE NET
0	$-100\ 000$ \$
1	$310\ 000$
2	$-220\ 000$

Les valeurs de i^* calculées pour le projet sont de 10 % et de 100 %, respectivement. Le TRAM de l'entreprise est de 8 %.

a) Démontrez pourquoi cet investissement échoue au test de l'investissement net.

b) Calculez le TRI et déterminez l'acceptabilité du projet.

4A.13* Pour les projets d'investissement indépendants suivants :

	FLUX MONÉTAIRES NETS DES PROJETS		
n	**1**	**2**	**3**
0	$-1\ 000$ \$	$-1\ 000$ \$	$-1\ 000$ \$
1	$-1\ 000$	$1\ 600$	$1\ 500$
2	$2\ 000$	-300	-500
3	$3\ 000$	-200	$2\ 000$

Lequel des énoncés suivants est correct ?

a) Tous les projets sont des investissements non simples.

b) Le projet 3 devrait avoir trois taux de rendement réels.

c) Tous les projets auront un seul taux de rendement réel positif.

d) Aucun de ces énoncés.

CHAPITRE 5

La comparaison des options mutuellement exclusives

Le monde des affaires, où les ordinateurs prolifèrent dans tous les domaines, a de plus en plus besoin de systèmes de saisie des données rapides, sûrs et économiques. Ainsi, de nombreux fabricants, distributeurs et détaillants ont adopté le système des codes barres. Hermes Electronics, important fabricant de matériel de surveillance sous-marine, évalue les avantages économiques de l'installation d'un système automatisé de collecte des données à son usine de Halifax. La société peut opter pour une utilisation limitée du système, par exemple, afin de suivre de près les pièces et les assemblages à des fins de gestion du stock ; elle peut aussi choisir une application plus diversifiée, soit pour enregistrer des informations utiles au contrôle de la qualité, des opérations, des présences, etc. Tous ces aspects font déjà l'objet d'une surveillance, mais, bien que l'information soit traitée par ordinateur, l'enregistrement se fait surtout manuellement. Saisie des données plus prompte et plus précise, analyse et réaction plus rapides face aux changements apportés à la production, économies réalisées grâce à un contrôle plus serré des opérations, voilà autant d'avantages pouvant facilement compenser le coût d'un nouveau système automatisé de collecte des données.

Les systèmes de deux fournisseurs concurrents sont à l'étude. Le premier utilise des lecteurs de codes barres à main qui transmettent leurs données au serveur hôte sur le réseau local d'entreprise (RLE), au moyen de radiofréquences (RF). Le répéteur multiport (« hub ») de ce réseau sans fil peut ensuite être connecté au RLE existant et intégré au système MRP II déjà en place, de même qu'à d'autres logiciels de gestion. Quant au second, il se compose principalement de terminaux spécialisés installés à chaque point de collecte et auxquels sont connectés des lecteurs de codes barres aux endroits requis. Ce système est conçu de manière à permettre tant l'introduction progressive des composants, en deux étapes, que leur installation complète, en une seule étape. Grâce à lui, Hermes pourrait remettre à plus tard une partie de l'investissement nécessaire, délai lui offrant par ailleurs l'occasion de se familiariser tout à fait avec les fonctions introduites à la première étape[1].

L'un ou l'autre de ces systèmes pourrait satisfaire aux besoins d'Hermes. Chacun comporte des caractéristiques uniques, dont la société doit comparer les avantages relatifs. Selon la perspective de l'économique de l'ingénierie, les deux systèmes présentent des coûts en capital différents, et leurs frais d'exploitation et d'entretien ne sont pas identiques. On peut aussi considérer que l'un durera plus longtemps que l'autre, surtout si on opte pour l'installation en 2 étapes du deuxième système. Avant d'être en mesure de faire le meilleur choix, on doit tenir compte de nombreux éléments.

Jusqu'ici, nous avons étudié des situations qui ne mettaient en jeu qu'un seul projet, ou encore, des projets indépendants l'un de l'autre. Dans les deux cas, chacun était accepté ou rejeté selon qu'il atteignait ou non le taux de rendement acceptable minimal (TRAM), qu'on évaluait à l'aide des critères de la valeur actualisée (ou présente) équivalente (PE), de la valeur future équivalente (FE), de la valeur annuelle équivalente (AE) ou du taux de rendement interne (TRI).

1. Source : Hermes Electronics, Halifax, Nouvelle-Écosse.

Dans la pratique, les ingénieurs sont toutefois souvent appelés à choisir entre deux ou plusieurs projets en vue de réaliser un objectif d'affaires. (Comme nous le verrons, même lorsqu'il semble n'y avoir qu'un seul projet à envisager, la possibilité implicite de l'option zéro ou nulle doit faire partie du processus de prise de décision.) Dans ce chapitre, nous appliquons nos techniques d'évaluation aux projets mutuellement exclusifs. Nous étudierons d'autres dépendances entre les projets au chapitre 10.

Souvent, les divers projets ou investissements à l'étude n'ont pas la même durée ou ne correspondent pas à la période d'étude désirée. Or, pour tenir adéquatement compte de ces différences, on doit effectuer des ajustements. Dans ce chapitre, nous expliquons que le concept de la période d'analyse de même que la façon de concilier des durées de vie différentes constituent des considérations importantes lorsqu'on doit choisir parmi plusieurs possibilités. Les premières sections traitent de problèmes décisionnels où toutes les options possibles ont des durées de vie présumées égales. Cette restriction tombe à la section 5.5.

5.1 LA SIGNIFICATION DES OPTIONS MUTUELLEMENT EXCLUSIVES ET DE L'OPTION NULLE

Lorsque le choix de n'importe laquelle de plusieurs options répondant à un même besoin implique l'exclusion des autres, on dit que ces options sont **mutuellement exclusives**. Vous vous demandez, par exemple, si vous devez acheter ou louer une automobile pour votre entreprise : quand vous arrêtez votre choix, l'autre option est exclue. Nous utiliserons indifféremment les termes **option** et **projet** pour désigner une **possibilité**.

Lorsqu'on envisage un investissement, deux situations sont possibles. Soit le projet vise à remplacer un bien ou un système existant, soit il s'agit d'une nouvelle initiative. Dans les deux cas, l'**option nulle** peut exister. Quand un processus ou un système déjà en place répond encore adéquatement aux besoins de l'entreprise, on doit déterminer, s'il y a lieu, quelles propositions nouvelles pourraient le remplacer économiquement. Si aucune n'est réalisable, on ne fait rien. Par contre, si le système existant est définitivement hors d'usage, le choix entre les options proposées est **obligatoire** (c'est-à-dire que l'option nulle n'existe pas).

Les nouvelles initiatives se présentent comme des solutions de rechange à une situation «vierge» ne donnant lieu à aucun revenu ni à aucun coût (c'est-à-dire que rien n'existe actuellement). Pour la plupart d'entre elles, l'option nulle constitue une possibilité, et on n'agit que si au moins une des options proposées est économiquement valable. En fait, lorsqu'il est optionnel, un seul projet exige quand même une décision entre deux possibilités, car l'option nulle est implicite. Il arrive que, indépendamment du coût, une nouvelle initiative s'impose : l'objectif consiste alors à faire le choix le plus économique, puisque l'option nulle ne s'applique pas.

Il y a deux moyens d'intégrer à l'évaluation des nouvelles propositions la possibilité de conserver un bien ou un système existant. Le premier consiste à traiter l'option nulle comme une option distincte, mais cette façon de procéder sera surtout traitée au chapitre 6, qui présente les méthodologies propres à l'analyse d'un remplacement. Le second, le plus utilisé dans ce chapitre, consiste à déterminer les flux monétaires des nouvelles propositions par rapport à ceux de l'option nulle. Autrement dit, l'évaluation économique tient compte, pour chaque nouvelle option, des **coûts différentiels** (et des **économies** ou des **revenus différentiels**, le cas échéant) en fonction de l'option nulle. Lorsqu'il s'agit d'un problème de remplacement, on effectue ce calcul en soustrayant les flux monétaires de l'option nulle de ceux de chaque nouvelle option. Dans le cas des nouvelles initiatives, les flux monétaires différentiels sont égaux aux montants absolus correspondant à chaque option, puisque les valeurs de l'option nulle sont toutes de zéro.

Comme le présent chapitre se propose avant tout d'illustrer comment choisir parmi plusieurs options mutuellement exclusives, la plupart des problèmes sont structurés de telle sorte que l'une des options présentée *doit* être choisie. Par conséquent, à moins d'avis contraire, on tient pour acquis que l'option nulle ne s'applique pas, et que les coûts et les revenus peuvent être considérés comme différentiels par rapport à elle.

5.2 | LES PROJETS AVEC REVENUS PAR OPPOSITION AUX PROJETS DE SERVICE

Pour comparer des options mutuellement exclusives, on doit classer les projets d'investissement dans l'une des deux catégories suivantes : les projets de service et les projets avec revenus. Dans le cas des **projets de service**, les revenus ne dépendent pas du choix du projet. Par exemple, supposons qu'un service public d'électricité envisage la construction d'une nouvelle centrale lui permettant de répondre à la période de pointe durant les chaleurs de l'été ou les froids de l'hiver. Deux solutions sont envisagées : une centrale à turbines à gaz et une centrale à piles à combustible. Quel que soit le projet choisi, les revenus provenant des clients demeurent les mêmes. La seule différence réside dans le coût de production d'électricité de chacune des centrales. Si on avait à comparer ces projets, on voudrait savoir quelle centrale produirait l'électricité la moins chère (aurait le coût de production le plus bas). De plus, si on voulait utiliser le critère de la PE pour comparer ces options en vue de réduire au minimum les dépenses, on choisirait celle dont le coût de production présenterait la **valeur actualisée équivalente la plus faible** tout au long de sa vie utile.

Dans le cas des **projets avec revenus**, les revenus sont fonction du choix du projet. Par exemple, un fabricant de téléviseurs envisage de commercialiser des récepteurs à haute résolution. Deux modèles sont à l'étude mais, compte tenu de sa capacité de production actuelle, il ne peut en choisir qu'un seul. Comme chacun exige un procédé de fabrication distinct, les coûts de production pourraient présenter de forts écarts : on peut donc s'attendre à ce que les revenus provenant de l'un et de l'autre modèle ne soient pas les mêmes, car leur prix et, potentiellement, leur volume de vente différeront. Dans une telle situation, si on appliquait le critère de la PE, on choisirait le modèle dont la valeur actualisée nette promet d'être la plus élevée.

5.3   LA MÉTHODE DE L'INVESTISSEMENT TOTAL

La méthode de l'investissement total consiste à appliquer un critère d'évaluation à chacune des options mutuellement exclusives pour ensuite comparer les résultats en vue de prendre une décision. Malheureusement, cette méthode ne garantit des résultats valables que lorsqu'on utilise les critères de la PE, de l'AE et de la FE, comme le démontreront les prochaines sections.

5.3.1   LA COMPARAISON DES VALEURS ACTUALISÉES ÉQUIVALENTES

On calcule la PE de chaque option, comme on l'a fait au chapitre 4, puis on choisit celle dont la PE est la plus élevée.

Exemple 5.1

La valeur actualisée équivalente — comparaison de trois options

La société Bullard (SB) pense à étendre sa gamme de produits pour machines industrielles en fabriquant des tables, des selles, des bases et d'autres pièces du même genre. À cette fin, elle étudie plusieurs combinaisons possibles de nouveau matériel et de main-d'œuvre :

- Méthode 1 (M1) : installer un nouveau centre d'usinage, avec 3 opérateurs
- Méthode 2 (M2) : installer un nouveau centre d'usinage muni d'un changeur de palettes automatique, avec 3 opérateurs
- Méthode 3 (M3) : installer un nouveau centre d'usinage muni d'un changeur de palettes automatique, avec 3 opérateurs se partageant les tâches

Chacune de ces trois options donne lieu à des coûts et à des revenus différents. Celles qui comportent un changeur de palettes permettent de réduire le temps nécessaire au chargement et au déchargement des pièces. Il en coûte davantage pour acquérir, installer et ajuster un tel appareil, mais, comme cette solution est plus efficace et plus polyvalente, elle est susceptible d'engendrer des revenus annuels plus élevés. Bien qu'ils permettent d'économiser sur les coûts de main-d'œuvre, les opérateurs se partageant les tâches sont plus longs à former, et leur rendement initial est moindre. Par contre, une fois qu'ils auront acquis de l'expérience et pris l'habitude de collaborer, on s'attend à ce que les profits annuels augmentent de 13 % par année pendant les 5 ans que couvre la période d'étude. Voici les investissements et les revenus additionnels estimés par SB :

| | MÉTHODES RELATIVES AU CENTRE D'USINAGE | | |
	M1	M2	M3
Investissements			
Achat de la machine-outil	121 000 $	121 000 $	121 000 $
Changeur de palettes automatique		66 600 $	66 600 $
Installation	30 000 $	42 000 $	42 000 $
Outillage	58 000 $	65 000 $	65 000 $
Total des investissements	209 000 $	294 600 $	294 600 $
Profits annuels :			
Année 1			
Revenus additionnels	65 000 $	69 300 $	36 000 $
Économies sur frais de main-d'œuvre directe			17 300 $
Économies sur frais de mise au point		4 700 $	4 700 $
Année 1 : Revenus nets	65 000 $	74 000 $	58 000 $
Années 2–5 : Revenus nets	constants	constants	$g = +13\%$/année
Valeur de récupération au bout de 5 ans	90 000 $	200 000 $	200 000 $

Tous les flux monétaires incluent les effets fiscaux, s'il y a lieu. La société SB envisage manifestement l'option nulle, car elle ne réalisera pas ce projet d'expansion si aucune des méthodes proposées n'est économiquement viable. Si elle en choisit une, elle prévoit exploiter le centre d'usinage pendant les 5 prochaines années. Selon la mesure de la PE, quelle option doit-elle choisir, si $i = 12\%$?

Solution

- SOIT : les flux monétaires relatifs à trois projets et $i = 12\%$ par année
- TROUVEZ : la PE de chaque projet et le projet à choisir

En fonction de $i = 12\%$, on calcule comme suit la valeur actualisée équivalente de ces projets avec revenus :

- Option M1 :

$$
\begin{aligned}
PE(12\%)_{M1} &= -209\,000\$ + 65\,000\$(P/A, 12\%, 5) + \\
&\quad 90\,000\$(P/F, 12\%, 5) \\
&= 76\,379\$.
\end{aligned}
$$

- Option M2 :

$$PE(12\%)_{M2} = -294\ 600\ \$ + 74\ 000\ \$(P/A,\ 12\%,\ 5) +$$
$$200\ 000\ \$(P/F,\ 12\%,\ 5)$$
$$= 85\ 639\ \$.$$

- Option M3 :

$$PE(12\%)_{M3} = -294\ 600\ \$ + 58\ 000\ \$(P/A1,\ 13\%,\ 12\%,\ 5) +$$
$$200\ 000\ \$(P/F,\ 12\%,\ 5)$$
$$= 82\ 479\ \$.$$

Il est évident que l'option M2 est la plus rentable. Compte tenu de la nature des pièces et des commandes de SB, la direction décide que le meilleur moyen de procéder à l'expansion est d'utiliser un changeur de palettes automatique, sans toutefois recourir au partage des tâches.

*Commentaires : Bien sûr, si on calcule la **valeur future équivalente** de ces options mutuellement exclusives, on arrive au même choix optimal qu'avec l'analyse de la valeur actualisée équivalente.*

$$FE(12\%)_{M1} = 76\ 379\ \$(F/P,\ 12\%,\ 5) = 134\ 606\ \$.$$
$$FE(12\%)_{M2} = 85\ 639\ \$(F/P,\ 12\%,\ 5) = 150\ 925\ \$.$$
$$FE(12\%)_{M3} = 82\ 479\ \$(F/P,\ 12\%,\ 5) = 145\ 356\ \$.$$

Comme on compare les options en fonction d'une période fixe de 5 ans, le rapport entre la valeur future équivalente et la valeur actualisée équivalente est le même dans les trois cas :

$$\frac{FE_{M1}}{PE_{M1}} = \frac{FE_{M2}}{PE_{M2}} = \frac{FE_{M3}}{PE_{M3}} = (F/P,\ i,\ N)$$

Cela implique aussi que le rapport entre les valeurs futures équivalentes de deux options ayant la même durée de vie est égal au rapport entre leurs valeurs actualisées équivalentes, comme on peut facilement le vérifier :

$$\frac{FE_1}{FE_2} = \frac{PE_1}{PE_2}$$

5.3.2 LA COMPARAISON DES VALEURS ANNUELLES ÉQUIVALENTES

On peut aussi comparer les projets mutuellement exclusifs en calculant la valeur annuelle équivalente de chacun, comme l'illustre l'exemple 5.2. Le projet le plus avantageux est celui dont l'AE est la plus élevée.

Exemple 5.2

La valeur annuelle équivalente — comparaison de trois options

Revenons aux flux monétaires estimatifs de la société Bullard présentés à l'exemple 5.1:

	MÉTHODES RELATIVES AU CENTRE D'USINAGE		
	M1	**M2**	**M3**
Investissement net	209 000 $	294 600 $	294 600 $
Année 1: Revenus nets	65 000 $	74 000 $	58 000 $
Années 2–5:			
Revenus nets	constants	constants	$g = +13\%$/année
Valeur de récupération			
au bout de 5 ans	90 000 $	200 000 $	200 000 $

Solution

- Soit : les flux monétaires de trois projets et $i = 12\%$ par année
- Trouvez : l'AE de chaque projet et le projet à choisir

- Option M1:
$$AE(12\%)_{M1} = -209\ 000\$(A/P, 12\%, 5) + 65\ 000\$ +$$
$$90\ 000\$(A/F, 12\%, 5)$$
$$= 21\ 188\$.$$

- Option M2:
$$AE(12\%)_{M2} = -294\ 600\$(A/P, 12\%, 5) + 74\ 000\$ +$$
$$200\ 000\$(A/F, 12\%, 5)$$
$$= 23\ 757\$.$$

- Option M3:
$$AE(12\%)_{M3} = -294\ 600\$(A/P, 12\%, 5) +$$
$$58\ 000\$(P/A_1, 13\%, 12\%, 5)(A/P, 12\%, 5) +$$
$$200\ 000\$(A/F, 12\%, 5)$$
$$= 22\ 881\$.$$

L'option M2 constitue le meilleur choix, car c'est elle qui a l'AE la plus élevée. Comme prévu, ce résultat est compatible avec l'analyse de la PE. En fait, si on avait calculé les valeurs annuelles équivalentes directement à partir des valeurs actualisées équivalentes données à l'exemple 5.1, on aurait obtenu les mêmes résultats que précédemment. Quand les durées de vie de deux options sont égales, les rapports entre leurs AE et leurs PE sont égaux:

$$\frac{AE_1}{AE_2} = \frac{PE_1\,(A/P,\ i,\ N)}{PE_2\,(A/P,\ i,\ N)} = \frac{PE_1}{PE_2}$$

Donc, l'option dont l'AE est la plus élevée est toujours celle qui a aussi la PE la plus élevée. Nous avons souligné cette congruence des critères d'évaluation au chapitre 4, relativement aux projets indépendants l'un de l'autre. Par ailleurs, même si la nécessité de la cohérence entre les méthodes d'analyse semble évidente, on doit porter une attention particulière à l'application du critère du TRI aux options mutuellement exclusives, comme le démontre la prochaine section.

5.4   L'ANALYSE DE L'INVESTISSEMENT DIFFÉRENTIEL

Cette section présente une méthode connue sous le nom d'**analyse différentielle**. Il s'agit d'un processus décisionnel qu'on doit utiliser pour comparer deux ou plusieurs projets mutuellement exclusifs en fonction de leur taux de rendement. On peut aussi y avoir recours lorsqu'on évalue des options à l'aide des critères de la PE, de la FE ou de l'AE.

5.4.1   LES FAILLES DE L'ÉVALUATION EN FONCTION DU TRI

Quand on analyse des projets mutuellement exclusifs selon les critères de la PE, de la FE ou de l'AE, on choisit celui pour lequel on obtient le montant le plus élevé. Malheureusement, l'analogie ne s'étend pas à l'analyse du TRI. En effet, le projet dont le TRI est le plus haut n'est pas *nécessairement* le meilleur. Pour illustrer les failles de cette méthode, supposons que vous étudiez deux options mutuellement exclusives ayant chacune une vie utile de 1 an : la première nécessite un investissement de 1 000 $ qui rapporte 2 000 $ et la seconde, un investissement de 5 000 $ qui rapporte 7 000 $. Vous avez déjà calculé leur TRI et leur PE, en fonction d'un TRAM de 10 % :

n	A1	A2
0	−1 000 $	−5 000 $
1	2 000	7 000
TRI	100 %	40 %
PE(10 %)	818 $	1 364 $

Si votre fonds d'investissement vous permettait de choisir l'une ou l'autre de ces options, choisiriez-vous la première simplement parce que vous prévoyez un taux de rendement plus élevé ?

On constate que A2 l'emporte sur A1, car sa PE est plus élevée. Par contre, la mesure du TRI place A1 devant A2. Cette incohérence est due au fait que la PE, la FE et l'AE sont des mesures d'investissement **absolues** (**en dollars**), alors que le TRI est une mesure **relative** (**en pourcentage**), qui ne peut être appliquée de la même façon. En effet, la mesure du TRI ne tient pas compte de l'**importance** de l'investissement. Par conséquent, la réponse à la question posée plus haut est non ; bien qu'il ait le TRI le plus bas, le second projet est préférable, car sa PE est la plus élevée. La mesure de la PE, de la FE ou de l'AE conduit au même choix; par contre, selon celle du TRI, c'est le projet le moins rentable qui l'emporte. On doit donc recourir à une autre méthode: l'**analyse différentielle**.

5.4.2 L'ANALYSE DIFFÉRENTIELLE

Dans l'exemple d'évaluation qui précède, l'option la plus coûteuse nécessite un investissement différentiel de 4 000 $ pour un rendement différentiel de 5 000 $.

- Si vous choisissez l'option A1, vous n'aurez que 1 000 $ à retirer de votre fonds d'investissement. Les 4 000 $ restants continueront à rapporter 10 % d'intérêt. Dans un an, votre investissement vaudra 2 000 $ et votre fonds d'investissement, 4 400 $. En investissant 5 000 $, vous obtiendrez 6 400 $ d'ici à 1 an. La valeur actualisée équivalente de l'évolution de votre avoir est $PE(10\%) = -5\,000\,\$ + 6\,400\,\$$ $(P/F, 10\%, 1) = 818\,\$$.

- Si vous choisissez l'option A2, vous devrez retirer 5 000 $ de votre fonds d'investissement, qui sera alors vide. Par contre, votre investissement vaudra 7 000 $. En un an, votre avoir total passera de 5 000 $ à 7 000 $. La valeur actualisée équivalente de cette évolution est $PE(10\%) = -5\,000\,\$ + 7\,000\,\$(P/F, 10\%, 1) = 1\,364\,\$$.

Autrement dit, si vous optez pour le projet le plus coûteux, vous voudrez certainement savoir si l'investissement additionnel est justifié, compte tenu du TRAM. Un TRAM de 10 % implique que d'autres sources d'investissement vous assurent le même rendement (c'est-à-dire 4 400 $ au bout de 1 an pour un investissement de 4 000 $). Toutefois, dans le cas du second projet, un investissement additionnel de 4 000 $ vous permet de gagner 5 000 $ de plus, ce qui équivaut à un taux de rendement de 25 %. Cet investissement différentiel serait donc fondé.

On peut maintenant généraliser la règle de décision servant à comparer des projets mutuellement exclusifs. Pour deux projets mutuellement exclusifs (A et B, B étant l'option la plus coûteuse), on peut réécrire B comme suit:

$$B = A + (B - A).$$

En d'autres termes, le flux monétaire de B comporte deux éléments: 1) un élément correspondant au flux monétaire de A et 2) un élément différentiel, $(B - A)$. Par conséquent, la seule situation dans laquelle B est préférable à A est celle où le taux de rendement de l'élément différentiel $(B - A)$ est supérieur au TRAM. Pour analyser le taux de rendement de deux projets mutuellement exclusifs, on calcule donc le *taux de rendement interne de l'investissement additionnel* (TRI_D) que nécessite l'un des deux. Comme l'analyse porte sur les investissements différentiels, on calcule le flux monétaire relatif à la différence entre les projets en soustrayant le flux monétaire du projet exigeant l'investissement le moins élevé (A) de celui du projet exigeant l'investissement le plus élevé (B). Alors, la règle de décision est:

Si $TRI_{B-A} >$ TRAM, on choisit B,

Si $TRI_{B-A} =$ TRAM, on choisit l'un ou l'autre,

Si $TRI_{B-A} <$ TRAM, on choisit A,

où l'élément différentiel B – A représente un investissement (flux monétaire négatif). Si l'option nulle est admise, mais non explicitement incluse dans l'évaluation, l'option la moins coûteuse, A, doit être rentable pour être initialement retenue comme une option possible (c'est-à-dire que son TRI doit être supérieur au TRAM).

Étant donné qu'on peut aussi utiliser la méthode de l'analyse différentielle pour évaluer la PE, la FE et l'AE, des règles de décision comparables s'y appliquent :

	> 0	= 0	< 0
PE_{B-A} (TRAM)	on choisit B	on choisit l'une ou l'autre	on choisit A
FE_{B-A} (TRAM)	on choisit B	on choisit l'une ou l'autre	on choisit A
AE_{B-A} (TRAM)	on choisit B	on choisit l'une ou l'autre	on choisit A

Vous vous demandez peut-être comment cette règle simple peut vous permettre de choisir le bon projet ? L'exemple 5.3 vous l'explique.

Exemple 5.3

Le TRI de l'investissement différentiel : comparaison de deux options

Jean Cormier est étudiant. Il veut mettre sur pied une petite entreprise de peinture qu'il compte exploiter en dehors de ses heures de cours. Pour économiser sur les frais de lancement, il décide d'acheter du matériel d'occasion. Il envisage deux options mutuellement exclusives : se charger lui-même de la plupart des travaux en se limitant aux habitations privées (B1) ou acheter plus de matériel et embaucher des assistants afin d'étendre son exploitation aux locaux commerciaux, pour lesquels il prévoit un matériel plus coûteux, mais des revenus plus élevés (B2). Dans un cas comme dans l'autre, il s'attend à fermer son entreprise dans 3 ans, à la fin de ses études universitaires.

Voici les flux monétaires et les mesures d'équivalence relatifs aux deux options mutuellement exclusives :

n	B1	B2	B2 – B1
0	−3 000 $	−12 000 $	−9 000 $
1	1 350	4 200	2 850
2	1 800	6 225	4 425
3	1 500	6 330	4 830
TRI	25,00 %	17,43 %	15,00 %
PE (10 %)	841 $	1 718 $	877 $
AE (10 %)	338 $	691 $	353 $
FE (10 %)	1 120 $	2 287 $	1 167 $

Compte tenu d'un TRAM de 10 %, quel projet doit-il choisir?

Solution

- Soit : les flux monétaires différentiels relatifs à deux options et TRAM = 10 %
- Trouvez : l'option à choisir en fonction des critères suivants : a) TRI, b) PE, c) AE et d) FE

Comme on a $TRI_{B1} >$ TRAM, $PE_{B1} > 0$, $AE_{B1} > 0$ et $FE_{B1} > 0$, l'option la moins coûteuse, soit B1, est économiquement acceptable, selon l'un ou l'autre de ces critères. Reste à décider si on doit ou non faire l'investissement additionnel et opter pour B2. Pour choisir le meilleur projet, on calcule d'abord le flux monétaire différentiel B2-B1 (voir le tableau de l'énoncé).

a) On calcule le TRI de cet investissement différentiel comme suit :

$$-9\ 000\$ + 2\ 850\$(P/F, i, 1) + 4\ 425\$(P/F, i, 2) + 4\ 830\$(P/F, i, 3) = 0.$$

On obtient $i^*_{B2-B1} = 15\,\%$, comme l'indique le tableau qui précède. L'examen des flux monétaires différentiels montre qu'il s'agit d'un investissement simple, de sorte que $TRI_{B2-B1} = i^*_{B2-B1}$. Puisque $TRI_{B2-B1} >$ TRAM, on choisit B2, ce qui est conforme au choix de l'option dont la PE est la plus élevée. La figure 5.1 illustre ce résultat. Il est à noter que le TRI_{B2-B1} s'appliquant à la courbe du flux monétaire différentiel B2 – B1 se situe au croisement des courbes B1 et B2. C'est logique car, à ce taux de 15 %, $PE_{B2-B1} = PE_{B2} - PE_{B1} = 0$. On a toutefois $TRI_{B2-B1} \neq TRI_{B2} - TRI_{B1}$, ce qui explique pourquoi la comparaison des TRI de chaque option ne peut aboutir à une conclusion valable.

b) $PE_{B2-B1}(10\,\%) = 877\$$, soit un montant supérieur à zéro : l'investissement additionnel vaut donc la peine d'être fait, et on choisit B2. Comme $PE_{B2-B1} = PE_{B2} - PE_{B1}$, dire que $PE_{B2-B1} > 0$ ou que $PE_{B2} - PE_{B1} > 0$, ou $PE_{B2} > PE_{B1}$ revient au même. Voilà pourquoi on peut comparer directement les PE de toutes les options mutuellement exclusives et simplement choisir la meilleure, au lieu d'effectuer une analyse différentielle de la PE, ce qui demande davantage de temps.

c) Comme $AE_{B2-B1}(10\,\%) = 353\$ > 0$, on choisit B2, ce qui est conforme à l'évaluation de la PE. Ici encore, puisque $AE_{B2-B1} = AE_{B2} - AE_{B1}$, les AE des options peuvent être comparées directement, procédé plus rapide que l'application de ce critère au flux monétaire différentiel.

d) $FE_{B2-B1}(10\,\%) = 1\ 167\$ > 0$, ce qui donne encore B2 comme choix optimal. On aurait pu obtenir ce résultat en calculant directement la différence entre les valeurs futures équivalentes des deux options, $FE_{B2} - FE_{B1}$.

Commentaires : Pourquoi avoir fondé notre analyse sur l'élément différentiel B2 – B1 au lieu de B1 – B2 ? Nous voulions que le premier flux monétaire de la série différentielle soit négatif (flux d'investissement), de façon à pouvoir calculer un TRI. En soustrayant le projet d'investissement initial le moins coûteux du plus coûteux, nous nous assurons que le premier flux différentiel sera un flux d'investissement. Si nous n'avions pas tenu compte de l'importance des investissements, nous aurions pu aboutir à un flux différentiel qui aurait nécessité un emprunt et n'aurait pas eu de taux de rendement interne. C'est le cas de B1 – B2. (i^*_{B1-B2} est aussi de 15 %, et non de –15 %.) Si, à tort, nous avions comparé ce i^* avec le TRAM, nous aurions pu opter pour le projet B1 au lieu du projet B2. Ce résultat aurait sans aucun doute nui à notre crédibilité en matière de gestion ! Nous reviendrons sur cette question à l'exemple 5.6.

Figure 5.1
Courbes de la PE pour B1 et B2

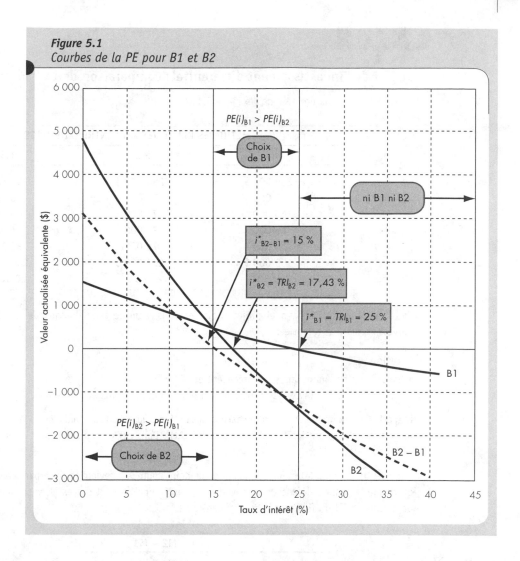

Lorsqu'on a plus de deux options mutuellement exclusives, on peut les comparer successivement deux par deux. L'exemple 5.4 illustre comment évaluer trois options à l'aide de l'analyse différentielle. On constatera que les résultats de l'analyse de la PE peuvent différer de ceux de l'analyse du TRI quand les flux monétaires futurs des projets ne se produisent pas au même moment, même si ceux-ci nécessitent au départ les mêmes investissements.

Exemple 5.4

Le TRI de l'investissement différentiel : comparaison de trois options

Reportons-nous aux données de l'exemple 5.1 :

	MÉTHODES RELATIVES AU CENTRE D'USINAGE		
n	M1	M2	M3
0	−209 000 $	−294 600 $	−294 600 $
1	65 000	74 000	58 000
2	65 000	74 000	65 540
3	65 000	74 000	74 060
4	65 000	74 000	83 688
5	155 000 $	274 000 $	294 567 $
TRI	24,03 %	20,88 %	20,10 %

Si le TRAM est de 12 %, quel projet choisiriez-vous, compte tenu du taux de rendement de l'investissement différentiel ?

Solution

- Soit : les flux monétaires qui précèdent et TRAM = 12 %
- Trouvez : le TRI de l'investissement différentiel et l'option la plus avantageuse

Étape 1 : On examine le TRI relatif à chacune des options. Quand l'option nulle existe, on peut éliminer toute option dont le TRI est inférieur au TRAM[2]. Dans cet exemple, les trois options ont un TRAM supérieur à 12 %.

Étape 2 : On compare M1 et M2[3]. M1, l'option la moins coûteuse, devient le choix par défaut, auquel on donne le nom de défenseur. Pour vérifier si l'aspirant, M2, vaut l'investissement additionnel, on calcule le TRI du flux monétaire différentiel :

n	M2 − M1
0	−85 600 $
1	9 000
2	9 000
3	9 000
4	9 000
5	119 000 $
TRI_{M2-M1}	14,76 %

---

2. Quand le choix d'une des « nouvelles options » est obligatoire (c'est-à-dire quand l'option nulle n'existe pas), on ne peut se fonder sur leur TRI pour les rejeter. C'est plutôt la comparaison entre le taux de rendement de leur investissement différentiel et celui de toute option moins coûteuse qui doit servir de critère de sélection.

3. Quand on examine de nombreuses options, on peut les classer selon l'ordre croissant de leur coût initial. Il ne s'agit pas d'une étape indispensable, mais elle facilite la comparaison.

Le flux monétaire différentiel représente un investissement simple, de sorte que le taux d'intérêt au point mort calculé dans le tableau correspond au taux de rendement interne requis. Puisque le TRI_{M2-M1} est supérieur au TRAM de 12 %, on préfère M2 à M1, et M2 devient le défenseur.

Étape 3 : On compare M3 et M2. Quand les investissements initiaux sont les mêmes, on examine les flux monétaires un à un jusqu'à ce qu'on trouve la première différence, puis on fait en sorte que le premier flux différentiel soit négatif (c'est-à-dire un flux d'investissement). Dans ce problème, l'ordre dans lequel sont placés M2 et M3 répond à cette exigence, comme le montre le tableau qui suit :

n	M3 – M2
0	0
1	−16 000 $
2	−8 460
3	60
4	9 688
5	20 567 $
TRI_{M3-M2}	6,66 %

Les flux monétaires différentiels révèlent un modèle d'investissement simple. L'élément différentiel (M3 − M2) a un taux de rendement insuffisant de 6,66 % ; on ne préfère donc pas M3 à M2. En résumé, on conclut que M2 est la meilleure option et que ce résultat s'accorde avec les analyses de la PE, de l'AE et de la FE précédemment effectuées relativement à ce problème.

Figure 5.2
Courbes de la PE des trois options relatives au centre d'usinage

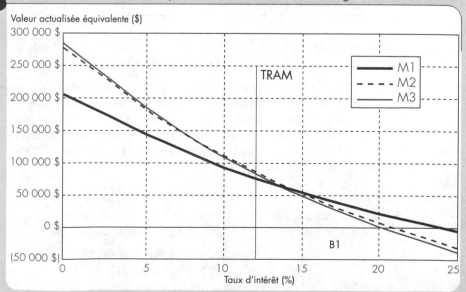

> **Commentaires :** *Soulignons de nouveau que le TRI de chaque option, qu'on trouve dans le tableau présenté au début de ce problème, peut servir à vérifier l'acceptabilité de ces options, mais non à choisir la meilleure. La figure 5.2 démontre une fois de plus que l'option dont le TRI est le plus haut n'est pas nécessairement celle dont la PE est la plus élevée en fonction du TRAM.*

Exemple 5.5

L'analyse différentielle fondée uniquement sur le coût des projets

La société Falk doit produire des manchons d'assemblage d'arbres pendant 6 ans. À cette fin, elle examine deux types de systèmes : 1) un système de fabrication cellulaire (SFC) et 2) un système de fabrication flexible (SFF). L'un ou l'autre devra produire en moyenne 544 000 pièces par année. Voici, pour chaque option, les coûts d'exploitation, l'investissement initial et la valeur de récupération :

ÉLÉMENTS	OPTION SFC	OPTION SFF
Coûts d'exploitation et d'entretien annuels		
Main-d'œuvre	1 169 600 $	707 200 $
Matières	832 320	598 400
Frais généraux de fabrication	3 150 000	1 950 000
Outillage	470 000	300 000
Inventaire	141 000	31 500
Impôt	1 650 000	1 917 000
Total des coûts annuels	7 412 920 $	5 504 100 $
Investissement initial	4 500 000 $	12 500 000 $
Valeur de récupération nette	500 000 $	1 000 000 $

La figure 5.3 illustre les flux monétaires liés à chaque option. Le TRAM de la société est de 15 %. Selon le critère du TRI, quelle est la meilleure option ?

Explication : Comme on peut présumer que les deux systèmes de fabrication assureront les mêmes revenus tout au long de la période d'analyse, la comparaison peut porter uniquement sur leur coût. (Il s'agit de projets de service.) On ne peut calculer le TRI de chaque option sans connaître le montant des revenus, mais on peut calculer le TRI des flux monétaires différentiels. Comme le SFF exige un investissement initial plus élevé que celui du SFC, le flux monétaire différentiel correspond à l'élément différentiel (SFF – SFC).

Solution

- **Soit :** les flux monétaires de la figure 5.3 et $i = 15\%$ par année
- **Trouvez :** les flux monétaires différentiels et la meilleure option, selon le critère du TRI

$$PE(i^*)_{\text{SFF – SFC}} = -8\,000\,000\,\$ + 1\,908\,820\,\$(P/A, i, 5)$$
$$+ 2\,408\,820\,\$(P/F, i, 6)$$
$$= 0.$$

n	OPTION SFC	OPTION SFF	ÉLÉMENT DIFFÉRENTIEL (SFF – SFC)
0	−4 500 000 $	−12 500 000 $	−8 000 000 $
1	−7 412 920	−5 504 100	1 908 820
2	−7 412 920	−5 504 100	1 908 820
3	−7 412 920	−5 504 100	1 908 820
4	−7 412 920	−5 504 100	1 908 820
5	−7 412 920	−5 504 100	1 908 820
6	−7 412 920	−5 504 100	
	+500 000 $	+1 000 000 $	2 408 820 $

Figure 5.3
Comparaison d'options mutuellement exclusives assurant des revenus égaux (fondée uniquement sur le coût)

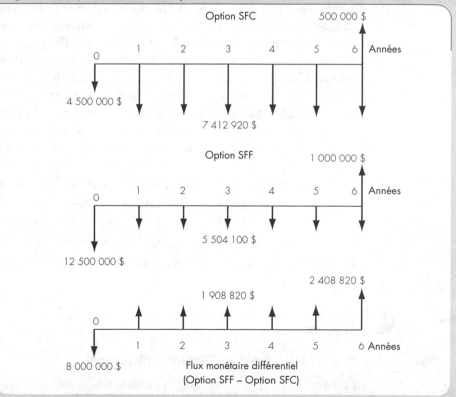

Flux monétaire différentiel
(Option SFF – Option SFC)

En résolvant i^* par tâtonnement, on obtient 12,43 %. Comme $TRI_{SFF - SFC} = 12{,}43\,\% < 15\,\%$, on choisit SFC. Le SFF permet une économie différentielle de 1 908 820 $ par année sur les coûts d'exploitation, mais cette économie ne justifie pas l'investissement additionnel de 8 000 000 $.

Commentaires : On constate que l'option SFC est légèrement plus avantageuse que l'option SFF. Toutefois, il n'est pas sans danger de se fier uniquement aux économies facilement quantifiables que l'option SFF permet de réaliser au chapitre des facteurs de production, comme la main-d'œuvre, l'énergie et les matières, sans tenir compte des gains, plus difficiles à quantifier objectivement, provenant d'un meilleur rendement de la production. On laisse souvent de côté les facteurs tels que l'amélioration de la qualité du produit ou de la flexibilité de fabrication (réponse rapide à la demande du client), la réduction des stocks et l'augmentation de la capacité de créer de nouveaux produits, car on ne dispose pas de moyens adéquats pour quantifier leurs avantages. Or, si on prenait en considération ces avantages intangibles, l'option SFF pourrait faire meilleure figure que l'option SFC.

5.4.3 LA MÉTHODE DE L'EMPRUNT DIFFÉRENTIEL

Lorsqu'on effectue une analyse différentielle, il n'est pas absolument nécessaire de soustraire l'option la moins coûteuse de la plus coûteuse. En fait, on peut examiner l'écart entre deux projets, A et B, en fonction des éléments différentiels (A – B) ou (B – A). Si l'élément (B – A) représente un **investissement**, l'élément (A – B) représente un **emprunt**. Jusqu'ici, lorsque l'analyse différentielle portait sur un investissement, celui-ci était accepté pour autant que son taux de rendement était supérieur au TRAM. Par contre, dans le cas d'un emprunt, le taux calculé (soit i^* pour emprunter) était essentiellement le taux payé pour emprunter le montant additionnel. C'est ce que nous appellerons le **taux de rendement de l'emprunt** (**TE**). D'un point de vue conceptuel, si le taux de l'emprunt est inférieur au TRAM, il est préférable d'emprunter l'argent additionnel plutôt que de puiser dans son fonds d'investissement initial. Autrement dit, il en coûte moins cher d'emprunter que d'utiliser son propre argent. En conséquence, la règle de décision est inversée :

$$\text{si } TE_{A-B} < \text{TRAM, on choisit A,}$$
$$\text{si } TE_{A-B} = \text{TRAM, on choisit A ou B,}$$
$$\text{si } TE_{A-B} > \text{TRAM, on choisit B,}$$

où l'élément différentiel A – B représente un emprunt (premier flux monétaire positif).

Exemple 5.6

Le taux de rendement de l'emprunt différentiel

On reprend l'exemple 5.3, mais cette fois, on calcule le taux de rendement de l'élément différentiel B1 – B2.

On remarque que le premier flux monétaire différentiel est positif et que tous les autres sont négatifs : l'écart entre les flux représente donc un emprunt. Quel est le taux de rendement de cet emprunt et quel est le projet le plus avantageux ?

n	B1	B2	B1 – B2
0	−3 000 $	−12 000 $	+9 000 $
1	1 350	4 200	−2 850
2	1 800	6 225	−4 425
3	1 500	6 330	−4 830

Solution

• Soit: le flux monétaire différentiel correspondant à un emprunt et TRAM = 10 %
• Trouvez: le TE de l'emprunt différentiel et si ce taux est acceptable

On constate que les signes des flux monétaires sont inversés par rapport à ceux de l'exemple 5.3. Le taux de rendement de cet emprunt différentiel est le même que celui de l'investissement différentiel, $i^*_{B1-B2} = i^*_{B2-B1} = 15\,\%$. Toutefois, puisqu'on emprunte 9 000 $, le taux de 15 % correspond à ce qu'on perd, ou paie, en n'investissant pas les 9 000 $ dans B2. En investissant dans B1, on économise 9 000 $ immédiatement, mais on renonce à la possibilité d'obtenir 2 850 $ à la fin de la première année, 4 425 $ à la fin de la deuxième et 4 830 $ à la fin de la troisième. Cette situation équivaut à emprunter 9 000 $ et à effectuer une série de remboursements (2 850 $, 4 425 $, 4 830 $). En réalité, on paie 15 % d'intérêt sur une somme empruntée. S'agit-il d'un taux d'emprunt acceptable, compte tenu du fait que le coût d'utilisation de son propre argent n'est que de 10 % ? Comme le TRAM de la société est de 10 %, on peut présumer que le taux maximal pour emprunter doit aussi être de 10 %. Étant donné que 15 % > 10 %, cette situation d'emprunt n'est pas souhaitable, et l'option la moins coûteuse, B1, qui a donné lieu au flux d'emprunt différentiel, doit être rejetée (figure 5.4). On choisit plutôt B2, ce qui est conforme au résultat de l'exemple 5.3.

Figure 5.4
Courbe de la PE pour l'élément différentiel B1 – B2

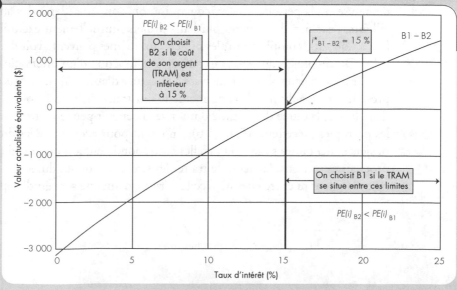

Qu'elle soit axée sur l'investissement ou sur l'emprunt, l'analyse différentielle donne les mêmes résultats. Si l'une vous semble plus facile à comprendre que l'autre, rien ne vous empêche d'y avoir recours systématiquement pour établir vos comparaisons. Ne l'oubliez pas : un flux différentiel négatif implique un investissement et un flux différentiel positif, un emprunt. Toutefois, nous vous conseillons de faire porter vos analyses différentielles sur l'*investissement* plutôt que sur l'*emprunt*. Cette stratégie vous évite d'avoir à mémoriser deux règles de décision. De plus, elle permet de contourner le problème relatif au choix de la règle à appliquer aux flux différentiels multiples. (La première règle s'applique toujours aux investissements non simples : si le TRI du flux différentiel est supérieur au TRAM, le flux différentiel est acceptable.)

5.5 LA PÉRIODE D'ANALYSE

La **période d'analyse** est la durée couverte par l'évaluation des effets économiques d'un investissement ; on peut aussi l'appeler **période d'étude** ou **horizon de planification.** Il existe plusieurs façons de fixer la durée de la période d'analyse : elle peut être soit prédéterminée par la politique de l'entreprise, soit implicitement ou explicitement assujettie au besoin qu'on tente de combler — par exemple, un fabricant de couches entrevoit la nécessité d'augmenter substantiellement sa production sur une période de 10 ans afin de faire face à une explosion démographique prévue. Dans l'un ou l'autre cas, on considère la période d'analyse comme la **période de service requise**. Quand cette dernière n'est pas déterminée dès le départ, l'analyste doit choisir une période d'analyse appropriée pour étudier les différentes options. Dans une telle situation, la durée de vie utile du projet d'investissement constitue un bon choix.

Quand la vie utile d'un projet d'investissement ne coïncide pas avec la période d'analyse ou la période de service requise, on doit procéder à des ajustements. Par ailleurs, l'examen de deux ou plusieurs projets mutuellement exclusifs peut donner lieu à une autre complication : les projets eux-mêmes peuvent avoir des vies utiles inégales. Or, ces projets doivent être comparés en fonction d'un **intervalle de temps égal**, condition qui peut obliger l'analyste à effectuer d'autres ajustements. (La figure 5.5 présente un graphique d'acheminement illustrant diverses façons dont la période d'analyse et la durée de vie utile d'un investissement peuvent être combinées.) Dans les exemples précédents (5.1 à 5.6), on tenait pour acquis que les durées de vie des projets étaient toutes égales et qu'elles correspondaient à la période d'étude. Dans les prochaines sections, la façon de traiter les situations où les durées de vie des projets ne coïncident ni entre elles ni avec la période d'analyse sera étudiée plus en détail.

Figure 5.5
Détermination de la période d'analyse lorsqu'on compare des options mutuellement exclusives

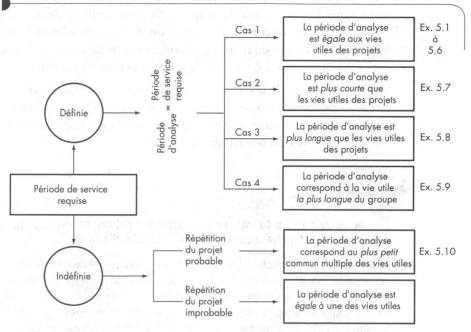

5.5.1 QUAND LA PÉRIODE D'ANALYSE DIFFÈRE DES VIES UTILES DES PROJETS

Dans les exemples 5.1 à 5.6, l'analyse des projets mutuellement exclusifs supposait le scénario le plus simple possible : les vies utiles des projets étaient égales entre elles et à la période de service requise. Or, dans la pratique, cela se produit rarement. Souvent, les vies utiles ne coïncident pas avec la période d'analyse et/ou ne correspondent pas les unes aux autres. Par exemple, deux machines peuvent remplir exactement la même fonction, mais l'une peut durer plus longtemps que l'autre et toutes deux peuvent avoir une vie utile qui se poursuit au-delà de la période d'analyse dont elles font l'objet. Les sections et les exemples qui suivent présentent des techniques destinées à venir à bout de ces complications. Afin de mettre l'accent sur le problème de la différence entre les durées de vie, nous n'appliquerons aux prochains exemples que le critère de la PE.

Quand la vie utile des projets est plus longue que la période d'analyse

Il arrive fréquemment que la vie utile des projets ne coïncide pas avec la période d'analyse prédéterminée par l'entreprise ; elle est souvent trop longue ou trop courte. Le premier cas est le plus facile à traiter.

Une entreprise entreprend un projet de production de 5 ans, mais tous les appareils parmi lesquels elle peut choisir ont une vie utile de 7 ans. L'analyse de chaque projet ne couvre alors que la période de service requise (ici, 5 ans). La portion du matériel qui demeure inutilisée (dans ce cas, une valeur de deux ans) est intégrée à l'analyse à titre de **valeur de récupération**. Celle-ci représente le montant qu'on obtiendrait de la vente du matériel à la fin de son utilisation dans le cadre du projet, ou bien, la mesure en dollars de l'usage qu'on peut encore en faire.

Dans le secteur de la construction, il arrive souvent que la vie utile des projets dépasse la période d'analyse. En effet, la période d'exécution d'un projet de construction peut être relativement courte, alors que la durée de vie du matériel acheté en vue de le réaliser est beaucoup plus longue.

Exemple 5.7

La comparaison de la valeur actualisée équivalente — quand la vie utile des projets est plus longue que la période d'analyse

La société Gestion des Déchets (SGD) obtient un contrat qui consiste à débarrasser une propriété du gouvernement de ses matières radioactives et à les transporter à un dépotoir désigné. Cette tâche nécessite une défonceuse spéciale pour creuser et charger les matières dans un véhicule de transport. Approximativement 400 000 tonnes de déchets doivent être déplacés en 2 ans. Le modèle A coûte 150 000 $, et on estime qu'il pourra servir 6 000 heures avant de nécessiter une révision majeure. Pour enlever les matières d'ici à 2 ans, l'entreprise a besoin de deux unités de ce modèle ; le coût d'utilisation de chacune d'entre elles s'élève à 40 000 $ par année pour 2 000 heures de service. À ce rythme, le modèle sera utilisable pendant 3 ans, après quoi chaque unité aura une valeur de récupération estimative de 25 000 $.

Le modèle B, plus efficace, coûte 240 000 $ l'unité ; on prévoit qu'il fournira 12 000 heures de service avant de nécessiter une révision majeure. Pour terminer le travail d'ici à 2 ans, l'entreprise devra l'utiliser 2 000 heures par année, au coût de 22 500 $. Sa valeur de récupération après 6 ans de service est évaluée à 30 000 $. Ici encore, deux unités sont nécessaires.

Comme la vie utile des deux modèles se prolonge au-delà des 2 ans de la période de service requise (figure 5.6), SGD doit faire certaines hypothèses relatives au matériel usagé à la fin de ce délai. Par conséquent, ses ingénieurs estiment que, après 2 ans, les unités du modèle A pourront être vendues 45 000 $ chacune et celles du modèle B, 125 000 $ chacune. Après avoir comptabilisé tous les effets fiscaux, SGD résume les flux monétaires (en milliers de dollars) de chaque projet au moyen du tableau ci-contre.

Ici, les chiffres encadrés représentent les valeurs de récupération estimatives à la fin de la période d'analyse (fin de la deuxième année). Si le TRAM de la société est de 15 %, quelle option doit-elle choisir ?

n	MODÈLE A	MODÈLE B
0	−300 $	−480 $
1	−80	−45
2	−80 $\boxed{+90}$	−45 $\boxed{+250}$
3	−80 +50	−45
4		−45
5		−45
6		−45 +60

Figure 5.6
*a) Flux monétaire relatif au modèle A ; b) flux monétaire relatif au modèle B ;
c) comparaison entre des projets ayant des vies utiles inégales qui se
prolongent au-delà de la période d'analyse*

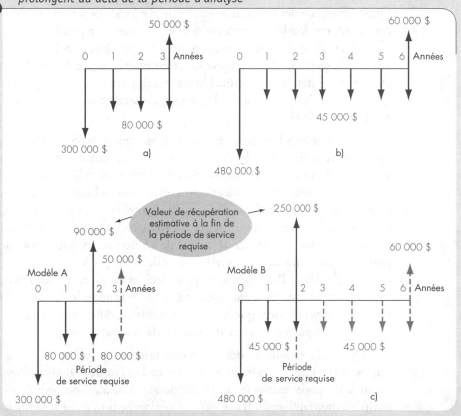

Solution

- Soit : les flux monétaires relatifs aux deux options, comme le montre la figure 5.6 et $i = 15\%$ par année
- Trouvez : la PE de chaque option et l'option la plus avantageuse

On note d'abord qu'il s'agit de projets de service pour lesquels on peut supposer des revenus semblables. Comme la société estime explicitement la valeur marchande des biens à la fin de la période d'analyse (2 ans), les deux modèles peuvent être comparés directement. Leurs avantages (l'enlèvement des déchets) étant égaux, on peut s'attacher à leurs coûts :

$$PE(15\%)_A = -300\$ - 80\$(P/A, 15\%, 2) + 90\$(P/F, 15\%, 2)$$
$$= -362\$.$$
$$PE(15\%)_B = -480\$ - 45\$(P/A, 15\%, 2) + 250\$(P/F, 15\%, 2)$$
$$= -364\$.$$

Le modèle A, dont la PE est la moins négative, donc la plus élevée, constitue le meilleur choix.

Quand la vie utile du projet est plus courte que la période d'analyse

Quand les vies utiles sont plus courtes que la période de service requise, on doit prévoir comment, une fois les vies utiles terminées, l'entreprise répondra aux besoins qui restent à combler. Dans une telle situation, on a recours à des projets de remplacement : il s'agit de projets supplémentaires qui seront mis en œuvre dès que le projet initial aura atteint les limites de sa vie utile. L'analyse doit porter sur des projets de remplacement qui dureront jusqu'à la fin de la période de service requise ou qui se prolongeront au-delà de celle-ci.

Pour simplifier l'analyse, on peut supposer que le projet de remplacement, en tous points semblable au projet initial, donnera lieu aux mêmes coûts et aux mêmes avantages. Il n'est toutefois pas nécessaire de faire une telle hypothèse. Ainsi, selon ses aptitudes à prévoir, on peut juger qu'une évolution technique — sous forme d'appareil, de matière ou de procédé — constituera un meilleur remplacement. Qu'on choisisse exactement la même option ou une nouvelle technique, il se peut bien qu'on finisse par devoir tenir compte de la valeur de récupération d'une portion inutilisée du matériel, tout comme lorsque la vie utile d'un projet se prolonge au-delà de la période d'analyse. Par ailleurs, on peut décider de louer le matériel nécessaire ou de sous-traiter les travaux restants jusqu'à la fin de la période d'analyse. Dans un tel cas, il y a de bonnes chances que le projet coïncide parfaitement avec la période d'analyse et qu'on n'ait pas à se soucier des valeurs de récupération.

Quoi qu'il en soit, au début, on doit faire certaines hypothèses quant au moyen qui permettra de se rendre jusqu'à la fin de la période d'analyse. Plus tard, quand la vie utile du projet initial se rapproche de son échéance, on peut étudier un projet de remplacement différent. Il s'agit d'une démarche tout à fait raisonnable, car l'analyse économique est une activité qui se poursuit tout au long de la vie d'une entreprise et d'un projet d'investissement, et on doit toujours utiliser les données les plus sûres et les plus récentes possibles.

Exemple 5.8

La comparaison de la valeur actualisée équivalente — quand la vie utile des projets est plus courte que la période d'analyse

Nouveautés Samson, une entreprise de vente par correspondance, désire installer un système postal automatique destiné aux annonces publicitaires et aux factures. Elle étudie deux types de machines. De conception différente, les deux possèdent toutefois des capacités de production identiques et remplissent exactement les mêmes fonctions. Le modèle A, qui est semi-automatique et coûte 12 500 $, durera 3 ans ; quant au modèle B, entièrement automatique, il coûte 15 000 $ et sa durée de vie est de 4 ans. Voici les flux monétaires prévus pour les deux machines ; les calculs tiennent compte de l'entretien, de la valeur de récupération et des effets fiscaux :

n	MODÈLE A	MODÈLE B
0	−12 500 $	−15 000 $
1	−5 000	−4 000
2	−5 000	−4 000
3	−5 000 + 2 000	−4 000
4		−4 000 + 1 500
5		

Comme les affaires connaissent un certain essor, il se peut qu'au bout de la cinquième année aucun des deux modèles ne soit en mesure de répondre à l'augmentation du volume des envois. Dans ces circonstances, un système postal entièrement informatisé devra être installé. Compte tenu de ce scénario, quel modèle l'entreprise doit-elle choisir, en fonction d'un TRAM de 15 % ?

Solution

• SOIT : les flux monétaires relatifs aux deux options, comme le montre la figure 5.7, une période d'analyse de 5 ans et $i = 15 \%$
• TROUVEZ : la PE de chaque option et l'option la plus avantageuse

Comme les deux modèles ont une durée de vie inférieure à la période de service requise (5 ans), on doit émettre une hypothèse explicite quant à la façon de combler les besoins en matière de courrier. Supposons que la société envisage de louer un appareil comparable, au coût de 6 000 $ par année (après impôt), pour le reste de la période de service requise. Dans un tel cas, les flux monétaires ressembleraient à ceux de la figure 5.7.

n	MODÈLE A	MODÈLE B
0	−12 500 $	−15 000 $
1	−5 000	−4 000
2	−5 000	−4 000
3	−5 000 + 2 000	−4 000
4	−5 000 − 6 000	−4 000 + 1 500
5	−5 000 − 6 000	−5 000 − 6 000

Ici, les chiffres encadrés représentent le montant annuel de la location. (Il en coûtera annuellement 6 000 $ pour louer l'appareil et 5 000 $ pour l'utiliser. D'autres frais d'entretien seront assumés par l'entreprise de location.) Comme les deux options ont maintenant une période de service requise de 5 ans, on peut utiliser l'analyse de la PE :

Figure 5.7
Comparaison de projets ayant des vies utiles inégales qui se terminent avant la fin de la période de service requise

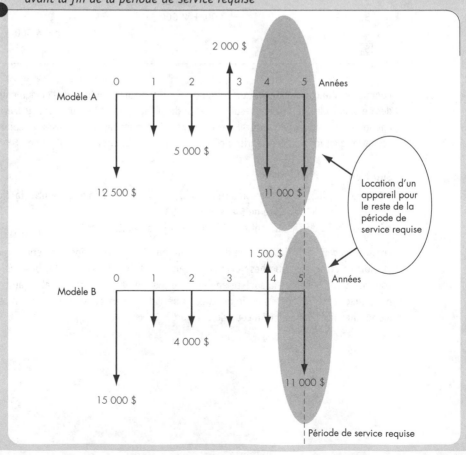

$$PE(15\%)_A = -12\,500\$ - 5\,000\$(P/A,\ 15\%,\ 2) - 3\,000\$(P/F,\ 15\%,\ 3)$$
$$-11\,000\$(P/A,\ 15\%,\ 2)(P/F,\ 15\%,\ 3)$$
$$= -34\,359\$.$$
$$PE(15\%)_B = -5\,000\$ - 4\,000\$(P/A,\ 15\%,\ 3) - 2\,500\$(P/F,\ 15\%,\ 4)$$
$$-11\,000\$(P/F,\ 15\%,\ 5)$$
$$= -31\,031\$.$$

Il s'agit de projets de service. Le modèle B constitue donc le meilleur choix.

Quand la période d'analyse et le projet ayant la vie utile la plus longue coïncident

Comme nous l'avons vu dans les pages précédentes, il est en général nécessaire de comparer les options en fonction de périodes futures égales. Or, dans certaines situations, on peut comparer des projets avec revenus ayant des vies utiles différentes s'ils ne nécessitent qu'un seul investissement, étant donné que la tâche ou le besoin auquel l'entreprise les destine est unique. Prenons comme exemple l'extraction d'une quantité fixe d'une ressource naturelle, telle que le pétrole ou le charbon. On envisage deux procédés mutuellement exclusifs : le premier permet de recueillir en 10 ans le charbon disponible, tandis que le second peut venir à bout de cette tâche en 8 ans seulement. Si l'entreprise utilise le procédé le plus rapide, elle n'aura aucune raison de poursuivre le projet une fois que tout le charbon aura été extrait. Dans cet exemple, on peut comparer les procédés en fonction d'une période d'analyse de 10 ans (la durée de vie du projet le plus long des deux), si on tient pour acquis que le projet le plus court ne produira aucun flux monétaire après 8 ans. Étant donné la valeur temporelle de l'argent, l'analyse doit tenir compte des revenus même si le prix du charbon demeure constant. Malgré le fait que les revenus totaux (non actualisés) soient égaux dans chacun des cas, ce sont ceux du procédé le plus rapide qui ont la valeur actualisée la plus élevée. On peut donc comparer les deux projets en calculant la PE s'appliquant à la durée de vie de chacun. Dans ce cas, la période d'analyse est déterminée par la vie utile du projet le plus long et coïncide avec celle-ci. (Ici, on suppose que la période d'analyse est en réalité de 10 ans.)

Exemple 5.9

La comparaison de la valeur actualisée équivalente de deux projets mutuellement exclusifs — quand la période d'analyse coïncide avec le projet dont la vie utile est la plus longue

L'entreprise familiale Ferme d'élevage Piedmont (FED) possède les droits miniers sur une terre où elle cultive des céréales et fait paître du bétail. Récemment, on a découvert du pétrole sur cette propriété. La famille décide d'extraire le pétrole, de vendre la terre puis de se retirer des affaires. Elle peut soit louer du matériel lui permettant d'extraire et de vendre elle-même le pétrole, soit louer la terre à une société pétrolière. Si elle choisit la première option, elle devra d'abord assumer des frais de location de 300 000 $, mais l'exploitation produira un flux monétaire net de 600 000 $ après impôt, à la fin de chaque année pendant les 5 prochaines années. Dans 5 ans, FED pourra vendre sa terre une fois que le pétrole en aura été retiré ; cette opération donnera lieu à un flux net de 1 000 000 $. Si elle choisit la deuxième option, la société de production extraira tout le pétrole en seulement 3 ans, délai après lequel la vente de la terre lui permettra de réaliser un flux monétaire net de 800 000 $. (La différence dans la valeur de revente de la terre est attribuable au fait qu'on prévoit une augmentation du taux d'appréciation de cette propriété.) Le flux monétaire net provenant des versements de location reçus par FED s'élèvera à 630 000 $ au début de chacune des 3 prochaines années. Le calcul des montants qui précèdent tient compte de tous les avantages et de tous les coûts liés aux deux options. Laquelle de ces options l'entreprise doit-elle choisir si $i = 15\,\%$?

Figure 5.8
Comparaison de projets mutuellement exclusifs ayant des vies utiles inégales quand la période d'analyse coïncide avec le projet le plus long. Dans notre exemple, la période d'analyse est de 5 ans, si on tient pour acquis que la location ne produira aucun flux monétaire les quatrième et cinquième années.

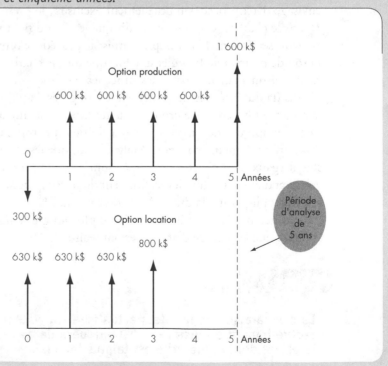

Solution

- Soit : les flux monétaires présentés à la figure 5.8 et $i = 15\%$ par année
- Trouvez : la PE de chaque option et l'option la plus avantageuse

Comme le montre la figure 5.8, les flux monétaires relatifs à chaque option se présentent comme suit :

n	PRODUCTION	LOCATION
0	−300 000 $	630 000 $
1	600 000	630 000
2	600 000	630 000
3	600 000	800 000
4	600 000	
5	1 600 000	

Une fois le pétrole épuisé, le projet prendra fin.

$$PE(15\%)_{production} = -300\ 000\$ + 600\ 000\$(P/A, 15\%, 4)$$
$$+ 1\ 600\ 000\$(P/F, 15\%, 5)$$
$$= 2\ 208\ 470\$.$$
$$PE(15\%)_{location} = 630\ 000\$ + 630\ 000\$(P/A, 15\%, 2)$$
$$+ 800\ 000\$(P/F, 15\%, 3)$$
$$= 2\ 180\ 210\$.$$

Il s'agit de projets avec revenus. Par conséquent, l'option production semble légèrement meilleure.

Commentaires : La différence relativement faible entre les deux PE (28 260 $) laisse supposer que ce sont des enjeux non économiques qui feront pencher la balance en faveur de la production ou de la location. Même si l'option production paraît légèrement meilleure, FED préférera peut-être renoncer au faible bénéfice additionnel et opter pour la location plutôt que de se lancer dans la production de pétrole, domaine dans lequel elle n'a aucune expérience. Par ailleurs, la valeur de revente de la terre, qui varie suivant les options, peut influer fortement sur cette décision. La valeur d'un terrain est souvent difficile à prévoir à long terme, et l'entreprise peut douter de l'exactitude de ses prévisions. Au chapitre 13, nous traiterons de l'analyse de sensibilité : il s'agit d'une méthode permettant d'incorporer à l'analyse des projets l'incertitude relative à l'exactitude des flux monétaires.

5.5.2   QUAND LA PÉRIODE D'ANALYSE N'EST PAS SPÉCIFIÉE

Jusqu'ici, nous avons concentré notre attention sur des situations où la période d'analyse était connue. Lorsque celle-ci n'est spécifiée ni explicitement par une politique ou une pratique de l'entreprise ni implicitement par la durée de vie estimative du projet d'investissement, c'est à l'analyste d'en choisir une qui convient. Dans un tel cas, la méthode la plus commode consiste à s'appuyer sur les vies utiles des options. Quand ces dernières sont égales, le choix ne pose pas de problème. Dans le cas contraire, on doit déterminer une période d'analyse qui permette de comparer des projets de durées différentes en fonction d'une même période de référence, à savoir une **période de service commune**.

Le plus petit commun multiple des vies utiles des projets

Lorsqu'on prévoit qu'un projet d'investissement se poursuivra à peu près au même rythme pendant une période indéfinie, on peut supposer une période de service indéfinie. Mathématiquement parlant, cette démarche est certainement possible, mais l'analyse risque de se révéler compliquée et fastidieuse. Par conséquent, dans le cas d'un projet d'investissement d'une durée indéfinie, on détermine en général une période d'analyse définie à l'aide du **plus petit commun multiple** des vies utiles des projets. Par exemple, si les vies utiles de l'option A et de l'option B sont respectivement de 3 ans et de 4 ans, on peut fixer la période d'analyse, ou période de service commune, à 12 ans. L'analyse couvre 4 cycles de vie pour l'option A et 3 cycles de vie pour l'option B ; dans chaque cas, l'option est utilisée complètement. On accepte ensuite les résultats du modèle fini comme une prévision valable en ce qui concerne le plan d'action qui constituera la décision économique la plus judicieuse dans un avenir assez rapproché. L'exemple qui suit présente un cas qui se prête à l'utilisation du plus petit commun multiple des vies utiles des projets pour déterminer la période d'analyse.

Exemple 5.10

La comparaison de la valeur actualisée équivalente — quand les vies utiles sont inégales — la méthode du plus petit commun multiple

Revenons à l'exemple 5.8. Supposons que les modèles A et B sont tous deux en mesure de répondre à la future augmentation de volume et qu'on ne procèdera pas à une élimination progressive du système au bout de 5 ans. On prévoit plutôt conserver le mode de fonctionnement actuel pendant une période indéfinie ; de plus, dans l'un et l'autre cas, ni le prix ni les coûts d'exploitation ne subiront de changements importants. En fonction d'un TRAM de 15 %, quel modèle l'entreprise doit-elle choisir ?

Solution

• Soit : les flux monétaires relatifs aux deux options, tels qu'ils apparaissent à la figure 5.9, et $i = 15\%$ par année, un besoin à combler pendant une période indéfinie
• Trouvez : la PE de chaque option et l'option la plus avantageuse

On se rappelle que ces deux options mutuellement exclusives ont des durées de vie différentes, mais assurent des profits annuels identiques. Dans un tel cas, on ne tient aucun compte de ces profits identiques, et les coûts deviennent le seul élément sur lequel s'appuie la décision, pour autant qu'on utilise une période d'analyse commune aux deux options.

Pour rendre les deux projets comparables, présumons que, après chaque période de 3 ans ou de 4 ans, le même modèle, auquel les mêmes coûts s'appliqueront, sera réinstallé. Comme le plus petit commun multiple de 3 et de 4 est 12, la période d'analyse commune est de 12 ans. Notons que tous les écarts entre les flux monétaires des deux options se manifesteront au cours de la première période de 12 ans. Une fois ce délai écoulé, ils conserveront la même structure tous les 12 ans pendant une période indéfinie. La figure 5.9 illustre les cycles de remplacement et les flux monétaires.

Figure 5.9
Comparaison de projets ayant des vies utiles inégales quand la période de service requise est indéfinie et que les projets, qui sont susceptibles de se répéter, nécessiteront le même investissement et entraîneront les mêmes coûts d'exploitation et d'entretien

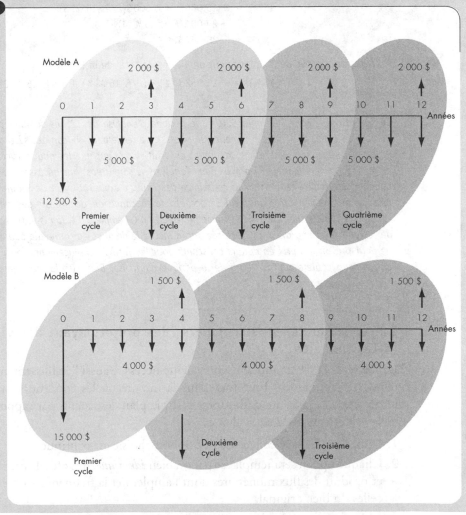

- Modèle A : Quatre remplacements sont effectués au cours d'une période de 12 ans. La PE du premier cycle d'investissement est

$$PE(15\%) = -12\,500\$ - 5\,000\$(P/A, 15\%, 2)$$
$$-3\,000\$(P/F, 15\%, 3)$$
$$= -22\,601\$.$$

Avec quatre cycles de remplacement, le total de la PE est

$$PE(15\%) = -22\,601\$\,[1 + (P/F, 15\%, 3)$$
$$+ (P/F, 15\%, 6) + (P/F, 15\%, 9)]$$
$$= -53\,657\$.$$

- Modèle B : Trois remplacements sont effectués au cours d'une période de 12 ans. La PE du premier cycle d'investissement est

$$PE(15\%) = -15\,000\$ - 4\,000\$(P/A, 15\%, 3)$$
$$-2\,500\$(P/F, 15\%, 4)$$
$$= -25\,562\$.$$

Avec trois cycles de remplacement en 12 ans, le total de la PE est

$$PE(15\%) = -25\,562\$\,[1 + (P/F, 15\%, 4) + (P/F, 15\%, 8)]$$
$$= -48\,534\$.$$

Commentaires : *Pour l'exemple 5.10, une période d'analyse de 12 ans semble raisonnable. Le nombre de cycles de réinvestissement que nécessitera réellement chacun des systèmes dépend de l'évolution technique des futurs appareils ; en effet, il se peut que les quatre cycles (modèle A) ou les trois cycles (modèle B) prévus dans l'analyse ne soient pas tous nécessaires. La justesse de l'analyse est aussi assujettie à la constance des coûts d'exploitation et de main-d'œuvre. Cette analyse permet d'obtenir un résultat acceptable, à condition de prévoir des **prix en dollars constants** (voir le chapitre 12). (Comme on le verra à l'exemple 5.11, la résolution mathématique de ce type de comparaison est facilitée par la méthode de la valeur annuelle équivalente.) Si on ne peut prévoir des prix en dollars constants pour les futurs remplacements, on doit estimer ce que chacun coûtera tout au long de la période d'analyse. Bien sûr, le problème devient alors beaucoup plus compliqué.*

L'analyse de l'AE pour comparer des projets ayant des vies utiles inégales

L'analyse de la valeur annuelle équivalente nécessite aussi l'établissement de périodes d'analyse communes. Toutefois, dans la mesure où les conditions suivantes sont respectées, elle présente des avantages sur le plan des calculs par rapport à l'analyse de la valeur actualisée équivalente :

1. La période de service requise de l'option choisie est continue.

2. Chaque option sera remplacée par un bien *identique*, qui offre le même rendement et produit des flux monétaires dont l'ampleur et la fréquence sont équivalentes à celles du bien original.

Quand ces deux conditions sont remplies, on peut calculer l'AE de chaque option en fonction de sa durée initiale, plutôt que d'avoir recours à la méthode du plus petit commun multiple des vies utiles.

Exemple 5.11

La comparaison de la valeur annuelle équivalente — quand les vies utiles des projets sont inégales

Reprenant les données de l'exemple 5.10, on utilise la méthode de la valeur annuelle équivalente pour choisir le matériel le plus économique.

Solution

- Soit : les flux monétaires relatifs aux coûts apparaissant à la figure 5.10 et $i = 15\%$ par année
- Trouvez : la valeur annuelle équivalente et l'option la plus avantageuse

On peut résoudre le problème de l'exemple 5.10 en calculant la valeur annuelle équivalente d'une dépense de 12 500 $ effectuée tous les 3 ans pour le modèle A, et celle d'une dépense de 15 000 $ effectuée tous les 4 ans pour le modèle B. Il est à noter que l'AE de chaque flux monétaire de 12 ans est la même que celle des flux correspondants de 3 ou de 4 ans (figure 5.10). Selon les données de l'exemple 5.10, on calcule

- Modèle A :

  Pour une vie utile de 3 ans :

  $$PE(15\%) = -22\,601\,\$$$
  $$AE(15\%) = -22\,601\,\$(A/P, 15\%, 3)$$
  $$= -9\,899\,\$.$$

  Pour une période de 12 ans (les calculs couvrent toute la période d'analyse) :

  $$PE(15\%) = -53\,657\,\$$$
  $$AE(15\%) = -53\,657\,\$(A/P, 15\%, 12)$$
  $$= -9\,899\,\$.$$

- Modèle B :

  Pour une vie utile de 4 ans :

  $$PE(15\%) = -25\,562\,\$$$
  $$AE(15\%) = -25\,562\,\$(A/P, 15\%, 4)$$
  $$= -8\,954\,\$.$$

Figure 5.10
Comparaison de projets ayant des vies utiles inégales et une période d'analyse indéfinie à l'aide du critère de la valeur annuelle équivalente

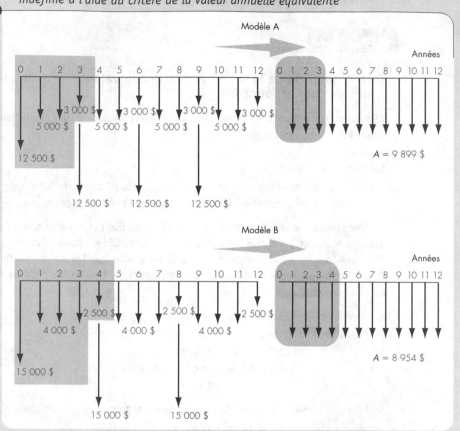

Pour une période de 12 ans (les calculs couvrent toute la période d'analyse) :

$$PE(15\%) = -48\ 534\ \$$$
$$AE(15\%) = -48\ 534\ \$(A/P,\ 15\%,\ 12)$$
$$= -8\ 954\ \$.$$

On remarque que les valeurs annuelles équivalentes calculées en fonction de la période de service commune sont les mêmes que celles obtenues pour les durées initiales des projets. Donc, pour les options ayant des vies utiles inégales, on obtient le même résultat, qu'on compare la PE relative à une période de service commune au cours de laquelle les projets se répètent ou l'AE relative à la durée initiale de chaque projet.

L'analyse du TRI appliquée à des projets ayant des vies utiles inégales

Plus haut, nous avons traité de l'utilisation des critères de la PE, de la FE et de l'AE pour comparer des projets ayant des vies utiles inégales. Or, le TRI constitue une mesure dont on peut aussi se servir pour effectuer une telle comparaison, à condition qu'on puisse déterminer une période d'analyse commune. Le processus décisionnel est alors exactement le même que celui auquel on a recours pour les projets dont les vies utiles sont égales. Avec cette méthode, on risque toutefois de se trouver devant un problème à racine multiple, dont la résolution exige de nombreux calculs. Supposons, par exemple, qu'on utilise le TRI pour comparer deux projets dont un a une vie utile de 5 ans et l'autre, une vie utile de 8 ans : le plus petit commun multiple est alors de 40 ans. En déterminant les flux monétaires différentiels qui se produiront au cours de la période d'analyse, on observe forcément un grand nombre de changements de signes, d'où la possibilité de nombreux i^*. Dans les exemples suivants, on utilise i^* pour comparer deux projets mutuellement exclusifs : les flux monétaires différentiels relatifs au premier ne comportent qu'un seul changement de signe, tandis que ceux du second en comptent plusieurs. (Notre objectif n'est pas de vous encourager à utiliser la méthode du TRI pour comparer les projets ayant des vies utiles inégales, mais plutôt de vous présenter la bonne façon de le faire quand cette analyse s'impose.)

Exemple 5.12

L'analyse du TRI pour comparer des projets ayant des vies utiles inégales quand le flux différentiel implique un investissement simple

Voici deux projets d'investissement mutuellement exclusifs (E1, E2) :

n	E1	E2
0	−2 000 $	−3 000 $
1	1 000	4 000
2	1 000	
3	1 000	

Le projet E1 a une vie utile de 3 ans et le projet E2, une vie utile de 1 an seulement. On part du principe que la répétition du projet E2 donne lieu aux mêmes coûts et aux mêmes avantages tout au long de la période d'analyse de 3 ans. Le TRAM de l'entreprise est de 10 %, et l'option nulle n'existe pas. Quel projet faut-il choisir ?

Figure 5.11
Comparaison de projets mutuellement exclusifs dont la période
de service requise est indéfinie

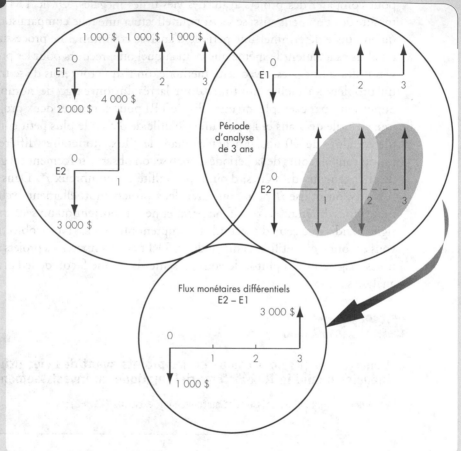

Solution

- S_oit : deux options ayant des vies utiles inégales, les flux monétaires présentés à la figure 5.11 et TRAM = 10 %
- T_rouvez : le TRI de l'investissement différentiel et l'option la plus avantageuse

Si on suppose que le projet E2 sera répété trois fois au cours de la période d'analyse (comme le montre la figure 5.11) et si on considère les flux monétaires·différentiels (E2 – E1), on obtient

n	E1	E2			E2 – E1
0	−2 000 $		−3 000 $	= −3 000 $	−1 000 $
1	1 000	4 000 − 3 000		= 1 000	0
2	1 000	4 000 − 3 000		= 1 000	0
3	1 000		4 000	= 4 000	3 000

À l'examen, on s'aperçoit que, dans ce cas, l'élément différentiel implique un investissement. Pour calculer $i^*_{E2 - E1}$, on évalue :

$$PE = -1\,000\,\$ + \frac{3\,000\,\$}{(1 + i)^3} = 0.$$

En résolvant i, on trouve

$$TRI_{E2 - E1} = 44,22\% > 10\%.$$

Donc, on choisit le projet E2.

Revenons maintenant à l'entreprise de vente par correspondance de l'exemple 5.10 et voyons comment le critère du TRI peut présenter des difficultés quand on compare des projets qui se répètent.

Exemple 5.13

L'analyse du TRI pour comparer des projets ayant des vies utiles différentes quand l'élément différentiel implique un investissement non simple

Selon l'exemple 5.10, une entreprise de vente par correspondance désire installer un système postal pour expédier ses annonces et ses factures. En utilisant le TRI comme critère de décision, choisissez le meilleur appareil. Le TRAM est toujours de 15 %.

Solution

• Soit : les flux monétaires des deux projets ayant des vies utiles inégales, comme le montre la figure 5.12 et TRAM = 15 %
• Trouvez : l'option la plus avantageuse

Comme la période d'analyse correspond au plus petit commun multiple des vies utiles, soit à 12 ans, on peut calculer le flux monétaire différentiel qui s'y rapporte. Ainsi que l'illustre la figure 5.12, on soustrait les flux monétaires du modèle A de ceux du modèle B afin d'obtenir l'investissement différentiel. (Il faut que la première différence soit négative).

Figure 5.12
Comparaison de projets ayant des vies utiles inégales

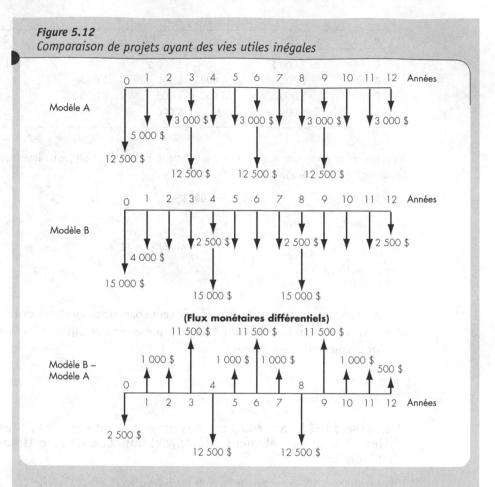

n	MODÈLE A		MODÈLE B		MODÈLE B – MODÈLE A
0	−12 500 $		−15 000 $		−2 500 $
1		−5 000		−4 000	1 000
2		−5 000		−4 000	1 000
3	−12 500	−3 000		−4 000	11 500
4		−5 000	−15 000	−2 500	−12 500
5		−5 000		−4 000	1 000
6	−12 500	−3 000		−4 000	11 500
7		−5 000		−4 000	1 000
8		−5 000	−15 000	−2 500	−12 500
9	−12 500	−3 000		−4 000	11 500
10		−5 000		−4 000	1 000
11		−5 000		−4 000	1 000
12		−3 000		−2 500	500

Les flux monétaires présentent cinq changements de signes, ce qui indique un investissement différentiel non simple. Comme le propose la section 4.7.3, on peut abandonner l'analyse du taux de rendement et utiliser le critère de la PE.

$$PE(15\%)_{B-A} = -2\,500\$ + 1\,000\$(P/F, 15\%, 1)$$
$$+ \ldots + 500\$(P/F, 15\%, 12)$$
$$= 5\,123\$ > 0.$$

Ce résultat implique que $PE(15\%)_B > PE(15\%)_A$; le projet B est donc préférable.

Si on veut absolument utiliser le TRI pour comparer des investissements non simples ayant des vies utiles inégales, on doit trouver le taux de rendement de l'investissement différentiel. Même si le flux monétaire présente cinq changements de signes, il n'y a qu'un i^* positif dans ce problème, soit 63,12%. Malheureusement, il ne s'agit pas d'un investissement unique. Pour en arriver à une décision valable, on doit avoir recours à un taux externe pour calculer le TRI. Comme le TRAM de l'entreprise est de 15%, on procède par tâtonnement (méthode empirique, comme l'indique la section 4.A.5). On essaie $i = 20\%$:

$$PB(20\%, 15\%)_0 = -2\,500\$.$$
$$PB(20\%, 15\%)_1 = -2\,500\$(1,20) + 1\,000\$ = -2\,000\$.$$
$$PB(20\%, 15\%)_2 = -2\,000\$(1,20) + 1\,000\$ = -1\,400\$.$$
$$PB(20\%, 15\%)_3 = -1\,400\$(1,20) + 11\,500\$ = 9\,820\$.$$
$$PB(20\%, 15\%)_4 = 9\,820\$(1,15) - 12\,500\$ = -1\,207\$.$$
$$PB(20\%, 15\%)_5 = -1\,207\$(1,20) + 1\,000\$ = -448,40\$.$$
$$PB(20\%, 15\%)_6 = -448,40\$(1,20) + 11\,500\$ = 10\,961,92\$.$$
$$PB(20\%, 15\%)_7 = 10\,961,92\$(1,15) + 1\,000\$ = 13\,606,21\$.$$
$$PB(20\%, 15\%)_8 = 13\,606,21\$(1,15) - 12\,500\$ = 3\,147,14\$.$$
$$PB(20\%, 15\%)_9 = 3\,147,14\$(1,15) + 11\,500\$ = 15\,119,21\$.$$
$$PB(20\%, 15\%)_{10} = 15\,119,21\$(1,15) + 1\,000\$ = 18\,387,09\$.$$
$$PB(20\%, 15\%)_{11} = 18\,387,09\$(1,15) + 1\,000\$ = 22\,145,16\$.$$
$$PB(20\%, 15\%)_{12} = 22\,145,16\$(1,15) + 500\$ = 25\,966,93\$.$$

Puisque $PB(20\%, 15\%)_{12} > 0$, le taux de 20% essayé ne correspond pas au TRI. On peut augmenter la valeur de i et reprendre les calculs. Après plusieurs essais, on découvre que le TRI est de 50,68%[4]. Comme $TRI_{B-A} >$ TRAM, on choisit le modèle B, résultat qui correspond à celui de l'analyse de la PE. En d'autres termes, l'investissement différentiel que nécessite au cours des années le modèle B ($-2\,500\$$ à $n = 0$, $-12\,500\$$ à $n = 4$, $-12\,500\$$ à $n = 8$) offre un taux de rendement satisfaisant: il s'agit donc du projet à choisir. (L'analyse de la PE effectuée à l'exemple 5.10 a aussi conduit au choix du modèle B.)

---

4. L'utilisation de la calculatrice pour résoudre par tâtonnement un problème de ce type est fastidieuse. L'utilisation des fonctions financières dans les tableurs électroniques peut s'avérer fort utile.

Compte tenu des complications inhérentes à l'analyse du TRI, il est d'ordinaire préférable d'utiliser une autre méthode de calcul des équivalences pour comparer des options mutuellement exclusives. Par ailleurs, à titre de directeur technique, il est bon de se rappeler l'attrait intuitif que suscite la mesure du taux de rendement. Une fois que l'analyse de la PE, de la FE ou de l'AE a permis de choisir un projet, on peut, à l'intention de ses collaborateurs, exprimer sa valeur en tant que taux de rendement.

Les autres périodes d'analyse communes

Parfois, le plus petit commun multiple des vies utiles des projets représente une période d'analyse trop compliquée à envisager. Supposons, par exemple, que vous examiniez des options dont les vies utiles sont respectivement de 7 et 12 ans. Outre le fait qu'elle donne lieu à de fastidieux calculs, une période d'analyse de 84 ans peut conduire à des inexactitudes, car plus le délai est long, plus s'atténue la certitude de pouvoir utiliser des projets de remplacement identiques offrant les mêmes coûts et les mêmes avantages. Dans une telle situation, on peut raisonnablement utiliser la vie utile de l'une des options soit en intégrant à l'analyse un projet de remplacement, soit en récupérant la durée de vie résiduelle, selon le cas. L'important est de comparer les deux projets en fonction d'une même période de référence.

5.6 | LES CALCULS PAR ORDINATEUR

La comparaison des projets mutuellement exclusifs s'effectue facilement à l'aide d'un tableur électronique. On peut mettre à profit ses fonctions intégrées et la possibilité de copier les formules pour saisir et résoudre un problème avec une grande rapidité. Il existe deux façons efficaces d'effectuer des analyses de sensibilité : modifier la valeur contenue dans une cellule en vue de constater en quoi ce changement influe sur les résultats des autres cellules ; utiliser les outils d'analyse du tableur afin de déterminer les valeurs à modifier pour obtenir le résultat souhaité dans une cellule cible.

5.6.1 LA COMPARAISON DE PROJETS MUTUELLEMENT EXCLUSIFS

La figure 5.13 reproduit les données du problème concernant les centres d'usinage présentées à l'exemple 5.1. Pour accélérer la tâche et réduire le nombre d'erreurs de saisie, on doit mettre à contribution le plus possible les formules et la fonction de copie des cellules. Dans la figure 5.13, les seuls « nombres » entrés sont ceux qui se trouvent dans les cellules ombrées A10, B3, B4, B5, B6, B10, B11, C10, C11 et D11. Dans cet énoncé de problème, par exemple, comme les options M2 et M3 ont le même coût initial, la cellule D10 contient une référence à la cellule C10. Cette manière de procéder aide à éviter les erreurs, car s'il survient un changement dans les coûts d'acquisition de M2 et M3, il suffira de mettre à jour la valeur de la cellule C10 pour que celle de la cellule D10 soit automatiquement modifiée. De même, tout changement apporté aux données relatives aux options M1, M2 ou M3 fera automatiquement l'objet d'une mise à jour dans les colonnes de flux monétaires différentiels. (Rappelez-vous que S est le symbole pour *valeur de récupération*.)

Tout comme le montre l'exemple de la section 4.8, on peut effectuer une analyse de sensibilité portant sur le taux d'actualisation en générant une gamme de valeurs pour *i* dans une colonne du tableur puis en entrant dans les trois colonnes adjacentes les formules de la PE pour M1, M2 et M3 respectivement, en tant que fonctions des valeurs contenues dans la colonne des *i*. Les courbes de la PE résultant de ces calculs et présentées plus haut dans ce chapitre (figure 5.2) illustrent la sensibilité de chaque option aux changements subis par *i* et permettent de comparer efficacement ces options. Naturellement, on peut procéder de la même manière pour obtenir une courbe de la PE s'appliquant aux flux monétaires différentiels.

Figure 5.13
Disposition de la feuille de calcul en vue de l'évaluation des méthodes relatives au centre d'usinage

Microsoft Excel - figure 5.13.xls

Fichier Edition Affichage Insertion Format Outils Données Fenêtre ?

A19   = AE=

	A	B	C	D	E	F	G
1	Évaluation des méthodes relatives au centre d'usinage						
2							
3	TRAM (%)=	12%					
4	S(M1)=	90 000 $					
5	S(M2&M3)=	200 000 $					
6	g (M3)=	13%					
7							
8			Flux monétaires individuels			Flux monétaires différentiels	
9	n	M1	M2	M3		M2-M1	M3-M2
10	0	(209 000 $)	(294 600 $)	(294 600 $)		(85 600 $)	0 $
11	1	65 000 $	74 000 $	58 000 $		9 000 $	(16 000 $)
12	2	65 000 $	74 000 $	65 540 $		9 000 $	(8 460 $)
13	3	65 000 $	74 000 $	74 060 $		9 000 $	60 $
14	4	65 000 $	74 000 $	83 688 $		9 000 $	9 688 $
15	5	155 000 $	274 000 $	294 567 $		119 000 $	20 567 $
16							
17	PE=	76 379 $	85 639 $	82 479 $		9 260 $	(3 160 $)
18	TRI=	24,03 %	20,88%	20,10%		14,76%	6,66%
19	AE=	21 188 $	23 757 $	22 881 $		2 569 $	(877 $)
20							
21							

Feuil1

5.6.2   L'ANALYSE DIFFÉRENTIELLE EFFECTUÉE À L'AIDE D'EXCEL

Pour résoudre le problème de l'exemple 5.5, on entre les flux monétaires s'appliquant à la période d'analyse (6 ans), comme le montre la figure 5.14a. On obtient les flux monétaires différentiels apparaissant dans la colonne E en soustrayant les flux de l'option SFC de ceux de l'option SFF. Si on utilise la fonction TRI en essayant un taux de 10 %, la valeur de i^* est de 12,43 %, résultat selon lequel l'option SFC est la meilleure.

Avec le **Solveur de Microsoft Excel**, on peut effectuer une analyse de rentabilité en créant un modèle de feuille de travail comportant de multiples cellules variables. On peut établir des contraintes qui doivent être respectées avant qu'une solution puisse être trouvée. Par exemple, pour déterminer l'ampleur de l'investissement nécessaire pour que l'option SFF soit aussi rentable que l'option SFC, on peut suivre les étapes suivantes :

Étape 1 :   Sélectionner la commande « Solveur » du menu « Outils ». Excel affichera une boîte de dialogue intitulée « Paramètres du solveur », comme l'indique la figure 5.14b.

Étape 2 :   Indiquer la cellule cible, soit celle qui doit atteindre une valeur donnée, ou encore, une valeur maximale ou minimale. Dans notre exemple, la valeur de la cellule cible est $E$14, ce qui représente le TRI de l'investissement différentiel.

Étape 3 :   Régler « Égale à » à la valeur cible. Dans notre exemple, pour atteindre le seuil de rentabilité, cette valeur doit être de 15 %, ce qui correspond au TRAM.

Étape 4 :   Spécifier les cellules modifiables. Le solveur peut changer le contenu d'une cellule modifiable jusqu'à ce qu'il ait respecté les contraintes et que la cellule indiquée dans « Cellule cible à définir » ait atteint la valeur cible. Dans notre exemple, la cellule modifiable est $D$6, où figure le montant de l'investissement relatif à l'option SFF.

Étape 5 :   Spécifier les autres contraintes si nécessaire. Notre problème ne requiert aucune autre contrainte. Appuyer sur la commande « Résoudre » pour lancer le processus de résolution.

Le solveur affichera le résultat de la recherche dans la cellule $D$6, ce qui indique que, pour être aussi rentable que l'option SFC, l'option SFF nécessiterait un investissement de 11 940 061 $. Pour tout montant inférieur à cette valeur, cette dernière devient plus intéressante sur le plan économique. On peut procéder de la même manière pour effectuer d'autres analyses de rentabilité.

Figure 5.14
Résultats de Excel: a) une analyse différentielle utilisant les données de l'exemple 5.5 et b) un exemple de l'utilisation du solveur pour trouver le niveau critique de l'investissement pour l'option SFF

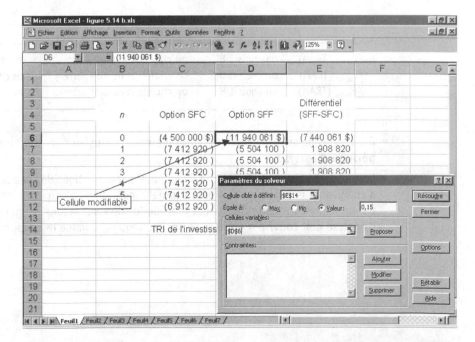

En résumé

- Les **projets avec revenus** sont ceux dont le choix influe sur le bénéfice produit. Les **projets de service** sont ceux dont le choix n'a pas d'incidence sur le bénéfice produit.

- On dit que des options répondant à un même besoin sont **mutuellement exclusives** quand le choix de l'une d'entre elles entraîne le rejet des autres.

- Dans bien des cas, on dispose d'une **option nulle**, soit parce que le besoin est comblé par un système existant susceptible d'être remplacé, soit parce qu'on évalue la viabilité d'une nouvelle initiative. Quand le statu quo ne constitue pas une option, on doit choisir l'une des options mutuellement exclusives envisagées.

- Selon l'analyse de l'**investissement total**, on calcule séparément la PE (ou la FE ou l'AE) de chaque option mutuellement exclusive, et on choisit celle dont la PE (ou la FE ou l'AE) est la plus élevée.

- Selon l'**analyse différentielle**, on s'appuie sur les écarts qui existent entre les flux monétaires de deux options mutuellement exclusives. Quand on applique le critère du TRI, on doit procéder à une telle analyse pour obtenir un résultat valable. On peut aussi utiliser cette méthode conjointement avec les critères de la PE, de la FE ou de l'AE. Si l'élément différentiel B – A représente un investissement, les règles de décision sont les suivantes :

$$\text{si } TRI_{B-A} > \text{TRAM, on choisit B,}$$
$$\text{si } TRI_{B-A} = \text{TRAM, on choisit A ou B,}$$
$$\text{si } TRI_{B-A} < \text{TRAM, on choisit A,}$$

ou

	> 0	= 0	< 0
PE_{B-A} (TRAM)	on choisit B	on choisit l'une ou l'autre	on choisit A
FE_{B-A} (TRAM)	on choisit B	on choisit l'une ou l'autre	on choisit A
AE_{B-A} (TRAM)	on choisit B	on choisit l'une ou l'autre	on choisit A

- On doit comparer les options mutuellement exclusives en fonction de la même **période d'analyse**.

- Lorsqu'elle n'est spécifiée ni par la direction ni par la politique de l'entreprise, la période d'analyse utilisée pour comparer des projets mutuellement exclusifs peut être choisie par un analyste. À cette fin, il peut procéder de diverses façons. En général, la période d'analyse doit couvrir la période de service requise, comme le souligne la figure 5.5.

- On recommande l'analyse de l'AE dans de nombreuses situations exigeant la comparaison d'options dont les durées de vie diffèrent. Quand on peut utiliser une durée correspondant au **plus petit commun multiple** des vies utiles des projets ou un **horizon de planification indéfini** s'appliquant à des projets qui se répètent, le critère de la PE nécessite moins de calculs que les autres méthodes.

- Quand on compare des options ayant des vies utiles inégales, les flux monétaires différentiels présentent souvent de nombreux changements de signes : la méthode du TRI devient alors difficilement applicable.

PROBLÈMES

Note : *À moins que l'énoncé du problème n'indique le contraire, l'option nulle ne s'applique pas et l'une des options mutuellement exclusives doit être choisie. Les montants donnés sont les montants en fin de période.*

Niveau 1

5.1* Voici deux projets mutuellement exclusifs ; ici, on envisage aussi l'option nulle :

	FLUX MONÉTAIRES NETS	
n	PROJET A	PROJET B
0	−1 000 $	−2 000 $
1	475	915
2	475	915
3	475	915

En fonction d'un taux d'intérêt de 12 %, quelle option l'analyse de la PE permet-elle de recommander ?

5.2* Voici deux options d'investissement mutuellement exclusives :

	FLUX MONÉTAIRES NETS	
n	MACHINE A	MACHINE B
0	−1 000 $	−2 000 $
1	900	2 500
2	800	800 +200
3	700	

Votre entreprise a besoin de l'une ou l'autre de ces machines pour seulement 2 ans. On estime le produit net de la vente de la machine B à 200 $. En fonction d'un taux d'intérêt de 10 %, à combien doit s'élever le produit net de la vente de la machine A pour que les deux options soient considérées comme équivalentes sur le plan économique ?

5.3 Voici les flux monétaires relatifs à deux projets d'investissement concurrents :

	FLUX MONÉTAIRES (k$)	
n	PROJET A	PROJET B
0	−500 $	−2 520 $
1	−1 500	−565
2	−435	820
3	775	820
4	775	1 080
5	1 275	1 880
6	1 275	1 500
7	975	980
8	675	580
9	375	380
10	660	840

À l'aide de l'analyse de la PE, déterminez le projet le plus avantageux si $i = 12$ % ?

5.4* Voici deux projets d'investissement mutuellement exclusifs. On tient pour acquis que le TRAM est de 12 %.

	FLUX MONÉTAIRES	
n	PROJET A	PROJET B
0	−4 200 $	−2 500 $
1	2 610	1 210
2	2 930	1 720
3	2 300	1 500

a) Selon le critère de la PE, déterminez l'option la plus avantageuse.

b) Selon le critère de la FE, déterminez l'option la plus avantageuse.

5.5* La société Construction Joly a besoin d'un bâtiment temporaire pour abriter ses bureaux sur un chantier de construction. On lui propose deux systèmes de chauffage différents : du gaz de pétrole liquéfié pour chaudières au sol ou des panneaux radiants électriques installés dans les murs et les plafonds. Le bâtiment temporaire sera utilisé pendant 5 ans puis démonté.

	GAZ DE PÉTROLE LIQUIFIÉ	PANNEAUX ÉLECTRIQUES
Investissement	6 000 $	8 500 $
Vie utile	5 ans	5 ans
Valeur de récupération	0	1 000 $
Coûts annuels d'E & E	2 000 $	1 000 $
Charges fiscales additionnelles		220 $

Appuyez la comparaison de ces options sur le critère de la valeur actualisée équivalente, en fonction de $i = 10\%$.

Tiré de E. L. Grant, W. Ireson, W.G. Leavenworth, *Engineering Economy*, 8ᵉ éd., New York, John Wiley and Sons, 1990.

5.6 On envisage l'utilisation de deux machines différentes pour un procédé de fabrication. Le coût initial de la machine A s'élève à 75 200 $ et sa valeur de récupération après 6 ans de vie utile estimative, à 21 000 $. On prévoit des coûts d'exploitation de 6 800 $ par année et des charges fiscales additionnelles de 2 400 $ par année. Pour sa part, la machine B coûte initialement 44 000 $, et sa valeur de récupération après 6 ans de service est considérée comme négligeable. Ses coûts d'exploitation annuels totaliseront 11 500 $. Comparez ces deux options à l'aide de la méthode de la valeur actualisée équivalente, en fonction de $i = 13\%$.

5.7* Vous avez deux choix pour peindre votre maison : 1) une peinture à l'huile, qui coûte 5 000 $ et 2) une peinture à l'eau, qui coûte 3 000 $. Leurs vies utiles sont respectivement de 10 ans et de 5 ans. Aucune des deux options n'aura de valeur de récupération une fois sa vie utile terminée. Présumez que vous conserverez et entretiendrez votre maison pendant 10 ans. Si votre taux d'intérêt personnel est de 10 % par année, lequel des énoncés suivants est juste ?

a) Sur une base annuelle, l'option 1 coûte environ 850 $.

b) Sur une base annuelle, l'option 2 coûte environ 22 $ de moins que l'option 1.

c) Sur une base annuelle, le coût des deux options est à peu près le même.

d) Sur une base annuelle, l'option 2 coûte environ 820 $.

5.8* On offre à une société industrielle une machine spéciale au prix de 40 000 $. On exige un versement initial de 4 000 $, et le solde, auquel s'applique un taux d'intérêt de 7 %, est remboursable en 5 versements égaux exigibles à la fin de l'année. La société peut aussi acquérir la machine moyennant 36 000 $, payés comptant. Si son TRAM est de 10 %, déterminez l'option à choisir à l'aide de la méthode de la valeur annuelle équivalente.

5.9* Une société de fabrication doit choisir entre deux types de projets industriels nécessitant le même investissement initial, mais présentant des flux monétaires différents tout au long de leur vie utile. L'ingénieure de la société a compilé les données financières se rapportant aux deux projets, y compris les taux de rendement. Les voici :

	FLUX MONÉTAIRES NETS		ÉLÉMENT DIFFÉRENTIEL
n	PROJET A	PROJET B	(B – A)
0	−18 000 $	−18 000 $	0
1	960	11 600	10 640 $
2	7 400	6 500	−900
3	13 100	4 000	−9 100
4	7 560	3 122	−4 438
i^*	18 %	20 %	14,72 %

La société entend se servir du taux de rendement interne pour justifier le projet. On sait que son taux de rendement acceptable minimal est de 12 %. Quel projet doit-elle choisir et pourquoi ?

a) Le projet A, car le taux de rendement de l'emprunt différentiel nécessaire à B est supérieur à 12 %.

b) Le projet B, car le taux de rendement de l'investissement différentiel qu'il nécessite est supérieur à 12 %.

c) Le projet B, car le taux de rendement de l'emprunt différentiel qu'il nécessite est supérieur à 12 %.

d) Le projet B, car il est susceptible de générer 20 % de profit (comparativement à 18 % pour le projet A) pour chaque dollar investi.

5.10 L'information suivante concerne deux projets avec revenus :

- TRI du projet A = 17 %.

- TRI du projet B = 16 %.

- Les deux projets ont une vie utile de 6 ans et nécessitent le même investissement initial de 23 000 $.

- TRI des flux monétaires différentiels (A – B) = 10 %.

Si le TRAM est de 20 %, lequel des énoncés suivants est juste ?

a) Le projet A est préférable.

b) Le projet B est préférable.

c) Les deux projets sont également acceptables.

d) Aucun des projets n'est acceptable.

e) L'information est insuffisante pour prendre une décision.

5.11* L'information suivante se rapporte à trois projets mutuellement exclusifs :

PROJET	INVESTISSEMENT DE L'ANNÉE 0	TRI
A	−1 250 $	43 %
B	−1 000	57
C	−1 200	48
B – C		27
B – A		23
A – C		15

Les trois projets ont la même vie utile et ne nécessitent un investissement que pour l'année 0. Lequel choisiriez-vous en fonction du critère du TRI, si le TRAM est de 25 % ?

5.12 Une société industrielle étudie les options mutuellement exclusives suivantes :

	FLUX MONÉTAIRES NETS	
n	PROJET A	PROJET B
0	−2 000 $	−3 000 $
1	1 400	2 400
2	1 640	2 000

Déterminez le projet le plus avantageux selon le critère du TRI, si le TRAM de la société est de 15 %.

5.13 Voici les données relatives à deux options mutuellement exclusives :

	FLUX MONÉTAIRES NETS	
n	PROJET A1	PROJET A2
0	−10 000 $	−12 000 $
1	5 000	6 100
2	5 000	6 100
3	5 000	6 100

a) Déterminez le TRI de l'investissement différentiel de 2 000 $.

b) Si le TRAM de la société est de 10 %, quelle est l'option la plus avantageuse ?

5.14* La société E. F. Fidèle envisage l'acquisition d'une machine à visser automatique pour son atelier de montage d'ordinateurs personnels. Elle examine trois modèles présentant des caractéristiques différentes. Les investissements nécessaires sont respectivement de 360 000 $ pour le modèle A, de 380 000 $ pour le modèle B et de 405 000 $ pour le modèle C. Les trois modèles ont une vie utile estimative de 8 ans. L'entreprise dispose de l'information financière suivante. Ici, le modèle (B – A) représente la différence obtenue en soustrayant le flux monétaire du modèle A de celui du modèle B.

MODÈLE	TRI (%)
A	30
B	15
C	25

MODÈLE	TRI DIFFÉRENTIEL (%)
(B – A)	5
(C – B)	40
(C – A)	15

Sachant que le TRAM de la société est de 12 %, quel modèle doit-elle choisir, s'il y a lieu ?

5.15 La société GéoStar, important fabricant de dispositifs de communication sans fil, étudie trois propositions visant à réduire les coûts de ses opérations de production par lots. Elle a déjà calculé les taux de rendement des trois projets de même que certains taux de rendement différentiels. A_0 désigne l'option nulle. Les investissements nécessaires s'élèvent à 420 000 $ pour A_1, à 550 000 $ pour A_2 et à 720 000 $ pour A_3. Si le TRAM est de 12 %, quel système doit-elle choisir, s'il y a lieu ?

INVESTISSEMENT DIFFÉRENTIEL	TAUX DE RENDEMENT DIFFÉRENTIEL (%)
$A_1 - A_0$	20
$A_2 - A_0$	17
$A_3 - A_0$	16
$A_2 - A_1$	11
$A_3 - A_1$	13
$A_3 - A_2$	14

Niveau 2

5.16* Deux moteurs de 150 chevaux-vapeur (HP) pourraient être installés à une station municipale de traitement des eaux usées (1 HP = 0,7457 kW). Ils coûtent respectivement 4 500 $ et 3 600 $; à plein rendement, le premier a un taux d'efficacité de 83 % et le second, de 80 %. On estime que, après 10 ans de vie utile, aucun des deux n'aura de valeur de récupération. Les frais annuels d'utilisation et d'entretien (à l'exception de l'électricité) totalisent 15 % du coût original de chaque moteur. L'électricité est vendue à un tarif fixe de 5 cents le kilowattheure. Trouvez le nombre minimal d'heures de fonctionnement à plein rendement que doit fournir en une année le moteur le plus coûteux pour que son achat soit justifié, si $i = 6$ %.

5.17* Les deux projets de service mutuellement exclusifs qui suivent ont respectivement des vies utiles de 3 ans et de 2 ans. (Ces projets généreront les mêmes revenus au cours de chacune de leurs années de service.) Le taux d'intérêt s'élève à 12 %.

	FLUX MONÉTAIRES NETS	
n	PROJET A	PROJET B
0	−1 000 $	−800 $
1	−400	−200
2	−400	−200 + 0
3	−400 + 200	(récupération)
	(récupération)	

La période de service requise est de 6 ans ; de plus, dans les deux cas, la répétition du projet entraîne les mêmes coûts que ceux donnés plus haut ;

enfin, dans les années à venir, aucun projet supérieur ne sera proposé. Compte tenu de ces faits, lequel des énoncés suivants est juste ?

a) Le projet B est préférable, car il permet d'économiser 344 $ en valeur actualisée équivalente au cours de la période de service requise.

b) Le projet A est préférable, car il coûtera 1 818 $ en PE à chaque cycle, avec un seul remplacement, tandis que le projet B coûtera 1 138 $ en PE à chaque cycle, avec deux remplacements.

c) Le projet B est préférable, car sa PE surpasse de 680 $ celle du projet A.

d) Aucun des énoncés précédents n'est juste.

5.18 Voici deux projets d'investissement mutuellement exclusifs. Présumez que le TRAM est de 15 %.

	FLUX MONÉTAIRES	
n	PROJET A	PROJET B
0	−3 000 $	−8 000 $
1	400	11 500
2	7 000	400

a) Selon le critère de la PE, quel est le meilleur projet ?

b) Sur un même graphique, tracez entre 0 et 50 % la courbe de la fonction $PE(i)$ relative à chaque option. Entre quelles valeurs i doit-il se situer pour que le projet B soit préférable ?

5.19* Un moteur électrique d'une puissance nominale de 10 chevaux-vapeur (HP) coûte 800 $. Son efficacité à plein rendement est de 85 %. De conception nouvelle, un moteur à haut rendement de même dimension offre une efficacité de 90 %, mais coûte 1 200 $. On prévoit que les moteurs fonctionneront à une puissance nominale de 10 HP à raison de 1 500 heures par année et que l'électricité coûtera 0,07 $ le kilowattheure. Chacun a une durée de vie estimative de 15 ans. Ce délai écoulé, la valeur de récupération du premier se chiffrera à 50 $ et celle du second, à 100 $. Supposez un TRAM de 8 %. (Note : 1 HP = 0,7457 kW.)

a) En appliquant le critère de la PE, déterminez quel moteur doit être installé.

b) Si les moteurs fonctionnaient 2 500 heures par année au lieu de 1 500, le choix du moteur demeurerait-il le même qu'en a) ?

5.20* Voici deux projets mutuellement exclusifs.

	FLUX MONÉTAIRES	
n	PROJET A	PROJET B
0	−10 000 $	−22 000 $
1	7 500	15 500
2	7 000	18 000
3	5 000	

L'horizon de planification est indéfini, et les projets sont susceptibles de se répéter (avec les mêmes coûts et les mêmes avantages). Appuyez-vous sur le critère de la PE pour déterminer le meilleur projet. Présumez que $i = 12 \%$.

5.21 Voici deux projets d'investissement mutuellement exclusifs ayant des vies utiles inégales.

	FLUX MONÉTAIRES	
n	PROJET A1	PROJET A2
0	−900 $	−1 800 $
1	−400	−300
2	−400	−300
3	−400 + 200	−300
4		−300
5		−300
6		−300
7		−300
8		−300 + 500

a) Quelle(s) hypothèse(s) devez-vous faire pour comparer des projets mutuellement exclusifs ayant des vies utiles inégales ?

b) Compte tenu de l'hypothèse ou des hypothèses formulée(s) en a) et d'un i de 10 %, procédez à une analyse de la PE pour déterminer le projet le plus avantageux.

c) Si la période d'analyse (période d'étude) n'était que de 3 ans, à combien devrait s'élever la valeur de récupération du projet A2 pour que les deux options soient économiquement équivalentes ?

5.22* Un service public d'électricité demande des soumissions pour l'achat, l'installation et l'exploitation de tours à ondes ultra-courtes.

| | COÛT PAR TOUR | |
	SOUMISSION A	SOUMISSION B
Matériel	65 000 $	58 000 $
Installation	15 000 $	20 000 $
Frais annuels d'entretien et d'inspection	1 000 $	1 250 $
Impôt annuel additionnel		500 $
Durée	40 ans	35 ans
Valeur de récupération	0 $	0 $

En fonction d'un taux d'intérêt de 11 %, quelle est la soumission la plus économique ? Après 20 ans d'utilisation, aucune des deux tours n'aura de valeur de récupération.

5.23 Reportez-vous au problème 2.67, où il est question du contrat de Troy Aikman. Comparez les deux options de paiement mutuellement exclusives qui lui sont offertes en appliquant la méthode de la PE.

5.24* Voici deux options d'investissement :

| | FLUX MONÉTAIRES | |
n	PROJET A1	PROJET A2
0	−15 000 $	−25 000 $
1	9 500	0
2	12 500	X
3	7 500	X
PE(15 %)	?	9 300

Le TRAM de l'entreprise est de 15 %.

a) Calculez la PE(15 %) de A1.

b) Trouvez la valeur des flux monétaires X de A2 pour les années 2 et 3.

c) Calculez le solde du projet A1 (en fonction d'un taux de 15 %) à la fin de la période 3.

d) Si ces deux projets sont mutuellement exclusifs, lequel choisiriez-vous ?

5.25 La construction d'une galerie marchande à deux étages est commencée. On décide de n'installer au début que 9 des 16 escaliers roulants prévus dans les plans définitifs. Les concepteurs se demandent s'il est préférable d'acquérir tout de suite l'équipement (supports d'escaliers, conduits, socles des moteurs, etc.) qui permettra de mettre en place les autres escaliers en n'assumant que leur coût d'achat et d'installation ou de reporter cet investissement à plus tard.

Option 1: Acquérir tout de suite l'équipement nécessaire à l'installation des 7 futurs escaliers roulants, au coût de 200 000 $.

Option 2: Reporter cet investissement selon les besoins. On projette d'installer deux autres escaliers dans 2 ans, trois autres dans 5 ans et les deux derniers dans 8 ans. On estime que ces installations coûteront 100 000 $ la deuxième année, 160 000 $ la cinquième année et 140 000 $ la huitième année.

On prévoit que chacun des escaliers installés entraînera des dépenses annuelles additionnelles de 3 000 $. En fonction d'un taux d'intérêt de 12 %, comparez la valeur actualisée équivalente nette de chaque option sur une période de 8 ans.

5.26 Un important complexe de raffinerie-pétrochimie, qui projette de fabriquer de la soude caustique, utilisera 10 000 gallons d'eau d'alimentation par jour. On examine deux types d'installations destinées à emmagasiner l'eau d'alimentation ; leur vie utile est de 40 ans.

Option 1 : Construire un réservoir sur tour de 20 000 gallons. On estime que cette installation, dont la valeur de récupération est négligeable, coûtera 164 000 $.

Option 2 : Installer un réservoir de même capacité sur une colline située à 150 mètres du complexe. On évalue que cette installation, dont la valeur de récupération est négligeable, coûtera 120 000 $ (ce montant comprend l'allongement des conduites). Comme le réservoir est placé sur une colline, on prévoit un investissement additionnel de 12 000 $ en matériel de pompage. La vie utile estimative de ce matériel est de 20 ans, et sa valeur de récupération sera de 1 000 $ une fois ce délai écoulé. Les frais annuels d'exploitation et d'entretien (y compris les éventuels effets fiscaux) relatifs au pompage sont évalués à 1 000 $.

Sachant que le TRAM de l'entreprise est de 12 %, appuyez-vous sur le critère de la valeur actualisée équivalente pour déterminer l'option la plus avantageuse.

5.27 Une usine est dotée d'un vieux système d'éclairage, dont l'utilisation coûte en moyenne 20 000 $ par année. Un conseiller en éclairage informe le superviseur de l'usine que l'entreprise peut réduire sa facture à 8 000 $ par année en investissant 50 000 $ dans un nouveau système. Si on procède à cette installation, on doit prévoir des frais d'entretien annuels de 3 000 $. La valeur de récupération du vieux système est nulle, et la vie utile du nouveau est de 20 ans. Quel gain net un nouveau système permettra-t-il de réaliser ? Présumez que le TRAM est de 12 % et que le nouveau système d'éclairage n'aura aucune valeur de récupération au terme de sa vie utile.

$5.28* Travis Wenzel a 2 000 $ à placer. Normalement, il déposerait cet argent dans un compte d'épargne rapportant 6 % d'intérêt, se composant mensuellement. Or, trois choix s'offrent à lui :

Option 1 : Il peut se procurer une obligation moyennant 2 000 $. D'une valeur nominale de 2 000 $, elle rapportera 100 $ tous les 6 mois pendant 3 ans.

Option 2 : Il peut acheter et conserver une valeur d'avenir qui augmentera de 11 % par année pendant 3 ans.

Option 3 : Il peut accorder à un ami un prêt personnel de 2 000 $ et recevoir 250 $ par année pendant 3 ans.

Après avoir déterminé la valeur annuelle équivalente des flux monétaires de chaque option, choisissez la plus avantageuse.

5.29* On offre à un fabricant de produits chimiques deux types d'incinérateurs destinés à brûler les déchets solides issus d'un procédé chimique. Tous deux peuvent traiter 20 tonnes de déchets par jour. On a compilé les données suivantes à des fins de comparaison :

	INCINÉRATEUR A	INCINÉRATEUR B
Coût installé	1 200 000 $	750 000 $
Coûts annuels d'E & E	50 000 $	80 000 $
Vie utile	20 ans	10 ans
Valeur de récupération	60 000 $	30 000 $
Impôt	40 000 $	30 000 $

Sachant que le TRAM de la société est de 13 %, déterminez le coût du traitement d'une tonne de déchets solides pour chaque incinérateur. Présumez que l'entreprise pourra ultérieurement acquérir l'incinérateur B au même coût.

5.30 Voici les flux monétaires se rapportant à trois projets d'investissement (le TRAM est de 15 %) :

	FLUX MONÉTAIRES DES PROJETS		
n	A	B	C
0	−3 000 $	−4 000 $	−5 000 $
1	1 000	1 600	1 800
2	1 800	1 500	1 800
3	1 000	1 500	2 000
4	400	1 500	2 000

a) Si A et B sont mutuellement exclusifs, lequel des trois projets choisiriez-vous en fonction du critère de l'AE ?

b) Si B et C sont mutuellement exclusifs, lequel des trois projets choisiriez-vous en fonction du critère de l'AE ?

5.31 La société Pièces d'auto Nantel inc. considère l'achat de l'un ou l'autre des chariots élévateurs à fourche suivants pour son usine d'assemblage. Le chariot A coûte 15 000 $, et ses frais d'utilisation annuels s'élèvent à 3 000 $. À la fin de sa vie utile de 3 ans, il aura une valeur de récupération de 5 000 $. Quant au chariot B, il coûte 20 000 $, mais ses frais d'utilisation annuels ne totalisent que 2 000 $; au terme de sa vie utile de 4 ans, sa valeur de récupération atteindra 8 000 $. La société a un TRAM de 12 %. Si elle a besoin des chariots pendant 12 ans et qu'on ne prévoit pas de changement important dans leur prix et leur capacité de fonctionnement futurs, appuyez-vous sur l'analyse de l'AE pour déterminer lequel des deux est le plus économique.

5.32 Deux investissements, A et B, donnent lieu aux flux monétaires suivants :

	FLUX MONÉTAIRES NETS	
n	PROJET A	PROJET B
0	−25 000 $	−25 000 $
1	2 000	10 000
2	6 000	10 000
3	12 000	10 000
4	24 000	10 000
5	28 000	5 000

a) Calculez le i^* de chaque investissement.

b) Sur un même graphique, tracez la courbe de la valeur actualisée de chaque projet et trouvez le taux d'intérêt auquel les deux projets s'équivalent.

5.33* Voici les flux monétaires de deux projets d'investissement, A et B :

| | FLUX MONÉTAIRES NETS | |
n	PROJET A	PROJET B
0	−120 000 $	−100 000 $
1	20 000	15 000
2	20 000	15 000
3	120 000	130 000

a) Calculez le TRI de chaque investissement.

b) En fonction d'un TRAM de 15 %, déterminez l'acceptabilité de chaque projet.

c) Si A et B sont mutuellement exclusifs, quel projet choisiriez-vous, compte tenu du taux de rendement de l'investissement différentiel ?

$5.34 Vous examinez deux possibilités de placer les 10 000 $ dont vous disposez. La première consiste à acheter auprès d'une banque un certificat de placement garanti (CPG) rapportant 10 % d'intérêt pendant 5 ans, et la seconde, à acheter une obligation de 10 000 $, dont vous pouvez placer les intérêts à la banque au taux de 9 %. Le taux d'intérêt de l'obligation, qui parviendra à échéance dans 5 ans, est de 10 % par année. Appliquez la méthode du TRI pour déterminer la meilleure option. Partez du principe que votre TRAM est de 9 % par année.

$5.35 Deux modèles d'automobile vous intéressent. Le modèle A coûte 18 000 $ et le modèle B, 15 624 $. Bien que, essentiellement, les deux soient semblables, le modèle A pourra être revendu 9 000 $ au bout de 4 ans d'utilisation, tandis qu'on ne prévoit obtenir que 6 500 $ pour le modèle B. Si la valeur de revente du modèle A est supérieure, c'est qu'il est apprécié des étudiants. Déterminez le taux de rendement de l'investissement différentiel de 2 376 $. Entre quelles valeurs votre TRAM doit-il se situer pour que le modèle A soit préférable ?

5.36* Une ingénieure d'usine doit choisir entre deux chauffe-eau solaires :

	MODÈLE A	MODÈLE B
Coût initial	7 000 $	10 000 $
Économies annuelles	700 $	1 000 $
Entretien annuel	100 $	50 $
Durée de vie estimative	20 ans	20 ans
Valeur de récupération	400 $	500 $

Le TRAM de la société est de 12 %. Selon le critère du TRI, quel est le chauffe-eau le plus avantageux ?

5.37 L'Hôpital Fulton cherche à réduire le coût du stockage des fournitures médicales. Il examine deux nouveaux systèmes susceptibles d'abaisser ses frais de possession et de manutention. Voici les données financières relatives à chaque système compilées par l'ingénieur en organisation de l'hôpital. Les montants sont en millions de dollars.

	SYSTÈME ACTUEL	SYSTÈME JUSTE-À-TEMPS	SYSTÈME À INVENTAIRE ZÉRO
Coût initial	0 $	2,5 $	5 $
Coût de possession annuel	3 $	1,4 $	0,2 $
Coût d'utilisation annuel	2 $	1,5 $	1,2 $
Durée du système	8 ans	8 ans	8 ans

La durée de 8 ans du système correspond à celle du contrat passé avec les fournisseurs. Le TRAM de l'hôpital est de 10 %. Appliquez la méthode du TRI afin de déterminer quel est le système le plus économique.

5.38 Voici trois projets d'investissement:

	FLUX MONÉTAIRES NETS DES PROJETS		
n	1	2	3
0	−1 000 $	−5 000 $	−2 000 $
1	500	7 500	1 500
2	2 500	600	2 000

Présumez que le TRAM est de 15 %.

a) Calculez le TRI de chaque projet.

b) Compte tenu du fait qu'il s'agit de trois options mutuellement exclusives, laquelle est la meilleure?

5.39* Voici deux projets d'investissement:

n	FLUX MONÉTAIRES NETS PROJET A	PROJET B
0	−10 000 $	−20 000 $
1	5 500	0
2	5 500	0
3	5 500	40 000
TRI	30 %	?
PE(15 %)	?	6 300

On sait que le TRAM de l'entreprise est de 15 %.

a) Calculez le TRI du projet B.

b) Calculez la PE du projet A.

c) Présumez que les projets A et B sont mutuellement exclusifs. En fonction du TRI, lequel choisiriez-vous?

5.40 Un fabricant de circuits imprimés étudie six projets mutuellement exclusifs de réduction des coûts pour son usine. Tous ont une vie utile de 10 ans et une valeur de récupération nulle. Nous présentons l'investissement nécessaire à chacune des options ainsi que le montant estimatif des économies annuelles après impôt. En plus des taux de rendement bruts, nous avons calculé les taux de rendement des investissements différentiels.

PROPO-SITION A_j	INVESTIS-SEMENT NÉCESSAIRE	ÉCONOMIES APRÈS IMPÔT	TAUX DE RENDEMENT
A_1	60 000 $	22 000 $	34,2 %
A_2	100 000	28 200	25,2
A_3	110 000	32 600	26,9
A_4	120 000	33 600	25,0
A_5	140 000	38 400	24,3
A_6	150 000	42 200	25,1

INVESTISSEMENT DIFFÉRENTIEL	TAUX DE RENDEMENT DIFFÉRENTIEL
$A_2 - A_1$	8,9 %
$A_3 - A_2$	42,8
$A_4 - A_3$	0,0
$A_5 - A_4$	20,2
$A_6 - A_5$	36,3

Sachant que le TRAM est de 15 %, appuyez-vous sur le taux de rendement différentiel pour déterminer, s'il y a lieu, le projet le plus avantageux.

5.41 Voici deux projets d'investissement mutuellement exclusifs :

n	FLUX MONÉTAIRES NETS	
	PROJET A	**PROJET B**
0	−10 000 $	−15 000 $
1	5 000	20 000
2	5 000	
3	5 000	

a) Pour être en mesure d'appliquer le critère du TRI à la comparaison d'un ensemble d'options mutuellement exclusives ayant des vies utiles inégales, quelle hypothèse doit-on formuler ?

b) En fonction de l'hypothèse que vous venez de formuler, déterminez les valeurs entre lesquelles le TRAM doit se situer pour que le projet A1 soit choisi.

Niveau 3

5.42 Voici les flux monétaires relatifs à des projets d'investissement.

Présumez que le TRAM est de 15 %.

n	A	B	C	D	E
	FLUX MONÉTAIRES DES PROJETS				
0	−1 500 $	−1 500 $	−3 000 $	1 500 $	−1 800 $
1	1 350	1 000	1 000	−450	600
2	800	800	X	−450	600
3	200	800	1 500	−450	600
4	100	150	X	−450	600

a) Si les projets A et B sont mutuellement exclusifs, lequel choisiriez-vous selon le critère de la PE ?

b) Reprenez le point *a* en appliquant le critère de la FE.

c) Trouvez la valeur minimale que doit prendre *X* pour que le projet C soit acceptable.

d) Si *i* = 18 %, le projet D est-il acceptable ?

e) Présumez que les projets D et E sont mutuellement exclusifs. Lequel choisiriez-vous en fonction du critère de la PE (le TRAM est de 15 %) ?

5.43 Les projets B1 et B2 sont mutuellement exclusifs.

n	PROJET B1		PROJET B2	
	FLUX	**S**	**FLUX**	**S**
0	−12 000 $		−10 000 $	
1	−2 000	6 000	−2 100	6 000
2	−2 000	4 000	−2 100	3 000
3	−2 000	3 000	−2 100	1 000
4	−2 000	2 000		
5	−2 000	2 000		

La valeur de récupération (*S*) correspond au produit net (après impôt) de la cession biens, à condition que ceux-ci soient vendus à la fin d'une année donnée. Pendant une période indéfinie, le renouvellement (ou la répétition) des projets, dont la valeur de récupération ne changera pas, entraînera les mêmes coûts.

a) Dans l'hypothèse d'un horizon de planification indéfini, quel est le projet le plus avantageux, en fonction d'un TRAM de 12 % ?

b) Dans l'hypothèse d'un horizon de planification de 10 ans, quel est le projet le plus avantageux, en fonction d'un TRAM de 12 % ?

5.44   Pour chacun des flux monétaires nets d'impôt suivants :

FLUX MONÉTAIRES NETS DES PROJETS			
n	A	B	C	D
0	−2 500 $	−7 000 $	−5 000 $	−5 000 $
1	650	−2 500	−2 000	−500
2	650	−2 000	−2 000	−500
3	650	−1 500	−2 000	4 000
4	600	−1 500	−2 000	3 000
5	600	−1 500	−2 000	3 000
6	600	−1 500	−2 000	2 000
7	300	−2 000	3 000	
8	300			

a) Calculez le solde des projets A et D en fonction de l'année du projet, si $i = 10 \%$.

b) Calculez les valeurs futures équivalentes des projets A et D à la fin de leurs vies utiles respectives ($i = 10 \%$).

c) Présumez que les projets B et C sont mutuellement exclusifs. Faites aussi l'hypothèse que la période de service requise est de 8 ans et que l'entreprise envisage de louer un appareil comparable, au coût annuel de 3 000 $, pendant les années qui restent à écouler avant la fin de cette période. Déterminez le meilleur projet au moyen d'une analyse de la PE.

5.45*   Un service public d'électricité connaît une forte demande, qui, dans une certaine région, ne cesse de s'accélérer.

On étudie deux options. Chacune est conçue de façon à assurer au service la capacité de production dont il aura besoin pendant les 25 prochaines années. Comme la consommation de combustible sera la même dans les deux cas, l'analyse ne tient pas compte du prix de cet élément.

Option A : Augmenter tout de suite la capacité de production afin de pouvoir suffire à la demande maximale prévue, sans avoir à effectuer d'autres dépenses ultérieurement. Ce projet nécessite un investissement initial de 30 000 000 $; on estime sa vie utile à 25 ans, et sa valeur de récupération, à 850 000 $. Les frais annuels d'exploitation et d'entretien (y compris les charges fiscales) s'élèveront à 400 000 $.

Option B : Dépenser tout de suite 10 000 000 $, puis effectuer d'autres investissements au cours des 10ᵉ et 15ᵉ années. Ces investissements se chiffreront respectivement à 18 000 000 $ et à 12 000 000 $. La centrale, dont la valeur de récupération s'élève à 1 500 000 $, sera vendue dans 25 ans. Les frais annuels d'exploitation et d'entretien (y compris les charges fiscales), qui totaliseront au début 250 000 $, augmenteront à 350 000 $ après le deuxième investissement (entre les 11ᵉ et 15ᵉ années) puis à 450 000 $ durant les dix dernières années. (Tenez pour acquis que l'entreprise ne commencera à payer ces frais qu'un an après avoir effectué les investissements en question.)

Si le TRAM de l'entreprise est de 15 %, pour quel projet doit-elle opter, compte tenu du critère de la valeur actualisée équivalente ?

5.46 La société Apex doit utiliser un procédé chimique de finissage pour un produit faisant l'objet d'un contrat de fabrication de 6 ans. Ni l'option 1 ni l'option 2 ne pourront être répétées une fois leur vie utile terminée. Par contre, la société Produits Chimiques H & H offrira l'option 3 au même coût pendant toute la durée du contrat.

Option 1: Le dispositif de traitement A, qui coûte 100 000 $, entraîne des frais annuels d'exploitation et de main-d'œuvre de 60 000 $; on estime sa vie utile à 4 ans et sa valeur de récupération, à 10 000 $.

Option 2: Le dispositif de traitement B, qui coûte 150 000 $, entraîne des frais annuels d'exploitation et de main-d'œuvre de 50 000 $; on estime sa vie utile à 6 ans et sa valeur de récupération, à 30 000 $.

Option 3: Avoir recours à la sous-traitance au coût de 100 000 $ par année.

Selon le critère de la valeur actualisée équivalente, quelle option recommanderiez-vous, si $i = 12\%$?

5.47 On demande à la société Provincial Electric de fournir de l'électricité à un nouveau parc industriel. Son bureau d'études doit élaborer des principes directeurs relativement à la conception du réseau de distribution. La ligne d'alimentation principale, sur laquelle repose chacun des réseaux de distribution de 13 kV, représente pour l'entreprise un investissement considérable[5].

En croix   Verticale (cheville écrou)

Triangulaire   Verticale (support horizontal)

Provincial Electric peut choisir parmi quatre modèles de structures homologués pour construire sa ligne d'alimentation principale. Ce sont: 1) la structure en croix, 2) la structure verticale à support horizontal, 3) la structure verticale à cheville écrou et 4) la structure triangulaire, comme le montrent les illustrations. La largeur de la servitude à prévoir varie suivant la structure projetée. Pour la structure en croix, cette largeur atteint 5 mètres, tandis que pour les structures verticale et triangulaire, cette mesure est de 3 mètres. Une fois les servitudes nécessaires obtenues, le service de dégagement des lignes enlève le feuillage susceptible d'entraver la construction du réseau. On détermine le coût du dégagement en fonction de la densité des arbres qui poussent habituellement

5. Exemple fourni par Andrew Hanson.

le long du droit de passage. L'élagage d'un arbre coûte en moyenne 20 $, et on estime à 75 par kilomètre la densité moyenne des arbres situés dans la zone de service. Voici le coût de chaque type de structure :

		MODÈLES DE STRUCTURES		
FACTEURS	EN CROIX	TRIANGU-LAIRE	VERTICALE À SUPPORT HORIZONTAL	VERTICALE À CHEVILLE ÉCROU
Servitudes	487 000 $	388 000 $	388 000 $	388 000 $
Dégagement de la ligne	613 $	1 188 $	1 188 $	1 188 $
Construction de la ligne	7 630 $	7 625 $	12 828 $	8 812 $

Voici d'autres facteurs qui influent sur le choix de la structure convenant le mieux à la ligne d'alimentation principale :

Dans certaines zones du territoire desservi par Provincial Electric, il arrive souvent que des balbuzards nichent sur les poteaux de transmission et de distribution. Leurs nids réduisent l'intégrité structurale et électrique des poteaux. Les structures en croix sont les plus vulnérables, car leurs traverses et leurs entretoises offrent des endroits propices à la construction de ces nids. Or, ce n'est pas le cas des structures verticales et des structures triangulaires. Elles présentent donc un avantage dans les zones où niche le balbuzard. Par ailleurs, la résistance de l'isolation de la structure peut avoir une incidence favorable ou défavorable sur la fiabilité de la ligne qu'elle supporte. La tension de claquage critique (TCC) constitue une mesure courante de la résistance de l'isolation. Plus sa valeur est élevée, moins la ligne est susceptible de subir des dommages causés par la foudre ou d'autres

phénomènes électriques. Le stock actuel de structures en croix sert surtout à la construction et à l'entretien des lignes d'alimentation principales. L'adoption d'une autre structure entraînerait une réduction substantielle de ce stock. Enfin, les équipes de poseurs de ligne se plaignent que le faible espacement des lignes supportées par les structures verticales et les structures triangulaires nuit à la sécurité de leur travail. Chaque accident coûte 65 000 $ en heures de travail perdues et en frais médicaux. Le coût moyen de chaque réparation due à un claquage s'élève à 3 000 $.

		MODÈLES DE STRUCTURES		
FACTEURS	EN CROIX	TRIANGU-LAIRE	VERTICALE À SUPPORT HORIZONTAL	VERTICALE À CHEVILLE ÉCROU
Nidification	Fréquente	Inexistante	Inexistante	Inexistante
Résistance de l'isolation (TCC)(kV)	387	474	476	362
Fréquence annuelle des claquages (n)	1	2	2	1
Économies de stockage annuelles	4 521 $	4 521 $	4 521 $	
Sécurité	Oui	Problème	Problème	Problème

Toutes les structures ont une vie utile d'à peu près 20 ans, sans valeur de récupération. Les modèles sans traverses semblent préférables, mais, en plus des considérations économiques, les ingénieurs chargés de la réalisation du projet doivent tenir compte d'autres facteurs, comme la sécurité. Il est vrai que l'espace entre les fils supportés par les structures triangulaires est restreint. Toutefois, une meilleure conception du dégagement entre les structures verticales permettrait de réduire au minimum le problème de la sécurité. Dans le secteur des services publics, l'opposition aux nouvelles structures est attribuable à la confiance qu'inspirent depuis de nombreuses années les structures en croix. Quoi qu'il en soit, cette opposition devrait s'atténuer au fur et à mesure que se répandra l'usage des structures verticales ou triangulaires. Lequel de ces quatre modèles recommanderiez-vous à la direction ?

5.48 Une société aérienne veut équiper ses appareils de nouveaux réacteurs. Les deux modèles à l'étude ont la même durée de vie et s'équivalent sur le plan de l'entretien et des réparations.

- Le réacteur A, qui coûte 100 000 $, consomme 100 000 litres pour 1 000 heures de fonctionnement, selon la charge moyenne associée au service passagers.

- Le réacteur B coûte 200 000 $ et consomme 80 000 litres pour 1 000 heures de fonctionnement, dans les mêmes conditions.

Aucun des deux ne nécessitera de révision majeure avant 3 ans. Leur valeur de récupération représente 10 % de l'investissement initial. Si le carburant coûte actuellement 0,50 $ le litre et si on prévoit que la consommation des réacteurs augmentera de 6 % en raison d'une baisse de leur efficacité (chaque année), lequel la société doit-elle installer ? Supposez 2 000 heures de fonctionnement par année et un TRAM de 10 %. Utilisez le critère de l'AE. Pour chaque circuit, quel est le coût équivalent d'une heure de fonctionnement ?

5.49 Une petite usine envisage l'achat d'une nouvelle machine destinée à moderniser l'une de ses chaînes de production. Le marché offre deux types de machines. La vie utile de la machine A est de 4 ans et celle de la machine B, de 6 ans ; toutefois, dans un cas comme dans l'autre, l'entreprise prévoit une période d'utilisation maximale de 5 ans. Voici les rentrées et les sorties de fonds prévues pour chacune.

ÉLÉMENT	MACHINE A	MACHINE B
Coût initial	6 500 $	8 500 $
Vie utile	4 ans	6 ans
Valeur de récupération estimative	600 $	1 000 $
Coûts annuels d'E & E	800 $	520 $
Changement du filtre à huile après 2 ans	100 $	Aucun
Révision du moteur	200 $	280 $
	(tous les 3 ans)	(tous les 4 ans)

L'entreprise dispose d'une autre option : louer, au coût de 3 000 $, payables au début de l'année, une machine dont les frais d'entretien sont entièrement à la charge du locateur. Après 4 ans d'utilisation, la valeur de récupération de la machine B se chiffrera toujours à 1 000 $.

a) Combien existe-t-il d'options ?

b) Si $i = 10 \%$, quelle décision semble la meilleure ?

5.50* Un fabricant possède et exploite une usine où on transforme en plastique destiné à la vente le propylène provenant de l'une de ses usines de craquage. Or, cette usine ne peut actuellement fonctionner à plein rendement en raison de la capacité de production insuffisante de l'usine de craquage. Les ingénieurs chimistes étudient des moyens de fournir davantage de propylène à l'usine de plastique. Voici des solutions possibles :

Option 1 : construire un pipeline reliant l'usine à la source d'approvisionnement extérieure la plus proche.

Option 2 : transporter par camion le propylène provenant de l'extérieur.

Ils ont aussi recueilli les données estimatives suivantes :

- Prix d'achat futur du propylène, transport non compris : 0,215 $/kg

- Coût de construction du pipeline : 200 000 $/km

- Longueur estimative du pipeline : 180 km

- Frais de transport par camion-citerne : 0,05 $/kg, avec un véhicule courant

- Frais d'exploitation du pipeline : 0,005 $/kg, frais d'investissement non compris

- Besoins prévus en propylène additionnel : 180 millions de kilos par année

- Durée prévue du projet : 20 ans

- Valeur de récupération estimative du projet : 8 % du coût installé

Pour chaque option, déterminez le coût du kilogramme de propylène, si le TRAM de l'entreprise est de 18 %. Quelle est l'option la plus économique ?

5.51 Voici deux options mutuellement exclusives :

	FLUX MONÉTAIRES NETS	
n	PROJET A1	PROJET A2
0	−15 000 $	−20 000 $
1	7 500	8 000
2	7 500	15 000
3	7 500	5 000
TRI	23,5 %	20 %

a) Déterminez le TRI de l'investissement différentiel de 5 000 $. (Présumez que le TRAM est de 10 %.)

b) Quelle est la meilleure option ?

5.52 Voici un ensemble de projets d'investissement. Le TRAM est de 15 %.

	FLUX MONÉTAIRES NETS DES PROJETS					
n	A	B	C	D	E	F
0	−100 $	−200 $	−4 000 $	−2 000 $	−2 000 $	−3 000 $
1	60	120	2 410	1 400	3 700	2 500
2	50	150	2 930	1 720	1 640	1 500
3	50					
i*	28,89 %	21,65 %	20,86 %	34,12 %	121,95 %	23,74 %

a) Les projets A et B sont mutuellement exclusifs. Dans l'hypothèse que tous deux peuvent être répétés pendant une période indéfinie, lequel choisiriez-vous en fonction du critère du TRI ?

b) Supposons que les projets C et D sont mutuellement exclusifs. À l'aide du critère du TRI, déterminez lequel doit être choisi.

c) Supposons que les projets E et F sont mutuellement exclusifs. Selon le critère du TRI, lequel est le plus avantageux ?

5.53 Examinez les flux monétaires se rapportant aux projets d'investissement suivants.

Présumez que le TRAM est de 12 %.

FLUX MONÉTAIRES DES PROJETS

n	A	B	C	D	E
0	–1 000 $	–1 000 $	–2 000 $	1 000 $	–1 200 $
1	900	600	900	–300	400
2	500	500	900	–300	400
3	100	500	900	–300	400
4	50	100	900	–300	400

a) Supposons que A, B et C sont mutuellement exclusifs. Compte tenu du critère du TRI, quel est le meilleur projet ?

b) Quel est le TE (taux de rendement de l'emprunt) de D ?

c) En fonction d'un TRAM de 20 %, D est-il acceptable ?

d) Supposons que C et E sont mutuellement exclusifs. En fonction du critère du TRI, lequel choisiriez-vous ?

5.54 Un ouvrier de l'atelier Petits Poupons fabrique des pièces de bois destinées à des maisons de poupée. Il gagne 8,10 $ l'heure et, à l'aide d'une scie à main, il arrive à terminer la production de toute une année (1 600 pièces) en seulement 8 semaines de 40 heures. Autrement dit, avec un outil manuel, il fabrique en moyenne cinq pièces à l'heure. Afin d'augmenter la productivité de cette opération, l'entreprise envisage l'achat d'une scie à ruban électrique et de ses accessoires. Trois modèles sont offerts sur le marché : le modèle A (version économique), le modèle B (version à haute puissance) et le modèle C (version de luxe à haute puissance). C'est la vitesse qui constitue la principale différence de fonctionnement entre ces modèles. Les montants à investir, qui comprennent les accessoires nécessaires et d'autres frais d'utilisation, se présentent comme suit :

ÉLÉMENTS	SCIE À MAIN	MODÈLE A	MODÈLE B	MODÈLE C
Cadence de fabrication (pièces/heure)	5	10	15	20
Heures de travail requises (heures/année)	320	160	107	80
Coût annuel de la main-d'œuvre (8,10 $/heure)	2 592	1 296	867	648
Coût annuel de l'électricité($)		400	420	480
Investissement initial ($)		4 000	6 000	7 000
Valeur de récupération ($)		400	600	700
Vie utile (années)		20	20	20

Supposons que le TRAM est de 10 %. Les économies potentielles justifient-elles l'achat de l'un des outils électriques ? Selon le principe du taux de rendement, quel est le modèle le plus économique ? (Source : professeur Peter Jackson de l'Université Cornell)

5.55 Voici deux projets d'investissement mutuellement exclusifs. Présumez que le TRAM est de 15 %.

	FLUX MONÉTAIRES NETS	
n	PROJET A	PROJET B
0	−100 $	−200 $
1	60	120
2	50	150
3	50	
TRI	28,89 %	21,65 %

L'horizon de planification est indéfini, et les projets sont susceptibles de se répéter. Appliquez le critère du TRI pour déterminer le projet le plus avantageux des deux.

5.56 La société de jouets Akadaka sait qu'elle devra sous peu supprimer progressivement de ses jouets pour bébés le chlorure de polyvinyle. Les jeunes enfants qui mâchonnent cette matière risquent l'exposition à un phtalate appelé DNIP, qu'on utilise pour « assouplir » le vinyle. Des expériences faites sur des animaux démontrent qu'une exposition intense au DNIP cause parfois des dommages aux reins et au foie, mais les recherches pour déterminer les risques que courent les bébés en portant ces produits à la bouche se poursuivent toujours. Comme quelques pays d'Europe ont déjà interdit l'usage du DNIP dans ce genre de produits, Akadaka prévoit que Santé Canada les imitera dès que les résultats de certaines études approfondies seront publiés, d'ici à trois ans. La société, qui recherche d'autres moyens de créer des plastiques similaires à l'aide de composés plus sûrs, envisage deux options pour modifier son procédé de fabrication :

Option 1: Adapter immédiatement le matériel de l'usine à un procédé chimique exempt de DNIP et demeurer chef de fil en matière de jouets pour bébés. Comme on n'a pas expérimenté la mise en œuvre du nouveau procédé sur une grande échelle, l'exploitation de l'usine pourrait coûter plus cher le temps qu'on se familiarise avec le nouveau système.

Option 2: Attendre la mise en vigueur des règlements fédéraux prévue dans 3 ans pour renouveler le matériel. La modernisation sera alors moins coûteuse, car on s'attend à ce que les techniques de traitement des plastiques et le savoir-faire aient évolué d'ici là. Toutefois, on risque de faire face à une âpre concurrence et d'obtenir des revenus inférieurs à ceux de l'option 1.

Voici les données financières relatives aux deux options :

	OPTION 1	OPTION 2
Moment de l'investissement	Maintenant	Dans 3 ans
Investissement initial($)	6 millions	5 millions
Vie utile du système	8 ans	8 ans
Valeur de récupération($)	1 million	2 millions
Revenus annuels ($)	15 millions	11 millions
Coûts annuels d'E & E ($)	6 millions	7 millions

a) Quelles hypothèses doit-on formuler pour comparer ces options ?

b) Si le TRAM de Akadaka est de 15 %, quelle est l'option la plus avantageuse, selon le critère du TRI ?

5.57 Une société pétrolière envisage l'achat d'une pompe de fond de plus grande dimension que celle qu'elle utilise actuellement dans les puits d'un champ de pétrole. Si elle conserve la pompe existante, 50 % de la réserve connue de pétrole brut sera extraite au cours de la première année d'exploitation, et le reste, au cours de la deuxième année. La nouvelle pompe coûte 1,6 million de dollars, mais, grâce à elle, 100 % de la réserve connue pourra être extraite dès la première année. Quelle que soit la pompe utilisée, le total des revenus provenant du pétrole sera le même pour ces deux années, soit 20 millions de dollars. L'avantage que présente la grosse pompe par rapport à la petite, c'est que la société pourra réaliser la moitié de ses revenus une année plus tôt.

	POMPE EXISTANTE	POMPE PLUS GROSSE
Investissement, année 0	0	1,6 million
Revenus, année 1 ($)	10 millions	20 millions
Revenus, année 2 ($)	10 millions	0

Sachant que le TRAM de la société est de 20 %, quelle option recommanderiez-vous après avoir effectué une analyse du TRI ?

5.58 Voici deux projets d'investissement mutuellement exclusifs. Le TRAM est de 15 %.

n	FLUX MONÉTAIRES NETS PROJET A	PROJET B
0	−300 $	−800 $
1	0	1 150
2	690	40
i^*	51,66 %	47,15 %

a) Appliquez le critère du TRI pour déterminer le meilleur projet.

b) Tracez la courbe de la fonction PE(i) relative à l'investissement différentiel (B − A).

5.59 Le président vous demande d'évaluer l'acquisition éventuelle d'une nouvelle machine à injecter pour l'usine de l'entreprise. Le choix porte sur deux types de machines, dont voici les flux monétaires :

n	FLUX MONÉTAIRES NETS PROJET A	PROJET B
0	−30 000 $	−40 000 $
1	20 000	43 000
2	18 200	5 000
TRI	18,1 %	18,1 %

De retour à votre bureau, vous vous empressez de consulter votre bon vieux manuel d'économie de l'ingénierie. Un sourire se dessine sur vos lèvres : Ah, ah ! c'est un problème classique de taux de rendement ! À l'aide de votre calculatrice, vous découvrez que les deux projets ont à peu près le même taux de rendement, soit 18,1 %. Ce taux semble suffisant pour justifier un projet, mais vous vous rappelez que c'est sur le TRAM de l'entreprise que doit reposer la justification définitive. Vous téléphonez au service de la comptabilité pour vous informer du TRAM sur lequel l'entreprise fonde actuellement ses décisions.

Le commis-comptable vous répond : «Désolé mon vieux, je ne le connais pas, mais ma patronne, qui sera de retour la semaine prochaine, pourra te l'indiquer. »

Un collègue ingénieur s'approche de vous et vous dit : «Je n'ai pas pu m'empêcher d'entendre ta conversation avec le commis-comptable. Je crois que je peux t'aider. Tu vois, les deux projets ont le même TRI; par contre, le projet A nécessite un investissement moins important tout en offrant un meilleur rendement ($-30\ 000\$ + 20\ 000\$ - 18\ 200\$ = 8\ 200\$$ et $-40\ 000\$ + 43\ 000\$ + 5\ 000\$ = 8\ 000\$$). Il est donc plus avantageux que le projet B. Pour ce genre de problème de décision, nul besoin de connaître le TRAM! »

a) Commentez les propos de votre collègue.

b) Entre quelles valeurs le TRAM doit-il se situer pour que vous recommandiez le choix du projet B?

CHAPITRE 6

Les applications des techniques d'évaluation économique

Supposons que vous projetiez l'achat d'une voiture, avec laquelle vous prévoyez franchir 12 000 kilomètres par année. Pouvez-vous calculer combien il vous en coûtera par kilomètre? Vous avez une bonne raison de chercher ce coût puisque votre employeur doit vous rembourser les frais d'utilisation au kilomètre de ce véhicule pour votre travail. Prenons également l'exemple d'un promoteur immobilier qui prévoit construire un centre commercial de 50 000 mètres carrés. Quels devront être ses revenus de location annuels minimaux par mètre carré pour qu'il récupère son investissement initial?

Les ingénieurs doivent souvent prendre des décisions pour garantir que l'on obtiendra la qualité fonctionnelle requise au coût le plus bas. Par exemple, les ingénieurs de General Motors ont utilisé le principe de la manufacturabilité pour réduire le nombre de pièces lors de la conception de la suspension avant du modèle Cadillac Seville de 1992. Par cette reformulation du produit, ils ont éliminé deux pièces et réduit de 68 secondes le temps d'assemblage. Pour l'ensemble de la suspension, ils ont éliminé 50 pièces et réduit de près de 19 minutes le temps d'assemblage, qui est maintenant inférieur à 6 minutes! À elle seule, la reformulation de la suspension a permis de réaliser des économies annuelles de plus de 2 millions de dollars. Dans le contexte concurrentiel d'aujourd'hui, les principes de l'économie de l'ingénierie constituent l'un des principaux facteurs à considérer quand il est question de conception.

Les entreprises qui offrent des services de taxi, de transport par autobus et de camionnage possèdent une flotte considérable de véhicules. Elles doivent connaître la durée de vie économique de chaque type de véhicule, c'est-à-dire le temps pendant lequel elles doivent utiliser un véhicule pour que son coût total soit le moins élevé possible. En connaissant la durée de vie économique des véhicules, elles peuvent élaborer chaque année leur calendrier de remplacement.

Prenons également l'exemple d'un fabricant de produits chimiques qui possède une chaudière de reformage, un bien essentiel utilisé pour produire de l'hydrogène. Le coût de cette chaudière est d'environ 10 millions de dollars. Supposons que la durée de vie utile de la chaudière est de 11 ans. Comme les conditions d'exploitation réelles, telles que la température et la pression, ne sont pas toujours identiques aux conditions de régime, la vie économique réelle de la chaudière peut être inférieure à 11 ans. Lorsqu'elle aura fonctionné pendant 10 ans, il faudra déterminer s'il faut la remplacer dans l'année qui suit. Comment réalise-t-on ce type d'analyse de remplacement?

Dans les chapitres 4 et 5, nous avons présenté les méthodes permettant d'évaluer des projets indépendants et de comparer des projets mutuellement exclusifs. Dans le présent chapitre, nous traiterons de l'application de ces méthodes fondamentales aux situations décisionnelles suivantes: 1) une durée de projet très longue, 2) le calcul du coût (ou profit) unitaire, 3) l'analyse du seuil de rentabilité (point mort), 4) l'économie de la conception, 5) le calcul de la durée de vie économique et 6) l'analyse de remplacement.

6.1 LA MÉTHODE DU COÛT CAPITALISÉ ÉQUIVALENT

Lorsque la durée de vie d'un projet à l'étude est perpétuelle ou que l'horizon de planification est extrêmement long (40 ans ou plus), une forme spéciale du critère de la valeur actualisée nette, aussi appelée *valeur présente équivalente (PE)*, peut être utile. Les projets publics tels que la construction de ponts, de voies navigables, de systèmes d'irrigation et de barrages hydroélectriques ont la réputation de produire des bénéfices sur une longue période (ou à perpétuité). La présente section décrit la méthode du **coût capitalisé équivalent**, $CE(i)$, qui sert à évaluer de tels projets.

La durée de vie perpétuelle

Revenons au flux monétaire de la figure 6.1. Comment détermine-t-on la PE pour un flux monétaire uniforme infini (ou presque infini) ou pour un cycle répétitif de flux monétaires? Le calcul de la PE pour un flux monétaire infini est appelé **capitalisation** du coût d'un projet, et ce coût est un **coût capitalisé**. Le coût capitalisé représente le montant qui doit être investi aujourd'hui pour produire un certain revenu, A, à la fin de chaque période subséquente (à perpétuité) moyennant un taux d'intérêt de i. Rappelons à cet effet les formes restrictives de formules d'intérêt décrites dans la section 2.3.7. Lorsque N approche de l'infini:

$$\lim_{N \to \infty} (P/A, i, N) = \lim_{N \to \infty} \left[\frac{(1+i)^N - 1}{i\,(1+i)^N} \right] = \frac{1}{i}.$$

Il s'ensuit que:

$$PE(i) = A(P/A, i, N \to \infty) = \frac{A}{i}. \qquad (6.1)$$

On peut également aborder cette question en cherchant la série constante de revenus qui pourrait être générée à perpétuité par $PE(i)$ dollars aujourd'hui. Il est clair que la réponse est $A = iPE(i)$. Si les retraits sont supérieurs à A, on entame le capital, et A finira par devenir égal à 0.

Figure 6.1
Valeur actualisée équivalente d'un flux monétaire infini

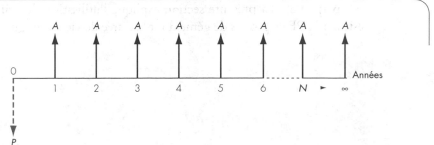

Exemple 6.1

Le coût capitalisé équivalent

Une grande université vient de construire un nouveau pavillon de génie d'une valeur de 50 millions de dollars. Elle lance une campagne de financement auprès de ses diplômés afin de recueillir des fonds pour couvrir les futurs frais d'entretien, qui sont estimés à 2 millions de dollars par année. Si ces frais dépassent 2 millions de dollars par année, il faudra augmenter les frais de scolarité. Si l'université peut créer un fonds en fiducie qui porte intérêt à un taux annuel de 8%, combien d'argent doit-elle amasser aujourd'hui pour couvrir la série perpétuelle de coûts annuels de 2 millions de dollars?

Solution

- Soit: $A = 2$ millions de dollars, $i = 8\%$ par année et $N = \infty$
- Trouvez: $CE(8\%)$

L'équation du coût capitalisé équivalent est:

$$CE(i) = \frac{A}{i}$$

$$CE(8\%) = 2\,000\,000\,\$/0{,}08$$
$$= 25\,000\,000\,\$.$$

Commentaires: *Il est clair que ce montant forfaitaire suffira à payer les frais d'entretien de l'édifice à perpétuité. Supposons que l'université dépose 25 millions de dollars à la banque à un taux d'intérêt annuel de 8%. À la fin de la première année, ce montant rapporte un intérêt de 8%(25 millions de dollars) = 2 millions de dollars. Si l'université retire cet intérêt, il reste encore 25 millions de dollars dans le compte. À la fin de la deuxième année, le solde de 25 millions de dollars rapporte encore 8%(25 millions de dollars) = 2 millions de dollars. Si l'université retire chaque année l'intérêt, le fonds de dotation contiendra toujours 25 millions de dollars.*

La durée de vie est extrêmement longue

Les bénéfices engendrés par des projets de génie civil typiques tels que la construction de ponts et d'autoroutes peuvent s'étaler sur de nombreuses années mais ne sont pas perpétuels. La présente section explique l'utilisation du critère du $CE(i)$ pour estimer la PE de projets de génie dont la durée de vie est longue.

Comparaison entre la valeur actualisée équivalente pour une durée de vie longue et illimitée

Gaynor L. Bracewell s'est bâti une petite fortune au cours des 30 dernières années dans le développement immobilier en Colombie-Britannique. Il a vendu plus de 700 hectares de terrain boisé et de terres agricoles, ce qui lui a rapporté les 800 000 $ nécessaires à la construction d'une petite centrale hydroélectrique, Edgemont Hydro. Les travaux ont débuté il y a dix ans. Conçue par M. Bracewell, qui possède une formation militaire d'ingénieur civil, la centrale est relativement simple. Un canal de 7 mètres de profondeur, creusé à même le roc juste au-dessus du plus élevé des deux barrages se trouvant sur la propriété, achemine l'eau sur une distance de 350 mètres en suivant la rivière jusqu'à un piège à débris qui filtre les feuilles et autres détritus. L'eau circule ensuite jusqu'à la centrale dans un conduit large de 2 mètres, d'une capacité de 1,5 million de kilogrammes de liquide, qui pousse l'eau à une vitesse de 3,5 mètres par seconde pour faire tourner les turbines.

Au moyen de lois, les gouvernements encouragent la création de centrales électriques privées et obligent le fournisseur d'électricité titulaire du réseau provincial à acheter leur production. La centrale de M. Bracewell peut produire 6 millions de kilowattheures d'électricité par année. Supposons que, après avoir payé l'impôt sur le revenu et les frais d'exploitation, la centrale produit un revenu net annuel de 120 000 $. Moyennant un entretien normal, sa durée de vie prévue est d'au moins 50 ans. L'investissement de 800 000 $ était-il avisé ? Dans combien de temps M. Bracewell récupérera-t-il son investissement initial, et réalisera-t-il un jour un profit ? Examinons cette situation en calculant la valeur du projet à divers taux d'intérêt.

a) Si le taux d'intérêt de M. Bracewell est de 8 %, calculez la PE (au moment 0 dans la figure 6.2) de ce projet pour une durée de vie de 50 ans et une durée de vie illimitée, respectivement.

b) Refaites les calculs du point a) pour un taux d'intérêt de 12 %.

Solution

- Soit : le flux monétaire de la figure 6.2 (durée de 50 ans ou ∞), $i = 8\%$ ou 12 %
- Trouvez : la PE au moment 0

On cherche notamment à savoir si la centrale de M. Bracewell sera rentable.

Calculons l'investissement total équivalent et la valeur équivalente des revenus futurs au début de la production, c'est-à-dire au moment 0.

a) Pour $i = 8\%$

- Pour une durée de vie de 50 ans, on peut utiliser les facteurs de capitalisation d'un montant unique dans le flux monétaire investi pour faciliter le calcul de l'investissement total équivalent au début de la production d'électricité. La lettre « k » est le symbole de millier,

$$V_1 = -50\,\text{k}\$(F/P, 8\%, 9) - 50\,\text{k}\$(F/P, 8\%, 8)$$
$$-60\,\text{k}\$(F/P, 8\%, 7) \ldots -100\,\text{k}\$(F/P, 8\%, 1) - 60\,\text{k}\$$$
$$= -1\,101\,\text{k}\$.$$

Figure 6.2
Diagramme du flux monétaire net pour le projet de centrale hydroélectrique de M. Bracewell

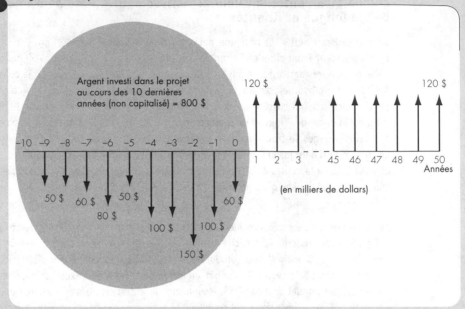

Argent investi dans le projet au cours des 10 dernières années (non capitalisé) = 800 $

(en milliers de dollars)

Le bénéfice total équivalent au début de la production est:
$$V_2 = 120\,\text{k\$}(P/A,\ 8\%,\ 50) = 1\,468\,\text{k\$}.$$

En additionnant ces deux valeurs, on obtient la valeur nette équivalente au début de la production d'électricité:
$$V_1 + V_2 = -1\,101\,\text{k\$} + 1\,468\,\text{k\$}.$$
$$= 367\,\text{k\$}.$$

- Pour une durée de vie illimitée, la valeur nette équivalente est appelée valeur capitalisée équivalente. La portion de l'investissement antérieur au moment 0 est identique, et la valeur capitalisée équivalente est donc:
$$CE(8\%) = -1\,101\,\text{k\$} + 120\,\text{k\$}/(0,08)$$
$$= 399\,\text{k\$}.$$

Soulignons que la différence entre la durée de vie illimitée et l'horizon de planification de 50 ans n'est que de 32 000 $.

b) Pour $i = 12\%$

- Pour une durée de vie de 50 ans, on procède comme en a). L'investissement total équivalent au début de la production est:
$$V_1 = -50\,\text{k\$}(F/P,\ 12\%,\ 9) - 50\,\text{k\$}(F/P,\ 12\%,\ 8)$$
$$-60\,\text{k\$}(F/P,\ 12\%,\ 7) \ldots - 100\,\text{k\$}(F/P,\ 12\%,\ 1) - 60\,\text{k\$}$$
$$= -1\,299\,\text{k\$}.$$

Les bénéfices totaux équivalents au début de la production sont :
$$V_2 = 120\,\text{k\$}(P/A, 12\%, 50) = 997\,\text{k\$}.$$

La valeur nette équivalente au début de la production est donc :
$$V_1 + V_2 = -1\,299\,\text{k\$} + 997\,\text{k\$}$$
$$= -302\,\text{k\$}.$$

- Pour des flux monétaires de durée infinie, la valeur capitalisée équivalente au moment 0 est :
$$CE(12\%) = -1\,299\,\text{k\$} + 120\,\text{k\$}/(0,12)$$
$$= -299\,\text{k\$}.$$

Il est à noter que la différence entre la durée de vie infinie et l'horizon de planification de 50 ans n'est que de 3 000 $, ce qui montre que l'on peut estimer la valeur actualisée de flux monétaires longs (50 ans ou plus) en calculant la valeur capitalisée équivalente. L'estimation devient plus précise à mesure que le taux d'intérêt (ou le nombre d'années) augmente.

Commentaires : *Pour* $i = 12\%$, *l'investissement de M. Bracewell n'est pas rentable mais pour* $i = 8\%$, *il l'est. Cela prouve qu'il est important d'utiliser la valeur appropriée de* i, *pour analyser un investissement. Le chapitre 10 décrit comment choisir la valeur appropriée de* i.

6.2 | LE CALCUL DU PROFIT (OU DU COÛT) UNITAIRE

Il arrive souvent que nous devions connaître le profit (ou le coût) unitaire associé à l'exploitation d'une immobilisation. Pour trouver cette valeur, on peut procéder comme suit :

- Déterminer le nombre d'unités à produire (ou à entretenir) chaque année pendant la durée de vie de l'immobilisation.
- Construire le flux monétaire associé à la production ou à l'entretien de l'immobilisation pendant sa durée de vie.
- Calculer la valeur actualisée nette du flux monétaire de projet à un taux d'intérêt donné et déterminer la valeur annuelle équivalente (AE).
- Diviser la valeur annuelle équivalente (AE) par le nombre d'unités à produire ou à entretenir chaque année. Lorsque le nombre d'unités varie chaque année, il faut parfois le convertir en un nombre annuel équivalent d'unités.

Pour illustrer cette procédure, examinons l'exemple 6.3, dans lequel le concept de la valeur annuelle équivalente (AE) sert à estimer les économies par heure-machine qui seront réalisées grâce à l'acquisition d'une machine.

Exemple 6.3

Le profit unitaire par heure-machine — heures d'exploitation annuelles constantes

Revenons à l'investissement dans la machine à découper le métal de l'exemple 4.5. On se rappellera que cet investissement de 3 ans avait une PE estimative de 3 553 $. Si la machine fonctionne pendant 2 000 heures chaque année, calculez les économies équivalentes par heure-machine réalisées si $i = 15\%$.

Solution

• Soit : PE = 3 553 $, $N = 3$ ans, $i = 15\%$ par année, et 2 000 heures-machine par année
• Trouvez : les économies équivalentes par heure-machine réalisées

Calculons d'abord les économies annuelles équivalentes découlant de l'utilisation de la machine. Puisqu'on connaît déjà la PE de ce projet, on peut calculer l'AE :

$$AE(15\%) = 3\ 553\ \$(A/P,\ 15\%,\ 3) = 1\ 556\ \$.$$

Pour une utilisation annuelle de 2 000 heures, les économies équivalentes par heure-machine réalisées sont :

Économies par heure-machine = 1 556 $/2 000 heures = 0,78 $ par heure.

Commentaires : On notera qu'il ne suffit pas de diviser la PE (3 553 $) par le nombre total d'heures-machine pour la période de 3 ans (6 000 heures), ce qui donne 0,59 $ par heure. Le montant de 0,59 $ représente les économies instantanées en valeur actualisée pour chaque heure d'utilisation de la machine, mais ne tient pas compte de la période pendant laquelle les économies sont réalisées. Une fois qu'on a calculé la valeur annuelle équivalente, on peut la diviser par l'unité de temps désirée si la période de capitalisation est de 1 an. Si la période de capitalisation est plus courte, la valeur équivalente doit être calculée en fonction de cette période.

Exemple 6.4

Le profit unitaire par heure-machine — heures d'exploitation annuelles variables

Reprenons l'exemple 6.3 et supposons que la machine à découper le métal fonctionne à divers régimes : 1 500 heures la première année, 2 500 heures la deuxième année et 2 000 heures la troisième année. Le nombre total d'heures d'exploitation est encore de 6 000 pendant 3 ans. Calculez les économies équivalentes par heure-machine réalisées si $i = 15\%$.

Solution

• Soit : PE = 3 553 $, $N = 3$ ans, $i = 15\%$ par année, heures d'exploitation = 1 500 heures la première année, 2 500 heures la deuxième année et 2 000 heures la troisième année
• Trouvez : les économies équivalentes par heure-machine réalisées

Dans l'exemple 6.3, nous avons calculé que les économies annuelles équivalentes sont de 1 556 $. Supposons que C désigne les économies annuelles équivalentes par heure-machine qu'il nous faut déterminer. Si le nombre d'heures d'exploitation de la machine par année est variable, on peut représenter les économies annuelles équivalentes en fonction de C :

$$\text{Économies annuelles équivalentes} = [C(1\,500)(P/F, 15\%, 1)$$
$$+ C(2\,500)(P/F, 15\%, 2)$$
$$+ C(2\,000)(P/F, 15\%, 3)](A/P, 15\%, 3)$$
$$= 1\,975{,}16C.$$

Pour trouver C, on rend ce montant égal aux 1 556 $ calculés dans l'exemple 6.3 :

$$C = 1\,556\,\$/1\,975{,}16 = 0{,}79\,\$ \text{ par heure,}$$

soit un cent de plus que dans la situation de l'exemple 6.3.

6.3 LA DÉCISION DE FABRIQUER OU D'ACHETER

Fabriquer ou acheter : voilà l'une des décisions d'affaires les plus courantes que nous ayons à prendre. À tout moment, une entreprise peut avoir le choix entre acheter un article ou le fabriquer. Contrairement à la décision de fabriquer ou d'acheter dont il a été question dans la section 1.7.2, *si l'option « fabriquer » ou « acheter » nécessite l'acquisition de machinerie et/ou du matériel, elle constitue une décision d'investissement.* Puisque le coût d'un service externe (option « acheter ») est habituellement exprimé en dollars par unité, il est plus facile de comparer les deux options si les coûts différentiels de l'option « fabriquer » sont également exprimés en dollars par unité. Pour comparer des coûts unitaires, il faut utiliser l'analyse de la valeur annuelle équivalente. En voici les étapes :

Étape 1 : Déterminer le laps de temps (horizon de planification) pendant lequel la pièce (ou le produit) sera utile.

Étape 2 : Déterminer la quantité annuelle de pièces (ou du produit).

Étape 3 : Demander à l'éventuel fournisseur le coût unitaire d'achat de la pièce (ou du produit).

Étape 4 : Déterminer le matériel, la main-d'œuvre et toutes les ressources nécessaires pour fabriquer la pièce (ou le produit).

Étape 5 : Estimer les flux monétaires nets associés à l'option « fabriquer » en fonction de l'horizon de planification.

Étape 6 : Calculer le coût annuel équivalent (AE) pour fabriquer la pièce (ou le produit).

Étape 7 : Calculer le coût unitaire pour fabriquer la pièce (ou le produit) en divisant le coût annuel équivalent par le volume annuel requis.

Étape 8 : Choisir l'option qui présente le plus faible coût unitaire.

Exemple 6.5

La valeur équivalente — fabriquer ou acheter

La société Ampex fabrique actuellement des boîtiers de vidéocassettes et des bandes magnétiques à particule métallique utilisés à des fins commerciales. Elle prévoit une hausse de la demande pour les bandes à particule métallique, et doit choisir entre continuer à fabriquer elle-même des boîtiers de vidéocassettes ou les acheter auprès d'un fournisseur. Si elle achète les boîtiers, elle devra également acheter le matériel nécessaire pour charger les bandes magnétiques, car sa machine actuelle n'est pas compatible avec les boîtiers du fournisseur envisagé. Le taux projeté de production des bandes est de 79 815 unités par semaine pour les 48 semaines d'exploitation de l'année. L'horizon de planification est de 7 ans. Après avoir pris en compte les effets de l'impôt sur le revenu, le service de la comptabilité a détaillé les coûts annuels associés à chaque option de la façon suivante :

- Option de fabriquer (coûts annuels) :

Main-d'œuvre	1 445 633 $
Matériel	2 048 511 $
Frais généraux marginaux	1 088 110 $
Coût annuel total	4 582 254 $

- Option d'acheter :

Dépense en capital	
Acquisition d'une nouvelle machine de chargement	405 000 $
Valeur de récupération après 7 ans	45 000 $
Coûts d'exploitation annuels	
Main-d'œuvre	251 956 $
Achat de boîtiers vides (0,85 $ par unité)	3 256 452 $
Frais généraux marginaux	822 719 $
Total des coûts d'exploitation annuels	4 331 127 $

(Par convention, les flux monétaires correspondent à des montants forfaitaires discrets en fin d'année, comme le montre la figure 6.3.) Si le TRAM d'Ampex est de 14 %, calculez le coût unitaire pour chaque option.

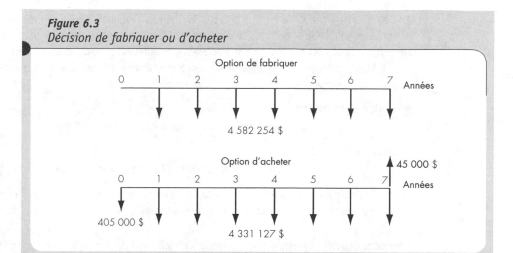

Figure 6.3
Décision de fabriquer ou d'acheter

Solution

- Soit : pour les flux monétaires des deux options, $i = 14\%$
- Trouvez : le coût unitaire pour chaque option et celui qui est le plus avantageux

Le volume de production annuel requis est : 79 815 unités par semaine × 48 semaines = 3 831 120 unités par année.

Il faut maintenant calculer le coût annuel équivalent pour chaque option.

- Option de fabriquer : Puisque l'option de fabriquer est déjà exprimée sur une base annuelle, son coût annuel équivalent est :

$$AE(14\%)_{\text{fabriquer}} = -4\ 582\ 254\ \$.$$

- Option d'acheter : Les deux éléments de coût sont le coût en capital et le coût d'exploitation.

  Le coût de recouvrement du capital (en utilisant l'équation 4.7) est :

$$RC(14\%) = (405\ 000\ \$ - 45\ 000\ \$)(A/P, 14\%, 7)$$
$$+ (0,14)(45\ 000\ \$)$$
$$= 90\ 249\ \$$$

$$AE(14\%)_1 = -RC(14\%) = -90\ 249\ \$.$$

  Coût d'exploitation :

$$AE(14\%)_2 = -4\ 331\ 127\ \$.$$

  Coût annuel équivalent total :

$$AE(14\%)_{\text{acheter}} = AE(14\%)_1 + AE(14\%)_2 = -4\ 421\ 376\ \$.$$

À l'évidence, ce calcul de la valeur annuelle équivalente indique qu'il serait préférable qu'Ampex achète les boîtiers vides d'un fournisseur. Cependant, Ampex veut connaître ces coûts unitaires afin de fixer un prix pour le produit. À cette fin, il lui faut calculer le coût unitaire de production des boîtiers pour chaque option. (Le signe négatif indique que l'AE est un débours ou un coût. Lorsqu'on compare des options, on s'intéresse à la grandeur des coûts, qu'ils soient positifs ou négatifs.) On l'obtient en divisant la grandeur du coût annuel équivalent pour chaque option par la quantité annuelle requise :

- Option de fabriquer :

    Coût unitaire = 4 582 254 $/3 831 120 = 1,20 $ par unité.

- Option d'acheter :

    Coût unitaire = 4 421 376 $/3 831 120 = 1,15 $ par unité.

Le fait d'acheter les boîtiers de vidéocassettes d'un fournisseur et de charger la cassette sur place fait économiser à Ampex 5 cents par cassette avant impôt.

Commentaires : *Deux facteurs non économiques importants doivent également être considérés. Il importe d'abord de savoir si la qualité de la composante du fournisseur est supérieure, équivalente ou inférieure à la qualité de la composante que l'entreprise fabrique actuellement. Il faut ensuite déterminer si le fournisseur pourra vraiment livrer en temps opportun les quantités de boîtiers requises. Une diminution de la qualité du produit ou un fournisseur peu fiable sont des raisons suffisantes pour ne pas passer de la fabrication à l'achat.*

6.4   LE POINT MORT : REMBOURSEMENT DES COÛTS

Les entreprises doivent souvent calculer le coût du matériel qui correspond à une **unité d'utilisation** de ce matériel. Prenons l'exemple courant d'un employeur qui rembourse à un employé les coûts d'utilisation de son véhicule personnel pour son travail. Si l'employé doit acheter et utiliser un véhicule personnel pour son travail, il semble équitable de calculer le remboursement en fonction du total des coûts d'utilisation par kilomètre. Pour bien des propriétaires d'automobile, les coûts d'utilisation se limitent aux dépenses pour l'essence, l'huile à moteur, les pneus et les péages, mais à la lumière d'un examen plus attentif, il faut ajouter à ces coûts d'exploitation, qui sont directement liés à l'utilisation du véhicule, les **coûts de propriété**, qui s'appliquent même lorsque le véhicule n'est pas utilisé.

Les coûts de propriété incluent la dépréciation, les assurances, les frais de crédit, les droits d'immatriculation, l'entretien de routine, les accessoires et l'entreposage (garage). Même si le véhicule est entreposé en permanence, une partie de ces coûts doit être prise en compte. L'**amortissement**, ou **dépréciation,** correspond à la perte de valeur subie par le véhicule pendant la période de propriété ; cette perte peut être causée par 1) l'écoulement du temps, 2) la condition mécanique et physique du véhicule et 3) le nombre de kilomètres parcourus. Ce type de dépréciation, appelé **dépréciation économique**, est abordé au chapitre 7.

Les coûts d'exploitation comprennent les réparations et l'entretien imprévus, l'essence, l'huile à moteur, les pneus, le stationnement et les péages, ainsi que les taxes sur l'essence et l'huile. Évidemment, plus la voiture est utilisée, plus ces coûts sont élevés.

Une fois que les coûts de propriété et d'exploitation du véhicule personnel sont déterminés, on peut chercher le taux de remboursement minimal par kilomètre qui permet d'atteindre le seuil de rentabilité. Au moyen de l'équation du coût de remboursement, on obtient ce taux inconnu. Le taux de remboursement qui est exactement égal au coût de propriété et d'exploitation est appelé **point mort**. L'exemple 6.6 illustre comment on calcule le coût du remboursement versé à un employé qui utilise son véhicule personnel pour son travail.

Exemple 6.6

Le point mort — par unité d'utilisation du matériel

Samuel Toupin est ingénieur de vente pour la société de génie chimique Buford. Il possède deux véhicules, dont l'un sert exclusivement pour son travail. Ce véhicule est une voiture sous-compacte de 1998 qu'il a payée 11 000 $ avec ses économies personnelles. D'après son expérience et une analyse parue dans un grand quotidien, Samuel a estimé les coûts de propriété et d'exploitation de ce véhicule pendant les trois premières années de la façon suivante :

COÛTS	PREMIÈRE ANNÉE	DEUXIÈME ANNÉE	TROISIÈME ANNÉE
Dépréciation	2 879	1 776	1 545
Entretien de routine	100	132	192
Assurances	635	635	635
Immatriculation	78	78	78
Total des coûts de propriété	3 692 $	2 621 $	2 450 $
Réparations non prévues	70	115	227
Accessoires	15	13	12
Essence et taxes	688	650	522
Huile	80	100	100
Stationnement et péages	135	125	110
Total des coûts d'exploitation	988 $	1 003 $	971 $
Total des coûts	4 680 $	3 624 $	3 421 $

Samuel prévoit parcourir 14 500, 13 000 et 11 500 kilomètres pour son travail pendant les trois prochaines années, respectivement. Si son taux d'intérêt est de 6 %, quel taux de remboursement au kilomètre doit-il obtenir pour atteindre le point mort ?

Explication: On s'étonnera peut-être que le coût initial d'achat du véhicule (11 000 $) ne soit pas inclus explicitement dans les coûts estimés par Samuel. Il en est ainsi à cause de la dépréciation. Dans une analyse économique réelle, les coûts en capital ne sont pas inclus en totalité dans l'année où ils sont engagés. Ils sont plutôt répartis sur toute la durée de vie utile de l'immobilisation, proportionnellement à la portion du coût qui est utilisée chaque année. La dépréciation de 2 879 $ pour la première année signifie donc en réalité que si le véhicule est payé 11 000 $, puis vendu à la fin de la première année après avoir parcouru 14 500 kilomètres, Samuel s'attendrait à ce que le prix de vente soit inférieur de 2 879 $ au prix d'achat initial. Dans le chapitre 7, il sera question de la dépréciation de façon plus détaillée et des conventions qui régissent son calcul. Pour notre exemple, les montants de la dépréciation sont donnés pour permettre une véritable analyse économique du problème.

Solution

- Soit: pour les coûts et le kilométrage annuels, $i = 6\%$ par année
- Trouvez: le coût équivalent par kilomètre

Supposons que Buford verse à Samuel X $ par kilomètre pour son véhicule personnel. Si Samuel prévoit parcourir 14 500 kilomètres la première année, 13 000 kilomètres la deuxième année et 11 500 kilomètres la troisième année, ses remboursements annuels seront:

ANNÉE	KILOMÉTRAGE TOTAL	REMBOURSEMENT
1	14 500	(X) (14 500) = 14 500X
2	13 000	(X) (13 000) = 13 000X
3	11 500	(X) (11 500) = 11 500X

Comme le montre la figure 6.4, le remboursement annuel équivalent sera:

$$[14\ 500X(P/F, 6\%, 1) + 13\ 000X(P/F, 6\%, 2) + 11\ 500X(P/F, 6\%, 3)](A/P, 6\%, 3)$$
$$= 13\ 058X.$$

Les coûts annuels équivalents de propriété et d'exploitation seront:

$$[4\ 680\$(P/F, 6\%, 1) + 3\ 624\$(P/F, 6\%, 2) + 3\ 421\$(P/F, 6\%, 3)](A/P, 6\%, 3)$$
$$= 3\ 933\$.$$

Le taux de remboursement minimal X sera:

$$13\ 058X = 3\ 933\$$$
$$X = 30{,}12 \text{ cents par kilomètre.}$$

Si Buford paie à Samuel 30,12 cents par kilomètre ou plus, la décision de Samuel d'utiliser son véhicule pour son travail est sensée d'un point de vue économique.

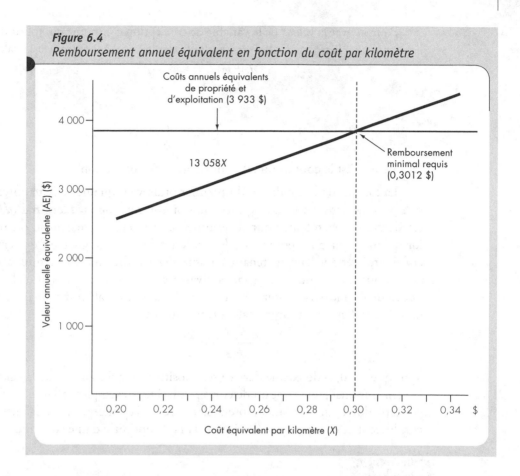

Figure 6.4
Remboursement annuel équivalent en fonction du coût par kilomètre

Coûts annuels équivalents
de propriété et
d'exploitation (3 933 $)

13 058X

Remboursement
minimal requis
(0,3012 $)

Valeur annuelle équivalente (AE) ($)

4 000

3 000

2 000

1 000

0,20   0,22   0,24   0,26   0,28   0,30   0,32   0,34 $

Coût équivalent par kilomètre (X)

6.5   L'ÉCONOMIE DE LA CONCEPTION

L'analyse du coût minimal constitue une autre méthode importante dérivée de l'analyse de la valeur annuelle équivalente (AE). Elle s'avère utile lorsque deux ou plusieurs éléments de coût sont affectés différemment par le même élément de conception. Ainsi, pour une seule variable de conception, certains coûts augmentent alors que d'autres diminuent. Lorsque le coût annuel total équivalent d'une variable de conception dépend de l'augmentation et de la diminution d'éléments de coût, il est habituellement possible de trouver la valeur optimale qui minimisera le coût de cette variable.

$$AE(i) = a + bx + \frac{c}{x}, \qquad (6.2)$$

où x est une variable de conception commune, et a, b et c sont des constantes.

Pour trouver la valeur de la variable de conception commune qui minimise $AE(i)$, il faut prendre la première dérivée, rendre le résultat égal à 0 et trouver la valeur de x:

$$\frac{dAE(i)}{dx} = b - \frac{c}{x^2}$$
$$= 0$$

$$x^* = \sqrt{\frac{c}{b}}. \tag{6.3}$$

La valeur x^* est le coût minimal pour l'option de conception.

La logique de la condition du premier ordre veut qu'une activité doive, autant que possible, être exécutée jusqu'au point où son **rendement marginal** ($dAE(i)/dx$) est de zéro. Cependant, pour déterminer si la valeur est maximale ou minimale lorsqu'on a trouvé un point pour lequel le rendement marginal est de zéro, il faut considérer cette valeur en tenant compte des **conditions du second ordre**. Les conditions du second ordre sont équivalentes aux conditions habituelles voulant que la deuxième dérivée soit négative dans le cas d'une valeur maximale, et positive dans le cas d'une valeur minimale. Dans notre cas:

$$\frac{d^2AE(i)}{dx^2} = \frac{2c}{x^3}. \tag{6.4}$$

Tant que $c > 0$, la deuxième dérivée sera positive, ce qui signifie que la valeur x^* est le coût minimal pour l'option de conception. Deux exemples serviront à illustrer le concept de l'optimisation. Le premier concerne la conception de la surface d'un conducteur et le second, la sélection de la taille optimale d'une conduite.

Exemple 6.7

La surface optimale d'un conducteur

Un courant électrique constant de 5 000 ampères doit être transmis sur une distance de 300 mètres à partir d'une centrale électrique jusqu'à un poste, et ce, 24 heures sur 24, 365 jours par année. Le conducteur en cuivre, dont le coût installé est de 16,50 $ par kilogramme, a une durée de vie estimative de 25 ans et une valeur de récupération de 1,65 $ par kilogramme. La perte de puissance par le conducteur est inversement proportionnelle à la surface (A) du conducteur. La résistance d'un conducteur de 1 mètre de long dont la surface est de 1 centimètre carré est $1,7241 \times 10^{-4}$ Ω. Le coût de l'électricité est de 0,0375 $ par kilowattheure, le taux d'intérêt est de 9 % et la densité du cuivre est de 8 894 kilogramme par mètre cube. D'après ces données, calculez la surface optimale (A) du conducteur.

Explication: La résistance des conducteurs est la principale cause de perte de puissance dans une ligne de transport d'électricité. La résistance d'un conducteur électrique varie en fonction de sa longueur et est inversement proportionnelle à sa surface:

$$R = \rho(L/A), \tag{6.5}$$

où R = résistance du conducteur, L = longueur du conducteur, A = surface du conducteur et ρ = résistivité de la matière conductrice.

Il importe d'abord d'uniformiser les unités de mesure utilisées. Dans le système international d'unités (système SI), L est donné en mètres, A en mètres carrés et ρ en ohms-mètres. Le conducteur en cuivre a une valeur ρ de $1{,}7241 \times 10^{-8}$ Ω-mètre, ou $1{,}7241 \times 10^{-4}$ Ω-cm^2/m. Lorsqu'un courant passe dans un conducteur, on utilise de l'électricité pour surmonter la résistance. L'unité de travail électrique est le kilowattheure (kWh), qui est égal à la puissance en kilowatts multipliée par les heures pendant lesquelles le travail est exécuté. Si le courant (I) est constant, la perte de puissance par le conducteur au temps T peut s'exprimer comme suit:

$$\text{Perte de puissance} = I^2 RT/1\ 000 \text{ kWh}, \tag{6.6}$$

où I = courant en ampères, R = résistance en ohms (Ω) et T = durée en heures.

Solution

• Soit: les éléments de coût en fonction de la surface (A), N = 25 années et i = 9 %
• Trouvez: la valeur optimale de A

Étape 1: La conception de la surface d'un conducteur électrique offre un exemple classique d'analyse du coût minimal, car elle comprend des éléments de coût qui augmentent et diminuent. Puisque la résistance est inversement proportionnelle à la taille du conducteur, la perte de puissance diminuera à mesure que la taille du conducteur augmentera. De façon plus précise, la perte de puissance annuelle en kilowattheures par le conducteur, qui est causée par la résistance, est égale à:

$$\text{Perte de puissance en kilowattheures} = \frac{I^2 RT}{1\ 000} = \frac{I^2 T}{1\ 000} \times \frac{\rho L}{A}$$

$$= \frac{5\ 000^2 \times 24 \times 365}{1\ 000} \times \frac{1{,}7241 \times 10^{-4} \times 300}{A}$$

$$= \frac{11\ 327\ 337}{A} \text{ kWh},$$

où A = surface en cm^2.

Étape 2: Le coût annuel total de l'électricité en dollars pour la matière conductrice utilisée est:

$$\text{coût annuel de la perte de puissance} = \frac{11\ 327\ 337}{A} \times \Phi$$

$$= \frac{11\ 327\ 337}{A} \times 0{,}0375 \text{ \$}$$

$$= \frac{424\ 775 \text{ \$}}{A},$$

où Φ = perte de puissance en dollars par kilowattheure.

Étape 3: À mesure que la taille du conducteur augmente, son coût de fabrication augmente. Calculons d'abord la quantité totale de matière conductrice nécessaire en kilogrammes. Puisque la surface est exprimée en centimètres carrés, il faut la convertir en mètres carrés avant de chercher la masse de la matière.

$$\text{masse de la matière en kilogrammes} = \frac{(300)(8\ 894)\ A}{100^2}$$

$$= 267A$$

$$\text{coût total de la matière} = 267(A)(16,50\,\$)$$

$$= 4\ 406\,\$A$$

Il s'agit de trouver un compromis entre le coût de l'installation et le coût de la perte de puissance.

Étape 4 : Puisque la matière (cuivre) a une valeur de récupération de 1,65 $ par kilogramme après 25 ans, on peut calculer le coût de recouvrement du capital de la façon suivante :

$$RC(9\,\%) = [4\ 406\,\$A - 1,65\,\$(267A)](A/P,\ 9\,\%,\ 25) + 1,65\,\$(267A)(0,09)$$

$$= 404A + 40A$$

$$= 444A.$$

Étape 5 : Par l'équation 6.2, on peut exprimer le coût annuel total équivalent (*AEC*) en fonction d'une variable de conception (*A*) de la manière suivante :

Coût en capital

$$AEC(9\,\%) = + 444A + \frac{424\ 775}{A}$$

Coût d'exploitation

Pour trouver le coût annuel équivalent de grandeur minimale, on utilise le résultat de l'équation 6.3 :

$$\frac{dAEC(9\,\%)}{dA} = + 444 - \frac{424\ 775}{A^2} = 0$$

$$A^* = \sqrt{\frac{424\ 775}{444}}$$

$$= 31\ \text{cm}^2.$$

Le coût annuel total équivalent minimal est :

$$AEC(9\,\%) = 444 \times 31 + \frac{424\ 775}{31}$$

$$= 27\ 466\,\$.$$

La figure 6.5 illustre ce problème de compromis touchant la conception.

Figure 6.5
*Surface optimale d'un conducteur en cuivre. Soulignons que
le point minimal coïncide avec le point de croisement entre les lignes
du coût en capital et du coût d'exploitation. Cela n'est pas toujours le cas.
Puisque les éléments de coût peuvent avoir des structures variées, de façon
générale, le point minimal ne correspond pas au point de croisement.*

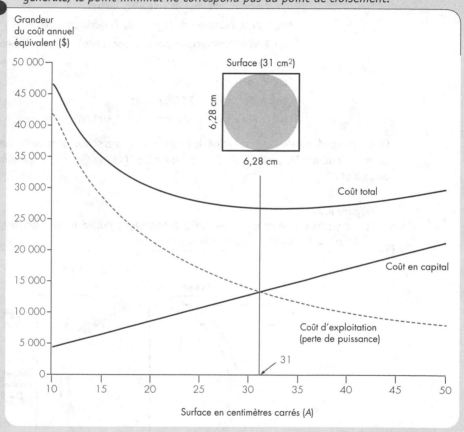

Exemple 6.8

La taille la plus économique d'une conduite

À la suite du conflit dans le golfe Persique, le Koweit examine la faisabilité du projet de construction d'un oléoduc en acier qui traverserait la péninsule Arabique pour atteindre la mer Rouge. L'oléoduc transporterait 3 millions de barils de pétrole brut par jour dans des conditions optimales. La ligne aurait une longueur de 1 000 kilomètres. Calculez le diamètre optimal de l'oléoduc, qui sera utilisé pendant 20 ans selon les données suivantes à $i = 10\%$:

Puissance de pompage = $Q\Delta P/1\,000$ kW

Q = débit volumétrique, mètres cubes par seconde

$\Delta P = \dfrac{128\,Q\mu L}{\pi D^4}$, perte de charge, Pa

L = longueur de l'oléoduc, mètres

D = diamètre intérieur de l'oléoduc, mètres

t = 0,01 D, épaisseur de la paroi de l'oléoduc, mètres

μ = 3,5138 kilogrammes par mètre-seconde, viscosité du pétrole

Coût de l'électricité : 0,02 $/kWh

Coût du pétrole : 18 $ par baril

Coût de l'oléoduc : 2,2 $/kg d'acier

Coûts de la pompe et du moteur : 261,50 $/kW.

On estime que la valeur de récupération de l'acier après 20 ans sera de zéro car les coûts de déplacement engloutiront les profits tirés de la récupération. (Voir la figure 6.6, qui illustre la relation entre D et t.)

Figure 6.6
Conception d'une conduite de taille économique pouvant transporter
3 millions de barils de pétrole brut par jour

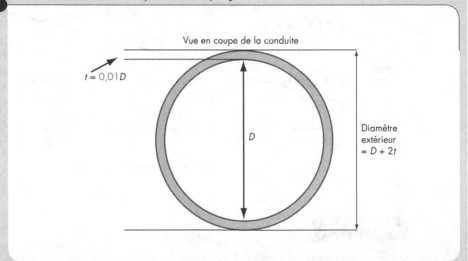

Explication : De manière générale, lorsqu'on utilise une conduite de taille progressivement plus grande pour transporter un liquide donné à un débit volumétrique donné, l'énergie requise pour faire circuler ce liquide diminue progressivement. Cependant, plus la taille de la conduite augmente, plus son coût de construction augmente. Dans les faits, pour obtenir la taille de conduite idéale pour une situation donnée, on peut commencer par une taille raisonnable mais petite. On calcule d'abord le coût de l'électricité nécessaire pour pomper le liquide dans une conduite de cette taille et son coût total de construction. On répète ensuite la procédure en augmentant progressivement les tailles jusqu'à ce que le coût de construction ajouté dépasse les économies réalisées sur le coût de l'électricité. À ce moment précis, on obtient la taille de conduite idéale pour le problème posé. Par ailleurs, on peut simplifier ce processus en utilisant le concept du coût minimal représenté dans les équations 6.2 et 6.3.

Solution

- Soit : les éléments de coût en fonction du diamètre de la conduite (D), $N = 20$ années et $i = 10\%$
- Trouvez : le diamètre optimal de la conduite (D)

Étape 1 : Nous disposons de plusieurs unités de mesure différentes, mais nous devons travailler avec des unités communes. Nous établirons donc les équivalences suivantes.

$$1\ 000\ \text{km} = 10^6\ \text{m}$$
$$1\ \text{baril} = 0,159\ \text{m}^3$$
$$\text{Densité de l'acier} = 7\ 861\ \text{kg/m}^3$$

Étape 2 : Puissance requise pour pomper le pétrole :

Pour tout ensemble donné de conditions d'exploitation dans lesquelles un liquide incompressible comme le pétrole circule dans une conduite de diamètre constant, il est établi qu'une conduite de petit diamètre offrira une vitesse et une pression d'écoulement élevées du liquide. Il faudra alors installer une pompe qui produira un refoulement à haute pression et un moteur très énergivore. Pour déterminer la puissance de pompage nécessaire, il faut calculer à la fois le débit volumétrique et la perte de charge totale. On pourra ensuite calculer le coût de l'électricité requise pour pomper le pétrole.

- Débit volumétrique par heure :

$$Q = 3\ 000\ 000\ \text{barils par jour} \times 0,159\ \text{m}^3\ \text{par baril}$$
$$= 477\ 000\ \text{m}^3\ \text{par jour}$$
$$= 19\ 875\ \text{m}^3\ \text{par heure}$$
$$= 5,52\ \text{m}^3\ \text{par seconde.}$$

- Perte de charge :

$$\Delta P = \frac{128\ Q\mu L}{\pi D^4}$$
$$= \frac{128 \times 5,52 \times 3,5138 \times 10^6}{3,14159 \times D^4}$$
$$= \frac{790\ 271\ 973}{D^4}\ \text{Pa.}$$

- Puissance de pompage requise :

$$\text{Puissance} = \frac{Q\Delta P}{1\,000}$$

$$= \frac{1}{1\,000} \times 5,52 \times \frac{790\,271\,973}{D^4}$$

$$= \frac{4\,362\,301}{D^4} \text{ kW.}$$

Coût de l'électricité pour pomper le pétrole :

$$\text{Coût de l'électricité} = \frac{4\,362\,301}{D^4} \text{ kW} \times 0,02\,\$/\text{kWh}$$

$$\times 24 \text{ heures par jour} \times 365 \text{ jours par année}$$

$$= \frac{764\,275\,135\,\$}{D^4} \text{ par année.}$$

Étape 3 : Coût de la pompe et du moteur :

Lorsque la puissance de pompage requise est connue, on peut déterminer la taille de la pompe et du moteur ainsi que leur coût. La taille de la pompe et du moteur est proportionnelle à la puissance de pompage requise.

$$\text{Coût de la pompe et du moteur} = \frac{4\,362\,301}{D^4} \times 261,50\,\$/\text{kW}$$

$$= \frac{1\,140\,741\,712\,\$}{D^4}.$$

Étape 4 : Quantité d'acier et coût :

Le coût de pompage sera compensé par les coûts moins élevés occasionnés par une conduite, des valves et des raccords plus petits. Si on accroît le diamètre de la conduite, la vitesse d'écoulement du liquide diminuera considérablement, et réduira d'autant les coûts de pompage. À l'inverse, le coût en capital occasionné par une conduite, des valves et des raccords de plus grande dimension augmentera. À partir d'une surface donnée de la conduite, on peut déterminer le volume total de la conduite ainsi que son poids. Une fois le poids total de la conduite calculé, on peut facilement le convertir en coût d'investissement.

$$\text{Surface} = 3,141\,59[(0,51D)^2 - (0,50D)^2]$$

$$= 0,032D^2 \text{ m}^2$$

$$\text{Volume total de la conduite} = 0,032D^2 \text{ m}^2 \times 1\,000\,000 \text{ m}$$

$$= 32\,000D^2 \text{ m}^3$$

$$\text{Poids total de l'acier} = 32\,000D^2 \text{ m}^3 \times 7\,861 \text{ kg/m}^3$$

$$= 251\,552\,000D^2 \text{ kg}$$

$$\text{Coût total de l'oléoduc} = 2,20\,\$/\text{kg} \times 251\,552\,000D^2 \text{ kg}$$

$$= 553\,414\,400\,\$D^2.$$

Étape 5 : Coût annuel équivalent :

Si l'on connaît le coût total de l'oléoduc et du matériel de pompage de même que leur valeur de récupération après 20 ans de durée de vie, on peut trouver le coût en capital annuel équivalent par la formule du coût de recouvrement du capital.

$$\text{Coût de recouvrement du capital} = (553\ 414\ 000\,\$D^2 + \frac{1\ 140\ 741\ 712\ \$}{D^4})(A/P, 10\,\%, 20)$$

$$= 65\ 026\ 145\,\$D^2 + \frac{134\ 037\ 151\ \$}{D^4}$$

$$\text{Coût annuel de l'électricité} = \frac{764\ 275\ 135\ \$}{D^4}.$$

Étape 6 : Taille économique de la conduite :

Après avoir déterminé les coûts annuels de la pompe et du moteur ainsi que le coût de recouvrement du capital du matériel, on peut exprimer le coût annuel équivalent total (*AEC*) en fonction du diamètre de la conduite (*D*).

$$AEC(10\,\%) = 65\ 026\ 145\,\$D^2 + \frac{134\ 037\ 151\ \$}{D^4} + \frac{764\ 275\ 135\ \$}{D^4}.$$

Pour trouver la taille optimale de conduite (*D*) représentant le coût annuel équivalent minimal, on prend la première dérivée de *AEC*(10 %) calculée en fonction de *D*, on rend le résultat égal à zéro et on obtient *D* :

$$\frac{dAEC(10\ \%)}{dD} = 130\ 052\ 290D - \frac{3\ 593\ 249\ 144\ \$}{D^5}$$

$$= 0.$$
$$130\ 052\ 290D^6 = 3\ 593\ 249\ 144$$
$$D^6 = 27,6293$$
$$D^* = 1,7387\text{ m.}$$

Idéalement, la vitesse d'écoulement du liquide dans l'oléoduc ne devrait pas dépasser environ 3 m/s. Une vitesse plus élevée pourrait causer une usure excessive qui raccourcirait la durée de vie de l'oléoduc. Pour vérifier si la réponse obtenue est raisonnable, on peut calculer :

$$Q = \text{vitesse} \times \text{aire intérieure de la conduite :}$$

$$5,52\text{ m}^3/\text{s} = V\frac{3,14159 \times 1,7387^2}{4}$$

$$V = 2,32\text{ m/s,}$$

ce qui est inférieur à 3 m/s. La réponse optimale calculée est donc pratique.

Étape 7 : Coût annuel équivalent en fonction de la taille de conduite optimale :

$$\text{Coût en capital} = (553\ 414\ 000\$ \times 1,7387^2 + \frac{1\ 140\ 741\ 712\$}{1,7387^4})(A/P, 10\%, 20)$$

$$= 65\ 026\ 145\$ \times 1,7387^2 + \frac{134\ 037\ 151\$}{1,7387^4}$$

$$= 211\ 245\ 591\$.$$

$$\text{Coût annuel de l'électricité} = \frac{764\ 275\ 135\$}{1,7387^4}$$

$$= 83\ 627\ 885\$.$$

$$\text{Coût annuel total} = 211\ 245\ 591\$ + 83\ 627\ 885\$$$
$$= 294\ 873\ 476\$.$$

Étape 8 : Revenu annuel total du pétrole :

$$\text{Revenu annuel du pétrole} = 18\$ \text{ par baril} \times 3\ 000\ 000 \text{ barils par jour}$$
$$\times 365 \text{ jours par année}$$
$$= 19\ 710\ 000\ 000\$ \text{ par année.}$$

Commentaires : D'autres critères permettent de choisir la taille d'une conduite pour un projet de transport de liquide donné. Par exemple, la vitesse doit être faible quand il faut tenir compte de l'érosion ou de la corrosion, ou élevée lorsque le liquide est épais et sujet à la sédimentation. La facilité de construction peut également entrer en ligne de compte lorsqu'on choisit la taille d'une conduite. Une conduite de petite taille peut ne pas satisfaire aux exigences de hauteur et de débit de la colonne d'eau, tandis que des contraintes d'espace peuvent empêcher l'utilisation de conduites de grande dimension.

6.6   LES FONDEMENTS DE L'ANALYSE DU REMPLACEMENT

Nous sommes en mars 1996. Karine Hétu, ingénieure de production pour Meubles Hilton, étudie la possibilité de remplacer un chariot élévateur à fourche industriel d'une capacité de 1 000 kg. Ce véhicule sert à transporter les meubles assemblés du service de la teinture à celui de la finition, puis à l'entrepôt. Depuis peu, le chariot élévateur a des ratés et doit souvent être mis hors service pour être réparé. Les dépenses d'entretien augmentent constamment et s'élèvent actuellement à environ 3 000 $ par année. Lorsque le chariot élévateur ne fonctionne pas, il faut en louer un. De plus, il est doté d'un moteur diesel et les travailleurs se plaignent de l'air pollué de l'usine. Il a été acquis il y a 6 ans au coût de 15 000 $. Sa durée de vie utile était alors estimée à 8 ans et sa valeur de récupération, à 2 000 $ à la fin de cette période. Actuellement, il peut être vendu pour 4 000 $. Si on le conserve, il faudra dépenser 1 500 $ pour le remettre en état de marche. Cependant, cette révision n'augmentera ni la durée de vie initialement prévue ni la valeur du chariot élévateur.

Pour remplacer ce véhicule, on propose deux types de chariot élévateur à fourche. L'un possède un moteur électrique et l'autre, un moteur à essence. Le modèle électrique peut éliminer entièrement le problème de pollution de l'air, mais il faudra changer sa batterie deux fois par jour, ce qui augmentera considérablement son coût d'exploitation. Si on choisit le modèle à essence, il faudra prévoir un entretien plus fréquent.

Mme Hétu hésite pour le moment à acheter un nouveau chariot élévateur à fourche, qu'il soit électrique ou à essence. Elle doit faire quelques calculs avant de faire approuver le remplacement par la haute direction. Deux questions lui viennent immédiatement à l'esprit :

1. Faut-il remplacer maintenant le chariot élévateur par un modèle plus perfectionné et moins énergivore ?

2. Si ce n'est pas pertinent, quand devrait-on le remplacer ?

Pour répondre à la première question, il faut connaître le coût annuel du chariot élévateur actuel et le coût annuel équivalent du meilleur chariot élévateur disponible sur le marché. On choisira ensuite l'option la moins coûteuse. Si l'on décide de continuer à utiliser le véhicule actuel, il faut également répondre à la seconde question. Dans notre exemple, le chariot élévateur actuel peut être maintenu en état de fonctionner pendant quelque temps. Quel sera le moment économiquement optimal pour procéder à son remplacement ? Le moment le plus approprié sur le plan technique ? Si l'entreprise attend qu'un chariot élévateur plus perfectionné soit inventé et obtienne son acceptation, elle pourra atteindre de meilleurs résultats que si elle remplace son véhicule aujourd'hui par l'un des chariots élévateurs offerts sur le marché.

Les techniques d'évaluation économique de l'ingénierie que nous avons présentées aux chapitres 4 et 5 peuvent servir à décider s'il faut acheter du matériel neuf et plus efficace ou continuer à utiliser le matériel actuel. Ces décisions représentent des **problèmes de remplacement**. La présente section ainsi que les deux suivantes abordent trois aspects des problèmes de remplacement : 1) les méthodes pour comparer le défenseur et l'aspirant, 2) la détermination de la durée de vie économique et 3) l'analyse du remplacement pour une durée de vie longue. Dans ces sections, on a laissé de côté l'effet des lois de l'impôt sur le revenu. Le chapitre 11 réexaminera ces problèmes de remplacement en tenant compte de cet aspect particulier.

6.6.1 CONCEPTS FONDAMENTAUX ET TERMINOLOGIE

Les projets de remplacement sont des problèmes de décision touchant le remplacement d'immobilisations désuètes ou usées desquelles dépend la poursuite des activités. Une mauvaise décision peut donc entraîner un ralentissement ou un arrêt des activités. Il importe de savoir à quel moment le matériel actuel doit être remplacé par du matériel plus efficace. Dans les situations de ce type, on utilise les termes **défenseur** et **aspirant**, qui appartiennent au domaine de la boxe. Dans chaque catégorie de boxe, le défenseur du titre de champion doit se mesurer à un aspirant qui veut le remplacer. Dans l'analyse du remplacement, le défenseur est la machine (ou le système) utilisé actuellement, et l'aspirant est le meilleur remplaçant disponible sur le marché.

Un bien sera remplacé à un moment futur donné, lorsque la tâche qu'il exécute ne sera plus nécessaire ou qu'elle pourra être exécutée plus efficacement par un bien nouveau et meilleur. Il n'importe pas de savoir *si* le bien sera remplacé, mais plutôt *quand* il le sera. Autrement dit, pourquoi devrait-on remplacer le bien actuel *aujourd'hui* plutôt que de retarder le remplacement en réparant ce bien ou en le remettant en état de marche? Pour comparer le défenseur et l'aspirant, il faut également décider quel bien neuf constitue le meilleur aspirant. Si le défenseur doit être remplacé par un aspirant, il est normal de trouver le meilleur remplaçant possible.

La valeur marchande actuelle

Lorsqu'on envisage le remplacement d'un bien, le principal problème à régler concerne l'information financière qui sera pertinente pour l'analyse. En effet, on a souvent tendance à y inclure des données non pertinentes. L'exemple 6.9 illustre ce type de situation.

Exemple 6.9

Les données pertinentes pour l'analyse du remplacement

L'imprimerie Macintosh inc. a acheté une machine à imprimer de 20 000 $ il y a 2 ans. Elle a prévu pour cette machine une durée de vie de 5 ans et une valeur de récupération de 5 000 $. L'an dernier, elle a dépensé 5 000 $ en réparations, et les coûts d'exploitation actuels s'élèvent à 8 000 $ par année. De plus, la valeur de récupération prévue est tombée à 2 500 $ à la fin de la durée de vie utile de la machine. Macintosh a également appris que cette machine a une valeur marchande actuelle de 10 000 $. Son fournisseur lui propose de lui verser ce montant pour sa machine actuelle si elle en achète une nouvelle. Quelles valeurs relatives au défenseur doit-on considérer pour notre analyse?

Solution

Cet exemple comprend trois montants relatifs au défenseur:

1. Le coût initial: la machine à imprimer a coûté 20 000 $.
2. La valeur marchande: l'entreprise estime que la valeur marchande actuelle de la machine actuelle est de 10 000 $.
3. La valeur de reprise: la même que la valeur marchande. (Cette valeur est parfois différente de la valeur marchande.)

Dans cet exemple, comme dans toutes les analyses du défenseur, la valeur marchande actuelle du bien est un coût pertinent qu'il faut considérer. Le coût initial, le coût de réparation et la valeur de reprise ne sont pas des données pertinentes. On croit souvent à tort que la valeur de reprise est égale à la **valeur marchande actuelle** du bien et qu'elle peut donc servir à déterminer la valeur actuelle de ce bien. Cela n'est pas toujours le cas. Par exemple, un concessionnaire automobile offre habituellement une valeur de reprise sur l'ancien véhicule du client pour réduire le prix de la nouvelle voiture. Offrirait-il la même valeur sur la vieille voiture s'il n'en vendait pas une nouvelle? En général, non. Dans bien des situations, le concessionnaire gonfle la valeur de reprise pour rendre sa proposition intéressante, mais il gonfle aussi le prix de la nouvelle voiture pour pouvoir récupérer la différence. Dans ce type de situation, la valeur de reprise ne représente pas la valeur réelle du bien et ne devrait pas être prise en compte dans l'analyse économique[1].

Les coûts irrécupérables

Un **coût irrécupérable** est un coût passé non pertinent dans les prises de décision concernant un investissement futur. Dans l'exemple 6.9, l'entreprise a dépensé 20 000 $ pour acheter une machine il y a 2 ans. L'an dernier, elle a dépensé 5 000 $ pour cette même machine. La dépense totale accumulée pour cette machine est donc de 25 000 $. Si elle vend la machine aujourd'hui, l'entreprise n'obtiendra que 10 000 $ (figure 6.7). Notre premier réflexe serait d'affirmer que l'entreprise perdrait alors 15 000 $ en plus du coût de la nouvelle machine de remplacement, mais il s'agit d'une façon *incorrecte* de réaliser une analyse économique. Pour faire une bonne analyse économique, l'ingénieur ne devrait considérer que les coûts futurs et ne pas tenir compte des coûts passés ou irrécupérables. Dans une analyse du remplacement, il faut utiliser la valeur marchande actuelle comme valeur du défenseur plutôt que le coût d'achat initial ou le coût des réparations subies par la machine.

Les coûts irrécupérables sont des fonds passés qu'aucune action présente ne peut permettre de récupérer. Ils représentent des actions passées et sont le résultat de décisions prises antérieurement. Lorsqu'il prend des décisions économiques dans le temps présent, l'ingénieur ne devrait considérer que les résultats possibles de ses décisions et choisir le projet qui promet les meilleurs résultats futurs. S'il utilise des coûts irrécupérables pour défendre une option par rapport à une autre, il prendra à coup sûr de mauvaises décisions.

Les coûts d'exploitation

Le principal facteur qui motive le remplacement d'un bien actuel est la croissance continue de son coût d'exploitation. Le coût d'exploitation total d'un bien comprend notamment les coûts de réparation et d'entretien, les salaires des opérateurs, les coûts de l'électricité et les coûts des matériaux. Toute augmentation de l'un ou l'autre de ces éléments de coût pendant une période donnée peut mener à la décision de

---

1. Cependant, si l'échange a réellement lieu, le flux monétaire *net* réel à ce moment est une donnée pertinente, dans la mesure où elle est bien utilisée.

remplacer l'immobilisation actuelle, habituellement par un bien plus neuf, et souvent plus avancé sur le plan de la conception et de la technologie. Les éléments de coût associés à l'aspirant sont, de manière générale, inférieurs à ceux du défenseur.

Les coûts d'exploitation correspondent à la somme des divers éléments de coût liés à l'exploitation d'une immobilisation. Nous verrons dans les sections suivantes que le fait de conserver le défenseur entraîne un investissement initial plus faible que l'achat d'un aspirant, mais des coûts d'exploitation annuels plus élevés. Les coûts d'exploitation augmentent habituellement avec le temps, tant pour le défenseur que pour l'aspirant. Dans bien des cas, les coûts liés à la main-d'œuvre, aux matériaux et à l'électricité sont les mêmes pour les deux parties et ne changent pas au fil du temps. Par ailleurs, les coûts de réparation et d'entretien augmentent et, par voie de conséquence, font augmenter les coûts d'exploitation annuels d'une immobilisation qui vieillit. Lorsque les coûts de réparation et d'entretien sont les seuls éléments de coût qui distinguent le défenseur de l'aspirant sur une base annuelle, on les inclut dans les coûts d'exploitation utilisés pour l'analyse. On peut introduire n'importe quel élément de coût dans les coûts d'exploitation, pourvu qu'ils soient inclus à la fois pour le défenseur et l'aspirant. Par exemple, si l'on insère les coûts d'électricité dans les coûts d'exploitation du défenseur, il faut également les insérer dans les coûts d'exploitation de l'aspirant.

La section 8.2.1 fournit des détails sur les divers types de coûts engagés par une unité de production complexe.

Figure 6.7
Coût irrécupérable associé à la disposition de l'immobilisation décrite dans l'exemple 6.9

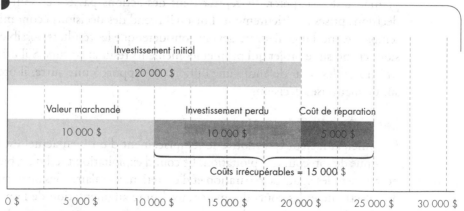

6.6.2 LES MÉTHODES POUR COMPARER LE DÉFENSEUR ET L'ASPIRANT

Bien que les projets de remplacement constituent une sous-catégorie des décisions concernant des projets mutuellement exclusifs présentées au chapitre 5, leurs caractéristiques uniques nous permettent d'utiliser des concepts et des techniques d'analyse spécifiques pour les évaluer. Les deux approches que nous étudierons pour analyser des problèmes de remplacement sont la **méthode du flux monétaire** et la **méthode du coût d'opportunité.** Commençons par un problème de remplacement pour lequel le défenseur et l'aspirant ont une *même durée de vie utile* commençant aujourd'hui.

La méthode du flux monétaire

On peut utiliser la méthode du flux monétaire tant que la *période d'analyse* est la *même* pour toutes les options de remplacement. Dans une autre méthode, on considère explicitement les conséquences réelles du flux monétaire de chaque option de remplacement et on les compare en vertu du critère de la PE ou de l'AE.

Exemple 6.10

L'analyse du remplacement par la méthode du flux monétaire

Revenons à l'exemple 6.9. On propose à l'entreprise une autre machine à imprimer coûtant 15 000 $. Pour sa durée de vie utile de 3 ans, cette machine nécessitera suffisamment moins de main-d'œuvre et de matières premières pour que les coûts d'exploitation passent de 8 000 à 6 000 $. On prévoit également pouvoir la revendre 5 500 $ après 3 ans. Si on achète la nouvelle machine, l'ancienne sera vendue à une autre entreprise, et non échangée contre la nouvelle. Supposons que Macintosh inc. ait besoin d'une machine (l'ancienne ou la nouvelle) pendant 3 ans seulement et qu'elle ne prévoie pas qu'une machine de meilleure qualité soit offerte sur le marché pendant cette période de service. Si le taux d'intérêt est de 12 %, décidez s'il est pertinent de procéder au remplacement maintenant.

Solution

- Option 1 : Conserver le défenseur.

  Si on conserve l'ancienne machine, aucun débours additionnel n'est nécessaire aujourd'hui. La machine est en parfait état de marche. Son coût d'exploitation annuel pour les 3 prochaines années sera de 8 000 $ et sa valeur de récupération après 3 ans, à compter d'aujourd'hui, sera de 2 500 $. On trouve le diagramme du flux monétaire pour cette option à la figure 6.8a.

- Option 2 : Remplacer le défenseur par l'aspirant.

  Si l'on choisit cette option, on peut vendre le défenseur (désigné par la lettre *D*) 10 000 $. Le coût de l'aspirant (désigné par la lettre *A*) est de 15 000 $. Le flux monétaire combiné initial pour cette option est donc négatif : 15 000 $ − 10 000 $ = 5 000 $. Le coût d'exploitation annuel de l'aspirant est de 6 000 $ et sa valeur de récupération après 3 ans sera de 5 500 $. On trouve le diagramme du flux monétaire pour cette option à la figure 6.8b.

Figure 6.8
Comparaison du défenseur et de l'aspirant par la méthode du flux monétaire

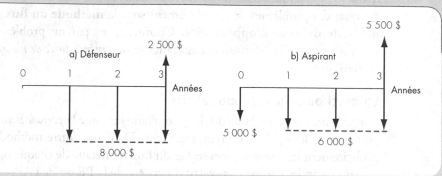

$$PE(12\%)_D = 2\,500\$(P/F,\ 12\%,\ 3) - 8\,000\$(P/A,\ 12\%,\ 3)$$
$$= 2\,500\$ \times 0,7118 - 8\,000\$ \times 2,4018$$
$$= -17\,434,90\$.$$

$$AE(12\%)_D = PE(12\%)_D/(P/A,\ 12\%,\ 3)$$
$$= -17\,434,90\$/2,4018$$
$$= -7\,259,10\$.$$

$$PE(12\%)_A = 5\,500\$(P/F,\ 12\%,\ 3) - 5\,000\$ - 6\,000\$(P/A,\ 12\%,\ 3)$$
$$= 5\,500\$ \times 0,7118 - 5\,000\$ - 6\,000\$ \times 2,4018$$
$$= -15\,495,90\$.$$

$$AE(12\%)_A = PE(12\%)_A/(P/A,\ 12\%,\ 3)$$
$$= -15\,495,90\$/2,4018$$
$$= -6\,451,79\$.$$

Étant donné la différence annuelle de 807,31 $ en faveur de l'aspirant, il faudrait procéder au remplacement maintenant.

Commentaires: *Dans cet exemple, nous n'avons pas cherché à savoir si le défenseur pourrait être conservé pendant 1 ou 2 ans, puis remplacé par l'aspirant. Il s'agit d'une question valable, mais il faut plus d'information sur les valeurs marchandes du défenseur dans le temps pour la justifier. La section 6.8 aborde cette question.*

La méthode du coût d'opportunité

Dans l'exemple précédent, on a renoncé aux recettes de 10 000 $ tirées de la vente de l'ancienne machine en décidant de ne pas la vendre. On aurait également pu analyser ce problème en considérant le montant de 10 000 $ comme un **coût d'opportunité**, ou **coût d'option,** lié à la conservation de l'immobilisation. Plutôt que de déduire la valeur marchande actuelle du défenseur du coût d'achat de l'aspirant, on considère la valeur marchande actuelle comme un débours associé au défenseur (l'investissement requis pour le conserver).

Exemple 6.11

L'analyse du remplacement par la méthode du coût d'opportunité

Appliquons la méthode du coût d'opportunité à l'exemple 6.10.

Solution

On se rappellera que dans l'exemple 6.10, la méthode du flux monétaire créditait les produits de la vente du défenseur (10 000 $) au prix d'achat de l'aspirant (15 000 $), et qu'aucune dépense initiale n'aurait été nécessaire si l'on avait décidé de conserver le défenseur. Si l'on avait opté pour le défenseur, la méthode du coût d'opportunité aurait permis de considérer la valeur marchande actuelle de 10 000 $ du défenseur comme un débours. La figure 6.9 illustre les flux monétaires associés à ces options.

Puisque les durées de vie sont identiques, on peut utiliser indifféremment la PE ou l'AE pour l'analyse :

$$PE(12\%)_D = -10\ 000\$ - 8\ 000\$(P/A,\ 12\%,\ 3) + 2\ 500\$(P/F,\ 12\%,\ 3)$$
$$= -27\ 434,90\$.$$

$$AE(12\%)_D = PE(12\%)_D(A/P,\ 12\%,\ 3)$$
$$= -11\ 422,64\$.$$

$$PE(12\%)_A = -15\ 000\$ - 6\ 000\$(P/A,\ 12\%,\ 3) + 5\ 500\$(P/F,\ 12\%,\ 3)$$
$$= -25\ 495,90\$.$$

$$AE(12\%)_A = PE(12\%)_A(A/P,\ 12\%,\ 3)$$
$$= -10\ 615,33\$.$$

On arrive à la même décision que dans l'exemple 6.10, à savoir qu'il faudrait procéder au remplacement. Puisque les flux monétaires de l'aspirant et du défenseur ont été modifiés de la même façon — 10 000 $ au moment 0 — ce résultat n'a rien d'étonnant.

Commentaires : Dans les exemples 6.10 et 6.11, nous avons supposé une durée de vie identique pour le défenseur et l'aspirant. Cette hypothèse est cependant trop optimiste car, de façon générale, l'ancien bien possède une durée de vie résiduelle relativement courte comparativement à celle du nouveau bien. Dans la section suivante, nous verrons comment trouver la durée de vie économique d'un bien.

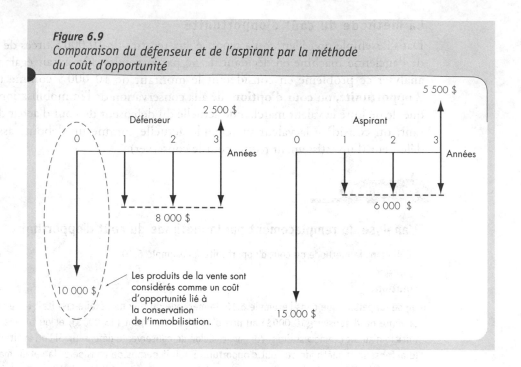

Figure 6.9
*Comparaison du défenseur et de l'aspirant par la méthode
du coût d'opportunité*

6.7 LA DURÉE DE VIE ÉCONOMIQUE

Vous avez sûrement déjà vu une automobile des années 1950 qui roulait encore. Pratiquement tous les biens peuvent fonctionner pendant une longue période moyennant des réparations et un entretien appropriés. S'il est possible de conserver une voiture en état de marche pendant une période presque indéfinie, pourquoi ne voit-on pas plus de vieilles voitures sur nos routes? Il y a plusieurs raisons à cela. Certaines personnes se lassent de conduire toujours la même voiture. D'autres voudraient conserver leur voiture tant qu'elle fonctionnera, mais elles savent bien que les coûts de réparation et d'entretien deviendraient alors trop élevés.

De manière générale, il faut considérer explicitement la période pendant laquelle on devrait conserver une immobilisation une fois qu'elle est mise en service. Prenons l'exemple d'une entreprise de location de camions qui achète souvent des flottes de camions identiques et qui veut fixer la période pendant laquelle elle conservera chaque véhicule avant de le remplacer. Si elle calcule une durée de vie appropriée, elle pourra ensuite échelonner ses achats et ses remplacements pour mieux étaler ses dépenses en capital annuelles pour tous les camions qu'elle achète.

On peut diviser les coûts de propriété et d'exploitation d'une immobilisation en deux catégories : les coûts en capital et les coûts d'exploitation. Les coûts en capital comprennent deux composantes : l'investissement initial et la valeur de récupération au moment de la mise au rencart (ou disposition). Pour l'aspirant, l'investissement initial correspond à son prix d'achat. Pour le défenseur, il s'agit du coût d'opportunité. Nous utiliserons N pour représenter le nombre d'années pendant lesquelles l'immobilisation sera conservée, P pour représenter l'investissement initial et S_N pour représenter la valeur de récupération à la fin de la période de propriété de N années.

La valeur annuelle équivalente (AE) des coûts en capital, appelée coût de recouvrement du capital (voir la section 4.5.2), pendant la période de N années peut se calculer par l'équation suivante :

$$RC = P(A/P, i, N) - S_N(A/F, i, N) \qquad (6.7)$$

En règle générale, plus une immobilisation vieillit, plus sa valeur de récupération diminue. Tant que la valeur de récupération est inférieure au coût initial, le coût de recouvrement du capital est une fonction décroissante de N. Autrement dit, plus on conserve une immobilisation, plus le coût de recouvrement du capital diminuera. Si la valeur de récupération est égale au coût initial, quelle que soit la durée de conservation de l'immobilisation, le coût de recouvrement du capital sera toujours constant.

Comme nous l'avons dit plus haut, les coûts d'exploitation d'une immobilisation comprennent les coûts de réparation et d'entretien (R&E), les coûts de main-d'œuvre, les coûts des matériaux et les coûts d'électricité. Pour le même bien, les coûts de main-d'œuvre, des matériaux et d'électricité restent souvent constants d'année en année si l'utilisation demeure constante. Cependant, les coûts de R&E tendent à augmenter en fonction de l'âge de l'immobilisation. C'est pourquoi l'ensemble des coûts d'exploitation d'une immobilisation augmente habituellement à mesure que celle-ci vieillit. Nous utiliserons OC_n pour représenter le total des coûts d'exploitation à l'année n de la période de propriété, et AC pour représenter la valeur annuelle équivalente des coûts d'exploitation pour une vie de N années. L'AC peut donc s'exprimer comme suit :

$$AC = \left(\sum_{n=1}^{N} OC_n(P/F, i, n) \right)(A/P, i, N). \qquad (6.8)$$

Tant que les coûts d'exploitation annuels augmentent en fonction de l'âge de l'immobilisation, l'AC est une fonction croissante de la durée de vie de l'immobilisation. Si les coûts d'exploitation annuels sont les mêmes d'année en année, l'AC demeure constante et égale aux coûts d'exploitation annuels, quelle que soit la période pendant laquelle on conserve l'immobilisation.

Le coût annuel équivalent total de propriété et d'exploitation d'une immobilisation correspond à la somme des coûts de recouvrement du capital et de la valeur annuelle équivalente des coûts d'exploitation de l'immobilisation.

$$AEC = RC + AC$$
$$= P(A/P, i, N) - S_N(A/F, i, N) + \left(\sum_{n=1}^{N} OC_n(P/F, i, n) \right)(A/P, i, N). \qquad (6.9)$$

La **durée de vie économique** – ou plus simplement **vie économique** ou **vie utile** – d'une immobilisation se définit comme la période de vie utile qui réduit au minimum les coûts annuels équivalents de propriété et d'exploitation de l'immobilisation. À la lumière des considérations précédentes, nous devons trouver la valeur de N qui réduit au minimum l'AEC, ainsi que l'exprime l'équation 6.9. Si le RC est une fonction décroissante de N et que l'AC est une fonction croissante de N, comme c'est souvent le cas, l'AEC sera une fonction convexe de N avec un seul point minimal (voir la figure 6.10). Dans le présent ouvrage, **nous considérons que l'AEC n'a qu'un seul point minimal**. Si la valeur de récupération est constante et égale au coût initial et que le coût d'exploitation annuel augmente avec le temps, l'AEC est une fonction croissante de N et atteint son point minimal à $N = 1$. Dans ce cas, il faut essayer de remplacer l'immobilisation le plus tôt possible. Si le coût d'exploitation annuel est constant et que la valeur de récupération est inférieure au coût initial et diminue avec le temps, l'AEC est une fonction décroissante de N. Il faut alors retarder le plus possible le remplacement de l'immobilisation. Si la valeur de récupération est constante et égale au coût initial et que les coûts d'exploitation annuels sont constants, l'AEC sera également constant. Dans ce cas, le moment du remplacement de l'immobilisation ne revêt aucune importance d'un point de vue économique.

Figure 6.10

Schéma des tendances concernant le coût de recouvrement du capital (RC) et la valeur annuelle équivalente du coût d'exploitation (AC)

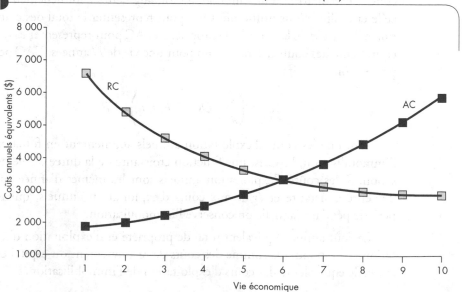

Si l'on achète et exploite une nouvelle immobilisation pendant toute sa vie économique, on minimise le coût annuel équivalent. Si l'on suppose qu'on pourra acheter une nouvelle immobilisation dont le prix et les caractéristiques sont identiques de façon répétée pendant une période indéfinie, on pourra toujours remplacer ce type d'immobilisation à la fin de sa vie économique. En remplaçant toujours une immobilisation en fonction de sa vie économique, on obtient une série de coûts annuels équivalents minimaux pour une période indéfinie. Cependant, s'il n'est pas possible de prévoir le remplacement par une immobilisation identique, il faut utiliser les méthodes décrites dans la section 6.8 pour procéder à l'analyse du remplacement. Le prochain exemple explique la procédure de calcul permettant de déterminer la durée de vie économique.

Exemple 6.12

La durée de vie économique d'un chariot élévateur

Pour remplacer le chariot élévateur décrit au début de la section 6.6, considérons un nouveau véhicule électrique dont le prix d'achat est de 18 000 $, les coûts d'exploitation étant de 4 000 $ pour la première année et la valeur de récupération, de 10 000 $ à la fin de la première année. Pour les années subséquentes, les coûts d'exploitation augmentent chaque année de 40 %, tandis que la valeur de récupération diminue chaque année de 25 %. L'aspirant a une durée de vie maximale de 7 ans. Une révision coûtant 5 000 $ sera nécessaire à la fin de la cinquième année de service. Le taux de rendement visé par l'entreprise est de 15 %. Trouvez la durée de vie économique de la nouvelle machine.

Explication : Pour une immobilisation dont les revenus sont inconnus ou non pertinents, nous calculons la vie économique en fonction des coûts liés à l'immobilisation et des valeurs de récupération année après année. Pour déterminer la vie économique d'une immobilisation, il faut comparer des périodes de conservation de l'immobilisation de 1 an, 2 ans, 3 ans, etc. La période qui donne le coût annuel équivalent (AEC) le plus faible est celle qui correspond à la vie économique de l'immobilisation.

- $N = 1$: cycle de remplacement de 1 an. Dans ce cas, on achète la machine, on l'utilise pendant 1 an et on la vend à la fin de la première année. On trouve le diagramme du flux monétaire pour cette option à la figure 6.11. Le coût annuel équivalent est :

$$AEC(15\,\%) = 18\,000\,\$(A/P,\,15\,\%,\,1) + 4\,000\,\$ - 10\,000\,\$$$
$$= 14\,700\,\$$$

Soulignons que $(A/P,\,15\,\%,\,1) = (F/P,\,15\,\%,\,1)$ et que le coût annuel équivalent est le coût équivalent à la fin de la première année puisque $N = 1$. Comme nous calculons les coûts annuels équivalents, nous avons attribué aux éléments de coût une valeur positive et à la valeur de récupération une valeur négative pour calculer l'$AEC(15\,\%)$.

- $N = 2$: cycle de remplacement de deux ans. Dans ce cas, le chariot élévateur est utilisé pendant 2 ans et mis au rencart à la fin de la deuxième année. Le coût d'exploitation pendant la deuxième année est de 40 % plus élevé que celui de la première année, et la valeur de récupération à la fin de la deuxième année est de 25 % moins élevée qu'à la fin de la première année. On trouve également le diagramme du flux monétaire pour cette option à la figure 6.11. Le coût annuel équivalent pour une période de 2 ans est :

$$AEC(15\%) = [18\,000\$ + 4\,000\$(P/A_1, 40\%, 15\%, 2)](A/P, 15\%, 2)$$
$$-7\,500\$(A/F, 15\%, 2)$$
$$= 12\,328\$.$$

Figure 6.11
Diagrammes du flux monétaire pour des périodes de conservation de l'immobilisation de 1 an, 2 ans, 3 ans et 7 ans

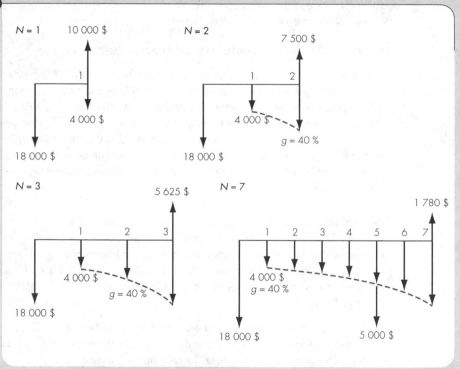

- $N = 3$: cycle de remplacement de 3 ans. Dans ce cas, le chariot élévateur est utilisé pendant 3 ans et vendu à la fin de la troisième année. Sa valeur de récupération à la fin de la troisième année est de 25 % moins élevée qu'à la fin de la deuxième année, soit $7\,500\$ \times (1 - 25\%) = 5\,625\$$. Le coût d'exploitation annuel augmente à un taux de 40 %. Le diagramme du flux monétaire pour cette option est également donné à la figure 6.11.

$$AEC(15\%) = [18\,000\$ + 4\,000\$(P/A_1, 40\%, 15\%, 3)](A/P, 15\%, 3)$$
$$-5\,625\$(A/F, 15\%, 3)$$
$$= 11\,899\$.$$

De même, on peut trouver les coûts annuels équivalents pour des périodes de conservation de 4 ans, 5 ans, 6 ans et 7 ans. Rappelons qu'il y a un coût additionnel de révision pendant la cinquième année. On trouve le diagramme du flux monétaire pour $N = 7$ à la figure 6.11. Les coûts annuels équivalents calculés pour ces options sont:

$$N = 4, AEC(15\%) = 12\ 165\ \$.$$
$$N = 5, AEC(15\%) = 13\ 632\ \$.$$
$$N = 6, AEC(15\%) = 14\ 677\ \$.$$
$$N = 7, AEC(15\%) = 16\ 158\ \$.$$

Figure 6.12
Conversion d'un nombre infini de cycles de remplacement
en séries de coûts annuels équivalents infinis

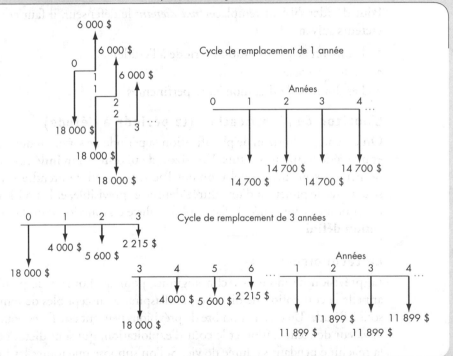

D'après les coûts annuels équivalents calculés ci-dessus pour $N = 1, 2, ..., 7$, on constate que $AEC(15\%)$ a la valeur la moins élevée lorsque $N = 3$. Si on vend le chariot élévateur après 3 ans, il aura un coût annuel équivalent de 11 899 $. Si on l'utilise pendant une période autre que 3 ans, les coûts annuels équivalents seront plus élevés. Une vie de 3 ans pour cette machine donnerait donc le coût annuel équivalent le moins élevé. Conclusion: la durée de vie économique du chariot élévateur est de 3 ans. En remplaçant les immobilisations de façon perpétuelle en fonction d'une vie économique de 3 ans, on obtient la série de coût annuels équivalents minimaux. La figure 6.12 illustre ce concept. Naturellement, il faut envisager une longue période de service pour ce type d'immobilisation.

6.8 L'ANALYSE DE REMPLACEMENT POUR UNE PÉRIODE DE SERVICE LONGUE

Nous savons désormais comment déterminer la durée de vie économique d'une immobilisation. La prochaine étape étudie l'utilisation de ces données pour décider s'il faut remplacer *maintenant* le défenseur. Si *maintenant* n'est pas le bon moment, il faut trouver *le moment optimal* pour le remplacer. Avant de présenter la méthode d'analyse qui répondra à cette question, nous poserons plusieurs hypothèses importantes.

6.8.1 HYPOTHÈSES ET CADRES DÉCISIONNELS REQUIS

Pour décider s'il faut remplacer *maintenant* le défenseur, il faut considérer les trois facteurs suivants:

- L'horizon de planification (période à l'étude)
- La technologie
- Les données de flux monétaire pertinentes

L'horizon de planification (la période à l'étude)

On entend par horizon de planification la période de service requise par le défenseur et une série d'aspirants futurs. L'**horizon de planification indéfini** est utile lorsqu'on ne peut pas prédire à quel moment l'activité à l'étude prendra fin. Dans d'autres situations, le projet est d'une durée définie et prévisible, et la politique de remplacement doit être formulée de façon plus réaliste en fonction d'un **horizon de planification défini**.

La technologie

La prévision de modèles technologiques pour un horizon de planification donné appelle la conception de divers types d'aspirants susceptibles de remplacer ceux qui sont à l'étude. Un certain nombre de prévisions peuvent être faites pour le coût d'achat, la valeur de récupération et le coût d'exploitation, qui sont dictés par l'efficacité de la machine pendant sa durée de vie. Si l'on suppose que toutes les futures machines seront identiques à celles qui sont en service, on affirme implicitement qu'aucun progrès technologique ne surviendra dans ce domaine. Dans d'autres cas, on peut affirmer explicitement que des machines beaucoup plus efficaces, fiables ou productives que celles qui existent actuellement seront offertes un jour. (Les ordinateurs personnels en sont un bon exemple.) Une telle situation nous amène à tenir compte du changement ou de la désuétude technologique. Il est évident que, si la meilleure machine offerte s'améliore constamment au fil du temps, il faudra envisager de retarder le remplacement pendant quelques années, ce qui contraste avec une situation où le changement technologique est improbable.

Les structures de revenu et de coût pendant la durée de vie d'une immobilisation

On peut utiliser divers types de prévisions pour estimer les structures de revenu et de coût et la valeur de récupération d'une immobilisation pendant sa durée de vie. Parfois, le revenu demeure constant mais les coûts augmentent et la valeur de récupération diminue pendant la durée de vie d'une machine. On peut également prévoir une diminution du revenu pendant la durée de vie du bien. La situation détermine si l'on doit orienter l'analyse de remplacement vers une minimisation des coûts (avec un revenu constant) ou une optimisation des profits (avec un revenu variable). Dans notre politique de remplacement, les valeurs de récupération n'augmentent pas en fonction de l'âge de l'immobilisation.

Les cadres décisionnels

Pour illustrer l'élaboration d'un cadre décisionnel, nous désignerons une séquence de remplacements d'immobilisations par la notation $(j_0, n_0), (j_1, n_1), (j_2, n_2), \ldots, (j_K, n_K)$. Chaque paire de valeurs (j, n) désigne un type d'immobilisation et la période pendant laquelle il sera conservé. Le défenseur, ou immobilisation 0, est le premier de la série ; si on remplace le défenseur maintenant, $n_0 = 0$. La séquence de paires peut s'étaler sur une période définie ou indéfinie. Par exemple, dans la séquence $(j_0, 2), (j_1, 5),$ $(j_2, 3)$, on conserve le défenseur pendant 2 ans, on le remplace par une immobilisation de type j_1, utilisée pendant 5 ans, puis également remplacée par une immobilisation de type j_2, utilisée pendant 3 ans. Dans cette situation, l'horizon de planification total est de 10 ans $(2 + 5 + 3)$. Le cas particulier où l'on conserve le défenseur pendant n_0 périodes, puis où l'on fait des achats répétitifs pour une utilisation à l'infini d'une immobilisation de type j pendant n^* années, est représenté par $(j_0, n_0), (j, n^*)_\infty$. Cette séquence, qui s'étale à l'infini, est illustrée à la figure 6.13.

Figure 6.13
Types de cadre décisionnel de remplacement

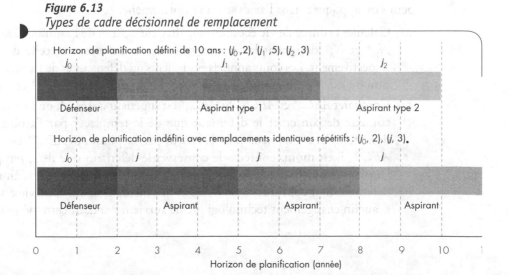

Le critère de décision

Bien qu'on définisse la durée de vie économique du défenseur comme le nombre additionnel d'années de service qui réduit au minimum le coût annuel équivalent (ou qui optimise le revenu annuel équivalent), cette durée ne constitue *pas* nécessairement le *moment optimal* pour remplacer le défenseur. Le moment de remplacement approprié dépend de certaines données de l'aspirant et de certaines données du défenseur.

En tant que critère de décision, la méthode de l'AE fournit une solution plus directe lorsque l'horizon de planification est indéfini. Lorsque l'horizon de planification est défini, la méthode de la PE est plus pratique. Nous élaborerons notre procédure de décision de remplacement pour les deux situations : 1) l'horizon de planification indéfini et 2) l'horizon de planification défini. Commençons par l'horizon de planification indéfini sans changement technologique. Bien qu'il soit peu probable qu'une situation aussi simple se présente dans le monde réel, son analyse nous fait découvrir des méthodes utiles pour comprendre les problèmes de remplacement dans un horizon de planification indéfini avec changement technologique.

6.8.2 LES STRATÉGIES DE REMPLACEMENT POUR UN HORIZON DE PLANIFICATION INDÉFINI

Prenons comme exemple une entreprise qui possède une machine utilisée dans un procédé. Ce procédé doit se poursuivre pendant une période indéfinie. Or, une nouvelle machine bientôt sur le marché sera, à certains égards, plus efficace que le défenseur pour ce procédé. Le problème consiste à déterminer quand il faudrait remplacer le défenseur par l'aspirant.

L'horizon de planification est indéfini et la durée de vie est très longue. On peut soit continuer à utiliser le défenseur pour ce service, soit le remplacer par le meilleur aspirant disponible pour fournir le même service. Dans ce cas, la procédure suivante peut être appliquée dans l'analyse du remplacement :

1. Calculer la durée de vie économique du défenseur et de l'aspirant. Les symboles $N_D{}^*$ et $N_A{}^*$ désignent la vie économique du défenseur et celle de l'aspirant, respectivement. Les coûts annuels équivalents du défenseur et de l'aspirant en fonction de leur vie économique respective sont désignés par $AEC_D{}^*$ et $AEC_A{}^*$.

2. Comparer $AEC_D{}^*$ et $AEC_A{}^*$. Si $AEC_D{}^*$ est supérieur à $AEC_A{}^*$, on sait qu'il est plus coûteux de conserver le défenseur que de le remplacer par l'aspirant. Il faut donc remplacer *maintenant* le défenseur par l'aspirant. Si $AEC_D{}^*$ est inférieur à $AEC_A{}^*$, il est moins coûteux de conserver le défenseur que de le remplacer par l'aspirant maintenant. Il ne faut donc pas remplacer le défenseur maintenant. Le défenseur doit continuer à servir au moins pendant sa durée de vie économique si aucun changement technologique ne survient pendant cette période.

3. Si l'on ne doit pas remplacer maintenant le défenseur, quand doit-on le faire ? Il faut continuer à l'utiliser jusqu'à ce que sa vie économique prenne fin, puis calculer le coût de fonctionnement du défenseur pendant une autre année après sa durée de vie économique. Si ce coût est supérieur à $AEC_A{}^*$, il faut remplacer le défenseur à la fin de sa vie économique. Dans le cas contraire, on calcule le coût de fonctionnement du défenseur pendant la deuxième année suivant la fin de sa durée de vie économique. Si ce coût est supérieur à $AEC_A{}^*$, il faut remplacer le défenseur un an après la fin de sa vie économique. On doit répéter cette procédure jusqu'à ce que l'on ait trouvé le moment de remplacement optimal. Cette méthode est appelée analyse différentielle, car elle consiste à calculer le coût différentiel de fonctionnement du défenseur pendant une autre année seulement. Autrement dit, on veut savoir si le coût lié au prolongement de l'utilisation du défenseur pendant une année additionnelle dépasse les économies réalisées si l'on retarde l'achat de l'aspirant. On suppose toujours que le meilleur aspirant offert ne change pas.

Notons que la procédure que nous venons de décrire peut être appliquée de façon dynamique. On peut l'appliquer annuellement dans une analyse du remplacement. Chaque fois qu'il y a de nouvelles données sur les coûts du défenseur ou de nouveaux aspirants offerts sur le marché, il faut inclure ces données dans la procédure. L'exemple suivant illustre cette procédure.

Exemple 6.13

L'analyse du remplacement pour un horizon de planification indéfini

La compagnie Isolateurs électriques de pointe envisage de remplacer une machine d'inspection défectueuse, qui sert à tester la résistance mécanique d'isolateurs électriques, par une nouvelle machine plus efficace. Si elle répare la machine actuelle, elle pourra l'utiliser pendant 5 ans encore. L'entreprise prévoit que la machine n'aura aucune valeur de récupération après 5 ans. Elle peut cependant la vendre maintenant 5 000 $ à une autre entreprise du même secteur. Si elle conserve la machine, elle devra procéder immédiatement à une révision de 1 200 $ pour la remettre en état de marche. La révision ne prolongera pas la durée de vie initialement prévue et n'augmentera pas la valeur de la machine. Les coûts d'exploitation, estimés à 2 000 $ durant la première année, devraient augmenter de 1 500 $ par année subséquente. On prévoit que les valeurs marchandes diminueront de 1 000 $ chaque année.

La nouvelle machine coûte 10 000 $. Ses coûts d'exploitation seront de 2 000 $ la première année et augmenteront de 800 $ par année subséquente. La valeur de récupération, estimée à 6 000 $ après la première année, diminuera de 15 % par année subséquente. L'entreprise souhaite un taux de rendement de 15 %. 1) Trouvez la durée de vie économique du défenseur et celle de l'aspirant et 2) déterminez à quel moment on devrait remplacer le défenseur.

Solution

1. Durée de vie économique

- Défenseur

  Si l'entreprise conserve sa machine d'inspection, elle devra la réviser et investir sa valeur marchande actuelle dans cette révision. Le coût d'opportunité de la machine est de 5 000 $. Puisqu'une révision de 1 200 $ est également requise pour remettre la machine en état, l'investissement initial total est de 5 000 $ + 1 200 $ = 6 200 $. Les autres données concernant le défenseur sont :

n	RÉVISION	COÛT D'EXPLOITATION PRÉVU	VALEUR MARCHANDE EN CAS DE DISPOSITION
0	1 200 $		5 000 $
1	0	2 000 $	4 000 $
2	0	3 500 $	3 000 $
3	0	5 000 $	2 000 $
4	0	6 500 $	1 000 $
5	0	8 000 $	0

On peut calculer les coûts annuels équivalents si on conserve le défenseur pendant 1 an, 2 ans, 3 ans, etc. La figure 6.14 montre le diagramme du flux monétaire pour $N = 4$ ans.

Figure 6.14
Diagramme du flux monétaire pour le défenseur lorsque N = 4 ans

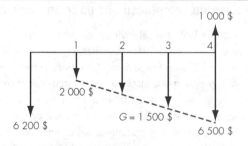

$$N = 4 \text{ ans}: AEC(15\%) = 6\,200\,\$(A/P, 15\%, 4) + 2\,000\,\$$$
$$+ 1\,500\,\$(A/G, 15\%, 4)$$
$$- 1\,000\,\$(A/F, 15\%, 4)$$
$$= 5\,961\,\$.$$

Les autres valeurs de l'AEC peuvent être calculées par l'équation suivante :

$$AEC(15\%)_N = 6\ 200\$(A/P,\ 15\%,\ N) + 2\ 000\$ + 1\ 500\$(A/G,\ 15\%,\ N)$$
$$-1\ 000\$(5 - N)(A/F,\ 15\%,\ N) \text{ pour } N = 1, 2, 3, 4, 5$$

$$N = 1 : AEC(15\%) = 5\ 130\$.$$
$$N = 2 : AEC(15\%) = 5\ 116\$.$$
$$N = 3 : AEC(15\%) = 5\ 500\$.$$
$$N = 4 : AEC(15\%) = 5\ 961\$.$$
$$N = 5 : AEC(15\%) = 6\ 434\$.$$

Lorsque $N = 2$ ans, on obtient l'AEC le moins élevé. La vie économique du défenseur est donc de 2 ans. Si l'on utilise la notation définie dans la procédure, on obtient :

$$N_D{}^* = 2 \text{ ans}$$
$$AEC_D{}^* = 5\ 116\$.$$

La figure 6.15 présente la courbe des AEC en fonction de N. Dans les faits, après avoir calculé l'AEC pour $N = 1$, 2 et 3, on peut s'arrêter. Il n'est pas nécessaire de faire le calcul pour $N = 4$ et $N = 5$ car l'AEC augmente lorsque $N > 2$, et il est convenu que cette valeur n'a qu'un seul point minimal.

Figure 6.15
AEC en fonction de la durée de vie du défenseur

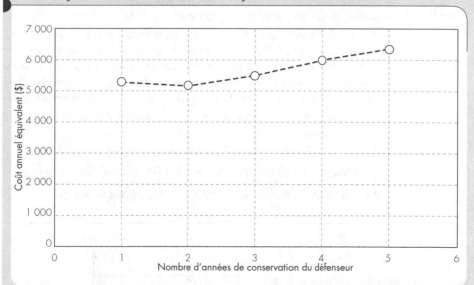

• Aspirant

On peut déterminer la durée de vie économique de l'aspirant par la même procédure que celle utilisée pour le défenseur de même que dans l'exemple 6.12. On peut résumer l'équation générale pour le calcul de l'AEC de l'aspirant de la façon suivante. Il n'est pas nécessaire de résumer cette équation pour déterminer la vie économique d'une immobilisation ; il suffit de suivre la procédure décrite dans l'exemple 6.12.

$$AEC(15\%)_N = 10\,000\$(A/P,\ 15\%,\ N) + 2\,000\$$$
$$+ 800\$(A/G,\ 15\%,\ N)$$
$$-6\,000\$(1-15\%)^{N-1}(A/F,\ 15\%,\ N).$$

Les résultats obtenus sont :

$$N = 1\ \text{an}:\ AEC(15\%) = 7\,500\$.$$
$$N = 2\ \text{ans}:\ AEC(15\%) = 6\,151\$.$$
$$N = 3\ \text{ans}:\ AEC(15\%) = 5\,857\$.$$
$$N = 4\ \text{ans}:\ AEC(15\%) = 5\,826\$.$$
$$N = 5\ \text{ans}:\ AEC(15\%) = 5\,897\$.$$

La durée de vie économique de l'aspirant est de 4 ans, soit :

$$N_A{}^* = 4\ \text{ans}$$
$$AEC_A{}^* = 5\,826\$.$$

2. Devrait-on remplacer le défenseur maintenant ?

Puisque $AEC_D{}^* = 5\,116\$ < AEC_A{}^* = 5\,826\$$, il ne faut pas remplacer le défenseur maintenant. Si aucun progrès technologique ne survient au cours des prochaines années, on devra utiliser le défenseur pendant au moins $N_D{}^* = 2$ années additionnelles. Il n'est pas nécessairement souhaitable de remplacer le défenseur à la fin de sa vie économique.

3. Quand devrait-on remplacer le défenseur ?

Si l'on doit répondre immédiatement à cette question, il faut calculer le coût lié à la conservation et à l'exploitation du défenseur durant la troisième année à partir d'aujourd'hui. Autrement dit, il faut se demander : combien en coûtera-t-il de ne pas vendre le défenseur à la fin de la deuxième année, de l'utiliser pendant la troisième année et de le remplacer à la fin de cette année-là ? Les flux monétaires suivants s'appliquent à cette question :

a) Coût d'opportunité à la fin de la deuxième année : égal à la valeur marchande à ce moment, soit 3 000 $

b) Coût d'exploitation pour la troisième année : 5 000 $

c) Valeur de récupération du défenseur à la fin de la troisième année : 2 000 $

Le diagramme du flux monétaire suivant représente ces montants.

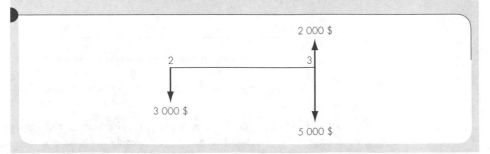

Le coût lié à l'utilisation du défenseur pendant une année additionnelle à partir de la fin de sa durée de vie économique est :

$$3\ 000\ \$ \times 1,15 + 5\ 000\ \$ - 2\ 000\ \$ = 6\ 450\ \$.$$

Si l'on compare ce coût à $AEC_A{}^* = 5\ 826\ \$$ pour l'aspirant, on constate qu'il est supérieur. Il est donc plus coûteux de conserver le défenseur pour une troisième année que de le remplacer par l'aspirant à la fin de la deuxième année. Conclusion : il faut remplacer le défenseur à la fin de la deuxième année. Si le coût total pour une année additionnelle est encore inférieur à $AEC_A{}^*$, il faut calculer ce qu'il en coûte de conserver le défenseur pour une quatrième année, puis comparer le résultat à $AEC_A{}^*$.

Dans une analyse du remplacement, il n'est pas rare qu'un défenseur et son aspirant aient des durées économiques différentes. On utilise donc souvent la méthode de la valeur annuelle équivalente (AE) pour ce type d'analyse, mais il faut savoir qu'elle est utile dans notre analyse non parce que les durées de vie sont différentes, mais plutôt parce que cette méthode présente certains avantages pour le calcul d'une catégorie spéciale de problème de remplacement.

Dans le chapitre 5, nous avons présenté le principe général permettant de comparer des options qui ont des vies économiques différentes. Nous avons insisté sur le fait que l'utilisation de la méthode de la valeur annuelle équivalente repose sur le concept de la **répétabilité** des projets et l'une des deux hypothèses suivantes : un horizon de planification indéfini ou une période de service commune. Cependant, dans les situations de défenseur-aspirant, on ne peut pas supposer la répétabilité du défenseur. Si l'on tient compte de notre définition du problème, nous ne *répétons* pas le défenseur, nous le *remplaçons* par son aspirant, c'est-à-dire une immobilisation qui constitue en quelque sorte une amélioration par rapport au bien actuel. Ainsi, les hypothèses que nous avons posées pour utiliser le flux monétaire annuel dans l'analyse d'options dont les vies utiles sont différentes ne tiennent pas dans les situations habituelles de défenseur-aspirant.

On peut toutefois contourner la complication que posent des durées de vie différentes : rappelons-nous que, dans le problème de remplacement, il n'importe pas de savoir s'il faut remplacer un bien, il faut plutôt déterminer à quel moment on le fera. Si l'on remplace le défenseur, ce sera toujours *par l'aspirant*, à savoir le meilleur bien disponible. L'aspirant peut ensuite être remplacé très souvent par un autre aspirant identique. Dans notre analyse du remplacement, nous comparons donc les deux options suivantes :

1. Remplacer le défenseur maintenant : les flux monétaires de l'aspirant s'appliquent à partir de maintenant et seront répétés puisqu'un aspirant identique sera utilisé si un nouveau remplacement devient nécessaire. Cette série de flux monétaires est équivalente à un flux monétaire d'$AEC_A{}^*$ se répétant chaque année pendant un nombre indéfini d'années.

2. Remplacer le défenseur, par exemple x années plus tard : les flux monétaires du défenseur s'appliquent durant les x premières années. À partir de l'année $x + 1$, les flux monétaires de l'aspirant s'appliquent indéfiniment.

Les flux monétaires annuels équivalents pour les années suivant l'année x sont les mêmes pour les deux options. Il suffit de comparer les flux monétaires annuels équivalents pour les x premières années afin de déterminer quelle est l'option la meilleure. C'est pourquoi nous pouvons comparer $AEC_D{}^*$ à $AEC_A{}^*$ pour déterminer s'il faut remplacer maintenant le défenseur.

6.8.3 LES STRATÉGIES DE REMPLACEMENT POUR UN HORIZON DE PLANIFICATION DÉFINI

De façon générale, si l'horizon de planification est **défini** (8 années, par exemple), il n'est pas nécessaire d'établir une comparaison par la méthode de l'AE pour déterminer la durée de vie économique du défenseur. Pour résoudre un problème ayant un horizon de planification défini, il faut trouver *toutes* les possibilités de remplacement « raisonnables », puis calculer la valeur actualisée équivalente (PE) pour la période de planification afin de choisir l'option la plus économique. L'exemple 6.14 illustre cette procédure.

Exemple 6.14

L'analyse du remplacement pour un horizon de planification défini (méthode de la PE)

Revenons à la situation de défenseur/aspirant de l'exemple 6.13. Supposons que l'entreprise a obtenu un contrat pour exécuter un service donné, au moyen du défenseur ou de l'aspirant, au cours des 8 prochaines années. À la fin du contrat, ni le défenseur ni l'aspirant ne sera conservé. Quelle est la meilleure stratégie de remplacement ?

Solution

Rappelons les coûts annuels équivalents calculés pour le défenseur et l'aspirant en fonction de diverses périodes de service (les chiffres encadrés représentent la valeur minimale de l'AEC calculée pour $N_D{}^* = 2$ et $N_A{}^* = 4$, respectivement).

N	COÛT ANNUEL ÉQUIVALENT ($) DÉFENSEUR	ASPIRANT
1	5 130	7 500
2	5 116	6 151
3	5 500	5 857
4	5 961	5 826
5	6 434	5 897

Il existe de nombreuses options pour un horizon de planification de 8 ans. La figure 6.16 en montre six et donne pour chacune le coût équivalent actualisé (PEC), qui a été calculé comme suit:

- Option 1: $(j_0, 0), (j, 4), (j, 4)$

$$PEC(15\%)_1 = 5\ 826\$(P/A, 15\%, 8)$$
$$= 26\ 143\$.$$

- Option 2: $(j_0, 1), (j, 4), (j, 3)$

$$PEC(15\%)_2 = 5\ 130\$(P/F, 15\%, 1)$$
$$+ 5\ 826\$(P/A, 15\%, 4)(P/F, 15\%, 1)$$
$$+ 5\ 857\$(P/A, 15\%, 3)(P/F, 15\%, 5)$$
$$= 25\ 573\$.$$

- Option 3: $(j_0, 2), (j, 4), (j, 2)$

$$PEC(15\%)_3 = 5\ 116\$(P/A, 15\%, 2)$$
$$+ 5\ 826\$(P/A, 15\%, 4)(P/F, 15\%, 2)$$
$$+ 6\ 151\$(P/A, 15\%, 2)(P/F, 15\%, 6)$$
$$= 25\ 217\$ \leftarrow \text{coût minimal.}$$

- Option 4: $(j_0, 3), (j, 5)$

$$PEC(15\%)_3 = 5\ 500\$(P/A, 15\%, 3)$$
$$+ 5\ 897\$(P/A, 15\%, 5)(P/F, 15\%, 3)$$
$$= 25\ 555\$.$$

- Option 5: $(j_0, 3), (j, 4), (j, 1)$

$$PEC(15\%)_4 = 5\ 500\$(P/A, 15\%, 3)$$
$$+ 5\ 826\$(P/A, 15\%, 4)(P/F, 15\%, 3)$$
$$+ 7\ 500\$(P/F, 15\%, 8)$$
$$= 25\ 946\$.$$

- Option 6: $(j_0, 4), (j, 4)$

$$PEC(15\%)_5 = 5\ 961\$(P/A, 15\%, 4)$$
$$+ 5\ 826\$(P/A, 15\%, 4)(P/F, 15\%, 4)$$
$$= 26\ 529\$.$$

Si l'on calcule le coût équivalent actualisé pour un horizon de planification de 8 ans, on constate que la solution la moins coûteuse est l'option 3: conserver le défenseur pendant 2 ans, acheter l'aspirant et le conserver pendant 4 ans, puis acheter un autre aspirant qui sera conservé pendant 2 ans.

Figure 6.16
Quelques options de remplacement envisageables pour un horizon de planification défini de 8 ans

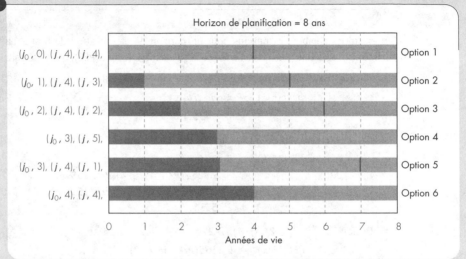

Commentaires: *Dans cet exemple, nous n'avons examiné que six options pouvant conduire à la meilleure décision, mais il est important de souligner que plusieurs autres possibilités n'ont pas été envisagées, comme en fait foi la figure 6.17, qui donne une représentation graphique de diverses stratégies de remplacement pour un horizon de planification défini.*

Par exemple, bien que la stratégie de remplacement [(j$_0$, 2), (j, 3), (j, 3)] (représentée par la ligne la plus foncée dans la figure 6.17) soit faisable, nous ne l'avons pas incluse dans le calcul précédent. Évidemment, à mesure que l'horizon de planification se prolonge, les options de décision se multiplient. Pour être certain de trouver la solution optimale d'un tel problème, on peut recourir à une technique d'optimisation comme la programmation dynamique[2].

---

2. F. S. Hillier et S. G. Lieberman, *Introduction to Operations Research*, 6e édition, McGraw Hill, New York, 1995, chapitre 10.

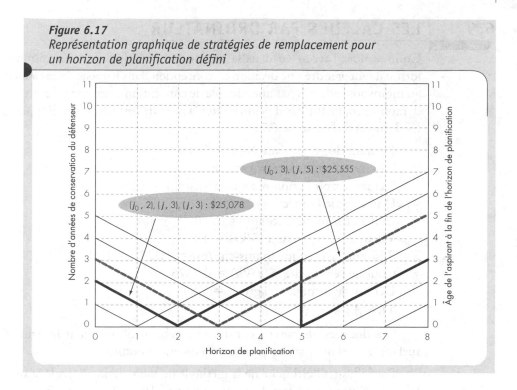

Figure 6.17
Représentation graphique de stratégies de remplacement pour un horizon de planification défini

6.8.4   LE RÔLE DU CHANGEMENT TECHNOLOGIQUE

Jusqu'à présent, nous avons défini l'aspirant comme le meilleur remplaçant possible du défenseur. Il serait plus réaliste de reconnaître que, souvent, la décision de remplacement concerne une immobilisation actuellement en service et un remplaçant possible qui, d'une certaine façon, est meilleur que cette dernière. Ce remplaçant est le fruit des progrès technologiques qui ne cessent de se produire. Les futurs modèles d'une machine ont de fortes chances d'être plus efficaces que le modèle actuel. Dans la plupart des champs d'activité, le changement technologique se définit comme la somme d'améliorations graduelles de l'efficacité. Soulignons que, parfois, une révolution technologique transforme la nature même d'une machine.

La possibilité que de meilleurs aspirants futurs soient offerts fait de l'aspirant actuel une option moins intéressante. En conservant le défenseur, on se donne la possibilité d'acquérir plus tard un meilleur aspirant[3]. Ainsi, l'éventualité que de meilleurs aspirants futurs soient un jour disponibles peut affecter une décision concernant un défenseur et son aspirant. Bien qu'il soit difficile de prédire les tendances technologiques, on peut se donner une politique de remplacement à long terme, qui tiendra compte du changement technologique.

---

3. Cela ne veut pas dire que plus la technologie change rapidement, plus il faut conserver le défenseur longtemps. Il faut plutôt comprendre que la possibilité que des aspirants toujours meilleurs soient éventuellement disponibles influe sur le moment du remplacement.

6.9 LES CALCULS PAR ORDINATEUR

Comme nous l'avons vu dans la section 6.5, l'analyse du coût minimal est utile lorsqu'il faut prendre une décision de conception dans laquelle deux éléments de coût au moins sont affectés par une variable de conception commune. La présente section démontre comment Excel peut faciliter la prise de cette décision. Rappelons d'abord les données de l'exemple 6.7 :

Courant électrique (ampères) = 5 000
Distance de transport (m) = 300
Heures d'exploitation par année (heures) = 8 760
Durée de vie (années) = 25
Coûts de la matière ($/kg) = 16,50
Valeur de récupération ($/kg) = 1,65
Résistance électrique (ohms-cm^2/m) = 1,7241 × 10^{-4}
Coût de l'électricité ($/kWh) = 0,0375
Densité de la matière (kg/m^3) = 8 894
TRAM (%) = 9

Ces données ont servi à construire le tableur illustré dans la figure 6.18. Une surface (A) définie par l'utilisateur est également donnée.

Pour illustrer l'efficacité de la méthode du tableur, on a calculé la surface (A) en fonction d'une fourchette de valeurs allant de 10 à 50 cm^2, augmentant par incréments de 5 cm^2. Notons que le coût minimal correspond à une valeur de A située entre 30 et 35 cm^2. On peut chercher la valeur optimale (coût minimal) en faisant varier la valeur de A à l'intérieur de ces limites. Pour A = 31, le coût annuel équivalent est de 27 466 $, soit le même montant que celui calculé dans cet exemple.

Les formules de tableur sont écrites en fonction des données fournies dans la section inférieure. Pour que les calculs soient le plus flexible possible, les données d'entrée sont exprimées en emplacements absolus dans toutes les formules. Dans le chapitre 4, nous avons vu qu'il était facile d'obtenir une courbe des coûts totaux en fonction de la surface (A). La figure 6.19 fournit la courbe de notre problème.

On peut utiliser le tableur pour étudier un grand nombre de scénarios en ne changeant que les données d'entrée. Cette recherche est un prérequis essentiel au concept de l'analyse de sensibilité, dont il sera question au chapitre 13. L'utilisation du tableur facilite considérablement cette tâche.

Figure 6.18
Écran d'Excel : Détermination de la surface optimale d'une ligne de transport en cuivre

Paramètres d'entrée	Données d'entrée
Courant électrique (ampère)	5000
Distance de transport (mètres)	300
Heures d'exploitation par années	8760
Durée de vie (années)	25
Coût de la matière ($/kg)	16,5
Récupération ($/kg)	1,65
Résistance électrique (ohms-cm²/m)	1,72E-04
Coût de l'électricité ($/kWh)	0,0375
Densité de la matière (kg/m³)	8894
TRAM(%)	9

Surface (*A*) (cm²)	Perte de puissance (kWh)	Poids de la matière (Kg)	Coût de la matière ($)	Récupération ($)	Coût de recouvrement du capital ($)	Perte de puissance annuelle ($)	Coût annuel équivalent total ($)
10	1 132 734	2 670	44 055	4 406	4 440	42 478	46 918
15	755 156	4 005	66 083	6 608	6 660	28 318	34 978
20	566 367	5 340	88 110	8 811	8 880	21 239	30 119
25	453 093	6 675	110 138	11 014	11 100	16 991	28 091
30	377 578	8 010	132 165	13 217	13 320	14 159	27 479
31	365 398	8 277	136 571	13 657	13 764	13 702	27 466
35	323 638	9 345	154 193	15 419	15 540	12 136	27 676
40	283 183	10 680	176 220	17 622	17 760	10 619	28 379
45	251 719	12 015	198 245	19 825	19 980	9 439	29 419
50	226 547	13 350	220 275	22 028	22 200	8 496	30 696

Surface optimale

Figure 6.19
*Courbe Excel du coût annuel équivalent en fonction de la surface
d'un conducteur en cuivre*

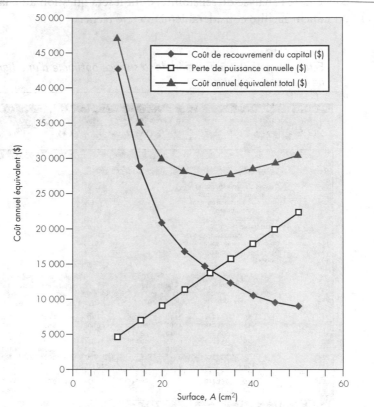

En résumé

- La méthode du coût capitalisé équivalent est utile lorsque l'horizon de planification est infini ou très long.

- L'analyse de l'AE est préférable à l'analyse de la PE dans de nombreuses situations du monde réel, pour les raisons suivantes :

  1. Dans beaucoup de rapports financiers, on préfère la valeur annuelle équivalente à la valeur actualisée équivalente.

  2. Il faut souvent calculer les coûts unitaires pour déterminer le prix raisonnable des articles mis en vente.

  3. Il faut calculer le coût par unité d'utilisation lorsqu'on doit rembourser des employés qui utilisent leur propre voiture pour le travail.

  4. Dans les décisions de fabriquer ou d'acheter, il faut souvent calculer les coûts unitaires des diverses options.

5. L'analyse du coût minimal est facile à réaliser lorsqu'on utilise la valeur annuelle équivalente.

6. Il faut toujours déterminer la durée de vie économique d'un bien.

• L'analyse du remplacement constitue une application importante des techniques d'analyse économique de l'ingénierie.

1. Dans l'analyse du remplacement, le **défenseur** est une immobilisation actuellement utilisée et l'**aspirant** est le meilleur remplaçant possible du défenseur.

2. La **valeur marchande actuelle** est la valeur qu'il faut utiliser pour préparer l'analyse économique du défenseur. Les **coûts irrécupérables** (coûts passés qu'aucune décision concernant un investissement futur ne peut changer) ne doivent pas être inclus dans l'analyse économique du défenseur. Les **coûts d'exploitation** correspondent à la somme des divers éléments de coût associés au fonctionnement d'une immobilisation. Ils peuvent inclure les coûts de réparation et d'entretien, les salaires des opérateurs, les coûts de l'électricité et les coûts des matériaux.

3. Les deux principales méthodes permettant d'analyser des problèmes de remplacement sont la **méthode du flux monétaire** et la **méthode du coût d'opportunité**. La méthode du flux monétaire considère explicitement les conséquences réelles du flux monétaire de chaque option de remplacement à mesure qu'elles surviennent. Habituellement, on soustrait les produits de la vente du défenseur du prix d'achat de l'aspirant. La méthode du coût d'opportunité considère la valeur marchande actuelle du défenseur comme un coût d'opportunité lié à la conservation du défenseur. Plutôt que de déduire la valeur de récupération du coût d'achat de l'aspirant, on la considère comme l'investissement requis pour conserver le défenseur.

4. La **durée de vie économique**, ou vie économique, représente la durée de vie utile résiduelle d'un défenseur ou d'un aspirant qui réduit au minimum le coût annuel équivalent ou qui optimise le revenu annuel équivalent. Il faut utiliser les vies économiques respectives du défenseur et de l'aspirant pour réaliser l'analyse du remplacement.

5. Dans l'analyse du remplacement, il n'importe pas de savoir *s'il faut* remplacer le défenseur, mais plutôt *à quel moment* il faut le faire. On utilise couramment la méthode de l'AE dans ce type d'analyse. La valeur annuelle équivalente fournit également une base marginale sur laquelle on peut décider chaque année à quel moment on doit remplacer le défenseur.

6. Dans toute politique de remplacement à long terme, il faut tenir compte du **changement technologique**, qui permet l'amélioration d'une immobilisation. Si un produit subit des améliorations technologiques importantes et rapides, il serait peut-être prudent de retarder son remplacement (dans la mesure où la perte de productivité ne dépasse pas les économies pouvant être réalisées grâce à de meilleurs aspirants futurs) jusqu'à ce que le futur modèle que l'on souhaite acquérir soit offert.

PROBLÈMES

Niveau 1

6.1* À un taux d'intérêt annuel de 10 %, quel est le coût capitalisé équivalent d'une série de recettes annuelles de 400 $ pendant 10 ans, augmentant de 500 $ par année après la dixième année et demeurant constantes par la suite ?

6.2* Trouvez le coût capitalisé équivalent du flux monétaire de projet suivant à un taux d'intérêt de 10 %.

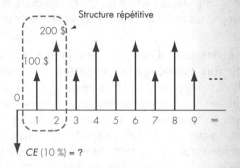

6.3* Trouvez la valeur annuelle équivalente du flux monétaire infini suivant à un taux d'intérêt de 10 % :

n	FLUX MONÉTAIRE NET
0	0
1 – 10	1 000 $
11 – ∞	500 $

6.4* Si $i = 10$ %, quelle est la valeur annuelle équivalente de la série infinie de recettes annuelles suivante : 500 $ par année pendant 10 ans et 1 000 $ par année subséquente ?

6.5* Il y a 5 ans, on a acheté 4 000 $ une machine encore utilisée aujourd'hui. On pourrait la vendre 2 500 $, ou l'utiliser pendant 3 années additionnelles (durée de vie résiduelle), après quoi elle n'aura aucune valeur de récupération. Les coûts annuels d'exploitation et d'entretien pour cette machine s'élèvent à 10 000 $. On propose à son propriétaire une nouvelle machine à un prix facturé de 14 000 $ pour remplacer la machine actuelle. Étant donné la nature du bien fabriqué, la nouvelle machine possède une vie économique de 3 ans, sans valeur de récupération à la fin de cette période. Ses coûts d'exploitation et d'entretien s'élèvent à 2 000 $ pour la première année et à 3 000 $ pour chacune des 2 années subséquentes. Le taux d'intérêt de l'entreprise est de 15 %.

a) Si vous décidez de conserver la machine actuelle pour le moment, quel sera le coût d'opportunité ?

b) Si vous vendez maintenant la machine, quel sera son coût irrécupérable ?

6.6* Une entreprise de livraison locale a acheté un camion de livraison 15 000 $. On prévoit que la valeur marchande de ce camion (son prix de vente) diminuera de 2 500 $ par année. Les coûts d'exploitation et d'entretien (E & E) sont estimés à 3 000 $ par année et le TRAM de l'entreprise est de 15 %. Calculez le coût annuel équivalent lié à la conservation du camion pour une période de 2 ans.

6.7* Les coûts annuels équivalents liés à la conservation d'un défenseur pendant sa vie résiduelle de 3 ans et les coûts annuels équivalents pour son aspirant pour sa vie physique de 4 ans sont les suivants :

PÉRIODE DE CONSERVATION	COÛT ANNUEL ÉQUIVALENT	
	DÉFENSEUR	ASPIRANT
1	3 000 $	5 000 $
2	2 500	4 000
3	2 800	3 000
4		4 500

Supposons que le TRAM est de 12 %. Recommanderiez-vous le remplacement immédiat du défenseur par l'aspirant ? Pourquoi ? Sans faire d'autres calculs, dites à quel moment on devrait remplacer le défenseur par l'aspirant.

Niveau 2

6.8 Une campagne de financement est lancée pour assurer l'entretien d'un nouvel édifice. M. Corneau souhaite faire un don qui couvrirait les frais d'entretien futurs prévus. Ces frais sont estimés à 40 000 $ par année pendant les 5 premières années, à 50 000 $ par année de la sixième à la dixième année, et à 60 000 $ par année subséquente. (L'édifice a une durée de vie indéfinie.)

a) Si l'on dépose l'argent dans un compte qui porte intérêt à un taux de 13 %, composé annuellement, quel devrait être le montant de ce don ?

b) Quel est le coût annuel équivalent de l'entretien pour une durée de vie infinie ?

6.9 Le projet d'investissement suivant est représenté par une structure de flux monétaire qui se répète tous les 5 ans pendant une période illimitée. À un taux d'intérêt de 14 %, calculez le coût capitalisé équivalent de ce projet.

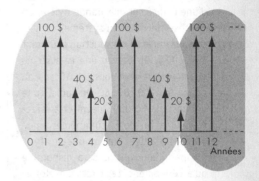

6.10* Un groupe de citoyens inquiets a créé un fonds en fiducie qui porte intérêt à un taux de 6 %, composé trimestriellement, pour préserver un bâtiment historique en garantissant à perpétuité un fonds d'entretien annuel de 12 000 $. Calculez le coût capitalisé équivalent des frais d'entretien.

6.11 Un pont neuf qui a coûté 2 000 000 $ aura besoin de rénovations tous les 15 ans à un coût de 500 000 $. Les coûts de réparation et d'entretien sont estimés à 50 000 $ par année.

a) Si le taux d'intérêt est de 5 %, déterminez le coût capitalisé du pont.

b) En revenant à a), supposons que le pont doive être rénové au même coût tous les 20 ans plutôt que tous les 15 ans. Que devient le coût capitalisé du pont ?

c) Recalculez a) et b) pour un taux d'intérêt de 10 %. Commentez ensuite l'effet que l'intérêt produit sur les résultats.

6.12 Pour réduire les coûts d'exploitation d'une écluse sur une grande rivière, on propose un nouveau système, dont la conception et la construction coûteront 650 000 $. On prévoit que ce système devra être rénové tous les 10 ans au coût de 100 000 $. De plus, une dépense de 50 000 $ devra être effectuée à la fin de la cinquième année pour installer un nouveau type d'appareillage qui ne sera disponible qu'à ce moment. Les coûts d'exploitation annuels sont estimés à 30 000 $ pour les 15 premières années et à 35 000 $ par année subséquente. Calculez le coût capitalisé équivalent pour une durée de vie perpétuelle si $i = 8$ %.

6.13 À compter de l'an prochain, une fondation prévoit financer un séminaire annuel en milieu universitaire avec les revenus tirés d'un don de 100 000 $ reçu cette année. On prévoit qu'un taux d'intérêt de 8 % s'appliquera pendant les 10 premières années, mais qu'il faut prendre des dispositions en prévision d'un taux d'intérêt de 6 % par année subséquente. Quel montant la fondation devrait-elle ajouter pour financer le séminaire à raison de 10 000 $ par année pendant une période illimitée ?

6.14* Vous venez d'acquérir une machine d'insertion de broches pour régler des problèmes d'engagement survenus lors de la fabrication d'une carte à circuit imprimé. La machine a coûté 56 000 $ et sa vie économique est estimée à 5 ans. Après cette période, sa valeur de récupération prévue est de 5 000 $. La machine devrait fonctionner pendant 2 500 heures par année. Les coûts annuels d'exploitation et d'entretien prévus sont de 6 000 $. Si le taux d'intérêt de votre entreprise est de 15 %, quel est le coût par heure de cette machine ?

6.15* La municipalité de Grandeville a décidé de construire un terrain de balle molle sur une propriété cédée par un de ses résidents. Le conseil municipal a déjà décidé de fournir 800 000 $ pour financer le projet (investissement en capital initial). L'ingénieur de la ville a recueilli l'information financière suivante concernant ce projet.

- Frais de fonctionnement annuels : 120 000 $
- Frais de services publics : 13 000 $
- Coûts de rénovation : 50 000 $ tous les 5 ans
- Frais annuels d'utilisation par les équipes (revenus) : 32 000 $
- Durée de vie utile : infinie
- Taux d'intérêt : 5 %.

Si la ville prévoit une affluence de 40 000 personnes chaque année, à combien devrait-elle fixer le prix minimal du billet pour atteindre le seuil de rentabilité ?

6.16* Le coût installé d'une machine de fabrication est de 100 000 $. On prévoit réaliser des économies d'électricité annuelles de 30 000 $ durant sa première année d'exploitation, et que ce chiffre augmentera de 3 % par année en raison de l'augmentation du prix du combustible. Supposons que la machine a une vie économique de 5 ans (pour 3 000 heures d'exploitation par année) et une valeur de récupération négligeable. Déterminez les économies nettes équivalentes par heure d'exploitation si $i = 14\%$.

6.17* L'Imprimerie Colgate a obtenu le contrat de reliure des livres de la bibliothèque municipale. La bibliothèque verse à Colgate 25 $ par livre relié. Colgate relie 1 000 livres par année pour son client. La bibliothèque envisage la possibilité de relier elle-même ses livres au sous-sol de l'édifice qu'elle occupe. Pour ce faire, elle doit acquérir une relieuse et d'autres machines d'impression au coût de 100 000 $. La vie utile de la relieuse est de 8 ans, à la fin desquels la machine aura une valeur de récupération de 12 000 $. Les coûts annuels d'exploitation et d'entretien sont estimés à 10 000 $. En supposant un taux d'intérêt de 12 %, quel est le coût de reliure par livre si la bibliothèque exécute elle-même cette opération ? Quel volume annuel de livres à relier rendrait équivalentes les deux options (reliure interne ou par un sous-traitant) ?

6.18* Un petit atelier d'usinage dont la charge électrique est de 28 kW achète son électricité aux tarifs suivants :

KILOWATTHEURES PAR MOIS	DOLLARS PAR KILOWATTHEURE
Premiers 1 500	0,025
1 250 suivants	0,015
3 000 suivants	0,009
5 750 et plus	0,008

Actuellement, la consommation mensuelle moyenne d'électricité est de 3 200 kWh. On doit préparer une soumission pour un nouveau contrat qui augmenterait la consommation de 3 500 kWh par mois. Si le nouveau contrat prend fin dans 2 ans, quel coût d'électricité mensuel équivalent devrait lui être attribué ? Supposons que le taux d'intérêt de l'atelier est de 9 %, composé mensuellement.

6.19 On envisage l'achat de deux moteurs de 150 chevaux-vapeur (HP) qui seront installés à la station municipale de traitement des eaux usées. Le premier coûte 4 500 $ et son efficacité d'exploitation est de 83 %. Le second coûte 3 600 $ et son efficacité est de 80 %. Les deux moteurs n'auront aucune valeur de récupération après leur vie utile de 10 ans. Si tous les frais annuels, comme les frais d'assurance et d'entretien, représentent 15 % du coût initial de chaque moteur, et si les coûts d'électricité sont de 5 cents par kilowattheure et demeurent constants, quel nombre minimal d'heures d'exploitation à pleine charge par année est-il nécessaire pour justifier l'achat du moteur plus coûteux si $i = 6\%$? (Pour vous faciliter la tâche, utilisez le facteur de conversion suivant: 1 HP = 746 watts = 0,746 kilowatts.)

6.20* Danford, un fabricant de matériel agricole, produit actuellement 20 000 filtres à essence par année pour les tondeuses à gazon qu'il fabrique. On rattache les coûts suivants à la production de l'année dernière :

POSTE	DÉPENSE ($)
Coûts directs des matériaux	60 000 $
Coûts directs de la main-d'œuvre	180 000
Frais généraux variables (électricité et aqueduc)	135 000
Frais généraux fixes (éclairage et chauffage)	70 000
Total des coûts	445 000 $

On prévoit fabriquer les filtres à essence pendant 5 ans. Si l'entreprise continue à fabriquer ce produit elle-même, les coûts annuels directs des matériaux augmenteront à un taux de 5 %. (Par exemple, les coûts annuels des matériaux durant la première année de production seront de 63 000 $.) Les coûts directs de la main-d'œuvre augmenteront à un taux de 6 % par année. Les frais généraux variables augmenteront à un taux de 3 %, mais les frais généraux fixes resteront constants pendant les 5 prochaines années. La société Thomas propose à Danford 20 000 filtres à essence au prix unitaire de 25 $. Si Danford accepte cette offre, elle pourra louer à un tiers une partie des locaux servant à la fabrication de ce produit, moyennant un loyer annuel de 35 000 $. De plus, elle sous-traira 3,5 $ par unité produite de ses frais généraux fixes. Le taux d'intérêt de Danford est de 15 %. Combien coûtera chaque filtre à essence acheté à un autre fabricant ? Danford devrait-elle accepter la proposition de Thomas, et pourquoi ?

6.21 Le cabinet de consultation environnementale Sentech inc. prépare des plans et des spécifications pour des projets d'élimination de l'amiante dans des édifices publics, privés et gouvernementaux. Actuellement, Sentech doit également vérifier l'air avant de permettre qu'on occupe de nouveau un édifice d'où l'amiante a été enlevé. Il envoie les échantillons d'air à un laboratoire externe, qui les analyse au moyen d'un microscope électronique à transmission (MET). Puisqu'il confie à un tiers cette analyse, Sentech facture 100 $ à son client en plus des frais d'analyse externe. Les seules dépenses qu'il engage pour cette analyse sont les coûts de transport des échantillons jusqu'au laboratoire et les frais de main-d'œuvre liés à cette manuten-tion. Sentech a de plus en plus de con-trats et doit décider s'il doit continuer de faire analyser les échantillons d'air ou créer son propre laboratoire. Des lois récentes exigent l'élimination de l'amiante de tous les édifices, et Sentech prévoit prélever environ 1 000 échantillons d'air par année au cours des 8 prochaines années. Le TRAM du cabinet est de 15 %.

- Option de la sous-traitance : On fac-ture 400 $ au client par échantillon, soit 100 $ de plus que les frais d'analyse de 300 $. Les coûts de main-d'œuvre sont de 1 500 $ par année et les frais de transport sont estimés à 0,50 $ par échantillon.

- Option d'achat d'un MET : Les coûts d'achat et d'installation d'un micro-scope électronique à transmission sont de 415 000 $. L'appareil a une durée de vie de 8 ans, sans valeur de récupération. Les coûts de concep-tion et de rénovation sont estimés à 9 500 $. On facturera au client 300 $ par échantillon en fonction du prix du marché actuel. Il faudra embaucher un directeur à temps plein et deux techniciens à temps partiel pour faire fonctionner le laboratoire. Les salaires annuels combinés s'élèveront à 100 000 $. Les matériaux requis pour l'exploitation du laboratoire comprennent des tiges de carbone, des grilles de cuivre, du matériel de filtrage et de l'acétone. Les coûts annuels des matériaux s'élèveront à 6 000 $. Les coûts d'électricité, les coûts d'exploitation et d'entretien de même que les coûts indirects de la main-d'œuvre requise pour assurer la maintenance du laboratoire sont estimés à 18 000 $ par année. Les impôts sur le revenu additionnels seront de 20 000 $.

a) Déterminez le coût d'analyse de chaque échantillon d'air au moyen du microscope (interne).

b) Combien faudra-t-il analyser d'échantillons d'air par année pour rendre les deux options équivalentes ?

6.22* Une entreprise verse actuellement 0,25 $ par kilomètre à un employé qui utilise sa voiture pour son travail. Elle envisage de fournir une voiture à l'employé, aux conditions suivantes: l'achat d'une voiture de 15 000 $ dont la durée de vie estimée est de 3 ans et la valeur de récupération nette est de 5 000 $, les taxes et les frais d'assurance totalisant 500 $ par année et les dépenses d'exploitation et d'entretien se montant à 0,10 $ par kilomètre. Si le taux d'intérêt est de 10 % et que les déplacements de l'employé sont estimés à 12 000 kilomètres par année, quel est le coût équivalent par kilomètre (si l'on exclut l'impôt sur le revenu) ?

6.23 Le prix de vente d'une voiture électrique est de 25 000 $. Sa vie utile estimative est de 12 ans si elle franchit 20 000 kilomètres par année. Il faudra acheter de nouvelles batteries tous les 3 ans au coût de 3 000 $. Les frais d'entretien annuels du véhicule sont estimés à 700 $. La recharge des batteries devrait coûter 0,015 $ par kilomètre. La valeur de récupération des batteries et du véhicule à la fin des 12 années est estimée à 2 000 $. Le TRAM est de 7 %. Quel est le coût de propriété et d'utilisation de ce véhicule par kilomètre, compte tenu des montants précédents ? Le coût de 3 000 $ des batteries est une valeur nette qui inclut les batteries usées fournies en échange dans la transaction.

6.24 On estime à 30 000 $ le coût d'une génératrice de 40 kilowatts installée et prête à fonctionner. L'entretien annuel de cette machine devrait coûter 500 $. Si la valeur de l'électricité produite est de 0,08 $ par kilowattheure, pendant combien d'heures par année cette génératrice devra-t-elle fonctionner pour produire suffisamment d'électricité pour égaler le prix d'achat ? Le TRAM est de 9 % et la valeur de récupération de la machine est de 2 000 $ à la fin de sa durée de vie prévue de 15 ans. On suppose que l'électricité produite annuellement est de 100 000 kilowattheures. Quelle est la valeur annuelle de cette machine ? Dans combien de temps sera-t-elle rentable ?

6.25 Une grande université fait face à de graves problèmes de stationnement sur le campus et envisage la construction de garages à étages hors campus. Les étudiants pourraient utiliser un service de navette qui les conduirait rapidement du garage à étages aux divers pavillons du campus. L'université demanderait un droit de passage minime pour chaque trajet et les étudiants pourraient se rendre à leurs cours rapidement et à peu de frais. Les revenus tirés du transport en navette serviraient à payer les véhicules assurant la navette, qui coûtent environ 150 000 $ chacun. Chaque véhicule a une durée de vie de 12 ans et une valeur de récupération estimative de 3 000 $. L'utilisation de chaque véhicule occasionne les dépenses additionnelles suivantes :

POSTE	DÉPENSES ANNUELLES
Chauffeur	25 000 $
Entretien	7 000
Assurances	2 000

Si les étudiants paient un droit de passage de 10 cents, déterminez le nombre de trajets que chaque véhicule devra effectuer chaque année pour que ce projet soit justifié, en supposant un taux d'intérêt de 6 %.

6.26 Les flux monétaires suivants représentent les économies annuelles possibles associées à deux types de procédés de production, dont chacun nécessite un investissement de 12 000 $.

n	PROCÉDÉ A	PROCÉDÉ B
0	−12 000 $	−12 000 $
1	9 120	6 350
2	6 840	6 350
3	4 560	6 350
4	2 280	6 350

Si le taux d'intérêt est de 15 % :

a) Déterminez les économies annuelles équivalentes pour chaque procédé.

b) Déterminez les économies par heure pour chaque procédé si le régime de production est de 2 000 heures par année.

c) Quel procédé devrait-on choisir ?

6.27 Éradicateur inc. a investi 7 millions de dollars pour construire une usine d'irradiation des aliments. Cette technique détruit les organismes qui causent la détérioration des aliments et les maladies, ce qui permet de prolonger la durée de conservation des aliments frais et les distances de transport. L'usine pourra traiter environ 200 000 kg de fruits et légumes frais par heure, et sera en exploitation pendant 3 600 heures par année. Les coûts nets d'exploitation et d'entretien prévus sont de 4 millions de dollars par année. L'usine a une vie utile prévue de 15 ans et une valeur de récupération nette de 700 000 $. Le taux d'intérêt de l'entreprise est de 15 %.

a) Si les investisseurs veulent récupérer leur investissement à l'intérieur de 6 années d'exploitation (plutôt que 15), quels revenus annuels équivalents après impôt l'usine devra-t-elle générer ?

b) Pour générer les revenus annuels calculés en a), quels frais de traitement minimaux par kilogramme l'entreprise devrait-elle facturer aux producteurs ?

6.28 Le gouvernement local de l'île Grand Manan met la dernière touche à son projet de construction d'une usine de dessalement. Ce type d'installation moderne peut produire de l'eau douce à partir de l'eau de mer au coût de 4 $ par mètre cube. Sur l'île, il en coûte presque autant pour produire de l'eau à partir de sources naturelles que de dessaler l'eau de mer. L'usine de 3 millions de dollars peut produire 160 m³ d'eau douce par jour (quantité suffisante pour approvisionner 295 ménages quotidiennement), soit plus du quart de l'ensemble des besoins de l'île. L'usine de dessalement a une durée de vie estimative de 20 ans et une valeur de récupération négligeable. Les coûts annuels d'exploitation et d'entretien seront d'environ 250 000 $. En supposant un taux d'intérêt annuel réel de 10 % et des flux monétaires mensuels, quelle devrait être la facture d'eau mensuelle minimale de chaque ménage ?

6.29 Un fournisseur d'électricité envisage la construction d'une centrale géothermique de 50 mégawatts qui produira de l'électricité à partir des eaux chaudes de nappes souterraines. Le système géothermique binaire occasionnera des coûts de construction de 85 millions de dollars et des coûts d'exploitation annuels de 6 millions de dollars (ce qui inclut l'effet de l'impôt sur le revenu). (Les coûts du combustible sont négligeables si on les compare à ceux d'une centrale à combustible fossile traditionnelle.) La centrale géothermique a une vie économique de 25 ans. Après cette période, la valeur de récupération estimative sera presque identique au coût de déménagement de la centrale. La centrale sera en exploitation dans une proportion de 70 % par année (taux d'utilisation), ou 70 % de 8 760 heures par année. Si le TRAM de l'entreprise est de 14 % par année, déterminez le coût de production de l'électricité par kilowattheure.

6.30 On rattache les éléments de coût suivants à un avion d'affaires de 20 sièges :

POSTE	COÛT
Coût initial	12 000 000 $
Durée de vie	15 ans
Valeur de récupération	2 000 000 $
Salaires annuels de l'équipage	225 000 $
Coût du combustible par kilomètre	0,67 $
Taxe d'atterrissage	250 $
Frais annuels d'entretien	237 500 $
Frais annuels d'assurance	166 000 $
Frais de commissariat de bord par voyage	75 $

Le transporteur aérien assure la correspondance Montréal-Londres trois fois par semaine, à raison de 5 200 kilomètres par trajet. Combien de passagers devra-t-il transporter en moyenne à chaque voyage aller-retour pour justifier l'utilisation de l'avion si le billet aller-retour en première classe coûte 4 300 $? Le TRAM de l'entreprise est de 15 %.

6.31 Un courant électrique continu de 2 000 ampères doit être transmis d'une centrale électrique jusqu'à un poste situé à une distance de 60 mètres. On peut installer, au coût de 13 $ par kilogramme, des conducteurs en cuivre dont la durée de vie estimative est de 25 ans et la valeur de récupération, de

2,17 $ le kilogramme. La perte de puissance dans chaque conducteur sera inversement proportionnelle à la surface du conducteur et peut être exprimée par $\dfrac{41,378}{A}$ kilowatts, où A est donnée en centimètres carrés. Le coût de l'électricité est de 0,0825 $ par kilowattheure, le taux d'intérêt est de 11 % et la densité du cuivre est de 8 894 kg/m³.

a) Calculez la surface optimale du conducteur.

b) Calculez le coût annuel équivalent total pour la valeur obtenue en a).

c) Tracez la courbe des deux facteurs de coût et du coût total en fonction de la surface A, et commentez l'effet de l'augmentation du coût de l'électricité sur la surface optimale calculée en a).

6.32* La société de camionnage Continental envisage le remplacement d'un chariot élévateur d'une capacité de 500 kilogrammes. Ce véhicule a été acheté il y a trois ans au coût de 15 000 $. Il s'agit d'un chariot élévateur à moteur diesel dont la durée de vie utile initialement prévue était de 8 ans, sans valeur de récupération à la fin de cette période. Ce véhicule n'est pas fiable et doit souvent être mis hors service pour être réparé. Les dépenses d'entretien ont augmenté de façon constante et s'élèvent actuellement à environ 3 000 $ par année. L'entreprise pourrait vendre le véhicule 6 000 $. Si elle le conserve, elle devra procéder immédiatement à une révision de 1 500 $ pour qu'il demeure en état de fonctionner. Cette révision ne prolongera ni

la durée de vie initialement prévue ni la valeur du chariot élévateur. Les coûts d'exploitation annuels revus, le coût de la révision et les valeurs marchandes pour les 5 prochaines années sont estimés comme suit :

n	COÛTS D'E&E	DÉPRÉCIATION	RÉVISION	VALEUR MARCHANDE
−3				
−2		3 000 $		
−1		4 800		
0		2 880	1 500 $	6 000 $
1	3 000 $	1 728		4 000
2	3 500	1 728		3 000
3	3 800	864		1 500
4	4 500	0		1 000
5	4 800	0	5 000	0

Durant la cinquième année, on prévoit une augmentation marquée des coûts, attribuable à la nouvelle révision qui sera nécessaire pour maintenir le véhicule en état de marche. Le TRAM de l'entreprise est de 15 %.

a) Si l'entreprise vend le chariot élévateur maintenant, quel sera son coût irrécupérable ?

b) Quel est le coût d'opportunité si elle ne remplace pas le véhicule maintenant ?

c) Quel est le coût annuel équivalent de propriété et d'exploitation du véhicule pendant 2 années additionnelles ?

d) Quel est le coût annuel équivalent de propriété et d'exploitation du véhicule pendant 5 ans ?

6.33 L'atelier d'usinage Halifax envisage de remplacer une de ses machines commandées par ordinateur par un nouveau modèle plus efficace. L'entreprise a acheté la machine actuelle il y a 10 ans au prix de 135 000 $. Sa vie économique prévue était de 12 ans au moment de l'achat et sa valeur de récupération était estimée à 12 000 $ à la fin de cette période. La valeur de récupération estimée au départ est encore valable, et la machine possède une vie économique résiduelle de 2 ans. Halifax peut la vendre maintenant 30 000 $ à une autre entreprise du même secteur. Elle pourra ensuite acheter une nouvelle machine au coût installé de 165 000 $. La vie économique estimative de la nouvelle machine est de 8 ans. Les dépenses d'exploitation devraient diminuer de 30 000 $ par année pendant la vie économique de 8 ans. À la fin de cette période, sa valeur de récupération est estimée à 5 000 $ seulement. L'entreprise a un TRAM de 12 %.

a) Si l'entreprise conserve sa machine actuelle, quel est le coût d'opportunité (investissement) associé à la conservation de cette immobilisation ?

b) Calculez les flux monétaires associés à la conservation de la machine actuelle entre la première et la deuxième année.

c) Calculez les flux monétaires associés à l'achat de la nouvelle machine entre la première et la huitième année (en utilisant le concept du coût d'opportunité).

d) Si l'entreprise a besoin de ces machines pendant une période indéfinie et qu'aucune amélioration technologique n'est prévue, quelle décision doit-elle prendre ?

6.34 Air Liberté, une compagnie aérienne régionale, envisage le remplacement de l'une de ses machines de chargement des bagages par un nouveau modèle plus efficace.

- La machine actuelle possède une vie économique résiduelle de 5 ans. Elle n'aura aucune valeur de récupération à la fin de cette période, mais l'entreprise peut la vendre maintenant 10 000 $ à une autre entreprise du même secteur.

- La nouvelle machine de chargement des bagages coûte 120 000 $ et possède une vie économique estimative de 7 ans. Sa valeur de récupération est estimée à 30 000 $ et elle permettra des économies sur les coûts de l'électricité, de la main-d'œuvre et des réparations tout en réduisant la quantité de bagages endommagés. Globalement, des économies annuelles de 50 000 $ seront réalisées si la nouvelle machine est installée. Le TRAM de l'entreprise est de 15 %. Au moyen de la méthode du coût d'opportunité :

a) Calculez l'investissement initial requis pour la nouvelle machine.

b) Quels sont les flux monétaires pour le défenseur entre la première et la cinquième année ?

c) La compagnie aérienne devrait-elle acheter la nouvelle machine ?

6.35 Paris Médico a acheté une machine de traitement numérique des images il y a 3 ans au coût de 50 000 $. La machine avait une durée de vie estimative de 8 ans au moment de l'achat et une valeur de récupération de 5 000 $ à la fin de cette période. Cette machine est maintenant trop lente pour répondre à l'augmentation de la demande, et la direction envisage de la remplacer par une nouvelle machine qui coûte 75 000 $, installation comprise. Pendant sa durée de vie de 5 ans, cette machine réduira les dépenses d'exploitation de 30 000 $ par année, mais n'aura aucun effet sur les ventes. À la fin de sa vie utile, elle n'aura aucune valeur de récupération. La machine actuelle peut être vendue 10 000 $ aujourd'hui. Le taux d'intérêt de l'entreprise aux fins de la justification du projet est de 15 %. L'entreprise prévoit qu'aucune machine supérieure (autre que l'aspirant actuel) ne sera offerte avant 5 ans. Si on suppose que la vie économique de la nouvelle machine et la vie résiduelle de la machine actuelle sont de 5 ans :

a) Déterminez les flux monétaires associés à chaque option (conserver le défenseur ou acheter l'aspirant).

b) L'entreprise devrait-elle remplacer le défenseur maintenant ?

6.36 La société de fabrication Northwest fabrique actuellement un de ses produits avec une presse à emboutir hydraulique. Le coût unitaire de ce produit est de 12 $, et au cours de l'année passée, 3 000 unités ont été produites et vendues 19 $ chacune. On prévoit que la demande et le prix unitaire de ce produit demeureront stables (3 000 unités par année et 19 $ l'unité). La machine actuelle a une durée de vie utile résiduelle de 3 ans. Elle pourrait être ven-

due 5 500 $ sur le marché libre. Dans 3 ans, sa valeur de récupération estimative sera de 1 200 $. La nouvelle machine coûte 36 500 $, et le coût unitaire de fabrication du produit est estimé à 11 $. Elle possède une vie économique estimative de 5 ans et une valeur de récupération de 6 300 $. Le TRAM approprié est de 12 %. L'entreprise ne prévoit aucune amélioration technologique significative et aura besoin de l'une de ces machines pendant une période indéfinie.

a) Calculez les flux monétaires pour la vie utile résiduelle, si l'entreprise décide de conserver sa machine actuelle.

b) Calculez les flux monétaires pour la vie économique, si l'entreprise décide d'acheter la nouvelle machine.

c) Devrait-elle faire cette acquisition maintenant ?

6.37* Une entreprise envisage le remplacement d'une machine qui sert à fabriquer du matériel d'emballage. Le coût installé de la nouvelle machine est de 31 000 $, et sa vie économique estimative est de 10 ans pour une valeur de récupération de 2 500 $. Les coûts d'exploitation sont prévus à 1 000 $ par année pendant toute sa durée de vie. La machine actuelle a coûté 25 000 $ il y a 4 ans, et, au moment de l'achat, sa durée de vie (durée physique) était estimée à 7 ans et sa valeur de récupération à 5 000 $. Cette machine a une valeur marchande actuelle de 7 700 $. Si l'entreprise la conserve, ses valeurs marchandes révisées et ses coûts d'exploitation pour les 4 prochaines années seront les suivants :

n	VALEUR MARCHANDE	COÛTS D'EXPLOITATION
0	7 700 $	
1	4 300	3 200 $
2	3 300	3 700
3	1 100	4 800
4	0	5 850

Le TRAM de l'entreprise est de 12 %.

a) D'après les valeurs marchandes révisées et les coûts d'exploitation prévus pour les 4 prochaines années, déterminez la vie économique résiduelle de la machine actuelle.

b) Déterminez s'il est économique de procéder maintenant au remplacement.

6.38 Une machine coûte 10 000 $. Les valeurs de récupération et les coûts d'exploitation annuels associés à sa vie utile sont les suivants :

n	VALEUR DE RÉCUPÉRATION	COÛTS D'EXPLOITATION
1	5 300 $	1 500 $
2	3 900	2 100
3	2 800	2 700
4	1 800	3 400
5	1 400	4 200
6	600	4 900

a) Déterminez la vie économique si le TRAM est de 15 %.

b) Déterminez la vie économique si le TRAM est de 28 %.

6.39 Pour les données suivantes :

$$I = 20\ 000\ \$$$
$$S_n = 12\ 000 - 2\ 000n$$
$$E\&E_n = 3\ 000 + 1\ 000\ (n - 1),$$

où I = prix d'achat de l'immobilisation

S_n = valeur marchande à la fin de l'année n

$E\&E_n$ = coûts d'exploitation et d'entretien pendant l'année n.

a) Déterminez la vie économique si $i = 10 \%$.

b) Déterminez la vie économique si $i = 25 \%$.

c) Si $i = 0$: déterminez la vie économique de façon mathématique (par la technique de calcul différentiel et intégral servant à trouver le point minimal que nous avons décrite dans ce chapitre).

6.40 Un service de curriculum vitæ vient d'investir 8 000 $ dans un nouveau système d'édition électronique. Le propriétaire sait par expérience que les revenus après impôt de ce système seront les suivants :

$$A_n = 8\ 000\ \$$$
$$\quad - 4\ 000\ \$(1 + 0,15)^{n-1}$$
$$S_n = 6\ 000\ \$(1 - 0,3)^n$$

où A_n représente les flux monétaires nets après impôt associés à l'exploitation du système pendant la période n, et S_n représente la valeur de récupération après impôt à la fin de la période n.

a) Si le TRAM de l'entreprise est de 12 %, calculez la vie économique du système d'édition électronique.

b) Expliquez comment la vie économique varie en fonction du taux d'intérêt.

6.41 On doit acheter une machine spécialisée au coût de 15 000 $. Le tableau suivant présente les coûts d'exploitation et d'entretien annuels prévus et les valeurs de récupération pour chaque année de service :

n	COÛTS D'E&E	VALEUR MARCHANDE
1	2 500 $	12 000 $
2	3 200	8 100
3	5 300	5 200
4	6 500	3 500
5	7 800	0

a) Si le taux d'intérêt est de 10 %, quelle est la vie économique de cette machine ?

b) Refaites le calcul proposé en a) pour $i = 15 \%$.

6.42* La compagnie électronique Quintana envisage l'achat d'un nouveau robot soudeur qui effectuera les tâches exécutées actuellement par une machine moins efficace. Le prix de la nouvelle machine est de 150 000 $, livraison et installation comprises. Un ingénieur industriel de Quintana estime que la nouvelle machine permettra de réaliser chaque année des économies de 30 000 $ sur la main-d'œuvre et d'autres coûts directs, comparativement à la machine actuelle. Il prévoit que la durée de vie économique de la machine proposée est de 10 ans, sans valeur de récupération. La machine actuelle est en bon état de marche et fonctionnera pendant au moins 10 ans encore. Quintana utilise un taux d'actualisation de 10 % aux fins de l'analyse.

a) Si la machine actuelle n'a aucune valeur marchande actuelle, l'entreprise devrait-elle acheter la nouvelle machine ?

b) Supposons que la nouvelle machine ne fera économiser que 15 000 $ par année, mais que sa vie économique sera de 12 ans. Si les autres conditions décrites en a) s'appliquent, l'entreprise devrait-elle acheter la machine proposée ?

6.43 Quintana a décidé d'acheter la machine décrite dans le problème 6.42 (appelée ci-après « modèle A »). Deux ans ont passé et une meilleure machine (appelée « modèle B ») arrive sur le marché et rend le modèle A complètement désuet, sans valeur de revente. Le modèle B coûte 300 000 $, livraison et installation comprises, mais il permettra des économies annuelles de seulement 75 000 $ de plus que les coûts d'exploitation du modèle A. La vie économique estimative du modèle B est de 10 ans, sans valeur de récupération. Le taux d'intérêt est de 10 %.

a) Que devrait faire l'entreprise ?

b) Si elle décide d'acheter le modèle B, on doit conclure qu'une erreur a été commise, car elle se débarrasse d'une bonne machine achetée il y a 2 ans seulement. Comment a-t-elle pu commettre cette erreur ?

6.44 On a acheté il y a 4 ans une poinçonneuse clés en main spéciale au coût de 20 000 $. Au moment de l'achat, la vie utile estimative de la machine était de 10 ans et sa valeur de récupération était de 3 000 $, pour un coût de mise au rencart de 1 500 $. Ces estimations sont encore exactes. La machine occasionne des coûts d'exploitation annuels de 2 000 $. Une nouvelle machine plus efficace réduirait les coûts d'exploitation à 1 000 $, mais nécessiterait un investissement de 20 000 $ plus 1 000 $ pour l'installation. La vie utile de la nouvelle machine est estimée à 12 ans et sa valeur de récupération est de 2 000 $ avec un coût de mise au rencart de 1 500 $. Un acheteur a offert 6 000 $ pour la machine actuelle et propose de payer les frais de déménagement. Déterminez s'il est économiquement plus avantageux de remplacer cette machine ou de la conserver. Énoncez toutes les hypothèses que vous faites. (On suppose que le TRAM est de 8 %.)

6.45 Un défenseur de 5 ans dont la valeur marchande actuelle est de 4 000 $ a occasionné des dépenses de 3 000 $ cette année. Ces coûts d'exploitation augmenteront de 1 500 $ par année. On estime que ses valeurs marchandes diminueront de 1 000 $ par année. Supposons que la vie économique du défenseur est de 3 ans. L'aspirant coûte 6 000 $ et occasionne des coûts annuels d'exploitation et d'entretien de 2 000 $, augmentant de 1 000 $ chaque année. Cette machine a une vie économique de 3 ans, et une valeur de récupération prévue de 2 000 $ à la fin de cette période. Le TRAM est de 15 %.

a) Déterminez les flux monétaires annuels associés à la conservation de la machine actuelle pendant 3 ans.

b) Déterminez s'il faut remplacer maintenant la machine actuelle. Construisez d'abord les flux monétaires annuels pour l'aspirant.

6.46 La société Greenleaf envisage l'achat d'un nouvel ensemble de fourreaux à air comprimé/électriques pour remplacer l'ensemble actuel, devenu désuet. Les fourreaux actuellement utilisés n'ont aucune valeur marchande, mais sont en bon état de marche et ont une vie physique résiduelle d'au moins 5 ans. Les nouveaux fourreaux fonctionneront avec une telle efficacité que les ingénieurs de Greenleaf estiment que leur installation diminuera de 3 000 $ par année les coûts liés à la main-d'œuvre et aux matériaux ainsi que les autres coûts directs. Les nouveaux fourreaux coûtent 10 000 $, livraison et installation comprises, et leur vie économique est estimée à 5 ans, sans valeur de récupération. Le TRAM de l'entreprise est de 10 %. On doit comparer les deux options sur une période de 5 ans.

a) Quel est l'investissement requis pour conserver la machine actuelle ?

b) Calculez le flux monétaire qu'il faut utiliser pour analyser chaque option.

c) Si l'entreprise utilise le critère du taux de rendement interne, devrait-elle acheter la nouvelle machine ?

6.47   La compagnie d'éclairage Wu songe à remplacer une vieille perceuse verticale plutôt inefficace achetée il y a 7 ans au coût de 10 000 $. La vie utile estimative de cette machine avait été fixée à 12 ans, sans valeur de récupération à la fin de cette période. Sa valeur marchande actuelle est de 2 000 $. Le chef de division indique qu'on peut acheter et installer une nouvelle machine au coût de 12 000 $; pendant sa durée de vie de 5 ans, cette machine augmentera les ventes de 10 000 à 11 500 $ par année et devrait réduire suffisamment la main-d'œuvre et les matières premières nécessaires pour que les coûts d'exploitation annuels passent de 7 000 à 5 000 $. La nouvelle machine a une valeur de récupération prévue de 2 000 $ à la fin de sa vie économique de 5 ans. Le TRAM de l'entreprise est de 15 %. On doit comparer les deux options sur une période de 5 ans.

a) Devrait-on acheter la nouvelle machine maintenant ?

b) Quel prix d'achat rendrait les deux options équivalentes ?

6.48   La société Robotique 3000 doit décider s'il lui faut remplacer son système actuel de commutation d'appels, qui est utilisé au siège social depuis 10 ans. Ce système a été installé au coût de 100 000 $, et on estimait sa durée de vie à 15 ans, sans valeur de récupération notable. Les coûts d'exploitation annuels actuels sont de 20 000 $, et ils demeureront constants pendant la vie utile résiduelle du système. Un représentant des ventes de Bell Centre-Nord essaie de vendre à l'entreprise un système de commutation informatisé. L'installation de ce nouveau système coûtera 200 000 $. Sa vie économique est estimée à 10 ans, avec une valeur de récupération de 18 000 $. Il réduira les coûts d'exploitation annuels à 5 000 $. Aucune entente détaillée n'a été conclue avec le représentant des ventes au sujet de la mise au rencart du système actuel. Déterminez quelle fourchette des valeurs de revente pour le système actuel justifierait l'installation du nouveau système si le TRAM est de 14 %.

6.49   Il y a cinq ans, on a installé un convoyeur dans une usine de fabrication au coût de 35 000 $. On avait alors estimé que ce système, qui est encore en bon état de marche, aurait une vie utile de 8 ans et une valeur de récupération de 3 000 $. Si l'entreprise continue d'utiliser ce convoyeur, ses valeurs marchandes et ses coûts d'exploitation prévus pour les 3 prochaines années seront les suivants.

n	VALEUR MARCHANDE	COÛTS D'EXPLOITATION
0	8 000 $	
1	5 200	6 000 $
2	3 500	7 000
3	1 200	10 000

Pour 43 500 $, on peut installer un nouveau système dont la vie économique estimative est de 10 ans et la valeur de récupération, de 3 500 $. Les coûts d'exploitation prévus sont de 1 500 $ par année pendant toute la durée de vie. Le TRAM de l'entreprise est de 18 %.

a) Décidez s'il faut remplacer maintenant le système actuel.

b) Si on ne le remplace pas maintenant, quand devrait-on le faire?

6.50 Une entreprise fabrique actuellement des produits chimiques dans une usine installée il y a 10 ans au coût de 100 000 $. On estimait alors que le procédé utilisé aurait une vie utile de 20 ans, sans valeur de récupération. La valeur marchande actuelle du matériel est de 60 000 $, et sa vie économique n'a pas changé. Les coûts d'exploitation annuels associés à ce procédé sont de 18 000 $. Un représentant des ventes d'Instruments Nordiques propose de vendre à l'entreprise un nouveau procédé de fabrication de composés chimiques. Ce nouveau procédé coûte 200 000 $, sa vie économique est de 10 ans et sa valeur de récupération, de 20 000 $. Il réduira les coûts d'exploitation annuels à 4 000 $. Si l'entreprise cherche un rendement de 12 % sur ses investissements, devrait-elle investir dans ce nouveau procédé?

6.51 Il y a 8 ans, on a acheté un tour au coût de 45 000 $. Ses dépenses d'exploitation étaient de 8 700 $ par année. Un fournisseur de matériel offre une nouvelle machine qui coûte 53 500 $. Il propose une remise de 8 500 $ pour l'ancienne machine à l'achat de la nouvelle. La machine actuelle a une durée de vie résiduelle de 5 ans. La vie économique de la nouvelle machine est de 5 ans et sa valeur de récupération, de 12 000 $. Ses coûts d'exploitation et d'entretien sont estimés à 4 200 $ pour la première année, et augmenteront de 500 $ par année subséquente. Le TRAM de l'entreprise est

de 12 %. Quelle option recommanderiez-vous?

6.52 L'agence Orléans Taxi vient d'acheter une nouvelle flotte de modèles 1999. Chaque taxi neuf a coûté 25 000 $. L'entreprise sait par expérience que les revenus après impôts générés par taxi seront les suivants:

$$A_n = 32\ 900\ \$$$
$$\quad - 15\ 125\ (1 + 15\ \%)^{n-1}$$
$$S_n = 25\ 000\ \$(1 - 0,35)^n$$

où A_n représente les flux monétaires d'exploitation nets après impôt pendant la période n et S_n représente la valeur de récupération après impôt à la fin de la période n. La direction considère le processus de remplacement comme un cycle constant et infini.

a) Si le TRAM de l'entreprise est de 10 %, et qu'aucun changement technologique et fonctionnel important n'est prévu pour les futurs modèles, quelle est la période optimale (cycle de remplacement constant) pour remplacer les taxis?

b) Quel est le taux de rendement interne d'un taxi si on cesse de l'utiliser à la fin de sa vie économique? Quel est le taux de rendement interne d'une séquence de taxis identiques si chaque taxi de la séquence est remplacé au moment optimal?

6.53 Il y a 4 ans, on a acheté une étuve discontinue industrielle au coût de 23 000 $. Si on la vend maintenant, elle rapportera 2 000 $. Si on la vend à la fin de l'année, elle rapportera 1 500 $. Sa valeur de récupération pour les années subséquentes diminuera de 20 % par année. Les coûts d'exploitation annuels sont constants (3 800 $). Cependant, la durée physique du défenseur est de 5 ans. Une nouvelle machine coûte 50 000 $ et possède une vie économique de 12 ans avec une valeur de récupération de 3 000 $. Ses coûts d'exploitation seront de 3 000 $ à la fin de chaque année si l'on tient compte des économies annuelles de 6 000 $ attribuables à l'amélioration de la qualité. Si le TRAM de l'entreprise est de 10 %, devrait-on acheter la nouvelle machine maintenant ?

6.54   Céramiques Julien utilise depuis 10 ans un pulvérisateur automatique de vernis. L'appareil peut servir pendant 10 ans encore et n'aura aucune valeur de récupération à la fin de cette période. Ses coûts d'exploitation et d'entretien annuels s'élèvent à 15 000 $. Étant donné l'augmentation des ventes, il faut acheter un nouveau pulvérisateur.

- Option 1 : L'entreprise conserve le pulvérisateur actuel et achète pour la somme de 48 000 $ un nouveau pulvérisateur à petite capacité dont la valeur de récupération sera de 5 000 $ dans 10 ans. Le nouveau pulvérisateur occasionnera des coûts d'exploitation et d'entretien annuels de 12 000 $.

- Option 2 : L'entreprise vend le pulvérisateur actuel et achète un nouveau pulvérisateur à grande capacité pour la somme de 84 000 $. La valeur de récupération du nouveau pulvérisateur sera de 9 000 $ dans 10 ans et ses coûts d'exploitation et d'entretien annuels seront de 24 000 $. La valeur marchande actuelle du pulvérisateur est de 6 000 $.

Quelle option devrait-on choisir si le TRAM est de 12 % ?

6.55   Une machine commandée par ordinateur âgée de 6 ans a coûté 8 000 $ et possède une valeur marchande actuelle de 1 500 $. Si son propriétaire la conserve pendant les 5 prochaines années, ses coûts d'exploitation et d'entretien et sa valeur de récupération prévus seront les suivants :

| | COÛTS D'E&E | | |
| | EXPLOITATION ET RÉPARATIONS | RETARDS CAUSÉS PAR LES PANNES | VALEUR DE RÉCUPÉ-RATION |
n			
1	1 300 $	600 $	1 200 $
2	1 500	800	1 000
3	1 700	1 000	500
4	1 900	1 200	0
5	2 000	1 400	0

On propose de remplacer cette machine par un nouveau modèle mieux conçu coûtant 6 000 $. On croit que cet achat éliminera complètement les pannes et les coûts qui en découlent, et que les coûts d'exploitation et de réparation diminueront de 200 $ par année. On suppose que l'aspirant a une vie économique de 5 ans et une valeur de récupération finale de 1 000 $. Le TRAM de l'entreprise est de 12 %. Devrait-on remplacer la machine maintenant ?

6.56* Les coûts annuels équivalents après impôt associés à la conservation d'un défenseur pendant 4 ans (durée physique) ou à l'exploitation de son aspirant pendant 6 ans (durée physique) sont donnés ci-après.

Si l'entreprise a besoin de ces machines pendant les 10 prochaines années seulement, quelle est la meilleure stratégie de remplacement? On suppose que le TRAM est de 12 % et qu'il n'y aura aucune amélioration technologique pour les futurs aspirants.

n	DÉFENSEUR	ASPIRANT
1	−3 200 $	−5 800 $
2	−2 500	−4 230
3	−2 650	−3 200
4	−3 300	−3 500
5		−4 000
6		−5 500

6.57 Les coûts annuels équivalents après impôt associés à la conservation d'un défenseur pendant 4 ans (durée physique) ou à l'exploitation de son aspirant pendant 6 ans (durée physique) sont les suivants. Les chiffres encadrés représentent l'AE maximale pendant la durée de vie économique.

n	DÉFENSEUR	ASPIRANT
1	13 400 $	12 300 $
2	13 500	13 000
3	13 800	13 600
4	13 200	13 400
5		13 000
6		12 500

Si l'entreprise a besoin de ces machines pendant les 8 prochaines années seulement, quelle est la meilleure stratégie de remplacement? On suppose que le TRAM est de 12 % et qu'il n'y aura aucune amélioration technologique pour les futurs aspirants.

6.58 Une immobilisation qui a coûté 16 000 $ il y a 2 ans possède une valeur marchande actuelle de 12 000 $, avec une valeur de récupération prévue de 2 000 $ à la fin de sa vie économique résiduelle de 6 ans; elle entraîne des coûts d'exploitation annuels de 4 000 $. On envisage de la remplacer par une nouvelle immobilisation qui coûte 10 000 $ et dont la valeur de récupération prévue est de 4 000 $ à la fin de sa vie économique de 5 ans et dont les coûts d'exploitation annuels sont de 2 000 $. On suppose que la nouvelle immobilisation pourra être remplacée dans 3 ans par un autre modèle identique en tous points et que sa valeur de récupération sera alors de 5 000 $.

a) Si, pour un TRAM de 11 % et un horizon de planification de 6 ans, on calcule la valeur actualisée, déterminez si l'immobilisation actuelle devrait être remplacée par la nouvelle.

b) Reprenez l'énoncé en a) en utilisant le critère de l'AE.

Niveau 3

6.59* Les ingénieurs en mécanique automobile de Ford envisagent d'utiliser la technique de soudure au laser afin de découper un flan pour un cadre de pare-brise (voir ci-dessous). Ils croient que, comparativement aux flans de tôle traditionnels, les flans soudés par cette technique engendreront les économies substantielles suivantes :

1. Réduction des déchets grâce à un meilleur emboîtement de la pièce sur la feuille.

2. Récupération des déchets (rognures de soudure utilisées pour former un plus grand flan utilisable).

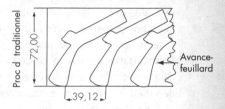

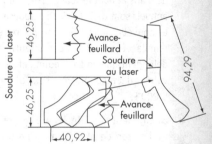

Utilisation d'un flan soudé au laser permettant une réduction des déchets lors de la fabrication d'un flan pour un cadre de pare-brise

Pour un volume annuel de 3 000 flans, les ingénieurs de Ford ont calculé les données financières suivantes :

DESCRIPTION	MÉTHODE DE DÉCOUPAGE	
	TRADITION-NELLE	SOUDURE AU LASER
Poids par flan (kg par pièce)	63,764	34,870
Coût de l'acier par pièce	14,98 $	8,19 $
Transport par pièce	0,67 $	0,42 $
Découpage par pièce	0,50 $	0,40 $
Investissement dans la matière	106 480 $	83 000 $

La technique de soudure au laser promet d'importantes économies, et les ingénieurs de Ford envisagent de l'adopter. Puisqu'ils n'ont aucune expérience de cette technique, ils ignorent si la fabrication du cadre de pare-brise en usine est une bonne stratégie pour le moment. Pour ce cadre, il pourrait être moins coûteux d'utiliser les services d'un fournisseur qui possède l'expérience et la machinerie de soudure au laser requises. Le manque de compétences de Ford en matière de soudure au laser risque en effet de retarder de 6 mois l'atteinte du volume de production visé. D'un autre côté, si Ford engage un sous-traitant, elle ne peut qu'espérer que les problèmes de main-d'œuvre de ce fournisseur ne nuiront pas à la production de ses pièces. La décision de fabriquer ou d'acheter repose sur deux facteurs : le montant de l'investissement requis pour adopter la soudure au laser et l'éventualité que des machines additionnelles soient requises pour de futurs produits. Pour une période d'analyse de 10 ans et un taux d'intérêt de 16 %, recommandez la meilleure stratégie. Supposez également que la valeur de récupération après 10 ans n'est pas significative pour les deux options. Si Ford envisage l'option de la sous-traitance, quelle sera la fourchette acceptable de coûts unitaires proposés par le fournisseur ?

6.60 En 1993, Chevron Overseas Petroleum inc. a conclu une entente de coentreprise avec la République du Kazakhstan, une ancienne république de l'URSS, afin d'exploiter le gigantesque champ pétrolifère de Tengiz[5]. Malheureusement, le rude climat de la région empêche un écoulement continu du pétrole. Le pétrole brut atteint la surface à 46 °C. Même si les oléoducs sont isolés, à mesure que le pétrole est acheminé du puits jusqu'au site de traitement, des sels d'hydrate commencent à précipiter de la phase liquide à mesure que le pétrole refroidit. Ces sels d'hydrate créent des conditions dangereuses car ils obstruent l'oléoduc.

Pour prévenir l'élévation de la pression de condensation, on injecte du méthanol (CH_3OH) dans le pétrole circulant. Cette substance permet au pétrole de continuer à s'écouler et empêche les sels d'hydrate de précipiter de la phase liquide. Le système actuel de chargement et d'entreposage du méthanol à commande manuelle n'offre aucune protection contre les incendies et comprend un réservoir qui se détériore rapidement et provoque des fuites. Ce système a besoin d'importantes réparations et mises à niveau. Les réservoirs de stockage rouillent et leurs joints rivetés ne sont pas étanches. De plus, les débordements sont fréquents. Le système n'est pas à l'épreuve des incendies car il n'y a pas d'eau sur le site.

L'entrepôt actuel est en service depuis 5 ans. En vertu du permis d'exploitation accordé, il faut procéder à des mises à niveau pour le rendre conforme aux normes minimales acceptables du Kazakhstan. Ces mises à niveau, qui coûtent 104 000 $, prolongeront d'en 10 ans la durée de vie de l'installation actuelle. Cependant, elles n'élimineront pas entièrement les fuites. Les pertes attribuables aux débordements et aux fuites sont estimées à 5 000 $ par année. Les coûts d'exploitation annuels prévus sont de 36 000 $.

On propose comme solution de rechange un nouveau système de stockage du méthanol conforme aux pratiques minimales acceptables de l'industrie pétrolière mondiale. Il coûtera 325 000 $ et durera environ 12 ans avant qu'une révision majeure soit nécessaire. Puisque ce système plus étroitement contrôlé réduira les risques de fuites, de débordements et de pertes par évaporation, on prévoit que ses coûts d'exploitation annuels seront de 12 000 $. Cependant, on croit que l'évolution de la technologie de transbordement du pétrole sera telle que le méthanol ne sera plus nécessaire dans 10 ans. Les nouveaux systèmes de chauffage et d'isolation des oléoducs n'auront pas besoin de méthanol et le système deviendra désuet.

a) Supposons que les réservoirs de stockage (nouveaux ou mis à niveau) n'auront aucune valeur de récupération à la fin de leur vie utile (si l'on tient compte des coûts de mise au rencart). Si le taux d'intérêt de Chevron est de 20 % pour les projets à l'étranger, quelle option constituera le meilleur choix ?

b) Cette décision changera-t-elle si l'on tient compte du danger que représentent pour l'environnement les débordements (coûts de nettoyage) et l'évaporation du produit ?

---

5. Exemple fourni par M. Joel M. Heiglit de la société Chevron Oil.

6.61 La menuiserie National fabrique des cadres de fenêtre et envisage le remplacement de son système de fabrication traditionnel par un système flexible car elle ne peut plus produire assez rapidement pour répondre à la demande. Elle doit résoudre les problèmes de fabrication suivants :

- On prévoit que le système actuel pourra servir pendant 5 ans encore, mais que ses coûts d'exploitation annuels seront de 105 000 $, ce qui comprend les réparations et l'entretien, la disposition, l'entreposage et les salaires des opérateurs, et qu'ils augmenteront de 10 000 $ par année à mesure que les pièces se feront plus rares. La valeur marchande actuelle du système est de 140 000 $.

Le système proposé devrait réduire ou éliminer le temps de mise en route, et chaque fenêtre pourra être fabriquée selon les spécifications du client. Les clients téléphoneront au siège social pour donner leur commande, qui sera entrée dans le système informatique de l'entreprise. Ces détails seront ensuite transmis aux ordinateurs de la section de fabrication, elle-même branchée à un ordinateur qui commandera le système proposé. Ce système éliminera l'espace d'entreposage et la manutention nécessaires avec le système traditionnel actuel.

Avant d'installer le nouveau système, il faudra déménager l'ancien matériel, ce qui coûtera 100 000 $. Ce coût comprend les modifications électriques nécessaires pour installer le nouveau système. Le système flexible coûtera 1 200 000 $. Sa vie économique estimative est de 10 ans, et sa valeur de récupération prévue est de 120 000 $. Les styles de fenêtre ont peu changé au cours des dernières décennies et devraient demeurer stables. Les économies annuelles totales seront de 664 243 $: 12 000 $ grâce à la réduction des défectuosités aux fenêtres, 511 043 $ découlant de la mise à pied de 13 travailleurs, 100 200 $ grâce à l'augmentation de la productivité et 41 000 $ découlant de l'élimination quasi totale de l'espace d'entreposage et de la manutention nécessaires. Les coûts de R&E ne seront que de 45 000 $, et augmenteront de 2 000 $ par année. Le TRAM de National est d'environ 15 %.

a) Quelles hypothèses faut-il poser pour comparer le système traditionnel au système flexible ?

b) D'après les hypothèses définies en a), devrait-on installer maintenant le système flexible ?

6.62 Lors de la production de pièces de bois de 2 × 4 et 2 × 6, des quantités importantes de bois sont présentes dans les dernières planches issues de la coupe initiale des rondins. Plutôt que de transformer les dernières planches en copeaux de bois pour la papeterie, on utilise une « déligneuse » pour récupérer plus de bois et réaliser des économies. La déligneuse est capable de récupérer le bois par l'une des trois méthodes suivantes : 1) élimination des bords inégaux, 2) découpage des dernières planches de grande dimension et 3) récupération de pièces de 2 × 4 à partir de pièces de 4 × 4 de qualité inférieure. Les ingénieurs de la compagnie Union pensent pouvoir réduire considérablement les coûts de production simplement en remplaçant la déligneuse actuelle par un nouveau modèle au laser.

Déligneuse actuelle : Elle a été mise en service il y a 12 ans. Toute valeur de récupération réalisée sera éliminée par le coût de mise au rencart de la machine. Il n'existe aucun marché pour cette machine désuète. Il faut deux opérateurs pour la faire fonctionner. Durant l'opération de coupe, un opérateur fait les réglages en se fiant uniquement à son jugement. Il ne dispose d'aucun moyen pour déterminer la dimension exacte du bois qu'il pourrait récupérer sur une dernière planche donnée et doit deviner quel réglage sera le plus approprié pour obtenir la meilleure pièce de bois. De plus, la déligneuse n'est pas en mesure de récupérer des pièces de 2 × 4 de bonne qualité à partir de pièces de 4 × 4 de qualité inférieure. Le défenseur peut rester en service pendant 5 années encore à condition qu'on l'entretienne adéquatement.

Valeur marchande actuelle	0 $
Valeur comptable actuelle	0
Coût d'entretien annuel	2 500 $ la première année, augmentant ensuite de 15 % par année
Coûts annuels d'E&E (main-d'œuvre et électricité)	65 000 $

Nouvelle déligneuse au laser : Ce nouveau modèle présente de nombreux avantages comparativement au défenseur. Il émet notamment des rayons laser qui indiquent à quel endroit il faut exécuter la coupe pour obtenir un rendement optimal. De plus, un seul opérateur peut le faire fonctionner, et les économies de salaires ainsi réalisées se traduiront par des coûts d'exploitation et d'entretien annuels de seulement 35 000 $. Les données pour l'aspirant sont les suivantes :

COÛT ESTIMATIF	
Matériel	35 700 $
Installation	21 500
Construction	47 200
Modification du convoyeur	14 500
Électricité (câblage)	16 500
Sous-total	135 400 $
Conception	7 000
Gestion de la construction	20 000
Dépenses imprévues	16 200
Total	178 600 $

Durée de vie utile de la nouvelle déligneuse	10 ans
Valeur de récupération Construction (démontage)	0 $
Matériel	10 % du coût initial
Coûts annuels d'E&E	35 000 $

Vingt-cinq pour cent du volume de production total de l'usine passe dans la déligneuse. On prévoit une amélioration du rendement de 12 % pour cette production, ce qui fera augmenter le volume total de $(0,25)(0,12) = 3 \%$, pour des économies annuelles de 57 895 $. Devrait-on remplacer le défenseur si le TRAM est de 16 % ?

6.63 Industries Rivera, un fabricant d'appareils de chauffage domestiques, envisage l'achat d'une machine perfectionnée, soit d'une presse à découper à tourelles Amada, pour remplacer son système actuel, composé de quatre vieilles presses. Actuellement, les quatre presses sont utilisées (selon diverses séquences adaptées au produit) pour fabriquer une composante d'un produit et seront réglées pour la production d'une nouvelle composante à une date ultérieure déjà fixée. Puisque les coûts de mise en route sont élevés, les cycles de production de chaque composante sont longs. Par conséquent, il faut stocker de grandes quantités d'une même composante pour parer aux mises en réserve prolongées qui surviennent lorsque d'autres produits sont fabriqués.

- Les quatre presses ont été achetées il y a 6 ans au coût de 100 000 $. L'ingénieure de fabrication prévoit que ces machines pourront fonctionner pendant 8 autres années, mais qu'elles n'auront aucune valeur de récupération par la suite. Leur valeur marchande actuelle est estimée à 40 000 $. Le coût moyen de mise en route, qui est déterminé par le nombre d'heures de travail requises multiplié par le taux horaire de fonctionnement des presses, est de 80 $ par heure, et le nombre de mises en route prévues par le service de contrôle de la production est de 200 par année. Le coût annuel de mise en route est donc de 16 000 $. Les coûts d'exploitation et d'entretien prévus chaque année pour la vie résiduelle des machines sont estimés comme suit :

n	COÛTS DE MISE EN ROUTE	COÛTS D'E&E
1	16 000 $	15 986 $
2	16 000	16 785
3	16 000	17 663
4	16 000	18 630
5	16 000	19 692
6	16 000	20 861
7	16 000	22 147
8	16 000	23 562

Estimés par l'ingénieure de fabrication d'après les données du fournisseur, ces coûts dénotent une réduction de l'efficacité et une augmentation des besoins d'entretien et de réparation.

- Le prix de la presse à tourelles Amada âgée de 2 ans est de 135 000 $. L'entreprise paiera en argent comptant en puisant dans son fonds d'investissement. Elle paiera également des frais d'installation de 1 200 $. Une dépense supplémentaire de 12 000 $ sera nécessaire pour remettre en état de marche cette presse. Cette remise en état prolongera sa vie économique de 8 ans. La presse n'aura ensuite aucune valeur de récupération. Les économies au comptant réalisées grâce à l'acquisition de cette presse sont attribuables à la réduction du temps de mise en route. Le coût moyen de mise en route de l'Amada est de 15 $, et on prévoit effectuer 1 000 mises en route par année, ce qui donne un coût de mise en route annuel de 15 000 $. La réduction du temps de mise en route permet des économies car elle réduit les coûts de propriété des stocks associés à ce niveau d'inventaire en diminuant le cycle de production et la quantité commandée. Le service de la comptabilité estime qu'on pourra économiser environ 36 000 $ par année en raccourcissant les cycles de production. Les coûts d'exploitation et d'entretien de l'Amada estimés par l'ingénieure de fabrication sont similaires, mais légèrement inférieurs aux coûts du système actuel.

n	COÛTS DE MISE EN ROUTE	COÛTS D'E&E
1	15 000 $	11 500 $
2	15 000	11 950
3	15 000	12 445
4	15 000	12 990
5	15 000	13 590
6	15 000	14 245
7	15 000	14 950
8	15 000	15 745

La diminution des coûts d'exploitation et d'entretien est attribuable à la différence d'âge entre les machines et à la consommation d'électricité inférieure de l'Amada.

- Si Rivera retarde de 1 an le remplacement des quatre presses actuelles, la presse Amada usagée ne sera plus disponible, et l'entreprise devra en acheter une neuve au coût installé de 200 450 $. Les coûts de mise en route prévus seront les mêmes que ceux de la machine usagée, mais les coûts d'exploitation et d'entretien annuels seront d'environ 10 % inférieurs aux coûts estimatifs pour la machine usagée. Les économies d'inventaire réalisées seront similaires. La vie économique prévue de la nouvelle presse sera de 8 ans, sans valeur de récupération. La valeur marchande du défenseur une année plus tard est estimée à 30 000 $.

Le TRAM de Rivera est de 12 %.

a) En supposant que Rivera a besoin d'une presse pendant une période indéfinie, que lui recommanderiez-vous ?

b) Si l'entreprise a besoin d'une presse pendant 5 ans encore seulement, que lui recommanderiez-vous ?

Chapitre 7

L'amortissement

Supposons que vous êtes un ingénieur en conception travaillant pour une entreprise qui fabrique des pièces d'automobile moulées sous pression. Pour améliorer la position concurrentielle de l'entreprise, la direction décide d'acheter un système de conception assistée par ordinateur doté de fonctions de modélisation de solides et d'intégration complète, avec des capacités avancées de simulation et d'analyse. Comme membre de l'équipe de conception, vous êtes enthousiaste à l'idée que, grâce à ce système de pointe, des opérations telles que la conception des moules pour moulage sous pression, l'évaluation des variations des produits et la simulation des conditions de traitement et d'utilisation pourront être accomplies avec une grande efficacité. En fait, plus vous y pensez, plus vous vous demandez pourquoi on n'a pas effectué cet achat plus tôt.

Réfléchissez maintenant aux répercussions du coût d'un tel système sur la situation financière de l'entreprise. À long terme, l'augmentation de la productivité des activités de conception, l'amélioration de la qualité des produits et la diminution des délais d'exécution promettent d'accroître sa richesse. À court terme, toutefois, le coût élevé du système aura une incidence négative sur son bénéfice net : en effet, les avantages qu'il offre ne permettront que graduellement à l'entreprise de récupérer l'investissement initial élevé qu'il nécessite.

Ce n'est pas tout. Avec le temps, ce système d'avant-garde s'usera inévitablement et, même si sa vie utile s'étend sur de nombreuses années, au fur et à mesure que ses composants physiques devront être remplacés, il en coûtera de plus en plus cher à l'entreprise pour lui conserver sa capacité élevée de fonctionnement. Autre considération plus importante encore : pendant combien de temps ce système demeurera-t-il le *nec plus ultra* ? Quand l'obsolescence transformera-t-elle en désavantage l'avantage concurrentiel tout juste acquis par l'entreprise ?

Alors même qu'elles fonctionnent et contribuent à la réalisation des projets d'ingénierie, les immobilisations corporelles perdent leur valeur : voilà une réalité à laquelle toute entreprise doit faire face. Cette perte de valeur, appelée **dépréciation**, peut être liée à la détérioration physique (ou usure) ou à la détérioration fonctionnelle (ou obsolescence).

La principale fonction de la **prise en charge par amortissement** consiste à rendre compte du coût des immobilisations corporelles de façon à refléter le déclin de leur valeur au fil du temps. Par exemple, le coût du système CAO décrit plus haut sera réparti sur plusieurs années dans les états financiers de l'entreprise, si bien qu'il y figurera à peu près aussi longtemps que se prolongera sa vie utile. Comme nous le verrons, la prise en charge par amortissement permet aux sociétés de stabiliser les états financiers présentés à leurs actionnaires et aux tiers.

Pour leur part, les ingénieurs doivent pouvoir évaluer l'incidence de l'amortissement des immobilisations corporelles sur la valeur de l'investissement nécessaire à un projet donné. Il leur faut donc prévoir la répartition des coûts en capital sur toute la durée du projet, exercice qui exige la compréhension des conventions et des techniques utilisées par les comptables pour amortir les éléments d'actif. Ce chapitre présente un survol de ces conventions et de ces techniques.

Nous commençons par expliquer les termes dépréciation et amortissement, en distinguant leur sens général de celui, apparenté mais différent, qu'on leur donne en comptabilité. Nous concentrons ensuite presque exclusivement notre attention sur les méthodes dont les comptables se servent pour calculer les dotations aux amortissements, de même que sur les règles et les lois qui régissent l'amortissement des immobilisations en vertu du régime fiscal du Canada. La connaissance de ces règles vous préparera à les appliquer à l'évaluation de l'amortissement des éléments d'actif acquis dans le cadre des projets d'ingénierie.

Pour finir, nous nous penchons sur la notion d'épuisement, qui est semblable à celle de la dépréciation, mais fait appel à des techniques spécialisées pour rendre compte de la réduction de la quantité de certaines ressources naturelles.

7.1 L'AMORTISSEMENT DES ACTIFS IMMOBILISÉS

Les **actifs immobilisés** ou **immobilisations corporelles**, comme les équipements et les biens immobiliers, sont des ressources économiques acquises en vue d'obtenir de futures rentrées d'argent. D'une manière générale, on peut définir la **dépréciation** comme la diminution graduelle de l'utilité des immobilisations corporelles à cause de l'usure et du temps. Bien que cette définition générale ne rende pas adéquatement les subtilités qu'une plus grande précision permettrait de saisir, elle offre un point de départ à l'étude des nombreuses idées et pratiques de base abordées dans ce chapitre. La figure 7.1 servira de guide pour comprendre les distinctions inhérentes à la définition des termes dépréciation et amortissement.

Figure 7.1
Types de dépréciation et d'amortissement

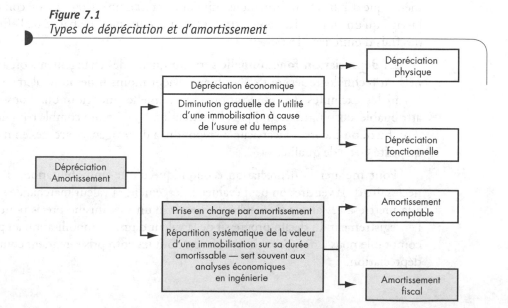

7.1.1 LA DÉPRÉCIATION ÉCONOMIQUE

Le présent chapitre traite principalement de l'amortissement pour dépréciation, grâce auquel l'entreprise obtient l'information nécessaire à l'évaluation de sa situation financière et au calcul de ses impôts. Toutefois, nous croyons utile de présenter aussi un bref examen des concepts économiques sur lesquels se fonde cette pratique. En cours de route, nous élaborerons une définition précise de la dépréciation économique grâce à laquelle nous pourrons faire la distinction entre la dépréciation et l'amortissement.

Si vous avez déjà possédé une voiture, vous connaissez probablement le terme dépréciation, qu'on utilise pour parler de la perte de valeur d'un véhicule (voir l'exemple 6.6). Comme la fiabilité et l'apparence d'une voiture diminuent habituellement avec le temps, sa valeur décroît d'année en année. Vous pouvez calculer la dépréciation économique de votre voiture en soustrayant sa valeur marchande actuelle du prix que vous avez payé pour l'acquérir. On peut définir la **dépréciation économique** comme suit :

Dépréciation économique = prix d'achat – valeur marchande

La dépréciation physique et la dépréciation fonctionnelle sont des types de dépréciation économique.

On peut définir la **dépréciation physique** d'un bien comme la réduction de sa capacité à fournir le service auquel il est destiné par suite d'une dégradation matérielle. Toute immobilisation corporelle est susceptible de subir une dépréciation physique pouvant prendre la forme 1) d'une détérioration consécutive à une interaction avec le milieu, y compris l'action d'agents comme la corrosion, la décomposition, de même que d'autres transformations chimiques, et 2) d'une détérioration consécutive à l'usage qu'on en fait. La dépréciation physique entraîne une baisse de l'efficacité et des frais d'entretien élevés.

La **dépréciation fonctionnelle** survient quand des changements organisationnels ou technologiques font qu'un bien devient moins utile ou totalement inutile. Parmi les exemples de dépréciation fonctionnelle, mentionnons l'obsolescence attribuable aux progrès techniques, l'atténuation d'un besoin comblé par l'utilisation d'un bien, ou encore, l'incapacité de répondre à des exigences accrues en matière de quantité et/ou de qualité.

Pour mesurer la dépréciation économique d'une immobilisation, il n'est pas nécessaire de la vendre : on peut évaluer efficacement sa valeur marchande sans avoir à la mettre à l'essai sur le marché. Le besoin d'un mécanisme précis pour intégrer l'enregistrement du déclin progressif de la valeur d'une immobilisation au processus comptable nous amène à explorer la façon dont les entreprises rendent compte de la dépréciation.

7.1.2   LA PRISE EN CHARGE PAR AMORTISSEMENT

L'acquisition d'immobilisations corporelles constitue une activité importante pour toute entreprise, qu'elle démarre ou ait besoin de nouveaux éléments d'actif pour demeurer concurrentielle. Comme les autres sorties d'argent, le coût de ces biens doit être inscrit à titre de charge dans le bilan et l'état des résultats. Toutefois, à la différence des dépenses comme l'entretien, le matériel et la main d'œuvre, qui sont simplement enregistrées comme charges de l'exercice au cours duquel elles ont été engagées, les immobilisations corporelles sont **capitalisées**; autrement dit, pendant de nombreux exercices, une partie de ces dépenses est soustraite du bénéfice brut à titre de charge. La méthode qui consiste à répartir systématiquement le coût initial d'un élément d'actif sur une certaine période, appelée **durée amortissable,** est connue sous le nom de **prise en charge par amortissement.** Comme cette pratique est la norme dans le monde des affaires, on la désigne parfois par le terme plus général d'**amortissement des éléments d'actif.**

La prise en charge par amortissement se fonde sur le **principe du rapprochement**: une fraction du coût d'un élément d'actif est imputable à chacun des exercices au cours desquels il est utile à l'entreprise, et chaque imputation représente un pourcentage du coût total, qui «se rapproche» du pourcentage de la valeur utilisée au cours de la période en question. Selon ce principe, la somme ainsi déduite reflète jusqu'à un certain point la réelle dépréciation de l'élément d'actif.

Pour effectuer leurs analyses économiques, les ingénieurs appliquent exclusivement le concept de la prise en charge par amortissement, car c'est sur lui qu'ils se fondent pour calculer les impôts afférents aux projets qu'ils entreprennent. Comme nous le verrons au chapitre 8, l'amortissement a une incidence considérable sur le bénéfice et la situation financière d'une entreprise. Grâce à une bonne compréhension de ce concept, nous serons en mesure de prendre pleinement conscience de l'importance de son utilisation comme moyen de maximiser tant la valeur des projets d'ingénierie que celle de l'ensemble de l'entreprise.

7.2   LES FACTEURS INHÉRENTS À L'AMORTISSEMENT DES ÉLÉMENTS D'ACTIF

Le processus de l'amortissement nécessite la considération préliminaire de plusieurs facteurs: 1) quel est le coût de l'élément d'actif? 2) quelle sera sa valeur à la fin de sa vie utile? 3) quelle est sa durée amortissable? et, enfin, 4) quelle méthode d'amortissement choisir? Cette section traite de chacun de ces facteurs.

7.2.1   LE BIEN AMORTISSABLE

D'abord, il est important de reconnaître ce en quoi consiste un bien amortissable, c'est-à-dire un élément d'actif dont l'entreprise peut passer le coût en charges afin de réduire son bénéfice imposable. Au Canada, à des fins fiscales, tout bien amortissable doit présenter les caractéristiques suivantes:

1. Il doit être utilisé dans le cadre d'activités économiques ou détenu en vue de produire des bénéfices.

2. Il doit avoir une durée de vie déterminée et supérieure à 1 an.

3. Il doit s'user, se détériorer, s'épuiser, devenir obsolète ou subir une perte de valeur en raison de phénomènes naturels.

Parmi les biens amortissables, on trouve les bâtiments, la machinerie, l'équipement, le matériel et les véhicules. Les stocks n'en font pas partie, car ils sont surtout destinés à être vendus aux clients d'une entreprise dans le cours normal de ses activités. Par ailleurs, on ne peut amortir un élément d'actif dont la vie utile n'est pas définie. Par exemple, un *terrain n'est pas amortissable*[1].

Pour peu que les éléments d'actif satisfont aux conditions énumérées plus haut, toute entreprise peut les amortir, qu'elle soit une entreprise individuelle, une société de personnes ou une société par actions. Par exemple, une personne qui utilise régulièrement son automobile pour ses affaires ou une partie de sa résidence comme lieu de travail peut déduire de son bénéfice imposable une partie proportionnelle du coût en capital de ces biens.

7.2.2   LE COÛT AMORTISSABLE

Le **coût amortissable** d'un élément d'actif représente le montant total déductible par voie d'amortissement au cours de sa vie utile, c'est-à-dire la somme des dotations aux amortissements annuelles.

Le coût amortissable comprend en général le coût de l'élément d'actif lui-même et tous les autres frais complémentaires, comme le transport, la préparation des locaux, l'installation, de même que les honoraires des avocats, des comptables et des ingénieurs. C'est sur ce montant total, et non sur le seul coût du bien, qu'on fonde le calcul des dotations aux amortissements inscrites au cours de sa vie utile.

Exemple 7.1

Le coût amortissable

La société Lanier achète une machine à poinçonner automatique de 62 500 $. Elle paie aussi des frais de transport de 725 $, ainsi que des frais de main-d'œuvre de 2 150 $ pour la faire installer dans son usine. Enfin, la préparation du local destiné à la recevoir lui coûte 3 500 $. Déterminez le coût amortissable de cette nouvelle machine.

---

1. On ne peut non plus amortir les dépenses relatives au défrichage, au nivelage, à la plantation de végétaux et à l'aménagement paysager, car on considère qu'elles font toutes partie du coût du terrain. (Une exception à cette règle : les terrains faisant partie d'une concession forestière (voir la section 7.6.3).)

Solution

- Soit : prix facturé = 62 500 $, frais de transport = 725 $, frais d'installation = 2 150 $ et préparation du local = 3 500 $
- Trouvez : le coût amortissable

On calcule comme suit le coût déductible par voie d'amortissement :

Coût de la nouvelle machine à poinçonner	62 500 $
Transport	725
Frais de main-d'œuvre pour l'installation	2 150
Préparation du local	3 500
Coût de la machine (coût amortissable)	68 875 $

Commentaires : Pourquoi inclut-on dans le coût de la machine tous les frais reliés à son acquisition ? Pourquoi ne pas inscrire ces dépenses complémentaires à titre de charges de l'exercice au cours duquel la machine a été achetée ? Comme le rapprochement des produits et des charges constitue le principe de base de la comptabilité, toutes les dépenses engagées pour acquérir la machine doivent être considérées comme un élément d'actif et réparties de façon à contrebalancer les revenus futurs qu'elle générera. Elles correspondent au coût des services que l'utilisation de la machine assurera.

Lorsqu'un nouvel élément d'actif est acheté moyennant la cession d'un bien comparable, on doit tenir compte de la différence entre la **valeur comptable** (le coût amortissable moins le total de l'amortissement cumulé) et la valeur de reprise du second pour déterminer le coût amortissable du premier. Si la valeur de reprise est supérieure à la valeur comptable, la différence (appelée **gain non constaté**) doit être soustraite du coût amortissable du nouvel élément d'actif. Dans le cas contraire (**perte non constatée**), elle doit lui être être ajoutée.

Exemple 7.2

Le calcul du coût amortissable avec valeur de reprise

Supposons que la société Lanier, dont il est question à l'exemple 7.1, achète la machine à poinçonner moyennant la cession d'une machine similaire et paie comptant le reste du prix d'achat. La valeur de reprise de la vieille machine s'élève à 5 000 $ et sa valeur comptable, à 4 000 $.

Vieille machine à poinçonner (valeur comptable)	4 000 $
Moins : valeur de reprise	5 000
Gain non constaté	1 000 $
Coût de la nouvelle machine à poinçonner	62 500 $
Moins : gain non constaté	(1 000)
Transport	725
Frais de main-d'œuvre pour l'installation	2 150
Préparation du local	3 500
Coût de la machine (coût amortissable)	67 875 $

7.2.3 LA VIE UTILE ET LA VALEUR DE RÉCUPÉRATION

Comme nous l'avons expliqué au chapitre 5, la vie utile est la période estimative au cours de laquelle un élément d'actif est censé remplir sa fonction. Selon la figure 7.1, la vie utile peut être déterminée en fonction de la longévité matérielle du bien, sur laquelle influent de nombreux facteurs, comme sa durabilité, l'intensité de l'usage qu'on projette d'en faire et l'hostilité de son environnement. Dans certains cas, le facteur restrictif peut être la fonctionnalité, surtout dans le cas des biens dont la technologie évolue rapidement, comme les ordinateurs, les appareils électroniques et les dispositifs de communication. Pour effectuer certains calculs d'amortissement et la plupart des analyses économiques, il est indispensable de prévoir la vie utile des éléments d'actif.

La valeur de récupération, ou valeur de revente, correspond à la valeur d'un élément d'actif à la fin de sa vie utile ; il s'agit du montant que l'entreprise pourra en obtenir en le vendant, en le faisant reprendre ou en le récupérant, moins toutes les dépenses engagées pour sa mise au rancart et la remise des locaux dans leur état original, le cas échéant. Comme de nombreux facteurs inconnus peuvent avoir une incidence sur cette valeur, on doit l'estimer provisoirement avant de procéder à une analyse économique. Si on prévoit que les frais de démolition ou d'enlèvement dépasseront les rentrées provenant de la vente du bien usagé, on utilise une valeur de récupération négative. Souvent, il est plus simple d'attribuer une valeur de récupération nulle aux éléments d'actif à long terme, car la valeur résiduelle minime qu'ils peuvent avoir risque d'être annulée par les frais de mise au rancart. Par ailleurs, il n'est pas rare que la valeur de récupération estimative d'un bien diffère de la valeur comptable prévue à la fin de sa vie utile. Comme la prise en charge par amortissement permet d'échelonner le coût d'un bien sur un certain nombre d'exercices afin de le rapprocher de l'usage qu'on compte en faire, ces deux valeurs ne sont pas censées être égales. Afin de rendre compte des différences entre la valeur de récupération (estimative, ou réelle au moment de la mise au rancart) et la valeur comptable, certains rajustements sont nécessaires, comme nous le verrons dans les prochaines sections et au chapitre 8.

7.2.4   LES MÉTHODES DE CALCUL DE L'AMORTISSEMENT : L'AMORTISSEMENT COMPTABLE ET L'AMORTISSEMENT FISCAL

Comme nous l'avons mentionné plus haut, la plupart des entreprises effectuent les calculs relatifs à l'amortissement de deux façons différentes, selon qu'elles les destinent 1) aux rapports financiers (**amortissement comptable**), comme le bilan ou l'état des résultats, ou 2) à l'Agence canadienne des douanes et du revenu (ACDR : autrefois Revenu Canada) ou encore aux gouvernements provinciaux (comme le ministère du Revenu du Québec), en vue du calcul des impôts (**déduction pour amortissement, ou DPA**). Au Canada, comme dans de nombreux autres pays, les règlements fiscaux rendent cette distinction tout à fait légitime. Le fait de disposer d'une méthode de calcul de l'amortissement pour les rapports financiers et d'une autre à des fins fiscales offre les avantages suivants :

*   Les entreprises peuvent appliquer le principe du rapprochement pour présenter l'amortissement aux actionnaires et à d'autres tiers importants, si bien que, en général, les rapports font état de la perte réelle de valeur des éléments d'actif.

*   Les entreprises peuvent profiter d'avantages fiscaux en amortissant leurs éléments d'actif plus rapidement que ne le permet le principe du rapprochement. Dans bien des cas, la déduction pour amortissement leur donne l'occasion de reporter le paiement de leurs impôts. Cela ne veut pas dire qu'elles paient moins d'impôts, car le total des dotations aux amortissements comptabilisées au fil du temps demeure le même, quel que soit le cas. Toutefois, comme les méthodes de la DPA permettent, les premières années, un amortissement plus rapide que ne le font les méthodes courantes d'amortissement comptable, les entreprises profitent plus tôt de cet avantage fiscal et paient en général moins d'impôts au début d'un projet d'investissement. D'ordinaire, elles jouissent ainsi d'une meilleure situation financière dans les premières années, et, en raison de la valeur temporelle de l'argent, les fonds additionnels dont elles disposent contribuent à accroître leur avoir futur.

Plus nous avancerons dans ce chapitre, plus il sera question de la distinction entre les calculs d'amortissement destinés aux rapports financiers et ceux utilisés à des fins fiscales. Maintenant que nous avons situé dans son contexte notre intérêt tant pour l'amortissement comptable que pour la DPA, nous sommes en mesure d'examiner selon une juste perspective leurs différentes méthodes de calcul.

7.3   LES MÉTHODES D'AMORTISSEMENT COMPTABLE

On utilise couramment trois méthodes différentes pour calculer les dotations aux amortissements périodiques. Ce sont 1) l'amortissement linéaire, 2) l'amortissement accéléré et 3) l'amortissement proportionnel à l'utilisation. Lorsqu'ils effectuent leurs analyses économiques, les ingénieurs s'intéressent surtout à l'amortissement en fonction du calcul des impôts. Néanmoins, l'étude de ces méthodes de calcul peut leur être utile pour une foule de raisons. D'abord, la déduction pour amortissement repose en grande partie sur les mêmes principes que ceux qui s'appliquent à certaines méthodes d'amortissement comptable. Ensuite, les entreprises ont toujours recours à l'amortissement comptable pour présenter l'information financière tant à leurs actionnaires qu'à des tiers. Enfin, les déductions relatives aux ressources naturelles, dont il est question à la section 7.6, se fondent parfois sur certaines de ces méthodes comptables.

7.3.1   LA MÉTHODE DE L'AMORTISSEMENT LINÉAIRE

Selon la **méthode de l'amortissement linéaire** (« straight-line », SL), on considère qu'une immobilisation corporelle remplit sa fonction de façon uniforme : chaque année de sa vie utile, elle dispense ses services en quantité égale. En raison de sa rationalité et de sa simplicité, il s'agit de la méthode la plus répandue.

Chaque année, on inscrit, à titre de charge, une fraction égale du coût net de l'élément d'actif, comme l'exprime la relation

$$D_n = \frac{(P - S)}{N},\qquad\qquad (7.1)$$

où D_n = la dotation aux amortissements de l'année n
            (amortissement pris au cours de l'année n)
         P = le coût de l'élément d'actif, y compris les frais d'installation
         S = la valeur de récupération à la fin de la vie utile
         N = la vie utile, ou vie économique

La valeur comptable de l'élément d'actif au bout de n années est alors définie comme suit :
La valeur comptable au cours d'une année donnée (B_n) = le coût amortissable – le total des dotations aux amortissements effectuées à ce jour (montant de l'amortissement cumulé)

ou

$$B_n = P - (D_1 + D_2 + D_3 + \ldots + D_n) = \frac{n(P - S)}{N}\qquad\qquad (7.2)$$

Exemple 7.3

L'amortissement linéaire

Voici des données concernant une automobile :

Coût amortissable de l'élément d'actif, P = 10 000 $
Vie utile, N = 5 ans
Valeur de récupération estimative, S = 2 000 $

Utilisez la méthode de l'amortissement linéaire pour calculer les dotations aux amortissements annuelles et les valeurs comptables qui en résultent.

Solution

- Soit : $P = 10\,000\,\$$, $S = 2\,000\,\$$ et $N = 5$ ans
- Trouvez : D_n et B_n pour $n = 1$ à 5

Le taux d'amortissement linéaire est de 1/5 ou 20 %. Donc, la dotation aux amortissements est

$$D_n = (0{,}20)(10\,000\,\$ - 2\,000\,\$) = 1\,600\,\$.$$

Alors, tout au long de sa vie utile, l'élément d'actif présentera les valeurs comptables suivantes :

n	B_{n-1}	D_n	B_n
1	10 000 $	1 600 $	8 400 $
2	8 400	1 600	6 800
3	6 800	1 600	5 200
4	5 200	1 600	3 600
5	3 600	1 600	2 000

où B_{n-1} représente la valeur comptable antérieure à la dotation aux amortissements de l'année n. La figure 7.2 illustre cette situation. La valeur comptable de l'année 0, B_0, correspond au coût amortissable de l'élément d'actif, P.

Figure 7.2
Méthode de l'amortissement linéaire

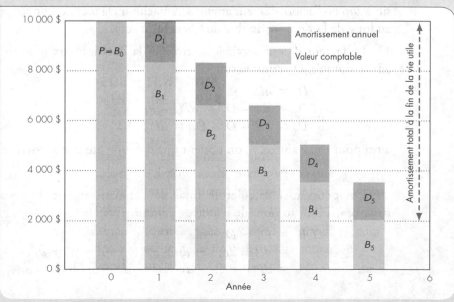

7.3.2 LES MÉTHODES D'AMORTISSEMENT ACCÉLÉRÉ

Selon le deuxième principe de l'amortissement, on reconnaît que le débit des services fournis par une immobilisation corporelle peut ralentir avec le temps ; en effet, ce débit peut se trouver à son maximum la première année de sa vie utile et à son minimum la dernière. On peut observer ce scénario lorsque, avec l'âge, l'efficacité mécanique d'un bien a tendance à décroître ou que ses frais d'entretien ont tendance à augmenter, ou encore, lorsqu'il a de plus en plus de chances de devenir obsolète par suite de l'apparition sur le marché d'un meilleur appareil. Selon ce raisonnement, la fraction du coût inscrite parmi les charges doit être plus importante au cours des premières années que des dernières. On appelle **méthode d'amortissement accéléré** toute méthode qui s'y conforme. Les deux qu'on utilise le plus souvent sont la **méthode de l'amortissement dégressif à taux constant** (« declining balance », DB) et la **méthode de l'amortissement proportionnel à l'ordre numérique inversé des années** (« sum-of-the-years-digits », SOYD).

La méthode de l'amortissement dégressif à taux constant (DB)

Selon la **méthode de l'amortissement dégressif à taux constant**, on passe chaque année en charges une fraction fixe du solde comptable d'ouverture. On obtient comme suit cette fraction, d :

$$d = (1/N)(\text{multiplicateur}). \tag{7.3}$$

Le multiplicateur le plus employé au Canada est 1,0 (appelé DB), car il sert de base à la plupart des taux de DPA. Parmi les autres multiplicateurs courants, on trouve 1,5 (appelé DB 150 %) et 2,0 (appelé DB 200 %, ou taux double (« double declining balance », DDB)). Plus N augmente, plus d diminue. Cette méthode donne lieu à une situation où l'amortissement atteint son maximum la première année puis décroît tout au long de la vie amortissable de l'élément d'actif.

Le facteur d peut servir à déterminer la dotation aux amortissements d'une année donnée, D_n, comme suit :

$$D_1 = dP,$$
$$D_2 = d(P - D_1) = dP(1 - d),$$
$$D_3 = d(P - D_1 - D_2) = dP(1 - d)^2,$$

ainsi pour toute année, n, on obtient une dotation aux amortissements, D_n, de

$$D_n = dP(1 - d)^{n-1}, n \geq 1 \tag{7.4}$$

On peut aussi calculer le total de l'amortissement dégressif (« declining balance », TDB) au bout de n années, comme suit :

$$TDB_n = D_1 + D_2 + ... + D_n$$
$$= dP + dP(1 - d) + dP(1 - d)^2 + ... + dP(1 - d)^{n-1}$$
$$= dP[1 + (1 - d) + (1 - d)^2 + ... + (1 - d)^{n-1}]. \tag{7.5}$$

En multipliant l'équation 7.5 par $(1 - d)$, on obtient

$$TDB_n(1 - d) = dP[(1 - d) + (1 - d)^2 + (1 - d)^3 + ... + (1 - d)^n]. \quad (7.6)$$

En soustrayant l'équation 7.5 de l'équation 7.6 puis en divisant par d, on obtient

$$TDB_n = P[1 - (1 - d)^n]. \quad (7.7)$$

La valeur comptable, B_n, au bout de n années correspondra au coût de l'élément d'actif P, moins le total des dotations aux amortissements au bout de n années :

$$B_n = P - TDB_n$$
$$= P - P[1 - (1 - d)^n]$$
$$B_n = P(1 - d)^n. \quad (7.8)$$

Exemple 7.4

L'amortissement dégressif à taux constant

Voici des données comptables concernant un photocopieur :

Coût amortissable de l'élément d'actif, $P = 10\ 000\ \$$
Vie utile, $N = 5$ ans
Valeur de récupération estimative, $S = 3\ 277\ \$$.

Utilisez la méthode de l'amortissement dégressif à taux constant pour calculer les dotations aux amortissements et les valeurs comptables auxquelles elles donnent lieu (figure 7.3).

Solution

- Soit : $P = 10\ 000\ \$$, $S = 3\ 277\ \$$ et $N = 5$ ans
- Trouvez : D_n et B_n pour $n = 1$ à 5

Au début de la première année, la valeur comptable s'élève à 10 000 $, et le taux d'amortissement dégressif (d) est $(1/5) = 20\%$. La dotation aux amortissements de cet exercice sera donc de 2 000 $ ($20\% \times 10\ 000\ \$ = 2\ 000\ \$$). Pour calculer celle de la deuxième année, on doit d'abord modifier la valeur comptable en fonction du montant déduit la première année. On soustrait donc ce dernier de la valeur comptable d'ouverture (10 000 $ − 2 000 $ = 8 000 $). On multiplie ensuite le résultat par le taux d'amortissement (8 000 $ × 20 % = 1 600 $). En poursuivant de la même manière pour les autres années, on obtient

n	B_{n-1}	D_n	B_n
1	10 000 $	2 000 $	8 000 $
2	8 000 $	1 600 $	6 400 $
3	6 400 $	1 280 $	5 120 $
4	5 120 $	1 024 $	4 096 $
5	4 096 $	819 $	3 277 $

On pourrait aussi utiliser les équations 7.4 et 7.8 pour calculer D_n et B_n directement.

La figure 7.3 illustre la relation qui existe d'année en année entre l'amortissement dégressif et la valeur comptable.

Figure 7.3
Méthode de l'amortissement dégressif à taux constant

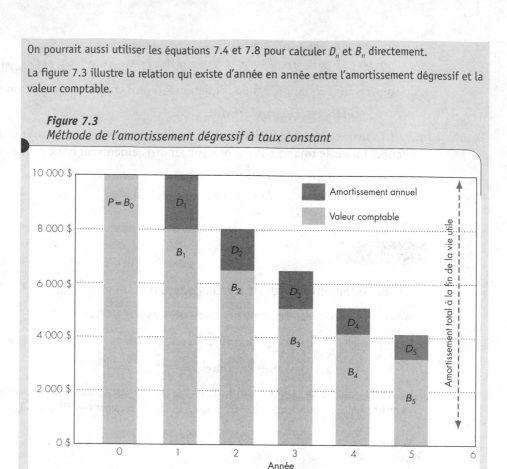

L'évaluation de la valeur de récupération (S) doit être effectuée indépendamment de celle de l'amortissement. À l'exemple 7.4, la valeur comptable finale (B_N) présente l'avantage d'être égale à la valeur de récupération estimative de 3 277 $, ce qui se produit rarement dans la pratique. Quand $B_N \neq S$, on peut procéder aux rajustements suivants pour calculer l'amortissement comptable. Toutefois, ces façons de procéder ne s'appliquent pas à l'amortissement fiscal, car l'ACDR donne des directives particulières lorsque la valeur comptable diffère de la valeur de récupération (voir la section 7.4.5 et le chapitre 8).

• **Cas 1 : $B_N > S$**

Quand $B_N > S$, c'est que l'on n'a pas amorti le coût total de l'élément d'actif. Si on préfère ramener la valeur comptable à la valeur de récupération le plus rapidement possible, on peut passer de la méthode DB à la méthode SL, dans la mesure où cette dernière mène à des déductions plus importantes et, donc, à une réduction plus rapide de la valeur comptable. On peut choisir n'importe laquelle des années N pour procéder au changement, l'important étant de déterminer celle où il s'avère le plus avantageux. Voici la règle à suivre : si, quelle que soit l'année, l'amortissement dégressif donne lieu à une déduction inférieure (ou égale) à celle de l'amortissement linéaire, on passe à cette dernière méthode et on s'y tient pour le reste de la durée amortissable du projet. L'année n, on peut passer d'une méthode à l'autre, à condition que :

$$dB_{n-1} \leq \frac{B_{n-1} - S}{N - n + 1}. \tag{7.9}$$

Exemple 7.5

Le passage de l'amortissement dégressif à taux constant à l'amortissement linéaire ($B_N > S$)

Supposons que l'élément d'actif de l'exemple 7.4 a une valeur de récupération de 2 700 $ plutôt que de 3 277 $. Déterminez le moment idéal pour passer de la méthode DB à la méthode SL et le calendrier d'amortissement qui résulte de ce changement.

Solution

- SOIT : $P = 10\,000\,$$, $S = 2\,700\,$$, $N = 5$ ans et $d = 20\,\%$
- TROUVEZ : le moment idéal pour effectuer le changement, D_n et B_n pour $n = 1$ à 5

Selon la méthode SL, on calcule la déduction au début de chaque année n, jusqu'à la dernière année N, et on compare le résultat à celui obtenu à l'exemple 7.4, selon la méthode DB. On applique ensuite la règle de décision correspondant à l'équation 7.9 pour savoir quand passer d'une méthode à l'autre :

SI PASSAGE À LA MÉTHODE SL AU DÉBUT DE L'ANNÉE	MÉTHODE SL	MÉTHODE DB	DÉCISION
2	(8 000 $ − 2 700)/4 = 1 325 $	< 1 600 $	Pas de changement
3	(6 400 $ − 2 700)/3 = 1 233 $	< 1 280 $	Pas de changement
4	(5 120 $ − 2 700)/2 = 1 210 $	> 1 024 $	On passe à SL

Ici, le moment idéal (année 4) correspond à n' dans la figure 7.4a. Voici le calendrier d'amortissement qui résulte du changement :

ANNÉE	PASSAGE DE LA MÉTHODE DB À LA MÉTHODE SL	VALEUR COMPTABLE À LA FIN DE L'ANNÉE
1	2 000 $	8 000 $
2	1 600	6 400
3	1 280	5 120
4	1 210	3 910
5	1 210	2 700
Total	7 300 $	

Figure 7.4
*Rajustements relatifs à l'amortissement dégressif à taux constant :
a) après n', on passe de la méthode DB à la méthode SL ; b) après n",
on ne peut plus effectuer de dotations aux amortissements*

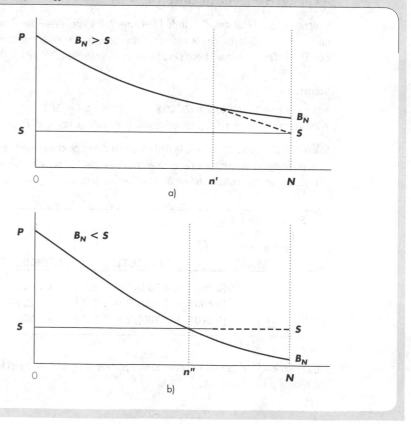

- **Cas 2 : $B_N < S$**

Quand la valeur de récupération est relativement élevée, il est possible que la valeur comptable de l'élément d'actif tombe sous sa valeur de récupération estimative. Pour éviter que les dotations aux amortissements fassent passer la valeur comptable sous la valeur de récupération, on cesse simplement d'amortir l'élément d'actif dès qu'on arrive à $B_n = S$.

Exemple 7.6

L'amortissement dégressif à taux constant, $B_N < S$

Supposons que l'élément d'actif décrit à l'exemple 7.4 a une valeur de récupération de 4 500 $ au lieu de 3 277 $. Déterminez le calendrier d'amortissement dégressif au terme duquel la valeur comptable sera égale à la valeur de récupération estimative.

Solution

- SOIT : $P = 10\ 000\,$\$$, $S = 4\ 500\,$\$$, $N = 5$ ans et $d = 20\,\%$
- TROUVEZ : D_n et B_n pour $n = 1$ à 5

n	D_n	B_n
1	0,2(10 000 $) = 2 000 $	10 000 $ − 2 000 $ = 8 000 $
2	0,2(8 000) = 1 600	8 000 − 1 600 = 6 400
3	0,2(6 400) = 1 280	6 400 − 1 280 = 5 120
4	0,2(5 120) = 1 024 > $\boxed{620}$	5 120 − 620 = 4 500
5	0	4 500 − 0 = 4 500
	Total = 8 000 $	

On constate que, si on déduit le plein montant d'amortissement (1 024 $), la valeur de B_4 est inférieure à $S = 4\ 500\,$\$$. Par conséquent, on ramène D_4 à 620 $, et on obtient $B_4 = 4\ 500\,$\$$. La valeur de D_5 est nulle, et B_5 demeure à 4 500 $. L'année 4 correspond à n'' dans la figure 7.4b.

La méthode de l'amortissement proportionnel à l'ordre numérique inversé des années (SOYD)

Il existe une autre façon de répartir le coût d'un élément d'actif : c'est la **méthode de l'amortissement proportionnel à l'ordre numérique inversé des années (SOYD)**. Si on la compare à la méthode SL, la méthode SOYD permet d'obtenir des déductions plus importantes quand l'élément d'actif en est à ses premières années de vie utile estimative, et des déductions plus faibles quand il arrive au terme de sa vie utile estimative. Contrairement à la méthode DB, la méthode SOYD assure automatiquement que $B_n = S$.

Selon la méthode SOYD, on additionne les nombres 1, 2, 3, ..., N, où N représente le nombre d'années de vie utile prévues. On trouve cette somme à l'aide de l'équation[2]

$$SOYD = 1 + 2 + 3 + ... + N = \frac{N(N+1)}{2}.$$ (7.10)

Chaque année, le taux d'amortissement représente une fraction dans laquelle le dénominateur est la somme des nombres représentant les années de vie utile prévues (SOYD) et le numérateur est, la première année, N; la deuxième année, $N-1$; la troisième année, $N-2$; et ainsi de suite. On calcule l'amortissement de chaque année en divisant le nombre d'années de vie utile qui restent à écouler par le dénominateur SOYD et en multipliant ce ratio par le montant total à amortir ($P-S$).

$$D_n = \frac{N - n + 1}{SOYD}(P - S).$$ (7.11)

Exemple 7.7

L'amortissement proportionnel à l'ordre numérique inversé des années (SOYD)

Calculez le calendrier d'amortissement selon la méthode SOYD en utilisant les données de l'exemple 7.3.

Coût amortissable de l'élément d'actif, $P = 10\ 000\$$

Vie utile, $N = 5$ ans

Valeur de récupération, $S = 2\ 000\$$.

Solution

- Soit: $P = 10\ 000\$$, $S = 2\ 000\$$ et $N = 5$ ans
- Trouvez: D_n et B_n pour $n = 1$ à 5

On commence par calculer le dénominateur SOYD:

$$SOYD = 1 + 2 + 3 + 4 + 5 = 5(5 + 1)/2 = 15$$

---

2. Pour calculer cette somme, on peut exprimer le dénominateur SOYD de deux façons:

$$SOYD = 1 + 2 + 3 + ... + N$$
$$SOYD = N + (N-1) + ... + 1.$$

On additionne ensuite ces deux expressions et on résout SOYD

$$2SOYD = (N + 1) + (N + 1) + ... + (N + 1)$$
$$= N(N + 1)$$
$$SOYD = N(N + 1)/2.$$

n	D_n	B_n
1	$(5/15)(10\ 000\ \$ - 2\ 000\ \$) = 2\ 667\ \$$	7 333 $
2	$(4/15)(10\ 000\quad - 2\ 000) = 2\ 133$	5 200
3	$(3/15)(10\ 000\quad - 2\ 000) = 1\ 600$	3 600
4	$(2/15)(10\ 000\quad - 2\ 000) = 1\ 067$	2 533
5	$(1/15)(10\ 000\quad - 2\ 000) =\quad 533$	2 000

La figure 7.5 illustre cette situation.

Figure 7.5
Méthode de l'amortissement proportionnel à l'ordre numérique inversé des années

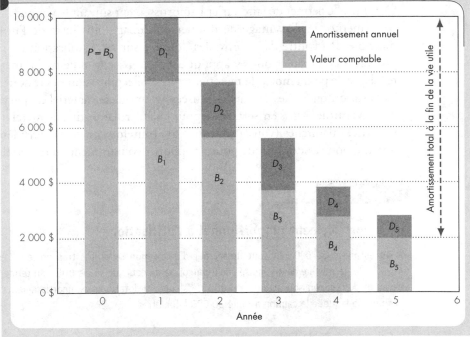

7.3.3 L'AMORTISSEMENT PROPORTIONNEL À L'UTILISATION (UP)

L'amortissement linéaire s'applique surtout aux machines qu'on utilise le même nombre d'heures chaque année. Mais que se passe-t-il quand une poinçonneuse fonctionne 1 670 heures une année et seulement 780 la suivante, ou quand on destine une partie de sa production à un nouveau centre d'usinage? Ces questions nous amènent à étudier un autre concept d'amortissement, selon lequel on considère que l'élément d'actif constitue un bloc d'unités d'œuvre, dont la consommation n'est pas fonction de l'écoulement du temps, contrairement au principe de l'amortissement linéaire et de l'amortissement accéléré. On obtient le coût de chaque unité d'œuvre en divisant le coût net de l'élément d'actif par le nombre total de ces unités d'œuvre. On établit ensuite un rapport entre l'amortissement d'une période et le nombre d'unités d'œuvre consommées au cours de cette période : il s'agit de la **méthode de l'amortissement proportionnel à l'utilisation** (« units-of-production », UP), en vertu de laquelle l'amortissement de toute période est exprimé par

$$D_n = \frac{\text{Unités d'œuvre consommées par année}}{\text{Total des unités d'œuvre}} \ (P - S). \qquad (7.12)$$

Lorsqu'on utilise l'amortissement proportionnel à l'utilisation, on calcule les dotations aux amortissements en fonction du rapport entre la production réelle et le total de la production prévue, rapport qui, en général, est exprimé en heures-machine. Comme elle permet de faire varier l'amortissement suivant le volume de production, cette méthode a l'avantage de donner une image plus juste de l'utilisation de la machine. Par contre, la collecte des données sur cette utilisation de même que les processus comptables qui s'y appliquent sont assez fastidieux. La méthode peut se révéler utile pour amortir le matériel servant à l'exploitation des ressources naturelles, à condition que celles-ci soient épuisées avant que le matériel ne parvienne à la fin de sa vie utile. On s'en sert aussi pour calculer l'amortissement relatif à certaines ressources naturelles (voir la section 7.6). Toutefois, on ne la considère pas comme une méthode assez pratique pour s'appliquer couramment au matériel industriel.

Exemple 7.8

L'amortissement proportionnel à l'utilisation

On estime à 55 000 $ le coût initial net d'un camion servant à transporter du charbon, et à 250 000, le nombre de kilomètres qu'il parcourra au cours de sa vie utile ; au terme de celle-ci, sa valeur de récupération atteindra 5 000 $. Calculez la dotation aux amortissements de l'année au cours de laquelle le camion a roulé 30 000 kilomètres.

Solution

- Soit : $P = 55\ 000\ \$$, $S = 5\ 000\ \$$, unités d'œuvres totales = 250 000 kilomètres et utilisation au cours de cette année = 30 000 kilomètres
- Trouvez : la dotation aux amortissements de cette année

La dotation aux amortissements de l'année au cours de laquelle le camion a parcouru 30 000 kilomètres s'élève à

$$\frac{30\ 000\ \text{kilomètres}}{250\ 000\ \text{kilomètres}} (55\ 000\ \$ - 5\ 000\ \$) = \left(\frac{3}{25}\right)(50\ 000\ \$)$$

$$= 6\ 000\ \$.$$

7.4 L'AMORTISSEMENT FISCAL

Au Canada, les gouvernements fédéral et provinciaux perçoivent des impôts sur le revenu des entreprises, tout comme sur celui des particuliers. Comme l'impôt a souvent des répercussions importantes sur la viabilité économique des projets d'ingénierie, nous approfondirons ce sujet aux chapitres 8, 9 et 11. La Loi de l'impôt sur le revenu, imposée par l'Agence canadienne des douanes et du revenu, reconnaît aussi que les biens amortissables perdent de la valeur au fil du temps ; il en est de même pour les gouvernements provinciaux (voir les ministères concernés). Bien que leur coût d'achat ne puisse être déduit du revenu imposable de l'exercice au cours duquel ils sont acquis, une portion de ce coût peut l'être chaque année, en vue de réduire le montant de l'impôt à payer. C'est ce qu'on appelle la déduction pour amortissement (DPA).

Même si de nombreux éléments de l'amortissement comptable s'appliquent aussi à l'amortissement fiscal, la Loi de l'impôt sur le revenu emploie sa propre terminologie dans ce domaine. Le tableau suivant indique la correspondance entre les termes, bien que les interprétations soient légèrement différentes dans certains cas.

AMORTISSEMENT COMPTABLE	AMORTISSEMENT FISCAL
Élément d'actif	Bien
Amortissement	Déduction pour amortissement (DPA)
Coût amortissable	Coût en capital (CA)
Valeur comptable	Fraction non amortie du coût en capital (FNACC)
Valeur de récupération	Produit de disposition (PD)

7.4.1 LE RÉGIME DE LA DPA

Les modalités de l'amortissement fiscal et celles de l'amortissement comptable présentent deux différences importantes.

Premièrement, la Loi de l'impôt sur le revenu indique exactement comment calculer la déduction pour amortissement, de sorte qu'elle n'offre pas la liberté dont on dispose pour présenter l'information financière. Grâce à cette mesure, toutes les entreprises sont traitées de façon impartiale et uniforme. Les sections suivantes présentent les principales dispositions relatives au calcul de la déduction pour amortissement.

Deuxièmement, la plupart des biens ne sont pas amortis individuellement, mais classés par **catégories** (ou **groupes de biens**), comme le prescrit la réglementation sur l'impôt. Le tableau 7.1 présente les catégories fréquemment utilisées pour le calcul de la DPA. Pour les biens de la plupart des catégories, on doit utiliser la méthode de l'amortissement dégressif, mais certaines exigent des processus plus complexes, habituellement des variantes de la méthode de l'amortissement linéaire. Pour limiter le montant des déductions, la réglementation prévoit un taux d'amortissement (**taux de DPA**) pour les biens auxquels s'applique l'amortissement dégressif, de même que des directives pour déterminer la durée amortissable de tous ceux qui appartiennent aux catégories assujetties à l'amortissement linéaire (catégories 13 et 14 du tableau 7.1).

Par exemple, les fraiseuses, les scies et les perceuses à colonne que possède un atelier d'usinage seraient regroupées dans la catégorie 43 (si elles ont été acquises après le 25 février 1992). À la fin de chaque exercice, on peut appliquer à la **fraction non amortie du coût en capital (FNACC)** (c'est-à-dire l'impôt correspondant à la valeur comptable actuelle) de tout ce matériel un taux d'amortissement de 30 %, et passer en charges la déduction pour amortissement ainsi obtenue avant de calculer l'impôt. Chaque année, l'entreprise peut se prévaloir de la déduction maximale permise pour chacune des catégories. C'est ce qu'on fait habituellement, mais pour diverses raisons, comme un exercice non rentable, il arrive qu'on ne demande pas la DPA maximale. Sauf indication contraire, dans les exemples présentés ici, on tient pour acquis que l'entreprise se prévaut de la DPA maximale.

Vous vous demandez peut-être pourquoi on regroupe ainsi les biens ? Voici les trois principaux motifs de cette pratique. Premièrement, on regroupe en général les biens semblables, car ils présentent des caractéristiques d'utilisation et des durées de vie comparables, en conséquence desquelles sont fixés les taux de DPA. Par exemple, les bâtiments dont les matériaux sont plus robustes (catégories 1 et 3) durent normalement plus longtemps que ceux de la catégorie 6 : le taux de DPA plus bas qui s'applique aux premiers permet donc de les amortir plus lentement que les seconds. Par ailleurs, les machines et les véhicules s'usent plus rapidement que les bâtiments : ils se trouvent donc dans des catégories dont le taux est plus élevé. Deuxièmement, certaines combinaisons semblent incompatibles, comme les taxis et les billards électroniques, qui figurent dans la catégorie 16. Toutefois, le taux élevé que le gouvernement a décidé de leur attribuer reflète l'usure rapide de ces biens. Troisièmement, comme la déduction pour amortissement peut servir de stimulant économique pour les entreprises, les taux de DPA font parfois écho à des politiques gouvernementales ou à des circonstances spéciales. Voici un exemple du premier cas : pendant plusieurs années, pour encourager les entreprises à investir dans cette technologie, on a appliqué au matériel antipollution un taux d'amortissement très élevé. Pour illustrer le second cas, mentionnons que les caisses enregistreuses acquises jusqu'en 1993 et utilisées pour enregistrer des taxes de vente multiples figurent dans la catégorie 12 (taux de DPA = 100 %), tandis que les autres se trouvent dans la catégorie 8 (20 %). Cette mesure, qui permet d'accélérer l'amortissement, a été adoptée pour alléger le fardeau fiscal des entreprises qui devaient remplacer ou moderniser leurs caisses enregistreuses en vue de s'adapter à la taxe sur les produits et services (TPS) ou à la taxe de vente harmonisée (TVH).

Le tableau 7.1 fait partie des Guides d'impôt destinés aux sociétés et aux autres entreprises, car on y trouve la majorité des biens possédés par la plupart d'entre elles. Les numéros de catégories qui n'y figurent pas se rapportent soit à des biens hautement spécialisés, comme les câbles à fibre optique, classés dans la catégorie 42 (taux de DPA = 12 %), soit à des biens acquis au cours de certaines périodes, comme ceux de la catégorie 40, qui comprend des biens précis, achetés en 1988 ou en 1989. Plusieurs des catégories du tableau 7.1 comportent aussi des dates limites. Par ailleurs, on ne comprend pas d'emblée pourquoi les automobiles faisant partie de la catégorie 10.1 n'ont pas simplement été incluses dans la catégorie 10, puisque les deux sont assujetties au même taux. Or, le calcul de l'amortissement des automobiles plus coûteuses (catégorie 10.1) comporte certains détails différents, tels que l'effet fiscal relatif à leur disposition. On constate aussi que les logiciels de systèmes, classés dans la catégorie 10, ont un taux d'amortissement de 30 %, alors que tous les autres logiciels se trouvent dans la catégorie 12, et que la distinction peut être difficile à faire dans certains cas. Quoi qu'il en soit, étant donné que la réglementation fiscale change régulièrement, il est important de noter qu'on doit utiliser les taux, les classements et les rajustements en vigueur *au moment de l'acquisition du bien*.

Tableau 7.1 Taux et catégories de la déduction pour amortissement

CATÉGORIE	DESCRIPTION	TAUX
1	La plupart des bâtiments de brique, de pierre ou de ciment acquis après 1987, y compris les parties constituantes, comme les fils électriques, les appareils d'éclairage, de plomberie, de chauffage et de climatisation, les ascenseurs et les escaliers roulants	4 %
3	La plupart des bâtiments de brique, de pierre ou de ciment acquis avant 1988, y compris les parties constituantes énumérées à la catégorie 1 ci-dessus	5 %
6	Les bâtiments construits en pans de bois, en bois rond, en stuc sur pans de bois, en tôle galvanisée ou en métal ondulé qui sont utilisés dans une entreprise agricole ou de pêche, ou qui n'ont pas de semelle sous le niveau du sol; les clôtures et la plupart des serres	10 %
7	Les canots ou bateaux et la plupart des autres navires, y compris leurs accessoires, leur mobilier et le matériel fixe	15 %
8	Les biens non compris dans une autre catégorie, notamment les meubles, les calculatrices et les caisses enregistreuses (qui n'enregistrent pas les taxes de vente multiples), les photocopieurs et télécopieurs, les imprimantes, les devantures de magasins, le matériel de réfrigération, les machines, les outils coûtant 200 $ ou plus, et les panneaux d'affichage extérieurs et certaines serres à structure rigide recouverte de plastique acquis après 1987	20 %

CATÉGORIE	DESCRIPTION	TAUX
9	Les avions, y compris le mobilier ou le matériel fixe dont ils sont équipés, de même que leurs pièces de rechange	25 %
10	Les automobiles (sauf celles qui sont utilisées aux fins de location ou les taxis), les fourgons, les charrettes, les camions, les autobus, les tracteurs, les remorques, les cinémas en plein air, le matériel électronique universel de traitement de l'information (p. ex., les ordinateurs personnels) et les logiciels de systèmes, et le matériel pour couper et enlever du bois.	30 %
10.1	Les voitures de tourisme qui coûtent plus de 27 000 $ si elles ont été achetées après 1999 (26 000 $ si elles ont été achetées après 1997 et avant 2000 ; 25 000 $ si elles ont été achetées en 1997 ; 24 000 $ si elles ont été achetées après le 31 août 1989 et avant 1997 ; et 20 000 $ si elles ont été achetées avant septembre 1989)	30 %
12	La porcelaine, la coutellerie, le linge de maison, les uniformes, les matrices, les gabarits, les moules ou formes à chaussure, les logiciels (sauf les logiciels de systèmes), les dispositifs de coupage ou de façonnage d'une machine, certains biens servant à gagner un revenu de location tels que les vêtements ou costumes, les vidéocassettes ; certains biens coûtant moins de 200 $ tels que les ustensiles de cuisine, les outils, les instruments de médecin ou de dentiste ; certains biens acquis après le 8 août 1989 et avant 1993 utilisés dans une entreprise de vente ou de service tels que les lecteurs électroniques de codes à barres et les caisses enregistreuses électroniques pouvant calculer et enregistrer les taxes de vente multiple	100 %
13	Les biens constitués par une tenure à bail (le taux maximal de DPA dépend de la nature de la tenure à bail et des modalités du bail)	S/O
14	Les brevets, les concessions ou les permis de durée limitée – la DPA se limite au moins élevé des montants suivants : • le coût en capital du bien réparti sur la durée du bien ; • la fraction non amortie du coût en capital du bien à la fin de l'année d'imposition La catégorie 14 inclut également les brevets et les licences permettant d'utiliser un brevet de durée limitée, que vous avez choisi de ne pas inclure dans la catégorie 44	S/O
16	Les automobiles de location, les taxis et les jeux vidéo payants ou billards électroniques actionnés par des pièces de monnaie ; certains tracteurs et camions lourds acquis après le 6 décembre 1991, dont le poids dépasse 11 788 kg et qui sont utilisés pour le transport des marchandises	40 %
17	Les chemins, les trottoirs, les parcs de stationnement, les surfaces d'emmagasinage, l'équipement téléphonique, télégraphique ou de commutation de transmission de données non électronique	8 %

CATÉGORIE	DESCRIPTION	TAUX
38	Presque tout le matériel mobile à moteur, acquis après 1987, qui est destiné à l'excavation, au déplacement, à la mise en place ou au compactage de terre, de pierre, de béton ou d'asphalte	30 %
39	La machinerie et l'équipement, acquis après 1987, utilisés au Canada principalement dans la fabrication et la transformation de biens destinés à la vente ou à la location	25 %
43	La machinerie et l'équipement de fabrication et de transformation acquis après le 25 février 1992 et décrits à la catégorie 39, ci-dessus	30 %
44	Les brevets et les licences permettant d'utiliser un brevet de durée limitée ou non que la société a acquis après le 26 avril 1993. Cependant, vous pouvez choisir de ne pas inclure le bien dans la catégorie 44, en joignant une lettre à la déclaration pour l'année où la société a acquis le bien. Dans cette lettre, indiquez le bien que vous ne désirez pas inclure dans la catégorie 44	25 %

Source : ACDR, Guide T2 – Déclaration de revenus des sociétés, 2001.

Ces commentaires démontrent que les règles de la DPA peuvent être compliquées au point qu'on doive souvent s'adresser à des comptables et à d'autres conseillers fiscaux. Toutefois, ce manuel dispense assez d'information pour permettre à l'ingénieur de faire face à des situations simples ou d'estimer les flux monétaires après impôt avec suffisamment de justesse pour prendre des décisions économiques. L'étudiant intéressé à approfondir l'étude du régime de la DPA ou de l'ensemble de la réglementation sur l'impôt peut consulter les sources suivantes (en ordre croissant d'exhaustivité) :

- Guide T2 – Déclaration de revenus des sociétés : les bulletins d'interprétation (IT) et les circulaires d'information (IC) de l'Agence canadienne des douanes et du revenu, offerts par les bureaux de Revenu Canada, ou dans Internet (www.ccra-adrc.gc.ca). En particulier, le bulletin *IT285R2 Déduction pour amortissement – Généralités* traite de nombreux aspects du régime de la DPA. Il est intéressant de consulter l'information des gouvernements provinciaux pour tenir compte des particularités de chacune des provinces.

- La Loi et les règlements de l'impôt sur le revenu. Des éditeurs privés compilent cette information, par exemple : *The Practitioner's Income Tax Act*, 14ᵉ édition, David M. Sherman (dir.), Carswell, Thomson Canada Ltd., 1998 ; *Loi de l'impôt sur le revenu du Canada et Règlements annotés*, de la CCH Canadienne Ltée.

7.4.2 LA RÈGLE SUR LES BIENS PRÊTS À ÊTRE MIS EN SERVICE

La première année d'imposition pour laquelle on peut se prévaloir de la déduction pour amortissement est celle où le bien devient **prêt à être mis en service**. Ce terme revêt une signification particulière dans le contexte de la Loi de l'impôt sur le revenu, et les restrictions diffèrent selon qu'il s'agit ou non d'un bâtiment, comme on l'explique ci-après.

Un bâtiment est considéré comme prêt à être mis en service à la première de diverses dates. En voici quelques exemples :

- quand l'entreprise utilise la totalité ou une partie substantielle du bâtiment aux fins prévues ;
- quand la construction du bâtiment est terminée ;
- le début de la première année d'imposition, qui commence au moins 358 jours après l'année d'imposition au cours de laquelle la société a acquis le bien ;
- immédiatement avant la disposition du bien.

Un bien autre qu'un bâtiment est considéré comme prêt à être mis en service à la première de diverses dates. En voici quelques exemples :

- quand le bien sert pour la première fois à gagner des revenus ;
- quand l'entreprise peut utiliser le bien soit pour produire un produit vendable, soit pour fournir un service vendable ;
- le début de la première année d'imposition, qui commence au moins 358 jours après l'année d'imposition au cours de laquelle la société a acquis le bien ;
- immédiatement avant la disposition du bien.

Exemple 7.9

La règle sur les biens prêts à être mis en service

En prévision d'un boom de construction domiciliaire, la société Fenêtres Cassandre Ltée décide d'augmenter sa capacité de production et d'automatiser une plus grande partie de ses opérations. Le 20 mai 1997, elle achète un terrain libre adjacent à son usine et signe un contrat pour faire construire de nouvelles installations. Le 3 août 1997, elle reçoit un nouveau système de manutention/assemblage : elle le met temporairement dans un coin de la nouvelle usine, qui n'est pas encore terminée. Pour maintenir en place les composants des fenêtres, le système nécessite des gabarits sur mesure, mais ceux-ci ne sont pas encore arrivés. Le 1er décembre 1997, l'entreprise achète à bon prix une soudeuse et une extrudeuse usagées et les entrepose dans la nouvelle usine. Au même moment, elle achète également un chariot élévateur à fourche destiné à la nouvelle usine, mais elle commence à l'utiliser immédiatement, car une grande quantité de stock s'est accumulée à l'usine existante. La construction de la nouvelle usine se termine le 12 février 1998. Entre-temps, en janvier 1998, la société décide d'investir dans une soudeuse dernier cri et fait reprendre l'appareil usagé acheté l'année précédente à un prix légèrement inférieur à celui qu'elle avait payé. Le 1er juin 1998, la nouvelle usine est prête à fonctionner à plein rendement. Au début, la manutention et l'assemblage doivent être effectués manuellement, et à la fin de 1998, le système de manutention n'est pas encore en fonction, car on n'arrive pas à adapter convenablement les gabarits sur mesure. Déterminez le moment où chaque nouveau bien est devenu prêt à être mis en service. L'année d'imposition de la société correspond à l'année civile.

Solution

- Soit : les dates d'acquisition et d'utilisation de plusieurs biens
- Trouvez : le moment où chaque bien est considéré comme prêt à être mis en service, en vertu du régime de la DPA

Le bâtiment est devenu prêt à être mis en service en 1998, date à laquelle sa construction a été terminée. Le chariot élévateur l'est devenu en 1997, car l'entreprise l'a utilisé dès le mois de décembre pour sa production (c'est-à-dire pour gagner des revenus). Même si l'extrudeuse a été acquise en 1997, elle n'a été ni installée ni utilisée avant juin 1998, année d'imposition au cours de laquelle elle est devenue prête à être mise en service. La soudeuse usagée n'a jamais été installée : c'est donc juste avant d'être vendue qu'elle est devenue prête à être mise en service et a été ajoutée aux autres biens amortissables, soit en 1998. Quant à la soudeuse dernier cri, comme elle a été affectée à la production en 1998, c'est cette année-là qu'elle est devenue prête à être mise en service. En 1998, le système de manutention n'avait toujours pas été utilisé. Si on ajoute 358 jours à la date d'acquisition du 3 août 1997, on obtient la date du 27 juillet 1998. La première année d'imposition suivant cette dernière date est le 1er janvier 1999, de sorte que ce matériel est considéré comme étant devenu prêt à être mis en service en 1999, même si Fenêtres Cassandre ne l'avait pas encore utilisé. (Note : les gabarits ne font pas partie de la même catégorie de biens que le système de manutention, comme nous le verrons à la prochaine section.)

Commentaires : Ce qu'il faut retenir de cette règle, c'est qu'on ne peut demander la DPA pour un bien l'année de son acquisition ni l'année suivante, à moins qu'il ne soit prêt à être mis en service. Le critère des 358 jours limite essentiellement cette restriction à 2 ans.

7.4.3 LE CALCUL DE LA DÉDUCTION POUR AMORTISSEMENT

Pour se prévaloir d'une déduction pour amortissement, une société doit remplir l'annexe 8 au niveau fédéral, conformément au Guide T2 –Déclaration de revenus des sociétés. Au niveau provincial, par exemple pour le Québec, il s'agit de l'annexe CO-130.A. Comme il s'agit de la même méthodologie, nous ne présentons ici que l'annexe 8. Pour leur part, les professionnels indépendants, les entreprises individuelles et les sociétés de personnes doivent effectuer des calculs équivalents sur leurs feuilles d'impôt T2032 ou T2124. Nous présenterons d'abord le formulaire relatif à la DPA à la figure 7.6 puis les directives qui l'accompagnent pour remplir chacun de ses champs. Toutefois, étant donné qu'il ne s'agit que d'un résumé et que les règles fiscales changent périodiquement, on doit consulter les guides d'impôt en vigueur lorsqu'on effectue des calculs pour une véritable entreprise. Ensuite, nous expliquerons et illustrerons à l'aide d'exemples la majorité des éléments clés des calculs relatifs à la DPA. Pour chaque catégorie de biens auxquels s'applique l'amortissement dégressif à taux constant, on doit utiliser une ligne distincte du formulaire. La DPA exige des calculs séparés pour chacun des biens appartenant à l'une des catégories auxquelles s'applique l'amortissement linéaire, calculs qui varient suivant de nombreux facteurs, dont la nature du bien et sa durée. La déduction totale dont l'entreprise peut se prévaloir correspond à la somme des déductions effectuées dans toutes les catégories.

- **Colonne 1 — Numéro de catégorie** On identifie chaque catégorie de biens par le numéro qui lui est attribué. En général, on regroupe tous les biens amortissables d'une même catégorie. On calcule alors la DPA en fonction de la fraction non amortie du coût en capital de l'ensemble des biens de cette catégorie.

- **Colonne 2 — Fraction non amortie du coût en capital (FNACC) au début de l'année** Il s'agit de la valeur de tous les éléments d'actif de la catégorie au commencement de l'année. Elle correspond à la valeur de la FNACC de l'ensemble des éléments d'actif de la catégorie à la fin de l'année d'imposition précédente.

- **Colonne 3 — Coût des acquisitions dans l'année** Pour chaque catégorie d'éléments d'actif, on inscrit le coût total (y compris le transport, l'installation et les frais connexes) des biens amortissables acquis par l'entreprise et prêts à être mis en service au cours de l'année d'imposition. *Les terrains sont exclus,* car il ne s'agit pas de biens amortissables.

- **Colonne 4 — Rajustements nets** Parfois, on doit inscrire des montants qui augmentent ou diminuent le coût en capital d'un bien. Nous en présentons ici une liste partielle. Le coût en capital d'un bien doit être *diminué* des montants suivants :
  - tout crédit ou remboursement de taxe sur les intrants à l'égard de la TPS/TVH reçu au cours de l'année ;
  - tout **crédit d'impôt à l'investissement** (CII) utilisé pour réduire l'impôt au cours de l'année d'imposition précédente (note : le gouvernement offre de tels avantages pour favoriser l'investissement dans certains secteurs d'activités ou certaines régions du pays ; nous étudierons ces transactions au chapitre 8) ;
  - tout crédit d'impôt à l'investissement provincial reçu pendant l'année en cours ;
  - toute aide gouvernementale reçue pendant l'année en cours.

  Le coût en capital d'un bien doit être *augmenté* des montants suivants :
  - tout remboursement de crédits de taxe sur les intrants à l'égard de la TPS/TVH antérieurement déduits ;
  - tout transfert de biens amortissables après une fusion ou après la liquidation d'une filiale ;
  - toute aide gouvernementale remboursée par l'entreprise et qui a déjà réduit le coût en capital.

- **Colonne 5 — Produit de disposition dans l'année** On inscrit dans chacune des catégories le produit net des dispositions (déduction faite des coûts de mise hors service du bien ou de restauration du site). Si le montant du produit dépasse le coût en capital du bien, c'est ce dernier qu'on inscrit. (Note : la différence entre le coût en capital original et le produit d'une disposition correspond à un **gain en capital**

Figure 7.6
Formulaire de la déduction pour amortissement

DÉDUCTION POUR AMORTISSEMENT (DPA) (Années d'imposition 1998 et suivantes)

ANNEXE 8

Agence des douanes et du revenu du Canada — Canada Customs and Revenue Agency

Raison sociale

Numéro d'entreprise

Fin de l'année d'imposition : Année / Mois / Jour

Pour plus de renseignements, voir la rubrique intitulée «Déduction pour amortissement» dans le *Guide T2 – Déclaration de revenus des sociétés.*

La société fait-elle un choix selon le *Règlement 1101(5q)?* **101** 1 oui ☐ 2 non ☐

1 Numéro de catégorie	2 Fraction non amortie du coût en capital au début de l'année (fraction non amortie du coût en capital à la fin de l'année selon l'annexe 8 de l'année précédente)	3 Coût des acquisitions dans l'année (le nouveau bien doit être prêt à être mis en service) (voir la remarque 1 ci-dessous)	4 Rajustements nets (indiquer entre parenthèses les montants négatifs)	5 Produit de disposition dans l'année (ne doit pas dépasser le coût en capital)	6 Fraction non amortie du coût en capital (colonne 2 plus colonne 3 plus ou moins colonne 4 moins colonne 5)	7 Règle de 50 % (1/2 × l'excédent éventuel du coût net des acquisitions sur la colonne 5) (voir la remarque 2 ci-dessous)	8 Fraction non amortie du coût en capital après réduction (colonne 6 moins colonne 7)	9 Taux de la DPA %	10 Récupération de la déduction pour amortissement	11 Perte finale	12 Déduction pour amortissement (colonne 8 multipliée par colonne 9 ou un montant inférieur) (voir la remarque 3 ci-dessous)	13 Fraction non amortie du coût et capital à la fin de l'année (colonne 6 moins colonne 12)
200	**201**	**203**	**205**	**207**		**211**		**212**	**213**	**215**	**217**	**220**
1.												
2.												
3.												
4.												
5.												
6.												
7.												
8.												
9.												
10.												

Totaux ☐ ☐

Inscrire le total de la colonne 10 à la ligne 107 de l'annexe 1.
Inscrire le total de la colonne 11 à la ligne 404 de l'annexe 1.
Inscrire le total de la colonne 12 à la ligne 403 de l'annexe 1.

Remarque 1 : Inclure tous biens acquis dans les années précédentes qui sont maintenant prêts à être mis en service. Ces biens auraient auparavant dû être exclus de la colonne 3. Inscrire séparément toute acquisition qui n'est pas assujettie à la règle du 50 %. Voir les *Règlements* 1100(2) et (2.2).

Remarque 2 : Le coût net des acquisitions correspond au coût des acquisitions plus ou moins certains rajustements de la colonne 4.

Remarque 3 : Si l'année d'imposition compte moins de 365 jours, calculer la DPA au prorata. Pour plus de renseignements à ce sujet, consulter le *Guide T2 – Déclaration de revenus des sociétés.*

T2 SCH 8 (99)
Imprimé au Canada

1388

(English on reverse)

Canada

– voir le chapitre 8 –, auquel ne s'applique pas le même taux d'imposition que les autres revenus.)

- **Colonne 6 — Fraction non amortie du coût en capital (FNACC)** Pour calculer la valeur à inscrire dans cette colonne, on additionne les montants des colonnes 2 et 3, on soustrait ou on additionne le montant de la colonne 4, selon la nature du rajustement, puis on soustrait le montant de la colonne 5. Pour chaque catégorie, il existe trois possibilités :

  1) *Le montant de la FNACC inscrit dans la colonne 6 est positif, et il reste des biens dans la catégorie à la fin de l'année* : on effectue les calculs de la colonne 7.

  2) *Le montant de la FNACC inscrit dans la colonne 6 est négatif* : en général, cela se produit quand le montant de la DPA déjà demandé est plus élevé que la véritable perte subie en achetant ou en vendant les biens de cette catégorie. Non seulement l'entreprise est-elle alors incapable de se prévaloir de la DPA pour les biens de cette catégorie, mais encore doit-elle ajouter cette **récupération de la DPA** à son bénéfice, qui sera ensuite imposé. On inscrit la récupération de la DPA dans la colonne 10 et on n'effectue pas d'autres calculs pour cette catégorie.

  3) *Le montant de la FNACC inscrit dans la colonne 6 est positif, mais il ne reste aucun bien dans cette catégorie à la fin de l'année* : on obtient cette valeur positive quand on a vendu le ou les dernier(s) élément(s) d'actif à un prix inférieur à la fraction non amortie du coût en capital de tous les biens de cette catégorie. Puisque aucun bien ne demeure dans la catégorie, on peut déduire ce montant, ou **perte finale**, du bénéfice de l'année d'imposition. On inscrit la perte totale dans la colonne 11, et on n'effectue pas d'autres calculs pour cette catégorie.

  Note : les règles relatives à la récupération et à la perte finale ne s'appliquent pas à certaines catégories, notamment aux voitures de tourisme de la catégorie 10.1.

- **Colonne 7 — Règle de 50 %** La majorité des nouveaux biens prêts à être mis en service au cours de l'année d'imposition ne donnent droit qu'à 50 % de la DPA maximale normale pour l'année (voir la section 7.4.4). On doit réduire en conséquence le montant de la FNACC avant d'appliquer le taux de la DPA. Ce rajustement est égal à la moitié du montant net des additions de la catégorie (le coût net des acquisitions moins le produit des dispositions). On inscrit ce montant dans la colonne 7. On doit parfois rajuster ce total en fonction des montants inscrits dans la colonne 4.

- **Colonne 8 — Fraction non amortie du coût en capital après réduction** La règle de 50 % exige qu'on réduise la FNACC en soustrayant le montant de la colonne 7 de celui de la colonne 6.

- **Colonne 9 – Taux de la DPA** On inscrit le taux de la DPA prescrit pour la catégorie. Lorsque le taux d'une catégorie n'est pas spécifié dans la Loi de l'impôt sur le revenu des sociétés, on inscrit S/O.

- **Colonne 10 — Récupération de la déduction pour amortissement** On inscrit ici le montant de la récupération calculé dans la colonne 6 (s'il y a lieu).

- **Colonne 11 — Perte finale** On inscrit ici le montant de la perte finale calculé dans la colonne 6 (s'il y a lieu).

- **Colonne 12 — Déduction pour amortissement** On calcule la DPA maximale permise pour chaque catégorie en multipliant le montant de la FNACC après réduction de la colonne 8 par le taux de la colonne 9. L'entreprise peut se prévaloir de toute déduction qui ne dépasse pas ce maximum. Si l'année d'imposition d'une jeune entreprise compte moins de 365 jours, la DPA applicable à la plupart des biens doit être déterminée au prorata (pour en savoir plus, consulter le guide d'impôt).

- **Colonne 13 — Fraction non amortie du coût en capital à la fin de l'année** On soustrait du montant de la FNACC de la fin de l'année précédente, obtenu après avoir effectué les rajustements relatifs aux acquisitions, aux dispositions et à l'aide gouvernementale (plus les quelques autres à inscrire dans la colonne 4), celui de la DPA demandée pour l'année en cours: le résultat de cette opération est la FNACC à la fin de l'année d'imposition courante. On effectue le calcul en soustrayant le montant de la colonne 12 de celui de la colonne 6. Pour toute catégorie comportant une perte finale ou une récupération de la DPA, le montant final de la FNACC est toujours de zéro.

7.4.4 LA RÈGLE DE 50 %

La **règle de 50 %**, aussi appelée **règle de la demi-année**, a été intégrée au régime fiscal en novembre 1981. Pour la plupart des catégories, elle limite la déduction pour amortissement maximale des nouveaux biens acquis au cours de l'année à la moitié du montant normal. Par cette règle, on détermine un montant «moyen» d'amortissement applicable à tous les nouveaux éléments d'actif, puisque les biens achetés au début de l'année d'imposition ont été utilisés pendant presque une année entière, tandis que ceux acquis à la fin de l'année sont pratiquement neufs. Plus précisément, la règle de 50 % s'applique aux **acquisitions nettes** de chaque catégorie, soit à un montant égal à la différence entre les achats et les dispositions effectuées au cours de l'année.

Comparons la DPA et la FNACC relative à un élément d'actif, selon qu'on applique ou non la règle de 50 %.

Soit: P = le coût en capital du bien

U_n = la fraction non amortie du coût en capital à la fin de l'année n

DPA_n = la déduction maximale permise pour l'année n

d = le taux de DPA prescrit (amortissement dégressif).

	SANS LA RÈGLE DE 50%		AVEC LA RÈGLE DE 50%	
n	DPA	FNACC	DPA	FNACC
0		$U_0 = P$		$U_0 = P$
1	$DPA_1 = Pd$	$U_1 = P(1-d)$	$DPA_1 = Pd/2$	$U_1 = P(1-d/2)$
2	$DPA_2 = Pd(1-d)$	$U_2 = P(1-d)^2$	$DPA_2 = Pd(1-d/2)$	$U_2 = P(1-d/2)(1-d)$
$n \ (\geq 2)$	$DPA_n = Pd(1-d)^{n-1}$	$U_n = P(1-d)^n$	$DPA_n = Pd(1-d/2)(1-d)^{n-2}$	$U_n = P(1-d/2)(1-d)^{n-1}$

La plupart des biens amortissables, mais pas tous, sont soumis à la règle de 50% :

- La plupart des biens de la catégorie 10 sont *assujettis* à la règle de 50%, sauf les suivants : les boîtiers décodeurs pour la télévision par câble ; un film ou une vidéo canadiens.

- La plupart des biens de la catégorie 12 sont *exempts* de l'application de la règle de 50%, *sauf* les suivants : les matrices, les gabarits, les modèles, les moules ou les formes à chaussure ; les dispositifs de coupage ou de façonnage d'une machine ; les films ou les vidéos qui comprennent un message publicitaire ; les longs métrages ou les productions cinématographiques portant visa ; les logiciels (autres que les logiciels de systèmes) ;

- Tous les biens des catégories 13, 14, 15, 23, 24, 27, 29 et 34 sont *exempts* de l'application de la règle de 50% (note : pour certains biens des catégories 13, 24, 27, 29 et 34, on doit réduire de 50% la DPA de la première année, mais on ne le fait pas selon les modalités de la règle de 50%).

- Tout bien qui devient prêt à être mis en service au plus tôt 358 jours après son acquisition (voir la section 7.4.2) est *exempt* de l'application de la règle de 50%.

Prêtez une attention particulière à la déduction pour amortissement s'appliquant aux biens de la catégorie 12 ($d = 100\%$). Pour ceux qui sont exempts de l'application de la règle de 50%, l'entreprise a droit à la déduction complète l'année où ils deviennent prêts à être mis en service. Quant aux autres, on leur applique la déduction complète pendant 2 ans. Quoi qu'il en soit, la plupart des biens de la catégorie 12 qui présentent un intérêt pour les décisions économiques en ingénierie (les pièces de machines, les logiciels) sont soumis à la règle de 50%.

Exemple 7.10

Les calculs de la DPA pour de multiples catégories de biens

Reprenons la situation de la société Fenêtres Cassandre exposée à l'exemple 7.9. Présumons que, pour chaque catégorie de DPA, la fraction non amortie du coût en capital se présentait comme suit à la fin de 1996 :

CATÉGORIE DE DPA	FNACC$_{1996}$
1	1 766 419 $
3	194 980
8	63 971
10	0
12	17 518
43	483 602

À cette époque, la catégorie 1 comprenait l'usine existante (construite après 1987); le seul bien de la catégorie 3 était un vieil entrepôt où on déposait les surplus de stock; divers accessoires de bureau faisaient partie de la catégorie 8, certaines pièces de machinerie, de la catégorie 12, et tout le matériel de fabrication, de la catégorie 43. La société a effectué les transactions décrites à l'exemple 7.9; de plus, en 1999, les bons gabarits ont finalement pu être installés sur son système de manutention/assemblage. Cette année-là, la société a vendu le chariot élévateur à fourche, jugeant que le système de manutention répondait à ses besoins; comme sa nouvelle usine possédait une capacité d'entreposage amplement suffisante, elle a aussi vendu son vieil entrepôt. Compte tenu des données sur les transactions relatives aux biens amortissables qui suivent, calculez le montant maximal de DPA dont Fenêtres Cassandre pouvait se prévaloir en 1997, 1998 et 1999.

TRANSACTIONS RELATIVES AUX BIENS AMORTISSABLES EFFECTUÉES DE 1997 À 1999					
BIEN	CATÉGORIE DE DPA	ANNÉE OÙ IL EST DEVENU PRÊT À ÊTRE MIS EN SERVICE	COÛT EN CAPITAL	ANNÉE DE DISPOSITION	PRODUIT DE DISPOSITION
Chariot élévateur	10	1997	18 000 $	1999	5 000 $
Nouvelle usine*	1	1998	2 600 000 $		
Extrudeuse	43	1998	41 000 $		
Soudeuse usagée	43	1998	29 000 $	1998	28 000 $
Soudeuse neuve	43	1998	54 000 $		
Système de manutention/ assemblage	43	1999	112 000 $		
Gabarits	12	1999	13 000 $		
Entrepôt	3			1999	200 000 $

* Ce coût n'englobe que le nouveau bâtiment; il ne comprend pas le coût du terrain, qui n'est pas un bien amortissable.

Solution

- **SOIT:** la FNACC$_{1996}$ des catégories de DPA, et les transactions relatives aux biens amortissables effectuées de 1997 à 1999
- **TROUVEZ:** la DPA applicable à toutes les catégories en 1997, 1998 et 1999

Comme le montre le tableau 7.2, on remplit une annexe 8 pour chacune des trois années, conformément à la méthode de calcul de la DPA.

Commentaires sur l'annexe 8 de 1997: *La FNACC du début de 1997 (colonne 2) doit être égale à la FNACC de la fin de 1996. Selon la règle de 50%, seulement la moitié de la valeur du chariot élévateur peut faire l'objet d'une déduction la première année (DPA$_{1997}$ = 1/2Pd = 1/(2* 18 000* 30%) = 2 700$). De plus, la fraction non amortie du coût en capital des biens qui demeurent dans la catégorie 12, dont le taux de DPA est de 100%, passe à 0$.*

Commentaires sur l'annexe 8 de 1998: *Comme on le fait pour la plupart des calculs de DPA, on regroupe tous les nouveaux biens de la catégorie 43. La règle de 50% ne s'applique qu'aux acquisitions nettes de chaque catégorie (c'est-à-dire la colonne 3 moins la colonne 5 de la catégorie 43). Même si la soudeuse usagée n'a jamais été installée, on doit l'inscrire sur l'annexe 8 avant qu'elle ne soit vendue. Par conséquent, les 1 000$ perdus sur cette machine ne font pas l'objet d'une radiation, mais doivent être amortis annuellement. Bien que la soudeuse usagée soit devenue prête à être mise en service l'année suivant celle de son acquisition, elle demeure assujettie à la règle de 50%. Contrairement à la prise en charge par amortissement, le régime de la DPA rajuste automatiquement le coût amortissable quand la valeur de reprise n'est pas égale à la valeur comptable (voir l'exemple 7.2).*

Commentaires sur l'annexe 8 de 1999: *Dans la catégorie 3, comme le prix de vente de l'entrepôt est supérieur à la FNACC du début de l'année, le résultat intermédiaire apparaissant dans la colonne 6 est négatif. Étant donné que Fenêtres Cassandre a effectivement obtenu une somme plus élevée que la FNACC de cette catégorie, l'Agence canadienne des douanes et du revenu impose cette différence en exigeant que la société additionne cette «DPA récupérée» à son bénéfice de 1999. On reporte ce montant dans la colonne 10 et on n'effectue aucun autre calcul pour cette catégorie. Par ailleurs, quand la société a vendu le chariot élévateur, il s'agissait du dernier bien de la catégorie 10. Comme il n'était pas complètement amorti, on a copié le solde de la colonne 6 dans la colonne 11 et inscrit cette «perte finale» à titre de charge en 1999. Quant aux gabarits, ils font partie des éléments de la catégorie 12 qui sont assujettis à la règle de 50%. Le nouveau système de manutention n'obéit pas à cette règle, car il est devenu prêt à être mis en service la 2e année d'imposition suivant son acquisition (conformément à la restriction des 358 jours ou plus).*

Réponse: *DPA$_{1997}$* = 258 497$ *DPA$_{1998}$* = 311 833$ *DPA$_{1999}$* = 308 777$

Tableau 7.2 Déduction pour amortissement de la société Fenêtres Cassandre

Fenêtres Cassandre — Annexe 8 pour 1997 (voir la figure 7.6 pour les intitulés des colonnes)

1	2	3	4	5	6	7	8	9	10	11	12	13
1	1 766 419 $				1 766 419 $		1 766 419 $	4 %			70 656 $	1 695 762 $
3	194 980 $				194 980 $		194 980 $	5 %			9 749 $	185 231 $
8	63 971 $	18 000 $			63 971 $	9 000 $	63 971 $	20 %			12 794 $	51 176 $
10	0 $				18 000 $		9 000 $	30 %			2 700 $	15 300 $
12	17 518 $				17 518 $		17 518 $	100 %			17 518 $	0 $
43	483 602 $			28 000 $	483 602 $		483 602 $	30 %			145 080 $	338 521 $
										DPA totale	258 497 $	

Fenêtres Cassandre — Annexe 8 pour 1998 (voir la figure 7.6 pour les intitulés des colonnes)

1	2	3	4	5	6	7	8	9	10	11	12	13
1	4 122 972 $	2 600 000 $			4 294 762 $		4 294 762 $	4 %			171 790 $	4 122 972 $
3	175 969 $				185 231 $		185 231 $	5 %			9 262 $	175 969 $
8	40 941 $				51 176 $		51 176 $	20 %			10 235 $	40 941 $
10	10 710 $				15 300 $		15 300 $	30 %			4 590 $	10 710 $
12	0 $				0 $		0 $	100 %			0 $	0 $
43	318 565 $	124 000 $		28 000 $	434 521 $	48 000 $	386 521 $	30 %			115 956 $	318 565 $
										DPA totale	311 833 $	

Fenêtres Cassandre — Annexe 8 pour 1999 (voir la figure 7.6 pour les intitulés des colonnes)

1	2	3	4	5	6	7	8	9	10	11	12	13
1	4 122 972 $				4 122 972 $		4 122 972 $	4 %	24 031 $		164 919 $	3 958 053 $
3	175 969 $			200 000 $	−24 031 $			5 %				
8	40 941$			5 000 $	40 941$		40 941$	20 %			8 188 $	32 753 $
10	10 710 $			5 000 $	5 710 $			30 %		5 710 $		
12	0 $	13 000 $			13 000 $	6 500 $	6 500 $	100 %			6 500 $	6 500 $
43	318 565 $	112 000 $			430 565 $		430 565 $	30 %			129 170 $	301 396 $
										DPA totale	308 777 $	

7.4.5 LE CALCUL DE LA DPA DANS LE CADRE DE PROJETS PARTICULIERS

Comme l'objectif principal des analyses économiques en ingénierie consiste à évaluer la viabilité d'un ou de plusieurs projets indépendants, la façon dont fonctionne le régime de la DPA présente un défi unique. Étant donné que la plupart des biens amortissables sont regroupés par catégories, les incidences fiscales de l'achat de nouveaux éléments d'actif pour un projet en cours d'évaluation sont tributaires des activités qui touchent la catégorie dont ils font partie (acquisitions et dispositions), mais se produisent indépendamment de ce projet. Par exemple, la première année, la règle de 50 % peut s'appliquer à une nouvelle machine de la catégorie 43, qu'on se propose d'acheter, mais l'effet prévu peut être inexact si, la même année, la société vend n'importe quel autre bien de la catégorie 43 (parce que la règle de 50 % vise les acquisitions *nettes*).

La prévision des conséquences fiscales de la disposition d'un élément d'actif soulève une autre difficulté lorsqu'on évalue un projet. S'il demeure le seul de sa catégorie, on peut prévoir que sa disposition entraînera une perte finale ou une récupération, compte tenu de sa valeur de récupération estimative. Toutefois, deux situations beaucoup plus fréquentes peuvent se présenter :

1) d'autres biens demeurent dans la catégorie après la disposition de l'élément d'actif en question, et

2) son prix de vente est supérieur, ou inférieur, à la fraction non amortie de son coût en capital.

Dans ces cas, les effets de la DPA sur cet élément d'actif se prolongent indéfiniment après sa disposition. Autrement dit, même si la FNACC d'une catégorie rend compte de la vente d'un bien (la colonne 5 de la figure 7.6), sa disposition continue de se répercuter sur les biens du même groupe au cours des années suivantes lorsque sa valeur de récupération, S, n'est pas égale à la fraction non amortie de son coût en capital, U. Ce phénomène complique le calcul des mesures d'équivalence relatives à l'évaluation des projets, en particulier lorsqu'on utilise la méthode du TRI. Le chapitre 8 traite plus en détail des effets fiscaux de la disposition.

Par souci de cohérence et de simplicité, nous appliquerons les hypothèses suivantes (à moins d'indication contraire) aux calculs de la DPA relatifs aux nouveaux éléments d'actif étudiés dans le cadre d'un projet :

• On ne tient pas compte des autres activités de la catégorie en dehors du projet à l'étude. Cette hypothèse implique, entre autres, l'application de la règle de 50 % (le cas échéant) à un nouvel élément d'actif et la demande de la déduction complète pour chaque année de sa vie utile (ce qui serait impossible si la catégorie était touchée par une récupération de la DPA attribuable à des biens qui ne font pas partie du projet).

- L'**effet fiscal de la disposition** n'est fonction que de la différence $U - S$ constatée l'année où la disposition a lieu. En d'autres termes, lorsqu'un bien est vendu, un gain relatif à sa FNACC ($S > U$) est imposé, tandis qu'une perte ($S < U$) entraîne une économie d'impôt. Une telle approximation est généralement acceptable puisque, comparativement au véritable effet de la DPA, l'erreur qu'elle entraîne est souvent minime ; en outre, comme la disposition se produit souvent des années plus tard, son incidence sur la viabilité du projet est faible (voir les exemples du chapitre 8).
- Le bien est vendu à la fin de l'année. Ainsi, l'effet fiscal de la disposition coïncide avec la transaction relative à la valeur de récupération.

Exemple 7.11

Le calcul de la DPA dans le cadre d'un projet

La direction de la Boulangerie Brigitte de Port-aux-Basques, à Terre-Neuve, envisage d'ouvrir un second établissement à Corner Brook. Elle peut y louer un magasin inoccupé, dont le bail, renouvelable tous les quatre ans, commence le 1er janvier. La location coûte 10 000 $ par année. Par ailleurs, l'entreprise compte installer 13 000 $ de matériel destiné à la vente et au stockage de ses produits : une caisse enregistreuse, un comptoir de présentation, un réfrigérateur pour les pâtisseries, etc. Si les ventes vont aussi bien que prévu, dans 2 ans, elle consacrera 6 000 $ à l'amélioration du magasin et installera un four de 3 000 $: ainsi, au lieu de tout faire venir de Port-aux-Basques, on pourra préparer certains produits sur place. Pour évaluer cette proposition en fonction d'un horizon de planification de 8 ans, la direction part du principe que la valeur de récupération de l'ensemble du matériel s'élèvera à 2 000 $. Quels montants de DPA doit-elle faire intervenir dans l'évaluation de ce projet ?

Solution

- Soit : le coût en capital de divers biens amortissables et la durée du projet
- Trouvez : les montants de DPA pour la durée du projet

En tant que locataire, la Boulangerie Brigitte possède un **droit de tenure à bail** sur le magasin, de sorte que toute amélioration apportée au bâtiment est admissible à la DPA et classée dans la catégorie 13. On calcule comme suit la déduction pour amortissement de cette catégorie soumise à l'amortissement linéaire[3] :

- Une *partie proportionnelle* du coût en capital est égale au moindre des montants suivants :
  a) un cinquième du coût en capital
  b) le coût en capital divisé par le nombre de périodes de 12 mois qui s'écoulent entre le début de l'année où l'amélioration a été apportée et la fin du bail original plus le premier renouvellement de celui-ci (s'il y a lieu).

---

3. Voir le bulletin d'interprétation IT464R de l'ACDR. Plusieurs autres conditions peuvent s'appliquer à cette catégorie de biens, relativement aux baux concomitants, aux rénovations multiples, etc.

- La première année, seule la moitié de la partie proportionnelle est admissible à la déduction pour amortissement ; le reste le deviendra l'année qui suivra la fin de la période d'amortissement de 8 ans.

Comme 6 ans séparent le moment où les améliorations ont été apportées et la fin du premier renouvellement du bail, la partie proportionnelle s'élève à 6 000 $/6 = 1 000 $ (la moitié la première année).

Le matériel et le four se trouvent dans la catégorie 8 (taux de DPA = 20 %).

FIN DE L'ANNÉE	DPA DU MATÉRIEL	DPA DU FOUR	DPA DE LA TENURE À BAIL	TOTAL DE LA DPA
1	1 300 $			1 300 $
2	2 340 $			2 340 $
3	1 872 $	300 $	500 $	2 672 $
4	1 498 $	540 $	1 000 $	3 038 $
5	1 198 $	432 $	1 000 $	2 630 $
6	958 $	346 $	1 000 $	2 304 $
7	767 $	276 $	1 000 $	2 043 $
8	614 $	221 $	1 000 $	1 835 $

Commentaires : Tout en illustrant certains éléments de l'évaluation d'un projet à part, cet exemple démontre les calculs relatifs à une catégorie de DPA non soumise à l'amortissement dégressif. En traitant le projet indépendamment des autres éléments d'actif de l'entreprise, nous avons évité plusieurs complications. Ainsi, la DPA demandée la première année pour le matériel ne se justifie que si aucun autre élément de cette catégorie n'a été vendu cette année-là. Il en est de même du four. En outre, si, une année ou une autre, la valeur de la FNACC était ramenée à zéro en raison de la disposition de biens étrangers au projet, l'entreprise serait incapable de se prévaloir de la DPA relative au matériel ou aux améliorations locatives. L'utilisation de la simplification touchant l'effet fiscal de la disposition décrit plus haut, où $U_8 = 3\ 338\ \$$ et $S_8 = 2\ 000\ \$$, entraîne une perte finale estimative de 1 338 $ à la fin des huit années du projet, indépendamment de tout autre matériel de cette catégorie possédé par la boulangerie. Un ajustement semblable peut être effectué pour la tenure à bail, dont la FNACC s'élève à 500 $ après huit ans, et la valeur de récupération présumée, à zéro.

7.5   LES ADDITIONS OU LES MODIFICATIONS APPORTÉES AUX ÉLÉMENTS D'ACTIF AMORTISSABLES

Quand des modifications, des réparations (révision d'un moteur) ou des additions (améliorations) importantes sont effectuées au cours de la vie utile d'un élément d'actif, on doit déterminer si elles prolongeront sa vie utile ou augmenteront la valeur de récupération estimée au départ. Dans l'un ou l'autre de ces cas, on doit réviser l'estimation de la vie utile et mettre à jour en conséquence le montant de l'amortissement périodique. Nous examinerons comment les réparations, les modifications ou les améliorations influent tant sur l'amortissement comptable que sur l'amortissement fiscal.

7.5.1   LA RÉVISION DE L'AMORTISSEMENT COMPTABLE

Rappelez-vous que les taux d'amortissement comptable reposent sur les estimations relatives à la vie utile des éléments d'actif. Or, comme ces estimations sont rarement précises, il se peut que, après quelques années d'utilisation, on constate que la vie utile d'un élément d'actif est susceptible de durer substantiellement plus ou moins longtemps qu'on ne l'avait d'abord prévu. Quand cela se produit, la dotation aux amortissements annuelle, dont le calcul est fonction de la vie utile estimative, peut se révéler soit excessive, soit insuffisante. (Si les réparations ou les améliorations ne prolongent pas la vie utile de l'élément d'actif ou n'en augmentent pas la valeur de récupération, ces coûts peuvent être traités comme des frais d'entretien, l'année où ils ont été engagés.) Pour corriger le calendrier d'amortissement comptable, on révise la valeur comptable actuelle et on répartit ce coût sur les années de vie utiles qui restent.

7.5.2   LA RÉVISION DE L'AMORTISSEMENT FISCAL

Conformément au régime de la déduction pour amortissement fiscal, les dépenses en immobilisations (additions ou modifications) portant sur des biens amortissables existants sont traitées comme de nouveaux biens amortissables. Ces dépenses sont classées dans la catégorie de DPA où se trouverait le bien original s'il devenait prêt à être mis en service au moment où l'addition ou la modification est effectuée.

À part les conditions préalables d'ordre général mentionnées plus haut au sujet de l'augmentation de la durée de vie ou de la valeur d'un bien, il existe des directives publiées par l'Agence canadienne des douanes et du revenu (ou les ministères des gouvernements provinciaux) ; elles indiquent entre autres comment faire la différence entre les frais courants d'entretien et de réparation et les améliorations apportées aux immobilisations (bulletin IT-128R). On y explique notamment en quoi consiste un **avantage durable**. Ainsi, le remplacement régulier d'une pièce ajoutée à un bien amortissable n'est pas considéré comme une dépense en capital. On y fait aussi une distinction entre l'**entretien** et l'**amélioration** : les dépenses engagées pour ramener un bien à son état original doivent être traitées comme des dépenses courantes, sauf si elles comportent un élément matériel qui améliore cet état original. Par exemple, remplacer un toit constitue normalement une dépense courante, à moins que la qualité ou la durabilité du nouveau toit ne soient nettement meilleures que celles de l'ancien. Un autre critère concerne la **valeur relative** de l'addition ou de l'amélioration par rapport au coût en capital du bien existant, et un autre encore, le fait que l'amélioration fasse **partie intégrante** de l'élément d'actif original ou constitue un bien marchand distinct. Lorsque la valeur relative de l'addition est faible ou que la nouvelle pièce fait partie intégrante du bien original, il y a plus de chances que la dépense soit considérée comme courante. Dans le doute, on peut examiner ces critères et d'autres critères connexes avec un expert-comptable ou tout autre conseiller fiscal.

Exemple 7.12

Le rajustement relatif à l'amortissement d'un élément d'actif révisé

En janvier 1995, la société Fabrication Kendall achète une nouvelle machine à commande numérique coûtant 60 000 $. Au moment de l'achat, la vie utile estimative de la machine est de 10 ans, au terme desquels on prévoit que sa valeur de récupération sera nulle. À des fins comptables, on ne planifie aucune révision majeure avant la fin de cette période et, comme la valeur de récupération est nulle, on répartit le coût de la machine sur 10 ans selon la méthode de l'amortissement linéaire, soit à raison de 6 000 $ par année. À des fins fiscales, la machine est classée dans la catégorie 43 (taux de DPA = 30 %). Toutefois, en janvier 1998, on consacre 15 000 $ à la révision complète et à la reconstruction de la machine. On estime que la révision prolongera de 5 ans sa vie utile (voir la figure 7.7).

a) Calculez la valeur comptable et l'amortissement de l'année 2000 selon la méthode de l'amortissement linéaire.

b) Calculez la DPA et la FNACC pour l'année 2000.

Solution

- Soit : $P = 60\,000\,\$$, $S = 0\,\$$, $N = 10$ ans, révision de la machine = 15 000 $ et vie utile prolongée = 15 ans à compter de la date d'achat
- Trouvez : B_6 et D_6 selon les modalités de l'amortissement comptable, U_6 et DPA_6 selon les modalités de l'amortissement fiscal

a) Comme on a apporté une amélioration au début de 1998, la valeur comptable de l'élément d'actif consiste à cette date en la valeur comptable existante plus le coût de l'amélioration. On commence par calculer la valeur comptable à la fin de 1997 :

$$B_3 \text{ (avant l'amélioration)} = 60\,000\,\$ - 3(6\,000\,\$) = 42\,000\,\$.$$

Une fois le coût de 15 000 $ additionné, la valeur comptable révisée est

$$B_3 \text{ (après l'amélioration)} = 42\,000\,\$ + 15\,000\,\$ = 57\,000\,\$.$$

Pour obtenir l'amortissement comptable de l'année 2000, soit la troisième année après l'amélioration, on doit calculer le montant annuel de l'amortissement linéaire en fonction de la durée de vie prolongée. Avant l'amélioration, il restait à la machine 7 ans de vie utile. Après celle-ci, il lui en reste par conséquent 12. Le nouveau montant de l'amortissement annuel est donc 57 000 $/12 = 4 750 $. Selon la méthode de l'amortissement linéaire, on calcule comme suit la valeur comptable et l'amortissement de l'année 2000 :

$$B_6 = 42\,750\,\$ \qquad D_6 = 4\,750\,\$.$$

b) Pour calculer l'amortissement fiscal, on traite le coût de la révision comme un nouveau bien. On ajoute ce montant à la catégorie 43, car, *si* la machine originale avait été achetée en 1998, elle aurait été classée dans cette catégorie. Pour déterminer le total de la DPA et de la FNACC de la sixième année, on effectue séparément les calculs s'appliquant à chacun des deux biens (le bien original et l'«amélioration») puis on additionne les résultats.

| | MACHINE ORIGINALE | | RÉVISION | |
ANNÉE	DPA $(d = 30\%)$	FNACC (FIN DE L'ANNÉE)	DPA $(d = 30\%)$	FNACC (FIN DE L'ANNÉE)
1995	9 000 $\$*$	51 000 $		
1996	15 300 $	35 700 $		
1997	10 710 $	24 990 $		
1998	7 497 $	17 493 $	2 250 $\$*$	12 750 $
1999	5 248 $	12 245 $	3 825 $	8 925 $
2000	3 674 $	8 571 $	2 678 $	6 247 $

* La règle de 50 % s'applique la première année de chacun des deux biens.

Le total de la DPA de cette machine et de sa révision pour l'année 2000 s'élève à 6 352 $ (3 674 + 2 678) ; à la fin de cette année, la FNACC se chiffre donc à 14 818 $ (8 571 + 6 247).

On peut obtenir directement ces résultats à l'aide des formules de calcul de la DPA présentées à la section 7.4.4 :

Pour la machine originale, $n = 6$ ans (de la date d'acquisition à la fin de l'année 2000) :

$$DPA_{2000} = Pd(1 - d/2)(1 - d)^{n-2} = 60\,000\,\$(0,30)(1 - 0,15)(1 - 0,30)^4 = 3\,674\,\$$$
$$U_{2000} = P(1 - d/2)(1 - d)^{n-1} = 60\,000\,\$(1 - 0,15)(1 - 0,30)^5 = 8\,571\,\$$$

Pour la révision, $n = 3$ ans (de la date d'achèvement de l'amélioration à la fin de l'année 2000) :

$$DPA_{2000} = Pd(1 - d/2)(1 - d)^{n-2} = 15\,000\,\$(0,30)(1 - 0,15)(1 - 0,30)^1 = 2\,678\,\$$$
$$U_{2000} = P(1 - d/2)(1 - d)^{n-1} = 15\,000\,\$(1 - 0,15)(1 - 0,30)^2 = 6\,247\,\$$$

Figure 7.7
Révision de l'amortissement comptable en fonction des additions ou des améliorations décrites à l'exemple 7.12

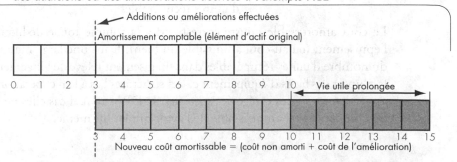

7.6   LES DÉDUCTIONS RELATIVES AUX RESSOURCES NATURELLES (OPTIONNEL)

Si vous possédez un **avoir minier**, pétrole, gaz, mines ou bois, vous pouvez peut-être vous prévaloir d'une déduction pendant que vous épuisez cette ressource. Les capitaux investis dans une ressource naturelle doivent être récupérés au fur et à mesure que la ressource naturelle est extraite et vendue. On appelle **amortissement pour épuisement**, le processus qui consiste à échelonner sur un certain nombre d'exercices le coût des ressources naturelles. Son objectif est le même que celui de l'amortissement pour dépréciation : répartir systématiquement le coût d'une immobilisation sur sa durée de vie.

Au Canada, bon nombre des industries sont liées aux ressources naturelles, et les ingénieurs jouent un rôle essentiel dans tous les aspects de l'exploration, de l'exploitation, du transport et du traitement de ces matières. Il est important d'être au courant des principes fondamentaux de l'amortissement pour épuisement, car ces déductions constituent une dimension clé des rapports financiers concernant les ressources naturelles. Comme chaque province possède des ressources particulières, le régime fiscal propre aux activités qui s'y rapportent est très complexe. Les prochaines sections illustrent certaines des principales déductions applicables en vertu des règlements *fédéraux* sur l'impôt sur le revenu des sociétés. Toutefois, lorsqu'on doit procéder à une analyse économique après impôt approfondie, il est essentiel de consulter des conseillers fiscaux afin de s'assurer qu'on le fait correctement.

7.6.1   L'ÉPUISEMENT

La méthode de l'amortissement proportionnel à l'épuisement repose sur le même principe que celle de l'amortissement proportionnel à l'utilisation. Pour calculer l'amortissement pour épuisement, on divise le coût amortissable rajusté de l'avoir minier par le nombre total d'unités récupérables du gisement, puis on multiplie le taux obtenu par le nombre d'unités vendues.

$$\text{Déduction pour épuisement} = \frac{(\text{coût amortissable rajusté de l'avoir minier})}{\text{nombre total d'unités récupérables}} \times (\text{nombre d'unités vendues}) \quad (7.13)$$

Le coût amortissable rajusté correspond à la somme totale déductible au titre de l'épuisement (ou au coût admissible du bien). Dans une large mesure, l'estimation du nombre d'unités récupérables dans un gisement relève de l'ingénierie. Par ailleurs, la plupart des biens d'équipement et des structures liés à la récupération des ressources appartiennent à des catégories spéciales de DPA, auquel cas elles ne font pas partie du coût en capital amortissable de l'avoir minier lui-même.

Exemple 7.13

Le calcul de l'amortissement pour épuisement d'une société pétrolière

La société pétrolière Clampett inc. possède un puits de pétrole dont les réserves sont estimées à 1,8 million de barils. Ses frais capitalisés, qui comprennent le coût d'acquisition, les dépenses d'ordre géologique et géophysique, les frais de forage, de même que les frais estimatifs de départ et de restauration du site, se chiffrent à 27 millions de dollars. Si, en 2000, la société pompe 200 000 barils, déterminez l'amortissement pour épuisement.

Solution

- Soit : coût amortissable = 27 millions de dollars, total du volume récupérable = 1,8 million de barils et quantité vendue cette année = 200 000 barils
- Trouvez : l'amortissement pour épuisement de cette année

Amortissement pour épuisement par baril = 27 000 000 $/1 800 000
                                                            = 15,00 $ par baril.
Amortissement pour épuisement de l'année = 200 000 barils × 15,00 $ par baril
                                                            = 3 000 000 $.

La **déduction pour épuisement** est l'un des mécanismes grâce auxquels le gouvernement permet de compenser la perte de valeur due à l'épuisement des avoirs miniers. En général, cette déduction est calculée sur la base de la **déduction pour épuisement gagnée** et limitée chaque année à une valeur maximale, qui dépend du bénéfice de l'exercice. Depuis quelques années, le gouvernement fédéral abandonne graduellement les déductions pour épuisement au profit d'autres types d'épargne fiscale destinés aux avoirs miniers. Comme la déduction pour épuisement gagnée, mais non demandée, peut être reportée indéfiniment, certaines sociétés peuvent encore s'en prévaloir en vertu en vertu de programmes antérieurs. Comme nous le verrons dans les prochaines pages, des déductions pour amortissement s'appliquent aussi à certains avoirs miniers.

7.6.2   LA DÉDUCTION POUR AMORTISSEMENT DES MINES DE MINÉRAL INDUSTRIEL

Les déductions pour épuisement telles que celles décrites plus haut ne s'appliquent qu'aux **ressources minérales**, qui, selon les règlements fiscaux, diffèrent des **mines de minéral industriel**. Le terme minéral industriel désigne tout minéral non métallique susceptible d'être utilisé industriellement, comme le gravier, le calcaire, le quartz ou le soufre. Le bulletin d'interprétation IT-492 de l'ACDR contient des directives plus précises permettant de distinguer ces types de matières.

Les mines de minéral industriel sont admissibles à une déduction pour amortissement, dont le calcul s'effectue selon une méthode comparable à celle de l'amortissement proportionnel à l'utilisation. On divise le coût en capital de la mine, moins sa valeur résiduelle estimative (une fois l'exploitation complètement terminée), par le nombre d'unités de matière commercialement exploitable. On obtient ainsi un taux de déduction en dollars par unité exploitée. La DPA maximale de chaque exercice correspond à ce taux, multiplié par le nombre d'unités exploitées au cours de cette période. Bien sûr, selon les dispositions de la Loi de l'impôt sur le revenu des sociétés, on peut réévaluer le taux d'amortissement lorsque la valeur estimative du bien, le nombre d'unités exploitables ou d'autres quantités pertinentes changent de façon appréciable. Presque tout le matériel d'exploitation des mines fait partie de la catégorie 10 ($d = 30\,\%$), tandis que la plupart des structures et des bâtiments sont soumis au taux d'amortissement dégressif de 25 % qui s'applique à la catégorie 41.

Exemple 7.14

Le calcul de la DPA d'une mine de minéral industriel

La société Larmac ltée vient tout juste de débourser 733 000 $ pour une mine située en Colombie Britannique ; elle en extraira surtout du mica destiné aux plastiques et aux peintures. L'entreprise est officiellement reconnue comme mine de minéral industriel. On estime à environ 250 000 tonnes les réserves de minerai dont l'existence est prouvée ou probable ; en outre, compte tenu du rythme auquel on prévoit procéder à l'extraction, la durée de vie estimative de la mine est de 10 ans, au terme desquels sa valeur résiduelle est évaluée à 50 000 $. L'entreprise extrait 15 000 tonnes la première année, 20 000 la deuxième, puis, une fois qu'elle a atteint son plein rendement, 25 000 tonnes par année subséquente. Au bout de quatre ans d'exploitation, des forages d'exploration révèlent que la mine renferme approximativement 130 000 tonnes de réserves additionnelles ; toutefois, lorsque toutes les matières exploitables auront été extraites, la valeur résiduelle de la mine demeurera inchangée. Calculez la DPA applicable à ce bien au cours des 7 premières années d'exploitation.

Solution

- Soit : les estimations relatives aux réserves de minerai, le coût en capital et la valeur résiduelle prévue
- Trouvez : la déduction pour amortissement de chaque année

Le taux de la DPA est égal au coût en capital, moins la valeur résiduelle, divisé par le nombre d'unités exploitables :

$$\text{Taux de DPA} = (733\,000 - 50\,000)/250\,000 = 2{,}732\ \$\text{ par tonne}$$

En appliquant ce taux aux quantités extraites chaque année, (amortissement proportionnel à l'utilisation), on obtient:

n	RÉSERVES (TONNES)	DPA	FNACC
0	250 000		733 000 $
1	235 000	2,732 * 15 000 = 40 980 $	692 020 $
2	215 000	2,732 * 20 000 = 54 640 $	637 380 $
3	190 000	2,732 * 25 000 = 68 300 $	569 080 $
4	165 000	2,732 * 25 000 = 68 300 $	500 780 $

Grâce aux nouvelles découvertes, les réserves atteignent 295 000 tonnes à la fin de la 4e année. On révise le taux de DPA en fonction de la FNACC du début de l'année 5:

Taux de DPA révisé = (500 780 − 50 000)/295 000 = 1,528 $ par tonne

Le tableau suivant donne la DPA des trois années subséquentes:

n	RÉSERVES (TONNES)	DPA	FNACC
4 (après la révision)	295 000		500 780 $
5	270 000	1,528 * 25 000 = 38 200 $	462 580 $
6	245 000	1,528 * 25 000 = 38 200 $	424 380 $
7	222 000	1,528 * 25 000 = 38 200 $	386 180 $

Commentaires: *Dans ce cas, les coûts d'exploration sont considérés comme des dépenses courantes, ce qui explique pourquoi on ne les a pas additionnés à la FNACC à la fin de la 4e année. Par ailleurs, on doit placer dans une catégorie distincte chaque mine admissible à la DPA. Le contribuable qui, une année, ne demande pas la DPA maximale, n'a pas le droit de rajuster le taux de DPA. Tout terrain acquis en tant que partie de la mine* est inclus dans le bien amortissable.

7.6.3   LES DÉDUCTIONS RELATIVES AU BOIS

Il convient d'abord de déterminer si un bien acquis est un **avoir forestier** ou une **concession forestière** (ou **droit de coupe**), car leurs modalités d'imposition respectives diffèrent considérablement. Nous présentons ici un résumé des critères et des déductions relatifs à chaque catégorie, mais le sujet est traité plus à fond dans le bulletin d'interprétation IT-481 de l'ACDR.

Voici quelques-unes des conditions nécessaires au classement d'un bien parmi les avoirs forestiers :

- un droit ou un permis de couper ou de retirer du bois sur un territoire du Canada ;
- le droit initial doit avoir été acquis après le 6 mai 1974 ;
- le droit initial doit pouvoir être prolongé, renouvelé ou remplacé par un autre droit.

Le bien qui remplit toutes les conditions requises pour être reconnu comme avoir forestier devient admissible à une déduction pour amortissement : il est classé dans la catégorie 33, dont le taux est de 15 %. Tous les avoirs forestiers possédés par un même contribuable sont regroupés dans la catégorie 33. Lorsque le produit de disposition net est supérieur à la fraction non amortie du coût en capital de la catégorie, on additionne la différence au bénéfice, comme dans le cas d'une récupération de la DPA. Par ailleurs, un avoir forestier ne donne pas lieu à des gains en capital. (Voir le chapitre 8.)

Les considérations suivantes se rapportent à une concession forestière, ou droit de coupe :

- un droit de coupe qui ne satisfait pas aux conditions exigées pour être reconnu comme avoir forestier est une concession forestière ; c'est le cas, s'il a été acquis avant le 7 mai 1974 ou s'il est non renouvelable ;
- si un terrain sur lequel se trouve du bois debout est acheté, il est classé parmi les concessions forestières.

Les calculs nécessaires aux déductions pour amortissement des concessions forestières sont assez fouillés, mais, essentiellement, ils se fondent sur la méthode de l'amortissement proportionnel à l'utilisation. On divise le coût en capital de la concession, moins sa valeur résiduelle estimative, par la quantité de bois qu'elle contient (exprimée en cordes, en pieds-planches ou en mètres cubes). La DPA maximale de chaque exercice est égale au taux ainsi obtenu, multiplié par le nombre d'unités coupées au cours de cette période, plus un pourcentage des coûts admissibles engagés pour arpenter et se préparer à obtenir le droit. Chaque concession forestière d'un même contribuable doit être placée dans une catégorie distincte. Tout terrain acquis en tant que partie de la concession forestière est *inclus dans le montant amortissable* applicable au bien.

Certains des éléments d'actif servant aux industries primaires font l'objet de déductions préférentielles, comme des radiations immédiates ou des taux de DPA plus élevés. Par exemple, les « biens immobiliers forestiers », tels que les bâtiments de chantier, les rails de chemin de fer et les quais, acquis en vue de couper ou de retirer du bois sur une concession forestière, peuvent être amortis proportionnellement à la quantité de bois enlevé (c'est-à-dire selon la méthode de l'amortissement proportionnel à l'utilisation), conformément aux règles de la catégorie 15. En fait, ces équipements peuvent être directement passés en charges à titre de dépenses courantes si leur vie utile est de moins de trois ans, en raison du fait que tout le bois doit être enlevé à l'intérieur de ce délai. D'autres pièces de matériel servant à couper et à retirer du bois appartiennent à la catégorie 10.

7.7 | LES CALCULS PAR ORDINATEUR

On peut facilement effectuer la plupart des calculs relatifs à l'amortissement à l'aide d'un ordinateur. À cette fin, Excel offre plusieurs fonctions intégrées. Le tableau 7.2 les résume, et cette section en présente un bref examen.

Selon les données de l'exemple 7.3, la figure 7.8 illustre un tableau d'amortissement comptable et un tableau d'amortissement fiscal. Les calendriers d'amortissement comptable des colonnes B, C et D ont été obtenus grâce aux fonctions intégrées apparaissant au tableau 7.2. Au besoin, la fonction VDB permet même de passer de l'amortissement dégressif à l'amortissement linéaire, opération dont il est question à la section 7.3.2. Par ailleurs, Excel n'offre pas de fonctions financières permettant de calculer les déductions pour amortissement. Lorsque vous désirez prendre en compte des éléments comme la règle de 50 % et les catégories non assujetties à la méthode DB, vous devez donc exécuter votre propre programmation. En effet, même la fonction DB fournie par Excel ne convient pas au régime d'imposition canadien, car elle calcule automatiquement le taux d'amortissement en fonction de la vie utile du bien, plutôt que d'utiliser les taux spécifiés par les listes de la DPA. Heureusement, il est facile de générer le calendrier de DPA approprié à l'aide de formules, comme le montrent les colonnes E et F de la figure 7.8.

Tableau 7.2 | Fonctions d'amortissement intégrées offertes par Excel

DESCRIPTION DE LA FONCTION	EXCEL
Amortissement linéaire	AMORLIN *(coût;valeur_rés;durée)*
Amortissement dégressif	DB *(coût;valeur_rés;durée;période;mois)*
Amortissement dégressif à taux double	DDB *(coût;valeur_rés;durée;période;facteur)*
Amortissement proportionnel à l'ordre numérique inversé des années	SYD *(coût;valeur_rés;durée;période)*
Amortissement dégressif à taux variable (autre que DDB; ne tient compte d'aucun changement de méthode)	VDB *(coût;valeur_rés;durée;période_début; période_fin;facteur;valeur_log)*

Figure 7.8
Tableau d'amortissement d'Excel. Remarque : le marché n'offre aucun tableur électronique muni de fonctions intégrées s'appliquant aux calculs relatifs à la DPA

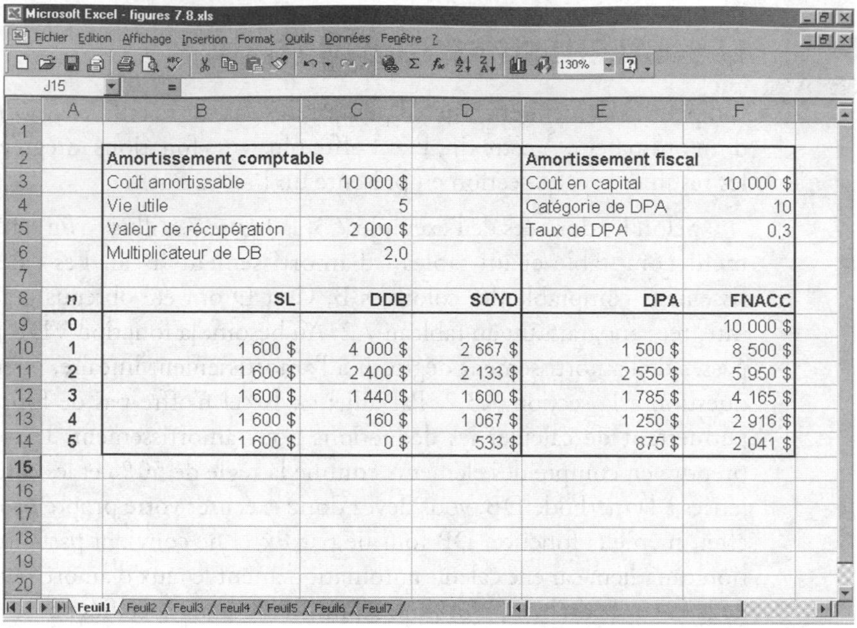

	A	B	C	D	E	F
1						
2		**Amortissement comptable**			**Amortissement fiscal**	
3		Coût amortissable	10 000 $		Coût en capital	10 000 $
4		Vie utile	5		Catégorie de DPA	10
5		Valeur de récupération	2 000 $		Taux de DPA	0,3
6		Multiplicateur de DB	2,0			
7						
8	**n**	**SL**	**DDB**	**SOYD**	**DPA**	**FNACC**
9	**0**					10 000 $
10	**1**	1 600 $	4 000 $	2 667 $	1 500 $	8 500 $
11	**2**	1 600 $	2 400 $	2 133 $	2 550 $	5 950 $
12	**3**	1 600 $	1 440 $	1 600 $	1 785 $	4 165 $
13	**4**	1 600 $	160 $	1 067 $	1 250 $	2 916 $
14	**5**	1 600 $	0 $	533 $	875 $	2 041 $
15						
16						
17						
18						
19						
20						

En résumé

- Les machines-outils et d'autres appareils et équipements de fabrication, ainsi que les usines elles-mêmes, sont susceptibles de s'user avec le temps. Cette **dépréciation économique** a généralement pour conséquence une intensification de l'entretien et un déclin de la fiabilité ; comme ils prennent de l'âge, les biens immobilisés doivent être remplacés périodiquement.
- On ne peut débiter des frais de production d'un exercice donné le coût d'acquisition total d'une machine ; ce dernier doit plutôt être réparti sur les années de service de la machine (ou capitalisé), conformément au **principe du rapprochement**. On appelle **dotation aux amortissements** la charge ainsi imputée aux opérations d'un exercice donné. Diverses significations et définitions de la dépréciation et de l'amortissement ont été présentées dans ce chapitre. Selon la perspective de l'économie de l'ingénierie, nous nous attachons surtout à **la prise en charge par amortissement** : la répartition systématique de la valeur d'un élément d'actif sur sa durée amortissable.

- La prise en charge par amortissement peut être divisée en deux catégories :
  1. **L'amortissement comptable** — la méthode utilisée pour les rapports financiers et l'évaluation des produits ;
  2. **L'amortissement fiscal** — la méthode utilisée pour calculer le revenu imposable et les impôts ; il est soumis à des lois fiscales.
- Voici les quatre éléments d'information nécessaires au calcul de l'amortissement :
  1. le coût amortissable de l'élément d'actif
  2. sa valeur de récupération
  3. sa durée amortissable
  4. la méthode d'amortissement qui s'y applique.

  Le tableau 7.3 récapitule les différences dans le traitement de ces éléments d'information, selon qu'on calcule l'amortissement comptable ou l'amortissement fiscal.
- Au Canada, la majorité des entreprises choisissent la méthode de l'amortissement linéaire à des fins comptables, car les calculs qu'elle exige sont relativement faciles à effectuer.
- Les méthodes d'amortissement accéléré, qui offrent aux contribuables un allègement fiscal, s'appliquent à bon nombre des catégories de la **déduction pour amortissement (DPA)** : ils peuvent ainsi profiter plus tôt et à un rythme plus rapide des avantages de l'imposition reportée.
- De nombreuses règles régissent l'amortissement fiscal. Voici les deux principales. La **règle sur les biens prêts à être mis en service** stipule quand un bien peut être inclus dans le montant amortissable de sa catégorie. Quant à la **règle de 50 %**, qui s'applique à la plupart des catégories de la DPA, elle précise que, la première année, seule la moitié du montant des acquisitions nettes peut servir au calcul de la DPA.
- Si la **fraction non amortie du coût en capital (FNACC)** d'une catégorie devient négative, une **récupération de la DPA** a lieu. Si, l'année où on vend le dernier élément d'actif d'une catégorie, la FNACC est supérieure à zéro, on peut déduire une **perte finale**.
- Les avoirs miniers s'épuisent au fur et à mesure que la ressource est extraite. Des **déductions pour épuisement** ou des déductions pour amortissement spéciales peuvent s'appliquer aux biens miniers, pétroliers, gaziers et forestiers afin de répartir les coûts en capital sur la durée d'exploitation de la ressource.
- Compte tenu du caractère changeant de la réglementation régissant l'amortissement et l'impôt, on doit utiliser les taux, les classements et les rajustements en vigueur *au moment de l'acquisition de l'élément d'actif*.

Tableau 7.3 Récapitulation des différences entre l'amortissement comptable et l'amortissement fiscal

ÉLÉMENTS DE L'AMORTISSEMENT	AMORTISSEMENT COMPTABLE	AMORTISSEMENT FISCAL (DPA)
Coût amortissable (Coût en capital)	Se fonde sur le coût réel de l'élément d'actif, plus les frais accessoires, comme le transport, la préparation du site, l'installation, etc.	Même chose que pour l'amortissement comptable.
Valeur de récupération (Produit de disposition)	Estimée au début de l'analyse. Si la valeur comptable finale n'est pas égale à la valeur de récupération prévue, les calculs d'amortissement peuvent nécessiter des rajustements.	Estimée en vue de calculer la perte finale ou la récupération de la DPA. Aussi nécessaire pour la plupart des catégories auxquelles s'applique la méthode SL, et pour certains calculs relatifs aux déductions pour épuisement.
Durée amortissable	Les entreprises peuvent choisir leurs propres durées de vie estimatives, conformément aux principes comptables généralement reconnus.	Ne s'applique pas aux catégories assujetties à l'amortissement dégressif. Des estimations sont nécessaires pour les autres catégories.
Méthode d'amortissement	Les entreprises peuvent choisir l'une ou l'autre des méthodes suivantes : • amortissement linéaire • amortissement accéléré (amortissement dégressif à taux constant, amortissement dégressif à taux double, et amortissement proportionnel à l'ordre numérique inversé des années) • amortissement proportionnel à l'utilisation.	La méthode d'amortissement est spécifiée selon la catégorie ; l'amortissement dégressif et l'amortissement linéaire priment. L'amortissement proportionnel à l'utilisation s'applique couramment aux avoirs miniers.

PROBLÈMES

Notes :

- *L'année d'imposition correspond à l'année civile (à moins d'indication contraire).*

- *Les biens sont prêts à être mis en service au moment de leur acquisition (à moins d'indication contraire).*

- *La règle de 50 % relative à la DPA s'applique comme cela est indiqué dans le manuel.*

Niveau 1

7.1* Une machine payée 45 000 $ a une durée amortissable de 4 ans, au terme desquels on estime que sa valeur de récupération sera de 5 000 $. À l'aide de la méthode de l'amortissement linéaire, déterminez sa valeur comptable à la fin de la deuxième année.

7.2* Reprenez le problème 7.1. Si on applique la méthode de l'amortissement dégressif à taux double (200 %), à combien s'élève l'amortissement de la deuxième année ?

7.3* Reprenez le problème 7.1. Si on utilisait la méthode de l'amortissement proportionnel à l'ordre numérique inversé des années (SOYD), quel serait l'amortissement de la deuxième année ?

7.4* Vos registres comptables indiquent que la fraction non amortie du coût en capital d'un bien en service se chiffre à 11 059 $. Ce bien, acquis au prix de 30 000 $, a été amorti selon le taux prescrit pour la catégorie 8 de la DPA (taux = 20 %). Utilisez l'information dont vous disposez pour déterminer depuis combien d'années il est en service.

7.5* Une machine actuellement en service a été payée 5 000 $ il y a 4 ans. Sa valeur comptable s'élève à 1 300 $. Si on la vendait, on pourrait en obtenir 2 300 $, mais elle peut servir pendant encore 3 ans, au bout desquels sa valeur de récupération sera nulle. À combien se chiffre actuellement la dépréciation économique de cet élément d'actif ?

7.6 Pour automatiser l'un de ses processus de fabrication, la société Waterloo achète trois cellules flexibles coûtant 500 000 $ chacune. À la livraison, la société paie des frais de transport et de manutention s'élevant respectivement à 25 000 $ et 12 000 $. La préparation du site coûte 35 000 $. Six contre-maîtres, gagnant chacun 15 $ l'heure, passent cinq semaines de 40 heures à installer et tester les cellules flexibles. Enfin, des fils électriques spéciaux et d'autres matériaux nécessaires aux nouvelles cellules coûtent 1 500 $. Déterminez le coût amortissable de ces cellules (le montant à capitaliser).

7.7* En 1998, la société Léo Simard inc. paie 495 000 $ un immeuble à bureaux ayant déjà servi. Ce montant comprend 375 000 $ pour le bâtiment et 120 000 $ pour le terrain. Calculez la fraction non amortie du coût en capital au bout des 5 premières années de possession.

7.8* En faisant reprendre une machine similaire dont la valeur comptable s'élève à 25 000 $, on obtient pour 95 000 $ une nouvelle perceuse à colonne. Si la valeur de reprise est de 20 000 $ et si on paie le nouvel élément d'actif 75 000 $ comptant, quel sera son coût amortissable aux fins de l'amortissement comptable?

7.9* Un chariot élévateur se vend 35 000 $. Pour l'acquérir, on fait reprendre un appareil semblable et on paie le reste comptant. Si on tient pour acquis que la valeur de reprise se chiffre à 10 000 $ et que l'élément d'actif repris a une valeur de comptable de 6 000 $, sur quel montant doit-on s'appuyer pour calculer l'amortissement comptable?

7.10* Une entreprise se demande si elle doit ou non garder un engin de chantier d'une durée normale de 8 ans. Elle applique la méthode de l'amortissement dégressif à taux double et en est à sa quatrième année de possession. Neuf, l'engin coûtait 150 000 $. La troisième année, à combien se chiffrait l'amortissement?

7.11 Calculez le calendrier d'amortissement de l'élément d'actif suivant. On utilise d'abord l'amortissement dégressif à taux double, puis on passe à l'amortissement linéaire.

Coût de l'élément d'actif, P	60 000 $
Vie utile, N	8 ans
Valeur de récupération, S	5 000 $

7.12* Calculez le calendrier d'amortissement de l'élément d'actif suivant. On utilise l'amortissement proportionnel à l'ordre numérique inversé des années (SOYD).

Coût de l'élément d'actif, P	12 000 $
Vie utile, N	5 ans
Valeur de récupération, S	2 000 $

a) Quel est le dénominateur de la fraction servant à calculer l'amortissement?

b) Quelle est la dotation aux amortissements de la première année complète d'utilisation?

c) Quelle est la valeur comptable de l'élément d'actif à la fin de la quatrième année?

7.13 Le coût estimatif net d'un camion servant à transporter du charbon est de 85 000 $. On prévoit qu'il parcourra 250 000 kilomètres pendant sa vie utile. Sa valeur de récupération est estimée à 5 000 $, et on utilisera un taux de 32 cents le kilomètre pour calculer l'amortissement. Si le camion roule 55 000 kilomètres par année, calculez le montant annuel de la déduction permise.

7.14* Une génératrice au diesel coûtant 60 000 $ a une vie utile estimative de 50 000 heures. On estime sa valeur de récupération à 8 000 $. La première année, la génératrice fonctionne pendant 5 000 heures. Déterminez la dotation aux amortissements de cet exercice.

7.15 En 1999, la Fonderie Hamel achète une nouvelle machine à couler de 180 000 $. Elle dépense en outre 35 000 $ pour la faire livrer et installer. Aux fins de l'amortissement fiscal, la machine, dont la vie utile estimative est de 12 ans, sera classée dans la catégorie 43 (taux de DPA = 30 %).

a) Quel est le coût en capital de la machine à couler (coût amortissable)?

b) À combien s'élèvera chaque année la DPA de la machine, tout au long de sa vie utile?

7.16* Un appareil appartient à la catégorie 8 de la DPA. Calculez la fraction non amortie du coût en capital au bout de 3 ans. Le coût en capital se chiffre à 100 000 $.

7.17* Une machine coûte 68 000 $. On estime sa valeur de récupération à 9 000 $ et sa vie utile à 5 ans. On la met en service le 1er mai de l'année d'imposition en cours, qui se termine le 31 décembre. Le bien appartient à la catégorie 43 de la DPA. Déterminez les déductions pour amortissement qui s'y appliqueront tout au long de sa vie utile.

7.18 Supposons qu'un contribuable achète un nouveau logiciel de dessin de 10 000 $. Calculez la DPA et la FNACC des quatre prochaines années.

Niveau 2

7.19 La société Construction générale achète une maison et un terrain qu'elle paie 100 000 $. Le terrain est évalué à 65 000 $ et la maison, à 35 000 $. L'entreprise, qui veut faire construire un entrepôt de 50 000 $, débourse 5 000 $ additionnels pour faire démolir la maison. Quelle est la valeur totale du bien, une fois l'entrepôt construit? À des fins d'amortissement comptable, quel est le coût amortissable de l'entrepôt?

7.20 Voici des données concernant un élément d'actif:

Coût de l'élément d'actif, P	100 000 $
Vie utile, N	5 ans
Valeur de récupération, S	10 000 $

Calculez et représentez par un graphique les dotations aux amortissements annuelles et les valeurs comptables qui en résultent, selon

a) la méthode de l'amortissement linéaire

b) la méthode de l'amortissement dégressif (avec passage à la méthode SL, si nécessaire), et

c) la méthode de l'amortissement proportionnel à l'ordre numérique inversé des années.

7.21 Voici des données concernant un élément d'actif:

Coût de l'élément d'actif, P	30 000 $
Vie utile, N	7 ans
Valeur de récupération, S	8 000 $

Appliquez la méthode DB avec passage à la méthode SL, si nécessaire, pour calculer les dotations aux amortissements annuelles et les valeurs comptables qui en résultent.

7.22 On utilise la méthode de l'amortissement dégressif à taux double pour un élément d'actif ayant un coût de 80 000 $, une valeur de récupération estimative de 22 000 $ et une vie utile estimative de 6 ans.

a) Quel est l'amortissement des 3 premiers exercices, si on tient pour acquis que l'élément d'actif a été mis en service au début de l'année?

b) Si le passage à l'amortissement linéaire est permis, quel est le moment optimal pour changer de méthode?

7.23 La société Upjohn achète du matériel d'emballage dont la vie utile est estimée à 5 ans. Son coût est de 20 000 $ et sa valeur de récupération estimative au bout de 5 ans, de 3 000 $. Calculez les dotations aux amortissements pour chacune des 5 années de vie utile du matériel, selon les méthodes d'amortissement comptable suivantes:

a) linéaire

b) dégressif à taux double (la cinquième année, limitez la dotation aux amortissements à un montant tel que, à la fin de l'exercice, la valeur comptable du matériel soit égale à la valeur de récupération estimative, qui est de 3 000 $)

c) proportionnel à l'ordre numérique inversé des années.

7.24* Au début de l'exercice, on acquiert un bulldozer d'occasion au coût de 58 000 $. On estime sa valeur de récupération à 8 000 $ et sa vie utile à 12 ans. Trouvez les montants suivants:

a) la dotation aux amortissements annuelle, selon la méthode de l'amortissement linéaire,

b) la dotation aux amortissements de la troisième année, selon la méthode de l'amortissement dégressif,

c) la dotation aux amortissements de la deuxième année, selon la méthode de l'amortissement proportionnel à l'ordre numérique inversé des années.

7.25 La société Décharge Ingot possède quatre camions utilisés principalement dans le cadre de ses activités d'enfouissement. Voici les données comptables se rapportant à ces camions:

	TYPES DE CAMIONS			
DESCRIPTION	**A**	**B**	**C**	**D**
Coût d'achat ($)	50 000	25 000	18 500	35 600
Valeur de récupération ($)	5 000	2 500	1 500	3 500
Vie utile (kilomètres)	200 000	120 000	100 000	200 000
Amortissement cumulé au début de l'année ($)	0	1 500	8 925	24 075
Kilomètres parcourus durant l'année	25 000	12 000	15 000	20 000

Utilisez la méthode de l'amortissement proportionnel à l'utilisation pour déterminer le montant de l'amortissement annuel de chacun des camions.

7.26 Le 1er janvier 2000, la société Dallage Zerex paie 32 000 $ pour un camion de transport. Celui-ci a une vie utile de 8 ans et une valeur de récupération estimée à 5 000 $. À des fins comptables, on utilise la méthode de l'amortissement linéaire. À des fins fiscales, le camion fait partie de la catégorie 10, dont le taux d'amortissement dégressif est de 30 %. Déterminez les montants annuels d'amortissement comptable et d'amortissement fiscal applicables au camion tout au long de sa vie utile.

7.27* Le 1er octobre, vous achetez une résidence de 150 000 $ en vue d'y installer votre bureau d'affaires. Selon l'évaluation, le terrain vaut 30 000 $ et le bâtiment, 120 000 $.

a) La première année, quel montant de DPA pouvez-vous demander ? (Présumez que la maison est entièrement utilisée pour le travail).

b) Supposons que le bien est vendu 187 000 $ à la fin de la 4e année. À combien s'élève la fraction non amortie de son coût en capital ?

7.28 Le 9 juillet 1996, à l'occasion d'une vente de faillite, la société Tissofil ltée achète un métier à fuseaux usagé, qu'elle paie 34 000 $. Le métier n'est installé dans l'usine de l'entreprise que le 12 janvier 1999. Calculez la DPA et la FNACC relatives à cette machine appartenant à la catégorie 43, pour une période de 5 ans, commençant l'année où elle est devenue prête à être mise en service.

7.29* La société de construction Arbour vient juste d'acquérir une masse pour essais structuraux de 7 500 $. Lorsque la masse frappe un pont ou une autre structure, la cellule piézoélectrique scellée dans sa tête renvoie des signaux qui transmettent à l'ingénieur des informations précieuses sur l'intégrité structurale et les fréquences de résonance. On prévoit que cet appareil durera 6 ans, au terme desquels sa valeur de récupération sera nulle. Aux fins de l'amortissement comptable, la société utilisera la méthode de l'amortissement dégressif à taux constant, dont le taux sera établi en fonction de la vie utile (la règle de 50 % ne s'applique pas). Aux fins de l'amortissement fiscal, l'appareil appartient à la catégorie 8. Utilisez les formules d'amortissement présentées à la section 7.4.4 pour calculer l'amortissement comptable et la déduction pour amortissement de la sixième année de possession, de même que la FNACC, à la fin de cette même année.

7.30 Une société de fabrication acquiert quatre éléments d'actif:

	TYPES D'ÉLÉMENTS D'ACTIF			
POSTE	TOUR	CAMION	BÂTIMENT	PHOTO-COPIEUR
Coût initial ($)	45 000	25 000	800 000	40 000
Durée amortissable	12 ans	200 000 km	50 ans	5 ans
Catégorie de DPA	43	10	1	8
Valeur de récupération ($)	3 000	2 000	100 000	0
Amortissement comptable	DDB	UP	SL	SOYD

À des fins comptables, on utilise pour le camion l'amortissement proportionnel à l'utilisation (UP). Les première et deuxième années, ce dernier parcourt 22 000 kilomètres et 25 000 kilomètres, respectivement.

a) Pour chacun des éléments d'actif, calculez l'amortissement comptable des 2 premières années.

b) Pour chacun des éléments d'actif, calculez la déduction pour amortissement des 2 premières années.

c) Supposons que, durant les premières années, on applique au tour la méthode DDB puis qu'on passe à la méthode SL pour le reste de sa vie utile. Quand le changement de méthode doit-il avoir lieu ?

7.31 Pour chacun des éléments d'actif du tableau suivant, déterminez les montants qui manquent pour l'année indiquée. En ce qui concerne l'élément IV, l'utilisation annuelle est de 15 000 kilomètres.

TYPES D'ÉLÉMENTS D'ACTIF	I	II	III	IV
Méthodes d'amortissement	SL	DDB	SOYD	UP
Fin de l'année	—	4	3	3
Coût initial ($)	10 000	18 000	—	30 000
Valeur de récupération ($)	2 000	2 000	7 000	0
Valeur comptable ($)	3 000	2 333	—	—
Durée amortissable	8 ans	5 ans	5 ans	90 000 km
Dotation aux amortissements ($)	—	—	16 600	
Amortissement cumulé ($)	—	15 680	66 400	—

7.32 Le 1er mars 2000, l'atelier de métal Flint achète une estampeuse de 147 000 $. On estime la vie utile de la machine à 10 ans, sa valeur de récupération à 27 000 $, sa production à 250 000 unités, et ses heures de fonctionnement à 30 000. En 2000, l'entreprise utilise la machine 2 450 heures pour produire 23 450 unités. À partir des informations données, calculez la dotation aux amortissements de l'exercice 2000, selon chacune des méthodes suivantes:

a) amortissement linéaire

b) amortissement proportionnel à l'utilisation

c) amortissement proportionnel aux heures de fonctionnement

d) amortissement proportionnel à l'ordre numérique inversé des années

e) amortissement dégressif à taux constant

f) amortissement dégressif à taux double.

7.33 En février 1998, on achète trois éléments d'actif, qui sont mis en service suivant les indications du tableau suivant.

TYPES DE BIENS	DATE DE MISE EN SERVICE	COÛT EN CAPITAL	CATÉGORIE DE DPA
Automobile	12 fév. 1998	15 000 $	10
Soudeuse à l'arc	22 déc. 1998	12 000 $	43
Congélateur	6 janv. 1999	8 000 $	8

Pour chacun des éléments d'actif, calculez la DPA de chaque année jusqu'en 2002, inclusivement.

7.34 La société Location Otto ltée ouvre une nouvelle agence de location de voitures. La première année, elle consacre 148 000 $ à l'achat de douze véhicules. La deuxième année, elle acquiert deux autres véhicules au coût de 27 000 $. La troisième année, la vente de quatre véhicules lui rapporte 29 000 $, et elle paie 71 000 $ pour en acquérir cinq nouveaux. La quatrième année, elle obtient 16 000 $ de la vente de trois véhicules. Ces véhicules font partie de la catégorie 16 de la DPA. À l'aide de colonnes semblables à celles de l'annexe 8 (figure 7.6), calculez la DPA et la FNACC de ce groupe de véhicules pour chacune de ces quatre années d'exploitation.

7.35 Voici une liste de méthodes d'amortissement:

- amortissement dégressif à taux double (DDB)

- amortissement proportionnel à l'ordre numérique inversé des années

- amortissement dégressif à taux double avec passage à l'amortissement linéaire, dans l'hypothèse d'une valeur de récupération nulle

- DPA avec application de la règle de 50 %.

Compte tenu des données fournies ici, déterminez laquelle de ces méthodes a servi à établir chacun des calendriers d'amortissement qui suivent.

Coût initial	80 000 $
Durée amortissable	7 ans
Valeur de récupération	24 000 $
Catégorie de DPA	8

	CALENDRIERS D'AMORTISSEMENT			
n	A	B	C	D
1	14 000 $	22 857	8 000	22 857
2	12 000	16 327	14 400	16 327
3	10 000	11 661	11 520	11 661
4	8 000	5 154	9 216	8 330
5	6 000	0	7 373	6 942
6	4 000	0	5 898	6 942
7	2 000	0	4 719	6 942
8	0	0	3 775	0

7.36* La société Construction Bethel acquiert un droit lui permettant d'extraire du calcaire d'un territoire situé près de Kingston, en Ontario. L'année de l'acquisition, le coût en capital de l'avoir minier se chiffre à 335 000 $. Au départ, la quantité de calcaire exploitable est estimée à 475 000 mètres cubes. Une fois son permis arrivé à terme, l'entreprise ne conservera aucun droit sur l'avoir minier. La première année, 45 000 mètres cubes de calcaire sont extraits, quantité qui augmente par la suite de 5 % par année. Calculez la DPA de cette mine de minéral industriel pour les quatre premières années d'exploitation.

7.37 Élias inc., une importante firme d'experts-conseils en environnement, désire ouvrir un bureau à Winnipeg. À cette fin, elle signe un bail de 7 ans, sans option de renouvellement, pour la location d'un local commercial. L'occupation commence le 1er janvier suivant. Au cours de ce mois, elle entreprend des rénovations majeures, dont l'installation de nouvelles cloisons pour isoler les bureaux, d'un système de climatisation et de nouvelles fenêtres coulissantes en vinyle pour remplacer les fenêtres à battant peu étanches à l'air. Le 1er février, le local est prêt à accueillir les employés. Le coût en capital de ces améliorations totalise 22 000 $, et, comme l'entreprise possède un droit de tenure à bail, elle peut se prévaloir de la DPA, selon les modalités de la catégorie 13. Calculez la DPA maximale qu'elle peut demander pour les trois premières années.

Niveau 3

7.38* Il y a 25 ans, l'entreprise Construction Picard a acheté un bâtiment de 1 200 000 $ devant servir d'entrepôt. Des réparations structurales totalisant 125 000 $ ont été achevées au début de l'année en cours. On estime qu'elles prolongeront de 10 ans la vie utile estimative du bâtiment, dont le coût a été réparti selon la méthode de l'amortissement linéaire. Comme on prévoit que sa valeur de récupération sera négligeable, on n'en tient aucun compte. Par ailleurs, la valeur comptable du bâtiment avant les réparations s'élevait à 400 000 $.

a) À combien se chiffrait la dotation aux amortissements des années passées ?

b) À combien se chiffre la valeur comptable du bâtiment après la comptabilisation des réparations ?

c) À combien se chiffre la dotation aux amortissements de l'année en cours selon la méthode de l'amortissement linéaire ?

7.39 En 1996, la société Céramique Dow achète une machine à façonner le verre coûtant 140 000 $. Tenant pour acquis que la machine n'a pas de valeur de récupération, elle répartit ce coût sur une durée de vie estimative de 10 ans, selon la méthode de l'amortissement linéaire. Aux fins de l'amortissement fiscal, la machine a été classée parmi les biens de la catégorie 43. Au début de 1999, l'entreprise consacre 25 000 $ à sa révision. À la suite de cette révi-

sion, elle estime que la vie utile de la machine sera prolongée de 5 ans par rapport à l'estimation initiale.

a) Calculez la dotation aux amortissements pour l'année 2001.

b) Calculez la DPA pour l'année 2001.

7.40 Trois diplômés de fraîche date en ingénierie industrielle envisagent de mettre sur pied un cabinet d'experts-conseils offrant des services de conception et d'évaluation en ergonomie, ErgoTech ltée. Au départ, ils planifient les investissements suivants : 7 000 $ pour des meubles, un photocopieur et du matériel d'essai (catégorie 8), 3 500 $ pour un ordinateur et des logiciels de systèmes (catégorie 10), 2 400 $ pour des logiciels généraux et des logiciels spécialisés (catégorie 12), de même que 13 000 $ pour une petite voiture (catégorie 10) leur permettant de se rendre chez les clients. Si l'entreprise se développe au rythme prévu, nos ingénieurs s'attendent à effectuer les transactions suivantes au cours des prochaines années :

Année 1 : achat d'autres logiciels d'ergonomie coûtant 800 $.

Année 2 : achat d'un deuxième ordinateur et de logiciels spécialisés coûtant respectivement 4 000 $ et 1 000 $.

Année 3 : vente de la voiture au prix de 6 000 $ et achat d'un fourgon de 20 000 $ pour transporter plus facilement le matériel d'essai ; vente du vieux photocopieur au prix de 1 000 $ et achat d'un modèle plus perfectionné coûtant 2 500 $.

Année 4 : vente de l'ordinateur d'origine au prix de 500 $ (désinstallation de tous les logiciels, sauf les logiciels de systèmes) ; mise à niveau de la carte-mère, de la mémoire vive et de la carte vidéo du second ordinateur : cette dépense de 2 000 $ améliorera son efficacité de façon appréciable.

Remplissez un tableau semblable à l'annexe 8 apparaissant à la figure 7.6. Vous y inscrirez les déductions pour amortissement ainsi que le total annuel relatifs à chacune des catégories pour les quatre premières années d'exploitation de la firme ErgoTech ltée.

7.41   Le 2 janvier 1995, la société Alimentation Harnois achète une machine de 75 000 $ servant à verser une quantité prémesurée de jus de tomate dans une boîte. On estime la vie utile de la machine à 12 ans et sa valeur de récupération, à 4 500 $. Au moment de l'achat, Harnois engage les dépenses additionnelles suivantes :

Frais de transport	800 $
Frais d'installation	2 500 $
Tests précédant l'utilisation régulière	1 200 $

À des fins comptables, on utilise l'amortissement linéaire, mais à des fins fiscales, la machine appartient à la catégorie 43. En janvier 1997, on lui ajoute des accessoires coûtant 2 000 $ afin d'en réduire les frais de fonctionnement. Ces accessoires s'usent et doivent être remplacés chaque année.

a) Calculez l'amortissement comptable de l'exercice 1998.

b) Calculez l'amortissement fiscal de l'exercice 1998.

7.42   Le 2 janvier 1994, la meunerie Alain achète une nouvelle machine coûtant 63 000 $. Les frais d'installation s'élèvent à 2 000 $. On estime la vie utile de la machine à 10 ans et sa valeur de récupération, à 4 000 $. Pour ses rapports financiers, l'entreprise utilise l'amortissement linéaire. Le 3 janvier 1996, la machine tombe en panne et nécessite 6 000 $ de réparations imprévues, qui prolongent de 13 ans sa vie utile sans toutefois avoir d'incidence sur sa valeur de récupération. Le 2 janvier 1997, une amélioration de 3 000 $ est apportée à la machine : elle en améliore la productivité et porte à 6 000 $ sa valeur de récupération, mais ne produit aucun effet sur les années de vie utile qui lui restent. Déterminez les dotations aux amortissements des exercices terminés les 31 décembre 1994, 1995, 1996 et 1997.

7.43   Au début de l'exercice en cours, la société Borland acquiert un nouvel appareil coûtant 65 000 $. On estime sa vie utile à 5 ans et sa valeur de récupération, à 5 000 $.

a) Déterminez la dotation aux amortissements annuelle (à des fins d'information financière) pour chacune des 5 années de vie utile estimative, ainsi que l'amortissement cumulé et la valeur comptable de l'appareil à la fin de chaque exercice, selon 1) la méthode de l'amortissement linéaire, 2) la méthode de l'amortissement dégressif à taux double et 3) la méthode de l'amortissement proportionnel à l'ordre numérique inversé des années.

b) Si l'appareil appartient à la catégorie 43, déterminez la déduction pour amortissement annuelle.

c) Présumez que l'appareil est amorti selon les modalités de la catégorie 43 de la DPA. Le premier mois de la quatrième année, on achète un appareil valant 82 000 $ en échange duquel on remet l'autre. La valeur de reprise s'élève à 10 000 $, on paie le reste comptant. Calculez la DPA s'appliquant à la catégorie 43 en cette quatrième année, de même que la FNACC à la fin de cette même année.

7.44 On paie 50 millions de dollars pour une mine de charbon dont les réserves sont estimées à 6,5 millions de tonnes. Cette année, on extrait un million de tonnes. L'entreprise tire de ce charbon un bénéfice brut de 600 000 $, et ses frais d'exploitation (abstraction faite de la dotation à la provision pour épuisement) totalisent 450 000 $. Selon la méthode de l'amortissement proportionnel à l'épuisement, à combien s'élève la déduction pour épuisement ?

7.45 La société Concordier a acheté un droit lui permettant de couper du bois pendant 5 ans au nord du Nouveau-Brunswick. Le coût en capital de cette acquisition totalise 730 000 $. Le contrat de licence précise que le bail est renouvelable tous les 5 ans, à condition que certaines stipulations concernant l'environnement soient respectées. En conséquence, le coût d'acquisition, qui est amorti à titre d'avoir forestier, fait partie de la catégorie 33, dont le taux est de 15 %. La société consacre aussi 175 000 $ à l'achat de matériel d'exploitation forestière appartenant à la catégorie 10 de la DPA. Calculez la DPA et la FNACC qui s'appliquent à chacune de ces deux catégories de biens pour les deux premières années d'exploitation.

7.46 La société Fitzgerald-Harker ltée vient juste de payer 8,2 millions de dollars pour 125 000 hectares de terrain sur lequel se trouve du bois sur pied. Le rendement total est évalué à 300 000 cordes de bois, exploitables sur 20 ans. La société estime que, une fois le bois épuisé, le terrain vaudra environ 1 million de dollars. Elle construit des routes, des ouvrages de drainage et des camps : le coût en capital de ces « biens immobiliers forestiers » totalise 1,3 million.

L'étendue et la vie utile de ces biens correspondent environ au quart de celles de la concession forestière totale. La société débourse aussi 275 000 $ pour du matériel d'exploitation forestière appartenant à la catégorie 10 ; ce matériel comprend entre autres une abatteuse-tronçonneuse, un tracteur, une débusqueuse et une écorceuse. Les taux de production pour les trois premières années sont respectivement de 12 000, 13 000 et 16 000 cordes. Appuyez-vous sur l'information fournie pour calculer le montant total de la DPA pour les trois premières années d'exploitation.

7.47 Certains aspects du régime de la déduction pour amortissement, dont le guide d'impôt T2 ne traite pas en détail, doivent souvent être considérés dans le cadre des analyses économiques en ingénierie. Visitez le site Web de l'Agence canadienne des douanes et du revenu, dont l'adresse est

www.ccra-adrc.gc.ca,

afin de consulter le bulletin d'interprétation se rapportant à chacun des trois sujets suivants, puis rédigez un court résumé des points importants :

a) IT128R Déduction pour amortissement — Biens amortissables

b) IT422 Signification de outils

c) IT472 Déduction pour amortissement — Biens de la catégorie 8

L'impôt sur le revenu

Le total des revenus et de l'impôt sur le revenu de cinq entreprises bien connues en 1998 est donné ci-après (en millions de dollars).

ENTREPRISE	REVENUS	BÉNÉFICE IMPOSABLE*	IMPÔT SUR LE REVENU	BÉNÉFICE NET (1)	TAUX D'IMPOSITION (MOYEN) EFFECTIF (%)
Alcan**	8 020 $	653 $	210 $	443 $	32,15
Bell Canada	10 561	1 613	781	832	48,42
Bombardier	11 500	827	273	554	33,01
Impériale ltée	9 145	747	193	554	25,84
TransCanada Pipelines	17 228	547	121	426	22,12

*Avant les postes extraordinaires.
**Tous les montants sont en dollars américains.

Qu'ont en commun ces entreprises? Elles figurent parmi les grandes entreprises les plus prospères au Canada. Cependant, comment expliquer l'écart entre leurs taux d'imposition, qui vont de 22,12 % dans le cas de TransCanada Pipelines à 48,42 % pour Bell Canada? Bien que chaque entreprise ait, en vertu de la loi, un taux d'imposition combiné fédéral/provincial, en raison de la nature unique de ses activités pour une année donnée, l'impôt payé aux taux effectifs peut être supérieur ou inférieur au taux prévu par la loi. Le taux d'imposition prévu par la loi pour Bell Canada est de 42,4 %; cependant, puisque certains postes sont non déductibles, l'impôt sur le revenu versé en 1998 était supérieur de 96 millions de dollars au montant calculé au taux de 42,4 %. Par ailleurs, près des deux tiers du bénéfice net de TransCanada Pipelines en 1998 ont été exempts d'impôt en 1998. Bien que le taux d'imposition prévu par la loi pour TransCanada soit de 44,6 %, son taux d'imposition effectif a été de 22,12 %.

Dans le présent chapitre, nous étudierons l'impôt sur le revenu combiné du gouvernement fédéral et des provinces/territoires. Lorsqu'on exploite une entreprise, les profits et les pertes ont des conséquences fiscales. De même, tous les profits ou bénéfices tirés de placements personnels tels que des actions ou des obligations sont imposables. On ne peut donc pas négliger l'effet de l'impôt sur le revenu lorsqu'on évalue des investissements dans un projet ou des placements personnels.

Les lois fiscales du gouvernement fédéral et des provinces/territoires sont particulièrement complexes. Bien que les principes de base régissant le calcul de l'impôt sur le revenu changent peu d'année en année, on modifie souvent certains détails précis. La méthode présentée dans ce chapitre constitue une façon simplifiée, mais raisonnablement précise, de calculer l'impôt sur le revenu des sociétés et des particuliers en respectant la structure fondamentale du régime fiscal canadien. On peut facilement l'adapter pour tenir compte des changements qui sont constamment apportés aux lois fiscales. Dans le texte et les exemples, nous utilisons les lois et les taux de 2001[1].

Le chapitre commence par une description de l'approche générale utilisée pour calculer l'impôt sur le revenu des sociétés et des particuliers. Les sections subséquentes présentent le calcul de l'impôt sur le revenu et précisent les taux d'imposition qu'il faut utiliser pour évaluer un investissement dans un projet industriel ou un placement personnel.

Soulignons que, parfois, certaines particularités propres aux entreprises et aux particuliers échappent au champ d'application de la méthode présentée. Pour ces situations, il est préférable de consulter un comptable ou un avocat spécialisé dans les questions fiscales.

8.1 | LES FONDEMENTS DE L'IMPÔT SUR LE REVENU

Un certain nombre de concepts balisent le calcul de l'impôt sur le revenu des sociétés et des particuliers. Dans sa forme la plus simple, le calcul de l'impôt sur le revenu peut être représenté de la façon suivante :

Impôt sur le revenu = (taux d'imposition) × (revenu imposable)

Les différences fondamentales entre le calcul de l'impôt sur le revenu des entreprises et celui des particuliers ont trait à la détermination des taux d'imposition applicables et du revenu imposable. Il en sera question un peu plus loin dans le chapitre. Nous nous concentrerons d'abord sur l'impôt des sociétés, puis sur celui des particuliers.

8.1.1 LES TAUX D'IMPOSITION

On distingue trois taux d'imposition pour les sociétés et les particuliers.

Le **taux d'imposition moyen** ou **effectif** est la valeur utilisée pour calculer l'impôt sur le revenu total à payer par une entreprise ou un particulier ; elle est multipliée par le revenu total imposable, c'est-à-dire le revenu de **toutes** les sources :

Total de l'impôt sur le revenu = (taux d'imposition moyen) × (revenu imposable total)

En règle générale, le taux d'imposition moyen présente peu d'intérêt pour notre propos. De plus, on ne peut déterminer ce taux qu'après avoir obtenu, par des calculs d'impôt détaillés, la valeur de l'impôt sur le revenu total et celle du revenu imposable total. Le taux d'imposition moyen peut donc se définir comme le rapport entre ces deux valeurs.

Le **taux d'imposition marginal** représente le taux d'imposition applicable à partir du prochain dollar supérieur au revenu imposable. Puisque chaque entreprise

---

1. Pour obtenir les taux d'imposition actuels et les versions révisées des tableaux 8.1 et 8.2, consultez notre site Web.

ou particulier a un niveau de revenu imposable et un impôt sur le revenu s'y rattachant, quel montant additionnel d'impôt sur le revenu sera à payer si le revenu imposable augmente de 1 dollar ? Ce montant correspond à :

$$\begin{matrix} \text{Impôt sur le revenu à} \\ \text{partir du prochain dollar} \\ \text{supérieur au revenu imposable} \end{matrix} = \begin{matrix} \text{(taux d'imposition} \\ \text{marginal)} \end{matrix} \times (1\ \$).$$

Comme nous le verrons plus loin, le taux d'imposition marginal dépend d'un certain nombre de facteurs, notamment le niveau actuel du revenu imposable et le type de revenu imposable additionnel.

Le **taux d'imposition différentiel** correspond au taux d'imposition applicable à un supplément du niveau actuel du revenu imposable et entraîne une augmentation de l'impôt sur le revenu. Lorsque ce supplément du revenu imposable résulte d'un projet ou d'un placement nouveau, il faut connaître le taux d'imposition différentiel, c'est-à-dire le taux d'imposition moyen du supplément formant le nouveau revenu imposable, pour quantifier les effets fiscaux dans le cadre d'une évaluation économique. Le taux d'imposition différentiel est donc d'un très grand intérêt pour nous :

$$\begin{matrix} \text{Impôt sur le revenu} \\ \text{résultant d'un projet ou} \\ \text{d'un placement nouveau} \end{matrix} = \begin{matrix} \text{(taux d'imposition} \\ \text{différentiel)} \end{matrix} \times \begin{matrix} \text{(revenu imposable} \\ \text{résultant d'un projet ou} \\ \text{d'un placement nouveau)} \end{matrix}$$

Pour illustrer ce concept, prenons l'exemple d'une entreprise ou d'un particulier dont le revenu annuel imposable s'élève à 70 000 $, imposable à un taux moyen de 35 %. Un investissement envisagé pourrait augmenter le revenu annuel imposable de 25 000 $. Les premiers 10 000 $ seraient imposables à un taux de 40 % et les 15 000 $ suivants, à un taux de 45 %.

	AVANT L'INVESTISSEMENT	APRÈS L'INVESTISSEMENT
Revenu imposable	70 000 $	95 000 $
Impôt sur le revenu	70 000 $ × 35 % = 24 500 $	70 000 $ × 35 % = 24 500 $
		+
		10 000 $ × 40 % = 4 000 $
		+
		15 000 $ × 45 % = 6 750 $
Total		35 250 $

Après l'investissement, l'impôt total serait de 35 250 $ sur le revenu imposable de 95 000 $, ce qui correspond à un taux d'imposition moyen de 37,1 % pour l'entreprise ou le particulier (35 250 $/95 000 $). L'investissement entraînerait une augmentation d'impôt de 10 750 $ (35 250 $ − 24 500 $) pour les 25 000 $ ajoutés au revenu imposable. Le taux d'imposition différentiel pour cet investissement serait donc de 43,0 % (10 750 \$/25 000 \$). Il existe deux taux d'imposition marginaux. Dans l'intervalle du revenu imposable allant de 70 000 à 80 000 \$, le taux marginal est de 40 %, et dans celui allant de 80 000 à 95 000 \$, il est de 45 %. Partant de ces taux marginaux, on aurait pu déterminer le taux différentiel pour cet investissement en calculant les taux marginaux au prorata de l'augmentation totale du revenu imposable :

$$\text{Taux d'imposition différentiel pour l'investissement} = \frac{10\,000\,\$}{25\,000\,\$} \times 40\% \quad \frac{15\,000\,\$}{25\,000\,\$} \times 45\% = 43,0\%$$

Dans certaines situations, les taux d'imposition moyen, marginal et différentiel sont identiques. Il sera question de ces cas dans les sections traitant de l'impôt sur le revenu des sociétés et des particuliers.

8.1.2 LES GAINS (OU LES PERTES) EN CAPITAL

Dans le cas des entreprises, les immobilisations comprennent tous les biens amortissables (bâtiments, équipement, etc.) et non amortissables (terrain, actions, obligations, etc.). Pour les particuliers, elles englobent tout ce que l'on possède et utilise à des fins personnelles (maison, automobile, meubles, bateau, chalet, etc.) ainsi que les placements (actions, obligations, etc.).

Lorsqu'on vend des immobilisations à un prix supérieur au prix d'achat, on réalise un profit ou un **gain en capital**. À l'inverse, si le prix de vente est inférieur au prix d'achat, on subit une **perte en capital**. Pour déterminer s'il y a gain ou perte, on utilise la formule suivante :

$$\text{Gain (ou perte) en capital} = \text{prix de vente} - \text{coût amortissable}$$

Le prix de vente représente les recettes de la vente moins les frais de vente, et le **coût amortissable** comprend, de façon générale, le prix d'achat plus le coût des améliorations et les frais d'acquisition de l'immobilisation. Pour les biens amortissables, le prix de base est égal au coût en capital initial.

Les biens amortissables et les biens de consommation personnelle n'entraînent pas de perte en capital. De plus, une maison (la résidence principale d'un particulier) est exempte des contreparties touchant les gains en capital.

On doit inclure les gains (ou les pertes) en capital dans le calcul du revenu imposable. Les gains augmentent le revenu imposable tandis que les pertes l'abaissent. Cependant, on comptabilise les pertes dans la mesure seulement où elles compensent des gains en capital. Ainsi, pour une série de gains en capital (GC_1, GC_2,

$GC_3 \ldots$) et de pertes en capital (PC_1, PC_2, $PC_3 \ldots$), le gain en capital net, qui doit être supérieur ou égal à zéro, se calcule de la façon suivante :

$$\text{Gain en capital net} = \sum_{n=1}^{X} GC_n + \sum_{n=1}^{Y} PC_n \geq 0$$

où X et Y représentent le nombre de gains en capital et le nombre de pertes en capital, respectivement. Les pertes en capital non utilisées pour une année donnée peuvent servir à compenser des gains en capital déclarés au cours d'années antérieures, ou peuvent être retenues et utilisées pour compenser des gains en capital qui seront réalisés dans les années ultérieures.

Aux fins de notre propos, chaque fois qu'un projet ou un placement entraîne une perte en capital, nous supposerons que les gains en capital en provenance d'autres sources sont suffisants pour qu'on puisse utiliser la perte en capital afin de réduire le revenu imposable tiré du projet ou du placement au cours de la même année.

Les détails concernant l'inclusion des gains (ou des pertes) en capital dans le calcul du revenu imposable des entreprises et des particuliers sont donnés dans les sections 8.3 et 8.4, respectivement.

Exemple 8.1

Le gain en capital sur des transactions foncières

Senstech est un fabricant de capteurs électroniques et de systèmes d'alarme de Winnipeg. En 1997, il a acheté des terrains à trois endroits différents dans la province pour y construire des installations d'approvisionnement et de distribution. En 2001, une seule de ces installations avait été construite, et l'entreprise a décidé de vendre les deux autres terrains. L'un d'eux avait été payé 65 000 $, plus les frais d'acquisition de 5 000 $. En 2001, il a été vendu 95 000 $, moins 3 500 $ en frais juridiques. Le deuxième terrain avait été payé 45 000 $ et a été vendu 35 000 $. Les frais d'acquisition et de vente ont été de 3 000 $ et 1 500 $, respectivement. Déterminez le gain (ou la perte) en capital net en 2001 pour ces transactions foncières.

Solution

- Soit : le prix d'achat et de vente de terrains et les frais qui y sont associés
- Trouvez : le gain (ou la perte) en capital net pour 2001

Il faut d'abord déterminer le prix de vente rajusté en fonction des frais associés.

CAPITAL	PRIX DE VENTE RÉEL	− FRAIS DE VENTE ASSOCIÉS	= PRIX DE VENTE RAJUSTÉ POUR LE CALCUL DES GAINS
Terrain 1	95 000 $	3 500 $	91 500 $
Terrain 2	35 000 $	1 500 $	33 500 $

On détermine le coût amortissable comme suit:

CAPITAL	PRIX D'ACHAT	+	FRAIS D'ACQUISITION ASSOCIÉS	=	COÛT AMORTISSABLE
Terrain 1	65 000 $		5 000 $		70 000 $
Terrain 2	45 000 $		3 000 $		48 000 $

Le gain (ou la perte) en capital correspond à la différence entre le prix de vente rajusté et le coût amortissable.

$$\text{Gain en capital, terrain 1} \quad = \quad 91\,500\,\$ - 70\,000\,\$ = \quad 21\,500\,\$$$
$$\text{Perte en capital, terrain 2} \quad = \quad 33\,500\,\$ - 48\,000\,\$ = (14\,500\,\$)$$
$$\text{Gain en capital net} = \quad 7\,000\,\$$$

Senstech aura donc en 2001 un gain en capital net de 7 000 $ résultant de la vente de ces deux terrains.

Exemple 8.2 $

Le gain (ou la perte) en capital sur des transactions mobilières

Ken Smith vit à Toronto et possède divers placements personnels, dont un petit portefeuille d'actions. En 1993, il a acheté 100 actions de la compagnie pétrolière Impériale ltée au coût de 45 $ par action. Les frais de courtage se sont élevés à 100 $. Il a vendu ces actions en 2001 au coût de 75 $ par action, et les frais de courtage pour la vente ont été de 150 $. La même année, il a également vendu 750 actions d'Air Canada au coût de 7 $ par action, avec des frais de courtage de 100 $. Il avait acquis ces actions en 1996 lors d'une nouvelle émission au coût de 12 $ par action et n'avait donc payé aucuns frais de courtage. Déterminez le gain (ou la perte) en capital net de M. Smith sur ces transactions mobilières.

Solution

• Soit: les transactions mobilières de 2001
• Trouvez: le gain (ou la perte) en capital net pour 2001

Comme dans l'exemple 8.1, on doit calculer les prix de vente et les coûts amortissables rajustés pour les deux titres.

	NOMBRE D'ACTIONS VENDUES	×	PRIX DE VENTE PAR ACTION	=	PRIX DE VENTE	−	FRAIS DE COURTAGE	=	PRIX DE VENTE POUR LE CALCUL DES GAINS EN CAPITAL
Impériale ltée	100		75 $		7 500 $		150 $		7 350 $
Air Canada	750		7 $		5 250 $		100 $		5 150 $

On détermine le coût amortissable pour chaque action comme suit:

	NOMBRE D'ACTIONS ACHETÉES	×	PRIX D'ACHAT PAR ACTION	=	PRIX D'ACHAT	+	FRAIS DE COURTAGE	=	COÛT AMORTISSABLE
Impériale ltée	100		45 $		4 500 $		100 $		4 600 $
Air Canada	750		12 $		9 000 $		—		9 000 $

Le gain (ou la perte) en capital pour chaque action correspond à la différence entre le prix de vente rajusté et le coût amortissable.

$$\text{Gain en capital, Impériale ltée} = 7\ 350\ \$ - 4\ 600\ \$ = 2\ 750\ \$$$
$$\text{Perte en capital, Air Canada} = 5\ 150\ \$ - 9\ 000\ \$ = (3\ 850\ \$)$$
$$\text{Perte en capital nette} = (1\ 100\ \$)$$

Cette perte en capital nette peut servir à réduire l'impôt à payer en 2001 uniquement si les gains en capital résultant d'autres placements sont d'au moins 1 100 $.

8.2   LE BÉNÉFICE NET

Les entreprises investissent dans un projet parce qu'elles s'attendent à ce qu'il accroisse leur richesse. Si cet objectif est atteint (si les revenus du projet sont supérieurs à ses coûts), on dira que le projet a engendré un **profit**, un **bénéfice** ou un **revenu**. Si le projet diminue la richesse de l'entreprise (si ses coûts dépassent ses revenus), on dira qu'il a produit une **perte**. L'un des rôles fondamentaux de la fonction comptable au sein d'une entreprise consiste à quantifier les profits ou les pertes survenant chaque année ou à toute autre période pertinente. Tous les profits générés sont imposables. La valeur mesurée du profit après impôt d'un projet pour une période donnée est appelée **bénéfice net**.

8.2.1   LE CALCUL DU BÉNÉFICE NET

Les comptables calculent le bénéfice net pour une période d'exploitation donnée en soustrayant les dépenses des bénéfices pour cette période. On peut définir ces deux termes comme suit:

1.   Le **revenu de projet** (produits) constitue le revenu reçu[2] par une entreprise en échange de produits ou de services fournis à des clients. Ce revenu comprend les recettes de la vente de marchandises à des clients et les honoraires facturés pour des services rendus à des clients.

2.   Les **dépenses de projet** (charges) engagées[3] représentent ce qu'il en coûte pour exploiter l'entreprise dans le but de générer des revenus pour la période d'exploita-

2. L'argent peut être reçu pendant une autre période comptable.
3. L'argent peut être versé pendant une autre période comptable.

tion donnée. Les dépenses courantes comprennent les coûts de la main-d'œuvre, des matières premières, des fournitures, de la supervision, des ventes et de l'amortissement, une portion des coûts de services publics, de location, d'assurance, d'impôts fonciers et de fonctions organisationnelles telles que le marketing, l'ingénierie, l'administration et la gestion ainsi que l'intérêt payé sur des fonds empruntés et l'impôt sur le revenu.

Les dépenses d'exploitation sont comptabilisées directement dans l'état des résultats et le bilan financier d'une entreprise (voir l'annexe A). Chaque dollar versé par l'entreprise pour chaque poste est converti directement en charge dans les rapports financiers correspondant à la période. Pour les sociétés de fabrication, les comptables traitent l'intérêt et l'impôt sur le revenu séparément et classent les autres dépenses dans deux grandes catégories : le **coût des produits vendus** et les **charges d'exploitation.** Les **charges d'exploitation** comprennent toutes les dépenses générales, administratives et de vente. Le **coût des produits vendus** comprend toutes les autres dépenses, y compris l'amortissement, inscrites dans les sous-catégories de la main-d'œuvre directe, des matières directes et des coûts indirects de production.

L'amortissement résulte de la répartition systématique dans le temps du coût d'une immobilisation. Dans la section qui suit, nous décrirons comment la prise en charge de l'amortissement aux fins de l'impôt sert à calculer le bénéfice imposable et le bénéfice net qui en découle. Soulignons que le calcul du bénéfice net peut être différent de celui qui paraît dans les rapports financiers d'une entreprise. En effet, comme nous l'avons vu à la section 7.2.4, ces rapports sont fondés sur l'amortissement comptable.

8.2.2   LE TRAITEMENT DE L'AMORTISSEMENT

Que vous démarriez une entreprise ou que vous soyez déjà en affaires, vous devrez probablement acquérir des immobilisations (telles que des bâtiments et du matériel). Le coût de ces biens fera partie des dépenses de votre entreprise. Le traitement comptable des dépenses en capital diffère du traitement des dépenses de fabrication et d'exploitation, qui englobent le coût des produits vendus et les charges d'exploitation de l'entreprise. Nous avons vu au chapitre 7 que **les dépenses en capital doivent être capitalisées,** c'est-à-dire systématiquement réparties pendant leur durée de vie amortissable. Ainsi, lorsque vous achetez un terrain dont la durée de vie utile est de plusieurs années, vous ne pouvez pas déduire des profits le total des coûts pendant l'année d'acquisition de l'immobilisation. Vous devez plutôt établir un calendrier d'amortissement fiscal[4] pour la durée de vie de l'immobilisation et inclure un montant approprié dans les sommes que l'entreprise déduit de ses profits chaque année. Puisqu'il participe à la réduction du bénéfice imposable, l'amortissement revêt une importance particulière pour une entreprise. La prochaine section explore la relation entre l'amortissement fiscal et le bénéfice net.

---

4. Cet amortissement est calculé en fonction du coût amortissable total du terrain.

8.2.3 LE BÉNÉFICE IMPOSABLE ET L'IMPÔT SUR LE REVENU

Le bénéfice imposable des sociétés se définit comme suit :

$$\text{Bénéfice imposable } = \text{ revenu brut (produits) } - \text{ charges.}$$

Comme nous l'avons mentionné dans la section 8.1, on calcule l'impôt sur le revenu de la façon suivante :

$$\text{Impôt sur le revenu } = \text{ (taux d'imposition) } \times \text{ (bénéfice imposable).}$$

(La section 8.3 s'attardera à la détermination du taux d'imposition.) On procède ensuite au calcul du bénéfice net de la façon suivante :

$$\text{Bénéfice net } = \text{ bénéfice imposable } - \text{ impôt sur le revenu.}$$

On présente souvent le bénéfice net dans un état des résultats sous forme de tableau :

POSTE
Revenu brut (produits)
Charges
Coût des produits vendus[5]
Déduction pour amortissement (DPA)
Charges d'exploitation
Intérêt[6]
Bénéfice imposable
Impôt sur le revenu
Bénéfice net

Notre prochain exemple illustre cette relation au moyen de données numériques.

Exemple 8.3

Le bénéfice net pour une année

Une entreprise achète une machine à commande numérique au coût de 40 000 $ (année 0) et l'utilise pendant 5 ans, puis elle la met au rencart. Elle classe ce bien dans la catégorie 43 de la DPA. Par conséquent, son amortissement à taux constant dégressif est de 30 % et la DPA qu'elle peut demander pour la première année est de 6 000 $, soit 15 % du coût initial. (La règle de 50 % s'applique pour la première année.) Le coût des produits fabriqués par cette machine devrait inclure un montant tenant compte de la dépréciation de la machine. Supposons que l'entreprise prévoie les revenus et les coûts suivants, qui comprennent l'amortissement pour la première année d'exploitation.

---

5. La définition comptable officielle de ce poste inclut l'amortissement. Dans notre tableau, nous avons placé l'amortissement fiscal (DPA) comme un poste distinct dans l'état des résultats, ce qui modifie quelque peu la définition du coût des produits vendus.

6. Par souci d'intégralité, les frais d'intérêt sont inclus dans ce tableau, mais nous n'en tiendrons pas compte dans le reste du chapitre. Nous en traitons au chapitre 9.

Recettes	=	52 000 $
Coût des produits vendus	=	20 000 $
DPA pour la machine	=	6 000 $
Charges d'exploitation	=	5 000 $

Si l'entreprise est imposée à un taux différentiel de 40 % du bénéfice imposable résultant du projet, quel est le bénéfice net du projet pendant la première année ?

Solution

• SOIT :   le revenu brut et les charges donnés, et un taux d'imposition sur le revenu de 40 %
• TROUVEZ : le bénéfice net

Pour le moment, nous ne décrirons pas comment on détermine le taux d'imposition (40 %), nous l'utiliserons tel qu'il est donné. Notre analyse porte sur l'achat d'une machine à l'année 0, qui correspond également au début de l'année 1. (Notons que notre exemple suppose explicitement que la seule DPA demandée pour la première année est celle qui se rapporte à la machine, et que cette situation n'est pas typique.)

POSTE	MONTANT
Revenu brut (produits)	52 000 $
Charges	
Coût des produits vendus	20 000
DPA	6 000
Charges d'exploitation	5 000
Bénéfice imposable	21 000
Impôt (40 %)	8 400
Bénéfice net	12 600 $

Commentaires : Dans cet exemple, l'inclusion d'un amortissement fiscal ou d'une DPA reflète ce qu'il en coûte réellement pour exploiter l'entreprise. On fait correspondre cette dépense au coût total de la machine (40 000 $) qui a été mise en service ou « épuisée » pendant la première année. Notre exemple explique également en partie pourquoi les lois de l'impôt sur le revenu régissent l'amortissement des immobilisations aux fins du calcul de l'impôt. Si l'entreprise pouvait demander la totalité des 40 000 $ à titre de dépense pour la première année, il y aurait un écart entre l'investissement initial consenti pour acheter la machine et les bénéfices graduels tirés de son utilisation productive. Cet écart ferait fluctuer considérablement l'impôt sur le revenu et le bénéfice net de l'entreprise. Le bénéfice net constituerait un baromètre moins juste du rendement de l'entreprise. Par ailleurs, le fait de ne pas tenir compte de ce coût entraînerait une augmentation du profit reporté pendant la période comptable. Dans cette situation, le profit serait en réalité un « faux profit » car il ne tiendrait pas compte avec justesse de l'utilisation de la machine. L'amortissement du coût dans le temps permet une répartition logique des coûts en fonction de l'utilisation de la valeur de la machine.

> *Des considérations du même ordre s'appliquent aux valeurs de bénéfice net calculées en fonction de l'amortissement comptable dans les états financiers. En effet, les valeurs reportées du bénéfice net seront trompeuses à moins que la base servant au calcul de l'amortissement comptable ne soit raisonnable, c'est-à-dire si elle répartit le coût de l'immobilisation sur sa durée de vie.*

8.2.4 LE BÉNÉFICE NET ET LE FLUX MONÉTAIRE

En comptabilité conventionnelle, on utilise surtout le bénéfice net pour mesurer la rentabilité d'une entreprise. Nous verrons maintenant pourquoi les flux monétaires sont les données pertinentes que l'on doit utiliser pour évaluer un projet. Comme il a été mentionné dans la section 8.2.1, le bénéfice net constitue une base de mesure fondée, en partie, sur le **concept de l'appariement.** Les coûts deviennent des dépenses lorsqu'on les apparie à un revenu, et l'on ne tient pas compte de la chronologie réelle des rentrées et des sorties de fonds.

Pendant la durée de vie d'une entreprise, les bénéfices nets et les rentrées de fonds nettes sont habituellement identiques. Cependant, la chronologie des revenus et des rentrées de fonds peut être très différente. Étant donné la valeur temporelle de l'argent, il est préférable de recevoir de l'argent maintenant plutôt qu'à une date ultérieure, car l'argent peut être investi pour fructifier. (On ne peut pas investir un bénéfice net.) Prenons par exemple deux entreprises, pour lesquelles les bénéfices et les flux monétaires pendant 2 ans sont les suivants :

		ENTREPRISE A	ENTREPRISE B
Année 1	Bénéfice net	1 000 000 $	1 000 000 $
	Flux monétaire	1 000 000	
Année 2	Bénéfice net	1 000 000	1 000 000
	Flux monétaire	1 000 000	2 000 000

Ces deux entreprises ont le même bénéfice net et le même flux monétaire pour cette période, mais l'entreprise A débourse 1 million de dollars chaque année, tandis que l'entreprise B débourse 2 millions de dollars à la fin de la deuxième année. Si vous receviez 1 million de dollars de l'entreprise A à la fin de la première année, vous pourriez l'investir à un taux de 10 %, par exemple. Vous ne receviez que 2 millions de dollars au total de l'entreprise B à la fin de la deuxième année, tandis que vous recevriez au total 2,1 millions de dollars de l'entreprise A.

En dehors de la valeur temporelle de l'argent, certaines dépenses ne nécessitent même pas un débours. C'est précisément le cas de l'amortissement. Bien que la déduction pour amortissement soit un montant déduit du revenu, aucune somme réelle n'est déboursée.

Dans l'exemple 8.3, nous avons vu que la déduction pour amortissement annuelle affecte considérablement à la fois le bénéfice imposable et le bénéfice net. Cependant, bien que la DPA ait un effet direct sur le bénéfice net, elle ne constitue *pas* une dépense ; il importe donc de distinguer le revenu annuel modifié par l'amortissement du flux monétaire annuel.

La situation décrite dans l'exemple 8.3 illustre bien la différence entre les coûts d'amortissement fiscal en tant que charges et le flux monétaire généré par l'achat d'une immobilisation. Dans cet exemple, le montant de 40 000 $ est dépensé à l'année 0, mais la DPA de 6 000 $ appliquée au revenu pour la première année ne constitue pas une dépense. La figure 8.1 résume cette différence.

Le bénéfice net (**bénéfice comptable**) est important en comptabilité, mais le **flux monétaire** l'est encore davantage dans le cas d'une évaluation de projet. Nous démontrerons maintenant comment le revenu net peut nous fournir un bon point de départ pour estimer le flux monétaire d'un projet.

La procédure permettant de calculer le bénéfice net est identique à celle qui sert à trouver le flux monétaire net (après impôt) lié à l'exploitation, à cette exception près que la DPA est exclue du calcul du flux monétaire net (elle ne sert qu'au calcul de l'impôt sur le revenu). **En supposant que les produits et les charges sont en argent comptant**, on peut obtenir le flux monétaire net en ajoutant les **charges sans effet sur la trésorerie** (DPA) au bénéfice net, ce qui évite d'avoir à la soustraire des produits.

Flux monétaires = bénéfice net + dépense hors caisse (DPA).

Figure 8.1
Flux monétaire et charges sans effet sur la trésorerie (DPA) pour une immobilisation dont le coût amortissable est de 40 000 $

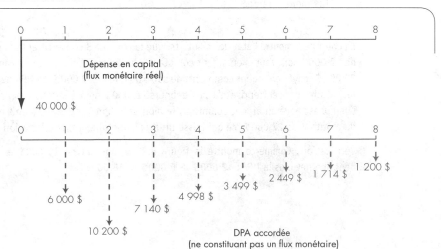

L'exemple 8.4 illustre cette relation.

Exemple 8.4

Le flux monétaire et le bénéfice net

Pour la situation décrite dans l'exemple 8.3, supposons que 1) toutes les ventes sont réalisées au comptant et 2) toutes les dépenses, sauf l'amortissement, sont faites durant la première année. Quel sera le flux monétaire d'exploitation ?

Solution

- SOIT :   les éléments de bénéfice net donnés
- TROUVEZ : le flux monétaire

On peut rédiger un énoncé de flux monétaire simplement en examinant chaque poste de l'état des résultats pour déterminer lesquels représentent des rentrées ou des sorties. Certaines des hypothèses posées dans l'énoncé de problème facilitent cette tâche.

POSTE	REVENU	FLUX MONÉTAIRE
Revenu brut (produits)	52 000 $	52 000 $
Charges		
Coût des produits vendus	20 000	−20 000
DPA	6 000	
Charges d'exploitation	5 000	−5 000
Bénéfice imposable	21 000	
Impôt (40 %)	8 400	−8 400
Bénéfice net	12 600 $	
Flux monétaire net		18 600 $

La colonne 2 montre l'état des résultats, que la colonne 3 convertit en flux monétaire. Les ventes de 52 000 $ sont toutes en argent comptant. Les coûts, à l'exception de l'amortissement, sont de 25 000 $, payés en argent comptant, de sorte qu'il reste 27 000 $. La DPA ne constitue pas un flux monétaire, car l'entreprise n'a pas déboursé 6 000 $ pour l'amortissement. Cependant, puisque l'impôt est payé en argent comptant, le montant d'impôt de 8 400 $ doit également être déduit du montant de 27 000 $, ce qui laisse un flux monétaire net d'exploitation de 18 600 $.

Vérification : Comme le montre la figure 8.2, le montant de 18 600 $ est exactement égal au bénéfice net plus la DPA : 12 600 $ + 6 000 $ = 18 600 $.

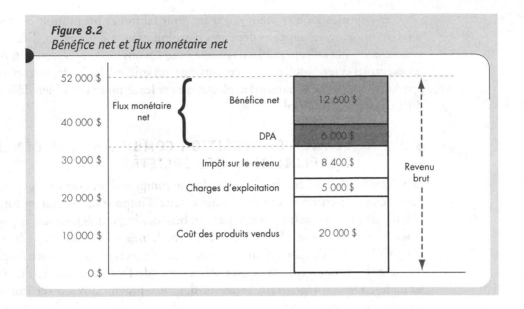

Figure 8.2
Bénéfice net et flux monétaire net

Comme nous venons de l'expliquer, la DPA affecte grandement le flux monétaire annuel puisqu'elle constitue une dépense comptable qui réduit le bénéfice imposable et par conséquent, le montant d'impôt. (Bien que la déduction pour amortissement ne constitue pas un flux monétaire, l'amortissement produit un effet positif sur le flux monétaire après impôt de l'entreprise.) Naturellement, au cours de l'année pendant laquelle une immobilisation est acquise, l'argent déboursé pour l'achat crée un important flux monétaire négatif; durant la durée amortissable de l'immobilisation, la dotation aux amortissements affectera l'impôt à payer et, par le fait même, les flux monétaires.

Comme l'illustre l'exemple 8.4, il est clair que l'amortissement, par l'effet qu'il produit sur l'impôt, joue un rôle essentiel dans l'analyse des flux monétaires de projet. Le chapitre 9 approfondira ce thème.

8.3 L'IMPÔT SUR LES SOCIÉTÉS

Nous savons de quels éléments se compose le bénéfice imposable, et pouvons maintenant nous intéresser au calcul de l'impôt sur le revenu. Pour les entreprises, le taux d'imposition s'applique au revenu imposable, défini comme le revenu brut moins les déductions admissibles. Ainsi que nous l'avons mentionné dans la section 8.2, les déductions admissibles comprennent le coût des produits vendus, la déduction pour amortissement (et l'épuisement), les charges d'exploitation et l'intérêt.

Les dépenses au comptant engagées pour fabriquer un produit ou fournir un service sont souvent appelées dépenses d'exploitation et d'entretien (E&E), ou plus simplement coûts d'exploitation, comme nous l'avons vu dans la section 6.6.1. Dans les exemples et les problèmes de cet ouvrage, on utilise à la fois les termes « coût des produits vendus » et « charges d'exploitation » et les termes moins bien définis « coûts d'E&E » et « coûts d'exploitation ».

8.3.1 LE TAUX D'IMPOSITION COMBINÉ SUR LE BÉNÉFICE D'EXPLOITATION DES SOCIÉTÉS

Le taux d'imposition combiné des sociétés se compose d'un taux fédéral et d'un taux provincial ou territorial. On détermine le taux d'imposition fédéral en fonction de la taille de l'entreprise (mesurable par son bénéfice imposable), de son appartenance (société fermée ou ouverte et société canadienne ou étrangère), de son type d'activité (société de fabrication ou de services), de ses types de bénéfice (exploitation ou investissement) et de sa source de revenu (de l'intérieur ou de l'extérieur du Canada). De façon générale, le calcul des taux provinciaux ou territoriaux tient compte des mêmes facteurs.

Si on limite notre description du taux fédéral au bénéfice d'exploitation d'entreprises sous contrôle canadien réalisé uniquement au Canada, on ne distingue que trois taux d'imposition des sociétés : celui des petites entreprises, celui des sociétés de services et celui des sociétés de fabrication. Le calcul de ces taux est présenté dans le tableau 8.1. Dans tous les cas, le point de départ est le taux d'imposition fédéral de base de 38 %, auquel on soustrait l'abattement de l'impôt fédéral de 10 %. La surtaxe fédérale de 4 % s'applique également à tous les cas. Les entreprises privées dont le capital imposable est inférieur à 10 millions de dollars sont admissibles à la déduction accordée aux petites entreprises (DPE) de 16 % sur les premiers 200 000 $ du bénéfice imposable.

Lorsque le capital imposable est supérieur à 10 millions, la déduction s'applique à une plus faible portion du bénéfice imposable, soit :

REVENUS	LIMITE DE LA DÉDUCTION
10 000 000 $ ou moins	200 000 $
11 000 000 $	160 000 $
12 000 000 $	120 000 $
13 000 000 $	80 000 $
14 000 000 $	40 000 $
15 000 000 $	0 $

Les entreprises qui réalisent au moins 10 % de leur revenu brut en fabriquant et en transformant des biens au Canada sont admissibles à la déduction pour bénéfices de fabrication et de transformation (DBFT) de 7 %. La DBFT ne s'applique pas au revenu admissible à la DPE.

On obtient le **taux d'imposition combiné des sociétés** en additionnant la valeur fédérale établie pour ce type d'entreprise, fournie dans le tableau 8.1, et la valeur provinciale/territoriale correspondante, donnée dans le tableau 8.2.

Puisque les taux d'imposition des entreprises sont considérés comme **non progressifs**, c'est-à-dire indépendants du niveau de bénéfice imposable, le taux d'imposition combiné moyen est égal au taux d'imposition combiné marginal et à n'importe quel taux d'imposition combiné différentiel. Cet énoncé vaut dans la mesure où le nouveau projet ne fait pas passer l'entreprise dans une autre catégorie fiscale. Par exemple, une entreprise dont la totalité du bénéfice imposable est admissible à la déduction accordée aux petites entreprises peut être classée dans la catégorie des sociétés de fabrication si l'un de ses projets augmente sa production et ses ventes. L'exemple 8.5 illustre ce cas.

Tableau 8.1 Structure fiscale fédérale pour les sociétés en 2001[1]

	TYPE D'ENTREPRISE		
	PETITE ENTREPRISE REVENUS JUSQU'À 200 000 $	SOCIÉTÉ DE FABRICATION	SOCIÉTÉ DE SERVICES
Impôt fédéral de base	38,00 %	38,00 %	38,00 %
Moins : abattement de l'impôt fédéral	10,00 %	10,00 %	10,00 %
Plus : surtaxe fédérale de 4 % (4 % de (38 % − 10 %))	1,12 %	1,12 %	1,12 %
Moins : DPE	16,00 %	—	—
Moins : DBFT	—	7,00 %	1,00 %
Taux d'imposition fédéral total	13,12 %	22,12 %	28,12 %

1. D'après le site de KPMG (http://www.kpmg.ca/).

Tableau 8.2   Structure fiscale provinciale/territoriale pour les sociétés en 2001 (incluant la surtaxe)[1]

PROVINCE/TERRITOIRE	TAUX D'IMPOSITION, PETITES ENTREPRISES	TAUX D'IMPOSITION, SOCIÉTÉ DE FABRICATION	TAUX D'IMPOSITION, SOCIÉTÉ DE SERVICES
Colombie-Britannique	4,5%	16,5%	16,5%
Alberta[2]	6,0%	14,5%	15,5%
Saskatchewan	8,0%[3]	10,0%	17,0%
Manitoba	6,0%	17,0%	17,0%
Ontario	6,5%	12,0%	14,0%
Québec	9,04%	9,04%	9,04%
Nouveau-Brunswick	4,0%	17,0%	17,0%
Nouvelle-Écosse	5,0%	16,0%	16,0%
Île-du-Prince-Édouard	7,5%	7,5%	16,0%
Terre-Neuve	5,0%	5,0%	14,0%
Territoires du Nord-Ouest/ Nunavut	5,0%	14,0%	14,0%
Yukon	2,5/6,0%[4]	2,5%	15,0%

1. D'après le site de KPMG (http://www.kpmg.ca.)

2. Le premier pourcentage est le taux d'imposition de janvier 2001 à mars 2001; le deuxième est le taux d'imposition d'avril 2001 à décembre 2001.

3. Le taux d'imposition des petites entreprises est passé à 6% le 1er juillet 2001.

4. Le premier pourcentage est le taux d'imposition des petites entreprises de fabrication; le deuxième est le taux d'imposition des petites entreprises de services.

8.3.2   L'IMPÔT SUR LE BÉNÉFICE D'EXPLOITATION

Les taux d'imposition des entreprises donnés dans la section 8.3.1 peuvent être appliqués directement pour déterminer l'impôt sur le bénéfice d'exploitation, comme le démontre l'exemple suivant.

Exemple 8.5

L'impôt sur les sociétés

Une entreprise canadienne privée de Truro, en Nouvelle-Écosse, vend par correspondance des fournitures d'informatique et des périphériques. Elle loue une salle d'exposition et un entrepôt au coût de 20 000$ par année, et a installé du matériel d'emballage et de vérification des stocks d'une valeur de 100 000$. À un taux de DPA de 30%, l'amortissement fiscal accordé pour cette dépense en capital au cours de la première année s'élèvera à 15 000$. Le magasin est en exploitation depuis le 1er janvier. L'entreprise a réalisé un revenu brut de 1 250 000$ pour l'année civile. Les fournitures et toutes les charges d'exploitation autres que les frais de location sont les suivantes:

Coût des marchandises vendues pendant l'année	500 000 $
Salaires et avantages sociaux des employés	250 000 $
Autres fournitures et dépenses	90 000 $
Total des dépenses	840 000 $

Calculez le bénéfice imposable de l'entreprise. Quels montants d'impôt devra-t-elle verser aux gouvernements fédéral et provincial ?

Solution

- SOIT :   le revenu, les coûts et la DPA donnés
- TROUVEZ : le bénéfice imposable et les impôts fédéral et provincial sur le revenu

Calculons d'abord le bénéfice imposable :

Revenu brut	1 250 000 $
Charges	840 000 $
Charges de location	20 000 $
DPA	15 000 $
Bénéfice imposable	375 000 $

Déterminons ensuite les impôts fédéral et provincial sur le revenu :

IMPÔT FÉDÉRAL SUR LE REVENU

Bénéfice imposable	375 000 $
La première tranche de 200 000 $ imposable au taux de 13,12 %	
(Taux d'imposition fédéral des petites entreprises)	
Impôt fédéral = 200 000 $ × 13,12 %	26 240 $
Les 175 000 $ restants sont imposables au taux de 28,12 %	
(Taux d'imposition des sociétés de services)	
Impôt fédéral = 175 000 $ × 28,12 %	49 210 $
Impôt fédéral total à payer	75 450 $

IMPÔT PROVINCIAL SUR LE REVENU
(SELON LES TAUX D'IMPOSITION DE LA NOUVELLE-ÉCOSSE)

Revenu imposable	375 000 $
La première tranche de 200 000 $ imposable au taux de 5 %	
(Taux d'imposition provincial des petites entreprises)	
Impôt provincial = 200 000 $ × 5 %	10 000 $
Les 175 000 $ restants sont imposables au taux de 16 %	
(Taux d'imposition provincial standard des entreprises)	
Impôt provincial = 175 000 $ × 16 %	28 000 $
Impôt provincial total à payer	38 000 $
Impôt sur les sociétés combiné à payer	113 450 $

Commentaires : Puisque cette entreprise de vente par correspondance est canadienne et privée, elle est admissible à la déduction accordée aux petites entreprises (DPE) pour la première tranche de 200 000 $ de son revenu imposable. Par conséquent, le taux d'imposition combiné des sociétés applicable aux 200 000 $ est de 18,12 % (13,12 % pour le palier fédéral + 5,0 % en Nouvelle-Écosse). Le taux combiné applicable au revenu imposable dépassant les premiers 200 000 $ est le taux des sociétés de services de 44,12 % (28,12 % pour le palier fédéral + 16,0 % en Nouvelle-Écosse). Le taux d'imposition combiné moyen ou effectif de cette entreprise est de 30,25 % (impôt sur le revenu total de 113 450 $ divisé par le revenu imposable de 375 000 $).

Les projets que cette société entreprend afin d'augmenter ses revenus ou de réduire ses dépenses maintiendront le revenu imposable à un niveau bien supérieur au maximum de 200 000 $ accordé aux petites entreprises. Au-delà de ce seuil, tous les revenus imposables additionnels sont imposés au taux combiné de 44,12 %. Par conséquent, il faut utiliser à la fois le taux marginal et le taux différentiel pour procéder à l'évaluation économique de tous les projets que cette entreprise envisage.

Soulignons également que si cette entreprise était publique plutôt que privée, la DPE ne serait pas applicable. Dans ce cas, la totalité du revenu imposable de l'entreprise aurait été imposée au taux combiné de 44,12 %. Les taux moyen, marginal et différentiel seraient identiques et égaux à 44,12 %.

8.3.3   LES PERTES D'EXPLOITATION DES SOCIÉTÉS

Bien que les entreprises cherchent toujours à faire un profit, il arrive parfois qu'elles fonctionnent à perte et ne paient pas d'impôt. Il est possible de reporter les pertes d'exploitation ordinaires sur chacune des 3 années précédentes et sur les 7 années suivantes dans le but de compenser le revenu imposable pour ces années. On doit appliquer la perte d'abord à l'année la plus ancienne, puis celle qui suit. Par exemple, une perte d'exploitation en 2001 peut servir à réduire le revenu imposable de 1998, 1999 ou 2000 et ainsi donner lieu à un remboursement ou à un crédit d'impôt ; toutes les autres pertes peuvent ensuite être reportées sur les années subséquentes, soit de 2002 à 2008. Si l'on n'est pas en mesure de déduire la totalité de la perte en tant que perte autre qu'en capital à l'intérieur de la période permise, la partie non utilisée devient une perte en capital nette et peut être reportée indéfiniment pour réduire les gains en capital imposables.

8.3.4   L'IMPÔT SUR LE BÉNÉFICE HORS EXPLOITATION

Le bénéfice hors exploitation découle d'activités qui ne sont pas typiques pour une entreprise. Par exemple, un fabricant de matériel de transformation du pétrole et du gaz peut générer un bénéfice qui n'est pas directement lié à la vente de ce matériel. Ce bénéfice peut comprendre des revenus de placements, des loyers et des gains en capital. Les taux d'imposition applicables à ce bénéfice diffèrent des taux décrits dans la section 8.3.1. Les valeurs courantes de ces taux d'imposition peuvent être obtenues par l'entremise du site www.ccra-adrc.gc.ca. Dans le présent volume, on suppose que les gains en capitaux produits proviennent toujours de l'exploitation de l'entreprise et sont imposés à la moitié de leur valeur aux taux d'imposition de l'entreprise.

8.3.5 LE CRÉDIT D'IMPÔT À L'INVESTISSEMENT

Le gouvernement fédéral peut, par la réglementation de l'impôt, offrir des incitatifs pour encourager les investissements dans certains types d'activités dans des régions précises du Canada. Le **crédit d'impôt à l'investissement** en est un exemple. On peut réduire l'impôt sur le revenu d'un pourcentage des dépenses qui sont admissibles à un crédit d'impôt à l'investissement.

Les dépenses admissibles sont classées en trois catégories :

- Recherche scientifique et développement expérimental : les sociétés privées canadiennes ont droit à un crédit d'impôt à l'investissement sur un certain montant investi dans la recherche scientifique et le développement expérimental.
- Biens certifiés : les dépenses pour des bâtiments, des machines et de l'équipement dans certaines régions à croissance lente du Canada peuvent être admissibles à un crédit d'impôt à l'investissement.
- Biens admissibles : les dépenses pour des bâtiments, des machines et de l'équipement utilisés principalement dans un secteur déterminé (fabrication, exploration et développement de ressources naturelles, transformation de ressources naturelles, exploitation forestière, agriculture et pêche) dans certaines régions (Terre-Neuve, Île-du-Prince-Édouard, Nouvelle-Écosse, Nouveau-Brunswick, la Gaspésie et d'autres régions au large des côtes) peuvent être admissibles à un crédit d'impôt à l'investissement.

Le crédit d'impôt à l'investissement (CII) se calcule comme suit :

$$\text{Crédit d'impôt à l'investissement} = \text{valeur du bien admissible} \times \text{taux du CII.}$$

Cette épargne fiscale équivaut à soustraire du coût net de l'investissement en capital le montant du crédit d'impôt à l'investissement. Le crédit d'impôt à l'investissement est accordé à l'entreprise sous forme d'un crédit d'impôt à la fin de l'année d'imposition. Le montant du crédit est soustrait de la valeur du bien avant le calcul de la DPA.

Consultez le web de l'Agence des douanes et du revenu du Canada (ADRC), à l'adresse www.ccra-adrc.gc.ca ; vous y trouverez de l'information à jour sur le crédit d'impôt à l'investissement (voir le chapitre 7 du guide T2 concernant les déclarations de revenus des sociétés).

8.4   LES PROBLÈMES CONCRETS SOULEVÉS PAR L'IMPÔT SUR LES SOCIÉTÉS

Les détails fournis dans la section 8.3 constituent une base permettant le calcul du taux d'imposition correct d'une entreprise. Cependant, dans le monde réel (et comme en témoignent la plupart des problèmes décrits dans cet ouvrage), l'impôt différentiel sur les sociétés pertinent pour un projet donné a déjà été déterminé et on connaît sa valeur. Toutefois, sait-on si l'entreprise peut vraiment utiliser toute la DPA à laquelle elle a droit? À quelle fréquence paie-t-elle ses impôts? Il importe de répondre à ces questions avant d'inclure l'impôt sur le revenu dans notre procédure d'évaluation de projet.

8.4.1   LE TAUX D'IMPOSITION DIFFÉRENTIEL DES ENTREPRISES EST CONNU

Si le taux d'imposition différentiel est connu, on peut poursuivre le calcul de l'impôt quels que soient le type d'entreprise ou son lieu d'exploitation (province/territoire). Il ne reste qu'à déterminer le taux d'imposition des gains en capital qui, comme nous l'avons vu, n'est pas directement lié au taux d'imposition des sociétés. *Aux fins de notre propos, nous supposerons que le taux d'imposition des gains en capital, t_{GC}, correspond à la moitié du taux d'imposition différentiel des sociétés, qui est connu.*

Exemple 8.6

L'impôt sur les gains en capital pour des transactions foncières

Calculons l'impôt sur les gains en capital pour les transactions foncières de Senstech décrites dans l'exemple 8.1. Senstech est une société de fabrication canadienne dont le revenu imposable annuel s'élève à plusieurs millions de dollars.

Solution

- SOIT : le gain en capital net de l'exemple 8.1 (7 000 $)
- TROUVEZ : l'impôt sur les gains en capital

Le taux d'imposition combiné différentiel de Senstech est composé du taux fédéral des sociétés de fabrication de 22,12 % et du taux du Manitoba de 17 %, ce qui donne 39,12 %. Le taux d'imposition des gains en capital correspond à la moitié de cette valeur, soit 19,56 %. L'impôt sur les gains en capital pour la transaction foncière est donc:

$$\text{Impôt sur les gains en capital} = 19,56\,\% \times 7\,000\,\$$$
$$= 1\,369\,\$.$$

Commentaires : On a obtenu le taux d'imposition des gains en capital de 19,56 % en multipliant 1/2 par le taux d'imposition combiné différentiel des sociétés de fabrication. Pour être plus précis, on aurait pu considérer le gain en capital comme un bénéfice hors exploitation, et calculer le taux d'imposition des gains en capital en multipliant 1/2 par les taux d'imposition hors exploitation fédéral et provincial, comme nous l'avons vu à la section 8.3.4.

8.4.2   COMMENT SE PRÉVALOIR DU MAXIMUM DE DÉDUCTIONS

Le bénéfice imposable est déterminé par le revenu brut et les déductions que l'on peut faire retrancher de ce revenu. Ces déductions comprennent toutes les dépenses associées à la fourniture d'un bien ou d'un service ainsi que les intérêts débiteurs et la DPA. Revenu Canada ne permet pas que les déductions totales dépassent le revenu. Autrement dit, le bénéfice imposable doit être supérieur ou égal à zéro.

Le fait qu'on ne puisse pas déclarer un bénéfice imposable négatif limite parfois les déductions que l'on peut demander. Par exemple, il arrive qu'on ne puisse pas demander toute la DPA à laquelle on a droit pour une année donnée si le revenu est insuffisant. Dans ce cas, la DPA non demandée est reportée sur les années suivantes.

Cette contrainte complique également beaucoup le calcul de l'impôt. *Aux fins de notre propos, nous supposerons que, pour un investissement donné, toutes les déductions offertes peuvent être demandées en totalité pour une année donnée.* Ainsi, le revenu imposable sera négatif chaque fois que les déductions offertes dépasseront le revenu. L'impôt sur le revenu pour un tel investissement deviendra alors un flux monétaire positif. On suppose implicitement que l'entreprise paie déjà un montant d'impôt pour d'autres activités. L'impôt total à payer sur ces autres activités sera réduit par l'impôt sur le revenu « positif » associé au nouvel investissement. Cette épargne fiscale constitue un crédit ou une recette pour l'investissement à l'étude. Nous illustrerons ce concept par un exemple dans le chapitre 9.

8.4.3   LA CHRONOLOGIE DU PAIEMENT DE L'IMPÔT SUR LES SOCIÉTÉS

Pour une entreprise, l'année d'imposition correspond à l'exercice financier. Au cours de cet exercice, l'entreprise peut faire des paiements mensuels d'impôt sur le revenu aux niveaux fédéral et provincial calculés en fonction des montants d'impôt estimés qu'elle devra verser. Ce versement peut n'être que le douzième du montant d'impôt payé pour l'exercice financier précédent.

Bien qu'elle dispose de 6 mois après la fin de son exercice financier pour présenter sa déclaration de revenus aux niveaux fédéral et provincial, l'entreprise doit faire son paiement d'impôt environ 2 mois avant la fin de son exercice financier. Ce paiement représente la différence entre le total de l'impôt à payer et le total des versements mensuels effectués. La date limite est fixée en fonction de divers facteurs, tels que la taille de l'entreprise et le secteur d'activité, qui viennent compliquer encore davantage l'analyse économique en ingénierie. *Aux fins de notre propos, nous supposerons que les investissements des sociétés ont lieu au début de l'exercice financier, et que l'impôt sur le revenu qui en découle sera payé en un seul versement à la fin de chaque exercice financier, sauf indication contraire.*

8.5 L'IMPÔT SUR LE REVENU DES PARTICULIERS

Les particuliers sont imposés sur le revenu qu'ils tirent de diverses sources, notamment les salaires et les traitements, les revenus de placement, les profits sur la vente d'immobilisations et les revenus d'entreprise. Les revenus de placement les plus typiques sont les dividendes versés sur des actions et les intérêts créditeurs de dépôts bancaires. Les profits sur la vente d'immobilisations comme les actions et les obligations sont également imposables. Les revenus d'entreprise provenant d'entreprises individuelles et de sociétés de personnes sont imposés de la même façon que le revenu personnel.

8.5.1 LE CALCUL DU REVENU IMPOSABLE

Pour calculer leur revenu imposable, tous les contribuables commencent par considérer le **revenu total**, qui représente les gains déterminés conformément aux dispositions des lois de l'impôt fédéral sur le revenu. Le revenu est la somme des éléments suivants :

+ Salaires et traitements

+ Revenu de pension

+ Revenu en intérêts

+ Revenu de dividendes

+ Revenu de loyer et redevance

+ Gains en capital nets (1/2 de la valeur nette)

+ Autres revenus[7]

= **Revenu total**

---

7. Les autres revenus comprennent notamment les frais de consultation.

L'Agence des douanes et du revenu du Canada permet de soustraire du revenu total les montants suivants :

- Cotisations au régime de pension (régimes de pension agréés ou régimes enregistrés d'épargne-retraite)
- Cotisations annuelles syndicales, professionnelles et autres
- Frais de garde d'enfants
- Frais de préposé aux soins
- Perte au titre d'un placement d'entreprise
- Frais de déménagement
- Pension alimentaire payée
- Frais financiers et frais d'intérêt payés pour gagner un revenu de placement
- Autres déductions

= **Revenu net avant ajustements**

Les ajustements soustraits du revenu net avant ajustements comprennent :

- Déduction pour prêts à la réinstallation d'employés
- Déductions pour options d'achat d'actions et pour actions
- Pertes d'autres années (y compris les pertes en capital)
- Déductions pour les habitants de régions éloignées
- Déductions supplémentaires

= **Revenu imposable**

8.5.2   L'IMPÔT SUR LE REVENU ORDINAIRE

Le Canada applique trois taux d'imposition pour les particuliers. Il s'agit de taux progressifs, ce qui signifie que plus le revenu est élevé, plus le pourcentage payé en impôt est élevé. Les taux d'imposition sont modifiables d'une année à l'autre, et on doit consulter les plus récents guides d'impôt pour connaître les taux en vigueur ; vous pouvez consulter le site web de KPMG à l'adresse suivante : http://www.kpmg.ca.

De l'impôt fédéral sur le revenu, on soustrait les **crédits d'impôt non remboursables**. Le montant total **admissible** aux crédits d'impôt non remboursables correspond à la somme des montants admissibles suivants :

- Montant personnel de base
- Montant en raison de l'âge

- Montant pour conjoint
- Cotisations à payer au Régime de pensions du Canada ou au Régime de rentes du Québec
- Cotisations à l'assurance-emploi
- Montant pour revenu de pension
- Montant pour personnes handicapées
- Montant pour personnes handicapées transféré d'une personne à charge
- Frais de scolarité
- Montant relatif aux études
- Intérêts payés sur vos prêts étudiants
- Frais de scolarité et montant relatif aux études transféré d'un enfant
- Montants transférés de votre conjoint
- Rajustement des frais médicaux
- Dons[8]

Le crédit d'impôt non remboursable représente un certain pourcentage du montant total admissible. D'autres crédits d'impôt, tels que le crédit d'impôt pour dividendes, peuvent également être offerts.

L'**impôt fédéral de base** correspond à l'impôt fédéral sur le revenu moins les crédits d'impôt non remboursables et les autres crédits d'impôt. On ajoute au résultat la surtaxe fédérale et l'impôt provincial/territorial. L'Agence des douanes et du revenu du Canada et les gouvernements provinciaux ajoutent souvent une surtaxe des particuliers qui leur procure à court terme des revenus additionnels. Cependant, certaines de ces surtaxes s'appliquent pendant plusieurs années et deviennent alors des mécanismes d'imposition plus permanents.

Outre l'impôt fédéral à payer, il faut considérer l'impôt provincial sur le revenu personnel. En général, l'impôt sur le revenu provincial/territorial est un pourcentage de l'**impôt fédéral de base** à payer et les surtaxes provinciales des particuliers sont calculées à partir de cet impôt. Certaines provinces gèrent et prélèvent directement l'impôt sur le revenu des particuliers. Dans ces cas, l'**impôt fédéral de base** est réduit d'un certain pourcentage pour prendre en compte les dispositions fiscales particulières adoptées conjointement par les gouvernements fédéral et provincial. Bien que la structure des taux du gouvernement fédéral et des provinces soit complexe, le régime fiscal demeure progressif: plus le revenu est élevé, plus le taux d'imposition

---

8. Les dons dépassant un certain montant sont généralement admissibles aux crédits d'impôt non remboursables à un taux supérieur au taux d'imposition de l'entreprise.

et le montant relatif de l'impôt sont élevés. Le calcul de l'impôt sur le revenu des particuliers est essentiellement fondé sur trois facteurs : le lieu de résidence, le revenu imposable total et le type de revenu.

8.5.3 LA CHRONOLOGIE DU PAIEMENT DE L'IMPÔT SUR LE REVENU DES PARTICULIERS

Afin de tenir compte des effets fiscaux lorsqu'il envisage d'effectuer des placements personnels prévus, un particulier doit connaître le montant de l'impôt à payer. Selon des circonstances qui varient d'un contribuable à l'autre, le paiement de l'impôt peut se faire de diverses façons, à différents moments. L'employeur retient automatiquement une portion du salaire ou du traitement d'un employé sur chaque chèque de paie et remet cette portion à l'ADRC. Cependant, si une personne touche d'autres revenus qui ne sont pas imposés à la source (des honoraires, par exemple), elle pourrait être tenue de faire des versements mensuels ou trimestriels calculés en fonction de l'impôt estimé sur ces revenus. De plus, au 30 avril de chaque année, le particulier doit présenter une déclaration de revenus pour l'année civile précédente. Cette déclaration représente un calcul formel de l'impôt total qu'il doit payer. La différence entre l'impôt dû et les versements d'impôt déjà faits est retournée au contribuable sous forme de remboursement ou remise par le contribuable à titre de paiement final.

8.6 LES BIENS AMORTISSABLES : L'EFFET FISCAL DE LA DISPOSITION

Comme c'est le cas pour la disposition d'immobilisations, la vente (ou l'échange) de biens amortissables entraîne généralement des gains ou des pertes. Pour calculer un gain ou une perte, il faut d'abord déterminer la fraction non amortie du coût en capital (FNACC) du bien amortissable au moment de la disposition. Lorsqu'un bien amortissable utilisé dans une entreprise est vendu pour un montant autre que sa FNACC, il produit un gain ou une perte ayant des répercussions fiscales. On calcule ce gain ou cette perte de la façon suivante :

$$\text{Gains (pertes)} = \text{valeur de récupération} - \text{FNACC},$$

où la valeur de récupération correspond aux recettes de la vente moins les frais de vente ou coût de la disposition.

Ces gains, appelés **déduction pour amortissement récupérée** ou **DPA récupérée**, sont imposables. Dans les rares cas où un bien est vendu pour un montant supérieur à son coût en capital, les gains (valeur de récupération − FNACC) sont divisés en deux parties aux fins de l'impôt :

$$
\begin{aligned}
\text{Gains} \quad &= \quad \text{valeur de récupération} - \text{FNACC} \\
&= \quad (\text{valeur de récupération} - \text{coût amortissable}) \\
&+ \quad (\text{coût amortissable} - \text{FNACC}) \\
&= \quad \text{gains en capital} + \text{DPA récupérée.}
\end{aligned}
$$

Nous avons appris à la section 7.2.2 que le le coût amortissable correspond au prix d'achat d'un bien plus tous les frais complémentaires, comme le transport et l'installation. Comme le montre la figure 8.3, on observe que :

$$
\begin{aligned}
\text{Gains en capital} \quad &= \quad \text{valeur de récupération} - \text{coût amortissable} \\
\text{DPA récupérée} \quad &= \quad \text{coût amortissable} - \text{FNACC.}
\end{aligned}
$$

Figure 8.3
Gains en capital et DPA récupérée

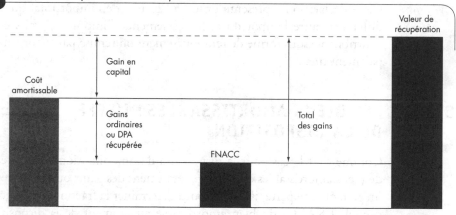

Cette distinction est nécessaire car les gains en capital sont imposés au taux d'imposition des gains en capital et la DPA récupérée est imposée au taux ordinaire d'imposition du revenu. Comme nous l'avons déjà mentionné, la loi sur l'impôt en vigueur prévoit un taux ordinaire d'imposition moins élevé pour les gains en capital. Lorsque la disposition d'un bien amortissable occasionne une perte, cette perte réduit l'impôt à payer.

La section 8.6.1 décrit dans ses grandes lignes l'effet fiscal de la disposition d'un bien pour la méthode d'amortissement dégressif à taux constant et la méthode d'amortissement linéaire.

8.6.1 LE CALCUL DE L'EFFET FISCAL DE LA DISPOSITION

L'effet fiscal des gains ou des pertes résultant de la disposition d'un bien varie selon la méthode d'amortissement utilisée, la chronologie supposée de la disposition et l'éventualité où la disposition du bien fait que la catégorie de la DPA à laquelle il appartient se retrouve vide. Comme nous l'avons vu dans la section 7.4.5, cela arrive rarement. La situation se complique lorsque de nouvelles acquisitions sont ajoutées à la catégorie de la DPA dans l'année pendant laquelle on vend un bien. La perte ou la récupération de la DPA résultant de la disposition est intégrée au prix de base non amorti du capital pour l'ensemble de la catégorie de la DPA en raison de la procédure comptable de regroupement des biens. L'effet fiscal de la disposition est alors étalé sur un certain nombre d'années futures, ce qui rend le calcul de l'effet fiscal total fastidieux. Compte tenu de cette difficulté, et puisque l'effet fiscal de la disposition ne constitue pas en général un facteur déterminant de l'acceptabilité d'un projet, nous supposons que les conséquences fiscales de la disposition sont entièrement réalisées dans l'année de la disposition et qu'aucune nouvelle acquisition ne s'ajoute à cette catégorie de la DPA pour cette année[9]. *De façon plus précise, nous supposons que la disposition a lieu juste avant la fin de la dernière année de vie utile et que la DPA pour l'année de disposition du bien est calculée de la façon habituelle, sans tenir compte de la disposition.* L'effet fiscal à la disposition, *G*, correspond alors aux conséquences fiscales en sus de l'épargne fiscale résultant de la DPA pour l'année de disposition.

Compte tenu des hypothèses ci-dessus, tous les gains tirés de la disposition s'ajoutent au revenu, et toutes les pertes sont considérées comme des dépenses pour les biens amortis, quelle que soit la méthode d'amortissement. Cela simplifie considérablement le calcul de l'effet fiscal de la disposition, puisque *G* ne constitue plus que le paiement d'impôt supplémentaire ou l'épargne fiscale réalisée au cours de l'année de la disposition, c'est-à-dire :

$$G = t(U_{\text{Disposition}} - S),$$

où $U_{\text{Disposition}} = FNACC_N = FNACC_{N-1} - DPA_N$. $FNACC_{N-1}$ représente la fraction non amortie du capital de l'immobilisation à la fin de l'année précédant la disposition, et DPA_N constitue la déduction pour amortissement offerte pendant l'année de la disposition, sans tenir compte de la disposition. Lorsqu'il y a gain en capital, l'effet fiscal total de la disposition, *G*, devient :

$$G = t(U_{\text{Disposition}} - P) + tGC(P - S),$$

---

9. Cette hypothèse peut sembler trop limitative dans des situations où il faut remplacer une immobilisation pendant la durée de vie d'un projet. Cependant, on peut prétendre que les immobilisations de remplacement ne sont pas disponibles et ne peuvent donc pas être ajoutées à la catégorie de la DPA avant le début de l'année suivant la disposition de l'immobilisation d'origine.

où P représente le coût amortissable initial (coût de l'équipement installé au moment 0), t_{GC} représente le taux d'imposition des gains en capital, et $U_{\text{Disposition}}$ représente la FNACC du bien à la fin de l'année où a lieu la disposition. Le choix de $(U_{\text{Disposition}} - S)$ plutôt que de $(S - U_{\text{Disposition}})$ est arbitraire, mais plus pratique, car il nous permet d'obtenir le signe correct pour la correction du flux monétaire après impôt au cours de la dernière année de la durée de vie utile de l'immobilisation.

La valeur de récupération nette, NS, est la somme de la valeur de récupération et de l'effet fiscal de la disposition :

$$NS = S + G.$$

Exemple 8.7

L'effet fiscal de la disposition sur des biens amortissables

Une entreprise a acheté une perceuse à colonne au coût de 250 000 $. La perceuse est classée dans la catégorie 43 au taux d'amortissement dégressif de 30 %. Si elle vend cette machine au bout de 3 ans, calculez les gains (pertes) pour les quatre valeurs de récupération suivantes : a) 150 000 $, b) 104 125 $, c) 90 000 $ et d) 270 000 $. Supposez que le taux d'imposition combiné fédéral et provincial de l'entreprise est de 40 % et que les gains en capital sont imposés à la moitié de leur valeur, c'est-à-dire à un taux effectif de 20 % dans cet exemple.

Solution

- Soit : un bien classé dans la catégorie 43 de la DPA, coût amortissable = 250 000 $ et vendu 3 ans après l'achat
- Trouvez : l'effet fiscal de la disposition, et la valeur de récupération nette résultant de la vente si le prix de vente est de 150 000 $, de 104 125 $, de 90 000 $ ou de 270 000 $

Dans cet exemple, il faut d'abord calculer la FNACC de la machine à la fin de la troisième année.

ANNÉE	AMORTISSEMENT FISCAL (TAUX DE DPA DE 30 %)	FNACC
0		250 000 $
1	37 500 $	212 500
2	63 750	148 750
3	44 625	104 125

Le montant de la DPA pour la première année est réduit de 50% en raison de la règle de 50%. La FNACC à la fin de la troisième année est de 104 125 $.

a) Cas 1 : FNACC < valeur de récupération < coût amortissable

$$\text{Effet fiscal de la disposition} = G = t(U_{\text{Disposition}} - S)$$
$$= 0,4 \times (104\ 125\ \$ - 150\ 000\ \$)$$
$$= -18\ 350\ \$.$$

$$\text{Valeur de récupération nette} = \text{valeur de récupération} $$
$$+ \text{effet fiscal de la disposition}$$
$$= 150\ 000\ \$ - 18\ 350\ \$$$
$$= 131\ 650\ \$.$$

Cette situation (où la valeur de récupération dépasse la FNACC) est illustrée par le cas 1 dans la figure 8.4.

b) Cas 2 : valeur de récupération = FNACC

Dans le cas 2, la FNACC est encore de 104 125 $. Par conséquent, si la valeur de récupération de la perceuse à colonne est de 104 125 $, c'est-à-dire égale à la FNACC, aucun impôt n'est calculé sur cette valeur. Les bénéfices nets sont alors égaux à la valeur de récupération.

c) Cas 3 : valeur de récupération < FNACC

Dans le cas 3, on observe une perte car la valeur de récupération (90 000 $) est inférieure à la FNACC. On calcule la valeur de récupération nette après impôt de la façon suivante :

$$\text{Effet fiscal de la disposition} = G = t(U_{\text{Disposition}} - S)$$
$$= 0,4 \times (104\ 125\ \$ - 90\ 000\ \$)$$
$$= 5\ 650\ \$.$$

$$\text{Valeur de récupération nette} = 90\ 000\ \$ + 5\ 650\ \$ = 95\ 650\ \$.$$

d) Cas 4 : valeur de récupération > coût amortissable

Cette situation ne s'applique pas à la plupart des biens amortissables (sauf aux propriétés immobilières). Néanmoins, on calcule l'impôt sur ce gain de la façon suivante :

$$\text{Gains en capital} = \text{valeur de récupération } (S)$$
$$- \text{coût amortissable } (P)$$
$$= 270\ 000\ \$ - 250\ 000\ \$$$
$$= 20\ 000\ \$.$$

$$\text{Impôt sur les gains en capital} = 20\ 000\ \$ \times 1/2 \times 0,4$$
$$= 4\ 000\ \$$$

$$\text{Effet fiscal de la disposition} = -\text{ impôt sur les gains en capital}$$
$$+ t(U_{\text{Disposition}} - P)$$
$$= -4\,000\,\$ + 0,4$$
$$\times (104\,125\,\$ - 250\,000\,\$)$$
$$= -4\,000\,\$ - 58\,350\,\$$$
$$= -62\,350\,\$$$

$$\text{Valeur de récupération nette} = 270\,000\,\$ - 62\,350\,\$$$
$$= 207\,650\,\$$$

Figure 8.4
Calculs des gains ou des pertes

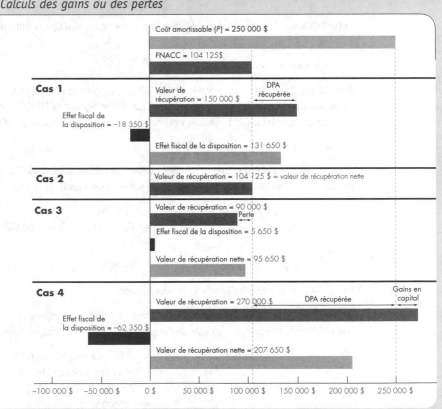

Commentaires : *Soulignons que dans c), l'effet fiscal de la disposition est positif, ce qui occasionne une diminution de l'impôt attribuable à la perte et une augmentation des bénéfices nets. L'entreprise sera quand même imposée, mais le montant qu'elle aura à payer sera moins élevé que si l'immobilisation n'avait pas été vendue à perte.*

En résumé

- L'impôt doit être considéré de façon explicite lors de toute analyse économique intégrale d'un projet d'investissement.

- L'impôt sur le revenu correspond au montant du revenu imposable multiplié par un taux d'imposition approprié.

- Trois taux d'imposition sont définis dans ce chapitre : le **taux d'imposition marginal**, qui constitue le taux applicable à partir du dollar supérieur au revenu gagné ; le **taux d'imposition effectif (moyen)**, qui constitue le rapport entre l'impôt sur le revenu total payé et le revenu total imposable ; et le **taux d'imposition différentiel**, qui constitue le taux moyen applicable au supplément de revenu résultant d'un nouveau projet d'investissement.

- Les **gains en capital** sont imposés à la demie de leur valeur (imposés aux trois quarts en 1999, puis aux deux tiers à partir du 28 février 2000 et à la demie depuis le 18 octobre 2000). Les **pertes en capital** sont déduites des gains en capital et les pertes nettes résiduelles peuvent être reportées à des années d'imposition antérieures et ultérieures.

- Puisque nous nous intéressons surtout aux aspects financiers mesurables de l'amortissement, nous considérons les effets de l'amortissement ou de la **déduction pour amortissement (DPA)** sur deux importantes mesures de la situation financière d'une entreprise, soit le **bénéfice net** et le **flux monétaire**. Lorsqu'on comprend que l'amortissement exerce une influence décisive sur le revenu et la situation financière d'une entreprise, on constate à quel point l'utilisation de la DPA est importante quand il faut optimiser la valeur de projets d'ingénierie et de l'entreprise dans son ensemble.

- Pour les sociétés, le régime fiscal canadien présente les caractéristiques suivantes :

  1. Les taux d'imposition ne sont pas progressifs. Les taux sont constants et n'augmentent pas en fonction des gains.

  2. Les taux d'imposition dépendent du type d'entreprise et de ses caractéristiques.

  3. Le taux d'imposition combiné fédéral/provincial (territorial) constitue la somme des taux fédéral et provincial/territorial qui sont établis indépendamment.

- Le **crédit d'impôt à l'investissement** constitue une réduction directe de l'impôt sur le revenu à payer, et résulte de l'acquisition de biens amortissables. Le gouvernement utilise le crédit d'impôt à l'investissement pour encourager les investissements dans des biens, des secteurs d'activité ou des régions spécifiques du pays.

- Pour les particuliers, le régime fiscal canadien présente les caractéristiques suivantes :

  1. Les taux d'imposition sont progressifs. Plus le revenu est élevé, plus le taux d'imposition est élevé.

  2. Les taux d'imposition différentiels sur le revenu tiré d'un nouveau placement varient selon le lieu de résidence, le revenu imposable total et le type de revenu tiré du placement.

  3. L'impôt provincial/territorial correspond à un pourcentage de l'impôt fédéral de base et n'est donc pas indépendant de la structure fiscale fédérale.

- La disposition de biens amortissables tels que des immobilisations peut occasionner des gains **(DPA récupérée)** ou des pertes dont il faut tenir compte dans le calcul de l'impôt.

- Le valeur de récupération nette d'un bien correspond à la valeur de récupération réelle ajustée pour l'**effet fiscal de la disposition**.

PROBLÈMES

Note : *Les considérations suivantes valent pour les problèmes présentés ci-après.*

1. *Tous les taux d'imposition (donnés ou à calculer) regroupent le taux d'imposition fédéral et le taux d'imposition provincial/territorial.*

2. *L'année financière équivaut à l'année civile.*

3. *Supposez que les taux d'imposition ne changent pas d'une année à l'autre pour les problèmes se déroulant sur plusieurs années.*

4. *Sauf indication contraire, les entreprises sont des sociétés privées et canadiennes (admissibles à la déduction accordée aux petites entreprises) et sont, par définition, des sociétés de services.*

5. *Le montant maximal de la DPA peut être demandé chaque année.*

6. *La règle de 50 % s'applique aux nouvelles immobilisations dans les catégories de la DPA avec solde dégressif.*

Niveau 1

8.1* Lequel des énoncés suivants est correct ?

a) Pour la durée de vie d'un projet, une entreprise typique produira des flux monétaires de projet supérieurs (non actualisés) si la DPA est demandée plus rapidement.

b) Les obligations fiscales totales s'appliquant pendant la durée de vie d'un projet ne changent pas, quelle que soit la rapidité avec laquelle la DPA est demandée.

c) La DPA récupérée est égale au prix de base moins la FNACC de l'immobilisation au moment de la disposition.

d) Les flux monétaires comprennent normalement la DPA puisqu'elle représente ce qu'il en coûte pour exploiter l'entreprise.

8.2* Il y a 5 ans, vous avez acheté un système informatique qui a coûté 50 000 $. À l'époque, la durée de vie estimative du système était de 5 ans, pour une valeur de récupération de 5 000 $. Ces estimations valent toujours. Pour cette immobilisation, le taux d'amortissement avec solde dégressif est de 30 %. Aujourd'hui (à la fin de la 5e année suivant l'achat), vous envisagez de vendre le système pour la somme de 10 000 $. Quelle FNACC devriez-vous utiliser pour déterminer l'effet fiscal de la disposition ?

8.3* La société de transport Omar a acheté un remorqueur au coût de 75 000 $ (année 0) et prévoit l'utiliser pendant 5 ans, après quoi elle le vendra pour la somme de 12 000 $. Supposons que l'entreprise prévoit les revenus et les coûts suivants pour la première année d'exploitation.

Revenu d'exploitation	200 000 $
Dépenses d'exploitation	84 000 $
DPA	4 000 $

Si l'entreprise est imposée à un taux de 30 % sur son revenu imposable, quel est son revenu net pendant la première année ?

8.4* Revenons au problème 8.3 et supposons que 1) toutes les ventes sont au comptant et 2) toutes les dépenses, à l'exception de l'amortissement, sont payées durant la première année. Quel serait le revenu d'exploitation en argent comptant ?

8.5* Au cours de l'année financière 1, la société Gilbert a généré un revenu brut de 500 000 $ et dépensé 150 000 $ en salaires, 30 000 $ en traitements, 20 000 $ en frais d'intérêt et 60 000 $ pour l'amortissement d'une immobilisation achetée il y a 3 ans. La société Ajax a généré un revenu brut de 500 000 $ pendant l'année financière 1 et dépensé 150 000 $ en salaires, 90 000 $ en traitements et 20 000 $ en frais d'intérêt. Gilbert et Ajax sont deux sociétés de fabrication québécoises. En vous servant des taux d'imposition des tableaux 8.1 et 8.2, déterminez lequel des énoncés suivants est correct.

a) Les deux entreprises paieront le même montant d'impôt pour l'année 1.

b) Les deux entreprises auront les mêmes flux monétaires nets pour l'année 1.

c) Ajax aura un flux monétaire net supérieur à celui de Gilbert pour l'année 1.

d) Gilbert aura un revenu imposable supérieur à celui d'Ajax pour l'année 1.

8.6* Au cours de l'année financière 1, Construction Tiger a généré un revenu brut de 20 000 000 $ et dépensé 3 000 000 $ en salaires, 4 000 000 $ en traitements, 800 000 $ en amortissement, 200 000 $ pour rembourser le capital d'un prêt et 210 000 $ pour rembourser l'intérêt d'un prêt. Déterminez le revenu net de l'entreprise pour l'année financière 1 si son taux d'imposition est de 40 %.

8.7 Une entreprise de produits électroniques grand public de Saskatoon, en Saskatchewan, fabrique et vend un combiné portatif qui permet aux abonnés de la téléphonie cellulaire de recevoir dans leur voiture des appels dans un rayon de 300 mètres. L'entreprise a acheté un entrepôt pour la somme de 500 000 $, qu'elle a converti en usine de fabrication. Elle a terminé l'installation du matériel d'assemblage, qui valait 1 500 000 $ le 31 janvier. L'usine est en exploitation depuis le 1er février. L'entreprise a généré un revenu brut de 2 500 000 $ pour l'année civile. Les coûts de fabrication et toutes les dépenses d'exploitation, à l'exception des dépenses en capital, se sont élevés à 1 280 000 $. La DPA pour les dépenses en capital a totalisé 128 000 $.

a) Calculez le revenu imposable de cette entreprise.

b) Combien devra-t-elle payer d'impôt pour l'année ?

8.8   Une immobilisation entrant dans la catégorie 10 de la DPA ($d = 30\%$) a été achetée pour la somme de 60 000 $.

Les valeurs de récupération applicables sont de 20 000 $ pour l'année 3, 10 000 $ pour l'année 5 et 5 000 $ pour l'année 6. Calculez les gains ou les pertes si on vend l'immobilisation :

a) pendant l'année 3

b) pendant l'année 5

c) pendant l'année 6.

8.9*   Un fabricant d'appareils électriques a acheté un robot industriel au coût de 300 000 $ pendant l'année 0. Le robot, qui est utilisé pour les opérations de soudage, est amorti à un taux avec solde dégressif de 30 % aux fins de l'impôt. Si l'entreprise le vend après 5 années de service, calculez les gains (pertes) et l'effet fiscal de la disposition pour les trois valeurs de récupération suivantes si le taux d'imposition de l'entreprise est de 34 %.

a) 10 000 $

b) 125 460 $

c) 200 000 $

8.10*   LaserMaster inc., une entreprise d'entretien d'imprimantes laser située à Edmonton, en Alberta, a eu des rentrées de 1 250 000 $ pendant l'année financière courante. Voici les autres données financières pertinentes pour cette année financière.

Dépenses de main-d'œuvre	550 000 $
Coûts du matériel	185 000 $
DPA	32 500 $
Revenu en intérêts	6 250 $
Frais d'intérêt	12 200 $
Frais de location	45 000 $
Recettes de la vente d'imprimantes usagées	23 000 $

(Les imprimantes avaient une FNACC combinée de 20 000 $ au moment de la vente.) Supposons que le revenu en intérêts est imposable au même taux que les rentrées.

a) Déterminez le revenu imposable pour l'année financière.

b) Déterminez les gains imposables pour l'année financière.

c) Déterminez le montant de l'impôt.

d) Déterminez l'effet fiscal de la disposition.

8.11   CanOuest inc. a acheté une machine au coût de 50 000 $ le 2 janvier 2001. La direction prévoit utiliser cette machine pendant 10 ans, après quoi elle aura une valeur de récupération de 1 000 $. Répondez aux questions suivantes indépendamment. Les questions a) à d) portent sur l'amortissement comptable.

a) Si CanOuest utilise l'amortissement linéaire, quelle sera la valeur comptable de la machine le 31 décembre 2003 ?

b) Si CanOuest utilise l'amortissement double avec solde dégressif, quelle sera la dépense d'amortissement pour 2003 ?

c) Si CanOuest utilise l'amortissement double avec solde dégressif et passe à l'amortissement linéaire, quel sera le meilleur moment pour faire cette transition ?

d) Si CanOuest utilise l'amortissement proportionnel à l'ordre numérique inversé des années, quel sera l'amortissement total le 31 décembre 2006 ?

e) Si CanOuest vend la machine le 1er avril 2004 pour la somme de 30 000 $, quel sera l'effet fiscal de la disposition ? Le taux d'imposition de l'entreprise est de 35 % et la machine est amortie à un taux avec solde dégressif de 30 % aux fins de l'impôt.

8.12* Buffalo Ecology Corporation est une entreprise ontarienne qui prévoit tirer un revenu imposable de 250 000 $ de ses activités régulières pendant l'année financière courante. L'entreprise étudie actuellement la possibilité d'offrir un nouveau service de nettoyage du pétrole déversé par les bateaux de pêche dans les lacs. Ce nouveau projet devrait produire un revenu imposable additionnel de 150 000 $.

a) Déterminez les taux d'imposition marginaux de l'entreprise avant et après le projet.

b) Déterminez les taux d'imposition moyens de l'entreprise avant et après le projet.

8.13* Refaites le problème 8.12 en supposant que Buffalo Ecology n'est pas admissible à la déduction accordée aux petites entreprises.

8.14* Machinerie Précision, une entreprise du Nouveau-Brunswick, prévoit tirer des revenus imposables annuels de 270 000 $ de ses activités régulières au cours des 6 prochaines années. L'entreprise envisage l'acquisition d'une nouvelle fraiseuse. Le coût installé de cette machine est de 200 000 $. Elle se classe dans la catégorie de la DPA avec solde dégressif de 30 %, et sa valeur de récupération après 6 ans est estimée à 30 000 $. Cette machine devrait produire un revenu avant impôt additionnel de 80 000 $ par année.

a) Quel est le montant total de l'amortissement économique pour la fraiseuse, si elle est vendue pour la somme de 30 000 $ à la fin des 6 années ?

b) Déterminez les taux d'imposition marginaux de l'entreprise pour les 6 prochaines années si elle n'acquiert pas la machine.

c) Déterminez les taux d'imposition moyens de l'entreprise pour les 6 prochaines années si elle acquiert la machine.

8.15 La société Major Electrical est située à Red Deer, en Alberta. Elle prévoit tirer un revenu imposable annuel de 150 000 $ de ses services dans le secteur résidentiel au cours des 2 prochaines années. Elle a fait une offre de services pour un contrat de câblage de 2 ans dans un grand ensemble d'habitations. Ce contrat commercial nécessite l'achat d'un nouveau camion muni de tire-fils au coût de 50 000 $. Ce véhicule se classe dans la catégorie 10 de la DPA et sera conservé (plutôt que vendu) après le contrat de 2 ans, ce qui indique qu'il n'y aura ni gain ni perte pour ce bien. Le projet produira un revenu annuel additionnel de 200 000 $, mais occasionnera des coûts d'exploitation annuels additionnels de 100 000 $. Calculez le taux d'imposition différentiel applicable aux bénéfices d'exploitation du projet pendant les 2 prochaines années.

8.16 Okanagan Juice Corporation est une société ouverte de fabrication située en Colombie-Britannique. Son revenu imposable pour l'année prochaine est estimé à 2 000 000 $. L'entreprise envisage d'élargir sa gamme de produits l'an prochain en lançant sur le marché un jus de pomme et de pêche. La réaction du marché peut être : 1) positive, 2) mitigée ou 3) négative. Selon la réaction du marché, les revenus imposables additionnels prévus sont : 1) 2 000 000 $ si la réaction est positive, 2) 500 000 $ si la réaction est mitigée et 3) une perte de 100 000 $ si la réaction est négative.

a) Déterminez le taux d'imposition différentiel applicable à chaque situation.

b) Déterminez le taux d'imposition moyen qui résulte de chaque situation.

c) Quel est le taux d'imposition marginal avant et après l'expansion de la gamme de produits compte tenu des trois réactions possibles du marché ?

8.17 Une petite société de fabrication d'Aylmer, au Québec, a un revenu imposable annuel estimatif de 95 000 $. Constatant une augmentation de la demande, elle envisage l'achat d'une nouvelle machine qui produira un revenu annuel net (avant impôt) additionnel de 50 000 $ au cours des 5 prochaines années. La nouvelle machine nécessite un investissement de 100 000 $, qui sera amorti à un taux avec solde dégressif de 30 %.

a) Quelle sera l'augmentation de l'impôt sur le revenu attribuable à l'achat de la nouvelle machine pendant l'année financière 1 ?

b) Quel sera le taux d'imposition différentiel attribuable à l'achat de la nouvelle machine pendant l'année financière 1 ?

8.18 Simon Machine Tools est une société de fabrication canadienne située à London, en Ontario. Elle envisage l'achat d'une nouvelle affûteuse pour répondre à des commandes spéciales. On possède les données financières suivantes.

- Si la machine n'est pas achetée : l'entreprise prévoit tirer un revenu imposable de 300 000 $ par année de ses activités régulières au cours des 3 prochaines années.

- Si la machine est achetée : ce projet de 3 ans nécessite l'achat d'une nouvelle affûteuse au coût de 50 000 $. La machine se classe dans la catégorie 43 de la DPA. Elle sera vendue à la fin de la durée de vie du projet pour la somme de 10 000 $. Le projet produira un revenu annuel additionnel de 80 000 $, mais devrait également occasionner des coûts d'exploitation annuels additionnels de 20 000 $.

a) Quels seront les revenus imposables additionnels (attribuables au projet) durant les années 1 à 3, respectivement ?

b) Quel sera l'impôt sur le revenu additionnel (attribuable aux nouvelles commandes) durant les années 1 à 3, respectivement ?

c) Calculez l'effet fiscal de la disposition lorsqu'on vendra l'immobilisation à la fin de la troisième année.

8.19 Une entreprise a acheté une nouvelle machine à forger pour fabriquer des disques intégrés aux turbomoteurs d'avions. Cette machine a coûté 3 500 000 $ et se classe dans la catégorie 43 de la DPA. Depuis qu'elle possède cette machine, l'entreprise paie des impôts fonciers annuels calculés au taux de 1,2 % du coût en capital non amorti au début de l'année.

a) Déterminez la FNACC de l'immobilisation au début de chaque année financière.

b) Déterminez le montant total des impôts fonciers pour la durée amortissable de la machine.

$8.20* Julie Magnolia dispose de 50 000 $ qu'elle veut investir pendant 3 ans. Deux types de placement s'offrent à elle. Elle peut acheter une obligation de société qui porte intérêt à un taux de 9,5 % par année ou acheter un terrain qu'elle pourra vendre pour la somme de 75 000 $ (après avoir payé la commission de courtage) à la fin de la troisième année. Le taux d'imposition

marginal de Julie est de 24 % pour le revenu en intérêts et de 18 % pour les gains en capital. Calculez l'impôt sur le revenu payable sur chaque placement.

Niveau 2

8.21* L'imprimerie Quick Printing de Halifax, en Nouvelle-Écosse, a réalisé des recettes de 1 250 000 $ durant l'année financière 1. Voici certaines données d'exploitation de l'entreprise :

Dépenses de main-d'œuvre	550 000 $
Coûts des matériaux	185 000
DPA	32 500
Revenu en intérêts sur un dépôt à terme	6 250
Revenu en intérêts sur des obligations d'Apple	4 500
Revenu de dividendes sur des actions de Sears	3 900
Frais d'intérêt	12 200
Frais de location	45 000
Dividendes versés aux actionnaires de Quick	40 000
Recettes de la vente de matériel usagé dont la FNACC était de 20 000 $	23 000

a) Quel est le revenu imposable de Quick ?

b) Quels sont ses gains imposables ?

c) Quels sont ses taux d'imposition marginal et effectif (moyen) ?

d) Quel est son flux monétaire net après impôt ?

(Remarque : Le revenu en intérêts que touche une entreprise est imposé à un taux de 52 %. Les dividendes versés d'une entreprise à une autre sont imposés à un taux de 32 %.)

8.22 La société Elway Aerospace de Winnipeg, au Manitoba, est une entreprise de fabrication canadienne. L'an dernier, ses revenus d'exploitation bruts ont été de 1 200 000 $. Les transactions financières suivantes ont été réalisées durant l'année :

Frais de fabrication (y compris la DPA)	450 000 $
Dépenses d'exploitation (à l'exception des frais d'intérêt)	120 000
Nouveau prêt bancaire à court terme	50 000
Frais d'intérêt sur les fonds empruntés (anciens et nouveaux)	40 000
Dividendes versés aux actionnaires ordinaires	80 000
Vente de matériel usagé	60 000

Le matériel usagé avait une FNACC de 75 000 $ au moment de la vente.

a) Calculez l'impôt sur le revenu d'Elway.

b) Quel est son revenu d'exploitation ?

8.23 La société Valdez est en exploitation depuis le 1er janvier 2001. Le rendement financier de l'entreprise au cours de la première année d'exploitation était le suivant :

- Recettes : 1 500 000 $.

- Main-d'œuvre, matériaux et frais généraux : 600 000 $.

- L'entreprise a acheté en février un entrepôt au coût de 500 000 $. Pour financer cet achat, elle a émis le 1er janvier des obligations à long terme pour une valeur totale de 500 000 $, qui portent intérêt à un taux de 10 %. Le premier versement d'intérêts a eu lieu le 31 décembre.

- Aux fins de l'amortissement, le coût d'achat de l'entrepôt est divisé comme suit : 100 000 $ pour le terrain et 400 000 $ pour le bâtiment. Le bâtiment, qui entre dans la catégorie 1 de la DPA, est amorti en conséquence.

- Le 5 janvier, l'entreprise a acheté pour la somme de 200 000 $ du matériel qui entre dans la catégorie 43 de la DPA.

- Le taux d'imposition de l'entreprise est de 40 %.

a) Déterminez la DPA totale autorisée en 2001.

b) Déterminez l'impôt sur le revenu de Valdez en 2001.

8.24 Une machine actuellement en service a été achetée il y a 3 ans au coût de 4 000 $. Son propriétaire peut la vendre 2 500 $, mais peut également l'utiliser pendant 3 autres années, après quoi elle n'aura aucune valeur de récupération. Les coûts d'exploitation et d'entretien annuels s'élèvent à 10 000 $ pour cette machine. On propose une nouvelle machine au prix facturé de 14 000 $ pour la remplacer. Les frais de transport à l'achat seront de 800 $ et l'installation coûtera 200 $. La nouvelle machine a une durée de vie prévue de 5 ans, sans valeur de récupération après cette période. Grâce à la nouvelle machine, l'épargne directe prévue est de 8 000 $ pendant la première année et de 7 000 $ pendant chacune des 2 années suivantes. L'impôt sur le revenu de l'entreprise est calculé à un taux annuel de 40 %. L'ancienne machine a été amortie en fonction d'un taux avec solde dégressif de 30 % et la nouvelle machine sera amortie au même taux. (Remarque : considérez chaque question séparément.)

a) Si l'ancienne immobilisation est vendue maintenant, quel sera l'amortissement économique équivalent ?

b) Aux fins de l'amortissement, quel sera le premier coût associé à la nouvelle machine (coût amortissable) ?

c) Si l'ancienne machine est vendue maintenant, quel sera l'effet fiscal de la disposition ?

d) Si l'ancienne machine peut être vendue maintenant 5 000 $ plutôt que 2 500 $, quel sera l'effet fiscal de la disposition ?

Les questions suivantes portent sur l'amortissement comptable :

e) Si l'ancienne machine avait été amortie à un taux avec solde dégressif de 175 %, puis selon la méthode linéaire, quelle serait sa valeur comptable actuelle ?

f) Si l'on ne remplaçait pas la machine, quand faudrait-il passer de l'amortissement avec solde dégressif à l'amortissement linéaire ?

Niveau 3

8.25* Van-Line, un atelier de réparation de petits appareils électroniques situé à Sydney, en Nouvelle-Écosse, prévoit tirer un revenu imposable annuel de 70 000 $ de ses activités régulières. L'entreprise envisage d'offrir un nouveau service de réparation d'ordinateurs personnels. Cette expansion augmentera son revenu annuel de 30 000 $, mais occasionnera des dépenses additionnelles de 10 000 $ par année au cours des 3 prochaines années. Utilisez les taux d'imposition de 2001 pour répondre aux questions suivantes :

a) Quel est le taux d'imposition marginal pour l'année financière 1 ?

b) Quel est le taux d'imposition moyen pour l'année financière 1 ?

c) Supposons que l'expansion projetée nécessite un investissement en capital de 20 000 $ (DPA calculée à un taux avec solde dégressif de 20 %). Quelle est la valeur actualisée équivalente de l'impôt sur le revenu à payer pendant la durée de vie du projet, si $i = 10$ % ?

8.26* Electronic Measurement and Control Company (EMCC) a mis au point un détecteur de vitesse au laser qui émet une lumière infrarouge invisible pour l'œil humain et les détecteurs de radar. Pour commercialiser son produit à grande échelle, EMCC doit investir 5 millions de dollars pour construire une usine de fabrication. Le système sera vendu au coût unitaire de 3 000 $. L'entreprise prévoit vendre 5 000 unités par année au cours des 5 prochaines années. La nouvelle usine de fabrication sera amortie à un taux avec solde dégressif de 30 %. La valeur de récupération prévue pour cette usine à la fin des 5 années est de 1,6 million de dollars. Le coût de fabrication du détecteur est de 1 200 $ par unité, si l'on exclut la dotation aux amortissements. Les frais d'exploitation et d'entretien devraient s'élever à 1,2 million de dollars par année. EMCC a un taux d'imposition sur le revenu combiné de 35 %, et ce projet ne modifiera pas son taux d'imposition marginal actuel.

a) Calculez le revenu imposable différentiel, l'impôt sur le revenu et le revenu net associés à la fabrication de ce nouveau produit pendant les 5 prochaines années.

b) Déterminez les gains ou les pertes associés à la disposition de l'usine de fabrication à la fin des 5 années.

8.27 Diamonid est une jeune entreprise spécialisée dans les revêtements en diamant qui envisage de fabriquer un réacteur à plasma capable de synthétiser les diamants. Elle prévoit que la demande en diamants montera en flèche au cours de la prochaine décennie, notamment dans les secteurs des foreuses industrielles, des micropuces à haute performance et des articulations humaines artificielles. Diamonid a décidé d'émettre des actions ordinaires d'une valeur totale de 50 millions de dollars (10 millions de dollars pour l'usine et 40 millions de dollars pour le matériel) pour financer la construction d'une usine à Edmonton, en Alberta. Chaque réacteur sera vendu au coût de 100 000 $. Diamonid prévoit vendre 300 unités par année au cours des 8 prochaines années. Le coût unitaire de fabrication est estimé à 30 000 $, ce qui exclut la DPA. Les frais d'exploitation et d'entretien de l'usine sont estimés à 12 millions de dollars par année. Diamonid prévoit cesser graduellement l'exploitation de l'usine à la fin de ces 8 années, puis procéder à des rénovations pour adopter une nouvelle technologie de fabrication. À ce moment-là, elle estime que les valeurs de récupération de l'usine et du matériel équivaudront respectivement à environ 60 % et 10 % des investissements initiaux. L'usine et le matériel seront amortis à des taux avec solde dégressif de 20 % et 30 %, respectivement.

a) Si les taux d'imposition des sociétés de 2001 s'appliquent pendant la durée de vie du projet, déterminez le taux d'imposition combiné du revenu par année.

b) Déterminez les gains ou les pertes au moment de la rénovation de l'usine.

c) Déterminez le revenu net par année pendant la durée de vie de l'usine.

L'évaluation des flux monétaires des projets

L'usine McCook de la société Reynolds Metals fabrique des rouleaux, des feuilles et des plaques d'aluminium. Sa production est de 400 millions de kilogrammes par année. En vue d'améliorer le système de production actuel, une équipe d'ingénieurs, dirigée par le vice-président divisionnaire, effectue une tournée des usines d'aluminium et d'acier japonaises afin d'observer leurs installations et leurs méthodes. Les ingénieurs remarquent entre autres les grands ventilateurs que les Japonais utilisent pour réduire le temps de refroidissement des rouleaux après diverses opérations de transformation. Ils jugent que cette mesure diminue considérablement la file d'attente, ou accumulation, des produits en cours de fabrication qu'on laisse refroidir. En outre, elle permet de réduire les délais de production et d'améliorer la qualité d'exécution. La possibilité de produire plus rapidement et, partant, d'abaisser le nombre des produits en cours de fabrication emballe les membres de l'équipe. Le voyage terminé, on demande à Neal Donaldson, l'ingénieur dirigeant, de procéder à une étude de faisabilité portant sur l'installation de ventilateurs à l'usine McCook: son travail consiste à justifier leur achat. On lui accorde une semaine pour prouver qu'il s'agit d'une bonne idée. Essentiellement, tout ce qu'il connaît du dossier sont ces données sommaires: le nombre de ventilateurs, leur emplacement et le coût du projet. Pour le reste, Neal doit se débrouiller seul: quelles seront les conséquences de cet achat? quels sont les produits concernés? combien de jours de moins comptera la file des produits en attente de refroidissement? quelles seront les économies réalisées? Neal peut-il expliquer logiquement comment tout cela fonctionne?

La prévision des flux monétaires est l'étape de l'analyse d'un projet la plus importante et la plus difficile. Habituellement, un projet d'investissement nécessite au départ des dépenses et ne débouche que plus tard sur des recettes annuelles nettes. Une foule de variables interviennent dans la prévision des flux monétaires, et bon nombre de personnes, des ingénieurs aux comptables de coûts de revient en passant par les spécialistes du marketing, participent au processus. Ce chapitre présente les principes généraux sur lesquels repose l'évaluation des flux monétaires d'un projet.

Pour vous permettre d'imaginer la gamme des activités généralement déclenchées par les projets à l'étude, le chapitre commence par un tour d'horizon de la façon dont les entreprises classent ces projets. Il existe en effet beaucoup de types de projets, chacun comportant son propre ensemble de considérations économiques. La section 9.2 présente ensuite un survol des éléments qui composent en général les flux monétaires relatifs aux projets d'ingénierie. Une fois ces éléments définis, nous examinons comment dresser les états des flux de trésorerie servant à analyser la valeur économique des projets. À la section 9.3, nous démontrons à l'aide de plusieurs exemples comment réaliser les états des flux de trésorerie après impôt. Enfin, la section 9.4 présente certaines techniques destinées à automatiser le processus de préparation d'un état des flux de trésorerie à l'aide du tableur électronique Excel. Quand vous aurez fini ce chapitre, vous serez en mesure de comprendre non seulement la présentation et la signification des états des flux de trésorerie après impôt mais aussi la façon de les dresser vous-même.

9.1   LES PROJETS À L'ÉTUDE ET LEUR CLASSEMENT

Dans une entreprise dotée de cadres et d'employés compétents et imaginatifs, de même que d'un système de stimulation efficace, on émet quantité d'idées impliquant des investissements de capitaux. Comme certaines sont bonnes et d'autres pas, on met d'ordinaire en place des mécanismes de présélection. En général, les entreprises classent les projets en deux grandes catégories : les **projets axés sur l'augmentation de la rentabilité** et les **projets axés sur le maintien de la rentabilité** (figure 9.1). Parmi les premiers, mentionnons :

- les projets d'expansion
- les projets d'amélioration des produits
- les projets de réduction des coûts

Quant aux seconds, ils comprennent :

- les projets de remplacement
- les projets de nécessité

Figure 9.1
Classement des projets d'investissement

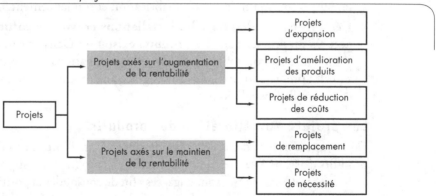

Dans la pratique, il arrive que certains projets comportent des éléments appartenant à plus d'une de ces catégories. On les classe alors souvent en fonction de leur objectif premier. Comme nous l'avons brièvement mentionné à la section 1.5, ce classement donne à la direction l'occasion de se pencher sur les questions essentielles. Peut-on atteindre un nouveau niveau de production avec l'usine actuelle ? L'entreprise possède-t-elle le savoir et la compétence nécessaires pour s'engager dans ce projet d'investissement ? Les réponses à ces questions aident les entreprises à rejeter les propositions que leurs ressources ne leur permettent pas de réaliser.

9.1.1 LES PROJETS AXÉS SUR L'AUGMENTATION DE LA RENTABILITÉ

Tous les problèmes d'investissement de capitaux de cette catégorie prennent en gros la forme suivante : on propose d'investir maintenant un certain montant dont on attend un rendement futur. La question qui se pose alors est la suivante : les flux monétaires prévus sont-ils assez importants pour justifier l'investissement proposé ?

Les projets d'expansion

Ce groupe comprend les dépenses destinées à augmenter les ventes et les profits grâce aux deux moyens suivants :

1. **L'introduction de nouveaux produits** : les nouveaux produits diffèrent des produits en place sur le plan de l'utilisation, du fonctionnement ou de la dimension et visent à accroître les ventes soit en atteignant des marchés ou des consommateurs nouveaux, soit en répondant à une exigence de l'utilisateur restée jusque-là insatisfaite. D'habitude, les ventes de ces produits viennent s'ajouter aux ventes existantes. Dans un tel cas, il s'agit en définitive de déterminer si les rentrées provenant de la vente du nouveau produit seront assez importantes pour justifier l'investissement dans le nouveau matériel et le fonds de roulement, de même que les autres coûts entraînés par sa fabrication et son lancement.

2. **L'établissement de nouvelles installations en vue de suffire aux débouchés actuels ou prévus pour les produits existants** : Dans ce cas, il s'agit de décider si on construira ou achètera de nouvelles installations. Les rentrées qu'on prévoit sont les profits additionnels réalisés grâce aux produits et aux services assurés par ces nouvelles installations.

Les projets d'amélioration des produits

Ce groupe comprend les dépenses destinées à améliorer l'attrait commercial des produits existants et à mettre sur le marché des produits qui supplanteront ceux des concurrents. Ces dépenses sont engagées afin de consolider la position concurrentielle des produits en place. Les produits nouvellement introduits sur le marché diffèrent des produits existants seulement par l'esthétique, la qualité, la couleur ou le style et ne sont pas destinés à atteindre d'autres marchés ou d'autres consommateurs ni à répondre aux besoins encore insatisfaits de l'utilisateur final.

Les projets de réduction des coûts

Dans ce groupe, on trouve les projets destinés à :

1. Réduire les coûts relatifs aux opérations existantes, en fonction du volume de production annuel actuel.

2. Éviter l'augmentation des coûts futurs prévus, en fonction du volume de production annuel actuel.

3. Éviter l'augmentation des coûts futurs prévus, en fonction d'une hausse du volume de la production annuelle.

On se demande, par exemple, si on doit acheter du matériel pour automatiser une opération présentement exécutée à la main. Les rentrées d'argent escomptées par rapport à cet investissement correspondent alors aux économies réalisées grâce à la diminution des coûts d'exploitation.

9.1.2 LES PROJETS AXÉS SUR LE MAINTIEN DE LA RENTABILITÉ

Les projets axés sur le maintien de la rentabilité sont ceux dont l'objectif premier ne consiste ni à réduire les coûts ni à augmenter les ventes, mais simplement à poursuivre les opérations en cours. Les projets appartenant à cette catégorie sont souvent proposés au moyen d'un énoncé qui précise à la fois les raisons de la dépense et les conséquences de sa remise à plus tard.

Les projets de remplacement

Ce groupe englobe les projets nécessaires au remplacement des éléments d'actif existants, mais devenus obsolètes ou complètement usés ; le défaut de mettre en œuvre de tels projets entraîne un ralentissement ou un arrêt des opérations. Dans une telle situation, c'est le remplacement du matériel en place, plutôt que sa réparation, qu'on doit justifier. En les évaluant, on considère comme un avantage supplémentaire tout revenu additionnel auquel ils donnent lieu. Ce sont alors les économies réalisées grâce à la baisse des coûts d'exploitation ou les revenus provenant de l'augmentation du volume de production, ou les deux à la fois, qui représentent les rentrées d'argent prévues.

Les projets de nécessité

Certains investissements se fondent sur la nécessité plutôt que sur une analyse de leur rentabilité. Ils offrent surtout des avantages intangibles, car leur intérêt économique n'est pas facile à déterminer et peut même être inexistant. Les installations récréatives destinées aux employés, les garderies, les systèmes antipollution et les dispositifs de sécurité en constituent des exemples courants. Les deux derniers sont des projets pour lesquels on engage des dépenses en capital afin de respecter les exigences en matière de protection de l'environnement, de sécurité ou d'autres obligations légales, parfois en vue d'éviter des sanctions. Ces investissements requièrent du capital, mais n'assurent pas de rentrées comptables.

9.2   LES FLUX MONÉTAIRES DIFFÉRENTIELS

Lorsqu'une entreprise achète une immobilisation corporelle telle qu'une machine, elle fait un investissement. Elle engage des fonds aujourd'hui en vue d'en obtenir un rendement plus tard. Ce genre d'investissement est semblable à ceux qu'effectuent les banques lorsqu'elles prêtent de l'argent : le flux monétaire futur est alors constitué des intérêts plus le remboursement du capital. Dans le cas de l'immobilisation corporelle, le rendement futur prend la forme des flux monétaires engendrés par l'usage rentable de cette dernière. L'évaluation d'un investissement de capitaux concerne uniquement les flux monétaires qui en résultent directement. Ceux-ci, appelés **flux monétaires différentiels**, représentent le changement dans le total des rentrées et des sorties de la société, changement qui constitue une conséquence directe de l'investissement. Dans cette section, nous étudierons certains des éléments des flux monétaires communs à la plupart des investissements.

9.2.1   LES ÉLÉMENTS DES FLUX MONÉTAIRES

De nombreuses variables interviennent dans l'évaluation des flux monétaires, et beaucoup de personnes et de services participent au processus. Par exemple, les dépenses en immobilisations liées à un nouveau produit sont en général évaluées par le personnel technique, tandis que les coûts d'exploitation le sont par les comptables et les ingénieurs de production. En ce qui a trait aux rentrées, on doit parfois prévoir le nombre des produits vendus et les prix de vente. Or, ces prévisions incombent habituellement au service du marketing, qui prend en considération l'établissement des prix, les effets de la publicité, la situation de l'économie, les stratégies utilisées par les concurrents, de même que les tendances du marché et des goûts des consommateurs.

On ne saurait trop insister sur l'importance et la complexité des estimations relatives aux flux monétaires. Toutefois, l'observation de certains principes vous aidera à réduire les erreurs au minimum. Cette section présente un examen de quelques-uns des éléments de flux monétaire dont il est important de tenir compte dans l'évaluation des projets.

Les nouveaux investissements et les immobilisations existantes

En général, un projet implique une sortie de fonds prenant la forme d'un investissement initial dans du matériel ou d'autres éléments d'actif. Les coûts applicables à cet investissement sont des coûts différentiels : par exemple, le coût de la nouvelle immobilisation, les frais de transport et d'installation, ainsi que les frais de formation des employés qui l'utiliseront.

Selon la méthode du flux monétaire, lorsque l'achat d'un nouveau bien conduit à la vente d'un autre déjà en place, le produit net de cette vente réduit le montant de l'investissement différentiel. En d'autres mots, l'investissement différentiel représente le montant total des fonds additionnels que l'on doit consacrer au projet. Lorsqu'on vend du matériel existant, la transaction entraîne soit un gain, soit une perte, selon que le montant obtenu est inférieur ou supérieur à la fraction non amortie du coût en capital du matériel. Quoi qu'il en soit, quand on vend des éléments d'actif existants, le montant à retrancher sur le nouvel investissement correspond au produit de la vente, rajusté de façon à tenir compte des effets fiscaux.

Selon la méthode du coût d'opportunité, ni le montant d'achat, ni l'effet fiscal de la disposition n'entrent dans le flux monétaire étudié. Ces montants font plutôt partie du flux monétaire antérieur associé à l'investissement initial.

La valeur de récupération (ou le prix de vente net)

Dans bien des cas, la valeur de récupération estimative de l'immobilisation proposée est si faible et sa réalisation, si lointaine, qu'elle n'a pas vraiment d'incidence sur la décision. En outre, la valeur de récupération réalisée peut être annulée par les frais d'enlèvement et de démontage. Par ailleurs, quand cette valeur estimative est appréciable, la valeur de récupération nette est considérée comme une recette au moment de la disposition. La **valeur de récupération nette** de l'élément d'actif existant se compose de son prix de vente, moins les dépenses engagées pour le vendre, le démonter et l'enlever, plus l'effet fiscal de sa disposition.

Les investissements dans le fonds de roulement

Certains projets impliquent un investissement dans des biens non amortissables. Si un projet accroît les revenus d'une entreprise, par exemple, celle-ci aura besoin de fonds supplémentaires pour soutenir la hausse du volume des opérations. On appelle souvent **investissement dans le fonds de roulement** l'acquisition d'éléments d'actif non amortissables. En comptabilité, le fonds de roulement correspond à la somme contenue dans l'encaisse, les débiteurs et le stock, dont l'entreprise peut disposer pour faire face aux besoins d'exploitation courants. Ainsi, pour satisfaire à l'augmentation du volume d'affaires entraînée par un projet, elle peut avoir besoin d'accroître son fonds de roulement. Si une hausse du montant des débiteurs peut assurer une partie de l'augmentation de l'actif à court terme, le reste doit provenir des capitaux propres bloqués. Au même titre que le matériel lui-même, ce fonds de roulement additionnel fait partie de l'investissement initial. (À la section 9.3.2, nous expliquerons à combien doit s'élever le fonds de roulement dans le cas d'un projet d'investissement courant.)

La libération du fonds de roulement

Quand un projet arrive à son terme, on vend les stocks et on recouvre les créances : autrement dit, à la fin d'un projet, on peut liquider ces éléments à leur coût historique. L'entreprise connaît alors un flux monétaire de fin de projet approximativement égal à l'investissement net dans le fonds de roulement qu'elle a effectué au début du projet. Ce recouvrement ne fait pas partie du bénéfice imposable, car il représente simplement la récupération par l'entreprise des fonds qu'elle a investis.

Les revenus ayant un effet sur la trésorerie/les économies

En règle générale, un projet permet soit d'accroître les revenus, soit de réduire les coûts. Quel que soit le cas, pour les besoins de la budgétisation des investissements, on doit traiter la somme en jeu comme une rentrée d'argent. (Une réduction des coûts équivaut à un accroissement des revenus, même si les recettes des ventes demeurent elles-mêmes inchangées.)

Les coûts d'exploitation

Il est indispensable de déterminer les coûts liés à la fabrication d'un nouveau produit ou à la prestation d'un nouveau service. L'acquisition d'immobilisations corporelles donne lieu à des dépenses ou à des frais permanents ayant trait à l'utilisation, à l'entretien et à la réparation de ces biens. Dans ce manuel, nous utilisons l'une ou l'autre des trois approches que voici pour présenter le total des coûts d'exploitation d'un projet :

1. Nous énumérons des types de coûts particuliers : main-d'œuvre, matières, frais indirects, etc.
2. Nous l'incluons dans les deux grandes catégories suivantes : coût des produits vendus et charges d'exploitation.
3. Nous l'évoquons d'une manière générale par les termes suivants : frais ou coûts d'exploitation et d'entretien (E & E), ou simplement, coûts d'exploitation.

Les charges de location

Quand une entreprise loue (au lieu d'acheter) un appareil ou un bâtiment pour l'utiliser dans le cadre de ses activités, les frais de location deviennent des sorties de fonds. Beaucoup d'entreprises louent des ordinateurs, des automobiles, ainsi que du matériel industriel sujet à l'obsolescence technologique. (Nous aborderons la question de la location au chapitre 11.)

Les intérêts et le remboursement des sommes empruntées

Lorsqu'on emprunte de l'argent pour financer un projet, on doit effectuer des versements d'intérêts de même que des versements de capital. On traite comme des rentrées d'argent, non imposables, les produits provenant des emprunts à court terme (emprunts bancaires) et des emprunts à long terme (obligations), mais on classe parmi les débours les remboursements de dettes (le capital et les intérêts).

L'impôt sur le revenu et les crédits d'impôt

Lorsqu'on établit le budget des investissements, on doit considérer les versements d'impôts consécutifs à des activités rentables comme des sorties de fonds. Comme nous l'avons appris au chapitre 8, quand on acquiert des éléments d'actif amortissables, la déduction pour amortissement (DPA) annule une partie du montant qui s'ajouterait autrement au revenu imposable. Une telle déduction constitue un **avantage fiscal**, ou une **économie d'impôt**, dont le calcul des impôts doit tenir compte. On parle aussi d'épargne fiscale. Quant au **crédit d'impôt,** on le soustrait directement du montant des impôts : l'entreprise qui y a droit doit donc le compter parmi ses rentrées d'argent.

Pour résumer, voici une liste des types de flux monétaires qu'on rencontre couramment dans le cadre des projets d'investissement en ingénierie. Ils sont illustrés par la figure 9.2.

Figure 9.2
Éléments des flux monétaires utilisés dans l'analyse des projets

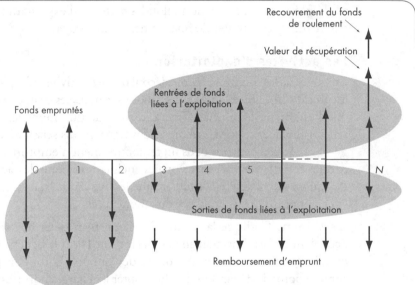

- Sorties de fonds
    Investissement initial (frais d'installation et de transport compris)
    Investissement dans le fonds de roulement
    Coûts d'exploitation
    Versements d'intérêts et de capital sur un emprunt
    Impôt sur le revenu.

- Rentrées de fonds
    Revenus différentiels
    Réduction des coûts (économies sur les coûts)
    Crédits d'impôt autorisés
    Valeur de récupération
    Libération de l'investissement dans le fonds de roulement
    Montants provenant des emprunts à court terme et des emprunts à long terme.

Voici donc l'expression du flux monétaire annuel net découlant d'un projet :

Flux monétaire annuel net = rentrée annuelle nette − sortie annuelle nette.

9.2.2 LE CLASSEMENT DES ÉLÉMENTS DES FLUX MONÉTAIRES

Une fois que les éléments des flux monétaires ont été déterminés (les rentrées et les sorties) on peut les diviser en trois catégories : 1) les éléments liés à l'exploitation, 2) les éléments liés à l'investissement (dépenses en immobilisations) et 3) les éléments liés au financement (comme les emprunts). Ce classement a comme principal objectif de présenter l'information selon les activités d'exploitation, les activités d'investissement et les activités de financement d'un projet.

Les activités d'exploitation

En général, les flux monétaires découlant des activités d'exploitation comprennent les produits des ventes, le coût des produits vendus, les charges d'exploitation, de même que l'impôt sur le revenu. Cette catégorie de flux monétaires doit habituellement refléter l'incidence sur la trésorerie des transactions servant à déterminer le bénéfice net. Les intérêts compris dans un remboursement d'emprunt constituent une charge déductible du bénéfice net : on les inclut donc dans les activités d'exploitation. Puisqu'on ne considère d'ordinaire que les flux annuels, il est logique de se fonder sur l'année pour exprimer tous les flux monétaires.

Comme l'indique la section 8.2.4, on peut déterminer le flux monétaire net découlant de l'exploitation en s'appuyant soit 1) sur le bénéfice net, soit 2) sur le flux monétaire résultant du calcul direct des impôts. Lorsqu'on utilise le bénéfice net comme point de départ, on doit lui ajouter les charges hors trésorerie (principalement la déduction pour amortissement) afin d'estimer le flux monétaire net. Ainsi, sur une base annuelle,

Flux monétaire net découlant de l'exploitation = bénéfice net + déduction pour amortissement.

Dans la pratique, les comptables se fondent habituellement sur le bénéfice net pour préparer les états des flux de trésorerie, c'est-à-dire qu'ils utilisent la méthode 1 ; quant à la méthode 2, on l'utilise couramment dans de nombreux manuels classiques d'économie de l'ingénierie. Si vous n'apprenez que cette dernière, on devra selon toute évidence vous initier à la méthode 1, de sorte que vous puissiez communiquer avec les spécialistes en financement et en comptabilité œuvrant dans votre entreprise. *Par conséquent, tout au long de ce manuel, nous utiliserons autant que possible la méthode de l'état des résultats (méthode 1).*

MÉTHODE 1 **MÉTHODE DE L'ÉTAT DES RÉSULTATS**	**MÉTHODE 2** **MÉTHODE DE CALCUL DIRECT DU FLUX MONÉTAIRE**
Revenus de trésorerie (économies)	Revenus de trésorerie (économies)
– Coût des produits vendus	– Coût des produits vendus
– Déduction pour amortissement (DPA)	
– Charge d'exploitation	– Charge d'exploitation
– Intérêts débiteurs	– Intérêts débiteurs
Bénéfice imposable	
– Impôt sur le revenu	– Impôt sur le revenu
Bénéfice net	Flux monétaire découlant de l'exploitation
+ Déduction pour amortissement (DPA)	

Les activités d'investissement

En règle générale, l'achat de matériel implique trois types de flux : l'investissement initial, la valeur de récupération à la fin de la vie utile du matériel et l'investissement ou le recouvrement relatifs au fonds de roulement. Nous tiendrons pour acquis que les débours concernant tant l'investissement de capitaux que l'investissement dans le fonds de roulement ont lieu l'année 0. Toutefois, il est possible que ces deux investissements ne soient pas effectués instantanément, mais plutôt étalés sur quelques mois, au fur et à mesure que le projet est mis en marche ; dans ce cas, on peut utiliser l'année 1 comme année d'investissement. (Les dépenses en immobilisations peuvent être réparties sur plusieurs années avant qu'un important projet d'investissement ne devienne pleinement opérationnel. On doit alors inscrire toutes les dépenses au fur et à mesure qu'elles sont engagées.) Pour un projet de moindre importance, la méthode choisie pour inscrire le moment où se produisent les flux d'investissement importe peu, car les différences numériques sont susceptibles d'être négligeables.

Les activités de financement

Les flux monétaires classés parmi les activités de financement comprennent 1) les sommes empruntées et 2) le remboursement du capital. Comme les intérêts débiteurs sont des charges déductibles du bénéfice imposable, on les inscrit généralement parmi les activités d'exploitation et non parmi celles de financement.

Le flux monétaire net pour une année donnée correspond simplement à la somme des flux monétaires nets découlant des activités d'exploitation, d'investissement et de financement. On peut utiliser le tableau 9.1 comme aide-mémoire quand on dresse un état des flux de trésorerie, car tous les éléments des flux monétaires y sont classés selon le groupe d'activités auquel ils appartiennent : exploitation, investissement ou financement.

Tableau 9.1 Classement des éléments des flux monétaires par groupe d'activités

ÉLÉMENT DE FLUX MONÉTAIRE	DIRECTION
Activités d'exploitation	
Produit des ventes	Rentrée
Économies sur les coûts	Rentrée
Coût des produits vendus	Sortie
Charge d'exploitation	Sortie
Intérêts débiteurs	Sortie
Charges locatives	Sortie
Impôt	Sortie
Activités d'investissement	
Investissement de capitaux	Sortie
Valeur de récupération	Rentrée
Fonds de roulement	Sortie
Recouvrement du fonds de roulement	Rentrée
Effet fiscal de la disposition	Rentrée ou sortie
Activités de financement	
Sommes empruntées	Rentrée
Remboursements de capital	Sortie

9.3 LA PRÉPARATION DES ÉTATS DES FLUX DE TRÉSORERIE

Dans cette section, nous illustrerons à l'aide d'une série d'exemples comportant des données numériques comment se prépare effectivement l'état des flux de trésorerie d'un projet ; la figure 9.3 en présente une version générique : on commence par calculer le bénéfice net provenant de l'exploitation puis on le rajuste en y additionnant toute charge hors trésorerie, soit surtout la déduction pour amortissement. Nous examinerons aussi une situation dans laquelle un projet donne lieu à un bénéfice imposable négatif pour une année d'exploitation donnée.

9.3.1 QUAND LES PROJETS NE NÉCESSITENT QUE DES ACTIVITÉS D'EXPLOITATION ET D'INVESTISSEMENT

Nous commençons par le cas le plus simple d'évaluation des flux monétaires après impôt : un projet d'investissement ne comportant que des activités d'exploitation et d'investissement. Dans les prochaines sections, nous ajouterons des difficultés à ce problème en y faisant figurer des investissements dans le fonds de roulement (section 9.3.2) et des activités d'emprunt (section 9.3.3).

Figure 9.3
Modèle couramment utilisé pour l'approche de l'état des résultats

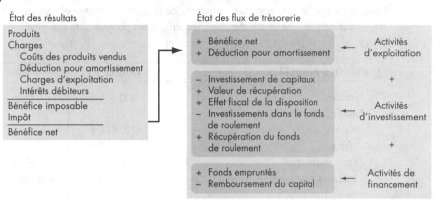

Flux monétaire net

Exemple 9.1

L'état des flux de trésorerie — activités d'exploitation et d'investissement liées à un projet d'expansion

On propose à une petite entreprise de fabrication d'outils un centre d'usinage informatisé. Ce nouveau système coûte 125 000 $. S'il est installé, il produira des revenus annuels de 100 000 $; chaque année, il coûtera 20 000 $ en main-d'œuvre, 12 000 $ en matières et 8 000 $ en frais indirects (électricité et services publics). Il sera classé parmi les biens de la catégorie 43. L'entreprise prévoit l'abandonner progressivement au bout de 5 ans, puis le vendre 50 000 $. En vous appuyant sur le bénéfice net (méthode 1), trouvez le flux monétaire net après impôt pour chaque année du projet, en fonction d'un taux d'imposition marginal de 40 % ; déterminez ensuite la valeur actualisée équivalente après impôt du projet, si le TRAM de l'entreprise est de 15 %.

Explication : Nous pouvons résoudre le problème en deux étapes en dressant un état des résultats puis un état des flux de trésorerie, conformément au modèle de la figure 9.3. La liste des éléments connus et des éléments inconnus présentée ci-après suit ce modèle. L'année 0 (c'est-à-dire au moment présent), nous avons un investissement de 125 000 $ pour le matériel[1]. C'est sur ce coût que nous nous fondons pour calculer les déductions pour amortissement des années 1 à 5. Tout au long de cette dernière période, les revenus et les coûts correspondent à des flux monétaires annuels uniformes. Comme vous le verrez plus loin, une fois que nous avons trouvé la déduction pour amortissement de chaque année, nous pouvons facilement calculer les flux monétaires nets des années 1 à 4, dont les produits et les charges sont fixes et dont les déductions pour amortissement sont variables. Pour l'année 5, nous devons intégrer à nos calculs la valeur de récupération, de même que tout effet fiscal relatif à la disposition du bien.

---

1. Nous supposons que le bien est acheté et mis en service au début de l'année 1 (c.-à-d. le moment 0) et que la déduction pour amortissement de la première année est demandée à la fin de l'année 1.

Nous nous conformons à l'usage selon lequel aucun signe (ni positif ni négatif) n'est utilisé pour dresser l'état des résultats, sauf s'il y a un bénéfice imposable négatif ou des économies d'impôt. Lorsque ce sera le cas, nous nous servirons de () pour désigner une inscription négative. Toutefois, pour préparer l'état des flux de trésorerie, nous observons formellement la convention des signes : un signe positif indique une rentrée et un signe négatif, une sortie.

ÉTAT DES RÉSULTATS	(ANNÉE n)	
Produits	100 000 $	⎫
Charges		
Main-d'œuvre	20 000 $	
Matières	12 000 $	
Frais indirects	8 000 $	
Intérêts débiteurs	In	⎬ années 1–5
Déduction pour		
amortissement	DPA_n	
Bénéfice imposable	TI_n	
Impôt (40 %)	T_n	
Bénéfice net	NI_n	⎭

ÉTAT DES FLUX DE TRÉSORERIE	(ANNÉE n)	
Activités d'exploitation		
Bénéfice net	NI_n	
Déduction pour amortissement	$+DPA_n$	
Activités d'investissement		
Actif immobilisé	$-P_0$	seulement l'année 0
Valeur de récupération	$+S_5$	seulement l'année 5
Effet fiscal de la disposition	$+G_5$	seulement l'année 5
Activités de financement		
Emprunt	$+P$	seulement l'année 0
Remboursement de capital	$-PP_n$	années 1 à 5
Flux monétaire net	FMN_n	

Solution

- Soit : les informations relatives aux flux monétaires données ci-dessus
- Trouvez : le flux monétaire après impôt

Avant de présenter le tableau des flux monétaires, on doit effectuer certains calculs préliminaires. Les notes suivantes expliquent les éléments essentiels du tableau 9.2.

- Calcul de la déduction pour amortissement

  Le tableau 7.1 indique que les biens de la catégorie 43 sont assujettis à un taux d'amortissement dégressif de 30 %. La première année, on doit aussi appliquer la règle de 50 %. À l'aide des équations suivantes

$$DPA_1 = Pd/2, \text{ pour } n = 1$$

$$DPA_n = Pd(1 - \frac{d}{2})(1 - d)^{n-2}, \text{ pour } n \geq 2$$

on trouve que les déductions pour amortissement des années 1 à 5 se chiffrent respectivement à 18 750 $, 31 875 $, 22 313 $, 15 619 $ et 10 933 $. On utilise ces valeurs dans le tableau 9.2 pour compléter l'état des résultats.

- Valeur de récupération et effet fiscal de la disposition

   À la fin de l'année 5, on vend le bien. La valeur de récupération obtenue s'élève à 50 000 $. Toutefois, on doit calculer l'effet fiscal de cette disposition, car soit on aura à payer un montant d'impôt additionnel, soit on réalisera une économie d'impôt.

Tableau 9.2

État des flux de trésorerie pour le projet de centre d'usinage automatisé, dressé selon la méthode 1

ANNÉE	0	1	2	3	4	5
Produits		100 000 $	100 000 $	100 000 $	100 000 $	100 000 $
Charges						
Main-d'œuvre		20 000	20 000	20 000	20 000	20 000
Matières		12 000	12 000	12 000	12 000	12 000
Frais indirects		8 000	8 000	8 000	8 000	8 000
DPA (30 %)		18 750	31 875	22 313	15 619	10 933
Bénéfice imposable		41 250 $	28 125 $	37 688 $	44 381 $	49 067 $
Impôt (40 %)		16 500	11 250	15 075	17 753	19 627
Bénéfice net		24 750 $	16 875 $	22 613 $	26 629 $	29 440 $
ÉTAT DES FLUX DE TRÉSORERIE*						
Activités d'exploitation						
Bénéfice net		24 750 $	16 875 $	22 613 $	26 629 $	29 440 $
DPA		18 750	31 875	22 313	15 619	10 933
Activités d'investissement						
Investissement	−125 000 $					
Récupération						50 000
Effet fiscal de la disposition						−9 796
Flux monétaire net	−125 000 $	43 500 $	48 750 $	44 925 $	42 248 $	80 578 $

* On ne considère pas les flux monétaires liés à l'acquisition et à la disposition des biens comme des éléments du bénéfice d'exploitation. Par conséquent, les dépenses en immobilisations ou les éléments connexes, comme l'effet fiscal d'une disposition et la valeur de récupération n'entrent pas dans la préparation de l'état des résultats. Il n'en reste pas moins que, l'année où ils se produisent, ils représentent de véritables flux monétaires et doivent donc apparaître dans l'état des flux de trésorerie.

1. Le total des déductions pour amortissement demandées pendant la période de 5 ans est égal à

$$\sum_{n=1}^{5} DPA_n = 18\,750\,\$ + 31\,875\,\$ + 22\,313\,\$ + 15\,619\,\$ + 10\,933\,\$$$
$$= 99\,489\,\$.$$

2. La fraction non amortie du coût en capital à la fin de l'année 5 est

$$U_5 = P - \sum_{n=1}^{5} DPA_n = 125\,000\,\$ - 99\,489\,\$$$
$$= 25\,511\,\$.$$

3. L'effet fiscal de la disposition G est

$$G = t(U_5 - S) = 40\,\%(25\,511\,\$ - 50\,000\,\$)$$
$$= -9\,796\,\$.$$

Comme l'effet fiscal de la disposition est négatif, il représente un flux monétaire négatif. On doit donc payer un montant d'impôt additionnel de 9 796 $, ce qui engendre une sortie de fonds au moment de la disposition.

- Analyse de l'investissement

  Une fois qu'on a obtenu les flux monétaires nets après impôt du projet, on peut déterminer leur valeur actualisée équivalente en fonction du TRAM de l'entreprise. La figure 9.4 illustre la série de flux monétaires après impôt. Comme cette série n'offre aucun moyen de simplifier les calculs, on doit trouver la valeur actualisée équivalente de chaque paiement. Si on utilise $i = 15\,\%$, on a

$$PE(15\,\%) = -125\,000\,\$ + 43\,500\,\$(P/F, 15\,\%, 1)$$
$$+ 48\,750\,\$(P/F, 15\,\%, 2) + 44\,925\,\$(P/F, 15\,\%, 3)$$
$$+ 42\,248\,\$(P/F, 15\,\%, 4) + 80\,578\,\$(P/F, 15\,\%, 5)$$
$$= 43\,443\,\$.$$

Ainsi, les revenus provenant de cet investissement de 125 000 $ dans un centre d'usinage automatisé permettraient à l'entreprise de recouvrer l'investissement initial, de même que le coût des fonds au taux annuel de 15 %, tout en réalisant un surplus de 43 443 $.

Commentaire : Le tableau 9.2 est établi selon la méthode 1. Le tableau 9.3 en présente une variante, soit un modèle tabulaire couramment utilisé dans les manuels d'économie de l'ingénierie classiques. Sa réalisation repose sur la méthode 2, selon laquelle les impôts sont calculés directement. Toutefois, à défaut de consulter les notes explicatives, on ne saisit pas intuitivement comment s'obtient la dernière colonne (le flux monétaire net). Par conséquent, chaque fois que nous le pourrons, nous utiliserons dans ce manuel l'état des flux de trésorerie fondé sur le bénéfice (méthode 1).

Figure 9.4
Diagramme des flux monétaires

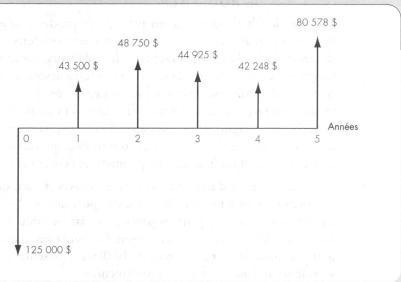

Tableau 9.3

Tableau des flux monétaires nets (en dollars) établi selon la méthode classique (méthode 2)

A	B	C	D	E	F	G	H	I	J
				CHARGES					
n	INVESTISSEMENT ET VALEUR DE RÉCUPÉRATION	PRODUITS	MAIN-D'ŒUVRE	MATIÈRES	FRAIS INDIRECTS	DPA	BÉNÉFICE IMPOSABLE	IMPÔT	FLUX MONÉTAIRE NET
0	(125 000)								(125 000)
1		100 000	(20 000)	(12 000)	(8 000)	(18 750)	41 250	(16 500)	43 500
2		100 000	(20 000)	(12 000)	(8 000)	(31 875)	28 125	(11 250)	48 750
3		100 000	(20 000)	(12 000)	(8 000)	(22 313)	37 688	(15 075)	44 925
4		100 000	(20 000)	(12 000)	(8 000)	(15 619)	44 381	(17 753)	42 248
5		100 000	(20 000)	(12 000)	(8 000)	(10 933)	49 067	(19 627)	40 373
	50 000*						24 489	(9 796)	40 204

* Valeur de récupération. Notez bien : col. H = col. C + col. D + col. E + col. F + col. G, sauf pour la valeur de récupération ; col. I = $0{,}4 \times$ col. H ; col. J = col. B + col. C + col. D + col. E + col. F + col. I

Information nécessaire au calcul des impôts

9.3.2 QUAND LES PROJETS NÉCESSITENT DES INVESTISSEMENTS DANS LE FONDS DE ROULEMENT

Souvent, le fait de modifier un procédé de production en remplaçant du vieux matériel ou en ajoutant une nouvelle gamme de produits se répercute sur les soldes de trésorerie, les débiteurs, les stocks et les créditeurs. Par exemple, une entreprise qui s'apprête à commercialiser un nouveau produit a besoin de constituer des réserves de celui-ci et d'accroître ses stocks de matières premières. Les ventes viendront augmenter les sommes à recouvrer, et, à cause de la hausse du volume d'activités, la direction peut aussi décider d'augmenter son encaisse. Les montants investis dans le fonds de roulement sont des investissements, tout comme ceux qui servent à acquérir des éléments d'actif amortissables (sauf que les premiers ne peuvent être amortis).

Étudions le cas d'une entreprise qui se propose de fabriquer une nouvelle gamme de produits. À cette fin, elle a besoin d'une provision de 2 mois de matières premières coûtant 40 000 $. Elle peut les payer en versant 40 000 $ comptant, mais aussi les acheter à crédit et les financer au moyen d'une augmentation de 30 000 $ de ses créditeurs (achats à 60 jours). Le solde de 10 000 $ représente le montant net qu'elle doit alors investir dans son fonds de roulement.

Les besoins de fonds de roulement varient suivant la nature du projet d'investissement. Par exemple, les projets de grande envergure peuvent nécessiter en moyenne des investissements plus importants dans les stocks et les débiteurs que les projets plus modestes. Pour leur part, les projets impliquant l'acquisition de matériel de pointe donnent lieu à des considérations différentes. Ainsi, quand le taux de production du nouveau matériel est supérieur à celui de l'ancien, l'entreprise peut être en mesure de réduire ses stocks, car la nouvelle machine lui permet d'exécuter ses commandes plus rapidement. (L'un des principaux avantages qu'on signale à propos de l'installation de systèmes perfectionnés, tels que les systèmes de fabrication flexibles, est la possibilité de réduire les stocks grâce à une réponse plus rapide à la demande du marché.) Par conséquent, il peut aussi arriver qu'un investissement entraîne une diminution des besoins de fonds de roulement. Lorsque le niveau des stocks décroît au début d'un projet, on considère cette baisse comme une rentrée puisque l'argent ainsi libéré peut être utilisé ailleurs. (Voir l'exemple 9.5.)

Deux exemples illustrent les effets du fonds de roulement sur les flux monétaires d'un projet. L'exemple 9.2 montre comment calculer les besoins nets de fonds de roulement, et l'exemple 9.3 examine les effets du fonds de roulement sur le projet de centre d'usinage automatisé dont il est question à l'exemple 9.1.

Les besoins de fonds de roulement

Reprenons l'exemple 9.1. Supposons que l'entreprise de fabrication d'outils prévoie des revenus annuels de 100 000 $ fondés sur un volume annuel de 10 000 unités (ou 833 unités par mois). Voici l'information comptable fournie :

Prix (revenu) par unité	10 $
Coût de fabrication variable par unité	
Main-d'œuvre	2 $
Matières	1,20 $
Frais indirects	0,80 $
Volume mensuel	833 unités
Stock de produits finis	réserve de 2 mois
Stock de matières premières	réserve de 1 mois
Créditeurs	30 jours
Débiteurs	60 jours

La période de 60 jours des débiteurs signifie que les revenus provenant des ventes du mois courant seront encaissés 2 mois plus tard. De même, celle de 30 jours des créditeurs indique que les matières premières seront payées approximativement 1 mois après leur réception. Déterminez les besoins de fonds de roulement pour cette opération.

Solution

- Soit : l'information présentée ci-dessus
- Trouvez : les besoins de fonds de roulement

La décision de stocker 1 mois de matières premières et 2 mois de produits finis implique l'immobilisation d'un montant de 7 665 $, qui ne pourra servir à d'autres fins :

Stock de matières premières : (1,20 $ par unité $\times$ 1 mois $\times$ 833 unités par mois) = 1 000 $
Stock de produits finis : (4,00 $ par unité $\times$ 2 mois $\times$ 833 unités par mois) = 6 665 $

Théoriquement, l'entreprise doit accumuler ces stocks avant même de remplir la première commande.

La figure 9.5 illustre les besoins de fonds de roulement pour la première période de 12 mois. Au cours du premier mois, l'entreprise produit et vend 833 unités. Comme les clients paieront à 60 jours nets, l'entreprise aura une créance de 8 333 $ à recouvrer 2 mois plus tard. Le coût de fabrication variable par unité se chiffre à 4 $: le coût de fabrication total sera donc de 3 332 $. Par ailleurs, comme le fournisseur exige le paiement des matières premières dans les 30 jours, l'entreprise peut reporter le paiement au mois suivant. Elle contractera ainsi une dette de 1 000 $ (1,2 $ par unité $\times$ 833 unités par mois). Par conséquent, le paiement net (main-d'œuvre

Figure 9.5
Illustration des besoins de fonds de roulement

MOIS	1	2	3	4	5	6	7	8	9	10	11
Actif à court terme											
Stocks à conserver											
Matières premières (1 mois)	1 000 $	1 000 $	1 000 $	1 000 $	1 000 $	1 000 $	1 000 $	1 000 $	1 000 $	1 000 $	1 000 $
Produits finis (2 mois)	6 665	6 665	6 665	6 665	6 665	6 665	6 665	6 665	6 665	6 665	6 665
Débiteurs											
Solde d'ouverture	—	8 333	16 666	16 666	16 666	16 666	16 666	16 666	16 666	16 666	16 666
+ ventes	8 333	8 333	8 333	8 333	8 333	8 333	8 333	8 333	8 333	8 333	8 333
– sommes encaissées	—	–	(8 333)	(8 333)	(8 333)	(8 333)	(8 333)	(8 333)	(8 333)	(8 333)	(8 333)
Solde de clôture	8 333	16 666	16 666	16 666	16 666	16 666	16 666	16 666	16 666	16 666	16 666
Passif à court terme											
Créditeurs											
Solde d'ouverture	—	1 000	1 000	1 000	1 000	1 000	1 000	1 000	1 000	1 000	1 000
+ Achats	3 332	3 332	3 332	3 332	3 332	3 332	3 332	3 332	3 332	3 332	3 332
– Sommes payées	(2 332)	(3 332)	(3 332)	(3 332)	(3 332)	(3 332)	(3 332)	(3 332)	(3 332)	(3 332)	(3 332)
Solde de clôture	1 000	1 000	1 000	1 000	1 000	1 000	1 000	1 000	1 000	1 000	1 000
Besoins de fonds de roulement											
Actif à court terme											
+ Fonds immobilisés dans les stocks											
Matières premières	1 000	1 000	1 000	1 000	1 000	1 000	1 000	1 000	1 000	1 000	1 000
Produits finis	6 665	6 665	6 665	6 665	6 665	6 665	6 665	6 665	6 665	6 665	6 665
+ Augmentation des débiteurs	8 333	16 666	16 666	16 666	16 666	16 666	16 666	16 666	16 666	16 666	16 666
Passif à court terme											
– Augmentation des créditeurs	(1 000)	(1 000)	(1 000)	(1 000)	(1 000)	(1 000)	(1 000)	(1 000)	(1 000)	(1 000)	(1 000)
Fonds de roulement nécessaire	14 998 $	23 331 $	23 331 $	23 331 $	23 331 $	23 331 $	23 331 $	23 331 $	23 331 $	23 331 $	23 331 $

Besoins de fonds de roulement

Utilisation de l'argent ($) : 18 000, 16 000, 14 000, 12 000, 10 000, 8 000, 6 000, 4 000, 2 000, 0, −2 000

Actif à court terme — Passif à court terme

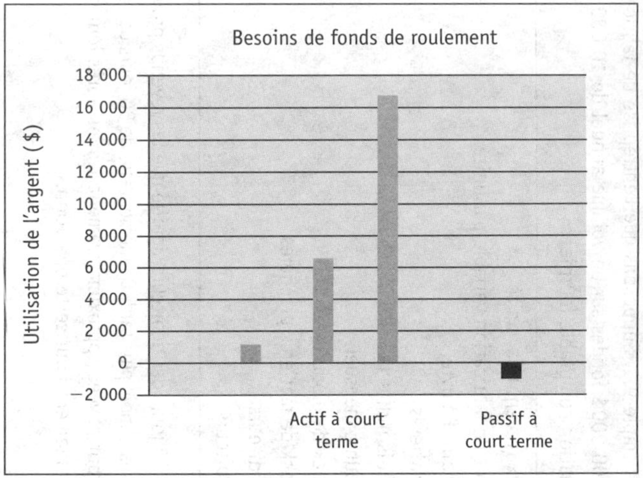

et frais indirects) à effectuer au cours du premier mois s'élèvera à 2 332 $. Le deuxième mois, l'entreprise devra acquitter les dettes créées le premier mois. Immédiatement après le paiement, elle pourra se procurer à crédit d'autres matières premières valant 1 000 $, afin de fabriquer et de vendre le deuxième lot de 833 unités. Il n'y aura alors aucun changement dans les créditeurs, mais les débiteurs augmenteront de 8 333 $ (soit le total de 16 666 $ des ventes à crédit). Au cours du deuxième mois, le coût net totalisera 3 332 $ (2 332 $ pour la main-d'œuvre et les frais indirects et 1 000 $ pour les matières premières achetées le premier mois). Le troisième mois, grâce à la réception du premier paiement de 8 333 $, le solde des débiteurs demeurera inchangé. Ce cycle se répétera tout au long du projet.

Nous pouvons maintenant calculer les besoins de fonds de roulement sur une base annuelle. Le montant de 16 666 $ des débiteurs (les ventes de 2 mois) signifie que, l'année 1, les rentrées de l'entreprise s'élèveront à 83 333 $, soit un montant inférieur à celui de 100 000 $ prévu pour les ventes (8 333 $ × 12). Les années 2 à 5, les encaissements totaliseront 100 000 $, soit un montant égal à celui des ventes, car les soldes d'ouverture et de clôture des débiteurs atteindront 16 666 $, en fonction de ventes de 100 000 $. Le recouvrement des créances finales de 16 666 $ aura lieu au cours des 2 premiers mois de l'année 6, mais, pour simplifier les calculs, nous les ajoutons aux revenus de l'année 5. L'important est qu'il y ait un décalage de 16 666 $ entre les rentrées et les ventes de la première année.

Si, la première année, l'entreprise désire accumuler des réserves de 2 mois, elle doit produire 833 × 2 = 1 666 unités de plus que le nombre vendu au cours de cette même période. Le coût additionnel de ces produits équivaut à celui de 1 666 unités (coût variable de 4 $ par unité), soit à 6 665 $. Le stock des produits finis valant 6 665 $ représente le coût variable nécessaire pour produire 1 666 unités de plus que le nombre vendu la première année. De la deuxième à la quatrième année, l'entreprise produira et vendra 10 000 unités par année, tout en maintenant ses réserves de produits finis à 1 666 unités. La dernière année, l'entreprise produira seulement 8 334 unités (en 10 mois) et épuisera son stock de produits finis. Comme au cours de cette même année, elle liquidera 1 666 unités du stock de produits finis, la libération du fonds de roulement totalisera 6 665 $. Si on ajoute à ce dernier montant celui des dernières créances encaissées, soit 16 666 $, la libération totale du fonds de roulement atteindra 23 331 $ à la fin du projet. Nous pouvons maintenant calculer les besoins de fonds de roulement comme suit :

Débiteurs	
(833 unités par mois × 2 mois × 10 $)	16 666 $
Stock de produits finis	
(833 unités par mois × 2 mois × 4 $)	6 665
Stock de matières premières	
(833 unités par mois × 1 mois × 1,20 $)	1 000
Créditeurs (achat de matières premières)	
(833 unités par mois × 1 mois × 1,20 $)	(1 000)
Besoins nets de fonds de roulement	23 331 $

Commentaires : *Dans notre exemple, au cours de la première année, l'entreprise produit 11 666 unités en vue de constituer une réserve de 2 mois de produits finis, mais elle ne vend que 10 000 unités. Sur quelle base doit-elle calculer le bénéfice net de cette première année*

*(10 000 ou 11 666 unités) ? Étant donné que toute augmentation des charges relatives au stock réduit le bénéfice imposable, c'est sur 10 000 unités qu'elle doit appuyer son calcul. En effet, la mesure comptable du bénéfice net se fonde sur le **principe du rapprochement**. Quand on rend compte des produits au moment où ils sont gagnés (qu'ils soient ou non reçus) et des charges au moment où elles sont engagées (qu'elles soient ou non payées), on utilise la méthode de la comptabilité d'exercice. Conformément au droit fiscal, on doit appliquer cette méthode aux achats et aux ventes toutes les fois que les transactions d'affaires impliquent le maintien d'un stock. La plupart des entreprises de fabrication et de distribution enregistrent donc leurs produits et leurs charges selon la comptabilité d'exercice. Toute charge en trésorerie ayant trait au stock dont il n'a pas tenu compte dans le calcul du bénéfice net se répercutera sur les besoins de fonds de roulement.*

Exemple 9.3

L'état des flux de trésorerie — incluant le fonds de roulement

Mettez à jour les flux monétaires après impôt relatifs au projet de centre d'usinage automatisé de l'exemple 9.1 en leur ajoutant le montant de 23 331 $ correspondant aux besoins de fonds de roulement de l'année 0 et au recouvrement complet de ce dernier à la fin de l'année 5.

Solution

- Soit : les mêmes flux que ceux de l'exemple 9.1, plus les besoins de fonds de roulement = 23 331 $
- Trouvez : les flux nets après impôt incluant le fonds de roulement, ainsi que la valeur actualisée équivalente

Selon la méthode dont nous venons d'exposer les grandes lignes, les flux monétaires nets après impôt concernant ce projet de centre d'usinage ont été regroupés comme l'indique le tableau 9.4. Ainsi qu'on peut le constater, les investissements dans le fonds de roulement constituent des sorties au moment où on prévoit qu'ils auront lieu, et les recouvrements sont traités comme des rentrées au moment où on prévoit qu'ils se matérialiseront. Dans cet exemple, on tient pour acquis que l'investissement dans le fonds de roulement fait à la période 0 sera récupéré à la fin du projet[2]. On présume de plus que cette récupération sera complète. Pourtant, dans bien des situations,

---

2. En fait, on pourrait présumer que l'investissement fait dans le fonds de roulement sera récupéré à la fin du premier cycle d'exploitation (disons l'année 1). Toutefois, le même investissement est refait au début du deuxième cycle d'exploitation, et le processus se répète jusqu'à la fin du projet. Par conséquent, le flux monétaire net semble indiquer que le fonds de roulement initial sera recouvré à la fin du projet (figure 9.6).

Période	0	1	2	3	4	5
Investissement	−23 331 $	−23 331 $	−23 331 $	−23 331 $	−23 331 $	0
Recouvrement	0	23 331 $	23 331	23 331	23 331	23 331
Flux net	−23 331 $	0	0	0	0	23 331 $

l'investissement initial n'est pas récupéré en totalité (par exemple, les stocks peuvent perdre de la valeur ou devenir obsolètes). On calcule comme suit la valeur actualisée équivalente des flux monétaires après impôt incluant les effets du fonds de roulement

$$PE(15\%) = -148\ 331\$ + 43\ 500\$(P/F,\ 15\%,\ 1)$$
$$+ 48\ 750\$(P/F,\ 15\%,\ 2) + 44\ 925\$(P/F,\ 15\%,\ 3)$$
$$+ 42\ 248\$(P/F,\ 15\%,\ 4) + 103\ 909\$(P/F,\ 15\%,\ 5)$$
$$= 31\ 712\$.$$

Tableau 9.4

État des flux de trésorerie pour le projet de centre d'usinage automatisé incluant les besoins de fonds de roulement

ANNÉE	0	1	2	3	4	5
ÉTAT DES RÉSULTATS						
Produits		100 000 $	100 000 $	100 000 $	100 000 $	100 000 $
Charges						
Main-d'œuvre		20 000	20 000	20 000	20 000	20 000
Matières		12 000	12 000	12 000	12 000	12 000
Frais indirects		8 000	8 000	8 000	8 000	8 000
DPA (30 %)		18 750	31 875	22 313	15 619	10 933
Bénéfice imposable		41 250 $	28 125 $	37 688 $	44 381 $	49 067 $
Impôt (40 %)		16 500	11 250	15 075	17 753	19 627
Bénéfice net		24 750 $	16 875 $	22 613 $	26 629 $	29 440 $
ÉTAT DES FLUX DE TRÉSORERIE						
Activités d'exploitation						
Bénéfice net		24 750 $	16 875 $	22 613 $	26 629 $	29 440 $
DPA		18 750	31 875	22 313	15 619	10 933
Activités d'investissement						
Investis-sement	−125 000 $					
Récupération						50 000
Effet fiscal de la disposition						−9 796
Fonds de roulement	−23 331					23 331
Flux monétaire net	−148 331 $	43 500 $	48 750 $	44 925 $	42 248 $	103 909 $

Figure 9.6
Diagramme des flux monétaires

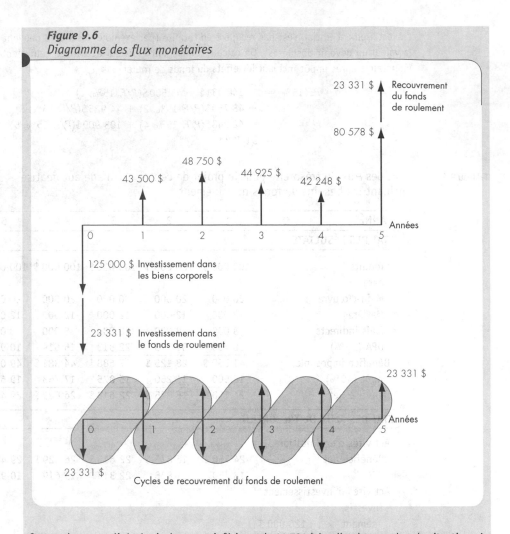

Cette valeur actualisée équivalente est inférieure de 11 731 $ à celle obtenue dans la situation où on ne tient pas compte des besoins de fonds de roulement (exemple 9.1). Le présent exemple démontre qu'on doit considérer les besoins des fonds de roulement lorsqu'on veut estimer adéquatement la valeur d'un projet.

Commentaire : *La réduction de 11 731 $ de la valeur actualisée équivalente correspond simplement à une série annuelle de versements d'intérêts de 15 % effectués relativement au fonds de roulement emprunté par le projet au moment 0 et repayé à la fin de l'année 5 :*

$$23\ 331\ \$(15\ \%)(P/A,\ 15\ \%,\ 5) = 11\ 731\ \$.$$

L'investissement immobilisé dans le fonds de roulement donne lieu à une perte de revenus.

9.3.3 QUAND LES PROJETS SONT FINANCÉS PAR DES FONDS EMPRUNTÉS

De nombreuses entreprises ont recours à la fois à l'emprunt et aux capitaux propres pour financer leur usine et leur matériel. Le rapport entre le total des capitaux empruntés et le total de l'investissement, qu'on nomme en général **ratio d'endettement,** représente le pourcentage de l'investissement initial total provenant des fonds empruntés. Par exemple, un ratio d'endettement de 0,3 indique que 30 % de l'investissement initial est emprunté et que le reste provient des bénéfices de l'entreprise (aussi appelés **capitaux propres**). Comme les intérêts représentent une charge déductible d'impôt, les entreprises dont le taux d'imposition est élevé abaissent parfois leurs coûts de financement en ayant recours à l'emprunt. (En plus de son incidence sur les impôts, la méthode de remboursement d'emprunt peut avoir d'autres répercussions importantes. Nous traiterons de la question du financement des projets au chapitre 10.)

Exemple 9.4

L'état des flux de trésorerie — avec financement (emprunt)

Reprenez l'exemple 9.3 et présumez que 62 500 $ des 125 000 $ investis proviennent d'un financement par emprunt (ratio d'endettement = 0,5). L'emprunt doit être remboursé sur 5 ans, au moyen de versements annuels égaux à un taux d'intérêt de 10 %. Les 62 500 $ restants sont financés par les capitaux propres (c'est-à-dire les bénéfices non répartis).

Solution

- Soit : les mêmes données qu'à l'exemple 9.3, mais un montant de 62 500 $ est emprunté pour 5 ans à 10 % d'intérêt
- Trouvez : les flux monétaires nets après impôt de chaque année

On doit d'abord calculer le montant des versements annuels :

$$62\ 500\ \$(A/P, 10\ \%, 5) = 16\ 487\ \$.$$

Ensuite, on détermine le calendrier de remboursement de l'emprunt en inscrivant les montants d'intérêts et de capital compris dans chacun des remboursements annuels. À l'aide des équations 3.16 et 3.17, on obtient :

ANNÉE	SOLDE D'OUVERTURE	VERSEMENT D'INTÉRÊTS	VERSEMENT DE CAPITAL	SOLDE DE CLÔTURE
1	62 500 $	6 250 $	10 237 $	52 263 $
2	52 263	5 226	11 261	41 002
3	41 002	4 100	12 387	28 615
4	28 615	2 861	13 626	14 989
5	14 989	1 499	14 988	0

Tableau 9.5

État des flux de trésorerie relatif au projet de centre d'usinage automatisé avec financement par emprunt

ANNÉE	0	1	2	3	4	5
ÉTATS DES RÉSULTATS						
Produits		100 000 $	100 000 $	100 000 $	100 000 $	100 000 $
Charges						
Main-d'œuvre		20 000	20 000	20 000	20 000	20 000
Matières		12 000	12 000	12 000	12 000	12 000
Frais indirects		8 000	8 000	8 000	8 000	8 000
Intérêts débiteurs		6 250	5 226	4 100	2 861	1 499
DPA (30 %)		18 750	31 875	22 313	15 619	10 933
Bénéfice imposable		35 000 $	22 899 $	33 587 $	41 520 $	47 568 $
Impôt (40 %)		14 000	9 159	13 435	16 608	19 027
Bénéfice net		21 000 $	13 739 $	20 152 $	24 912 $	28 541 $
ÉTAT DES FLUX DE TRÉSORERIE						
Activités d'exploitation						
Bénéfice net		21 000 $	13 739 $	20 152 $	$ 24 912$	28 541 $
DPA		18 750	31 875	22 313	15 619	10 933
Activités d'investissement						
Investis- sement	−125 000 $					
Récupération						50 000
Effet fiscal de la disposition						−9 796
Fonds de roulement	−23 331					23 331
Activités de financement						
Remboursements de capital	62 500	−10 237	−11 261	−12 387	−13 626	−14 988
Flux monétaire net	−85 831 $	29 513 $	34 353 $	30 078 $	26 905 $	88 021 $

Le tableau 9.5 expose en détail le flux monétaire après impôt qui en découle. La valeur actualisée équivalente de la série de flux monétaires après impôt est

$$PE(15\%) = -85\ 831\$ + 29\ 513\$(P/F,\ 15\%,\ 1)$$
$$+ 34\ 353\$(P/F,\ 15\%,\ 2) + 30\ 078\$(P/F,\ 15\%,\ 3)$$
$$+ 26\ 905\$(P/F,\ 15\%,\ 4) + 88\ 021\$(P/F,\ 15\%,\ 5)$$
$$= 44\ 729\$.$$

Quand on compare ce montant avec celui obtenu quand aucun emprunt n'entrait en jeu (31 712 $), on constate que le financement par emprunt augmente effectivement la valeur actualisée équivalente de 13 017 $. Ce résultat surprenant est dû en grande partie au fait que l'entreprise est en mesure d'emprunter les fonds à un taux après impôt de 6 % (c'est-à-dire 10 % $(1 - t)$), lequel est inférieur à son TRAM (taux du coût d'option) de 15 %. Dans une certaine mesure, les entreprises ont habituellement la possibilité d'emprunter à des taux inférieurs à leur TRAM. Dans ce cas, pourquoi n'empruntent-elles pas tous les fonds dont elles ont besoin pour leurs investissements de capitaux ? Nous répondrons à cette question au chapitre 10.

9.3.4 QUAND LES PROJETS DONNENT LIEU À UN BÉNÉFICE IMPOSABLE NÉGATIF

Au cours d'un exercice donné, il se peut que les produits d'un projet ne soient pas suffisants pour contrebalancer les charges, ce qui donne lieu à un bénéfice imposable négatif. Or, un bénéfice imposable négatif découlant d'un seul projet n'implique *pas* que l'entreprise n'a aucun impôt à payer, mais plutôt qu'elle peut utiliser ce montant négatif pour réduire les bénéfices imposables provenant de ses autres activités[3]. Par conséquent, un bénéfice imposable négatif aboutit ordinairement à une **économie d'impôt**. Quand on utilise un taux d'imposition différentiel pour évaluer un projet d'investissement, on suppose que les autres activités de l'entreprise génèrent un bénéfice imposable suffisant pour que les changements dus au projet à l'étude ne modifient pas le taux d'imposition différentiel.

Lorsqu'on compare des projets mutuellement exclusifs **axés uniquement sur le coût** (projets de service), l'analyse du flux monétaire ne tient aucun compte des revenus. Dans ce cas, on suppose en général qu'il n'y a aucun revenu (zéro), mais on procède comme avant pour dresser l'état des flux de trésorerie après impôt. Comme on n'a pas de produits à rapprocher des charges, on obtient un bénéfice imposable négatif, lequel entraîne comme précédemment une économie d'impôt. L'exemple 9.5 illustre comment on peut dresser un état des flux de trésorerie après impôt pour ce type de projet.

---

3. Même si elle n'a pas d'autre bénéfice imposable pour l'exercice en cours, l'entreprise peut reporter la perte à chacun des trois exercices précédents et à chacun des 7 suivants, afin de la déduire du bénéfice imposable de ces années-là.

Exemple 9.5

L'analyse du flux monétaire après impôt d'un projet axé uniquement sur le coût

Revenez au projet d'installation de ventilateurs à l'usine McCook présenté au début du chapitre. Présumez que M. Donaldson a compilé les données financières suivantes :

- Le projet nécessite au départ un investissement de 563 000 $ dans les ventilateurs.
- Les ventilateurs ont une vie utile de 16 ans et, compte tenu des frais d'enlèvement, une valeur de récupération négligeable.
- On estime que le temps d'attente entre le laminage à chaud et l'opération suivante passera de 5 jours à 2 jours. Quant à la file d'attente pour le laminage à froid, elle sera réduite de 2 à 1 jour pour chaque passe. Ces changements auront comme effet final de réduire le stock de produits en cours de fabrication à une valeur de 2 121 000 $. À cause du délai de production occasionné par l'installation des ventilateurs et de la consommation du stock accumulé de produits en cours de fabrication, la libération du fonds de roulement s'accomplira un an après l'installation des ventilateurs.
- Les ventilateurs sont soumis à un taux de déduction pour amortissement dégressif de 20 %.
- On évalue à 86 000 $ l'augmentation des coûts annuels d'électricité.
- Le taux de rendement après impôt exigé par la société Reynolds est établi à 20 % pour ce genre de projet de réduction des coûts.
- Le taux d'imposition différentiel de Reynolds est de 40 %.
- Établissez les flux monétaires du projet pour la période de service et déterminez s'il s'agit d'un investissement judicieux.

Solution

- SOIT : investissement requis = 563 000 $; période de service = 16 ans ; valeur de récupération = 0 $; taux de DPA pour les ventilateurs = 20 % ; taux d'imposition marginal = 40 % ; libération du fonds de roulement = 2 121 000 $ un an plus tard ; et coût d'exploitation annuel (électricité) = 86 000 $

- TROUVEZ : a) les flux monétaires annuels après impôt et b) si on doit accepter ou rejeter l'investissement

a) Comme on peut présumer que, avec ou sans l'installation des ventilateurs, les revenus annuels demeurent les mêmes, on traite ces montants inconnus comme s'ils avaient une valeur de zéro. Le tableau 9.6 résume l'état des flux de trésorerie pour le projet d'installation de ventilateurs. Sans produits d'exploitation pour contrebalancer les charges, le bénéfice imposable est négatif, ce qui entraîne une économie d'impôt. Notez que le recouvrement du fonds de roulement (contrairement à l'investissement dans le fonds de roulement d'un projet d'investissement type) a lieu la première année. De plus, même si la valeur de récupération des ventilateurs est de zéro, l'effet fiscal de la disposition n'est pas nul.

b) Si le TRAM est de 20 %, la valeur actualisée équivalente de cet investissement est

$$PE(20\%) = -563\,000\$ + 2\,091\,920\$(P/F, 20\%, 1)$$
$$- 11\,064\$(P/F, 20\%, 2) - \ldots$$
$$- 42\,686\$(P/F, 20\%, 16)$$
$$= 1\,063\,864\$.$$

Même unique, l'économie sur les produits en cours de fabrication justifie ce projet d'installation de ventilateurs sur le plan économique[4].

Commentaires : Comme la vie utile des ventilateurs est de 16 ans, on peut être tenté d'additionner l'investissement dans le fonds de roulement (2 120 000 $) à la fin de l'année 16, si on suppose que l'usine reviendra alors au système sans ventilateurs et aura besoin d'un autre investissement dans le fonds de roulement. Or, cette hypothèse est-elle raisonnable ? En fait, pas du tout. Si le système s'est révélé efficace et si l'entreprise décide de garder l'usine en fonction, à la fin de l'année 16, elle devra effectuer un autre investissement pour acheter une nouvelle série de ventilateurs. Toutefois, elle ne bénéficiera pas de cet investissement au premier cycle d'exploitation, mais seulement au deuxième. Donc, en établissant les flux monétaires du premier cycle, on doit éviter d'additionner le montant de l'investissement dans le fonds de roulement à la fin de la vie utile.

---

4. Il ne s'agit pas d'un investissement simple. Si vous voulez trouver le véritable TRI de ce projet, vous devez suivre les indications données à l'annexe 4A. En fonction d'un TRAM de 20 %, le TRI est de 267,56 %, valeur de beaucoup supérieure au TRAM.

Tableau 9.6 État des flux de trésorerie pour le projet d'installation de ventilateurs axé uniquement sur le coût

ANNÉE	0	1	2	3	4	5	6	7	8	9	10	11	12	13	14	15	16
ÉTAT DES RÉSULTATS																	
Produits																	
Charges																	
DPA		56 300 $	101 340 $	81 072 $	64 858 $	51 886 $	41 509 $	33 207 $	26 566 $	21 253 $	17 002 $	13 602 $	10 881 $	8 705 $	6 964 $	5 571 $	4 457 $
Frais d'électricité		86 000	86 000	86 000	86 000	86 000	86 000	86 000	86 000	86 000	86 000	86 000	86 000	86 000	86 000	86 000	86 000
Bénéfice imposable		(142 300)	(187 340)	(167 072)	(150 858)	(137 886)	(127 509)	(119 207)	(112 566)	(107 253)	(103 002)	(99 602)	(96 881)	(94 705)	(92 964)	(91 571)	(90 457)
Impôt (40 %)		(56 920)	(74 936)	(66 829)	(60 343)	(55 154)	(51 004)	(47 683)	(45 026)	(42 901)	(41 201)	(39 841)	(38 753)	(37 882)	(37 186)	(36 628)	(36 183)
Bénéfice net		(85 380) $	(112 404) $	(100 243) $	(90 515) $	(82 732) $	(76 505) $	(71 524) $	(67 539) $	(64 352) $	(61 801) $	(59 761) $	(58 129) $	(56 823) $	(55 778) $	(54 943) $	(54 274) $
ÉTAT DES FLUX DE TRÉSORERIE																	
Activités d'exploitation																	
Bénéfice net		(85 380) $	(112 404) $	(100 243) $	(90 515) $	(82 732) $	(76 505) $	(71 524) $	(67 539) $	(64 352) $	(61 801) $	(59 761) $	(58 129) $	(56 823) $	(55 778) $	(54 943) $	(54 274) $
DPA		56 300	101 340	81 072	64 858	51 886	41 509	33 207	26 566	21 253	17 002	13 602	10 881	8 705	6 964	5 571	4 457
Activités d'investissement																	
Ventilateurs	(563 000) $																
Récupération																	0
Effet fiscal de la disposition																	7 131
Fonds de roulement		2 121 000															
Flux monétaire net	(563 000) $	2 091 920 $	(11 064) $	(19 171) $	(25 657) $	(30 846) $	(34 996) $	(38 317) $	(40 974) $	(43 099) $	(44 799) $	(46 159) $	(47 247) $	(48 118) $	(48 814) $	(49 372) $	(42 686) $

Note : La libération du fonds de roulement attribuable à la réduction des stocks de produits en cours de fabrication aura lieu à la fin de la première année.

9.3.5 QUAND LES PROJETS NÉCESSITENT DIVERS ÉLÉMENTS D'ACTIF

Jusqu'ici, nos exemples se sont limités aux projets ne nécessitant qu'un seul élément d'actif. Pourtant, dans bien des cas, les projets exigent l'acquisition de divers biens appartenant à des catégories différentes. Ainsi, un projet d'ingénierie type peut requérir davantage qu'un simple achat de matériel — on peut avoir besoin d'un bâtiment où exécuter les opérations de fabrication. Les divers éléments d'actif peuvent même devenir prêts à être mis en service à différents moments. Il s'agit alors de dresser la liste des besoins d'investissement et des déductions pour amortissement en fonction du moment où l'élément d'actif entre en jeu. L'exemple 9.6 illustre comment établir les flux monétaires des projets nécessitant divers éléments d'actif.

Exemple 9.6

Un projet nécessitant divers éléments d'actif

La Société industrielle Langley (SIL), fabricant de produits métalliques usinés, envisage l'achat d'une nouvelle fraiseuse commandée par ordinateur valant 90 000 $ pour exécuter une commande spéciale. On estime les coûts d'installation, d'aménagement du site et de câblage à 10 000 $. La machine nécessite aussi des matrices et des gabarits spéciaux coûtant 12 000 $. On évalue sa vie utile à 10 ans et celle des gabarits et des matrices, à 5 ans. À la fin de sa vie utile, la machine aura une valeur de récupération de 10 000 $; quant aux matrices et aux gabarits spéciaux, quel que soit leur nombre d'années de service, ils seront considérés comme des déchets métalliques ne valant que 1 000 $. Le tableau 7.1 nous apprend que le taux de DPA qui s'applique à la fraiseuse est de 30 %, tandis que celui des gabarits et des matrices est de 100 %. Par ailleurs, SIL doit soit acheter, soit construire un entrepôt de 800 m² où elle entreposera le produit avant de l'expédier au client. La société décide d'acheter un bâtiment de 160 000 $ situé près de son usine. À des fins d'amortissement fiscal, on divise comme suit les 160 000 $ que coûte l'entrepôt: 120 000 $ pour le bâtiment (taux de DPA de 4 %) et 40 000 $ pour le terrain. Au bout de 10 ans, le bâtiment aura une valeur de récupération de 80 000 $, mais la valeur du terrain atteindra 110 000 $. On estime que les revenus provenant de l'augmentation de la production se chiffreront à 150 000 $ par année. Par ailleurs, voici les coûts de production additionnels prévus annuellement: matières, 22 000 $, main-d'œuvre, 32 000 $, énergie, 3 500 $ et frais divers, 2 500 $. Pour les besoins de l'analyse, on utilise une durée de vie de 10 ans. Le taux d'imposition marginal et différentiel de SIL est de 40 % et son TRAM, de 18 %. La société n'a pas recours à l'emprunt pour financer le projet. Un taux d'imposition de 20 % s'applique à ses gains en capital[5].

Explication: Ce problème compte trois catégories de biens: la fraiseuse, les gabarits et les matrices, ainsi que l'entrepôt. Le coût amortissable de chacun de ces biens doit être déterminé séparément: au coût de la fraiseuse, on additionne les frais d'aménagement du site; en revanche, du coût de l'entrepôt, on soustrait celui du terrain.

---

5. Le taux d'imposition des gains en capital représente 50 % du taux d'imposition marginal.

- Fraiseuse : 90 000 $ + 10 000 $ = 100 000 $.
- Gabarits et matrices : 12 000 $.
- Entrepôt (bâtiment) : 120 000 $.
- Entrepôt (terrain) : 40 000 $.

Comme les gabarits et les matrices ne durent que 5 ans, on doit faire une hypothèse au sujet de leur coût de remplacement au terme de cette période. Dans ce problème, nous supposons que ce coût est approximativement égal à celui de l'achat initial.

Solution

- SOIT : les éléments de flux monétaires présentés ci-dessus, $t = 40\%$ et TRAM = 18%
- TROUVEZ : le flux monétaire net après impôt et la valeur actualisée équivalente (PE)

Le tableau 9.7 et la figure 9.7 résument les flux monétaires nets après impôt liés au projet d'investissement nécessitant divers éléments d'actif. On présume que la société vendra le bâtiment le 31 décembre de la dixième année. On calcule comme suit la fraction non amortie du coût en capital et l'effet fiscal de la disposition :

$$U_{10} = 120\ 000\$(1 - 2\%)(1 - 4\%)^9 = 81\ 442\$$$
$$G_{10} = t(U_{10} - S_{10}) = 0,4\ (81\ 442\$ - 80\ 000\$)$$
$$= 577\$$$

Voici les effets fiscaux liés à la disposition de chacun des biens :

BIEN	COÛT AMORTISSABLE	VALEUR DE RÉCUPÉRATION (S)	FNACC (U)	PERTES (GAINS) (U – S)	EFFETS FISCAUX DES DISPOSITIONS
Terrain	40 000 $	110 000 $	40 000 $	(70 000) $	(14 000) $
Bâtiment	120 000	80 000	81 442	1 442	577
Fraiseuse	100 000	10 000	3 430	(6 570)	(2 628)
Gabarits et matrices	12 000	1 000	0	(1 000)	(400)

La valeur actualisée équivalente du projet est

$$PE(18\%) = -272\ 000\$ + 63\ 360\$(P/F, 18\%, 1) + 68\ 482\$(P/F, 18\%, 2)$$
$$+ \ldots + 240\ 494\$(P/F, 18\%, 10)$$
$$= 36\ 217\$ > 0,$$

et le TRI de cet investissement est d'environ 21 %, ce qui est supérieur au TRAM. Par conséquent, ce projet est acceptable.

Tableau 9.7 État des flux de trésorerie pour le projet de centre d'usinage de SIL nécessitant divers éléments d'actif

ANNÉE	0	1	2	3	4	5	6	7	8	9	10
ÉTAT DES RÉSULTATS											
Produits		150 000 $	150 000 $	150 000 $	150 000 $	150 000 $	150 000 $	150 000 $	150 000 $	150 000 $	150 000 $
Charges											
Matières		22 000	22 000	22 000	22 000	22 000	22 000	22 000	22 000	22 000	22 000
Main-d'œuvre		32 000	32 000	32 000	32 000	32 000	32 000	32 000	32 000	32 000	32 000
Énergie		3 500	3 500	3 500	3 500	3 500	3 500	3 500	3 500	3 500	3 500
Autres		2 500	2 500	2 500	2 500	2 500	2 500	2 500	2 500	2 500	2 500
DPA											
Bâtiment (4 %)		2 400	4 704	4 516	4 335	4 162	3 995	3 836	3 682	3 535	3 393
Machines (30 %)		15 000	25 500	17 850	12 495	8 747	6 123	4 286	3 000	2 100	1 470
Outils (100 %)		6 000	6 000	—	—	—	6 000	6 000	—	—	—
Bénéfice imposable		66 600	53 796	67 634	73 170	77 092	73 882	75 879	83 318	84 365	85 137
Impôt (40 %)		26 640	21 518	27 054	29 268	30 837	29 553	30 351	33 327	33 746	34 055
Bénéfice net		39 960 $	32 278 $	40 580 $	43 902 $	46 255 $	44 329 $	45 527 $	49 991 $	50 619 $	51 082 $
ÉTAT DES FLUX DE TRÉSORERIE											
Activités d'exploitation											
Bénéfice net		39 960 $	32 278 $	40 580 $	43 902 $	46 255 $	44 329 $	45 527 $	49 991 $	50 619 $	51 082 $
DPA		23 400	36 204	22 366	16 830	12 908	16 118	14 121	6 682	5 635	4 863
Activités d'investissement											
Terrain	(40 000) $										
Bâtiment	(120 000)										
Machines	(100 000)										
Outils (1er cycle)	(12 000)					1 000					
Outils (2e cycle)						(12 000)					
Effets fiscaux des dispositions											
Terrain											(14 000)
Bâtiment											577
Machines											(2 628)
Outils						(400)					(400)
Flux monétaire net	(272 000) $	63 360 $	68 482 $	62 946 $	60 732 $	47 763 $	60 447 $	59 649 $	56 673 $	56 254 $	240 494 $

Note: L'investissement dans les outils (gabarits et matrices) sera répété à la fin de l'année 5 et comportera les mêmes coûts d'achat qu'au début du projet.

Commentaire : Notez que les pertes ou les gains inscrits dans le tableau qui précède peuvent être divisés en deux catégories : les pertes ou les gains relatifs à la DPA et les gains en capital. Seul le montant de 70 000 $ se rapportant au terrain représente un gain en capital, les autres étant des pertes ou des gains relatifs à la DPA survenus au moment de la disposition. Le taux d'imposition pour les gains en capital correspond à 50 % de celui qui s'applique aux gains relatifs à la DPA. Remarquez de plus que l'effet fiscal de la disposition est positif dans le cas d'une perte et négatif dans le cas d'un gain. Il est égal au produit du montant apparaissant dans la colonne des pertes ou des gains multiplié par le taux d'imposition correspondant.

Figure 9.7
Diagramme des flux monétaires

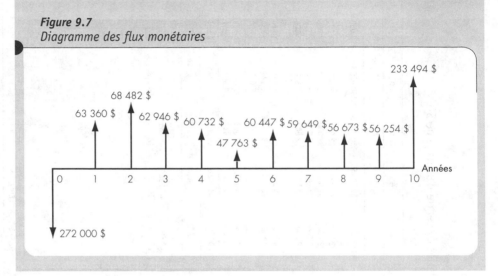

9.3.6   QUAND DES CRÉDITS D'IMPÔT À L'INVESTISSEMENT SONT AUTORISÉS

Comme nous l'avons signalé à la section 8.3.5, le crédit d'impôt à l'investissement (CII) est utilisé pour encourager certains types d'investissement ou pour promouvoir les investissements dans certaines régions du Canada. En effet, une société peut gagner un crédit d'impôt à l'investissement en acquérant certains biens ou en engageant certaines dépenses dans certaines régions géographiques.

Comment adapter notre analyse des flux monétaires de façon à tenir compte des effets des crédits d'impôt ? Voici ce qu'indique la réglementation de l'impôt en vigueur[6]. À la fin de la première année de mise en service du bien, la société soustrait de ses impôts le montant du crédit d'impôt. En même temps, elle doit soustraire le CII du montant servant au calcul des déductions pour amortissement. Cette opération modifiera à la fois les déductions pour amortissement demandées pour ce bien et l'effet fiscal de sa disposition.

---

6. Consultez l'Agence des douanes et du revenu du Canada pour obtenir des détails sur le CII. L'adresse du site Web de l'Agence des douanes et du revenu du Canada est *www.ccra-adrc.gc.ca/menu.html.*

Exemple 9.7

L'effet d'un crédit d'impôt à l'investissement

Reprenez l'exemple 9.6 et supposez qu'un CII de 35 % s'applique exclusivement à l'achat de la fraiseuse et des gabarits et matrices. Quelle est l'incidence du CII sur la rentabilité de l'investissement ?

Solution

- Soit : les flux monétaires nets présentés au tableau 9.6 et CII = 35 %
- Trouvez : la valeur actualisée équivalente (PE)

Le montant du CII relatif à chacun des éléments d'actif est :

$$\text{Fraiseuse :} \qquad 0,35 \times 100\ 000\$ = 35\ 000\$$$
$$\text{Gabarits et matrices :} \quad 0,35 \times 12\ 000\$ = 4\ 200\$.$$

Pour la fraiseuse, le CII est applicable la première année tandis que, pour les gabarits et les matrices, il l'est les première et sixième années. Le nouveau coût amortissable de chacun des éléments d'actif est :

$$\text{Fraiseuse :} \qquad 100\ 000\$ - 35\ 000\$ = 65\ 000\$$$
$$\text{Gabarits et matrices :} \quad 12\ 000\$ - 4\ 200\$ = 7\ 800\$.$$

Les déductions pour amortissement de même que les effets fiscaux relatifs à la disposition de ces deux éléments d'actif seront modifiés. Pour trouver la nouvelle valeur actualisée équivalente, compte tenu du CII, on procède comme suit :

$$\text{Nouvelle PE} = -272\ 000\$ + 99\ 620\$(P/F,\ 18\%,\ 1)$$
$$+ 64\ 072\$(P/F,\ 18\%,\ 2) + \dots + 239\ 808\$(P/F,\ 18\%,\ 10)$$
$$= 60\ 987\$$$
$$\text{Nouveau TRI} = 24\%.$$

Notez que le CII accroît la rentabilité du projet. (Selon l'investissement, le CII peut augmenter la rentabilité de manière relativement négligeable à modérée.) Cette augmentation encouragera certainement la société à entreprendre le projet.

9.4 | LES CALCULS PAR ORDINATEUR

Comme le démontrent les sections précédentes, la création d'un tableau de flux monétaires après impôt peut s'avérer longue et fastidieuse. Le tableur électronique convient donc parfaitement à l'automatisation d'une grande partie des calculs. Par ailleurs, grâce à leurs outils de calcul intégrés pour l'amortissement et les intérêts débiteurs, les tableurs électroniques permettent d'automatiser entièrement l'analyse. Les données de l'exemple 9.4 serviront à illustrer l'utilisation du tableur électronique.

En matière d'analyse économique en ingénierie, les applications les plus prisées du tableur électronique sont celles qui facilitent l'analyse des flux monétaires après impôt. La figure 9.8 montre comment se servir d'Excel pour préparer l'état des flux de trésorerie se rapportant à l'exemple 9.4. On commence par créer des plages pour les données d'entrée et les données de sortie. Dans notre exemple, on traite le taux d'imposition et le taux de rendement requis (TRAM) comme les données d'entrée variables, et la valeur actualisée équivalente (PE) et le TRI comme les données de sortie variables à mesurer. Dans la colonne B, on crée ensuite la liste des éléments nécessaires au calcul du bénéfice net et du flux monétaire net. On entre les valeurs des cellules intitulées **Produits**, **Main-d'œuvre**, **Matières**, **Frais indirects**, **DPA** et **Intérêts débiteurs**. Puis on laisse Excel calculer les valeurs des cellules intitulées **Bénéfice imposable**, **Impôt** et **Bénéfice net**. Ici le montant des impôts sera déterminé par le taux d'imposition inscrit dans la cellule D3. Dans la partie réservée à l'état des flux de trésorerie, on entre les valeurs des cellules intitulées **Investissement**, **Valeur de récupération**, **Fonds de roulement**, **Fonds empruntés** et **Remboursement du capital**. Excel calcule ensuite les valeurs correspondant aux cellules intitulées **Effet fiscal de la disposition** et **Flux monétaire net**. Pour obtenir le montant de l'effet fiscal de la disposition apparaissant dans la cellule H38, on peut utiliser la formule suivante

Cellule H25 = (taux d'imposition)(fraction non amortie du coût en capital − valeur de récupération)

= (taux d'imposition)(coût amortissable − total de la DPA − valeur de récupération)

= D3 * (−C23 − SOMME(D13:H13) − H23)

On n'inscrit que cette formule dans la cellule. Par ailleurs, on peut bien sûr automatiser le calcul des intérêts débiteurs et du capital remboursé à l'aide de la feuille de travail créée au chapitre 3. De même, à l'aide de celle créée au chapitre 7, on peut automatiser les calculs relatifs à la DPA.

Une fois qu'on a obtenu le flux monétaire de l'investissement, l'étape suivante consiste à mesurer la valeur de l'investissement. Les fonctions VAN et TRI permettent de calculer la valeur actualisée équivalente (PE), de même que le taux de rendement de l'investissement (TRI). Notez que la fonction TRI d'Excel donne le taux d'intérêt auquel la valeur actualisée équivalente est égale à zéro. Elle ne calcule le taux de rendement interne que lorsque le projet représente un investissement simple. Ces calculs apparaissent aussi comme des données de sortie à la figure 9.8. Ils ne constituent que les premières possibilités de traitement du tableur électronique. Si on est insatisfait des projections relatives à n'importe lequel des éléments de l'état des résultats, on peut modifier les valeurs des cellules. Ces modifications seront reportées de façon à rajuster le bénéfice net et le flux monétaire net, ce qui donnera de nouveaux montants de PE et de TRI. De toute évidence, le potentiel d'analyse par simulation est presque illimité. À cette fin, on regroupe normalement les paramètres d'entrée au début de la feuille de travail et on établit les formules en tant que fonctions de ces paramètres d'entrée. Quand on modifie un ou plusieurs paramètres, les changements touchant les flux monétaires nets sont immédiatement reportés sur la feuille de travail. Par exemple, le projet serait-il plus ou moins rentable si le TRAM de l'entreprise passait de 18 à 20 % ? Pour répondre à cette question, on change simplement la valeur du TRAM dans le paramètre d'entrée. Excel recalculera la PE en fonction de ce nouveau taux d'intérêt.

Figure 9.8
Utilisation d'Excel pour automatiser la préparation d'un état des flux de trésorerie à l'aide des données de l'exemple 9.4

Microsoft Excel - figure 9.8.xls

Fichier Edition Affichage Insertion Format Outils Données Fenêtre ?

N13 =

	A	B	C	D	E	F	G	H
1		**Exemple 9.4**						
2			**Entrée**			**Sortie**		
3			Taux d'imposition (%) =	40		PE (TRAM) =	44,729	
4			TRAM (%) =	15		TRI (%) =	32%	
5								
6		**Année**	**0**	**1**	**2**	**3**	**4**	**5**
7		**État des résultats**						
8		Produits		100 000 $	100 000 $	100 000 $	100 000 $	100 000 $
9		Charges						
10		Main-d'œuvre		20 000 $	20 000 $	20 000 $	20 000 $	20 000 $
11		Matières		12 000 $	12 000 $	12 000 $	12 000 $	12 000 $
12		Frais indirects		8 000 $	8 000 $	8 000 $	8 000 $	8 000 $
13		DPA (30%)		18 750 $	31 875 $	22 313 $	15 619 $	10 933 $
14		Intérêts débiteurs		6 250 $	5 226 $	4 100 $	2 861 $	1 499 $
15		Bénéfice imposable		35 000 $	22 899 $	33 587 $	41 520 $	47 568 $
16		Impôt (40%)		14 000 $	9 159 $	13 435 $	16 608 $	19 027 $
17		Bénéfice net		21 000 $	13 739 $	20 152 $	24 912 $	28 541 $
18		**État des flux de tréosrerie**						
19		Activité d'exploitation						
20		Bénéfice net		21 000 $	13 739 $	20 152 $	24 912 $	28 541 $
21		DPA		18 750 $	31 875$	22 313 $	15 619 $	10 933 $
22		Activités d'investissement						
23		Investissement	-125 000 $					
24		Récupération						50 000 $
25		Effet fiscal de la disposition						-9 796 $
26		Fonds de roulement	-23 331 $					23 331 $
27		Activités de financement						
28		Remboursement du capital	62 500 $	-10 237 $	-11 261 $	-12 387 $	-13 626 $	-14 988 $
29		**Flux monétaire net**	-85 831 $	29 513 $	34 353 $	30 078 $	26 905 $	88 021 $

Feuil1 / Feuil2 / Feuil3

En résumé

- Identifier et estimer les flux monétaires propres à un projet : voilà sans doute l'aspect le plus ardu de l'analyse économique en ingénierie. Les flux monétaires appartiennent tous à l'une ou l'autre des trois catégories suivantes :
  1. Les activités d'exploitation
  2. Les activités d'investissement
  3. Les activités de financement.

- Voici les éléments les plus courants des flux monétaires auxquels un projet peut donner lieu :
  1. Nouvel investissement
  2. Valeur de récupération et disposition des immobilisations existantes (ou prix de vente net)
  3. Fonds de roulement
  4. Libération du fonds de roulement
  5. Revenus ayant un effet sur la trésorerie/économies
  6. Coûts d'exploitation
  7. Intérêts et remboursements d'emprunt
  8. Impôt et crédits d'impôt.

  Par ailleurs, l'analyse d'un projet peut inclure des déductions pour amortissement, qui, même si elles ne constituent pas des flux monétaires, doivent être comptabilisées.

  Le tableau 9.1 présente ces éléments et les classe selon la catégorie à laquelle ils appartiennent : activités d'exploitation, activités d'investissement et activités de financement.

- En général, on utilise la **méthode de l'état des résultats** pour classer les flux monétaires relatifs à un projet : on les regroupe selon qu'ils proviennent des activités d'exploitation, des activités d'investissement ou des activités de financement.

PROBLÈMES

Note: 1. À moins d'indication contraire, le taux d'imposition marginal cité ne change pas à cause des investissements proposés. 2. Le taux d'actualisation mentionné dans chaque problème correspond au TRAM après impôt. 3. Les montants donnés sont les montants en fin de période.

Niveau 1

9.1*   Voici les données financières relatives à un projet d'investissement:

- Investissement de capitaux requis à $n = 0$: 100 000 $

- Durée de vie du projet: 10 ans

- Valeur de récupération à $N = 10$: 15 000 $

- Revenu annuel: 150 000 $

- Coûts annuels d'E & E (DPA non comprise): 50 000 $

- Bien appartenant à la catégorie 8 à des fins d'amortissement fiscal ($d = 20\%$)

- Taux d'imposition: 40 %.

Déterminez le flux monétaire du projet à la fin de l'année 10.

9.2*   Reprenez le problème 9.1 et présumez que l'entreprise a emprunté tous les capitaux nécessaires à l'investissement, à 10 % d'intérêt pour 10 ans. Si, la 10e année, elle verse les montants suivants:

- capital: 14 795 $

- intérêts: 1 480 $,

quel sera le flux monétaire net à la fin de cette même année?

9.3*   Vous envisagez l'achat de matériel industriel pour agrandir une de vos chaînes de fabrication. Le matériel, qui coûte 100 000 $, a une vie utile estimative de 6 ans. Tenant pour acquis que ce matériel sera financé entièrement par les bénéfices non répartis (capitaux propres) de votre entreprise, un collègue ingénieur fait une estimation des flux monétaires suivants, valeur de récupération nette comprise, à la fin de ce projet:

n	FLUX MONÉTAIRE NET
0	−100 000 $
1 − 5	500 000
6	600 000

Vous considérez aussi la possibilité de financer entièrement le projet en obtenant un emprunt d'une banque locale à 12 % d'intérêt. Vous pouvez conclure une entente vous permettant de ne payer annuellement que les intérêts pendant toute la durée du projet, le remboursement du capital étant reporté à la fin de la 6e année. Le TRAM de votre entreprise est aussi de 12 %. Le taux d'imposition marginal prévu est de 40 %. Si vous décidez d'avoir recours au financement par emprunt plutôt qu'au financement par capitaux propres, quelle est la valeur actualisée équivalente du gain (ou de la perte) économique qui s'ensuivra?

9.4*   Une société se propose d'acheter une machine qui lui permettra d'économiser annuellement 130 000 $ avant impôt.

Son coût d'exploitation, entretien inclus, s'élève à 20 000 $ par année. La société l'utilisera pendant 4 ans, au terme desquels sa valeur de récupération sera nulle. La machine appartient à la catégorie 43, à laquelle s'applique un taux de DPA de 30 %. Si la société vise un taux de rendement de 12 % après impôt, combien peut-elle se permettre de payer cette machine ? Son taux d'imposition se chiffre à 40 %.

9.5* Votre entreprise, qui a besoin d'un compresseur d'air, a éliminé toutes les possibilités sauf deux, A et B. Elle recueille les données financières suivantes :

	MODÈLE A	MODÈLE B
Coût initial	25 000 $	35 000 $
Coûts annuels d'E & E	5 600	3 500
Valeur de récupération	0	4 000
Vie utile	10 ans	10 ans
Taux de DPA	30 %	30 %

Si le taux d'imposition marginal de votre société s'élève à 40 % et que le TRAM est de 20 %, lesquels des énoncés suivants sont incorrects ?

a) Le modèle A est préférable, car il permet d'épargner annuellement 506 $.

b) Le modèle A est préférable, car le taux de rendement différentiel (modèle A − modèle B) dépasse 20 %.

c) Le modèle A est préférable, car la valeur actualisée équivalente des économies qu'il permet de réaliser se chiffre à 2 121 $.

d) Le modèle A est préférable, car le taux de rendement différentiel (modèle B − modèle A) est de 13 %, et donc inférieur à 20 %.

Niveau 2

9.6 La société Kelowna construit des maisons solaires. Comme elle prévoit une augmentation de son volume d'affaires, elle envisage l'acquisition d'une chargeuse coûtant 54 000 $. Ce coût comprend les frais de livraison et les taxes applicables. La société estime que l'achat de la chargeuse donnera lieu aux revenus et aux coûts d'exploitation (DPA non comprise) additionnels suivants :

n	REVENUS ADDITIONNELS	COÛTS ADDITIONNELS (SANS DPA)	DPA PERMISE
1	66 000 $	29 000 $	10 800 $
2	70 000	28 400	17 280
3	74 000	32 000	10 368
4	80 000	38 800	6 221
5	64 000	31 000	5 320
6	50 000	25 000	3 110

On suppose que les revenus provenant du projet seront encaissés au cours de l'année indiquée et que tous les coûts d'exploitation additionnels seront réglés au cours de celle où ils auront été engagés. Par ailleurs, on estime que, à la fin de la sixième année, la valeur de récupération de la chargeuse atteindra 8 000 $. Le taux d'imposition différentiel (marginal) de la société est de 35 %. Si cette dernière acquiert la chargeuse, à combien se chiffrera le flux monétaire après impôt ? À l'aide des données fournies, dressez l'état des flux de trésorerie.

9.7* Un constructeur de véhicules automobiles projette d'acheter un robot industriel pour se charger des travaux de soudage par points présentement exécutés par des travailleurs qualifiés. Le coût initial du robot s'élève à 235 000 $, et les économies de main-d'œuvre prévues annuellement totalisent 122 000 $. Si l'entreprise achète le robot, il sera assujetti à un taux de DPA de 30 %. Elle l'utilisera pendant 7 ans, au terme desquels elle s'attend à le vendre 50 000 $. Son taux d'imposition marginal pour la durée du projet est de 38 %. Déterminez les flux monétaires nets après impôt pour chacune des années du projet.

9.8 Une entreprise de Calgary se propose de commercialiser un répondeur à l'intention des travailleurs autonomes qui aspirent au prestige donné par les services d'une secrétaire, mais n'ont pas les moyens de se les offrir. Le dispositif, appelé Téléréceptionniste, ressemble à un système de messagerie vocale. Grâce à la technique de l'enregistrement numérique, il crée l'illusion qu'une personne dirige le standard d'un bureau où règne une grande activité. La société paie 600 000 $ (100 000 $ pour le terrain et 500 000 $ pour le bâtiment) un bâtiment de 4 000 m², qu'elle transforme en usine d'assemblage en y installant des équipements d'une valeur de 500 000 $. L'usine commence à fonctionner le 1er janvier. La société prévoit réaliser un bénéfice brut annuel de 2 500 000 $ pendant les 5 prochaines années. Les coûts d'exploitation annuels projetés (DPA non comprise) totalisent 1 280 000 $. À des fins d'amortissement fiscal, le bâtiment appartient à la catégorie 1 ($d = 4 \%$) et

le matériel, à la catégorie 43 ($d = 30 \%$). Au bout de 5 ans, la valeur du terrain et du bâtiment aura augmenté de 15 % par rapport au prix d'achat initial. On estime que le matériel d'assemblage aura une valeur résiduelle de 50 000 $ au bout de 5 ans. Par ailleurs, on s'attend à ce que le taux d'imposition marginal de l'entreprise se maintienne à 40 % environ tout au long du projet. Déterminez les flux monétaires après impôt du début à la fin du projet.

9.9 Un entrepreneur en construction routière envisage l'achat d'une trancheuse coûtant 200 000 $ et pouvant creuser en une heure une tranchée de 1 mètre de largeur sur 5 mètres de longueur. Bien entretenue, la machine conservera un taux de production constant pendant les 3 premières années d'exploitation, taux qui décroîtra par la suite de 0,5 mètre l'heure chaque année. La trancheuse doit creuser annuellement 2 000 mètres de tranchée. Ses frais d'exploitation et d'entretien s'élèvent à 15 $ l'heure. Elle appartient à la catégorie 38 de la DPA, à laquelle s'applique $d = 30 \%$. Au bout de 5 ans, l'entrepreneur vendra la trancheuse 40 000 $. Si son taux d'imposition marginal est de 34 % par année, déterminez le flux monétaire annuel après impôt.

9.10 Un fabricant de vêtements pour bambins envisage un investissement destiné à informatiser les domaines suivants de son système d'information de gestion: la planification des besoins en matières, l'impression des coupons de marchandises à la pièce, la facturation et la paie. L'entreprise charge un consultant d'évaluer les besoins en matériel informatique et les frais d'installation initiaux. Voici ce qu'il recommande :

Ordinateurs personnels	
(10 ordinateurs, 4 imprimantes)	65 000 $
Réseau local d'entreprise	15 000
Installation et essai du système	4 000

Les ordinateurs ont une vie utile estimative de 6 ans, avec une valeur de récupération de 1 000 $. Le système proposé est classé parmi les biens de la catégorie 10, à laquelle s'applique $d = 30\%$. On doit avoir recours aux services d'un groupe de consultants en informatique pour mettre au point divers progiciels personnalisés destinés à ces ordinateurs. L'élaboration des progiciels coûte 20 000 $, et cette dépense peut être passée en charges pendant la première année d'imposition. Le nouveau système permettra d'éliminer deux commis, dont les salaires annuels combinés totalisent 52 000 $. On estime que l'utilisation du système entraînera des coûts additionnels de 12 000 $ par année. L'entreprise ne compte pas financer ce projet par emprunt. Le système ne lui donne droit à aucun crédit d'impôt. Par ailleurs, elle s'attend à ce que son taux d'imposition marginal se maintienne à 40 % pendant les 6 prochaines années. Son TRAM est de 18 %. Appliquez la méthode de l'état des résultats pour calculer les flux monétaires après impôt pour la durée de l'investissement.

9.11* La division industrielle de la société Distributeurs automatiques Windsor étudie la demande de son usine de Toronto relativement à l'inclusion d'un

tour à filetage automatique dans le budget des immobilisations de l'année 2000 :

- Nom du projet : Tour à fileter automatique Mazda

- Coût du projet : 48 018 $

- But du projet : Réduire le coût de certaines pièces dont la fabrication est actuellement donnée en sous-traitance par l'usine, diminuer les stocks grâce à un délai de production moins long et améliorer le contrôle de la qualité des pièces. Le coût amortissable du matériel proposé comprend les éléments suivants :

Coût de la machine	35 470 $
Coût des accessoires	6 340
Outillage	2 356
Transport	980
Installation	1 200
Taxe de vente	1 672
Coût total	48 018 $

- Économies prévues : voir le tableau présenté ci-après

- Catégorie 43 de la DPA, $d = 30\%$

- Taux d'imposition marginal : 40 %

- TRAM : 15 %.

a) Déterminez les flux monétaires nets après impôt des 6 années du projet. Supposez une valeur de récupération de 3 500 $.

b) Ce projet est-il acceptable selon le critère de la valeur actualisée équivalente (PE) ?

c) Déterminez le TRI de cet investissement.

ÉLÉMENT	HEURES-MACHINE ACTUELLES	PROPOSÉES	MÉTHODE ACTUELLE	MÉTHODE PROPOSÉE
Installation		350		7 700 $
Opération	2 410	800		17 600
Frais indirects				
Main-d'œuvre				3 500
Charges sociales				8 855
Entretien				1 350
Outillage				6 320
Réparations				890
Fournitures				4 840
Énergie				795
Taxes et assurances				763
Autres coûts pertinents				
Surface utile				3 210
Sous-traitance			122 468 $	
Matières				27 655
Divers				210
Total			122 468 $	83 688 $
Économie relative à l'exploitation				38 780 $

Micro-ordinateur	5 500 $
Imprimante laser	8 500
Dispositif photo/scanneur	10 000
Logiciels	2 000
Coût amortissable total	26 000 $
Coûts annuels d'E & E	10 000

On prévoit que la valeur de récupération de chacun des appareils ne représentera que 10% du coût d'origine au bout de 5 ans. Le taux d'imposition marginal de l'entreprise est de 40%, et le système d'éditique complet appartient à la catégorie 10 de la DPA, à laquelle s'applique $d = 30\%$.

a) Estimez les flux monétaires nets après impôt relatifs à cet investissement.

b) Calculez le TRI de ce projet.

c) Si le TRAM est de 12%, ce projet est-il justifiable?

9.12 Une entreprise paie 18 000 $ par année pour faire imprimer son bulletin d'information mensuel. Or, l'entente conclue avec l'atelier d'imprimerie qui exécute le travail est arrivée à expiration, mais peut être renouvelée pour 5 ans. On s'attend toutefois à ce que les nouveaux frais de sous-traitance augmentent de 12% par rapport à ceux stipulés dans le précédent contrat. L'entreprise peut aussi acheter un système d'édition électronique et une imprimante laser haut de gamme commandée par un micro-ordinateur. Muni des logiciels de traitement de texte/création graphique appropriés, le système permet la composition et l'impression d'un bulletin de qualité éditique. On a de plus besoin d'un dispositif spécial pour imprimer des photos dans le bulletin. Un marchand d'ordinateurs présente les estimations suivantes:

9.13* Un bien appartenant à la catégorie 8 ($d = 20\%$) coûte 100 000 $. On prévoit que, après 6 ans d'usage, il aura une valeur de récupération nulle. Chaque année, il produira des revenus de 300 000 $ et nécessitera des dépenses de 100 000 $ pour la main-d'œuvre et de 50 000 $ pour les matières. Ce sont les seuls revenus et dépenses liés à ce bien. Tenez pour acquis que le taux d'imposition est de 40%.

a) Calculez les flux monétaires après impôt pour la durée du projet.

b) Calculez la valeur actualisée équivalente (PE) en fonction d'un TRAM de 12%. Cet investissement est-il acceptable?

9.14 La société Aluminum Alberta envisage un important investissement de 150 millions de dollars (5 millions pour le terrain, 45 millions pour les bâtiments et 100 millions pour le matériel et l'équipement de fabrication) en vue de produire une matière plus résistante et plus légère, appelée aluminium-lithium, qui augmentera la solidité et l'efficience énergétique des avions. L'aluminium-lithium, vendu seulement depuis quelques années comme solution de rechange aux composites, est susceptible de devenir la matière de choix pour la prochaine génération d'avions tant commerciaux que militaires, car il est beaucoup plus léger que les alliages classiques, composés d'un mélange de cuivre, de nickel et de magnésium servant à durcir l'aluminium. L'aluminium-lithium présente aussi l'avantage de coûter moins cher que les composites. Selon les prévisions de la société, cette matière représentera environ 5 % du poids de la structure de l'avion commercial moyen d'ici 5 ans, et 10 % d'ici 10 ans. L'usine proposée, dont la vie utile estimative est de 12 ans, aura une capacité de production d'environ 10 millions de kilogrammes d'aluminium-lithium, mais on ne produira en réalité que 3 millions de kilogrammes les quatre premières années, 5 millions les trois années suivantes puis 8 millions jusqu'à la fin du projet. Il en coûtera 12 $ pour produire 1 kg d'aluminium-lithium, que la société prévoit vendre 17 $. Le bâtiment sera amorti en fonction de $d = 4\%$ et prêt à être mis en service le 1er juillet de la première année. L'ensemble du matériel et de l'équipement de fabrication sera classé parmi les biens de la catégorie 43, à laquelle s'applique $d = 30\%$.

À la fin du projet, le terrain vaudra 8 millions de dollars, le bâtiment, 30 millions, et le matériel, 10 millions. Si le taux d'imposition marginal de la société est de 40 % et le taux d'imposition applicable à ses gains en capital, de 20 %,

a) déterminez les flux monétaires nets après impôt.

b) déterminez le TRI de cet investissement.

c) déterminez si le projet est acceptable ou non en fonction d'un TRAM de 15 %.

9.15* Un fabricant d'automobiles projette d'installer un système informatisé de conception graphique tridimentionnelle (3-D) coûtant 200 000 $ (matériel et logiciels compris). Grâce à ce système 3-D, les concepteurs seront en mesure d'examiner leur dessin sous de nombreux angles et de bien évaluer l'espace nécessaire au moteur et aux passagers. L'information numérique utilisée pour créer le modèle informatisé peut être révisée en collaboration avec les ingénieurs, et les données peuvent servir à commander des fraiseuses qui fabriquent des maquettes avec rapidité et précision. Le fabricant prévoit une diminution de 22 % du délai d'exécution nécessaire à la conception d'un nouveau modèle de voiture (de la configuration au modèle définitif). Les économies escomptées totalisent 250 000 $ par année. Par ailleurs, les frais de formation, d'exploitation et d'entretien relatifs au nouveau système sont estimés à 50 000 $ par année. Le système, qui a une vie utile de 5 ans, peut être classé parmi les biens de la catégorie 43 de la DPA, à laquelle s'applique $d = 30\%$. Sa valeur de récuparation estimative se chiffre à 5 000 $. Le taux d'imposition marginal du fabricant est de 40 %. Déterminez les flux monétaires annuels relatifs à cet investissement.

9.16   Un ingénieur des installations envisage un investissement de 50 000 $ dans un système de gestion de l'énergie (SGE), grâce auquel on devrait réaliser des économies annuelles de 10 000 $ sur les factures de services publics pendant N années. Après N années, le SGE aura une valeur de récupération nulle. Effectuez une analyse après impôt pour déterminer le nombre d'années que N doit représenter pour que le taux de rendement du capital investi atteigne 10 %. Tenez pour acquis que le bien fait partie de la catégorie 10 de la DPA, à laquelle s'applique $d = 30\%$, et que le taux d'imposition est de 35 %.

9.17*   Une société projette d'acheter une machine qui lui fera économiser annuellement 130 000 $ avant impôt. Ses frais d'exploitation, entretien compris, s'élève à 20 000 $ par année. La société s'en servira pendant 5 ans, au terme desquels la valeur de récupération sera nulle. Présumez que le taux de DPA de la machine est de 30 %. La société a un taux d'imposition marginal de 40 %. Si elle vise un TRI de 12 % après impôt, combien peut-elle se permettre de payer cette machine ?

9.18   La société Ampex fabrique une grande variété de cassettes destinées aux marchés public et privé. Comme la pro-

duction des cassettes VHS fait l'objet d'une concurrence de plus en plus vive, Ampex cherche à vendre son produit à des prix compétitifs. Présentement, elle possède 18 chargeurs qui introduisent des bandes magnétiques dans des boîtiers VHS de un demi-pouce. Chaque chargeur nécessite un opérateur par période de travail. À l'heure actuelle, la société produit hebdomadairement 25 000 cassettes de un demi-pouce, à raison de 15 périodes de travail, 50 semaines par année.

Afin de réduire le coût unitaire, Ampex peut acheter des boîtiers lui coûtant 0,15 $ de moins (chacun) que ceux qu'elle fabrique actuellement. Un fournisseur lui garantit un prix de 0,77 $ par boîtier pour les trois prochaines années. Toutefois, les chargeurs existants sont incapables d'introduire les bandes dans les boîtiers proposés. Pour s'adapter à ces derniers, Ampex doit acheter huit chargeurs KING-2500 coûtant 40 000 $ chacun. Pour que ces nouvelles machines fonctionnent convenablement, elle doit aussi acheter du matériel de manutention valant 20 827 $, ce qui porte le total du coût en capital à 340 827 $. Beaucoup plus rapides, les nouvelles machines dépasseront la demande actuelle de 25 000 cassettes par semaine. Chaque chargeur nécessitera deux opérateurs par période de travail, à raison de trois périodes de travail par jour, 5 jours par semaine. Les nouvelles machines appartiennent à la catégorie 43 de la DPA, à laquelle s'applique $d = 30\%$, et leur vie utile estimative est de huit ans. À la fin du projet, Ampex prévoit que la valeur marchande de chaque chargeur sera de 3 000 $.

Le salaire moyen des nouveaux employés dont l'entreprise a besoin s'élève à 8,27 $ l'heure, plus 23 % pour les avantages sociaux, soit un total de 10,17 $ l'heure. Comme le fonctionnement des nouveaux chargeurs est simple, la formation aura une incidence négligeable sur le projet. On prévoit que les frais d'exploitation, entretien compris, demeureront les mêmes pour les nouveaux chargeurs : l'analyse n'en tiendra donc pas compte. Les recettes provenant du projet correspondront aux économies annuelles de matières, 0,15 $ de moins par cassette, et de main-d'œuvre, deux employés de moins par période de travail, soit 187 500 $ et 122 065 $, respectivement. Si Ampex achète les nouveaux chargeurs, elle enverra les anciens dans d'autres usines où ils serviront d'appareils de secours : il n'y aura donc pas de disposition. Le taux d'imposition marginal de la société est de 40 %.

a) Déterminez les flux monétaires après impôt pour la durée du projet.

b) Déterminez le TRI de cet investissement.

c) Cet investissement est-il rentable si le TRAM est de 15 % ?

9.19* La société Machinerie Michel projette d'étendre sa gamme actuelle de mandrins. Pour ce faire, elle a besoin de machines valant 500 000 $, de même que d'un bâtiment de 1,5 million de dollars pour abriter les nouvelles installations. Elle doit aussi investir 250 000 $ dans le terrain et 150 000 $ dans le fonds de roulement. Par ailleurs, elle estime que le produit donnera lieu à des ventes additionnelles totalisant

675 000 $ par année pendant 10 ans, au terme desquels le terrain pourra être vendu 500 000 $, le bâtiment, 700 000 $ et le matériel, 50 000 $. La société recouvrera entièrement son investissement dans le fonds de roulement. Les sorties de fonds annuelles relatives à la main-d'œuvre, aux matières et à toutes les autres charges sont estimées à 425 000 $. Le taux d'imposition de l'entreprise est de 40 % et celui applicable à ses gains en capital, de 20 %. Le bâtiment sera amorti en fonction de $d = 4\%$. L'usine sera classée parmi les biens de la catégorie 43, à laquelle s'applique $d = 30\%$. De plus, on sait que le TRAM de la société s'élève à 15 % après impôt.

Déterminez les flux monétaires nets après impôt de cet investissement. L'expansion est-elle justifiable ?

9.20 Un ingénieur industriel qui travaille pour l'usine de textile Winnipeg propose l'achat d'appareils de détection à balayage destinés à l'entrepôt et aux salles de tissage. L'ingénieur croit que, grâce à ce matériel, qui permet d'enregistrer l'emplacement des boîtes et de conserver les données sur ordinateur, on pourra améliorer le système de localisation des boîtes placées dans l'entrepôt. Voici les données relatives au projet :

- Coût du matériel et de l'installation : 44 500 $

- Durée du projet : 6 ans

- Valeur de récupération prévue : 0 $

- Investissement dans le fonds de roulement (entièrement recouvrable à la fin du projet) : 10 000 $

- Économies de main-d'œuvre et de matières prévues: 62 800 $

- Charges annuelles prévues: 8 120 $

- Méthode d'amortissement: catégorie 8 de la DPA, $d = 20\%$.

Le taux d'imposition marginal de la société est de 35 %.

a) Déterminez les flux monétaires nets après impôt pour la durée du projet.

b) Calculez le TRI de cet investissement.

c) Si le TRAM est de 18 %, ce projet est-il acceptable ?

9.21* La société de produits chimiques Sarnia envisage d'investir dans un nouveau matériau composite. Les ingénieurs en recherche et développement (R & D) étudient des combinaisons métal-céramique et céramique-céramique inhabituelles en vue de créer des matériaux capables de supporter des températures élevées, comme celles auxquelles sera soumise la prochaine génération de moteurs d'avions de chasse à réaction. La société prévoit une période de R & D de 3 ans avant que ces nouveaux matériaux puissent entrer dans la fabrication de produits commerciaux. On présente aux gestionnaires l'information financière suivante:

- Coût de R & D: 5 millions de dollars répartis sur une période de 3 ans: 0,5 million à la fin de la 1re année, 2,5 millions à la fin de la 2e année et 2 millions à la fin de la 3e année. Ces dépenses seront passées en charges et non amorties à des fins fiscales.

- Investissement de capitaux: 5 millions de dollars au début de la 4e année, soit 2 millions dans un bâtiment et 3 millions dans les installations de production. La société possède déjà un terrain où construire le bâtiment.

- Méthode d'amortissement: bâtiment (bien de la catégorie 1) et installations de production (bien de la catégorie 43).

- Durée du projet: 10 ans après la période de R & D de 3 ans.

- Valeur de récupération: 10 % du montant initial investi dans les installations et 50 % de celui investi dans le bâtiment (à la fin de leur vie utile de 10 ans).

- Ventes totales: 50 millions de dollars (à la fin de la 4e année) avec une croissance annuelle de 10 % par année (taux de croissance composé) pendant les 6 premières années (de la 4e à la 9e année) et de −10 % (taux de croissance composé négatif) par année jusqu'à la fin du projet.

- Charges d'exploitation et d'entretien: 80 % des ventes annuelles.

- Fonds de roulement: 10 % des ventes annuelles. Ce montant varie suivant les ventes de l'année. Il est investi au début d'une année et recouvré à la fin de cette même année.

- Taux d'imposition marginal: 40 %.

a) Déterminez les flux monétaires nets après impôt pour la durée du projet.

b) Déterminez le TRI de cet investissement.

c) Déterminez la valeur équivalente annuelle de cet investissement pour chacune des 13 années du projet, en fonction d'un TRAM de 20 %.

9.22 Consultez les données du problème 9.6 concernant la société Kelowna. Si cette dernière prévoit financer par emprunt l'investissement initial (54 000 $) et payer 10 % d'intérêt pendant 2 ans (versements annuels égaux de 31 114 $), déterminez les flux monétaires nets du projet.

9.23 Pour financer le robot industriel, l'entreprise dont il est question au problème 9.7 empruntera auprès d'une banque locale le montant complet et le remboursera à raison de 50 000 $ par année, plus 12 % d'intérêt sur le solde impayé jusqu'au remboursement total. Déterminez les flux monétaires nets pour la durée du projet.

9.24 Consultez les données se rapportant à l'entreprise de vêtements pour enfants présentées au problème 9.10. Présumez que l'entreprise empruntera pour 5 ans l'investissement initial de 84 000 $ d'une banque locale à un taux d'intérêt de 11 % (cinq versements annuels égaux). Recalculez le flux monétaire après impôt.

9.25* La société Moulage sous pression Montréal se propose d'installer une nouvelle machine industrielle à son usine. La machine, qui coûte 250 000 $ installée, produira des revenus additionnels de 80 000 $ par année et permettra d'économiser 50 000 $ par année sur la main-d'œuvre et les matières. Elle sera financée au moyen d'un emprunt bancaire de 150 000 $, dont le capital sera remboursé en trois versements annuels égaux, plus 9 % d'intérêt sur le solde impayé. Elle appartient à la catégorie 43 de la DPA, à laquelle s'applique $d = 30\%$. La vie utile de cette machine industrielle est de 10 ans, au terme desquels elle sera vendue 20 000 $. Le taux d'imposition marginal global est de 40 %.

a) Trouvez le flux monétaire après impôt de chacune des années du projet à l'aide de la méthode de l'état des résultats.

b) Calculez le TRI de cet investissement.

c) Si le TRAM est de 18 %, ce projet est-il justifiable sur le plan économique ?

9.26 Voici l'information financière concernant le projet de réoutillage d'un fabricant d'ordinateurs :

• Le projet coûte 2 millions de dollars, et sa durée est de 5 ans.

• Il peut être classé parmi les biens de la catégorie 43, à laquelle s'applique $d = 30\%$.

• À la fin de la cinquième année, tous les biens détenus relativement au projet seront vendus. La valeur de récupération prévue représente environ 10 % du coût initial du projet.

- Le fabricant financera 40 % de l'investissement en empruntant auprès d'une institution financière à un taux d'intérêt de 10 %. L'emprunt devra être remboursé en cinq versements annuels égaux.

- Son taux d'imposition différentiel (marginal) est de 35 %.

- Son TRAM est de 18 %.

Compte tenu des données qui précèdent,

a) déterminez les flux monétaires après impôt.

b) calculez la valeur actualisée équivalente de ce projet.

9.27* Une usine de pièces d'automobile désire ajouter deux camions de livraison à sa flotte actuelle. Les camions coûtent 50 000 $ chacun, et l'entreprise prévoit les utiliser pendant 5 ans. À la fin de la cinquième année, la valeur de récupération de chacun de ces camions s'élèvera environ à 5 000 $. La flotte appartient à la catégorie 10, à laquelle s'applique $d = 30 \%$. Le financement de 40 % du coût initial (soit 40 000 $) proviendra d'une banque locale, et l'argent sera prêté à 12 % d'intérêt pour 3 ans. L'emprunt sera remboursé en trois versements annuels égaux. Comme ces camions accéléreront la livraison des pièces aux clients, l'entreprise compte réaliser des revenus additionnels pendant les 5 prochaines années. Elle a déjà calculé le bénéfice net prévu et l'a inscrit dans l'état des flux de trésorerie qui suit.

ÉLÉMENTS DU FLUX MONÉTAIRE	FIN DE LA PÉRIODE					
	0	1	2	3	4	5
Bénéfice net		30 000	40 000	42 500	40 000	35 800
DPA		15 000	—	17 850	—	—
Investissement	−100 000					10 000
Effet fiscal de la disposition				—		
Emprunt/ remboursement du capital	+40 000	—	—	—	—	—
Flux monétaire net	—	—	—	—	—	—

a) Compte tenu d'un taux d'imposition de 35 %, complétez le flux monétaire en vous appuyant sur les informations qui précèdent.

b) Calculez la valeur actualisée équivalente (PE) de ce projet, si le TRAM est de 18 %.

c) Calculez le TRI de ce projet.

9.28 On projette d'acheter un tour à mandrin entièrement automatique valant 35 000 $. Le projet sera financé par un emprunt remboursable en six versements égaux de fin d'exercice, dont l'intérêt de 12 % se compose annuellement. On prévoit que la machine assurera des recettes de 10 000 $ pendant 6 ans et sera amortie en fonction de $d = 30 \%$. On estime que, au bout de 6 ans, sa valeur de récupération s'élèvera à 3 000 $. Le taux d'imposition est de 36 % et le TRAM, de 15 %.

a) Déterminez le flux monétaire après impôt relatif à cette immobilisation pour chacune des 6 années du projet.

b) Appliquez le critère de la valeur actualisée équivalente (PE) pour déterminer si ce projet est acceptable.

9.29 Une société industrielle envisage l'acquisition d'une nouvelle presse à injection coûtant 100 000 $. En raison de changements rapides dans la combinaison des produits, elle s'attend à ce que cette machine ne dure que 8 ans, au terme desquels la valeur de récupération sera de 10 000 $. Les coûts d'exploitation annuels sont évalués à 5 000 $. L'addition de cette machine aux installations de production en place devrait assurer des revenus de 40 000 $. Comme la société ne peut puiser que 60 000 $ dans ses capitaux propres, elle doit emprunter les 40 000 $ restants à 10 % d'intérêt par année et rembourser le capital et les intérêts en huit versements annuels égaux. La société est assujettie à un taux d'imposition marginal de 40 %. Tenez pour acquis que le bien appartient à la catégorie 43, à laquelle s'applique $d = 30 \%$.

a) Déterminez les flux monétaires après impôt.

b) Déterminez la valeur actualisée équivalente (PE) de ce projet, en fonction d'un TRAM de 14 %.

9.30* Disons que le coût initial d'un bien est de 6 000 $, sa vie utile, de 5 ans, sa valeur de récupération, de 2 000 $ après 5 ans et qu'il assure des rentrées nettes avant impôt de 1 500 $ par année. L'entreprise est assujettie à un taux

d'imposition marginal de 35 %. Le bien fait partie de la catégorie 8, à laquelle s'applique $d = 20 \%$.

a) Utilisez la méthode de l'état des résultats pour déterminer le flux monétaire après impôt.

b) Reprenez la partie a) en présumant que l'investissement sera entièrement financé par un emprunt bancaire à 9 % d'intérêt.

c) Supposons que l'entreprise ait le choix entre les modes de financement dont il est question en a) et en b). Justifiez par des calculs votre choix de l'option la plus avantageuse, en fonction d'un taux d'actualisation de 9 %.

9.31* Une entreprise de construction envisage la possibilité d'acquérir un nouvel engin de terrassement, dont le prix d'achat s'élève à 100 000 $. Un montant supplémentaire de 25 000 $ est nécessaire pour le modifier en vue d'une utilisation spéciale. Classé parmi les biens de la catégorie 38, à laquelle s'applique $d = 30 \%$, l'engin sera vendu 50 000 $ au bout de 5 ans (durée du projet). Son achat n'aura pas d'incidence sur les revenus de l'entreprise, mais on estime qu'elle lui fera économiser 60 000 $ par année sur ses coûts d'exploitation avant impôt, surtout sur le plan de la main-d'œuvre. Le taux d'imposition marginal de l'entreprise est de 40 %. Présumez que l'investissement initial sera financé par un emprunt bancaire à 10 % d'intérêt, remboursable annuellement. Déterminez les flux monétaires après impôt en appliquant la méthode de l'état des résultats, ainsi que la valeur actualisée équivalente du projet, sachant que le TRAM de l'entreprise est de 12 %.

9.32 Boréalair, importante société aérienne qui transporte actuellement 54 % des passagers qui voyagent au centre du Canada, examine la possibilité d'ajouter à sa flotte un nouvel avion long-courrier. L'avion à l'étude est le « Funjet » McDonnell Douglas DC-9-532, dont le prix proposé s'élève à 60 millions de dollars l'unité. McDonnell Douglas exige un versement initial de 10 % au moment de la livraison ; le reste du montant est payable sur une période de 10 ans, à 12 % d'intérêt se composant annuellement. En fait, selon le calendrier de remboursement, seuls les intérêts seront payés pendant 10 ans, et ce n'est qu'à la fin de cette période que le montant de capital original devra être remboursé. Boréalair estime que l'ajout de cet avion à sa flotte actuelle entraînera des rentrées annuelles de 35 millions de dollars et des frais d'exploitation et d'entretien supplémentaires de 20 millions par année. L'avion a une vie utile estimative de 15 ans et une valeur de récupération représentant 15 % du prix d'achat initial. Si la société l'achète, il sera amorti à titre de bien de la catégorie 9, à laquelle s'applique $d = 25 \%$. Le taux d'imposition marginal global de Boréalair (taux fédéral et provincial combinés) est de 38 % et son taux de rendement acceptable minimal, de 18 %.

a) À l'aide de la méthode de l'état des résultats, déterminez le flux monétaire relatif au financement par emprunt.

b) Le projet est-il acceptable ?

Niveau 3

9.33 Machinerie Saskatoon inc. fabrique des forets. L'un des procédés de fabrication, appelé pose de plaquettes, consiste à insérer une pointe au carbure dans les forets afin d'en augmenter la résistance et la durabilité. Ce procédé exige habituellement quatre ou cinq opérateurs, selon la charge de travail hebdomadaire. Les mêmes opérateurs sont affectés à l'opération d'estampage, au cours de laquelle le calibre du foret et le logo de la société sont gravés dans l'outil. La société envisage l'achat de trois machines automatiques pour remplacer les opérations manuelles de pose de plaquettes et d'estampage. Si elle décide d'automatiser ces dernières, ses ingénieurs devront adapter la forme des pointes au carbure qui seront utilisées par la machine. Leur nouvelle forme nécessitera moins de carbure, d'où une économie de matière. Voici les données financières compilées :

- Durée du projet : 6 ans.

- Économies annuelles prévues : réduction des frais de main-d'œuvre, 56 000 $; réduction des besoins de matières, 75 000 $; autres avantages (réduction du nombre de cas de syndrome du canal carpien et de problèmes connexes), 28 000 $; réduction des frais indirects, 15 000 $.

- Coûts annuels d'E & E prévus : 22 000 $.

- Machines à poser les plaquettes et préparation du site : coût du matériel (trois machines), livraison comprise, 180 000 $; préparation du site, 20 000 $.

- Valeur de récupération: 30 000 $ (trois machines) au bout de 6 ans.

- Méthode d'amortissement: catégorie 43, $d = 30\%$.

- Investissement dans le fonds de roulement: 25 000 $ au début du projet; ce montant sera recouvré en entier à la fin du projet.

- Autres données comptables: taux d'imposition marginal de 39%, TRAM de 18%.

Pour réunir 200 000 $, la société étudie les options suivantes:

- Option 1: utiliser ses bénéfices non répartis pour financer les machines.

- Option 2: obtenir un emprunt à terme à 12% d'intérêt pour 6 ans (six versements annuels égaux).

Déterminez les flux monétaires nets après impôt relatifs à chacune des options de financement.

À combien se chiffre la valeur actualisée équivalente du projet si la société finance le matériel par emprunt?

Recommandez à la société l'option de financement la plus avantageuse pour elle.

9.34 Un fabricant d'aliments cuisinés d'envergure internationale a besoin de 50 000 000 kWh d'énergie électrique par année, avec une demande maximale de 10 000 kW. Le service public local exige actuellement 0,085 $ le kWh, un tarif qu'on considère élevé dans ce secteur d'activité. Étant donné

la très grande consommation d'énergie de l'entreprise, ses ingénieurs envisagent l'installation d'une centrale à turbine à vapeur. Trois types de centrale sont à l'étude (les montants sont en milliers de dollars):

	CENTRALE A	CENTRALE B	CENTRALE C
Investissement total	8 530 $	9 498 $	10 546 $
Coût d'exploitation annuel			
Combustible	1 128	930	828
Main-d'œuvre	616	616	616
Entretien	150	126	114
Fournitures	60	60	60
Assurances et taxes foncières	10	12	14

On estime la vie utile de chacune des centrales à 20 ans. L'investissement sera assujetti à un taux de DPA de 10%. La valeur de récupération estimative représente environ 10% de l'investissement initial. Le TRAM de l'entreprise est de 12% et son taux d'imposition marginal, de 39%.

a) Déterminez le coût unitaire de l'énergie ($/kWh) pour chacune des centrales.

b) Quelle centrale produirait l'énergie la plus économique?

9.35* La société minière Morrierville étudie la possibilité d'implanter une nouvelle méthode d'exploitation à sa mine de Lenoir. La méthode, appelée extraction par longue taille, est exécutée par un robot. Celui-ci retire le charbon, non pas en creusant un tunnel comme le ferait un ver dans une pomme, processus qui laisse davantage de charbon en place qu'il n'en extrait, mais en effectuant des mouvements de va-et-vient couvrant méthodiquement toute la largeur du gisement visé, si bien qu'il dévore à peu près tout. Grâce à cette technique, on peut extraire environ 75 % du charbon disponible, comparativement à 50 % dans le cas de la méthode d'exploitation classique, qui utilise en grande partie des machines creusant des galeries. Par surcroît, le charbon peut être récupéré beaucoup plus économiquement. En ce moment, à Lenoir seulement, la société extrait 5 millions de tonnes par année avec 2 200 travailleurs. En installant deux robots, elle sera en mesure d'extraire 5 millions de tonnes avec seulement 860 travailleurs. (Un robot peut extraire plus de 6 tonnes de charbon à la minute.) Malgré les pertes d'emploi, le syndicat des Mineurs unis est généralement en faveur de l'extraction par longue taille pour deux raisons. En effet, voici ce qu'en disent les représentants syndicaux : 1) «Des opérations hautement productives assurant à nos membres des salaires et des avantages sociaux satisfaisants sont de loin préférables à des conditions obligeant 2 200 chargeurs de wagonnets à vivre dans la misère.» et 2) «La méthode d'extraction par longue taille est par nature beaucoup plus sûre.» La société projette les données financières suivantes relativement à l'implantation de la méthode d'extraction par longue taille :

Installation des robots (2 unités)	9,3 millions de dollars
Quantité totale de charbon exploitable	50 millions de tonnes
Capacité d'extraction annuelle	5 millions de tonnes
Durée du projet	10 ans
Valeur de récupération estimative	0,5 million de dollars
Besoins de fonds de roulement	2,5 millions de dollars
Rentrées additionnelles prévues :	
Économies de main-d'œuvre	6,5 millions de dollars
Prévention des accidents	0,5 million de dollars
Gain de productivité	2,5 millions de dollars
Coûts additionnels prévus :	
Coûts d'E & E	2,4 millions de dollars

a) Estimez les flux monétaires nets après impôt de la société pour la durée du projet, si la société est autorisée à utiliser la méthode de l'amortissement proportionnel à l'utilisation pour calculer la DPA. Son taux d'imposition marginal est de 40 %. Trouvez la valeur actualisée équivalente si le TRAM est de 15 %.

b) Estimez les flux monétaires nets après impôt, si le taux de DPA s'appliquant aux robots est de 30 %. Trouvez la valeur actualisée équivalente si le TRAM est de 15 %.

9.36 La société Pièces nationales inc., fabricant de pièces d'automobile, envisage l'achat d'un système de prototypage rapide afin de réduire le temps consacré aux applications relatives au façonnage, à l'ajustement et au fonctionnement des prototypes de pièces d'automobile. Elle fait appel à un consultant pour évaluer les besoins de départ en matériel informatique, de même que les frais d'installation. Voici ses estimations :

- Matériel de prototypage : 187 000 $.

- Matériel de post-traitement : 25 000 $.

- Entretien : 36 000 $ par année par le fabricant du matériel.

- Résine : consommation annuelle de polymère liquide : 1 600 litres à 87,50 $ le litre.

- Préparation du site : pour installer le système de prototypage rapide, il faut apporter des modifications à l'usine. (Certaines résines liquides contiennent une substance toxique, de sorte que la zone de travail doit être bien ventilée.)

- La vie utile estimative du système proposé est de 6 ans et sa valeur de récupération, de 30 000 $. Il est classé parmi les biens de la catégorie 43. Par ailleurs, l'entreprise doit embaucher un groupe de consultants en informatique pour concevoir des logiciels sur mesure pour ces systèmes. Ces frais de conception, qui s'élèveront à 20 000 $, peuvent être passés en charges au cours de la première année d'imposition. Grâce au nouveau système, le temps nécessaire à la création des prototypes sera réduit de 75 % et les déchets de matières (résine), de 25 % ; ces réductions du temps et des déchets feront économiser chaque année à l'entreprise 114 000 $ et 35 000 $, respectivement. L'entreprise s'attend à ce que son taux d'imposition marginal demeure à 40 % pendant les 6 prochaines années. Son TRAM est de 20 %.

a) Si l'investissement initial est entièrement financé par les bénéfices non répartis (financement par capitaux propres) de l'entreprise, déterminez les flux monétaires après impôt pour la durée du projet. Calculez la valeur actualisée équivalente (PE) de cet investissement.

b) Si l'investissement initial est entièrement financé par une banque locale à un intérêt de 13 % se composant annuellement, déterminez les flux monétaires nets après impôt pour la durée du projet. Calculez la valeur actualisée équivalente de cet investissement.

c) En vous appuyant sur le taux de rendement de l'investissement différentiel, trouvez la meilleure option de financement.

CHAPITRE 10

Les décisions concernant le budget des investissements

La Southeastern Coca-Cola Bottling Company entrepose l'essence utilisée par sa flotte de camions dans des réservoirs souterrains[1]. L'Agence de protection de l'environnement américaine (EPA) exige que tous les réservoirs de ce type soient améliorés pour être conformes aux normes de 2002 ou qu'ils soient remplacés d'ici cette date. Les réservoirs installés avant 1981 ne peuvent pas être améliorés et doivent être remplacés d'ici 2002. Les réservoirs installés entre 1981 et 1987 doivent être améliorés d'ici 2002, puis remplacés dans les 10 années suivantes. Les réservoirs installés en 1987 et après peuvent être complètement améliorés conformément aux normes de 2002. Ils devraient ensuite avoir une durée de vie de 30 ans.

Une fosse souterraine peut contenir plusieurs réservoirs. Tous les réservoirs d'une fosse sont améliorés ou remplacés simultanément. Avant l'amélioration ou le remplacement, on devra procéder à une inspection annuelle de chaque réservoir au coût d'environ 900 $ par réservoir. Certains sites contiennent plusieurs fosses souterraines. Les fosses d'un site donné peuvent être améliorées ou remplacées soit individuellement, soit en bloc. Des économies d'échelle sont possibles si l'on procède à l'amélioration ou au remplacement de tous les réservoirs d'un site en même temps.

L'entreprise possède 17 fosses réparties dans 11 sites différents du Sud-Est américain. Puisqu'elle peut choisir entre améliorer ou remplacer chaque fosse et modifier chaque fosse individuellement ou conjointement avec d'autres situées dans un même site, elle doit considérer plus de 340 options. Elle souhaite se conformer à toutes les exigences de l'EPA dans un horizon de 25 ans.

Si aucune contrainte budgétaire n'existait, ce problème de remplacement serait simple : il suffirait de choisir, pour chaque fosse ou groupe de fosses, l'option la moins coûteuse. Cependant, le remplacement ou l'amélioration de tous les réservoirs au cours d'une période de 25 ans coûterait plus de 1 500 000 $, et l'entreprise prévoit que son budget de remplacement annuel des réservoirs sera de 200 000 $ ou moins. Puisque le projet doit être mis en œuvre sur une longue période, le coût du capital de l'entreprise aura tendance à fluctuer pendant la vie utile du projet. Dans ce cas, le choix d'un taux d'intérêt approprié (TRAM) pour l'évaluation de ce projet revêt une importance toute particulière. Étant donné ces restrictions d'ordre budgétaire et d'ordre général, l'entreprise veut déterminer la stratégie de remplacement/amélioration la moins coûteuse pour la période de 25 ans. Elle souhaite également minimiser l'enveloppe budgétaire maximale qu'elle doit réserver chaque année à ce projet.

Le présent chapitre donne une vue d'ensemble de l'**établissement du budget des investissements**, qui nécessite des décisions d'investissement relatives à des immobilisations. Le **budget des investissements** correspond à l'ensemble des dépenses d'immobilisations prévues, tandis que l'**établissement du budget des investissements** est le processus consistant à analyser des projets et à déterminer s'ils doivent ou non

1. Ce cas a été rédigé par V. E. Unger, professeur à l'université Auburn, en collaboration avec William Garvin, de Hazclean Environmental Consultants Inc., et Elbert Mullis, de la Coca-Cola Bottling Company.

figurer dans le budget des investissements. Les chapitres précédents ont porté plus particulièrement sur les méthodes permettant d'évaluer et de comparer des projets d'investissement, c'est-à-dire le volet analytique du choix des investissements. Ce chapitre s'intéresse plus précisément à son aspect budgétaire. Pour prendre les bonnes décisions concernant le budget des investissements, il faut choisir le mode de financement des projets, élaborer le plan des occasions d'investissement et estimer le taux de rendement acceptable minimal (TRAM).

10.1 | LES MODES DE FINANCEMENT

Les chapitres précédents ont surtout décrit des problèmes touchant les décisions d'investissement. Dans les faits, les décisions d'investissement ne sont pas toujours indépendantes de la source de financement. Dans une analyse économique, il est cependant pratique de séparer les décisions d'investissement des décisions de financement : on choisit d'abord le projet d'investissement, puis les sources de financement. Une fois les sources choisies, on apporte les modifications qui s'imposent à la décision d'investissement.

Nous avons également présumé que les immobilisations utilisées dans un projet d'investissement sont acquises avec le capital de l'entreprise (ses bénéfices non répartis) ou par des emprunts à court terme. Au quotidien, cela n'est pas toujours souhaitable, ni même possible. Si l'investissement exige une injection considérable de capitaux, l'entreprise peut obtenir ces fonds en émettant des actions. Elle peut également emprunter en émettant des obligations pour financer les achats nécessaires. Dans la présente section, nous traiterons d'abord des méthodes qu'une entreprise typique peut utiliser pour obtenir de nouveaux capitaux de sources externes. Nous décrirons ensuite les effets du financement externe sur les flux monétaires après impôt et les effets de la décision d'emprunter sur la décision d'investir.

Deux grands choix s'offrent à une entreprise souhaitant financer un projet d'investissement : le **financement par actions** et le **financement par emprunt**[2]. Nous étudierons brièvement ces deux façons d'obtenir des fonds externes pour investir et examinerons également leurs effets sur les flux monétaires après impôt. Avant tout, nous présenterons la terminologie et les définitions de base relatives aux actions, qui seront utilisées dans les sections subséquentes ainsi que dans le chapitre 11.

10.1.1   LA TERMINOLOGIE DES ACTIONS

Capitaux propres : les capitaux propres représentent la valeur d'une entreprise en sus de sa dette totale. Ils correspondent aux droits que détiennent les actionnaires ordinaires et privilégiés sur l'entreprise.

---

2. Il sera question dans le chapitre 11 d'un mode de financement hybride, appelé *opération de crédit-bail*.

Actions privilégiées : les actions privilégiées ont priorité sur les actions détenues par les actionnaires ordinaires pour le paiement des dividendes à un taux fixé au préalable. Le privilège relatif au paiement des dividendes est habituellement cumulatif, de sorte que si l'entreprise est incapable de verser les dividendes sur les actions privilégiées à l'échéance, ceux-ci s'accumuleront et devront être versés à une date ultérieure avant toute distribution des profits aux actionnaires ordinaires. Si l'entreprise décide ou est contrainte de cesser ses activités, les actions privilégiées ont également priorité sur les actions ordinaires pour le paiement d'une portion stipulée des actifs liquidés. Cependant, les actionnaires privilégiés ne participent pas aux activités de gestion, sauf si l'entreprise ne verse pas les dividendes sur les actions privilégiées. La figure 10.1 présente un modèle de certificat d'actions privilégiées.

Actions ordinaires : les actions ordinaires représentent la participation dans une société et donnent à leurs titulaires le droit de voter lors de la sélection des membres de la direction. Ces actions donnent un droit proportionnel mais non déterminé sur les profits. Les actionnaires ordinaires peuvent recevoir des dividendes lorsque le conseil d'administration déclare en avoir gagnés. Les dividendes peuvent être remis sous la forme d'actions additionnelles. Les particularités les plus intéressantes des actions ordinaires pour des investisseurs individuels sont le potentiel de croissance du prix de l'action, la liquidité des actions sur le marché des valeurs mobilières et le traitement favorable que le Canada réserve au revenu de dividendes et aux gains en capital (voir le chapitre 8). La figure 10.2 présente un exemple de certificat d'actions ordinaires.

Dividendes : le revenu net d'une entreprise après le paiement des dividendes sur les actions privilégiées peut être versé aux actionnaires ordinaires sous la forme de dividendes ou réinvesti dans l'entreprise. Le montant des dividendes à distribuer aux actionnaires ordinaires est déterminé par le conseil d'administration. Si une partie du bénéfice net est réinvestie dans l'entreprise, la valeur des actions ordinaires est susceptible d'augmenter.

Figure 10.1
Exemple de certificat d'actions privilégiées: a) recto, b) verso.
Source: The Canadian Securities Course, The Canadian Securities Institute, Bureau 360, 33, rue Yonge, Toronto (Ontario) M5E 1G4, 1990, p. 176–177 (Offert par Ontario Banknote Ltd.)

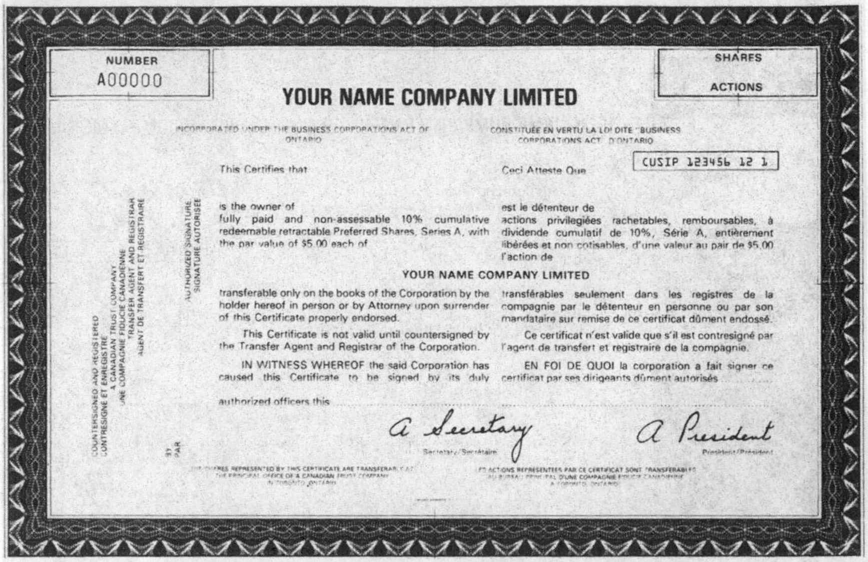

NUMBER
A00000

SHARES
ACTIONS

YOUR NAME COMPANY LIMITED

INCORPORATED UNDER THE BUSINESS CORPORATIONS ACT OF ONTARIO
CONSTITUÉE EN VERTU LA LOI DITE "BUSINESS CORPORATIONS ACT" D'ONTARIO

CUSIP 123456 12 1

This Certifies that
Ceci Atteste Que

is the owner of fully paid and non-assessable 10% cumulative redeemable retractable Preferred Shares, Series A, with the par value of $5.00 each of

est le détenteur de actions privilégiées rachetables, remboursables, à dividende cumulatif de 10%, Série A, entièrement libérées et non cotisables, d'une valeur au pair de $5.00 l'action de

YOUR NAME COMPANY LIMITED

transferable only on the books of the Corporation by the holder hereof in person or by Attorney upon surrender of this Certificate properly endorsed.

transférables seulement dans les registres de la compagnie par le détenteur en personne ou par son mandataire sur remise de ce certificat dûment endossé.

This Certificate is not valid until countersigned by the Transfer Agent and Registrar of the Corporation.

Ce certificat n'est valide que s'il est contresigné par l'agent de transfert et registraire de la compagnie.

IN WITNESS WHEREOF the said Corporation has caused this Certificate to be signed by its duly authorized officers this

EN FOI DE QUOI la corporation a fait signer ce certificat par ses dirigeants dûment autorisés

COUNTERSIGNED AND REGISTERED
CONTRESIGNÉ ET ENREGISTRÉ
A CANADIAN TRUST COMPANY
UNE COMPAGNIE FIDUCIE CANADIENNE
TRANSFER AGENT AND REGISTRAR
AGENT DE TRANSFERT ET REGISTRAIRE

AUTHORIZED SIGNATURE
SIGNATURE AUTORISÉE

BY
PAR

A Secretary
Secretary/Secrétaire

A President
President/Président

THE SHARES REPRESENTED BY THIS CERTIFICATE ARE TRANSFERABLE AT THE PRINCIPAL OFFICE OF A CANADIAN TRUST COMPANY IN TORONTO, ONTARIO

LES ACTIONS REPRÉSENTÉES PAR CE CERTIFICAT SONT TRANSFÉRABLES AU BUREAU PRINCIPAL D'UNE COMPAGNIE FIDUCIE CANADIENNE À TORONTO, ONTARIO

a)

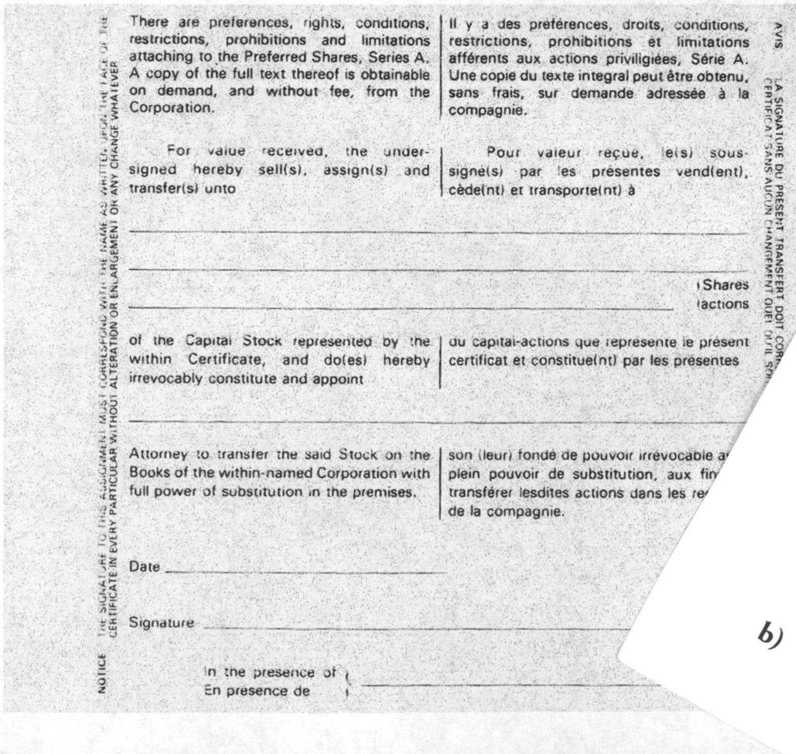

There are preferences, rights, conditions, restrictions, prohibitions and limitations attaching to the Preferred Shares, Series A. A copy of the full text thereof is obtainable on demand, and without fee, from the Corporation.

Il y a des préférences, droits, conditions, restrictions, prohibitions et limitations afférents aux actions priviligiées, Série A. Une copie du texte integral peut être obtenu, sans frais, sur demande adressée à la compagnie.

For value received, the undersigned hereby sell(s), assign(s) and transfer(s) unto

Pour valeur reçue, le(s) soussigné(s) par les présentes vend(ent), cède(nt) et transporte(nt) à

) Shares
) actions

of the Capital Stock represented by the within Certificate, and do(es) hereby irrevocably constitute and appoint

du capital-actions que représente le présent certificat et constitue(nt) par les présentes

Attorney to transfer the said Stock on the Books of the within-named Corporation with full power of substitution in the premises.

son (leur) fondé de pouvoir irrévocable a… plein pouvoir de substitution, aux fin… transférer lesdites actions dans les re… de la compagnie.

Date

Signature

In the presence of
En presence de

NOTICE THE SIGNATURE TO THIS ASSIGNMENT MUST CORRESPOND WITH THE NAME AS WRITTEN UPON THE FACE OF THE CERTIFICATE IN EVERY PARTICULAR WITHOUT ALTERATION OR ENLARGEMENT OR ANY CHANGE WHATEVER

AVIS LA SIGNATURE DU PRÉSENT TRANSFERT DOIT CORR… CERTIFICAT SANS AUCUN CHANGEMENT QUEL QU'IL SOI…

b)

Figure 10.2
Exemple de certificat d'actions ordinaires : a) recto, b) verso.
Source : The Canadian Securities Course, The Canadian Securities Institute,
Bureau 360, 33, rue Yonge, Toronto (Ontario) M5E 1G4, 1990,
p. 176–177 (Offert par Ontario Banknote Ltd.)

a)

10.1.2 LE FINANCEMENT PAR ACTIONS

Le **financement par actions** peut se présenter sous deux formes : 1) l'utilisation de bénéfices non répartis qui sont autrement versés aux actionnaires et 2) l'émission d'actions. Dans les deux cas, on utilise les fonds investis par les propriétaires actuels ou nouveaux de l'entreprise.

Jusqu'à maintenant, nos analyses économiques ont pris pour acquis que les entreprises disposaient de fonds pour leurs investissements ; implicitement, il s'agissait de situations de financement par bénéfices non répartis. La figure 10.3 offre un schéma simplifié des flux monétaires d'une entreprise qui illustre la source des **bénéfices non répartis**. La plupart de ces étapes vous ont déjà été décrites dans les chapitres précédents. Plusieurs déductions sont appliquées au revenu pour obtenir le revenu imposable, notamment les paiements d'intérêt sur l'argent emprunté, I, et la déduction pour amortissement (DPA). Après avoir calculé l'impôt sur le revenu, T, on rajoute la DPA, et on obtient les fonds disponibles pour l'entreprise. Lorsque les dettes pour la période sont remboursées, l'entreprise peut verser une partie des fonds résiduels à ses propriétaires (les actionnaires) sous la forme de dividendes, et réinvestir les bénéfices non répartis dans l'entreprise immédiatement, ou les conserver pour ses besoins futurs.

Figure 10.3
Bénéfices non répartis

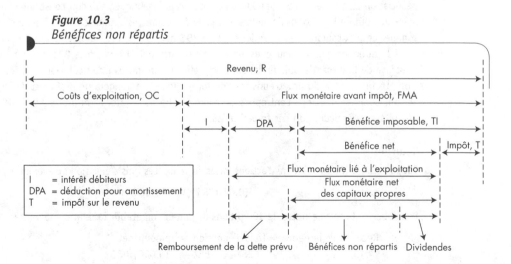

Si une entreprise ne dispose pas d'une somme d'argent suffisante pour faire un investissement et ne désire pas emprunter pour le financer, elle peut décider de vendre des actions ordinaires pour réunir les fonds nécessaires. (Les petites entreprises des secteurs de la biotechnologie et de l'informatique mobilisent souvent des capitaux en faisant un appel public à l'épargne et en vendant des actions ordinaires.) Pour ce faire, elle doit déterminer le montant dont elle a besoin, le type de valeurs qu'elle émettra (actions ordinaires ou actions privilégiées) et les critères de calcul du prix des actions.

Si l'entreprise décide d'émettre des actions ordinaires, elle doit faire une évaluation des **frais d'émission,** tels que les frais de la banque d'investissement, les honoraires d'avocat et de comptable et les frais d'impression et de gravure. Habituellement, la banque d'investissement achète les actions à escompte, c'est-à-dire à un coût inférieur à celui qui est offert au public. (L'escompte représente généralement les *frais d'émission*.) Si l'entreprise est déjà une société ouverte, le prix de souscription est le plus souvent calculé en fonction du cours actuel de l'action. Si l'entreprise fait appel pour la première fois à l'épargne publique, il n'existe aucun prix établi et la banque d'investissement doit estimer le prix du marché auquel l'action devrait se négocier après l'émission. L'exemple 10.1 illustre l'effet des frais d'émission sur ce qu'il en coûte pour émettre des actions ordinaires.

Exemple 10.1

L'émission d'actions ordinaires

Scientific Sports Inc. (SSI), un fabricant de bâtons de golf, a mis au point un nouveau bâton métallique, appelé *Driver*. Ce bâton est fait d'un alliage de titane, un métal extrêmement léger et résistant qui amortit bien les vibrations (figure 10.4). L'entreprise prévoit réaliser une importante pénétration du marché grâce à ce nouveau produit. Pour le fabriquer, elle doit construire une nouvelle usine au coût de 10 millions de dollars et décide de vendre des actions ordinaires pour réunir cette somme. Le prix courant de ses actions est de 30 $ par action. Les banques d'investissement ont avisé la direction que les nouvelles actions émises devront être vendues 28 $ afin de compenser la baisse de la demande qui surviendra lorsqu'elles seront mises en circulation. Les frais d'émission atteindront 6 % du prix d'émission, de sorte que SSI engrangera un profit net de 26,32 $ par action. Combien d'actions l'entreprise doit-elle vendre pour obtenir un profit net de 10 millions de dollars après déduction des frais d'émission ?

Solution

Supposons que X est le nombre d'actions mises en vente. Les frais d'émission s'élèveront à :

$$(0,06)(28\,\$)(X) = 1,68X.$$

Pour obtenir la somme nette de 10 millions de dollars, on établit la relation suivante :

Recettes de la vente − frais d'émission = produit net

$$28X - 1,68X = 10\ 000\ 000\,\$$$
$$26,32X = 10\ 000\ 000\,\$$$
$$X = 379\ 940 \text{ actions.}$$

On peut maintenant calculer les frais d'émission pour ces actions ordinaires de la façon suivante :

$$1,68(379\ 940) = 638\ 300\,\$.$$

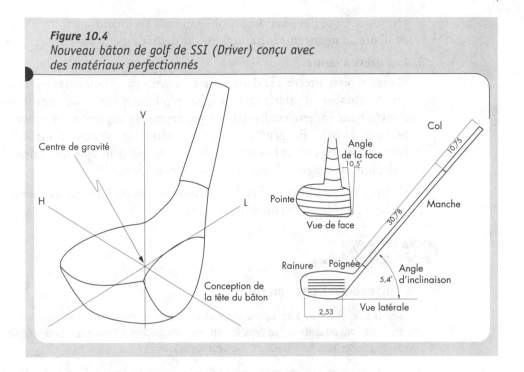

Figure 10.4
Nouveau bâton de golf de SSI (Driver) conçu avec des matériaux perfectionnés

10.1.3 LE FINANCEMENT PAR EMPRUNT

Outre le financement par actions, une entreprise peut opter pour un autre type de financement : le **financement par emprunt**. Ce mode de financement englobe l'emprunt à court terme auprès d'institutions financières et la vente d'obligations à long terme, par laquelle des investisseurs prêtent de l'argent pendant une période fixe. Dans le financement par emprunt, l'intérêt versé sur les prêts ou les obligations est considéré comme une dépense aux fins de l'impôt. Puisque l'intérêt est une dépense déductible, les entreprises se situant dans des paliers d'imposition élevés peuvent réduire leurs frais de financement après impôt en contractant une dette. En plus de modifier le taux d'intérêt créditeur et le palier d'imposition, le mode de remboursement du prêt peut également modifier les frais de financement.

Lorsqu'on choisit le financement par emprunt, il faut distinguer les paiements d'intérêt du remboursement du prêt aux fins de l'analyse. Le calendrier des paiements d'intérêt est fixé en fonction du calendrier de remboursement total établi au moment de l'emprunt. Les deux modes de financement par emprunt les plus courants sont les suivants :

1. **Le financement par obligations**

   Dans ce type de financement, il n'y a pas de remboursement partiel du capital ; seul l'intérêt est payé chaque année (ou deux fois par année). Le capital est remboursé à forfait lorsque l'obligation arrive à échéance. (Voir la section 3.8 pour la terminologie et l'évaluation des obligations.) Le financement par obligations est similaire au financement par actions car des frais d'émission s'appliquent.

2. **Les prêts à terme**

Dans les prêts à terme, la dette est remboursée par paiements égaux, c'est-à-dire que le montant d'intérêt et de capital remboursé est uniforme; les paiements d'intérêt diminuent tandis que les paiements de capital augmentent durant la période du prêt. En général, les prêts à terme se négocient directement entre l'entreprise débitrice et l'institution financière, qui peut être une banque commerciale, une compagnie d'assurance ou un fonds de retraite.

L'exemple 10.2 illustre l'effet de ces divers modes de financement sur les frais liés à l'émission d'obligations ou aux prêts à terme.

Exemple 10.2

Le financement par emprunt

Revenons à l'exemple 10.1 et supposons que SSI a choisi le financement par emprunt pour se procurer 10 millions de dollars. Elle peut émettre des obligations hypothécaires ou obtenir un prêt à terme. Les conditions de chaque option sont les suivantes:

- Financement par obligations: les frais d'émission correspondent à 1,8 % des 10 millions de dollars. Les banques d'investissement affirment que des obligations d'une valeur nominale de 1 000 $ mises en circulation pendant 5 ans peuvent être vendues 985 $. Les paiements d'intérêt annuels seront de 12 %.

- Prêt à terme: pour un prêt bancaire de 10 millions de dollars, l'entreprise peut obtenir un taux d'intérêt annuel de 11 % pendant 5 ans et fera cinq versements annuels égaux.

a) Combien d'obligations d'une valeur nominale de 1 000 $ SSI devra-t-elle vendre pour réunir 10 millions de dollars?

b) Quels sont les paiements annuels (intérêt et capital) pour les obligations?

c) Quels sont les paiements annuels (intérêt et capital) pour le prêt à terme?

Solution

a) Pour rassembler 10 millions de dollars, SSI devra vendre des obligations pour une valeur de:

$$10\ 000\ 000\ \$/(1 - 0,018) = 10\ 183\ 300\ \$$$

et payer des frais d'émission de 183 300 $. Puisque chaque obligation de 1 000 $ sera vendue moyennant un escompte de 1,5 %, le nombre total d'obligations devant être vendues sera:

$$10\ 183\ 300\ \$/985\ \$ = 10\ 338,38.$$

b) Pour le financement par obligations, l'intérêt annuel est égal à:

$$10\ 338\ 380\ \$(0,12) = 1\ 240\ 606\ \$.$$

Seul l'intérêt est payé chaque année. Le montant du capital à payer demeure donc le même.

c) Pour le prêt à terme, les paiements annuels sont:

$$10\,000\,000\$(A/P, 11\%, 5) = 2\,705\,703\$.$$

Le tableau 10.1 fournit les montants du capital et de l'intérêt pour chaque paiement annuel. Soulignons que, même si l'entreprise contracte une dette de 10 338 380 $ en émettant des obligations, elle ne récoltera que 10 000 000 $ en nouveaux capitaux car elle devra déduire les frais d'émission et l'escompte accordé sur le prix de vente.

Tableau 10.1 Deux modes courants de financement par emprunt

	0	1	2	3	4	5
1. Financement par obligations: aucun capital remboursé jusqu'à la fin du terme						
Solde d'ouverture	10 338 380 $	10 338 380 $	10 338 380 $	10 338 380 $	10 338 380 $	10 338 380 $
Intérêt à payer		1 240 606	1 240 606	1 240 606	1 240 606	1 240 606
Remboursement						
Paiement d'intérêt		1 240 606	1 240 606	1 240 606	1 240 606	1 240 606
Paiement de capital						(10 338 380)
Solde de fermeture	10 338 380 $	10 338 380 $	10 338 380 $	10 338 380 $	10 338 380 $	0 $
2. Prêt à terme: paiements annuels égaux [10 000 000 $ (A/P, 11%, 5) = 2 705 703 $]						
Solde d'ouverture	10 000 000 $	10 000 000 $	8 394 297 $	6 611 967 $	4 633 580 $	2 437 571 $
Intérêt à payer		1 100 000	923 373	727 316	509 694	268 133
Remboursement						
Paiement d'intérêt		(1 100 000)	(923 373)	(727 316)	(509 694)	(268 133)
Paiement de capital		(1 605 703)	(1 782 330)	(1 978 387)	(2 196 009)	(2 437 570)
Solde de fermeture	10 000 000 $	8 394 297 $	6 611 967 $	4 633 580 $	2 437 571 $	0 $

10.1.4 LA STRUCTURE DU CAPITAL

Le rapport entre la dette totale et le capital total, communément appelé **structure du capital** ou **ratio d'endettement**, représente le pourcentage du capital total fourni par les fonds empruntés. Par exemple, un ratio d'endettement de 0,4 indique que 40 % du capital est emprunté, et que le reste des fonds provient des capitaux propres de l'entreprise (bénéfices non répartis ou actions émises). Ce type de financement est appelé **financement mixte**.

L'endettement affecte la structure du capital d'une entreprise, et il importe de déterminer les effets d'un changement de ratio d'endettement sur la valeur marchande de l'entreprise avant de choisir une option de financement. Bien que le financement par emprunt soit attrayant, il faut comprendre que les entreprises ne se bornent pas à emprunter des fonds au besoin pour financer des projets. Elles élaborent habituellement une **structure du capital cible**, ou **ratio d'endettement cible**, après avoir mesuré les effets de divers modes de financement. Cette cible peut changer avec le temps en fonction des conditions d'exploitation de l'entreprise, mais la direction tente toujours de l'atteindre chaque fois qu'elle prend des décisions de financement. Si son ratio d'endettement réel se situe en deçà du niveau cible, elle choisira probablement le financement par emprunt pour réunir de nouveaux capitaux. Par contre, si son ratio d'endettement est supérieur au ratio cible, elle optera pour l'émission d'actions pour financer son expansion.

Comment une entreprise typique établit-elle sa structure du capital cible ? Bien qu'il soit assez difficile de répondre à cette question, on peut nommer plusieurs facteurs connus qui peuvent influer sur l'élaboration de la structure du capital. Premièrement, la structure du capital constitue un compromis entre les risques et le rendement. Lorsqu'une entreprise augmente son niveau d'endettement pour prendre de l'expansion, les risques inhérents[3] auxquels elle s'expose augmentent également, mais les investisseurs considèrent l'expansion comme un indice de bonne santé pour une entreprise puisqu'elle augmente les bénéfices. Si les investisseurs perçoivent une augmentation des risques, la valeur des actions de l'entreprise peut diminuer, tandis que s'ils anticipent une hausse des bénéfices, la valeur des actions peut augmenter. La structure du capital optimale est donc celle qui établit un équilibre entre les risques financiers et les bénéfices futurs prévus. Plus les risques sont élevés pour une entreprise, plus son ratio d'endettement optimal est faible.

Deuxièmement, on a souvent recours à l'endettement parce que l'intérêt est une dépense déductible en regard de l'exploitation d'une entreprise, ce qui diminue le coût effectif de l'emprunt. Par ailleurs, les dividendes versés aux actionnaires ordinaires ne sont pas déductibles. Si une entreprise emprunte, elle doit payer des intérêts sur sa dette, tandis que si elle émet des actions, elle verse des dividendes à ses investisseurs (actionnaires). Une entreprise doit avoir un revenu avant impôt de 1 $ pour payer 1 $ d'intérêt, mais si son taux d'imposition est de 34 %, elle doit avoir un revenu avant impôt de $1\,\$/(1 - 0,34) = 1,52\,\$$ pour payer 1 $ de dividende.

Troisièmement, la souplesse financière, c'est-à-dire la capacité de mobiliser des capitaux sur le marché financier à des conditions raisonnables, constitue un facteur important. Une entreprise a besoin de rentrées constantes de capitaux pour maintenir la stabilité de ses activités. Lorsque l'argent se fait rare, les investisseurs préfèrent avancer des fonds aux entreprises qui présentent une structure du capital saine (un ratio d'endettement faible). Ces trois éléments (risques financiers, impôt et souplesse financière) sont les principaux facteurs qui déterminent la structure du capital optimale d'une entreprise. L'exemple 10.3 illustre comment une entreprise typique peut financer un projet d'ingénierie à grande échelle tout en maintenant sa structure du capital.

---

3. Contrairement au financement par actions, dans lequel les dividendes sont facultatifs, l'intérêt et le capital d'un emprunt (valeur nominale) doivent être remboursés à l'échéance. Notons également que les prévisions concernant le bénéfice d'exploitation et les dépenses futurs comportent une part d'incertitude. En temps de crise, l'endettement peut être nuisible mais quand l'économie se porte bien, la déductibilité des paiements d'intérêt augmente les profits des propriétaires.

Le financement d'un projet en fonction d'une structure du capital optimale

Revenons au projet d'investissement de 10 millions de dollars de SSI décrit dans l'exemple 10.1. Supposons que la structure du capital optimale de SSI nécessite un ratio d'endettement de 0,5. Ayant pris connaissance de cette structure, la banque d'investissement a convaincu la direction de SSI que, à la lumière des conditions de marché actuelles, il serait préférable de limiter l'émission d'actions à 5 millions de dollars et de se procurer les 5 millions qui restent en émettant des obligations. En réduisant ainsi de moitié le capital obtenu par chaque mode de financement, on agit également sur les frais d'émission. Pour des actions ordinaires, ils seront de 8,1 %, tandis que pour des obligations, ils s'élèveront à 3,2 %. Comme dans l'exemple 10.2, les obligations portant intérêt à un taux de 12 % sur 5 ans auront une valeur nominale de 1 000 $ et seront vendues 985 $.

En supposant que le capital de 10 millions de dollars provient du marché des capitaux, le service technique de l'entreprise a obtenu les données financières suivantes.

- Le nouveau projet aura une durée de vie de 5 ans.
- Le capital de 10 millions de dollars servira à acheter un terrain de 1 million de dollars, un bâtiment de 3 millions de dollars et du matériel d'une valeur de 6 millions de dollars. Le terrain et le bâtiment sont déjà disponibles, et la production peut commencer durant la première année. Le bâtiment et le matériel entrent dans les catégories de DPA avec solde dégressif 1 ($d = 4 \%$) et 43 ($d = 30 \%$), respectivement. La règle de 50 % s'applique. À la fin de la cinquième année, la valeur de récupération de chaque immobilisation sera de 1,5 million de dollars pour le terrain, de 2 millions de dollars pour le bâtiment et de 2,5 millions de dollars pour le matériel.
- On prévoit verser un dividende annuel en espèces de 2 $ par action aux actionnaires ordinaires pendant la vie du projet. Ce paiement stable de dividendes est jugé nécessaire pour maintenir la valeur marchande des actions.
- Le coût unitaire de fabrication est de 50,31 $ (22,70 $ pour le matériel; 10,57 $ pour la main-d'œuvre et les frais généraux, sauf l'amortissement; 17,04 $ pour l'outillage).
- Le prix unitaire est de 250 $ et SSI prévoit une demande annuelle de 20 000 unités.
- Les coûts d'exploitation et d'entretien, y compris les frais de publicité, s'élèveront à 600 000 $ par année.
- Un investissement de 500 000 $ dans un fonds de roulement est nécessaire au début du projet, et ce montant sera entièrement récupéré à la fin du projet.
- Le taux d'imposition marginal de l'entreprise est de 40 %, et ce taux restera constant pendant toute la vie du projet.
- Le TRAM de l'entreprise est de 20 %.
- a) Déterminez les flux monétaires après impôt pour cet investissement si le financement est externe.
- b) Quel est le taux de rendement de cet investissement?

Explication : À mesure que le montant du financement et des frais d'émission change, il faut recalculer le nombre d'actions (ou d'obligations) qu'on doit vendre dans chaque catégorie. Pour une émission d'actions ordinaires de 5 millions de dollars, les frais d'émission atteignent 8,1 %[4]. Le nombre d'actions qu'il faut vendre pour réunir 5 millions de dollars est 5 000 000/(0,919)(28) = 194 311 actions (soit 5 440 708 $). Pour une émission d'obligations de 5 millions de dollars, les frais d'émission sont de 3,2 %. Ainsi, pour rassembler 5 millions de dollars, SSI doit vendre 5 000 000/(0,968)(985) = 5 243,95 obligations d'une valeur nominale de 1 000 $. Cela signifie qu'elle emprunte en réalité 5 243 948 $, et que l'intérêt obligataire annuel sera calculé sur ce montant. Le paiement d'intérêt obligataire annuel sera de 5 243 948 $(0,12) = 629 274 $.

Solution

a) **Flux monétaires après impôt**

Le tableau 10.2 fournit les flux monétaires après impôt pour le nouveau projet. Les calculs et les hypothèses qui suivent ont permis de concevoir ce tableau.

- Revenu : 250 $ × 20 000 = 5 000 000 $ par année
- Coût des produits : 50,31 $ × 20 000 = 1 006 200 $ par année
- Intérêt obligataire : 5 243 948 $ × 0,12 = 629 274 $ par année
- Déduction pour amortissement : en supposant que le bâtiment est mis en service en janvier, le pourcentage de la DPA pour la première année est de 2,0 %. La DPA disponible est donc de 3 000 000 $ × 0,02 = 60 000 $. La DPA pour chaque année subséquente correspondra à 4,0 % de la fraction non amortie du coût en capital au début de l'année. Pour la deuxième année, la DPA sera :

$$(3\ 000\ 000\ \$ - 60\ 000\ \$) \times 0,04 = 117\ 600\ \$.$$

La DPA pour le matériel se calcule de la même façon avec un taux de 30 % (année 1 = 15 %).

- Effet fiscal de la disposition :

$$\text{Gain en capital sur le terrain} = 1\ 500\ 000\ \$ - 1\ 000\ 000\ \$ = 500\ 000\ \$$$
$$\text{Impôt sur le gain en capital} = -0,4 \times 1/2 \times 500\ 000\ \$ = -100\ 000\ \$$$

Pour le bâtiment et le matériel, l'effet fiscal au moment de la disposition équivaut à (FNACC − valeur de récupération) × t

BIEN	FNACC	VALEUR DE RÉCUPÉRATION	GAINS (PERTES)	EFFET FISCAL DE LA DISPOSITION, G
Bâtiment	2 497 079 $	2 000 000 $	497 079 $	198 831 $
Matériel	1 224 510	2 500 000	(1 275 490)	(510 196)

L'effet fiscal de la disposition total, G, est donc :

$$G = -100\ 000\ \$ + 198\ 831\ \$ - 510\ 196\ \$ = -411\ 365\ \$$$

---

4. Les frais d'émission sont plus élevés pour les petits blocs de titres que pour les gros en raison des frais fixes, qui s'appliquent quel que soit le nombre de titres ; le pourcentage des frais d'émission augmente donc à mesure que le nombre de titres émis diminue.

Tableau 10.2 Effets du financement d'un projet sur les flux monétaires après impôt

ANNÉE	0	1	2	3	4	5
ÉTAT DES RÉSULTATS						
Produits		5 000 000 $	5 000 000 $	5 000 000 $	5 000 000 $	5 000 000 $
Charges						
Coût des produits		1 006 200	1 006 200	1 006 200	1 006 200	1 006 200
E&E		600 000	600 000	600 000	600 000	600 000
Intérêt obligataire		629 274	629 274	629 274	629 274	629 274
DPA						
Bâtiment		60 000	117 600	112 896	108 380	104 045
Matériel		900 000	1 530 000	1 071 000	749 700	524 790
Bénéfice imposable		1 804 526 $	1 116 926 $	1 580 630 $	1 906 446 $	2 135 691 $
Impôt		721 810	446 770	632 252	762 578	854 726
Bénéfice net		1 082 716 $	670 156 $	948 378 $	1 143 868 $	1 281 415 $
ÉTAT DES FLUX DE TRÉSORERIE						
Exploitation						
Bénéfice net		1 082 716 $	670 156 $	948 378 $	1 143 868 $	1 281 415 $
DPA		960 000	1 647 600	1 183 896	858 080	628 835
Investissement						
Terrain	(1 000 000) $					1 500 000
Bâtiment	(3 000 000)					2 000 000
Matériel	(6 000 000)					2 500 000
Fonds de roulement	(500 000)					500 000
Effet fiscal de la disposition						(411 365)
Financement						
Actions ordinaires	5 000 000					(5 440 708)
Obligations	5 000 000					(5 243 948)
Dividende en espèces		(388 622)	(388 622)	(388 622)	(388 622)	(388 622)
Flux monétaire net	(500 000) $	1 654 094 $	1 929 134 $	1 743 652 $	1 613 326 $	(3 074 393) $

- Dividende en espèces : 194 311 actions × 2 $ = 388 622 $ par année.

- Actions ordinaires : à la fin du projet, lorsque les obligations sont retirées, le ratio d'endettement n'est plus de 0,5. Si l'entreprise veut maintenir une structure du capital constante (0,5), elle devra racheter les actions ordinaires valant 5 440 708 $ au cours en vigueur. Lors de la conception du tableau 10.2, nous avons présumé que ce rachat avait eu lieu à la fin du projet. Dans les faits, une entreprise n'est pas tenue de racheter les actions ordinaires. Elle peut également utiliser cette capacité d'endettement additionnelle afin d'emprunter pour d'autres projets, ce qui lui permettra de maintenir la structure du capital désirée.

- Obligations : lorsque les obligations arrivent à échéance au bout de 5 ans, leur valeur nominale totale (5 243 948 $) doit être remboursée aux détenteurs.

b) **Mesure de la valeur d'un projet**

La valeur actualisée nette de ce projet est donc :

$$PE(20\%) = -500\,000\,\$ + 1\,654\,094\,\$(P/F, 20\%, 1) + \ldots$$
$$-3\,074\,393\,\$(P/F, 20\%, 5)$$
$$= 2\,769\,648\,\$.$$

Puisqu'il ne s'agit pas d'un investissement unique, on utilise la méthode du taux de rendement externe (dans laquelle le taux externe est égal au TRAM), ce qui nous donne un taux de rendement interne de 330 %. Bien que le projet nécessite une importante dépense à la fin de sa durée de vie, on peut le considérer comme une initiative rentable.

Dans l'exemple 10.3, nous n'avons ni déterminé le coût du capital global pour ce financement de projet, ni expliqué la relation entre le coût du capital et le TRAM. Les sections qui suivent portent sur ces questions.

10.2 | LE COÛT DU CAPITAL

Dans les chapitres précédents, la plupart des exemples portant sur le budget des investissements tenaient pour acquis que les projets à l'étude étaient entièrement financés par des actions. Dans ces cas, le coût du capital pouvait représenter le rendement des capitaux propres exigé par l'entreprise. Cependant, la plupart des entreprises financent une partie substantielle de leur budget des investissements par des emprunts à long terme (obligations), et beaucoup d'entre elles utilisent également les actions privilégiées. Le coût du capital doit alors refléter le coût moyen des diverses sources de financement à long terme utilisées par l'entreprise, pas seulement le coût des capitaux propres. La présente section décrit les méthodes permettant d'estimer le coût de chaque type de financement (bénéfices non répartis, actions ordinaires, actions privilégiées et emprunt)[5] en fonction d'une structure du capital cible.

10.2.1 LE COÛT DES CAPITAUX PROPRES

Bien que les emprunts et les actions privilégiées soient des obligations contractuelles dont les coûts se calculent aisément, il n'est pas facile de mesurer le coût des capitaux propres. En principe, le coût des capitaux propres comprend un **coût d'opportunité**, mais dans les faits, les flux monétaires après impôt d'une entreprise appartiennent aux actionnaires. La direction peut verser des bénéfices sous la forme de dividendes, ou les conserver pour les réinvestir dans l'entreprise. Si elle décide de les conserver, cela entraînera un coût d'opportunité représentant ce que les actionnaires auraient pu recevoir en dividendes et investir dans d'autres actifs. L'entreprise doit donc gagner sur ses bénéfices non répartis au moins autant que ce que les actionnaires auraient eux-mêmes obtenu en investissant ces sommes dans d'autres actifs comparables.

Quel taux de rendement les actionnaires peuvent-ils attendre sur les bénéfices non répartis ? Il n'est pas facile de le déterminer, mais on considère souvent que la valeur recherchée équivaut au taux de rendement que les actionnaires exigeraient pour des actions ordinaires. Si l'entreprise ne peut investir les bénéfices non répartis afin

---

5. L'estimation ou le calcul précis du coût du capital est une tâche très ardue.

d'obtenir au moins le taux de rendement des capitaux propres, elle devrait verser ces fonds aux actionnaires pour qu'ils les investissent directement dans d'autres actifs offrant ce rendement.

Lorsque les investisseurs envisagent d'acheter des actions d'une entreprise donnée, ils examinent deux éléments : 1) les dividendes en espèces et 2) les gains (plus-value des actions) au moment de la vente. Sur le plan conceptuel, ils déterminent les valeurs marchandes des actions en actualisant les dividendes futurs prévus à un taux qui tient compte de la croissance future. Puisque les investisseurs recherchent des entreprises en croissance, ils insèrent habituellement dans leur calcul un facteur de croissance désiré des futurs dividendes.

Illustrons cette notion par un exemple numérique simple. Des investisseurs achètent des actions ordinaires de la société ABC et prévoient toucher un dividende de 5 $ à la fin de la première année. Les dividendes annuels futurs croîtront à un taux annuel de 10 %. Les investisseurs conservent les actions pendant 2 autres années et prévoient que le cours des actions s'élèvera à 120 $ à la fin de la troisième année. Compte tenu de ces hypothèses, ABC présume que les investisseurs seront prêts à payer ces actions 100 $ sur le marché actuel. Quel est le taux de rendement requis pour les actions ordinaires d'ABC (k_r) ? On peut répondre à cette question en trouvant la valeur de k_r par l'équation suivante :

$$100\,\$ = \frac{5\,\$}{(1 + k_r)} + \frac{5\,\$(1 + 0,1)}{(1 + k_r)^2} + \frac{5\,\$(1 + 0,1)^2 + 120\,\$}{(1 + k_r)^3}.$$

Dans ce cas, $k_r = 11,44\,\%$. Ainsi, si ABC finance un projet en réinvestissant ses bénéfices ou en émettant d'autres actions ordinaires au cours actuel de 100 $ par action, elle doit obtenir un rendement d'au moins 11,44 % sur le nouvel investissement seulement pour obtenir le taux de rendement minimal requis par les investisseurs. Ainsi, 11,44 % est le coût des capitaux propres qui doit servir au calcul du coût moyen pondéré du capital. Les frais d'émission des actions font augmenter le coût des capitaux propres. Si les investisseurs considèrent que les titres d'ABC sont risqués et se disent prêts à en acquérir à un prix inférieur à 100 $ (en conservant les mêmes attentes), le coût des capitaux propres augmentera d'autant plus. On peut donc généraliser le résultat de la façon suivante.

Le coût des bénéfices non répartis

Posons la même hypothèse pour la société ABC. On sait que les bénéfices non répartis d'ABC appartiennent à ses actionnaires ordinaires. Si les actions de cette entreprise sont négociées au prix du marché, P_0, avec un dividende pour la première année[6], D_1,

---

6. Les pages boursières des journaux ne fournissent pas le dividende prévu pour la première année, D_1, mais plutôt le dividende versé le plus récemment, D_0. Ainsi, si l'on prévoit une croissance à un taux g, le dividende après un an, D_1, peut être estimé comme suit :

$$D_1 = D_0\,(1 + g).$$

croissant ensuite au taux annuel de g, le coût des bénéfices non répartis pour une période infinie (les actions changeront de mains au fil des ans mais cela n'a pas d'importance) peut se calculer comme suit :

$$P_0 = \frac{D_1}{(1 + k_r)} + \frac{D_1(1 + g)}{(1 + k_r)^2} + \frac{D_1(1 + g)^2}{(1 + k_r)^3} + ...$$

$$= \frac{D_1}{1 + k_r} \sum_{n=0}^{\infty} \left[\frac{(1 + g)}{(1 + k_r)} \right]^n,$$

$$= \frac{D_1}{1 + k_r} \left[\frac{1}{1 - \frac{1+g}{1+k_r}} \right], \text{ où } g < k_r.$$

On obtient alors pour k_r :

$$k_r = \frac{D_1}{P_0} + g. \tag{10.1}$$

Si on utilise k en tant que taux d'actualisation pour évaluer le nouveau projet, sa valeur actualisée nette ne sera positive que si le taux de rendement interne du projet est supérieur à k_r. Par conséquent, tout projet présentant une valeur actualisée nette positive (calculée en fonction de k_r) fait augmenter la valeur marchande de l'action. Ainsi, par définition, k_r est le taux de rendement requis par les actionnaires et il doit être considéré comme le coût des capitaux propres lors du calcul du coût moyen pondéré du capital.

L'émission de nouvelles actions ordinaires

Puisque l'émission de nouvelles actions entraîne des frais, on peut modifier le coût des bénéfices non répartis (k_r) de la façon suivante :

$$k_r = \frac{D_1}{P_0 (1 - f_c)} + g. \tag{10.2}$$

où k_e = le coût des actions ordinaires et f_c = les frais d'émission en pourcentage du prix des actions.

Ces deux calculs sont étonnamment simples car il existe plusieurs façons de déterminer le coût des capitaux propres. Le prix du marché fluctue constamment, et il en va de même pour les bénéfices d'une entreprise. Les dividendes peuvent donc ne pas croître à un taux constant, comme le modèle l'indique. Cependant, pour une entreprise stable présentant une croissance modérée, le coût des capitaux propres, calculé par l'équation 10.1 ou par l'équation 10.2, fournit une bonne approximation.

Le coût des actions privilégiées

Une action privilégiée est une valeur hybride car elle s'apparente en partie aux obligations et en partie aux actions ordinaires. Comme les obligataires, les détenteurs d'actions privilégiées reçoivent un dividende annuel fixe. En fait, de nombreuses entreprises considèrent le paiement des dividendes sur des actions privilégiées comme une obligation au même titre que le paiement d'intérêts aux obligataires. Il est donc relativement facile de déterminer le coût des actions privilégiées. Aux fins du calcul du coût moyen pondéré du capital, le coût d'une action privilégiée sera défini comme suit :

$$k_p = \frac{D^*}{P^*(1 - f_c)},\qquad(10.3)$$

où D^* = le dividende annuel fixe, P^* = le prix d'émission et f_c = les frais d'émission en pourcentage du prix des actions.

Le coût des capitaux propres

Une fois le coût de chaque élément des capitaux propres déterminé, on peut calculer le coût moyen pondéré des capitaux propres (i_e) pour un nouveau projet :

$$i_e = ak_r + bk_e + ck_p,\qquad(10.4)$$

où a = une fraction du total des capitaux propres financés par les bénéfices non répartis, b = une fraction du total des capitaux propres financés par l'émission de nouvelles actions, c = une fraction des capitaux propres financés par l'émission d'actions privilégiées et $a + b + c = 1$. L'exemple 10.4 illustre comment on détermine le coût des capitaux propres.

Exemple 10.4

La détermination du coût des capitaux propres

La société Alpha doit réunir 10 millions de dollars pour moderniser son usine. En vertu de sa structure du capital cible, son ratio d'endettement est de 0,4, ce qui indique que 6 millions de dollars doivent provenir de l'émission d'actions.

- Alpha prévoit obtenir 6 millions de dollars des sources suivantes :

SOURCE	MONTANT (EN DOLLARS)	FRACTION DU TOTAL DES CAPITAUX PROPRES
Bénéfices non répartis	1 million	0,167
Nouvelles actions ordinaires	4 millions	0,666
Actions privilégiées	1 million	0,167

- Actuellement, l'action d'Alpha se négocie à 40 $. Ce prix tient compte de la modernisation prévue de l'entreprise. Alpha prévoit verser un dividende annuel en espèces de 5 $ à la fin de la première année, et ce montant augmentera par la suite au taux annuel de 8 %.

- Toute action ordinaire additionnelle sera vendue au même prix (40 $) mais entraînera des frais d'émission de 12,4 %.

- Alpha peut émettre des actions privilégiées d'une valeur nominale de 100 $ avec un dividende de 9 %. (Cela signifie qu'elle calculera le dividende en fonction de la valeur nominale, qui est de 9 $ par action.) Le cours de ces actions sera de 95 $, et Alpha devra payer des frais d'émission correspondant à 6 % de ce prix.

  Déterminez le coût des capitaux propres pour financer la modernisation de l'usine.

Solution

Déterminons d'abord le coût de chaque élément des capitaux propres.

- Coût des bénéfices non répartis : si $D_1 = 5$ $, $g = 8$ % et $P_0 = 40$ $,

$$k_r = \frac{5}{40} + 0,08 = 20,5\,\%.$$

- Coût des nouvelles actions ordinaires : si $D_1 = 5$ $, $g = 8$ % et $f_c = 12,4$ %,

$$k_e = \frac{5}{40(1 - 0,124)} + 0,08 = 22,27\,\%.$$

- Coût des actions privilégiées : si $D^* = 9$ $, $P^* = 95$ $ et $f_c = 0,06$,

$$k_p = \frac{9}{95(1 - 0,06)} = 10,08\,\%.$$

- Coût des capitaux propres : si $a = 0,167$, $b = 0,666$ et $c = 0,167$,

$$i_e = (0,167)(0,205) + (0,666)(0,2227) + (0,167)(0,1008)$$
$$= 19,96\,\%.$$

10.2.2 LE COÛT DE L'ENDETTEMENT

Voyons maintenant comment on calcule le coût spécifique qui doit être affecté à l'élément d'endettement du coût moyen pondéré du capital. Ce calcul est relativement direct et simple. Dans la section 10.1.3, nous avons appris que les deux types de financement par emprunt possibles étaient les prêts à terme et les obligations. Puisque les paiements d'intérêt sont dans les deux cas déductibles, le coût effectif de l'endettement sera moindre.

Pour déterminer le coût de l'endettement après impôt (i_d), on peut utiliser l'expression suivante :

$$i_d = Sk_s(1 - t) + (1 - S)k_b(1 - t), \tag{10.5}$$

où S = la fraction du prêt à terme par rapport à la dette totale, k_s = le taux d'intérêt avant impôt sur le prêt à terme, t = le taux d'imposition marginal de l'entreprise et k_b = le taux d'intérêt avant impôt sur les obligations.

Comme toute autre obligation, les obligations à long terme entraînent des frais d'émission. Ces frais diminuent les recettes de l'entreprise et augmentent de ce fait

le coût spécifique du capital mobilisé. Par exemple, une entreprise qui émet
obligations d'une valeur nominale de 1 000 $ mais ne perçoit que 940 $ paie des fr:
d'émission de 6 %. Ainsi, le coût effectif après impôt des obligations sera supérieu
au taux d'intérêt nominal précisé sur l'obligation. Illustrons ce problème par un
exemple.

Exemple 10.5

La détermination du coût de l'endettement

Revenons à l'exemple 10.4 et supposons qu'Alpha a décidé de se procurer les 4 millions de dollars
qui lui manquent en obtenant un prêt à terme et en émettant des obligations d'une valeur
nominale de 1 000 $ sur 20 ans moyennant la condition suivante.

SOURCE	MONTANT (EN DOLLARS)	FRACTION	TAUX D'INTÉRÊT	FRAIS D'ÉMISSION
Prêt à terme	1 million	0,25	12 % par année	
Obligations	3 millions	0,75	10 % par année	6 %

Si l'obligation peut rapporter 940 $ (après déduction des frais d'émission de 6 %), déterminez le
coût de l'endettement pour réunir les 4 millions de dollars nécessaires à la modernisation de l'usine.
Le taux d'imposition marginal d'Alpha est de 38 %, et il devrait demeurer constant.

Solution

Il faut d'abord trouver le coût effectif après impôt associé à l'émission d'obligations dont les frais
d'émission sont de 6 %. On y parvient en résolvant la formule d'équivalence suivante (voir la section 3.8.3).

$$940\$ = \frac{100\$}{(1 + k_b)} + \frac{100\$}{(1 + k_b)^2} + ... + \frac{100\$ + 1\ 000\$}{(1 + k_b)^{20}}$$

$$= 100\$(P/A, k_b, 20) + 1\ 000\$(P/F, k_b, 20).$$

On obtient donc $k_b = 10{,}74\%$. Soulignons que le coût des obligations passe de 10 à 10,74 % puisque
les frais d'émission sont de 6 %.

Le coût de l'endettement après impôt correspond au taux d'intérêt sur la dette multiplié par
$(1 - t)$. En réalité, le gouvernement paie une partie du coût de l'endettement car l'intérêt est
déductible. Nous sommes maintenant prêts à calculer le coût de l'endettement après impôt:

$$i_d = (0{,}25)(0{,}12)(1 - 0{,}38) + (0{,}75)(0{,}1074)(1 - 0{,}38)$$

$$= 6{,}85\%.$$

.3   LE CALCUL DU COÛT DU CAPITAL

.e fois que le coût spécifique de chaque élément de financement est connu, on peut calculer le coût moyen pondéré du capital après impôt en fonction du capital total, puis définir le coût marginal du capital qui devra servir pour évaluer un projet.

Le coût moyen pondéré du capital

En supposant qu'une entreprise emprunte des capitaux en fonction de la structure du capital cible et que cette structure demeure constante, on peut déterminer le **coût moyen pondéré du capital rajusté** (ou simplement le **coût du capital**). Le coût du capital est un indice composé reflétant ce qu'il en coûte pour rassembler des fonds en provenance de diverses sources. Le coût du capital se définit comme suit :

$$k = \frac{i_d C_d}{V} + \frac{i_e C_e}{V}$$ (10.6)

où C_d = le capital d'emprunt total (tel que des obligations) en dollars,
C_e = le total des capitaux propres en dollars,
$V = C_d + C_e$,
i_e = le taux d'intérêt moyen des capitaux propres par période compte tenu de toutes les sources de financement,
i_d = le taux d'intérêt créditeur moyen après impôt par période compte tenu de toutes les sources d'endettement,
k = le coût moyen pondéré du capital rajusté.

Notons que le coût des capitaux propres constitue déjà une valeur après impôt, car le versement de tout rendement aux détenteurs d'actions ordinaires ou privilégiées a lieu après le paiement de l'impôt sur le revenu.

Le coût marginal du capital

Nous savons maintenant comment calculer le coût du capital. Une entreprise typique pourrait-elle obtenir des fonds illimités au même coût ? Non. Dans la pratique, lorsqu'une entreprise tente d'emprunter de nouveaux capitaux, ce qui lui en coûte pour recevoir chaque nouveau dollar augmentera inévitablement. Cette augmentation fera grimper le coût moyen pondéré de chaque nouveau dollar. Le **coût marginal du capital** se définit donc comme le coût d'acquisition de chaque nouveau dollar de capital, et il augmente en proportion de l'augmentation du capital pour une période donnée. Lorsqu'on évalue un projet d'investissement, on utilise le concept du coût marginal du capital. La formule permettant de déterminer ce coût est exactement la même que l'équation 10.6. Cependant, dans cette équation, les coûts de l'endettement et des capitaux propres sont les taux d'intérêt sur l'endettement et les capitaux propres nouveaux, non sur l'endettement ou les capitaux propres en cours (ou combinés). On utilise surtout le coût du capital pour évaluer un nouveau projet d'investissement. Le taux auquel l'entreprise a emprunté par le passé est moins pertinent à cette fin. L'exemple 10.6 illustre les calculs permettant de trouver le coût du capital (k).

> ### Exemple 10.6
>
> ### Le calcul du coût marginal du capital
>
> Reprenons les exemples 10.4 et 10.5. Le taux d'imposition marginal (t) d'Alpha devrait rester constant à 38 %. En supposant que la structure du capital d'Alpha (son ratio d'endettement) demeure également stable, déterminez le coût du capital (k) pour réunir 10 millions de dollars en plus du capital existant.
>
> #### Solution
>
> Si $C_d = 4$ millions de dollars, $C_e = 6$ millions de dollars, $V = 10$ millions de dollars, $i_d = 6,85 \%$, $i_e = 19,96 \%$ et soit l'équation 10.6, on obtient :
>
> $$k = \frac{(0,0685)(4)}{10} + \frac{(0,1996)(6)}{10}$$
>
> $$= 14,71 \%.$$
>
> Ce taux de 14,71 % serait le coût marginal du capital qu'une entreprise présentant cette structure du capital pourrait s'attendre à payer pour mobiliser 10 millions de dollars.

10.3 LE CHOIX DU TAUX DE RENDEMENT ACCEPTABLE MINIMAL

Jusqu'à présent, il a peu été question du taux d'intérêt ou du taux de rendement acceptable minimal (TRAM) qu'il convient d'utiliser dans une situation d'investissement donnée. Le choix du TRAM est une démarche ardue, car aucun taux n'est approprié dans tous les cas. La présente section abordera brièvement la sélection du TRAM pour l'évaluation d'un projet, et examinera ensuite la relation entre l'établissement du budget des investissements et le coût du capital.

10.3.1 LE CHOIX DU TRAM LORSQUE LE FINANCEMENT DU PROJET EST CONNU

Dans le chapitre 9, nous nous sommes attardés au calcul des flux monétaires après impôt, notamment dans les cas de financement par emprunt. Lorsque les calculs de flux monétaires reflètent l'intérêt, l'impôt et le remboursement de la dette, il reste ce qu'on appelle le **flux monétaire net des capitaux propres**. Si l'entreprise a pour objectif d'optimiser la richesse de ses actionnaires, pourquoi ne se concentrerait-elle pas uniquement sur le flux monétaire après impôt des capitaux propres, plutôt que sur le flux monétaire de tous les fournisseurs de capital ? En se concentrant uniquement sur les flux de capitaux propres, on peut utiliser le coût des capitaux propres comme taux d'actualisation. En effet, nous avons supposé implicitement dans les chapitres précédents que tous les problèmes de flux monétaires après impôt, pour lesquels les flux de financement étaient énoncés explicitement, représentaient des flux monétaires nets des capitaux propres, et que le TRAM utilisé représentait le **coût des capitaux propres** (i_e). L'exemple 10.7 illustre comment évaluer un projet par la méthode du flux monétaire net des capitaux propres.

Exemple 10.7

L'évaluation d'un projet par le flux monétaire net des capitaux propres

Supposons qu'Alpha, dont la structure du capital est décrite dans l'exemple 10.6, souhaite installer de nouvelles machines-outils qui devraient augmenter ses revenus au cours des 5 prochaines années. Cette acquisition représente un investissement de 150 000 $, financé à 60 % par des actions et à 40 % par un emprunt. Le taux d'intérêt des capitaux propres (i_e) pour les actions ordinaires et privilégiées est de 19,96 %. Alpha utilisera un emprunt à court terme à 12 % d'intérêt pour financer la portion emprunt du capital (60 000 $), remboursable par versements annuels égaux pendant 5 ans. Le taux de la déduction pour amortissement est de 30 %, assujetti à la règle de 50 %, et la valeur de récupération prévue est nulle. Les revenus et les coûts d'exploitation additionnels prévus sont les suivants :

n	REVENUS	COÛTS D'EXPLOITATION
1	68 000 $	20 500 $
2	73 000	20 000
3	79 000	20 500
4	84 000	20 000
5	90 000	20 500

Le taux d'imposition marginal (taux fédéral et provincial combinés) est de 38 %. Évaluez ce projet en utilisant les flux monétaires nets des capitaux propres pour $i_e = 19,96 \%$.

Solution

Les calculs sont fournis dans le tableau 10.3. Les calculs de la valeur actualisée nette (PE) et du taux de rendement interne (TRI) sont les suivants :

$$PE(19,96\%) = -90\ 000\$ + 24\ 091\$(P/F, 19,96\%, 1)$$
$$+ 33\ 055\$(P/F, 19,96\%, 2) + 31\ 623\$(P/F, 19,96\%, 3)$$
$$+ 31\ 440\$(P/F, 19,96\%, 4) + 43\ 742\$(P/F, 19,96\%, 5)$$
$$= 4\ 163\$$$
$$TRI = 21,88\% > 19,96\%$$

Le taux de rendement interne pour ce flux monétaire est de 21,88 %, ce qui est supérieur à $i_e = 19,96 \%$. Par conséquent, ce projet serait rentable.

Tableau 10.3

Analyse du flux monétaire après impôt lorsque le financement du projet est connu : méthode du flux monétaire net des capitaux propres

ANNÉE	0	1	2	3	4	5
ÉTAT DES RÉSULTATS						
Produits		68 000 $	73 000 $	79 000 $	84 000 $	90 000 $
Charges						
Charges d'exploitation		20 500	20 000	20 500	20 000	20 500
Intérêts débiteurs		7 200	6 067	4 797	3 376	1 783
DPA		22 500	38 250	26 775	18 743	13 120
Bénéfice imposable		17 800 $	8 683 $	26 928 $	41 881 $	54 597 $
Impôt (38 %)		6 764	3 300	10 233	15 915	20 747
Bénéfice net		11 036 $	5 383 $	16 695 $	25 966 $	33 850 $
ÉTAT DES FLUX DE TRÉSORERIE						
Exploitation						
Bénéfice net		11 036 $	5 383 $	16 695 $	25 966 $	33 850 $
DPA		22 500	38 250	26 775	18 743	13 120
Investissement						
Matériel et récupération	(150 000) $					0
Effet fiscal de la disposition						11 633
Financement						
Remboursement du capital du prêt	60 000	(9 445)	(10 578)	(11 847)	(13 269)	(14 861)
Flux monétaire net	(90 000) $	24 091 $	33 055 $	31 623 $	31 440 $	43 742 $

$FNACC_5 = 150\ 000\ \$(0,85)(0,7)^4 = 30\ 613\ \$$; $G = (30\ 613\ \$ - 0)(0,38) = 11\ 633\ \$$

Commentaire : *Dans ce problème, nous avons supposé qu'Alpha serait en mesure d'obtenir le financement additionnel par actions au même taux de 19,96 % ; ce taux peut donc être considéré comme le coût marginal du capital.*

10.3.2 LE CHOIX DU TRAM LORSQUE LE FINANCEMENT DU PROJET EST INCONNU

Il serait légitime de se demander à quoi sert la valeur de k si l'on utilise exclusivement le coût des capitaux propres (i_e). La réponse est simple. En utilisant la valeur de k, on peut évaluer des investissements sans considérer explicitement les flux d'endettement (intérêt et capital). Dans ce cas, on procède à un rajustement fiscal sur le taux d'actualisation en utilisant le coût de l'endettement effectif après impôt. Cette approche tient compte du fait que le coût net de l'intérêt est réellement transféré du percepteur d'impôt au créancier, c'est-à-dire qu'il y a une réduction d'impôt au dollar près jusqu'à concurrence du montant des paiements d'intérêt. On traite donc implicitement du financement par emprunt. Cette méthode est appropriée lorsque le financement par emprunt n'est pas associé à des investissements distincts, mais qu'il permet plutôt à l'entreprise de procéder à une série d'investissements. (Sauf si les flux de financement sont explicitement énoncés, tous les exemples précédents du présent manuel ont tenu implicitement pour acquis une situation plus réaliste et appropriée dans laquelle le financement de la dette n'est associé à aucun investissement en particulier. Les TRAM représentent donc le coût pondéré du capital [k].) L'exemple 10.8 illustre ce concept.

Exemple 10.8

L'évaluation d'un projet par le coût marginal du capital

Revenons à l'exemple 10.7 et supposons qu'Alpha n'a pas décidé comment elle réunirait la somme de 150 000 $. Cependant, elle croit que le projet devrait être financé en fonction de sa structure du capital cible, dont le ratio d'endettement est de 40 %. Évaluez l'exemple 10.7 en utilisant k.

Solution

En ne tenant pas compte des flux monétaires associés au financement par emprunt, on obtient les flux monétaires après impôt fournis dans le tableau 10.4. Soulignons que par cette méthode on laisse de côté l'intérêt et l'économie d'impôts qui en résulte lorsqu'on dérive le flux monétaire net différentiel après impôt. Autrement dit, aucun flux monétaire n'est associé au financement. Le revenu imposable, de même que l'impôt sur le revenu, sont donc surévalués. Pour compenser cette exagération, on réduit le taux d'actualisation en conséquence. On présume implicitement que le trop-payé d'impôt est exactement égal à la réduction de l'intérêt que représente i_d.

Tableau 10.4

Analyse du flux monétaire après impôt lorsque le financement du projet est connu : méthode du coût du capital

ANNÉE	0	1	2	3	4	5
ÉTAT DES RÉSULTATS						
Produits		68 000 $	73 000 $	79 000 $	84 000 $	90 000 $
Charges						
Charges d'exploitation		20 500	20 000	20 500	20 000	20 500
DPA		22 500	38 250	26 775	18 743	13 120
Bénéfice imposable		25 000 $	14 750 $	31 725 $	45 257 $	56 380 $
Impôt (38 %)		9 500	5 605	12 055	17 198	21 424
Bénéfice net		15 500 $	9 145 $	19 670 $	28 059 $	34 956 $
ÉTAT DES FLUX DE TRÉSORERIE						
Exploitation						
Bénéfice net		15 500 $	9 145 $	19 670 $	28 059 $	34 956 $
DPA		22 500	38 250	26 775	18 743	13 120
Investissement						
Matériel et récupération	(150 000) $					0
Effet fiscal de la disposition						11 663
Flux monétaire net	(150 000) $	38 000 $	47 395 $	46 445 $	46 802 $	59 709 $

Le flux monétaire au moment 0 constitue simplement l'investissement total, qui est de 150 000 $ dans cet exemple. Rappelons que la valeur de k calculée pour Alpha était de 14,71 %. Le taux de rendement interne pour le flux monétaire après impôt dans la dernière ligne du tableau 10.4 est calculé comme suit :

$$PE(14,71\%) = -150\,000\,\$ + 38\,000\,\$(P/F, 14,71\%, 1)$$
$$+ 47\,395\,\$(P/F, 14,71\%, 2) + 46\,445\,\$(P/F, 14,71\%, 3)$$
$$+ 46\,802\,\$(P/F, 14,71\%, 4) + 59\,709\,\$(P/F, 14,71\%, 5)$$
$$= 7\,010\,\$$$
$$TRI = 16,54\% > 14,71\%.$$

Puisque le taux de rendement interne est supérieur à la valeur de k, l'investissement serait rentable. Ici, nous avons évalué le flux après impôt en utilisant la valeur de k, et sommes arrivés à la même conclusion concernant l'opportunité de l'investissement.

Commentaires : *Bien que les valeurs de la PE et du TRI calculées pour l'investissement d'Alpha dans les exemples 10.7 et 10.8 soient différentes, les méthodes du flux monétaire net des capitaux propres et du coût du capital ont conduit à la même décision d'accepter ou de rejeter le projet. Il en est habituellement ainsi pour les projets indépendants (si l'on suppose le même calendrier d'amortissement pour le remboursement des emprunts tels que les prêts à terme), et pour le classement des projets dans les cas d'options mutuellement exclusives. On observe parfois des différences, car certaines dispositions de financement particulières peuvent accroître (ou diminuer) l'attrait d'un projet parce qu'elles manipulent les économies d'impôt et la chronologie des rentrées et des sorties liées au financement.*

En résumé, dans les cas où les calendriers précis du financement par emprunt et du remboursement de la dette sont connus, nous recommandons d'utiliser la méthode du flux monétaire net des capitaux propres. Le TRAM approprié correspondra au coût des capitaux propres, i_e. Si aucun mode de financement précis n'est présumé pour un projet donné (mais qu'on présume que les proportions de la structure du capital données seront maintenues), on peut déterminer les flux monétaires après impôt sans intégrer de flux monétaires d'endettement. On utilise alors le coût marginal du capital (k) en tant que TRAM approprié.

10.3.3 LE CHOIX DU TRAM DANS UN CONTEXTE DE LIMITE DES INVESTISSEMENTS

Il importe d'établir une distinction entre le coût du capital (k), tel qu'il est calculé dans la section 10.3.1, et le TRAM (i) utilisé pour évaluer un projet lorsqu'il y a limite des investissements. On entend par **limite des investissements** les situations où les fonds disponibles pour un investissement ne suffisent pas à couvrir les projets potentiellement acceptables. Lorsque les occasions d'investissement dépassent les fonds disponibles, il faut choisir parmi les occasions offertes celles qui sont préférables. De toute évidence, il faut s'assurer que tous les projets choisis sont plus rentables que le meilleur projet rejeté. Le meilleur projet rejeté (ou le pire projet accepté) correspond à la meilleure occasion qui n'a pas été saisie, et sa valeur est appelée **coût d'opportunité**. Lorsqu'on fixe un seuil pour le capital, on suppose que le TRAM est égal à ce coût d'opportunité, qui est généralement supérieur au coût marginal du capital. Autrement dit, la valeur de i représente les compromis de temps et de valeur consentis par l'entreprise et reflète en partie les occasions d'investissement offertes. Il n'est donc pas illogique d'emprunter à un taux de k et d'évaluer les flux monétaires en utilisant un taux différent, i. L'argent sera probablement investi au taux i ou à un taux supérieur. Dans l'exemple qui suit, nous verrons comment on procède pour choisir un TRAM afin d'évaluer un projet lorsqu'il y a limite des investissements.

Une entreprise peut emprunter pour investir dans des projets rentables ou peut remettre dans son **fonds commun d'investissement** tous les fonds non utilisés jusqu'à ce qu'ils soient requis pour d'autres investissements. On peut alors considérer le taux d'emprunt comme un coût marginal du capital (k), tel que défini dans l'équation 10.6. Supposons que tous les fonds disponibles peuvent être investis pour produire un rendement égal à r, le **taux d'intérêt débiteur**. Cet argent équivaut au fonds commun d'investissement. L'entreprise peut en retirer une partie pour d'autres investissements, mais si elle laisse le fonds intact, il fructifiera au taux de r (qui devient le coût d'opportunité). Le TRAM est donc lié soit au taux d'intérêt créditeur, soit au taux d'intérêt débiteur. Pour illustrer la relation entre le taux d'intérêt créditeur, le taux d'intérêt débiteur et le TRAM, formulons les définitions suivantes :

$$k = \text{le taux d'intérêt créditeur (ou le coût du capital)}$$
$$r = \text{le taux d'intérêt débiteur (ou le coût d'opportunité)}$$
$$i = \text{le TRAM.}$$

En règle générale (mais pas toujours), on s'attend à ce que k soit supérieur ou égal à r. Utiliser les fonds d'autrui coûte davantage que de recevoir un « loyer » pour nos propres fonds (à moins que l'on exploite une institution de crédit). On peut en déduire que le TRAM approprié se situe entre les valeurs de r et de k. L'exemple suivant facilite la compréhension du concept de l'élaboration d'un taux d'actualisation (TRAM) en situation de limite des investissements.

Exemple 10.9

La détermination du TRAM approprié en fonction du budget

La société Sand Hill envisage six options d'investissement d'une durée de 1 an. Elle dresse une liste de tous les projets potentiellement acceptables. Cette liste fournit l'investissement requis, les flux monétaires annuels nets projetés et le taux de rendement interne (TRI) de chaque projet, puis classe chacun en fonction de son taux de rendement interne, en commençant par le plus élevé.

	FLUX MONÉTAIRE		
PROJET	A0	A1	TRI
1	−10 000 $	12 000 $	20 %
2	−10 000	11 500	15
3	−10 000	11 000	10
4	−10 000	10 800	8
5	−10 000	10 700	7
6	−10 000	10 400	4

Supposons que $k = 10\%$ et demeure constant tant que le budget ne dépasse pas 60 000 $ et que $r = 6\%$. Si l'entreprise dispose de a) 40 000 $, b) 60 000 $ et c) 0 $ pour ses investissements, quel sera le TRAM dans chaque cas ?

Solution

Les étapes suivantes permettent de déterminer le taux d'actualisation (TRAM) approprié dans un contexte de limite des investissements :

- Étape 1 : Établissez le plan du coût du capital de l'entreprise en fonction du budget des investissements. Par exemple, le coût du capital peut augmenter à mesure que le montant du financement augmente. Déterminez également le taux d'intérêt débiteur de l'entreprise si toutes les sommes non dépensées sont prêtées ou laissées dans le fonds commun d'investissement.

Figure 10.5
Exemple de plan des occasions d'investissement

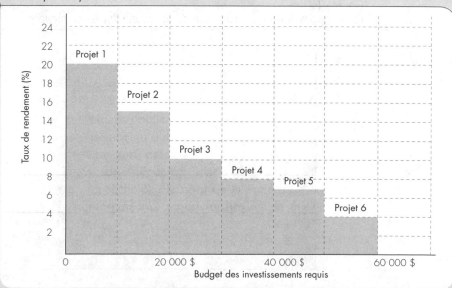

- Étape 2 : Tracez la courbe du plan des occasions d'investissement en montrant combien d'argent l'entreprise pourrait investir à divers taux de rendement, comme le montre la figure 10.5.

a) Si l'entreprise investit 40 000 $, elle devrait opter pour les projets 1, 2, 3 et 4. Il est clair qu'elle ne devrait pas emprunter au taux de 10 % pour investir dans les projets 5 et 6. Le meilleur projet rejeté est le projet 5, et le pire projet accepté est le projet 4. Le coût d'opportunité lié au rejet du meilleur projet est donc de 7 %. Par conséquent, le TRAM est de 7 % ou $r < TRAM < k$. (Si l'on considère le coût d'opportunité comme le coût associé à l'acceptation du pire projet, le TRAM pourrait être de 8 %.)

b) Si l'entreprise dispose de 60 000 $, elle devrait investir dans les projets 1, 2, 3, 4 et 5. Elle pourrait prêter les 10 000 $ qui restent plutôt que de les investir dans le projet 6. Dans ce cas, $TRAM = r = 6 \%$.

c) Si l'entreprise ne dispose d'aucune somme, elle devrait probablement emprunter pour investir dans les projets 1 et 2. Elle pourrait également emprunter pour le projet 3, mais cette option lui serait économiquement indifférente, à moins que d'autres considérations n'entrent en jeu. Dans ce cas, $TRAM = k = 10 \%$; on peut alors affirmer que $r \leqq TRAM \leqq k$ si l'on est absolument certain des occasions d'investissement futures. La figure 10.6 illustre le concept de la sélection du TRAM dans un contexte de limite des investissements.

Commentaires : Dans cet exemple, nous avons supposé par souci de simplification que la chronologie de chaque investissement est la même pour toutes les propositions (la période 0, par exemple). Si chaque option nécessite des investissements pendant plusieurs périodes, l'analyse sera considérablement plus complexe car il faudra tenir compte à la fois du montant investi et de sa chronologie pour choisir le TRAM approprié. Cette analyse plus poussée déborde du cadre d'un ouvrage d'introduction comme le nôtre, mais elle est décrite dans C. S. Park et G. P. Sharp-Bette, Advanced Engineering Economics, *New York, John Wiley, 1990.*

Figure 10.6
Choix du TRAM dans un contexte de limite des investissements

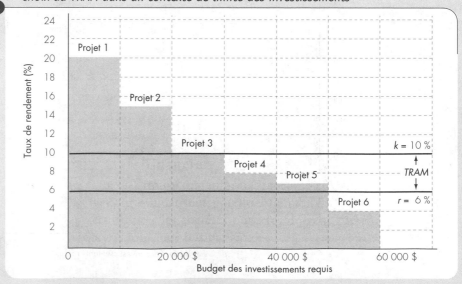

Nous pouvons maintenant établir certaines généralités. Si une entreprise finance ses investissements avec des fonds empruntés, elle devra utiliser TRAM = k; si elle prête de l'argent, elle devra utiliser TRAM = r. Une entreprise peut prêter de l'argent pendant une période donnée et en emprunter pendant une autre; le taux approprié varie alors selon la situation. En fait, l'entreprise prête ou emprunte en fonction de ses décisions d'investissement.

Dans le monde réel, la plupart des entreprises établissent un TRAM pour tous leurs projets d'investissement. Rappelons que dans l'exemple 10.9 nous avons admis la **certitude absolue** des occasions d'investissement. En règle générale, dans des conditions économiques incertaines, le TRAM sera beaucoup plus élevé que k, le coût du capital de l'entreprise. Par exemple, si $k = 10\%$, un TRAM de 15 % ne sera pas considéré comme excessif. Peu d'entreprises sont prêtes à investir dans des projets qui leur rapportent un peu plus seulement que leur coût du capital, parce que ces derniers comportent des éléments de *risque*.

Si l'entreprise envisage un grand nombre d'occasions d'investissement actuelles et futures rapportant le taux de rendement désiré, on peut considérer le TRAM comme le taux minimal auquel elle est prête à investir, et supposer que les recettes des investissements actuels peuvent être réinvesties au TRAM. De plus, *si l'on choisit l'« option nulle », tous les fonds disponibles sont investis au TRAM*. En économie de l'ingénierie, on établit normalement une distinction entre la question du risque et le concept du TRAM. Comme nous le verrons au chapitre 13, on tient compte explicitement des effets du risque lorsqu'il le faut. Par conséquent, toute référence faite au TRAM dans cet ouvrage correspond uniquement au taux d'intérêt sans risque.

10.4 | L'ÉTABLISSEMENT DU BUDGET DES INVESTISSEMENTS

Dans cette section, nous verrons comment procéder pour décider quels projets doivent être inclus dans le budget des investissements. Nous nous attarderons plus particulièrement à la démarche décisionnelle permettant d'évaluer un ensemble d'options d'investissement dans un contexte de limite des investissements.

10.4.1 L'ÉVALUATION DE PLUSIEURS OPTIONS D'INVESTISSEMENT

Dans le chapitre 5, nous avons appris comment comparer deux ou plusieurs projets mutuellement exclusifs. Nous approfondirons maintenant cette technique pour pouvoir comparer un ensemble d'options décisionnelles qui ne sont pas nécessairement mutuellement exclusives. Il importe ici de faire la distinction entre un **projet** et une **option d'investissement**, qui équivaut à une option décisionnelle. Pour un seul projet, deux options d'investissement sont envisageables : accepter ou rejeter le projet. Pour deux projets indépendants, quatre options d'investissement sont possibles : 1) accepter les deux projets, 2) rejeter les deux projets, 3) accepter uniquement le premier projet et 4) accepter uniquement le second projet. À mesure que le nombre de projets corrélatifs augmente, le nombre d'options d'investissement croît de façon exponentielle.

Pour analyser adéquatement les paramètres de l'établissement du budget des investissements, une entreprise doit regrouper tous les projets à l'étude et leur associer des options décisionnelles. Pour faire ce regroupement, elle doit séparer les projets indépendants les uns des autres des projets interdépendants pour formuler correctement ses options.

Les projets indépendants

Un **projet indépendant** est un projet que l'on peut accepter ou rejeter sans que cela affecte la décision d'accepter ou de rejeter un autre projet indépendant. Par exemple, l'achat d'une fraiseuse, d'ameublement de bureau et d'un chariot élévateur constitue trois projets indépendants. Seuls les projets qui sont économiquement indépendants les uns des autres peuvent être évalués séparément. (Des contraintes budgétaires peuvent nous empêcher de choisir un ou plusieurs projets parmi des projets indépendants ; cette contrainte externe ne change pas le fait que les projets sont indépendants.)

Les projets dépendants

Dans de nombreux problèmes décisionnels, les projets d'investissement sont souvent liés les uns aux autres, de sorte que l'acceptation ou le rejet de l'un d'eux influe sur l'acceptation des autres. On distingue deux types de dépendance : les projets mutuellement exclusifs et les projets conditionnels. On dit de projets qu'ils sont **conditionnels** lorsque l'acceptation de l'un d'eux nécessite l'acceptation d'un autre. Par exemple, l'achat d'une imprimante est dépendante de l'achat d'un ordinateur, mais on peut acheter l'ordinateur sans envisager l'achat d'une imprimante.

10.4.2 LA FORMULATION DES OPTIONS MUTUELLEMENT EXCLUSIVES

On peut considérer la sélection de projets d'investissement comme un problème consistant à choisir une seule option parmi un ensemble d'options mutuellement exclusives. Soulignons que chaque projet indépendant est une option d'investissement, mais qu'une seule option d'investissement peut englober tout un groupe de projets d'investissement. Habituellement, pour gérer les multiples relations entre les projets, on les classe afin que la décision ne soit prise que sur les options mutuellement exclusives. Pour isoler cet ensemble d'options mutuellement exclusives, il faut énumérer toutes les combinaisons possibles de projets à l'étude.

Les projets indépendants

À partir d'un nombre donné de projets d'investissement indépendants, on peut facilement énumérer les options mutuellement exclusives. Par exemple, pour deux projets à l'étude, A et B, quatre options décisionnelles sont possibles, y compris une option nulle.

OPTION	DESCRIPTION	X_A	X_B
1	on rejette A, on rejette B	0	0
2	on accepte A, on rejette B	1	0
3	on rejette A, on accepte B	0	1
4	on accepte A, on accepte B	1	1

Dans cette notation, X_j est une variable décisionnelle associée au projet d'investissement j. Si $X_j = 1$, le projet j est accepté; si $X_j = 0$, le projet j est rejeté. Puisque l'acceptation de l'une de ces options exclura l'acceptation de toutes les autres, ces options sont dites mutuellement exclusives.

Les projets mutuellement exclusifs

Supposons que l'on envisage deux ensembles indépendants de projets (A et B). Chacun de ces ensembles indépendants comprend deux projets mutuellement exclusifs (A1, A2) et (B1, B2). Cependant, la sélection de A1 ou de A2 est également indépendante de la sélection de tout projet de l'ensemble (B1, B2). Pour cet ensemble de projets d'investissement, on obtient les options mutuellement exclusives suivantes :

OPTION	(X_{A1}, X_{A2})	(X_{B1}, X_{B2})
1	(0 , 0)	(0 , 0)
2	(1 , 0)	(0 , 0)
3	(0 , 1)	(0 , 0)
4	(0 , 0)	(1 , 0)
5	(1 , 0)	(1 , 0)
6	(0 , 1)	(1 , 0)
7	(0 , 0)	(0 , 1)
8	(1 , 0)	(0 , 1)
9	(0 , 1)	(0 , 1)

On constate que pour deux ensembles indépendants de deux projets mutuellement exclusifs, on obtient neuf options décisionnelles différentes.

Les projets conditionnels

Supposons que l'acceptation de C est conditionnelle à l'acceptation de A et de B, et que l'acceptation de B est conditionnelle à l'acceptation de A. On peut formuler le nombre possible d'options décisionnelles de la façon suivante :

OPTION	X_A	X_B	X_C
1	0	0	0
2	1	0	0
3	1	1	0
4	1	1	1

On peut donc aisément formuler un ensemble d'options d'investissement mutuellement exclusives comprenant un nombre limité de projets qui sont indépendants, mutuellement exclusifs ou conditionnels simplement en disposant les projets dans une séquence logique.

La méthode de l'énumération présente une difficulté particulière : à mesure que le nombre de projets augmente, le nombre d'options mutuellement exclusives croît de façon exponentielle. Par exemple, pour dix projets indépendants, le nombre d'options mutuellement exclusives est de 2^{10}, ou 1 024. Pour 20 projets indépendants, il est de 2^{20}, ou 1 048 576. Lorsque le nombre d'options décisionnelles augmente, il est parfois nécessaire d'utiliser la programmation mathématique pour trouver la solution. Heureusement, dans le monde réel, le nombre de projets d'ingénierie envisagés à un moment donné est habituellement facile à gérer et se prête aisément à ce type d'approche.

10.4.3 L'ÉTABLISSEMENT DU BUDGET DES INVESTISSEMENTS EN SITUATION DE CONTRAINTE BUDGÉTAIRE

Rappelons qu'il y a limite des investissements lorsque les fonds disponibles pour les investissements ne suffisent pas à couvrir tous les projets. Dans ce cas, on énumère toutes les options d'investissement de la façon habituelle, mais on élimine toutes les options mutuellement exclusives qui dépassent le budget. En cas de restriction budgétaire, la démarche la plus efficace consiste à choisir le groupe de projets qui optimise la valeur actualisée nette totale des flux monétaires futurs par rapport aux investissements requis. L'exemple 10.10 illustre le concept de l'établissement du budget des investissements optimal dans un contexte de contrainte budgétaire.

Exemple 10.10

Quatre projets d'économie d'énergie[7] soumis à des contraintes budgétaires

Le service des installations d'une société d'instruments électroniques envisage quatre projets d'économie d'énergie.

Projet 1 (électricité) : Remplacer les moteurs à rendement standard actuels des condition-neurs d'air et des ventilateurs aspirants d'un bâtiment par des moteurs à rendement élevé.

Projet 2 (enveloppe de bâtiment) : Recouvrir la surface interne des fenêtres actuelles d'un bâtiment d'une pellicule solaire à faible émissivité.

Projet 3 (climatisation) : Installer des échangeurs thermiques entre la ventilation existante d'un bâtiment et les conduites d'air.

Projet 4 (éclairage) : Installer des réflecteurs spéculaires et débrancher les plafonniers encastrés d'un bâtiment.

Pour ces projets d'une durée de vie utile d'environ 8 ans, des investissements variant de 50 000 à 140 000 $ sont nécessaires. La première tâche du service des installations consiste à estimer les économies annuelles pouvant être réalisées grâce à ces projets d'efficacité énergétique. Actuellement, l'entreprise paie 7,80 cents par kilowattheure (kWh) d'électricité et 4,85 $ par mille mètres cubes d'air traité. En supposant que ces prix restent stables au cours des 8 prochaines années, l'entreprise a estimé les flux monétaires et le taux de rendement interne (TRI) suivants pour chaque projet.

PROJET	INVESTIS-SEMENT	COÛTS D'E&E ANNUELS	ÉCONOMIES ANNUELLES (EN ÉNERGIE)	ÉCONOMIES ANNUELLES	TRI
1	46 800 $	1 200 $	151 000 kWh	11 778 $	15,43 %
2	104 850	1 050	513 077 kWh	40 020	33,48
3	135 480	1 350	6 700 000 m³	32 495	15,95
4	94 230	942	4 70 740 kWh	36 718	34,40

Puisque chaque projet peut être adopté séparément, il existe au moins autant d'options possibles que de projets. Pour simplifier les choses, supposons que tous les projets sont indépendants plutôt que mutuellement exclusifs, qu'ils sont tous également risqués et que leurs risques sont tous égaux à ceux de la moyenne des immobilisations actuelles de l'entreprise.

a) Déterminez le budget des investissements optimal pour les projets d'économie d'énergie.

b) Puisque les fonds attribués aux projets d'amélioration énergétique s'élèvent à 250 000 $ pour l'exercice financier courant, le service des installations ne dispose pas de capitaux suffisants pour entreprendre les quatre projets sans demander des sommes additionnelles au siège social. Énumérez toutes les options décisionnelles et choisissez la meilleure.

---

7. Les descriptions de projet (à l'exception de l'analyse) sont adaptées de A. M. Khan et D. Fiorino, « Case Study : The Capital Asset Pricing Model in Project Selection », *The Engineering Economist*, 1991.

Explication : Le calcul de la PE ne peut être montré encore, car le coût marginal du capital n'est pas connu. Par conséquent, il importe avant tout d'établir le plan du **coût marginal du capital (MCC, « marginal cost of capital »)**, qui se présente sous la forme d'un graphique montrant les variations du coût du capital en fonction des nouveaux fonds obtenus durant une année donnée. Le graphique de la figure 10.7 représente le plan du coût marginal du capital de l'entreprise. Les premiers 100 000 $ seront obtenus à 14 %, les 100 000 $ suivants à 14,5 %, les 100 000 $ suivants à 15 % et tout montant supérieur à 300 000 $ à 15,5 %. On pourra ensuite tracer la courbe du taux de rendement interne pour chaque projet, qui correspond au **plan des occasions d'investissements (IOS, « investment opportunity schedule »)** dans le graphique. Ce plan montre combien d'argent l'entreprise peut investir à divers taux de rendement.

Figure 10.7
Combinaison du plan du coût marginal du capital et des courbes du plan des occasions d'investissement pour déterminer le budget des investissements optimal d'une entreprise

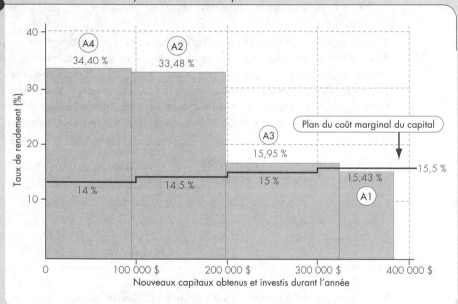

Solution

a) Budget des investissements optimal si les projets peuvent être acceptés en partie :

Examinons le projet A4. Son TRI est de 34,40 % et il peut être financé avec des fonds qui ne coûtent que 14 %. Par conséquent, il devrait être accepté. On peut analyser les projets A2 et A3 de la même façon. Tous deux sont acceptables car leur TRI est supérieur au coût marginal du capital. Par ailleurs, le projet A1 devrait être rejeté car son TRI est inférieur au coût marginal du capital. L'entreprise devrait donc accepter les trois projets (A4, A2 et A3) dont les taux de rendement sont supérieurs au coût du capital qui serait utilisé pour les financer si le budget des investissements est de 334 560 $. Ce montant correspond au *budget des investissements optimal*.

Dans la figure 10.7, bien qu'on observe deux changements de taux dans le coût marginal du capital pour le financement du projet A3 (premier changement de 14,5 à 15 %, et deuxième changement de 15 à 15,5 %), la décision d'accepter ou de rejeter A3 demeure la même, car son taux de rendement est supérieur au coût marginal du capital. Qu'adviendrait-il si le coût marginal du capital recoupait le projet A3 ? Supposons par exemple que le coût marginal du capital pour tout projet de plus de 300 000 $ coûte 16 % plutôt que 15,5 % et que le plan du MCC recoupe le projet A3. Devrait-on accepter A3 ? Si nous l'acceptions en partie, nous limiterions notre investissement à 74,49 %.

b) Budget des investissements optimal si les projets ne peuvent pas être acceptés en partie :

Si les projets peuvent être acceptés en partie, la limite des investissements n'affecte nullement la sélection des meilleures options. Par exemple, dans la figure 10.7, on accepte A4 et A2 entièrement et A3 en partie jusqu'à concurrence du budget de 250 000 $, soit 37,58 % de A3.

Si les projets ne peuvent pas être financés en partie, il faut d'abord énumérer le nombre d'options d'investissement réalisables compte tenu de la limite budgétaire. Comme le montre le tableau 10.5, le nombre total d'options décisionnelles mutuellement exclusives que l'on peut dériver de quatre projets indépendants est 16, ce qui comprend l'option nulle. Cependant,

Tableau 10.5   Options décisionnelles mutuellement exclusives

j	OPTION	BUDGET NÉCESSAIRE	ÉCONOMIES ANNUELLES NETTES COMBINÉES
1	0	0	0
2	A1	(46 800) $	10 578 $
3	A2	(104 850)	38 970
4	A3	(135 480)	31 145
5	A4	(94 230)	35 776
6	A4, A1	(141 030)	46 354
7	A2, A1	(151 650)	49 548
8	A3, A1	(182 280)	41 723
9	A4, A2	(199 080)	74 746
10	A4, A3	(229 710)	66 921
11	A2, A3	(240 330)	70 115
(12) Meilleure option	A4, A2, A1	(245 880)	85 324
13	A4, A3, A1	(276 510)	77 499
14	A2, A3, A1	(287 130)	80 693
15	A4, A2, A3	(334 560)	105 891
16	A4, A2, A3, A1	(381 360)	116 469

Options irréalisables (13, 14, 15, 16)

les options 13, 14, 15 et 16 ne sont pas réalisables étant donné la limite budgétaire de 250 000 $. On ne peut donc envisager que les options 1 à 12.

Comment peut-on comparer ces options si le coût marginal du capital varie pour chaque option décisionnelle ? Revenons à la figure 10.7 et examinons le projet A1. Il serait acceptable, car son TRI de 15,43 % serait supérieur au coût du capital de 14 % servant à son financement. Pourquoi alors ne peut-on pas le choisir ? Parce que nous cherchons à optimiser le rapport entre le rendement et les coûts, c'est-à-dire la zone située au-dessus de MCC, mais en dessous de IOS. Cela est possible si l'on accepte d'abord les projets les plus rentables. Cette logique nous porte à conclure que dans la mesure où le budget le permet, A4 devrait être choisi en premier lieu et A2 en deuxième lieu. Cette décision coûte 199 080 $, ce qui laisse 50 920 $ de fonds inutilisés. Il reste à déterminer à quoi seront utilisés ces fonds. Ce raisonnement n'est certainement pas suffisant pour entreprendre A3 entièrement, mais il peut servir pour la totalité du projet A1. Le financement du projet A1 dans sa totalité convient au budget et le taux de rendement de ce projet dépasse le coût marginal du capital (15,43 % > 15 %). L'option 12 devient alors la meilleure, sauf si les fonds inutilisés rapportent un intérêt supérieur à 15,43 % (figure 10.8).

Figure 10.8
Le coût du capital approprié qu'il faut utiliser dans l'établissement du budget des investissements pour l'option décisionnelle 12, avec une limite budgétaire de 250 000 $ est de 15 %.

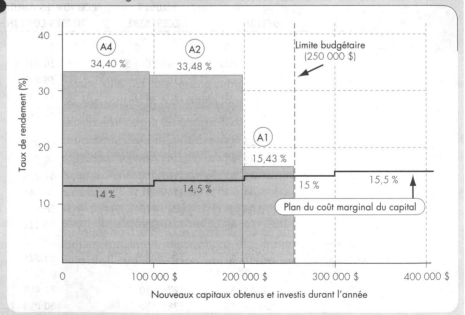

Commentaires : *Dans l'exemple 10.9, on a déterminé le TRAM en appliquant une limite de capital au plan des occasions d'investissement. L'entreprise a ensuite pu emprunter ou prêter de l'argent selon ses décisions d'investissement. Dans cet exemple, aucun emprunt n'est explicitement présumé.*

En résumé

- On distingue deux principaux modes de financement :
  1. **Le financement par actions** utilise les bénéfices non répartis ou les fonds obtenus par l'émission d'actions pour financer un investissement.
  2. Le **financement par emprunt** utilise les fonds obtenus au moyen de prêts ou d'obligations émises pour financer un investissement.

- Les entreprises ne se limitent pas à emprunter des fonds pour financer des projets. Celles qui sont bien administrées établissent habituellement une **structure du capital cible** et tentent de maintenir leur **ratio d'endettement** pour chaque projet financé.

- La formule du **coût du capital** est un indice composé reflétant le coût des fonds obtenus de diverses sources. Cette formule est :

$$k = \frac{i_d C_d}{V} + \frac{i_e C_e}{V}, \qquad V = C_d + C_e$$

où i_e est le **coût des capitaux propres** et i_d est le **coût de l'endettement** après impôt.

- Le **coût marginal du capital** est le coût d'acquisition de chaque nouveau dollar de capital. Il augmente en proportion de l'augmentation du capital pour une période donnée.

- Sans limite de capital, le choix du TRAM est dicté par la disponibilité des données de financement :
  1. Dans les cas où les calendriers exacts de financement par emprunt et de remboursement de la dette sont connus, on recommande d'utiliser la méthode du flux monétaire net des capitaux propres. Le TRAM approprié correspondrait alors au coût des capitaux propres, i_e.
  2. Si aucun mode de financement précis n'est présumé pour un projet donné (mais qu'on suppose que les proportions de la structure du capital données seront maintenues), on peut déterminer les flux monétaires après impôt sans intégrer de flux monétaires d'endettement. On utilise alors le coût marginal du capital (k) en tant que TRAM approprié.

- Dans un contexte de limite des investissements, la sélection du TRAM est plus ardue, mais, de façon générale, les possibilités suivantes existent :

CONDITIONS	TRAM
Une entreprise emprunte des capitaux auprès d'institutions de crédit au taux d'intérêt débiteur, k, et auprès de son fonds commun d'investissement au taux d'intérêt créditeur, r.	$r < \text{TRAM} < k$
Une entreprise emprunte tous les capitaux auprès d'institutions de crédit au taux d'intérêt débiteur, k.	$\text{TRAM} = k$
Une entreprise emprunte tous les capitaux auprès de son fonds commun d'investissement au taux d'intérêt créditeur, r.	$\text{TRAM} = r$

- Le coût du capital utilisé pour l'établissement du budget des investissements se situe à l'intersection du plan des occasions d'investissement (**IOS**) et du plan du coût marginal du capital (**MCC**). Si l'on utilise le coût du capital à l'intersection, on prendra des décisions (accepter/rejeter) correctes et le niveau de financement et d'investissement sera optimal. Cette approche suppose que l'entreprise peut investir et emprunter au taux où les deux courbes se croisent.

- Si l'on fixe une limite stricte pour l'établissement du budget des investissements et qu'aucun projet ne peut être entrepris en partie, tous les scénarios d'investissements réalisables doivent être énumérés. Selon chaque scénario d'investissement, le coût du capital est appelé à changer. Notre tâche consiste à trouver le meilleur scénario d'investissement dans un contexte de coût du capital variable. À mesure que le nombre de projets à l'étude augmente, on peut utiliser une technique plus perfectionnée, telle que la programmation mathématique ou la recherche opérationnelle.

- Lorsqu'on analyse plusieurs projets présentant diverses interdépendances, il faut les organiser dans un ensemble d'options d'investissement mutuellement exclusives qui couvrent toutes les combinaisons d'investissement réalisables.

- Les **projets indépendants** sont ceux dont l'acceptation ou le rejet n'affecte pas l'acceptation ou le rejet d'autres projets. Si l'on considère uniquement les projets indépendants, le nombre maximal d'options d'investissement sera 2^x, où x égale le nombre de projets indépendants.

- Les **projets dépendants** sont ceux dont l'acceptation ou le rejet affecte l'acceptation ou le rejet d'autres projets. Les projets dépendants peuvent être:
  1. **mutuellement exclusifs**: l'acceptation d'un projet entraîne le rejet des autres;
  2. **conditionnels**: l'acceptation d'un projet est conditionnelle à l'acceptation d'un autre.

PROBLÈMES

Note: *On présume que tous les paiements obligataires sont annuels.*

Niveau 1

10.1* Pour financer un nouveau projet, on émet des obligations d'une valeur nominale de 1 000 $. Ces obligations seront vendues à escompte au prix courant de 970 $ avec un taux d'intérêt nominal de 10 %. Les frais associés à cette nouvelle émission seront d'environ 5 %. Les obligations arriveront à échéance dans 10 ans et le taux d'imposition de l'entreprise est de 40 %. Calculez le coût après impôt de ce financement par emprunt (en pourcentage).

10.2* La structure du capital de la compagnie minière Northern Ontario est la suivante.

SOURCE	MONTANT
Emprunt	665 000 $
Actions privilégiées	345 000
Actions ordinaires	1 200 000

L'entreprise souhaite maintenir sa structure du capital actuelle pour le financement de ses futurs projets. Si elle prévoit obtenir un emprunt de 800 000 $ pour un nouveau projet, quelle sera l'échelle de l'investissement total?

10.3* La structure du capital de la société Okanagan Citrus est la suivante.

SOURCE	MONTANT
Obligations à long terme	3 000 000 $
Actions privilégiées	2 000 000
Actions ordinaires	5 000 000

En supposant que l'entreprise maintient sa structure du capital dans l'avenir, déterminez son coût du capital moyen pondéré (k) si le coût de son endettement (après impôt) est de 7,5 %, le coût des actions privilégiées, de 12,8 % et le coût des actions ordinaires, de 20 % (coût des capitaux propres).

10.4* Optical World Corporation, un fabricant de systèmes de vision périphérique, a besoin de 10 millions de dollars pour mettre en marché ses nouveaux systèmes de vision robotisés. L'entreprise envisage deux options de financement: les actions ordinaires et les obligations. Si elle décide de réunir des capitaux en émettant des actions ordinaires, les frais d'émission seront de 6 % et le prix de l'action sera de 25 $. Si elle opte plutôt pour le financement par emprunt, elle pourra vendre des obligations d'une valeur nominale de 1 000 $ au taux d'intérêt de 12 % sur 10 ans. Les frais d'émission des obligations seront de 1,9 %.

a) Dans le cas du financement par actions, déterminez les frais d'émission et le nombre d'actions à vendre pour obtenir 10 millions de dollars.

b) Dans le cas du financement par emprunt, déterminez les frais d'émission et le nombre d'actions d'une valeur nominale de 1 000 $ qu'elle devra vendre pour rassembler 10 millions de dollars. Quel paiement d'intérêt annuel sera nécessaire ?

10.5 Un projet nécessite un investissement initial de 300 000 $, qui doit être financé à un taux d'intérêt de 12 % par année. Si la période de remboursement requise est de 6 ans, déterminez le calendrier de remboursement en donnant le capital et l'intérêt pour chacune des méthodes suivantes :

a) Remboursement égal du capital

b) Remboursement égal de l'intérêt

c) Versements annuels égaux.

10.6* Calculez le coût de l'endettement après impôt à chacune des conditions suivantes :

a) Taux d'intérêt de 12 % et taux d'imposition de 25 %

b) Taux d'intérêt de 14 % et taux d'imposition de 34 %

c) Taux d'intérêt de 15 % et taux d'imposition de 40 %.

10.7* Pour 5 projets d'investissement présentant les corrélations suivantes :

- (A1 et A2) sont mutuellement exclusifs.

- (B1 et B2) sont mutuellement exclusifs et chacun est conditionnel à l'acceptation de A2.

- C est conditionnel à l'acceptation de B1.

En supposant que l'option nulle n'est pas envisagée, lesquels des énoncés suivants sont corrects ?

a) Il existe au total 5 options décisionnelles réalisables.

b) (A1, B2) est réalisable.

c) (A2, B1) et (A2, B2) sont réalisables.

d) (B1, C) est réalisable.

e) (B1, B2, C) est réalisable.

f) (A1, B1, C) est réalisable.

g) Tous les énoncés ci-dessus.

h) Aucun des énoncés ci-dessus.

10.8 Quatre projets d'investissement ont été présentés par le comité de planification d'entreprise. Les profils de flux monétaire pour ces 4 projets se résument comme suit. Chaque projet a une durée de vie utile de 5 ans. Le TRAM de l'entreprise est de 10 %. (Tous les flux monétaires sont des valeurs après impôt.)

	PROFILS DE PROJET			
	A	B	C	D
Investissement initial	60 000 $	40 000 $	80 000 $	100 000 $
Flux monétaire d'exploitation net annuel	20 000	10 000	15 000	25 000
Valeur de récupération	0	20 000	20 000	30 000

a) Supposons que les 4 projets sont indépendants et qu'aucune contrainte budgétaire n'existe. Formulez toutes les options décisionnelles possibles ainsi que les flux monétaires combinés.

b) Supposons que les projets A et B sont mutuellement exclusifs. Formulez toutes les options décisionnelles possibles.

Niveau 2

10.9* La société Beaver envisage 3 investissements indépendants. Les sommes requises et les taux de rendement interne (TRI) prévus sont les suivants :

PLAN DES OCCASIONS D'INVESTISSEMENT		
PROJET	INVESTISSEMENT	TRI
A	180 000 $	32 %
B	250 000	18 %
C	120 000	15 %

L'entreprise a l'intention de financer ces projets par un emprunt (40 %) et des actions (60 %). Le coût de l'endettement après impôt est de 8 % pour les premiers 100 000 $, après quoi il sera de 10 %. Des bénéfices non répartis (provenant de l'entreprise) de 150 000 $ peuvent être investis. Le taux de rendement exigé par les actionnaires ordinaires est de 20 %. Si l'on émet de nouvelles actions, leur coût, k_e, sera de 23 %. Quel sera le coût marginal du capital pour rassembler les premiers 250 000 $?

10.10* D'après la courbe du coût marginal du capital définie dans le problème 10.9, décidez quel ou quels projets seraient inclus.

a) Projet A seulement.

b) Projets A et B.

c) Projets A, B et C.

d) Aucun de ces projets.

10.11* D'après le coût marginal du capital et le plan des occasions d'investissement définis dans le problème 10.9, quel TRAM (ou taux d'actualisation) raisonnable devrait-on utiliser pour évaluer les investissements ?

a) TRAM < 17,8 %

b) 17,8 % < TRAM ≤ 18 %

c) 18 % < TRAM < 32 %

d) TRAM = 15,2 %

10.12 La société d'électricité Edison possède et exploite une centrale à turbines au charbon installée il y a 20 ans. Étant donné la dégradation du système, 65 interruptions de service forcées ont eu lieu l'année dernière seulement et il s'est produit deux explosions de chaudière en 7 ans. Edison prévoit démolir la centrale actuelle et installer une nouvelle turbine à gaz améliorée qui produira plus d'électricité par unité de combustible que les chaudières au charbon typiques (voir la figure 10.9).

Figure 10.9
Nouveau procédé de traitement du charbon qui rend les turbines efficaces et polyvalentes

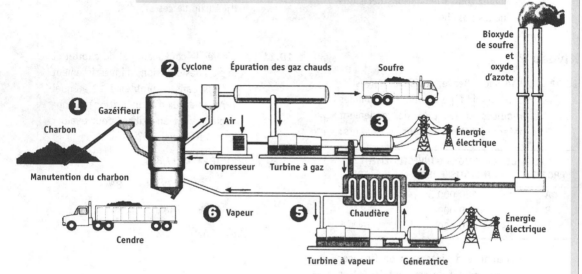

Pour des turbines efficaces et polyvalentes

Grâce à une technologie améliorée, les turbines à gaz peuvent être alimentées avec des combustibles économiques de qualité inférieure comme le charbon ou le bois, ou encore avec des résidus, et leur fonctionnement est plus efficace et plus propre que celui des turbines à gaz ou des centrales au charbon actuelles.

Procédé

1. Le charbon ou l'hydrocarbure est traité à la pression de vapeur et libère des gaz combustibles.

2. Le gaz est épuré dans un cyclone et par d'autres procédés pour libérer son soufre.

3. Le monoxyde de carbone et l'hydrogène sont brûlés dans une turbine à gaz qui alimente une génératrice pour produire de l'électricité et faire fonctionner le compresseur.

4. Le gaz chaud d'éjection de la turbine est acheminé vers une chaudière, qui produit de la vapeur, puis s'élève dans la cheminée.

5. La vapeur alimente une autre turbine, qui fait également fonctionner une génératrice pour produire de l'électricité.

6. La vapeur et l'air résiduels du compresseur sont acheminés vers le gazéifieur, qui les transforme en gaz combustibles.

La centrale de turbine à gaz de 50 MW, qui est alimentée par du charbon gazéifié, du bois ou des résidus agricoles, coûtera à Edison 65 millions de dollars. Edison veut obtenir le capital de trois sources de financement: des actions ordinaires (45 %), des actions privilégiées (10 %) (qui rapportent un dividende en espèces déclaré de 6 %) et un emprunt (45 %). Les banques d'investissement lui proposent les frais d'émission suivants:

SOURCE DE FINANCEMENT	FRAIS D'ÉMISSION	PRIX DE VENTE	VALEUR NOMINALE
Actions ordinaires	4,6 %	32 $ par action	10 $
Actions privilégiées	8,1 %	55 $ par action	15 $
Obligations	1,4 %	980 $	1 000 $

a) Quel est le total des frais d'émission pour obtenir 65 millions de dollars?

b) Combien d'actions (ordinaires et privilégiées) ou d'obligations devra-t-on vendre pour réunir 65 millions de dollars?

c) Si Edison paie des dividendes en espèces annuels de 2 $ par action ordinaire, et que l'intérêt annuel versé sur les obligations est de 12 %, de quel montant Edison doit-elle disposer pour respecter ses obligations (actions et emprunt)? (Soulignons que chaque fois qu'une entreprise déclare des dividendes en espèces à ses actionnaires ordinaires, les actionnaires privilégiés ont droit à des dividendes correspondant à 6 % de leur valeur nominale.)

10.13 La papeterie Hudon prévoit vendre un bloc d'obligations à long terme d'une valeur de 10 millions de dollars à un taux d'intérêt de 11 %. L'entreprise croit qu'elle peut vendre ces obligations d'une valeur nominale de 1 000 $ à un prix qui produira un rendement à l'échéance de 13 %. Les frais d'émission seront de 1,9 %. Si le taux d'imposition marginal de Hudon est de 35 %, quel est son coût de l'endettement après impôt?

10.14 On prévoit que les bénéfices, les dividendes et le prix des actions de la société Mobil Appliance croîtront à un taux annuel de 12 %. Les actions ordinaires de Mobil se négocient actuellement au prix de 18 $ par action. Le dernier dividende en espèces de Mobil a été de 1,00 $, et son dividende en espèces prévu à la fin de cette année est de 1,09 $. Déterminez le coût des bénéfices non répartis (k_r).

10.15 Revenons au problème 10.14. Mobil veut se procurer des fonds pour financer un nouveau projet en émettant de nouvelles actions ordinaires. Grâce à ce nouveau projet, le dividende en espèces prévu sera de 1,10 $ à la fin de l'année courante, et son taux de croissance sera de 10 %. Les actions s'échangent actuellement à 18 $, mais les nouvelles actions ordinaires rapporteront à Mobil 15 $ par action.

a) Quels sont les frais d'émission de Mobil en pourcentage?

b) Quel est le coût des nouvelles actions ordinaires (k_e)?

10.16 Le coût des capitaux propres de la société Calixte est de 22 %. Son coût de l'endettement avant impôt est de 13 %, et son taux d'imposition marginal est de 40 %. En vertu de sa structure du capital, le ratio d'endettement est de 45 %. Calculez le coût du capital de Calixte.

10.17 Produits chimiques Delta devrait avoir la structure du capital suivante dans un avenir prévisible.

SOURCE DE FINANCEMENT	POURCENTAGE DU TOTAL DES FONDS	COÛT AVANT IMPÔT	COÛT APRÈS IMPÔT
Emprunt	30 %		
Court terme	10	14 %	
Long terme	20	12	
Actions	70 %		
Actions ordinaires	55		30 %
Actions privilégiées	15		12

Les frais d'émission sont déjà inclus dans chaque élément de coût. Le taux d'imposition marginal sur le revenu (t) de Delta devrait se maintenir à 40 %. Déterminez le coût du capital (k).

10.18 La société de biotechnologie DNA étudie le financement de 7 projets de R&D. Chaque projet devrait demeurer à l'étape de la R&D pendant une période de 3 à 5 ans, et le taux de rendement interne correspond au revenu de redevances issu de la vente des résultats de recherche à des sociétés pharmaceutiques.

PROJET	TYPE D'INVESTISSEMENT (EN MILLIONS DE DOLLARS)	TRI REQUIS EN POURCENTAGE
1. Vaccins	15	22
2. Chimie des hydrocarbures	25	40
3. Antisens	35	80
4. Synthèse chimique	5	15
5. Anticorps	60	90
6. Chimie des peptides	23	30
7. Greffe cellulaire/ thérapie génique	19	32

La société DNA ne peut mobiliser que 100 millions de dollars. Son taux d'intérêt créditeur est de 18 %, et son taux d'intérêt débiteur est de 12 %. Quels projets de R&D devrait-elle inclure dans son budget ?

10.19 Jean Fournier possède une maison qui comprend 20,2 mètres carrés de fenêtres et 4,0 mètres carrés de portes. Sa consommation d'électricité totale est de 46 502 kWh : 7 960 kWh pour l'éclairage et les appareils ménagers, 5 500 kWh pour le chauffe-eau, 30 181 kWh pour le chauffage à 20 °C et 2 861 kWh pour la climatisation à 25 °C. Le fournisseur local d'électricité propose 14 options d'économie d'énergie pour cette maison d'une superficie de 162 mètres carrés. M. Fournier peut emprunter au taux de 12 % et prêter au taux de 8 %.

N°	AMÉLIORATION STRUCTURALE	ÉPARGNE ANNUELLE	COÛTS ESTIMÉS	PÉRIODE DE REMBOUR-SEMENT
1	Installer des contre-fenêtres	128 − 156 $	455 − 556 $	3,5 ans
2	Isoler les plafonds à R-30	149 − 182	408 − 499	2,7
3	Isoler les planchers à R-11	158 − 193	327 − 399	2,1
4	Calfeutrer fenêtres et portes	25 − 31	100 − 122	4,0
5	Poser des coupe-froid aux fenêtres et portes	31 − 38	224 − 274	7,2
6	Isoler les conduites	184 − 225	1 677 − 2 049	9,1
7	Isoler les conduites d'eau du système de chauffage	41 − 61	152 − 228	3,7
8	Installer des retardateurs calorifiques sur fenêtres E, SE, SO et O	37 − 56	304 − 456	8,2
9	Installer des pellicules réfléchissantes sur fenêtres E, SE, SO et O	21 − 31	204 − 306	9,9
10	Installer une pellicule d'absorption calorifique sur fenêtres E, SE, SO et O	5 − 8	204 − 306	39,5
11	Augmenter le rendement énergétique du climatiseur de 6,5 à 9,5	21 − 32	772 − 1 158	36,6
12	Installer un système de chauffage central par pompe de chaleur	115 − 172	680 − 1 020	5,9
13	Installer une gaine sur le chauffe-eau	26 − 39	32 − 48	1,2
14	Installer un thermostat à minuterie pour diminuer la chaleur de 20 à 16 °C pendant 8 heures chaque nuit	96 − 144	88 − 132	1,1

Remarque: le rendement énergétique du climatiseur (R) indique le degré de résistance à la chaleur. Plus cette valeur est élevée, plus l'isolation est de bonne qualité.

a) Si M. Fournier demeure dans cette maison pendant 10 ans encore, quelles options devrait-il choisir s'il n'a aucune contrainte budgétaire? Supposons que son taux d'intérêt est de 8 % et que toutes les installations dureront 10 ans. M. Fournier sera prudent s'il calcule la valeur actualisée nette de chaque option (épargne annuelle minimale au coût maximal).

b) S'il veut limiter ses investissements pour l'économie d'énergie à 1 800 $, quelles options devrait-il inclure dans son budget?

10.20 Soit la série de projets d'investissement suivante, dont chacun a une durée de vie utile de 10 ans.

PROJET	PREMIER COÛT	REVENU ANNUEL NET	VALEUR DE RÉCUPÉRATION
A1	10 000 $	2 000 $	1 000 $
A2	12 000	2 100	2 000
B1	20 000	3 100	5 000
B2	30 000	5 000	8 000
C	35 000	4 500	10 000

- Les projets A1 et A2 sont mutuellement exclusifs.

- Les projets B1 et B2 sont mutuellement exclusifs.

Si la limite budgétaire est de 50 000 $, quels projets d'investissement devrait-on choisir? On suppose que le TRAM est de 8 %.

10.21* Soit les projets d'investissement suivants :

n	FLUX MONÉTAIRES DE PROJET			
	A	B	C	D
0	−2 000 $	−3 000 $	−1 000 $	
1	1 000	4 000	1 400	−1 000 $
2	1 000		−100	1 090
3	1 000			
i*	23,38 %	33,33 %	32,45 %	9 %

Supposons que vous ne disposez que de 3 500 $ à la période 0. Aucun budget ou emprunt additionnel n'est possible pendant toute période budgétaire future. Cependant, vous pouvez prêter tous les fonds résiduels (ou les fonds disponibles) à un taux d'intérêt de 10 % par période.

a) Pour optimiser la valeur capitalisée à la période 3, quels projets choisiriez-vous ? Quelle est la valeur capitalisée (montant total pouvant être prêté à la fin de la période 3) ? Aucun projet partiel n'est permis.

b) Revenons à a) et supposons que, pour la période 0, vous pouvez emprunter 500 $ à un taux d'intérêt de 13 %. Le prêt doit être remboursé à la fin de l'année 1. Quel projet choisiriez-vous pour optimiser votre valeur capitalisée à la période 3 ?

c) En supposant un taux d'intérêt débiteur de 10 % et un taux d'intérêt créditeur de 13 %, quel serait le TRAM raisonnable pour l'évaluation des projets ?

10.22 Soit la série de projets d'investissement suivante.

PROJET	INVESTISSEMENT INITIAL	PE(10 %)
A	100 $	55
B	200	63
C	400	95
D	300	70
E	150	60
F	250	75

- Les projets A et E sont mutuellement exclusifs.
- Le projet B dépend du projet A.
- Le projet D dépend du projet E.
- Le projet C dépend du projet A.
- Le projet F est un projet indépendant.
- Les projets B et D sont mutuellement exclusifs.

a) Formulez toutes les options mutuellement exclusives.

b) Si aucune contrainte budgétaire n'existe, quelle option est la meilleure ?

10.23* Soit la série de projets d'investissement suivante.

PROJET	INVESTISSEMENT INITIAL	PE(10 %)
A	400 $	65
B	550	70
C	620	95
D	580	75
E	380	60
F	600	50

- Les projets A et B sont mutuellement exclusifs.

- Le projet C dépend du projet A.

- Le projet D dépend du projet C.

- Le projet F dépend du projet B.

- Le projet E dépend du projet F.

S'il n'y a aucune limite de capital, énumérez toutes les combinaisons d'options décisionnelles et trouvez la meilleure option en fonction du critère de la valeur actualisée nette.

10.24 Soit la série de projets d'investissement suivante.

PROJET	INVESTISSEMENT INITIAL	*PE*(10 %)
A	500 $	570
B	700	630
C	900	980
D	650	770
E	600	650
F	750	820

- Les projets A et E sont mutuellement exclusifs.

- Le projet B dépend du projet F.

- Le projet D dépend du projet E.

- Le projet C dépend du projet B.

- Les projets B et D sont mutuellement exclusifs.

a) S'il n'y a aucune limite de capital, énumérez toutes les combinaisons d'options décisionnelles.

b) Trouvez la meilleure option en fonction du critère de la valeur actualisée nette.

10.25 Huit projets d'investissement sont à l'étude pour réduire les coûts dans une usine métallurgique. Tous ont une durée de vie de 10 ans, sans valeur de récupération ni effet fiscal à la disposition. L'investissement requis et la réduction après impôt estimative des débours annuels sont donnés pour chaque projet. Les taux de rendement bruts sont également fournis : les projets A1, A2, A3 et A4 sont mutuellement exclusifs car ils constituent tous des variantes du projet A. De même, les projets B1, B2 et B3 sont mutuellement exclusifs.

PROJET	INVESTISSEMENT REQUIS	ÉPARGNE ANNUELLE	TAUX DE RENDEMENT
A1	20 000 $	5 600 $	25 %
A2	30 000	6 900	19
A3	40 000	8 180	16
A4	50 000	10 070	15
B1	10 000	1 360	6
B2	20 000	3 840	14
B3	30 000	5 200	12
C	20 000	5 440	24

a) Quels projets choisiriez-vous s'il était convenu que le TRAM est de 10 % après impôt et que les fonds disponibles sont illimités, en fonction du critère du taux de rendement ?

b) Quels projets choisiriez-vous pour un TRAM de 10 % en fonction du critère de la valeur actualisée nette sur l'investissement total ?

Niveau 3

10.26 Une usine chimique envisage l'achat d'un système de commande informatisé dont le coût initial est de 200 000 $ et qui occasionnera des économies nettes de 100 000 $ par année. Si elle procède à cet achat, le système sera amorti à un taux de DPA avec solde dégressif de 30 %. Il servira pendant 4 années, après quoi l'entreprise prévoit le vendre pour la somme de 30 000 $. Le taux d'imposition marginal de l'entreprise pour cet investissement est de 35 %. Elle financera cet achat soit par ses bénéfices non répartis, soit par un emprunt auprès d'une banque locale. Deux banques commerciales proposent de prêter 200 000 $ à un taux d'intérêt de 10 %, mais selon des plans de remboursement différents. La banque A exige 4 paiements annuels égaux de capital et calculera l'intérêt sur le solde impayé.

PLAN DE REMBOURSEMENT DE LA BANQUE A		
n	CAPITAL	INTÉRÊT
1	50 000 $	20 000 $
2	50 000	15 000
3	50 000	10 000
4	50 000	5 000

La banque B offre un plan de remboursement étalé sur 5 ans à raison de 5 paiements annuels égaux.

PLAN DE REMBOURSEMENT DE LA BANQUE B			
n	CAPITAL	INTÉRÊT	TOTAL
1	32 759 $	20 000 $	52 759 $
2	36 035	16 724	52 759
3	39 638	13 121	52 759
4	43 60	29 157	52 759
5	47 96	24 796	52 759

a) Déterminez les flux monétaires si l'achat du système de commande informatisé est financé par les bénéfices non répartis de l'entreprise (financement par actions).

b) Déterminez les flux monétaires si le financement provient de la banque A ou de la banque B.

c) Recommandez la meilleure option de financement (en supposant que le TRAM de l'entreprise est de 10 %).

10.27 La société Textile Maritime envisage l'acquisition d'une nouvelle machine à tricoter coûtant 200 000 $. Puisque la mode change rapidement, cette machine ne servira que pendant 5 années, après quoi elle devrait présenter une valeur de récupération de 50 000 $. Le coût d'exploitation annuel est estimé à 10 000 $. L'installation de cette machine à l'usine de production actuelle devrait produire un revenu additionnel de 90 000 $ par année. Le taux de DPA avec solde dégressif est de 30 % pour cette immobilisation. Le taux d'imposition sur le revenu applicable est de 36 %. L'investissement initial sera financé par des actions (60 %) et un emprunt (40 %). Le taux d'intérêt débiteur avant impôt, à la fois pour le financement à court et le financement à long terme, est de 12 %, et le prêt sera remboursé par versements annuels égaux. Le taux d'intérêt des actions (i_e), à la fois pour les actions ordinaires et pour les actions privilégiées, est de 18 %.

a) Évaluez ce projet d'investissement en utilisant les flux monétaires nets des capitaux propres.

b) Évaluez cet investissement en utilisant *k*.

10.28 La société de développement Huron envisage l'achat d'un système aérien à poulies. Ce système coûte 100 000 $ et sa durée de vie utile estimative est de 5 ans, pour une valeur de récupération estimative de 30 000 $. L'entreprise prévoit que cette acquisition réduira ses frais d'électricité, de main-d'œuvre et de réparation, et diminuera le nombre de produits défectueux. Des économies annuelles totales de 45 000 $ seront réalisées si on installe ce nouveau système. Le taux marginal d'imposition de l'entreprise est de 30 % et le système pourra être amorti à un taux de DPA de 30 %. Pour financer l'investissement initial, Huron émettra des actions (40 %) et obtiendra un emprunt (60 %). Le taux d'intérêt débiteur avant impôt, à la fois pour le financement à court terme et le financement à long terme, est de 15 %, et le prêt sera remboursé par paiements annuels égaux pendant la durée de vie du projet. Le taux d'intérêt des actions (i_e), à la fois pour les actions ordinaires et pour les actions privilégiées, est de 20 %.

a) Évaluez ce projet d'investissement en utilisant les flux monétaires nets des capitaux propres.

b) Évaluez ce projet en utilisant k.

10.29 Soit les machines mutuellement exclusives suivantes.

	MACHINE A	MACHINE B
Investissement initial	40 000 $	60 000 $
Durée de vie utile	6 ans	6 ans
Valeur de récupération	4 000 $	8 000 $
Coûts annuels d'E&E	8 000 $	10 000 $
Revenu annuel	20 000 $	28 000 $
Taux de DPA	30 %	30 %

Le financement de l'investissement initial proviendra d'actions (70 %) et d'un emprunt (30 %). Le taux d'intérêt débiteur avant impôt, à la fois pour le financement à court terme et le financement à long terme, est de 10 %, et le prêt sera remboursé par paiements annuels égaux pendant la durée de vie du projet. Le taux d'intérêt des actions (i_e), à la fois pour les actions ordinaires et pour les actions privilégiées, est de 15 %. Le taux d'imposition marginal de la société est de 35 %.

a) Comparez les options en utilisant $i_e = 15 \%$. Laquelle devrait-on choisir ?

b) Comparez les options en utilisant k. Laquelle devrait-on choisir ?

c) Comparez les résultats obtenus en a) et en b).

10.30 La société Anglo Chemical est une multinationale qui fabrique des produits chimiques industriels. Elle a réalisé d'importants progrès en matière de réduction des coûts d'électricité et implanté plusieurs projets de cogénération aux États-Unis et au Canada, dont un système de 35 mégawatts (MW) à Chicago et un autre de 29 MW à Baton Rouge. L'un des plus récents projets de cogénération qu'elle envisage serait réalisé dans une usine chimique de Sarnia. Cette usine consomme 80 millions de kilowattheures (kWh) d'électricité par année. Cependant, en moyenne, elle utilise 85 % de sa puissance de 10 MW, ce qui ramène sa consommation moyenne à 68 millions de kilowattheures par année. Ontario Hydro lui facture actuellement 0,09 $ par kilowattheure, un tarif que l'on considère comme élevé dans l'ensemble de l'industrie. Puisque la consommation d'électricité d'Anglo Chemical est forte, l'achat d'un système de cogénération est considéré comme souhaitable. L'installation de ce système permettra à Anglo Chemical de produire sa propre électricité et d'arrêter de verser à Ontario Hydro des frais annuels de 6 120 000 $. Le coût total de l'investissement initial sera de 10 500 000 $: 10 000 000 $ pour l'achat du système au gaz de 10 MW Allison 571, l'ingénierie, la conception et la préparation du site. Les 500 000 $ qui restent serviront à l'achat de matériel d'interconnexion, notamment des poteaux et des lignes de distribution qui assureront l'interface entre le cogénérateur et les installations électriques actuelles. Anglo Chemical envisage deux options de financement :

- Elle pourrait emprunter 2 000 000 $ auprès du fabricant à un taux de 10 % sur 10 ans et réunir 8 500 000 $ par l'émission d'actions ordinaires. Les frais d'émission pour ces actions seraient de 8,1 %, et les actions se vendraient 45 $ chacune.

- Des banques d'investissement proposent de vendre des obligations portant intérêt à 9 % pendant 10 ans au prix de 900 $ par obligation de 1 000 $. Les frais d'émission pour obtenir 10,5 millions de dollars seraient de 1,9 %.

a) Déterminez le plan de remboursement du prêt à terme accordé par le fabricant.

b) Déterminez les frais d'émission et le nombre d'actions ordinaires qu'il faudra vendre pour réunir 8 500 000 $.

c) Déterminez les frais d'émission et le nombre d'obligations d'une valeur nominale de 1 000 $ qu'il faudrait vendre pour obtenir 10,5 millions de dollars.

10.31 (Suite du problème 10.30) La direction d'Anglo Chemical a décidé de vendre des obligations pour réunir 10,5 millions de dollars, et les ingénieurs ont estimé les coûts d'exploitation du projet de cogénération.

Le flux monétaire annuel comprend de nombreux facteurs : l'entretien, l'alimentation de secours, les coûts de révision et autres dépenses diverses. Les coûts d'entretien sont estimés à environ 500 000 $ par année. Le système sera révisé tous les 3 ans au coût de 1,5 million de dollars. Les dépenses diverses, dont les coûts de main-d'œuvre et d'assurance additionnels, sont estimés à 1 million de dollars au total. Il faut également prévoir une autre dépense annuelle pour l'alimentation de secours, c'est-à-dire le service fourni en cas de déclenchement du système de cogénération ou pour les interruptions prévues à des fins d'entretien. On prévoit environ 4 interruptions de service imprévues par année, chacune durant en moyenne 2 heures, pour une dépense annuelle de 6 400 $. La révision du système prendra environ 100 heures et aura lieu tous les 3 ans, ce qui ajoutera 100 000 $ au coût triennal de l'électricité. Le combustible (approvisionnement ponctuel en gaz) sera consommé au rythme de 8,44 mégajoules par kilowattheure, ce qui inclut le cycle de récupération de chaleur. À 1,896 $ le gigajoule, le coût annuel du combustible atteindra 1 280 000 $. En tenant compte de la désuétude, la durée de vie prévue du projet de cogénération sera de 12 ans, après quoi Allison versera à Anglo Chemical 1 million de dollars pour récupérer tout le matériel.

Le revenu proviendra de la vente des surplus d'électricité au fournisseur de services publics à un taux négocié. L'usine chimique consommera en moyenne 85 % de la puissance de 10 MW du système, et vendra les 15 % qui restent à 0,04 $/kWh, ce qui rapportera annuellement 480 000 $. Le taux d'imposition marginal d'Anglo Chemical (fédéral et provincial combinés) est de 36 %, et le taux de rendement minimal requis pour tout projet de cogénération est de 27 %. Les coûts et les revenus prévus sont résumés ci-après :

Investissement initial	
Système de cogénération, ingénierie, conception et préparation du site (taux de DPA = 10 %)	10 000 000 $
Matériel d'interconnexion (taux de DPA = 30 %)	500 000
Valeur de récupération après 12 ans de service	
Système de cogénération	975 000
Matériel d'interconnexion	25 000
Dépenses annuelles	
Entretien	500 000
Dépenses diverses (main-d'œuvre et assurance)	1 000 000
Alimentation de secours	6 400
Combustible	1 280 000
Autres dépenses d'exploitation	
Révision tous les 3 ans	1 500 000
Alimentation de secours pendant les révisions	100 000
Revenus	
Vente des surplus d'électricité à Ontario Hydro	480 000

Si l'entreprise peut financer le système de cogénération et le matériel de connexion en émettant des obligations de société à un taux d'intérêt de 9 %, composé annuellement, moyennant les frais d'émission indiqués dans le problème 10.30, déterminez le flux monétaire net que représente le projet de cogénération.

10.32 Dix projets d'économie d'énergie sont à l'étude. Tous présentent une durée de vie de 10 ans et devraient avoir une valeur de revente de 100 % après cette période. Tous les investissements concernent des biens non amortissables. L'investissement nécessaire, l'épargne après impôt estimative sur les dépenses annuelles et les taux de rendement sur l'investissement total sont donnés ci-après pour chaque projet. Les variantes d'une même activité portent toutes la même lettre et sont mutuellement exclusives.

PROJET	INVESTISSEMENT REQUIS	ÉPARGNE ANNUELLE	TAUX DE RENDEMENT
A1	20 000 $	5 000 $	25 %
A2	30 000	5 700	19
A3	40 000	8 400	16
A4	50 000	9 300	18,6
Bl	10 000	600	6
B2	20 000	2 800	14
B3	30 000	4 800	16
C1	20 000	4 800	24
C2	60 000	10 200	17
D	5 000	700	14

a) Énumérez toutes les options décisionnelles possibles.

b) Si le TRAM est de 12 %, quelle option choisiriez-vous ?

10.33   La compagnie de transformation alimentaire La Nationale envisage d'investir pour moderniser et agrandir son
usine. Les projets à l'étude seront réalisés sur une période de 2 ans, et nécessiteront divers apports financiers et
techniques. Bien que les données suivantes présentent une part d'incertitude, la direction est prête à les utiliser
pour choisir la meilleure combinaison
de projets. Les limites de ressources
sont les suivantes:

- Dépenses pendant la première
  année: 450 000 $

- Dépenses pendant la deuxième
  année: 420 000 $

- Ingénierie: 11 000 heures

N°	PROJET	INVESTISSEMENT ANNÉE 1	INVESTISSEMENT ANNÉE 2	TRI	INGÉNIERIE HEURES
1	Moderniser la chaîne de fabrication	300 000 $	0	30 %	4 000
2	Construire une nouvelle chaîne de fabrication	100 000	300 000 $	43 %	7 000
3	Installer des commandes numériques sur la nouvelle chaîne de fabrication	0	200 000	18 %	2 000
4	Moderniser les ateliers d'entretien	50 000	100 000	25 %	6 000
5	Construire une usine de transformation des matières premières	50 000	300 000	35 %	3 000
6	Acheter les installations de transformation des matières premières du sous-traitant actuel	200 000	0	20 %	600
7	Acheter une nouvelle flotte de camions de livraison	70 000	10 000	16 %	0

Dans cette situation, il faut construire
une nouvelle chaîne de fabrication ou
moderniser l'actuelle (projet 1 ou projet 2). L'installation de commandes
numériques (projet 3) n'est possible
que sur la nouvelle chaîne. L'entreprise
veut évidemment éviter d'acheter (projet 6) ou de construire (projet 5) une
usine de transformation des matières
premières; elle peut, au besoin, retenir
les services du fournisseur indépendant actuel. Ni le projet d'atelier
d'entretien (projet 4) ni celui d'acheter
des camions de livraison (projet 7) ne
sont obligatoires.

a) Énumérez toutes les options mutuellement exclusives possibles sans
   tenir compte des contraintes de
   budget et de temps d'ingénierie.

b) Nommez toutes les options mutuellement exclusives réalisables en
   tenant compte des contraintes de
   budget et de temps d'ingénierie.

c) Supposons que le coût marginal du
   capital de l'entreprise sera de 14 %
   pour l'obtention de 1 million de
   dollars de capital. Quels projets
   devrait-on inclure dans le budget
   de l'entreprise?

CHAPITRE 11

L'incidence de l'impôt sur des types particuliers de décisions d'investissement

Diplômés depuis peu en génie, Jim et Patti Johnston occupent de bons emplois au sein d'une grande société de communication. Ils désirent placer judicieusement leur revenu disponible, afin d'en obtenir un rendement à court terme. Ce revenu additionnel les aidera à financer le voyage autour du monde qu'ils projettent d'effectuer dans trois ans. En outre, même si 30 ou 40 ans les séparent encore de la retraite, ils savent qu'il n'est pas trop tôt pour commencer à économiser en prévision de celle-ci. Bien sûr, Jim et Patty peuvent atteindre ces deux objectifs en plaçant de l'argent dans un compte d'épargne. Ils veulent néanmoins investir une partie de leurs économies dans des actions et des obligations, car elles sont susceptibles de leur assurer un meilleur rendement. Quelle incidence l'impôt aura-t-il sur leurs investissements? Jim et Patti peuvent-ils éviter de payer des impôts sur l'argent qu'ils économisent pour leur retraite? Ce chapitre traite des investissements personnels, de même que des effets fiscaux se rapportant aux obligations, aux actions et aux régimes enregistrés d'épargne-retraite (REER). Il y sera aussi question des régimes enregistrés d'épargne-études (REEE).

Jusqu'ici dans ce manuel, on a toujours assimilé acquisition et possession d'un élément d'actif. Dans certains cas, en raison de l'ampleur du coût initial d'un bien, l'acheteur doit emprunter pour le financer en totalité ou en partie. Comme il le possède, il est libre de le conserver ou d'en disposer selon ce que lui impose la conduite de ses affaires. Mais peut-on acquérir des éléments d'actif sans les posséder? La réponse est oui: on peut louer toutes sortes d'immobilisations corporelles. Auparavant, on le faisait surtout quand elles étaient appelées à devenir rapidement obsolètes. Aujourd'hui, de plus en plus d'entreprises demandent des contrats de location qui leur offrent une flexibilité économique pouvant prendre la forme de résiliations anticipées ou de mises à niveau, tout en laissant le fardeau de la propriété au locateur. Cette propension à louer est aussi motivée par le fait que, pour de nombreuses entreprises, il s'agit d'un moyen économique d'acquérir des immobilisations, car il n'exige pas de mise de fonds initiale. Autrement dit, on peut considérer la location comme une source de financement qui s'ajoute aux capitaux propres et à l'emprunt, dont il a été question précédemment. Dans ce chapitre, le traitement des décisions concernant la location ou l'achat s'étend aux considérations fiscales.

Au chapitre 6, nous avons étudié l'analyse du remplacement avant impôt. Or, dans la plupart des situations réelles, on ne saurait mener une telle analyse sans tenir compte de l'impôt, même si elle devient alors beaucoup plus complexe. La section de ce chapitre consacrée à l'analyse du remplacement traite des effets fiscaux se rapportant aux différentes analyses de cette nature présentées au chapitre 6.

11.1 | LES INVESTISSEMENTS PERSONNELS

Grâce à Internet, les particuliers ont aujourd'hui accès à de l'information leur permettant de prendre des décisions d'investissement. En effet, il leur est plus facile que jamais d'acheter et de vendre actions, obligations et fonds communs de placement, car ils peuvent consulter en ligne des données sur les sociétés ouvertes. D'un simple clic, ils peuvent acheter autant d'actions, d'obligations ou de fonds communs de placement qu'ils le désirent.

Comme nous l'avons mentionné au chapitre 8, les taux d'imposition des particuliers sont progressifs, et certains types de revenus reçoivent un traitement fiscal préférentiel. Ce traitement a pour but d'encourager les particuliers à investir, non seulement en vue de réaliser des bénéfices personnels, mais aussi pour promouvoir la croissance de l'ensemble de l'économie. Actuellement, par exemple, ils ne paient un montant d'impôt que sur la moitié de la valeur réelle de leurs gains en capital. Avant 1994, chaque personne jouissait d'une exonération à vie de 100 000 $ s'appliquant aux gains en capital; en d'autres termes, les premiers 100 000 $ de gains en capital n'étaient pas imposables. Toutefois, cette exonération ne s'applique plus aux immobilisations vendues après le 22 février 1994. Par ailleurs, un crédit d'impôt spécial permet d'abaisser le taux d'imposition des dividendes provenant des sociétés canadiennes.

L'impôt exigible sur l'argent provenant d'un investissement effectué dans le courant d'une année civile donnée sont calculés en fonction du bénéfice réalisé cette même année, quel que soit le moment où il a été reçu. Par exemple, l'incidence fiscale d'un montant de 100 $ d'intérêts demeurera la même, que celui-ci soit touché le 1er janvier ou le 31 décembre d'une année donnée. Quiconque reçoit 100 $ d'intérêts le 1er janvier, peut décider soit de le dépenser, soit de le placer. Dans ce dernier cas, ce second investissement est susceptible de rapporter à son tour un revenu qui débouchera sur un impôt. Or, l'impôt est imputable au second investissement. À moins d'indication contraire, les évaluations des investissements personnels présentées dans ce manuel partent du principe que l'impôt résultant d'un investissement est payé à la fin de l'année civile.

11.1.1 LES INVESTISSEMENTS DANS LES OBLIGATIONS

La section 3.8 traite de la terminologie des obligations, de même que de leur évaluation avant impôt. Pour un investisseur, il existe deux moyens de tirer profit d'une obligation – les intérêts et le gain de capital provenant de sa vente. La plupart des obligations d'État (les obligations d'épargne du Canada, les obligations de financement d'immobilisations de l'Alberta, etc.) ne peuvent être achetées et remboursées qu'à leur valeur nominale. Elles ne donnent donc lieu à aucun gain (ou aucune perte) en capital. Par contre, les obligations de sociétés et certaines obligations d'État sont cotées en bourse, et le cours du marché de ces obligations est déterminé par le rapport entre leur taux d'intérêt contractuel et les taux en vigueur sur le marché monétaire, ainsi que par la crédibilité et la stabilité financière que possède la société émettrice aux yeux du public. Quand le taux d'intérêt contractuel est supérieur au taux en vigueur sur le marché monétaire, les investisseurs peuvent payer une prime excédant la valeur nominale de l'obligation afin d'obtenir ce taux plus élevé. Par contre, quand le taux contractuel est inférieur au taux en vigueur sur le marché monétaire, les investisseurs peuvent payer moins que la valeur nominale. Pour évaluer les investissements dans les obligations, y compris leurs effets fiscaux, nous nous fondons sur l'analyse du flux monétaire après impôt habituelle.

Exemple 11.1 **$**

L'évaluation d'un investissement dans une obligation

Une obligation de société ayant une valeur nominale de 1 000 $ est payée ce même montant au moment de son émission, le 1er janvier. Il s'agit d'une obligation qui rapporte 6 % d'intérêts simples le 30 juin de chaque année. Déterminez combien elle doit être vendue le 31 décembre de la troisième année de possession pour que son taux de rendement après impôt atteigne 10 %. L'impôt est payé à la fin de chaque année. Les taux d'imposition marginaux sur les intérêts créditeurs et les gains de capital sont respectivement de 40 % et de 20 %.

Solution

- Soit: une obligation de 1 000 $ rapportant des intérêts de 6 %, achetée à la valeur nominale
- Trouvez: le prix de vente, S, nécessaire pour obtenir un taux de rendement de 10 % au bout de 3 ans

| Versement d'intérêts annuel | $= 1\ 000 \times 0{,}06 = 60$ $ par année, payables le 30 juin. |

| Impôt sur les intérêts | $= 0{,}4 \times 60$ $ $= 24$ $ par année, payables à la fin de l'année. |

| Gain de capital découlant de la vente | $= S - 1\ 000$ $ |

| Impôt sur le gain en capital | $= 0{,}2\ (S - 1\ 000$ $), payables à la fin de l'année. |

La figure 11.1 montre le diagramme du flux monétaire après impôt de cet investissement. Le taux de rendement requis = 10 % sur 12 mois, ce qui donne $[(1{,}10)^{1/2} - 1]\ 100\ \% = 4{,}88\ \%$ sur 6 mois.

$$PE = -1\ 000\$ + 60\$(P/A, 10\%, 3)(F/P, 4{,}88\%, 1)$$
$$- 24\$(P/A, 10\%, 3) + [S - 0{,}2(S - 1\ 000\$)](P/F, 10\%, 3)$$
$$= 0$$

En résolvant *S* dans l'équation qui précède, on obtient

$$S = 1\ 252,70\ \$$$

Commentaires: *Donc, pour obtenir un taux de rendement de 10% après impôt, on doit vendre l'obligation 1 252,70 $. Si le prix de vente dépasse 1 252,70 $, le taux de rendement après impôt sera supérieur à 10%.*

Figure 11.1
Diagramme du flux monétaire

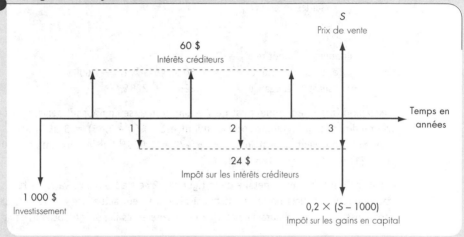

Exemple 11.2 $

Le prix à payer pour une obligation

On émet dans le public une série d'obligations dont le taux contractuel est de 9%, la valeur nominale, de 1 000 $, et la date d'échéance, le 31 décembre 2006. Les intérêts sont versés semestriellement. Si le taux contractuel des obligations de qualité comparable, avec versement semestriel des intérêts, est actuellement de 7%, combien un investisseur sera-t-il prêt à payer cette obligation le 1er janvier 2001? Présumez que son taux d'imposition marginal est de 45%.

Solution

- Soit: une obligation de 1 000 $ rapportant des intérêts de 9%, versés semestriellement
- Trouvez: le prix d'achat, *P*, assurant un taux de rendement égal à celui des obligations de qualité comparable

Comme cette obligation offre un taux d'intérêt supérieur à celui des obligations de même qualité nouvellement émises, les investisseurs accepteront de l'acheter à un prix plus élevé que sa valeur nominale. Sa valeur au 1er janvier 2001 est déterminée par sa capacité bénéficiaire, pourvu qu'elle soit achetée et conservée jusqu'à l'échéance. Si l'investisseur l'achète à prime et l'encaisse plus tard à sa valeur nominale, il subira une perte en capital. Nous tenons pour acquis que d'autres gains en capital compenseront cette perte lorsque l'obligation sera remboursée à l'échéance, en 2006.

$$\begin{aligned}
\text{Flux monétaire relatif aux intérêts} &= 1\,000\$ \times 4,5\% \\[4pt]
&= 45\$ \text{ tous les 6 mois.} \\[8pt]
\text{Impôt annuel sur les intérêts} &= 45\$ \times 2 \times 45\% \\[4pt]
&= 40,50\$. \\[8pt]
\text{Économie d'impôt relative à la perte en capital subie à l'échéance} &= 0,50 \times 45\% \times (P - 1\,000\$) \\
&= 0,225\,P - 225\$.
\end{aligned}$$

Le taux d'intérêt en vigueur est de 7 % par année, se composant semestriellement. Le taux de rendement après impôt correspondant est $7\%(1 - 0,45) = 3,85\%$ par année. Donc, le taux de rendement semestriel est $3,85\%/2 = 1,925\%$, et le taux d'intérêt effectif annuel, $i_a = (1 + 1,925\%)^2 - 1 = 3,887\%$.

Le diagramme du flux monétaire de la figure 11.2 sert à trouver la valeur actualisée de l'obligation dont il est question ici. En fixant à zéro la valeur actualisée équivalente de tous les flux apparaissant dans le diagramme du flux monétaire après impôt, on obtient l'équation suivante :

$$\begin{aligned}
PE = {} &- P - 40,50\$(P/A, 3,887\%, 6) \\
&+ 45\$(P/A, 1,925\%, 12) \\
&+ (1\,000\$ + 0,225\,P - 225\$)(P/F, 1,925\%, 12) \\
= {} &0.
\end{aligned}$$

En résolvant P, on trouve $P = 1\,073,69\$$.

Commentaires : *Si un investisseur paie l'obligation 1 073,69 $, il obtient le même taux de rendement que celui des nouvelles obligations émises le 1er janvier 2001. S'il peut acquérir ces dernières à un prix inférieur à 1 073,69 $, leur taux de rendement sera supérieur au taux actuel des investissements obligataires.*

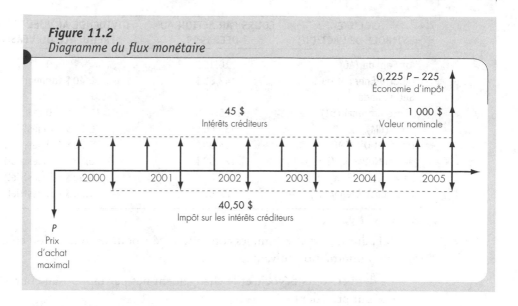

Figure 11.2
Diagramme du flux monétaire

11.1.2 LES INVESTISSEMENTS DANS LES ACTIONS

Les investissements dans les actions assurent à l'investisseur une participation dans une société. Dans le cas des sociétés ouvertes, les actions peuvent être achetées et vendues par l'intermédiaire d'un courtier. Grâce à Internet, l'information sur le cours des actions, les dividendes et les sociétés peut être consultée en ligne ; d'un simple clic, les investisseurs peuvent aussi acheter et vendre des actions. Les obligations possèdent une valeur de rachat garantie, soit la valeur nominale à la date de rachat spécifiée. Il n'en est pas ainsi des actions, car leur cours, qui est déterminé par le marché, reflète les conditions générales de celui-ci, de même que la façon dont les investisseurs perçoivent la performance présente et future de la société émettrice. Vous trouverez à l'annexe A la définition de la plupart des termes et des concepts utilisés dans cette section.

L'information sur le cours des actions

Tous les grands journaux publient le cours des actions cotées en Bourse. On peut aussi en prendre connaissance sur de nombreux sites Web. Par exemple, celui de la Bourse de Toronto (www.tse.com) présente, décalées de quinze minutes, les cotes de toutes les actions qui y sont négociées. Par ailleurs, chaque action a son symbole. Pour le trouver, on recherche le nom de la société. Voici la liste des cours et des dividendes se rapportant aux actions ordinaires de quelques sociétés canadiennes bien connues.

SOCIÉTÉ (SYMBOLE DE L'ACTION)	COURS PAR ACTION AU 3 DÉC. 1999	DIVIDENDE ANNUEL PAR ACTION (FRÉQUENCE DU VERSEMENT)
Air Canada (AC)	10,15 $	0
Alberta Energy (AEC)	42,85 $	0,40 $ (annuel)
Bell Canada		
International (BI)	25,75 $	0
CIBC (CM)	33,00 $	1,20 $ (trimestriel)
Imperial Oil (IMO)	34,80 $	0,78 $ (trimestriel)
Nortel Networks (NT)	120,30 $	0,22 $ (trimestriel)
Power Corp (POW)	27,80 $	0,50 $ (trimestriel)
Westcoast Energy (W)	23,50 $	1,28 $ (trimestriel)

À l'adresse www.tse.com, les cotes présentées pour chaque action comprennent souvent l'information suivante :

- Le dernier cours négocié et le changement net par rapport au cours de clôture du jour précédent
- Le dernier cours acheteur et la quantité (cours et nombre d'actions à acheter)
- Le dernier cours vendeur et la quantité (cours et nombre d'actions à vendre)
- Le volume (nombre d'actions ayant changé de mains)
- Le cours d'ouverture quotidien, de même que le cours le plus élevé et le cours le plus bas
- Les cours les plus élevés et les plus bas au cours des 52 dernières semaines
- Le nombre total d'actions en circulation, c'est-à-dire possédées par le public
- La valeur à la cote (le nombre d'actions en circulation multiplié par le cours de clôture)
- Le rendement boursier (les dividendes annuels divisés par le cours de clôture exprimé en pourcentage)
- L'indicateur de la fréquence des versements de dividendes (T pour un versement trimestriel, A pour un versement annuel, etc.)
- Le ratio cours/bénéfice (le cours des actions divisé par le bénéfice par action annuel)
- Le bénéfice par action.

Les principaux états financiers

Supposons que vous avez trouvé une information complète sur le cours des actions d'une société. Or, pour évaluer leur potentiel de croissance, il vous faut lire ses rapports financiers. Toutes les sociétés ouvertes doivent présenter les rapports financiers suivants au moins une fois par année :

1. Un bilan décrivant la situation financière à une date donnée

2. Un état des résultats indiquant les revenus et les coûts d'une période comptable donnée

3. Un état des flux de trésorerie indiquant la provenance et l'utilisation des fonds au cours d'une période comptable donnée.

Ces états financiers sont soit préparés, soit vérifiés par un vérificateur indépendant. S'il y a lieu, les réserves émises par ce dernier sont aussi énoncées dans le rapport.

Ces états financiers, ainsi que l'ensemble du rapport annuel, constituent pour les investisseurs potentiels les documents les plus importants à consulter, car ils permettent de déterminer le degré d'attractivité d'une société. L'annexe A explique en détail ces états financiers et présente le bilan, l'état consolidé des résultats et l'état consolidé des flux de trésorerie de la société Gillette. Dans les paragraphes qui suivent, nous utilisons ces exemples pour calculer certains des indicateurs relatifs à l'exploitation de la société ; nous traitons également de ces indicateurs à l'annexe A.

Le **ratio du fonds de roulement** est égal au quotient de l'actif à court terme par le passif à court terme. Ce ratio est une indication de la capacité de la société à faire face à ses obligations à court terme. L'excédent de l'actif à court terme sur le passif à court terme est appelé **fonds de roulement net**. Selon les données présentées au tableau A.4, en 1998, le ratio du fonds de roulement de Gillette était de 5 440 millions/3 478 millions = 1,56. La pertinence de ce ratio varie suivant le type d'activités de la société, la composition de son actif à court terme, son taux de rotation des stocks et ses conditions de crédit. En général, on considère comme satisfaisant un ratio du fonds de roulement se situant entre 2 et 1[1]. Un ratio trop élevé peut indiquer que la direction n'arrive pas à rentabiliser ses ressources de trésorerie. À l'opposé, un ratio trop bas peut signifier que la société est incapable de rembourser ses dettes à court terme. Par ailleurs, le tableau A.4 montre que 508 millions (= 5 529 millions – 5 021 millions) du bénéfice total de 1998 ont été réinvestis dans l'entreprise. Entre 1997 et 1998, le total des capitaux propres a diminué, alors que l'endettement à long terme a augmenté.

Le tableau A.5 présente un état consolidé des résultats. Il révèle que, en 1998, la **marge bénéficiaire nette** de la société Gillette était égale à (bénéfice net)/(ventes nettes) = 1 081 millions/10 056 millions = 11 %. Ce ratio témoigne de l'efficacité de sa direction comparativement à d'autres sociétés œuvrant dans un secteur d'activité comparable. Entre 1996 et 1998, le **bénéfice par action ordinaire** (résultat de base) est passé de 0,85 $ à 0,96 $. Cette augmentation montre que la direction a réussi à faire fructifier l'argent des investisseurs.

---

1. Canadian Securities Institute, *Investment Terms and Definitions: A guide to Canadian stocks, bonds and other securities—plus an investment glossary,* 1985.

D'après l'état des flux de trésorerie apparaissant au tableau A.6, on constate que la position de trésorerie nette est demeurée relativement constante entre 1997 et 1998 (105 millions en 1997 et 102 millions en 1998). Cela signifie que les liquidités nettes provenant de l'exploitation ont surtout été affectées aux activités d'investissement et de financement. Les investissements dans les immobilisations corporelles et les versements de dividendes ont crû de façon constante au cours des trois années.

Comment juger de la qualité des actions

Pour juger de la qualité des actions d'une société, on doit examiner son rendement antérieur et/ou les prévisions boursières relatives à son secteur d'activités. Par exemple, le rendement antérieur de certaines actions du secteur de la haute technologie n'est pas constant. Toutefois, elles peuvent faire l'objet d'une forte demande simplement en raison du potentiel des sociétés de ce secteur. Voici les facteurs à considérer lorsqu'on évalue la qualité des actions :

1. Le secteur d'activités de la société. Existe-t-il une demande constante ou croissante pour les produits et/ou les services offerts par cette société ? Les préférences des consommateurs changent-elles ? Le gouvernement intensifie-t-il ses contrôles ou ses mesures incitatives ? Les industries qui utilisent les produits ou les services de cette société sont-elles en plein essor ?

2. Les données rétrospectives de la société : les versements de dividendes, les marges bénéficiaires nettes, le rendement des capitaux propres et l'accroissement des ventes.

3. La situation financière actuelle de la société : le ratio d'endettement, le ratio du fonds de roulement, etc.

4. L'équipe de gestion actuelle de la société. L'équipe de gestion a-t-elle changé dernièrement ? Quelles sont ses orientations ?

5. Les projets d'investissement mis sur pied par la société : création de nouveaux produits, diversification des produits ou des services, projets de réduction des coûts, lancement de produits de marque, etc.

La demande pour les actions d'une société donnée constitue un autre facteur important. Elle dépend de la perception ou des attentes du public à l'égard de leur cours et/ou de leur potentiel bénéficiaire. C'est ce que le **ratio cours/bénéfice** est susceptible de refléter. Un ratio plus élevé que d'habitude indique, d'une part, que le cours des actions est trop élevé et, d'autre part, qu'il existe une forte demande pour ces actions. Il arrive que la demande et l'intérêt des investisseurs pour certaines actions portent leur cours à un niveau ridiculement haut. C'est pourquoi l'investissement dans les actions comporte des risques et peut présenter un caractère spéculatif. Ainsi, à la fin des années 1990, le public s'arrachait certaines actions liées à Internet uniquement à cause de leur potentiel, car elles n'avaient pas encore fait leurs preuves.

L'analyse du flux monétaire des investissements dans les actions

Tout comme celle des investissements dans les obligations, l'évaluation des investissements dans les actions avec prévisions ou estimations de trésorerie s'appuie sur l'analyse du flux monétaire après impôt. En voici un exemple.

Exemple 11.3 $

Le calcul du taux de rendement après impôt d'un investissement dans des actions

Le 1er janvier 1993, vous achetez des actions nouvellement émises, que vous payez 20 $ chacune. Depuis leur acquisition, vous touchez des dividendes trimestriels de 0,25 $ par action. Le 1er janvier 2000, vous les vendez 0,29 $ chacune. Déterminez le taux de rendement après impôt annuel de cet investissement, si les taux d'imposition s'appliquant aux dividendes et aux gains en capital sont respectivement de 28 % et de 20 %. L'impôt est exigible le 31 décembre de chaque année.

Solution

- Soit :   les transactions boursières décrites ci-dessus
- Trouvez : le taux de rendement annuel après impôt des actions

$$\text{Impôt annuel sur les dividendes} = 0,28 \times (4 \text{ trimestres} \times 0,25 \text{ \$ par trimestre})$$

$$= 0,28 \text{ \$.}$$

$$\text{Gains en capital} = 29 \text{ \$} - 20 \text{ \$}$$
$$= 9 \text{ \$, le } 1^{er} \text{ janvier } 2000.$$

$$\text{Impôt sur les gains en capital} = 9 \times 0,2$$
$$= 1,8 \text{ \$, le } 31 \text{ décembre } 2000.$$

La figure 11.3 montre le diagramme du flux monétaire après impôt relatif à cet investissement.

Figure 11.3
Diagramme du flux monétaire

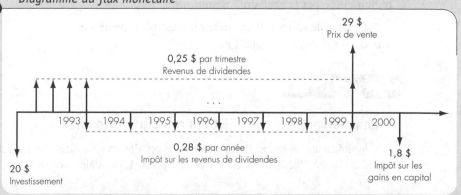

Soit i le taux de rendement après impôt trimestriel effectif. Pour trouver la valeur de i, on doit résoudre l'équation suivante:

$$PE = -20\$ + 0,25\$(P/A, i, 28) - 0,28\$(A/F, i, 4)(P/A, i, 28)$$
$$+ 29\$(P/F, i, 28) - 1,8\$(P/F, i, 32)$$
$$= 0.$$

Grâce aux tables de facteurs d'intérêt apparaissant à l'annexe C et à l'interpolation linéaire, on peut trouver le taux d'intérêt i.

Si $i = 1,75\%$, alors $PE = +0,81\$$
Si $i = 2\%$, alors $PE = -0,42\$$.

Par interpolation linéaire, on découvre que $PE = 0$ à

$$i = 1,75\% + \frac{\overline{2\% - 1,75\%}}{0,81 + 0,42} \times 0,81$$
$$= 1,91\% \text{ par trimestre.}$$

Le taux de rendement après impôt effectif est

$$i_a = (1 + i_{\text{trimestre}})^4 - 1 = (1 + 1,91\%)^4 - 1 = 7,86\%.$$

11.1.3 LES RÉGIMES ENREGISTRÉS D'ÉPARGNE-RETRAITE (REER)

Les cotisations à un REER constituent l'une des déductions fiscales autorisées. En effet, ces cotisations sont versées en dollars avant impôt. De plus, le revenu gagné grâce à ces cotisations n'est pas imposé dans le cadre du régime: on ne paie un montant d'impôt que sur les sommes retirées du régime, au moment du retrait. En général, les particuliers passent à une tranche d'imposition inférieure au moment de la retraite, de sorte que le taux d'imposition auquel les retraits sont assujettis tend à baisser. Même quand ce n'est pas le cas, les particuliers ont intérêt à remettre à plus tard le paiement de leur impôt, car l'épargne fiscale réalisée aujourd'hui acquiert de la valeur en raison du passage du temps. La cotisation annuelle maximale à un REER est réglementée par le gouvernement.

L'exemple suivant démontre qu'il est plus avantageux d'investir dans un REER que dans un compte d'épargne.

Exemple 11.4 $

Comparaison entre un REER et un compte d'épargne

Un ingénieur désire économiser en vue de sa retraite en effectuant des cotisations annuelles pendant 30 ans. Une fois retraité, il prévoit dépenser l'argent ainsi économisé sur une période de 10 ans.

Taux d'imposition marginal	45%	années 1 à 30
Taux d'imposition moyen	35%	années 31 à 40

Les économies rapporteront annuellement 10% d'intérêt, et l'investisseur peut se permettre des cotisations de 2 000 $ par année, à condition de ne payer aucun impôt sur cette somme. Comparez la valeur après impôt annuelle de ces économies, une fois que l'ingénieur aura pris sa retraite, selon qu'elles ont été placées dans un REER ou dans un compte d'épargne.

Solution

- Soit : les cotisations annuelles à 1) un REER et 2) un compte d'épargne effectuées pendant 30 ans puis retirées pendant 10 ans
- Trouvez : la valeur après impôt annuelle de chacune des deux options, au moment de la retraite

1. Les cotisations au REER se chiffrent à 2 000 $ par année, car elles peuvent être versées en dollars avant impôt. La figure 11.4 présente le diagramme du flux monétaire relatif à cette option.

$$\text{L'année 30, } F = 2\,000\$(F/A, 10\%, 30)$$
$$= 329\,000\$.$$

$$\text{Retraits annuels, } A, \atop \text{entre les années 31 et 40} = 329\,000\$(A/P, 10\%, 10)$$

$$= 53\,600\$.$$

Les sommes retirées du REER sont assujetties à un taux d'imposition de 35%

$$\text{Valeur après impôt} = (1 - 0,35) \times 53\,600\$$$
$$= 34\,800\$ \text{ par année.}$$

2. Les cotisations au compte d'épargne sont versées en dollars après impôt. Leur montant disponible est 2 000 $ × (1 − 0,45) = 1 100 $.

Le diagramme du flux monétaire est semblable à celui de l'option REER, sauf que le dépôt annuel effectué au cours des 30 premières années ne s'élève qu'à 1 100 $.

Figure 11.4
Diagramme du flux monétaire relatif au REER

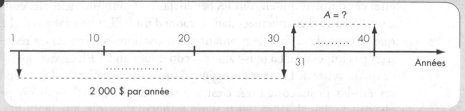

Les intérêts rapportés annuellement par un compte d'épargne sont imposables. Tenez pour acquis que les intérêts et l'impôt sont payés à la fin de l'année.

$$i_{bt} = \text{taux d'intérêt avant impôt} = 10\%$$
$$i_{at} = \text{taux d'intérêt après impôt.}$$

Sur un an, la valeur future équivalente, F, d'une somme présente, P, après impôt est

$$\begin{aligned} F &= (1 + i_{bt})P - t(i_{bt})P \\ &= P[1 + (1 - t)i_{bt}] \\ &= P(1 + i_{at}). \end{aligned}$$

Le taux d'intérêt après impôt est :

$$\begin{aligned} i_{at} &= (1 - t)i_{bt} \\ i_{at} &= (1 - 0,45) \times 10\% \\ &= 5,5\% \text{ pour 30 ans} \end{aligned} \qquad (11.1)$$

$$\begin{aligned} \text{L'année 30, } F &= 1\,100\$(F/A, 5,5\%, 30) \\ &= 79\,700\$. \end{aligned}$$

Entre les années 31 et 40

$$\begin{aligned} i_{at} &= (1 - 0,35) \times 10\% = 6,5\% \\ A &= 79\,700\$(A/P, 6,5\%, 10) \\ &= 11\,100\$ \end{aligned}$$

soit la somme après impôt disponible annuellement, puisque l'impôt a déjà été payé !

On constate que le REER assurera à l'ingénieur à la retraite un revenu annuel beaucoup plus important.

11.1.4 LES RÉGIMES ENREGISTRÉS D'ÉPARGNE-ÉTUDES (REEE)

Comme nous l'avons expliqué à la section précédente, le REER est un instrument d'épargne efficace pour sa propre retraite. Pour sa part, le REEE permet d'épargner en vue des études postsecondaires de ses enfants ou de ses petits-enfants. Ce sont en effet ces derniers qui en sont les bénéficiaires. Contrairement aux cotisations versées à un REER, celles effectuées dans le cadre d'un REEE ne sont pas déductibles, si bien que, lorsque le capital (le montant des cotisations originales) est retiré du régime, il n'est pas imposable. La plus-value des cotisations au REEE est exempte d'impôt jusqu'à ce qu'on retire de l'argent du régime. Lorsque le bénéficiaire le fait pour le besoin de ses études postsecondaires, c'est sur son revenu que l'impôt est perçu. Comme chacun le sait, les étudiants n'ont souvent presque aucun impôt à payer. Les contributions sont limitées à 4 000 $ par année pendant 21 ans et à un montant maximal à vie de 42 000 $ par bénéficiaire. L'argent d'un REEE peut être investi dans des actions, des obligations et/ou des fonds communs de placement.

Voici un autre aspect très intéressant du REEE : ces cotisations peuvent donner droit au Programme de la subvention canadienne pour l'épargne-études (PSCEE), qui existe depuis 1998. Pour chaque REEE, le gouvernement fédéral accorde une subvention représentant 20 % des cotisations annuelles jusqu'à concurrence de 400 $ par année. La subvention totale à vie pour un bénéficiaire est de 7 200 $. Cette subvention, qui est déposée directement dans le REEE, ne constitue pas un revenu imposable et n'est pas incluse dans le calcul des cotisations maximales. Bien entendu, la croissance de cette subvention dans le cadre du régime est aussi exempte d'impôt tant qu'on n'en retire pas d'argent. Cette subvention et sa plus-value sont cependant strictement réservées aux études postsecondaires du bénéficiaire. Si l'argent est retiré du régime à d'autres fins, la subvention et sa plus-value doivent être remboursées au gouvernement fédéral.

Les étudiants intéressés trouveront dans Internet d'autres informations sur le REEE et le PSCEE. L'évaluation du REEE s'effectue comme celle du REER.

11.2 | LA DÉCISION DE LOUER OU D'ACHETER

Cette section traite de la possibilité d'obtenir des installations et du matériel grâce à la location et démontre comment appliquer la méthode de l'état des résultats à la comparaison des projets mutuellement exclusifs axés uniquement sur le coût.

11.2.1 LES ÉLÉMENTS GÉNÉRAUX DES CONTRATS DE LOCATION

Avant d'expliquer les méthodes de location, il importe de définir les termes locataire et locateur. Le **locataire** est la partie qui loue le bien, et le **locateur** est le propriétaire du bien loué. Les contrats de location prennent diverses formes, dont les plus importantes sont les **contrats de location-exploitation** (ou de **location-entretien**) et les **contrats de location-acquisition** (ou de **crédit-bail**).

Les contrats de location-exploitation

Les automobiles et les camions sont souvent acquis en vertu d'un contrat de location-exploitation. De plus en plus, c'est aussi le cas des machines de bureau, telles que les ordinateurs et les photocopieurs. Ces contrats de location-exploitation présentent trois particularités :

1. Le locateur entretient et répare le matériel loué, et le coût de cet entretien est compris dans le loyer.

2. Le contrat de location-exploitation n'est pas amorti en totalité; en effet, les versements exigés en vertu du contrat ne suffisent pas à recouvrer le coût total du matériel.

3. Le contrat de location-exploitation contient souvent une clause de résiliation, qui donne au locataire le droit d'annuler le contrat avant l'expiration de l'entente de base.

La durée du contrat de location-exploitation est beaucoup plus courte que la vie utile estimative du matériel loué, et le locateur s'attend à recouvrer toutes les sommes investies grâce au renouvellement du contrat, à la conclusion d'un contrat avec un nouveau locataire ou à la vente du matériel loué. La clause de résiliation est importante pour le locataire, car elle lui permet de retourner le matériel devenu obsolète en raison d'une innovation technologique, ou encore, inutile à la suite d'une baisse des affaires.

Les contrats de location-acquisition

Contrairement aux contrats de location-exploitation, les contrats de location-acquisition prennent généralement la forme de **baux hors frais d'entretien**, ou **baux nets**; autrement dit, le locataire accepte la responsabilité de la plupart des frais d'exploitation et d'entretien du matériel, et le paiement reçu par le locateur se compose surtout de capital et d'intérêts. En vertu d'un contrat de location-acquisition, les obligations du locataire sont, par conséquent, comparables à celles contractées selon les termes d'un emprunt. Par contre, le contrat de location-acquisition n'augmente pas le ratio d'endettement de l'entreprise, et le locataire n'est pas le propriétaire du bien. Les entreprises qui ont recours aux contrats de location-acquisition les considèrent comme un moyen économique de détenir des immobilisations corporelles en vue d'une utilisation à long terme.

11.2.2   LE POINT DE VUE DU LOCATAIRE

La décision de louer ou d'acheter n'entre en jeu qu'au moment où l'entreprise décide qu'elle a besoin d'une pièce de matériel pour mettre à exécution son projet d'investissement. Une fois cette décision prise, elle peut envisager plusieurs possibilités de financement: achat au comptant, achat à crédit ou acquisition par l'intermédiaire d'un contrat de location.

Dans le cas d'un achat à crédit, on exprime la valeur actualisée équivalente comme on le fait pour un achat au comptant, mais en ajoutant les éléments suivants: remboursements d'emprunt et économie d'impôt sur les intérêts débiteurs. La seule façon pour le locataire d'évaluer le coût d'un contrat de location consiste à le comparer à la meilleure estimation possible du coût de possession du matériel.

En guise de préparation à une analyse plus générale, considérons d'abord la façon d'analyser une décision de louer ou d'acheter dans le cadre d'un projet ne nécessitant qu'une seule immobilisation corporelle, dont l'entreprise estime la vie utile à N périodes. Comme le revenu net après impôt est le même pour les deux options, on ne tient compte que des coûts différentiels relatifs à la possession du bien ou à sa location. Selon la méthode de l'état des résultats présentée au chapitre 9, on peut exprimer par la valeur présente de son flux monétaire le coût différentiel de possession du bien financé à 100 % par un emprunt. Ce flux monétaire est composé, avant impôt, des dépenses d'exploitation et d'entretien, de la déduction reliée à l'amortissement fiscal ainsi que de la déduction reliée aux intérêts ; après impôt, il est composé de l'achat, de l'emprunt et de ses remboursements ainsi que du produit net de la vente.

Comme le coût d'acquisition du bien (investissement) est contrebalancé par un emprunt du même montant effectué au moment 0, on ne tient compte que de la série de remboursements.

Si l'entreprise a la possibilité de louer le bien en payant un montant périodique constant, le coût différentiel de la location, $PEC(i)_{location}$, devient la valeur présente des dépenses de location après impôt.

Dans le cas où le contrat de location ne comprend pas l'entretien du matériel, c'est le locataire qui en assume la responsabilité. On peut alors ne pas tenir compte du terme relatif à l'entretien dans l'établissement du flux monétaire de l'option d'achat quand on calcule le coût différentiel de possession du bien.

Le critère de décision concernant la location ou l'achat se trouve réduit à une comparaison entre $PEC(i)_{achat}$ et $PEC(i)_{location}$. Selon nos conditions, l'achat est préférable si la valeur actualisée équivalente du flux monétaire après impôt est inférieure à la valeur actualisée équivalente des coûts du bail hors frais d'entretien.

Exemple 11.5

La décision de louer ou d'acheter

La société Montréal Électronique projette de remplacer un vieux chariot élévateur industriel d'une capacité de 1 tonne. Elle l'utilise surtout pour transporter les produits de l'aire de fabrication à l'aire de stockage. La société, qui fonctionne presque à plein rendement, répartit ses activités sur deux périodes de travail, 6 jours par semaine. Sa direction envisage soit de louer un nouveau chariot élévateur, soit de l'acheter. L'ingénieur des installations lui présente les données qu'il a compilées :

- Le coût en capital d'un chariot élévateur à essence neuf s'élève à 20 000 $. Il utilise environ 18 litres d'essence (par période de travail de 8 heures), coûtant 49 ¢ le litre. S'il fonctionne 16 heures par jour, on prévoit que sa durée de vie sera de 4 ans et que son moteur nécessitera une révision de 1 500 $ au bout de 2 ans.

- La société Chariots Industriels Windsor entretenait le vieux chariot élévateur, et c'est par son intermédiaire que Montréal Électronique achèterait le nouveau. Selon la convention de service offerte par cette entreprise au coût mensuel de 120 $, un préposé expérimenté vient chaque mois lubrifier et mettre au point les chariots. L'assurance et les taxes foncières du véhicule totalisent 650 $ par année.

- Le chariot est classé parmi les biens de la catégorie 10, à laquelle s'applique un taux d'amortissement dégressif de 30 %. Le taux d'imposition de la société est de 40 %. Après 4 ans, la valeur de revente estimative du véhicule représente 15 % de son coût original.

- La société Windsor peut aussi louer un chariot élévateur à Montréal Électronique. Elle en effectuera l'entretien et garantit qu'elle le maintiendra en état de fonctionner en tout temps. En cas de panne majeure, elle lui fournira à ses frais un chariot de remplacement. Le coût du contrat de location-exploitation se chiffre à 10 200 $ par année. D'une durée minimale de 3 ans, il offre par la suite une possibilité de résiliation exigeant un préavis de 30 jours.

- La société Montréal Électronique peut obtenir un emprunt à court terme à 10 % d'intérêt.

- D'après son expérience récente, la société prévoit que le taux de rendement des fonds affectés à de nouveaux investissements sera d'au moins 12 % après impôt.

Comparez le coût de possession du chariot élévateur à son coût de location.

Explication : Voici comment calculer le coût de l'essence pour les deux périodes de travail quotidiennes :

(18 litres par période de travail)(2 périodes de travail par jour)(49 ¢ par litre) = 17,64 $ par jour.

Le chariot fonctionnera 300 jours par année, de sorte que le coût annuel de l'essence s'élèvera à 5 292 $. Toutefois, quelle que soit l'option choisie, l'entreprise doit fournir elle-même l'essence : son coût n'a donc pas d'incidence sur la décision. En conséquence, nous pouvons éliminer cet élément de nos calculs.

Solution

- Soit : l'information donnée sur les coûts, TRAM = 12 %, taux d'imposition marginal = 40 %
- Trouvez : le coût différentiel de l'achat par opposition à celui de la location

a) L'achat du chariot

   Pour comparer le coût différentiel de l'achat à celui de la location, voici les estimations et les hypothèses additionnelles à faire.

- Étape 1 : La société choisira le contrat d'entretien préventif, qui coûte 120 $ par mois (ou 1 440 $ par année).

- Étape 2 : On ne s'attend pas à ce que la révision du moteur augmente la valeur de récupération ni la durée de vie. Par conséquent, on passera ce coût en charges (1 500 $) en entier plutôt que de le capitaliser.

- Étape 3 : Si Montréal Électronique décide d'acheter le chariot élévateur en le finançant par emprunt, on doit déterminer le coût du financement. Pour ce faire, on calcule d'abord les versements annuels du calendrier de remboursement. En présumant que l'investissement de 20 000 $ est entièrement financé à 10 % d'intérêt, on obtient le versement annuel suivant

$$A = 20\ 000\$(A/P, 10\%, 4) = 6\ 309\$.$$

- Étape 4 : On calcule comme suit les intérêts annuels (10 % du solde d'ouverture) :

ANNÉE	SOLDE D'OUVERTURE	INTÉRÊTS DÉBITEURS	REMBOURSEMENT DE CAPITAL	SOLDE DE CLÔTURE
1	20 000 $	2 000 $	– 4 309 $	15 691 $
2	15 691	1 569	– 740	10 951
3	10 951	1 095	– 5 214	5 737
4	5 737	573	– 5 737	0

En fonction d'un taux de DPA de 30 %, on calcule comme suit les déductions admissibles :

n	DPA_n
1	3 000 $
2	5 100
3	3 570
4	2 499

- Étape 5 : Compte tenu de la valeur de récupération estimative de 15 % de l'investissement initial (3 000 $) et de la fraction non amortie du coût en capital, on calcule comme suit le produit net de la vente du chariot au bout de 4 ans :

$$\text{Fraction non amortie du coût en capital} = 20\ 000\$(1 - 15\%)(1 - 30\%)^3 = 5\ 831\$$$

$$\text{Pertes} = U - S = 5\ 831\$ - 3\ 000\$ = 2\ 831\$$$

$$\text{Économies d'impôt} = 0,40 \times 2\ 831\$ = 1\ 132\$.$$

• Étape 6 : Établissement du flux monétaire selon la méthode de l'état des résultats

ANNÉE	0	1	2	3	4
ÉTAT DES RÉSULTATS					
Produits		0 $	0 $	0 $	0 $
Charges		2 090	3 590	2 090	2 090
Amortissement		3 000	5 100	3 570	2 499
Intérêts		2 000	1 569	1 095	574
Bénéfice imposable		−7 090 $	−10 259 $	−6 755 $	−4 589 $
Impôt		−2 836	−4 104	−2 702	−1 836
Bénéfice net		−4 254 $	−6 155 $	−4 053 $	−2 753 $
ÉTAT DES FLUX DE TRÉSORERIE					
Exploitation					
Bénéfice net					
Amortissement		3 000	5 100	3 570	2 499
Investissement	−20 000 $				3 000
Effet fiscal de					
la disposition					1 132
Financement	20 000	−4 309	−4 740	−5 214	−5 736
Flux monétaire	0 $	−5 563 $	−5 796 $	−5 697 $	−1 858 $

• Étape 7 : Calcul de la valeur actualisée équivalente :

$$PE\,(12\%)_{\text{achat}} = -5\,563\,\$\,(P/F, 12\%, 1) - 5\,796\,\$\,(P/F, 12\%, 2) - 5\,697\,\$$$
$$(P/F, 12\%, 3) - 1\,858\,\$\,(P/F, 12\%, 4)$$
$$= -14\,824\,\$.$$

b) La location du chariot

Comment comparer le coût de location du chariot avec son coût d'achat ?

• Étape 1 : Le loyer constitue aussi une charge déductible du bénéfice imposable. On doit explicitement calculer le coût net de la location après impôt. On effectue comme suit le calcul du coût différentiel annuel de la location :

Loyer annuel (12 mois)	= 10 200 $
Moins 40 % d'impôt	= 4 080 $
Coût annuel après impôt	= 6 120 $.

• Étape 2 : La valeur actualisée équivalente totale de la location est

$$PE\,(12\%)_{\text{location}} = -6\,120\,\$\,(P/A, 12\%, 4)$$
$$= -18\,589\,\$.$$

En finançant par emprunt l'achat du chariot élévateur, la société Montréal Électronique économise 3 742 $ en valeur actualisée équivalente (PE).

Commentaires : *Dans notre exemple, il semble en coûter davantage pour louer le chariot que pour l'acheter en le finançant par emprunt. Évitez toutefois de conclure que la location est toujours plus dispendieuse que l'achat. En effet, dans bien des cas, l'analyse favorise l'option de location. Le taux d'intérêt, la valeur de récupération, le calendrier de remboursement et le financement par emprunt influent tous fortement sur la décision.*

Dans l'exemple 11.5, on présume que le loyer est payé à la fin de l'année. Pourtant, beaucoup de contrats de location exigent que les paiements soient effectués au début de chaque année. Comme cela a été mentionné plus haut, on tient pour acquis que les versements ou les économies d'impôt ne sont réalisés qu'à la fin de l'année. Dans ce cas, c'est le diagramme du flux monétaire de la figure 11.5 qui doit servir à l'analyse de l'option de location.

À l'aide du diagramme du flux monétaire de la figure 11.5, on procède comme suit pour trouver la valeur actualisée équivalente de l'option de location selon laquelle le loyer est payé au début de l'année :

$$PEC = LC + LC(P/A,\ i,\ N-1) - LC \times t\ (P/A,\ i,\ N). \qquad (11.2)$$

Figure 11.5
Diagramme du flux monétaire après impôt relatif à l'option de location selon laquelle le loyer est payé au début de l'année

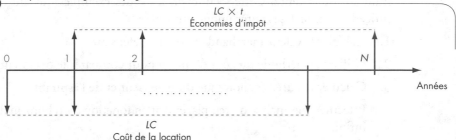

11.2.3   LE POINT DE VUE DU LOCATEUR

Dans l'exemple qui précède, pourquoi le contrat de location-exploitation coûte-t-il plus cher ? Pour répondre à cette question, on doit examiner la transaction selon le point de vue du locateur. Celui-ci n'est assuré de recevoir un revenu que pendant une période limitée. En effet, à l'expiration du contrat, le locataire peut retourner le chariot élévateur : le locateur n'en tirera alors plus de revenus, à moins d'arriver à le louer à quelqu'un d'autre ou à le vendre comme matériel usagé. Le locataire lui ayant retourné le matériel dont il n'a plus besoin, le locateur risque d'être incapable d'en disposer de façon rentable. C'est ce qu'on appelle assumer le risque d'obsolescence.

Voici une autre raison pouvant justifier le prix élevé d'un contrat de location-exploitation : le locateur s'engage parfois à maintenir le matériel en bon état de fonctionnement. Il doit alors exiger un prix suffisant pour atténuer les pertes que pourraient lui faire subir des frais d'entretien exceptionnels. Si la société Montréal Électronique a l'intention d'utiliser le chariot élévateur pendant 4 ans, un contrat de location-acquisition serait préférable à un contrat de location-exploitation.

11.3 L'ANALYSE DU REMPLACEMENT

Au chapitre 6, nous avons traité de divers concepts et techniques utiles à l'analyse du remplacement. Dans cette section, nous illustrons comment les appliquer à l'analyse du remplacement après impôt.

Pour utiliser les concepts et méthodes présentés de la section 6.6 à la section 6.8 dans le cadre d'une comparaison après impôt du défenseur et de l'aspirant, on doit intégrer à l'analyse l'effet fiscal de la disposition de tout élément d'actif. En outre, qu'on décide de conserver le défenseur ou d'acheter l'aspirant, l'analyse doit tenir compte des effets fiscaux des déductions pour amortissement.

Pour effectuer une étude portant sur le remplacement, on doit connaître le calendrier des déductions pour amortissement, de même que les gains imposables ou les pertes déductibles consécutifs à une disposition. Notez que le calendrier des déductions pour amortissement est déterminé au moment de l'acquisition du bien, tandis que les effets fiscaux de la disposition le sont par la loi fiscale applicable au moment de la vente. Cette section présente des exemples qui illustrent comment procéder aux analyses après impôt suivantes :

1. Calculer la valeur marchande nette du défenseur

2. Utiliser la méthode du coût d'option pour comparer le défenseur et l'aspirant

3. Calculer la durée économique du défenseur et de l'aspirant

4. Effectuer une analyse du remplacement en fonction d'un horizon de planification infini.

Exemple 11.6

La valeur marchande nette au moment de la disposition du défenseur

Revenez à l'élément d'actif analysé à l'exemple 6.9. Présumez en outre que, ces deux dernières années, l'imprimerie Macintosh s'est prévalue de la déduction pour amortissement à laquelle elle avait droit pour cette machine, en utilisant un taux de DPA de 20 %, que son taux d'imposition marginal est de 40 % et que son TRAM est de 12 %. Déterminez la valeur marchande nette du bien s'il est vendu aujourd'hui.

Solution

On effectue les calculs suivants :

$$\text{Fraction non amortie du coût en capital, } U = 20\,000\,\$(1 - 10\,\%)(1 - 20\,\%) = 14\,400\,\$$$

$$\text{Valeur marchande actuelle, } S = 10\,000\,\$$$

$$\text{Pertes} = U - S = 14\,400\,\$ - 10\,000\,\$ = 4\,400\,\$$$

$$\text{Effet fiscal de la disposition} = (\text{Pertes}) \times t$$
$$= 4\,400\,\$ \times 40\,\% = 1\,760\,\$$$

$$\text{Valeur de récupération nette} = 10\,000\,\$ + 1\,760\,\$ = 11\,760\,\$$$

La figure 11.6 illustre ces calculs.

Figure 11.6
Valeur de récupération nette au moment de la vente du défenseur

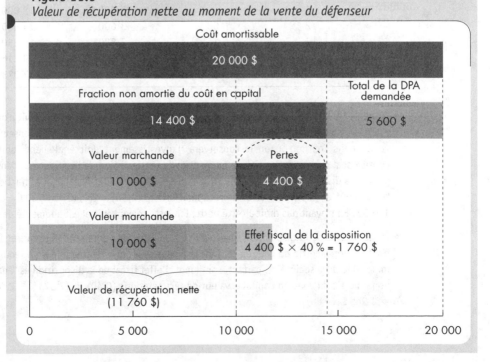

Exemple 11.7

L'application de la méthode du coût d'option à l'analyse du remplacement

Comparez le défenseur analysé aux exemples 6.9 et 11.6 et l'aspirant présenté à l'exemple 6.10. Présumez que l'aspirant appartient à la même catégorie de DPA que le défenseur ($d = 20\%$). Le taux d'imposition marginal de l'entreprise est de 40% et son TRAM, de 12%.

Appliquez la méthode du coût d'option pour déterminer si le remplacement est justifié en ce moment.

Solution

Analyse du défenseur

- Étape 1 : Il y deux ans, la société a payé 20 000 $ pour acquérir le défenseur. Les montants de DPA demandés pour chacune des deux dernières années ont été calculés en fonction de $d = 20\%$ et apparaissent au tableau suivant. Notez qu'on a appliqué la règle de 50% pour calculer la DPA de la première année d'utilisation. Si on conserve le défenseur, les montants de DPA pour les trois prochaines années seront de 2 880 $, 2 304 $ et 1 843 $, respectivement.

n^1	n	DPA	FNACC
0			20 000 $
1		2 000 $	18 000
2	0	3 600	14 400
3	1	2 880	11 250
4	2	2 304	9 216
5	3	1 843	7 373

- Étape 2 : La valeur de l'investissement dans le défenseur est définie selon le coût d'option comme étant la valeur du marché, soit 10 000 $. Toutefois, étant donné que le défenseur ne sera pas vendu dans l'option où on le conservera, l'investissement doit également tenir compte de l'effet fiscal qui n'aura pas lieu au moment de la réaffectation de l'équipement dans le nouveau projet. La disposition aurait entraîné une perte et donc un effet fiscal égal à (fraction non amortie du coût en capital – valeur de récupération) = (0,40) = (0,40)(14 400 $ − 10 000 $) = 1 760 $. En n'ayant pas droit à cette perte, l'investissement initial est augmenté de cette valeur.

- Étape 3 : Lors de la disposition finale, à $n = 3$, le prix de vente du défenseur est inférieur à la fraction non amortie du coût en capital, la disposition entraîne une perte qui réduit le bénéfice imposable de la société et, partant, son impôt. L'effet fiscal de la disposition est égal à (fraction non amortie du coût en capital – valeur de récupération) (0,40) = (7 373 $ − 2 500 $) (40%) = 1 949 $

- Étape 4 : À la suite de l'établissement du flux monétaire selon la méthode de l'état des résultats, la valeur actualisée équivalente du flux monétaire de l'option de conserver le défenseur est calculée ainsi :

$$PE_{\text{défenseur}} = -11\ 760\$ - 3\ 648(P/F, 12\%, 1) - 3\ 878\$(P/F, 12\%, 2) + 386\$(P/F, 12\%, 3)$$

$$PE_{\text{défenseur}} = -17\ 834\$$$

ANNÉE	0	1	2	3
ÉTAT DES RÉSULTATS				
Produits		0 $	0 $	0 $
Charges		8 000	8 000	8 000
Amortissement		2 880	2 304	1 843
Bénéfice imposable		−7 090 $	−10 259 $	−6 755 $
Impôt		−2 836	−4 104	−2 702
Bénéfice net		−4 254 $	−6 155 $	−4 053 $
ÉTAT DES FLUX DE TRÉSORERIE				
Exploitation				
Bénéfice net				
Amortissement		2 880	2 304	1 843
Investissement	−10 000 $			2 500
Effet fiscal de la disposition	−1 760			1 949
Flux monétaire	−11 760 $	−3 648 $	−3 878 $	386 $

Commentaires : *Pour le défenseur, le coût des réparations de 5 000 $ était engagé avant qu'on envisage le remplacement de la machine. Il s'agit d'un coût irrécupérable, dont l'analyse ne doit pas tenir compte. Si une dépense de 5 000 $ est nécessaire pour conserver le défenseur en bon état de fonctionnement, on l'inscrit au moment 0.*

Analyse de l'aspirant

- Étape 1 : Les montants de DPA demandés pour chacune des deux dernières années ont été calculés en fonction de $d = 20\%$ et apparaissent au tableau suivant. Notez qu'on a appliqué la règle de 50 % pour calculer la DPA de la première année d'utilisation.

n	DPA	FNACC
0		15 000 $
1	1 500 $	13 500
2	2 700	10 800
3	2 160	8 640

- Étape 2: Lors de la disposition finale, à $n = 3$, le prix de vente du défenseur est inférieur à la fraction non amortie du coût en capital, la disposition entraîne une perte qui réduit le bénéfice imposable de la société et, donc, son impôt. L'effet fiscal de la disposition est égal à (fraction non amortie du coût en capital – valeur de récupération) $(0,40) = (8\ 640\ \$ - 5\ 500\ \$) (40\ \%)$ $= 1\ 256\ \$$.

- Étape 3: À la suite de l'établissement du flux monétaire selon la méthode de l'état des résultats, la valeur actualisée équivalente du flux monétaire de l'option de conserver le défenseur est calculée ainsi:

$$PE_{\text{défenseur}} = -15\ 000\ \$ -3\ 000\ \$(P/F, 12\ \%, 1) - 2\ 520\ \$(P/F, 12\ \%, 2)$$
$$+ 4\ 020\ \$(P/F, 12\ \%, 3)$$

$$PE_{\text{défenseur}} = -16\ 826\ \$$$

ANNÉE	0	1	2	3
ÉTAT DES RÉSULTATS				
Produits		0 $	0 $	0 $
Charges		6 000	6 000	6 000
Amortissement		1 500	2 700	2 160
Bénéfice imposable		−7 500 $	−8 700 $	−8 160 $
Impôt		−3 000	−3 480	−3 264
Bénéfice net		−4 500 $	−5 220 $	−4 896 $
ÉTAT DES FLUX DE TRÉSORERIE				
Exploitation				
Bénéfice net				
Amortissement		1 500	2 700	2 160
Investissement	−15 000 $			5 500
Effet fiscal de				
la disposition				1 256
Flux monétaire	−15 000 $	−3 000 $	−2 520 $	4 020 $

Comme la valeur actualisée équivalente est plus élevée pour l'option de l'aspirant, le remplacement est justifié en ce moment.

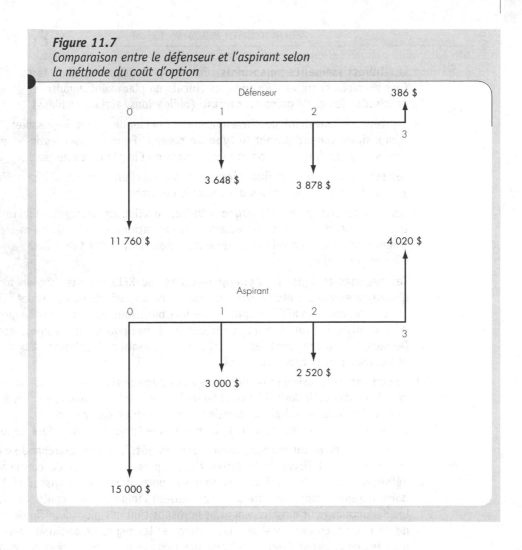

Figure 11.7
Comparaison entre le défenseur et l'aspirant selon la méthode du coût d'option

En résumé

- Les **investissements personnels** offrent des rendements sous forme d'**intérêts** (par exemple, comptes d'épargne, certificats de placement garantis et obligations), de **dividendes** et de **gains en capital** (obligations, actions et biens).

- Les revenus provenant des investissements personnels sont imposables : les taux d'imposition varient suivant le **type de revenu**. Pour analyser les investissements personnels, on doit tenir compte du moment où l'impôt doit être payé.

- Les principaux **rapports financiers** sont une excellente source d'informations pour évaluer la qualité des actions des sociétés ouvertes.

- Les **régimes enregistrés d'épargne-retraite**, ou REER, représentent un investissement très intéressant en vue de la retraite. Les cotisations à un REER, de même que les revenus provenant de celles-ci, demeurent non imposables tant qu'on ne retire pas d'argent du régime.

- Les **régimes enregistrés d'épargne-études**, ou REEE, constituent un instrument d'épargne en vue des études postsecondaires de ses enfants ou de ses petits-enfants. Les cotisations à un REEE ne sont pas déductibles. Toutefois, leur plus-value est libre d'impôt jusqu'à ce qu'on retire de l'argent du régime pour les études postsecondaires. De plus, le gouvernement fédéral offre une subvention s'appliquant aux cotisations effectuées dans le cadre d'un REEE.

- Le **contrat de location** offre aux entreprises une solution de rechange pour acquérir des éléments d'actif destinés à combler un besoin précis. Les détails relatifs à la durée, aux résiliations, aux frais d'entretien, au calendrier des paiements, etc. peuvent varier suivant les contrats, mais le bien demeure toujours la propriété du locateur.

- Dans les **analyses du remplacement après impôt**, la **valeur marchande nette**, qui comprend l'effet fiscal de la disposition, représente le coût de conservation du défenseur, ou coût d'option. Les analyses portant sur le défenseur et l'aspirant doivent tenir compte des effets que produisent l'impôt sur les coûts d'exploitation, les déductions pour amortissement et la disposition des biens à la fin de la période de détention. En cette matière, les critères et les règles de décision demeurent les mêmes que ceux qui s'appliquent aux analyses avant impôt traitées au chapitre 6.

PROBLÈMES

Note: À moins d'indication contraire, les principes suivants s'appliquent aux problèmes de ce chapitre.

1. Les analyses à effectuer sont des analyses après impôt.

2. La valeur du TRAM donnée représente une valeur après impôt.

3. Le taux d'imposition des gains en capital correspond à la $^1/_2$ du taux d'imposition marginal indiqué.

4. La règle de 50% s'applique à des fins d'amortissement fiscal.

5. En ce qui concerne les questions de financement personnel, les flux monétaires peuvent être d'une durée plus courte qu'une année. Dans ce cas, n'utilisez pas la convention relative au flux monétaire de fin d'exercice. Toutefois, l'impôt est payé une fois par année.

6. Pour les problèmes 11.25 à 11.41, considérez les valeurs de TRAM des problèmes correspondants du chapitre 6 comme des valeurs après impôt.

Niveau 1

$11.1* Le 1er janvier 1994, M. Jalbert paie une obligation 1 800 $. Sa valeur nominale est de 2 000 $ et son taux d'intérêt contractuel, de 9%, les intérêts étant versés semestriellement. Le 31 décembre 1999, M. Jalbert vend l'obligation 2 000 $. Son taux d'imposition marginal est de 47%. Quel est le taux de rendement annuel après impôt de cet investissement?

$11.2* Il y a 10 ans, Caroline Samson a acheté des actions de la société XYZ, qu'elle a payées 45,50 $ chacune. À la fin de chaque année, elle a reçu des dividendes s'élevant à 0,10 $ par action. Récemment, elle a vendu les actions 250 $ chacune. Son taux d'imposition marginal était de 23% pour les revenus de dividendes et de 20% pour les gains en capital. Quel est le taux de rendement annuel après impôt de cet investissement?

11.3* Voici des informations sur un contrat de location relatif à un camion à remorque. D'une durée de 5 ans, le contrat nécessite un paiement de 12 000 $ à la fin de chaque année. C'est le locateur qui est responsable de l'entretien normal du camion. Le locataire a un taux d'imposition marginal de 40%, tandis que son TRAM est égal à 12%. Quel est le coût annuel équivalent de la location de ce camion? À combien s'élèverait-il si le loyer était payable au début de chaque année?

11.4* Un équipement défenseur payé 100 000 $ a 4 ans. Il appartient aux biens de la catégorie 9, à laquelle s'applique un taux de DPA de 25%. Sa valeur marchande actuelle s'élève à 60 000 $. Le taux d'imposition marginal de la société est de 40% et son TRAM, de 12%. Quelle serait sa valeur marchande nette, s'il était vendu aujourd'hui?

Niveau 2

$11.5* Reprenez le problème 3.82. Présumez que les intérêts créditeurs de l'investisseur sont assujettis à un taux d'imposition marginal de 46%. Notez que le taux d'imposition s'appliquant aux gains en capital représente 50% du taux d'imposition marginal. Appuyez vos réponses aux trois questions sur une analyse du flux monétaire après impôt.

$11.6* Reprenez le problème 3.83. Présumez que le taux d'imposition marginal de l'investisseur est de 40%. Quel est le prix de vente nécessaire pour obtenir un rendement après impôt de 7%?

$11.7* Reprenez le problème 3.84. Quel doit être le prix de vente minimal pour obtenir un taux de rendement après impôt de 6%? Tenez pour acquis que le taux d'imposition marginal de l'investisseur est de 42%. Pourquoi l'investisseur vise-t-il maintenant un taux de rendement de seulement 6%, ce qui est inférieur au taux de 9% indiqué dans le problème 3.84?

$11.8 Reprenez le problème 3.85. Présumez que le taux d'imposition marginal de l'investisseur se chiffre à 42%. En fonction du prix de vente calculé au problème 3.85, quel est le taux de rendement après impôt obtenu par l'investisseur? Pouvez-vous expliquer pourquoi ce taux est de beaucoup inférieur au taux de 9% cité?

$11.9 Reprenez le problème 3.86. Présumez que votre taux d'imposition marginal est de 42%.

$11.10 Reprenez le problème 3.87. Présumez que votre taux d'imposition marginal est de 46%.

$11.11 Reprenez le problème 3.88. Présumez qu'un investisseur, dont le taux d'imposition marginal s'élève à 42%, s'intéresse à ces obligations. Votre réponse est-elle différente de celle que vous avez obtenue sans tenir compte des effets fiscaux?

$11.12 Reprenez le problème 3.89. Présumez que votre taux d'imposition marginal est de 42%.

$11.13 Reprenez le problème 3.90. Présumez que le taux d'imposition marginal de l'investisseur se chiffre à 46%.

$11.14* Il y a 5 ans, un investisseur a acheté des actions, qu'il a payées 20,20$ chacune. Récemment, il les a vendues 42,40$ chacune. À la fin de chacune des 5 dernières années, il a reçu des dividendes de 0,50$ l'action. Si son taux d'imposition marginal s'élève à 29% pour les revenus de dividendes et à 34% pour les gains en capital, quel est le taux de rendement après impôt de cet investissement?

$11.15* Un investisseur dont le taux d'imposition marginal s'élève à 29 % pour les revenus de dividendes et à 34 % pour les gains en capital compare les actions des deux sociétés suivantes.

Société A :
cours actuel = 10,00 $ par action, dividendes = 0,20 $ par action par année, cours prévu dans 5 ans = 45,00 $

Société B :
cours actuel = 5,00 $ par action, dividendes = 0,10 $ par action par année, cours prévu dans 5 ans = 15,00 $

Tous les dividendes sont versés une fois par année. Quelles actions offrent le taux de rendement le plus élevé ?

$11.16 Supposons que vous avez 10 000 $ à placer. Vous comparez les options suivantes :

a) Une série d'obligations d'une valeur nominale de 1 000 $, dont le taux contractuel s'élève à 10 % (les intérêts sont versés semestriellement) et le cours, à 980 $; elles parviendront à échéance dans 10 ans.

b) Des actions dont le cours est de 10 $ par action, les dividendes, de 0,10 $ par action par année, et le cours prévu, de 30 $ par action dans 10 ans.

c) Des actions dont le cours est de 20 $ par action et le cours prévu, de 100 $ par action dans 10 ans ; elles n'offrent pas de dividende.

Tous les dividendes sont versés une fois par année. Si votre taux d'imposition marginal est de 23 % pour les revenus de dividendes, de 38 % pour les intérêts créditeurs et de 29 % pour les gains en capital, quel est le meilleur choix ? Pourquoi ?

11.17* La société Jacob doit acquérir un nouveau chariot élévateur pour transporter son produit final à l'entrepôt. Elle a la possibilité d'acheter l'appareil. Son coût de 40 000 $ sera financé par la banque à un taux d'intérêt de 12 %. L'emprunt devra être remboursé en quatre versements égaux, exigibles à la fin de chaque année. Si l'entreprise opte pour l'achat financé par emprunt, elle devra entretenir l'appareil au coût de 1 200 $, payables à la fin de l'année. Elle peut aussi conclure un contrat de location de 4 ans, exigeant des versements annuels de 11 000 $, exigibles au début de chaque année. L'entretien sera assumé par le locateur. Le chariot appartient à la catégorie 10, à laquelle s'applique un taux de DPA de 30 % ; on estime que, au bout de 4 ans, sa valeur marchande atteindra 10 000 $. Qu'elle choisisse l'achat ou la location, la société Jacob a l'intention de remplacer le chariot au terme de cette période. Son taux d'imposition marginal est de 40 % et son TRAM, de 15 %.

a) Quel est pour Jacob le coût équivalent actualisé de la location ?

b) Quel est pour Jacob le coût équivalent actualisé de l'achat ?

c) La société Jacob doit-elle louer ou acheter le chariot élévateur ?

11.18   Jeanette Vigneault, électrotechnicienne employée par la société Contrôle instrumental inc., doit effectuer une analyse location-achat portant sur une nouvelle machine à insérer les broches utilisée pour fabriquer des cartes à circuit imprimé.

- Option d'achat: Le matériel coûte 120 000 $. Pour l'acheter, Contrôle instrumental peut emprunter à terme le plein montant à 10 % d'intérêt et effectuer quatre versements annuels égaux (à la fin de l'année). Le taux de DPA de la machine est de 30 %. On prévoit des revenus annuels de 200 000 $ et des coûts d'exploitation de 40 000 $. La machine nécessite un entretien annuel coûtant 10 000 $. En raison des changements technologiques rapides dont fait l'objet ce type de machinerie, on estime la valeur de récupération à seulement 20 000 $.

- Option de location: Baux commerciaux inc. (BCI) offre un contrat de location de 4 ans exigeant des versements de 44 000 $ au début de chaque année. Comme l'entente stipule que BCI est responsable de l'entretien du bien, Contrôle instrumental économisera annuellement 10 000 $ en frais d'entretien.

Tout au long de la période d'analyse, le taux d'imposition marginal de Contrôle instrumental se maintiendra à 40 % et son TRAM, à 15 %.

a) Quel est pour Contrôle instrumental le coût équivalent actualisé de l'achat du matériel ?

b) Quel est pour Contrôle instrumental le coût équivalent actualisé de la location du matériel ?

c) La société Contrôle instrumental doit-elle acheter ou louer le matériel ?

11.19   Voici les données d'un problème de décision entre une location et un achat financé par emprunt :

- Option d'achat financé par emprunt:

1. La société Fabrication Janson projette d'acquérir des jeux d'outils industriels spéciaux, dont la vie utile est de 4 ans et le coût, de 200 000 $, livraison et installation comprises. Un taux de DPA de 30 % s'applique aux outils.

2. L'entreprise peut emprunter pour 4 ans les 200 000 $ requis, à un taux de 10 %. Elle devra effectuer (à la fin de l'année) quatre versements annuels égaux de 63 094 $ = 200 000 $ (A/P, 10 %, 4). Voici le calendrier des versements annuels de capital et d'intérêts :

n	INTÉRÊTS	CAPITAL
	1	
20 000 $	43 094 $	
2	15 961	47 403
3	10 950	52 144
4	5 736	57 358

3. On estime que, au bout de 4 ans, les jeux d'outils auront une valeur de récupération de 20 000 $.

4. Si l'entreprise opte pour l'achat financé par emprunt, elle devra assumer le coût de l'entretien effectué par le fabricant des outils à un taux contractuel fixe de 10 000 $ par année.

- Option de location :

1. La société Janson peut louer les outils pour une période de 4 ans, en versant un loyer annuel de 70 000 $, payable à la fin de chaque année.

2. Le contrat de location stipule que le locateur entretiendra les outils sans que Fabrication Janson ait à payer de supplément.

Le taux d'imposition de l'entreprise est de 40 %.

a) Quelle est pour Fabrication Janson la valeur actualisée équivalente (PE) du flux monétaire après impôt de la location, si son TRAM est de 15 % ?

b) Quelle est pour Fabrication Janson la valeur actualisée équivalente (PE) du flux monétaire après impôt de l'achat financé par emprunt, si son TRAM est de 15 % ?

$11.20 Thomas Hamelin décide d'acquérir une nouvelle voiture pour sa petite entreprise. Il a la possibilité de l'acheter au comptant : pour ce faire, il empruntera auprès d'une banque les 16 170 $ représentant le prix d'achat net. L'emprunt exige 36 versements mensuels égaux de 541,72 $, à 12,6 % d'intérêts se composant mensuellement. Les versements sont exigibles à la fin de chaque mois. Un taux de DPA de 30 % est applicable à la voiture. Sa valeur de récupération au bout de 3 ans est estimée à 5 800 $.

Si Thomas opte pour la location, il devra verser un dépôt de garantie de 500 $, remboursable à la fin du contrat de location, et 425 $ par mois pendant 36 mois. Pour les besoins de cette analyse, utilisez des flux monétaires mensuels.

Quelle que soit sa décision, Thomas a l'intention de remplacer la voiture après 3 ans. Son taux d'imposition marginal est de 35 % et son TRAM, de 13 % par année.

a) Déterminez le flux monétaire net relatif à chaque option.

b) Quelle est l'option la plus avantageuse ?

11.21* La société Machines-outils Bouchard décide d'acquérir une presse. Elle a deux choix. Le premier consiste à louer la machine en vertu d'un contrat de 3 ans, exigeant des versements de 15 000 $ payables au début de chaque année. La location inclut les frais d'entretien. Le second consiste à acheter la machine au comptant grâce à un emprunt bancaire de 100 000 $ représentant le prix d'achat net ; il sera amorti sur 3 ans et aura un taux d'intérêt de 12 % par année (versement annuel = 41 635 $).

Si l'entreprise finance l'achat par emprunt, l'entretien de la machine lui coûtera annuellement 5 000 $, exigibles en fin d'exercice. La machine fait partie des biens de la catégorie 43 ; on estime que, à la fin de la 3e année, sa valeur de récupération atteindra

50 000 $. À ce moment-là, la société prévoit remplacer la machine, que celle-ci ait été louée ou achetée. Son taux d'imposition marginal est de 40 % et son TRAM, de 15 %.

a) Quel est pour Machines-outils Bouchard le coût équivalent actualisé de la location ?

b) Quel est pour Machines-outils Bouchard le coût équivalent actualisé de l'achat ?

D'après les analyses financières effectuées en a) et en b), quels sont les avantages et les inconvénients de la location ? Quels sont ceux de l'achat ?

11.22 Le prix d'achat d'un élément d'actif se chiffre à 25 000 $. On prévoit qu'il produira des revenus annuels de 10 000 $ et que ses coûts d'exploitation totaliseront 2 500 $ par année. On le considère comme un bien appartenant à la catégorie 43, à laquelle s'applique un taux de DPA de 30 %. La société projette de le vendre 5 000 $ à la fin de la 5ᵉ année. Compte tenu que, quel que soit le projet entrepris, le taux d'imposition marginal de la société est de 30 % et son TRAM, de 10 %, répondez aux questions suivantes :

a) Quel est le flux monétaire net pour chacune des années du projet si l'achat de l'élément d'actif est financé par des fonds empruntés à 12 % d'intérêt et remboursés en cinq versements égaux effectués à la fin de l'année ?

b) Quel est le flux monétaire pour chaque année du projet si l'élément d'actif est loué moyennant un versement de 3 500 $ exigible à la fin de l'année (contrat de location-acquisition) ?

c) Quelle méthode (s'il y a lieu) doit-on utiliser pour obtenir le nouveau bien ?

11.23 Une entreprise en plein essor possède un bâtiment abritant son centre administratif. Or, celui-ci n'est pas assez spacieux pour répondre à ses besoins actuels. La recherche de locaux plus vastes révèle deux nouvelles possibilités offrant un espace suffisant pour les bureaux et le stationnement, de même que l'apparence et l'emplacement désirés.

- Option 1 : Louer au coût de 144 000 $ par année.

- Option 2 : Acheter au coût de 800 000 $, incluant 150 000 $ pour le terrain.

- Option 3 : Rénover le bâtiment actuel.

On croit que la valeur des terrains ne changera pas au cours de la période de possession, mais que, d'ici 30 ans, celle de tous les édifices tombera à 10 % de leur prix d'achat. On prévoit que les versements de taxes foncières (déductibles du revenu imposable) équivaudront à 5 % du prix d'achat. Actuellement évalué à 300 000 $, le bâtiment administratif est déjà payé. Tenez pour acquis que la fraction non amortie de son coût en capital s'élève à 150 000 $. Par ailleurs, on évalue à 60 000 $ le terrain sur lequel il est construit. Présumez que, il y a quelques années, la société l'a payé 60 000 $. Moyennant 300 000 $, on peut rénover l'édifice actuel de façon à le rendre comparable aux autres options. Par contre, une fois rénové, il occupera une partie de l'actuelle aire de stationnement. La société peut louer pour 30 ans une aire de stationnement adjacente détenue par des intérêts privés. Selon l'entente projetée, le loyer, qui s'élèvera à 9 000 $ la première année, augmentera ensuite de 500 $ par année. Les taxes foncières perçues sur le bâtiment rénové représenteront toujours 5 % de l'évaluation actuelle plus le coût de la rénovation. La société, qui effectue la comparaison en fonction d'une période d'étude de 30 ans, désire que le taux de rendement de ses investissements atteigne 12 %. Présumez que son taux d'imposition marginal est de 40 % et que le nouveau bâtiment ainsi que le bâtiment rénové appartiennent à la catégorie 1 de la DPA, à laquelle s'applique $d = 4\%$. Si les coûts d'entretien sont les mêmes pour les trois options, quelle est la meilleure ?

11.24 La société de location-acquisition Envergure loue des tracteurs à des entreprises de construction. Elle désire établir un calendrier de versements de 3 ans relativement à la location d'un tracteur acheté 53 000 $ au fabricant. Le bien appartient à la catégorie 38, à laquelle s'applique un taux de DPA de 30 %. On estime que, après 3 ans de location, sa valeur de récupération sera de 22 000 $. La société Envergure exigera du locataire un dépôt de garantie de 1 500 $, remboursable à l'expiration du contrat de location. Le

taux d'imposition marginal de la société est de 35 %. Si elle vise un taux de rendement de 10 %, à combien doit-elle fixer le montant du loyer ?

11.25* Ajoutez les informations suivantes au problème 6.32 : Le bien appartient à la catégorie 10, à laquelle s'applique un taux de DPA de 30 %, le taux d'imposition de la société est de 40 % et son TRAM après impôt, de 15 %. En outre, présumez que l'économie d'impôt relative à la révision immédiate peut être réalisée au moment 0.

11.26 Ajoutez les informations suivantes au problème 6.33 : Les machines sont classées parmi les biens de la catégorie 43, à laquelle s'applique un taux de DPA de 30 %, et le taux d'imposition marginal de l'entreprise est de 40 %.

11.27 Ajoutez les informations suivantes au problème 6.34 : Achetée il y a 10 ans, la vieille machine a été payée 100 000 $, la vieille machine et la nouvelle sont toutes deux assujetties à un taux de DPA de 30 %, et le taux d'imposition marginal de la société est de 40 %.

11.28* Ajoutez les informations suivantes au problème 6.35 : Les deux machines appartiennent à la catégorie 10, à laquelle s'applique un taux de DPA de 30 %, et le taux d'imposition marginal de la société est de 35 %.

11.29 Ajoutez les informations suivantes au problème 6.36 : La vieille machine a été achetée il y a 8 ans au prix de 40 000 $, les deux machines appartiennent à la catégorie 43, à laquelle s'applique un taux de DPA de 30 %, et le taux d'imposition marginal de la société est de 40 %.

11.30* Ajoutez les informations suivantes au problème 6.42 : Achetée il y a 7 ans, la vieille machine a été payée 120 000 $, les deux machines appartiennent à la catégorie 43, dont le taux de DPA est de 30 %, et le taux d'imposition marginal de la société est de 40 %.

11.31 Ajoutez au problème 6.43 les informations données au problème 11.3, de même que les suivantes : Le modèle B fait aussi partie de la catégorie 43, à laquelle s'applique un taux de DPA de 30 %.

11.32 Ajoutez les informations suivantes au problème 6.44 : Les deux machines sont des biens de la catégorie 43, à laquelle s'applique un taux de DPA de 30 %.

11.33* Ajoutez les informations suivantes au problème 6.45 : La fraction non amortie du coût en capital de la vieille machine s'élève à 3 000 $, les deux machines appartiennent à la catégorie 43, dont le taux de DPA est de 30 %, et le taux d'imposition marginal de la société est de 40 %.

11.34 Ajoutez les informations suivantes au problème 6.46 : Le coût en capital du vieux bien est de 4 000 $, les deux machines appartiennent à la catégorie 43, dont le taux de DPA est de 30 %, et le taux d'imposition marginal de la société est de 40 %.

11.35* Ajoutez les informations suivantes au problème 6.47 : Les deux machines appartiennent à la catégorie 43, dont le taux de DPA est de 30 %, et le taux d'imposition marginal de la société est de 40 %.

11.36 Ajoutez les informations suivantes au problème 6.54 : La fraction non amortie du coût en capital de la vieille machine s'élève à 2 000 $, les deux machines appartiennent à la catégorie 43, dont le taux de DPA est de 30 %, et le taux d'imposition marginal de la société est de 40 %.

11.37 Ajoutez les informations suivantes au problème 6.58 : Les deux machines sont classées parmi les biens de la catégorie 43, à laquelle s'applique un taux de DPA de 30 %, et le taux d'imposition marginal de la société est de 30 %.

Niveau 3

11.38 Ajoutez les informations suivantes au problème 6.60 : Conformément à la loi fiscale du Kazakhstan, on appliquera à l'entrepôt la méthode d'amortissement linéaire, avec $N = 10$ et $S = 0$, et le taux d'imposition marginal de la société est de 30 %. Présumez en outre que la règle de 50 % ne s'applique pas au Kazakhstan, que la construction de l'entrepôt existant a coûté 250 000 $ il y a 5 ans et que sa valeur marchande actuelle est nulle.

11.39 Ajoutez les informations suivantes au problème 6.61 : La fraction non amortie du coût en capital de l'élément d'actif actuel se chiffre à 100 000 $, les deux systèmes font partie de la catégorie 43, dont le taux de DPA est de 30 %, et le taux d'imposition marginal de la société est de 40 %.

11.40* Ajoutez les informations suivantes au problème 6.62 : La fraction non amortie du coût en capital de la vieille déligneuse s'élève à 20 000 $, les bâtiments et le matériel sont respectivement assujettis à des taux de DPA de 4 % et de 30 %, et le taux d'imposition marginal de la société est de 40 %.

11.41 La société Bureautique Nationale inc. (BNI) est un chef de file en matière de conception de systèmes d'imagerie, de contrôleurs et d'accessoires connexes. La gamme de produits de la société consiste en des systèmes destinés aux marchés de l'éditique, de l'identification automatique, de l'imagerie de pointe et de la bureautique. L'usine de la société, située à Windsor, en Ontario, compte huit services différents : assemblage des câbles, assemblage des cartes, assemblage mécanique, intégration des contrôleurs, intégration des imprimantes, réparations destinées à la production, réparations destinées à la clientèle et expédition. Le processus sur lequel on se penche est le transport de palettes chargées de huit imprimantes emballées du service d'intégration des imprimantes au service d'expédition. On a examiné plusieurs options en vue de réduire au minimum les frais d'exploitation et d'entretien. Voici les deux plus prometteuses :

- Option 1 : Utiliser des chariots élévateurs à essence pour transporter les palettes d'imprimantes emballées du service d'intégration au service d'expédition. Les chariots servent aussi à rapporter les imprimantes qui doivent être réparées. On peut les louer au coût de 5 465 $ par année. En vertu d'un contrat de 6 317 $ par année, le concessionnaire s'engage à les entretenir. On prévoit aussi que le carburant coûtera 1 660 $ par année. Comme chaque chariot nécessite un conducteur par période de travail, le coût de la main-d'œuvre totalise 58 653 $ par année. Par ailleurs, on estime que le transport par chariot élévateur occasionnera annuellement des dommages de 10 000 $ au matériel et à l'équipement.

- Option 2 : Installer un système de véhicules à guidage automatique (SVGA) pour transporter les palettes d'imprimantes emballées du service d'intégration au service d'expédition et pour rapporter les produits nécessitant des réparations. Muni d'un chariot électrique et d'un système de filoguidage encastré, le SVGA ferait le même travail que les chariots élévateurs, sans toutefois avoir besoin de conducteurs. Voici le détail des coûts totaux du projet, installation comprise :

Véhicule et installation du système	97 255 $
Convoyeur	24 000
Lignes d'alimentation	5 000
Transformateurs	2 500
Réparation du plancher	6 000
Accumulateurs et chargeur	10 775
Transport	6 500
Taxe de vente	6 970
Coût total du système SVGA	159 000 $

BNI peut obtenir, à un taux d'intérêt de 10 %, un emprunt à terme couvrant le plein montant de l'investissement (159 000 $). Amorti sur 5 ans, l'emprunt nécessitera des versements à la fin de chaque année. Le SVGA est considéré comme un bien de la catégorie 43, et sa vie utile estimative est de 10 ans, sans valeur de récupération. Si on installe le SVGA, on conclura un contrat d'entretien coûtant 20 000 $, payables au début de chaque année. Le taux d'imposition marginal de la société est de 35 % et son TRAM, de 15 %.

a) Déterminez les flux monétaires nets de chacune des options sur une période de 10 ans.

b) Calculez les flux monétaires différentiels (Option 2 – Option 1) et déterminez le taux de rendement de cet investissement différentiel.

c) Appuyez-vous sur le critère du taux de rendement pour déterminer la meilleure décision.

CHAPITRE 12

L'inflation
et l'analyse économique

Vous avez peut-être déjà entendu vos grands-parents parler du « bon vieux temps » où les bonbons se vendaient 1 cent et l'essence 7 cents le litre. Cependant, même un jeune adulte connaît le phénomène de l'escalade des prix. Vous vous souvenez du temps où un timbre coûtait la moitié moins qu'aujourd'hui et une place au cinéma, moins de 5 $?

ARTICLE	PRIX DE 1979	PRIX DE 2000	HAUSSE
Indice des prix à la consommation (IPC) [1992 = 100]	47,6	113,5	138 %
Coût annuel du logement	3 429 $	8 004 $	133
Coût annuel d'une automobile	1 067	3 198	199
Pain de marque du magasin (675 g)	0,60	1,55	158
Gros œufs (1 douzaine, cat. A)	1,06	1,81	71
Lait (1 L)	0,61	1,54	152
Boisson gazeuse (1 L)	0,68	0,63	−7
Bifteck de ronde (1 kg)	6,42	10,54	64
Timbre	0,17	0,46	171
Frais de scolarité à l'université (1er cycle)	895	3 405	280

Ce tableau illustre les écarts de prix pour certains articles courants entre 1979 et 2000. Par exemple, une miche de pain coûtait 0,60 $ en 1979 et 1,55 $ en 2000. En 2000, les mêmes 60 cents permettaient de n'acheter qu'une fraction du pain de 1979, plus précisément 38,7 %. Entre 1979 et 2000, le montant de 0,60 $ a perdu 61,3 % de son pouvoir d'achat. Naturellement, les salaires ont également augmenté au cours de cette période. Le tableau ci-après fournit des statistiques sur les salaires dans diverses disciplines du génie[1]. Le salaire moyen d'un ingénieur travaillant à temps plein au Canada était de 29 831 $ en 1980, selon le recensement de 1981[2]. En 1995, il atteignait 55 400 $, ce qui représente une hausse annuelle de 4,21 % sur 15 ans. Au cours de la même période, le taux d'inflation annuel est demeuré stable à 4,69 %, ce qui montre que le salaire des ingénieurs n'a pas augmenté au même rythme que les prix au Canada.

1. On pourrait être tenté d'évaluer les mérites financiers de chaque discipline du génie en considérant uniquement ces valeurs, mais cela mènerait à des conclusions faussées à bien des égards. Par exemple, certaines spécialités comptent moins d'ingénieurs principaux que d'autres, soit parce que la demande a diminué, soit parce que certaines personnes ont été promues cadres et ne pratiquent plus la profession d'ingénieur. La plupart des associations d'ingénieurs provinciales peuvent fournir des statistiques sur les salaires actuels, classées notamment selon l'expérience et le niveau de responsabilité.

2. Statistique Canada, Recensement de 1981, nᵒˢ 92-930 et 92-919 au catalogue.

DISCIPLINE PROFESSIONNELLE	SALAIRE MOYEN EN 1980	SALAIRE MOYEN EN 1995	HAUSSE
Ing. chimiste	32 113 $	59 029 $	83,8 %
Ing. civil	31 181	53 606	71,9
Ing. électrique	29 211	57 054	95,3
Ing. industriel	26 505	53 128	100,4
Ing. en mécanique	28 791	54 081	87,8
Ing. métallurgiste	31 229	60 251	92,9
Ing. minier	33 669	62 032	84,2
Ing. en produits pétroliers	36 519	72 543	98,6
Moyenne en génie	29 831	55 400	85,7

Jusqu'ici, nous avons appris à élaborer des flux monétaires de diverses façons et à les comparer dans des conditions constantes de l'économie générale. Nous avons toujours présumé que les prix demeuraient relativement stables pendant de longues périodes. Comme vous le savez, cette approche ne correspond pas à la réalité. Dans le présent chapitre, nous définirons et quantifierons l'**inflation**, puis nous l'utiliserons dans le cadre de diverses analyses économiques. Nous démontrerons l'effet de l'inflation sur la déduction pour amortissement, les fonds empruntés, le taux de rendement d'un projet et le fonds de roulement, en gardant toujours le même objectif : élaborer des flux monétaires de projet.

12.1 DÉFINITION ET MESURE DE L'INFLATION

L'économie générale a toujours fluctué, ce qui crée de l'**inflation**, c'est-à-dire une diminution du pouvoir d'achat de l'unité monétaire dans le temps. En situation d'inflation, le prix d'un article tend à augmenter, de sorte qu'une même somme ne permet plus d'acheter une aussi grande quantité de cet article. Quand il y a **déflation**, le contraire de l'inflation, les prix ont tendance à diminuer et le pouvoir d'achat d'une somme donnée augmente. L'inflation est cependant un phénomène beaucoup plus courant que la déflation et il ne sera question que de celle-là dans nos analyses économiques.

12.1.1 LA MESURE DE L'INFLATION

Avant d'intégrer l'inflation dans un problème d'économie de l'ingénierie, il importe d'isoler et de mesurer son effet. Les consommateurs sont conscients que leur pouvoir d'achat diminue, même s'ils ne savent pas exactement comment ce mécanisme agit. Ils constatent que ce pouvoir diminue en voyant le prix de la nourriture, des vêtements, des transports et du logement varier au fil des ans. Les économistes ont mis au point un outil permettant de mesurer l'inflation, appelé **indice des prix à la**

consommation (IPC), qui évalue un **panier** typique de biens et de services achetés par le consommateur moyen. Ce panier comprend des centaines d'articles classés en huit composantes principales : 1) aliments, 2) logement, 3) dépenses et équipement du ménage, 4) habillement et chaussures, 5) transports, 6) santé et soins personnels, 7) loisirs, formation et lecture et 8) boissons alcoolisées et produits du tabac.

L'IPC compare le coût du panier typique de biens et services au cours d'un mois donné à son coût il y a 1 mois, 1 an ou 10 ans. Le moment passé avec lequel on compare les prix actuels est appelé **période de base**. On attribue la valeur 100 à l'indice pour la période de base. On calcule ensuite l'IPC pour toute autre année par rapport à l'année de base :

$$\frac{\text{IPC}_{\text{année donnée}}}{\text{IPC}_{\text{année de base}}} = \frac{\text{Coût}_{\text{année donnée}}}{\text{Coût}_{\text{année de base}}} \quad \text{ou} \quad \text{IPC}_{\text{année donnée}} = \frac{\text{Coût}_{\text{année donnée}}}{\text{Coût}_{\text{année de base}}} \times 100$$

Au moment d'aller sous presse, la période de base utilisée au Canada est 1992. Ainsi, pour le coût total du panier prescrit en 1992, l'indice de prix est 100. L'*Indice des prix à la consommation* (n° 62-001 au catalogue), une publication mensuelle de Statistique Canada, fournit les IPC pour le Canada, les provinces et certaines villes. D'après le tableau 12.1, l'IPC pour l'année 2000 est 113,5, ce qui représente une hausse de $(113,5 - 100)/100 = 13,5\%$ par rapport aux indices agrégatifs de prix de 1992. Pour un IPC donné, on peut facilement calculer le taux d'inflation des produits de consommation entre *deux années données*, par exemple 1988 et 2000 :

$$\frac{\text{IPC}_{2000} - \text{IPC}_{1988}}{\text{IPC}_{1988}} = \frac{113,5 - 84,8}{84,8} = 0,3384 = 33,84\%$$

entre lesquelles on constate une augmentation modérée.

Cependant, cette façon d'évaluer l'inflation n'implique pas nécessairement que les consommateurs achètent les mêmes biens et services d'une année à l'autre. Les consommateurs adaptent habituellement leurs habitudes d'achat aux variations des prix relatifs et choisissent d'autres articles pour remplacer ceux dont les prix ont beaucoup augmenté en termes relatifs. Il faut savoir que l'IPC ne tient pas compte de cet aspect du comportement du consommateur, car il est fondé sur l'achat d'un panier fixe de biens et de services, dans les mêmes proportions, d'un mois à l'autre. C'est pourquoi on le désigne comme un **indice de prix** plutôt que comme un **indice du coût de la vie**, bien que le grand public l'appelle couramment par ce dernier nom. De plus, l'IPC ne constitue pas une mesure du coût de la vie au sens traditionnel des choses essentielles à la survie.

Tableau 12.1 Quelques indices d'ensemble de prix (année de base 1992 = 100)

ANNÉE	IPC	IPPI	IPMB
1986	78,1	91,7	94,6
1987	81,5	94,2	101,5
1988	84,8	98,3	98,2
1989	89,0	100,3	101,4
1990	93,3	100,6	105,6
1991	98,5	99,5	99,0
1992	100,0	100,0	100,0
1993	101,8	103,6	105,3
1994	102,0	109,9	114,7
1995	104,2	118,1	124,7
1996	105,9	118,6	129,1
1997	107,6	119,5	126,9
1998	108,6	119,4	108,5
1999	110,5	121,7	117,1
2000	113,5	127,7	143,7

Par ailleurs, on ajuste le panier de biens tous les quatre ans environ afin d'adapter les pondérations à l'évolution des habitudes de consommation et d'intégrer les occasionnelles améliorations techniques. En 1995, un changement important se produit : l'échantillon de prix, qui était évalué dans les villes de 30 000 habitants ou plus, est maintenant évalué dans toutes les régions du Canada, tant rurales qu'urbaines. Malgré les bouleversements qui ont frappé le monde de la consommation, l'IPC joue bien son rôle depuis sa création au début du siècle dernier.

Indices des prix de l'industrie

L'indice des prix à la consommation constitue une bonne mesure de la hausse générale du prix des produits de consommation, mais pas de la hausse des prix de l'industrie. Dans son analyse économique, l'ingénieur doit choisir les indices de prix appropriés pour évaluer la hausse du coût des matières premières et des produits finis ainsi que des coûts d'exploitation. La publication mensuelle *Indices des prix de l'industrie* (n° 62-011 au catalogue) de Statistique Canada fournit l'indice des prix des produits industriels (IPPI) et l'indice des prix des matières brutes (IPMB) pour divers biens industriels[3]. Le tableau 12.1 donne l'IPPI et l'IPMB pour quelques années. Le tableau 12.2 donne quelques indices selon la branche d'activité. On peut trouver leur mise à jour et une liste complète des indices sur le site de Statistique Canada.

---

3. On peut maintenant obtenir les indices de prix moyennant certains frais sur le site Web de Statistique Canada, à l'adresse http://www.statscan.ca. Certaines bibliothèques universitaires offrent également un service d'accès à ces données.

Tableau 12.2 Quelques indices de prix selon certaines branches d'activité
(année de base 1992 = 100)

ANNÉE	BOIS (IPMB)	MÉTAUX DE PREMIÈRE TRANSFORMATION (IPPI)	MACHINERIE (SAUF ÉLECTRIQUE) (IPPI)	GAZ NATUREL (IPMB)
1996	154,7	124,3	112,0	96,2
1997	153,4	126,9	115,6	101,7
1998	131,0	120,5	118,6	113,0
1999	135,5	119,9	121,7	127,8
2000	141,5	128,0	123,8	170,5
2001	134,4	(1)	(1)	268,9

(1) Voir la mise à jour sur le site de Statistique Canada.

Au moyen du tableau 12.2, on peut facilement calculer le taux d'inflation pour le gaz naturel entre 2000 et 2001 de la manière suivante :

$$\frac{268,9 - 170,5}{170,5} = -0,5771 = 57,71\,\%.$$

Puisque le taux d'inflation calculé est très positif, le prix du gaz naturel a augmenté au taux annuel de 57,71 % au cours de l'année 2001. Bien que la tendance à long terme soit à la hausse, les prix de certaines marchandises peuvent fluctuer considérablement à court terme, comme en fait foi le tableau.

Le taux d'inflation moyen (f)

Pour tenir compte de l'effet de taux d'inflation annuels variables sur une période de plusieurs années, on peut calculer un taux unique qui représente le **taux d'inflation moyen**. Puisque le taux d'inflation de chaque année est calculé en fonction du taux de l'année précédente, ces taux ont un effet cumulatif. Par exemple, supposons que l'on veuille calculer le taux d'inflation moyen pour une période de 2 ans : le taux d'inflation est de 4 % pour la première année et de 8 % pour la seconde, et le prix de base est 100 $.

• Étape 1 : pour trouver le prix à la fin de la seconde année, on utilise le processus de capitalisation :

$$\underbrace{100\,\$(1 + 0,04)}_{\text{Première année}}(1 + 0,08) = 112,32\,\$.$$

- Étape 2 : pour trouver le taux d'inflation moyen, f, on établit l'équation d'équivalence suivante :

$$100\,\$(1 + f)^2 = 112{,}32\,\$ \text{ ou } 100\,\$(F/P, f, 2) = 112{,}32\,\$.$$

On obtient pour f :

$$f = 5{,}98\,\%.$$

On peut affirmer que les hausses de prix au cours de ces 2 années sont équivalentes à un pourcentage moyen de 5,98 % par année. Soulignons qu'il s'agit d'une moyenne géométrique, non arithmétique, pour une période de plusieurs années. On simplifie les calculs en utilisant un taux moyen unique comme ci-dessus plutôt qu'un taux différent pour les flux monétaires de chaque année.

Exemple 12.1

Le taux d'inflation moyen

Revenons aux augmentations de prix pour neuf articles données dans le tableau au début du chapitre. Déterminez le taux d'inflation moyen pour chaque article au cours de la période de 21 ans.

Solution

Prenons le coût annuel du logement pour illustrer le calcul. Puisque l'on connaît ce coût pour 1979 et 2000, on peut utiliser la formule d'équivalence appropriée (facteur de valeur capitalisée d'un montant unique ou formule de croissance).

- SOIT : $P = 3\,429\,\$$, $F = 8\,004\,\$$ et $N = 2000 - 1979 = 21$
- TROUVEZ : f

Équation : $F = P\,(1 + f)^N$

$$8\,004\,\$ = 3\,429\,\$(1 + f)^{21}$$

$$f = \sqrt[21]{2{,}3342} - 1$$

$$= 0{,}0412 = 4{,}12\,\%.$$

De la même manière, on peut obtenir les taux d'inflation moyen pour les autres articles du tableau :

ARTICLE	PRIX EN 1979	PRIX EN 2000	TAUX D'INFLATION MOYEN
Coût annuel du logement	3 429,00 $	8 004,00 $	4,12 %
Coût annuel d'une automobile	1 067,00	3 198,00	5,37
Pain de marque du magasin (675 g)	0,60	1,55	4,62
Gros œufs (1 douzaine, cat. A)	1,06	1,81	2,58
Lait (1 L)	0,61	1,54	4,51
Boisson gazeuse (1 L)	0,68	0,63	−0,36
Bifteck de ronde (1 kg)	6,42	10,54	2,39
Timbre	0,17	0,46	4,85
Frais de scolarité à l'université	895,00	3 405,00	6,57

De tous les articles du tableau, les frais d'université sont ceux qui ont le plus augmenté. Cependant, le prix des boissons gazeuses en format familial a baissé !

Le taux d'inflation général ($\bar{f}$) et le taux d'inflation spécifique (f_j)

Lorsqu'on utilise l'IPC comme base pour calculer le taux d'inflation moyen, on obtient le **taux d'inflation général**. Il faut bien distinguer le taux d'inflation général du taux d'inflation moyen pour certains produits :

- **Taux d'inflation général** ($\bar{f}$) : Ce taux d'inflation moyen est calculé en fonction de l'IPC pour tous les articles du panier. En règle générale, le taux d'intérêt du marché suit le taux d'inflation général.

- **Taux d'inflation spécifique** (f_j) : Ce taux est calculé à partir d'un indice (ou de l'IPC) correspondant au secteur j de l'économie. Par exemple, on doit souvent estimer le coût futur de la main-d'œuvre, des matériaux, du logement ou de l'essence. (Pour simplifier les choses, nous omettrons la lettre j en indice lorsqu'il sera question du taux d'inflation moyen pour un seul article.)

Par rapport à l'IPC, le taux d'inflation général se définit comme suit :

$$IPC_{n2} = IPC_{n1} (1 + \bar{f})^{n2 - n1}, \tag{12.1}$$

$$\bar{f} = \left[\frac{IPC_{n2}}{IPC_{n1}}\right]^{\frac{1}{n2 - n1}} - 1, \tag{12.2}$$

où $\bar{f}$ = le taux d'inflation général,

IPC_{n1} = l'indice des prix à la consommation pour la période initiale $n1$

IPC_{n2} = l'indice des prix à la consommation pour la période finale $n2$.

Puisqu'on connaît les valeurs de l'IPC pour 2 années consécutives, on peut calculer le taux d'inflation général annuel :

$$\bar{f}_n = \frac{IPC_n - IPC_{n-1}}{IPC_{n-1}} \qquad (12.3)$$

où $\bar{f}_n$ = le taux d'inflation général pour la période n.

À titre d'exemple, calculons le taux d'inflation général pour l'année 1998, sachant que $IPC_{1997} = 107,6$ et $IPC_{1998} = 108,6$:

$$\frac{108,6 - 107,6}{107,06} = 0,0093 = 0,93\,\%.$$

Cette année a été exceptionnellement bonne pour l'économie canadienne car le taux d'inflation général moyen a été de 4,44 %[4] au cours des 19 dernières années.

Exemple 12.2

Les taux d'inflation annuels et moyens

Le tableau suivant donne les coûts engagés par une société de services publics pour fournir une quantité fixe d'électricité à un nouveau complexe domiciliaire ; les indices donnés sont ceux du secteur des services publics. On suppose que l'année 0 est la période de base.

ANNÉE	COÛT
0	504 000 $
1	538 400
2	577 000
3	629 500

Déterminez le taux d'inflation pour chaque période, et calculez le taux d'inflation moyen pour les 3 années.

Solution

Taux d'inflation pendant l'année 1 (f_1) :

$$(538\,400\,\$ - 504\,000\,\$)/504\,000\,\$ = 6,83\,\%.$$

---

4. D'après l'année de base 1992, $IPC_{1979} = 47,6$, et d'après le tableau 12.1, $IPC_{1998} = 108,6$. Pour calculer le taux d'inflation général moyen de 1979 à 1998, on procède comme suit :

$$\bar{f} = \left[\frac{108,6}{47,6}\right]^{1/19} - 1 = 4,44\,\%.$$

Taux d'inflation pendant l'année 2 (f_2):

$$(577\,000\$ - 538\,400\$)/538\,400\$ = 7,17\%.$$

Taux d'inflation pendant l'année 3 (f_3):

$$(629\,500\$ - 577\,000\$)/577\,000\$ = 9,10\%.$$

Le taux d'inflation moyen pour les 3 années est:

$$f = \left(\frac{629{,}500\$}{504{,}000\$}\right)^{1/3} - 1 = 0{,}0769 = 7{,}69\%$$

où

$$f = [(1 + 0{,}0683)(1 + 0{,}0717)(1 + 0{,}0910)]^{1/3} = 7{,}69\%$$

Soulignons que, même si le taux d'inflation moyen[5] est de 7,69% pour toute la période, aucune année de cette période n'a présenté ce taux.

12.1.2 LES DOLLARS COURANTS ET LES DOLLARS CONSTANTS

Pour intégrer l'effet de l'inflation dans notre analyse économique, il importe de définir quelques termes du domaine de l'inflation[6].

- **Dollars courants** (A_n): Les dollars courants constituent des valeurs estimées des flux monétaires futurs pour l'année n et tiennent compte de toute variation de valeur anticipée causée par l'inflation ou la déflation. On détermine habituellement ces valeurs en appliquant un taux d'inflation aux estimations en dollars pour l'année de base.

- **Dollars constants** (A'_n): Les dollars constants représentent le pouvoir d'achat constant sans tenir compte du temps. Lorsqu'on présume que des effets inflationnistes au moment d'estimer les flux monétaires, on peut convertir ces estimations en dollars constants (dollars de l'année de base) en utilisant un **taux d'inflation général** accepté. Nous supposerons que l'année de base est toujours 0, sauf indication contraire.

La conversion de dollars constants en dollars courants

Puisque les dollars constants représentent des montants exprimés en fonction du pouvoir d'achat de l'année de base, on peut trouver les dollars équivalents pour l'année n en utilisant le taux d'inflation général ($\bar{f}$):

$$A_n = A'_n(1 + \bar{f})^n = A'_n(F/P, \bar{f}, n), \tag{12.4}$$

---

5. Puisque ce taux moyen est fondé sur les coûts propres au secteur des services publics, il ne constitue pas le taux d'inflation général, mais plutôt un taux d'inflation spécifique à cette entreprise.

6. D'après « ANSI Z94 Standards Committee on Industrial Engineering Terminology », *The Engineering Economist*, 1988, 33(2), p. 145-171.

où A'_n = l'expression en dollars constants pour le flux monétaire à la fin de l'année n,

A_n = l'expression en dollars courants pour le flux monétaire à la fin de l'année n.

Si l'on prévoit que le prix futur d'un élément de flux monétaire en particulier (j) ne suivra pas le taux d'inflation général, il faudra utiliser le taux d'inflation moyen approprié applicable à cet élément, f_j, plutôt que $\bar{f}$.

Exemple 12.3

La conversion de dollars constants en dollars courants

La société Transco envisage de fabriquer et de vendre des commutateurs de circulation informatisés sur le marché de l'Ouest. Transco a étudié le marché pour son produit en consultant des données concernant la construction de nouvelles routes ainsi que la détérioration et le remplacement des systèmes actuels. Le prix unitaire courant du commutateur est de 550 $, et son coût de fabrication avant impôt est de 450 $. L'investissement initial s'élève à 250 000 $. On prévoit que les ventes et les flux monétaires nets avant impôt en dollars constants seront les suivants :

PÉRIODE	NOMBRE DE SYSTÈMES VENDUS	FLUX MONÉTAIRES NETS EN DOLLARS CONSTANTS
0		−250 000 $
1	1 000	100 000
2	1 100	110 000
3	1 200	120 000
4	1 300	130 000
5	1 200	120 000

On suppose que le prix unitaire de même que le coût de fabrication suivent le taux d'inflation général, estimé à 5 % par année. Convertissez les flux monétaires de projet avant impôt en dollars courants équivalents.

Solution

On doit d'abord convertir les dollars constants en dollars courants. Par l'équation 12.4, on obtient ce qui suit (notons que le flux monétaire à l'année 0 ne subit pas les effets de l'inflation) :

PÉRIODE	FLUX MONÉTAIRES EN DOLLARS CONSTANTS	FACTEUR DE CONVERSION	FLUX MONÉTAIRES EN DOLLARS COURANTS
0	−250 000 $	$(1 + 0,05)^0$	−250 000 $
1	100 000	$(1 + 0,05)^1$	105 000
2	110 000	$(1 + 0,05)^2$	121 275
3	120 000	$(1 + 0,05)^3$	138 915
4	130 000	$(1 + 0,05)^4$	158 016
5	120 000	$(1 + 0,05)^5$	153 154

La figure 12.1 donne une représentation graphique de ce processus de conversion.

Figure 12.1
*Conversion de a) dollars constants en b) dollars courants
par équivalence*

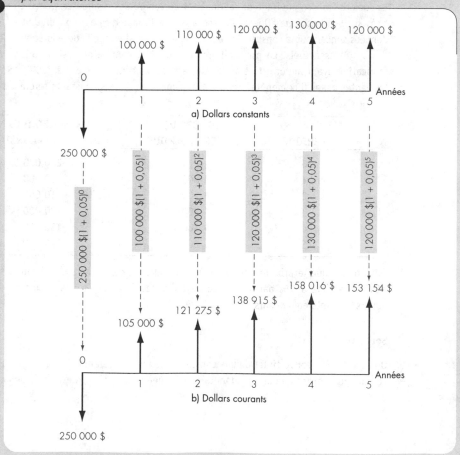

La conversion de dollars courants en dollars constants

On fait l'inverse pour convertir des dollars courants en dollars constants. Plutôt que d'employer la formule de capitalisation, on utilise l'actualisation (facteur de valeur actualisée d'un montant unique) :

$$A'_n = \frac{A_n}{(1 + \bar{f})^n} = A_n(P/F, \bar{f}, n). \tag{12.5}$$

Une fois de plus, on peut substituer f_j à $\bar{f}$ si l'on prévoit que les prix futurs ne suivront pas le taux d'inflation général.

Exemple 12.4

La conversion de dollars courants en dollars constants

La société Jagura Creek, qui se spécialise en aquaculture, a signé un bail de 5 ans pour un terrain de 8 hectares où elle installera ses étangs. Le coût annuel stipulé dans le bail est de 20 000 $, payable au début de chacune des 5 années. Le taux d'inflation général, $\bar{f}$, est de 5 %. Trouvez le coût équivalent en dollars constants pour chaque période.

Explication : Bien que les paiements annuels de 20 000 $ soient *uniformes*, ils ne sont pas exprimés en dollars constants. Tous les montants stipulés au contrat sont en *dollars courants*, sauf si le contrat contient une clause d'inflation.

Solution

Par l'équation 12.5, on peut déterminer les paiements de loyer équivalents en dollars constants de la façon suivante :

n	FLUX MONÉTAIRES EN DOLLARS COURANTS	CONVERSION SELON $\bar{f}$	FLUX MONÉTAIRES EN DOLLARS CONSTANTS	DIMINUTION DU POUVOIR D'ACHAT
0	−20 000 $	$(1 + 0{,}05)^0$	−20 000 $	0 %
1	−20 000	$(1 + 0{,}05)^{-1}$	−19 048	4,76
2	−20 000	$(1 + 0{,}05)^{-2}$	−18 141	9,30
3	−20 000	$(1 + 0{,}05)^{-3}$	−17 277	13,62
4	−20 000	$(1 + 0{,}05)^{-4}$	−16 454	17,73

Soulignons que, dans un contexte inflationniste, le paiement de loyer reçu par le prêteur pour la cinquième année ne vaut que 82,27 % du premier paiement.

12.2 LES CALCULS D'ÉQUIVALENCE DANS UN CONTEXTE D'INFLATION

Dans les chapitres précédents, nos analyses d'équivalence ont tenu compte des variations de **potentiel de profit** de l'argent, c'est-à-dire des effets de l'intérêt. Si l'on souhaite également tenir compte des variations du **pouvoir d'achat**, autrement dit de l'inflation, on peut utiliser 1) l'analyse en dollars constants ou 2) l'analyse en dollars courants. Les deux méthodes aboutissent au même résultat, mais chacune appelle l'emploi d'un taux d'intérêt et d'une procédure distincts. Avant de présenter les méthodes permettant d'intégrer l'intérêt et l'inflation, nous donnerons la définition exacte des deux taux d'intérêt.

12.2.1 LE TAUX D'INTÉRÊT DU MARCHÉ ET LE TAUX D'INTÉRÊT RÉEL

On utilise deux types de taux d'intérêt dans les calculs d'équivalence: 1) le taux d'intérêt du marché et 2) le taux d'intérêt réel. Le taux qu'il faut utiliser dépend des hypothèses que l'on pose pour estimer le flux monétaire.

- **Taux d'intérêt du marché** (i): Ce taux tient compte des effets combinés du potentiel de profit du capital et de toute inflation ou déflation anticipée (pouvoir d'achat). Pratiquement tous les taux d'intérêt fixés par les institutions financières pour les prêts et les comptes d'épargne constituent des taux du marché. La plupart des entreprises utilisent un taux du marché (également appelé **TRAM indexé**) pour évaluer leurs projets d'investissement.

- **Taux d'intérêt réel** (i'): Ce taux constitue une estimation du véritable potentiel de profit de l'argent si on élimine les effets de l'inflation. Il se calcule à partir du taux du marché et du taux d'inflation. Comme nous le verrons plus loin dans ce chapitre, en l'absence d'inflation, le taux du marché est égal au taux réel. Par conséquent, tous les taux d'intérêt mentionnés dans les chapitres précédents sont des taux réels.

Pour tout calcul d'équivalence de flux monétaires, il importe de connaître la nature des flux monétaires de projet. Les trois cas les plus courants sont:

Cas 1: Tous les éléments du flux monétaire sont estimés en dollars constants.

Cas 2: Tous les éléments du flux monétaire sont estimés en dollars courants.

Cas 3: Une partie des éléments du flux monétaire est estimée en dollars constants et l'autre, en dollars courants.

Dans le troisième cas, il suffit de convertir tous les éléments du flux monétaire soit en dollars courants, soit en dollars constants. On peut ensuite procéder à l'analyse en dollars constants, comme dans le cas 1, ou à l'analyse en dollars courants, comme dans le cas 2.

12.2.2   L'ANALYSE EN DOLLARS CONSTANTS

Supposons que tous les éléments du flux monétaire sont déjà exprimés en dollars constants, et que l'on veut calculer la valeur actualisée équivalente des dollars constants (A'_n) à l'année n. En l'absence d'inflation, on devrait utiliser i' pour ne considérer que le pouvoir de gain de l'argent. Pour trouver la valeur actualisée équivalente de ce montant en dollars constants au taux i', on utilise :

$$P_n = \frac{A'_n}{(1 + i')^n} \qquad (12.6)$$

Puisque l'impôt est prélevé sur les revenus imposables en dollars courants, l'analyse en dollars constants ne peut servir que dans certains cas. On l'emploie souvent pour évaluer les projets à long terme du secteur public car les gouvernements ne paient pas d'impôt sur le revenu.

Exemple 12.5

Le calcul d'équivalence pour des flux monétaires en dollars constants

Reprenons les flux monétaires en dollars constants donnés dans l'exemple 12.3. Si les gestionnaires de Transco visent un taux de rendement réel avant impôt de 12 % (i') sur leurs investissements, quelle serait la valeur actualisée équivalente de ce projet ?

Solution

Puisque toutes les valeurs sont en dollars constants, on peut utiliser le taux d'intérêt réel. Il suffit d'actualiser les flux monétaires à 12 % pour obtenir ce qui suit :

$$
\begin{aligned}
PE\,(12\,\%) \;=\; & -250\,000\,\$ + 100\,000\,\$\,(P/A,\,12\,\%,\,5) \\
& + 10\,000\,\$\,(P/G,\,12\,\%,\,4) + 20\,000\,\$\,(P/F,\,12\,\%,\,5) \\
=\; & 163\,099\,\$.
\end{aligned}
$$

Puisque les recettes nettes équivalentes sont supérieures à l'investissement, le projet est justifié tant que l'on omet l'effet de l'impôt.

12.2.3 L'ANALYSE EN DOLLARS COURANTS

Supposons que tous les éléments du flux monétaire sont estimés en dollars courants. Pour trouver la valeur actualisée équivalente du montant en dollars courants (A_n) à l'année n, on peut utiliser soit la **méthode de la déflation**, soit la **méthode de l'actualisation ajustée**.

La méthode de la déflation

La méthode de la déflation permet de convertir les dollars courants en dollars actualisés équivalents en deux étapes. On convertit d'abord les dollars courants en dollars constants équivalents en actualisant au taux d'inflation général pour éliminer l'effet de l'inflation, puis on trouve la valeur actualisée équivalente en utilisant i'.

Exemple 12.6

Le calcul d'équivalence pour des flux monétaires en dollars courants : méthode de la déflation

Instrumentation appliquée inc., un petit fabricant de pièces électroniques personnalisées, envisage un investissement afin de fabriquer des capteurs et des systèmes de commande pour une entreprise de dessiccation des fruits. Ce travail sera soumis à un accord sur la propriété qui prendra fin dans 5 ans. Le projet devrait produire les flux monétaires suivants, exprimés en dollars courants.

n	FLUX MONÉTAIRES NETS EN DOLLARS COURANTS
0	−75 000 $
1	32 000
2	35 700
3	32 800
4	29 000
5	58 000

a) Quelle est la valeur actualisée équivalente (en dollars constants) à l'année 0 de ces flux monétaires si le taux d'inflation général ($\bar{f}$) est de 5 % par année ?

b) Calculez la valeur actualisée équivalente de ces flux monétaires en dollars constants si $i' = 10\,\%$.

Solution

Les flux monétaires nets en dollars courants peuvent être convertis en dollars constants par la méthode de la déflation si l'on présume un facteur de déflation annuel de 5 %. Les flux monétaires en dollars constants peuvent ensuite servir à déterminer la valeur actualisée nette au taux i'.

a) On convertit les dollars courants en dollars constants de la façon suivante :

n	FLUX MONÉTAIRES EN DOLLARS COURANTS	MULTIPLIÉS PAR LE FACTEUR DE DÉFLATION	FLUX MONÉTAIRES EN DOLLARS CONSTANTS
0	−75 000 $	1	−75 000 $
1	32 000	$(1 + 0,05)^{-1}$	30 476
2	35 700	$(1 + 0,05)^{-2}$	32 381
3	32 800	$(1 + 0,05)^{-3}$	28 334
4	29 000	$(1 + 0,05)^{-4}$	23 858
5	58 000	$(1 + 0,05)^{-5}$	45 445

b) On calcule la valeur actualisée équivalente des dollars constants pour $i' = 10 \%$:

n	FLUX MONÉTAIRES EN DOLLARS CONSTANTS	MULTIPLIÉS PAR LE FACTEUR D'ACTUALISATION	VALEUR ACTUALISÉE ÉQUIVALENTE
0	−75 000 $	1	−75 000 $
1	30 476	$(1 + 0,10)^{-1}$	27 706
2	32 381	$(1 + 0,10)^{-2}$	26 761
3	28 334	$(1 + 0,10)^{-3}$	21 288
4	23 858	$(1 + 0,10)^{-4}$	16 295
5	45 445	$(1 + 0,10)^{-5}$	28 218
			45 268 $

La figure 12.2 représente la conversion des flux monétaires exprimés en dollars de l'année 0 en leur valeur actualisée équivalente.

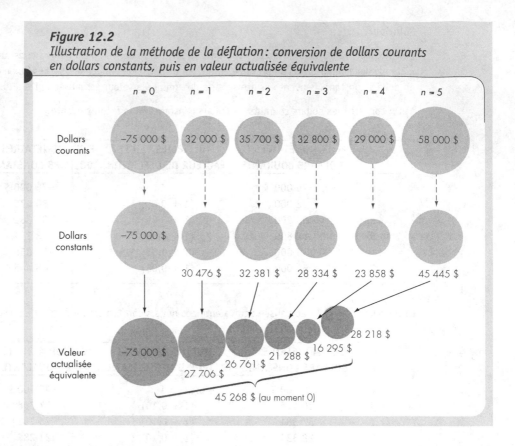

Figure 12.2
*Illustration de la méthode de la déflation : conversion de dollars courants
en dollars constants, puis en valeur actualisée équivalente*

La méthode d'actualisation ajustée

Il est possible de simplifier considérablement la procédure en deux étapes illustrée dans
l'exemple 12.6 grâce à la **méthode d'actualisation ajustée**, qui calcule la déflation
et l'actualisation en une seule étape. Mathématiquement, on intègre les deux étapes
en une seule de la façon suivante :

$$P_n = \frac{\dfrac{A_n}{(1+\bar{f})^n}}{(1+i')^n}$$

$$= \frac{A_n}{(1+\bar{f})^n(1+i')^n}$$

$$= \frac{A_n}{\left[(1+\bar{f})(1+i')\right]^n}. \tag{12.7}$$

Puisque le taux du marché (i) traduit à la fois la capacité de gain et le pouvoir d'achat, on peut établir la relation suivante :

$$P_n = \frac{A_n}{(1 + i)^n} \qquad (12.8)$$

Dans les équations 12.7 et 12.8, les valeurs actualisées équivalentes doivent être égales à l'année 0. Ainsi :

$$\frac{A_n}{(1 + i)^n} = \frac{A_n}{[(1 + \bar{f})(1 + i')]^n}.$$

On peut ensuite dériver la relation suivante entre $\bar{f}$, i' et i :

$$(1 + i) = (1 + \bar{f})(1 + i')$$
$$= 1 + i' + \bar{f} + i'\bar{f}.$$

En termes simplifiés, on obtient :

$$i = i' + \bar{f} + i'\bar{f}.$$

ou l'équivalent :

$$i = (1 + i')(1 + \bar{f}) - 1. \qquad (12.9)$$

Le taux d'intérêt du marché est donc une fonction de deux termes, i' et $\bar{f}$. Soulignons que, sans effet inflationniste, les deux taux d'intérêt sont égaux ($\bar{f} = 0 \rightarrow i = i'$). Si i' ou $\bar{f}$ augmente, i augmente également. Ainsi, on constate souvent que, lorsque les prix augmentent en raison de l'inflation, les taux obligataires grimpent, car les prêteurs (c'est-à-dire tous ceux qui investissent dans un fonds du marché monétaire, une obligation ou un certificat de placement garanti) exigent des taux plus élevés pour se protéger de l'effritement de la valeur de leur argent. Si l'inflation restait stable à 3 %, on se contenterait d'un taux obligataire de 7 % car ce rendement serait largement supérieur à l'inflation. Cependant, si l'inflation était de 10 %, on n'achèterait pas d'obligation à 7 % ; on exigerait plutôt un taux de rendement d'au moins 14 %. Par ailleurs, lorsque les prix sont à la baisse, ou du moins qu'ils restent stables, les prêteurs ne craignent pas de perdre leur pouvoir d'achat sur les prêts qu'ils accordent, et ils acceptent de prêter à des taux d'intérêt plus bas.

Exemple 12.7

Le calcul d'équivalence pour des flux monétaires en dollars courants : méthode d'actualisation ajustée

Revenons aux flux monétaires en dollars courants de l'exemple 12.6. Calculez la valeur actualisée équivalente de ces flux monétaires par la méthode d'actualisation ajustée.

Solution

Il faut d'abord déterminer le taux du marché, i. Si $\bar{f} = 5\%$ et $i' = 10\%$, ce taux est :

$$
\begin{aligned}
i &= i' + \bar{f} + i'\bar{f} \\
&= 0,10 + 0,05 + (0,10)(0,05) \\
&= 15,5\%.
\end{aligned}
$$

n	FLUX MONÉTAIRES EN DOLLARS COURANTS	MULTIPLIÉS PAR	VALEUR ACTUALISÉE ÉQUIVALENTE
0	−75 000 $	1	−75 000 $
1	32 000	$(1 + 0,155)^{-1}$	27 706
2	35 700	$(1 + 0,155)^{-2}$	26 761
3	32 800	$(1 + 0,155)^{-3}$	21 288
4	29 000	$(1 + 0,155)^{-4}$	16 295
5	58 000	$(1 + 0,155)^{-5}$	28 218
			45 268 $

La figure 12.3 illustre cette méthode de conversion. On notera que la valeur actualisée équivalente obtenue par la méthode d'actualisation ajustée ($i = 15,5\%$) est exactement la même que le résultat calculé dans l'exemple 12.6.

Figure 12.3
Illustration de la méthode d'actualisation ajustée : conversion de dollars courants en dollars actualisés équivalents par l'application du taux du marché

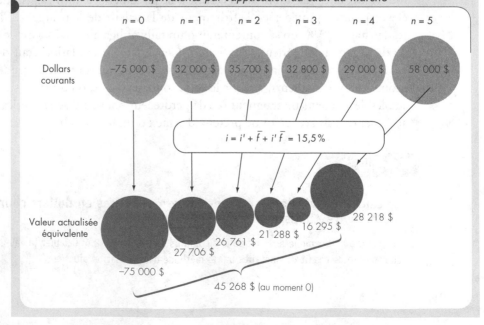

12.2.4 L'analyse en dollars historiques

Examinons maintenant une situation dans laquelle certains éléments du flux monétaire sont exprimés en dollars constants et d'autres, en dollars courants. Dans ce cas, on peut convertir tous les éléments du flux monétaire en une même unité (dollars constants ou dollars courants). Si l'on opte pour les dollars courants, il faudra utiliser le taux du marché (i) pour calculer la valeur d'équivalence. Si l'on convertit le flux monétaire en dollars constants, il faudra plutôt utiliser le taux d'intérêt réel (i'). L'exemple 12.8 illustre cette situation.

Exemple 12.8

Le calcul d'équivalence pour des éléments de flux monétaire combinés

Un couple souhaite créer un fonds universitaire à la banque pour son enfant de 5 ans. Ce fonds fructifiera à un taux d'intérêt de 8%, composé trimestriellement. En supposant que l'enfant commence ses études universitaires à l'âge de 18 ans, le couple estime que 30 000$ (dollars constants) seront nécessaires chaque année pour couvrir les frais de scolarité de l'enfant pendant 4 ans. Il estime également que les frais de scolarité augmenteront au taux annuel de 6%. Déterminez les dépôts trimestriels égaux que le couple doit faire jusqu'à l'entrée de l'enfant à l'université. Supposez que le premier dépôt sera fait à la fin du premier trimestre et que les dépôts se poursuivront jusqu'à ce que l'enfant atteigne l'âge de 17 ans. L'enfant entrera à l'université à 18 ans et les frais de scolarité annuels seront payés au début de chaque année scolaire. Autrement dit, le premier retrait coïncidera avec ses 18 ans.

Explication : Dans ce problème, les futurs frais de scolarité sont exprimés en dollars constants, tandis que les dépôts trimestriels sont en dollars courants. Puisque le taux d'intérêt fixé pour le fonds universitaire est un taux du marché, on peut convertir les futurs frais de scolarité en dollars courants.

ÂGE	FRAIS DE SCOLARITÉ (EN DOLLARS CONSTANTS)	FRAIS DE SCOLARITÉ (EN DOLLARS COURANTS)
18 (1re année)	30 000 $	30 000 $(F/P, 6 %, 13) = 63 988 $
19 (2e année)	30 000	30 000 $(F/P, 6 %, 14) = 67 827
20 (3e année)	30 000	30 000 $(F/P, 6 %, 15) = 71 897
21 (4e année)	30 000	30 000 $(F/P, 6 %, 16) = 76 211

Solution

La figure 12.4 montre les frais de scolarité ainsi que la série de dépôts trimestriels en dollars courants.

Choisissons d'abord $n = 12$ ans ou l'âge de 17 ans comme période de base pour notre calcul d'équivalence. Calculons ensuite le montant total accumulé pendant la période de base à un taux d'intérêt de 2 % par trimestre. Puisque la période de dépôt est de 12 ans, il y aura en tout 48 dépôts trimestriels. Si le premier dépôt est fait à la fin du premier trimestre, la période de dépôt s'étend sur 48 trimestres. Par conséquent, le solde total des dépôts à l'âge de 17 ans sera :

$$\begin{aligned} V_1 &= C(F/A, 2\,\%, 48) \\ &= 79{,}3535C\,. \end{aligned}$$

La valeur équivalente globale des frais de scolarité pour la période de base sera :

$$\begin{aligned} V_2 &= 63\ 988\,\$(P/F, 2\,\%, 4) + 67\ 827\,\$(P/F, 2\,\%, 8) \\ &\quad + 71\ 897\,\$(P/F, 2\,\%, 12) + 76\ 211\,\$(P/F, 2\,\%, 16) \\ &= 229\ 211\,\$. \end{aligned}$$

En établissant que $V_1 = V_2$, on obtient pour C :

$$\begin{aligned} 79{,}3535C &= 229\ 211\,\$ \\ C &= 2\ 888{,}48\,\$ \text{ par trimestre.} \end{aligned}$$

Figure 12.4
Création d'un fonds universitaire pour un enfant de 5 ans dans un contexte inflationniste en effectuant 48 dépôts trimestriels

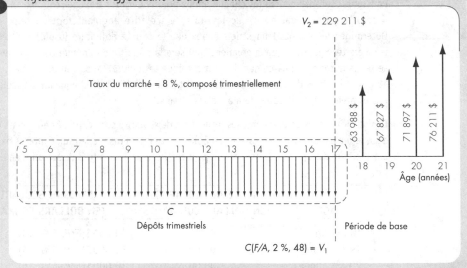

Commentaires : *Dans ce problème, nous n'avons pas tenu compte de l'impôt sur le revenu qui pourrait être dû sur l'intérêt que rapporte le fonds. Si l'on investit l'argent dans un régime enregistré d'épargne-études (REEE), l'intérêt est normalement non imposable.*

12.3 | LES EFFETS DE L'INFLATION SUR LES FLUX MONÉTAIRES DE PROJET

Nous intégrerons maintenant la notion d'inflation à quelques projets d'investissement. Nous nous intéresserons particulièrement à deux éléments des flux monétaires de projet : la déduction pour amortissement et les frais d'intérêts. Ces deux éléments sont essentiellement à l'abri des effets de l'inflation, car ils sont toujours exprimés en dollars courants. Nous examinerons également une situation plus complexe qui nous indiquera la marche à suivre lorsque plusieurs indices de prix ont servi à l'élaboration de divers flux monétaires de projet.

12.3.1 LA DÉDUCTION POUR AMORTISSEMENT EN PRÉSENCE D'INFLATION

Puisque l'on calcule la déduction pour amortissement sur un montant d'achat donné au cours de l'année de base, cette déduction n'augmente pas au rythme de l'inflation. Elle perd donc une partie de son effet de réduction fiscale car l'inflation fait augmenter le niveau général des prix et, par le fait même, l'impôt sur le revenu. De même, les valeurs de récupération des biens amortissables peuvent augmenter en fonction du taux d'inflation général et, puisque tous les gains sur les valeurs de récupération sont imposables, ces dernières peuvent faire augmenter l'impôt. L'exemple 12.9 illustre comment la rentabilité d'un projet varie dans une économie inflationniste.

Exemple 12.9

Les effets de l'inflation sur des projets comprenant des biens amortissables

Revenons au projet d'investissement dans un centre d'usinage automatisé décrit dans l'exemple 9.1. Voici un résumé des données financières en l'absence d'inflation :

POSTE	DESCRIPTION OU DONNÉE
Projet	Centre d'usinage automatisé
Investissement requis	125 000 $
Durée du projet	5 ans
Valeur de récupération	50 000 $
Taux de DPA	20 % avec solde dégressif
Revenus annuels	100 000 $
Dépenses annuelles	
Main-d'œuvre	20 000 $
Matériaux	12 000 $
Frais indirects	8 000 $
Taux d'imposition marginal	40 %
Taux d'intérêt réel (i')	15 %

On trouve le flux monétaire après impôt pour ce centre d'usinage automatisé dans le tableau 9.2. La valeur actualisée nette équivalente du projet en l'absence d'inflation est de 41 231 $.

Qu'adviendra-t-il de ce projet d'investissement si l'on prévoit un taux d'inflation général de 5 % par année au cours des 5 prochaines années et une hausse des ventes et des coûts d'exploitation au même rythme ? La déduction pour amortissement demeurera la même, mais l'impôt, les profits, et donc le flux monétaire, seront plus élevés. Le taux d'intérêt réel de l'entreprise (i') est de 15 %.

a) Déterminez la valeur actualisée nette du projet par la méthode de la déflation.

b) Comparez cette valeur avec le résultat obtenu en l'absence d'inflation.

Explication : On suppose que tous les éléments du flux monétaire, à l'exception de la déduction pour amortissement, sont exprimés en dollars constants. Puisque l'on prélève l'impôt sur le revenu imposable réel, on doit utiliser l'analyse en dollars courants, pour laquelle tous les éléments du flux monétaire seront exprimés en dollars courants.

• Aux fins de notre propos, tous les calculs inflationnistes sont faits pour la fin de l'année.

• Les éléments du flux monétaire comme les ventes, la main-d'œuvre, les matériaux, les frais généraux et le prix de vente de l'actif seront indexés au même taux que le taux d'inflation général[7]. Par exemple, tandis que l'on a estimé des ventes annuelles de 100 000 $, dans un contexte inflationniste, elles seraient de 5 % plus élevées pour la première année, soit 105 000 $, de 10,25 % plus élevées pour la deuxième année, etc.

---

7. Il s'agit d'une hypothèse simpliste. Dans les faits, ces éléments peuvent fluctuer selon un indice des prix autre que l'IPC. Il sera question des indices des prix différentiels dans l'exemple 12.10.

n	VENTES EN DOLLARS CONSTANTS	CONVERSION SELON $\bar{f}$	VENTES EN DOLLARS COURANTS
1	100 000 $	$(1 + 0,05)^1$	105 000 $
2	100 000	$(1 + 0,05)^2$	110 250
3	100 000	$(1 + 0,05)^3$	115 763
4	100 000	$(1 + 0,05)^4$	121 551
5	100 000	$(1 + 0,05)^5$	127 628

On peut calculer les flux monétaires futurs en dollars courants pour d'autres éléments de la même manière.

• Il n'y a aucun changement dans l'investissement ou la déduction pour amortissement à l'année 0, car ces postes ne sont pas affectés par l'inflation future prévue.

• On prévoit que le prix de vente augmentera en fonction du taux d'inflation général. Par conséquent, la valeur de récupération en dollars courants sera :

$$50\ 000\ \$(1 + 0,05)^5 = 63\ 814\ \$.$$

Cette hausse de la valeur de récupération aggravera également l'effet fiscal au moment de la vente, car le coût du capital non amorti ne changera pas. Les calculs de la déduction pour amortissement et de l'effet fiscal de la disposition sont fournis dans le tableau 12.3.

Tableau 12.3 État des flux de trésorerie pour le projet de centre d'usinage automatisé soumis à l'inflation

ANNÉE		0	1	2	3	4	5
ÉTAT DES RÉSULTATS	**TAUX D'INFLATION**						
Produits	5%		105 000 $	110 250 $	115 763 $	121 551 $	127 628 $
Charges							
Main-d'œuvre	5%		21 000	22 050	23 153	24 310	25 526
Matières	5%		12 600	13 230	13 892	14 586	15 315
Frais indirects	5%		8 400	8 820	9 261	9 724	10 210
DPA			12 500	22 500	18 000	14 400	11 520
Bénéfice imposable			50 500 $	43 650 $	51 457 $	58 531 $	65 057 $
Impôt (40%)			20 200	17 460	20 583	23 412	26 023
Bénéfice net			30 300 $	26 190 $	30 874 $	35 119 $	39 034 $
ÉTAT DES FLUX DE TRÉSORERIE							
Exploitation							
Bénéfice net			30 300	26 190	30 874	35 119	39 034
DPA			12 500	22 500	18 000	14 400	11 520
Investissement							
Matériel et investissement		(125 000) $					
Récupération	5%						63 814
Effet fiscal de la disposition							(7 094)
Flux monétaire net (en dollars courants)		(125 000) $	42 800 $	48 690 $	48 874 $	49 519 $	107 274 $

Solution

Le tableau 12.3 fournit les flux monétaires après impôt en dollars courants. Par la méthode de la déflation, on convertit ces flux monétaires en dollars constants ayant le même pouvoir d'achat que ceux utilisés pour faire l'investissement initial (année 0), en supposant un taux d'inflation général de 5%. On actualise ensuite ces flux monétaires en dollars constants au taux i' pour déterminer la valeur actualisée nette.

n	FLUX MONÉTAIRES NETS EN DOLLARS COURANTS	CONVERSION SELON $\bar{f}$	FLUX MONÉTAIRES NETS EN DOLLARS CONSTANTS	VALEUR ACTUALISÉE NETTE À 15%
0	−125 000 $	$(1 + 0,05)^0$	−125 000 $	−125 000 $
1	42 800	$(1 + 0,05)^{-1}$	40 762	35 445
2	48 690	$(1 + 0,05)^{-2}$	44 163	33 394
3	48 874	$(1 + 0,05)^{-3}$	42 219	27 760
4	49 519	$(1 + 0,05)^{-4}$	40 739	23 293
5	107 274	$(1 + 0,05)^{-5}$	84 052	41 789
				36 681 $

Puisque $PE = 36\ 681\ \$ > 0$, l'investissement demeure attrayant d'un point de vue économique.

Commentaires : *Soulignons que, en l'absence d'inflation, la valeur actualisée nette était de 41 231 $ dans l'exemple 9.1. La baisse de 4 550 $ (appelée perte d'inflation) de cette valeur dans un contexte d'inflation, qui est illustrée ci-dessus, est entièrement attribuable à des considérations d'ordre fiscal. La déduction pour amortissement est imputée au revenu imposable, ce qui a pour effet de réduire le montant d'impôt à payer et, par conséquent, d'augmenter le flux monétaire attribuable à un investissement par le montant d'impôt économisé. Cependant, en vertu des lois de l'impôt actuelles, la déduction pour amortissement est fondée sur le coût historique. À mesure que le temps passe, la déduction pour amortissement est imputée au revenu imposable en dollars de pouvoir d'achat en déclin ; il s'ensuit que la déduction pour amortissement ne représente pas exactement le coût «réel» de l'immobilisation. De ce fait, les coûts d'amortissement sont sous-estimés et le revenu imposable est exagéré, ce qui donne un impôt plus élevé. En termes « réels », le montant d'impôt additionnel est de 4 550 $, et il correspond à la **taxe d'inflation**[8]. En règle générale, tout investissement qui, à des fins fiscales, est amorti et dépensé graduellement plutôt qu'immédiatement, est assujetti à la taxe d'inflation.*

12.3.2 LES TAUX D'INFLATION MULTIPLES

Comme nous l'avons mentionné plus haut, le taux d'inflation (f_j) représente un taux applicable à un segment donné de l'économie, j. Par exemple, pour estimer le coût futur d'une machine, il faudrait utiliser le taux d'inflation approprié pour cet article et il serait peut-être nécessaire d'avoir recours à plusieurs taux dans notre analyse pour tenir compte des divers coûts et revenus. L'exemple suivant illustre la complexité des taux d'inflation multiples.

Exemple 12.10

L'application de taux d'inflation spécifiques

Reprenons l'exemple 12.9 et utilisons divers indices de prix annuels (taux d'inflation différentiels) pour les éléments du flux monétaire. On prévoit que le taux d'inflation général ($\bar{f}$) sera en moyenne de 6 % au cours des 5 prochaines années. On prévoit également que le prix de vente de l'équipement augmentera de 3 % par année, les salaires (main-d'œuvre) et les frais indirects, de 5 % par année, et le coût du matériel, de 4 % par année. Les recettes devraient quant à elles suivre le taux d'inflation général. Le tableau 12.4 présente les calculs associés à ce cas sous la forme d'état des résultats. Pour simplifier les choses, on présume que tous les flux monétaires et les effets inflationnistes ont lieu à la fin de l'année. Déterminez la valeur actualisée équivalente de cet investissement par la méthode d'actualisation ajustée.

---

8. Ce terme et l'explication qui en est donnée sont tirés d'un article de Brandt Allen intitulé « Evaluating Capital Expenditures under Inflation: A Primer », *Business Horizon*, 1976.

Tableau 12.4

État des flux de trésorerie pour le projet de centre d'usinage automatisé soumis à l'inflation, avec plusieurs indices de prix

ANNÉE		0	1	2	3	4	5
ÉTAT DES RÉSULTATS	**TAUX D'INFLATION**						
Produits	6 %		106 000 $	112 360 $	119 102 $	126 248 $	133 823 $
Charges							
Main-d'œuvre	5 %		21 000	22 050	23 153	24 310	25 526
Matériaux	4 %		12 480	12 979	13 498	14 038	14 600
Frais indirects	5 %		8 400	8 820	9 261	9 724	10 210
DPA			12 500	22 500	18 000	14 400	11 520
Bénéfice imposable			51 620 $	46 011 $	55 190 $	63 775 $	71 967 $
Impôt (40 %)			20 648	18 404	22 076	25 510	28 787
Bénéfice net			30 972 $	27 606 $	33 114 $	38 265 $	43 180 $
ÉTAT DES FLUX DE TRÉSORERIE							
Exploitation							
Bénéfice net			30 972	27 606	33 114	38 265	43 180
DPA			12 500	22 500	18 000	14 400	11 520
Investissement							
Matériel et investissement		(125 000) $					
Récupération	3 %						57 964
Effet fiscal de la disposition							(4 753)
Flux monétaire net (en dollars courants)		(125 000) $	43 472 $	50 106 $	51 114 $	52 665 $	107 910 $

Solution

La dernière ligne du tableau 12.4 fournit les flux monétaires après impôt en dollars courants. Pour évaluer la valeur actualisée équivalente en dollars courants, il faut ajuster le taux d'actualisation initial de 15 %, qui constitue un taux d'intérêt réel, i'. Le taux d'intérêt qu'il convient d'utiliser est le taux du marché[9] :

$$i = i' + \bar{f} + i'\bar{f}$$
$$= 0,15 + 0,06 + (0,15)(0,06)$$
$$= 21,90 \%.$$

On obtient la valeur actualisée équivalente de la façon suivante :

$$PE\,(21,90 \%) = -125\,000\$ + 43\,472\$(P/F, 21,90 \%, 1)$$
$$+ 50\,106\$(P/F, 21,90 \%, 2) + \dots$$
$$+ 107\,910\$(P/F, 21,90 \%, 5)$$
$$= 36\,542\$.$$

---

9. Dans les faits, le taux du marché est habituellement connu et on peut calculer le taux d'intérêt réel lorsqu'on connaît le taux d'inflation général pour les années passées ou qu'on peut l'estimer pour des années futures. Dans notre exemple, il s'agit de la situation inverse.

12.3.3 LES EFFETS DES FONDS EMPRUNTÉS DANS UN CONTEXTE INFLATIONNISTE

Le remboursement d'un prêt est calculé en fonction du montant historique du contrat; le montant du paiement ne varie pas au gré de l'inflation. Il reste que l'inflation affecte beaucoup la valeur des futurs paiements, qui sont calculés en dollars de l'année 0. Examinons d'abord comment les paiements de remboursement changent en fonction de l'inflation. Les frais d'intérêts sont habituellement déjà fixés dans le contrat de prêt en dollars courants et ne requièrent aucun ajustement. Sous l'effet de l'inflation, les coûts en dollars constants des paiements d'intérêt et de capital diminuent. L'exemple 12.11 illustre les effets de l'inflation sur des paiements de remboursement des fonds empruntés pour un projet.

Exemple 12.11

Les effets de l'inflation sur les paiements de remboursement de fonds empruntés

Revenons à l'exemple 12.9, dans lequel le ratio d'endettement était de 0,5 et la portion empruntée pour l'investissement initial était soumise à un taux d'intérêt annuel de 10% et remboursable en 5 paiements égaux. Supposons, pour simplifier, que le taux d'inflation général annuel ($\bar{f}$) de 5% pendant la durée du projet affecte les revenus, les dépenses (sauf l'amortissement et les paiements de prêt) et la valeur de récupération. Déterminez la valeur actualisée équivalente de cet investissement.

Solution

Pour des paiements futurs égaux, les flux monétaires en dollars courants pour le projet de financement sont représentés par des cercles dans la figure 12.5. S'il y avait inflation, le flux monétaire, mesuré en dollars de l'année 0, serait représenté par les cercles ombragés. Le tableau 12.5 résume les flux monétaires après impôt dans cette situation. Pour simplifier, on présume que tous les flux monétaires et les effets inflationnistes ont lieu à la fin de l'année. Pour évaluer la valeur actualisée équivalente en dollars courants, il faut ajuster le taux d'actualisation initial (TRAM) de 15%, qui constitue un taux d'intérêt réel, i'. Le taux d'intérêt qu'il faut utiliser dans ce cas est donc le taux du marché:

$$\begin{aligned} i &= i' + \bar{f} + i'\bar{f} \\ &= 0,15 + 0,05 + (0,15)(0,05) \\ &= 20,75\,\%. \end{aligned}$$

Figure 12.5

Flux monétaires du remboursement de prêt équivalent mesurés en dollars de l'année 0 et gain de l'emprunteur pendant la durée du prêt

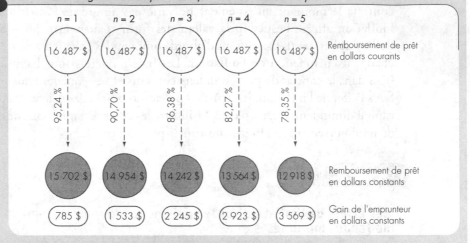

Ensuite, on calcule la valeur actualisée équivalente du flux monétaire après impôt comme suit à partir du tableau 12.5 :

Tableau 12.5

État des flux de trésorerie pour le projet de centre d'usinage automatisé dans un contexte d'inflation, avec des fonds empruntés

ANNÉE		0	1	2	3	4	5
ÉTAT DES RÉSULTATS	TAUX D'INFLATION						
Produits	5 %		105 000 $	110 250 $	115 763 $	121 551 $	127 628 $
Charges							
Main-d'œuvre	5 %		21 000	22 050	23 153	24 310	25 526
Matériaux	5 %		12 600	13 230	13 892	14 586	15 315
Frais indirects	5 %		8 400	8 820	9 261	9 724	10 210
DPA			12 500	22 500	18 000	14 400	11 520
Frais d'intérêts			6 250	5 226	4 100	2 861	1 499
Bénéfice imposable			44 250 $	38 424 $	47 357 $	55 669 $	63 558 $
Impôt (40 %)			17 700	15 369	18 943	22 268	25 423
Bénéfice net			26 550 $	23 054 $	28 414 $	33 401 $	38 135 $

Tableau 12.5 *(Suite)*

ANNÉE		0	1	2	3	4	5
ÉTAT DES FLUX DE TRÉSORERIE	TAUX D'INFLATION						
Exploitation							
Bénéfice net			26 550 $	23 054 $	28 414 $	33 401 $	38 135 $
DPA			12 500	22 500	18 000	14 400	11 520
Investissement							
Matériel et investissement		(125 000) $					
Récupération	5 %						63 814
Effet fiscal de la disposition							(7 094)
Financement							
Fonds empruntés		62 500					
Remboursement du capital			(10 237)	(11 261)	(12 387)	(13 626)	(14 988)
Flux monétaire net (en dollars courants)		(62 500) $	28 813 $	34 293 $	34 027 $	34 175 $	91 387 $

La valeur actualisée équivalente est :

$$PE\,(20,75\,\%) = -62\,500\,\$ + 28\,813\,\$(P/F, 20,75\,\%, 1) + \ldots$$
$$+ 91\,387(P/F, 20,75\,\%, 5)$$
$$= 55\,884\,\$.$$

Commentaires : *En l'absence d'inflation, le projet aurait une valeur actualisée nette de 54 246 $ à un taux d'intérêt de 15 %. (Ce calcul n'est pas montré mais il est facile à exécuter.) Comparé au résultat de 55 884 $ (avec inflation), le gain de valeur actualisée attribuable à l'inflation est de 55 884 $ − 54 246 $ = 1 638 $. Le financement par emprunt est à l'origine de cette hausse. Le climat inflationniste diminue le pouvoir d'achat des dollars futurs, ce qui favorise les emprunteurs à long terme car ils peuvent rembourser un prêt avec des dollars au pouvoir d'achat réduit. Autrement dit, le coût du financement par emprunt est moindre dans un contexte d'inflation. Dans ce cas, les avantages d'emprunter dans un contexte inflationniste compensent largement l'effet de la taxe d'inflation sur l'amortissement et la valeur de récupération. La réalité peut toutefois être un peu différente, car le taux d'intérêt du prêt est habituellement plus élevé en période d'inflation en raison de la pression du marché.*

12.4 L'ANALYSE DU TAUX DE RENDEMENT DANS UN CONTEXTE D'INFLATION

En plus de modifier certains postes de l'état des résultats d'un projet, l'inflation peut produire un effet marqué sur son rendement global, voire son acceptabilité. La présente section examine, exemples à l'appui, les effets de l'inflation sur le rendement des investissements.

12.4.1 LES EFFETS DE L'INFLATION SUR LE RENDEMENT DES INVESTISSEMENTS

L'effet de l'inflation sur le taux de rendement d'un investissement dépend de la réaction des revenus futurs à cette hausse. Quand il y a inflation, une entreprise peut habituellement compenser l'augmentation des coûts du matériel et de la main-d'œuvre en augmentant ses prix de vente. Cependant, même si les revenus futurs augmentent en fonction du taux d'inflation, la DPA admissible n'augmente pas, comme nous l'avons vu. Il s'ensuit une hausse du revenu imposable et de l'impôt sur le revenu à payer, ce qui réduit les avantages après impôt en dollars constants d'un projet et, par le fait même, son taux de rendement réel après impôt (TRI'). L'exemple qui suit permet de mieux comprendre cette situation.

Exemple 12.12

L'analyse du TRI avec prise en compte de l'inflation

Hartsfield, un fabricant de pièces d'automobile, envisage l'achat d'un ensemble de machines-outils coûtant 30 000 $. Cet achat devrait engendrer une augmentation des ventes de 24 500 $ par année et une hausse des coûts d'exploitation de 10 000 $ par année pendant les 4 prochaines années. Les profits additionnels seront imposés au taux de 40 %. Cette immobilisation entre dans la catégorie 43 de la DPA (taux de 30 %) aux fins de l'impôt. Le projet a une durée de vie utile de 4 ans, sans valeur de récupération. (Tous les montants sont exprimés en dollars constants.)

a) Si l'inflation est nulle, quel est le taux de rendement interne prévu ?

b) Quel est le taux de rendement interne réel (TRI') prévu si le taux d'inflation général est de 10 % pendant les 4 prochaines années ? (On présume également que $f_j = \bar{f} = 10\,\%$.)

c) Si ce projet est une option indépendante et que le TRAM réel (TRAM') de l'entreprise est de 18 %, celle-ci devrait-elle investir dans ces machines ?

Solution

a) L'analyse du taux de rendement sans inflation

Pour obtenir le taux de rendement prévu, on calcule d'abord le flux monétaire après impôt en dressant un état des résultats (voir le tableau 12.6). La première partie du tableau montre les revenus tirés des ventes additionnelles, les coûts d'exploitation, la déduction pour amortissement et l'impôt à payer. L'immobilisation sera dépréciée entièrement sur une période de 4 ans, sans valeur de récupération prévue.

Tableau 12.6

Calcul du taux de rendement sans inflation

ANNÉE	0	1	2	3	4
ÉTAT DES RÉSULTATS					
Produits		24 500 $	24 500 $	24 500 $	24 500 $
Charges					
E&E		10 000	10 000	10 000	10 000
DPA		4 500	7 650	5 355	3 749
Bénéfice imposable		10 000 $	6 850 $	9 145 $	10 752 $
Impôt (40 %)		4 000	2 740	3 658	4 301
Bénéfice net		6 000 $	4 110 $	5 487 $	6 451 $
ÉTAT DES FLUX DE TRÉSORERIE					
Exploitation					
Bénéfice net		6 000	4 110	5 487	6 451
DPA		4 500	7 650	5 355	3 749
Investissement					
Machines-outils	(30 000) $				
Récupération					0
Effet fiscal de la disposition					3 499
Flux monétaire net (en dollars courants)	(30 000) $	10 500 $	11 760 $	10 842 $	13 698 $

Ainsi, si l'on choisit d'investir, on prévoit des flux monétaires annuels additionnels de 10 500 $, 11 760 $, 10 842 $ et 13 698 $. Puisqu'il s'agit d'un investissement simple, on peut calculer le taux de rendement interne du projet de la façon suivante :

$$PE(i') = -30\,000\$ + 10\,500\$(P/F, i', 1) + 11\,760\$(P/F, i', 2)$$
$$+ 10\,842\$(P/F, i', 3) + 13\,698\$(P/F, i', 4)$$
$$= 0.$$

On obtient pour i' :

$$TRI' = i' = 19,66\%.$$

Le taux de rendement réel du projet est de 19,66 %, ce qui signifie que l'entreprise récupérera son investissement initial (30 000 $) ainsi que les intérêts au taux de 19,66 % par année pour chaque dollar qui reste investi dans le projet. Puisque TRI' > TRAM' de 18%, l'entreprise devrait acheter les machines.

b) L'analyse du taux de rendement dans un contexte d'inflation

En situation d'inflation, on présume que les ventes, les coûts d'exploitation et le futur prix de vente de l'immobilisation augmenteront. La déduction pour amortissement restera la même, mais l'impôt, les profits et le flux monétaire seront plus élevés. On pourrait croire que l'augmentation des flux monétaires fera augmenter le taux de rendement, mais ce n'est pas le cas, car les flux monétaires pour chaque année sont exprimés en dollars de pouvoir d'achat en déclin. Lorsque l'on convertit les flux monétaires nets après impôt en dollars ayant le même pouvoir d'achat que ceux utilisés au moment de l'investissement initial, le taux de rendement diminue. Le tableau 12.7 montre ces calculs, pour lesquels on présume un taux d'inflation de 10% pour les ventes et les dépenses d'exploitation, c'est-à-dire un déclin annuel de 10% du pouvoir d'achat du dollar. Par exemple, les ventes qui augmentent de 24 500 $ par année sans inflation augmenteraient, dans un contexte inflationniste, de 10% pour l'année 1 (c'est-à-dire de 26 950 $), de 21% pour l'année 2, etc. L'investissement ou la déduction pour amortissement ne changerait pas, puisqu'ils ne sont pas affectés par l'inflation future prévue. Nous avons converti les flux monétaires après impôt (dollars courants) en dollars du pouvoir d'achat commun (dollars constants) en les ajustant par un facteur de déflation annuel hypothétique de 10%. Les flux monétaires en dollars constants permettent ensuite de déterminer le taux de rendement réel.

$$PE(i') = -30\ 000\ \$ + 10\ 336\ \$(P/F, i', 1) + 11\ 229\ \$(P/F, i', 2)$$
$$+ 10\ 309\ \$(P/F, i', 3) + 12\ 114\ \$(P/F, i', 4)$$
$$= 0.$$

On obtient pour i' :

$$i' = 16,90\%.$$

Le taux de rendement pour les flux monétaires de projet en dollars constants (dollars de l'année 0) est de 16,90%, ce qui est inférieur au rendement réel de 19,66%. Puisque TRI' < TRAM', l'investissement n'est plus acceptable.

Tableau 12.7   Calcul du taux de rendement soumis à l'inflation

ANNÉE		0	1	2	3	4
ÉTAT DES RÉSULTATS	TAUX D'INFLATION					
Produits	10%		26 950 $	29 645 $	32 610 $	35 870 $
Charges						
E&E	10%		11 000	12 100	13 310	14 641
DPA			4 500	7 650	5 355	3 749
Bénéfice imposable			11 450 $	9 895 $	13 945 $	17 481 $
Impôt (40%)			4 580	3 958	5 578	6 992
Bénéfice net			6 870 $	5 937 $	8 367 $	10 489 $

Tableau 12.7 *(Suite)*

ANNÉE		0	1	2	3	4
ÉTAT DES FLUX DE TRÉSORERIE	TAUX D'INFLATION					
Exploitation						
Bénéfice net			6 870 $	5 937 $	8 367 $	10 489 $
DPA			4 500	7 650	5 355	3 749
Investissement						
Machines-outils		(30 000) $				
Récupération	10 %					0
Effet fiscal de la disposition						3 499
Flux monétaire net (en dollars courants)		(30 000) $	11 370 $	13 587 $	13 722 $	17 736 $
Flux monétaire net (en dollars constants)		(30 000) $	10 336 $	11 229 $	10 309 $	12 114 $

PE (18 %) = (653) $; TRI (dollars courants) = 28,59 % ; TRI' (dollars constants) = 16,90 %

Commentaires : *On peut également calculer le taux de rendement en fixant la valeur actualisée nette des flux monétaires en dollars courants à 0. Cela donnerait un TRI de 28,59 %, mais il serait indexé. On pourrait ensuite le convertir en TRI' en déduisant le montant causé par l'inflation :*

$$i' = \frac{(1 + i)}{(1 + \bar{f})} - 1$$

$$= \frac{(1 + 0,2859)}{(1 + 0,10)} - 1$$

$$= 16,90 \%,$$

ce qui donne le même résultat final :

$$TRI' = 16,90 \%.$$

12.4.2 LES EFFETS DE L'INFLATION SUR LE FONDS DE ROULEMENT

L'inflation ne crée pas une distorsion du taux de rendement d'un investissement uniquement en réduisant l'épargne fiscale obtenue grâce à la déduction pour amortissement. Le taux de rendement d'un projet peut également être affecté par l'épuisement du fonds de roulement. Les projets d'investissement pour lesquels on doit augmenter le fonds de roulement souffrent de l'inflation car il faut y investir des fonds additionnels pour maintenir les nouveaux niveaux de prix. Par exemple, si les frais de stockage augmentent, il faut augmenter les débours pour maintenir des niveaux de stock appropriés. Le même phénomène se produit dans le cas des fonds engagés pour les comptes clients. Les augmentations du fonds de roulement qui s'imposent alors peuvent réduire considérablement le taux de rendement d'un projet. L'exemple qui suit illustre les effets de l'épuisement du fonds de roulement sur le taux de rendement d'un projet.

Exemple 12.13

L'effet de l'inflation sur les profits en présence d'un fonds de roulement

Revenons à l'exemple 12.12 et supposons qu'on prévoit investir 1 000 $ dans le fonds de roulement, et que ce fonds sera entièrement récupéré à la fin de la durée de vie de 4 ans du projet. Déterminez le taux de rendement de cet investissement.

Solution

D'après les données de la partie supérieure du tableau 12.8, on peut calculer que TRI' = TRI = 18,83 % en l'absence d'inflation. La PE (18 %) = 524 $. La partie inférieure du tableau 12.8 prend en compte l'effet de l'inflation sur l'investissement proposé. Comme le montre la figure 12.6, on ne peut maintenir les niveaux du fonds de roulement qu'en y injectant plus d'argent; on observe une baisse similaire du fonds de roulement dans la partie inférieure du tableau 12.8. Par exemple, l'investissement de 1 000 $ dans le fonds de roulement effectué durant l'année 0 sera récupéré à la fin de la première année si l'on présume un cycle de récupération de 1 an. Cependant, étant donné l'inflation de 10 %, le fonds de roulement nécessaire pour la deuxième année est de 1 100 $, ce qui signifie qu'il faut ajouter 100 $ aux 1 000 $ récupérés du fonds de roulement. Les 1 100 $ seront récupérés à la fin de la deuxième année. Cependant, le projet aura besoin d'une augmentation de 10 % du fonds de roulement, soit 1 210 $ pour la troisième année, etc.

Comme l'illustre le tableau 12.8, l'effet de l'épuisement du fonds de roulement est significatif. Étant donné l'économie inflationniste et l'investissement requis dans le fonds de roulement, le taux de rendement interne réel (TRI') du projet chute à 15,76 %, ou PE (18 %) = −1 382 $. En utilisant l'analyse du taux de rendement interne ou celle de la valeur actualisée nette, on obtient le même résultat (comme il se doit): des options attrayantes en l'absence d'inflation peuvent devenir inacceptables quand il y a inflation.

Figure 12.6
Besoins du fonds de roulement dans un contexte d'inflation:
a) Besoins en l'absence d'inflation et b) besoins dans un contexte d'inflation,
en supposant un cycle de récupération de 1 an

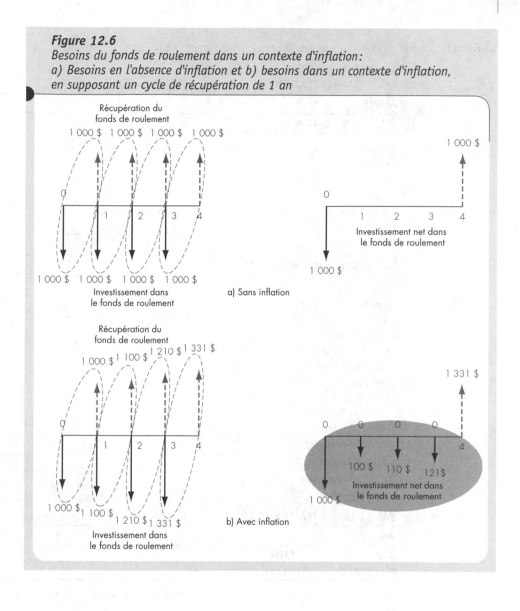

Tableau 12.8 Effets de l'inflation sur le fonds de roulement et le taux de rendement après impôt

CAS 1 : SANS INFLATION

ANNÉE	0	1	2	3	4
ÉTAT DES RÉSULTATS					
Produits		24 500 $	24 500 $	24 500 $	24 500 $
Charges					
E&E		10 000	10 000	10 000	10 000
DPA		4 500	7 650	5 355	3 749
Bénéfice imposable		10 000 $	6 850 $	9 145 $	10 752 $
Impôt (40 %)		4 000	2 740	3 658	4 301
Bénéfice net		6 000 $	4 110 $	5 487 $	6 451 $
ÉTAT DES FLUX DE TRÉSORERIE					
Exploitation					
Bénéfice net		6 000	4 110	5 487	6 451
DPA		4 500	7 650	5 355	3 749
Investissement					
Machines-outils	(30 000) $				
Fonds de roulement	(1 000)				1 000
Récupération					0
Effet fiscal de la disposition					3 499
Flux monétaire net (en dollars courants)	(31 000) $	10 500 $	11 760 $	10 842 $	14 698 $

PE (18 %) = 524 $; TRI' = 18,83 %

CAS 2 : AVEC INFLATION

ANNÉE		0	1	2	3	4
ÉTAT DES RÉSULTATS	**TAUX D'INFLATION**					
Produits	10 %		26 950 $	29 645 $	32 610 $	35 870 $
Charges						
E&E	10 %		11 000	12 100	13 310	14 641
DPA			4 500	7 650	5 355	3 749
Bénéfice imposable			11 450 $	9 895 $	13 945 $	17 481 $
Impôt (40 %)			4 580	3 958	5 578	6 992
Bénéfice net			6 870 $	5 937 $	8 367 $	10 489 $

Tableau 12.8 *(Suite)*

CAS 2 : AVEC INFLATION *(suite)*

ANNÉE		0	1	2	3	4
ÉTAT DES FLUX DE TRÉSORERIE	TAUX D'INFLATION					
Exploitation						
Bénéfice net			6 870	5 937	8 367	10 489
DPA			4 500	7 650	5 355	3 749
Investissement						
Machines-outils		(30 000) $				
Fonds de roulement	10 %	(1 000)	(100)	(110)	(121)	1 331
Récupération	10 %					0
Effet fiscal de la disposition						3 499
Flux monétaire net (en dollars courants)		(31 000) $	11 270 $	13 477 $	13 601 $	19 067 $
Flux monétaire net (en dollars constants)		(31 000) $	10 245 $	11 138 $	10 218 $	13 023 $

PE (18 %) = 1 382 $; TRI (dollars courants) = 27,34 % ; TRI' (dollars constants) = 15,76 %

12.5 | LES CALCULS PAR ORDINATEUR

Nombre des exemples de ce chapitre sont présentés dans un format tabulaire, le tableau 12.3, par exemple. Ce format se prête très bien aux analyses exécutées par un tableur, qui peut prendre en considération les effets de l'inflation. L'exemple suivant sera résolu au moyen du logiciel Excel.

Exemple 12.14

Analyse par le tableur Excel avec prise en compte de l'inflation différentielle

On offre à une entreprise de construction un marché à forfait pour une période de 5 ans. L'entreprise recevra 23 500 $ par année pendant la durée de ce contrat. Pour accepter cette offre, elle doit acheter du matériel coûtant 15 000 $ et aura besoin de 13 000 $ (dollars constants) par année pour fonctionner. Le matériel sera amorti au taux de 30 % et sa valeur de récupération prévue est de 1 000 $ (dollars constants) après 5 ans. Utilisez un taux d'imposition de 40 % et un taux d'intérêt réel de 20 %. Si l'on prévoit que le taux d'inflation général ($\bar{f}$) sera en moyenne de 5 %

au cours des 5 prochaines années, que la valeur de récupération sera indexée au taux annuel de 5 % et que les frais d'exploitation augmenteront de 8 % par année pendant la durée du projet, l'entreprise devrait-elle accepter cette offre ?

Solution

a) Créer un tableau du flux monétaire après impôt au moyen d'Excel

Pour analyser cette situation, il faut tenir compte explicitement de l'inflation car on offre à l'entreprise un marché à forfait et ce forfait n'augmentera pas pour compenser la hausse des coûts. Habituellement, pour un problème de ce type, on présume que tous les coûts estimés sont exprimés en dollars courants et que les coûts augmentent suivant le taux d'inflation.

La figure 12.7 montre l'analyse du tableur Excel. Les quatre premières rangées sont des zones de saisie. Dans l'état des résultats et l'état des flux de trésorerie, la colonne C est réservée au taux d'inflation spécifique pour le poste représenté dans cette rangée. Dans la rangée 12, les dépenses d'exploitation augmentent de 8 % en raison de l'inflation. Pour automatiser la saisie des données dans les cellules d'E & E, on utilise les formules suivantes :

$$\text{Cellule E12} \quad = \quad \$D\$2*(1 + \$C\$12)$$
$$\text{Cellule F12} \quad = \quad E12*(1 + \$C\$12)$$
$$\vdots \qquad\qquad \vdots$$
$$\text{Cellule I12} \quad = \quad H12*(1 + \$C\$12)$$

Soulignons que la valeur de récupération (cellule I27) augmente également de 5 %. (Lorsqu'on n'a aucun taux d'inflation pour une catégorie de coût donnée, on présume que le taux d'inflation général s'applique.) L'effet fiscal de la disposition correspond à la différence entre la fraction non amortie du coût en capital et la valeur de récupération, qui est, dans ce cas-ci, 3 061 $ − 1 276 $ = (1 785 $), soit une perte de 1 785 $. L'économie fiscale est donc de (1 785 $)(0,40) = 714 $ (cellule I28).

Comme nous l'avons expliqué dans ce chapitre, les flux monétaires en dollars courants sont convertis en flux en dollars constants en les ajustant au taux d'inflation général. D'après les flux monétaires en dollars constants, on calcule que le taux de rendement interne réel (TRI') est de 21,04 %. On compare ensuite ce montant au TRAM', le taux d'intérêt réel, qui est de 20 %, et on constate que l'offre est acceptable tant que les taux d'inflation de 5 % et de 8 % demeurent corrects.

Figure 12.7
Exemple d'analyse de flux monétaire après impôt dans Excel avec prise en compte de l'inflation différentielle

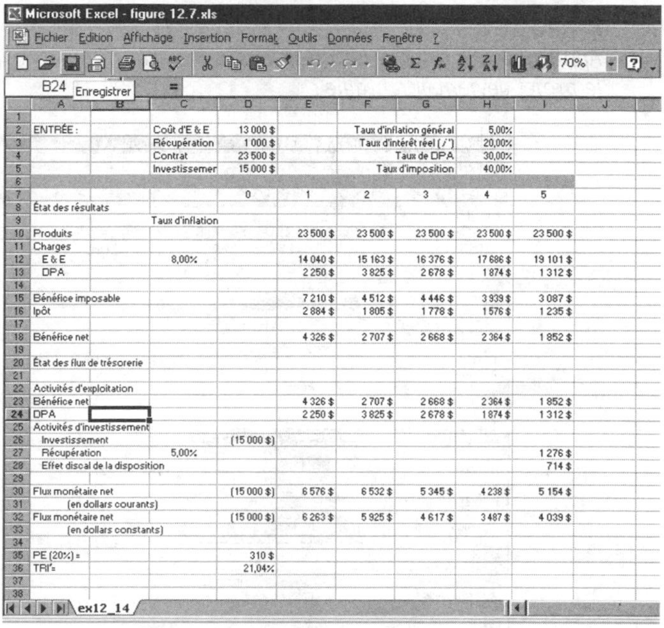

	A	B	C	D	E	F	G	H	I	J
1										
2	ENTRÉE :		Coût d'E & E	13 000 $			Taux d'inflation général	5,00%		
3			Récupération	1 000 $			Taux d'intérêt réel (*i'*)	20,00%		
4			Contrat	23 500 $			Taux de DPA	30,00%		
5			Investissemer	15 000 $			Taux d'imposition	40,00%		
6										
7				0	1	2	3	4	5	
8	État des résultats									
9			Taux d'inflation							
10	Produits				23 500 $	23 500 $	23 500 $	23 500 $	23 500 $	
11	Charges									
12	E & E		8,00%		14 040 $	15 163 $	16 376 $	17 686 $	19 101 $	
13	DPA				2 250 $	3 825 $	2 678 $	1 874 $	1 312 $	
14										
15	Bénéfice imposable				7 210 $	4 512 $	4 446 $	3 939 $	3 087 $	
16	Ipôt				2 884 $	1 805 $	1 778 $	1 576 $	1 235 $	
17										
18	Bénéfice net				4 326 $	2 707 $	2 668 $	2 364 $	1 852 $	
19										
20	État des flux de trésorerie									
21										
22	Activités d'exploitation									
23	Bénéfice net				4 326 $	2 707 $	2 668 $	2 364 $	1 852 $	
24	DPA				2 250 $	3 825 $	2 678 $	1 874 $	1 312 $	
25	Activités d'investissement									
26	Investissement			(15 000 $)						
27	Récupération		5,00%						1 276 $	
28	Effet discal de la disposition								714 $	
29										
30	Flux monétaire net			(15 000 $)	6 576 $	6 532 $	5 345 $	4 238 $	5 154 $	
31	(en dollars courants)									
32	Flux monétaire net			(15 000 $)	6 263 $	5 925 $	4 617 $	3 487 $	4 039 $	
33	(en dollars constants)									
34										
35	PE (20%) =			310 $						
36	TRI'=			21,04%						
37										
38										

b) Analyse du point mort par la commande Valeur cible d'Excel

Puisqu'il est impossible de prédire les taux d'inflation avec précision, il est toujours préférable d'explorer les effets que produisent des variations de ces taux. Le tableur facilite beaucoup cette tâche. Par exemple, on peut aisément déterminer la valeur du taux d'inflation général auquel le rendement précis de ce projet est de 20 %. On ajuste la valeur de $\bar{f}$ manuellement jusqu'à ce que le TRI′ soit égal à 20 % ou que la PE soit égale à 0.

La commande **Valeur cible**, accessible par le menu Outils, permet de résoudre plus efficacement les problèmes d'analyse du point mort. (Pour trouver la valeur optimale à atteindre pour une cellule donnée en ajustant les valeurs d'une ou de plusieurs cellules, ou pour fixer des limites précises à une ou plusieurs valeurs servant au calcul, on peut utiliser le Solveur d'Excel.)

La figure 12.8 fournit un exemple d'écran Valeur cible qui illustre les étapes à suivre pour utiliser cette commande.

Étape 1 : Choisissez la cellule cible qui contiendra la formule. Dans notre exemple, la cellule D35 contient la formule PE, de sorte qu'il faut entrer $D$35 dans la boîte **Cellule à définir**.

Étape 2 : Entrez 0 dans la boîte **Valeur à atteindre** car la valeur de la PE recherchée est 0.

Étape 3: Entrez $H$2 dans la boîte **Cellule à modifier**, car la valeur du taux d'inflation général est saisie dans la cellule H2. Soulignons que H2 est la référence ou le nom de la cellule contenant la variable qui sera ajustée lorsque la cible sera atteinte.

Figure 12.8
Application Excel pour les questions « Si »: à quel taux d'inflation général le projet devient-il rentable ?

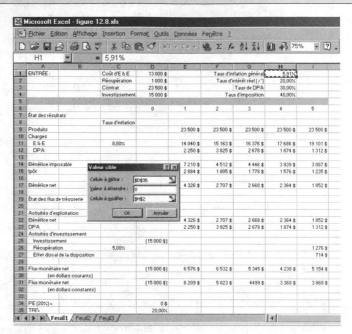

Étape 4: Appuyez sur OK pour trouver la solution. Dans la figure 12.8, on observe que ce projet ne serait pas acceptable si $\bar{f}$ était supérieur à 5,91 % (cellule H2). (On remarquera que, à la valeur exacte de $\bar{f}$ (5,9126 %), la valeur de la PE dans la cellule D35 est de 0, ce qui signifie que le taux de rendement est de 20 %.) De même, on peut changer le coût d'E&E et la valeur de récupération pour vérifier si la rentabilité du projet change.

En résumé

- L'**indice des prix à la consommation (IPC)** est une mesure statistique de la variation, dans le temps, du prix de biens et de services appartenant aux composantes principales (aliments, logement, habillement, transports, santé, etc.) qui représentent les habitudes de consommation typiques des Canadiens. Essentiellement, l'IPC compare le coût d'un « panier » de biens et de services pour une période donnée au coût de ce même panier dans une période de référence antérieure. Cette période de référence est appelée **période de base**.

- L'**inflation** est le terme employé pour décrire une **diminution du pouvoir d'achat** observée dans un contexte économique de hausse des prix.

- La **déflation** est le contraire de l'inflation : une augmentation du pouvoir d'achat se manifestant par une chute des prix.

- Le **taux d'inflation général** ($\bar{f}$) est un taux d'inflation moyen calculé en fonction de l'IPC. On peut calculer le taux d'inflation général annuel ($\bar{f}$) par l'équation suivante :

$$\bar{f}_n = \frac{IPC_n - IPC_{n-1}}{IPC_{n-1}}$$

- Certaines marchandises présentent des variations de prix qui ne sont pas toujours représentatives du taux d'inflation général. On peut calculer un **taux d'inflation moyen** ($\bar{f}_j$) pour une marchandise donnée (j) si l'on dispose d'un indice (c'est-à-dire d'un relevé des coûts historiques) pour cette marchandise, par exemple des produits primaires d'acier.

- On peut exprimer les flux monétaires de projet de deux façons :

  Dollars courants (A_n) : dollars affectés par le taux d'inflation ou le taux de déflation ; montants réels qui sont échangés.

  Dollars constants (A'_n) : dollars de l'année 0 (année de base) ; dollars qui ont le même pouvoir d'achat.

- On peut énoncer les taux d'intérêt pour l'évaluation d'un projet de deux façons :

  Taux d'intérêt du marché (i) : taux qui allie les effets de l'intérêt et de l'inflation ; utilisé dans l'analyse en **dollars courants**.

  Taux d'intérêt réel (i') : taux duquel on a soustrait les effets de l'inflation ; utilisé dans l'analyse en **dollars constants**.

• Pour calculer la valeur actualisée nette de dollars courants, on peut procéder en une ou deux étapes :

Méthode de la déflation en deux étapes :

1. Convertir les dollars courants en les ajustant au taux d'inflation général de $\bar{f}$.
2. Calculer la PE des dollars constants en les actualisant au taux i'.

Méthode d'actualisation ajustée en une étape (avec le taux du marché) :

$$P_n = \frac{A_n}{[(1 + \bar{f})(1 + i')]^n}$$

$$= \frac{A_n}{(1 + i)^n}.$$

• L'inflation peut causer une distorsion de certains éléments d'une évaluation de projet. Le tableau 12.9 résume les éléments qui sont affectés.

Tableau 12.9 Effets de l'inflation sur les flux monétaires et le rendement d'un projet

ÉLÉMENT	EFFETS DE L'INFLATION
Déduction pour amortissement	La déduction pour amortissement est imputée au revenu imposable en dollars de pouvoir d'achat en déclin ; le revenu imposable est surévalué, ce qui entraîne une hausse de l'impôt.
Valeurs de récupération	Les valeurs de récupération indexées ainsi que la fraction non amortie du coût en capital calculées en fonction des coûts historiques donnent un effet fiscal de la disposition moins avantageux (une perte plus minime ou un gain plus grand), et par conséquent une hausse de l'impôt.
Remboursements de prêt	Les emprunteurs remboursent les prêts historiques en dollars de pouvoir d'achat en déclin, ce qui réduit le coût de l'endettement.
Besoins du fonds de roulement	Le coût du fonds de roulement augmente dans un contexte d'inflation ; ce phénomène produit l'*épuisement du fonds de roulement*.
Taux de rendement et valeur actualisée nette	À moins que les revenus n'augmentent suffisamment pour suivre l'inflation, les effets fiscaux et/ou l'épuisement du fonds de roulement produisent une diminution du taux de rendement ou de la valeur actualisée nette.

PROBLÈMES

Niveau 1

Note : *Dans les énoncés des problèmes, le terme « taux d'intérêt du marché » désigne le « TRAM indexé » aux fins des évaluations de projet ou le « taux d'intérêt » fixé par une institution financière pour les prêts commerciaux.*

12.1* Une série de 5 paiements en dollars constants, dont le premier est de 6 000 $ à la fin de la première année, augmentent à un taux de 5 % par année. Supposons que le taux d'inflation général moyen est de 4 %, et que le taux d'intérêt du marché (indexé) est de 11 % pendant cette période inflationniste. Quelle est la valeur actualisée équivalente de cette série ?

12.2* « À un taux du marché de 7 % par année et un taux d'inflation de 5 % par année, une série de 3 recettes annuelles égales de 100 $ en dollars constants est équivalente à une série de 3 recettes annuelles de 105 $ en dollars courants. » Lequel des énoncés suivants est correct ? Justifiez votre réponse.

a) Le montant en dollars courants est surestimé.

b) Le montant en dollars courants est sous-estimé.

c) Le montant en dollars courants est assez juste.

d) Les données sont insuffisantes pour établir une comparaison.

12.3* Les chiffres suivants représentent les IPC (période de base 1992 = 100) pour les consommateurs urbains des villes canadiennes. Déterminez le taux d'inflation général moyen entre 1994 et 1998.

ANNÉE	IPC
1994	102,0
1995	104,2
1996	105,9
1997	107,6
1998	108,6

12.4* Dans combien d'années le pouvoir d'achat du dollar sera deux fois moins élevé qu'il ne l'est actuellement, si l'on prévoit que le taux d'inflation moyen demeurera stable à 9 % pendant une période indéterminée ? (Indice : On peut appliquer la règle du 72, selon laquelle le nombre d'années nécessaires pour qu'un investissement double de valeur est environ égal à $72/i$ % ; voir l'exemple 2.8.)

12.5* Lequel des énoncés suivants n'est pas correct ?

a) Un taux d'inflation négatif signifie que l'économie est en période de déflation.

b) Dans une économie inflationniste, le financement par emprunt est toujours la meilleure option car on rembourse avec des dollars qui coûtent moins chers.

c) Si, dans une économie inflation- niste, un projet nécessite un certain investissement dans un fonds de roulement, le taux de rendement de ce projet sera inférieur à celui du même projet sans inflation.

d) En règle générale, dans une économie inflationniste, le fardeau fiscal n'augmente pas tant que les paliers d'imposition sont indexés.

$12.6* Vous envisagez l'achat d'une obliga- tion de 1 000 $ dont le taux d'intérêt nominal est de 9,5 %, payable annuelle- ment. Si le taux d'inflation actuel est de 4 % par année et reste stable dans un avenir prévisible, quel sera votre taux de rendement réel si vous vendez l'obligation 1 080 $ après 2 ans?

12.7* Vermont Casting a reçu une commande de Construction Sherbrooke pour fournir 250 poêles encastrables chaque année pendant une période de 2 ans. Le prix de vente unitaire actuel est de 1 500 $, pour un coût de fabrication de 1 000 $. Le taux d'imposition de Vermont Casting est de 40 %. Le prix et le coût mentionnés devraient augmenter à un taux de 6 % par année. Vermont Casting produira les appareils avec ses machines actuelles, dont la fraction non amortie du coût en capital est négligeable. Puisqu'elle doit exécuter ces commandes à la fin de chaque année, le prix et le coût de fabrication unitaires durant la première année seront de 1 590 $ et 1 060 $, respec- tivement. Le taux du marché de Vermont Casting est de 15 %. Lequel des calculs de valeur actualisée sui-

vants, exécutés pour une seule unité, n'est pas correct?

a) $PE = 500\,\$(1 - 0,4)(P/F, 8,49\,\%, 1)$
   $+ 561,8\,\$(1 - 0,4)$
   $(P/F, 15\,\%, 2)$

b) $PE = 530\,\$(1 - 0,4)[(P/F, 15\,\%, 1)$
   $+ (1,06)(P/F, 15\,\%, 2)]$

c) $PE = 500\,\$(1 - 0,4)(P/A, 9\,\%, 2)$

d) $PE = 500\,\$(1 - 0,4)(P/A, 8,49\,\%, 2)$

$12.8 Les données suivantes indiquent les prix médians des maisons dans une grande ville au cours des 6 dernières années:

PÉRIODE	PRIX
1992	78 200 $
1998	98 500

En supposant que la période de base (indice de prix = 100) est 1992, cal- culez l'indice moyen des prix pour le prix médian des maisons de 1998.

12.9 Les données suivantes indiquent les indices de prix d'un produit de bois (période de base 1992 = 100) au cours des 5 dernières années:

PÉRIODE	INDICE
1994	155,2
1995	137,7
1996	153,1
1997	165,5
1998	159,8
1999	?

a) Si l'on suppose que la période de base (indice de prix = 100) est 1994, calculez le nouvel indice de prix du bois pour chaque année entre 1994 et 1998.

b) Calculez le taux d'inflation annuel moyen pour la période s'étalant de 1994 à 1998.

c) Si l'on prévoit que la tendance se maintiendra, à combien estimeriez-vous le prix du produit de bois pour la période 1999? Quel degré de confiance accordez-vous à cette estimation?

12.10*   Pour des prix qui augmentent au taux annuel de 5% la première année et de 8% la deuxième année, déterminez le taux d'inflation moyen ($\bar{f}$) pendant les 2 années.

$12.11   a) Dans l'exemple 12.1, nous avons montré que le taux d'inflation moyen pour les frais de scolarité avait été de 6,57% par année depuis les deux dernières décennies. Si Jean et Élisabeth viennent d'avoir leur premier enfant, et que les frais de scolarité actuels sont de 5 000$ par année, quel sera le coût de la première année d'université de leur enfant dans 18 ans si le taux d'inflation demeure constant?

b) Si Jean et Élisabeth disposent de 5 000$ aujourd'hui, à quel taux d'intérêt annuel devraient-ils investir cette somme pour être en mesure de payer les frais de scolarité de la première année d'université dans 18 ans? On présume que les intérêts créditeurs ne sont pas imposés.

12.12*   Soit une annuité de 4 500$ versée à chaque fin d'année consécutive pendant 10 ans. Le taux d'inflation général moyen est de 5% par année, et le taux du marché est de 12% par année. Quelle est la valeur de cette annuité convertie en un montant équivalent unique en dollars courants?

12.13   Convertissez les flux monétaires en dollars courants ci-dessous en flux monétaires équivalents en dollars constants si l'année de base est 0. Gardez les mêmes périodes pour les flux monétaires, c'est-à-dire les années 0, 4, 5 et 7. Supposez que le taux du marché est de 16% et que le taux d'inflation général ($\bar{f}$) est estimé à 4% par année.

n	FLUX MONÉTAIRES (EN DOLLARS COURANTS)
0	1 500 $
4	2 500
5	3 500
7	4 500

$12.14*   L'achat d'une voiture nécessite l'obtention d'un prêt de 25 000$ remboursable par versements mensuels pendant 4 ans à un taux d'intérêt de 12%, composé mensuellement. Si le taux d'inflation général est de 6%, composé mensuellement, trouvez la valeur en dollars courants et en dollars constants du 20e versement.

$12.15 Soit une obligation de 1 000 $ dont le taux nominal est de 9 %, composé semestriellement. Si le taux du marché est de 12 %, composé annuellement, et que le taux d'inflation général est de 6 % par année, trouvez le montant en dollars courants et en dollars constants (au moment 0) du 16e paiement d'intérêt sur l'obligation.

$12.16* Supposons que vous empruntez 20 000 $ à un taux de 12 %, composé mensuellement, pendant 5 ans. Puisque 12 % représente le taux du marché, votre paiement mensuel en dollars courants sera de 444,90 $. Si l'on prévoit que le taux d'inflation général mensuel moyen sera de 0,5 %, déterminez la série de paiements mensuels égaux équivalents en dollars constants.

$12.17 Vous venez d'acheter une voiture d'occasion valant 6 000 $ en dollars courants. Vous empruntez 5 000 $ auprès d'une banque locale à un taux d'intérêt de 9 %, composé mensuellement, pour une période de 2 ans. La banque calcule que votre paiement mensuel sera de 228 $. Si le taux d'inflation général moyen est de 0,5 % par mois pendant les 2 prochaines années :

a) Déterminez le taux d'intérêt réel annuel (i') pour la banque.

b) Quels paiements mensuels égaux, exprimés en dollars constants pour les 2 prochaines années, équivalent à la série de paiements qui seront effectués pendant la période du prêt ?

Niveau 2

12.18* Une entreprise envisage l'achat de postes de travail informatiques pour son équipe d'ingénieurs. En dollars courants, elle estime que les coûts d'entretien des ordinateurs (payables à la fin de chaque année) seront de 25 000 $, 30 000 $, 32 000 $, 35 000 $ et 40 000 $ pour les années 1 à 5, respectivement. Le taux d'inflation général ($\bar{f}$) prévu est de 8 % par année, et l'entreprise touchera 15 % par année sur les fonds investis pendant cette période inflationniste. L'entreprise veut payer les frais d'entretien par versements égaux équivalents (en dollars courants) à la fin de chacune des 5 années. Trouvez le montant de chaque paiement.

12.19 Une série de 4 paiements annuels en dollars constants, dont le premier est de 7 000 $ à la fin de la première année, croît au taux de 8 % par année (on suppose que l'année de base est l'année en cours [$n = 0$]). Si le taux du marché est de 13 % par année, et que le taux d'inflation général ($\bar{f}$) est de 7 % par année, trouvez la valeur actualisée équivalente de cette série de paiements en utilisant :

a) l'analyse en dollars constants ;

b) l'analyse en dollars courants.

12.20* Soit les diagrammes suivants, dans lesquels le flux monétaire de paiements égaux en dollars constants a) est converti en flux monétaire de paiements égaux en dollars courants b), à un taux d'inflation général annuel ($\bar{f}$) de

3,8 % et un taux d'intérêt (*i*) de 9 %. Quel montant *A* en dollars courants est équivalent à *A'* = 1 000 $ en dollars constants ?

a) Dollars constants

A' = 1 000 $

b) Dollars courants

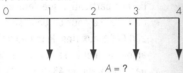

A = ?

12.21 Les coûts annuels du combustible nécessaire pour alimenter une petite usine de traitement des déchets solides sont prévus à 1,5 million de dollars, sans tenir compte d'une inflation future. D'après les estimations les plus optimistes, le taux d'intérêt réel annuel (*i'*) sera de 6 % et le taux d'inflation général ($\bar{f}$) sera de 5 %. Si la durée de vie utile résiduelle de l'usine est de 5 ans, calculez la valeur actualisée équivalente des coûts du combustible au moyen de l'analyse en dollars courants.

$12.22* Un père veut économiser en vue de payer les frais d'université de son enfant de 8 ans. L'enfant commencera ses études dans 10 ans. Un montant annuel de 30 000 $ en dollars constants sera nécessaire pour couvrir les frais de scolarité pendant ces 4 années d'études. On suppose que ces frais seront payés au début de chaque année universitaire. On estime que le taux

d'inflation général futur sera de 6 % par année, et que le taux du marché sur le compte d'épargne sera en moyenne de 8 %, composé annuellement. Selon ces données :

a) À combien s'élèvent les frais de scolarité pour la première année en dollars courants ?

b) Quel montant forfaitaire actuel équivaut à ces frais de scolarité ?

c) Quel montant égal, en dollars courants, le père doit-il économiser chaque année d'ici à ce que son enfant aille à l'université ?

12.23 Soit le flux monétaire de projet après impôt suivant, pour lequel on connaît le taux d'inflation général annuel prévu :

n	FLUX MONÉTAIRE (EN DOLLARS COURANTS)	TAUX D'INFLATION GÉNÉRAL PRÉVU
0	−45 000 $	
1	26 000	6,5 %
2	26 000	7,7
3	26 000	8,1

a) Déterminez le taux d'inflation général annuel moyen pour la durée du projet.

b) Convertissez les flux monétaires en dollars courants en flux monétaires en dollars constants équivalents en prenant 0 comme année de base.

c) Si le taux d'intérêt réel annuel est de 5 %, quelle est la valeur actualisée équivalente du flux monétaire ? Ce projet est-il acceptable ?

12.24 Machines Gentilly inc. vient de recevoir une commande spéciale de l'un de ses clients. Les données financières suivantes sont disponibles :

- Ce projet de 2 ans nécessite l'achat de matériel spécialisé coûtant 50 000 $. Le taux de DPA avec solde dégressif pour ce matériel est de 30 %.

- La machine sera vendue 30 000 $ (dollars courants) à la fin des 2 années.

- Ce projet rapportera des revenus annuels additionnels de 100 000 $ (dollars courants), mais il engendrera également des coûts d'exploitation annuels additionnels de 40 000 $ (dollars courants).

- Le projet nécessite un investissement de 10 000 $ dans un fonds de roulement à $n = 0$. Chaque année suivante, il faudra investir dans ce fonds de roulement un montant additionnel calculé au même taux que celui de l'inflation générale. Tout investissement dans le fonds de roulement sera récupéré à la fin du projet.

- Pour acheter le matériel, l'entreprise prévoit emprunter 50 000 $ à un taux de 10 % pendant une période de 2 ans (paiements annuels égaux de 28 810 $ [dollars courants]).

- L'entreprise prévoit un taux d'inflation général de 5 % par année pendant la durée du projet. Son taux d'imposition marginal est de 40 % et son taux du marché, de 18 %.

a) Calculez les flux monétaires après impôt en dollars courants.

b) Quelle est la valeur actualisée équivalente au moment 0 ?

12.25* J. F. Manning Metal Co. envisage l'achat d'une nouvelle fraiseuse durant l'année 0. Le prix de base de la machine est de 180 000 $, et il faudra payer 20 000 $ de plus pour l'adapter à l'usage particulier que l'entreprise veut en faire. Le coût de base sera donc de 200 000 $ aux fins de la déduction pour amortissement. La machine se classe dans la catégorie 43 de la DPA ($d = 30$ %). Elle sera vendue 80 000 $ (dollars courants) au bout de 3 ans. Son utilisation nécessitera une augmentation de 10 000 $ du fonds de roulement net (stock) au début de l'année. La machine n'aura aucun effet sur les revenus, mais on prévoit qu'elle fera économiser 80 000 $ (dollars courants) par année à l'entreprise en coûts d'exploitation avant impôt, principalement en coûts de main-d'œuvre. Le taux d'imposition marginal de l'entreprise est de 40 %, et ce taux devrait rester stable pendant la durée du projet. Cependant, l'entreprise prévoit que les coûts de main-d'œuvre augmenteront à un taux annuel de 5 %, et que le fonds de roulement devra croître à un taux annuel de 8 % en raison de l'inflation. La valeur de récupération de la fraiseuse n'est pas affectée par l'inflation. On estime que le taux d'inflation général sera de 6 % par année pendant la durée du projet. Le taux du marché de l'entreprise est de 20 %.

a) Déterminez les flux monétaires du projet en dollars courants.

b) Déterminez les flux monétaires du projet en dollars constants (année 0).

c) Ce projet est-il acceptable?

\$12.26 Sonja Jensen envisage l'achat d'une franchise de restauration rapide. L'établissement est situé sur un terrain qui sera converti en aire de stationnement dans 5 ans, mais qui peut être loué entre-temps au coût de 800 $ par mois. La franchise et le matériel nécessaire coûteront au total 55 000 $ et la valeur de récupération sera de 10 000 $ (dollars courants) au bout de 5 ans. Sonja sait que le taux d'inflation général annuel futur sera de 5 %. Les revenus et les dépenses d'exploitation projetés en dollars courants, mis à part le loyer et l'amortissement, sont les suivants:

n	REVENUS	DÉPENSES
1	30 000 $	15 000 $
2	35 000	21 000
3	55 000	25 000
4	70 000	30 000
5	70 000	30 000

On présume que l'investissement initial est amorti à un taux de 20 %, et que le taux d'imposition de Sonja sera de 30 %. Sonja peut investir son argent à un taux d'au moins 10 % dans d'autres instruments de placement.

a) Déterminez les flux monétaires associés à cet investissement pour sa durée de vie.

b) Calculez le taux de rendement après impôt projeté (réel) pour cette option d'investissement.

\$12.27 Vous disposez de 10 000 $ que vous souhaitez investir. Normalement, vous déposeriez votre argent dans un compte d'épargne portant intérêt à un taux annuel de 6 %. Cependant, vous envisagez la possibilité d'investir dans une obligation. Vous avez le choix entre une obligation provinciale portant intérêt à 9 % ou une obligation de société versant 8,4 %. Votre taux d'imposition marginal est de 40 % pour les intérêts créditeurs et de 30 % pour les gains en capital. Vous prévoyez que l'inflation générale sera de 3 % pendant la période d'investissement. Les deux obligations verseront des intérêts une fois à la fin de chaque année. L'obligation provinciale arrivera à échéance à la fin de la cinquième année. L'obligation de société devrait avoir un prix de vente de 11 000 $ à la fin de la cinquième année.

a) Déterminez le taux de rendement réel de chaque obligation.

b) Ne connaissant pas votre TRAM, pouvez-vous choisir entre ces deux obligations?

12.28 Air Canajet évalue deux types de moteur pour ses avions. La durée de vie, les besoins d'entretien et la fiche de réparation de chacun sont similaires.

- Le moteur A coûte 150 000 $ et consomme 140 000 litres de carburant en 1 000 heures de fonctionnement pour la charge utile moyenne du trafic voyageur.

- Le moteur B coûte 225 000 $ et consomme 100 000 litres de carburant en 1 000 heures de fonctionnement pour la même charge utile.

On estime que ces moteurs fonctionneront pendant 10 000 heures avant qu'une révision majeure soit nécessaire. Si le combustible coûte actuellement 0,45 $ le litre, et que ce prix augmente au taux de 8 % par année en raison de l'inflation, quel moteur l'entreprise devrait-elle choisir si elle prévoit une utilisation de 2 000 heures par année ? Le taux d'imposition marginal de l'entreprise est de 40 %, et le moteur se classe dans la catégorie 9 de la DPA (25 %) à laquelle la règle du 50 % s'applique. On suppose que le taux du marché de l'entreprise est de 20 %, et que les deux moteurs conserveront une valeur marchande de 35 % de leur coût initial (dollars courants) s'ils sont vendus après 10 000 heures de fonctionnement.

a) Quel projet devrait-on choisir si l'on utilise le critère de la valeur actualisée équivalente ?

b) Le critère de la valeur annuelle équivalente ?

c) Le critère de la valeur capitalisée ?

12.29* Produits chimiques Jerfaut vient de recevoir une commande de sous-traitance spéciale de l'un de ses clients. Ce projet de 2 ans nécessite l'achat d'un pulvérisateur à peinture spécialisé coûtant 60 000 $. Cet appareil sera amorti à un taux de DPA avec solde dégressif de 30 %. À la fin du contrat de sous-traitance de 2 ans, il sera vendu 40 000 $ (dollars courants). Il nécessitera une augmentation du fonds de roulement net (pour des pièces de rechange telles que le bec pulvérisateur) de 5 000 $. Cet investissement dans le fonds de roulement sera entièrement récupéré à la fin du projet. Le projet rapportera des revenus annuels additionnels de 120 000 $ (dollars courants), mais engendrera également des coûts d'exploitation annuels additionnels de 60 000 $ (dollars courants). On prévoit que, en raison de l'inflation, le prix de vente augmentera au taux annuel de 5 %. (Cela signifie que les revenus augmenteront au taux annuel de 5 %.) Une hausse annuelle de 4 % des dépenses et du fonds de roulement est également prévue. L'entreprise est imposée au taux marginal de 30 % et utilise un taux du marché de 15 % pour l'évaluation du projet en période inflationniste. Si elle prévoit un taux d'inflation général de 8 % pour la durée du projet :

a) Calculez les flux monétaires après impôt en dollars courants.

b) Quel est le taux de rendement de cet investissement (bénéfices réels) ?

c) Ce projet spécial est-il rentable ?

Niveau 3

$12.30 Un homme compte prendre sa retraite dans 20 ans. Il peut déposer de l'argent à un taux de 6 %, composé mensuellement, et l'on estime que le taux d'inflation général futur ($\bar{f}$) sera de 5 %, composé annuellement. Quel dépôt mensuel doit-il faire jusqu'à sa retraite pour être en mesure de faire des retraits annuels de 40 000 $ en dollars courants au cours des 15 années suivant sa retraite ? (On présume que le premier retrait surviendra à la fin de ses 6 premiers mois de retraite.)

$12.31 Le jour de son 23e anniversaire, une jeune ingénieure décide de mettre de l'argent de côté dans un fonds de retraite portant intérêt à un taux de 8 %, composé trimestriellement (taux du marché). Elle calcule qu'un pouvoir d'achat de 600 000 $ en dollars courants suffira à subvenir à ses besoins après l'âge de 63 ans. On suppose un taux d'inflation général de 6 % par année.

a) Si elle prévoit économiser en faisant 160 dépôts trimestriels égaux, quel devra être le montant du dépôt trimestriel en dollars courants ?

b) Si elle prévoit économiser en faisant des dépôts en fin d'année augmentant de 1 000 $ par année, quel devra être le montant du premier dépôt en dollars courants ?

12.32 Les Produits naturels Hugo envisagent l'achat d'un ordinateur pour superviser l'emballage en usine d'une gamme de produits. Les données suivantes sont disponibles :

- Premier coût = un emprunt de 100 000 $ à 10 % (l'intérêt sera remboursé chaque année et le capital sera remboursé en un montant global à la fin de la deuxième année)

- Durée de vie utile du projet = 6 ans

- Valeur de récupération estimative à la fin du projet, en dollars de l'année 0 = 15 000 $

- Taux de DPA (solde dégressif) = 30 %

- Taux d'imposition marginal = 40 %

- Revenus annuels = 150 000 $ (dollars courants)

- Dépenses annuelles (excluant la DPA et les paiements d'intérêt) = 80 000 $ (dollars courants)

- Taux du marché = 20 %

a) Si l'on prévoit qu'un taux d'inflation général moyen de 5 % affectera les revenus, les dépenses et la valeur de récupération pendant la durée du projet, déterminez les flux monétaires en dollars courants.

b) Calculez la valeur actualisée équivalente du projet dans un contexte d'inflation.

c) Calculez la perte (ou le gain) attribuable à l'inflation en valeur actualisée équivalente.

d) Dans c), quelle portion de la perte (ou du gain) en valeur actualisée équivalente est attribuable à l'emprunt ?

12.33* Longueuil Textile étudie la possibilité d'automatiser son imprimeur sérigraphe de marchandises à la pièce au coût de 20 000 $. Étant donné l'évolution rapide des styles, l'entreprise devra cesser progressivement l'utilisation de ce système au bout de 5 ans. À ce moment, elle pourra vendre le système 2 000 $ en dollars courants. Elle prévoit que l'épargne nette découlant de l'automatisation sera, en dollars constants :

n	FLUX MONÉTAIRE (EN DOLLARS CONSTANTS)
1	15 000 $
2	17 000
3—5	14 000

Le système est amortissable à un taux avec solde dégressif de 30 %. Le taux d'inflation général moyen prévu pour les 5 prochaines années est d'environ 5 % par année. L'entreprise prévoit financer la totalité du projet par un emprunt au taux de 10 %. Le remboursement du prêt devrait suivre l'échéancier suivant :

n	PAIEMENT DE CAPITAL	PAIEMENT D'INTÉRÊT
1	6 042 $	2 000 $
2	6 647	3 396
3	7 311	731

Le taux du marché utilisé par l'entreprise pour évaluer ce projet est de 20 %. On suppose que l'épargne nette et le prix de vente fluctueront en fonction de ce taux d'inflation moyen. Le taux d'imposition marginal de l'entreprise est de 40 %.

a) Déterminez les flux monétaires après impôt de ce projet en dollars courants.

b) Déterminez la perte (ou le gain) de rentabilité attribuable à l'inflation en valeur actualisée équivalente.

12.34 Fuller Ford envisage l'achat d'une perceuse verticale qui coûte 50 000 $ et possède une durée de vie utile de 8 ans. La valeur de récupération de cette machine au bout des 8 années est estimée à 5 000 $ en dollars courants. La perceuse rapportera des revenus additionnels de 20 000 $ (dollars courants), mais entraînera également des coûts d'exploitation annuels (excluant la DPA) de 8 000 $ (dollars courants). Le taux de DPA est de 30 % pour cette immobilisation. Le projet nécessite la création d'un fonds de roulement de 10 000 $ pendant l'année 0. Le taux d'imposition marginal pour l'entreprise est de 35 %, et son taux du marché est de 18 %.

a) Déterminez le taux de rendement interne de cet investissement.

b) Supposez que l'entreprise prévoit un taux d'inflation général de 5 % mais une augmentation annuelle de 8 % de ses revenus et du fonds de roulement de même qu'une hausse annuelle de 6 % des coûts d'exploitation en raison de l'inflation. Calculez le taux de rendement interne réel. Ce projet est-il acceptable ?

12.35 La Corporation de développement immobilier songe à acheter un bulldozer de 100 000 $ dont la valeur de récupération estimative est de 30 000 $ au bout de 6 ans. Cette immobilisation rapportera des revenus annuels avant impôt de 80 000 $ au cours des 6 prochaines années. Son taux de DPA est de 30 %. Le taux d'imposition marginal de l'entreprise est de 40 %, et son taux du marché est de 18 %. Tous les chiffres sont exprimés en dollars constants de l'année 0 et suivent le taux d'inflation général $\bar{f}$.

a) Si $\bar{f} = 6\%$, calculez les flux monétaires après impôt en dollars courants.

b) Déterminez le taux de rendement réel après impôt de ce projet.

c) Supposez que le coût initial du projet sera financé par une banque locale à un taux d'intérêt de 12 %, moyennant un paiement annuel de 24 323 $ pendant 6 ans. En tenant compte de cette condition additionnelle, répondez de nouveau à la question a).

d) En a), déterminez la perte attribuable à l'inflation en valeur actualisée équivalente.

e) En c), déterminez quels revenus additionnels avant impôt le projet doit rapporter en dollars courants (montant égal) pour compenser la perte attribuable à l'inflation.

12.36 Outillage Réjean inc., un fabricant de produits métalliques ouvrés, envisage l'achat d'une fraiseuse informatisée de pointe coûtant 95 000 $. L'installation de cette machine, la préparation du site, le câblage et la redisposition des autres machines devraient coûter 15 000 $. Ce coût sera ajouté au coût de la machine pour déterminer le coût du capital total aux fins de la DPA. Il faudra également acquérir des gabarits et des matrices adaptés à cet appareil au coût de 10 000 $. La fraiseuse devrait durer 10 ans, mais les gabarits et les matrices ne dureront que 5 ans. Par conséquent, il faudra acheter un autre ensemble de gabarits et de matrices après cette période. La fraiseuse aura une valeur de récupération de 10 000 $ à la fin de sa vie utile, mais les gabarits et les matrices ne vaudront que 300 $ en tant que ferraille à n'importe quel moment de leur vie utile. Le taux de DPA est de 30 % pour la fraiseuse et de 100 % pour les gabarits et les matrices. Grâce à cette nouvelle machine, Outillage Réjean prévoit empocher des revenus annuels additionnels de 80 000 $ en raison d'une hausse de la production. Les coûts de production annuels additionnels sont estimés comme suit : 9 000 $ pour le matériel, 15 000 $ pour la main-d'œuvre, 4 500 $ pour l'électricité et 3 000 $ pour les divers frais d'E&E. Le taux d'imposition marginal d'Outillage Réjean devrait rester stable à 35 % pendant les 10 ans de vie du projet. Tous les chiffres sont exprimés en dollars courants. Le taux du marché de l'entreprise est de 18 %, et le taux d'inflation général prévu pour la durée du projet est estimé à 6 %.

a) Déterminez les flux monétaires du projet en l'absence d'inflation.

b) Déterminez le taux de rendement interne après impôt du projet d'après le point a).

c) Supposez que l'entreprise prévoit les hausses de prix suivantes pendant la durée du projet : 4 % par année pour le matériel, 5 % par année pour la main-d'œuvre et 3 % par année pour les coûts d'E&E et d'électricité. Pour compenser ces hausses de prix, Outillage Réjean prévoit accroître ses revenus annuels de 7 % par année en augmentant les prix facturés à ses clients. La valeur de récupération demeurera stable tant pour la machine que pour les gabarits et les matrices. Déterminez les flux monétaires du projet en dollars courants.

d) Dans c), déterminez le taux de rendement réel du projet.

e) Déterminez la perte (ou le gain) économique attribuable à l'inflation en valeur actualisée équivalente.

12.37 De récentes recherches biotechnologiques ont permis la mise au point d'un capteur qui implante des cellules vivantes dans une puce électronique ; cette puce est capable de détecter les variations physiques et chimiques des processus cellulaires. Les emplois proposés pour ce capteur sont notamment la recherche sur les mécanismes pathologiques au niveau cellulaire, l'élaboration de nouveaux médicaments et le remplacement des animaux dans les essais sur les cosmétiques et les médicaments. Biotech Device Corporation (BDC) vient de créer un processus de production de masse de cette puce. Les données suivantes ont été fournies au conseil d'administration.

- Le service du marketing de BDC prévoit cibler les grands fabricants de produits chimiques et de médicaments pour vendre la puce. BDC estime que les ventes annuelles seront de 2 000 unités au prix unitaire de 95 000 $ (dollars de la première année d'exploitation).

- Pour soutenir ce volume de ventes, BDC devra construire une nouvelle usine. Lorsque le projet sera approuvé, elle construira l'usine, qui sera prête à produire dans un délai de 1 an. BDC aura besoin d'un terrain de 10 hectares coûtant 1,5 million de dollars. Elle pourra acheter ce terrain le 31 décembre 2000. Le bâtiment coûtera 5 millions de dollars et son taux de DPA sera de 4 %. Le premier paiement de 1 million de dollars sera fait à l'entrepreneur le 31 décembre 2001, et les 4 millions de dollars qui restent seront versés le 31 décembre 2002.

- Le matériel de fabrication nécessaire sera installé à la fin de 2002 et sera payé le 31 décembre 2002. BDC versera un montant estimatif de 8 millions de dollars, qui inclut les frais de transport, de même que 500 000 $ pour l'installation. Le taux de DPA pour le matériel sera de 30 %.

- Le bâtiment et le matériel seront prêts à fonctionner au début de 2003.

- Le projet nécessitera un investissement initial de 1 million de dollars dans un fonds de roulement le 31 décembre 2002. Le 31 décembre de chaque année suivante, BDC accroîtra le fonds de roulement net par un montant égal à 15 % de toute hausse des ventes prévue pour l'année à venir. Les investissements dans le fonds de roulement seront entièrement récupérés à la fin du projet.

- La durée de vie utile estimative du projet est de 6 ans (excluant la période de construction de 2 ans). À ce moment, le terrain devrait présenter une valeur marchande de 2 millions de dollars, le bâtiment une valeur marchande de 3 millions de dollars et le matériel une valeur marchande de 1,5 million de dollars. Les coûts de fabrication variables estimatifs représenteront 60 % des recettes. Les coûts fixes, à l'exception de la déduction pour amortissement, s'élèveront à 5 millions de dollars pour la première année d'exploitation. Puisque l'usine commencera ses activités le 1er janvier 2003, les premiers flux monétaires d'exploitation auront lieu le 31 décembre 2003. (Si l'on accepte le projet, ces flux seront considérés comme un coût d'opportunité imposable.)

- Les prix de vente et les frais généraux fixes, à l'exception de la DPA, devraient augmenter suivant l'inflation générale, qui devrait se maintenir à 5 % par année pendant les 6 années du projet.

- Jusqu'à présent, BDC a dépensé 5,5 millions de dollars en recherche et développement (R&D) pour ce projet d'implant cellulaire. De ce montant, elle a déjà passé en charges 4 millions de dollars. Le 1,5 million de dollars qui reste sera amorti sur une période de 6 ans (ce qui signifie que la dépense d'amortissement annuelle sera de 250 000 $; comme la DPA, cet amortissement ne sera pas un flux monétaire et devra être déduit avant le calcul de l'impôt). Si BDC décide de rejeter le projet, elle pourra radier les coûts de R&D de 1,5 million de dollars le 31 décembre 2000. (Si elle l'accepte, ces coûts seront considérés comme un coût d'opportunité imposable.)

- Le taux d'imposition marginal de BDC est de 40 %, et son taux du marché est de 20 %. Tous les gains en capital seront imposés à un taux de 30 %.

a) Déterminez les flux monétaires après impôt de ce projet en dollars courants.

b) Déterminez le taux de rendement interne réel de l'investissement.

c) Recommanderiez-vous l'acceptation de ce projet ?

12.38 L'entreprise de construction Tiger a acheté son bulldozer (Caterpillar D8H) au coût de 350 000 $ et l'a mis en service il y a 6 ans. Depuis l'achat du bulldozer, une nouvelle technologie a permis de modifier les machines de ce type pour accroître leur productivité d'environ 20 %. Le Caterpillar fonctionne dans un système à niveau de production fixe qui garantit le maintien de la productivité globale. En raison de l'usure, il tombe plus souvent en panne et doit fonctionner pendant un plus grand nombre d'heures pour maintenir le niveau de production requis. Tiger envisage l'achat d'un nouveau bulldozer (Komatsu K80A) pour remplacer le Caterpillar. Les données suivantes ont été recueillies par l'ingénieur civil de Tiger (qui n'a pas tenu compte de l'inflation).

	DÉFENSEUR (CATERPILLAR D8H)	ASPIRANT (KOMATSU K80A)
Vie utile	Inconnue	Inconnue
Prix d'achat		400 000 $
Valeur de récupération si le bulldozer est conservé pendant :		
0 année	75 000 $	400 000 $
1 an	60 000	300 000
2 ans	50 000	240 000
3 ans	30 000	190 000
4 ans	30 000	150 000
5 ans	10 000	115 000
Consommation de combustible (par heure)	30 L	40 L
Coûts d'entretien		
1	46 800 $	35 000 $
2	46 800	38 400
3	46 800	43 700
4	46 800	48 300
5	46 800	58 000
Heures d'exploitation (par année)		
1	1 800 h	2 500 h
2	1 800	2 400
3	1 700	2 300
4	1 700	2 100
5	1 600	2 000
Indice de productivité	1,00	1,20
Autres données pertinentes		
Coût du combustible (par litre)		0,45 $
Salaire de l'opérateur (par heure)		23,40 $
Taux du marché (TRAM)		15 %
Taux d'imposition marginal		40 %
Taux de DPA		30 %

a) Un ingénieur civil remarque que les deux machines ont des durées de travail et des capacités de production horaires différentes. Pour comparer ces unités de capacité, il conçoit un indice combiné qui reflète la productivité de la nouvelle machine ainsi que les heures de travail réelles de la machine actuelle. Trouvez cet indice de productivité pour chaque période.

b) Ajustez les coûts d'exploitation et d'entretien en fonction de cet indice.

c) Comparez les deux options. Devrait-on remplacer maintenant le défenseur?

d) Si on prévoyait l'indice de prix suivant pour les 5 années du projet, devrait-on remplacer le défenseur maintenant? Supposez que les valeurs de récupération ne changent pas.

	INDICE DE PRIX PRÉVU			
ANNÉE	INFLATION GÉNÉRALE	COMBUS-TIBLE	SALAIRE	ENTRETIEN
0	100	100	100	100
1	108	110	115	108
2	116	120	125	116
3	126	130	130	124
4	136	140	135	126
5	147	150	140	128

Le risque et l'incertitude liés aux projets

Les profits ou les pertes futurs d'un projet d'investissement minier sont subordonnés aux caprices de facteurs aussi divers que le prix des métaux, la qualité du minerai, les négociations de travail, ainsi que les différents choix de l'opérateur minier. Voici ceux devant lesquels se trouvait la société Westmin Resources Limited lorsqu'elle a évalué son gisement de zinc H-W avant de décider de sa mise en exploitation. Le tableau suivant présente, pour trois niveaux de production différents, une évaluation de la rentabilité potentielle de ce projet fondée uniquement sur le prix des métaux.

GISEMENT MINÉRAL H-W — INCIDENCE DES VARIATIONS DU PRIX DES MÉTAUX			
Taux de production (tonnes par jour)	2 700	1 800	1 350
Coût en capital (millions de dollars)	150,20	128,40	98,60
Coût d'exploitation (dollars par tonne)	39,02	48,33	56,69
Réserve de minerai* (millions de tonnes)	13,31	9,72	7,42
Prévision optimiste de prix			
Revenus totaux** (millions de dollars)	1 022,2	877,2	728,2
Profits totaux** (millions de dollars)	503,0	407,7	307,7
Flux monétaire net*** (millions de dollars)	352,8	279,3	209,1
PE**** (millions de dollars)	56,3	49,3	34,1
TRI (pourcentage)	19,5	20,8	19,0
Période de récupération (années)	3,2	2,8	3,3
Prévision pessimiste de prix			
Revenus totaux** (millions de dollars)	742,6	637,3	529,0
Profits totaux** (millions de dollars)	223,4	168,0	108,5
Flux monétaire net*** (millions de dollars)	73,2	39,6	9,9
PE**** (millions de dollars)	(23,5)	(26,1)	(33,9)
TRI (pourcentage)	5,6	5,0	1,6
Période de récupération (années)	5,7	6,9	9,3

* Représente la réserve de minerai totale économiquement utilisable en fonction du niveau de production spécifié.

** Représente les sommes simples respectives des revenus et des profits, pour les 15 années du projet.

*** Les flux monétaires après impôt pour la durée du projet.

**** En fonction d'un taux d'intérêt de 10 % par année.

Source : M. Carl C. Hunter de Dalcor Consultants Ltd., West Vancouver, C.-B.

Bien qu'elles démontrent l'existence d'un large éventail de profits potentiels, les possibilités énumérées plus haut ne sont en rien définitives. Voici d'autres facteurs qui, estimés avec plus ou moins de précision, influent sur la rentabilité d'un investissement minier :

- **Le prix des métaux:** Le prix des métaux est le facteur le plus important et le plus aléatoire du volet revenus d'une analyse portant sur un investissement minier. Le prix des métaux peut connaître des crêtes où il est cinq fois supérieur au «prix économique» à long terme et des creux où il n'atteint que la moitié de cette valeur. La baisse des prix est en gros déterminée par la courbe du coût de production marginal de l'«industrie moyenne», tandis que leur hausse n'a pas de limites à court terme.
- **La teneur marchande:** Il est impossible de connaître exactement la qualité ou la quantité du minerai présent sous terre. La précision des estimations concernant le nombre de tonnes de minerai et sa teneur marchande est directement liée à l'importance des forages, des échantillonnages et des essais de production effectués sur le site. L'ampleur de ce travail préliminaire dépend de l'appétit de risque de l'investisseur.
- **Les coûts en capital et les coûts d'exploitation:** Les estimations portant sur les coûts en capital reposent sur l'expérience et la qualité de conception technique désirée. En général, l'investisseur opte pour l'imposition d'un degré de précision qui détermine en retour la qualité du travail technique.

Les coûts d'exploitation dépendent des taux et des procédés de production, du rapport entre la quantité de minerai et la quantité de roche stérile, des distances de transport, de même que du coût des matières, de l'énergie et de la main-d'œuvre. La justesse des estimations étant fonction de l'expérience, ce sont des experts dans différents domaines qui les effectuent.

Ainsi que cet exemple l'illustre, l'évaluation économique d'un projet doit s'appuyer sur des calculs de rentabilité reposant eux-mêmes sur des estimations relatives à la variation des facteurs-clés, susceptibles d'influer sur la rentabilité. Les analyses du risque tiennent compte à la fois de l'étendue de la variation et de la probabilité des changements.

Dans les chapitres précédents, on a tenu pour acquis que les flux monétaires des projets étaient connus en toute certitude; l'analyse visait à mesurer leur valeur économique et à déterminer le meilleur choix. Bien que ce type d'analyse offre une base de décision acceptable dans de nombreuses situations d'investissement, on ne saurait ignorer le fait que, plus souvent encore, les prévisions de flux monétaires sont relativement incertaines. Lorsque c'est le cas, la direction a rarement des attentes précises quant aux flux monétaires futurs d'un projet particulier. En fait, le mieux qu'une entreprise puisse raisonnablement espérer est d'estimer l'ampleur des coûts et des avantages possibles et les chances relatives d'obtenir de l'investissement un rendement acceptable. On utilise le terme **risque** pour parler d'un projet d'investissement dont le flux monétaire n'est pas connu à l'avance avec une certitude absolue, mais pour lequel on entrevoit un grand nombre de conséquences différentes et leurs probabilités (chances de réalisation). On utilise aussi le terme **risque associé aux projets** pour désigner la variabilité de la valeur actualisée équivalente (PE) de ceux-ci. En général, on peut dire que, plus le risque est grand, plus la PE des projets est variable, ou encore, que *le risque représente le potentiel de perte*. Ce chapitre commence par explorer les origines du risque associé aux projets.

13.1   LES ORIGINES DU RISQUE ASSOCIÉ AUX PROJETS

Avant de décider de faire un important investissement de capital, comme lancer un nouveau produit, il est indispensable d'être informé sur les flux monétaires qui se produiront tout au long du projet. Or, l'estimation de la rentabilité d'un investissement repose sur les prévisions relatives aux flux monétaires, qui sont généralement incertaines. Parmi les facteurs à évaluer, on trouve l'ensemble des débouchés pour le produit; la part de marché que l'entreprise peut conquérir; la croissance du marché; le coût de fabrication du produit, y compris la main-d'œuvre et les matières; le prix de vente; la durée du produit; le coût et la durée du matériel nécessaire; et les taux d'imposition effectifs. Beaucoup de ces facteurs peuvent présenter un degré élevé d'incertitude. Souvent, on établit la «meilleure estimation» pour chacun des facteurs incertains puis on utilise des mesures de rentabilité, comme la PE ou le taux de rendement du projet. Cette façon de procéder comporte deux inconvénients:

1. Il est absolument impossible de s'assurer que les «meilleures estimations» correspondront aux valeurs réelles.

2. Rien n'est prévu pour mesurer le risque d'un investissement ou le risque associé aux projets. En particulier, les dirigeants ne disposent d'aucun moyen de déterminer soit la probabilité qu'un projet occasionne des pertes, soit la probabilité qu'il génère d'importants profits.

Étant donné qu'il est parfois très difficile d'estimer les flux monétaires avec justesse, les directeurs de projet attribuent souvent une gamme de valeurs possibles aux éléments de flux monétaire. Or, si on peut attribuer une gamme de valeurs à chacun des flux monétaires, on peut aussi le faire pour la PE d'un projet donné. Il faudra que l'analyste tente d'évaluer la probabilité et la fiabilité de chaque flux monétaire et, conséquemment, le niveau de certitude de la valeur globale du projet.

Les énoncés quantitatifs concernant le risque sont présentés comme des probabilités numériques ou des valeurs correspondant à la possibilité (ou chance) qu'un événement se produise. Pour leur part, les probabilités prennent la forme de fractions décimales comprises entre 0,0 et 1,0. La probabilité d'un événement ou d'une conséquence qu'on peut prévoir à coup sûr est égale à 1. Plus la probabilité d'un événement s'approche de 0, moins celui-ci est susceptible de se produire. L'attribution de probabilités aux diverses conséquences d'un projet d'investissement constitue une dimension de l'**analyse du risque**. Les importants concepts relatifs aux probabilités illustrés par l'exemple 13.1 sont faciles à démontrer dans la vie de tous les jours.

Améliorer ses chances de gagner — il suffit de 7 millions de dollars et d'un rêve

À la loterie, ou loto, de la Virginie, les joueurs choisissent six chiffres entre 1 et 44. La combinaison gagnante est déterminée par une machine semblable à une éclateuse de maïs, mais remplie de balles de tennis numérotées. Le 15 février 1992, le tirage de la loterie de Virginie offrait les prix suivants[1], à condition que le premier prix ne soit pas partagé :

NOMBRE DE PRIX	CATÉGORIE DE PRIX	MONTANT TOTAL
1	Premier prix	27 007 364 $
228	Deuxièmes prix (899 $ chacun)	204 972
10 552	Troisièmes prix (51 $ chacun)	538 152
168 073	Quatrièmes prix (1 $ chacun)	168 073
	Gains totaux	27 918 561 $

Les personnes qui jouent régulièrement à la loterie caressent souvent ce rêve : attendre que le gros lot atteigne une somme astronomique et acheter tous les numéros possibles, de sorte qu'elles soient assurées de gagner. Certes, une telle initiative coûterait des millions de dollars, mais rapporterait beaucoup plus. Le jeu en vaut-il la chandelle ? En quoi vos chances de gagner le premier prix se modifient-elles avec le nombre de billets que vous achetez ?

Explication : En Virginie, un groupe d'investisseurs est passé à un cheveu d'accaparer le marché de toutes les combinaisons de 6 chiffres possibles entre 1 et 44. Les représentants de la loterie d'État affirment que le groupe a acheté 5 des 7 millions de billets possibles (précisément 7 059 052). Chaque billet coûtait 1 $. La loterie offrait un gros lot de plus de 27 millions de dollars[2].

- La logique économique : D'un point de vue économique, si le gros lot est assez considérable, il est logique d'acheter un billet de loterie pour chaque combinaison possible de chiffres et s'assurer ainsi de gagner, à condition que personne d'autre ne possède de billet gagnant. C'est ce qu'un groupe d'Australiens a apparemment tenté de faire pour le tirage de la loterie de Virginie du 15 février 1992.

- Le coût : Étant donné que 7 059 052 combinaisons de chiffres sont possibles[3] et que chaque billet coûte 1 $, il en coûterait 7 059 052 $ pour obtenir toutes les combinaisons. Le coût total demeure le même quelle que soit l'importance du gros lot.

---

1. Les montants des prix représentent des valeurs avant impôt et varient suivant le nombre de billets gagnants vendus pour les deuxième et troisième prix.

2. Source : *The New York Times*, 25 février 1992.

3. Un billet pour chacune des combinaisons de 6 chiffres possibles entre 1 et 44 : Soit $C(n,k)$ = le nombre de combinaisons de n chiffres distincts pris k à la fois. Puis

$$C(44,6) = \frac{44!}{6!(44-6)!} = 7\ 059\ 052$$

- Le risque : Le premier prix est déboursé en 20 versements annuels égaux, de sorte que le gain réel est de 2 261 565 $ la première année puis de 1 350 368 $ par année durant les 19 années suivantes. Lorsque plus d'un billet donnant droit au premier prix est vendu, ce dernier est partagé, de sorte que le gain maximal n'est réalisé que si aucun joueur ordinaire n'achète de billet gagnant. Dans 120 des 170 tirages qui ont eu lieu depuis le début de la loterie, en janvier 1990, aucun joueur n'a gagné le premier prix.

Solution

La loterie de la Virginie offre 7 059 052 combinaisons de chiffres possibles. Le tableau suivant récapitule les chances de gagner différents prix lorsqu'on n'achète qu'un seul billet.

NOMBRE DE PRIX	CATÉGORIE DE PRIX	CHANCES DE GAGNER
1	Premier prix	0,000 000 141 6
228	Deuxièmes prix	0,000 032 3
10 552	Troisièmes prix	0,001 49
168 073	Quatrièmes prix	0,023 81

Ainsi, une personne qui achète un seul billet a une chance de gagner sur un peu plus de 7 millions. Or, plus on détient de billets, plus on a de chances de gagner : pour 1 000 billets, elles sont de 1 sur 7 000, et pour 1 million de billets, de 1 sur 7. Étant donné que chaque billet coûte 1 $, la personne qui achète tous les billets recevra au moins une part du gros lot et beaucoup de deuxièmes, troisièmes et quatrièmes prix. Le 15 février, l'ensemble de ces prix totalisait 911 197 $. Si le groupe d'Australiens avait acheté tous les billets (7 059 052), deux cas auraient pu se présenter :

- Cas 1 : Si aucun des prix n'avait été partagé, le taux de rendement de cet investissement dans la loterie, dont les prix sont versés à la fin de chaque année aurait été

$$PE(i) = -7\ 059\ 052\ \$ + 911\ 197\ \$(P/F, i, 1)$$
$$+ 1\ 350\ 368\ \$(P/A, i, 20)$$
$$= 0.$$
$$i^* = 20,94\ \%.$$

Le gain que représente le premier prix sur une période de 20 ans équivaut à investir de façon plus traditionnelle ce même montant de 7 059 052 $ et à en obtenir un taux de rendement garanti de 20,94 % avant impôt pendant 20 ans, taux que seuls les investissements spéculatifs comportant des risques assez élevés peuvent offrir. (Si les prix étaient versés au début de chaque année, le taux de rendement s'élèverait à 27,88 %.)

- Cas 2 : Si le premier prix avait été partagé avec un seul autre gagnant, le taux de rendement de cet investissement n'aurait été que de 8,87 %. (Si les prix avaient été versés au début de l'année, il aurait atteint 10,48 %.) Évidemment, si le premier prix avait été partagé avec plus d'un autre gagnant, le taux de rendement aurait été de beaucoup inférieur à 8,87 %.

Commentaires : *Seul le manque de temps a empêché le groupe d'acheter les deux autres millions de billets. Le 15 février, le numéro gagnant, qui donnait droit à un prix de 1 350 368 $ par année pendant 20 ans, a été tiré. En consultant leurs registres, les responsables ont découvert qu'un unique billet gagnant portant les chiffres 8, 11, 13, 15, 19 et 20 avait été vendu. Plusieurs indices leur ont permis de conclure qu'il appartenait à un groupe d'investisseurs australiens. Ce groupe est arrivé à réduire l'incertitude inhérente à toute loterie en se procurant la majeure partie des billets. Théoriquement, il est possible d'éliminer totalement l'incertitude (ou le risque) en achetant tous les billets. Toutefois, dans le contexte habituel d'un projet d'investissement, il est impossible de réduire le risque lié à ce dernier en procédant de la façon illustrée par l'exemple de la loterie.*

13.2   LES MÉTHODES DE DÉFINITION DU RISQUE LIÉ AUX PROJETS

On peut commencer l'analyse du risque lié aux projets en déterminant l'incertitude inhérente à leurs flux monétaires. Une foule de moyens, allant de la formulation de jugements empiriques au calcul d'estimations économiques et statistiques complexes, peuvent permettre d'y arriver. Cette section présente trois méthodes de définition du risque lié aux projets : 1) l'analyse de sensibilité, 2) l'analyse du point mort et 3) l'analyse des scénarios. Chacune d'entre elles sera expliquée à l'aide du même exemple (la société Métal Windsor).

13.2.1   L'ANALYSE DE SENSIBILITÉ

L'analyse de sensibilité offre un moyen de se faire une idée des conséquences possibles d'un investissement. Cette analyse détermine l'effet que produisent sur la PE les variations des variables d'entrée (comme les revenus, le coût d'exploitation et la valeur de récupération) utilisées pour estimer les flux monétaires après impôt. L'**analyse de sensibilité** révèle l'importance de l'incidence qu'a sur la PE un changement donné apporté à une variable d'entrée. Certains éléments servant au calcul des flux monétaires influent plus que d'autres sur le résultat final. Dans certains problèmes, on arrive facilement à identifier l'élément le plus important. Ainsi, l'estimation du volume des ventes constitue souvent un facteur primordial lorsque la quantité vendue varie selon les options. Dans d'autres problèmes, on peut chercher à mettre le doigt sur les éléments qui exercent une action importante sur le résultat final afin de les soumettre à un examen minutieux.

L'analyse de sensibilité est parfois appelée « analyse par simulation », car elle répond à des questions comme : Qu'arriverait-il si les ventes différentielles n'étaient que de 1 000 unités au lieu de 2 000 ? À combien s'élèverait alors la PE ? Pour effectuer cette analyse, on commence par établir une situation de référence à l'aide des valeurs les plus probables pour chaque variable d'entrée. On change ensuite une variable d'intérêt particulier en lui attribuant plusieurs pourcentages précis se situant au-dessus et au-dessous de la valeur la plus probable, tout en gardant constantes les autres variables, puis on calcule une nouvelle PE pour chacune de ces valeurs. Les **graphiques de sensibilité** offrent un moyen pratique et utile de présenter les résultats d'une analyse de sensibilité. Les pentes des lignes indiquent la sensibilité de la PE aux changements de chacune des variables : plus la pente est forte, plus la PE est sensible au changement subi par une variable donnée. Les graphiques de sensibilité permettent de reconnaître les variables qui ont le plus d'incidence sur le résultat final. L'exemple 13.2 illustre le concept de l'analyse de sensibilité.

Exemple 13.2

L'analyse de sensibilité

La société Métal Windsor (SMW), une petite entreprise de fabrication de pièces de métal façonnées, doit décider si elle entre en lice pour devenir le fournisseur de coffres de transmission de la société Golfe Électrique. Golfe Électrique fabrique des coffres de transmission à sa propre usine, mais, comme elle a presque atteint sa capacité de production maximale, elle est à la recherche d'un fournisseur externe. Pour faire face à la concurrence, SMW doit concevoir un nouveau montage pour le procédé de fabrication et acheter une nouvelle machine à forger coûtant 125 000 $. Ce montant inclut les frais de réoutillage. Si SMW obtient la commande, elle pourra vendre à Golfe Électrique jusqu'à 2 000 unités par année, au prix de 50 $ chacune, tandis que les coûts de production variables[4], tels que la main-d'œuvre directe et les coûts directs des matières, s'élèveront à 15 $ l'unité. L'augmentation des coûts fixes[5], autres que la déduction pour amortissement, totalisera 10 000 $ par année. L'entreprise prévoit que ce projet aura une durée approximative de 5 ans. Elle estime que la quantité commandée par Golfe Électrique la première année demeurera la même pour chacune des 4 années suivantes. (En raison de la nature de cette production, la demande annuelle et le prix unitaire ne changeront pas une fois le contrat signé.) Pour cet investissement, l'entreprise peut demander une déduction pour amortissement à laquelle s'applique un taux dégressif de 30 %, et elle s'attend à ce que son taux d'imposition marginal se maintienne à 40 % tout au long du projet. On estime que, après 5 ans, la valeur marchande de la machine à forger représentera environ 32 % de l'investissement initial. Les équipes technique et commerciale de SMW se sont appuyées sur ces informations pour préparer les prévisions de flux monétaire apparaissant au tableau 13.1. Comme, en fonction d'un taux de coût d'option du capital de 15 % (TRAM), la PE de 40 460 $ est positive, le projet semble intéressant.

---

4. Charges dont la variation est directement proportionnelle à celle du volume des ventes ou de la production, selon la définition présentée à la section 1.7.

5. Charges sur lesquelles les changements dans le volume des ventes ou de la production n'ont pas d'incidence. Par exemple, les taxes foncières, les assurances, l'amortissement et le loyer figurent habituellement parmi les coûts fixes.

Tableau 13.1

Flux monétaires après impôt relatifs au projet de coffres de transmission de la société Métal Windsor

ANNÉE	0	1	2	3	4	5
État des résultats						
Produits						
Prix unitaire		50 $	50 $	50 $	50 $	50 $
Demande (unités)		2 000	2 000	2 000	2 000	2 000
Produit des ventes		100 000 $	100 000 $	100 000 $	100 000 $	100 000 $
Charges						
Coût variable unitaire		15 $	15 $	15 $	15 $	15 $
Coût variable		30 000	30 000	30 000	30 000	30 000
Coût fixe		10 000	10 000	10 000	10 000	10 000
DPA		18 750	31 875	22 313	15 619	10 933
Bénéfice imposable		41 250 $	28 125 $	37 688 $	44 381 $	49 067 $
Impôt (40 %)		16 500	11 250	15 075	17 753	19 627
Bénéfice net		24 750 $	16 875 $	22 613 $	26 629 $	29 440 $
État des flux de trésorerie						
Exploitation						
Bénéfice net		24 750 $	16 875 $	22 613 $	26 629 $	29 440 $
DPA		18 750	31 875	22 313	15 619	10 933
Investissement	(125 000) $					
Récupération						40 000 $
Effet fiscal de la disposition						(5 796)
Flux monétaire net	(125 000) $	43 500 $	48 750 $	44 925 $	42 248 $	74 578 $

$PE(15\%) = 40\,460\,\$ \qquad AE(15\%) = 12\,070\,\$ \qquad TRI = 27{,}1\%$

La direction de SMW demeure toutefois inquiète face à ce projet, car l'analyse laisse de côté trop d'éléments incertains. Si la société décide d'entreprendre le projet, elle doit investir dans la machine à forger afin de présenter des échantillons à Golfe Électrique, comme l'exige le processus de soumission. Si Golfe Électique n'aime pas ses échantillons, SMW perdra en entier son investissement dans la machine à forger. Il se peut par ailleurs que Golfe soit satisfaite des échantillons, mais que leur prix soit trop élevé : SMW sera alors contrainte d'aligner son prix sur celui des entreprises concurrentes. On doit même considérer la possibilité que la commande soit moins importante que prévu, étant donné que Golfe peut décider d'avoir recours au travail supplémentaire pour augmenter le nombre d'unités produites. Enfin, la direction entretient des doutes au sujet des montants de coût fixe et de coût variable. Devant ces incertitudes, elle désire évaluer les diverses conséquences potentielles du projet avant de prendre une décision finale. Mettez-vous à la place de la direction de SMW et expliquez comment l'incertitude liée à ce projet peut être levée. À cette fin, effectuez une analyse de sensibilité pour chaque variable puis élaborez un graphique de sensibilité.

Explication : Le tableau 13.1 indique les flux monétaires prévus par SMW – mais rien ne garantit qu'ils se matérialiseront. En effet, la société n'est pas très sûre de ses prévisions sur le plan des revenus. La direction pense que, si les entreprises concurrentes entrent dans le marché, SMW perdra une part substantielle des revenus prévus, car il lui sera impossible d'augmenter le prix soumissionné. Avant d'entreprendre ce projet, elle doit trouver les variables-clés lui permettant de déterminer s'il se soldera par une réussite ou un échec. Le service du marketing estime comme suit les revenus :

$$\text{Revenus annuels} = (\text{Demande du produit})(\text{prix unitaire})$$
$$= (2\ 000)(50\$) = 100\ 000\$.$$

Le service technique estime les coûts variables, tels que la main-d'œuvre et les matières, à 15 $ l'unité. Comme le volume des ventes prévu est de 2 000 unités par année, ces coûts totalisent 30 000 $.

Après avoir calculé les ventes, le prix unitaire et le coût variable unitaire, de même que le coût fixe et la valeur de récupération, on procède à une analyse de sensibilité en fonction de ces variables d'entrée fondamentales. À cette fin, on fait varier chacune des estimations en fonction d'un pourcentage donné et on détermine l'incidence que la variation de cet élément aura sur le résultat final. Si l'incidence est forte, le résultat est sensible à cet élément. L'objectif consiste à faire ressortir le ou les éléments auxquels le résultat est le plus sensible.

Solution

L'analyse de sensibilité : On considère d'abord la « situation de référence », laquelle reflète la meilleure estimation (valeur espérée) pour chacune des variables d'entrée. Pour construire le tableau 13.2, on modifie une variable donnée de 20 %, de sorte que, par tranches de 5 %, elle s'élève ou s'abaisse par rapport à la valeur de référence ; puis, les autres variables demeurant constantes, on calcule la nouvelle PE. Les valeurs des ventes et des coûts d'exploitation représentent les valeurs espérées, ou de référence, et le montant de 40 460 $ correspond à la PE de référence. Ensuite, on formule une série de questions au conditionnel : Qu'arriverait-il si le nombre des ventes était inférieur de 20 % au niveau espéré ? Qu'arriverait-il si les coûts d'exploitation augmentaient ? Qu'arriverait-il si le prix unitaire passait de 50 $ à 45 $? Le tableau 13.2 présente les résultats de la modification des valeurs des variables d'entrée fondamentales.

Tableau 13.2 — Analyse de sensibilité pour cinq variables d'entrée fondamentales

Valeur de référence

ÉCART	−20 %	−15 %	−10 %	−5 %	0 %	5 %	10 %	15 %	20 %
Prix unitaire	234 $	10 291 $	20 347 $	30 404 $	40 460 $	50 517 $	60 573 $	70 630 $	80 686 $
Demande	12 302	19 342	26 381	33 421	40 460	47 500	54 539	61 579	68 618
Coût variable unitaire	52 528	49 511	46 494	43 477	40 460	37 443	34 426	31 410	28 393
Coût fixe	44 483	43 477	42 472	41 466	40 460	39 455	38 449	37 443	36 438
Valeur de récupération	38 074	38 671	39 267	39 864	40 460	41 057	41 654	42 250	42 847

Le graphique de sensibilité : La figure 13.1 montre les courbes de sensibilité de cinq des variables d'entrée fondamentales relatives au projet de coffres de transmission. On situe la PE de référence de 40 460 $ sur l'abscisse représentant l'écart de 0 %. Ensuite, on réduit la valeur de la demande à 0,95 (écart de −5 %) de sa valeur de référence, et on recalcule la PE en conservant la valeur de référence de toutes les autres variables. On répète le processus soit en diminuant, soit en augmentant l'écart par rapport à la valeur de référence. On obtient de la même manière les courbes correspondant au prix unitaire, au coût variable unitaire, au coût fixe et à la valeur de récupération. D'après la figure 13.1, la PE du projet est 1) très sensible aux changements de la demande et du prix unitaire, 2) modérément sensible aux changements des coûts variables et 3) relativement insensible aux changements du coût fixe et de la valeur de récupération.

Figure 13.1
Graphique de sensibilité — Projet de coffres de transmission de SMW

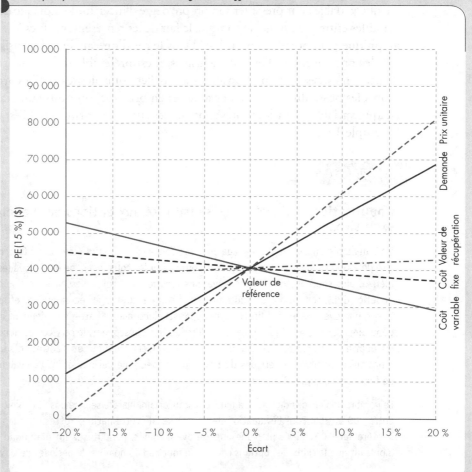

Les graphiques comme celui de la figure 13.1 offrent un moyen utile de représenter la sensibilité relative de la PE aux différentes variables. Toutefois, ils n'expliquent pas les interactions entre les variables ni les chances de réalisation des écarts par rapport à la situation de référence. Il est certainement concevable qu'un résultat indique que la PE est peu sensible aux changements de l'un ou de l'autre élément, alors que, combinés, ces changements provoquent une très forte sensibilité.

13.2.2 L'APPLICATION DE L'ANALYSE DE SENSIBILITÉ AUX OPTIONS MUTUELLEMENT EXCLUSIVES

Dans la figure 13.1, chaque variable est modifiée uniformément de ± 20 %, et toutes figurent dans le même graphique. Or, il peut s'avérer trop simpliste de partir du principe que les modifications sont uniformes ; en effet, dans bien des situations, chaque variable peut présenter son propre degré d'incertitude. Lorsque de nombreuses variables entrent en ligne de compte, le fait de les représenter toutes à l'aide d'un seul graphique peut porter à confusion. Dans le cas d'une analyse de sensibilité portant sur des options mutuellement exclusives, il est préférable de représenter les PE (ou d'autres mesures, comme les valeurs annuelles équivalentes (AE)) correspondant à toutes les possibilités de chaque variable ; en principe, on utilise un graphique pour chaque variable, dont les unités sont situées sur l'axe horizontal. C'est ce qu'illustre l'exemple 13.3.

Exemple 13.3

L'application de l'analyse de sensibilité aux options mutuellement exclusives

Un bureau régional de Postes Canada envisage l'achat d'un chariot élévateur à fourche d'une capacité de 2 000 kg, qui sera utilisé surtout pour traiter les colis reçus, de même que les colis à expédier. Le plus souvent, les chariots élévateurs fonctionnent soit à l'essence, soit au gaz de pétrole liquéfié (GPL), soit au diesel. Toutefois, en raison des avantages économiques et environnementaux qui relèvent de leur utilisation, les appareils électriques à batterie deviennent de plus en plus populaires dans de nombreux secteurs industriels. Par conséquent, le service postal désire comparer les quatre différents types d'énergie. Les frais annuels d'énergie et d'entretien sont mesurés en fonction du nombre de périodes de travail par année, une période étant équivalente à 8 heures de fonctionnement.

Le nombre de périodes de travail annuelles est incertain, mais le service postal prévoit qu'il se situera entre 200 et 260. Pour l'évaluation de tout projet de cette nature, Postes Canada utilise un taux d'intérêt de 10 %. Il s'agit d'une analyse avant impôt. Construisez un graphique de sensibilité montrant que le choix des options change en fonction du nombre de périodes de travail par année.

	ÉLECTRICITÉ	GPL	ESSENCE	DIESEL
Vie utile	7 ans	7 ans	7 ans	7 ans
Coût initial	29 739 $	21 200 $	20 107 $	22 263 $
Valeur de récupération	3 000 $	2 000 $	2 000 $	2 200 $
Nombre maximal de périodes de travail par année	260	260	260	260
Consommation d'énergie par période de travail	31,25 kWh	26,1 L	29,6 L	18,5 L
Coût de l'énergie par unité	0,05 $/kWh	0,43 $/L	0,45 $/L	0,44 $/L
Coût de l'énergie par période de travail	1,56 $	11,22 $	13,32 $	8,14 $
Coût annuel de l'entretien				
Coût fixe	500 $	1 000 $	1 000 $	1 000 $
Coût variable par période de travail	3,5 $	7 $	7 $	7 $

Solution

Ce problème compte deux éléments de coûts: 1) le coût de possession (coût en capital) et 2) le coût d'exploitation (énergie et entretien). Comme le coût d'exploitation annuel est déjà connu, il ne reste à déterminer que le coût annuel équivalent de la possession pour chacune des options.

a) Coût de possession (coût en capital): À l'aide de la formule du coût de recouvrement du capital avec valeur de récupération établie par l'équation 4.6, on calcule

Électricité: $RC(10\%) = (29\ 739\ \$ - 3\ 000\ \$)(A/P,\ 10\%,\ 7) + (0,10)3\ 000\ \$$
$$= 5\ 792\ \$.$$

GPL: $RC(10\%) = (21\ 200\ \$ - 2\ 000\ \$)(A/P,\ 10\%,\ 7) + (0,10)2\ 000\ \$$
$$= 4\ 144\ \$.$$

Essence: $RC(10\%) = (20\ 107\ \$ - 2\ 000\ \$)(A/P,\ 10\%,\ 7) + (0,10)2\ 000\ \$$
$$= 3\ 919\ \$.$$

Diesel: $RC(10\%) = (22\ 263\ \$ - 2\ 200\ \$)(A/P,\ 10\%,\ 7) + (0,10)2\ 200\ \$$
$$= 4\ 341\ \$.$$

b) Coût d'exploitation annuel: On peut exprimer le coût d'exploitation annuel en fonction du nombre de périodes de travail annuelles (M) en combinant les éléments de coût fixe et les éléments de coût variable des dépenses en énergie et en entretien.

Électricité: $500\ \$ + (1,56 + 3,5)M = 500\ \$ + 5,06M$.
GPL: $1\ 000\ \$ + (11,22 + 7)M = 1\ 000\ \$ + 18,22M$.
Essence: $1\ 000\ \$ + (13,32 + 7)M = 1\ 000\ \$ + 20,32M$.
Diesel: $1\ 000\ \$ + (8,14 + 7)M = 1\ 000\ \$ + 15,14M$.

c) Coût annuel total équivalent: On l'obtient en additionnant le coût de possession et le coût d'exploitation.

Électricité: $AE(10\%) = 6\,292 + 5,06M$.

GPL: $AE(10\%) = 5\,144 + 18,22M$.

Essence: $AE(10\%) = 4\,919 + 20,32M$.

Diesel: $AE(10\%) = 5\,341 + 15,14M$.

La figure 13.2 présente ces quatre coûts annuels équivalents en fonction du nombre de périodes de travail, M. Il semble que le chariot élévateur électrique soit le plus économique, à condition que le nombre de périodes de travail se situe approximativement au-dessus de 95.

Figure 13.2
Application de l'analyse de sensibilité à des options mutuellement exclusives

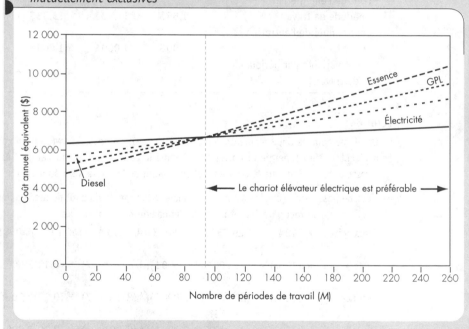

13.2.3   L'ANALYSE DU POINT MORT

Quand on effectue une analyse de sensibilité, on cherche à déterminer l'incidence qu'auront sur la rentabilité du projet une baisse des revenus ou une hausse des coûts. Or, les gestionnaires préfèrent parfois se demander jusqu'à quel point le niveau des ventes peut tomber sous le niveau prévu avant que le projet commence à ne plus être rentable. C'est ce qu'on appelle l'**analyse du point mort**, ou **analyse du seuil de rentabilité**. En d'autres termes, il s'agit d'une technique destinée à étudier l'effet des variations des résultats sur la PE d'une entreprise (ou sur d'autres mesures). La méthode d'analyse du point mort que nous présentons ici repose sur le calcul des flux monétaires du projet.

La méthode suivante illustre la façon de procéder à une analyse du point mort fondée sur la PE. On calcule la PE des rentrées de fonds en fonction d'une variable inconnue (disons X) — cette variable pouvant représenter les ventes annuelles. Par exemple :

$$\text{PE des rentrées de fonds} = f_1(x).$$

Puis on calcule la PE des sorties de fonds en fonction de X :

$$\text{PE des sorties de fonds} = f_2(x).$$

Bien sûr, c'est la différence entre ces deux montants qui donne la PE nette. Ensuite, on cherche la valeur de x au point mort, tel que

$$f_1(x) = f_2(x).$$

Notez que le calcul de cette valeur au point mort est comparable à celui du taux de rendement interne, qui a pour but de déterminer le taux d'intérêt auquel la PE nette est égale à zéro, de même qu'à une foule d'autres calculs des « valeurs limites » effectués dans des situations où un choix varie.

Exemple 13.4

L'analyse du point mort

D'après l'analyse de sensibilité présentée à l'exemple 13.2, la direction de SMW est convaincue que c'est aux variations du volume des ventes annuelles que la PE est le plus sensible. Déterminez le point mort de la PE en fonction de cette variable.

Solution

L'analyse apparaît au tableau 13.3, où les revenus et les coûts du projet de coffres de transmission de SMW sont représentés en fonction d'une quantité inconnue de ventes annuelles, X.

On calcule comme suit les PE des rentrées et des sorties :

- PE des rentrées

$$
\begin{aligned}
PE(15\,\%)_{\text{rentrée}} = {} & (\text{PE du revenu net après impôt}) \\
& + (\text{PE de la valeur de récupération nette}) \\
& + (\text{PE de l'économie d'impôt due à la DPA}). \\
= {} & 30X\,(P/A,\ 15\,\%,\ 5) + 34\,204\,\$(P/F,\ 15\,\%,\ 5) \\
& + 7\,500\,\$(P/F,\ 15\,\%,\ 1) + 12\,750\,\$(P/F,\ 15\,\%,\ 2) \\
& + 8\,925\,\$(P/F,\ 15\,\%,\ 3) + 6\,248\,\$(P/F,\ 15\,\%,\ 4) \\
& + 4\,373\,\$(P/F,\ 15\,\%,\ 5) \\
= {} & 30X(P/A,\ 15\,\%,\ 5) + 44\,782\,\$ \\
= {} & 100{,}5650X + 44\,782\,\$.
\end{aligned}
$$

Tableau 13.3

Flux monétaires après impôt du projet de coffres de transmission de SMW

ANNÉE	0	1	2	3	4	5
Rentrées						
Récupération nette						34 204
Revenus						
$X(1 - 0,4)(50\$)$		30X	30X	30X	30X	30X
Crédit de DPA						
0,4(DPA)		7 500	12 750	8 925	6 248	4 373
Sorties						
Investissement	−125 000					
Coût variable						
$-X(1 - 0,4)(15\$)$		−9X	−9X	−9X	−9X	−9X
Coût fixe						
$-(1 - 0,4)(10\,000\$)$		−6 000	−6 000	−6 000	−6 000	−6 000
Flux monétaire net	−125 000	21X + 1 500	21X + 6 750	21X + 2 925	21X + 248	21X + 32 577

- PE des sorties

$$PE(15\%)_{sortie} = (\text{PE de la dépense en capital})$$
$$+ (\text{PE des charges après impôt}).$$
$$= 125\,000\$ + (9X + 6\,000\$)(P/A,\ 15\%,\ 5)$$
$$= 30,1694X + 145\,113\$.$$

La PE nette des flux monétaires du projet de SMW est donc

$$PE(15\%) = 100,5650X + 44\,782\$$$
$$- (30,1694X + 145\,113\$)$$
$$= 70,3956X - 100\,331\$.$$

Le tableau 13.4 présente le calcul des PE des rentrées et des sorties en fonction de la demande (X).

Tableau 13.4

Détermination du point mort du volume fondée sur la PE du projet

DEMANDE (X)	PE DES RENTRÉES (100,5650X + 44 782 $)	PE DES SORTIES (30,1694X + 145 113 $)	PE NETTE (70,3956X − 100 331 $)
0	44 782 $	145 113 $	(100 331) $
500	95 065	160 198	(65 133)
1 000	145 347	175 282	(29 935)
1 425	188 087	188 104	(17)
1 426	188 188	188 135	53
1 500	195 630	190 367	5 262
2 000	245 912	205 452	40 460
2 500	296 195	220 537	75 658

Point mort du volume = 1 426 unités.

La PE sera légèrement positive si l'entreprise vend 1 426 unités. Un calcul précis du point zéro de la PE (point mort du volume) donne 1 425,29 unités :

$$PE(15\%) = 70,39356X - 100\ 623\ \$$$
$$= 0$$
$$X_b = 1\ 426\ \text{unités.}$$

La figure 13.3 représente les PE des rentrées et des sorties selon diverses hypothèses sur les ventes annuelles. Les deux lignes se croisent à l'endroit où les ventes atteignent 1 426 unités, soit le point où la PE du projet est égale à zéro. On constate ici encore que, tant que les ventes dépassent ou égalent 1 426, la PE du projet demeure positive.

Figure 13.3
Analyse du point mort fondée sur le flux monétaire net

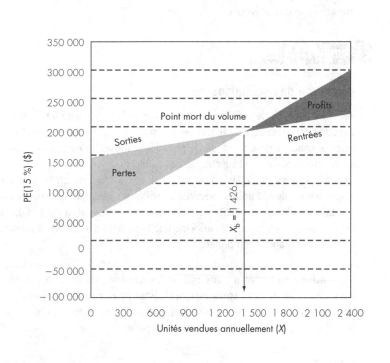

13.2.4 L'ANALYSE DES SCÉNARIOS

Quoique les analyses de sensibilité et du point mort soient utiles, elles ont des limites. En effet, il est souvent difficile de préciser la relation entre une variable particulière et la PE. L'interdépendance des variables vient en outre compliquer l'établissement de cette relation. Par ailleurs, le fait de garder constants les coûts d'exploitation tandis que les ventes varient peut simplifier l'analyse, mais, dans les faits, ils ne se comportent pas de cette façon. D'un autre côté, en permettant à plus d'une variable à la fois de changer, on risque de rendre l'analyse trop compliquée.

L'analyse des scénarios est une technique qui permet d'étudier la sensibilité de la PE aux changements subis simultanément par des variables-clés, dans les limites de leurs valeurs probables. Par exemple, le décideur peut considérer deux cas extrêmes, le pire scénario (ventes faibles, prix de vente faible, coût variable unitaire élevé, coût fixe élevé, etc.) et le meilleur scénario. Il calcule ensuite la PE du pire scénario et celle du meilleur puis les compare à la PE espérée, ou de référence. L'exemple 13.5 illustre une analyse des scénarios.

Exemple 13.5

L'analyse des scénarios

Reprenez le projet de coffres de transmission de SMW présenté à l'exemple 13.2. Présumez que la direction est assez sûre de toutes les estimations relatives aux variables du flux monétaire, sauf de celle concernant la demande du produit. Supposez de plus qu'elle considère comme extrêmement improbable de vendre moins de 1 600 unités ou plus de 2 400. Ainsi, une baisse de 400 unités dans les ventes annuelles constitue la limite inférieure, ou le pire scénario, tandis qu'une augmentation de 400 unités constitue la limite supérieure, ou le meilleur scénario. (Rappelez-vous que la valeur la plus probable pour les ventes annuelles était de 2 000.) Analysez le meilleur et le pire scénario en partant du principe que le nombre d'unités vendues sera le même au cours de chacune des 5 années du projet.

Explication : Pour effectuer une analyse des scénarios, on demande aux équipes technique et commerciale de fournir des estimations optimistes (meilleur scénario) et pessimistes (pire scénario) pour les variables-clés. Les valeurs pessimistes servent ensuite à obtenir la PE du pire scénario et les valeurs optimistes, celle du meilleur scénario.

Solution

Le tableau qui suit résume les résultats de l'analyse. On constate que le scénario de référence donne lieu à une PE positive, le pire scénario, à une PE négative, et le meilleur scénario, à une PE positive élevée.

VARIABLE CONSIDÉRÉE	PIRE SCÉNARIO	SCÉNARIO LE PLUS PROBABLE	MEILLEUR SCÉNARIO
Demande d'unités	1 600	2 000	2 400
Prix unitaire	48 $	50 $	53 $
Coût variable	17 $	15 $	12 $
Coût fixe	11 000 $	10 000 $	8 000 $
Valeur de récupération	30 000 $	40 000 $	50 000 $
PE(15 %)	−5 564 $	40 460 $	104 587 $

En consultant simplement les résultats du tableau, il n'est pas facile d'interpréter l'analyse des scénarios ni de prendre une décision fondée sur celle-ci. Par exemple, on constate que le projet pourrait faire perdre de l'argent à l'entreprise, mais on ne connaît pas encore précisément la probabilité de cette possibilité. En clair, on a besoin d'estimations concernant les probabilités de réalisation du pire scénario, du meilleur scénario, du scénario de référence (le plus probable), ainsi que de toutes les autres possibilités. Ce besoin aboutit directement à la prochaine étape, soit à l'établissement d'une distribution des probabilités (ou des chances que la variable en question prenne une certaine valeur). Si on arrive à prévoir l'incidence des variations des paramètres sur la PE, pourquoi ne pas attribuer une distribution des probabilités aux résultats possibles de chaque paramètre puis combiner ces distributions de façon à obtenir une distribution des probabilités pour les résultats possibles de la PE ? La prochaine section traite de cette question.

13.3 LES CONCEPTS RELATIFS AUX PROBABILITÉS ET LES DÉCISIONS D'INVESTISSEMENT

Dans cette section, on tient pour acquis que l'analyste peut obtenir l'information sur les probabilités (ou chances) de réalisation des événements futurs grâce soit à une expérience antérieure acquise au cours d'un projet semblable, soit à une étude de marché. L'utilisation de cette information est susceptible d'offrir à la direction un éventail de résultats possibles et de lui indiquer la possibilité d'atteindre différents objectifs conformément à chaque option d'investissement.

13.3.1 L'ÉVALUATION DES PROBABILITÉS

Il convient d'abord de définir les termes qui se rapportent aux concepts relatifs aux probabilités : variable aléatoire, distribution des probabilités et distribution cumulative des probabilités.

Les variables aléatoires

Une **variable aléatoire** est un paramètre, ou variable, pouvant prendre plus d'une valeur. Quel que soit le moment, la valeur d'une variable aléatoire demeure inconnue tant que l'événement n'a pas eu lieu, mais la probabilité qu'elle prenne une valeur donnée est connue à l'avance. Autrement dit, on associe à chaque valeur possible de la variable aléatoire une probabilité, ou chance, de réalisation. Par exemple, quand l'équipe de votre école dispute un match de football, seulement trois événements concernant le résultat du match sont possibles : victoire, défaite ou match nul (si les règlements le permettent). Le résultat du match est une variable aléatoire, dont la valeur est déterminée en grande partie par la force de l'adversaire.

Pour désigner les variables aléatoires, on utilise par convention une lettre majuscule italique (par exemple, X). Pour indiquer que la variable aléatoire prend une valeur précise, on utilise une lettre minuscule italique (par exemple, x). Les variables aléatoires peuvent être discrètes ou continues. Toute variable aléatoire qui ne prend que des valeurs isolées (dénombrables) est appelée **variable aléatoire discrète**. Quant à la **variable aléatoire continue,** elle peut prendre toutes les valeurs possibles dans un intervalle donné. Par exemple, le résultat du match dont il a été question plus haut représente une variable aléatoire discrète. Mais supposons que vous vous intéressez à la quantité de boissons vendues à l'occasion d'un match donné. La quantité (ou volume) de boissons vendues dépend des conditions météorologiques, du nombre de personnes assistant au match et d'autres facteurs. Dans un tel cas, il s'agit d'une variable aléatoire pouvant prendre une gamme continue de valeurs.

La distribution des probabilités

Dans le cas d'une variable aléatoire discrète, on doit évaluer le nombre de probabilités pour chaque événement aléatoire. Dans le cas d'une variable aléatoire continue, c'est la fonction de probabilité qu'on doit évaluer puisque l'événement a lieu à l'intérieur d'un domaine continu. Pour l'une comme pour l'autre, il existe une gamme de possibilités parmi les résultats possibles. L'ensemble de ces valeurs représente la **distribution des probabilités**.

L'évaluation des probabilités peut se fonder sur des observations passées, ou données historiques, si on prévoit que les tendances ou les caractéristiques passées se répéteront. Dans bien des sports professionnels, les prévisions concernant la météo ou l'issue d'un match reposent sur les données statistiques compilées. Quand l'évaluation des probabilités se fonde sur des données objectives, on parle de **probabilités objectives**. Mais il n'y a pas que les probabilités objectives. Dans de nombreuses situations d'investissement réelles, on n'a aucune donnée objective à analyser. Dans de tels cas, on attribue les **probabilités subjectives** qu'on juge appropriées aux états de la nature possibles. Pour autant qu'on agisse conformément à ses croyances au sujet des événements possibles, l'analyse de rentabilité peut raisonnablement rendre compte des conséquences économiques de ces circonstances incertaines.

Pour une variable aléatoire continue, on tente habituellement d'établir un intervalle de variation, c'est-à-dire qu'on essaie de déterminer une **valeur minimale** (L) et une **valeur maximale** (H). Ensuite, on cherche si une valeur comprise dans ces limites est *plus probable* que les autres; autrement dit, on se demande si la distribution a un **mode** (M_o), ou une valeur plus fréquente.

Si la distribution a effectivement un mode, on peut représenter la variable par une **distribution triangulaire**, comme celle qu'illustre la figure 13.4. Par contre, si on n'a aucune raison de supposer qu'une valeur est plus susceptible de se réaliser qu'une autre, le mieux qu'on puisse faire est sans doute de la représenter par une **distribution uniforme**, comme le montre la figure 13.5. On utilise souvent ces deux distributions pour représenter la variabilité d'une variable aléatoire lorsque les seules informations qu'on possède sont sa valeur minimale, sa valeur maximale, de même que la présence ou l'absence d'un mode dans la distribution. Supposons, par exemple, que, selon le meilleur jugement de l'analyste, les revenus des ventes se situeront entre 2 000 $ et 5 000 $ par jour, et que toute valeur comprise dans cet intervalle de variation est aussi susceptible de se réaliser qu'une autre. Ce jugement sur la variabilité des ventes pourrait être représenté par une distribution uniforme.

Figure 13.4
Distribution triangulaire des probabilités: a) fonction de probabilité et b) distribution cumulative des probabilités

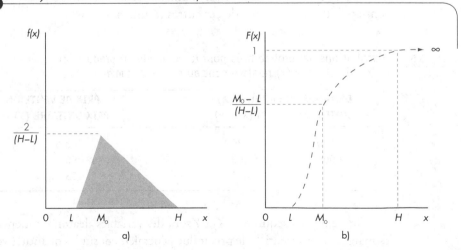

Figure 13.5
Distribution uniforme des probabilités : a) fonction de probabilité
et b) distribution cumulative des probabilités

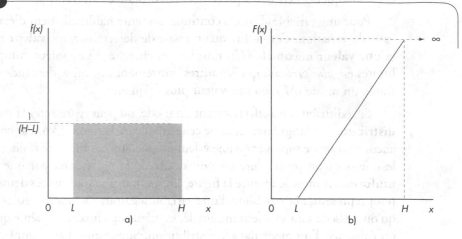

Pour le projet de coffres de transmission de SMW, on peut considérer les variables aléatoires discrètes (X et Y) comme deux quantités dont les valeurs ne peuvent être prévues avec certitude au moment de la prise de décision. Le tableau 13.5 présente des distributions de probabilités : en le consultant, on constate que la probabilité la plus élevée pour la demande du produit est de 2 000 unités, tandis que, pour le prix de vente unitaire, elle est de 50 $. Voilà donc les valeurs les plus probables. Le tableau indique aussi une forte probabilité que se réalise une demande autre que 2 000 unités. Quand l'analyse économique n'utilise que les valeurs les plus probables, elle ne tient en fait aucun compte de ces autres résultats.

Tableau 13.5 Distributions des probabilités pour la demande du produit (X) et le prix unitaire (Y) relativement au projet de SMW

DEMANDE DU PRODUIT (X)		PRIX DE VENTE UNITAIRE (Y)	
UNITÉS (X)	$P(X = x)$	PRIX UNITAIRE (Y)	$P(Y = y)$
1 600	0,20	48 $	0,30
2 000	0,60	50	0,50
2 400	0,20	53	0,20

On tient pour acquis que X et Y sont des variables aléatoires indépendantes. Dans les marchés concurrentiels, le prix influe généralement sur les quantités vendues. Néanmoins, dans ce problème, SMW suppose que, à l'intérieur de l'intervalle de variation prévu, les prix n'auront pas d'incidence sur la demande, bien que les deux variables représentent des conséquences incertaines des négociations contractuelles.

La distribution cumulative

Comme on l'a observé à la section précédente, la distribution des probabilités fournit des informations sur les chances qu'une variable aléatoire prenne une quelconque valeur, x. Cette information peut servir à son tour à définir la fonction de distribution cumulative. La fonction de **distribution cumulative** indique la probabilité que la variable aléatoire atteigne une valeur inférieure, ou égale, à une quelconque valeur, x. Voici une notation fréquemment utilisée pour représenter la distribution cumulative :

$$F(x) = P(X \le x) = \begin{cases} \sum_{j:\, x_j \le x} p_j \text{ (pour une variable aléatoire discrète)} \\ \int_L^x f(x)dx \text{ (pour une variable aléatoire continue)} \end{cases}$$

Ici, p_j représente la probabilité de réalisation de la x_j^e valeur de la variable aléatoire discrète, et $f(x)$ représente une fonction de probabilité pour une variable continue. Dans le cas d'une variable aléatoire continue, la distribution cumulative s'élève en douceur, de manière constante (plutôt que par degrés).

L'exemple 13.6 explique la méthode par laquelle on peut intégrer des informations probabilistes à l'analyse. Ici encore, on utilise le projet de coffres de transmission de SMW. La prochaine section présente la façon de calculer certaines statistiques composites à l'aide de toutes les données.

Exemple 13.6

La distribution cumulative des probabilités

Présumez que les seuls paramètres incertains sont le nombre d'unités vendues annuellement (X) à Golfe Électrique et le prix de vente unitaire (Y). D'après son expérience du marché, SMW évalue les probabilités de réalisation de chaque variable comme l'indique le tableau 13.5. Déterminez la distribution cumulative des probabilités pour chacune de ces variables aléatoires.

Solution

Soit la distribution des probabilités de la demande d'unités (X) donnée plus haut par le tableau 13.5 :

DEMANDE D'UNITÉS (X)	PROBABILITÉ, $P(X = x)$
1 600	0,2
2 000	0,6
2 400	0,2

Si on veut connaître la probabilité que la demande soit inférieure, ou égale, à n'importe quelle valeur donnée, on peut utiliser la fonction de probabilité cumulative suivante :

$$F(x) = P(X \leq x) = \begin{cases} 0,2 & x \leq 1\ 600 \\ 0,8 & x \leq 2\ 000 \\ 1,0 & x \leq 2\ 400. \end{cases}$$

Par exemple, si on veut connaître la probabilité que la demande soit inférieure ou égale à 2 000, on peut examiner l'intervalle approprié ($x \leq 2\ 000$) et constater que cette probabilité est de 80 %.

On peut trouver la distribution cumulative de Y en procédant de la même façon. Les figures 13.6 et 13.7 contiennent des représentations graphiques de la distribution des probabilités et de la distribution cumulative des probabilités pour X et pour Y, respectivement.

Figure 13.6
Distribution des probabilités et distribution cumulative
des probabilités pour la variable aléatoire X (ventes annuelles)

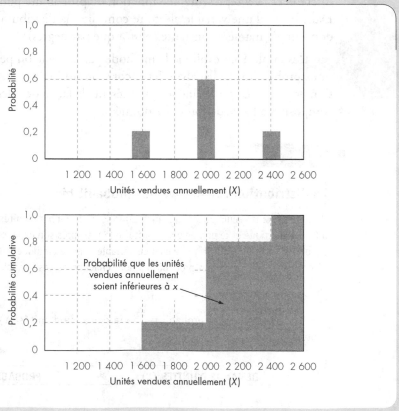

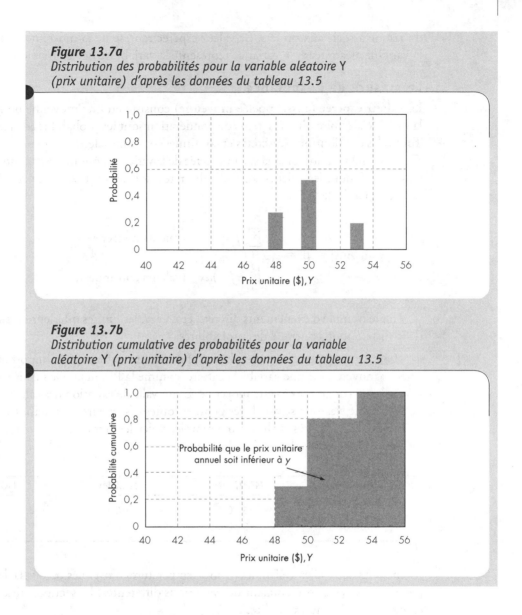

Figure 13.7a
*Distribution des probabilités pour la variable aléatoire Y
(prix unitaire) d'après les données du tableau 13.5*

Figure 13.7b
*Distribution cumulative des probabilités pour la variable
aléatoire Y (prix unitaire) d'après les données du tableau 13.5*

13.3.2   LA SYNTHÈSE DE L'INFORMATION PROBABILISTE

Bien que la connaissance de la distribution des probabilités d'une variable aléatoire permette de faire un énoncé de probabilité précis, il est souvent bon d'obtenir une valeur unique susceptible de caractériser la variable aléatoire et sa distribution des probabilités. Cette quantité est la **valeur espérée** de la variable aléatoire. Par ailleurs, il est aussi souhaitable d'être informé sur la dispersion des valeurs de la variable aléatoire par rapport à la valeur espérée (c'est-à-dire la **variance**). En matière d'analyse d'investissement, cette information sur la dispersion est interprétée comme le niveau du risque associé aux projets. La valeur espérée représente la moyenne pondérée de la variable aléatoire, et la variance représente la variabilité de la variable aléatoire.

La mesure de l'espérance

La **valeur espérée** (aussi appelée **moyenne**) consiste en une moyenne pondérée de la variable aléatoire où les facteurs de pondération sont les probabilités de réalisation. Toutes les distributions (discrètes et continues) ont une valeur espérée. On utilise ici $E[X]$ (ou μ) pour indiquer la valeur espérée de la variable aléatoire X. Pour une variable aléatoire X, dont les valeurs sont soit discrètes, soit continues, on calcule la valeur espérée à l'aide de

$$E[X] = \mu = \begin{cases} \displaystyle\sum_{j=1}^{J} p_j x_j & \text{(valeurs discrètes)} \\ \displaystyle\int_{L}^{H} x f(x) dx & \text{(valeurs continues),} \end{cases} \tag{13.1}$$

où J est le nombre d'événements discrets, et L et H, les limites inférieure et supérieure de la distribution continue des probabilités.

La valeur espérée d'une distribution fournit une information importante sur la valeur « moyenne » d'une variable aléatoire, comme la PE, mais elle ne révèle rien sur la variabilité par rapport à cette moyenne. L'intervalle de variation des valeurs possibles de la variable aléatoire sera-t-il très petit, et toutes ces valeurs se situeront-elles sur la valeur espérée ou près d'elle ? Par exemple, voici les températures enregistrées le 28 février 1999, dans deux villes du Canada.

ENDROIT	MINIMUM	MAXIMUM	MOYENNE
Calgary	−6 °C	10 °C	2 °C
Toronto	0 °C	4 °C	2 °C

Même si les deux villes avaient les mêmes températures moyennes ce jour-là, leurs températures extrêmes présentaient des variations différentes. La section suivante traite de cette question de variabilité.

La mesure de la variation

L'analyse de situations probabilistes nécessite une autre mesure : le risque dû à la variabilité des résultats. En matière d'analyse statistique, il existe plusieurs mesures de la variation d'une série de nombres — ce sont, entre autres, l'**intervalle de variation,** la **variance** et l'**écart type**. Ces dernières mesures servent très fréquemment à l'analyse des situations de risque. Ici, *Var* $[X]$ ou σ_x^2 indiquent la variance de la variable aléatoire X, et σ_x, son écart type. (Quand une analyse ne comporte qu'une seule variable aléatoire, on omet normalement l'indice.)

La variance indique le niveau d'étalement, ou de dispersion, de la distribution de part et d'autre de la valeur moyenne. Plus la variance augmente, plus l'étalement de la distribution augmente ; plus faible est la variance, plus faible est l'étalement de part et d'autre de la valeur espérée.

Pour déterminer la variance, on commence par calculer l'écart de chaque conséquence possible, x_j, par rapport à la valeur espérée ($x_j - \mu$). Ensuite, on calcule le carré de chaque résultat et on le multiplie par la probabilité de réalisation de x_j (à savoir p_j). La somme de tous ces produits sert à mesurer la variabilité de la distribution. Pour une variable aléatoire qui n'a que des valeurs discrètes, l'équation pour calculer la variance[6] est

$$Var[X] = \sigma_x^2 = \sum_{j=1}^{J} (x_j - \mu)^2 p_j, \qquad (13.2)$$

où p_j est la probabilité de réalisation de la j^e valeur de la variable aléatoire (x_j), et μ est telle que la définit l'équation 13.1. Toute mesure du risque est d'autant plus utile qu'elle possède une valeur précise (unité). Parmi ces mesures, se trouve l'**écart type**. Pour le calculer, on trouve la racine carrée positive de $Var[X]$, qu'on mesure en utilisant les mêmes unités que pour X :

$$\sigma_x = \sqrt{Var[X]}. \qquad (13.3)$$

L'écart type correspond à la mesure pondérée de l'écart (plus précisément, la racine carrée de la somme pondérée des carrés des écarts) par rapport à la valeur espérée. Il permet de se faire une idée des limites inférieure et supérieure que la valeur réelle est susceptible d'atteindre de part et d'autre de la valeur espérée. Pour la plupart des distributions de probabilités, la valeur du résultat réel se situe à l'intérieur d'un intervalle de variation de $\pm 3\sigma$.

Dans la pratique, le calcul de la variance est un peu plus facile si on utilise la formule suivante :

$$\begin{aligned} Var[X] &= \Sigma p_j x_j^2 - (\Sigma p_j x_j)^2 \\ &= E[X^2] - (E[X])^2 \end{aligned} \qquad (13.4)$$

Le terme $E[X^2]$ de l'équation 13.4 est interprété comme la valeur moyenne des carrés de la variable aléatoire (c'est-à-dire les carrés des valeurs réelles). Le second terme est simplement la valeur moyenne au carré. L'exemple 13.7 illustre la façon de calculer les mesures de variation.

---

6. Pour une variable aléatoire continue, on calcule la variance comme suit :
$$Var[X] = \int_L^H (x - u)^2 f(x) dx.$$

Exemple 13.7

Le calcul de la moyenne et de la variance

Reprenez le projet de coffres de transmission de SMW. Les estimations relatives aux unités vendues (X) et au prix unitaire (Y) apparaissent au tableau 13.5. Calculez la moyenne, la variance et l'écart type des variables aléatoires X et Y.

Solution

Pour la variable correspondant à la demande du produit (X) :

x_j	p_j	$x_j p_j$	$(x_j - E[X])^2$	$(x_j - E[X])^2 p_j$
1 600	0,20	320	$(-400)^2$	32 000
2 000	0,60	1 200	0	0
2 400	0,20	480	$(400)^2$	32 000
		$E[X] = 2\,000$		$Var[X] = 64\,000$
				$\sigma_x = 252,98$

Pour la variable correspondant au prix unitaire (Y) :

y_j	p_j	$y_j p_j$	$(y_j - E[Y])^2$	$(y_j - E[Y])^2 p_j$
48 $	0,30	14,40 $	$(-2)^2$	1,20
50	0,50	25,00	$(0)^2$	0
53	0,20	10,60	$(3)^2$	1,80
		$E[Y] = 50,00$		$Var[Y] = 3,00$
				$\sigma_y = 1,73$

13.3.3 LES PROBABILITÉS CONJOINTES ET LES PROBABILITÉS CONDITIONNELLES

Jusqu'ici, il n'a pas été question de l'incidence que certaines variables peuvent avoir sur d'autres. Or, il est tout à fait possible — probable, en fait — que la valeur de certains paramètres dépende de celle d'autres paramètres. On considère d'ordinaire ces dépendances comme des probabilités conditionnelles. La demande du produit, sur laquelle influe généralement le prix unitaire, en est un exemple.

On désigne une **probabilité conjointe** par

$$P(x, y) = P(X = x \mid Y = y)P(Y = y), \tag{13.5}$$

où $P(x, y)$ est la probabilité d'observer ces résultats précis pour X et Y, $P(X = x \mid Y = y)$ est la **probabilité conditionnelle** d'observer x, si $Y = y$, et $P(Y = y)$ est la **probabilité marginale** d'observer $Y = y$. Bien sûr, on rencontre des cas importants où le fait de savoir que l'événement X se produira ne change pas la probabilité de l'événement Y. En d'autres termes, si X et Y sont **indépendants**, la probabilité conjointe est simplement

$$P(x, y) = P(x)P(y). \tag{13.6}$$

Pour illustrer les concepts relatifs aux distributions conjointes, marginales et conditionnelles, il est préférable d'avoir recours à des exemples numériques.

Exemple 13.8 | **$**

La distribution des probabilités pour deux variables dépendantes

Jeannette et Paul se proposent d'investir aujourd'hui 7 000 $ en vue des études universitaires de leur fillette de 1 an. Les conséquences de leur investissement dépendent du rendement du régime d'épargne-études et de l'importance des frais de scolarité dans 17 ans, quand Marjolaine commencera ses études. Notant que si le taux de rendement du régime est élevé, ce sera en partie à cause d'un taux d'inflation général élevé, lequel provoquera aussi l'augmentation des frais de scolarité, Suzanne, leur conseillère financière, estime les probabilités de certains scénarios possibles. Par exemple, elle évalue à 0,20 les chances que le taux de rendement annuel (réel) soit de 10 %. Si cela se produit, elle évalue à 0,60 la probabilité conditionnelle que les frais de scolarité s'élèvent à 14 000 $ par année[7] dans 17 ans. Par conséquent, la probabilité de cet événement conjoint (taux de rendement annuel = 10 % et frais de scolarité = 14 000 $) est :

$$
\begin{aligned}
P(x, y) &= P(10\,\%,\ 14\,000\,\$) \\
&= P(y = 14\,000\,\$ \mid x = 10\,\%)P(x = 10\,\%) \\
&= (0,60)(0,20) \\
&= 0,12
\end{aligned}
$$

Comme l'indique le tableau 13.6, on procède de même pour obtenir les probabilités relatives à d'autres événements conjoints :

---

7. Pour faciliter les calculs, on présume que les frais de scolarité demeureront constants pendant les 4 années d'études de Marjolaine.

Tableau 13.6 Évaluation des probabilités conditionnelles et des probabilités conjointes

TAUX DE RENDEMENT ANNUEL DU RÉGIME (X)	PROBABILITÉ	FRAIS DE SCOLARITÉ ANNUELS (Y)	PROBABILITÉ CONDITIONNELLE	PROBABILITÉ CONJOINTE
		10 000 $	0,30	0,09
6 %	0,30	12 000 $	0,50	0,15
		14 000 $	0,20	0,06
		10 000 $	0,20	0,10
8 %	0,50	12 000 $	0,40	0,20
		14 000 $	0,40	0,20
		10 000 $	0,10	0,02
10 %	0,20	12 000 $	0,30	0,06
		14 000 $	0,60	0,12

D'après le tableau 13.6, on constate que le taux de rendement du régime (X) varie entre 6 % et 10 % par année, que les frais de scolarité (Y) vont de 10 000 $ à 14 000 $ par année et que neuf événements conjoints (X, Y) sont possibles. La somme de ces probabilités conjointes doit être égale à 1, comme l'indique le tableau 13.7.

Tableau 13.7 Probabilités et valeurs espérées relatives à des événements conjoints

ÉVÉNEMENT CONJOINT (x, y)	$P_{(x, y)}$	FE DU RÉGIME DANS 17 ANS (x %)	PE(x %) À $n = 17$ DE 4 ANNÉES DE FRAIS DE SCOLARITÉ	PROPORTION DES FRAIS DE SCOLARITÉ COUVERTS PAR LE RÉGIME
(6 %, 10 000 $)	0,09	18 849 $	36 730 $	51,3 %
(6 %, 12 000 $)	0,15	18 849	44 076	42,7 %
(6 %, 14 000 $)	0,06	18 849	51 422	36,7 %
(8 %, 10 000 $)	0,10	25 900	35 771	72,4 %
(8 %, 12 000 $)	0,20	25 900	42 925	60,3 %
(8 %, 14 000 $)	0,20	25 900	50 079	51,7 %
(10 %, 10 000 $)	0,02	35 381	34 869	100,0 %
(10 %, 12 000 $)	0,06	35 381	41 842	84,6 %
(10 %, 14 000 $)	0,12	35 381	48 816	72,5 %
Somme =	1,00	E(X) = 25 681 $	E(Y) = 44 246 $	E(X/Y) = 58,6 %

Quand X et Y sont des variables indépendantes, on peut déterminer approximativement le rapport des moyennes comme suit : $E(X/Y) \approx E(X)/E(Y)$. En général, la même approximation demeure vraie pour les variables dépendantes. Même s'il y a 2% de chances que l'investissement de Paul et Jeannette soit suffisant pour couvrir toutes les dépenses [voir événement (10%, 10 000$) du tableau 13.7], étant donné le risque lié à cette décision, il se pourrait, selon le pire scénario, que l'investissement ne serve qu'à payer un tiers environ des frais de scolarité.

On peut établir la distribution marginale des frais de scolarité, y, à partir des probabilités des événements conjoints en fixant la valeur de y et en additionnant les valeurs de x :

y_j	$P(y_j) = \sum_x P(x, y)$
10 000 $	$P(6\%, 10\,000\,\$) + P(8\%, 10\,000\,\$) + P(10\%, 10\,000\,\$) = 0,21$
12 000 $	$P(6\%, 12\,000\,\$) + P(8\%, 12\,000\,\$) + P(10\%, 12\,000\,\$) = 0,41$
14 000 $	$P(6\%, 14\,000\,\$) + P(8\%, 14\,000\,\$) + P(10\%, 14\,000\,\$) = 0,38$

Cette distribution marginale révèle que, 41% du temps, on peut s'attendre à ce que les frais de scolarité se chiffrent à 12 000$ dans 17 ans, et que, 21% et 38% du temps, on peut prévoir qu'ils s'élèveront à 10 000$ et à 14 000$, respectivement.

13.4   LA DISTRIBUTION DES PROBABILITÉS DE LA PE NETTE

Après avoir déterminé les variables aléatoires d'un projet et évalué les probabilités des événements, on passe à l'étape suivante, qui consiste à établir la distribution de la PE du projet.

13.4.1   LE PROCESSUS D'ÉTABLISSEMENT D'UNE DISTRIBUTION DES PROBABILITÉS DE LA PE NETTE

Dans une situation où toutes les variables aléatoires utilisées pour calculer les PE sont indépendantes, on peut suivre les étapes suivantes pour établir la distribution des PE :

- Exprimer les PE en fonction de variables aléatoires inconnues.
- Déterminer la distribution des probabilités pour chaque variable aléatoire.
- Déterminer les événements conjoints et leurs probabilités.
- Évaluer l'équation de la PE correspondant à ces événements conjoints.
- Classer les PE par ordre croissant.

L'exemple 13.9 permet de mieux comprendre ces étapes.

Exemple 13.9

Le processus d'établissement d'une distribution de la PE nette

Reportez-vous au projet de coffres de transmission de SMW présenté à l'exemple 13.2. Utilisez la demande du produit (*X*) et le prix (*Y*) figurant au tableau 13.5 pour établir la distribution de la PE relative à ce projet. Calculez ensuite la moyenne et la variance de la distribution de la PE.

Solution

Le tableau 13.8 récapitule le flux monétaire après impôt du projet de coffres de transmission en fonction des variables aléatoires *X* et *Y*. D'après ce tableau, on peut calculer la PE des rentrées comme suit :

$$PE(15\%) = 0,6XY \ (P/A, \ 15\%, \ 5) + 44\ 782$$
$$= 2,0113XY + 44\ 782\$.$$

La PE des sorties est

$$PE(15\%) = 125\ 000\$ + (9X + 6\ 000\$)(P/A, \ 15\%, \ 5)$$
$$= 30,1694X + 145\ 113\$.$$

Donc, la PE nette est

$$PE(15\%) = 2,0113X \ (Y - 15\$) - 100\ 331\$.$$

Si la demande du produit *X* et le prix unitaire *Y* sont des variables aléatoires indépendantes, la PE (15%) sera aussi une variable indépendante. Pour déterminer la distribution de la PE, on doit examiner toutes les combinaisons de résultats possibles. Le première possibilité est l'événement où *x* = 1 600 et *y* = 48 $. Comme *X* et *Y* sont considérées comme des variables aléatoires indépendantes, la probabilité de cet événement conjoint est

$$P(x = 1\ 600, y = 48\$) = P(x = 1\ 600)P(y = 48\$)$$
$$= (0,20)(0,30)$$
$$= 0,06.$$

Avec ces paramètres d'entrée, on calcule comme suit la PE nette possible :

$$PE(15\%) = 2,0113X \ (Y - 15\$) - 100\ 331\$$$
$$= 2,0113(1\ 600)(48\$ - 15\$) - 100\ 331\$$$
$$= 5\ 866\$.$$

Huit autres résultats sont possibles : le tableau 13.9 les présente avec leurs probabilités conjointes, et la figure 13.8 les illustre.

Tableau 13.8

Flux monétaires après impôt en fonction de la demande du produit (*X*) et du prix unitaire (*Y*), qui sont inconnus

ANNÉE	0	1	2	3	4	5
Rentrées						
Récupération nette						34 204 $
Revenus						
$X(1 - 0,4)Y$		0,6*XY* $	0,6*XY* $	0,6*XY* $	0,6*XY* $	0,6*XY*
Crédit de DPA						
0,4(DPA)		7 500	12 750	8 925	6 248	4 373
Sorties						
Investissement	−125 000 $					
Coût variable						
$-X(1 - 0,4)(15\,$)$		−9*X*	−9*X*	−9*X*	−9*X*	−9*X*
Coût fixe						
$-(1 - 0,4)(10\,000\,$)$		−6 000	−6 000	−6 000	−6 000	−6 000
Flux monétaire net	−125 000 $	0,6*X*(*Y* − 15) + 1 500 $	0,6*X*(*Y* − 15) + 6 750 $	0,6*X*(*Y* − 15) + 2 925 $	0,6*X*(*Y* − 15) + 248 $	0,6*X*(*Y* − 15) + 32 577 $

La distribution des probabilités présentée au tableau 13.9 indique que la PE du projet varie entre 5 866 $ et 83 100 $, mais qu'aucune des situations envisagées n'entraîne de perte. L'examen de la distribution cumulative révèle de plus qu'il existe une probabilité de 0,38 que la PE du projet soit inférieure à la valeur de la situation de référence (40 460 $). Par ailleurs, il y a une probabilité de 0,32 que la PE dépasse cette valeur. On constate que, comparativement à l'analyse des scénarios présentée à la section 13.2.4, la distribution des probabilités fournit beaucoup plus d'informations sur les chances de réalisation de chaque événement possible.

Tableau 13.9

Distribution des probabilités relatives à la PE avec des variables aléatoires indépendantes

N° DE L'ÉVÉNEMENT	*x*	*y*	*P*(*x, y*)	DISTRIBUTION CUMULATIVE DES PROBABILITÉS CONJOINTES	PE
1	1 600	48,00 $	0,06	0,06	5 866 $
2	1 600	50,00	0,10	0,16	12 302
3	1 600	53,00	0,04	0,20	21 956
4	2 000	48,00	0,18	0,38	32 415
5	2 000	50,00	0,30	0,68	40 460
6	2 000	53,00	0,12	0,80	52 528
7	2 400	48,00	0,06	0,86	58 964
8	2 400	50,00	0,10	0,96	68 618
9	2 400	53,00	0,04	1,00	83 100

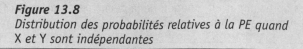

Figure 13.8
*Distribution des probabilités relatives à la PE quand
X et Y sont indépendantes*

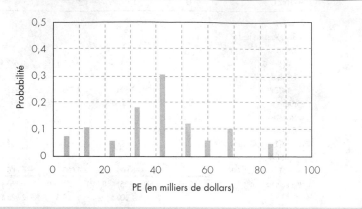

La distribution des probabilités relatives à la PE a été établie à l'aide des flux monétaires aléatoires. Comme nous l'avons fait observer, une distribution des probabilités permet de constater l'incidence des données sur le risque associé aux projets. Voyons maintenant comment faire la synthèse de l'information probabiliste – la moyenne et la variance. Pour le projet de coffres de transmission de SMW, on calcule la valeur espérée de la distribution de la PE comme le montre le tableau 13.10. On remarque que cette valeur espérée est la même que la valeur la plus probable de la distribution de la PE, laquelle correspond à la situation de référence de l'exemple 13.2. Cette égalité était prévue, car *X* et *Y* ont toutes deux une distribution des probabilités symétrique.

Tableau 13.10   Calcul de la moyenne de la distribution de la PE

N° DE L'ÉVÉNE-MENT	x	y	$P(x, y)$	DISTRIBUTION CUMULATIVE DES PROBABILITÉS CONJOINTES	PE(15 %)	PE PONDÉRÉE
1	1 600	48 $	0,06	0,06	5 866 $	352 $
2	1 600	50	0,10	0,16	12 302	1 230
3	1 600	53	0,04	0,20	21 956	878
4	2 000	48	0,18	0,38	32 415	5 835
5	2 000	50	0,30	0,68	40 460	12 138
6	2 000	53	0,12	0,80	52 528	6 303
7	2 400	48	0,06	0,86	58 964	3 538
8	2 400	50	0,10	0,96	68 618	6 862
9	2 400	53	0,04	1,00	83 100	3 324
					$E[PE] =$	40 460 $

À l'aide de l'équation 13.2, on obtient la variance de la distribution de la PE, dans l'hypothèse de l'indépendance de *X* et *Y*, comme l'indique le tableau 13.11. Notez que l'équation 13.4 permet d'arriver plus facilement au même résultat.

Tableau 13.11 Calcul de la variance de la distribution de la PE

Nº DE L'ÉVÉNE- MENT	x	y	P(x, y)	PE(15%)	PE − E[PE])²	(PE − E[PE])² PONDÉRÉE
1	1 600	48 $	0,06	5 866 $	1 196 761 483	71 805 689 $
2	1 600	50	0,10	12 302	792 878 755	79 287 875
3	1 600	53	0,04	21 956	342 394 172	13 695 767
4	2 000	48	0,18	32 415	64 724 796	11 650 463
5	2 000	50	0,30	40 460	0	0
6	2 000	53	0,12	52 528	145 630 792	17 475 695
7	2 400	48	0,06	58 964	342 394 172	20 543 650
8	2 400	50	0,10	68 618	792 878 755	79 287 875
9	2 400	53	0,04	83 100	1 818 119 528	72 724 781

$$Var[PE] = 366\ 471\ 797$$
$$\sigma = 19\ 143\ \$$$

13.4.2 LES RÈGLES DE DÉCISION

Une fois qu'on a repéré la valeur espérée dans la distribution de la PE, on peut l'appliquer à une décision acceptation/rejet, à peu de chose près comme on le fait pour la PE unique calculée lorsqu'on ne considère qu'un seul résultat possible pour un projet d'investissement. L'utilisation de la règle de décision appelée **critère de la valeur espérée** permet d'accepter un seul projet, si sa PE espérée est positive. Dans le cas d'options mutuellement exclusives, on choisit celle dont la PE espérée est la plus élevée. La valeur espérée a, sur une estimation ponctuelle telle que la valeur la plus probable, l'avantage d'inclure tous les flux monétaires possibles et leurs probabilités.

La justification du critère de la valeur espérée repose sur la **loi des grands nombres**, selon laquelle, si une expérience est répétée de nombreuses fois, le résultat moyen tend vers la valeur espérée. Cette justification peut sembler nier l'utilité de l'application du critère de la valeur espérée à l'évaluation des projets, puisque, la plupart du temps, on s'intéresse à une « expérience » unique, non reproductible, à savoir une option d'investissement. Il n'en reste pas moins que, lorsqu'une entreprise adopte le critère de la valeur espérée pour *toutes* ses décisions d'investissement, à long terme, selon la loi des grands nombres, les projets acceptés tendront à correspondre aux valeurs espérées. Individuellement, les projets peuvent réussir ou échouer, mais leur résultat moyen tend à se conformer à la norme de l'entreprise en matière de réussite économique.

Le critère de la valeur espérée est simple à utiliser, mais il ne reflète pas la variabilité du résultat de l'investissement. On peut bien sûr étoffer sa décision en ajoutant à la valeur espérée l'information relative à la variabilité des résultats. Comme la variance représente la dispersion de la distribution, on a intérêt à ce qu'elle soit la plus faible possible. En d'autres termes, plus la variance est faible, moins la variabilité associée à la PE (donc la possibilité de perte) est forte. Par conséquent, quand on compare des projets mutuellement exclusifs, on peut choisir l'option dont la variance est la plus faible si sa valeur espérée est égale ou supérieure à celle des autres options. Dans les cas où les préférences ne sont pas nettes, le choix ultime dépend des compromis que fait le décideur — jusqu'à quel point est-il prêt à accepter que la variabilité augmente pour obtenir une valeur espérée plus élevée ? Autrement dit, le défi consiste à décider du niveau de risque qu'on trouve acceptable, puis, une fois son seuil de tolérance établi, à comprendre les implications de ce choix. L'exemple 13.10 illustre certaines des principales questions à considérer lorsqu'on évalue des projets mutuellement exclusifs comportant des risques.

Exemple 13.10

La comparaison de projets mutuellement exclusifs comportant des risques

La pollution de l'air et l'effet de serre inspirent des craintes de plus en plus nombreuses, et les normes en matière d'émissions deviennent de plus en plus sévères. La société Technologies Vertes a donc conçu un prototype d'appareil de conversion permettant à l'automobiliste de passer de l'essence au gaz naturel comprimé (GNC) ou vice-versa. La conduite d'un véhicule équipé d'un tel appareil n'est pas vraiment différente de celle d'un véhicule ordinaire. Un petit cadran numérique placé sur le tableau de bord commande le choix du carburant à utiliser. L'appareil existe en quatre modèles différents, chacun correspondant à un type de véhicule : compact, intermédiaire, grand et camion. L'entreprise a déjà construit quelques prototypes de véhicules fonctionnant avec des carburants autres que l'essence, mais s'est montrée réticente à les produire en grand nombre parce qu'elle n'était pas convaincue de la demande du public. Par conséquent, elle aimerait commencer par cibler un seul segment du marché (commercialiser un seul modèle). L'équipe du marketing de Technologies Vertes a compilé la distribution potentielle de la PE de chacun des modèles, commercialisés indépendamment l'un de l'autre.

PROFIT PE(10 %) (EN MILLIERS DE DOLLARS)	PROBABILITÉS			
	MODÈLE 1	MODÈLE 2	MODÈLE 3	MODÈLE 4
1 000 $	0,35	0,10	0,40	0,20
1 500	0	0,45	0	0,40
2 000	0,40	0	0,25	0
2 500	0	0,35	0	0,30
3 000	0,20	0	0,20	0
3 500	0	0	0	0
4 000	0,05	0	0,15	0
4 500	0	0,10	0	0,10

Évaluez le rendement espéré et le risque pour chacun des modèles et recommandez lequel, s'il y a lieu, doit être choisi.

Solution

Pour le modèle 1, on calcule comme suit la moyenne et la variance de la distribution de la PE :

$$E[PE]_1 = 1\ 000\ \$(0,35) + 2\ 000\ \$(0,40)$$
$$+ 3\ 000\ \$(0,20) + 4\ 000\ \$(0,05)$$
$$= 1\ 950\ \$;$$
$$Var[PE]_1 = 1\ 000^2(0,35) + 2\ 000^2(0,40)$$
$$+ 3\ 000^2(0,20) + 4\ 000^2(0,05) - (1\ 950)^2$$
$$= 747\ 500.$$

En calculant les autres valeurs de la même manière, on obtient les résultats suivants :

CONFIGURATION	E[PE]	VAR[PE]
Modèle 1	1 950 $	747 500
Modèle 2	2 100	915 000
Modèle 3	2 100	1 190 000
Modèle 4	2 000	1 000 000

La figure 13.9 représente graphiquement ces résultats. Si on appuie son choix uniquement sur la valeur espérée, on peut opter pour le modèle 2 ou le modèle 3, car ce sont eux qui ont la PE espérée la plus élevée.

Par contre, si l'analyse tient compte de la variabilité en plus de la PE espérée, le bon choix n'est pas évident. D'abord, on élimine les options nettement inférieures aux autres.

Le modèle 2 par opposition au modèle 3 : On observe que les modèles 2 et 3 ont la même moyenne de 2 100 $, mais que le premier a une variance beaucoup plus faible. Le modèle 2 l'emporte donc sur le modèle 3, qu'on élimine de l'analyse.

Le modèle 2 et le modèle 4 : De même, on constate que le modèle 2 est préférable au modèle 4, parce que le premier a une valeur espérée plus élevée et une variance plus faible — le modèle 2 l'emporte donc sur le modèle 4, qu'on élimine. En d'autres termes, le modèle 2 prédomine sur les modèles 3 et 4 si on considère la variabilité de la PE.

Le modèle 1 et le modèle 2 : Même si la règle de la moyenne et de la variance permet de restreindre les options à deux modèles (modèles 1 et 2), elle n'indique pas le choix final. En effet, en comparant les modèles 1 et 2, on voit que $E[PE]$ passe de 1 950 $ à 2 100 $ au prix d'une augmentation de $Var[PE]$, qui passe de 747 500 à 915 000. Le choix dépendra du compromis que le décideur est disposé à faire entre l'augmentation du rendement espéré (150 $) et celle du risque (167 500). Comme on ne peut appuyer son choix simplement sur la moyenne et la variance, on doit recourir à d'autres informations probabilistes[9].

Figure 13.9
*Graphique moyenne-variance montrant la prédominance
des projets. Le modèle 2 l'emporte sur les modèles 3 et 4*

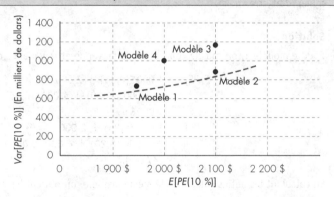

Commentaires *: Quand on doit comparer des projets mutuellement exclusifs comportant des risques pour lesquels on n'observe aucune prédominance, une analyse différentielle peut apporter des informations probabilistes supplémentaires sur les chances que la PE d'un projet dépasse celle d'un autre, disons* $P\{PE_1 \geq PE_2\}$. *Si la probabilité est de 1, le modèle 1 l'emporte sur le modèle 2 et est donc préférable. Si la probabilité est égale à zéro, c'est l'inverse.*

On commence par considérer tous les événements conjoints possibles qui satisfont à l'énoncé $P\{PE_1 > PE_2\}$. *(Notez la stricte inégalité.) Par exemple, quand on réalise l'événement de 1 000 $ correspondant au modèle 1, aucun événement du modèle 2 ne peut remplir la condition,*

9. Les personnes désireuses d'approfondir ce sujet peuvent étudier la théorie de l'espérance d'utilité ou les règles de dominance stochastique, qui dépassent le cadre de cet ouvrage. Voir C. S. Park et G. P. Sharp-Bette. *Advanced Engineering Economics*, New York, John Wiley, 1990 (chapitres 10 et 11).

car la plus petite valeur observable pour ce modèle est de 1 000 $. Mais avec l'événement de 2 000 $ correspondant au modèle 1, un événement de 1 000 $ ou de 1 500 $ correspondant au modèle 2 remplira la condition. Si on part du principe que les deux modèles sont statistiquement indépendants, on peut facilement calculer la probabilité conjointe d'un tel événement conjoint: pour l'événement conjoint (2 000 $, 1 000 $), la probabilité conjointe est de (0,4)(0,10) = 0,04; pour l'événement (2 000 $, 1 500 $), elle est de (0,40)(0,45) = 0,18. En procédant ainsi, on peut dresser la liste d'autres événements conjoints possibles:

MODÈLE 1	MODÈLE 2	PROBABILITÉ CONJOINTE
1 000 $	Aucun événement	(0,35)(0,00) = 0,000
2 000	1 000	(0,40)(0,10) = 0,040
	1 500	(0,40)(0,45) = 0,180
3 000	1 000	(0,20)(0,10) = 0,020
	1 500	(0,20)(0,45) = 0,090
	2 500	(0,20)(0,35) = 0,070
4 000	1 000	(0,05)(0,10) = 0,005
	1 500	(0,05)(0,45) = 0,023
	2 500	(0,05)(0,35) = 0,018
		0,445

Selon les calculs, la probabilité que la PE du modèle 1 dépasse celle du modèle 2 n'est que de 44,5 %. Ce résultat implique une probabilité de 52 % qu'il en soit de même pour la situation de remplacement, ce qui indique une préférence possible pour le modèle 2. (Il existe une probabilité de 3,5 % que les deux modèles présentent la même PE.) Ici encore, la décision finale dépend de l'investisseur, mais des informations supplémentaires de ce genre l'aideront à discerner la meilleure option dans un contexte décisionnel complexe.

13.5 LES CALCULS PAR ORDINATEUR

Le tableur électronique constitue un outil idéal pour effectuer des analyses de sensibilité et des analyses du point mort. Lorsqu'on modifie n'importe quel chiffre des valeurs d'entrée, on peut facilement observer l'incidence du changement sur une ou plusieurs des quantités calculées. Par contre, si on souhaite examiner les effets des changements touchant des gammes de valeurs d'entrée, il devient beaucoup plus pénible de générer et d'organiser les résultats. Heureusement, les fabricants de logiciels ont aplani cette difficulté en incorporant à leurs produits des fonctions simples pour automatiser la préparation des analyses de sensibilité. Les prochaines pages présentent trois de ces fonctions.

13.5.1 LE GESTIONNAIRE DE SCÉNARIOS

Cet outil permet à l'utilisateur de définir et de comparer un ensemble de scénarios. Chaque scénario doit préciser les valeurs correspondant à un ensemble de variables d'entrée. Pour le scénario de référence, nous nous reporterons à l'exemple 13.5, relatif à la société Métal Windsor. La figure 13.10 présente l'état des résultats et l'état des flux de trésorerie de l'entreprise. Notez que seules les six cellules ombrées (C5, C6, C10, C12, B25, G26) contiennent des données d'entrée. Les autres cellules numériques contiennent des formules, ce qui est important pour que toutes les valeurs de l'analyse de sensibilité soient mises à jour correctement. Par exemple, si le prix unitaire de la cellule C5 baisse à 48 $, les cellules D5 à G5 descendent aussi à 48 $, et toutes les valeurs tabulées sont automatiquement modifiées.

Figure 13.10
Application du Gestionnaire de scénarios au problème relatif à SMW

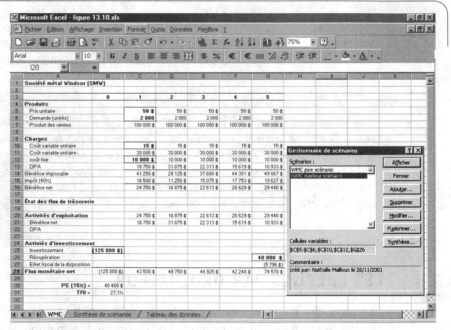

Pour définir les scénarios, on choisit *Outils/Scénarios,* ce qui fait apparaître la fenêtre Gestionnaire de scénarios, comme l'illustre la figure 13.10. Pour *ajouter* un scénario, on le nomme (Pire scénario SMW) et on donne une nouvelle valeur à chaque cellule d'entrée qu'on veut modifier. On définit un second scénario (Meilleur scénario SMW) en utilisant les mêmes écarts par rapport au scénario de référence que ceux présentés à l'exemple 13.5. Pour créer un rapport, on sélectionne *Synthèse de scénarios* puis on entre la liste des cellules de sortie qu'on désire voir figurer dans le tableau de synthèse. La figure 13.11 reproduit les résultats des trois scénarios et permet de constater leur incidence sur les flux monétaires nets de chaque année, ainsi que sur la valeur actualisée équivalente.

Figure 13.11
Rapport de synthèse de l'analyse des scénarios pour le problème relatif à SMW

Microsoft Excel - figure 13.11.xls

	Gestionnaire de scénarios			
		Valeurs actuelles	Pire scénario SMW	Meilleur scénario SMW
Cellules variables :				
	$C$5	50 $	48 $	53 $
	$C$6	2 000	1 600	2 400
	$C$10	15 $	17 $	12 $
	$C$12	10 000 $	11 000 $	8 000 $
	$G$26	40 000 $	30 000 $	50 000 $
Cellules variables :				
	$C$28	43 500 $	30 660 $	61 740 $
	$D$28	48 750 $	35 910 $	66 990 $
	$E$28	44 925 $	32 085 $	63 165 $
	$F$28	42 248 $	29 408 $	60 488 $
	$G$28	74 578 $	55 738 $	98 818 $
	$B$30	40 460 $	(5 564 $)	104 587 $

La colonne Valeurs actuelles affiche les valeurs des cellules variables au moment de la création du rapport de synthèse. Les cellules variables de chaque scénario se situent dans les colonnes grisées.

WMC | Synthèse de scénarios | Tableau des données

13.5.2 LES TABLES DE DONNÉES À UNE VARIABLE

Une table de données permet à l'analyste d'évaluer la sensibilité aux modifications apportées à une seule valeur d'entrée. Pour les besoins de cette illustration, la variable indépendante choisie est «prix unitaire». Comme le montre la figure 13.12, une colonne contient une série de prix unitaires (I5 :I15), et c'est en haut de la table qu'on entre les formules correspondant aux valeurs de sortie dont on souhaite tenir compte.

Figure 13.12
Analyse de sensibilité effectuée à l'aide de tables de données

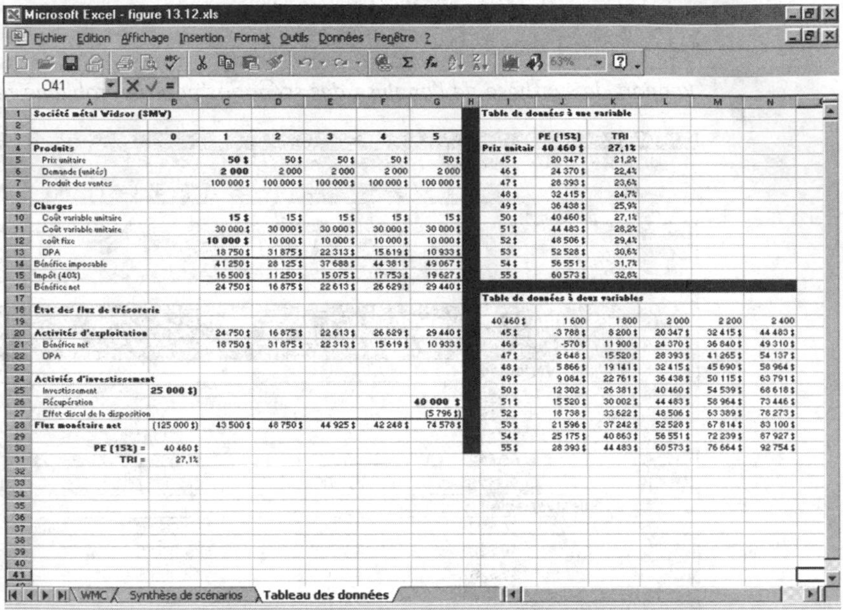
Microsoft Excel - figure 13.12.xls
Fichier Edition Affichage Insertion Format Outils Données Fenêtre ?
O41

	A	B	C	D	E	F	G
1	**Société métal Widsor (SMW)**						
2							
3		**0**	**1**	**2**	**3**	**4**	**5**
4	**Produits**						
5	Prix unitaire		**50 $**	50 $	50 $	50 $	50 $
6	Demande (unités)		**2 000**	2 000	2 000	2 000	2 000
7	Produit des ventes		100 000 $	100 000 $	100 000 $	100 000 $	100 000 $
8							
9	**Charges**						
10	Coût variable unitaire		**15 $**	15 $	15 $	15 $	15 $
11	Coût variable unitaire		30 000 $	30 000 $	30 000 $	30 000 $	30 000 $
12	coût fixe		**10 000 $**	10 000 $	10 000 $	10 000 $	10 000 $
13	DPA		18 750 $	31 875 $	22 313 $	15 619 $	10 933 $
14	Bénéfice imposable		41 250 $	28 125 $	37 688 $	44 381 $	49 067 $
15	Impôt (40%)		16 500 $	11 250 $	15 075 $	17 753 $	19 627 $
16	Bénéfice net		24 750 $	16 875 $	22 613 $	26 629 $	29 440 $
17							
18	**État des flux de trésorerie**						
19							
20	**Activités d'exploitation**		24 750 $	16 875 $	22 613 $	26 629 $	29 440 $
21	Bénéfice net		18 750 $	31 875 $	22 313 $	15 619 $	10 933 $
22	DPA						
23							
24	**Activiés d'investissement**						
25	Investissement	**25 000 $)**					
26	Récupération						**40 000 $**
27	Effet discal de la disposition						(5 796 $)
28	**Flux monétaire net**	(125 000 $)	43 500 $	48 750 $	44 925 $	42 248 $	74 578 $
29							
30	**PE (15%) =**	40 460 $					
31	**TRI =**	27,1%					

	I	J	K	L	M	N
1	**Table de données à une variable**					
2						
3		**PE (15%)**	**TRI**			
4	**Prix unitair**	**40 460 $**	**27,1%**			
5	45 $	20 347 $	21,2%			
6	46 $	24 370 $	22,4%			
7	47 $	28 393 $	23,6%			
8	48 $	32 415 $	24,7%			
9	49 $	36 438 $	25,9%			
10	50 $	40 460 $	27,1%			
11	51 $	44 483 $	28,2%			
12	52 $	48 506 $	29,4%			
13	53 $	52 528 $	30,6%			
14	54 $	56 551 $	31,7%			
15	55 $	60 573 $	32,8%			
16						
17	**Table de données à deux variables**					
18						
19	40 460 $	1 600	1 800	2 000	2 200	2 400
20	45 $	-3 788 $	8 200 $	20 347 $	32 415 $	44 483 $
21	46 $	-570 $	11 900 $	24 370 $	36 840 $	49 310 $
22	47 $	2 648 $	15 520 $	28 393 $	41 265 $	54 137 $
23	48 $	5 866 $	19 141 $	32 415 $	45 690 $	58 964 $
24	49 $	9 084 $	22 761 $	36 438 $	50 115 $	63 791 $
25	50 $	12 302 $	26 381 $	40 460 $	54 539 $	68 618 $
26	51 $	15 520 $	30 002 $	44 483 $	58 964 $	73 446 $
27	52 $	18 738 $	33 622 $	48 506 $	63 389 $	78 273 $
28	53 $	21 596 $	37 242 $	52 528 $	67 814 $	83 100 $
29	54 $	25 175 $	40 863 $	56 551 $	72 239 $	87 927 $
30	55 $	28 393 $	44 483 $	60 573 $	76 664 $	92 754 $

WMC / Synthèse de scénarios / Tableau des données

Les formules doivent faire référence aux cellules touchées par les modifications apportées à la variable d'entrée choisie. Voici, dans cet exemple, les valeurs de sortie auxquelles s'intéresse l'analyste, avec les formules correspondantes :

- Valeur actualisée équivalente — cellule J4 : = B30
- Taux de rendement interne — cellule K4 : = B31

Sélectionnez la colonne de valeurs d'entrée et la ligne de formules de sortie (I4 :K15), choisissez la commande *Données/Table*, puis, dans la zone *Cellule d'entrée en colonne*, tapez C5. Cela indique que les valeurs d'entrée de la colonne (I5 :I15) seront remplacées les unes après les autres dans la cellule de l'état des résultats, générant chaque fois de nouvelles valeurs de sortie. Ces valeurs de sortie viennent automatiquement remplir la table de données, comme l'illustrent les cellules J5 à K15 de la figure 13.12. Les résultats d'une analyse de sensibilité à une variable sont faciles à représenter à l'aide d'un graphique XY (figure 13.13); dans cet exemple, deux axes verticaux servent à indiquer les différents niveaux de la PE et du TRI.

On peut aussi procéder de cette façon pour créer le tableau 13.2 de l'exemple 13.2, dans lequel les variables indépendantes sont placées sur la ligne supérieure. Le fichier d'aide du logiciel explique d'autres fonctions de cet outil de gestion des données : par exemple, comment ajouter une nouvelle formule à une table existante.

Figure 13.13
Graphique XY représentant les résultats de l'analyse de sensibilité à une variable

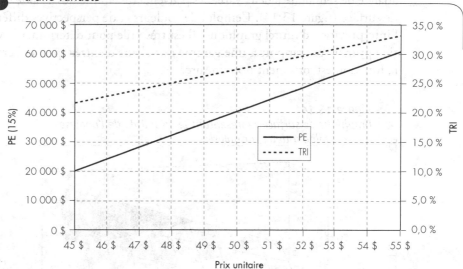

13.5.3 LES TABLES DE DONNÉES À DEUX VARIABLES

Une table de données à deux variables affiche les changements subis par une seule variable de sortie par rapport à la gamme des valeurs que peuvent prendre deux variables d'entrée indépendantes. À la figure 13.12, la gamme de valeurs correspondant à la première variable d'entrée (prix unitaire) se trouve dans la colonne I21:I31 ;

la gamme de valeurs correspondant à la seconde variable d'entrée (demande) occupe la ligne J20:N20. Pour sa part, la formule pour la variable de sortie en jeu, qui doit dépendre des deux variables d'entrée, est tapée dans la cellule du coin supérieur gauche de la table. Dans cet exemple, la cellule I20 contient la référence =B30, qui correspond à la PE calculée d'après l'état des flux de trésorerie.

Sélectionnez le bloc contenant la colonne et la ligne de valeurs d'entrée (I20:N31), puis choisissez la commande *Données/Table*. Pour indiquer quelles valeurs de l'état des flux de trésorerie seront remplacées par la gamme de valeurs d'entrée au cours de l'analyse, tapez C6 dans la zone *Cellule d'entrée en ligne*, et C5 dans la zone *Cellule d'entrée en colonne* : ces références correspondent respectivement aux valeurs de la demande et du prix unitaire. La formule contenue dans la cellule I20 est recalculée pour chaque combinaison de variables d'entrée, et la table de données se remplit, comme l'illustrent les cellules J21 à N31 de la figure 13.12. Les résultats d'une analyse de sensibilité à deux variables peuvent être représentés à l'aide d'un graphique de surface (figure 13.14). L'emploi de couleurs et de perspectives différentes facilite l'interprétation d'un tel graphique. Il est très utile pour déterminer la valeur de sortie optimale par rapport à une gamme de valeurs d'entrée, particulièrement quand la fonction est fortement non linéaire.

Figure 13.14
Graphique de surface représentant les résultats de l'analyse de sensibilité à deux variables

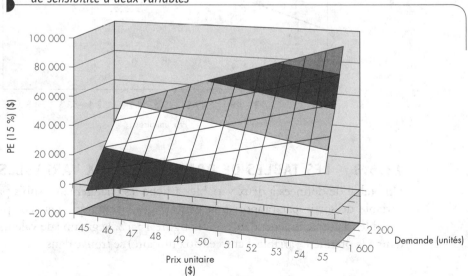

En résumé

- Souvent, les montants de flux monétaire, ainsi que d'autres facteurs de l'analyse des projets d'investissement, sont incertains. Quand une telle incertitude existe, on fait face à la difficulté qu'implique le **risque associé aux projets** — la possibilité qu'ils ne satisfassent pas aux conditions minimales d'acceptabilité et de réussite.

- Voici trois des outils les plus élémentaires pour évaluer le risque associé aux projets :

  1. L'**analyse de sensibilité** — un moyen de déterminer les variables qui, lorsqu'elles sont modifiées, ont le plus d'incidence sur l'acceptabilité d'un projet.

  2. L'**analyse du point mort** — un moyen de déterminer la valeur d'une variable particulière permettant à un projet d'atteindre le seuil de rentabilité.

  3. L'**analyse des scénarios** — un moyen de comparer un scénario de référence ou une mesure espérée (comme la PE) à un ou plusieurs autres scénarios, par exemple le meilleur scénario et le pire scénario, afin de faire ressortir les résultats extrêmes et les résultats les plus probables d'un projet.

- Les analyses de sensibilité, du point mort et des scénarios sont relativement simples à appliquer, mais assez simplistes et imprécises dans les cas où l'incertitude présente de nombreux aspects. Les **concepts relatifs aux probabilités** permettent d'approfondir l'analyse du risque associé aux projets en attribuant des valeurs numériques aux possibilités que les variables atteignent certaines valeurs.

- Le but ultime d'une analyse probabiliste des variables d'un projet est d'établir une distribution de la PE. De cette distribution, on peut extraire des informations utiles, telles que la **PE espérée**, l'importance de l'écart des autres PE par rapport à la valeur espérée, ou encore, de leur regroupement autour d'elle (**variance**), de même que les PE du pire et du meilleur scénario.

- Le véritable enjeu n'est pas de trouver des projets exempts de risque — ils n'existent pas dans le monde réel. Il consiste plutôt à décider du niveau de risque qu'on est prêt à accepter puis, une fois son seuil de tolérance au risque établi, à comprendre les implications de ce choix.

PROBLÈMES

Niveau 1

13.1* Pour un certain projet d'investissement, la valeur actualisée équivalente nette peut être exprimée en fonction du prix de vente (X) et du coût de production variable Y: PE = 10 450($2X - Y$) − 7 890. Les valeurs de référence pour X et Y sont 20 \$ et 10 \$, respectivement. Si le prix de vente augmente de 10 % par rapport au prix de référence, quelle est l'importance du changement qu'on peut prévoir pour la PE?

\$13.2* Une personne achète 100 actions coûtant 10 \$ chacune. Après les avoir conservées pendant 15 ans, elle décide de les vendre. Les 3 premières années, elle n'a reçu aucun dividende. Pendant chacune des 7 années suivantes, elle a touché des dividendes totalisant annuellement 100 \$. Puis, pendant chacune des 5 autres années, aucun dividende ne lui a été versé. Tout au long des 15 dernières années, son taux d'imposition marginal et le taux d'imposition des gains en capital sont demeurés en moyenne autour de 30 % et 15 %, respectivement. Quel est le prix de vente nécessaire à l'obtention d'un taux de rendement après impôt de 15 %?

13.3* Voici la distribution des probabilités concernant les rendements futurs du projet A:

PROBABILITÉ	VALEUR CAPITALISÉE ÉQUIVALENTE NETTE
0,1	−12 000 \$
0,2	4 000
0,4	12 000
0,2	20 000
0,1	30 000

Quelle est la valeur capitalisée équivalente (FE) espérée du projet A?

13.4* Selon les données du problème 13.3, quel est l'écart type de la valeur capitalisée équivalente du projet A?

\$13.5* Dans un endroit de villégiature, vous trouvez une machine où on joue des pièces de 1 \$. Voici vos chances de gain:

GAIN	PROBABILITÉ
25 \$	0,01
1	0,50
0	0,49

Si vous jouez 100 \$, quelle est la valeur espérée du gain net?

13.6* La société Formage de métaux Alberta vient d'investir 500 000 \$ dans un procédé de fabrication. On estime que cette immobilisation produira un flux monétaire après impôt de 200 000 \$ au cours de chacune des 5 prochaines années. On prévoit que, au bout de 5 ans, il n'y aura plus de débouché pour le produit et que le procédé n'aura aucune valeur de récupération. Si un problème de fabrication retardait de 1 an le démarrage du projet (dont la durée ne serait plus que de 4 ans), de combien le flux monétaire annuel devrait-il être augmenté pour que l'entreprise conserve le taux de rendement interne qu'elle aurait obtenu sans ce délai?

13.7 Michel Larrivée, ingénieur industriel au service de la Conservation de l'énergie, constate que la rentabilité estimative d'un nouveau dispositif de commande de température pour chauffe-eau peut être mesurée selon le critère de la valeur actualisée équivalente, à l'aide de l'équation suivante :

$$PE = 4{,}028V(2X - 11\$) - 77\ 860\$,$$

où V est le nombre d'unités produites et vendues, et X, le prix de vente unitaire. Michel observe aussi que la valeur du paramètre V peut se situer n'importe où entre 1 000 et 6 000 unités, et celle du paramètre X, n'importe où entre 20 et 45 $ l'unité. Établissez un graphique de sensibilité en fonction du nombre d'unités produites et du prix de vente unitaire.

13.8* Un ingénieur des installations désire savoir lequel de deux types d'ampoules doit servir à l'éclairage d'un entrepôt. Les ampoules actuellement en usage coûtent 45,90 $ chacune et durent 13 870 heures. Les nouvelles ampoules (60 $ chacune) consomment autant d'énergie que les autres pour fournir la même quantité de lumière, mais durent deux fois plus longtemps. Pour changer une ampoule, le coût de la main-d'œuvre s'élève à 16,00 $. Les lumières demeurent allumées 19 heures par jour, 365 jours par année. Si le TRAM de l'entreprise est de 15 %, quel prix maximal (par ampoule) l'ingénieur sera-t-il prêt à payer pour les nouvelles ampoules ? (Présumez que le taux d'imposition marginal de l'entreprise est de 40 %.)

13.9 La société Publications Montagnes Rocheuses envisage le lancement d'un nouveau journal à Edmonton. Le prix de détail de son concurrent direct est de 0,50 $, dont 0,05 $ vont au détaillant. Compte tenu de la couverture de l'actualité qu'elle désire offrir, l'entreprise estime à 300 000 $ par mois les coûts fixes suivants : rédacteurs, reporters, loyer, dépenses relatives à la salle des nouvelles et service télégraphique. Elle prévoit un coût variable de 0,10 $ l'exemplaire pour l'encre et le papier, mais des revenus de publicité de 0,05 $. Pour imprimer ce journal du matin, Publications Montagnes Rocheuses doit acheter une nouvelle presse, qui coûtera 600 000 $. La machine, dont le taux de DPA est de 30 %, sera utilisée pendant 10 ans, au terme desquels sa valeur de récupération sera de 100 000 $ environ. Tenez pour acquis qu'un mois compte 25 jours de semaine, que le taux d'imposition de la société est de 40 % et que son TRAM après impôt se chiffre à 13 %. En fonction d'un prix de détail de 0,50 $ l'exemplaire, combien d'exemplaires doit-elle vendre par jour pour atteindre le seuil de rentabilité ?

13.10 Une société se demande si elle doit ou non acheter le brevet d'un produit conçu par une autre entreprise. Si elle décide de l'acheter, elle devra faire un investissement de 8 millions de dollars, alors que la demande pour le produit est inconnue. Si la demande est faible, la société prévoit un rendement annuel de 1,3 million pendant 3 ans ; si elle est modérée, le rendement annuel sera de 2,5 millions pendant 4 ans ; si elle est forte, le rendement annuel atteindra

4 millions pendant 4 ans. On estime la probabilité d'une demande forte à 0,4 et celle d'une demande faible à 0,2. Le taux d'intérêt de la société (sans risque) est de 12 %. Calculez la valeur actualisée équivalente estimative du projet. D'après ce critère, la société doit-elle effectuer l'investissement ? (Tous les montants représentent des valeurs après impôt.)

13.11* Une entreprise de fabrication étudie deux projets mutuellement exclusifs. Tous deux ont une durée de vie économique de 1 an, et une valeur de récupération nulle. Voici le coût initial et la valeur actualisée équivalente des revenus de chacun :

COÛT	PROJET 1 (1 000 $)		PROJET 2 (800 $)	
INITIAL	PROBABILITÉ	REVENUS	PROBABILITÉ	REVENUS
PE des	0,2	2 000 $	0,3	1 000 $
revenus	0,6	3000	0,4	2 500
	0,2	3500	0,3	4 500

On présume que les deux projets sont statistiquement indépendants l'un de l'autre.

a) Si vous visez la valeur espérée maximale, quel projet choisirez-vous ?

b) Si vous tenez aussi compte de la variance du projet, lequel des deux choisirez-vous ?

Niveau 2

13.12* Une entreprise, qui alloue actuellement à une représentante 0,25 $/km pour ses déplacements d'affaires, envisage de lui fournir une automobile. Voici les données relatives à ce projet. L'automobile coûte 20 000 $ et sa vie utile est de 5 ans, au terme desquels elle aura une valeur marchande de 5 000 $. Le coût du stationnement s'élève à 80 $ par mois et celui du carburant, des pneus et de l'entretien, à 0,14 $/km. Il s'agit d'un bien appartenant à la catégorie 10 (taux de DPA = 30 %). Le taux d'imposition marginal de l'entreprise est de 40 %. Quelle distance annuelle la représentante doit-elle parcourir pour que le coût des deux options soit le même, en fonction d'un taux d'intérêt de 15 % ?

13.13* La société de construction Ford se propose d'acquérir une nouvelle machine de terrassement. Son coût amortissable est de 70 000 $, mais la société devra dépenser 15 000 $ de plus pour l'adapter à l'utilisation spéciale à laquelle elle la destine. Cette machine appartient à la catégorie 38 de la DPA ($d = 30 \%$). Au bout de 4 ans, elle sera vendue 30 000 $. Son achat n'aura pas d'incidence sur les revenus, mais la société s'attend à ce qu'elle lui fasse économiser annuellement 32 000 $ en frais d'exploitation avant impôt, surtout en frais de main-d'œuvre. Le taux d'imposition marginal (fédéral et provincial) de la société est de 40 % et son TRAM, de 15 %.

a) Compte tenu des estimations les plus probables énoncées plus haut, ce projet est-il acceptable?

b) Supposons que le projet nécessite une augmentation de 2 000 $ du fonds de roulement net (stock de pièces de rechange), qui sera recouvrée à la fin de la 5ᵉ année. Est-il acceptable dans ces conditions?

c) Si le TRAM de la société monte à 20 %, combien celle-ci devra-t-elle économiser annuellement en main-d'œuvre pour que le projet demeure rentable?

13.14 Un promoteur immobilier cherche à déterminer la hauteur la plus économique pour un nouvel immeuble à bureaux qui sera vendu au bout de 5 ans. Voici la liste des revenus et des valeurs de récupération nets qui s'y appliquent annuellement:

| | **HAUTEUR** | | | |
	2 ÉTAGES	**3 ÉTAGES**	**4 ÉTAGES**	**5 ÉTAGES**
Coût initial (net après impôt)	500 000 $	750 000 $	1 250 000 $	2 000 000 $
Revenus de location	199 100	169 200	149 200	378 150
Valeur de revente nette (après impôt)	600 000	900 000	2 000 000	3 000 000

a) Le promoteur n'est pas sûr du taux d'intérêt i qu'il lui faut utiliser, mais il sait qu'il se situe entre 5 % et 30 %. Pour chaque hauteur d'immeuble, trouvez la gamme des valeurs de i, pour lesquelles cette hauteur est la plus économique.

b) Supposons que le taux d'intérêt du promoteur se chiffre à 15 %. Quel serait le coût, en valeur actualisée équivalente, d'une erreur d'estimation de la valeur de revente (c'est-à-dire si la valeur réelle était de 10 % inférieure à celle de l'estimation originale)?

13.15 Il y a 4 ans, on a payé une fraiseuse spéciale 40 000 $. À ce moment, on estimait sa vie utile à 10 ans, sa valeur de récupération, à 1 000 $, et ses frais d'enlèvement, à 1 500 $. Ces estimations sont encore valables aujourd'hui. Les frais d'exploitation de la machine s'élèvent à 5 000 $ par année. Une nouvelle machine, plus efficace, fera baisser les frais d'exploitation à 1 000 $, mais exige un investissement de 25 000 $. On estime sa vie utile à 6 ans et sa valeur de récupération, à 2 000 $. Pour les deux machines, le calcul de la DPA se fonde sur un taux dégressif de 30 %. Un acheteur, prêt à en assumer les coûts d'enlèvement, offre 6 000 $ pour la vieille machine. Le taux d'imposition marginal de l'entreprise est de 40 % et son taux de rendement acceptable minimal, de 10 %.

a) À quels flux monétaires différentiels le remplacement de la vieille machine donnerait-il lieu, de la fin de l'année 0 à la fin de l'année 6 ? Doit-on la remplacer immédiatement ?

b) Supposons que les frais d'exploitation annuels de la vieille fraiseuse augmenteront au rythme de 9 % par année pendant le reste de sa vie utile. Compte tenu de ce changement dans les frais d'exploitation futurs, la réponse trouvée en a) demeure-t-elle la même ?

c) Si les frais d'exploitation demeurent constants, à combien devra s'élever la valeur de reprise minimale de la vieille machine pour que les deux machines soient économiquement équivalentes ?

13.16* Une société de téléphonie locale se propose d'installer une nouvelle ligne téléphonique pour un ensemble immobilier neuf. Deux types de câbles sont à l'étude : les câbles à fils de cuivre traditionnels et les câbles à fibres optiques. Bien qu'encombrante, la transmission par câbles à fils de cuivre nécessite un matériel de soutien beaucoup moins coûteux que les câbles à fibres optiques. La société peut utiliser cinq types différents de câbles à fils de cuivre : 100 paires, 200 paires, 300 paires, 600 paires et 900 paires de fils par câble. Pour calculer le coût initial d'un câble, on utilise l'équation suivante :

- Coût par longueur = [Coût par mètre + coût par paire (nombre de paires)](longueur)

- Fil de cuivre de calibre 22 = 5,55 $/m

- Coût par paire = 0,043 $

Le coût d'exploitation annuel de ce câble représente 18,4 % de son coût initial. La vie utile du système est de 30 ans.

Le câble à fibres optiques est appelé ruban. Un ruban contient 12 fibres. Ces fibres étant groupées par quatre, un ruban contient trois groupes de quatre fibres. Chaque groupe de quatre fibres peut produire 672 lignes (l'équivalent de 672 paires de fils) et, comme chaque ruban contient trois groupes, la capacité du ruban totalise 2 016 lignes. La transmission de signaux par fibres optiques exige de nombreux modulateurs, guides d'ondes et terminateurs, afin de transformer les courants électriques en ondes lumineuses modulées. Le ruban de fibres optiques coûte 9 321 $/kilomètre. À chacune de ses extrémités, il faut installer trois terminateurs, un pour chaque groupe de quatre fibres, coûtant 40 000 $ chacun, et 21 systèmes de modulation, dont les unités se trouvant au central téléphonique coûtent 24 000 $ et celles se trouvant sur le terrain, 44 000 $. De plus, tous les 7 000 mètres, il faut un répéteur pour conserver aux ondes lumineuses modulées à l'intérieur du ruban une intensité intelligible pour la détection. Le coût unitaire de ce répéteur est de 15 000 $. Le coût d'exploitation annuel des 21 systèmes de modulation, y compris les impôts, représente 12,5 % du coût initial des unités ; celui du ruban lui-même équivaut à 17,8 % de son coût initial. La vie utile du système complet est de 30 ans. (Tous les montants représentent des coûts après impôt.)

a) Supposons que les appartements sont situés à 8 kilomètres du système de commutation central de la société de téléphonie et que 2 000 téléphones environ sont nécessaires. La société aura donc besoin soit de 2 000 paires de fils de cuivre, soit de un ruban de fibres optiques et du matériel connexe. Si son taux d'intérêt est de 15 %, quelle est l'option la plus économique ?

b) Reprenez a) en présumant que les appartements sont situés à 16 kilomètres ou à 40 kilomètres du système de commutation central de la société de téléphonie. Compte tenu de chacun de ces scénarios, quelle est l'option la plus intéressante sur le plan économique ?

13.17 Une petite entreprise de fabrication considère l'achat d'une nouvelle aléseuse destinée à moderniser l'une de ses chaînes de fabrication. Deux types d'aléseuses sont offertes sur le marché. La vie utile de la machine A est de 8 ans et celle de la machine B, de 10 ans. Voici les recettes et les débours se rapportant aux deux machines. Utilisez un TRAM (après impôt) de 10 % et un taux d'imposition marginal de 30 % :

ÉLÉMENT	MACHINE A	MACHINE B
Coût initial	6 000 $	8 500 $
Vie utile	8 ans	10 ans
Valeur de récupération	500 $	1 000 $
Coûts annuels d'E&E	700 $	520 $
Taux de DPA	(30 %)	(30 %)

a) En fonction d'un horizon de planification indéfini, quelle est la machine la plus économique ? Devez-vous formuler des hypothèses au sujet des options futures ? Si oui, expliquez-les.

b) Déterminez le point mort des coûts annuels d'E&E de la machine A, de sorte que les valeurs actualisées équivalentes des machines A et B soient égales.

c) Supposons que la période de service requis de la machine n'est que de 5 ans. On estime que, à la fin de cette période, les valeurs de récupération s'élèveront à 3 000 $ pour la machine A et à 3 500 $ pour la machine B. Laquelle des deux est la plus économique ?

13.18 Suzanne Campeau songe à se lancer dans l'exploitation d'un motel dans la région de Niagara Falls. Le coût de construction du motel se chiffre à 2 200 000 $. Le terrain vaut 600 000 $. Le mobilier et les agencements, qui coûtent 400 000 $, sont assujettis à un taux de DPA de 20 %, tandis qu'un taux de 4 % s'applique au bâtiment. La valeur du terrain augmentera selon un taux annuel de 5 % tout au long du projet, mais, au bout de 25 ans, la valeur de récupération du bâtiment et du mobilier sera nulle. Quand le motel est complet (taux d'occupation de 100 %), il rapporte (recettes) 4 000 $ par jour, 365 jours par année. Ses frais d'exploitation fixes, DPA non comprise, s'élèvent à 230 000 $ par année. Les frais d'exploitation variables atteignent 170 000 $ lorsque le motel est complet; ces frais, qui varient directement en fonction du taux d'occupation, sont ramenés à zéro lorsque que celui-ci est de 0 %. Si le taux d'intérêt est de 10 %, se composant annuellement, quel est le taux d'occupation nécessaire pour que le motel atteigne le seuil de rentabilité? (Tenez pour acquis que le taux d'imposition de Suzanne est de 31 %.)

13.19 Robert Cartier se propose de construire, sur un terrain qu'il possède déjà, un immeuble locatif abritant des magasins et des bureaux d'un coût de 250 000 $. M. Cartier prévoit que les rentrées annuelles provenant de la location s'élèveront à 35 000 $ et que les sorties annuelles, autres que les impôts, totaliseront environ 12 000 $. Il estime que la valeur de la propriété augmentera de 5 % par année. Enfin, une fois qu'il aura acquis la propriété, il s'attend à la conserver pendant 20 ans. Le bâtiment est assujetti à un taux de DPA de 4 %. Le taux d'imposition marginal de M. Cartier est de 30 % et son TRAM, de 15 %. Quel montant minimal le total des rentrées annuelles doit-il atteindre pour que l'investissement soit rentable?

13.20* On examine deux méthodes différentes pour résoudre un problème de fabrication. On prévoit que toutes deux seront obsolètes d'ici 6 ans. La méthode A, qui coûte au départ 80 000 $, entraîne des frais d'exploitation de 22 000 $ par année. Pour sa part, la méthode B, dont le coût initial est de 52 000 $, entraîne des frais d'exploitation annuels de 17 000 $. On estime la valeur de récupération de la méthode A à 20 000 $ et celle de la méthode B, à 15 000 $. La méthode A générera des revenus de 16 000 $ pendant une année de plus que la méthode B. Les investissements dans les deux méthodes sont assujettis à un taux de DPA de 30 %. Le taux d'imposition marginal de la société est de 40 % et son TRAM, de 20 %. Quel revenu annuel additionnel la méthode A doit-elle produire pour que les deux méthodes s'équivalent?

$13.21 Juan Carlos étudie deux projets d'investissement dont les valeurs actualisées équivalentes sont déterminées comme suit:

- Projet 1: $PE(10 \%) = 2X(X - Y)$, où X et Y sont des variables aléatoires discrètes statistiquement indépendantes ayant les distributions suivantes:

X		Y	
ÉVÉNEMENT	PROBABILITÉ	ÉVÉNEMENT	PROBABILITÉ
20 $	0,6	10 $	0,4
40	0,4	20	0,6

- Projet 2 :

PE(10 %)	PROBABILITÉ
0 $	0,24
400	0,20
1 600	0,36
2 400	0,20

Note : On présume que les flux moné-taires des deux projets sont aussi statistiquement indépendants.

a) Établissez la distribution de la PE du projet 1.

b) Calculez la moyenne et la variance de la PE du projet 1.

c) Calculez la moyenne et la variance de la PE du projet 2.

d) Si les projets 1 et 2 étaient mutuellement exclusifs, lequel choisiriez-vous ?

13.22 Une chef d'entreprise évalue deux contrats. Elle se demande si l'un est préférable à l'autre ou si aucun des deux n'est acceptable. Elle a simplifié quelque peu la situation, mais estime avoir suffisamment de données pour imaginer les possibilités offertes par les contrats. Les voici :

CONTRAT A		CONTRAT B	
PE	PROBABILITÉ	PE	PROBABILITÉ
100 000 $	0,2	40 000 $	0,3
50 000	0,4	10 000	0,4
0	0,4	−10,000	0,3

a) La chef d'entreprise doit-elle exé-cuter l'un des deux contrats ? Si oui, lequel ? Quelle serait sa décision si elle était fondée sur la maximisa-tion de la PE espérée ?

b) Quelle est la probabilité que le contrat A assure un profit supérieur à celui du contrat B ?

13.23 On considère deux machines différentes pour un projet de réduction des coûts.

- La machine A, dont le coût initial est de 60 000 $, aura une valeur de récupération (après impôt) de 22 000 $ au terme de 6 années de service. Voici comment on estime les probabilités relatives à ses coûts annuels d'exploitation après impôt :

COÛTS ANNUELS D'E&E	PROBABILITÉ
5 000 $	0,20
8 000	0,30
10 000	0,30
12 000	0,20

- La machine B coûte au départ 35 000 $, et on estime que, après 4 années de service, sa valeur de récupération (après impôt) sera négligeable. Voici les probabilités se rapportant à ses coûts annuels d'ex-ploitation après impôt :

COÛTS ANNUELS D'E&E	PROBABILITÉ
8 000 $	0,10
10 000	0,30
12 000	0,40
14 000	0,20

Le TRAM de ce projet est de 10 %. La période de service requis de ces machines est évaluée à 12 ans, et, pour ni l'une ni l'autre, aucun progrès tech-nologique n'est prévu.

a) En présumant l'indépendance statistique, calculez la moyenne et la variance du coût d'exploitation annuel équivalent de chaque machine.

b) D'après les résultats obtenus en a), calculez la probabilité que le coût d'exploitation annuel de la machine A soit supérieur à celui de la machine B.

13.24* Deux projets d'investissement mutuellement exclusifs sont à l'étude. On présume que leurs flux monétaires sont des variables aléatoires statistiquement indépendantes, dont voici les moyennes et les variances estimatives:

n	PROJET A MOYENNE	PROJET A VARIANCE	PROJET B MOYENNE	PROJET B VARIANCE
0	−5 000 $	$1 000^2$	−10 000 $	$2 000^2$
1	4 000	$1 000^2$	6 000	$1 500^2$
2	4 000	$1 500^2$	8 000	$2 000^2$

a) Pour chaque projet, déterminez la moyenne et l'écart type de la PE, en fonction d'un taux d'intérêt de 15%.

b) D'après les résultats obtenus en a), quel projet recommanderiez-vous?

Niveau 3

13.25 La direction de Tissage Lanthier se propose de remplacer de nombreux métiers de la salle de tissage. Voici la liste des machines en question: deux métiers President de 220 cm, seize métiers President de 135 cm et 22 métiers Draper X-P2 de 185 cm. L'entreprise a

la possibilité soit de remplacer les vieux métiers par des métiers neufs de même modèle, soit d'acheter 21 métiers Pignone sans navette. La première option exige l'achat de 40 nouveaux métiers President et Draper et la mise au rancart des vieilles machines. La seconde implique la mise au rancart des 40 vieux métiers, le déplacement de 12 métiers Picanol et la construction d'un plancher de ciment, plus l'achat des 21 métiers Pignone et de leurs accessoires.

DESCRIPTION	OPTION 1	OPTION 2
Machinerie/ accessoires	2 119 170 $	1 071 240 $
Coût d'enlèvement des vieux métiers/ préparation du site	26 866 $	49 002 $
Valeur de récupération des vieux métiers	62 000 $	62 000 $
Augmentation des ventes annuelles due aux nouveaux métiers	7 915 748 $	7 455 084 $
Coûts de main-d'œuvre annuels	261 040 $	422 080 $
Coûts annuels d'E&E	1 092 000 $	1 560 000 $
Taux de DPA	(30%)	(30%)
Durée du projet	8 ans	8 ans
Valeur de récupération	169 000 $	54 000 $

La fraction non amortie du coût en capital de tous les vieux métiers est négligeable. Par ailleurs, les dirigeants croient que les diverses possibilités d'investissement de l'entreprise lui garantiront un taux de rendement d'au moins 18 %. Son taux d'imposition marginal est de 40 %.

a) Effectuez une analyse de sensibilité des données du projet, en faisant varier les revenus d'exploitation nets, les coûts de main-d'œuvre annuels, les coûts annuels d'E&E, ainsi que le TRAM. Tenez pour acquis que chacune des variables peut présenter un écart de ± 10 %, ± 20 % et ± 30 % par rapport à la valeur espérée de la situation de référence.

b) Appuyez-vous sur les résultats obtenus en a) pour préparer des diagrammes de sensibilité et interprétez-en les résultats.

13.26* La municipalité de Guelph a de la difficulté à trouver un nouveau site d'enfouissement sanitaire. On lui propose alors comme solution de rechange de produire de la vapeur en brûlant des déchets solides. Au même moment, le fabricant de pneus Uniroyal semble aussi éprouver de la difficulté à se débarrasser des déchets solides que constituent les pneus de caoutchouc. En comptant les déchets municipaux et les déchets industriels, on estime à environ 200 tonnes par jour la quantité de déchets à brûler. La municipalité envisage la construction d'une centrale thermique à vapeur alimentée par des déchets, qui coûtera 6 688 800 $. Pour financer cette construction, elle

émettra des obligations-recettes pour la récupération des ressources totalisant 7 000 000 $, dont les intérêts de 11,5 % seront payables annuellement. La différence entre les coûts de construction réels et le financement (7 000 000 $ − 6 688 800 $ = 311 200 $) sera affectée à l'escompte d'émission et aux charges liées au financement. On estime la vie utile de la centrale à vapeur à 20 ans, et sa valeur de récupération, à environ 300 000 $. Par ailleurs, on prévoit que la main-d'œuvre coûtera annuellement 335 000 $ et que les frais d'exploitation et d'entretien (incluant le carburant, l'électricité, l'entretien et l'eau) s'élèveront à 175 000 $. La municipalité s'attend à ce que la centrale connaisse 20 % de temps d'arrêt par année, de telle sorte qu'elle devra envoyer à un site d'enfouissement sanitaire 4 245 kg de déchets, plus 3 265 kg de résidus d'incinération. Au taux actuel de 42,88 $/kg, cette opération lui coûtera un total de 322 000 $ par année. La centrale aura deux sources de revenus : 1) les ventes de vapeur et 2) les redevances de déversement. En fonction d'un apport de 200 tonnes par jour et d'une production de 6 637 kg de vapeur par kilogramme de déchets, la quantité maximale de vapeur pouvant être produite quotidiennement représente 1 327 453 kg. Toutefois, compte tenu du temps d'arrêt de 20 %, la production atteindra en fait 1 061 962 kg par jour. Comme le prix initial de la vapeur sera approximativement de 4,00 $ la tonne, les revenus des ventes s'élèveront, la première année, à 1 550 520 $. Les redevances de déversement seront utilisées conjointement avec les ventes de vapeur pour contrebalancer le coût total de la centrale. Mais la municipalité a pour objectif d'éliminer les redevances aussi rapidement que possible. Se chiffrant à 20,85 $ la tonne la première année de fonctionnement de la centrale, elles seront complètement supprimées au cours de la huitième année. Voici le calendrier prévu à cette fin :

ANNÉE	REDEVANCES
1	976 114 $
2	895 723
3	800 275
4	687 153
5	553 301
6	395 161
7	208 585

a) En fonction d'un taux d'intérêt de 10 %, les revenus provenant de la centrale thermique seront-ils suffisants pour recouvrer l'investissement ?

b) En fonction d'un taux d'intérêt de 10 %, quel est le prix de vente minimal de la vapeur (par tonne) nécessaire pour atteindre le seuil de rentabilité ?

c) Effectuez une analyse de sensibilité pour déterminer la variable d'entrée du temps d'arrêt de la centrale.

$13.27 Un investisseur possède un portefeuille valant 350 000 $. Une de ses obligations, qui arrivera à échéance le mois prochain, lui permettra de réinvestir 25 000 $. Il a éliminé toutes les options sauf les deux suivantes :

Option 1 : Réinvestir dans une obligation étrangère arrivant à échéance dans un an. Il devra assumer des frais de courtage de 150 $. Pour simplifier, tenez pour acquis que les intérêts de l'obligation s'élèveront à 2 450 $, 2 000 $ ou 1 675 $ au bout d'un an et que les probabilités de réalisation de ces montants sont évaluées respectivement à 0,25, 0,45 et 0,30.

Option 2 : Réinvestir dans un certificat de placement garanti de 25 000 $ émis par une banque. Présumez que le taux d'intérêt effectif de ce CPG est de 7,5 %.

a) Quelle option l'investisseur doit-il choisir pour maximiser le gain financier prévu ?

b) Si l'investisseur s'adresse à la société Salomon et frères inc. pour obtenir des conseils professionnels, quel montant maximal devra-t-il payer pour ce service ?

13.28 La société Kellog, qui étudie le projet d'investissement suivant, a estimé tous les coûts et les revenus en dollars constants. Le projet exige l'achat d'un bien de 9 000 $, qui ne servira que 2 ans (durée du projet).

- La valeur de récupération de ce bien au bout de 2 ans est estimée à 4 000 $.

- Le projet nécessite un investissement de 2 000 $ dans le fonds de roulement, montant qui sera recouvré en totalité à la fin de l'année.

- Le revenu annuel et l'inflation générale constituent des variables aléatoires discrètes, définies par les distributions de probabilités qui suivent. Ces variables aléatoires sont statistiquement indépendantes.

REVENU ANNUEL (*X*)	PROBABILITÉ	INFLATION GÉNÉRALE TAUX (*Y*)	PROBABILITÉ
10 000 $	0,30	3 %	0,25
20 000	0,40	5 %	0,50
30 000	0,30	7 %	0,25

- À des fins fiscales, l'investissement est amorti selon un taux dégressif de 30 %.

- On présume que les revenus, la valeur de récupération et le fonds de roulement sont sensibles au taux d'inflation générale.

- Les revenus et le taux d'inflation indiqués pour la première année demeureront les mêmes jusqu'à la fin du projet.

- Le taux d'imposition marginal de l'entreprise est de 40 %. Son taux d'intérêt sans inflation (i') est de 10 %.

a) Déterminez la PE en fonction de *X* et *Y*.

b) En a), calculez la PE espérée de cet investissement.

c) En a), calculez la variance de la PE de cet investissement.

13.29 La société Monjoie produit des chemises de sécurité industrielles et grand public. Comme dans la plupart des entreprises de fabrication de vêtements, on obtient les différentes pièces de tissu servant à la confection des chemises en marquant sur des feuilles de papier la forme de ces dernières. Actuellement, le marquage est exécuté manuellement, et le coût annuel de la main-d'œuvre se situe autour de 103 718 $. La société Monjoie envisage l'achat d'un système de marquage automatisé. Elle peut choisir soit le système Lectra 305, soit le système de la société Tex. Voici leurs caractéristiques comparatives :

	ESTIMATIONS LES PLUS PROBABLES	
	LECTRA	TEX
Coût annuel de la main-d'œuvre	51 609 $	51 609 $
Économies annuelles de matières	230 000 $	274 000 $
Investissement	136 150 $	195 500 $
Vie utile estimative	6 ans	6 ans
Valeur de récupération	20 000 $	15 000 $
Taux de DPA	30 %	30 %

Le taux d'imposition marginal de la société est de 40 % et le taux d'intérêt utilisé pour l'évaluation des projets, de 12 % après impôt.

a) D'après les estimations les plus probables, quelle est la meilleure option ?

b) Supposez que la société s'appuie sur les distributions de probabilités suivantes pour estimer les économies de matières que chaque système lui permettra de réaliser la première année :

SYSTÈME LECTRA

ÉCONOMIES DE MATIÈRES	PROBABILITÉ
150 000 $	0,25
230 000	0,40
270 000	0,35

SYSTÈME TEX

ÉCONOMIES DE MATIÈRES	PROBABILITÉ
200 000 $	0,30
274 000	0,50
312 000	0,20

Présumez aussi que les économies de matières annuelles relatives aux deux systèmes sont statistiquement indépendantes. Calculez la moyenne et la variance de la valeur annuelle équivalente des coûts d'exploitation de chaque système.

c) En b), calculez la probabilité que le profit annuel découlant de l'utilisation du système Lectra soit supérieur à celui découlant de l'utilisation du système Tex.

13.30 Transport Baillargeon, une entreprise de camionnage, envisage d'équiper ses 2 000 camions d'un système bidirectionnel mobile de messagerie par satellite. Les essais effectués l'an dernier sur 120 camions ont révélé que la messagerie par satellite pouvait réduire de 60 % la facture de 5 millions de dollars que représentent les communications interurbaines de l'entreprise avec ses chauffeurs de camion. Plus important encore, le système a permis aux chauffeurs de réduire de 0,5 % le nombre de kilomètres « à vide » — soit les kilomètres parcourus sans charges payantes. Si cette amélioration s'étendait aux 230 millions de kilomètres parcourus chaque année par la flotte de Baillargeon, on réaliserait des économies additionnelles totalisant 1,25 million de dollars.

Équiper les 2 000 camions d'une liaison par satellite nécessitera un investissement de 8 millions de dollars plus la construction d'un système de transmission des messages coûtant 2 millions de dollars. Le matériel et les dispositifs de bord auront une vie utile de 8 ans et une valeur de récupération négligeable ; ils seront assujettis à un taux de DPA de 30 %. Le taux d'imposition marginal de la société est d'environ 38 % et son taux de rendement acceptable minimal, de 18 %.

a) Déterminez les flux monétaires annuels nets du projet.

b) Soumettez les données du problème à une analyse de sensibilité, en faisant varier les économies relatives aux communications téléphoniques et aux kilomètres à vide. Présumez que chacune de ces variables peut s'écarter de la situation de référence de ± 10 %, ± 20 % et ± 30 %.

c) Préparez des diagrammes de sensibilité et interprétez leurs résultats.

13.31 Voici une comparaison entre les structures de coût d'une technique de fabrication classique (TFC) et d'un système de fabrication flexible (SFF) effectuée dans une entreprise canadienne.

	ESTIMATIONS LES PLUS PROBABLES	
	TFC	SFF
Nombre de types de pièces	3 000	3 000
Nombre de pièces produites par année	544 000	544 000
Coût variable de la main-d'œuvre par pièce	2,15 $	1,30 $
Coût variable des matières par pièce	1,53 $	1,10 $
Total du coût variable par pièce	3,68 $	2,40 $
Coûts indirects annuels	3,15 millions	1,95 million
Coût annuel de l'outillage	470 000 $	300 000 $
Coût annuel du stockage	141 000 $	31 500 $
Total annuel des coûts d'exploitation fixes	3,76 millions	2,28 millions
Investissement	3,5 millions	10 millions
Valeur de récupération	0,5 million	1 million
Vie utile	10 ans	10 ans
Taux de DPA	30 %	30 %

a) Le taux d'imposition marginal de l'entreprise et son TRAM se chiffrent respectivement à 40 % et 15 %. Déterminez le flux monétaire différentiel (SFF − TFC) en vous appuyant sur les estimations les plus probables.

b) La direction est sûre de toutes les estimations se rapportant à la technique de fabrication classique (TFC). Toutefois, comme l'entreprise n'a jamais expérimenté de système de fabrication flexible, plusieurs estimations se rapportant aux valeurs d'entrée, sauf l'investissement et la valeur de récupération, pourraient changer. Soumettez les données du projet à une analyse de sensibilité en faisant varier les éléments du coût d'exploitation. Tenez pour acquis que chacune de ces variables peut présenter un écart de ± 10 %, ± 20 % et ± 30 % par rapport à sa valeur de référence.

c) Préparez des diagrammes de sensibilité et interprétez leurs résultats.

d) Supposez que, pour le SFF, les probabilités relatives au coût variable des matières et au coût annuel de stockage se présentent comme suit:

COÛT DES MATIÈRES	
COÛT PAR PIÈCE	PROBABILITÉ
1,00 $	0,25
1,10	0,30
1,20	0,20
1,30	0,20
1,40	0,05

COÛT DU STOCKAGE	
COÛT ANNUEL	PROBABILITÉ
25 000 $	0,10
31 000	0,30
50 000	0,20
80 000	0,20
100 000	0,20

Quels sont le meilleur et le pire scénarios en ce qui concerne la PE différentielle ?

e) En d), si les variables aléatoires que constituent le coût par pièce et le coût annuel de stockage sont statistiquement indépendantes, trouvez la moyenne et la variance de la PE des flux monétaires différentiels.

f) En d) et en e), quelle est la probabilité que le SFF soit une option d'investissement plus coûteuse ?

13.32 Refaites le problème 13.16 à l'aide d'un tableur électronique. Au moyen d'une table de données à une variable, générez les valeurs actualisées équivalentes des deux options, pour des distances comprises entre 5 et 40 kilomètres (réparties par tranches de 5 kilomètres). Représentez les résultats par un graphique XY et expliquez-les selon la perspective de l'analyse de sensibilité.

13.33 Reprenez le problème 13.12. Comme le coût d'entretien par kilomètre et le nombre de kilomètres parcourus par année sont assez incertains, la société désire effectuer une analyse de sensibilité. À l'aide d'une table de données à deux variables, calculez la différence entre les PE des deux options en fonction de ces deux variables. Répartissez les frais d'entretien entre 12 et 16 cents le kilomètre (par tranches de 1 ¢, et faites varier la distance entre 60 000 et 80 000 kilomètres par année par tranches de 5 000 km. Représentez les résultats par un graphique de surface 3D et expliquez-les selon la perspective de l'analyse de sensibilité.

CHAPITRE 14

Les analyses économiques dans le secteur public

Depuis plusieurs années, le gouvernement canadien investit des centaines de millions de dollars dans la recherche et le développement de systèmes d'information sanitaire. Les projets financés vont d'un réseau national de surveillance de la santé, qui vise à faciliter le transfert de données entre les inspecteurs de la santé, à diverses innovations en matière de télémédecine. Le Canada possède deux atouts en ce qui concerne la télémédecine : les technologies de l'information et des communications et le système universel de soins de santé.

La télémédecine, qui consiste à fournir des services médicaux à distance, et le télémonitorage, qui permet le suivi à distance de certains traitements, présentent d'importants avantages à la fois pour les patients et pour les travailleurs de la santé. L'avantage le plus évident résulte de l'économie de temps et d'argent découlant de l'élimination des déplacements. Dans les centres urbains, un médecin spécialiste peut transmettre dans diverses cliniques satellites les diagnostics qu'il a établis d'après les données visuelles, les images ou toutes les autres données reçues par voie électronique. Dans les régions éloignées du Canada, dans le nord par exemple, une telle accessibilité est particulièrement précieuse étant donné les coûts ou les problèmes parfois insurmontables que posent les déplacements.

Grâce aux programmes de télémédecine, la prestation des soins de santé pourrait être facilitée pour des dizaines de milliers de Canadiens chaque année. Certaines applications pourraient même avoir un effet positif considérable sur le taux de mortalité et de morbidité (incidence relative des maladies). Certains progrès réalisés en matière de santé et de technologie des communications pourraient procurer des avantages encore plus notables. Par exemple, le Sunnybrook Health Science Centre de Toronto est à la fine pointe en matière de télémammographie, technique qui permet de transmettre des images numériques pour détecter le cancer du sein. Les avantages que cette technologie promet comprennent des diagnostics plus rapides et efficaces, une réduction du nombre d'examens et de déplacements pour le patient et une plus grande accessibilité de la mammographie pour les femmes habitant dans des régions peu peuplées.

Habituellement, les investissements publics représentent des dépenses considérables et l'on s'attend à profiter longtemps de leurs bienfaits. L'une des principales difficultés que les gouvernements doivent surmonter consiste à déterminer si leurs décisions concernant le financement des soins de santé avec des fonds publics sont bel et bien prises dans l'intérêt du public. Lorsqu'on énonce les avantages de tels projets, il faut considérer à la fois les avantages primaires, c'est-à-dire ceux qui sont directement attribuables au projet, et les avantages secondaires, qui sont indirectement attribuables au projet. Par exemple, les améliorations apportées à la technologie de l'imagerie en télémédecine peuvent permettre des économies dans les services de télémédecine (avantage primaire), mais aussi servir dans d'autres secteurs des télécommunications (avantages secondaires). On peut également anticiper de nombreux autres avantages indirects moins apparents tels qu'une baisse de la congestion, de meilleurs délais d'exécution et une organisation du travail plus facile dans les établissements de santé surpeuplés.

Jusqu'à présent, nous n'avons abordé que les décisions d'investissement touchant le secteur privé, dont le principal objectif est d'augmenter la richesse d'entreprises ou de personnes. Dans le secteur public, les gouvernements fédéral, provinciaux et municipaux investissent des centaines de milliards de dollars chaque année dans une multitude d'activités publiques telles les initiatives de télémédecine décrites précédemment. Qui plus est, tous les paliers de gouvernement régissent le comportement des personnes et des entreprises en modulant l'utilisation de quantités importantes de ressources de production. Comment les décideurs du secteur public déterminent-ils si leurs décisions, qui affectent l'utilisation de ces ressources, servent réellement l'intérêt supérieur du public ?

L'analyse avantages-coûts est un processus décisionnel permettant l'élaboration systématique de données utiles sur les effets désirables et indésirables de projets publics. D'une certaine manière, l'analyse avantages-coûts dans le secteur public se compare à l'analyse de rentabilité dans le secteur privé, puisqu'elle tente de déterminer si les avantages collectifs d'une activité publique proposée l'emportent sur les coûts sociaux. Les études menées sur les systèmes de transport public, les règlements environnementaux concernant le bruit et la pollution, les programmes de sécurité publique, les programmes d'éducation et de formation, les programmes de santé publique, la lutte contre les inondations, le développement de la ressource hydrique et les programmes de défense nationale sont autant d'exemples d'analyses avantages-coûts.

On distingue trois types de problèmes d'analyse avantages-coûts : 1) optimiser les avantages d'un ensemble donné de coûts (ou de budgets), 2) optimiser les avantages nets lorsque les avantages et les coûts varient et 3) réduire les coûts au minimum pour atteindre un niveau d'avantages donné (ce qu'on appelle couramment l'analyse « coût-efficacité »). Le présent chapitre porte sur ces trois types de problèmes décisionnels.

14.1   LE MODÈLE D'ANALYSE AVANTAGES-COÛTS

Pour évaluer des projets publics visant l'exécution de tâches très variées, il faut mesurer les avantages ou les coûts en utilisant les mêmes unités pour tous les projets, ce qui permet d'aborder dans une perspective commune différents projets. Concrètement, on exprime habituellement les avantages et les coûts d'un projet en unités monétaires, même si l'on n'a souvent aucune donnée précise. Dans l'analyse avantages-coûts, le terme **usagers** désigne le public et le terme **promoteur** désigne le gouvernement.

Le modèle d'analyse avantages-coûts peut se résumer comme suit :

1. Dégager tous les avantages que le projet peut présenter pour les usagers.
2. Dans la mesure du possible, quantifier ces avantages en dollars afin de pouvoir comparer différents avantages entre eux et avec les coûts qu'ils représentent.
3. Calculer les coûts du promoteur.
4. Dans la mesure du possible, convertir ces coûts en dollars pour permettre les comparaisons.
5. Déterminer les avantages et les coûts équivalents pour la période de base ; utiliser un taux d'intérêt approprié pour le projet.
6. Accepter le projet si les avantages équivalents pour les usagers l'emportent sur les coûts équivalents du promoteur.

L'analyse avantages-coûts peut se révéler utile quand il faut choisir entre des options comme l'affectation de fonds à la construction d'un système de transport en commun, d'un barrage d'irrigation, d'autoroutes ou d'un système de contrôle de la circulation aérienne. Si les coûts de ces projets sont tous à la même échelle, on peut facilement choisir le projet dont les avantages dépassent le plus les coûts.

14.2   L'ÉVALUATION DES AVANTAGES ET DES COÛTS

Le modèle que nous venons de décrire n'est pas différent de celui qui nous a servi tout au long de cet ouvrage à évaluer des projets d'investissement privés. Dans les faits, les choses se compliquent lorsqu'il faut attribuer des valeurs à tous les avantages et coûts d'un projet public.

14.2.1 LES AVANTAGES POUR LES USAGERS

La première étape de l'analyse avantages-coûts consiste à nommer tous les **avantages** (conséquences positives) et les **inconvénients** (conséquences négatives) du projet pour les usagers. Il importe également de considérer les conséquences indirectes du projet, c'est-à-dire ses **effets secondaires**. Par exemple, la construction d'une nouvelle autoroute favorisera l'émergence de nouvelles entreprises telles que des stations-service, des restaurants et des motels (avantages), mais elle détournera également une partie de la circulation de l'ancienne route, ce qui provoquera la fermeture d'autres entreprises (inconvénients). Une fois les avantages et les inconvénients quantifiés, les avantages pour les usagers se définissent comme suit :

Avantages pour les usagers (B) = Avantages − inconvénients

On recommande de classer les avantages pour les usagers en **avantages primaires** (directement attribuables au projet) et en **avantages secondaires** (indirectement attribuables au projet). Par exemple, le gouvernement canadien envisage de construire un laboratoire de recherche sur les supraconducteurs à Ottawa. Si ce projet se concrétise, un nombre important de scientifiques et d'ingénieurs viendront s'installer dans la région, de même qu'une population de soutien. À l'échelle nationale, les avantages primaires incluraient les avantages à long terme que les entreprises canadiennes pourraient tirer des diverses applications de ces recherches. À l'échelle régionale, ils comprendraient les avantages économiques engendrés par les activités du laboratoire de recherche, qui créeraient de nombreuses entreprises de soutien. Les avantages secondaires pourraient inclure la création d'une nouvelle richesse économique grâce à l'augmentation possible du commerce international et à la hausse des revenus des divers producteurs régionaux causée par la croissance de la population.

On établit cette distinction parce qu'elle peut rendre l'analyse plus efficace. Si les avantages primaires suffisent à justifier les coûts du projet, il n'est pas nécessaire de consacrer du temps et des efforts à la quantification des avantages secondaires.

14.2.2 LES COÛTS DU PROMOTEUR

On détermine les coûts du promoteur d'un projet en calculant et classant les dépenses nécessaires et toutes les économies (ou tous les revenus) possibles. Ces coûts doivent inclure l'investissement en capital et les coûts d'exploitation annuels. Les ventes de produits ou de services succédant à la réalisation du projet produisent des recettes, par exemple des revenus de péage dans le cas d'une autoroute. Ces revenus diminuent les coûts du promoteur. Les coûts du promoteur constituent donc la somme des éléments de coût suivants :

$$\text{Coûts du promoteur} = \text{investissement en capital} + \text{coûts d'exploitation et d'entretien} - \text{revenus.}$$

14.2.3 LE TAUX D'ESCOMPTE SOCIAL

Nous avons appris dans le chapitre 10 que le choix d'un TRAM approprié est essentiel pour l'évaluation d'un projet d'investissement dans le secteur privé. Dans l'analyse de projets publics, il faut également choisir un taux d'intérêt, appelé **taux d'escompte social**, pour déterminer les avantages équivalents de même que les coûts équivalents. Le choix du taux d'escompte social pour l'évaluation d'un projet public est aussi crucial que le choix d'un TRAM dans le secteur privé.

Dans les années 1930, lorsqu'on a mis au point les calculs de la valeur actualisée nette pour évaluer les projets touchant les ressources publiques en eau et les projets d'utilisation du sol qui les accompagnent, on a adopté des taux d'escompte relativement bas par rapport à ceux qui avaient cours dans le marché pour des éléments d'actif privés. Le choix d'un taux d'escompte social convenable est l'objet de nombreux débats depuis ce temps. Deux écoles de pensée s'affrontent en ce qui concerne la base la plus appropriée pour établir ce taux.

La première préconise le taux de préférence sociale pour le présent, qui constitue un arbitrage entre la consommation actuelle et la consommation future. Plusieurs raisons peuvent inciter les consommateurs à actualiser des avantages futurs comparativement à des avantages qui leur sont antérieurs. Certaines personnes vivent dans le présent et préfèrent la satisfaction immédiate, ou d'autres actualisent des avantages ultérieurs puisqu'elles ne seront peut-être pas là pour en profiter. D'autres encore ont un penchant altruiste qui les pousse à pondérer les avantages pour les générations futures en les plaçant à égalité avec les gains à court terme.

D'autre part, le coût d'option collectif du capital tient compte des autres usages que l'on pourrait faire de l'argent si les investissements publics actuels n'étaient pas entrepris. On peut supposer que l'argent demeurerait dans le secteur privé, de sorte que le taux d'escompte social serait calculé essentiellement sur les taux de rendement moyens prévus pour le secteur d'activité. Cependant, l'impôt sur le revenu complique cette hypothèse. Le gouvernement pourrait utiliser un TRAM moyen *avant impôt* établi dans le secteur privé comme taux de référence pour accepter un projet, ou encore le TRAM *après impôt* prévu par les investisseurs. Inversement, si l'on considère que les fonds publics sont rationnés, le coût d'opportunité pertinent pour un projet public devrait être un autre projet public plutôt qu'une activité du secteur privé. De plus, on pourrait utiliser comme montant de référence pour les dépenses publiques le coût de la dette publique, qui se reflète dans les taux des obligations d'État à long terme.

Depuis que l'intérêt pour la budgétisation au rendement et l'analyse de systèmes s'est accru dans les années 1960, les organismes publics ont de plus en plus tendance à examiner la justesse du taux d'escompte dans le secteur public en regard de l'affectation efficace des ressources dans l'ensemble du système économique[1]. Deux opinions prévalent en ce qui concerne la base permettant de déterminer le taux d'escompte social :

1. **Les projets sans contrepartie privée :** *Le taux d'escompte social devrait refléter uniquement le taux créditeur courant du gouvernement.* Les projets tels que les barrages conçus exclusivement pour le contrôle des inondations, les routes d'accès destinées à des usages non commerciaux et les réservoirs d'approvisionnement en eau peuvent être dépourvus de contrepartie dans le secteur privé. Dans les sphères d'activité gouvernementales où l'analyse avantages-coûts sert à évaluer les projets, le coût d'emprunt du gouvernement sert habituellement de taux d'escompte.

2. **Les projets avec contrepartie privée :** *Le taux d'escompte social devrait représenter le taux auquel les fonds auraient pu croître s'ils étaient demeurés dans le secteur privé.* Si tous les projets publics sont financés par des emprunts aux dépens d'investissements privés, on peut utiliser le coût d'opportunité du capital d'autres investissements dans le secteur privé pour déterminer le taux d'escompte social. Dans le cas des projets de dépenses publiques, qui ressemblent à certains projets du secteur privé produisant une marchandise ou un service (de l'électricité, par exemple) qui sera ensuite mis sur le marché, le taux d'escompte employé serait le coût moyen du capital dont il a été question dans le chapitre 10. On utilise le taux de rendement du secteur privé comme coût d'opportunité du capital pour des projets similaires à ceux du secteur privé pour deux raisons : 1) empêcher le secteur public de transférer des fonds d'investissements à rendement plus élevé vers des investissements à rendement plus faible et 2) obliger les évaluateurs de projets publics à utiliser les normes du marché pour justifier leurs projets.

Le Conseil du Trésor du Canada propose des lignes directrices pour l'évaluation des projets publics. Puisque l'acceptabilité de certains projets dépend beaucoup du taux d'escompte social utilisé, on suggère l'emploi d'un taux d'escompte social de référence et, pour les analyses de sensibilité, l'emploi d'un taux légèrement plus faible et d'un taux considérablement plus élevé (voir la section 13.2.4).

---

1. R. F. Mikesell, *The Rate of Discount for Evaluating Public Projects*, American Enterprise Institute for Public Policy Research, 1977.

14.2.4 LA QUANTIFICATION DES AVANTAGES ET DES COÛTS

Maintenant que nous avons décrit le modèle d'analyse avantages-coûts et le taux d'escompte qu'il convient d'utiliser, nous pouvons illustrer le processus servant à quantifier les avantages et les coûts associés à un projet public[2].

Certaines provinces ont mis en place des systèmes d'inspection pour les automobiles. On reproche souvent à ces programmes, destinés à réduire les accidents mortels, les blessures, les accidents et la pollution, de faillir à leur tâche par leur manque d'efficacité et leur faible ratio avantages-coûts.

Les éléments d'avantages et de coûts

Les avantages primaires et secondaires associés au programme d'inspection des automobiles sont les suivants :

- **Les avantages pour les usagers**

  Avantages primaires : Les décès et les blessures causés par des accidents d'automobiles représentent des coûts financiers spécifiques pour les personnes et la société. La prévention de ces coûts par un programme d'inspection offre les avantages primaires suivants.

  1. Rétention des contributions à la société qui peuvent être perdues en cas de décès.

  2. Rétention de productivité qui peut être perdue pendant la période de convalescence suivant un accident.

  3. Économies sur les services médicaux, légaux et d'assurance.

  4. Économies sur les coûts de remplacement ou de réparation de biens.

  Avantages secondaires : Certains avantages secondaires ne sont pas mesurables (par exemple, l'évitement de la douleur et de la souffrance), tandis que d'autres peuvent être quantifiés. Il importe de considérer ces deux types d'avantages. Voici une liste des avantages secondaires.

  1. Économies de revenus pour les familles et les amis des victimes d'accidents qui devraient prendre soin de ces victimes.

  2. Évitement de la pollution atmosphérique et sonore et économies sur le coût du carburant.

  3. Économies sur les coûts d'exécution de la loi et les coûts d'administration associés aux enquêtes sur les accidents.

  4. Évitement de la douleur et de la souffrance.

---

2. D'après P. D. Loeb et B. Gilad, « The Efficacy and Cost Effectiveness of Vehicle Inspection », *Journal of Transport Economics and Policy*, mai 1984, p. 145-164. Les éléments de coût initiaux, donnés en dollars de l'année 1981, ont été convertis en éléments de coût équivalents de l'année 1990 en fonction des indices de prix à la consommation en vigueur pour la période.

- **Les inconvénients pour les usagers**
  1. Coût du temps consacré pour faire inspecter l'automobile (y compris le temps de déplacement), comparativement au temps consacré à une autre activité (coût d'opportunité).
  2. Coût des frais d'inspection.
  3. Coût des réparations qui n'auraient pas été effectuées si l'inspection n'avait pas eu lieu.
  4. Valeur du temps consacré à la réparation de l'automobile (y compris le temps de déplacement).
  5. Coût du temps et du paiement direct de la réinspection.

- **Les coûts du promoteur**
  1. Investissements dans les installations d'inspection.
  2. Coûts d'exploitation et d'entretien associés aux installations d'inspection, y compris tous les coûts directs et indirects de main-d'œuvre, de personnel et d'administration.

- **Les revenus ou les économies du promoteur**
  1. Frais d'inspection.

L'évaluation des avantages et des coûts

L'analyse avantages-coûts a pour objectif de maximiser la valeur équivalente de tous les avantages moins celle de tous les coûts (exprimée en valeur actualisée ou en valeur annuelle). Cet objectif va dans le sens de la promotion du bien-être économique des citoyens. De façon générale, les avantages des projets publics sont difficiles à mesurer tandis que les coûts sont plus faciles à déterminer. Pour simplifier, nous tenterons de quantifier uniquement les avantages primaires pour les usagers et les coûts du promoteur sur une base annuelle. Les estimations fournies à titre d'exemple correspondent à une population de la taille de l'Ontario.

a) **Le calcul des avantages primaires pour les usagers**

1. Avantages découlant de la réduction de la mortalité : la valeur équivalente du flux de revenu moyen perdu par les victimes d'accidents mortels[3] est estimée à 432 656 $ par victime. On estime que le programme d'inspection réduirait le nombre d'accidents mortels de 304 par année, ce qui pourrait permettre des économies de :

$$(304)(432\ 656\ \$) = 131\ 527\ 424\ \$.$$

---

3. Ces estimations sont faites d'après le revenu moyen total que ces victimes auraient pu toucher si elles avaient survécu. On calcule la valeur moyenne d'une vie humaine en considérant divers facteurs tels que l'âge, le sexe et la catégorie de revenu.

2. Avantages découlant de la réduction des dommages matériels : le coût moyen des dommages matériels par accident est estimé à 3 398 $. Ce montant comprend le coût des réparations pour les dommages causés à l'automobile, le coût des assurances, le coût de l'administration judiciaire et des tribunaux, le coût de l'enquête policière et le coût des retards de circulation causés par les accidents. On prévoit une réduction du nombre d'accidents de 37 910 par année. Environ 63 % des accidents provoquent uniquement des dommages matériels. Par conséquent, la valeur annuelle estimative des avantages découlant de la réduction des dommages matériels serait :

$$3\ 398\ \$(37\ 910)(0,63) = 81\ 155\ 453\ \$.$$

Les avantages primaires annuels globaux correspondent à la somme de :

La valeur de la réduction de la mortalité	131 527 424 $
La valeur de la réduction des dommages matériels	81 155 453
Total	212 682 877 $

b) **Le calcul des inconvénients primaires pour les usagers**

1. Coût d'opportunité associé au temps consacré à l'inspection des automobiles ; ce coût est estimé comme suit :

$$C_1 = \text{(nombre d'automobiles inspectées)}$$
$$\times \text{(durée moyenne des déplacements)}$$
$$\times \text{(taux de rémunération moyen)}.$$

Pour une durée moyenne estimative de 1,02 heures de déplacement par automobile, un taux de rémunération moyen de 11,25 $ par heure et 5 136 224 automobiles inspectées par année, on obtient :

$$C_1 = 5\ 136\ 224(1,02)\ (11,25\ \$)$$
$$= 58\ 938\ 170\ \$.$$

2. Coût des frais d'inspection ; ce coût peut se calculer comme suit :

$$C_2 = \text{(frais d'inspection)}$$
$$\times \text{(nombre d'automobiles inspectées)}.$$

Si l'on suppose des frais d'inspection de 10 $ par automobile, le coût annuel total d'inspection peut être estimé comme suit :

$$C_2 = (10\ \$)(5\ 136\ 224)$$
$$= 51\ 362\ 240\ \$.$$

3. Coût d'opportunité associé au temps d'attente pendant le processus d'inspection ; ce coût peut se calculer par la formule suivante :

$$C_3 = \text{(temps d'attente moyen en heures)}$$
$$\times \text{(taux de rémunération moyen par heure)}$$
$$\times \text{(nombre d'automobiles inspectées)}.$$

Si le temps d'attente moyen est de 9 minutes (ou 0,15 heure) :

$$C_3 = 0{,}15(11{,}25\ \$)(5\ 136\ 224) = 8\ 667\ 378\ \$.$$

4. Coûts d'utilisation de l'automobile pendant le processus d'inspection ; ces coûts sont estimés comme suit :

$$C_4 = \text{(nombre d'automobiles inspectées)}$$
$$\times \text{(coût d'utilisation de l'automobile par kilomètre)}$$
$$\times \text{(distance moyenne d'un aller-retour}$$
$$\text{au centre d'inspection)}.$$

Si l'on suppose un coût d'utilisation de 0,30 \$ par kilomètre et un aller-retour de 20 kilomètres :

$$C_4 = 5\ 136\ 224(0{,}30\ \$)(20) = 30\ 817\ 344\ \$.$$

Les inconvénients primaires annuels globaux sont estimés comme suit :

ÉLÉMENT	MONTANT
C_1	58 938 170 \$
C_2	51 362 240
C_3	8 667 378
C_4	30 817 344
Total des inconvénients, soit 29,16 \$ par véhicule	149 785 132 \$

c) Le calcul des coûts primaires du promoteur

Un programme provincial nécessiterait une dépense de 55 133 866 \$ pour les installations d'inspection (ce montant représente la dépense en capital annualisée) et une autre dépense d'exploitation annuelle de 18 080 000 \$ pour l'inspection, ce qui donne un total de 73 213 866 \$.

d) Le calcul des revenus primaires du promoteur

Les coûts du promoteur sont compensés dans une large mesure par les revenus d'inspection annuels ; ces derniers doivent être soustraits pour éviter une double comptabilisation. Les revenus d'honoraires annuels correspondent aux coûts d'inspection directs engagés par les usagers (C_2), c'est-à-dire 51 362 240 \$.

La prise de décision finale

Enfin, on a déterminé qu'un taux d'escompte de 6 % serait approprié puisque la plupart des projets provinciaux sont financés par l'émission d'obligations à long terme portant intérêt à 6 %. Les flux des coûts et des avantages sont déjà convertis en valeurs actualisées et en valeurs annuelles équivalentes.

D'après ces estimations, les avantages primaires de l'inspection valent 212 682 877 $, comparativement aux inconvénients primaires, qui valent 149 785 132 $. Par conséquent, les avantages nets pour les usagers sont :

$$\text{Avantages nets pour les usagers} = 212\ 682\ 877\ \$ - 149\ 785\ 132\ \$$$

$$= 62\ 897\ 745\ \$.$$

Les coûts nets du promoteur sont :

$$\text{Coûts nets du promoteur} = 73\ 213\ 866\ \$ - 51\ 362\ 240\ \$$$

$$= 21\ 851\ 626\ \$.$$

Puisque tous les avantages et coûts sont exprimés en valeurs annuelles équivalentes, on peut utiliser directement ces valeurs pour calculer la portion des avantages qui dépasse les coûts du promoteur :

$$62\ 897\ 745\ \$ - 21\ 851\ 626\ \$ = 41\ 046\ 119\ \$ \text{ par année.}$$

Cette valeur équivalente annuelle positive indique que le système d'inspection de l'Ontario serait justifiable d'un point de vue économique en vertu des hypothèses posées. On peut présumer que cette valeur aurait été encore plus élevée si l'on avait également tenu compte des avantages secondaires. (Pour simplifier le calcul, l'augmentation du nombre d'automobiles dans la province de l'Ontario n'a pas été prise en compte explicitement. Pour réaliser une analyse complète, il faudrait considérer ce facteur de croissance pour que tous les avantages et coûts soient inclus dans les calculs d'équivalence.)

14.2.5 LES DIFFICULTÉS INHÉRENTES À L'ANALYSE DE PROJETS PUBLICS

Comme l'a démontré l'exemple du programme d'inspection élaboré dans la section précédente, les avantages collectifs sont très difficiles à quantifier de manière décisive. C'est le cas notamment de l'évaluation de tous les types d'avantages liés à une vie humaine épargnée. En théorie, les avantages associés à la sauvegarde d'une vie humaine peuvent inclure l'évitement des coûts d'administration des assurances ainsi que des coûts judiciaires et de tribunaux. Il faut également inclure la perte de revenu moyenne pouvant découler d'un décès prématuré en tenant compte des facteurs d'âge et de sexe. On peut donc affirmer que les difficultés inhérentes à la quantification précise de la vie humaine sont insurmontables.

Prenons l'exemple suivant. Il y a quelques années, un homme d'affaires de 50 ans est mort dans un accident d'avion. L'enquête a démontré que l'avion n'avait pas été entretenu conformément aux lois fédérales. La famille de la victime a poursuivi la compagnie aérienne et le tribunal a ordonné une compensation de 5 250 000 $. Le juge a calculé la valeur de la vie humaine perdue en supposant que si la victime avait survécu et continué à donner le même rendement au travail jusqu'à sa retraite, elle aurait touché des revenus équivalant à 5 250 000 $ au moment de la décision. Cet exemple illustre comment on attribue à une vie humaine une valeur monétaire. Évidemment, toute tentative de calcul d'une valeur moyenne représentant l'ensemble de la population pourrait soulever une controverse. On pourrait même avoir des réserves quant à la décision du juge : le salaire de l'homme d'affaires représente-t-il adéquatement la valeur de cette personne aux yeux de sa famille ? Faudrait-il également attribuer une valeur monétaire à l'attachement affectif de la famille et, le cas échéant, quelle serait cette valeur ?

Prenons un autre cas : un gouvernement municipal prévoit élargir une autoroute afin d'atténuer l'embouteillage chronique. Sachant que le projet sera financé par les impôts locaux et provinciaux, et que de nombreux visiteurs de l'extérieur de la province en bénéficieront, devrait-on justifier le projet uniquement en fonction des avantages aux résidents locaux ? Quel point de vue doit-on adopter pour mesurer les avantages : celui de la municipalité, celui de la province, ou les deux ? Pour évaluer les avantages d'un projet, il importe de toujours adopter le *point de vue* approprié.

Outre les problèmes touchant l'évaluation et le point de vue, d'autres facteurs peuvent fausser les résultats d'une analyse avantages-coûts. Contrairement aux projets du secteur privé, de nombreux projets publics sont approuvés à cause de pressions politiques plutôt que pour leur avantage économique. En termes concrets, chaque fois que le ratio avantages-coûts d'un projet devient marginal ou inférieur à 1, il arrive qu'on gonfle la valeur des avantages pour donner plus d'attrait à ce projet.

14.3 | LES RATIOS AVANTAGES-COÛTS

Une autre façon d'exprimer la valeur d'un projet public consiste à comparer les avantages pour les usagers (B) aux coûts du promoteur (C) en établissant le ratio avantages-coûts. Dans la présente section, nous définirons le ratio avantages-coûts (B/C) et expliquerons la relation entre le critère de la valeur actualisée nette (PE) conventionnel et le ratio avantages-coûts.

14.3.1 DÉFINITION DU RATIO AVANTAGES-COÛTS

Pour un profil d'avantages-coûts donné, on suppose que B et C représentent les valeurs actualisées équivalentes des avantages et des coûts définis comme suit :

$$B = \sum_{n=0}^{N} b_n (1+i)^{-n} \tag{14.1}$$

$$C = \sum_{n=0}^{N} c_n (1+i)^{-n}, \tag{14.2}$$

où b_n = les avantages à la fin de la période n, $b_n \geq 0$,

c_n = les dépenses à la fin de la période n, $c_n \geq 0$,

$A_n = b_n - c_n$,

N = la durée du projet,

i = le taux d'intérêt du promoteur (taux d'escompte).

Les coûts du promoteur (C) comprennent les dépenses en capital équivalentes (P) et les coûts d'exploitation annuels équivalents (C') s'accumulant dans chaque période successive. (La convention de signe utilisée pour calculer un ratio avantages-coûts est la suivante : puisqu'on utilise un ratio, on exprime tous les flux des avantages et des coûts en unités positives. Rappelons que dans les calculs de valeur équivalente précédents on attribuait par convention le signe « + » aux recettes et le signe « − » aux débours.) Présumons qu'une série d'investissements initiaux est nécessaire pendant les premières périodes K, et que les coûts d'exploitation et d'entretien annuels s'accumulent dans chaque période suivante. La valeur actualisée équivalente pour chaque composante est donc :

$$P = \sum_{n=0}^{K} c_n (1+i)^{-n} \tag{14.3}$$

$$C' = \sum_{n=K+1}^{N} c_n (1+i)^{-n}, \tag{14.4}$$

et $C = P + C'$.

Le ratio avantages-coûts $(B/C)^4$ se définit comme suit :

$$BC(i) = \frac{B}{C} = \frac{B}{P+C'}, \qquad P + C' > 0. \tag{14.5}$$

Si l'on doit accepter le projet, $BC(i)$ doit être supérieur à 1.

---

4. Un autre outil de mesure, le **ratio avantages-coûts net**, $B'C(i)$, ne tient compte que des dépenses en capital initiales, et utilise les avantages annuels nets :

$$B'C(i) = \frac{B - C'}{P} = \frac{B'}{P}, \quad P > 0.$$

La règle de décision n'a pas changé : le ratio doit toujours être supérieur à 1. On peut facilement démontrer que, pour un projet où $BC(i) > 1$, le ratio $B'C(i) > 1$ sera vrai tant que C et P sont supérieurs à 0, comme ils doivent l'être

Notons qu'il faut exprimer les valeurs de B, C' et P en valeur actualisée équivalente. Il est également possible de convertir ces valeurs en valeurs annuelles équivalentes et de les utiliser pour calculer le ratio avantages-coûts. Cela ne change pas le résultat obtenu.

Exemple 14.1

Le ratio avantages-coûts

Un gouvernement municipal envisage un projet public qui présente le profil avantages-coûts estimatif suivant (figure 14.1).

Figure 14.1
Classification des éléments du flux monétaire d'un projet

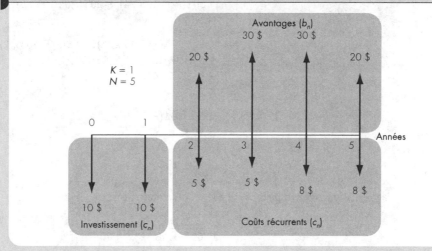

---

pour que les inégalités dans les règles de décision puissent maintenir les décisions. La grandeur de $BC(i)$ sera généralement différente de celle de $B'C(i)$, mais les grandeurs ne sont pas pertinentes dans la prise de décision. Il importe surtout de déterminer si le ratio est supérieur à la valeur limite de 1. Cependant, certains analystes préfèrent utiliser le ratio $B'C(i)$ parce qu'il indique l'avantage net (B') prévu pour chaque dollar investi. Pourquoi font-ils ce choix si le ratio n'affecte pas la décision ? Peut-être essaient-ils d'augmenter ou de diminuer la grandeur du ratio afin d'influencer le public, qui ne comprend pas la règle de décision. Les gens qui ne connaissent pas l'analyse coûts-avantages croient souvent qu'un projet qui présente un ratio avantages-coûts élevé est meilleur. Cela n'est pas le cas, comme nous le verrons dans la section 14.3.3. Il faut employer une approche différentielle pour comparer adéquatement des options mutuellement exclusives.

n	b_n	c_n	A_n
0		10 \$	−10 \$
1		10	−10
2	20 \$	5	15
3	30	5	25
4	30	8	22
5	20	8	12

On suppose que $i = 10\%$, $N = 5$ et $K = 1$. Calculez B, C, P, C' et $BC(10\%)$.

Solution

$$
\begin{aligned}
B &= 20\$(P/F, 10\%, 2) + 30\$(P/F, 10\%, 3) \\
&\quad + 30\$(P/F, 10\%, 4) + 20\$(P/F, 10\%, 5) \\
&= 71,98\$.
\end{aligned}
$$

$$
\begin{aligned}
C &= 10\$ + 10\$(P/F, 10\%, 1) + 5\$(P/F, 10\%, 2) \\
&\quad + 5\$(P/F, 10\%, 3) + 8\$(P/F, 10\%, 4) \\
&\quad + 8\$(P/F, 10\%, 5) \\
&= 37,41\$.
\end{aligned}
$$

$$
\begin{aligned}
P &= 10\$ + 10\$(P/F, 10\%, 1) \\
&= 19,09\$.
\end{aligned}
$$

$$
\begin{aligned}
C' &= C - P \\
&= 18,32\$.
\end{aligned}
$$

Par l'équation 14.5, on peut calculer le ratio avantages-coûts :

$$
\begin{aligned}
BC(10\%) &= \frac{71,98\$}{19,09\$ + 18,32\$} \\
&= 1,92 > 1.
\end{aligned}
$$

Puisque le ratio est supérieur à 1, les avantages pour les usagers dépassent les coûts du promoteur.

14.3.2 LA RELATION ENTRE LE RATIO AVANTAGES-COÛTS ET LA PE

Le ratio avantages-coûts mène à la même décision que le critère de la valeur actualisée nette (PE). Rappelons que le critère $BC(i)$ utilisé pour accepter un projet peut s'exprimer dans les termes suivants :

$$\frac{B}{P + C'} > 1. \tag{14.6}$$

Si on multiplie le terme $(P + C')$ des deux côtés de l'équation et que l'on transpose le terme $(P + C')$ du côté gauche, on obtient :

$$B > (P + C')$$
$$B - (P + C') > 0 \tag{14.7}$$
$$PE(i) = B - C > 0, \tag{14.8}$$

ce qui représente la même règle de décision[5] que celle qui permet d'accepter un projet par le critère de la valeur actualisée nette. Cela suppose que l'on pourrait utiliser le ratio avantages-coûts pour évaluer des projets privés plutôt que le critère de la valeur actualisée nette ou, inversement, que l'on pourrait utiliser le critère de la valeur actualisée nette pour évaluer des projets publics. Ces deux approches mènent au même choix. Revenons à l'exemple 14.1, où $PE(10\,\%) = B - C = 34,57\,\$ > 0$; ce projet serait acceptable en vertu du critère de la valeur actualisée nette.

14.3.3 LA COMPARAISON D'OPTIONS MUTUELLEMENT EXCLUSIVES PAR L'ANALYSE DIFFÉRENTIELLE

Voyons maintenant comment l'on choisit parmi divers projets publics mutuellement exclusifs. Dans le chapitre 5, nous avons vu qu'il faut utiliser la méthode de l'investissement différentiel pour comparer des options en fonction d'une valeur relative telle que le taux de rendement interne ou le ratio avantages-coûts.

---

5. On peut facilement vérifier la même relation entre le ratio avantages-coûts net et le critère de la valeur actualisée nette.

L'analyse différentielle en fonction de $BC(i)$

Pour réaliser une analyse différentielle, on calcule les différences marginales entre deux options pour chaque terme (B, P et C') et on utilise le ratio avantages-coûts calculé en fonction de ces différences. Pour intégrer $BC(i)$ dans un investissement différentiel, on peut procéder de la façon suivante :

1. Si au moins une option présente des ratios avantages-coûts supérieurs à 1, on élimine toutes les options dont le ratio est inférieur à 1.

2. On classe les options retenues par ordre croissant de dénominateur ($P + C'$). Ainsi, l'option qui a le plus petit dénominateur devrait être la première, (j), celle qui a le deuxième plus petit dénominateur devrait être (k), etc.

3. On calcule les différences marginales pour chaque terme (B, P et C') pour les paires d'options (j, k) de la liste.

$$\Delta B = B_k - B_j$$
$$\Delta P = P_k - P_j$$
$$\Delta C' = C'_k - C'_j.$$

4. On calcule $BC(i)$ sur l'investissement différentiel en évaluant :

$$BC(i)_{k-j} = \frac{\Delta B}{\Delta P + \Delta C'}.$$

Si $BC(i)_{k-j} > 1$, on choisit l'option k. Sinon, on choisit l'option j.

5. On compare l'option retenue avec la suivante sur la liste en calculant le ratio avantages-coûts différentiel[6]. On continue ainsi jusqu'à la fin de la liste. L'option retenue lors du dernier appariement est la meilleure.

On peut modifier la procédure décisionnelle dans les situations suivantes :

- Si $\Delta P + \Delta C' = 0$, on ne peut pas utiliser le ratio avantages-coûts car cela suppose que les deux options nécessitent le même investissement initial et les mêmes dépenses d'exploitation. Dans ce cas, on choisit simplement l'option pour laquelle B a la plus grande valeur.

- Dans les situations où l'on compare des projets publics dont les durées de vie sont différentes mais que ces projets peuvent se répéter, on peut calculer les valeurs de toutes les composantes (B, C' et P) sur une base annuelle et les utiliser ensuite dans l'analyse différentielle.

---

6. Si l'on utilise le ratio avantages-coûts net, il faudra classer les options par ordre croissant de P et calculer le ratio avantages-coûts net sur l'investissement différentiel.

Les ratios avantages-coûts différentiels

Soit trois projets d'investissement: A1, A2 et A3. Chaque projet présente la même durée de vie, et la valeur actualisée équivalente de chaque composante (B, P et C') est calculée à un taux de 10%:

	PROJETS		
	A1	A2	A3
B	12 000 $	35 000 $	21 000 $
P	5 000	20 000	14 000
C'	4 000	8 000	1 000
$PE(i)$	3 000 $	7 000 $	6 000 $

a) Si les trois projets sont indépendants, lesquels seront retenus si l'on utilise $BC(i)$?

b) Si les trois projets sont mutuellement exclusifs, lequel d'entre eux représentera la meilleure option? Montrez la séquence de calculs qui seraient nécessaires pour obtenir les résultats corrects. Utilisez le ratio avantages-coûts sur un investissement différentiel.

Solution

a) Puisque $PE(i)_1$, $PE(i)_2$ et $PE(i)_3$ sont positifs, tous les projets seraient acceptables s'ils étaient indépendants. De plus, les valeurs de $BC(i)$ pour chaque projet étant supérieures à 1, l'utilisation du ratio avantages-coûts mène à la même conclusion que le critère de la valeur actualisée nette.

	A1	A2	A3
$BC(i)$	1,33	1,25	1,40

b) Si les projets sont mutuellement exclusifs, on doit utiliser le principe de l'analyse différentielle. Si l'on tente de classer les projets en fonction de la grandeur du ratio avantages-coûts, on arrivera sûrement à une conclusion différente. Par exemple, si l'on utilise le ratio avantages-coûts sur l'investissement total, on constate que A3 semble le projet le plus souhaitable et A2 le projet le moins souhaitable, mais il est incorrect de fixer son choix parmi des projets mutuellement exclusifs en fonction du ratio avantages-coûts. Il est certain que si $PE(i)_2 > PE(i)_3 > PE(i)_1$, le projet A2 sera retenu en vertu du critère de la valeur actualisée nette. En calculant les ratios avantages-coûts différentiels, on choisira un projet qui sera également acceptable en vertu du critère de la valeur actualisée nette.

Il importe d'abord de classer les projets par ordre croissant de dénominateur $(P + C')$ pour le critère $BC(i)$[7]:

BASE DE CLASSEMENT	A1	A3	A2
$P + C'$	9 000 $	15 000 $	28 000 $

- A1 contre A3: Par l'option nulle, on élimine d'emblée tous les projets dont le ratio avantages-coûts est inférieur à 1. Dans notre exemple, le ratio avantages-coûts des trois projets est supérieur à 1, de sorte que la première comparaison différentielle oppose A1 à A3:

$$BC(i)_{3-1} = \frac{21\,000\,\$ - 12\,000\,\$}{(14\,000\,\$ - 5\,000\,\$) + (1\,000\,\$ - 4\,000\,\$)}$$
$$= 1,5 > 1.$$

Puisque le ratio est supérieur à 1, on préférera A3 à A1. Par conséquent, A3 devient la « meilleure option pour le moment ».

- A3 contre A2: Il faut ensuite déterminer si les avantages différentiels tirés de A2 justifient la dépense additionnelle. Par conséquent, on doit comparer A2 et A3 comme suit:

$$BC(i)_{2-3} = \frac{35\,000\,\$ - 21\,000\,\$}{(20\,000\,\$ - 14\,000\,\$) + (8\,000\,\$ - 1\,000\,\$)}$$
$$= 1,08 > 1.$$

Le ratio avantages-coûts différentiel est encore supérieur à 1, et l'on préfère donc A2 à A3. Puisque aucun autre projet n'est à l'étude, A2 devient le choix final[8].

---

7. P est utilisé comme base de classement pour le critère $B'C(i)$. L'ordre demeure le même: A1, A3 et A2.

8. S'il fallait utiliser le ratio avantages-coûts net pour cet investissement différentiel, on arriverait à la même conclusion. Puisque tous les ratios $B'C(i)$ sont supérieurs à 1, toutes les options sont viables. En comparant la première paire de projets sur cette liste, on obtient:

$$B'C(i)_{3-1} = \frac{(21\,000\,\$ - 12\,000\,\$) - (1\,000\,\$ - 4\,000\,\$)}{(14\,000\,\$ - 5\,000\,\$)}$$
$$= 1,33 > 1.$$

Le projet A3 devient la « meilleure option pour le moment ». On compare ensuite A2 et A3:

$$B'C(i)_{2-3} = \frac{(35\,000\,\$ - 21\,000\,\$) - (8\,000\,\$ - 1\,000\,\$)}{(20\,000\,\$ - 14\,000\,\$)}$$
$$= 1,17 > 1.$$

A2 devient donc le meilleur choix si l'on utilise le ratio avantages-coûts net.

14.4 L'ANALYSE DE PROJETS PUBLICS EN FONCTION DE L'EFFICACITÉ DES COÛTS

Lorsqu'on évalue des projets d'investissement publics, il peut arriver que les options à l'étude visent les mêmes objectifs mais que l'efficacité avec laquelle on peut atteindre ces objectifs n'est pas toujours mesurable en dollars. Dans de telles situations, on compare les options directement en fonction de l'**efficacité des coûts**. Pour apprécier l'efficacité d'une option exprimée en dollars ou dans une autre valeur non monétaire, on examine dans quelle mesure cette option permettra d'atteindre l'objectif visé si elle est mise en œuvre. La meilleure option sera alors celle dont l'efficacité est maximale pour un niveau de coût donné, ou celle dont le coût est minimal pour un niveau d'efficacité fixé.

14.4.1 PROCÉDURE GÉNÉRALE POUR LES ÉTUDES D'EFFICACITÉ DES COÛTS

Une analyse typique d'efficacité des coûts comprend les étapes suivantes.

Étape 1 : Fixer les objectifs que l'analyse doit permettre d'atteindre.

Étape 2 : Préciser les restrictions à l'atteinte des objectifs, notamment le budget.

Étape 3 : Trouver toutes les options réalisables pour atteindre les objectifs.

Étape 4 : Calculer le taux d'escompte social qui servira pour l'analyse.

Étape 5 : Déterminer le coût du cycle de vie équivalent de chaque option, y compris les coûts de recherche et de développement, des essais, de l'investissement, de l'exploitation et de l'entretien annuels et de la valeur de récupération.

Étape 6 : Fixer la base qui servira à élaborer l'indice d'efficacité des coûts. On peut procéder de deux manières : 1) par la méthode des charges fixes et 2) par la méthode de l'efficacité fixe. Dans la méthode des charges fixes, on détermine l'ampleur de l'efficacité obtenue pour un coût donné. Dans la méthode de l'efficacité fixe, on détermine ce qu'il en coûte pour atteindre le niveau d'efficacité prédéterminé.

Étape 7 : Calculer le ratio d'efficacité des coûts pour chaque option en fonction du critère choisi à l'étape 6.

Étape 8 : Choisir l'option qui présente le meilleur indice d'efficacité des coûts.

14.4.2 UN EXEMPLE D'ÉTUDE DE L'EFFICACITÉ DES COÛTS

Pour illustrer la marche à suivre afin de réaliser une analyse d'efficacité des coûts, voici un exemple dans lequel on choisit le programme le plus rentable pour la mise au point d'un système d'arme à guidage de précision par mauvais temps[9].

L'énoncé du problème

Lors d'un récent conflit international, les armes à guidage de précision ont fait montre d'une efficacité et d'une précision remarquables pour combattre une variété imposante de cibles fixes et mobiles. Elles sont guidées par la désignation laser de la cible que leur fournit un avion. L'avion éclaire la cible avec un rayon laser ; l'arme, grâce à son capteur laser embarqué, braque la cible et fonce sur elle. Pendant le conflit, les avions ont dû voler à une altitude modérée (environ 3 000 mètres) pour échapper au tir de la batterie d'artillerie antiaérienne. À une telle altitude, ils se trouvaient au-dessus des nuages et de la fumée. Malheureusement, les rayons laser ne peuvent pas pénétrer la couverture nuageuse, la fumée ou le brouillard. Donc, les jours où il y avait des nuages, de la fumée ou du brouillard, les avions ne pouvaient pas larguer leurs armes à guidage de précision (figure 14.2). C'est pourquoi on a décidé de mettre au point un système d'arme qui corrigerait ces lacunes.

La définition des objectifs

Pour choisir le meilleur système, on fait appel au critère du **coût par destruction**, qui correspond au coût unitaire d'une arme divisé par la probabilité que cette arme atteigne sa cible. Les études d'efficacité opérationnelle déterminent cette probabilité.

Cette étude a pour but d'évaluer les options en fonction de leur coût et de déterminer la meilleure d'entre elles par le critère du coût par destruction. Il faudra également prévoir que le gouvernement étudiera le coût du système d'armes et n'approuvera aucune option dont le coût dépasse la valeur actualisée d'un coût du cycle de vie de 120 000 $ par unité. Pour combler rapidement ce besoin militaire essentiel, on suppose un délai de 7 ans avant la mise en service opérationnel (MSO). La mise en service opérationnel constitue le point dans la durée de vie d'un projet où le premier bloc d'armes est livré sur le terrain et prêt à fonctionner.

---

9. Cet exemple a été fourni par Frederick A. Davis. Les chiffres utilisés ne constituent pas des valeurs réelles.

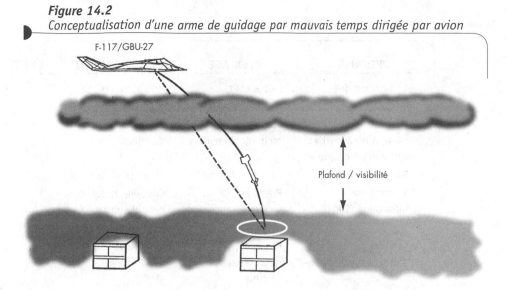

Figure 14.2
Conceptualisation d'une arme de guidage par mauvais temps dirigée par avion

F-117/GBU-27

Plafond / visibilité

La description des armes de précision (options)

À partir de nombreuses possibilités, on a élaboré les concepts les plus souhaitables, qui sont énumérés dans le tableau 14.1. Ce tableau présente également les qualités et les défauts de chaque option. On considère que ces six options de système d'armes sont mutuellement exclusives. Une seule d'entre elles sera retenue par l'armée pour régler le problème d'exécution de mission qui se pose actuellement. Chaque option se situe à un stade de maturation technologique différent. Certaines sont pratiquement livrables tandis que d'autres émergent à peine du laboratoire. Par conséquent, certaines options nécessiteront un investissement initial beaucoup plus important que d'autres pour leur mise au point. Le tableau 14.1 présente également une récapitulation des résultats (probabilités de destruction) des études de mission réalisées sur les six systèmes de guidage avant leur entrée en phase de recherche et de développement dans un laboratoire.

Pour considérer les coûts du cycle de vie associés à chaque option, le projet commence par la phase de développement à grande échelle (DGE), qui constitue l'étape de conception initiale précédant la phase de production. Pour respecter l'échéance de mise en service opérationnel de 7 ans, la phase de DGE doit être terminée dans 4 ans. L'achat de 10 000 unités pour un cycle de production de 5 ans est nécessaire pour combler les besoins de l'armée. Étant donné les différences de maturation technologique entre les six options, les investissements dans la phase de DGE varieront considérablement.

Tableau 14.1 Options de système d'armes

OPTION A_j	AVANTAGE	INCONVÉNIENT	PROBABILITÉ DE DESTRUCTION
A1 : système de navigation à inertie	Faible coût, technologie mature	Précision, reconnaissance de cible	0,33
A2 : système de navigation à inertie : système de positionnement global	Coût modéré, technologie mature	Reconnaissance de cible	0,70
A3 : imagerie infrarouge (I²R)	Précision, reconnaissance de cible	Coût élevé, détection de cible obstruée	0,90
A4 : radar à antenne synthétique	Précision, reconnaissance de cible	Coût élevé	0,99
A5 : détection/ télémétrie laser	Précision, reconnaissance de cible	Coût élevé, maturité technique	0,99
A6 : onde millimétrique (OMM)	Coût modéré, précision	Reconnaissance de cible	0,80

Le coût du cycle de vie pour chaque option

Les coûts associés à la phase de développement à grande échelle et à la phase de production varient énormément pour chaque option. Pour les systèmes utilisant les technologies les plus récentes, les coûts de la phase de DGE seront plus élevés que pour les systèmes dits matures. Les coûts de production varieront également en fonction de la complexité des composantes de système. L'objectif du programme de développement à grande échelle est de tester rigoureusement les possibilités du système et de corriger tous les défauts de conception. Les estimations de coût utilisées dans les phases de DGE et de production tiennent compte du coût des heures-travail, du matériel, de l'équipement et des outils, de la sous-traitance, des déplacements, des essais en vol et des révisions de programme. Le tableau 14.2 récapitule le coût du cycle de vie équivalent pour chaque phase, estimé en dollars constants (année 0). L'armée fixe périodiquement un taux d'intérêt pour le calcul du coût du cycle de vie équivalent ; il était de 10 % au moment de l'évaluation de ce projet.

Tableau 14.2 Coûts du cycle de vie pour les options de développement du système d'armes

		DÉPENSES EN MILLIONS DE DOLLARS					
PHASE	ANNÉE	A1*	A2	A3	A4	A5	A6
DGE	0	15 $	19 $	50 $	40 $	75 $	28 $
	1	18	23	65	45	75	32
	2	19	22	65	45	75	33
	3	15	17	50	40	75	27
MSO	4	90	140	200	200	300	150
	5	95	150	270	250	360	180
	6	95	160	280	275	370	200
	7	90	150	250	275	340	200
	8	80	140	200	200	330	170
PE(10 %)		315,92 $	492,22 $	884,27 $	829,64 $	1 227,23 $	613,70 $

* Exemple de calcul : coût du cycle de vie équivalent pour A1 :

$$PE_1(10\%) = 15\$ + 18\$(P/F, 10\%, 1) + \ldots + 80\$(P/F, 10\%, 8)$$
$$= 315,92\$.$$

L'indice d'efficacité des coûts

Pour obtenir un coût unitaire, on divise les coûts du cycle de vie équivalents du système par les 10 000 unités qui seront achetées. On calcule ensuite le coût par destruction de chaque option. Les résultats obtenus pour le coût par destruction et le nombre de destructions par coût sont les suivants :

TYPE	COÛT UNITAIRE	PROBABILITÉ DE DESTRUCTION	COÛT PAR DESTRUCTION	NOMBRE DE DESTRUCTIONS PAR COÛT
A1	31 592 $	0,33	95 733 $	0,000 010 4
A2	49 222	0,70	70 317	0,000 014 2
A3	88 427	0,90	98 252	0,000 010 2
A4	82 964	0,99	83 802	0,000 011 9
A5	122 723	0,99	123 963	0,000 008 1
A6	61 370	0,80	76 713	0,000 013 0

La figure 14.3 fournit une représentation graphique du coût par destruction des six systèmes de guidage. On observe que le système A5 ne constitue pas une solution réalisable, car son coût unitaire dépasse le plafond de 120 000 $. Parmi les autres options réalisables, celle qui présente le plus faible coût par destruction est A2. Cependant, il est trop tôt pour conclure que cette option est la meilleure. Le présent exemple est unique dans la mesure où ni les coûts ni les avantages ne sont fixes. L'avantage correspond à la destruction d'une cible, mais la probabilité de destruction n'est pas la même pour toutes les options. Si l'on considère uniquement le critère du coût par destruction, un système très peu coûteux présentant un taux de destruction faible constituera peut-être le meilleur choix.

Pour prendre une décision valide, il faut : 1) fixer le coût du système (pour ensuite maximiser le nombre de destructions) ou maximiser le nombre de destructions par coût, ce qui revient au même, ou 2) fixer le nombre de destructions (pour ensuite minimiser le coût du système ou minimiser le coût par destruction, les deux options étant équivalentes). Pour le problème énoncé, qui exige l'achat de 10 000 unités, aucune des options précédentes ne s'applique. Ainsi, si l'armée stipule que la probabilité de destruction minimale doit être de 0,90 pour un coût unitaire maximal de 120 000 $ et un volume de 10 000 unités, l'option A4 s'impose comme la meilleure. Ce système est celui qui convient aux exigences fixées par l'armée pour un système d'armes à guidage de précision par mauvais temps. (Soulignons que, si l'armée avait adopté le critère du nombre de destructions par coût, il aurait fallu préciser l'engagement budgétaire total.) Bien que les estimations de coût et la probabilité de destruction soient déterminées selon le meilleur avis technique, en tenant compte de la complexité du système et des risques technologiques, les dépassements de coût sont fréquents, et on peut donc s'attendre à ce que les coûts estimés pour les six options de système d'armes ne soient pas certains.

Figure 14.3
Efficacité des coûts pour six systèmes d'armes à guidage de précision par mauvais temps

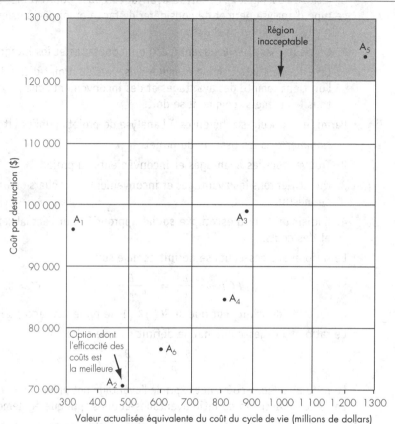

En résumé

- On utilise couramment l'**analyse avantages-coûts** pour évaluer des projets publics ; ce type d'analyse permet de considérer de façon ordonnée plusieurs facteurs propres à l'analyse de projets publics :

  1. On peut quantifier les avantages non monétaires et les intégrer à l'analyse.

  2. On considère une gamme étendue d'usagers du projet distincts du promoteur, et l'on tient compte des avantages et des inconvénients que le projet présente pour tous les usagers, comme il se doit.

- Parmi les difficultés inhérentes à l'analyse de projets publics citons les suivantes :

  1. Nommer tous les usagers du projet.

  2. Trouver tous les avantages et inconvénients du projet.

  3. Quantifier tous les avantages et inconvénients en dollars ou dans une autre unité de mesure.

  4. Choisir un **taux d'escompte social** approprié pour l'actualisation des avantages et des coûts.

- Le ratio avantages-coûts se définit comme suit :

$$BC(i) \ = \ \frac{B}{C} \ = \ \frac{B}{P + C'}, \qquad P + C' > 0.$$

La règle de décision veut que si $BC(i) \geqslant 1$, le projet est acceptable.

- Le ratio avantages-coûts net se définit comme suit :

$$B'C(i) \ = \ \frac{B - C'}{P} = \frac{B'}{P}, \qquad P > 0.$$

Le ratio avantages-coûts net exprime l'avantage net prévu pour chaque dollar investi. La règle de décision du ratio avantages-coûts s'applique également ici.

- Lorsqu'on évalue des options mutuellement exclusives en fonction du ratio avantages-coûts ou du ratio avantages-coûts net, on doit utiliser l'analyse différentielle.

- La **méthode de l'efficacité des coûts** permet de comparer des projets en fonction de coûts et de valeurs non monétaires mesurant l'efficacité. On peut soit maximiser l'efficacité d'un critère de coût donné, soit minimiser le coût pour un critère d'efficacité donné.

PROBLÈMES

Niveau 1

14.1* Lequel des énoncés suivants est incorrect?

a) Le critère de la valeur actualisée nette (PE) et le ratio avantages-coûts (*B/C*) conduisent tous deux à une même décision concernant l'acceptation ou le rejet d'un investissement donné à condition que l'on utilise le même taux d'intérêt.

b) Chaque fois que le ratio avantages-coûts sert de base pour comparer des options d'investissement mutuellement exclusives, il faut appliquer ce ratio sur l'investissement différentiel.

c) Lorsqu'on compare des options mutuellement exclusives, l'utilisation du ratio avantages-coûts peut mener à un choix différent que si l'on utilise le ratio avantages-coûts *net*.

d) Le recours à la méthode d'efficacité des coûts pour comparer des options, maximiser l'efficacité d'un coût donné ou réduire au minimum le coût d'un niveau d'efficacité donné peut mener à des choix différents.

14.2* Une administration municipale envisage d'augmenter la capacité de sa station de traitement des eaux usées. Elle dispose des données financières estimatives suivantes pour ce projet:

DESCRIPTION	DONNÉES
Investissement en capital	1 200 000 $
Durée du projet	25 ans
Avantages annuels différentiels	250 000 $
Coûts annuels différentiels	100 000 $
Valeur de récupération	50 000 $
Taux d'escompte	6 %

Calculez le ratio avantages-coûts et le ratio avantages-coûts net pour ce projet d'expansion.

14.3* Le service des loisirs et des parcs de Kingston envisage deux options mutuellement exclusives pour la construction d'un nouveau centre de softball sur un terrain de la ville.

OPTION	NOMBRE DE PLACES	AVANTAGES ANNUELS	COÛTS ANNUELS	INVESTISSEMENT REQUIS
A1	3 000	194 000 $	87 500 $	800 000 $
A2	4 000	224 000	105 000	1 000 000

La durée de vie du centre est de 30 ans et sa valeur de récupération est négligeable (quel que soit le nombre de places). Si l'on suppose un taux d'escompte de 8 %, lequel des énoncés suivants est incorrect?

a) Il faut choisir l'option A1 car elle présente le ratio avantages-coûts le plus élevé.

b) Il faut choisir l'option A1 car ses coûts sont plus faibles et ses avantages par nombre de places sont les meilleurs.

c) Il faut choisir l'option A1 parce que sa valeur actualisée nette est la plus élevée.

d) Il faut choisir l'option A1 car les avantages différentiels de l'option A2 ne sont pas suffisants pour justifier l'investissement additionnel de 200 000 $.

14.4* La province de Québec étudie un projet de loi qui interdirait l'utilisation de sel de voirie sur les autoroutes et les ponts en cas de verglas. Le sel de voirie est une substance toxique, coûteuse et corrosive. Carlon Chemical Company fabrique un agent dégivreur à base de calcium, de magnésium et d'acétate (CMA), appelé Ice-Away, qui se vend 600 $ la tonne. En 1999, le sel de voirie coûtait 14 $ la tonne en moyenne. Le Québec a besoin d'environ 600 000 tonnes de sel de voirie par année. (Il a dépensé 9,2 millions de dollars en sel de voirie en 1999.) Carlon estime que chaque tonne de sel déversée sur la route coûte au total 1 425 $: 650 $ en corrosion d'autoroute, 525 $ en rouille sur les véhicules, 150 $ en corrosion des câbles de service public et 100 $ en dommages aux canalisations d'eau. On signale que le sel a causé des dommages non déterminés à la végétation et au sol dans les régions voisines des autoroutes. Le Québec interdira le sel de voirie (à tout le moins sur les coûteux ponts en acier ou près des lacs sensibles) si les études provinciales justifient le prix demandé par Carlon.

a) Quels seraient les avantages pour les usagers et les coûts du promoteur si l'on interdisait complètement l'utilisation du sel de voirie au Québec?

b) Comment procéderiez-vous pour déterminer les dommages causés par le sel (en dollars) à la végétation et au sol?

Niveau 2

14.5 Une commission scolaire envisage l'adoption de la semaine scolaire de 4 jours pour remplacer l'actuelle semaine de 5 jours. La population est indécise à ce sujet mais le directeur de la commission scolaire voit plusieurs avantages à la semaine de 4 jours, dans laquelle le mercredi serait jour de congé. Voici les avantages et les inconvénients qui ont été cités.

• Des expériences menées sur la semaine de 4 jours indiquent qu'un jour de congé en milieu de semaine réduit l'absentéisme des professeurs et des élèves.

• Les journées scolaires plus longues exigent une attention plus soutenue qu'on ne peut pas raisonnablement exiger de la part de jeunes enfants.

• La province fonde le calcul de ses dépenses dans les commissions scolaires principalement sur le nombre moyen d'élèves inscrits. Puisque le nombre d'absences est appelé à diminuer, les dépenses de la province dans cette commission scolaire devraient augmenter.

- Les élèves plus âgés voudront peut-être travailler le mercredi. Cependant, le chômage est un problème dans cette région, et tout influx de nouveaux chercheurs d'emploi risque d'aggraver cette situation. Les centres communautaires, les bibliothèques et les autres lieux publics pourraient également constater une recrudescence de l'achalandage le mercredi.

- Les parents qui assurent le transport de leurs enfants économiseront sur les frais de carburant. Cependant, seules les familles habitant à moins de 3 kilomètres de l'école seront touchées. Les enfants habitant à plus de 3 kilomètres de l'école sont admissibles au transport public fourni par la commission scolaire.

- La baisse des déplacements (transport public et privé) devrait occasionner des économies de carburant ainsi qu'une baisse de la pollution en plus de ralentir l'usure des routes. Les embouteillages devraient diminuer le mercredi dans les secteurs où ils sont aggravés par le trafic scolaire.

- Les parents qui travaillent devront recourir à des services de garde (possiblement payants) un jour par semaine.

- Les élèves plus âgés perdront moins de temps à se déplacer pour aller à l'école ; ils pourront étudier le mercredi, ce qui diminuera leur charge de travail les soirs de semaine. Les élèves qui prennent l'autobus perdront moins de temps à attendre l'autobus chaque semaine.

- La commission scolaire résoudra en partie ses problèmes de financement concernant le système de transport et les coûts d'exploitation des bâtiments scolaires.

a) Pour ce type d'étude publique, nommez les avantages et les inconvénients pour les usagers.

b) Quels sont les éléments que l'on devrait considérer comme les coûts du promoteur ?

c) Énumérez les autres avantages ou coûts liés à la semaine scolaire de 4 jours.

14.6 Le service électrique de la ville de Prince George, en Colombie-Britannique, exploite une usine de production et de transport d'électricité desservant environ 140 000 habitants dans la ville et ses environs. La ville envisage la construction d'un four à lit fluidisé circulant de 235 MW, au coût de 300 millions de dollars, pour alimenter une turbogénératrice recevant actuellement la vapeur d'une chaudière alimentée au gaz ou à l'huile. Les avantages suivants sont associés à l'utilisation d'un four à lit fluidisé circulant :

- Il est possible d'utiliser divers combustibles, y compris des combustibles pauvres, peu coûteux, à teneur élevée en cendre et en soufre.

- Les températures de combustion relativement faibles inhibent la formation d'oxyde d'azote. Les émissions de gaz acides associées au four à lit fluidisé circulant devraient être beaucoup plus faibles que celles des systèmes conventionnels alimentés au charbon.

- La méthode d'extraction du soufre, les faibles températures de combustion et la grande efficacité de la combustion de ce type de four produisent des déchets solides. Ces déchets sont physiquement et chimiquement plus biodégradables que les déchets solides produits par les chaudières traditionnelles alimentées au charbon munies d'un dispositif de désulfuration des gaz de combustion.

Selon les prévisions de croissance et de pénétration du marché du ministère de l'Énergie et des Mines, un système à 235 MW pourrait permettre de produire 41 000 MW d'électricité d'ici 2010. Le projet à l'étude rendrait la ville moins dépendante de l'huile et du gaz car elle convertirait sa plus grande unité de génération à l'alimentation au charbon. Par conséquent, les émissions locales de gaz acides seraient considérablement réduites comparativement aux émissions permises associées à l'huile. La ville a demandé à la province de fournir 50 millions de dollars pour ce projet. Ce partage des dépenses serait avantageux car la part de la province compenserait largement les risques associés à l'utilisation d'une technologie aussi nouvelle. Pour être admissible à ces fonds, la ville doit répondre aux questions suivantes, posées par la province.

a) Quelle est l'importance du projet à l'échelle locale et provinciale ?

b) Quels sont les éléments du projet qui constituent des avantages et des inconvénients pour les usagers ?

c) Quels sont les éléments qui constituent des coûts du promoteur ?

Répondez à ces questions en adoptant le point de vue de l'ingénieur municipal.

14.7   L'information suivante est tirée d'un article paru dans *The New York Times* le 12 avril 1990.

Anticipant un doublement de la circulation au cours des trois prochaines décennies, des fonctionnaires fédéraux de la voirie militent en faveur d'un vaste programme d'informatisation et d'automatisation qui modifierait en profondeur la conception des véhicules et des autoroutes. Dans un récent effort pour venir en aide aux chercheurs, le secrétaire aux Transports, Samuel K. Skinner, a dévoilé aujourd'hui un projet de 8 millions de dollars visant à munir 100 voitures d'Orlando, en Floride, d'afficheurs informatisés qui recevront des rapports de circulation instantanés et des manœuvres de contournement d'un centre de gestion de la circulation. Les afficheurs suggéreront le meilleur itinéraire à suivre pour atteindre la destination choisie par le conducteur et réviseront l'information rapidement en cas d'accidents ou d'embouteillage. Le projet-pilote commencera en janvier 1992 et se poursuivra pendant un an. Il est parrainé par l'Association des automobilistes, General Motors, les municipalités, l'État et le ministère des Transports. La contribution fédérale s'élève à 2,5 millions de dollars.

Supposons que le projet-pilote soit un succès et que la ville d'Orlando envisage l'implantation complète du système de communication informatisé.

a) Quels éléments principaux constituent les avantages et les inconvénients du projet pour les usagers?

b) Quels éléments secondaires représentent les avantages et les inconvénients pour les usagers?

c) Quels éléments constituent les coûts du promoteur?

14.8 Une administration municipale envisage deux systèmes de dépotoir pour la ville. Le système X nécessite un investissement initial de 400 000 $, pour des coûts d'exploitation annuels de 50 000 $ au cours des 15 prochaines années; le système Y exige un investissement de 300 000 $, pour des coûts d'exploitation annuels de 80 000 $ au cours des 15 prochaines années. Les frais perçus auprès des résidents s'élèveront à 85 000 $ par année. Le taux d'intérêt est de 8 %, et les systèmes n'ont aucune valeur de récupération.

a) Utilisez le ratio avantages-coûts net, $B'C(i)$, pour choisir le meilleur système.

b) Si l'on propose un nouveau concept (système Z), qui nécessite un investissement initial de 350 000 $ et des coûts d'exploitation annuels de 65 000 $, votre réponse à la question a) changera-t-elle?

14.9* Le gouvernement canadien envisage la construction d'appartements pour les employés fédéraux qui travaillent à l'étranger et versent un loyer à des propriétaires locaux. La comparaison de deux bâtiments possibles indique ce qui suit:

	BÂTIMENT X	BÂTIMENT Y
Investissement initial par des organismes gouvernementaux	8 000 000 $	12 000 000 $
Coûts d'exploitation annuels estimatifs	240 000	180 000
Économies sur le loyer annuel actuellement versé pour loger les employés	1 960 000	1 320 000

On suppose que la valeur de récupération ou de vente des appartements correspond à 60 % de l'investissement initial. Utilisez un taux d'escompte de 10 % et une période d'étude de 20 ans pour calculer le ratio avantages-coûts sur l'investissement différentiel et formuler une recommandation.

14.10 Soit les options d'investissement public A1, A2 et A3. Les avantages, les coûts et l'investissement initial de chacune sont exprimés en valeurs actualisées équivalentes. Toutes les options ont la même durée de vie.

| VALEUR ACTUALISÉE | PROPOSITIONS | | |
ÉQUIVALENTE	A1	A2	A3
P	100	300	200
B	400	700	500
C'	100	200	150

Si l'on présume qu'il n'y a aucune option nulle, quel projet choisiriez-vous si vous calculez le ratio avantages-coûts [$BC(i)$] sur l'investissement différentiel?

14.11* Une municipalité qui exploite des terrains de stationnement évalue une proposition visant la construction et l'exploitation d'une structure de stationnement au centre-ville. Trois concepts sont possibles pour la construction de cette structure sur les sites disponibles. (Tous les montants sont exprimés en milliers de dollars.)

| | CONCEPTS | | |
	E	F	G
Coût du site (k$)	240	180	200
Coût du bâtiment (k$)	2 200	700	1 400
Frais annuels perçus (k$)	830	750	600
Coût d'entretien annuel (k$)	410	360	310
Durée de vie (années)	30	30	30

À la fin de la durée de vie estimative, la structure qui a été construite sera démolie et le terrain sera vendu. On estime que les recettes de la revente du terrain seront égales au coût de dégagement du site. Si le taux d'intérêt de la municipalité est de 10%, quelle option serait la meilleure si l'on utilise le critère du ratio avantages-coûts?

14.12 On envisage deux tracés différents pour la construction d'une nouvelle autoroute.

	LONGUEUR DE L'AUTOROUTE	COÛT INITIAL	ENTRETIEN ANNUEL
Tracé « long »	22 km	21 millions	140 000 $
Raccourci par les montagnes	10 km	45 millions	165 000 $

Pour les deux tracés, la densité de la circulation sera de 400 000 voitures par année. On présume un coût d'utilisation de chaque voiture de 0,25 $ par kilomètre, une durée de vie de 40 ans pour chaque route et un taux d'intérêt de 10%. Déterminez quel tracé il faudrait choisir.

14.13 Le gouvernement envisage la mise en œuvre des quatre projets suivants. Ces projets sont mutuellement exclusifs et la valeur actualisée équivalente estimative de leurs coûts et de leurs avantages est exprimée en millions de dollars. Tous les projets ont la même durée de vie.

PROJETS	PE DES AVANTAGES	PE DES COÛTS
A1	40	85
A2	150	110
A3	70	25
A4	120	73

Si l'on présume qu'il n'y a aucune option nulle, quelle option devrait-on choisir ? Justifiez votre choix en utilisant le ratio avantages-coûts [$BC(i)$] sur l'investissement différentiel.

Niveau 3

14.14 Le gouvernement fédéral envisage un projet hydroélectrique pour un bassin fluvial. Outre la production d'énergie électrique, ce projet présente des avantages en ce qui a trait à la prévention des inondations, à l'irrigation et aux loisirs. Les avantages et les coûts estimatifs de chacune des trois options à l'étude sont les suivants.

	OPTIONS DE DÉCISION		
	A	B	C
Coût			
initial	8 000 000 $	10 000 000 $	15 000 000 $
Avantages			
ou coûts			
annuels			
Vente			
d'électricité	1 000 000	1 200 000	1 800 000
Économies			
liées à la			
prévention des			
inondations	250 000	350 000	500 000
Avantages pour			
l'irrigation	350 000	450 000	600 000
Avantages pour			
les loisirs	100 000	200 000	350 000
Coûts			
d'E&E	200 000	250 000	350 000

Le taux d'intérêt est de 10 %, et la durée de vie de chaque projet est estimée à 50 ans.

a) Trouvez le ratio avantages-coûts pour chaque option.

b) Choisissez la meilleure option en fonction du ratio avantages-coûts, $BC(i)$.

c) Choisissez la meilleure option en fonction du ratio avantages-coûts net, $B'C$.

14.15 La croissance rapide de la ville d'Ottawa-Carleton et des environs a provoqué une augmentation de l'encombrement de la circulation, à la fois pour les véhicules et les piétons. Mis à part l'entretien normal des routes et quelques projets mineurs, la ville a récemment approuvé l'affectation de 24 millions de dollars à des améliorations majeures du système routier de la capitale. Ce financement additionnel peut être réparti dans une multitude de petits projets ou concentré sur quelques grands projets. On a demandé aux ingénieurs et aux urbanistes de la ville de préparer une liste des priorités accompagnée d'une description des routes et des installations qui pourraient être améliorées grâce à ces fonds supplémentaires. Les ingénieurs ont également calculé les avantages publics possibles associés à chaque projet de construction; ils ont tenu compte de la réduction possible du temps de déplacement, de la réduction du taux d'accident, de l'évaluation des terrains, de la sécurité des piétons et des économies sur les coûts d'exploitation des véhicules.

Si l'on présume un horizon de planification de 20 ans et un taux d'intérêt de 10%, quels projets seraient considérés pour le financement en a) et en b)?

a) En raison de pressions politiques, chaque district aura droit au même financement, par exemple 6 millions de dollars.

b) Pour compenser les déséquilibres antérieurs dans les affectations budgétaires, on a combiné les districts I et II, qui recevront 15 millions de dollars, tandis que les districts III et IV recevront 9 millions de dollars. Au moins 2 immobilisations de chaque district doivent être incluses.

DISTRICT	N°	PROJET	TYPE D'AMÉLIORATION	COÛT DE CONSTRUCTION	COÛTS D'E&E ANNUELS	AVANTAGES ANNUELS
I	1	Rue Hawthorne	4 voies	980 000 $	9 800 $	313 600 $
	2	Rue Walkley	Élargissement à 4 voies	3 500 000	35 000	850 000
Sud	3	Rue Hunt Club Est	4 voies	2 800 000	28 000	672 000
	4	Rue Conroy	4 voies	1 400 000	14 000	490 000
	5	Boul. St-Joseph	4 voies	2 380 000	47 600	523 600
II	6	Station Place d'Orléans	Nouvelle rue réservée	5 040 000	100 800	1 310 400
Est	7	Blackburn Hamlet	Nouvelle voie de contournement	2 520 000	50 400	831 600
	8	Rue Tenth Line	4 voies et carrefour en trèfle	4 900 000	98 000	1 021 000
	9	Rue Baseline	4 voies	1 365 000	20 475	245 700
III	10	Rue Hunt Club Ouest	Élargissement à 4 voies	2 100 000	31 500	567 000
Ouest	11	Rue Knoxdale	Réalignement	1 170 000	17 550	292 000
	12	Rue March	4 voies	1 120 000	16 800	358 400
	13	Pont Mackenzie King	Réhabilitation	2 800 000	56 000	980 000
IV	14	Rue Elgin	Reconstruction	1 690 000	33 800	507 000
Centre	15	Rue Wellington	Reconstruction	975 000	15 900	273 000
	16	Pont Plaza	Reconstruction	1 462 500	29 250	424 200

14.16 Le service de nettoiement d'une municipalité est responsable de la collecte et de l'élimination de tous les déchets solides à l'intérieur des limites de la ville. La ville doit enlever et éliminer en moyenne 300 tonnes de déchets par jour (7 jours sur 7). Elle envisage diverses façons d'améliorer son système actuel.

- Le système actuel utilise des chargeurs frontaux Dempster Dumpmaster pour la collecte des déchets, qui sont ensuite incinérés ou enfouis. Chaque véhicule de collecte a une capacité de charge de 10 tonnes, ou 24 mètres cubes, et le vidage se fait automatiquement. L'incinérateur actuellement utilisé date de 1942. Il a été conçu pour incinérer 150 tonnes par 24 heures. Un dispositif de postcombustion au gaz naturel a été ajouté afin de réduire la pollution atmosphérique ; cependant, l'incinérateur n'est toujours pas conforme aux normes provinciales concernant la pollution de l'air et il fonctionne en vertu d'un permis émis par le conseil provincial de lutte contre la pollution. L'exploitation de l'incinérateur est assurée par la main-d'œuvre d'une ferme dépendant d'une maison d'arrêt. Puisque la capacité de l'incinérateur est relativement faible, certains déchets ne sont pas incinérés et doivent être transportés au site d'enfouissement municipal. Cette décharge est située à environ 11 kilomètres du centre de la ville, tandis que l'incinérateur se trouve à environ 5 kilomètres. La distance à parcourir et les coûts en heures-personnes pour transporter les

déchets à la décharge sont trop grands ; un pourcentage élevé des kilomètres et des heures-personnes sont dépensés pour des véhicules vides puisque les méthodes d'élimination sont séparées, et les sites de traitement sont loin des sites de collecte. Les coûts d'exploitation annuels du système actuel s'élèvent à 905 400 $: 624 635 $ pour exploiter l'incinérateur de la ferme, 222 928 $ pour exploiter le site d'enfouissement actuel et 57 837 $ pour entretenir l'incinérateur actuel.

- Dans le système proposé, on installe un certain nombre d'incinérateurs portatifs permettant d'éliminer les déchets à l'intérieur de la ville. Des véhicules de collecte sont également stationnés dans ces sites d'incinération et d'élimination, qui sont dotés des installations nécessaires pour l'exploitation et le soutien de l'opération d'incinération, l'avitaillement en carburant et le lavage des véhicules de collecte, l'édifice d'approvisionnement et les salles abritant les douches et les vestiaires pour le personnel de collecte et l'équipe du site. La procédure d'enlèvement et de collecte reste essentiellement la même. Les sites d'élimination et de rassemblement sont cependant situés en des points stratégiques de la ville en fonction du volume et de l'origine des déchets, ce qui élimine les longs trajets et réduit le nombre de kilomètres que les véhicules de collecte doivent parcourir à partir du point de collecte jusqu'au site d'élimination.

Quatre versions du système proposé sont à l'étude, chacune prévoyant une répartition différente du nombre requis d'incinérateurs dans chacun des trois sites disponibles de la ville. L'incinérateur est un système de type modulaire préemballé pouvant être installé dans n'importe quel site de la ville. Ce système est conforme à toutes les normes gouvernementales concernant l'émission de gaz polluants. La ville a besoin de 24 incinérateurs ayant chacun une capacité nominale de 12,5 tonnes de déchets par 24 heures. Le prix unitaire est de 137 600 $, ce qui représente un investissement en capital d'environ 3 302 000 $. On construira sur chaque site une seule usine pouvant contenir au plus 12 incinérateurs. Le coût en capital des installations, des bâtiments d'approvisionnement secondaires et d'autres caractéristiques telles que l'aménagement paysager dépend du nombre d'incinérateurs installés dans chaque site, car chacun des sites est différent sur le plan de la géographie et de l'accès.

Les coûts d'exploitation annuels du système proposé varieront également en fonction de la répartition des incinérateurs dans les divers sites. Les coûts d'E&E comprennent les coûts des installations électriques, les coûts d'entretien de l'usine et de l'édifice adjacent, et les coûts de main-d'œuvre. Puisque des frais fixes et variables sont associés à chacun de ces éléments, les coûts annuels d'E&E pour l'ensemble

du système dépendront de la variante du système choisie. Ces installations centralisées réduiront les distances de transport des déchets par rapport au système actuel, et il importe donc de considérer les économies résultant de cet avantage. On pourra également réaliser des économies au chapitre de la main-d'œuvre car les trajets seront plus courts, ce qui permettra de faire plus de collectes au cours d'une journée. Le tableau suivant résume tous les coûts et toutes les économies (en milliers de dollars) associés avec le système actuel et les systèmes à l'étude.

ÉLÉMENT	SYSTÈME ACTUEL	COÛTS DES SYSTÈMES À L'ÉTUDE			
		1	2	3	4
Coûts en capital					
Incinérateurs		3 302 $	3 302 $	3 302 $	3 302 $
Installations		600	900	1 260	1 920
Bâtiments secondaires		91	102	112	132
Autres caractéristiques		60	80	90	100
Total		4 053 $	4 384 $	4 764 $	5 454 $
Coûts annuels d'E&E	905,4 $	342 $	480 $	414 $	408 $
Économies annuelles					
Transport pour la collecte		13,2 $	14,7 $	15,3 $	17,1 $
Main-d'œuvre		87,6	99,3	103,5	119,4

Pour réunir le capital nécessaire, la municipalité émettra une obligation qui porte intérêt à un taux de 8% et sera échue dans 20 ans. Les systèmes proposés ont une durée de vie estimative de 20 ans et une valeur de récupération négligeable. Si l'on conserve le système actuel, les coûts annuels d'E&E devraient augmenter à un taux annuel de 10%. La ville utilisera le taux d'intérêt obligataire comme taux d'intérêt pour l'évaluation de tous les projets publics.

a) Déterminez les coûts d'exploitation du système actuel en dollars par tonne de déchets solides.

b) Évaluez l'aspect économique de chaque option proposée en dollars par tonne de déchets solides.

14.17 Étant donné la croissance rapide de sa population, une petite ville de Colombie-Britannique envisage plusieurs options pour établir une usine de traitement des eaux usées pouvant traiter 8 millions de litres d'eau par jour. La ville étudie les cinq options suivantes:

Option 1 - Aucune intervention: L'environnement continue à se détériorer. Si la croissance de la population se poursuit et cause de la pollution, les amendes imposées (qui peuvent atteindre 10 000 $ par jour) dépasseront bientôt les coûts de construction.

Option 2 - Traitement par épandage: On construit un système de traitement des eaux usées par épandage d'une durée de vie de 120 ans. Cette option est celle qui nécessite la plus grande superficie de terrain pour le traitement des eaux usées. Il faudra trouver un site adéquat et pomper les eaux usées sur une distance considérable jusqu'en dehors de la ville. Dans cette région, les terrains se vendent 3 000 $ l'hectare. Le système utilisera l'irrigation par aspersion pour répartir les eaux usées sur le site. On pourra déverser au plus 1 centimètre d'eaux usées par hectare par semaine.

Option 3 - Traitement par les boues activées: Cette option vise à construire un centre de traitement par les boues activées dans un site près de la zone de planification. Aucun pompage ne sera nécessaire. Il faudra acquérir un terrain de seulement 7 hectares pour construire l'usine, au coût de 7 000 $ l'hectare.

Option 4 - Traitement par lit bactérien: On construit une usine de traitement par lit bactérien sur le même site que celui choisi pour le centre de traitement par les boues activées de l'option 3. La superficie de terrain requise est également la même. Ces deux installations offrent des niveaux similaires de traitement, mais avec des systèmes différents.

Option 5 - Traitement de lagunage: Cette option propose l'utilisation d'un système lagunaire à trois bassins. Le système lagunaire exige un terrain nettement plus grand que les options 3 et 4, mais moins grand que l'option 2. Puisqu'il faut un plus grand terrain, le système devra être situé un peu en dehors de la zone de planification, et il faudra pomper les eaux usées jusqu'à ce site.

Le coût du terrain pour chaque option est présenté dans le tableau ci-dessous :

N° DE L'OPTION	SUPERFICIE REQUISE (HECTARES)	COÛT DU TERRAIN (DOLLARS)
2	800	2 400 000
3	7	49 000
4	7	49 000
5	80	400 000

On présume que le prix du terrain augmente au taux annuel de 3 %.

Les dépenses en capital associées à chaque option sont les suivantes :

N° DE L'OPTION	MATÉRIEL	STRUCTURE	POMPAGE	TOTAL
2	500 000 $	700 000 $	100 000 $	1 300 000 $
3	500 000	2 100 000	0	2 600 000
4	400 000	2 463 000	0	2 863 000
5	175 000	1 750 000	100 000	2 025 000

Le matériel installé aura un cycle de remplacement de 15 ans. Le coût de remplacement augmentera à un taux annuel de 5 % (par rapport au coût initial), et la valeur de récupération à la fin de l'horizon de planification équivaudra à 50 % du coût de remplacement. La structure devra être remplacée au bout de 40 ans et aura une valeur de récupération équivalant à 60 % du coût initial.

Les coûts annuels d'E&E pour chaque option sont résumés dans le tableau ci-dessous :

N° DE L'OPTION	ÉLECTRICITÉ	MAIN-D'ŒUVRE	RÉPARATION	TOTAL
2	200 000 $	95 000 $	30 000 $	325 000 $
3	125 000	65 000	20 000	210 000
4	100 000	53 000	15 000	168 000
5	50 000	37 000	5 000	92 000

Les coûts de l'électricité et des réparations augmenteront à un taux annuel de 5 % et 2 %, respectivement. Les coûts de main-d'œuvre augmenteront à un taux annuel de 4 %.

Répondez aux questions a) et b) après avoir lu les hypothèses qui les suivent.

a) Si le taux d'intérêt (incluant l'inflation) est de 10 %, quelle option est la plus rentable ?

b) Supposons qu'un foyer déverse environ 800 litres d'eaux usées par jour dans l'installation choisie en a). Quel montant estimatif devra être facturé chaque mois à ce foyer ?

- On présume que la période d'analyse est de 120 ans.

- Les coûts de remplacement du matériel ainsi que le coût des installations de pompage augmenteront à un taux annuel de 5 %.

- Les coûts de remplacement de la structure demeureront constants pendant toute la période de planification. Cependant, la valeur de récupération équivaudra à 60 % du coût initial. (Puisque le cycle de remplacement est de 40 ans, toute augmentation du coût de remplacement futur aura peu d'effet sur la solution.)

- La valeur de récupération du matériel à la fin de sa durée de vie utile équivaudra à 50 % de son coût de remplacement initial. Par exemple, le matériel installé pour l'option 2 coûtera 500 000 $. Sa valeur de récupération au bout de 15 ans sera de 250 000 $.

- Tous les coûts d'E&E sont exprimés en dollars courants. Par exemple, les coûts d'électricité annuels de 200 000 $ dans l'option 2 signifient que les coûts d'électricité réels pendant la première année d'exploitation seront de 200 000 $(1,05) = 210 000 $.

- L'option 1 n'est pas considérée comme viable car ses coûts d'exploitation annuels dépassent 3 650 000 $.

14.18 Aux États-Unis, l'administration fédérale des Ponts et Chaussées prévoit que d'ici 2005, les Américains dépenseront 8,1 milliards de dollars par année dans des embouteillages. La plupart des experts de la circulation croient que le fait d'ajouter des autoroutes et d'agrandir celles qui existent déjà ne réglera pas le problème. Par conséquent, les recherches menées actuellement sur la gestion de la circulation s'intéressent à trois solutions : 1) la création de systèmes informatisés de navigation de bord, 2) la mise au point de capteurs et de signaux en bordure de route qui surveilleront et géreront partiellement le flux de circulation et 3) la création de systèmes de contrôle automatisés de direction et de vitesse qui pourraient permettre le pilotage automatique des voitures sur certaines portions d'autoroutes.

Une étude du Texas Transportation Institute menée à Los Angeles, l'une des villes américaines les plus touchées par l'encombrement de la circulation, a révélé que les retards causés par les embouteillages coûtent aux automobilistes 8 milliards de dollars par année. Los Angeles a cependant déjà implanté un système de contrôle informatisé de la signalisation qui, selon certaines estimations, a permis de réduire le temps de déplacement de 13,2 %, la consommation de carburant de 12,5 %, et la pollution de 10 %. Entre Santa Monica et le centre-ville de Los Angeles, un essai financé par le gouvernement fédéral, l'État, la municipalité et General Motors évalue actuellement un système de circulation et de navigation électronique doté de capteurs d'autoroutes sur des voitures munies de cartes routières informatisées. Le programme à l'essai coûte 40 millions de dollars ; pour l'installer dans la grande région de Los Angeles, il en coûterait 2 milliards de dollars.

À l'échelle nationale, l'estimation des coûts d'implantation de routes et de véhicules « intelligents » est encore plus impressionnante : il en coûterait 18 milliards de dollars pour construire les autoroutes, 4 milliards de dollars par année pour les entretenir et les exploiter, 1 milliard de dollars pour la recherche et le développement d'outils d'assistance au conducteur et 2,5 milliards de dollars pour les dispositifs de commande de véhicule. Les partisans de cette formule affirment que les avantages dépassent largement les coûts.

a) À l'échelle nationale, quels seraient les avantages et les inconvénients pour les usagers de ce type de projet public ?

b) À l'échelle nationale, quels seraient les coûts du promoteur ?

c) Supposons que les avantages nets pour les usagers croissent à un taux de 3 % par année et que les coûts du promoteur croissent à un taux de 4 % par année. Si le taux d'escompte social est de 10 %, quel serait le ratio avantages-coûts pour une période d'étude de 20 ans ?

Les états financiers de base

D e tous les rapports que les sociétés par actions transmettent à leurs actionnaires, le rapport annuel est de loin le plus important. En plus des états financiers de base, ce document présente l'opinion de la direction sur les opérations effectuées au cours du dernier exercice, ainsi que les perspectives d'avenir de la société : les projets d'expansion ou des changements à différents niveaux. Certains rapports annuels présentent également des statistiques comparatives ou historiques. La majorité des compagnies offrent ces rapports par l'entremise de leur site internet. Toutes les sociétés doivent produire les trois états financiers de base (voir la figure A.1) : 1) le **bilan**, qui expose la situation financière de la société à une date donnée — du bilan initial (B_i) au bilan final (B_f) —, 2) l'**état des résultats** (ER), qui indique si elle a gagné ou perdu de l'argent au cours d'une période donnée, et 3) l'**état des flux de trésorerie** (EFT), qui montre en détail d'où l'argent a été obtenu et ce à quoi il a été affecté. Un exercice peut s'étendre sur n'importe quelle période de douze mois, pas nécessairement celle de l'année civile. Par ailleurs, il est à noter que l'état des résultats et l'état des flux de trésorerie couvrent une période déterminée, souvent un trimestre ou une année. Ces documents mesurent la situation financière dans laquelle la société se trouve à ce moment-là. Le bilan est en général dressé à la fin de la période dont l'état des résultats et l'état des flux de trésorerie rendent compte.

Figure A.1
Relation temporelle entre les états financiers

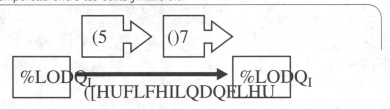

Ces états financiers permettent une certaine connaissance de la situation financière des entreprises et de ses résultats passés. Ces éléments peuvent être utiles afin de prendre des décisions pour l'avenir, qu'il s'agisse des choix auxquels font face les dirigeants ou des analyses de créanciers et d'investisseurs.

A.1 | LE BILAN

Le bilan présente la situation financière de l'entreprise par une liste sommaire des éléments d'actif (les biens que la société possède) et des éléments de passif (les dettes que la société a contractées) à une date donnée, qui correspond à la fin d'une période pour laquelle un état des résultats et un état des flux de trésorerie ont été préparés. L'une des caractéristiques importantes de tout bilan est que le total des éléments d'actif est égal au total des éléments de passif plus les capitaux propres. Cette relation est représentée par l'équation fondamentale du bilan :

$$\text{Actif} = \text{Passif} + \text{capitaux propres}$$

C'est cette équation fondamentale qui est la base de la présentation physique du bilan. Celui-ci se divise ainsi en trois sections ayant pour titre chacun des éléments de l'équation, comme le montre la figure A.2. Nous allons maintenant étudier en détail chacune des sections du bilan.

Figure A.2
Structure du bilan

BILAN DE LA COMPAGNIE XYZ date	
ACTIF	**PASSIF**
ACTIF À COURT TERME (CT)	PASSIF À COURT TERME (CT)
Encaisse	Avances bancaires
Titre négociable	Comptes fournisseurs
Comptes clients	Charges à payer
Stocks	Tranche à court terme
Frais payés d'avance	de la dette à long terme
ACTIF À LONG TERME (LT)	PASSIF À LONG TERME (LT)
Immobilisations	Dette à long terme
Actifs incorporels	
	CAPITAUX PROPRES
	TOTAL DU PASSIF +
TOTAL DE L'ACTIF	CAPITAUX PROPRES

A.1.1 LES ÉLÉMENTS D'ACTIF

Les éléments d'actif sont présentés dans l'ordre suivant : actifs à court terme, actifs à long terme ou immobilisations corporelles et autres éléments d'actif. La distinction entre court terme et long terme est fonction du délai habituellement nécessaire à l'entreprise pour transformer ses éléments d'actif en argent. L'**actif à court terme** comprend les liquidités et les éléments d'actif qui peuvent être convertis en espèces ou quasi-espèces en moins d'un an. Ses éléments sont en général répartis en cinq postes principaux. L'ordre de présentation des actifs est généralement basé sur le degré de liquidité des éléments. Les éléments les plus rapidement convertis en liquidité sont présentés avant ceux dont la conversion est plus lente. Ainsi, le premier poste est l'encaisse, c'est-à-dire les liquidités. Une entreprise dépose ordinairement dans un compte bancaire les fonds dont elle a besoin pour mener ses affaires courantes. Il est possible de calculer la valeur de l'encaisse par l'état des flux de trésorerie. Lorsque la position de trésorerie à court terme d'une entreprise est négative, un poste intitulé Emprunt à court terme ou Avances bancaires apparaît parmi les éléments de passif (voir la section A.1.2).

Le deuxième poste se rapporte aux titres négociables, c'est-à-dire les obligations et les actions qui peuvent être vendues et rapidement transformées en espèces.

Le troisième poste se rapporte aux comptes clients (ou débiteurs) et comprend les sommes d'argent qui reviennent à l'entreprise, mais ne lui ont pas encore été payées. Par exemple, quand une société reçoit une commande d'un détaillant, elle lui envoie une facture en même temps que la marchandise. Le montant de cette facture est inscrit dans les comptes clients. Quand la facture est acquittée, le montant est soustrait des comptes clients et reporté dans l'encaisse. Normalement, une société exige le paiement de ses comptes clients de 30 à 60 jours après la date de facturation, selon la fréquence à laquelle elle facture et les conditions de paiement qu'elle consent à ses clients. La valeur des comptes clients peut être établie selon l'équation suivante :

$$CC_f = CC_i + V_e - P_e - provisions,$$

où CC_f représente le compte client final, CC_i, le compte client initial, V_e, les ventes à crédit au cours de l'exercice, et P_e, le paiement sur les ventes à crédit au cours de l'exercice.

Le terme « provision pour créances douteuses » renvoie aux sommes estimatives que la compagnie considère qu'elle ne pourra pas recouvrer.

Le quatrième poste s'applique aux stocks, qui comprennent les matières premières et les fournitures que la société a en main. Dans une entreprise de détail, la valeur des stocks est établie à la moindre valeur entre le prix coûtant des marchandises et leur valeur marchande. Il existe trois méthodes pour déterminer le prix coûtant des stocks :

- la méthode du coût moyen ;
- la méthode de l'épuisement successif ou du premier entré, premier sorti (PEPS) ;
- la méthode de l'épuisement à rebours ou du dernier entré, premier sorti (DEPS).

La méthode de l'épuisement successif est la plus couramment utilisée au Canada alors que la méthode de l'épuisement à rebours n'y est pas admissible pour les calculs fiscaux. Pour les compagnies de production, l'évaluation des stocks doit être effectuée à l'aide de l'équation suivante de gestion des stocks :

$$S_f = S_i + CP_e - CV_e,$$

où S_f représente le stock final, S_i, le stock initial, CP_e, les coûts de production au cours de l'exercice, et CV_e, les coûts des ventes au cours de l'exercice.

Étant donné que les mêmes éléments se retrouvent à la fois dans la catégorie des coûts de production et dans la catégorie des coûts des ventes, le schéma de la figure A.3 permet de visualiser cette équation.

Figure A.3
Évaluation des stocks d'une entreprise manufacturière

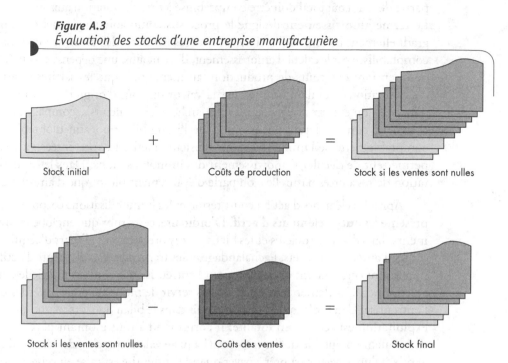

En effet, il s'agit des mêmes dépenses dans les deux termes de coûts, bien que, l'un puisse être une portion de l'autre. Le seul élément étant à la fois en totalité dans les coûts de production et dans les coûts des ventes est l'amortissement de fabrication pour l'exercice, car il n'est pas possible d'accumuler une valeur de stocks par la dotation aux amortissements.

Le cinquième poste concerne les frais que la compagnie a payés d'avance. Ceux-ci sont considérés en tant qu'actif à court terme car ils représentent la valeur des services, tels que les loyers et les primes d'assurances, dont la compagnie pourra se prévaloir au cours de la prochaine année.

Relativement permanents, les actifs à long terme ou **immobilisations corporelles** ne peuvent pas être convertis rapidement en argent. Parmi les immobilisations les plus courantes, on compte les investissements matériels, tels que les terrains, les bâtiments, le matériel d'usine, le matériel de bureau et les automobiles. Ces immobilisations sont destinées à l'exploitation de l'entreprise afin de produire des biens et des services, et non pas à la vente. À l'exception du terrain, la plupart des immobilisations ont une vie utile limitée. Par exemple, les bâtiments et le matériel servent pendant un certain nombre d'années. Chaque année, le potentiel de service de ces biens s'atténue, et une partie de leur coût total doit être comptabilisé à titre de dotation aux amortissements. Le terme **amortissement** désigne le processus comptable par lequel on transforme graduellement les immobilisations en charges. La perte de valeur de l'investissement, comptabilisée par le calcul d'amortissement, devient ainsi une dépense qu'on doit considérer en tant que coûts de production, au même titre que les salaires et les charges d'exploitation. Au bilan, on présente la valeur du coût d'origine, y compris les frais d'installation et autres frais de mise en marche. Cette valeur s'accompagne de l'amortissement cumulé depuis l'acquisition de l'immobilisation afin d'obtenir la valeur comptable nette de l'immobilisation. Plusieurs méthodes, présentées au chapitre 7, permettent de calculer l'amortissement des immobilisations. Dans le cas de l'exploitation de ressources naturelles, on parle d'épuisement plutôt que d'amortissement.

Après les éléments d'actif à court terme et les immobilisations corporelles, le bilan présente les **autres éléments d'actif**. D'ordinaire, cette rubrique englobe les investissements dans d'autres sociétés et les biens incorporels, comme l'écart d'acquisition, les droits d'auteur, les brevets, l'achalandage et les franchises. Les éléments d'actifs incorporels sont ceux qui ont une valeur pour l'entreprise mais qui sont difficiles à mesurer et à évaluer. Ces éléments ne peuvent pas servir de monnaie pour payer les dettes de l'entreprise. L'écart d'acquisition n'apparaît dans le bilan que lorsqu'une entreprise en exploitation est achetée en totalité. Il correspond à tout montant payé en excédent de la valeur comptable de l'entreprise. (La juste valeur marchande est définie comme le prix qu'un acheteur est prêt à payer quand l'entreprise est mise en vente ; elle dépasse souvent la valeur comptable de l'entreprise.)

Toute entreprise a besoin d'éléments d'actif pour fonctionner. Pour acquérir ces éléments d'actif, elle doit réunir des capitaux. Essentiellement, il existe deux formes de capital : le **capital emprunté** (un élément de passif) et le **capital-actions** (un élément des capitaux propres). Le premier terme s'applique aux fonds empruntés auprès des institutions financières et le second, à ceux apportés par les propriétaires. Ce sont ces deux sources de capitaux qui apparaissent dans le côté droit du bilan présenté à la figure A.2 et que nous allons étudier ci-dessous.

A.1.2 LES ÉLÉMENTS DE PASSIF

Les éléments de passif d'une société indiquent la provenance des fonds ayant servi à l'acquisition de certains de ses éléments d'actif et à son exploitation. Ici, le terme **passif** correspond à une obligation envers un tiers (ou créancier). Le bilan présente les **éléments de passif à court terme** et les **éléments de passif à long terme**.

Les éléments de passif à court terme comprennent les dettes qui doivent être remboursées dans un proche avenir (la société doit s'en acquitter au cours du prochain exercice). Les quatre principales catégories d'éléments du passif à court terme sont les emprunts à court terme (ou **avances bancaires**), les **comptes fournisseurs** (ou **créditeurs**), les **charges à payer** au cours du prochain exercice, ainsi que la tranche à court terme de toute dette à long terme, soit le remboursement du capital échéant à moins d'un an. Les comptes fournisseurs sont les montants restant à payer à certains fournisseurs selon les délais de paiement de 30 à 60 jours accordés, tout comme ceux qui sont offerts aux clients de l'entreprise. Les charges à payer sont les salaires et traitements, dividendes, intérêt, loyer, taxes et impôt dus mais non encore exigibles.

Les **éléments de passif à long terme** regroupent les éléments découlant des principales méthodes de **financement par emprunt,** soit l'emprunt bancaire et l'émission d'obligations. Supposons, par exemple, qu'une société ait besoin de 10 000 $ pour acheter des ordinateurs. Elle peut emprunter alors l'argent auprès d'une banque et le rembourser dans quelques années, avec un intérêt donné : ce procédé est connu sous le nom de **financement par emprunt à court terme**. Supposons maintenant qu'elle ait besoin de 100 millions de dollars pour un projet de construction. Normalement, emprunter cette somme directement auprès d'une banque serait très onéreux (ou exigerait un substantiel emprunt hypothécaire). Dans un tel cas, la société peut faire publiquement appel à l'épargne pour emprunter de l'argent à long terme. On appelle **obligation** le document qui constate la nature d'une telle entente entre une société et ses investisseurs. Le procédé qui consiste à réunir des capitaux en émettant des obligations porte le nom de **financement par emprunt à long terme**. Ce financement fait partie des éléments de passif, où l'on trouve les dettes à long terme, comme les obligations, les hypothèques et les effets à long terme, dont le remboursement n'est pas exigible au cours du prochain exercice.

A.1.3 LES CAPITAUX PROPRES

Les **capitaux propres**, ou **avoir des actionnaires** (**avoir du propriétaire** dans le cas d'une entreprise individuelle), représentent la portion de l'actif provenant de fonds fournis par les investisseurs (propriétaires) plutôt que par des éléments de passif. Ils constituent par conséquent la dette d'une société envers ses propriétaires, soit la valeur comptable qui leur revient, une fois que toutes les autres dettes ont été remboursées. Les capitaux propres se composent en général du capital-actions, d'actions autodétenues, de surplus d'apport et de bénéfices non répartis. Le **capital-actions** peut prendre différentes formes mais représente toujours la valeur des capitaux obtenus lors de l'émission des actions. Dans une entreprise individuelle, il correspond à l'argent investi par le propriétaire. Dans une société par actions, il se divise en deux catégories : les **actions privilégiées** et les **actions ordinaires**. En échange des capitaux apportés par les investisseurs, la société par actions s'engage à remettre à ces derniers une fraction de son droit de propriété. Les actions privilégiées donnent droit à un **dividende** spécifié, qui s'apparente de près à l'intérêt versé sur les obligations. Elles ont la priorité sur les actions ordinaires pour le paiement des dividendes et la distribution des éléments d'actif en cas de liquidation. Lorsqu'une société réalise des bénéfices, elle doit décider ce qu'il convient d'en faire. Elle peut en destiner une partie à des investissements futurs et verser le reste à ses actionnaires ordinaires sous forme de dividendes. Le **capital d'apport** (**surplus d'apport**) est l'excédent du prix de vente des actions sur leur valeur nominale (valeur comptable). Les **actions en circulation** sont les titres émis encore détenus par le public. Par ailleurs, la société peut racheter et conserver une partie des actions émises, qui deviennent alors des **actions autodétenues**. Quant aux **bénéfices non répartis** (**BNR**), ils correspondent aux bénéfices nets après impôt (NI_e) qui s'accumulent depuis l'ouverture de l'entreprise, moins le total des dividendes versés aux actionnaires au cours de l'exercice, soit:

$$BNR_f = BNR_i + NI_e - dividendes_e$$

En d'autres termes, ils représentent le montant de l'actif financé par le réinvestissement des bénéfices dans l'entreprise. Ces bénéfices non répartis appartiennent aux actionnaires mais sont affectés à l'encaisse, aux stocks, aux immobilisations ou aux autres éléments d'actif de l'entreprise.

A.1.4   LA NOTION DE FONDS DE ROULEMENT

L'actif et le passif à court terme forment ensemble ce qu'on est convenu d'appeler le **fonds de roulement.** Quant au terme **fonds de roulement net,** il désigne la différence entre l'actif à court terme et le passif à court terme selon l'équation suivante:

$$Fonds\ de\ roulement = actif\ court\ terme - passif\ court\ terme$$

Ce montant reflète la capacité d'une entreprise à transformer son actif à court terme en argent pour s'acquitter de ses obligations à court terme. On considère donc le fonds de roulement net d'une entreprise comme une mesure du niveau de liquidité de ses biens. Ainsi, plus son fonds de roulement net est élevé, plus une société est en mesure de satisfaire à court terme aux exigences de ses créanciers.

A.2   L'ÉTAT DES RÉSULTATS

Le deuxième état financier de base est l'**état des résultats**; il énumère les éléments du bénéfice net de l'entreprise (les produits moins les charges) pour une période donnée. L'état des résultats permet d'évaluer la capacité de gain de l'entreprise. Chaque année, toutes les entreprises dressent un état des résultats. Beaucoup le font aussi chaque trimestre et chaque mois. Le terme **période comptable** désigne la période couverte par un état des résultats.

A.2.1   LA PRÉSENTATION DE L'INFORMATION

Le nombre de postes d'un état des résultats est très variable d'une entreprise à une autre selon qu'elle souhaite révéler ou non beaucoup d'informations. Dans la plupart des états, il est possible de regrouper les éléments dans quatre sections principales: les produits, les charges, les frais généraux et l'imposition. Dans la partie supérieure de l'état des résultats, on inscrit les produits, soit les rentrées (ou revenus, ou encore chiffre d'affaires) provenant de l'exploitation. Le montant des produits représente l'argent rapporté par la vente de biens et la prestation de services au cours d'une période comptable donnée. Le produit, ou produit net, correspond aux ventes brutes moins les retours sur ventes et les rabais. Lorsqu'ils sont associés à des dividendes, à des intérêts sur des placements ou à des profits réalisés lors de la cession d'immobilisations, les produits sont présentés séparément dans un poste nommé Produits hors exploitation. Sur les lignes suivantes, on présente les charges d'exploitation, qui sont déduites des produits. Pour une société industrielle type, ce sont les coûts de production, dont la main-d'œuvre, les matières, l'amortissement des actifs immobilisés utilisés à la fabrication et les coûts indirects, qui représentent la charge la plus importante. On l'appelle **coût des produits vendus**. Ce coût est déterminé selon l'équation de gestion des stocks introduite à la section A.1.1. En soustrayant le coût des produits vendus des ventes nettes, on obtient le **bénéfice d'exploitation net**.

On déduit ensuite les frais généraux, comme les frais d'administration, les frais de commercialisation et les frais financiers, du bénéfice d'exploitation net ; le résultat obtenu est le **bénéfice imposable** (ou bénéfice avant impôt). Les frais d'administration se composent des frais de bureau, des salaires des administrateurs, etc. ; les frais de commercialisation regroupent les frais de mise en marché, la publicité, les salaires et commissions des vendeurs, etc. ; et les frais financiers correspondent aux intérêts payés sur les emprunts.

Enfin, on détermine le **bénéfice net** (ou **profit net**) en soustrayant du bénéfice imposable l'**impôt sur les bénéfices**. Le terme **bénéfice comptable** désigne aussi le bénéfice net. L'équation fondamentale de l'état des résultats est donc :

$$Produits - charges = bénéfices$$

selon la structure de présentation générale proposée à la figure A.4.

Figure A.4
Structure de l'état des résultats

ÉTAT DES RÉSULTATS DE LA COMPAGNIE XYZ
date
Produits
Charges
Bénéfice brut
Frais généraux
Frais de commercialisation
Frais d'administration
Frais financiers
Amortissement de non-fabrication
Bénéfice imposable
Impôt
Bénéfice net

Dans les états des résultats préparés à l'interne (la direction les utilise pour suivre de près la performance de l'entreprise), on divise les charges comme on l'a vu plus haut, soit : le coût des produits vendus (charges), qui se rapporte aux coûts de production et est en grande partie variable, ainsi que les frais de commercialisation, les frais financiers, les frais d'administration et l'amortissement pris sur des actifs immobilisés non associés à la fabrication, qui sont, du moins à court terme, habituellement fixes. D'ordinaire, les entreprises ne veulent pas que leurs concurrents connaissent leurs coûts fixes par rapport à leurs coûts variables, car cette information peut les aider à élaborer une stratégie de prix. Pour cette raison, dans les rapports annuels, il est normal que tous les coûts soient présentés en bloc à titre de coûts des ventes ou simplement de charges. Ces coûts sont ceux, associés à la période, qui ont été payés ou sont des charges à payer au cours de l'exercice à venir.

A.2.2 LES BÉNÉFICES NON RÉPARTIS

Beaucoup de sociétés intègrent à l'état des résultats la présentation des bénéfices non répartis se rapportant à la période comptable couverte par cet état financier. Quand une société fait des bénéfices, elle doit décider ce qu'il faut en faire. Elle peut ou bien les verser sous forme de **dividendes** à ses actionnaires, ou bien les conserver pour financer une expansion ou d'autres activités. Quand elle décide de présenter à la fois des dividendes et des bénéfices non répartis, le poste intitulé Bénéfice revenant aux actionnaires ordinaires fait état du bénéfice net moins les dividendes versés aux actionnaires privilégiés. En soustrayant du bénéfice net les dividendes relatifs aux actions privilégiées et aux actions ordinaires, on obtient le montant des bénéfices (profits) non répartis pour l'exercice. Ce montant est ajouté aux bénéfices non répartis antérieurs et la somme est présentée dans la section des capitaux propres du bilan. Les bénéfices non répartis font ainsi le lien entre l'état des résultats et le bilan.

A.2.3 LE BÉNÉFICE PAR ACTION

L'état des résultats transmet une autre information importante : le **bénéfice par action (BPA)**. Lorsque la situation est simple, on calcule ce montant en divisant le bénéfice revenant aux actionnaires ordinaires par le nombre d'actions ordinaires en circulation. Les actionnaires et les investisseurs potentiels veulent connaître la portion du bénéfice qui leur revient et non seulement son montant en dollars. La présentation du bénéfice par action permet donc aux actionnaires d'établir un rapport entre le bénéfice et le montant qu'ils ont payé pour acquérir une action. Naturellement, les sociétés tiennent à faire état d'un BPA élevé pour montrer aux investisseurs à quel point sa bonne gestion favorise les propriétaires.

A.3 L'ÉTAT DES FLUX DE TRÉSORERIE

L'état des résultats, que nous avons étudié à la section précédente, indique seulement si la société a gagné ou perdu de l'argent au cours de la période qu'il couvre. Il vise essentiellement à déterminer le bénéfice (profit) net réalisé par l'entreprise grâce à ses **activités d'exploitation**. Il ne précise pas si les activités d'exploitation ont été effectuées au comptant ou à crédit. Il ne tient aucun compte non plus de deux autres groupes d'activités importants : les **activités de financement** et les **activités d'investissement**. Le troisième état financier de base, l'état des flux de trésorerie, montre en détail comment la société a produit de l'argent et l'a utilisé au cours de la période de référence.

A.3.1 LES SOURCES ET LES UTILISATIONS DE L'ARGENT

La différence entre les sources (rentrées de fonds) et les utilisations (sorties de fonds) de l'argent correspond à la variation de la position de trésorerie (ou liquidités) au cours de la période de référence. À la fin de cette dernière, le montant des liquidités correspond à la somme de cette variation et du montant des liquidités comptabilisées à la fin de la période précédente. Dans une entreprise où le volume d'activité est constant, cette quantité de liquidités est souvent maintenue à un niveau relativement constant. En général, les liquidités augmentent proportionnellement au volume d'activité. Ainsi, d'une année à l'autre, la variation des liquidités demeure souvent assez faible. On utilise parfois le terme flux monétaire net pour désigner la variation des liquidités. Comme nous l'avons indiqué tout au long de cet ouvrage, les flux de trésorerie auxquels un projet donne lieu doivent servir à évaluer sa rentabilité. Toutefois, ceux relatifs à l'ensemble de la société ne permettent pas de juger de la rentabilité de cette dernière.

L'état des flux de trésorerie présente une information plus importante, soit la façon dont l'entreprise utilise les liquidités provenant de l'exploitation. Par exemple : Au cours de la période de référence, quel montant a-t-elle versé en dividendes aux actionnaires et quel montant a-t-elle réinvesti à titre de bénéfices non répartis ? Quel montant a-t-elle affecté à de nouveaux investissements ? D'où provient l'argent destiné aux nouveaux projets ? A-t-il été obtenu principalement grâce à un financement par actions ou à un financement par emprunt ? La structure d'endettement de la société a-t-elle changé ? On peut trouver dans l'état des flux de trésorerie les réponses à ces questions. Cette information aide les investisseurs à comprendre la philosophie de gestion de la société et à évaluer sa santé financière. Ainsi, lorsqu'une entreprise a financé tous ses nouveaux projets au moyen d'emprunts et que presque tout le bénéfice provenant de l'exploitation a été versé en dividendes, l'investisseur potentiel doutera de sa capacité de croissance à long terme.

A.3.2 LA PRÉSENTATION DE L'INFORMATION

En préparant l'état des flux de trésorerie, les entreprises déterminent les sources et les utilisations de l'argent en fonction des différents types d'activités économiques, soit les activités d'exploitation, les activités d'investissement et les activités de financement (voir la figure A.5).

Figure A.5
Structure de l'état des flux de trésorerie

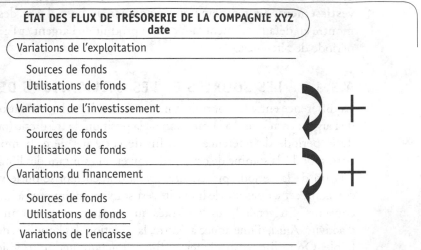

On inscrit d'abord la variation nette des liquidités provenant de l'exploitation, calculée d'après l'état des résultats. Ici, les liquidités provenant de l'exploitation représentent les flux de trésorerie relatifs à la production et aux ventes de biens ou à la prestation de services. Toutes les **charges sans effet sur la trésorerie** sont simplement rajoutées au bénéfice net (bénéfice après impôt). Par exemple, une charge comme l'amortissement n'est qu'une **charge comptable** (écriture comptable). Même si elles sont déduites du bénéfice courant, les charges comptables ne donnent pas lieu à une véritable sortie de fonds. Le flux de trésorerie s'est vraiment produit au moment de l'acquisition de l'élément d'actif. Il faut également apporter les corrections nécessaires pour tenir compte des transactions reliées à l'exploitation ayant été faites à crédit, c'est-à-dire l'achat à crédit de matière (la **variation** des comptes fournisseurs), les ventes à crédit (la **variation** des comptes clients) et la **variation** de chacun des éléments du passif à court terme et de l'actif à court terme tels que les stocks, les frais payés d'avance, les avances bancaires et les charges à payer.

Une fois qu'on a déterminé le montant des liquidités provenant de l'exploitation, on inscrit toutes les opérations de trésorerie liées aux activités d'investissement. Ces dernières peuvent comporter des éléments tels que l'acquisition de nouvelles immobilisations corporelles (sortie de fonds) ou la revente de vieux matériel (rentrée de fonds), le placement de fonds (sortie de fonds) ou la récupération des fonds placés (rentrée de fonds). Enfin, on énumère toutes les opérations de trésorerie relatives au financement du capital utilisé par l'entreprise. Par exemple, celle-ci peut emprunter ou vendre de nouvelles actions, ce qui donnera lieu à des rentrées de fonds. En revanche, le remboursement des dettes existantes entraînera des sorties de fonds. La récapitulation des rentrées et des sorties de fonds liées à ces activités au cours d'une période comptable donnée permet de connaître les variations nettes de la position de trésorerie de la société et, donc, de déterminer la variation de son encaisse.

Exemple A.1

La préparation des états financiers pour un exercice

La compagnie Tibo inc. prépare ses états financiers pour l'exercice 2000. Elle dispose de l'information contenue dans le bilan de ses états financiers pour l'exercice 1999 ainsi que d'un résumé des opérations financières pour l'exercice 2000, présentés ci-dessous. À partir de ces informations, dressez les états financiers de Tibo inc. pour l'année 2000.

BILAN DE TIBO INC. 31 décembre 1999			
ACTIF		**PASSIF**	
ACTIF À COURT TERME		**PASSIF À COURT TERME**	
Encaisse	50 000 $	Comptes fournisseurs	3 000 $
Comptes clients	5 000 $	Impôt dû	20 000 $
Stocks	15 000 $	Tranche de la dette à long terme	2 000 $
		Intérêts courus	500 $
ACTIF À LONG TERME		**PASSIF À LONG TERME**	
Immobilisations	40 000 $*	Tranche de la dette à long terme	8 000 $**
Amortissement cumulé	−10 000 $		
		CAPITAUX PROPRES	
		Capital-actions	35 000 $
		Bénéfices non répartis	31 500 $
		TOTAL DU PASSIF +	
TOTAL DE L'ACTIF	100 000 $	CAPITAUX PROPRES	100 000 $

* L'immobilisation a une DPA de 5 000 $ par année.

** L'emprunt est remboursable, le 1er juillet de chaque année, en capital fixe de 2 000 $ par année plus 10 % d'intérêt sur le solde de l'emprunt.

RÉSUMÉ DES OPÉRATIONS FINANCIÈRES DE TIBO INC. POUR L'EXERCICE 2000

Émission d'actions	10 000 $
Emprunt au 1er janvier 2000	25 000 $
Remboursement annuel en capital	2 500 $
Paiement annuel des intérêts	4 % du solde
Achat au comptant d'un équipement de fabrication	27 000 $
Amortissement linéaire	
Vie économique	10 ans
Valeur de revente	2 000 $
Achat de matières premières	
Au comptant	13 750 $
À crédit	6 250 $
Achat au comptant de fournitures pour la fabrication	7 000 $
Paiement de salaires de la main-d'œuvre directe	30 000 $
Signature d'un contrat de publicité pour 2 ans	
(paiement total effectué le 1er janvier 2000)	1 100 $
Ventes au comptant	185 000 $
Ventes à crédit	15 000 $
Stock final	33 200 $
Paiement de commissions aux vendeurs	5 % des ventes
Paiement de salaires administratifs	40 000 $
Paiement de dividendes	5 % du NI
Taux d'imposition	40 %

Solution:

Voici les tableaux des trois états financiers préparés à partir du bilan pour l'exercice 1999 et du résumé des opérations financières de Tibo pour l'exercice 2000. Les tableaux A.1, A.2 et A.3 présentent respectivement l'état des résultats, l'état des flux de trésorerie et le bilan pour l'exercice 2000.

Commentaires: Certains postes des états financiers sont déterminés directement à partir de l'information obtenue dans le résumé des opérations financières. Par contre, plusieurs postes des états financiers nécessitent des calculs supplémentaires afin de déterminer la valeur à introduire. Nous vous invitons à faire ces calculs plus détaillés à titre d'exercice.

Tableau A.1

ÉTAT DES RÉSULTATS DE TIBO INC.
1ER JANVIER AU 31 DÉCEMBRE 2000

Produits		200 000 $
Charges		
Stock initial +	15 000 $	
coûts de production		
Matières premières	20 000 $	
Main-d'œuvre directe	30 000 $	
Fournitures de fabrication	7 000 $	
Amortissement (fabrication) −	7 500 $	
stock final	33 200 $	46 300 $
Bénéfice brut		153 700 $
Frais généraux		
Frais de commercialisation −		10 550 $
Frais d'administration −		40 000 $
Frais financiers −		1 900 $
Bénéfice imposable		101 250 $
Impôt		40 500 $
Bénéfice net		60 750 $

Tableau A.2

ÉTAT DES FLUX DE TRÉSORERIE DE TIBO INC.
1ER JANVIER AU 31 DÉCEMBRE 2000

EXPLOITATION

Sources	
Bénéfice net	60 750 $
Amortissement	7 500 $
Augmentation des comptes fournisseurs	6 250 $
Augmentation de l'impôt dû	20 500 $
Augmentation des intérêts courus	900 $
Utilisations	
Augmentation des frais payés d'avance	550 $
Augmentation des comptes clients	15 000 $
Augmentation des stocks	18 200 $
Variation des liquidités provenant de l'exploitation	62 150 $

INVESTISSEMENT

Sources	
Utilisations	
Achats d'actif	27 000 $
Variation provenant de l'investissement	−27 000 $

Tableau A.2

(*suite*)

ÉTAT DES FLUX DE TRÉSORERIE DE TIBO INC.
1er janvier au 31 décembre 2000

FINANCEMENT

Sources	
Émission d'actions	10 000 $
Nouvel emprunt	25 000 $
Utilisations	
Paiement de dividendes	3 038 $
Remboursement de la dette	2 000 $
Variation provenant du financement	29 962 $
Variation des liquidités (encaisse)	65 112 $
Encaisse initiale	50 000 $
Encaisse finale	115 112 $

Tableau A.3

BILAN DE TIBO INC.
31 décembre 2000

ACTIF		PASSIF	
ACTIF À COURT TERME		**PASSIF À COURT TERME**	
Encaisse	115 113 $	Comptes fournisseurs	9 250 $
Comptes clients	20 000 $	Impôt dû	40 500 $
Stocks	33 200 $	Tranche de la dette à long terme	4 500 $
Frais payés d'avance	550 $	Intérêts courus	1 400 $
ACTIF À LONG TERME		**PASSIF À LONG TERME**	
Immobilisations	67 000 $	Tranche de la dette à long terme	28 500 $
Amortissement cumulé	−17 500 $	Total du passif à long terme	28 500 $
		CAPITAUX PROPRES	
		Capital-actions	45 000 $
		Bénéfices non répartis	89 213 $
TOTAL DE L'ACTIF	218 363 $	TOTAL DU PASSIF + CAPITAUX PROPRES	218 363 $

A.4   LES ÉTATS FINANCIERS DE LA SOCIÉTÉ GILLETTE

Les tableaux A.4, A.5 et A.6 reproduisent respectivement le bilan, l'état des résultats et l'état des flux de trésorerie présentés dans le rapport annuel 1998 de la société Gillette[1]. Les explications qui suivent découlent de l'information contenue dans ce rapport.

A.4.1   LE BILAN

Les ventes de la société Gillette ont été financées grâce aux 11 902 millions de dollars d'actif comptabilisés dans le bilan (tableau A.4). La société s'est procuré la majeure partie des fonds affectés à l'acquisition de cet actif: 1) en achetant à crédit auprès des fournisseurs (comptes fournisseurs, 2 170 millions), 2) en empruntant à des institutions financières (emprunts à long terme, 2 256 millions), 3) en vendant des actions privilégiées et des actions ordinaires à des investisseurs (90 millions et 1 358 millions, respectivement) et 4) en réinvestissant des bénéfices, comme l'indique le compte des bénéfices non répartis (5 529 millions). À la date d'établissement du bilan, en 1998, la valeur comptable des immobilisations corporelles de la société était de 3 472 millions. On peut donc conclure que, après les ajustements relatifs à l'amortissement et à la cession d'éléments d'actif, l'augmentation nette des immobilisations corporelles pour cet exercice totalisait 368 millions.

Le tableau A.4 montre que les actionnaires ordinaires ont apporté à la société un total de 1 979 millions de dollars en capital (1 358 millions en actions ordinaires plus 621 millions en capital d'apport additionnel). À la fin de 1998, le total des bénéfices réinvestis depuis la constitution en société s'élevait à 5 529 millions. Comme ce total était de 5 021 millions à la fin de 1997, les bénéfices d'exploitation non répartis de l'exercice 1998 se chiffraient à 508 millions (5 529 millions − 5 021 millions). Or, ces bénéfices non répartis appartenaient aussi aux actionnaires ordinaires. L'investissement total des actionnaires ordinaires s'élevait donc à 7 508 millions (1 979 millions + 5 529 millions). Par ailleurs, en 1998, le nombre moyen pondéré d'actions ordinaires en circulation (résultat de base par action) était de 1 117 millions (tableau A.5). La valeur totale de l'investissement par action ordinaire correspondait donc à 6,72 $ (= 7 508 millions de dollars / 1 117 millions d'actions). Ce chiffre de 6,72 $ par action représente ce qu'on appelle la **valeur comptable d'une action**. Toutefois, en 1998, l'action de la société se négociait à des prix variant en général entre 35 et 65 $. La différence entre le cours du marché et la valeur comptable de l'action représente l'écart d'acquisition de la société en cas de rachat. Par exemple, si on offrait 50 $ l'action pour racheter la société, l'écart d'acquisition serait de 43,28 $ l'action (50 $ − 6,72 $). Parmi les nombreux facteurs qui influent sur le cours du marché, voici le plus important: les attentes des investisseurs à l'égard de la performance

---

1. Source : Rapport annuel 1998 de la société Gillette.

future de la société. Il ne fait donc pas de doute que le projet Sensor et sa réussite concrète ont eu une incidence marquée sur la valeur marchande des actions de la société.

A.4.2   L'ÉTAT DES RÉSULTATS

Le tableau A.5 présente l'état des résultats de l'exercice 1998. On constate que les ventes nettes de cet exercice s'élevaient à 10 056 millions de dollars, comparativement à 10 062 millions pour 1997, ce qui indique un léger déclin de 0,06 %. Toutefois, le bénéfice d'exploitation, qui s'élevait à 1 789 millions, accusait une baisse de 23 % par rapport aux 2 324 millions réalisés en 1997. Comme on l'explique dans le rapport annuel, cette baisse est principalement attribuable à des charges de restructuration de 535 millions. Au cours de l'exercice 1998, la société a versé 4 millions en dividendes aux détenteurs d'actions privilégiées. Après le versement de ces dividendes, le bénéfice net revenant aux actionnaires ordinaires s'élevait donc à 1 077 millions. Quant au bénéfice net par action ordinaire (résultat de base par action), il se chiffrait à 0,96 $ (= 1 077 millions de dollars /1 117 millions d'actions). Les dividendes déclarés en 1998 étaient de 0,51 $ l'action. Cette année-là, la société a donc versé des dividendes totalisant approximativement 570 millions de dollars, soit 0,51 $ l'action × 1 117 millions d'actions, et le total de ses bénéfices d'exploitation non répartis s'élevait environ à 507 millions (= 1 077 millions − 570 millions). Ce dernier montant est à peu près égal à celui que nous avons calculé d'après les informations du bilan, à la section A.4.1.

Comme nous l'avons déjà souligné, l'état des résultats rend compte de l'incidence de l'exploitation sur les bénéfices non répartis ; par contre, il n'indique ni comment ni où les flux de trésorerie provenant de l'exploitation ont été investis. En outre, les rentrées et les sorties de fonds découlant des activités hors exploitation n'y sont pas comptabilisées. L'état des flux de trésorerie est un outil destiné à combler ces lacunes.

A.4.3   L'ÉTAT DES FLUX DE TRÉSORERIE

Le tableau A.6 reproduit l'état des flux de trésorerie présenté par la société Gillette pour l'exercice 1998. On y voit que les liquidités provenant de l'exploitation totalisent 1 289 millions de dollars. Notez que ce montant est passablement moindre que celui qu'on aurait trouvé en appliquant la règle simple du calcul du flux monétaire net (c'est-à-dire en rajoutant la dotation aux amortissements (459 millions) au bénéfice net, soit 1 081 millions + 459 millions = 1 540 millions). Cette différence est surtout attribuable au fait qu'on a comptabilisé ici les variations des éléments du fonds de roulement sans effet sur la trésorerie. Autrement dit, on a réaffecté à l'exploitation une partie des liquidités provenant de celle-ci afin d'augmenter les montants des stocks et des comptes clients, moins ceux des comptes fournisseurs et des charges à payer. Par exemple, le montant des comptes clients (435 millions) représente le total des ventes à crédit. Comme on l'a inclus dans le total des ventes utilisé pour calculer le bénéfice net, on doit l'en retrancher pour trouver le véritable montant des liquidités provenant de l'exploitation. Des ajustements semblables sont nécessaires dans le cas des stocks, des comptes fournisseurs et des autres éléments du fonds de roulement, comme l'indique le tableau A.6.

Les activités d'investissement ont donné lieu à une sortie de fonds nette de 798 millions de dollars. En effet, la société a consacré 1 000 millions à de nouvelles immobilisations corporelles et 91 millions à de nouvelles entreprises; ces sommes ont été contrebalancées par des rentrées de 293 millions liées à la cession d'immobilisations corporelles, à la vente d'entreprises et à d'autres activités de récupération. Pour leur part, les activités de financement ont entraîné une sortie de fonds nette de 492 millions. Ce montant net comprend des dépenses de 1 066 millions, 252 millions et 552 millions consacrées respectivement à l'achat d'actions autodétenues, au financement de caisses de retraite allemandes et au versement de dividendes en espèces. Il a été partiellement compensé par les 708 millions de rentrées provenant de l'augmentation des emprunts exigibles et des 500 millions additionnels de la dette à long terme. Enfin, on constate l'effet des variations du taux de change sur les liquidités des filiales situées à l'étranger, soit une diminution nette de 2 millions. Ensemble, les trois types d'activités économiques ont abouti à une variation négative des liquidités totalisant 3 millions. Autrement dit, entre la fin de l'exercice 1997 et celle de l'exercice 1998, la position de trésorerie de la société est passée de 105 millions à 102 millions. Cette diminution nette de 3 millions correspond au changement dans la position de trésorerie reflété par le poste Liquidités du bilan. Même si cette information se trouve déjà dans le bilan, on ne peut l'expliquer sans l'aide de l'état des flux de trésorerie.

Tableau A.4

BILAN CONSOLIDÉ DE LA SOCIÉTÉ GILLETTE ET DE SES FILIALES (en millions de dollars) 31 décembre 1998 et 1997	1998	1997
ACTIF		
ACTIF À COURT TERME		
Liquidités	**102 $**	105 $
Comptes clients, moins rabais: 1998 −79 $; 1997 −74 $	**2 943**	2 522
Stocks	**1 595**	1 500
Impôt reporté	**517**	320
Autres éléments d'actif	**283**	243
Total de l'actif à court terme	**5 440**	4 690
ACTIF À LONG TERME		
Immobilisations corporelles, coût, moins amortissement cumulé	**3 472**	3 104
Immobilisations incorporelles, moins amortissement cumulé	**2 448**	2 423
Autres éléments d'actif	**542**	647
Total de l'actif à long terme	**6 462**	6 174
Total de l'actif	**11 902 $**	10 864 $

Tableau A.4   *(suite)*

PASSIF ET CAPITAUX PROPRES

PASSIF À COURT TERME

Emprunts exigibles	981 $	552 $
Tranche de la dette à long terme à moins d'un an	9	9
Comptes fournisseurs et charges à payer	2 170	1 794
Impôt	318	286
Total du passif à court terme	**3 478**	2 641

PASSIF À LONG TERME

Dette à long terme	**2 256**	1 476
Impôt reporté	**411**	359
Autres éléments de passif à long terme	**898**	1 101
Part des actionnaires sans contrôle	**39**	39
Valeur de remboursement éventuelle des options de vente sur les actions ordinaires	**277**	407

CAPITAUX PROPRES

Actions privilégiées convertibles de série C ESOP, à dividende cumulatif de 8 %, sans valeur nominale		
Émises : 1998 — 148 627 ; 1997 — 154 156	**90**	90
Rémunération ESOP non gagnée	**(10)**	(17)
Actions ordinaires, à valeur nominale de 1 $ l'action		
Autorisées : 2 320 000 000		
Émises : 1998 — 1 357 913 938 ;		
1997 — 1 352 581 842	**1 358**	1 353
Capital d'apport additionnel	**621**	309
Bénéfices réinvestis	**5 529**	5 021
Autres éléments cumulés du résultat global		
Conversion des états financiers établis en monnaie étrangère	**(826)**	(790)
Facteur d'équivalence	**(47)**	(20)
Actions autodétenues, coût : 1998 — 252 507 187 ;		
1997 — 231 643 130	**(2 172)**	(1 108)
Total des capitaux propres	**4 543**	4 841
Total du passif + capitaux propres	**11 902 $**	10 864 $

Tableau A.5

ÉTAT CONSOLIDÉ DES RÉSULTATS DE LA SOCIÉTÉ GILLETTE ET DE SES FILIALES
(en millions de dollars, excepté le nombre des actions)
Exercices terminés les 31 décembre 1998, 1997 et 1996

	1998	1997	1996
Produits	**10 056 $**	10 062 $	9 698 $
Charges	**3 853**	3 831	3 682
Bénéfice brut	**6 203**	6 231	6 016
Frais de commercialisation, généraux et d'administration	**3 879**	3 907	3 967
Frais de restructuration	**535**	–	–
Coûts liés au regroupement d'entreprises	**–**	–	413
Bénéfice d'exploitation	**1 789**	2 324	1 636
Débits hors exploitation (bénéfice)			
Intérêts créditeurs	**(8)**	(9)	(10)
Intérêts débiteurs	**94**	78	77
Autres débits – nets	**34**	34	44
	120	103	111
Bénéfice avant impôt	**1 669**	2 221	1 525
Impôt	**558**	794	576
Bénéfice net	**1 081 $**	1 427 $	949 $
Bénéfice net par action ordinaire, résultat de base	**0,96 $**	1,27 $	0,85 $
Bénéfice net par action ordinaire, dilution maximale présumée	**0,95 $**	1,24 $	0,83 $
Nombre moyen pondéré d'actions ordinaires en circulation (en millions)			
Résultat de base	**1 117**	1 118	1 107
Dilution maximale présumée	**1 144**	1 148	1 140

Tableau A.6

ÉTAT CONSOLIDÉ DES FLUX DE TRÉSORERIE DE LA SOCIÉTÉ GILLETTE ET DE SES FILIALES
(en millions de dollars)
Exercices terminés les 31 décembre 1998, 1997 et 1996

	1998	1997	1996
ACTIVITÉS D'EXPLOITATION			
Bénéfice net	**1 081 $**	1 427 $	949 $
Ajustements destinés à rapprocher le bénéfice net des liquidités nettes provenant de l'exploitation :			
Charge estimative de restructuration	**535**	–	–
Coûts liés au regroupement d'entreprises	**–**	–	413
Amortissement	**459**	422	381

Tableau A.6 *(suite)*

Autres	**(46)**	(23)	–
Variations de l'actif et du passif, après déduction des effets de l'acquisition d'entreprises :			
Compte clients	**(435)**	(340)	(459)
Stocks	**(123)**	(157)	(105)
Compte fournisseurs et charges à payer	**72**	29	67
Autres éléments du fonds de roulement	**(121)**	80	(227)
Autres éléments d'actif et de passif à long terme	**(133)**	(158)	(11)
Liquidités nettes provenant de l'exploitation	**1 289**	1 280	1 008

ACTIVITÉS D'INVESTISSEMENT

Acquisition d'immobilisations corporelles	**(1 000)**	(973)	(830)
Disposition d'immobilisations corporelles	**88**	59	41
Acquisition d'entreprises, moins les liquidités acquises	**(91)**	(3)	(299)
Vente d'entreprises	**200**	–	–
Autres	**5**	12	(1)
Liquidités nettes affectées aux activités d'investissement	**(798)**	(905)	(1 089)

ACTIVITÉS DE FINANCEMENT

Achat d'actions autodétenues	**(1 066)**	(53)	(11)
Produit de la vente d'options de vente	**56**	27	–
Produit de l'exercice du droit d'achat d'actions et des programmes d'achat	**126**	210	150
Financement de caisses de retraite allemandes	**(252)**	–	–
Produit de la dette à long terme	**500**	300	–
Diminution de la dette à long terme	**(12)**	(6)	(165)
Augmentation (diminution) des emprunts exigibles	**708**	(383)	578
Dividendes versés	**(552)**	(466)	(451)
Liquidités nettes provenant des (affectées aux) activités de financement	**(492)**	(371)	101
Effet des variations du taux de change sur les liquidités	**(2)**	(7)	(19)
Liquidités nettes provenant de la période d'harmonisation	**–**	24	–
Augmentation (diminution) des liquidités	**(3)**	21	1
Liquidités, début de l'exercice	**105**	84	83
Liquidités, fin de l'exercice	**102 $**	105 $	84 $

Présentation complémentaire de l'affectation des liquidités :

Intérêt	**120 $**	101 $	94 $
Impôt	**478 $**	451 $	586 $

Activités d'investissement et de financement hors trésorerie :

Acquisition d'entreprises			
Juste valeur des éléments d'actif acquis	**100 $**	3 $	361 $
Liquidités versées	**91**	3	300
Passif présumé	**9 $**	– $	61 $

A.5   L'ANALYSE FINANCIÈRE

Les états financiers résument plusieurs types d'information concernant ce qui s'est passé au cours de l'exercice, dans l'état des résultats et l'état des flux de trésorerie, et ils dressent une image de la situation de l'entreprise depuis son démarrage dans le bilan. L'étude de ces informations est effectuée régulièrement par des **ratios**, c'est-à-dire des rapports établis entre deux chiffres présentés dans les états financiers. Les ratios mettent en lumière la situation de l'entreprise. La valeur des ratios et de leurs définitions est assez large car leur signification varie en fonction du type d'entreprise et de certaines particularités. Globalement, l'étude de ratios peut s'effectuer selon quatre axes d'analyse :

- l'analyse de viabilité à court terme ;
- l'analyse de viabilité à long terme ;
- l'analyse de l'efficacité de gestion ;
- l'analyse de l'efficacité de rendement.

À l'intérieur d'un axe d'analyse, on peut soit faire l'étude des tendances au sein de l'entreprise (étude historique), soit procéder à une étude comparative avec d'autres entreprises œuvrant dans le même domaine. La figure A.6 schématise les deux types d'étude.

Figure A.6
Les deux types d'étude des ratios

Étude comparative

	1982	1983	1984	1985	Dunn & Bradstreet 1985
Ratio du fonds de roulement	1,71	1,99	2,61	1,87	0,90
Ratio d'endettement	0,76	0,72	0,69	0,65	0,58

Étude historique

L'étude de l'historique des ratios de l'entreprise permet de déterminer si la compagnie a amélioré sa situation en fonction des différents axes d'analyse. On peut également observer les fluctuations au fil du temps. Il faut toutefois prêter attention aux valeurs ponctuelles provenant d'états financiers consécutifs à des éléments extraordinaires, car elle peuvent fausser certaines valeurs de ratios.

L'étude comparative des ratios permet de déterminer si la compagnie est en meilleure ou en moins bonne situation que les compagnies dont les activités ont lieu dans le même domaine. Il faut aussi s'assurer que la valeur du ratio utilisé pour la comparaison est basée sur la même définition. Vous pouvez obtenir des valeurs de ratio pour différents secteurs d'exploitation auprès de Dunn & Bradstreet, de l'Association des manufacturiers canadiens et de certaines banques à charte.

Voici maintenant les principaux ratios utilisés dans les quatre axes d'analyse financière, ainsi que leur définition.

Pour l'analyse de viabilité à court terme :

• *Ratio de fonds de roulement*

$$\frac{\text{Ratio du fonds}}{\text{de roulement}} = \frac{\text{actif à court terme}}{\text{passif à court terme}}$$

• *Ratio de l'indice de liquidité*

$$\frac{\text{Ratio de l'indice}}{\text{de liquidité}} = \frac{\text{actif à court terme} - \text{stocks} - \text{frais payés d'avance}}{\text{passif à court terme}}$$

Le ratio de fonds de roulement représente le nombre de dollars que la compagnie possède en actif à court terme pour régler chaque dollar de passif à court terme. Le ratio cible varie d'un type d'entreprise à l'autre, mais un ratio de 2 est jugé comme étant une valeur acceptable. Cette valeur signifie que l'entreprise dispose de 2 $ d'actif à court terme pour rembourser chaque dollar de son passif à court terme. Il faut noter qu'il n'est pas souhaitable que cette valeur soit trop élevée. En effet, une valeur supérieure à 5 peut signifier que l'entreprise accumule des fonds ou des stocks inutilement.

Le ratio d'indice de liquidité est défini de façon plus rigoureuse et se base seulement sur les actifs sous forme liquide. Le montant d'actif à court terme disponible pour régler le passif à court terme ne tient donc pas compte des éléments plus difficiles à transformer en liquidité, soit les stocks et les frais payés d'avance. En général, ce ratio est jugé acceptable lorsque sa valeur est de 1 ou plus. Toutefois, dans le cas de certaines entreprises comme des entreprises de détail, où la rotation des stocks est élevée, le ratio d'indice de liquidité peut être inférieur à 1 et être acceptable.

Pour l'analyse de viabilité à long terme :

• *Ratio d'endettement*

$$\frac{\text{Ratio}}{\text{d'endettement}} = \frac{\text{passif total}}{\text{actif total}}$$

• *Ratio de la couverture de l'intérêt*

$$\text{Ratio de la couverture de l'intérêt} = \frac{\text{bénéfice imposable} + \text{intérêts}}{\text{intérêts}}$$

Le ratio d'endettement mesure la portion de l'actif de la compagnie qui est financé par le passif par rapport à la portion de l'actif détenu par le capital propre. Ce ratio se nomme aussi ratio de levier, car si un ratio d'endettement important peut augmenter le bénéfice d'une entreprise, il peut également accentuer ses pertes dans les mauvaises périodes. En effet, en période de prospérité, l'entreprise est en mesure d'obtenir un taux de rendement de ses capitaux plus élevé que le taux d'intérêt payé. Cependant, en période plus difficile, son taux de rendement peut devenir inférieur au taux d'emprunt, et elle épuise ses bénéfices pour payer les intérêts. L'entreprise doit trouver un point optimal selon son secteur d'activité.

Le ratio de la couverture de l'intérêt détermine la capacité de l'entreprise à payer les intérêts sur ses dettes en indiquant combien de fois les intérêts sont couverts par le bénéfice imposable avant déduction des intérêts. Ce ratio est important car, à défaut de paiement des intérêts, une entreprise peut être menée à la faillite. Il n'existe pas de règle concernant la couverture minimale indiquant une bonne solvabilité mais, en général, la couverture jugée acceptable est de 3 pour les entreprises industrielles et de 2 pour les sociétés de services publics. Plutôt que d'analyser uniquement la valeur du ratio de la couverture de l'intérêt, une attention particulière est portée à la stabilité de sa valeur et à sa tendance historique, qui doit indiquer une amélioration.

Pour l'analyse de l'efficacité de gestion :

• *Ratio de rotation de l'actif[2]*

$$\text{Ratio de rotation de l'actif} = \frac{\text{produits}}{\text{valeur moyenne de l'actif}}$$

• *Ratio de rotation de l'actif immobilisé*

$$\text{Ratio de rotation de l'actif immobilisé} = \frac{\text{produits}}{\text{valeur moyenne de l'actif immobilisé}}$$

---

2. Dans chacune des formules, la valeur moyenne est calculée selon les états financiers des 5 dernières années.

- *Ratio de rotation des comptes clients*

$$\text{Ratio de rotation des comptes clients} = \frac{\text{produits}}{\text{valeur moyenne des comptes clients}}$$

- *Ratio de rotation des stocks*

$$\text{Ratio de rotation des stocks} = \frac{\text{charges}}{\text{valeur moyenne des stocks}}$$

Les ratios de rotation de l'actif et de l'actif immobilisé mesurent la valeur des ventes que l'entreprise génère relativement à ce qu'elle a investi en actif total ou en actif immobilisé. Plus ces ratios sont élevés, plus l'entreprise utilise efficacement ses actifs. Le ratio de rotation des comptes clients évalue l'efficacité de recouvrement des comptes impayés. Quant au ratio de rotation des stocks, il évalue la rapidité d'écoulement des stocks. Il est souhaitable que ce ratio soit élevé, sauf pour certains secteurs tels que les distilleries, l'industrie de la fourrure et la production viticole, où le type d'activité engendre un faible ratio de rotation des stocks.

Pour l'analyse de l'efficacité de rendement :

- *Ratio du rendement du capital investi*

$$\text{Ratio du rendement du capital investi} = \frac{\text{bénéfice net}}{\text{valeur moyenne de l'actif total}}$$

- *Ratio du rendement des capitaux propres*

$$\text{Ratio du rendement des capitaux propres} = \frac{\text{bénéfice net}}{\text{valeur moyenne des capitaux propres}}$$

- *Ratio de la marge bénéficiaire nette*

$$\text{Ratio de la marge bénéficiaire nette} = \frac{\text{bénéfice net}}{\text{produits}}$$

Le ratio du rendement du capital investi mesure l'efficacité de l'entreprise à générer des bénéfices à partir de l'actif disponible. Cette mesure se fait sans distinction de la source des fonds ayant mis les actifs à sa disposition. Le ratio du rendement des capitaux propres donne également une mesure de l'efficacité à générer des bénéfices, mais en relation avec la valeur des capitaux propres. Le ratio de la marge bénéficiaire nette indique la qualité de la gestion de l'entreprise en tenant compte à la fois des charges et de l'imposition. Ce ratio indique le résultat global des activités d'exploitation de l'entreprise.

Nous venons de voir quelques-uns seulement des ratios utilisés pour analyser la situation financière des entreprises. Il en existe plusieurs autres, dont certains qui ont été établis pour tenir compte de particularités associées à divers domaines d'exploitation. Citons par exemple le ratio du chiffre d'affaires par mètre carré de surface de vente au détail, qui est très répandu dans les analyses financières des magasins de détail tels que les supermarchés d'alimentation.

Enfin, il est important de mentionner que le seul calcul d'un ratio ne permet pas de tirer des conclusions significatives sur la situation financière d'une entreprise. Il est nécessaire de prendre en compte l'étude de l'historique des ratios de l'entreprise ou l'étude comparative du marché. Pour plus d'information sur les états financiers et sur l'étude des ratios, vous pouvez consulter le document intitulé «Comment lire les états financiers» publié par l'Institut canadien des valeurs mobilières.

Les tableurs électroniques : résumé des fonctions financières intégrées

es tableurs électroniques, à savoir Excel et Lotus 1-2-3, mettent à la disposition des utilisateurs la plupart des fonctions financières. Comme vous le verrez, les frappes et les choix sont semblables. Chacun de ces progiciels prend maintenant en charge des douzaines de fonctions financières.

Notez que les fonctions financières dans le tableur Excel français correspondent plutôt aux définitions utilisées en France, en particulier celles qui sont utilisées pour l'amortissement. La version Excel anglaise canadienne contient des fonctions adaptées aux définitions utilisées au Canada.

Nous vous suggérons de consulter le guide d'aide de chacun des progiciels pour avoir plus de détails sur les fonctions financières et leurs exemples d'utilisation. Nous présentons ici les plus courantes pour Excel (français et anglais) et Lotus 1-2-3 anglais.

B.1   LES TAUX D'INTÉRÊT NOMINAUX PAR OPPOSITION AUX TAUX D'INTÉRÊT EFFECTIFS

Les tableurs permettent de convertir aisément un taux d'intérêt nominal en taux d'intérêt réel (ou vice-versa). Les paramètres en gras doivent être précisés par l'utilisateur.

DESCRIPTION DE LA FONCTION	EXCEL FRANÇAIS	EXCEL ANGLAIS	LOTUS 1-2-3 ANGLAIS
Taux d'intérêt effectif	=TAUX.EFFECTIF **(taux_nominal; nb_périodes)**	=EFFECT **(nominal_rate; npery)**	
Taux d'intérêt nominal	=TAUX.NOMINAL **(taux_effectif; nb_périodes)**	=NOMINAL **(effect_rate;npery)**	

Taux_effectif est le taux d'intérêt effectif; *nb_périodes* est le nombre de périodes de capitalisation par année; *taux_nominal* est le taux d'intérêt nominal. Pour les variables des fonctions anglaises, consultez la rubrique d'aide du logiciel.

B.2   LA CAPITALISATION D'UNE SOMME UNIQUE

Les fonctions relatives à la capitalisation d'une somme unique font intervenir soit le facteur de capitalisation, soit le facteur d'actualisation. Grâce à ces fonctions, on peut calculer la valeur capitalisée d'une somme unique quand on connaît sa valeur actualisée, de même que sa valeur actualisée quand on connaît sa valeur capitalisée, ou encore, on peut trouver un taux d'intérêt (de croissance) inconnu et le nombre de périodes de capitalisation.

DESCRIPTION DE LA FONCTION	EXCEL FRANÇAIS	EXCEL ANGLAIS	LOTUS 1-2-3 ANGLAIS
1. Calcul de la valeur capitalisée d'un versement unique	=VC *(taux;npm; vpm;va;type)*	=FV *(i;N;0;P)*	@FVAMOUNT *(P, i, N)*
2. Calcul de la valeur actualisée d'un versement unique	=VA *(taux;npm; vpm;vc;type)*	=PV *(i;N;0;F)*	@PVAMOUNT *(F, i, N)*
3. Calcul d'un nombre inconnu de périodes de versement	=NPM *(taux;vpm; va;vc;type)*	=NPER *(i;0;P;F)*	@CTERM *(i, F, P)*
4. Calcul d'un taux d'intérêt inconnu	=TAUX *(npm;vpm; va;vc;type;estimation)*	=RATE *(N;0;P; F;0;guess)*	@RATE *(F, P, N)*

Taux est le taux d'intérêt par période ; *npm* est le nombre de périodes de capitalisation ; *vpm* est la valeur capitalisée spécifiée (montant d'un versement périodique) à la fin de la période N ; *va* est la valeur actualisée à la période O ; *vc* est la valeur future (valeur capitalisée) ; *estimation* est votre estimation du taux d'intérêt ; *type* est le moment où le versement est effectué.

TYPE	MOMENT
0	Versement effectué à la fin de la période
1	Versement effectué au début de la période

B.3   LES ANNUITÉS

Les fonctions relatives aux annuités offrent une gamme complète de possibilités pour calculer la valeur capitalisée d'une annuité, sa valeur actualisée, de même que le taux d'intérêt qui s'y applique. Un versement effectué à la fin de la période est appelé ***versement de fin de période***, et celui effectué au début de la période, ***versement de début de période***. Lorsqu'on utilise les fonctions relatives aux annuités, on peut spécifier le moment du versement en fixant les paramètres de type : si type = 0 ou est omis, il s'agit d'un versement de fin de période ; si type = 1, il s'agit d'un versement de début de période. Les paramètres en gras doivent être précisés par l'utilisateur.

DESCRIPTION DE LA FONCTION	EXCEL FRANÇAIS	EXCEL ANGLAIS	LOTUS 1-2-3 ANGLAIS
1. Calcul du nombre de périodes de versement (*N*) d'une annuité	=NPM *(taux;vpm; va;vc;type)*	=NPER *(i;A;0; F;type)*	@TERM *(A, i, F)*
2. Calcul du nombre de périodes de versement (*N*) d'une annuité quand sa valeur actualisée est spécifiée	=NPM *(taux;vpm; va;vc;type)*	=NPER *(i;A;P; F;type)*	@NPER *(A, i, F, type, P)*
3. Calcul de la valeur capitalisée d'une annuité (facteur de capitalisation d'une série de versements égaux)	=VC *(taux;npm; vpm;va;type)*	=FV *(i;N;A)*	@FV *(A, i, N)*
4. Calcul de la valeur capitalisée d'une annuité quand sa valeur actualisée est spécifiée	=VC *(taux;npm; vpm;va;type)*	=FV *(i;N;A; P;type)*	@FVAL *(A, i, N, type, P)*
5. Calcul du montant des versements périodiques égaux d'une annuité (facteur de recouvrement du capital)	=VPM *(taux;npm; va;vc;type)*	=PMT *(i;N;P)*	@PMT *(P, i, N)*

DESCRIPTION DE LA FONCTION	EXCEL FRANÇAIS	EXCEL ANGLAIS	LOTUS 1-2-3 ANGLAIS
6. Calcul du versement périodique égal d'une annuité quand sa valeur capitalisée est spécifiée	=VPM *(taux;npm; va;vc;type)*	=PMT *(i;N;P; F;type)*	@PAYMT *(P, i, N, type, F)*
7. Calcul de la valeur actualisée d'une annuité (facteur d'actualisation d'une série de versements égaux)	=VA *(taux;npm; vpm;vc;type)*	=PV *(i;N;A)*	@PV *(A, i, N)*
8. Calcul de la valeur actualisée d'une série de versements égaux quand sa valeur capitalisée optionnelle est spécifiée	=VA *(taux;npm; vpm;vc;type)*	=PV *(i;N;A; F;type)*	@PVAL *(A, i, N, type, F)*
9. Calcul du taux d'intérêt appliqué à une annuité	=TAUX *(npm;vpm; va;vc;type; estimation)*	=RATE *(N;A; P;F;type; estimation)*	@IRATE *(N, A, P, type, F, estimation)*

Taux est le taux d'intérêt par période ; *vpm* est le versement effectué à chaque période et doit demeurer le même jusqu'à la fin de l'annuité ; *N* est le nombre total de périodes de versement d'une annuité ; *va* est la valeur actualisée, ou le montant global (initial) que représente aujourd'hui cette série de versements futurs ; *vc* est la valeur capitalisée ou le solde que vous voulez atteindre après le dernier versement. Si *vc* est omis, on suppose qu'il est égal à 0 (la valeur capitalisée d'un prêt, par exemple, est de 0) ; *type* est le nombre 0 ou 1 et indique le moment où les versements sont exigibles. Si *type* est omis, on suppose que sa valeur est fixée à 0.

METTEZ *TYPE* À	SI LES VERSEMENTS SONT EXIGIBLES
0	À la fin de la période
1	Au début de la période

Estimation est votre estimation du taux d'intérêt.

B.4   L'ANALYSE DES EMPRUNTS

Les tableurs électroniques offrent plusieurs fonctions qui facilitent l'analyse courante des emprunts, soit le calcul des versements mensuels, des versements d'intérêts et des versements de capital.

DESCRIPTION DE LA FONCTION	EXCEL FRANÇAIS	EXCEL ANGLAIS	LOTUS 1-2-3 ANGLAIS
1. Calcul du montant du remboursement périodique (A)	=VPM *(taux;npm; va;vc;type)*	=PMT *(i;N;P; type)*	@PMT *(P, i, N)* @PAYMT *(P, i, N, type, F)*
2. Calcul de la portion des intérêts payés pour une période donnée n	=INTPER *(taux; pér;npm;va; vc;type)*	=IPMT *(i;n;N; P;F;type)*	@IPAYMT *(P, i, N, n)*
3. Calcul du remboursement cumulatif des intérêts entre deux périodes	=CUMUL.INTER *(taux;npm;va; période_début; période_fin; type)*	=CUMIMPT *(i;N;P;start; end;type)*	@IPAYMT *(P, i, N, n)*
4. Calcul de la portion de capital remboursée pour une période donnée n	=PRINCPER *(taux; pér;npm;va; vc;type)*	=PPMT *(i;n;N; P;F;type)*	@PPAYMT *(P, i, N, n)*
5. Calcul du remboursement cumulatif du capital entre deux périodes	=CUMUL.PRINPER *(taux;npm;va; période_début; période_fin;type)*	=CUMPRINC *(i;N;P;start; end;type)*	@PPAYMT *(P, i, N, n, start, end, type)*

Taux est le taux d'intérêt ; **npm** est le nombre total de périodes de remboursement ; **pér** est la période de calcul souhaitée de l'intérêt ; **va** est la valeur actualisée ; **période_début** est la première période du calcul. Les périodes de versement sont numérotées en commençant par 1 ; **période_fin** est la dernière période du calcul ; type est le moment où le versement est effectué.

TYPE	MOMENT
0	Versement effectué à la fin de la période
1	Versement effectué au début de la période

B.5   LES OBLIGATIONS

Plusieurs fonctions financières permettent d'évaluer les investissements dans les obligations. Elles facilitent en particulier le calcul de leur rendement à l'échéance et les décisions touchant la fixation de leur prix.

DESCRIPTION DE LA FONCTION	EXCEL FRANÇAIS	EXCEL ANGLAIS	LOTUS 1-2-3 ANGLAIS
1. Calcul de l'intérêt couru	=INTER.ACC **(émission; prem_coupon; règlement;taux;** val_nominale; **fréquence;**base**)**	=ACCRINT **(issue; first_interest; settlement;rate;** par;frequency; **basis)**	@ACCRUED **(settlement, maturity, coupon,** par, frequency, basis**)**
2. Calcul du prix de l'obligation	=PRIX.TITRE **(liquidation; échéance;taux; rendement;**valeur_ échéance; **fréquence;**base**)**	=PRICE **(settlement; maturity;rate; yield;**redemption; frequency;basis**)**	@ACCRUED **(settlement, maturity, coupon, yield,** redemption, frequency, basis**)**
3. Calcul du rendement à l'échéance	=RENDEMENT.TITRE **(liquidation; échéance;taux; valeur_nominale;** valeur_échéance; **fréquence;**base**)**	=YIELD **(settlement; maturity;rate; price;**redemption; frequency;basis**)**	@YIELD **(settlement, maturity, coupon, price,** redemption, frequency, basis**)**

Liquidation est la date de liquidation du titre, représentée par un numéro de série; *échéance* est la date d'échéance du titre représentée par un numéro de série; *prem_coupon* est la date du premier coupon du titre; *règlement* est la date du règlement du titre; *taux* est le taux contractuel annuel du titre; *émission* est un nombre représentant la date d'émission; *val_nominale* est la valeur nominale du titre par tranche de 100 $. Si on omet val_nominale, INTER.ACC utilise 1 000 $; *prix* est le prix du titre pour chaque tranche de 100 $ de valeur nominale; *valeur_échéance* est la valeur de remboursement par tranche de valeur nominale de 100 $; *fréquence* est le nombre de versements d'intérêt par année. Pour les versements annuels, fréquence = 1; pour les versements semestriels, fréquence = 2; *rendement* est le rendement annuel du titre; *base* (ou calendrier) est le type de base de dénombrement des jours à utiliser.

BASE (OU CALENDRIER)	BASE DE DÉNOMBREMENT DES JOURS
0 ou omission	NASD* 30/360
1	Réel/réel
2	Réel/360
3	Réel/365
4	Européen 30/360

*National (U.S.) Association of Securities Dealers

B.6   LES OUTILS D'ÉVALUATION DES PROJETS

Plusieurs mesures de la valeur d'un investissement permettent de calculer la PE, le TRI et la valeur annuelle équivalente des flux monétaires d'un projet.

DESCRIPTION DE LA FONCTION	EXCEL FRANÇAIS	EXCEL ANGLAIS	LOTUS 1-2-3 ANGLAIS
1. Calcul de la valeur actualisée équivalente nette	=VAN *(taux; valeur 1; valeur 2;...)*	=NPV *(i;range)*	@NPV *(i, range)*
2. Calcul du taux de rendement	=TRI *(valeurs; estimation)*	=IRR *(range; guess)*	@IRR *(guess, range)*
3. Calcul de la valeur annuelle équivalente	=VPM *(taux;npm; va;vc;type)*	=PMT *[i;N;NPV (i;range);type]*	@PMT *[NPV (i, range), i, N]*

Taux est le taux de rendement acceptable minimal (TRAM) ; *valeurs* est la cellule où les flux monétaires sont mis en mémoire ; *estimation* est le taux d'intérêt estimatif utilisé pour trouver le TRI.

B.7 L'AMORTISSEMENT

DESCRIPTION DE LA FONCTION	EXCEL FRANÇAIS	EXCEL ANGLAIS	LOTUS 1-2-3 ANGLAIS
1. Amortissement linéaire	=AMORLIN *(coût; valeur_rés; durée)*	=SLN *(cost; salvage;life)*	@SLN *(cost, salvage, life)*
2. Amortissement dégressif	=DB *(coût; valeur_rés; durée;période; mois)*	=DB *(cost; salvage; life;period; month)*	
3. Amortissement dégressif à taux double : utilise un taux dégressif de 200 %	=DDB *(coût; valeur_rés; durée;période; mois)*	=DDB *(cost; salvage; life;period; month)*	@DDB *(cost, salvage, life, period)*
4. Amortissement dégressif à taux variable : calcule l'amortissement en utilisant la méthode d'amortissement dégressif à taux variable	=VDB *(coût; valeur_rés; durée; période_début; période_fin; facteur; valeur_log)*	=VDB *(cost; salvage; life;start; end;factor; no_switch)*	@VDB *(cost, salvage, life, start, end, depreciation_ percent, switch)*
5. Amortissement proportionnel à l'ordre numérique inversé des années	=SYD *(coût; valeur_rés; durée;période)*	=SYD *(cost; salvage; life;period)*	@SYD *(cost, salvage, life, period)*

Coût est le coût initial (coût amortissable) du bien ; *valeur_rés* est la valeur à la fin de la durée amortissable ; *durée* est le nombre de périodes au cours desquelles le bien est amorti (on l'appelle durée imposable ou durée amortissable) ; *mois* est le nombre de mois au cours de la première année ; *période* est la période pour laquelle on veut calculer l'amortissement ; *facteur* (ou *pourcentage de l'amortissement*) est le taux selon lequel le solde décroît. Si *facteur* est omis, on suppose qu'il vaut 2 (amortissement dégressif à taux double). Quand le taux de l'amortissement dégressif est de 150 %, la valeur du facteur est de 1,5 ; *début* est le début de la période pour laquelle on veut calculer l'amortissement ; *fin* est la fin de la période pour laquelle on veut calculer l'amortissement ; *valeur_log* est une valeur logique spécifiant si on doit ou non passer à l'amortissement linéaire quand la déduction est supérieure à celle obtenue avec l'amortissement dégressif. Si *valeur_log* est VRAI, on ne passe pas à l'amortissement linéaire même quand la déduction est supérieure à celle obtenue avec l'amortissement dégressif ; si *valeur_log* est FAUX ou omis, on passe à l'amortissement linéaire quand la déduction est supérieure à celle obtenue avec l'amortissement dégressif.

Les facteurs de capitalisation discrète

TABLE C.1 FACTEURS DE TAUX D'INTÉRÊT DISCRET (0,25 %)

	PAIEMENT UNIQUE		ANNUITÉS				GRADIENTS		
N	(F/P, i, N)	(P/F, i, N)	(F/A, i, N)	(A/F, i, N)	(P/A, i, N)	(A/P, i, N)	(A/G, i, N)	(P/G, i, N)	N
1	1,0025	0,9975	1,0000	1,0000	0,9975	1,0025	0,0000	0,0000	1
2	1,0050	0,9950	2,0025	0,4994	1,9925	0,5019	0,4994	0,9950	2
3	1,0075	0,9925	3,0075	0,3325	2,9851	0,3350	0,9983	2,9801	3
4	1,0100	0,9901	4,0150	0,2491	3,9751	0,2516	1,4969	5,9503	4
5	1,0126	0,9876	5,0251	0,1990	4,9627	0,2015	1,9950	9,9007	5
6	1,0151	0,9851	6,0376	0,1656	5,9478	0,1681	2,4927	14,8263	6
7	1,0176	0,9827	7,0527	0,1418	6,9305	0,1443	2,9900	20,7223	7
8	1,0202	0,9802	8,0704	0,1239	7,9107	0,1264	3,4869	27,5839	8
9	1,0227	0,9778	9,0905	0,1100	8,8885	0,1125	3,9834	35,4061	9
10	1,0253	0,9753	10,1133	0,0989	9,8639	0,1014	4,4794	44,1842	10
11	1,0278	0,9729	11,1385	0,0898	10,8368	0,0923	4,9750	53,9133	11
12	1,0304	0,9705	12,1664	0,0822	11,8073	0,0847	5,4702	64,5886	12
13	1,0330	0,9681	13,1968	0,0758	12,7753	0,0783	5,9650	76,2053	13
14	1,0356	0,9656	14,2298	0,0703	13,7410	0,0728	6,4594	88,7587	14
15	1,0382	0,9632	15,2654	0,0655	14,7042	0,0680	6,9534	102,2441	15
16	1,0408	0,9608	16,3035	0,0613	15,6650	0,0638	7,4469	116,6567	16
17	1,0434	0,9584	17,3443	0,0577	16,6235	0,0602	7,9401	131,9917	17
18	1,0460	0,9561	18,3876	0,0544	17,5795	0,0569	8,4328	148,2446	18
19	1,0486	0,9537	19,4336	0,0515	18,5332	0,0540	8,9251	165,4106	19
20	1,0512	0,9513	20,4822	0,0488	19,4845	0,0513	9,4170	183,4851	20
21	1,0538	0,9489	21,5334	0,0464	20,4334	0,0489	9,9085	202,4634	21
22	1,0565	0,9466	22,5872	0,0443	21,3800	0,0468	10,3995	222,3410	22
23	1,0591	0,9442	23,6437	0,0423	22,3241	0,0448	10,8901	243,1131	23
24	1,0618	0,9418	24,7028	0,0405	23,2660	0,0430	11,3804	264,7753	24
25	1,0644	0,9395	25,7646	0,0388	24,2055	0,0413	11,8702	287,3230	25
26	1,0671	0,9371	26,8290	0,0373	25,1426	0,0398	12,3596	310,7516	26
27	1,0697	0,9348	27,8961	0,0358	26,0774	0,0383	12,8485	335,0566	27
28	1,0724	0,9325	28,9658	0,0345	27,0099	0,0370	13,3371	360,2334	28
29	1,0751	0,9301	30,0382	0,0333	27,9400	0,0358	13,8252	386,2776	29
30	1,0778	0,9278	31,1133	0,0321	28,8679	0,0346	14,3130	413,1847	30
31	1,0805	0,9255	32,1911	0,0311	29,7934	0,0336	14,8003	440,9502	31
32	1,0832	0,9232	33,2716	0,0301	30,7166	0,0326	15,2872	469,5696	32
33	1,0859	0,9209	34,3547	0,0291	31,6375	0,0316	15,7736	499,0386	33
34	1,0886	0,9186	35,4406	0,0282	32,5561	0,0307	16,2597	529,3528	34
35	1,0913	0,9163	36,5292	0,0274	33,4724	0,0299	16,7454	560,5076	35
36	1,0941	0,9140	37,6206	0,0266	34,3865	0,0291	17,2306	592,4988	36
40	1,1050	0,9050	42,0132	0,0238	38,0199	0,0263	19,1673	728,7399	40
48	1,1273	0,8871	50,9312	0,0196	45,1787	0,0221	23,0209	1 040,0552	48
50	1,1330	0,8826	53,1887	0,0188	46,9462	0,0213	23,9802	1 125,7767	50
60	1,1616	0,8609	64,6467	0,0155	55,6524	0,0180	28,7514	1 600,0845	60
72	1,1969	0,8355	78,7794	0,0127	65,8169	0,0152	34,4221	2 265,5569	72
80	1,2211	0,8189	88,4392	0,0113	72,4260	0,0138	38,1694	2 764,4568	80
84	1,2334	0,8108	93,3419	0,0107	75,6813	0,0132	40,0331	3 029,7592	84
90	1,2520	0,7987	100,7885	0,0099	80,5038	0,0124	42,8162	3 446,8700	90
96	1,2709	0,7869	108,3474	0,0092	85,2546	0,0117	45,5844	3 886,2832	96
100	1,2836	0,7790	113,4500	0,0088	88,3825	0,0113	47,4216	4 191,2417	100
108	1,3095	0,7636	123,8093	0,0081	94,5453	0,0106	51,0762	4 829,0125	108
120	1,3494	0,7411	139,7414	0,0072	103,5618	0,0097	56,5084	5 852,1116	120
240	1,8208	0,5492	328,3020	0,0030	180,3109	0,0055	107,5863	19 398,9852	240
360	2,4568	0,4070	582,7369	0,0017	237,1894	0,0042	152,8902	36 263,9299	360

TABLE C.2 FACTEURS DE TAUX D'INTÉRÊT DISCRET (0,50 %)

N	PAIEMENT UNIQUE		ANNUITÉS				GRADIENTS		N
	(F/P, i, N)	(P/F, i, N)	(F/A, i, N)	(A/F, i, N)	(P/A, i, N)	(A/P, i, N)	(A/G, i, N)	(P/G, i, N)	
1	1,0050	0,9950	1,0000	1,0000	0,9950	1,0050	0,0000	0,0000	1
2	1,0100	0,9901	2,0050	0,4988	1,9851	0,5038	0,4988	0,9901	2
3	1,0151	0,9851	3,0150	0,3317	2,9702	0,3367	0,9967	2,9604	3
4	1,0202	0,9802	4,0301	0,2481	3,9505	0,2531	1,4938	5,9011	4
5	1,0253	0,9754	5,0503	0,1980	4,9259	0,2030	1,9900	9,8026	5
6	1,0304	0,9705	6,0755	0,1646	5,8964	0,1696	2,4855	14,6552	6
7	1,0355	0,9657	7,1059	0,1407	6,8621	0,1457	2,9801	20,4493	7
8	1,0407	0,9609	8,1414	0,1228	7,8230	0,1278	3,4738	27,1755	8
9	1,0459	0,9561	9,1821	0,1089	8,7791	0,1139	3,9668	34,8244	9
10	1,0511	0,9513	10,2280	0,0978	9,7304	0,1028	4,4589	43,3865	10
11	1,0564	0,9466	11,2792	0,0887	10,6770	0,0937	4,9501	52,8526	11
12	1,0617	0,9419	12,3356	0,0811	11,6189	0,0861	5,4406	63,2136	12
13	1,0670	0,9372	13,3972	0,0746	12,5562	0,0796	5,9302	74,4602	13
14	1,0723	0,9326	14,4642	0,0691	13,4887	0,0741	6,4190	86,5835	14
15	1,0777	0,9279	15,5365	0,0644	14,4166	0,0694	6,9069	99,5743	15
16	1,0831	0,9233	16,6142	0,0602	15,3399	0,0652	7,3940	113,4238	16
17	1,0885	0,9187	17,6973	0,0565	16,2586	0,0615	7,8803	128,1231	17
18	1,0939	0,9141	18,7858	0,0532	17,1728	0,0582	8,3658	143,6634	18
19	1,0994	0,9096	19,8797	0,0503	18,0824	0,0553	8,8504	160,0360	19
20	1,1049	0,9051	20,9791	0,0477	18,9874	0,0527	9,3342	177,2322	20
21	1,1104	0,9006	22,0840	0,0453	19,8880	0,0503	9,8172	195,2434	21
22	1,1160	0,8961	23,1944	0,0431	20,7841	0,0481	10,2993	214,0611	22
23	1,1216	0,8916	24,3104	0,0411	21,6757	0,0461	10,7806	233,6768	23
24	1,1272	0,8872	25,4320	0,0393	22,5629	0,0443	11,2611	254,0820	24
25	1,1328	0,8828	26,5591	0,0377	23,4456	0,0427	11,7407	275,2686	25
26	1,1385	0,8784	27,6919	0,0361	24,3240	0,0411	12,2195	297,2281	26
27	1,1442	0,8740	28,8304	0,0347	25,1980	0,0397	12,6975	319,9523	27
28	1,1499	0,8697	29,9745	0,0334	26,0677	0,0384	13,1747	343,4332	28
29	1,1556	0,8653	31,1244	0,0321	26,9330	0,0371	13,6510	367,6625	29
30	1,1614	0,8610	32,2800	0,0310	27,7941	0,0360	14,1265	392,6324	30
31	1,1672	0,8567	33,4414	0,0299	28,6508	0,0349	14,6012	418,3348	31
32	1,1730	0,8525	34,6086	0,0289	29,5033	0,0339	15,0750	444,7618	32
33	1,1789	0,8482	35,7817	0,0279	30,3515	0,0329	15,5480	471,9055	33
34	1,1848	0,8440	36,9606	0,0271	31,1955	0,0321	16,0202	499,7583	34
35	1,1907	0,8398	38,1454	0,0262	32,0354	0,0312	16,4915	528,3123	35
36	1,1967	0,8356	39,3361	0,0254	32,8710	0,0304	16,9621	557,5598	36
40	1,2208	0,8191	44,1588	0,0226	36,1722	0,0276	18,8359	681,3347	40
48	1,2705	0,7871	54,0978	0,0185	42,5803	0,0235	22,5437	959,9188	48
50	1,2832	0,7793	56,6452	0,0177	44,1428	0,0227	23,4624	1 035,6966	50
60	1,3489	0,7414	69,7700	0,0143	51,7256	0,0193	28,0064	1 448,6458	60
72	1,4320	0,6983	86,4089	0,0116	60,3395	0,0166	33,3504	2 012,3478	72
80	1,4903	0,6710	98,0677	0,0102	65,8023	0,0152	36,8474	2 424,6455	80
84	1,5204	0,6577	104,0739	0,0096	68,4530	0,0146	38,5763	2 640,6641	84
90	1,5666	0,6383	113,3109	0,0088	72,3313	0,0138	41,1451	2 976,0769	90
96	1,6141	0,6195	122,8285	0,0081	76,0952	0,0131	43,6845	3 324,1846	96
100	1,6467	0,6073	129,3337	0,0077	78,5426	0,0127	45,3613	3 562,7934	100
108	1,7137	0,5835	142,7399	0,0070	83,2934	0,0120	48,6758	4 054,3747	108
120	1,8194	0,5496	163,8793	0,0061	90,0735	0,0111	53,5508	4 823,5051	120
240	3,3102	0,3021	462,0409	0,0022	139,5808	0,0072	96,1131	13 415,5395	240
360	6,0226	0,1660	1 004,5150	0,0010	166,7916	0,0060	128,3236	21 403,3041	360

TABLE C.3 FACTEURS DE TAUX D'INTÉRÊT DISCRET (0,75 %)

	PAIEMENT UNIQUE		ANNUITÉS				GRADIENTS		
N	(F/P, i, N)	(P/F, i, N)	(F/A, i, N)	(A/F, i, N)	(P/A, i, N)	(A/P, i, N)	(A/G, i, N)	(P/G, i, N)	N
1	1,0075	0,9926	1,0000	1,0000	0,9926	1,0075	0,0000	0,0000	1
2	1,0151	0,9852	2,0075	0,4981	1,9777	0,5056	0,4981	0,9852	2
3	1,0227	0,9778	3,0226	0,3308	2,9556	0,3383	0,9950	2,9408	3
4	1,0303	0,9706	4,0452	0,2472	3,9261	0,2547	1,4907	5,8525	4
5	1,0381	0,9633	5,0756	0,1970	4,8894	0,2045	1,9851	9,7058	5
6	1,0459	0,9562	6,1136	0,1636	5,8456	0,1711	2,4782	14,4866	6
7	1,0537	0,9490	7,1595	0,1397	6,7946	0,1472	2,9701	20,1808	7
8	1,0616	0,9420	8,2132	0,1218	7,7366	0,1293	3,4608	26,7747	8
9	1,0696	0,9350	9,2748	0,1078	8,6716	0,1153	3,9502	34,2544	9
10	1,0776	0,9280	10,3443	0,0967	9,5996	0,1042	4,4384	42,6064	10
11	1,0857	0,9211	11,4219	0,0876	10,5207	0,0951	4,9253	51,8174	11
12	1,0938	0,9142	12,5076	0,0800	11,4349	0,0875	5,4110	61,8740	12
13	1,1020	0,9074	13,6014	0,0735	12,3423	0,0810	5,8954	72,7632	13
14	1,1103	0,9007	14,7034	0,0680	13,2430	0,0755	6,3786	84,4720	14
15	1,1186	0,8940	15,8137	0,0632	14,1370	0,0707	6,8606	96,9876	15
16	1,1270	0,8873	16,9323	0,0591	15,0243	0,0666	7,3413	110,2973	16
17	1,1354	0,8807	18,0593	0,0554	15,9050	0,0629	7,8207	124,3887	17
18	1,1440	0,8742	19,1947	0,0521	16,7792	0,0596	8,2989	139,2494	18
19	1,1525	0,8676	20,3387	0,0492	17,6468	0,0567	8,7759	154,8671	19
20	1,1612	0,8612	21,4912	0,0465	18,5080	0,0540	9,2516	171,2297	20
21	1,1699	0,8548	22,6524	0,0441	19,3628	0,0516	9,7261	188,3253	21
22	1,1787	0,8484	23,8223	0,0420	20,2112	0,0495	10,1994	206,1420	22
23	1,1875	0,8421	25,0010	0,0400	21,0533	0,0475	10,6714	224,6682	23
24	1,1964	0,8358	26,1885	0,0382	21,8891	0,0457	11,1422	243,8923	24
25	1,2054	0,8296	27,3849	0,0365	22,7188	0,0440	11,6117	263,8029	25
26	1,2144	0,8234	28,5903	0,0350	23,5422	0,0425	12,0800	284,3888	26
27	1,2235	0,8173	29,8047	0,0336	24,3595	0,0411	12,5470	305,6387	27
28	1,2327	0,8112	31,0282	0,0322	25,1707	0,0397	13,0128	327,5416	28
29	1,2420	0,8052	32,2609	0,0310	25,9759	0,0385	13,4774	350,0867	29
30	1,2513	0,7992	33,5029	0,0298	26,7751	0,0373	13,9407	373,2631	30
31	1,2607	0,7932	34,7542	0,0288	27,5683	0,0363	14,4028	397,0602	31
32	1,2701	0,7873	36,0148	0,0278	28,3557	0,0353	14,8636	421,4675	32
33	1,2796	0,7815	37,2849	0,0268	29,1371	0,0343	15,3232	446,4746	33
34	1,2892	0,7757	38,5646	0,0259	29,9128	0,0334	15,7816	472,0712	34
35	1,2989	0,7699	39,8538	0,0251	30,6827	0,0326	16,2387	498,2471	35
36	1,3086	0,7641	41,1527	0,0243	31,4468	0,0318	16,6946	524,9924	36
40	1,3483	0,7416	46,4465	0,0215	34,4469	0,0290	18,5058	637,4693	40
48	1,4314	0,6986	57,5207	0,0174	40,1848	0,0249	22,0691	886,8404	48
50	1,4530	0,6883	60,3943	0,0166	41,5664	0,0241	22,9476	953,8486	50
60	1,5657	0,6387	75,4241	0,0133	48,1734	0,0208	27,2665	1 313,5189	60
72	1,7126	0,5839	95,0070	0,0105	55,4768	0,0180	32,2882	1 791,2463	72
80	1,8180	0,5500	109,0725	0,0092	59,9944	0,0167	35,5391	2 132,1472	80
84	1,8732	0,5338	116,4269	0,0086	62,1540	0,0161	37,1357	2 308,1283	84
90	1,9591	0,5104	127,8790	0,0078	65,2746	0,0153	39,4946	2 577,9961	90
96	2,0489	0,4881	139,8562	0,0072	68,2584	0,0147	41,8107	2 853,9352	96
100	2,1111	0,4737	148,1445	0,0068	70,1746	0,0143	43,3311	3 040,7453	100
108	2,2411	0,4462	165,4832	0,0060	73,8394	0,0135	46,3154	3 419,9041	108
120	2,4514	0,4079	193,5143	0,0052	78,9417	0,0127	50,6521	3 998,5621	120
240	6,0092	0,1664	667,8869	0,0015	111,1450	0,0090	85,4210	9 494,1162	240
360	14,7306	0,0679	1 830,7435	0,0005	124,2819	0,0080	107,1145	13 312,3871	360

TABLE C.4 FACTEURS DE TAUX D'INTÉRÊT DISCRET (1,0 %)

| | PAIEMENT UNIQUE | | ANNUITÉS | | | | GRADIENTS | | |
N	(F/P, i, N)	(P/F, i, N)	(F/A, i, N)	(A/F, i, N)	(P/A, i, N)	(A/P, i, N)	(A/G, i, N)	(P/G, i, N)	N
1	1,0100	0,9901	1,0000	1,0000	0,9901	1,0100	0,0000	0,0000	1
2	1,0201	0,9803	2,0100	0,4975	1,9704	0,5075	0,4975	0,9803	2
3	1,0303	0,9706	3,0301	0,3300	2,9410	0,3400	0,9934	2,9215	3
4	1,0406	0,9610	4,0604	0,2463	3,9020	0,2563	1,4876	5,8044	4
5	1,0510	0,9515	5,1010	0,1960	4,8534	0,2060	1,9801	9,6103	5
6	1,0615	0,9420	6,1520	0,1625	5,7955	0,1725	2,4710	14,3205	6
7	1,0721	0,9327	7,2135	0,1386	6,7282	0,1486	2,9602	19,9168	7
8	1,0829	0,9235	8,2857	0,1207	7,6517	0,1307	3,4478	26,3812	8
9	1,0937	0,9143	9,3685	0,1067	8,5660	0,1167	3,9337	33,6959	9
10	1,1046	0,9053	10,4622	0,0956	9,4713	0,1056	4,4179	41,8435	10
11	1,1157	0,8963	11,5668	0,0865	10,3676	0,0965	4,9005	50,8067	11
12	1,1268	0,8874	12,6825	0,0788	11,2551	0,0888	5,3815	60,5687	12
13	1,1381	0,8787	13,8093	0,0724	12,1337	0,0824	5,8607	71,1126	13
14	1,1495	0,8700	14,9474	0,0669	13,0037	0,0769	6,3384	82,4221	14
15	1,1610	0,8613	16,0969	0,0621	13,8651	0,0721	6,8143	94,4810	15
16	1,1726	0,8528	17,2579	0,0579	14,7179	0,0679	7,2886	107,2734	16
17	1,1843	0,8444	18,4304	0,0543	15,5623	0,0643	7,7613	120,7834	17
18	1,1961	0,8360	19,6147	0,0510	16,3983	0,0610	8,2323	134,9957	18
19	1,2081	0,8277	20,8109	0,0481	17,2260	0,0581	8,7017	149,8950	19
20	1,2202	0,8195	22,0190	0,0454	18,0456	0,0554	9,1694	165,4664	20
21	1,2324	0,8114	23,2392	0,0430	18,8570	0,0530	9,6354	181,6950	21
22	1,2447	0,8034	24,4716	0,0409	19,6604	0,0509	10,0998	198,5663	22
23	1,2572	0,7954	25,7163	0,0389	20,4558	0,0489	10,5626	216,0660	23
24	1,2697	0,7876	26,9735	0,0371	21,2434	0,0471	11,0237	234,1800	24
25	1,2824	0,7798	28,2432	0,0354	22,0232	0,0454	11,4831	252,8945	25
26	1,2953	0,7720	29,5256	0,0339	22,7952	0,0439	11,9409	272,1957	26
27	1,3082	0,7644	30,8209	0,0324	23,5596	0,0424	12,3971	292,0702	27
28	1,3213	0,7568	32,1291	0,0311	24,3164	0,0411	12,8516	312,5047	28
29	1,3345	0,7493	33,4504	0,0299	25,0658	0,0399	13,3044	333,4863	29
30	1,3478	0,7419	34,7849	0,0287	25,8077	0,0387	13,7557	355,0021	30
31	1,3613	0,7346	36,1327	0,0277	26,5423	0,0377	14,2052	377,0394	31
32	1,3749	0,7273	37,4941	0,0267	27,2696	0,0367	14,6532	399,5858	32
33	1,3887	0,7201	38,8690	0,0257	27,9897	0,0357	15,0995	422,6291	33
34	1,4026	0,7130	40,2577	0,0248	28,7027	0,0348	15,5441	446,1572	34
35	1,4166	0,7059	41,6603	0,0240	29,4086	0,0340	15,9871	470,1583	35
36	1,4308	0,6989	43,0769	0,0232	30,1075	0,0332	16,4285	494,6207	36
40	1,4889	0,6717	48,8864	0,0205	32,8347	0,0305	18,1776	596,8561	40
48	1,6122	0,6203	61,2226	0,0163	37,9740	0,0263	21,5976	820,1460	48
50	1,6446	0,6080	64,4632	0,0155	39,1961	0,0255	22,4363	879,4176	50
60	1,8167	0,5504	81,6697	0,0122	44,9550	0,0222	26,5333	1 192,8061	60
72	2,0471	0,4885	104,7099	0,0096	51,1504	0,0196	31,2386	1 597,8673	72
80	2,2167	0,4511	121,6715	0,0082	54,8882	0,0182	34,2492	1 879,8771	80
84	2,3067	0,4335	130,6723	0,0077	56,6485	0,0177	35,7170	2 023,3153	84
90	2,4486	0,4084	144,8633	0,0069	59,1609	0,0169	37,8724	2 240,5675	90
96	2,5993	0,3847	159,9273	0,0063	61,5277	0,0163	39,9727	2 459,4298	96
100	2,7048	0,3697	170,4814	0,0059	63,0289	0,0159	41,3426	2 605,7758	100
108	2,9289	0,3414	192,8926	0,0052	65,8578	0,0152	44,0103	2 898,4203	108
120	3,3004	0,3030	230,0387	0,0043	69,7005	0,0143	47,8349	3 334,1148	120
240	10,8926	0,0918	989,2554	0,0010	90,8194	0,0110	75,7393	6 878,6016	240
360	35,9496	0,0278	3 494,9641	0,0003	97,2183	0,0103	89,6995	8 720,4323	360

TABLE C.5 FACTEURS DE TAUX D'INTÉRÊT DISCRET (1,25 %)

	PAIEMENT UNIQUE		ANNUITÉS				GRADIENTS		
N	(F/P, i, N)	(P/F, i, N)	(F/A, i, N)	(A/F, i, N)	(P/A, i, N)	(A/P, i, N)	(A/G, i, N)	(P/G, i, N)	N
1	1,0125	0,9877	1,0000	1,0000	0,9877	1,0125	0,0000	0,0000	1
2	1,0252	0,9755	2,0125	0,4969	1,9631	0,5094	0,4969	0,9755	2
3	1,0380	0,9634	3,0377	0,3292	2,9265	0,3417	0,9917	2,9023	3
4	1,0509	0,9515	4,0756	0,2454	3,8781	0,2579	1,4845	5,7569	4
5	1,0641	0,9398	5,1266	0,1951	4,8178	0,2076	1,9752	9,5160	5
6	1,0774	0,9282	6,1907	0,1615	5,7460	0,1740	2,4638	14,1569	6
7	1,0909	0,9167	7,2680	0,1376	6,6627	0,1501	2,9503	19,6571	7
8	1,1045	0,9054	8,3589	0,1196	7,5681	0,1321	3,4348	25,9949	8
9	1,1183	0,8942	9,4634	0,1057	8,4623	0,1182	3,9172	33,1487	9
10	1,1323	0,8832	10,5817	0,0945	9,3455	0,1070	4,3975	41,0973	10
11	1,1464	0,8723	11,7139	0,0854	10,2178	0,0979	4,8758	49,8201	11
12	1,1608	0,8615	12,8604	0,0778	11,0793	0,0903	5,3520	59,2967	12
13	1,1753	0,8509	14,0211	0,0713	11,9302	0,0838	5,8262	69,5072	13
14	1,1900	0,8404	15,1964	0,0658	12,7706	0,0783	6,2982	80,4320	14
15	1,2048	0,8300	16,3863	0,0610	13,6005	0,0735	6,7682	92,0519	15
16	1,2199	0,8197	17,5912	0,0568	14,4203	0,0693	7,2362	104,3481	16
17	1,2351	0,8096	18,8111	0,0532	15,2299	0,0657	7,7021	117,3021	17
18	1,2506	0,7996	20,0462	0,0499	16,0295	0,0624	8,1659	130,8958	18
19	1,2662	0,7898	21,2968	0,0470	16,8193	0,0595	8,6277	145,1115	19
20	1,2820	0,7800	22,5630	0,0443	17,5993	0,0568	9,0874	159,9316	20
21	1,2981	0,7704	23,8450	0,0419	18,3697	0,0544	9,5450	175,3392	21
22	1,3143	0,7609	25,1431	0,0398	19,1306	0,0523	10,0006	191,3174	22
23	1,3307	0,7515	26,4574	0,0378	19,8820	0,0503	10,4542	207,8499	23
24	1,3474	0,7422	27,7881	0,0360	20,6242	0,0485	10,9056	224,9204	24
25	1,3642	0,7330	29,1354	0,0343	21,3573	0,0468	11,3551	242,5132	25
26	1,3812	0,7240	30,4996	0,0328	22,0813	0,0453	11,8024	260,6128	26
27	1,3985	0,7150	31,8809	0,0314	22,7963	0,0439	12,2478	279,2040	27
28	1,4160	0,7062	33,2794	0,0300	23,5025	0,0425	12,6911	298,2719	28
29	1,4337	0,6975	34,6954	0,0288	24,2000	0,0413	13,1323	317,8019	29
30	1,4516	0,6889	36,1291	0,0277	24,8889	0,0402	13,5715	337,7797	30
31	1,4698	0,6804	37,5807	0,0266	25,5693	0,0391	14,0086	358,1912	31
32	1,4881	0,6720	39,0504	0,0256	26,2413	0,0381	14,4438	379,0227	32
33	1,5067	0,6637	40,5386	0,0247	26,9050	0,0372	14,8768	400,2607	33
34	1,5256	0,6555	42,0453	0,0238	27,5605	0,0363	15,3079	421,8920	34
35	1,5446	0,6474	43,5709	0,0230	28,2079	0,0355	15,7369	443,9037	35
36	1,5639	0,6394	45,1155	0,0222	28,8473	0,0347	16,1639	466,2830	36
40	1,6436	0,6084	51,4896	0,0194	31,3269	0,0319	17,8515	559,2320	40
48	1,8154	0,5509	65,2284	0,0153	35,9315	0,0278	21,1299	759,2296	48
50	1,8610	0,5373	68,8818	0,0145	37,0129	0,0270	21,9295	811,6738	50
60	2,1072	0,4746	88,5745	0,0113	42,0346	0,0238	25,8083	1 084,8429	60
72	2,4459	0,4088	115,6736	0,0086	47,2925	0,0211	30,2047	1 428,4561	72
80	2,7015	0,3702	136,1188	0,0073	50,3867	0,0198	32,9822	1 661,8651	80
84	2,8391	0,3522	147,1290	0,0068	51,8222	0,0193	34,3258	1 778,8384	84
90	3,0588	0,3269	164,7050	0,0061	53,8461	0,0186	36,2855	1 953,8303	90
96	3,2955	0,3034	183,6411	0,0054	55,7246	0,0179	38,1793	2 127,5244	96
100	3,4634	0,2887	197,0723	0,0051	56,9013	0,0176	39,4058	2 242,2411	100
108	3,8253	0,2614	226,0226	0,0044	59,0865	0,0169	41,7737	2 468,2636	108
120	4,4402	0,2252	275,2171	0,0036	61,9828	0,0161	45,1184	2 796,5694	120
240	19,7155	0,0507	1 497,2395	0,0007	75,9423	0,0132	67,1764	5 101,5288	240
360	87,5410	0,0114	6 923,2796	0,0001	79,0861	0,0126	75,8401	5 997,9027	360

TABLE C.6 FACTEURS DE TAUX D'INTÉRÊT DISCRET (1,50 %)

	PAIEMENT UNIQUE		ANNUITÉS				GRADIENTS		
N	(F/P, i, N)	(P/F, i, N)	(F/A, i, N)	(A/F, i, N)	(P/A, i, N)	(A/P, i, N)	(A/G, i, N)	(P/G, i, N)	N
1	1,0150	0,9852	1,0000	1,0000	0,9852	1,0150	0,0000	0,0000	1
2	1,0302	0,9707	2,0150	0,4963	1,9559	0,5113	0,4963	0,9707	2
3	1,0457	0,9563	3,0452	0,3284	2,9122	0,3434	0,9901	2,8833	3
4	1,0614	0,9422	4,0909	0,2444	3,8544	0,2594	1,4814	5,7098	4
5	1,0773	0,9283	5,1523	0,1941	4,7826	0,2091	1,9702	9,4229	5
6	1,0934	0,9145	6,2296	0,1605	5,6972	0,1755	2,4566	13,9956	6
7	1,1098	0,9010	7,3230	0,1366	6,5982	0,1516	2,9405	19,4018	7
8	1,1265	0,8877	8,4328	0,1186	7,4859	0,1336	3,4219	25,6157	8
9	1,1434	0,8746	9,5593	0,1046	8,3605	0,1196	3,9008	32,6125	9
10	1,1605	0,8617	10,7027	0,0934	9,2222	0,1084	4,3772	40,3675	10
11	1,1779	0,8489	11,8633	0,0843	10,0711	0,0993	4,8512	48,8568	11
12	1,1956	0,8364	13,0412	0,0767	10,9075	0,0917	5,3227	58,0571	12
13	1,2136	0,8240	14,2368	0,0702	11,7315	0,0852	5,7917	67,9454	13
14	1,2318	0,8118	15,4504	0,0647	12,5434	0,0797	6,2582	78,4994	14
15	1,2502	0,7999	16,6821	0,0599	13,3432	0,0749	6,7223	89,6974	15
16	1,2690	0,7880	17,9324	0,0558	14,1313	0,0708	7,1839	101,5178	16
17	1,2880	0,7764	19,2014	0,0521	14,9076	0,0671	7,6431	113,9400	17
18	1,3073	0,7649	20,4894	0,0488	15,6726	0,0638	8,0997	126,9435	18
19	1,3270	0,7536	21,7967	0,0459	16,4262	0,0609	8,5539	140,5084	19
20	1,3469	0,7425	23,1237	0,0432	17,1686	0,0582	9,0057	154,6154	20
21	1,3671	0,7315	24,4705	0,0409	17,9001	0,0559	9,4550	169,2453	21
22	1,3876	0,7207	25,8376	0,0387	18,6208	0,0537	9,9018	184,3798	22
23	1,4084	0,7100	27,2251	0,0367	19,3309	0,0517	10,3462	200,0006	23
24	1,4295	0,6995	28,6335	0,0349	20,0304	0,0499	10,7881	216,0901	24
25	1,4509	0,6892	30,0630	0,0333	20,7196	0,0483	11,2276	232,6310	25
26	1,4727	0,6790	31,5140	0,0317	21,3986	0,0467	11,6646	249,6065	26
27	1,4948	0,6690	32,9867	0,0303	22,0676	0,0453	12,0992	267,0002	27
28	1,5172	0,6591	34,4815	0,0290	22,7267	0,0440	12,5313	284,7958	28
29	1,5400	0,6494	35,9987	0,0278	23,3761	0,0428	12,9610	302,9779	29
30	1,5631	0,6398	37,5387	0,0266	24,0158	0,0416	13,3883	321,5310	30
31	1,5865	0,6303	39,1018	0,0256	24,6461	0,0406	13,8131	340,4402	31
32	1,6103	0,6210	40,6883	0,0246	25,2671	0,0396	14,2355	359,6910	32
33	1,6345	0,6118	42,2986	0,0236	25,8790	0,0386	14,6555	379,2691	33
34	1,6590	0,6028	43,9331	0,0228	26,4817	0,0378	15,0731	399,1607	34
35	1,6839	0,5939	45,5921	0,0219	27,0756	0,0369	15,4882	419,3521	35
36	1,7091	0,5851	47,2760	0,0212	27,6607	0,0362	15,9009	439,8303	36
40	1,8140	0,5513	54,2679	0,0184	29,9158	0,0334	17,5277	524,3568	40
48	2,0435	0,4894	69,5652	0,0144	34,0426	0,0294	20,6667	703,5462	48
50	2,1052	0,4750	73,6828	0,0136	34,9997	0,0286	21,4277	749,9636	50
60	2,4432	0,4093	96,2147	0,0104	39,3803	0,0254	25,0930	988,1674	60
72	2,9212	0,3423	128,0772	0,0078	43,8447	0,0228	29,1893	1 279,7938	72
80	3,2907	0,3039	152,7109	0,0065	46,4073	0,0215	31,7423	1 473,0741	80
84	3,4926	0,2863	166,1726	0,0060	47,5786	0,0210	32,9668	1 568,5140	84
90	3,8189	0,2619	187,9299	0,0053	49,2099	0,0203	34,7399	1 709,5439	90
96	4,1758	0,2395	211,7202	0,0047	50,7017	0,0197	36,4381	1 847,4725	96
100	4,4320	0,2256	228,8030	0,0044	51,6247	0,0194	37,5295	1 937,4506	100
108	4,9927	0,2003	266,1778	0,0038	53,3137	0,0188	39,6171	2 112,1348	108
120	5,9693	0,1675	331,2882	0,0030	55,4985	0,0180	42,5185	2 359,7114	120
240	35,6328	0,0281	2 308,8544	0,0004	64,7957	0,0154	59,7368	3 870,6912	240
360	212,7038	0,0047	14 113,5854	0,0001	66,3532	0,0151	64,9662	4 310,7165	360

TABLE C.7 FACTEURS DE TAUX D'INTÉRÊT DISCRET (1,75 %)

| | PAIEMENT UNIQUE | | ANNUITÉS | | | | GRADIENTS | | |
N	(F/P, i, N)	(P/F, i, N)	(F/A, i, N)	(A/F, i, N)	(P/A, i, N)	(A/P, i, N)	(A/G, i, N)	(P/G, i, N)	N
1	1,0175	0,9828	1,0000	1,0000	0,9828	1,0175	0,0000	0,0000	1
2	1,0353	0,9659	2,0175	0,4957	1,9487	0,5132	0,4957	0,9659	2
3	1,0534	0,9493	3,0528	0,3276	2,8980	0,3451	0,9884	2,8645	3
4	1,0719	0,9330	4,1062	0,2435	3,8309	0,2610	1,4783	5,6633	4
5	1,0906	0,9169	5,1781	0,1931	4,7479	0,2106	1,9653	9,3310	5
6	1,1097	0,9011	6,2687	0,1595	5,6490	0,1770	2,4494	13,8367	6
7	1,1291	0,8856	7,3784	0,1355	6,5346	0,1530	2,9306	19,1506	7
8	1,1489	0,8704	8,5075	0,1175	7,4051	0,1350	3,4089	25,2435	8
9	1,1690	0,8554	9,6564	0,1036	8,2605	0,1211	3,8844	32,0870	9
10	1,1894	0,8407	10,8254	0,0924	9,1012	0,1099	4,3569	39,6535	10
11	1,2103	0,8263	12,0148	0,0832	9,9275	0,1007	4,8266	47,9162	11
12	1,2314	0,8121	13,2251	0,0756	10,7395	0,0931	5,2934	56,8489	12
13	1,2530	0,7981	14,4565	0,0692	11,5376	0,0867	5,7573	66,4260	13
14	1,2749	0,7844	15,7095	0,0637	12,3220	0,0812	6,2184	76,6227	14
15	1,2972	0,7709	16,9844	0,0589	13,0929	0,0764	6,6765	87,4149	15
16	1,3199	0,7576	18,2817	0,0547	13,8505	0,0722	7,1318	98,7792	16
17	1,3430	0,7446	19,6016	0,0510	14,5951	0,0685	7,5842	110,6926	17
18	1,3665	0,7318	20,9446	0,0477	15,3269	0,0652	8,0338	123,1328	18
19	1,3904	0,7192	22,3112	0,0448	16,0461	0,0623	8,4805	136,0783	19
20	1,4148	0,7068	23,7016	0,0422	16,7529	0,0597	8,9243	149,5080	20
21	1,4395	0,6947	25,1164	0,0398	17,4475	0,0573	9,3653	163,4013	21
22	1,4647	0,6827	26,5559	0,0377	18,1303	0,0552	9,8034	177,7385	22
23	1,4904	0,6710	28,0207	0,0357	18,8012	0,0532	10,2387	192,5000	23
24	1,5164	0,6594	29,5110	0,0339	19,4607	0,0514	10,6711	207,6671	24
25	1,5430	0,6481	31,0275	0,0322	20,1088	0,0497	11,1007	223,2214	25
26	1,5700	0,6369	32,5704	0,0307	20,7457	0,0482	11,5274	239,1451	26
27	1,5975	0,6260	34,1404	0,0293	21,3717	0,0468	11,9513	255,4210	27
28	1,6254	0,6152	35,7379	0,0280	21,9870	0,0455	12,3724	272,0321	28
29	1,6539	0,6046	37,3633	0,0268	22,5916	0,0443	12,7907	288,9623	29
30	1,6828	0,5942	39,0172	0,0256	23,1858	0,0431	13,2061	306,1954	30
31	1,7122	0,5840	40,7000	0,0246	23,7699	0,0421	13,6188	323,7163	31
32	1,7422	0,5740	42,4122	0,0236	24,3439	0,0411	14,0286	341,5097	32
33	1,7727	0,5641	44,1544	0,0226	24,9080	0,0401	14,4356	359,5613	33
34	1,8037	0,5544	45,9271	0,0218	25,4624	0,0393	14,8398	377,8567	34
35	1,8353	0,5449	47,7308	0,0210	26,0073	0,0385	15,2412	396,3824	35
36	1,8674	0,5355	49,5661	0,0202	26,5428	0,0377	15,6399	415,1250	36
40	2,0016	0,4996	57,2341	0,0175	28,5942	0,0350	17,2066	492,0109	40
48	2,2996	0,4349	74,2628	0,0135	32,2938	0,0310	20,2084	652,6054	48
50	2,3808	0,4200	78,9022	0,0127	33,1412	0,0302	20,9317	693,7010	50
60	2,8318	0,3531	104,6752	0,0096	36,9640	0,0271	24,3885	901,4954	60
72	3,4872	0,2868	142,1263	0,0070	40,7564	0,0245	28,1948	1 149,1181	72
80	4,0064	0,2496	171,7938	0,0058	42,8799	0,0233	30,5329	1 309,2482	80
84	4,2943	0,2329	188,2450	0,0053	43,8361	0,0228	31,6442	1 387,1584	84
90	4,7654	0,2098	215,1646	0,0046	45,1516	0,0221	33,2409	1 500,8798	90
96	5,2882	0,1891	245,0374	0,0041	46,3370	0,0216	34,7556	1 610,4716	96
100	5,6682	0,1764	266,7518	0,0037	47,0615	0,0212	35,7211	1 681,0886	100
108	6,5120	0,1536	314,9738	0,0032	48,3679	0,0207	37,5494	1 816,1852	108
120	8,0192	0,1247	401,0962	0,0025	50,0171	0,0200	40,0469	2 003,0269	120
240	64,3073	0,0156	3 617,5602	0,0003	56,2543	0,0178	53,3518	3 001,2678	240
360	515,6921	0,0019	29 410,9747	0,0000	57,0320	0,0175	56,4434	3 219,0833	360

TABLE C.8 FACTEURS DE TAUX D'INTÉRÊT DISCRET (2,0 %)

N	PAIEMENT UNIQUE		ANNUITÉS				GRADIENTS		N
	(F/P, i, N)	(P/F, i, N)	(F/A, i, N)	(A/F, i, N)	(P/A, i, N)	(A/P, i, N)	(A/G, i, N)	(P/G, i, N)	
1	1,0200	0,9804	1,0000	1,0000	0,9804	1,0200	0,0000	0,0000	1
2	1,0404	0,9612	2,0200	0,4950	1,9416	0,5150	0,4950	0,9612	2
3	1,0612	0,9423	3,0604	0,3268	2,8839	0,3468	0,9868	2,8458	3
4	1,0824	0,9238	4,1216	0,2426	3,8077	0,2626	1,4752	5,6173	4
5	1,1041	0,9057	5,2040	0,1922	4,7135	0,2122	1,9604	9,2403	5
6	1,1262	0,8880	6,3081	0,1585	5,6014	0,1785	2,4423	13,6801	6
7	1,1487	0,8706	7,4343	0,1345	6,4720	0,1545	2,9208	18,9035	7
8	1,1717	0,8535	8,5830	0,1165	7,3255	0,1365	3,3961	24,8779	8
9	1,1951	0,8368	9,7546	0,1025	8,1622	0,1225	3,8681	31,5720	9
10	1,2190	0,8203	10,9497	0,0913	8,9826	0,1113	4,3367	38,9551	10
11	1,2434	0,8043	12,1687	0,0822	9,7868	0,1022	4,8021	46,9977	11
12	1,2682	0,7885	13,4121	0,0746	10,5753	0,0946	5,2642	55,6712	12
13	1,2936	0,7730	14,6803	0,0681	11,3484	0,0881	5,7231	64,9475	13
14	1,3195	0,7579	15,9739	0,0626	12,1062	0,0826	6,1786	74,7999	14
15	1,3459	0,7430	17,2934	0,0578	12,8493	0,0778	6,6309	85,2021	15
16	1,3728	0,7284	18,6393	0,0537	13,5777	0,0737	7,0799	96,1288	16
17	1,4002	0,7142	20,0121	0,0500	14,2919	0,0700	7,5256	107,5554	17
18	1,4282	0,7002	21,4123	0,0467	14,9920	0,0667	7,9681	119,4581	18
19	1,4568	0,6864	22,8406	0,0438	15,6785	0,0638	8,4073	131,8139	19
20	1,4859	0,6730	24,2974	0,0412	16,3514	0,0612	8,8433	144,6003	20
21	1,5157	0,6598	25,7833	0,0388	17,0112	0,0588	9,2760	157,7959	21
22	1,5460	0,6468	27,2990	0,0366	17,6580	0,0566	9,7055	171,3795	22
23	1,5769	0,6342	28,8450	0,0347	18,2922	0,0547	10,1317	185,3309	23
24	1,6084	0,6217	30,4219	0,0329	18,9139	0,0529	10,5547	199,6305	24
25	1,6406	0,6095	32,0303	0,0312	19,5235	0,0512	10,9745	214,2592	25
26	1,6734	0,5976	33,6709	0,0297	20,1210	0,0497	11,3910	229,1987	26
27	1,7069	0,5859	35,3443	0,0283	20,7069	0,0483	11,8043	244,4311	27
28	1,7410	0,5744	37,0512	0,0270	21,2813	0,0470	12,2145	259,9392	28
29	1,7758	0,5631	38,7922	0,0258	21,8444	0,0458	12,6214	275,7064	29
30	1,8114	0,5521	40,5681	0,0246	22,3965	0,0446	13,0251	291,7164	30
31	1,8476	0,5412	42,3794	0,0236	22,9377	0,0436	13,4257	307,9538	31
32	1,8845	0,5306	44,2270	0,0226	23,4683	0,0426	13,8230	324,4035	32
33	1,9222	0,5202	46,1116	0,0217	23,9886	0,0417	14,2172	341,0508	33
34	1,9607	0,5100	48,0338	0,0208	24,4986	0,0408	14,6083	357,8817	34
35	1,9999	0,5000	49,9945	0,0200	24,9986	0,0400	14,9961	374,8826	35
36	2,0399	0,4902	51,9944	0,0192	25,4888	0,0392	15,3809	392,0405	36
40	2,2080	0,4529	60,4020	0,0166	27,3555	0,0366	16,8885	461,9931	40
48	2,5871	0,3865	79,3535	0,0126	30,6731	0,0326	19,7556	605,9657	48
50	2,6916	0,3715	84,5794	0,0118	31,4236	0,0318	20,4420	642,3606	50
60	3,2810	0,3048	114,0515	0,0088	34,7609	0,0288	23,6961	823,6975	60
72	4,1611	0,2403	158,0570	0,0063	37,9841	0,0263	27,2234	1 034,0557	72
80	4,8754	0,2051	193,7720	0,0052	39,7445	0,0252	29,3572	1 166,7868	80
84	5,2773	0,1895	213,8666	0,0047	40,5255	0,0247	30,3616	1 230,4191	84
90	5,9431	0,1683	247,1567	0,0040	41,5869	0,0240	31,7929	1 322,1701	90
96	6,6929	0,1494	284,6467	0,0035	42,5294	0,0235	33,1370	1 409,2973	96
100	7,2446	0,1380	312,2323	0,0032	43,0984	0,0232	33,9863	1 464,7527	100
108	8,4883	0,1178	374,4129	0,0027	44,1095	0,0227	35,5774	1 569,3025	108
120	10,7652	0,0929	488,2582	0,0020	45,3554	0,0220	37,7114	1 710,4160	120
240	115,8887	0,0086	5 744,4368	0,0002	49,5686	0,0202	47,9110	2 374,8800	240
360	1 247,5611	0,0008	62 328,0564	0,0000	49,9599	0,0200	49,7112	2 483,5679	360

TABLE C.9 FACTEURS DE TAUX D'INTÉRÊT DISCRET (3,0 %)

	PAIEMENT UNIQUE		ANNUITÉS				GRADIENTS		
N	(F/P, i, N)	(P/F, i, N)	(F/A, i, N)	(A/F, i, N)	(P/A, i, N)	(A/P, i, N)	(A/G, i, N)	(P/G, i, N)	N
1	1,0300	0,9709	1,0000	1,0000	0,9709	1,0300	0,0000	0,0000	1
2	1,0609	0,9426	2,0300	0,4926	1,9135	0,5226	0,4926	0,9426	2
3	1,0927	0,9151	3,0909	0,3235	2,8286	0,3535	0,9803	2,7729	3
4	1,1255	0,8885	4,1836	0,2390	3,7171	0,2690	1,4631	5,4383	4
5	1,1593	0,8626	5,3091	0,1884	4,5797	0,2184	1,9409	8,8888	5
6	1,1941	0,8375	6,4684	0,1546	5,4172	0,1846	2,4138	13,0762	6
7	1,2299	0,8131	7,6625	0,1305	6,2303	0,1605	2,8819	17,9547	7
8	1,2668	0,7894	8,8923	0,1125	7,0197	0,1425	3,3450	23,4806	8
9	1,3048	0,7664	10,1591	0,0984	7,7861	0,1284	3,8032	29,6119	9
10	1,3439	0,7441	11,4639	0,0872	8,5302	0,1172	4,2565	36,3088	10
11	1,3842	0,7224	12,8078	0,0781	9,2526	0,1081	4,7049	43,5330	11
12	1,4258	0,7014	14,1920	0,0705	9,9540	0,1005	5,1485	51,2482	12
13	1,4685	0,6810	15,6178	0,0640	10,6350	0,0940	5,5872	59,4196	13
14	1,5126	0,6611	17,0863	0,0585	11,2961	0,0885	6,0210	68,0141	14
15	1,5580	0,6419	18,5989	0,0538	11,9379	0,0838	6,4500	77,0002	15
16	1,6047	0,6232	20,1569	0,0496	12,5611	0,0796	6,8742	86,3477	16
17	1,6528	0,6050	21,7616	0,0460	13,1661	0,0760	7,2936	96,0280	17
18	1,7024	0,5874	23,4144	0,0427	13,7535	0,0727	7,7081	106,0137	18
19	1,7535	0,5703	25,1169	0,0398	14,3238	0,0698	8,1179	116,2788	19
20	1,8061	0,5537	26,8704	0,0372	14,8775	0,0672	8,5229	126,7987	20
21	1,8603	0,5375	28,6765	0,0349	15,4150	0,0649	8,9231	137,5496	21
22	1,9161	0,5219	30,5368	0,0327	15,9369	0,0627	9,3186	148,5094	22
23	1,9736	0,5067	32,4529	0,0308	16,4436	0,0608	9,7093	159,6566	23
24	2,0328	0,4919	34,4265	0,0290	16,9355	0,0590	10,0954	170,9711	24
25	2,0938	0,4776	36,4593	0,0274	17,4131	0,0574	10,4768	182,4336	25
26	2,1566	0,4637	38,5530	0,0259	17,8768	0,0559	10,8535	194,0260	26
27	2,2213	0,4502	40,7096	0,0246	18,3270	0,0546	11,2255	205,7309	27
28	2,2879	0,4371	42,9309	0,0233	18,7641	0,0533	11,5930	217,5320	28
29	2,3566	0,4243	45,2189	0,0221	19,1885	0,0521	11,9558	229,4137	29
30	2,4273	0,4120	47,5754	0,0210	19,6004	0,0510	12,3141	241,3613	30
31	2,5001	0,4000	50,0027	0,0200	20,0004	0,0500	12,6678	253,3609	31
32	2,5751	0,3883	52,5028	0,0190	20,3888	0,0490	13,0169	265,3993	32
33	2,6523	0,3770	55,0778	0,0182	20,7658	0,0482	13,3616	277,4642	33
34	2,7319	0,3660	57,7302	0,0173	21,1318	0,0473	13,7018	289,5437	34
35	2,8139	0,3554	60,4621	0,0165	21,4872	0,0465	14,0375	301,6267	35
40	3,2620	0,3066	75,4013	0,0133	23,1148	0,0433	15,6502	361,7499	40
45	3,7816	0,2644	92,7199	0,0108	24,5187	0,0408	17,1556	420,6325	45
50	4,3839	0,2281	112,7969	0,0089	25,7298	0,0389	18,5575	477,4803	50
55	5,0821	0,1968	136,0716	0,0073	26,7744	0,0373	19,8600	531,7411	55
60	5,8916	0,1697	163,0534	0,0061	27,6756	0,0361	21,0674	583,0526	60
65	6,8300	0,1464	194,3328	0,0051	28,4529	0,0351	22,1841	631,2010	65
70	7,9178	0,1263	230,5941	0,0043	29,1234	0,0343	23,2145	676,0869	70
75	9,1789	0,1089	272,6309	0,0037	29,7018	0,0337	24,1634	717,6978	75
80	10,6409	0,0940	321,3630	0,0031	30,2008	0,0331	25,0353	756,0865	80
85	12,3357	0,0811	377,8570	0,0026	30,6312	0,0326	25,8349	791,3529	85
90	14,3005	0,0699	443,3489	0,0023	31,0024	0,0323	26,5667	823,6302	90
95	16,5782	0,0603	519,2720	0,0019	31,3227	0,0319	27,2351	853,0742	95
100	19,2186	0,0520	607,2877	0,0016	31,5989	0,0316	27,8444	879,8540	100

TABLE C.10 FACTEURS DE TAUX D'INTÉRÊT DISCRET (4,0 %)

| | PAIEMENT UNIQUE | | ANNUITÉS | | | | GRADIENTS | | |
N	(F/P, i, N)	(P/F, i, N)	(F/A, i, N)	(A/F, i, N)	(P/A, i, N)	(A/P, i, N)	(A/G, i, N)	(P/G, i, N)	N
1	1,0400	0,9615	1,0000	1,0000	0,9615	1,0400	0,0000	0,0000	1
2	1,0816	0,9246	2,0400	0,4902	1,8861	0,5302	0,4902	0,9246	2
3	1,1249	0,8890	3,1216	0,3203	2,7751	0,3603	0,9739	2,7025	3
4	1,1699	0,8548	4,2465	0,2355	3,6299	0,2755	1,4510	5,2670	4
5	1,2167	0,8219	5,4163	0,1846	4,4518	0,2246	1,9216	8,5547	5
6	1,2653	0,7903	6,6330	0,1508	5,2421	0,1908	2,3857	12,5062	6
7	1,3159	0,7599	7,8983	0,1266	6,0021	0,1666	2,8433	17,0657	7
8	1,3686	0,7307	9,2142	0,1085	6,7327	0,1485	3,2944	22,1806	8
9	1,4233	0,7026	10,5828	0,0945	7,4353	0,1345	3,7391	27,8013	9
10	1,4802	0,6756	12,0061	0,0833	8,1109	0,1233	4,1773	33,8814	10
11	1,5395	0,6496	13,4864	0,0741	8,7605	0,1141	4,6090	40,3772	11
12	1,6010	0,6246	15,0258	0,0666	9,3851	0,1066	5,0343	47,2477	12
13	1,6651	0,6006	16,6268	0,0601	9,9856	0,1001	5,4533	54,4546	13
14	1,7317	0,5775	18,2919	0,0547	10,5631	0,0947	5,8659	61,9618	14
15	1,8009	0,5553	20,0236	0,0499	11,1184	0,0899	6,2721	69,7355	15
16	1,8730	0,5339	21,8245	0,0458	11,6523	0,0858	6,6720	77,7441	16
17	1,9479	0,5134	23,6975	0,0422	12,1657	0,0822	7,0656	85,9581	17
18	2,0258	0,4936	25,6454	0,0390	12,6593	0,0790	7,4530	94,3498	18
19	2,1068	0,4746	27,6712	0,0361	13,1339	0,0761	7,8342	102,8933	19
20	2,1911	0,4564	29,7781	0,0336	13,5903	0,0736	8,2091	111,5647	20
21	2,2788	0,4388	31,9692	0,0313	14,0292	0,0713	8,5779	120,3414	21
22	2,3699	0,4220	34,2480	0,0292	14,4511	0,0692	8,9407	129,2024	22
23	2,4647	0,4057	36,6179	0,0273	14,8568	0,0673	9,2973	138,1284	23
24	2,5633	0,3901	39,0826	0,0256	15,2470	0,0656	9,6479	147,1012	24
25	2,6658	0,3751	41,6459	0,0240	15,6221	0,0640	9,9925	156,1040	25
26	2,7725	0,3607	44,3117	0,0226	15,9828	0,0626	10,3312	165,1212	26
27	2,8834	0,3468	47,0842	0,0212	16,3296	0,0612	10,6640	174,1385	27
28	2,9987	0,3335	49,9676	0,0200	16,6631	0,0600	10,9909	183,1424	28
29	3,1187	0,3207	52,9663	0,0189	16,9837	0,0589	11,3120	192,1206	29
30	3,2434	0,3083	56,0849	0,0178	17,2920	0,0578	11,6274	201,0618	30
31	3,3731	0,2965	59,3283	0,0169	17,5885	0,0569	11,9371	209,9556	31
32	3,5081	0,2851	62,7015	0,0159	17,8736	0,0559	12,2411	218,7924	32
33	3,6484	0,2741	66,2095	0,0151	18,1476	0,0551	12,5396	227,5634	33
34	3,7943	0,2636	69,8579	0,0143	18,4112	0,0543	12,8324	236,2607	34
35	3,9461	0,2534	73,6522	0,0136	18,6646	0,0536	13,1198	244,8768	35
40	4,8010	0,2083	95,0255	0,0105	19,7928	0,0505	14,4765	286,5303	40
45	5,8412	0,1712	121,0294	0,0083	20,7200	0,0483	15,7047	325,4028	45
50	7,1067	0,1407	152,6671	0,0066	21,4822	0,0466	16,8122	361,1638	50
55	8,6464	0,1157	191,1592	0,0052	22,1086	0,0452	17,8070	393,6890	55
60	10,5196	0,0951	237,9907	0,0042	22,6235	0,0442	18,6972	422,9966	60
65	12,7987	0,0781	294,9684	0,0034	23,0467	0,0434	19,4909	449,2014	65
70	15,5716	0,0642	364,2905	0,0027	23,3945	0,0427	20,1961	472,4789	70
75	18,9453	0,0528	448,6314	0,0022	23,6804	0,0422	20,8206	493,0408	75
80	23,0498	0,0434	551,2450	0,0018	23,9154	0,0418	21,3718	511,1161	80
85	28,0436	0,0357	676,0901	0,0015	24,1085	0,0415	21,8569	526,9384	85
90	34,1193	0,0293	827,9833	0,0012	24,2673	0,0412	22,2826	540,7369	90
95	41,5114	0,0241	1 012,7846	0,0010	24,3978	0,0410	22,6550	552,7307	95
100	50,5049	0,0198	1 237,6237	0,0008	24,5050	0,0408	22,9800	563,1249	100

TABLE C.11 FACTEURS DE TAUX D'INTÉRÊT DISCRET (5,0 %)

	PAIEMENT UNIQUE		ANNUITÉS				GRADIENTS		
N	(F/P, i, N)	(P/F, i, N)	(F/A, i, N)	(A/F, i, N)	(P/A, i, N)	(A/P, i, N)	(A/G, i, N)	(P/G, i, N)	N
1	1,0500	0,9524	1,0000	1,0000	0,9524	1,0500	0,0000	0,0000	1
2	1,1025	0,9070	2,0500	0,4878	1,8594	0,5378	0,4878	0,9070	2
3	1,1576	0,8638	3,1525	0,3172	2,7232	0,3672	0,9675	2,6347	3
4	1,2155	0,8227	4,3101	0,2320	3,5460	0,2820	1,4391	5,1028	4
5	1,2763	0,7835	5,5256	0,1810	4,3295	0,2310	1,9025	8,2369	5
6	1,3401	0,7462	6,8019	0,1470	5,0757	0,1970	2,3579	11,9680	6
7	1,4071	0,7107	8,1420	0,1228	5,7864	0,1728	2,8052	16,2321	7
8	1,4775	0,6768	9,5491	0,1047	6,4632	0,1547	3,2445	20,9700	8
9	1,5513	0,6446	11,0266	0,0907	7,1078	0,1407	3,6758	26,1268	9
10	1,6289	0,6139	12,5779	0,0795	7,7217	0,1295	4,0991	31,6520	10
11	1,7103	0,5847	14,2068	0,0704	8,3064	0,1204	4,5144	37,4988	11
12	1,7959	0,5568	15,9171	0,0628	8,8633	0,1128	4,9219	43,6241	12
13	1,8856	0,5303	17,7130	0,0565	9,3936	0,1065	5,3215	49,9879	13
14	1,9799	0,5051	19,5986	0,0510	9,8986	0,1010	5,7133	56,5538	14
15	2,0789	0,4810	21,5786	0,0463	10,3797	0,0963	6,0973	63,2880	15
16	2,1829	0,4581	23,6575	0,0423	10,8378	0,0923	6,4736	70,1597	16
17	2,2920	0,4363	25,8404	0,0387	11,2741	0,0887	6,8423	77,1405	17
18	2,4066	0,4155	28,1324	0,0355	11,6896	0,0855	7,2034	84,2043	18
19	2,5270	0,3957	30,5390	0,0327	12,0853	0,0827	7,5569	91,3275	19
20	2,6533	0,3769	33,0660	0,0302	12,4622	0,0802	7,9030	98,4884	20
21	2,7860	0,3589	35,7193	0,0280	12,8212	0,0780	8,2416	105,6673	21
22	2,9253	0,3418	38,5052	0,0260	13,1630	0,0760	8,5730	112,8461	22
23	3,0715	0,3256	41,4305	0,0241	13,4886	0,0741	8,8971	120,0087	23
24	3,2251	0,3101	44,5020	0,0225	13,7986	0,0725	9,2140	127,1402	24
25	3,3864	0,2953	47,7271	0,0210	14,0939	0,0710	9,5238	134,2275	25
26	3,5557	0,2812	51,1135	0,0196	14,3752	0,0696	9,8266	141,2585	26
27	3,7335	0,2678	54,6691	0,0183	14,6430	0,0683	10,1224	148,2226	27
28	3,9201	0,2551	58,4026	0,0171	14,8981	0,0671	10,4114	155,1101	28
29	4,1161	0,2429	62,3227	0,0160	15,1411	0,0660	10,6936	161,9126	29
30	4,3219	0,2314	66,4388	0,0151	15,3725	0,0651	10,9691	168,6226	30
31	4,5380	0,2204	70,7608	0,0141	15,5928	0,0641	11,2381	175,2333	31
32	4,7649	0,2099	75,2988	0,0133	15,8027	0,0633	11,5005	181,7392	32
33	5,0032	0,1999	80,0638	0,0125	16,0025	0,0625	11,7566	188,1351	33
34	5,2533	0,1904	85,0670	0,0118	16,1929	0,0618	12,0063	194,4168	34
35	5,5160	0,1813	90,3203	0,0111	16,3742	0,0611	12,2498	200,5807	35
40	7,0400	0,1420	120,7998	0,0083	17,1591	0,0583	13,3775	229,5452	40
45	8,9850	0,1113	159,7002	0,0063	17,7741	0,0563	14,3644	255,3145	45
50	11,4674	0,0872	209,3480	0,0048	18,2559	0,0548	15,2233	277,9148	50
55	14,6356	0,0683	272,7126	0,0037	18,6335	0,0537	15,9664	297,5104	55
60	18,6792	0,0535	353,5837	0,0028	18,9293	0,0528	16,6062	314,3432	60
65	23,8399	0,0419	456,7980	0,0022	19,1611	0,0522	17,1541	328,6910	65
70	30,4264	0,0329	588,5285	0,0017	19,3427	0,0517	17,6212	340,8409	70
75	38,8327	0,0258	756,6537	0,0013	19,4850	0,0513	18,0176	351,0721	75
80	49,5614	0,0202	971,2288	0,0010	19,5965	0,0510	18,3526	359,6460	80
85	63,2544	0,0158	1 245,0871	0,0008	19,6838	0,0508	18,6346	366,8007	85
90	80,7304	0,0124	1 594,6073	0,0006	19,7523	0,0506	18,8712	372,7488	90
95	103,0347	0,0097	2 040,6935	0,0005	19,8059	0,0505	19,0689	377,6774	95
100	131,5013	0,0076	2 610,0252	0,0004	19,8479	0,0504	19,2337	381,7492	100

	PAIEMENT UNIQUE		ANNUITÉS				GRADIENTS		
N	(F/P, i, N)	(P/F, i, N)	(F/A, i, N)	(A/F, i, N)	(P/A, i, N)	(A/P, i, N)	(A/G, i, N)	(P/G, i, N)	N
1	1,0600	0,9434	1,0000	1,0000	0,9434	1,0600	0,0000	0,0000	1
2	1,1236	0,8900	2,0600	0,4854	1,8334	0,5454	0,4854	0,8900	2
3	1,1910	0,8396	3,1836	0,3141	2,6730	0,3741	0,9612	2,5692	3
4	1,2625	0,7921	4,3746	0,2286	3,4651	0,2886	1,4272	4,9455	4
5	1,3382	0,7473	5,6371	0,1774	4,2124	0,2374	1,8836	7,9345	5
6	1,4185	0,7050	6,9753	0,1434	4,9173	0,2034	2,3304	11,4594	6
7	1,5036	0,6651	8,3938	0,1191	5,5824	0,1791	2,7676	15,4497	7
8	1,5938	0,6274	9,8975	0,1010	6,2098	0,1610	3,1952	19,8416	8
9	1,6895	0,5919	11,4913	0,0870	6,8017	0,1470	3,6133	24,5768	9
10	1,7908	0,5584	13,1808	0,0759	7,3601	0,1359	4,0220	29,6023	10
11	1,8983	0,5268	14,9716	0,0668	7,8869	0,1268	4,4213	34,8702	11
12	2,0122	0,4970	16,8699	0,0593	8,3838	0,1193	4,8113	40,3369	12
13	2,1329	0,4688	18,8821	0,0530	8,8527	0,1130	5,1920	45,9629	13
14	2,2609	0,4423	21,0151	0,0476	9,2950	0,1076	5,5635	51,7128	14
15	2,3966	0,4173	23,2760	0,0430	9,7122	0,1030	5,9260	57,5546	15
16	2,5404	0,3936	25,6725	0,0390	10,1059	0,0990	6,2794	63,4592	16
17	2,6928	0,3714	28,2129	0,0354	10,4773	0,0954	6,6240	69,4011	17
18	2,8543	0,3503	30,9057	0,0324	10,8276	0,0924	6,9597	75,3569	18
19	3,0256	0,3305	33,7600	0,0296	11,1581	0,0896	7,2867	81,3062	19
20	3,2071	0,3118	36,7856	0,0272	11,4699	0,0872	7,6051	87,2304	20
21	3,3996	0,2942	39,9927	0,0250	11,7641	0,0850	7,9151	93,1136	21
22	3,6035	0,2775	43,3923	0,0230	12,0416	0,0830	8,2166	98,9412	22
23	3,8197	0,2618	46,9958	0,0213	12,3034	0,0813	8,5099	104,7007	23
24	4,0489	0,2470	50,8156	0,0197	12,5504	0,0797	8,7951	110,3812	24
25	4,2919	0,2330	54,8645	0,0182	12,7834	0,0782	9,0722	115,9732	25
26	4,5494	0,2198	59,1564	0,0169	13,0032	0,0769	9,3414	121,4684	26
27	4,8223	0,2074	63,7058	0,0157	13,2105	0,0757	9,6029	126,8600	27
28	5,1117	0,1956	68,5281	0,0146	13,4062	0,0746	9,8568	132,1420	28
29	5,4184	0,1846	73,6398	0,0136	13,5907	0,0736	10,1032	137,3096	29
30	5,7435	0,1741	79,0582	0,0126	13,7648	0,0726	10,3422	142,3588	30
31	6,0881	0,1643	84,8017	0,0118	13,9291	0,0718	10,5740	147,2864	31
32	6,4534	0,1550	90,8898	0,0110	14,0840	0,0710	10,7988	152,0901	32
33	6,8406	0,1462	97,3432	0,0103	14,2302	0,0703	11,0166	156,7681	33
34	7,2510	0,1379	104,1838	0,0096	14,3681	0,0696	11,2276	161,3192	34
35	7,6861	0,1301	111,4348	0,0090	14,4982	0,0690	11,4319	165,7427	35
40	10,2857	0,0972	154,7620	0,0065	15,0463	0,0665	12,3590	185,9568	40
45	13,7646	0,0727	212,7435	0,0047	15,4558	0,0647	13,1413	203,1096	45
50	18,4202	0,0543	290,3359	0,0034	15,7619	0,0634	13,7964	217,4574	50
55	24,6503	0,0406	394,1720	0,0025	15,9905	0,0625	14,3411	229,3222	55
60	32,9877	0,0303	533,1282	0,0019	16,1614	0,0619	14,7909	239,0428	60
65	44,1450	0,0227	719,0829	0,0014	16,2891	0,0614	15,1601	246,9450	65
70	59,0759	0,0169	967,9322	0,0010	16,3845	0,0610	15,4613	253,3271	70
75	79,0569	0,0126	1 300,9487	0,0008	16,4558	0,0608	15,7058	258,4527	75
80	105,7960	0,0095	1 746,5999	0,0006	16,5091	0,0606	15,9033	262,5493	80
85	141,5789	0,0071	2 342,9817	0,0004	16,5489	0,0604	16,0620	265,8096	85
90	189,4645	0,0053	3 141,0752	0,0003	16,5787	0,0603	16,1891	268,3946	90
95	253,5463	0,0039	4 209,1042	0,0002	16,6009	0,0602	16,2905	270,4375	95
100	339,3021	0,0029	5 638,3681	0,0002	16,6175	0,0602	16,3711	272,0471	100

TABLE C.12 FACTEURS DE TAUX D'INTÉRÊT DISCRET (6,0 %)

TABLE C.13 FACTEURS DE TAUX D'INTÉRÊT DISCRET (7,0 %)

N	PAIEMENT UNIQUE		ANNUITÉS				GRADIENTS		N
	(F/P, i, N)	(P/F, i, N)	(F/A, i, N)	(A/F, i, N)	(P/A, i, N)	(A/P, i, N)	(A/G, i, N)	(P/G, i, N)	
1	1,0700	0,9346	1,0000	1,0000	0,9346	1,0700	0,0000	0,0000	1
2	1,1449	0,8734	2,0700	0,4831	1,8080	0,5531	0,4831	0,8734	2
3	1,2250	0,8163	3,2149	0,3111	2,6243	0,3811	0,9549	2,5060	3
4	1,3108	0,7629	4,4399	0,2252	3,3872	0,2952	1,4155	4,7947	4
5	1,4026	0,7130	5,7507	0,1739	4,1002	0,2439	1,8650	7,6467	5
6	1,5007	0,6663	7,1533	0,1398	4,7665	0,2098	2,3032	10,9784	6
7	1,6058	0,6227	8,6540	0,1156	5,3893	0,1856	2,7304	14,7149	7
8	1,7182	0,5820	10,2598	0,0975	5,9713	0,1675	3,1465	18,7889	8
9	1,8385	0,5439	11,9780	0,0835	6,5152	0,1535	3,5517	23,1404	9
10	1,9672	0,5083	13,8164	0,0724	7,0236	0,1424	3,9461	27,7156	10
11	2,1049	0,4751	15,7836	0,0634	7,4987	0,1334	4,3296	32,4665	11
12	2,2522	0,4440	17,8885	0,0559	7,9427	0,1259	4,7025	37,3506	12
13	2,4098	0,4150	20,1406	0,0497	8,3577	0,1197	5,0648	42,3302	13
14	2,5785	0,3878	22,5505	0,0443	8,7455	0,1143	5,4167	47,3718	14
15	2,7590	0,3624	25,1290	0,0398	9,1079	0,1098	5,7583	52,4461	15
16	2,9522	0,3387	27,8881	0,0359	9,4466	0,1059	6,0897	57,5271	16
17	3,1588	0,3166	30,8402	0,0324	9,7632	0,1024	6,4110	62,5923	17
18	3,3799	0,2959	33,9990	0,0294	10,0591	0,0994	6,7225	67,6219	18
19	3,6165	0,2765	37,3790	0,0268	10,3356	0,0968	7,0242	72,5991	19
20	3,8697	0,2584	40,9955	0,0244	10,5940	0,0944	7,3163	77,5091	20
21	4,1406	0,2415	44,8652	0,0223	10,8355	0,0923	7,5990	82,3393	21
22	4,4304	0,2257	49,0057	0,0204	11,0612	0,0904	7,8725	87,0793	22
23	4,7405	0,2109	53,4361	0,0187	11,2722	0,0887	8,1369	91,7201	23
24	5,0724	0,1971	58,1767	0,0172	11,4693	0,0872	8,3923	96,2545	24
25	5,4274	0,1842	63,2490	0,0158	11,6536	0,0858	8,6391	100,6765	25
26	5,8074	0,1722	68,6765	0,0146	11,8258	0,0846	8,8773	104,9814	26
27	6,2139	0,1609	74,4838	0,0134	11,9867	0,0834	9,1072	109,1656	27
28	6,6488	0,1504	80,6977	0,0124	12,1371	0,0824	9,3289	113,2264	28
29	7,1143	0,1406	87,3465	0,0114	12,2777	0,0814	9,5427	117,1622	29
30	7,6123	0,1314	94,4608	0,0106	12,4090	0,0806	9,7487	120,9718	30
31	8,1451	0,1228	102,0730	0,0098	12,5318	0,0798	9,9471	124,6550	31
32	8,7153	0,1147	110,2182	0,0091	12,6466	0,0791	10,1381	128,2120	32
33	9,3253	0,1072	118,9334	0,0084	12,7538	0,0784	10,3219	131,6435	33
34	9,9781	0,1002	128,2588	0,0078	12,8540	0,0778	10,4987	134,9507	34
35	10,6766	0,0937	138,2369	0,0072	12,9477	0,0772	10,6687	138,1353	35
40	14,9745	0,0668	199,6351	0,0050	13,3317	0,0750	11,4233	152,2928	40
45	21,0025	0,0476	285,7493	0,0035	13,6055	0,0735	12,0360	163,7559	45
50	29,4570	0,0339	406,5289	0,0025	13,8007	0,0725	12,5287	172,9051	50
55	41,3150	0,0242	575,9286	0,0017	13,9399	0,0717	12,9215	180,1243	55
60	57,9464	0,0173	813,5204	0,0012	14,0392	0,0712	13,2321	185,7677	60
65	81,2729	0,0123	1 146,7552	0,0009	14,1099	0,0709	13,4760	190,1452	65
70	113,9894	0,0088	1 614,1342	0,0006	14,1604	0,0706	13,6662	193,5185	70
75	159,8760	0,0063	2 269,6574	0,0004	14,1964	0,0704	13,8136	196,1035	75
80	224,2344	0,0045	3 189,0627	0,0003	14,2220	0,0703	13,9273	198,0748	80
85	314,5003	0,0032	4 478,5761	0,0002	14,2403	0,0702	14,0146	199,5717	85
90	441,1030	0,0023	6 287,1854	0,0002	14,2533	0,0702	14,0812	200,7042	90
95	618,6697	0,0016	8 823,8535	0,0001	14,2626	0,0701	14,1319	201,5581	95
100	867,7163	0,0012	12 381,6618	0,0001	14,2693	0,0701	14,1703	202,2001	100

TABLE C.14 FACTEURS DE TAUX D'INTÉRÊT DISCRET (8,0 %)									
	PAIEMENT UNIQUE		ANNUITÉS				GRADIENTS		
N	(F/P, i, N)	(P/F, i, N)	(F/A, i, N)	(A/F, i, N)	(P/A, i, N)	(A/P, i, N)	(A/G, i, N)	(P/G, i, N)	N
1	1,0800	0,9259	1,0000	1,0000	0,9259	1,0800	0,0000	0,0000	1
2	1,1664	0,8573	2,0800	0,4808	1,7833	0,5608	0,4808	0,8573	2
3	1,2597	0,7938	3,2464	0,3080	2,5771	0,3880	0,9487	2,4450	3
4	1,3605	0,7350	4,5061	0,2219	3,3121	0,3019	1,4040	4,6501	4
5	1,4693	0,6806	5,8666	0,1705	3,9927	0,2505	1,8465	7,3724	5
6	1,5869	0,6302	7,3359	0,1363	4,6229	0,2163	2,2763	10,5233	6
7	1,7138	0,5835	8,9228	0,1121	5,2064	0,1921	2,6937	14,0242	7
8	1,8509	0,5403	10,6366	0,0940	5,7466	0,1740	3,0985	17,8061	8
9	1,9990	0,5002	12,4876	0,0801	6,2469	0,1601	3,4910	21,8081	9
10	2,1589	0,4632	14,4866	0,0690	6,7101	0,1490	3,8713	25,9768	10
11	2,3316	0,4289	16,6455	0,0601	7,1390	0,1401	4,2395	30,2657	11
12	2,5182	0,3971	18,9771	0,0527	7,5361	0,1327	4,5957	34,6339	12
13	2,7196	0,3677	21,4953	0,0465	7,9038	0,1265	4,9402	39,0463	13
14	2,9372	0,3405	24,2149	0,0413	8,2442	0,1213	5,2731	43,4723	14
15	3,1722	0,3152	27,1521	0,0368	8,5595	0,1168	5,5945	47,8857	15
16	3,4259	0,2919	30,3243	0,0330	8,8514	0,1130	5,9046	52,2640	16
17	3,7000	0,2703	33,7502	0,0296	9,1216	0,1096	6,2037	56,5883	17
18	3,9960	0,2502	37,4502	0,0267	9,3719	0,1067	6,4920	60,8426	18
19	4,3157	0,2317	41,4463	0,0241	9,6036	0,1041	6,7697	65,0134	19
20	4,6610	0,2145	45,7620	0,0219	9,8181	0,1019	7,0369	69,0898	20
21	5,0338	0,1987	50,4229	0,0198	10,0168	0,0998	7,2940	73,0629	21
22	5,4365	0,1839	55,4568	0,0180	10,2007	0,0980	7,5412	76,9257	22
23	5,8715	0,1703	60,8933	0,0164	10,3711	0,0964	7,7786	80,6726	23
24	6,3412	0,1577	66,7648	0,0150	10,5288	0,0950	8,0066	84,2997	24
25	6,8485	0,1460	73,1059	0,0137	10,6748	0,0937	8,2254	87,8041	25
26	7,3964	0,1352	79,9544	0,0125	10,8100	0,0925	8,4352	91,1842	26
27	7,9881	0,1252	87,3508	0,0114	10,9352	0,0914	8,6363	94,4390	27
28	8,6271	0,1159	95,3388	0,0105	11,0511	0,0905	8,8289	97,5687	28
29	9,3173	0,1073	103,9659	0,0096	11,1584	0,0896	9,0133	100,5738	29
30	10,0627	0,0994	113,2832	0,0088	11,2578	0,0888	9,1897	103,4558	30
31	10,8677	0,0920	123,3459	0,0081	11,3498	0,0881	9,3584	106,2163	31
32	11,7371	0,0852	134,2135	0,0075	11,4350	0,0875	9,5197	108,8575	32
33	12,6760	0,0789	145,9506	0,0069	11,5139	0,0869	9,6737	111,3819	33
34	13,6901	0,0730	158,6267	0,0063	11,5869	0,0863	9,8208	113,7924	34
35	14,7853	0,0676	172,3168	0,0058	11,6546	0,0858	9,9611	116,0920	35
40	21,7245	0,0460	259,0565	0,0039	11,9246	0,0839	10,5699	126,0422	40
45	31,9204	0,0313	386,5056	0,0026	12,1084	0,0826	11,0447	133,7331	45
50	46,9016	0,0213	573,7702	0,0017	12,2335	0,0817	11,4107	139,5928	50
55	68,9139	0,0145	848,9232	0,0012	12,3186	0,0812	11,6902	144,0065	55
60	101,2571	0,0099	1 253,2133	0,0008	12,3766	0,0808	11,9015	147,3000	60
65	148,7798	0,0067	1 847,2481	0,0005	12,4160	0,0805	12,0602	149,7387	65
70	218,6064	0,0046	2 720,0801	0,0004	12,4428	0,0804	12,1783	151,5326	70
75	321,2045	0,0031	4 002,5566	0,0002	12,4611	0,0802	12,2658	152,8448	75
80	471,9548	0,0021	5 886,9354	0,0002	12,4735	0,0802	12,3301	153,8001	80
85	693,4565	0,0014	8 655,7061	0,0001	12,4820	0,0801	12,3772	154,4925	85
90	1 018,9151	0,0010	12 723,9386	0,0001	12,4877	0,0801	12,4116	154,9925	90
95	1 497,1205	0,0007	18 701,5069	0,0001	12,4917	0,0801	12,4365	155,3524	95
100	2 199,7613	0,0005	27 484,5157	0,0000	12,4943	0,0800	12,4545	155,6107	100

TABLE C.15 FACTEURS DE TAUX D'INTÉRÊT DISCRET (9,0 %)

	PAIEMENT UNIQUE		ANNUITÉS				GRADIENTS		
N	(F/P, i, N)	(P/F, i, N)	(F/A, i, N)	(A/F, i, N)	(P/A, i, N)	(A/P, i, N)	(A/G, i, N)	(P/G, i, N)	N
1	1,0900	0,9174	1,0000	1,0000	0,9174	1,0900	0,0000	0,0000	1
2	1,1881	0,8417	2,0900	0,4785	1,7591	0,5685	0,4785	0,8417	2
3	1,2950	0,7722	3,2781	0,3051	2,5313	0,3951	0,9426	2,3860	3
4	1,4116	0,7084	4,5731	0,2187	3,2397	0,3087	1,3925	4,5113	4
5	1,5386	0,6499	5,9847	0,1671	3,8897	0,2571	1,8282	7,1110	5
6	1,6771	0,5963	7,5233	0,1329	4,4859	0,2229	2,2498	10,0924	6
7	1,8280	0,5470	9,2004	0,1087	5,0330	0,1987	2,6574	13,3746	7
8	1,9926	0,5019	11,0285	0,0907	5,5348	0,1807	3,0512	16,8877	8
9	2,1719	0,4604	13,0210	0,0768	5,9952	0,1668	3,4312	20,5711	9
10	2,3674	0,4224	15,1929	0,0658	6,4177	0,1558	3,7978	24,3728	10
11	2,5804	0,3875	17,5603	0,0569	6,8052	0,1469	4,1510	28,2481	11
12	2,8127	0,3555	20,1407	0,0497	7,1607	0,1397	4,4910	32,1590	12
13	3,0658	0,3262	22,9534	0,0436	7,4869	0,1336	4,8182	36,0731	13
14	3,3417	0,2992	26,0192	0,0384	7,7862	0,1284	5,1326	39,9633	14
15	3,6425	0,2745	29,3609	0,0341	8,0607	0,1241	5,4346	43,8069	15
16	3,9703	0,2519	33,0034	0,0303	8,3126	0,1203	5,7245	47,5849	16
17	4,3276	0,2311	36,9737	0,0270	8,5436	0,1170	6,0024	51,2821	17
18	4,7171	0,2120	41,3013	0,0242	8,7556	0,1142	6,2687	54,8860	18
19	5,1417	0,1945	46,0185	0,0217	8,9501	0,1117	6,5236	58,3868	19
20	5,6044	0,1784	51,1601	0,0195	9,1285	0,1095	6,7674	61,7770	20
21	6,1088	0,1637	56,7645	0,0176	9,2922	0,1076	7,0006	65,0509	21
22	6,6586	0,1502	62,8733	0,0159	9,4424	0,1059	7,2232	68,2048	22
23	7,2579	0,1378	69,5319	0,0144	9,5802	0,1044	7,4357	71,2359	23
24	7,9111	0,1264	76,7898	0,0130	9,7066	0,1030	7,6384	74,1433	24
25	8,6231	0,1160	84,7009	0,0118	9,8226	0,1018	7,8316	76,9265	25
26	9,3992	0,1064	93,3240	0,0107	9,9290	0,1007	8,0156	79,5863	26
27	10,2451	0,0976	102,7231	0,0097	10,0266	0,0997	8,1906	82,1241	27
28	11,1671	0,0895	112,9682	0,0089	10,1161	0,0989	8,3571	84,5419	28
29	12,1722	0,0822	124,1354	0,0081	10,1983	0,0981	8,5154	86,8422	29
30	13,2677	0,0754	136,3075	0,0073	10,2737	0,0973	8,6657	89,0280	30
31	14,4618	0,0691	149,5752	0,0067	10,3428	0,0967	8,8083	91,1024	31
32	15,7633	0,0634	164,0370	0,0061	10,4062	0,0961	8,9436	93,0690	32
33	17,1820	0,0582	179,8003	0,0056	10,4644	0,0956	9,0718	94,9314	33
34	18,7284	0,0534	196,9823	0,0051	10,5178	0,0951	9,1933	96,6935	34
35	20,4140	0,0490	215,7108	0,0046	10,5668	0,0946	9,3083	98,3590	35
40	31,4094	0,0318	337,8824	0,0030	10,7574	0,0930	9,7957	105,3762	40
45	48,3273	0,0207	525,8587	0,0019	10,8812	0,0919	10,1603	110,5561	45
50	74,3575	0,0134	815,0836	0,0012	10,9617	0,0912	10,4295	114,3251	50
55	114,4083	0,0087	1 260,0918	0,0008	11,0140	0,0908	10,6261	117,0362	55
60	176,0313	0,0057	1 944,7921	0,0005	11,0480	0,0905	10,7683	118,9683	60
65	270,8460	0,0037	2 998,2885	0,0003	11,0701	0,0903	10,8702	120,3344	65
70	416,7301	0,0024	4 619,2232	0,0002	11,0844	0,0902	10,9427	121,2942	70
75	641,1909	0,0016	7 113,2321	0,0001	11,0938	0,0901	10,9940	121,9646	75
80	986,5517	0,0010	10 950,5741	0,0001	11,0998	0,0901	11,0299	122,4306	80
85	1 517,9320	0,0007	16 854,8003	0,0001	11,1038	0,0901	11,0551	122,7533	85
90	2 335,5266	0,0004	25 939,1842	0,0000	11,1064	0,0900	11,0726	122,9758	90
95	3 593,4971	0,0003	39 916,6350	0,0000	11,1080	0,0900	11,0847	123,1287	95
100	5 529,0408	0,0002	61 422,6755	0,0000	11,1091	0,0900	11,0930	123,2335	100

TABLE C.16 FACTEURS DE TAUX D'INTÉRÊT DISCRET (10,0 %)

N	PAIEMENT UNIQUE		ANNUITÉS				GRADIENTS		N
	(F/P, i, N)	(P/F, i, N)	(F/A, i, N)	(A/F, i, N)	(P/A, i, N)	(A/P, i, N)	(A/G, i, N)	(P/G, i, N)	
1	1,1000	0,9091	1,0000	1,0000	0,9091	1,1000	0,0000	0,0000	1
2	1,2100	0,8264	2,1000	0,4762	1,7355	0,5762	0,4762	0,8264	2
3	1,3310	0,7513	3,3100	0,3021	2,4869	0,4021	0,9366	2,3291	3
4	1,4641	0,6830	4,6410	0,2155	3,1699	0,3155	1,3812	4,3781	4
5	1,6105	0,6209	6,1051	0,1638	3,7908	0,2638	1,8101	6,8618	5
6	1,7716	0,5645	7,7156	0,1296	4,3553	0,2296	2,2236	9,6842	6
7	1,9487	0,5132	9,4872	0,1054	4,8684	0,2054	2,6216	12,7631	7
8	2,1436	0,4665	11,4359	0,0874	5,3349	0,1874	3,0045	16,0287	8
9	2,3579	0,4241	13,5795	0,0736	5,7590	0,1736	3,3724	19,4215	9
10	2,5937	0,3855	15,9374	0,0627	6,1446	0,1627	3,7255	22,8913	10
11	2,8531	0,3505	18,5312	0,0540	6,4951	0,1540	4,0641	26,3963	11
12	3,1384	0,3186	21,3843	0,0468	6,8137	0,1468	4,3884	29,9012	12
13	3,4523	0,2897	24,5227	0,0408	7,1034	0,1408	4,6988	33,3772	13
14	3,7975	0,2633	27,9750	0,0357	7,3667	0,1357	4,9955	36,8005	14
15	4,1772	0,2394	31,7725	0,0315	7,6061	0,1315	5,2789	40,1520	15
16	4,5950	0,2176	35,9497	0,0278	7,8237	0,1278	5,5493	43,4164	16
17	5,0545	0,1978	40,5447	0,0247	8,0216	0,1247	5,8071	46,5819	17
18	5,5599	0,1799	45,5992	0,0219	8,2014	0,1219	6,0526	49,6395	18
19	6,1159	0,1635	51,1591	0,0195	8,3649	0,1195	6,2861	52,5827	19
20	6,7275	0,1486	57,2750	0,0175	8,5136	0,1175	6,5081	55,4069	20
21	7,4002	0,1351	64,0025	0,0156	8,6487	0,1156	6,7189	58,1095	21
22	8,1403	0,1228	71,4027	0,0140	8,7715	0,1140	6,9189	60,6893	22
23	8,9543	0,1117	79,5430	0,0126	8,8832	0,1126	7,1085	63,1462	23
24	9,8497	0,1015	88,4973	0,0113	8,9847	0,1113	7,2881	65,4813	24
25	10,8347	0,0923	98,3471	0,0102	9,0770	0,1102	7,4580	67,6964	25
26	11,9182	0,0839	109,1818	0,0092	9,1609	0,1092	7,6186	69,7940	26
27	13,1100	0,0763	121,0999	0,0083	9,2372	0,1083	7,7704	71,7773	27
28	14,4210	0,0693	134,2099	0,0075	9,3066	0,1075	7,9137	73,6495	28
29	15,8631	0,0630	148,6309	0,0067	9,3696	0,1067	8,0489	75,4146	29
30	17,4494	0,0573	164,4940	0,0061	9,4269	0,1061	8,1762	77,0766	30
31	19,1943	0,0521	181,9434	0,0055	9,4790	0,1055	8,2962	78,6395	31
32	21,1138	0,0474	201,1378	0,0050	9,5264	0,1050	8,4091	80,1078	32
33	23,2252	0,0431	222,2515	0,0045	9,5694	0,1045	8,5152	81,4856	33
34	25,5477	0,0391	245,4767	0,0041	9,6086	0,1041	8,6149	82,7773	34
35	28,1024	0,0356	271,0244	0,0037	9,6442	0,1037	8,7086	83,9872	35
40	45,2593	0,0221	442,5926	0,0023	9,7791	0,1023	9,0962	88,9525	40
45	72,8905	0,0137	718,9048	0,0014	9,8628	0,1014	9,3740	92,4544	45
50	117,3909	0,0085	1 163,9085	0,0009	9,9148	0,1009	9,5704	94,8889	50
55	189,0591	0,0053	1 880,5914	0,0005	9,9471	0,1005	9,7075	96,5619	55
60	304,4816	0,0033	3 034,8164	0,0003	9,9672	0,1003	9,8023	97,7010	60
65	490,3707	0,0020	4 893,7073	0,0002	9,9796	0,1002	9,8672	98,4705	65
70	789,7470	0,0013	7 887,4696	0,0001	9,9873	0,1001	9,9113	98,9870	70
75	1 271,8954	0,0008	12 708,9537	0,0001	9,9921	0,1001	9,9410	99,3317	75
80	2 048,4002	0,0005	20 474,0021	0,0000	9,9951	0,1000	9,9609	99,5606	80
85	3 298,9690	0,0003	32 979,6903	0,0000	9,9970	0,1000	9,9742	99,7120	85
90	5 313,0226	0,0002	53 120,2261	0,0000	9,9981	0,1000	9,9831	99,8118	90
95	8 556,6760	0,0001	85 556,7605	0,0000	9,9988	0,1000	9,9889	99,8773	95
100	13 780,6123	0,0001	137 796,1234	0,0000	9,9993	0,1000	9,9927	99,9202	100

TABLE C.17 FACTEURS DE TAUX D'INTÉRÊT DISCRET (11,0 %)

	PAIEMENT UNIQUE		ANNUITÉS				GRADIENTS		
N	(F/P, i, N)	(P/F, i, N)	(F/A, i, N)	(A/F, i, N)	(P/A, i, N)	(A/P, i, N)	(A/G, i, N)	(P/G, i, N)	N
1	1,1100	0,9009	1,0000	1,0000	0,9009	1,1100	0,0000	0,0000	1
2	1,2321	0,8116	2,1100	0,4739	1,7125	0,5839	0,4739	0,8116	2
3	1,3676	0,7312	3,3421	0,2992	2,4437	0,4092	0,9306	2,2740	3
4	1,5181	0,6587	4,7097	0,2123	3,1024	0,3223	1,3700	4,2502	4
5	1,6851	0,5935	6,2278	0,1606	3,6959	0,2706	1,7923	6,6240	5
6	1,8704	0,5346	7,9129	0,1264	4,2305	0,2364	2,1976	9,2972	6
7	2,0762	0,4817	9,7833	0,1022	4,7122	0,2122	2,5863	12,1872	7
8	2,3045	0,4339	11,8594	0,0843	5,1461	0,1943	2,9585	15,2246	8
9	2,5580	0,3909	14,1640	0,0706	5,5370	0,1806	3,3144	18,3520	9
10	2,8394	0,3522	16,7220	0,0598	5,8892	0,1698	3,6544	21,5217	10
11	3,1518	0,3173	19,5614	0,0511	6,2065	0,1611	3,9788	24,6945	11
12	3,4985	0,2858	22,7132	0,0440	6,4924	0,1540	4,2879	27,8388	12
13	3,8833	0,2575	26,2116	0,0382	6,7499	0,1482	4,5822	30,9290	13
14	4,3104	0,2320	30,0949	0,0332	6,9819	0,1432	4,8619	33,9449	14
15	4,7846	0,2090	34,4054	0,0291	7,1909	0,1391	5,1275	36,8709	15
16	5,3109	0,1883	39,1899	0,0255	7,3792	0,1355	5,3794	39,6953	16
17	5,8951	0,1696	44,5008	0,0225	7,5488	0,1325	5,6180	42,4095	17
18	6,5436	0,1528	50,3959	0,0198	7,7016	0,1298	5,8439	45,0074	18
19	7,2633	0,1377	56,9395	0,0176	7,8393	0,1276	6,0574	47,4856	19
20	8,0623	0,1240	64,2028	0,0156	7,9633	0,1256	6,2590	49,8423	20
21	8,9492	0,1117	72,2651	0,0138	8,0751	0,1238	6,4491	52,0771	21
22	9,9336	0,1007	81,2143	0,0123	8,1757	0,1223	6,6283	54,1912	22
23	11,0263	0,0907	91,1479	0,0110	8,2664	0,1210	6,7969	56,1864	23
24	12,2392	0,0817	102,1742	0,0098	8,3481	0,1198	6,9555	58,0656	24
25	13,5855	0,0736	114,4133	0,0087	8,4217	0,1187	7,1045	59,8322	25
26	15,0799	0,0663	127,9988	0,0078	8,4881	0,1178	7,2443	61,4900	26
27	16,7386	0,0597	143,0786	0,0070	8,5478	0,1170	7,3754	63,0433	27
28	18,5799	0,0538	159,8173	0,0063	8,6016	0,1163	7,4982	64,4965	28
29	20,6237	0,0485	178,3972	0,0056	8,6501	0,1156	7,6131	65,8542	29
30	22,8923	0,0437	199,0209	0,0050	8,6938	0,1150	7,7206	67,1210	30
31	25,4104	0,0394	221,9132	0,0045	8,7331	0,1145	7,8210	68,3016	31
32	28,2056	0,0355	247,3236	0,0040	8,7686	0,1140	7,9147	69,4007	32
33	31,3082	0,0319	275,5292	0,0036	8,8005	0,1136	8,0021	70,4228	33
34	34,7521	0,0288	306,8374	0,0033	8,8293	0,1133	8,0836	71,3724	34
35	38,5749	0,0259	341,5896	0,0029	8,8552	0,1129	8,1594	72,2538	35
40	65,0009	0,0154	581,8261	0,0017	8,9511	0,1117	8,4659	75,7789	40
45	109,5302	0,0091	986,6386	0,0010	9,0079	0,1110	8,6763	78,1551	45
50	184,5648	0,0054	1 668,7712	0,0006	9,0417	0,1106	8,8185	79,7341	50
55	311,0025	0,0032	2 818,2042	0,0004	9,0617	0,1104	8,9135	80,7712	55
60	524,0572	0,0019	4 755,0658	0,0002	9,0736	0,1102	8,9762	81,4461	60

TABLE C.18 FACTEURS DE TAUX D'INTÉRÊT DISCRET (12,0 %)

	PAIEMENT UNIQUE		ANNUITÉS				GRADIENTS		
N	(F/P, i, N)	(P/F, i, N)	(F/A, i, N)	(A/F, i, N)	(P/A, i, N)	(A/P, i, N)	(A/G, i, N)	(P/G, i, N)	N
1	1,1200	0,8929	1,0000	1,0000	0,8929	1,1200	0,0000	0,0000	1
2	1,2544	0,7972	2,1200	0,4717	1,6901	0,5917	0,4717	0,7972	2
3	1,4049	0,7118	3,3744	0,2963	2,4018	0,4163	0,9246	2,2208	3
4	1,5735	0,6355	4,7793	0,2092	3,0373	0,3292	1,3589	4,1273	4
5	1,7623	0,5674	6,3528	0,1574	3,6048	0,2774	1,7746	6,3970	5
6	1,9738	0,5066	8,1152	0,1232	4,1114	0,2432	2,1720	8,9302	6
7	2,2107	0,4523	10,0890	0,0991	4,5638	0,2191	2,5515	11,6443	7
8	2,4760	0,4039	12,2997	0,0813	4,9676	0,2013	2,9131	14,4714	8
9	2,7731	0,3606	14,7757	0,0677	5,3282	0,1877	3,2574	17,3563	9
10	3,1058	0,3220	17,5487	0,0570	5,6502	0,1770	3,5847	20,2541	10
11	3,4785	0,2875	20,6546	0,0484	5,9377	0,1684	3,8953	23,1288	11
12	3,8960	0,2567	24,1331	0,0414	6,1944	0,1614	4,1897	25,9523	12
13	4,3635	0,2292	28,0291	0,0357	6,4235	0,1557	4,4683	28,7024	13
14	4,8871	0,2046	32,3926	0,0309	6,6282	0,1509	4,7317	31,3624	14
15	5,4736	0,1827	37,2797	0,0268	6,8109	0,1468	4,9803	33,9202	15
16	6,1304	0,1631	42,7533	0,0234	6,9740	0,1434	5,2147	36,3670	16
17	6,8660	0,1456	48,8837	0,0205	7,1196	0,1405	5,4353	38,6973	17
18	7,6900	0,1300	55,7497	0,0179	7,2497	0,1379	5,6427	40,9080	18
19	8,6128	0,1161	63,4397	0,0158	7,3658	0,1358	5,8375	42,9979	19
20	9,6463	0,1037	72,0524	0,0139	7,4694	0,1339	6,0202	44,9676	20
21	10,8038	0,0926	81,6987	0,0122	7,5620	0,1322	6,1913	46,8188	21
22	12,1003	0,0826	92,5026	0,0108	7,6446	0,1308	6,3514	48,5543	22
23	13,5523	0,0738	104,6029	0,0096	7,7184	0,1296	6,5010	50,1776	23
24	15,1786	0,0659	118,1552	0,0085	7,7843	0,1285	6,6406	51,6929	24
25	17,0001	0,0588	133,3339	0,0075	7,8431	0,1275	6,7708	53,1046	25
26	19,0401	0,0525	150,3339	0,0067	7,8957	0,1267	6,8921	54,4177	26
27	21,3249	0,0469	169,3740	0,0059	7,9426	0,1259	7,0049	55,6369	27
28	23,8839	0,0419	190,6989	0,0052	7,9844	0,1252	7,1098	56,7674	28
29	26,7499	0,0374	214,5828	0,0047	8,0218	0,1247	7,2071	57,8141	29
30	29,9599	0,0334	241,3327	0,0041	8,0552	0,1241	7,2974	58,7821	30
31	33,5551	0,0298	271,2926	0,0037	8,0850	0,1237	7,3811	59,6761	31
32	37,5817	0,0266	304,8477	0,0033	8,1116	0,1233	7,4586	60,5010	32
33	42,0915	0,0238	342,4294	0,0029	8,1354	0,1229	7,5302	61,2612	33
34	47,1425	0,0212	384,5210	0,0026	8,1566	0,1226	7,5965	61,9612	34
35	52,7996	0,0189	431,6635	0,0023	8,1755	0,1223	7,6577	62,6052	35
40	93,0510	0,0107	767,0914	0,0013	8,2438	0,1213	7,8988	65,1159	40
45	163,9876	0,0061	1 358,2300	0,0007	8,2825	0,1207	8,0572	66,7342	45
50	289,0022	0,0035	2 400,0182	0,0004	8,3045	0,1204	8,1597	67,7624	50
55	509,3206	0,0020	4 236,0050	0,0002	8,3170	0,1202	8,2251	68,4082	55
60	897,5969	0,0011	7 471,6411	0,0001	8,3240	0,1201	8,2664	68,8100	60

TABLE C.19 FACTEURS DE TAUX D'INTÉRÊT DISCRET (13,0 %)

	PAIEMENT UNIQUE		ANNUITÉS				GRADIENTS		
N	(F/P, i, N)	(P/F, i, N)	(F/A, i, N)	(A/F, i, N)	(P/A, i, N)	(A/P, i, N)	(A/G, i, N)	(P/G, i, N)	N
1	1,1300	0,8850	1,0000	1,0000	0,8850	1,1300	0,0000	0,0000	1
2	1,2769	0,7831	2,1300	0,4695	1,6681	0,5995	0,4695	0,7831	2
3	1,4429	0,6931	3,4069	0,2935	2,3612	0,4235	0,9187	2,1692	3
4	1,6305	0,6133	4,8498	0,2062	2,9745	0,3362	1,3479	4,0092	4
5	1,8424	0,5428	6,4803	0,1543	3,5172	0,2843	1,7571	6,1802	5
6	2,0820	0,4803	8,3227	0,1202	3,9975	0,2502	2,1468	8,5818	6
7	2,3526	0,4251	10,4047	0,0961	4,4226	0,2261	2,5171	11,1322	7
8	2,6584	0,3762	12,7573	0,0784	4,7988	0,2084	2,8685	13,7653	8
9	3,0040	0,3329	15,4157	0,0649	5,1317	0,1949	3,2014	16,4284	9
10	3,3946	0,2946	18,4197	0,0543	5,4262	0,1843	3,5162	19,0797	10
11	3,8359	0,2607	21,8143	0,0458	5,6869	0,1758	3,8134	21,6867	11
12	4,3345	0,2307	25,6502	0,0390	5,9176	0,1690	4,0936	24,2244	12
13	4,8980	0,2042	29,9847	0,0334	6,1218	0,1634	4,3573	26,6744	13
14	5,5348	0,1807	34,8827	0,0287	6,3025	0,1587	4,6050	29,0232	14
15	6,2543	0,1599	40,4175	0,0247	6,4624	0,1547	4,8375	31,2617	15
16	7,0673	0,1415	46,6717	0,0214	6,6039	0,1514	5,0552	33,3841	16
17	7,9861	0,1252	53,7391	0,0186	6,7291	0,1486	5,2589	35,3876	17
18	9,0243	0,1108	61,7251	0,0162	6,8399	0,1462	5,4491	37,2714	18
19	10,1974	0,0981	70,7494	0,0141	6,9380	0,1441	5,6265	39,0366	19
20	11,5231	0,0868	80,9468	0,0124	7,0248	0,1424	5,7917	40,6854	20
21	13,0211	0,0768	92,4699	0,0108	7,1016	0,1408	5,9454	42,2214	21
22	14,7138	0,0680	105,4910	0,0095	7,1695	0,1395	6,0881	43,6486	22
23	16,6266	0,0601	120,2048	0,0083	7,2297	0,1383	6,2205	44,9718	23
24	18,7881	0,0532	136,8315	0,0073	7,2829	0,1373	6,3431	46,1960	24
25	21,2305	0,0471	155,6196	0,0064	7,3300	0,1364	6,4566	47,3264	25
26	23,9905	0,0417	176,8501	0,0057	7,3717	0,1357	6,5614	48,3685	26
27	27,1093	0,0369	200,8406	0,0050	7,4086	0,1350	6,6582	49,3276	27
28	30,6335	0,0326	227,9499	0,0044	7,4412	0,1344	6,7474	50,2090	28
29	34,6158	0,0289	258,5834	0,0039	7,4701	0,1339	6,8296	51,0179	29
30	39,1159	0,0256	293,1992	0,0034	7,4957	0,1334	6,9052	51,7592	30
31	44,2010	0,0226	332,3151	0,0030	7,5183	0,1330	6,9747	52,4380	31
32	49,9471	0,0200	376,5161	0,0027	7,5383	0,1327	7,0385	53,0586	32
33	56,4402	0,0177	426,4632	0,0023	7,5560	0,1323	7,0971	53,6256	33
34	63,7774	0,0157	482,9034	0,0021	7,5717	0,1321	7,1507	54,1430	34
35	72,0685	0,0139	546,6808	0,0018	7,5856	0,1318	7,1998	54,6148	35
40	132,7816	0,0075	1 013,7042	0,0010	7,6344	0,1310	7,3888	56,4087	40
45	244,6414	0,0041	1 874,1646	0,0005	7,6609	0,1305	7,5076	57,5148	45
50	450,7359	0,0022	3 459,5071	0,0003	7,6752	0,1303	7,5811	58,1870	50
55	830,4517	0,0012	6 380,3979	0,0002	7,6830	0,1302	7,6260	58,5909	55
60	1 530,0535	0,0007	11 761,9498	0,0001	7,6873	0,1301	7,6531	58,8313	60

TABLE C.20 FACTEURS DE TAUX D'INTÉRÊT DISCRET (14,0 %)

	PAIEMENT UNIQUE		ANNUITÉS				GRADIENTS		
N	(F/P, i, N)	(P/F, i, N)	(F/A, i, N)	(A/F, i, N)	(P/A, i, N)	(A/P, i, N)	(A/G, i, N)	(P/G, i, N)	N
1	1,1400	0,8772	1,0000	1,0000	0,8772	1,1400	0,0000	0,0000	1
2	1,2996	0,7695	2,1400	0,4673	1,6467	0,6073	0,4673	0,7695	2
3	1,4815	0,6750	3,4396	0,2907	2,3216	0,4307	0,9129	2,1194	3
4	1,6890	0,5921	4,9211	0,2032	2,9137	0,3432	1,3370	3,8957	4
5	1,9254	0,5194	6,6101	0,1513	3,4331	0,2913	1,7399	5,9731	5
6	2,1950	0,4556	8,5355	0,1172	3,8887	0,2572	2,1218	8,2511	6
7	2,5023	0,3996	10,7305	0,0932	4,2883	0,2332	2,4832	10,6489	7
8	2,8526	0,3506	13,2328	0,0756	4,6389	0,2156	2,8246	13,1028	8
9	3,2519	0,3075	16,0853	0,0622	4,9464	0,2022	3,1463	15,5629	9
10	3,7072	0,2697	19,3373	0,0517	5,2161	0,1917	3,4490	17,9906	10
11	4,2262	0,2366	23,0445	0,0434	5,4527	0,1834	3,7333	20,3567	11
12	4,8179	0,2076	27,2707	0,0367	5,6603	0,1767	3,9998	22,6399	12
13	5,4924	0,1821	32,0887	0,0312	5,8424	0,1712	4,2491	24,8247	13
14	6,2613	0,1597	37,5811	0,0266	6,0021	0,1666	4,4819	26,9009	14
15	7,1379	0,1401	43,8424	0,0228	6,1422	0,1628	4,6990	28,8623	15
16	8,1372	0,1229	50,9804	0,0196	6,2651	0,1596	4,9011	30,7057	16
17	9,2765	0,1078	59,1176	0,0169	6,3729	0,1569	5,0888	32,4305	17
18	10,5752	0,0946	68,3941	0,0146	6,4674	0,1546	5,2630	34,0380	18
19	12,0557	0,0829	78,9692	0,0127	6,5504	0,1527	5,4243	35,5311	19
20	13,7435	0,0728	91,0249	0,0110	6,6231	0,1510	5,5734	36,9135	20
21	15,6676	0,0638	104,7684	0,0095	6,6870	0,1495	5,7111	38,1901	21
22	17,8610	0,0560	120,4360	0,0083	6,7429	0,1483	5,8381	39,3658	22
23	20,3616	0,0491	138,2970	0,0072	6,7921	0,1472	5,9549	40,4463	23
24	23,2122	0,0431	158,6586	0,0063	6,8351	0,1463	6,0624	41,4371	24
25	26,4619	0,0378	181,8708	0,0055	6,8729	0,1455	6,1610	42,3441	25
26	30,1666	0,0331	208,3327	0,0048	6,9061	0,1448	6,2514	43,1728	26
27	34,3899	0,0291	238,4993	0,0042	6,9352	0,1442	6,3342	43,9289	27
28	39,2045	0,0255	272,8892	0,0037	6,9607	0,1437	6,4100	44,6176	28
29	44,6931	0,0224	312,0937	0,0032	6,9830	0,1432	6,4791	45,2441	29
30	50,9502	0,0196	356,7868	0,0028	7,0027	0,1428	6,5423	45,8132	30
31	58,0832	0,0172	407,7370	0,0025	7,0199	0,1425	6,5998	46,3297	31
32	66,2148	0,0151	465,8202	0,0021	7,0350	0,1421	6,6522	46,7979	32
33	75,4849	0,0132	532,0350	0,0019	7,0482	0,1419	6,6998	47,2218	33
34	86,0528	0,0116	607,5199	0,0016	7,0599	0,1416	6,7431	47,6053	34
35	98,1002	0,0102	693,5727	0,0014	7,0700	0,1414	6,7824	47,9519	35
40	188,8835	0,0053	1 342,0251	0,0007	7,1050	0,1407	6,9300	49,2376	40
45	363,6791	0,0027	2 590,5648	0,0004	7,1232	0,1404	7,0188	49,9963	45
50	700,2330	0,0014	4 994,5213	0,0002	7,1327	0,1402	7,0714	50,4375	50

TABLE C.21 FACTEURS DE TAUX D'INTÉRÊT DISCRET (15,0 %)

	PAIEMENT UNIQUE		ANNUITÉS				GRADIENTS		
N	(F/P, i, N)	(P/F, i, N)	(F/A, i, N)	(A/F, i, N)	(P/A, i, N)	(A/P, i, N)	(A/G, i, N)	(P/G, i, N)	N
1	1,1500	0,8696	1,0000	1,0000	0,8696	1,1500	0,0000	0,0000	1
2	1,3225	0,7561	2,1500	0,4651	1,6257	0,6151	0,4651	0,7561	2
3	1,5209	0,6575	3,4725	0,2880	2,2832	0,4380	0,9071	2,0712	3
4	1,7490	0,5718	4,9934	0,2003	2,8550	0,3503	1,3263	3,7864	4
5	2,0114	0,4972	6,7424	0,1483	3,3522	0,2983	1,7228	5,7751	5
6	2,3131	0,4323	8,7537	0,1142	3,7845	0,2642	2,0972	7,9368	6
7	2,6600	0,3759	11,0668	0,0904	4,1604	0,2404	2,4498	10,1924	7
8	3,0590	0,3269	13,7268	0,0729	4,4873	0,2229	2,7813	12,4807	8
9	3,5179	0,2843	16,7858	0,0596	4,7716	0,2096	3,0922	14,7548	9
10	4,0456	0,2472	20,3037	0,0493	5,0188	0,1993	3,3832	16,9795	10
11	4,6524	0,2149	24,3493	0,0411	5,2337	0,1911	3,6549	19,1289	11
12	5,3503	0,1869	29,0017	0,0345	5,4206	0,1845	3,9082	21,1849	12
13	6,1528	0,1625	34,3519	0,0291	5,5831	0,1791	4,1438	23,1352	13
14	7,0757	0,1413	40,5047	0,0247	5,7245	0,1747	4,3624	24,9725	14
15	8,1371	0,1229	47,5804	0,0210	5,8474	0,1710	4,5650	26,6930	15
16	9,3576	0,1069	55,7175	0,0179	5,9542	0,1679	4,7522	28,2960	16
17	10,7613	0,0929	65,0751	0,0154	6,0472	0,1654	4,9251	29,7828	17
18	12,3755	0,0808	75,8364	0,0132	6,1280	0,1632	5,0843	31,1565	18
19	14,2318	0,0703	88,2118	0,0113	6,1982	0,1613	5,2307	32,4213	19
20	16,3665	0,0611	102,4436	0,0098	6,2593	0,1598	5,3651	33,5822	20
21	18,8215	0,0531	118,8101	0,0084	6,3125	0,1584	5,4883	34,6448	21
22	21,6447	0,0462	137,6316	0,0073	6,3587	0,1573	5,6010	35,6150	22
23	24,8915	0,0402	159,2764	0,0063	6,3988	0,1563	5,7040	36,4988	23
24	28,6252	0,0349	184,1678	0,0054	6,4338	0,1554	5,7979	37,3023	24
25	32,9190	0,0304	212,7930	0,0047	6,4641	0,1547	5,8834	38,0314	25
26	37,8568	0,0264	245,7120	0,0041	6,4906	0,1541	5,9612	38,6918	26
27	43,5353	0,0230	283,5688	0,0035	6,5135	0,1535	6,0319	39,2890	27
28	50,0656	0,0200	327,1041	0,0031	6,5335	0,1531	6,0960	39,8283	28
29	57,5755	0,0174	377,1697	0,0027	6,5509	0,1527	6,1541	40,3146	29
30	66,2118	0,0151	434,7451	0,0023	6,5660	0,1523	6,2066	40,7526	30
31	76,1435	0,0131	500,9569	0,0020	6,5791	0,1520	6,2541	41,1466	31
32	87,5651	0,0114	577,1005	0,0017	6,5905	0,1517	6,2970	41,5006	32
33	100,6998	0,0099	664,6655	0,0015	6,6005	0,1515	6,3357	41,8184	33
34	115,8048	0,0086	765,3654	0,0013	6,6091	0,1513	6,3705	42,1033	34
35	133,1755	0,0075	881,1702	0,0011	6,6166	0,1511	6,4019	42,3586	35
40	267,8635	0,0037	1 779,0903	0,0006	6,6418	0,1506	6,5168	43,2830	40
45	538,7693	0,0019	3 585,1285	0,0003	6,6543	0,1503	6,5830	43,8051	45
50	1 083,6574	0,0009	7 217,7163	0,0001	6,6605	0,1501	6,6205	44,0958	50

TABLE C.22 FACTEURS DE TAUX D'INTÉRÊT DISCRET (16,0 %)

	PAIEMENT UNIQUE		ANNUITÉS				GRADIENTS		
N	(F/P, i, N)	(P/F, i, N)	(F/A, i, N)	(A/F, i, N)	(P/A, i, N)	(A/P, i, N)	(A/G, i, N)	(P/G, i, N)	N
1	1,1600	0,8621	1,0000	1,0000	0,8621	1,1600	0,0000	0,0000	1
2	1,3456	0,7432	2,1600	0,4630	1,6052	0,6230	0,4630	0,7432	2
3	1,5609	0,6407	3,5056	0,2853	2,2459	0,4453	0,9014	2,0245	3
4	1,8106	0,5523	5,0665	0,1974	2,7982	0,3574	1,3156	3,6814	4
5	2,1003	0,4761	6,8771	0,1454	3,2743	0,3054	1,7060	5,5858	5
6	2,4364	0,4104	8,9775	0,1114	3,6847	0,2714	2,0729	7,6380	6
7	2,8262	0,3538	11,4139	0,0876	4,0386	0,2476	2,4169	9,7610	7
8	3,2784	0,3050	14,2401	0,0702	4,3436	0,2302	2,7388	11,8962	8
9	3,8030	0,2630	17,5185	0,0571	4,6065	0,2171	3,0391	13,9998	9
10	4,4114	0,2267	21,3215	0,0469	4,8332	0,2069	3,3187	16,0399	10
11	5,1173	0,1954	25,7329	0,0389	5,0286	0,1989	3,5783	17,9941	11
12	5,9360	0,1685	30,8502	0,0324	5,1971	0,1924	3,8189	19,8472	12
13	6,8858	0,1452	36,7862	0,0272	5,3423	0,1872	4,0413	21,5899	13
14	7,9875	0,1252	43,6720	0,0229	5,4675	0,1829	4,2464	23,2175	14
15	9,2655	0,1079	51,6595	0,0194	5,5755	0,1794	4,4352	24,7284	15
16	10,7480	0,0930	60,9250	0,0164	5,6685	0,1764	4,6086	26,1241	16
17	12,4677	0,0802	71,6730	0,0140	5,7487	0,1740	4,7676	27,4074	17
18	14,4625	0,0691	84,1407	0,0119	5,8178	0,1719	4,9130	28,5828	18
19	16,7765	0,0596	98,6032	0,0101	5,8775	0,1701	5,0457	29,6557	19
20	19,4608	0,0514	115,3797	0,0087	5,9288	0,1687	5,1666	30,6321	20
21	22,5745	0,0443	134,8405	0,0074	5,9731	0,1674	5,2766	31,5180	21
22	26,1864	0,0382	157,4150	0,0064	6,0113	0,1664	5,3765	32,3200	22
23	30,3762	0,0329	183,6014	0,0054	6,0442	0,1654	5,4671	33,0442	23
24	35,2364	0,0284	213,9776	0,0047	6,0726	0,1647	5,5490	33,6970	24
25	40,8742	0,0245	249,2140	0,0040	6,0971	0,1640	5,6230	34,2841	25
26	47,4141	0,0211	290,0883	0,0034	6,1182	0,1634	5,6898	34,8114	26
27	55,0004	0,0182	337,5024	0,0030	6,1364	0,1630	5,7500	35,2841	27
28	63,8004	0,0157	392,5028	0,0025	6,1520	0,1625	5,8041	35,7073	28
29	74,0085	0,0135	456,3032	0,0022	6,1656	0,1622	5,8528	36,0856	29
30	85,8499	0,0116	530,3117	0,0019	6,1772	0,1619	5,8964	36,4234	30
31	99,5859	0,0100	616,1616	0,0016	6,1872	0,1616	5,9356	36,7247	31
32	115,5196	0,0087	715,7475	0,0014	6,1959	0,1614	5,9706	36,9930	32
33	134,0027	0,0075	831,2671	0,0012	6,2034	0,1612	6,0019	37,2318	33
34	155,4432	0,0064	965,2698	0,0010	6,2098	0,1610	6,0299	37,4441	34
35	180,3141	0,0055	1 120,7130	0,0009	6,2153	0,1609	6,0548	37,6327	35
40	378,7212	0,0026	2 360,7572	0,0004	6,2335	0,1604	6,1441	38,2992	40
45	795,4438	0,0013	4 965,2739	0,0002	6,2421	0,1602	6,1934	38,6598	45
50	1 670,7038	0,0006	10 435,6488	0,0001	6,2463	0,1601	6,2201	38,8521	50

TABLE C.23 FACTEURS DE TAUX D'INTÉRÊT DISCRET (18,0 %)

	PAIEMENT UNIQUE		ANNUITÉS				GRADIENTS		
N	(F/P, i, N)	(P/F, i, N)	(F/A, i, N)	(A/F, i, N)	(P/A, i, N)	(A/P, i, N)	(A/G, i, N)	(P/G, i, N)	N
1	1,1800	0,8475	1,0000	1,0000	0,8475	1,1800	0,0000	0,0000	1
2	1,3924	0,7182	2,1800	0,4587	1,5656	0,6387	0,4587	0,7182	2
3	1,6430	0,6086	3,5724	0,2799	2,1743	0,4599	0,8902	1,9354	3
4	1,9388	0,5158	5,2154	0,1917	2,6901	0,3717	1,2947	3,4828	4
5	2,2878	0,4371	7,1542	0,1398	3,1272	0,3198	1,6728	5,2312	5
6	2,6996	0,3704	9,4420	0,1059	3,4976	0,2859	2,0252	7,0834	6
7	3,1855	0,3139	12,1415	0,0824	3,8115	0,2624	2,3526	8,9670	7
8	3,7589	0,2660	15,3270	0,0652	4,0776	0,2452	2,6558	10,8292	8
9	4,4355	0,2255	19,0859	0,0524	4,3030	0,2324	2,9358	12,6329	9
10	5,2338	0,1911	23,5213	0,0425	4,4941	0,2225	3,1936	14,3525	10
11	6,1759	0,1619	28,7551	0,0348	4,6560	0,2148	3,4303	15,9716	11
12	7,2876	0,1372	34,9311	0,0286	4,7932	0,2086	3,6470	17,4811	12
13	8,5994	0,1163	42,2187	0,0237	4,9095	0,2037	3,8449	18,8765	13
14	10,1472	0,0985	50,8180	0,0197	5,0081	0,1997	4,0250	20,1576	14
15	11,9737	0,0835	60,9653	0,0164	5,0916	0,1964	4,1887	21,3269	15
16	14,1290	0,0708	72,9390	0,0137	5,1624	0,1937	4,3369	22,3885	16
17	16,6722	0,0600	87,0680	0,0115	5,2223	0,1915	4,4708	23,3482	17
18	19,6733	0,0508	103,7403	0,0096	5,2732	0,1896	4,5916	24,2123	18
19	23,2144	0,0431	123,4135	0,0081	5,3162	0,1881	4,7003	24,9877	19
20	27,3930	0,0365	146,6280	0,0068	5,3527	0,1868	4,7978	25,6813	20
21	32,3238	0,0309	174,0210	0,0057	5,3837	0,1857	4,8851	26,3000	21
22	38,1421	0,0262	206,3448	0,0048	5,4099	0,1848	4,9632	26,8506	22
23	45,0076	0,0222	244,4868	0,0041	5,4321	0,1841	5,0329	27,3394	23
24	53,1090	0,0188	289,4945	0,0035	5,4509	0,1835	5,0950	27,7725	24
25	62,6686	0,0160	342,6035	0,0029	5,4669	0,1829	5,1502	28,1555	25
26	73,9490	0,0135	405,2721	0,0025	5,4804	0,1825	5,1991	28,4935	26
27	87,2598	0,0115	479,2211	0,0021	5,4919	0,1821	5,2425	28,7915	27
28	102,9666	0,0097	566,4809	0,0018	5,5016	0,1818	5,2810	29,0537	28
29	121,5005	0,0082	669,4475	0,0015	5,5098	0,1815	5,3149	29,2842	29
30	143,3706	0,0070	790,9480	0,0013	5,5168	0,1813	5,3448	29,4864	30
31	169,1774	0,0059	934,3186	0,0011	5,5227	0,1811	5,3712	29,6638	31
32	199,6293	0,0050	1 103,4960	0,0009	5,5277	0,1809	5,3945	29,8191	32
33	235,5625	0,0042	1 303,1253	0,0008	5,5320	0,1808	5,4149	29,9549	33
34	277,9638	0,0036	1 538,6878	0,0006	5,5356	0,1806	5,4328	30,0736	34
35	327,9973	0,0030	1 816,6516	0,0006	5,5386	0,1806	5,4485	30,1773	35
40	750,3783	0,0013	4 163,2130	0,0002	5,5482	0,1802	5,5022	30,5269	40
45	1 716,6839	0,0006	9 531,5771	0,0001	5,5523	0,1801	5,5293	30,7006	45
50	3 927,3569	0,0003	21 813,0937	0,0000	5,5541	0,1800	5,5428	30,7856	50

TABLE C.24 FACTEURS DE TAUX D'INTÉRÊT DISCRET (20,0 %)

	PAIEMENT UNIQUE		ANNUITÉS				GRADIENTS		
N	(F/P, i, N)	(P/F, i, N)	(F/A, i, N)	(A/F, i, N)	(P/A, i, N)	(A/P, i, N)	(A/G, i, N)	(P/G, i, N)	N
1	1,2000	0,8333	1,0000	1,0000	0,8333	1,2000	0,0000	0,0000	1
2	1,4400	0,6944	2,2000	0,4545	1,5278	0,6545	0,4545	0,6944	2
3	1,7280	0,5787	3,6400	0,2747	2,1065	0,4747	0,8791	1,8519	3
4	2,0736	0,4823	5,3680	0,1863	2,5887	0,3863	1,2742	3,2986	4
5	2,4883	0,4019	7,4416	0,1344	2,9906	0,3344	1,6405	4,9061	5
6	2,9860	0,3349	9,9299	0,1007	3,3255	0,3007	1,9788	6,5806	6
7	3,5832	0,2791	12,9159	0,0774	3,6046	0,2774	2,2902	8,2551	7
8	4,2998	0,2326	16,4991	0,0606	3,8372	0,2606	2,5756	9,8831	8
9	5,1598	0,1938	20,7989	0,0481	4,0310	0,2481	2,8364	11,4335	9
10	6,1917	0,1615	25,9587	0,0385	4,1925	0,2385	3,0739	12,8871	10
11	7,4301	0,1346	32,1504	0,0311	4,3271	0,2311	3,2893	14,2330	11
12	8,9161	0,1122	39,5805	0,0253	4,4392	0,2253	3,4841	15,4667	12
13	10,6993	0,0935	48,4966	0,0206	4,5327	0,2206	3,6597	16,5883	13
14	12,8392	0,0779	59,1959	0,0169	4,6106	0,2169	3,8175	17,6008	14
15	15,4070	0,0649	72,0351	0,0139	4,6755	0,2139	3,9588	18,5095	15
16	18,4884	0,0541	87,4421	0,0114	4,7296	0,2114	4,0851	19,3208	16
17	22,1861	0,0451	105,9306	0,0094	4,7746	0,2094	4,1976	20,0419	17
18	26,6233	0,0376	128,1167	0,0078	4,8122	0,2078	4,2975	20,6805	18
19	31,9480	0,0313	154,7400	0,0065	4,8435	0,2065	4,3861	21,2439	19
20	38,3376	0,0261	186,6880	0,0054	4,8696	0,2054	4,4643	21,7395	20
21	46,0051	0,0217	225,0256	0,0044	4,8913	0,2044	4,5334	22,1742	21
22	55,2061	0,0181	271,0307	0,0037	4,9094	0,2037	4,5941	22,5546	22
23	66,2474	0,0151	326,2369	0,0031	4,9245	0,2031	4,6475	22,8867	23
24	79,4968	0,0126	392,4842	0,0025	4,9371	0,2025	4,6943	23,1760	24
25	95,3962	0,0105	471,9811	0,0021	4,9476	0,2021	4,7352	23,4276	25
26	114,4755	0,0087	567,3773	0,0018	4,9563	0,2018	4,7709	23,6460	26
27	137,3706	0,0073	681,8528	0,0015	4,9636	0,2015	4,8020	23,8353	27
28	164,8447	0,0061	819,2233	0,0012	4,9697	0,2012	4,8291	23,9991	28
29	197,8136	0,0051	984,0680	0,0010	4,9747	0,2010	4,8527	24,1406	29
30	237,3763	0,0042	1 181,8816	0,0008	4,9789	0,2008	4,8731	24,2628	30
31	284,8516	0,0035	1 419,2579	0,0007	4,9824	0,2007	4,8908	24,3681	31
32	341,8219	0,0029	1 704,1095	0,0006	4,9854	0,2006	4,9061	24,4588	32
33	410,1863	0,0024	2 045,9314	0,0005	4,9878	0,2005	4,9194	24,5368	33
34	492,2235	0,0020	2 456,1176	0,0004	4,9898	0,2004	4,9308	24,6038	34
35	590,6682	0,0017	2 948,3411	0,0003	4,9915	0,2003	4,9406	24,6614	35
40	1 469,7716	0,0007	7 343,8578	0,0001	4,9966	0,2001	4,9728	24,8469	40
45	3 657,2620	0,0003	18 281,3099	0,0001	4,9986	0,2001	4,9877	24,9316	45

TABLE C.25 FACTEURS DE TAUX D'INTÉRÊT DISCRET (25,0 %)

	PAIEMENT UNIQUE		ANNUITÉS				GRADIENTS		
N	(F/P, i, N)	(P/F, i, N)	(F/A, i, N)	(A/F, i, N)	(P/A, i, N)	(A/P, i, N)	(A/G, i, N)	(P/G, i, N)	N
1	1,2500	0,8000	1,0000	1,0000	0,8000	1,2500	0,0000	0,0000	1
2	1,5625	0,6400	2,2500	0,4444	1,4400	0,6944	0,4444	0,6400	2
3	1,9531	0,5120	3,8125	0,2623	1,9520	0,5123	0,8525	1,6640	3
4	2,4414	0,4096	5,7656	0,1734	2,3616	0,4234	1,2249	2,8928	4
5	3,0518	0,3277	8,2070	0,1218	2,6893	0,3718	1,5631	4,2035	5
6	3,8147	0,2621	11,2588	0,0888	2,9514	0,3388	1,8683	5,5142	6
7	4,7684	0,2097	15,0735	0,0663	3,1611	0,3163	2,1424	6,7725	7
8	5,9605	0,1678	19,8419	0,0504	3,3289	0,3004	2,3872	7,9469	8
9	7,4506	0,1342	25,8023	0,0388	3,4631	0,2888	2,6048	9,0207	9
10	9,3132	0,1074	33,2529	0,0301	3,5705	0,2801	2,7971	9,9870	10
11	11,6415	0,0859	42,5661	0,0235	3,6564	0,2735	2,9663	10,8460	11
12	14,5519	0,0687	54,2077	0,0184	3,7251	0,2684	3,1145	11,6020	12
13	18,1899	0,0550	68,7596	0,0145	3,7801	0,2645	3,2437	12,2617	13
14	22,7374	0,0440	86,9495	0,0115	3,8241	0,2615	3,3559	12,8334	14
15	28,4217	0,0352	109,6868	0,0091	3,8593	0,2591	3,4530	13,3260	15
16	35,5271	0,0281	138,1085	0,0072	3,8874	0,2572	3,5366	13,7482	16
17	44,4089	0,0225	173,6357	0,0058	3,9099	0,2558	3,6084	14,1085	17
18	55,5112	0,0180	218,0446	0,0046	3,9279	0,2546	3,6698	14,4147	18
19	69,3889	0,0144	273,5558	0,0037	3,9424	0,2537	3,7222	14,6741	19
20	86,7362	0,0115	342,9447	0,0029	3,9539	0,2529	3,7667	14,8932	20
21	108,4202	0,0092	429,6809	0,0023	3,9631	0,2523	3,8045	15,0777	21
22	135,5253	0,0074	538,1011	0,0019	3,9705	0,2519	3,8365	15,2326	22
23	169,4066	0,0059	673,6264	0,0015	3,9764	0,2515	3,8634	15,3625	23
24	211,7582	0,0047	843,0329	0,0012	3,9811	0,2512	3,8861	15,4711	24
25	264,6978	0,0038	1 054,7912	0,0009	3,9849	0,2509	3,9052	15,5618	25
26	330,8722	0,0030	1 319,4890	0,0008	3,9879	0,2508	3,9212	15,6373	26
27	413,5903	0,0024	1 650,3612	0,0006	3,9903	0,2506	3,9346	15,7002	27
28	516,9879	0,0019	2 063,9515	0,0005	3,9923	0,2505	3,9457	15,7524	28
29	646,2349	0,0015	2 580,9394	0,0004	3,9938	0,2504	3,9551	15,7957	29
30	807,7936	0,0012	3 227,1743	0,0003	3,9950	0,2503	3,9628	15,8316	30
31	1 009,7420	0,0010	4 034,9678	0,0002	3,9960	0,2502	3,9693	15,8614	31
32	1 262,1774	0,0008	5 044,7098	0,0002	3,9968	0,2502	3,9746	15,8859	32
33	1 577,7218	0,0006	6 306,8872	0,0002	3,9975	0,2502	3,9791	15,9062	33
34	1 972,1523	0,0005	7 884,6091	0,0001	3,9980	0,2501	3,9828	15,9229	34
35	2 465,1903	0,0004	9 856,7613	0,0001	3,9984	0,2501	3,9858	15,9367	35
40	7 523,1638	0,0001	30 088,6554	0,0000	3,9995	0,2500	3,9947	15,9766	40

TABLE C.26 FACTEURS DE TAUX D'INTÉRÊT DISCRET (30,0 %)

	PAIEMENT UNIQUE		ANNUITÉS				GRADIENTS		
N	(F/P, i, N)	(P/F, i, N)	(F/A, i, N)	(A/F, i, N)	(P/A, i, N)	(A/P, i, N)	(A/G, i, N)	(P/G, i, N)	N
1	1,3000	0,7692	1,0000	1,0000	0,7692	1,3000	0,0000	0,0000	1
2	1,6900	0,5917	2,3000	0,4348	1,3609	0,7348	0,4348	0,5917	2
3	2,1970	0,4552	3,9900	0,2506	1,8161	0,5506	0,8271	1,5020	3
4	2,8561	0,3501	6,1870	0,1616	2,1662	0,4616	1,1783	2,5524	4
5	3,7129	0,2693	9,0431	0,1106	2,4356	0,4106	1,4903	3,6297	5
6	4,8268	0,2072	12,7560	0,0784	2,6427	0,3784	1,7654	4,6656	6
7	6,2749	0,1594	17,5828	0,0569	2,8021	0,3569	2,0063	5,6218	7
8	8,1573	0,1226	23,8577	0,0419	2,9247	0,3419	2,2156	6,4800	8
9	10,6045	0,0943	32,0150	0,0312	3,0190	0,3312	2,3963	7,2343	9
10	13,7858	0,0725	42,6195	0,0235	3,0915	0,3235	2,5512	7,8872	10
11	17,9216	0,0558	56,4053	0,0177	3,1473	0,3177	2,6833	8,4452	11
12	23,2981	0,0429	74,3270	0,0135	3,1903	0,3135	2,7952	8,9173	12
13	30,2875	0,0330	97,6250	0,0102	3,2233	0,3102	2,8895	9,3135	13
14	39,3738	0,0254	127,9125	0,0078	3,2487	0,3078	2,9685	9,6437	14
15	51,1859	0,0195	167,2863	0,0060	3,2682	0,3060	3,0344	9,9172	15
16	66,5417	0,0150	218,4722	0,0046	3,2832	0,3046	3,0892	10,1426	16
17	86,5042	0,0116	285,0139	0,0035	3,2948	0,3035	3,1345	10,3276	17
18	112,4554	0,0089	371,5180	0,0027	3,3037	0,3027	3,1718	10,4788	18
19	146,1920	0,0068	483,9734	0,0021	3,3105	0,3021	3,2025	10,6019	19
20	190,0496	0,0053	630,1655	0,0016	3,3158	0,3016	3,2275	10,7019	20
21	247,0645	0,0040	820,2151	0,0012	3,3198	0,3012	3,2480	10,7828	21
22	321,1839	0,0031	1 067,2796	0,0009	3,3230	0,3009	3,2646	10,8482	22
23	417,5391	0,0024	1 388,4635	0,0007	3,3254	0,3007	3,2781	10,9009	23
24	542,8008	0,0018	1 806,0026	0,0006	3,3272	0,3006	3,2890	10,9433	24
25	705,6410	0,0014	2 348,8033	0,0004	3,3286	0,3004	3,2979	10,9773	25
26	917,3333	0,0011	3 054,4443	0,0003	3,3297	0,3003	3,3050	11,0045	26
27	1 192,5333	0,0008	3 971,7776	0,0003	3,3305	0,3003	3,3107	11,0263	27
28	1 550,2933	0,0006	5 164,3109	0,0002	3,3312	0,3002	3,3153	11,0437	28
29	2 015,3813	0,0005	6 714,6042	0,0001	3,3317	0,3001	3,3189	11,0576	29
30	2 619,9956	0,0004	8 729,9855	0,0001	3,3321	0,3001	3,3219	11,0687	30
31	3 405,9943	0,0003	11 349,9811	0,0001	3,3324	0,3001	3,3242	11,0775	31
32	4 427,7926	0,0002	14 755,9755	0,0001	3,3326	0,3001	3,3261	11,0845	32
33	5 756,1304	0,0002	19 183,7681	0,0001	3,3328	0,3001	3,3276	11,0901	33
34	7 482,9696	0,0001	24 939,8985	0,0000	3,3329	0,3000	3,3288	11,0945	34
35	9 727,8604	0,0001	32 422,8681	0,0000	3,3330	0,3000	3,3297	11,0980	35

TABLE C.27 FACTEURS DE TAUX D'INTÉRÊT DISCRET (35,0 %)

	PAIEMENT UNIQUE		ANNUITÉS				GRADIENTS		
N	(F/P, i, N)	(P/F, i, N)	(F/A, i, N)	(A/F, i, N)	(P/A, i, N)	(A/P, i, N)	(A/G, i, N)	(P/G, i, N)	N
1	1,3500	0,7407	1,0000	1,0000	0,7407	1,3500	0,0000	0,0000	1
2	1,8225	0,5487	2,3500	0,4255	1,2894	0,7755	0,4255	0,5487	2
3	2,4604	0,4064	4,1725	0,2397	1,6959	0,5897	0,8029	1,3616	3
4	3,3215	0,3011	6,6329	0,1508	1,9969	0,5008	1,1341	2,2648	4
5	4,4840	0,2230	9,9544	0,1005	2,2200	0,4505	1,4220	3,1568	5
6	6,0534	0,1652	14,4384	0,0693	2,3852	0,4193	1,6698	3,9828	6
7	8,1722	0,1224	20,4919	0,0488	2,5075	0,3988	1,8811	4,7170	7
8	11,0324	0,0906	28,6640	0,0349	2,5982	0,3849	2,0597	5,3515	8
9	14,8937	0,0671	39,6964	0,0252	2,6653	0,3752	2,2094	5,8886	9
10	20,1066	0,0497	54,5902	0,0183	2,7150	0,3683	2,3338	6,3363	10
11	27,1439	0,0368	74,6967	0,0134	2,7519	0,3634	2,4364	6,7047	11
12	36,6442	0,0273	101,8406	0,0098	2,7792	0,3598	2,5205	7,0049	12
13	49,4697	0,0202	138,4848	0,0072	2,7994	0,3572	2,5889	7,2474	13
14	66,7841	0,0150	187,9544	0,0053	2,8144	0,3553	2,6443	7,4421	14
15	90,1585	0,0111	254,7385	0,0039	2,8255	0,3539	2,6889	7,5974	15
16	121,7139	0,0082	344,8970	0,0029	2,8337	0,3529	2,7246	7,7206	16
17	164,3138	0,0061	466,6109	0,0021	2,8398	0,3521	2,7530	7,8180	17
18	221,8236	0,0045	630,9247	0,0016	2,8443	0,3516	2,7756	7,8946	18
19	299,4619	0,0033	852,7483	0,0012	2,8476	0,3512	2,7935	7,9547	19
20	404,2736	0,0025	1 152,2103	0,0009	2,8501	0,3509	2,8075	8,0017	20
21	545,7693	0,0018	1 556,4838	0,0006	2,8519	0,3506	2,8186	8,0384	21
22	736,7886	0,0014	2 102,2532	0,0005	2,8533	0,3505	2,8272	8,0669	22
23	994,6646	0,0010	2 839,0418	0,0004	2,8543	0,3504	2,8340	8,0890	23
24	1 342,7973	0,0007	3 833,7064	0,0003	2,8550	0,3503	2,8393	8,1061	24
25	1 812,7763	0,0006	5 176,5037	0,0002	2,8556	0,3502	2,8433	8,1194	25
26	2 447,2480	0,0004	6 989,2800	0,0001	2,8560	0,3501	2,8465	8,1296	26
27	3 303,7848	0,0003	9 436,5280	0,0001	2,8563	0,3501	2,8490	8,1374	27
28	4 460,1095	0,0002	12 740,3128	0,0001	2,8565	0,3501	2,8509	8,1435	28
29	6 021,1478	0,0002	17 200,4222	0,0001	2,8567	0,3501	2,8523	8,1481	29
30	8 128,5495	0,0001	23 221,5700	0,0000	2,8568	0,3500	2,8535	8,1517	30

TABLE C.28 FACTEURS DE TAUX D'INTÉRÊT DISCRET (40,0 %)

	PAIEMENT UNIQUE		ANNUITÉS				GRADIENTS		
N	(F/P, i, N)	(P/F, i, N)	(F/A, i, N)	(A/F, i, N)	(P/A, i, N)	(A/P, i, N)	(A/G, i, N)	(P/G, i, N)	N
1	1,4000	0,7143	1,0000	1,0000	0,7143	1,4000	0,0000	0,0000	1
2	1,9600	0,5102	2,4000	0,4167	1,2245	0,8167	0,4167	0,5102	2
3	2,7440	0,3644	4,3600	0,2294	1,5889	0,6294	0,7798	1,2391	3
4	3,8416	0,2603	7,1040	0,1408	1,8492	0,5408	1,0923	2,0200	4
5	5,3782	0,1859	10,9456	0,0914	2,0352	0,4914	1,3580	2,7637	5
6	7,5295	0,1328	16,3238	0,0613	2,1680	0,4613	1,5811	3,4278	6
7	10,5414	0,0949	23,8534	0,0419	2,2628	0,4419	1,7664	3,9970	7
8	14,7579	0,0678	34,3947	0,0291	2,3306	0,4291	1,9185	4,4713	8
9	20,6610	0,0484	49,1526	0,0203	2,3790	0,4203	2,0422	4,8585	9
10	28,9255	0,0346	69,8137	0,0143	2,4136	0,4143	2,1419	5,1696	10
11	40,4957	0,0247	98,7391	0,0101	2,4383	0,4101	2,2215	5,4166	11
12	56,6939	0,0176	139,2348	0,0072	2,4559	0,4072	2,2845	5,6106	12
13	79,3715	0,0126	195,9287	0,0051	2,4685	0,4051	2,3341	5,7618	13
14	111,1201	0,0090	275,3002	0,0036	2,4775	0,4036	2,3729	5,8788	14
15	155,5681	0,0064	386,4202	0,0026	2,4839	0,4026	2,4030	5,9688	15
16	217,7953	0,0046	541,9883	0,0018	2,4885	0,4018	2,4262	6,0376	16
17	304,9135	0,0033	759,7837	0,0013	2,4918	0,4013	2,4441	6,0901	17
18	426,8789	0,0023	1 064,6971	0,0009	2,4941	0,4009	2,4577	6,1299	18
19	597,6304	0,0017	1 491,5760	0,0007	2,4958	0,4007	2,4682	6,1601	19
20	836,6826	0,0012	2 089,2064	0,0005	2,4970	0,4005	2,4761	6,1828	20
21	1 171,3556	0,0009	2 925,8889	0,0003	2,4979	0,4003	2,4821	6,1998	21
22	1 639,8978	0,0006	4 097,2445	0,0002	2,4985	0,4002	2,4866	6,2127	22
23	2 295,8569	0,0004	5 737,1423	0,0002	2,4989	0,4002	2,4900	6,2222	23
24	3 214,1997	0,0003	8 032,9993	0,0001	2,4992	0,4001	2,4925	6,2294	24
25	4 499,8796	0,0002	11 247,1990	0,0001	2,4994	0,4001	2,4944	6,2347	25
26	6 299,8314	0,0002	15 747,0785	0,0001	2,4996	0,4001	2,4959	6,2387	26
27	8 819,7640	0,0001	22 046,9099	0,0000	2,4997	0,4000	2,4969	6,2416	27
28	12 347,6696	0,0001	30 866,6739	0,0000	2,4998	0,4000	2,4977	6,2438	28
29	17 286,7374	0,0001	43 214,3435	0,0000	2,4999	0,4000	2,4983	6,2454	29
30	24 201,4324	0,0000	60 501,0809	0,0000	2,4999	0,4000	2,4988	6,2466	30

TABLE C.29 FACTEURS DE TAUX D'INTÉRÊT DISCRET (50,0 %)

	PAIEMENT UNIQUE		ANNUITÉS				GRADIENTS		
N	(F/P, i, N)	(P/F, i, N)	(F/A, i, N)	(A/F, i, N)	(P/A, i, N)	(A/P, i, N)	(A/G, i, N)	(P/G, i, N)	N
1	1,5000	0,6667	1,0000	1,0000	0,6667	1,5000	0,0000	0,0000	1
2	2,2500	0,4444	2,5000	0,4000	1,1111	0,9000	0,4000	0,4444	2
3	3,3750	0,2963	4,7500	0,2105	1,4074	0,7105	0,7368	1,0370	3
4	5,0625	0,1975	8,1250	0,1231	1,6049	0,6231	1,0154	1,6296	4
5	7,5938	0,1317	13,1875	0,0758	1,7366	0,5758	1,2417	2,1564	5
6	11,3906	0,0878	20,7813	0,0481	1,8244	0,5481	1,4226	2,5953	6
7	17,0859	0,0585	32,1719	0,0311	1,8829	0,5311	1,5648	2,9465	7
8	25,6289	0,0390	49,2578	0,0203	1,9220	0,5203	1,6752	3,2196	8
9	38,4434	0,0260	74,8867	0,0134	1,9480	0,5134	1,7596	3,4277	9
10	57,6650	0,0173	113,3301	0,0088	1,9653	0,5088	1,8235	3,5838	10
11	86,4976	0,0116	170,9951	0,0058	1,9769	0,5058	1,8713	3,6994	11
12	129,7463	0,0077	257,4927	0,0039	1,9846	0,5039	1,9068	3,7842	12
13	194,6195	0,0051	387,2390	0,0026	1,9897	0,5026	1,9329	3,8459	13
14	291,9293	0,0034	581,8585	0,0017	1,9931	0,5017	1,9519	3,8904	14
15	437,8939	0,0023	873,7878	0,0011	1,9954	0,5011	1,9657	3,9224	15
16	656,8408	0,0015	1 311,6817	0,0008	1,9970	0,5008	1,9756	3,9452	16
17	985,2613	0,0010	1 968,5225	0,0005	1,9980	0,5005	1,9827	3,9614	17
18	1 477,8919	0,0007	2 953,7838	0,0003	1,9986	0,5003	1,9878	3,9729	18
19	2 216,8378	0,0005	4 431,6756	0,0002	1,9991	0,5002	1,9914	3,9811	19
20	3 325,2567	0,0003	6 648,5135	0,0002	1,9994	0,5002	1,9940	3,9868	20

accounting depreciation amortissement comptable

acquisition acquisition

actual dollars dollars courants; dollars du moment

add-on loan prêt avec l'intérêt ajouté

adjusted cost basis prix de base rajusté

alternatives possibilités; options

amortization amortissement

analysis period période d'analyse

annual equivalent valeur annuelle équivalente

annual percentage rate (APR) taux annuel; taux affiché

annuity annuité

annuity due annuité de début de période

annuity factor facteur d'annuité

asset actif

asset class (pool) catégorie de biens

availability disponibilité

available-for-use biens prêts à être mis en service

balance owing reliquat; solde

balance sheet bilan

bearer bond obligation au porteur

benchmark point de repère

benefit-cost analysis analyse coûts-avantages

betterment amélioration

bond obligation

book depreciation amortissement aux livres

book value valeur comptable

break-even analysis analyse du seuil de rentabilité; analyse du point mort

break-even point point mort; seuil de rentabilité

business entreprise

callable bond obligation remboursable par anticipation

Canada Customs and Revenue Agency Agence canadienne des douanes et du revenu

Canada savings bonds obligations d'épargne du Canada

capital capital

capital assets immobilisations

capital budget budget des investissements

capital cost coût en capital

capital cost allowance (CCA) déduction pour amortissement (DPA)

capital cost factor facteur du coût en capital

capital cost tax factor facteur d'impôt du coût en capital

capital gains gains en capital

capital goods biens d'équipement

capital losses pertes en capital

capital rationing rationnement du capital

capital recover cost coût de recouvrement du capital

capital recovery factor facteur de recouvrement du capital

capital structure structure du capital

capitalized capitalisé

capitalized equivalent coût capitalisé équivalent

carrybacks reports rétroactifs

cash valeurs disponibles

cash flow mouvement de trésorerie

cash flow diagram diagramme du flux monétaire

cash flow statement état des flux de trésorerie

cash inflow rentrée de fonds; encaissement

cash outflow sortie de fonds; décaissement

CCA DPA

challenger opposant

collateral mortgage hypothèque mobilière

commissioning mise en service

common multiple method méthode de multiple commun

common stock actions ordinaires

composite series séries monétaires combinées

compound amount factor facteur de valeur accumulée

compound interest intérêt composé

compounding period période d'actualisation

conditional conditionnel; potentiel

conditional probability probabilité conditionnelle

constant dollar dollar constant

consumer price index indice des prix à la consommation

contingencies éventualités

contingent conditionnel; potentiel

continuous compounding capitalisation continue

continuous discounting actualisation continue

contribution contribution

corporation société

cost accounting comptabilisation à la valeur d'acquisition

cost of capital coût du capital

cost of goods sold coût des produits vendus

cost-of-living index indice du coût de la vie

costs incurred frais engagés

coupon rate taux d'intérêt contractuel; coût d'intérêt nominal

cumulative distribution distribution cumulative

current assets actif à court terme

current liabilities passif à court terme

current yield taux de rendement courant

daily quotidien

daily compounding actualisation quotidienne

debenture débenture

debt financing financement par emprunt

debt ratio ratio d'endettement

decay rate taux d'extinction

decisions under risk décisions dans un contexte aléatoire

decisions under uncertainty décisions dans un contexte incertain

declining balance depreciation amortissement avec solde dégressif

defender défenseur

deferred investment investissement différé

deflation déflation

depletion épuisement

depreciable assets biens amortissables

depreciable life durée amortissable

depreciation amortissement

depreciation expense dotation aux amortissements

depreciation schedule calendrier d'amortissement

disbenefits pertes de bénéfices

disbursement débours; décaissement

discount bond obligation avec escompte d'émission

discount rate taux d'actualisation

discounted cash flow flux monétaire actualisé

discounting actualisation

discrete discret

disposal tax effect effet fiscal à la disposition

disposition disposition

dividend dividende

do-nothing alternative option nulle; option zéro

due date date d'exigibilité

earning power pouvoir de gain

earnings per share bénéfice par action

economic depreciation dépréciation économique

economic equivalence équivalence économique

economic service life durée de vie économique

effective interest rate taux d'intérêt effectif

effectiveness efficacité

efficiency efficience

enduring benefit bénéfice durable

engineering economics économie de l'ingénieur

equity capitaux propres
equity financing financement par actions
equity ratio ratio d'endettement
equivalence équivalence
equivalent annual cost coût annuel équivalent
estimate devis; estimation
expected value valeur espérée
external interest rate taux d'intérêt externe
external rate of return taux externe de rendement

face value valeur nominale
50 % rule règle du 50 %
financial analysis analyse financière
financial lease bail financier
financial risk risque financier
financial statement état financier
financial structure structure financière
first cost coût initial
fiscal period exercice
fiscal policy politique fiscale
fixed assets capital fixe
fixed costs charges fixes
floatation costs coûts d'émission
functional depreciation dépréciation fonctionnelle
future value valeur capitalisée; valeur future
future worth valeur capitalisée; valeur future

generalized cash flow approach méthode généralisée de flux monétaire
geometric gradient series flux monétaires d'un gradient géométrique
going concern value valeur d'usage
gradient gradient
gross income revenu brut
growth rate taux de croissance
guaranteed investment certificate (GIC) certificat de placement garanti

half-year convention règle de la demi-année
high-ratio mortgage prêt hypothécaire à rapport prêt-valeur élevé

imputed cost coût ventilé; coût réparti
income statement état des résultats
income tax impôts sur le revenu
incremental différentiel
incremental analysis analyse marginale; analyse différentielle
indifference curve courbe d'indifférence
industrial mineral mines mines de minéraux industriels
industry price index indice des prix industriels
inflation inflation
inflation tax impôt d'inflation
input intrant
intangibles incorporels
interest intérêt
interest factor facteur d'intérêt
interest period période d'actualisation
interest rate taux d'intérêt
internal rate of return taux de rendement interne
inventories valeur d'inventaire
inventory turnover rotation des stocks
investment investissement
investment opportunity schedule plan des occasions d'investissement
investment pool fonds commun d'investissement
investment risk profile profil de risque d'un investissement
investment tax credit crédit d'impôt à l'investissement
irregular series flux monétaire irrégulier

joint probability probabilité conjointe

law of large numbers loi des grands nombres
learning curve courbe d'apprentissage
lease location
leasee locataire
leasehold improvements améliorations locatives
lessor bailleur
leverage effet de levier
liabilities passif

life cycle costing coût de revient de cycle de vie; (méthode du) coût complet sur le cycle de vie

linear gradient series flux monétaire d'un gradient arithmétique (gradient linéaire)

linear interpolation interpolation linéaire

loan prêt; emprunt

loan balance reliquat

lowest common multiple plus petit multiple commun

lump sum paiement unique; somme forfaitaire

make-or-buy decision décision de fabriquer ou d'acheter

maintenance entretien

maintenance costs coûts d'entretien

marginal marginal

marginal costs coûts marginaux

marginal probability probabilité marginale

market interest rate taux du marché

market value valeur marchande

marketable bonds obligations négociables

MARR TRAM

matching principle principe du rapprochement; principe d'appariement

mature arriver à échéance

maturity date date d'échéance

mineral resource ressource minérale

minimum attractive rate of return taux de rendement acceptable minimum

mode mode

monetary policy politique monétaire

monthly mensuel

mortgage hypothèque

mortgage bond obligation hypothécaire

mortgage rate taux d'emprunt hypothécaire

multiple rates of return taux de rendement multiples

mutually exclusive mutuellement exclusif

net cash flow flux monétaire net

net income revenu net

net investment test test de l'investissement net

net worth capitaux propres

nominal interest rate taux d'intérêt nominal

nonrefundable tax credit crédit d'impôt non remboursable

objective probability probabilité objective

open-end mortgage emprunt hypothécaire non plafonné

operating costs coûts d'exploitation

operating expenses dépenses d'exploitation

operating lease bail d'exploitation

operating ratio ratio d'exploitation

opportunity cost coût d'opportunité; coût d'option

option choix, option

output extrant

outstanding receipts valeurs réalisables à court terme

overhead costs frais généraux

par value valeur nominale

partnership société de personnes

payback period délai de récupération

payments versements

payoff matrix matrice des règlements

physical depreciation dépréciation physique

planning horizon horizon de planification

preferred stock actions privilégiées

premium bond obligation avec prime d'émission

present equivalent valeur actualisée; valeur présente

present value valeur actualisée; valeur présente

present worth valeur actualisée; valeur présente

present worth profile courbe de valeur actualisée

price-earnings ratio ratio cours-bénéfice

price index indice des prix

prime rate taux préférentiel

principal principal; capital

proceeds of disposition produit de disposition

profit margin marge bénéficiaire

project balance solde du projet

project life durée du projet

public goods biens publics
purchase price prix d'achat
purchasing power pouvoir d'achat

quarterly trimestriel

radar chart graphique radar
random number nombre aléatoire
random variable variable aléatoire
rate of return taux de rendement
real dollars dollars constants
real interest rate taux d'intérêt réel
recaptured CCA DPA récupérée
receipts recettes
recovered capital capital amorti ; capital recouvert
refundable tax credit crédit d'impôt remboursable
registered bond obligation nominative
registered education savings plan régime enregistré d'épargne-études
registered retirement savings plan (RRSP) régime enregistré d'épargne-retraite (REER)
repayment remboursement
replacement remplacement
request for expenditure demande de dépense
resource property avoir minier
retained earnings bénéfices non répartis
return on investment rendement de l'investissement
revenue project projet avec revenus
risk risque

salvage value valeur de récupération, valeur de revente
screening triage
sensitivity analysis analyse de sensibilité
service life durée de vie
service project projet de service
shares actions
short-run decision décision à court terme
simple interest intérêt simple
simple investment investissement simple
simulation simulation
sinking fund fonds d'amortissement

small business deduction déduction accordée aux petites entreprises
social discount rate taux d'escompte social
sole proprietorship propriétaire unique
spreadsheet tableur
standard operating procedures normes d'exploitation
stock actions
stock exchange bourse des valeurs mobilières
stock market bourse des valeurs mobilières
straight line depreciation amortissement linéaire ; amortissement constant
study period période d'étude
subjective probability probabilité subjective
sunk costs coûts irrécupérables ; coûts perdus
surtax surtaxe

tax credit crédit d'impôt
tax depreciation amortissement fiscal
tax incentives incitations fiscales
tax instalment acompte provisionnel
tax schedule barème d'imposition
tax shield protection fiscale
taxable income revenu imposable
taxation year année d'imposition
term deposit (TD) dépôt à terme
terminal loss perte finale
timber limit concession forestière
timber resource property avoir forestier
time value of money valeur temporelle de l'argent
total investment approach méthode de l'investissement total
trade-in value valeur de reprise
Treasury bills bons du Trésor

uncertainty incertitude
undepreciated capital cost (UCC) fraction non amortie du coût en capital (FNACC)
uniform cash flow series flux monétaire uniforme
unit cost coût unitaire
unit profit profit unitaire

useful life durée de vie utile
utility utilité

valuation valorisation
variable cost coût variable
variance variance
volume index indice du volume

working capital fonds de roulement
working capital release libération du fonds de roulement

yield rendement
yield to maturity rendement à l'échéance

Chapitre 2

$2.1 24 481 $

2.2 a)

$2.3 $P = 5\ 375\ $$

$2.4 $C = 3\ 741\ $$

$2.5 Intérêt simple = 300 $, intérêt composé = 312,90 $

$2.6 $F = 4\ 422\ $$

$2.7 $C = 8\ 054\ $$

2.8 $P = 30\ 000\ $$

2.9 d)

$2.10 Intérêt simple : $N = 11,11$ ans ; intérêt composé : $N = 9,01$ ans

$2.12 Intérêt composé = 1 191,02 $, intérêt simple = 1 210 $

$2.14 $F = 12\ 100\ $$

2.16 **a)** $P = 3\ 532\ $$ **b)** $P = 2\ 459\ $$ **c)** $P = 12\ 999\ $$ **d)** $P = 4\ 627\ $$

$2.18 $N = 4,96$ ans ; règle du 72 = 4,80 ans

$2.20 $P = 7\ 473,70\ $$

2.22 $P = 6\ 911\ 539\ $$

$2.25 **a)** $A = 564,56\ $$ **b)** $A = 1\ 645,50\ $$ **c)** $A = 237,16\ $$ **d)** $A = 650,42\ $$

$2.27 $A = 1\ 574,10\ $$

2.30 **a)** $P = 10\ 060,61\ $$ **b)** 12 835,32 $ **c)** 2 036,45 $ **d)** 22 346,49 $

$2.33 $F = 4\ 993,41\ $$

2.34 $P = 957,77\ $$

$2.38 $i = 24,57\ \%$

2.40 $C = 458,90\ $$

2.42 $N = 10,53$ ans

$2.43 **a)** $F = 18\ 231,52\ $$ **b)** $F = 19\ 872,35\ $$

2.44 $A = 8\ 128,69\ $$

$2.45 **a)** $A = 307,96\ $$ **b)** $A = 357,87\ $$

2.48 $P = 824,12\ $$

2.51 $X = 150,45\ $$

2.54 $C = 290,19\ $$

2.55 $X = 276,92\ $$

2.57 $A = 61,18\ $$

2.61 $i = 18,77\ \%$

2.65 $P = 0,96\ $$

2.68 $P = 50\ 467\ $$

Chapitre 3

$3.1 Banque A: 15,865 %; banque B: 15,948 %; c)

3.2 $F = 2\ 500\$ (F/A, 2{,}2669\%, 40) = 160\ 058\$$

$3.3 $A = 10\ 000\$ (A/P, 0{,}75\%, 60) = 208\$$, $P = 208\$ (P/A, 0{,}75\%, 36) = 6\ 541\$$

$3.4 b), Option 1: $F = 1\ 000\$ (F/A, 1{,}5\%, 40)\ (F/P, 1{,}5\%, 60) = 132\ 588\$.$
Option 2: $F = 6\ 000\$ (F/A, 6{,}136\%, 15) = 141{,}111\$$

$3.5 c)

3.6 $(1 + i)^2 = 1{,}12$, $i = 5{,}83\%$ semestriellement, $1\ 000\$ (P/A, 5{,}83\%, 6) = 4\ 944\$$

3.7 $2 = (1 + r/4)^{20}$, $r = 3{,}526\% \times 4 = 14{,}11\%$

3.8 $F = 1\ 000\$ (F/A, 2{,}26692\%, 12) = 13\ 615\$$

3.9 $i_a = (1 + 0{,}018)^{12} = 23{,}87\%$

3.10 $P = 1\ 000\$ (P/A, 2{,}020\%, 20) = 16\ 320\$$

3.11 $A = 25\ 000\$ (A/P, 0{,}75\%, 36) = 795\$$

3.12 $70\ 000\$ = 1\ 000\$ (P/A, 1\%, N) = 121$ mois

$3.13 $20\ 000\$ = 922\ 90\$ (P/A, i, 24)$, $i = 0{,}83\%$ par mois,
$P = 922\ 90\$ (P/A, 0{,}83\%, 12) = 10\ 500\$$

3.14 $20\ 000\$ = 5\ 548{,}19\$ (P/A, i, 5)$, $i = 12\%$

3.15 $2 = 1(F/P, 9{,}3083\%, N)$, $N = 8$ ans

$3.16 $0{,}0887 = (1 + r/365)^{365} - 1$, $r = 8{,}5\%$

$3.17 $100\$/(P/F, 8\%, 1) + 300\$ (P/F, 8\%, 2) + 500\$ (P/F, 8\%, 3)$
$+ X(P/F, 8\%, 4) = 1\ 000\$$; $X = 345\$$

$3.20 Taux nominal: $r = 15\%$; Taux réel: $i_a = 16{,}08\%$

$3.22 **a)** r = 650 % composé hebdomadairement **b)** $i_a = 45\ 601{,}60\%$

$3.24 Contrat de location de 24 mois: $PE = 12\ 860{,}95\$$;
contrat de location avec paiement initial: $PE = 12\ 026\$$

$3.28 **a)** 116 678 $ **b)** 116 287 $ **c)** 116 089 $

3.32 $A = 726{,}56\$$

3.35 $P = 7\ 819\$$

3.38 **a)** 40 305,56 $ **b)** 76 054,66 $ **c)** 1 003 554,24 $

3.40 $i_a = 8{,}085\%$

$3.45 $A = 471{,}03\$$

$3.47 $A = 956{,}57\$$

3.54 $P = 510{,}25\$$

$3.55 **a)** 127 646 246 $ **b)** 127 655 627 $

$3.58 **a)** $P = 8\ 875{,}42\$$ **b)** $F = 13\ 186\$$ **c)** $A = 2\ 199{,}21\$$

3.60 $F = 1\ 379{,}93\$$

$3.64 **a)** $A = 424{,}62\$$ **b)** r = 11,40 % composé mensuellement

$3.67 $A = 1\ 415{,}42\$$

$3.74 $F = 201\ 071{,}85\$$

$3.75 **a)** $i_a = 24{,}6941\%$ **b)** 1 664,85 $

$3.77 **a)** $A = 448{,}38\$$ **b)** $A = 438{,}88\$$
c) $I_{concessionnaire} = 727{,}23\$$, $I_{coopérative} = 3\ 817{,}01\$$

3.79 $A = 453{,}42\$$

$3.84 $F = 933{,}13\$$

$3.85 c)
3.88 $P_A = 1\ 895,89\ \$; P_B = 1\ 103,00\ \$$
3.90 **a)** $P = 1\ 227,20\ \$$ **b)** $P = 938,04\ \$$ **c)** 15,9 %

Chapitre 4

4.1 $n = 8$ ans
4.2 Délai de récupération : non actualisé = entre 4 et 5 ans ; actualisé = **entre 5 et 6 ans**
4.3 $PE = 866,51\ \$$
4.4 $PE = 1\ 386\ \$$
4.10 Valeur capitalisée pour A, B, C, D et E : 3 354,43 $; 4 741,10 $;
23 006,14 $; 7 699,68 $; –831,87 $
4.13 1 000 $
4.15 $RC = 3\ 440\ \$$
4.17 $AE = 4\ 303,13\ \$$
4.25 **a)** $X = 2\ 309,55\ \$$ **b)** $AE = 5\ 265,46\ \$ > 0$
4.26 $X = 230\ \$$
4.27 82 739 $
$4.29 $F = 904,67\ \$$
$4.32 $i^* = 12,08\ \%$
4.35 $i^* = 10\ \%$
4.37 Délai de récupération : non actualisé, a) ; actualisé, tous les énoncés sont corrects
$4.38 $PE = 218\ 420\ \$$
4.39 $PE = 2\ 047\ 734\ \$$
4.40 a)
4.41 d), soldes de projet : à $n = 6$, –2 492 $; à $n = 7$, 2 134 $
4.42 **a)** $PE = 17\ 459,69\ \$ > 0$ **b)** $PE = 62\ 730\ \$ > 0$ **c)** $i = 10,77\ \%$; donc, **énoncé d)**
4.45 **a)** Flux monétaires $n = 0$ à $n = 5$: –10 000 $, – 1 000 $,
–5 000 $, 8 000 $, –6 000 $, –3 000 $
4.54 $RC = 74\ 353\ \$$
$4.59 c)
4.60 **a)** $i^* = 15,01\ \%$ **b)** $i^* = 2,94\ \%$ **c)** $g = 4,223\ \%$
4.62 **a)** TRI = 60,52 %, projet acceptable **b)** TRI = 67,03 % **c)** TRI = 48,07 %
4.64 $P = 7\ 913,16\ \$$
4.67 **a)** TRI = 13,94 %, projet acceptable **b)** TRI = 11,81 %, projet non rentable

Annexe 4A

4A.7 **a)** A et B **b)** C **c)** TRI du projet A = 23,24 %, TRI du projet B = 21,11 %,
TRI du projet C = 12,24 % avec TRAM = 12 % **d)** Tous
4A.13 c)

Chapitre 5

5.1 PE_A (12 %) = 140,87 $; PE_B (12 %) = 197,68 $; choisir B

5.2 S_A = 750 $ (après 2 ans)

5.4 **a)** PE_A (12 %) = 2 103,23 $; PE_B (12 %) = 1 019,20 $; choisir A

b) FE_A (12 %) = 2 954,48 $; PE_B (12 %) = 1 431,90 $; choisir A

5.5 PE_{GPL} (10 %) = –13 582 $; $PE_{PÉ}$ (10 %) = –12 504 $; choisir les panneaux électriques

5.7 b)

5.8 AE_1(10 %) = –9 835 $; AE_2(10 %) –9 497 $; choisir 2

5.9 a)

5.11 Projet C

5.14 Choisir C

5.16 H ≥ 1 018 heures

5.17 a)

5.19 **a)** Coût annuel de l'électricité : AE_A = (10/0,85)(0,7457)(1 500)(0,07) = 921,18 $;
PE_A = –8 669 $; AE_B = (10/0,90)(0,7457)(1 500)(0,07) = 869,97 $;
PE_B = –8 614 $; le moteur B est préférable

b) PE_A = –13 925 $; PE_B = –13 579 $; moteur B toujours préférable

5.20 LCM = 6 ans; PE_A = 9 989 $; PE_B – 15 056 $; choisir B

5.22 Période d'analyse infinie: PE_A = –90 325 $; PE_B = –95 962 $; choisir A

5.24 **a)** PE_{A1} = 7 644,04 $; **b)** X = 24 263 $; **c)** F = 11 625,63 $; **d)** choisir A2

$5.28 i_{s-a} = 3,04 %; $AE_{OBLIGATION}$ = 79,59 $; AE_{ACTION} = 107,17 $; $AE_{PRÊT}$ = 126,60 $;
choisir le prêt

5.29 $AE(13\%)_A$ = 260 083 $; $AE(13\%)_B$ = 246 596 $; coût de traitement: C_A = 35,63 $
par tonne; C_B = 33,78 $; choisir B

5.33 **a)** TRI_A = 11,71 %, TRI_B = 19,15 % **b)** seul B est acceptable **c)** puisque A n'est pas
acceptable, on n'utilise pas l'analyse différentielle; accepter B

5.36 TRI_A = 6,01 %, TRI_B = 7,24 %, TRI_{B-A} = 9,97 %; choisir A

5.39 **a)** TRI_B = 25,99 % **b)** $PE(15\%)_A$ = 2 558 $ **c)** TRI_{B-A} = 24,24 % > 15 %, choisir le
projet B

5.45 PE_A = – 32 559 839 $; PE_B = – 17 700 745 $; choisir B

5.50 Option 1: 0,2573 $ par kilogramme; option 2: 0,2650 $ par kilogramme; choisir l'option 1

Chapitre 6

6.1 $CE(10\%)$ = 400 $/0,1 + (100 $/0,1)(P/F, 10 %, 10) = 4 386 $

6.2 $CE(10\%)$ = [100 $ + 100 $(A/F, 10 %, 2)]/0,1 = 1 476 $

6.3 $AE(10\%)$ = 1 000 $ – (500 $/0,1)(P/F, 10 %, 10) × 0,1 = 807 $

6.4 $AE(10\%)$ = 500 $ + (500 $/0,1)(P/F, 10 %, 10) × 0,1 = 693 $

6.5 **a)** 2 500 $ **b)** 1 500 $

6.6 AEC = – 15 000 $(A/P, 15 %, 2) – 3 000 $ + 10 000 $(A/F, 15 %, 2) = 7 576 $

6.14 $AEC(15\%)$ = 5 600 $ (A/P, 15 %, 5) – 6 000 $ + 5 000 $ (A/F, 15 %, 5) = 21 964 $;
coût horaire de la machine = 21 964 $/2 500 heures = 8,79 $ par heure

6.15 $AEC(5\%)$ = 800 000 $ × 0,05 + 120 000 $ + 13 000 $ – 32 000 $ + 50 000 $(A/F,
5 %, 5) = 150 049 $; coût du billet = 150 049 $/40 000 = 3,75 $ par personne

6.16 $AE(14\%) = [-100\,000\$ + 30\,000(P/A, 3\%, 14\%, 5)](A/P, 14\%, 5) = 2\,482\$$,
économies par heure $= 2\,482\$/3\,000$ heures $= 0,83\$$ par heure

6.17 $(100\,000\$ - 12\,000\$)(A/P, 12\%, 8) + 12\,000\$(0,12) + 10\,000\$ = 29\,155\$$,
coût par reliure $= 29\,155\$/1\,000 = 29,16\$$ par livre;
volume annuel de livres nécessaire $= 29\,155\$/X = 1\,166\$$

6.18

	3 200 kWh par mois	6 700 kWh par mois
Premiers 1 500 kWh à 0,025 $/kWh	37,50 $	37,50 $
1 250 kWh suivants à 0,015 $/kWh	18,75 $	18,75 $
3 000 kWh suivants à 0,009 $/kWh	4,05 $	27,00 $
5 750 kWh et plus à 0,008 $/kWh		7,60 $
Total	60,30 $	90,85 $

Différence avec 3 500 kWh de plus $= 90,85\$ - 60,30\$ = 30,55\$$ par mois

6.20 Option 1: coût unitaire $= 19,75\$$;
option 2: $AEC = 496\,776\$$ par année, coût unitaire $= 24,84\$$; l'option 1 est meilleure

6.22 Option 1: coût unitaire $= 0,25\$$ par kilomètre;
option 2: $AEC = 6\,221\$$, coût unitaire $= 0,52\$$ par kilomètre;
l'option 1 est meilleure

6.32 a) coût irrécupérable $= 9\,000\$$ **b)** coût d'opportunité $= 6\,000\$$ **c)** $AEC = 6\,451\$$
par année pendant 2 ans **d)** $AEC = 6\,771\$$ par année pendant 5 ans

6.37 a) durée de vie économique résiduelle $= 2$ ans, $AEC_D* = 6\,435\$$
b) $AEC_C* = 6\,344\$ < AEC_D*$. Remplacer le défenseur maintenant

6.42 a) $AEC_D = 30\,000\$$, $AEC_C = 24\,412\$ < AEC_D$. Acheter la machine proposée maintenant
b) $AEC_D = 15\,000\$$, $AEC_C = 22\,014\$ > AEC_D$. Ne pas acheter la machine
proposée maintenant

6.56 Il semble que l'option $(j_0, 3)$, $(j, 3)$, $(j, 4)$ soit la stratégie de remplacement la moins
coûteuse avec une PE de $-17\,221\$$. Autrement dit, il faudrait conserver le défenseur
j_0 pendant 3 ans, puis le remplacer par l'aspirant j, qui sera conservé pendant 3 ans,
et remplacer ce dernier par un autre aspirant j, qui sera conservé pendant 4 ans

6.59 Méthode traditionnelle: coût unitaire $= 23,49\$$; méthode de soudure au laser:
coût unitaire $= 14,73\$$. L'entreprise devrait choisir la méthode de soudure au laser

Chapitre 7

7.1 $B_2 = 25\,000\$$

7.2 $d = (1/4)* 2 = 0,5$; $D_2 = 45\,000(1 - 0,5)*0,5 = 11\,250\$$

7.3 Ventilation proportionnelle $= 1 + 2 + 3 + 4 = 10$;
$D_1 = (4/10)* (45\,000 - 5\,000) = 16\,000$; $D_2 = (3/10)*(40\,000) = 12\,000\$$

7.4 $d = 0,2$; $U_n = 30\,000*(1 - 0,2/2)*(1 - 0,2)^{n-1} = 11\,059$;
$(n - 1)*ln(0,8) = ln(0,4096)$; $n = 5$ ans

7.5 $2\,700\$$

7.7 Catégorie de DPA 1 ($d = 4\%$); $DPA_1 = 7\,500\$$; $DPA_2 = 14\,700\$$;
$DPA_3 = 14\,112\$$; $DPA_4 = 13\,548\$$; $DPA_5 = 13\,005\$$

7.8 Coût en capital $= 100\,000\$$

7.9 Coût en capital $= 31\,000\$$

7.10 $d = (1/8)*2,0 = 0,25$; $D_3 = 0,25*150\ 000*(1 - 0,25)^2 = 21\ 094\$$

7.12 **a)** 15 **b)** 3 333 $ **c)** 2 667 $

7.14 $D_{5\ 000\ heures} = [(60\ 000\$ - 8\ 000\$/50\ 000)]*5\ 000 = 5\ 200\$$

7.16 $U_3 = P(1 - d/2)(1 - d)^{3-1} = 100\ 000(1 - 0,2/2)(1 - 0,2)^2 = 57\ 600\$$

7.17 Catégorie de DPA 43 ($d = 30\%$); $DPA_1 = 10\ 200\$$; $DPA_2 = 17\ 430\$$; $DPA_3 = 12\ 138\$$; $DPA_4 = 8\ 497\$$; $DPA_5 = 5\ 948\$$

7.24 **a)** $D = 4\ 167\$$ **b)** $D_3 = 6\ 713\$$ **c)** $D_2 = 7\ 051\$$

7.27 **a)** $DPA_1 = 2\ 400\$$ (remarque : le terrain n'est pas amortissable) **b)** $FNACC_4 = 104\ 045\$$

7.29 $d = 2\ 512\$$; $ACC_6 = 553\$$; $FNACC_6 = 2\ 219\$$

7.36 Le calcaire est admissible à titre de mine industrielle de minéraux. Taux d'amortissement proportionnel à l'utilisation : $(335\ 000\$ - 0)/475\ 000 = 0,7053\$/m^3$; $DPA_1 = 31\ 737\$$; $DPA_2 = 33\ 324\$$; $DPA_3 = 34\ 990\$$; $DPA_4 = 36\ 739\$$

7.38 **a)** $d = 32\ 000\$$ par année **b)** $B = 525\ 000\$$
c) Amortissement pour l'année à venir : $D = 52\ 500\$$

Chapitre 8

8.1 b)

8.2 $FNACC = 10\ 204\$$

8.3 Revenu imposable = 200 000 $; revenu net = 78 400 $

8.4 Revenu net en argent comptant = 82 400 $

8.5 a)

8.6 Revenu net = 7 194 000 $

8.9 **a)** perte = $-51\ 225\$$; $G = 17\ 146\$$ **b)** gain = 64 235 $, $G = 21\ 839\$$
c) gain = 138 775 $, $G = -47\ 183\$$

8.10 **a)** bénéfice imposable = 431 550 $ **b)** gain imposable = 3 000 $
c) impôt = 140 551 $ **d)** effet fiscal à la disposition = $-1\ 309\$$

8.12 **a)** taux d'imposition marginal = 42,12 %
b) taux d'imposition moyens : sans le projet = 24,12 %, avec le projet = 30,87 %

8.13 taux d'imposition marginal = 42,12 %

8.14 **a)** dépréciation économique = 170 000 $
b) taux d'imposition marginal avec le projet = 45,12 %
c) taux d'imposition moyens avec le projet :

n	Taux moyens
1	27,62 %
2	26,39 %
3	27,30 %
4	27,89 %
5	28,28 %
6	28,54 %

$8.20 Impôt sur le revenu en intérêt de l'obligation = 1 140 $,
Impôt sur le gain en capital du terrain = 4 500 $

8.21 **a)** bénéfice imposable = 439 950 $ **b)** gain imposable = 3 000 $
c) taux d'imposition marginal = 44,12%, taux d'imposition moyen = 32,4%
d) flux monétaire 311 646$
8.25 **a)** 18,12% **b)** 18,12%
c) valeur actualisée équivalente de l'impôt sur le revenu = 7 885$
8.26 **a)** bénéfice imposable différentiel

n	Bénéfice imposable
1	4 582 500 $
2	4 241 250 $
3	4 489 875 $
4	4 663 912 $
5	4 785 739 $

b) effet fiscal à la disposition = −202 851$

Chapitre 9

9.1 75 040 $
9.2 59 357 $
9.3 Financement par actions à 100%, $PE(12\%) = -100\ 000\$ + 500\ 000\$(P/A, 12\%, 5)$
$+ 600\ 000\$(P/F, 12\%, 6) = 2\ 006\ 367\$$; financement par emprunt à 100%,
$PE(12\%) = 0 + (500\ 000\$ - 7\ 200\$)(P/A, 12\%, 5) + (600\ 000\$ - 7\ 200\$ - 100\ 000\$) \times (P/F, 12\%, 6) = 2\ 026\ 102\$$; différence = 19 735 $
9.4 282 977 $
9.5 a), c) et d). Pour l'investissement différentiel (modèle B – modèle A),
on obtient $PE = -2\ 121\$$, $AE = -506\$$ et TRI = 13%

9.7

n	0	1	2	3	4	5	6	7
	−235 000	89 035	98 412	91 580	86 798	83 451	81 107	119 397

9.11 **a)**

n	0	1	2	3	4	5	6
	−48 018	26 149	28 166	26 696	25 668	24 948	28 288

b) le projet est acceptable
c) TRI = 51%
9.13 $PE(12\%) = 295\ 929\$ > 0$. Oui, il est acceptable

9.15

n	0	1	2	3	4	5
	−200 000	132 000	140 400	134 280	129 996	146 324

9.17 332 118 $
9.19 $PE(15\%) = -1\ 064\ 895\$$, l'expansion n'est pas justifiable
9.21 **a)**

n	0	1	2	3	4	5	6	7
		−300	−1 500	−11 200	5 696	6 387	6 899	7 499
n		8	9	10	11	12	13	
		8 185	10 568	9 498	8 540	7 680	13 028	

b) TRI = 48%

c) *AE* = 2 351 $ sur 13 ans

9.25 a)

n	0	1	2	3	4	5	6	7
	−100 000	34 900	48 100	43 150	90 495	86 747	84 123	82 286

n		8	9	10				
		81 000	80 100	94 900				

b) TRI = 52%

c) Le projet est rentable

9.27 Flux monétaires nets : −60 000 $, 33 146 $, 52 224 $, 45 480 $, 52 495 $, 58 189 $; *PE*(18 %) = 85 788 $; TRI = 66 %

9.30 Financement par actions : *PE*(9 %) = 182 $; financement par emprunt : *PE*(9 %) = 672 $; le financement par emprunt est la meilleure option

9.31

n	0	1	2	3	4	5
0	15 525	19 956	15 230	11 562	48 802	

PE(12 %) = 75 651 $

9.35 a) *PE*(15 %) = 12 088 000 $ **b)** *PE*(15 %) = 12 601 000 $

Chapitre 10

10.1 920 $ = 100 $ (P/A, k_d, 10) + 100 $ (P/F, k_d, 10) ; k_d = 11,39 % ; k_d après impôt = (1 − 0,4)(11,39 %) = 6,83 %

10.2 Ratio d'endettement = 30,09 % ; 800 000 $/0,3009 = 2 658 647 $

10.3 k = (0,3)(0,075) + (0,2)(0,128) + (0,5)(0,20) = 14,81 % (remarque : les intérêts débiteurs sont déjà des valeurs après impôt)

10.4 a) 425 532 actions doivent être vendues ; frais d'émission = 638 298 $

b) 10 194 obligations doivent être vendues ; frais d'émission = 193 680 $; intérêt annuel = 1 223 280 $

10.6 a) (0,12)(1 − 0,25) = 0,09 **b)** (0,14)(1 − 0,34) = 0,924 ; **c)** (0,15)(1 − 0,40) = 0,09

10.7 Combinaisons réalisables : (A1), (A2), (A2, B1), (A2, B1, C), (A2, B2) a) et c) sont corrects

10.9 Montant du financement par emprunt : 250 000 $ (0,40) = 100 000 $; montant du financement par actions : 250 000 $ (0,60) = 150 000 $; k = (0,40)(0,08) + (0,6)(0,20) = 15,20 % jusqu'à 250 000 $

10.10 k = (0,40)(0,10) + (0,60)(0,23) = 17,8 % pour tout financement supérieur à 250 000 $

10.11 [abscisse] Taux de rendement (%) Courbe de l'occasion d'investissement Coût marginal du capital 17,8 % [ordonnée] Budget ($) Plan du coût marginal du capital

10.23

j	Projets	Investissement	$PE(10\%)$
1	0	0 $	0
2	A	400	65
3	B	550	70
4	AC	1 020	160
5	**ACD**	**1 600**	**235**
6	BF	1 150	1 50
7	BEF	1 530	210

Sans limite de capital, l'option 5 est la meilleure.

Chapitre 11

$11.1 6,48 % par année

$11.2 15,38 % par année

11.3 7 200 $, 8 640 $

11.4 50 766 $

$11.5 **a)** 6,677 % par année **b)** 1 261,92 $ **c)** 7,3586 % par année

11.6 $S = 1\ 065,41\,$$

11.7 $S = 968,65\,$$

11.10 $i_a = 5{,}4722\%$ par année

$11.14 12,96 % par année

11.15 la compagnie A offre un taux de rendement plus élevé

11.17 **a)** location : $PE = -23\ 554\,$$ **b)** achat : $PE = -21\ 521\,$$
  c) l'option d'achat est la meilleure

11.21 **a)** location : $PE = -25\ 686\,$$ **b)** achat $PE = -45\ 706\,$$
  c) l'option de location est préférable

11.25 **a)** 247,50 $ **b)** 6 099 $ **c)** $AEC = 4\ 193\,$$

11.28 **a)** aspirant : $PE = -57\ 753\,$$, défenseur : $PE = -72\ 478\,$$ **b)** remplacer le défenseur

11.30 **a)** aspirant : $AEC = 17\ 389\,$$, défenseur : $AEC = 18\ 193\,$$, remplacer le défenseur
  b) aspirant : $AEC = 24\ 699\,$$, défenseur : $AEC = 18\ 193\,$$, ne pas remplacer
  le défenseur

11.33 **a)** défenseur : $PE = -8\ 289\,$$ **b)** aspirant : $PE = -7\ 479\,$$, remplacer le défenseur

11.35 défenseur : $PE = 4\ 712\,$$, aspirant : $PE = 4\ 824\,$$, ne pas remplacer le défenseur

11.40 défenseur : $AE = -41\ 723\,$$, aspirant : $AE = -15\ 274\,$$, remplacer le défenseur

Chapitre 12

12.1 $P = 6\ 000\,$$ (P/A_i, 5 %, 6,73 %, 5) = 27 207 $, $i' = [(1 + i)/(1 + f)] - 1 = 6{,}73\%$

12.2 Série en dollars constants : $P = 100\,$$ (P/A, 1,9048 %, 3) = 288,92 $;
  série en dollars courants : $P = 105\,$$ (P/A, 7 %, 3) = 275,55 $

12.3 $108{,}6 = 102{,}0(F/P, f, 4)$, $f = 1{,}58\%$

12.4 Règle de 72 : 72/9 = 8 années ; solution exacte :
  $0{,}5 = 1\ (P/F, 9\%, n)$ $n = 8{,}03$ années

12.5 b)

12.6 Flux monétaire: $\{-1\,000\,\$,\ 95\,\$,\ 95\,\$ + 1\,080\,\$\}$;
rendement en dollars courants $= 13,26\,\%$;
rendement en dollars constants (réels) $= [(1 + 0,1326)/(1 + 0,04)] - 1 = 8,9\,\%$

12.7 c)

12.10 $f = 6,4894\,\%$

12.12 $PE(12\,\%) = 4\,500\,\$(P/A,\ 12\,\%,\ 10) = 25\,426\,\$$

$12.14 Dollars courants: $A_{20} = 25\,000\,\$(A/P,\ 1\,\%,\ 48) = 658,35\,\$$; dollars réels:
$A'_{20} = 658,35\,\$(P/F,\ 0,5\,\%,\ 20) = 595,85\,\$$

$12.16 $i' = (0,01 - 0,005)/(1 + 0,005) = 0,4975\,\%$;
$A' = 20\,000\,\$(A/P,\ 0,4975\,\%,\ 60) = 386,38\,\$$

12.18 $PE(6,48\,\%) = 132\,894\,\$$; $AE\ (6,48\,\%) = 39\,644\,\$$

12.20 $A = 1\,094,27\,\$$

12.22 **a)** $30\,000\,\$(F/P,\ 6\,\%,\ 10) = 53\,725\,\$$ **b)** $i' = 1,887\,\%$; $PE = 96\,809\,\$$;
c) $A = 14\,427\,\$$

12.25 **a)** $A_0 = 210\,000\,\$$, $A_1 = 61\,600\,\$$, $A_2 = 72\,456\,\$$, $A_3 = 162\,830\,\$$
b) $A'_0 = -210\,000\,\$$, $A'_1 = 58\,113\,\$$, $A'_2 = 64\,486\,\$$, $A'_3 = 136\,715\,\$$
c) $PE = -14\,120\,\$$, rejeter

12.29 **a)** $A_0 = -65\,000\,\$$, $A_1 = 47\,020\,\$$, $A_2 = 95\,683\,\$$ **b)** $ROR' = 50,72\,\%$
c) oui, il est rentable

12.33 **a)** PE(avec inflation) $= 20\,105\,\$$; **b)** PE(sans inflation) $= 19\,252\,\$$

Chapitre 13

13.1 Prix de base: $PE = 10\,450\,\$(40 - 10) - 7\,890 = 305\,610\,\$$;
augmentation de $10\,\%$ de X: $PE = 10\,450\,\$(44 - 10) - 7\,890 = 347\,410\,\$$;
changement de $\% = 41\,800\,\$/305\,610\,\$ = 13,68\,\%$

$13.2 Valeur comptable $= 12\,000\,\$ - 10\,618\,\$ = 1\,382\,\$$; impôt sur les gains $=$
$(3\,500\,\$ - 1\,382\,\$)(????? = 847\,\$)$; recettes nettes $= 3\,500\,\$ - 847\,\$ = 2\,653\,\$$;
coût en capital $= (12\,000\,\$ - 2\,653\,\$)(A/P,\ 15\,\%,\ 5) + 2\,653\,\$\,(0,15) = 3\,186\,\$$;
équivalent annuel du crédit d'impôt pour amortissement $= 912\,\$$ (on obtient ce
résultat en calculant le crédit d'impôt pour amortissement de chaque année, $0,4D_n$,
en trouvant la valeur actualisée totale de ces crédits et en annualisant la valeur
actualisée sur 5 ans); équation du point mort: $3\,186\,\$ + 0,15\,(1 - 0,40)X + 960$
$(1 - 0,4) - 912 = (1 - 0,4)0,25X$; on obtient $X = 47\,506$

13.3 $E(FE) = 0,1\,(-12\,000\,\$) + 0,2\,(4\,000\,\$) + (0,4)\,(12\,000\,\$) + 0,2\,(20\,000\,\$) + 0,1$
$(30\,000\,\$) = 11\,400\,\$$

13.4 Var $[FE] = (0,1)(-12\,000\,\$ - 11\,400\,\$)^2 + ... + (0,1)(30\,000\,\$ - 111\,400\,\$)$
$= 155\,240\,000$; ??? $([FE]) = 10\,735\,\$$

$13.5 On perd 25 cents par partie, pour une perte totale prévue de $25\,\$$

13.8 Durée de vie utile de l'ancienne ampoule: $13\,870/(19 \times 365) = 2$ ans.
La nouvelle ampoule durerait donc 4 ans. Supposons que X représente le prix
de la nouvelle ampoule. Pour une période d'analyse de 4 ans:
$PE(15\,\%)_{ancienne} = (1 - 0,40)*61,90\,\$*[1 + (P/F,\ 15\,\%,\ 2)] = 65,23\,\$$,
$PE(15\,\%)_{nouvelle} = (1 - 0,40)(X + 16\,\$)]$. Le prix au point mort pour la nouvelle

ampoule sera : $0,6X + 9,6 = 63,23\,\$$, $X^* = 92,72\,\$$. Puisque la nouvelle ampoule ne coûte que $60\,\$$, elle constitue un bon achat.

13.11 $E[PE]_1 = 1\,900\,\$$; $E[PE]_2 = 1\,850\,\$$; le projet 1 est préférable. $\mathrm{Var}[PE]_1 = 1\,240\,000$; $\mathrm{Var}[PE]_2 = 2\,492\,500$; puisque $\mathrm{Var}_1 < \mathrm{Var}_2$, le projet 1 est encore préférable.

13.12 $U_5 = 4\,082\,\$$; $G = t(U - S) = 0,4(4\,082 - 5\,000) = -367\,\$$; S nette $= S + G = 5\,000\,\$ - 367\,\$ = 4\,633\,\$$; $CR = (20\,000\,\$ - 4\,633)(A/P, 15\,\%, 5) + 4\,633(0,15) = 5\,279\,\$$; AE après impôt de la DPA $= 1\,326\,\$$ (on obtient ce résultat en calculant le crédit d'impôt pour amortissement de chaque année, 0,4DPA, puis on trouve la valeur actualisée de ces crédits et on l'annualise sur 5 ans); équation du point mort : $5\,279\,\$ + 0,14(1 - 0,40)X + 960(1 - 0,4) - 1\,326 = (1 - 0,4)0,25X$; on obtient $X = 68\,621$ km

13.13 **a)** $PE(15\,\%) = 3\,185\,\$$, acceptable **b)** $PE(15\,\%) = 2\,238\,\$$, acceptable
c) économies annuelles nécessaires (X) : $85\,000\,\$ = (0,6X)(P/A, 20\,\%, 4) + 5\,100\,\$$ $(P/F, 20\,\%, 1) + 8\,670\,\$(P/F, 20\,\%, 2) + 6\,069\,\$(P/F, 20\,\%, 3) + 32\,161\,\$$ $(P/F, 20\,\%, 4)$, $X^* = 35\,865\,\$$

13.16 **a)** $PE(15\,\%)_1 = -1\,617\,242\,\$$, $PE(15\,\%)_2 = -3\,016\,746\,\$$, l'option 1 est préférable
b) **16 km** $PE(15\,\%)_1 = -3\,234\,484\,\$$, $PE(15\,\%)_2 = -3\,193\,465\,\$$, l'option 2 est préférable, **40 km** $PE(15\,\%)_1 = -8\,086\,210\,\$$, $PE(15\,\%)_2 = -3\,723\,622\,\$$, l'option 2 est préférable

13.20 $PE(20\,\%)_A = -69\,741 + 1,9953X$, $PE(20\,\%)_B = -71\,068\,\$$, revenu additionnel nécessaire $= 15\,335\,\$$

13.24 **a)** $E[PE]_A = 40\,000$, $E[PE]_B = 1\,266,54$, $\mathrm{Var}[PE]_A = 3\,042\,588$, $\mathrm{Var}[PE]_B = 7\,988\,336$ **b)** le projet A est préférable

13.26 **a)** $PE(10\,\%) = 1\,639\,723\,\$$ **b)** $X = 3,503\,\$$ par tonne **c)** graphique

Chapitre 14

14.1 c)

14.2 $P = 1\,200\,000\,\$ - 50\,000\,\$(P/F, 6\,\%, 25) = 1\,188\,350\,\$$; $C' = 100\,000\,\$$ $(P/A, 6\,\%, 25) = 1\,278\,336\,\$$; $B = 250\,000\,\$(P/A, 6\,\%, 25) = 3\,195\,834\,\$$; rapport $B/C = 3\,195\,834\,\$/(1\,188\,350\,\$ + 1\,278\,336\,\$) = 1,29$; rapport B/C net $= (3\,195\,834\,\$ - 1\,278\,336\,\$)/1\,188\,350\,\$ = 1,61$

14.3 **a)** $PE(8\,\%)_{A1} = 398\,954\,\$$, $PE(8\,\%)_{A2} = 339\,676\,\$$; rapport B/C : A1 = 1,22, A2 = 1,56

14.4 **a)** exemples d'avantages pour les usagers : baisse d'impôt pour l'entretien des routes, diminution de la rouille sur les véhicules, réduction des dommages aux câbles de service public, diminution des dommages à la végétation; exemples de coûts pour les usagers : hausse des impôts, dommages possibles que le CMA peut causer à l'environnement **b)** en faisant des expériences sur des portions d'autoroute

14.9 $B_X = 16\,686\,585\,\$$, $C_X = 9\,329\,766\,\$$, $BC(10\,\%)_X = 1,79 > 1$, $B_Y = 11\,237\,904\,\$$, $C_Y = 12\,462\,207\,\$$, $BC(10\,\%)_Y = 0,90 < 1$. Choisir X (l'analyse différentielle n'est pas nécessaire)

14.11 $BC_E = 1,24$, $BC_F = 1,65$, $BC_G = 1,25$, $BC_{G-F} = -5,7$, $BC_{E-F} = 0,37$, choisir F

INDEX